DEEP LEARNING

深度学习

[美] 伊恩 · 古德费洛（Ian Goodfellow）[加] 约书亚 · 本吉奥（Yoshua Bengio）
[加]亚伦 · 库维尔（Aaron Courville） 著
赵申剑 黎彧君 符天凡 李凯 译 张志华等 审校

人民邮电出版社
北京

图书在版编目（CIP）数据

深度学习 / (美) 伊恩·古德费洛
(Ian Goodfellow) , (加) 约书亚·本吉奥
(Yoshua Bengio) , (加) 亚伦·库维尔
(Aaron Courville) 著 ; 赵申剑等译. -- 北京 : 人民
邮电出版社, 2017.8
ISBN 978-7-115-46147-6

Ⅰ. ①深… Ⅱ. ①伊… ②约… ③亚… ④赵… Ⅲ.
①机器学习 Ⅳ. ①TP181

中国版本图书馆CIP数据核字(2017)第153811号

版权声明

◆ 著　[美] Ian Goodfellow　[加] Yoshua Bengio
[加] Aaron Courville
译　赵申剑　黎彧君　符天凡　李　凯
审　校　张志华　等
责任编辑　王峰松
责任印制　焦志炜
◆ 人民邮电出版社出版发行　北京市丰台区成寿寺路 11 号
邮编　100164　电子邮件　315@ptpress.com.cn
网址　http://www.ptpress.com.cn
北京瑞禾彩色印刷有限公司印刷
◆ 开本：787×1092　1/16
印张：33　2017 年 8 月第 1 版
字数：805 千字　2025 年 3 月北京第45次印刷
著作权合同登记号　图字：01-2016-1194 号

定价：168.00 元

读者服务热线：(010) 81055410　印装质量热线：(010) 81055316
反盗版热线：(010) 81055315

内容提要

《深度学习》由全球知名的三位专家 Ian Goodfellow、Yoshua Bengio 和 Aaron Courville 撰写，是深度学习领域奠基性的经典教材。全书的内容包括 3 个部分：第 1 部分介绍基本的数学工具和机器学习的概念，它们是深度学习的预备知识；第 2 部分系统深入地讲解现今已成熟的深度学习方法和技术；第 3 部分讨论某些具有前瞻性的方向和想法，它们被公认为是深度学习未来的研究重点。

《深度学习》适合各类读者阅读，包括相关专业的大学生或研究生，以及不具有机器学习或统计背景、但是想要快速补充深度学习知识，以便在实际产品或平台中应用的软件工程师。

作者简介

Ian Goodfellow，谷歌公司 (Google) 的研究科学家，2014 年蒙特利尔大学机器学习博士。他的研究兴趣涵盖大多数深度学习主题，特别是生成模型以及机器学习的安全和隐私。Ian Goodfellow 在研究对抗样本方面是一位有影响力的早期研究者，他发明了生成式对抗网络，在深度学习领域贡献卓越。

Yoshua Bengio，蒙特利尔大学计算机科学与运筹学系 (DIRO) 的教授，蒙特利尔学习算法研究所 (MILA) 的负责人，CIFAR 项目的共同负责人，加拿大统计学习算法研究主席。Yoshua Bengio 的主要研究目标是了解产生智力的学习原则。他还教授“机器学习”研究生课程 (IFT6266)，并培养了一大批研究生和博士后。

Aaron Courville，蒙特利尔大学计算机科学与运筹学系的助理教授，也是 LISA 实验室的成员。目前他的研究兴趣集中在发展深度学习模型和方法，特别是开发概率模型和新颖的推断方法。Aaron Courville 主要专注于计算机视觉应用，在其他领域，如自然语言处理、音频信号处理、语音理解和其他 AI 相关任务方面也有所研究。

中文版审校者简介

张志华，北京大学数学科学学院统计学教授，北京大学大数据研究中心和北京大数据研究院数据科学教授，主要从事机器学习和应用统计学的教学与研究工作。

译者简介

赵申剑，上海交通大学计算机系硕士研究生，研究方向为数值优化和自然语言处理。
黎彧君，上海交通大学计算机系博士研究生，研究方向为数值优化和强化学习。
符天凡，上海交通大学计算机系硕士研究生，研究方向为贝叶斯推断。
李凯，上海交通大学计算机系博士研究生，研究方向为博弈论和强化学习。

中文版推荐语(按姓氏拼音排序)

《深度学习》的中文译本忠实客观地表述了英文原稿的内容。本书的三位共同作者是一个老中青三代结合的整体，既有深度学习领域的奠基人，也有处于研究生涯中期的领域中坚，更有领域里近年涌现的新星。所以，本书的结构行文很好地考虑到了处于研究生涯各个不同阶段的学生和研究人员的需求，是一本非常好的关于深度学习的教科书。

深度学习近年来在学术界和产业界都取得了极大的成功，但诚如本书作者所说，深度学习是创建人工智能系统的一个重要的方法，但不是全部的方法。期望在人工智能领域有所作为的研究人员，可以通过本书充分思考深度学习和传统机器学习、人工智能算法的联系和区别，共同推进本领域的发展。

—— 微软研究院首席研究员华刚博士

这是一本还在写作阶段就被开发、研究和工程人员极大关注的深度学习教科书。它的出版表明我们进入了一个系统化理解和组织深度学习框架的新时代。这本书从浅入深介绍了基础数学、机器学习经验，以及现阶段深度学习的理论和发展。它能帮助 AI 技术爱好者和从业人员在三位专家学者的思维带领下全方位了解深度学习。

—— 腾讯优图杰出科学家、香港中文大学教授贾佳亚

深度学习代表了我们这个时代的人工智能技术。这部由该领域最权威的几位学者 Goodfellow、Bengio、Courville 撰写的题为《深度学习》的著作，涵盖了深度学习的基础与应用、理论与实践等各个方面的主要技术，观点鲜明，论述深刻，讲解详尽，内容充实。相信这是每一位关注深度学习人士的必读书目和必备宝典。感谢张志华教授等的辛勤审校，使这部大作能够这么快与中文读者见面。

—— 华为诺亚方舟实验室主任，北京大学、南京大学客座教授，IEEE Fellow 李航

从基础前馈神经网络到深度生成模型，从数学模型到最佳实践，这本书覆盖了深度学习的各个方面。《深度学习》是当下最适合的入门书籍，强烈推荐给此领域的研究者和从业人员。

—— 亚马逊主任科学家、Apache MXNet 发起人之一李沐

出自三位深度学习最前沿权威学者的教科书一定要在案前放一本。本书的第二部分是精华，对深度学习的基本技术进行了深入浅出的精彩阐述。

——ResNet 作者之一、Face++ 首席科学家孙剑

过去十年里，深度学习的广泛应用开创了人工智能的新时代。这本教材是深度学习领域有重要影响的几位学者共同撰写。它涵盖了深度学习的主要方向，为想进入该领域的研究人员、工程师以及初学者提供了一个很好的系统性教材。

——香港中文大学信息工程系主任汤晓鸥教授

这是一本教科书，又不只是一本教科书。任何对深度学习感兴趣的读者，本书在很长一段时间里，都将是你能获得的最全面系统的资料，以及思考并真正推进深度学习产业应用、构建智能化社会框架的绝佳理论起点。

——新智元创始人兼 CEO 杨静

译者序

青山遮不住，毕竟东流去

深度学习这个术语自 2006 年被正式提出后，在最近 10 年得到了巨大发展。它使人工智能 (AI) 产生了革命性的突破，让我们切实地领略到人工智能给人类生活带来改变的潜力。2016 年 12 月，MIT 出版社出版了 Ian Goodfellow、Yoshua Bengio 和 Aaron Courville 三位学者撰写的《Deep Learning》一书。三位作者一直耕耘于机器学习领域的前沿，引领了深度学习的发展潮流，是深度学习众多方法的主要贡献者。该书正应其时，一经出版就风靡全球。

该书包括 3 个部分，第 1 部分介绍基本的数学工具和机器学习的概念，它们是深度学习的预备知识。第 2 部分系统深入地讲解现今已成熟的深度学习方法和技术。第 3 部分讨论某些具有前瞻性的方向和想法，它们被公认为是深度学习未来的研究重点。因此，该书适用于不同层次的读者。我本人在阅读该书时受到启发良多，大有裨益，并采用该书作为教材在北京大学讲授深度学习课程。

这是一本涵盖深度学习技术细节的教科书，它告诉我们深度学习集技术、科学与艺术于一体，牵涉统计、优化、矩阵、算法、编程、分布式计算等多个领域。书中同时也蕴含了作者对深度学习的理解和思考，处处闪烁着深刻的思想，耐人回味。第 1 章关于深度学习的思想、历史发展等论述尤为透彻而精辟。

作者在书中写到："人工智能的真正挑战在于解决那些对人来说很容易执行、但很难形式化描述的任务，比如识别人们所说的话或图像中的脸。对于这些问题，我们人类往往可以凭直觉轻易地解决"。为了应对这些挑战，他们提出让计算机从经验中学习，并根据层次化的概念体系来理解世界，而每个概念通过与某些相对简单的概念之间的关系来定义。由此，作者给出了深度学习的定义："层次化的概念让计算机构建较简单的概念来学习复杂概念。如果绘制出表示这些概念如何建立在彼此之上的一幅图，我们将得到一张 '深'(层次很多) 的图。由此，我们称这种方法为 AI 深度学习 (deep learning)"。

作者指出："一般认为，到目前为止深度学习已经经历了三次发展浪潮：20 世纪 40 年代到 60 年代深度学习的雏形出现在控制论 (cybernetics) 中，20 世纪 80 年代到 90 年代深度学习以联结主义 (connectionism) 为代表，而从 2006 年开始，以深度学习之名复兴"。

谈到深度学习与脑科学或者神经科学的关系，作者强调："如今神经科学在深度学习研究中的作用被削弱，主要原因是我们根本没有足够的关于大脑的信息作为指导去使用它。要获得对被大脑实际使用算法的深刻理解，我们需要有能力同时监测 (至少是) 数千相连神经元的活动。我们不能够做到这一点，所以我们甚至连大脑最简单、最深入研究的部分都还远远没有理解"。值得注意的是，我国有些专家热衷倡导人工智能与脑科学或认知学科的交叉研究，推动国家在所谓的"类脑智能"等领域投入大量资源。且不论我国是否真有同时精通人工智能和脑科学或认知心理学的学者，至少对交叉领域，我们都应该怀着务实、理性的求是态度。唯有如此，我们才有可能在这一波人工智能发展浪潮中有所作为，而不是又成为一群观潮人。

作者进一步指出："媒体报道经常强调深度学习与大脑的相似性。的确，深度学习研究者比其他机器学习领域 (如核方法或贝叶斯统计) 的研究者更可能地引用大脑作为参考，但大家不应该认为深度学习在尝试模拟大脑。现代深度学习从许多领域获取灵感，特别是应用数学的基本内容如线性代数、概率论、信息论和数值优化。尽管一些深度学习的研究人员引用神经科学作为重要的灵感来源，然而其他学者完全不关心神经科学"。的确，对于广大青年学者和一线的工程师来说，我们是可以完全不用因为不懂神经 (或脑) 科学而对深度学习、人工智能踯躅不前。数学模型、计算方法和应用驱动才是我们研究人工智能的可行之道。深度学习和人工智能不是飘悬在我们头顶的框架，而是立足于我们脚下的技术。我们诚然可以从哲学层面或角度来欣赏科学与技术，但过度地从哲学层面来研究科学问题只会导致一些空洞的名词。

关于人工神经网络在 20 世纪 90 年代中期的衰落，作者分析到："基于神经网络和其他 AI 技术的创业公司开始寻求投资，其做法野心勃勃但不切实际。当 AI 研究不能实现这些不合理的期望时，投资者感到失望。同时，机器学习的其他领域取得了进步。比如，核方法和图模型都在很多重要任务上实现了很好的效果。这两个因素导致了神经网络热潮的第二次衰退，并一直持续到 2007 年"。"其兴也悖焉，其亡也忽焉"。这个教训也同样值得当今基于深度学习的创业界、工业界和学术界等警醒。

我非常荣幸获得人民邮电出版社王峰松先生的邀请来负责该书的中文翻译。我是 2016 年 7 月收到王先生的邀请，但那时我正忙于找工作，无暇顾及。然而，当我和我的学生讨论翻译事宜时，他们一致认为这是一件非常有意义的事情，表达愿意来承担。译稿是由我的四位学生赵申剑、黎彧君、符天凡和李凯独立完成的。申剑和天凡是二年级的硕士生，而李凯和彧君则分别是二年级和三年级的直博生。虽然他们在机器学习领域都还是新人，其知识结构还不全面，但是他们热情高涨、勤于学习、工作专注、执行力极强。他们通过重现书中的算法代码和阅读相关文献来加强理解，在不到三个月的时间就拿出了译著的初稿，之后又经过自校对、交叉校对等环节力图使译著保持正确性和一致性。他们自我协调、主动揽责、相互谦让，他们的责任心和独立工作能力让我倍感欣慰，因而得以从容。

由于我们无论是中文还是英文能力都深感有限，译文恐怕还是有些生硬，我们特别担心未能完整地传达出原作者的真实思想和观点。因此，我们强烈地建议有条件的读者去阅读英文原著，也非常期待大家继续指正译著，以便今后进一步修订完善。我恳请大家多给予 4 位译者以鼓励。请把你们对译著的批评留给我，这是我作为他们的导师必须要承担的，也是我对王峰松先生的信任做出的承诺。

当初译稿基本完成时，我们决定把它公开在 GitHub 上，希望通过广大读者的参与来完善译稿。令人惊喜的是，有上百位热心读者给予了大量富有建设性的修改意见，其中有 20 多位热心读者直接帮助润色校对 (详见中文版致谢名单)。可以说，这本译著是大家共同努力的结晶。这些读者来自一线的工程师和在校的学生，从中我领略到了他们对深度学习和机器学习领域的挚爱。更重要的是，我感受到了他们开放、合作和奉献的精神，而这也是推动人工智能发展不可或缺的。因此，我更加坚定地认为中国人工智能发展的希望在于年青学者，唯有他们才能让我国人工智能学科在世界有竞争力和影响力。

江山代有人才出，各领风骚数十年!

张志华代笔

2017 年 5 月 12 日于北大静园六院

中文版致谢

首先，我们要感谢原书作者在本书翻译时给予我们的大力帮助。特别是，原书作者和我们分享了书中的原图和参考文献库，这极大节省了我们的时间和精力。

本书涉及的内容博大且思想深刻，如果没有众多同学和网友的帮助，我们不可能顺利完成翻译。

我们才疏学浅而受此重任，深知自身水平难以将本书翻译得很准确。因此我们完成初稿后，将书稿公开于 GitHub，及早接受网友的批评和建议。以下网友为本书的翻译初稿提供了很多及时的反馈和宝贵的修改意见：@tttwwy、@tankeco、@fairmiracle、@GageGao、@huangpingchun、@MaHongP、@acgtyrant、@yanhuibin315、@Buttonwood、@titicacafz、@weijy026a、@RuiZhang1993、@zymiboxpay、@xingkongliang、@oisc、@tielei、@yuduowu、@Qingmu、@HC-2016、@xiaomingabc、@bengordai、@Bojian、@JoyFYan、@minoriwww、@khty2000、@gump88、@zdx3578、@PassStory、@imwebson、@wlbksy、@roachsinai、@Elvinczp、@endymecy、@9578577、@linzhp、@cnscottzheng、@germany-zhu、@zhangyafeikimi、@showgood163、@kangqf、@NeutronT、@badpoem、@kkpoker、@Seaball、@wheaio、@angrymidiao、@ZhiweiYang、@corenel、@zhaoyu611、@SiriusXDJ、@dfcv24、@EmisXXY、@FlyingFire、@vsooda、@friskit-china、@poerin、@ninesunqian、@JiaqiYao、@Sofring、@wenlei、@wizyoung、@imageslr、@indam、@XuLYC、@zhouqingping、@freedomRen、@runPenguin 和 @piantou。

在此期间，我们 4 位译者再次进行了校对并且相互之间也校对了一遍。然而仅仅通过我们的校对，实在难以发现翻译中存在的所有问题。因此，我们邀请一些同学和网友帮助我们校对。经过他们的校对，本书的翻译质量得到了极大的提升。在此我们一一列出，以表示我们由衷的感谢！

- 第 1 章 (引言)：刘畅、许丁杰、潘雨粟和 NeutronT 阅读了本章，并对很多语句提出了不少修改建议。林中鹏进行了校对，他提出了很多独到的修改建议。
- 第 2 章 (线性代数)：许丁杰和骆徐圣阅读了本章，并修改语句。李若愚进行了校对，提出了很多细心的建议。蒋武轩阅读并润色了部分内容，提升了译文准确性和可读性。
- 第 3 章 (概率与信息论)：许丁杰阅读了本章，并修改语句。李培炎和何翊卓进行了校对，并修改了很多中文用词，使翻译更加准确。
- 第 4 章 (数值计算)：张亚霏阅读了本章，并对其他章节也提出了一些修改建议。张源源进行了校对，并指出了原文可能存在的问题，非常仔细。
- 第 5 章 (机器学习基础)：郭浩和黄平春阅读了本章，并修改语句。李东和林中鹏进行了校对。本章篇幅较长，能够有现在的翻译质量离不开这 4 位的贡献。
- 第 6 章 (深度前馈网络)：周卫林、林中鹏和张远航阅读了本章，并提出修改意见。

- 第 7 章 (深度学习中的正则化)：周柏村进行了非常细心的校对，指出了大量问题，令翻译更加准确。
- 第 8 章 (深度模型中的优化)：房晓宇和吴翔阅读了本章。黄平春进行了校对，他提出的很多建议让行文更加流畅易懂。
- 第 9 章 (卷积网络)：赵雨和潘雨粟阅读了本章，并润色语句。丁志铭进行了非常仔细的校对，并指出很多翻译问题。
- 第 10 章 (序列建模：循环和递归网络)：刘畅阅读了本章。赵雨提供了详细的校对建议，尹瑞清根据他的翻译版本，给我们的版本提出了很多建议。虽然仍存在一些分歧，但我们两个版本的整合，让翻译质量提升很多。
- 第 12 章 (应用)：潘雨粟进行了校对。在他的校对之前，本章阅读起来比较困难。他提供的修改建议，不仅提高了行文流畅度，还提升了译文的准确度。
- 第 13 章 (线性因子模型)：贺天行阅读了本章，修改语句。杨志伟校对了本章，润色大量语句。
- 第 14 章 (自编码器)：李雨慧和黄平春进行了校对。李雨慧提升了语言的流畅度，黄平春纠正了不少错误，提高了准确性。
- 第 15 章 (表示学习)：cnscottzheng 阅读了本章，并修改语句。
- 第 17 章 (蒙特卡罗方法)：张远航提供了非常细致的校对，后续又校对了一遍，使译文质量大大提升。
- 第 18 章 (直面配分函数)：吴家楠进行了校对，提升了译文准确性和可读性。
- 第 19 章 (近似推断)：黄浩军、张远航和张源源进行了校对。本章虽然篇幅不大，但内容有深度，译文在 3 位的帮助下提高了准确度。

所有校对的修改建议都保存在 GitHub 上，再次感谢以上同学和网友的付出。经过这 5 个多月的修改，初稿慢慢变成了最终提交给出版社的稿件。尽管还有很多问题，但大部分内容是可读的，并且是准确的。当然目前的译文仍存在一些没有及时发现的问题，因此修订工作也将持续更新，不断修改。我们非常希望读者能到 GitHub 提建议，并且非常欢迎，无论多么小的修改建议，都是非常宝贵的。

此外，我们还要感谢魏太云学长，他帮助我们与出版社沟通交流，并给予了我们很多排版上的指导。

最后，感谢我们的导师张志华教授，没有老师的支持，我们难以完成翻译。

英文原书致谢

如果没有他人的贡献，这本书将不可能完成。我们感谢为本书提出建议和帮助组织内容结构的人：Guillaume Alain、Kyunghyun Cho、Çağlar Gülçehre、David Krueger、Hugo Larochelle、Razvan Pascanu 和 Thomas Rohée。

我们感谢为本书内容提供反馈的人。其中一些人对许多章都给出了建议：Martín Abadi、Guillaume Alain、Ion Androutsopoulos、Fred Bertsch、Olexa Bilaniuk、Ufuk Can Biçici、Matko Bošnjak、John Boersma、Greg Brockman、Alexandre de Brébisson、Pierre Luc Carrier、Sarath Chandar、Pawel Chilinski、Mark Daoust、Oleg Dashevskii、Laurent Dinh、Stephan Dreseitl、Jim Fan、Miao Fan、Meire Fortunato、Frédéric Francis、Nando de Freitas、Çağlar Gülçehre、Jurgen Van Gael、Javier Alonso García、Jonathan Hunt、Gopi Jeyaram、Chingiz Kabytayev、Lukasz Kaiser、Varun Kanade、Asifullah Khan、Akiel Khan、John King、Diederik P. Kingma、Yann LeCun、Rudolf Mathey、Matías Mattamala、Abhinav Maurya、Kevin Murphy、Oleg Mürk、Roman Novak、Augustus Q. Odena、Simon Pavlik、Karl Pichotta、Eddie Pierce、Kari Pulli、Roussel Rahman、Tapani Raiko、Anurag Ranjan、Johannes Roith、Mihaela Rosca、Halis Sak、César Salgado、Grigory Sapunov、Yoshinori Sasaki、Mike Schuster、Julian Serban、Nir Shabat、Ken Shirriff、Andre Simpelo、Scott Stanley、David Sussillo、Ilya Sutskever、Carles Gelada Sáez、Graham Taylor、Valentin Tolmer、Massimiliano Tomassoli、An Tran、Shubhendu Trivedi、Alexey Umnov、Vincent Vanhoucke、Marco Visentini-Scarzanella、Martin Vita、David Warde-Farley、Dustin Webb、Kelvin Xu、Wei Xue、Ke Yang、Li Yao、Zygmunt Zając 和 Ozan Çağlayan。

我们也要感谢对单个章节提供有效反馈的人。

- 数学符号：Zhang Yuanhang。
- 第 1 章 (引言)：Yusuf Akgul、Sebastien Bratieres、Samira Ebrahimi、Charlie Gorichanaz、Brendan Loudermilk、Eric Morris、Cosmin Parvulescu 和 Alfredo Solano。
- 第 2 章 (线性代数)：Amjad Almahairi、Nikola Banić、Kevin Bennett、Philippe Castonguay、Oscar Chang、Eric Fosler-Lussier、Andrey Khalyavin、Sergey Oreshkov、István Petrás、Dennis Prangle、Thomas Rohée、Gitanjali Gulve Sehgal、Colby Toland、Alessandro Vitale 和 Bob Welland。
- 第 3 章 (概率与信息论)：John Philip Anderson、Kai Arulkumaran、Vincent Dumoulin、Rui Fa、Stephan Gouws、Artem Oboturov、Antti Rasmus、Alexey Surkov 和 Volker Tresp。
- 第 4 章 (数值计算)：Tran Lam AnIan Fischer 和 Hu Yuhuang。
- 第 5 章 (机器学习基础)：Dzmitry Bahdanau、Justin Domingue、Nikhil Garg、Makoto Otsuka、Bob Pepin、Philip Popien、Emmanuel Rayner、Peter Shepard、Kee-Bong

Song、Zheng Sun 和 Andy Wu。

- 第 6 章 (深度前馈网络)：Uriel Berdugo、Fabrizio Bottarel、Elizabeth Burl、Ishan Durugkar、Jeff Hlywa、Jong Wook Kim、David Krueger 和 Aditya Kumar Praharaj。
- 第 7 章 (深度学习中的正则化)：Morten Kolbæk、Kshitij Lauria、Inkyu Lee、Sunil Mohan、Hai Phong Phan 和 Joshua Salisbury。
- 第 8 章 (深度模型中的优化)：Marcel Ackermann、Peter Armitage、Rowel Atienza、Andrew Brock、Tegan Maharaj、James Martens、Kashif Rasul、Klaus Strobl 和 Nicholas Turner。
- 第 9 章 (卷积网络)：Martín Arjovsky、Eugene Brevdo、Konstantin Divilov、Eric Jensen、Mehdi Mirza、Alex Paino、Marjorie Sayer、Ryan Stout 和 Wentao Wu。
- 第 10 章 (序列建模：循环和递归网络)：Gökçen Eraslan、Steven Hickson、Razvan Pascanu、Lorenzo von Ritter、Rui Rodrigues、Dmitriy Serdyuk、Dongyu Shi 和 Kaiyu Yang。
- 第 11 章 (实践方法论)：Daniel Beckstein。
- 第 12 章 (应用)：George Dahl、Vladimir Nekrasov 和 Ribana Roscher。
- 第 13 章 (线性因子模型)：Jayanth Koushik。
- 第 15 章 (表示学习)：Kunal Ghosh。
- 第 16 章 (深度学习中的结构化概率模型)：Minh Lê和 Anton Varfolom。
- 第 18 章 (直面配分函数)：Sam Bowman。
- 第 19 章 (近似推断)：Yujia Bao。
- 第 20 章 (深度生成模型)：Nicolas Chapados、Daniel Galvez、Wenming Ma、Fady Medhat、Shakir Mohamed 和 Grégoire Montavon。
- 参考文献：Lukas Michelbacher 和 Leslie N. Smith。

我们还要感谢那些允许我们引用他们的出版物中的图片、数据的人。我们在图片标题的文字中注明了他们的贡献。

我们还要感谢 Lu Wang 为我们写了 pdf2htmlEX，我们用它来制作这本书的网页版本，Lu Wang 还帮助我们改进了生成的 HTML 的质量。

我们还要感谢 Ian 的妻子 Daniela Flori Goodfellow 在 Ian 的写作过程中的耐心支持和检查。

我们还要感谢 Google Brain 团队提供了学术环境，从而使得 Ian 能够花费大量时间写作本书并接受同行的反馈和指导。我们特别感谢 Ian 的前任经理 Greg Corrado 和他的现任经理 Samy Bengio 对这项工作的支持。最后我们还要感谢 Geoffrey Hinton 在写作困难时的鼓励。

数学符号

下面简要介绍本书所使用的数学符号。我们在第 2 ~ 4 章中描述大多数数学概念，如果你不熟悉任何相应的数学概念，可以参考对应的章节。

数和数组

a	标量 (整数或实数)
$\boldsymbol{a}$	向量
$\boldsymbol{A}$	矩阵
$\mathsf{\mathbf{A}}$	张量
$\boldsymbol{I}_n$	n 行 n 列的单位矩阵
$\boldsymbol{I}$	维度蕴含于上下文的单位矩阵
$\boldsymbol{e}^{(i)}$	标准基向量 $[0,\cdots,0,1,0,\cdots,0]$，其中索引 i 处值为 1
$\text{diag}(\boldsymbol{a})$	对角方阵，其中对角元素由 $\boldsymbol{a}$ 给定
a	标量随机变量
$\mathbf{a}$	向量随机变量
$\mathbf{A}$	矩阵随机变量

集合和图

$\mathbb{A}$	集合
$\mathbb{R}$	实数集
$\{0,1\}$	包含 0 和 1 的集合
$\{0,1,\cdots,n\}$	包含 0 和 n 之间所有整数的集合
$[a,b]$	包含 a 和 b 的实数区间
$(a,b]$	不包含 a 但包含 b 的实数区间
$\mathbb{A}\backslash\mathbb{B}$	差集，即其元素包含于 $\mathbb{A}$ 但不包含于 $\mathbb{B}$
$\mathcal{G}$	图
$Pa_{\mathcal{G}}(\mathrm{x}_i)$	图 $\mathcal{G}$ 中 x_i 的父节点

索引

a_i	向量 $\boldsymbol{a}$ 的第 i 个元素，其中索引从 1 开始
a_{-i}	除了第 i 个元素，$\boldsymbol{a}$ 的所有元素
$A_{i,j}$	矩阵 $\boldsymbol{A}$ 的 i,j 元素
$\boldsymbol{A}_{i,:}$	矩阵 $\boldsymbol{A}$ 的第 i 行
$\boldsymbol{A}_{:,i}$	矩阵 $\boldsymbol{A}$ 的第 i 列
$\mathsf{A}_{i,j,k}$	3 维张量 $\mathbf{A}$ 的 (i,j,k) 元素
$\mathbf{A}_{:,:,i}$	3 维张量的 2 维切片
a_i	随机向量 $\mathbf{a}$ 的第 i 个元素

线性代数中的操作

$\boldsymbol{A}^\top$	矩阵 $\boldsymbol{A}$ 的转置
$\boldsymbol{A}^+$	$\boldsymbol{A}$ 的 Moore-Penrose 伪逆
$\boldsymbol{A} \odot \boldsymbol{B}$	$\boldsymbol{A}$ 和 $\boldsymbol{B}$ 的逐元素乘积 (Hadamard 乘积)
$\det(\boldsymbol{A})$	$\boldsymbol{A}$ 的行列式

微积分

$\frac{dy}{dx}$	y 关于 x 的导数
$\frac{\partial y}{\partial x}$	y 关于 x 的偏导
$\nabla_{\boldsymbol{x}} y$	y 关于 $\boldsymbol{x}$ 的梯度
$\nabla_{\boldsymbol{X}} y$	y 关于 $\boldsymbol{X}$ 的矩阵导数
$\nabla_{\mathbf{X}} y$	y 关于 $\mathbf{X}$ 求导后的张量
$\frac{\partial f}{\partial \boldsymbol{x}}$	$f: \mathbb{R}^n \rightarrow \mathbb{R}^m$ 的 Jacobian 矩阵 $\boldsymbol{J} \in \mathbb{R}^{m \times n}$
$\nabla_{\boldsymbol{x}}^2 f(\boldsymbol{x})$ or $\boldsymbol{H}(f)(\boldsymbol{x})$	f 在点 $\boldsymbol{x}$ 处的 Hessian 矩阵
$\int f(\boldsymbol{x}) d\boldsymbol{x}$	$\boldsymbol{x}$ 整个域上的定积分
$\int_{\mathbb{S}} f(\boldsymbol{x}) d\boldsymbol{x}$	集合 $\mathbb{S}$ 上关于 $\boldsymbol{x}$ 的定积分

概率和信息论

$\mathrm{a} \bot \mathrm{b}$	a 和 b 相互独立的随机变量
$\mathrm{a} \bot \mathrm{b} \mid \mathrm{c}$	给定 c 后条件独立
$P(\mathrm{a})$	离散变量上的概率分布
$p(\mathrm{a})$	连续变量 (或变量类型未指定时) 上的概率分布
$\mathrm{a} \sim P$	具有分布 P 的随机变量 a
$\mathbb{E}_{\mathrm{x} \sim P}[f(x)]$ or $\mathbb{E} f(x)$	$f(x)$ 关于 $P(\mathrm{x})$ 的期望
$\mathrm{Var}(f(x))$	$f(x)$ 在分布 $P(\mathrm{x})$ 下的方差
$\mathrm{Cov}(f(x), g(x))$	$f(x)$ 和 $g(x)$ 在分布 $P(\mathrm{x})$ 下的协方差
$H(\mathrm{x})$	随机变量 x 的香农熵
$D_{\mathrm{KL}}(P \Vert Q)$	P 和 Q 的 KL 散度
$\mathcal{N}(\boldsymbol{x}; \boldsymbol{\mu}, \boldsymbol{\Sigma})$	均值为 $\boldsymbol{\mu}$, 协方差为 $\boldsymbol{\Sigma}$，$\boldsymbol{x}$ 上的高斯分布

函数

$f:\mathbb{A}\to\mathbb{B}$	定义域为 $\mathbb{A}$ 值域为 $\mathbb{B}$ 的函数 f
$f\circ g$	f 和 g 的组合
$f(\boldsymbol{x};\boldsymbol{\theta})$	由 $\boldsymbol{\theta}$ 参数化，关于 $\boldsymbol{x}$ 的函数 (有时为简化表示，我们忽略 $\boldsymbol{\theta}$ 而记为 $f(\boldsymbol{x})$)
$\log x$	x 的自然对数
$\sigma(x)$	Logistic sigmoid, $\dfrac{1}{1+\exp(-x)}$
$\zeta(x)$	Softplus, $\log(1+\exp(x))$
$\lvert\lvert\boldsymbol{x}\rvert\rvert_p$	$\boldsymbol{x}$ 的 L^p 范数
$\lvert\lvert\boldsymbol{x}\rvert\rvert$	$\boldsymbol{x}$ 的 L^2 范数
x^+	x 的正数部分, 即 $\max(0,x)$
$\mathbf{1}_{\text{condition}}$	如果条件为真则为 1，否则为 0

有时候我们使用函数 f，它的参数是一个标量，但应用到一个向量、矩阵或张量：$f(\boldsymbol{x})$、$f(\boldsymbol{X})$ 或 $f(\mathsf{X})$ 。这表示逐元素地将 f 应用于数组。例如，$\mathsf{C}=\sigma(\mathsf{X})$，则对于所有合法的 i、j 和 k，$\mathsf{C}_{i,j,k}=\sigma(\mathsf{X}_{i,j,k})$。

数据集和分布

p_{data}	数据生成分布
$\hat{p}_{\text{train}}$	由训练集定义的经验分布
$\mathbb{X}$	训练样本的集合
$\boldsymbol{x}^{(i)}$	数据集的第 i 个样本 (输入)
$y^{(i)}$ 或 $\boldsymbol{y}^{(i)}$	监督学习中与 $\boldsymbol{x}^{(i)}$ 关联的目标
$\boldsymbol{X}$	$m\times n$ 的矩阵，其中行 $\boldsymbol{X}_{i,:}$ 为输入样本 $\boldsymbol{x}^{(i)}$

目　　录

第 3 部分　深度学习研究

第 1 章　引言

远在古希腊时期，发明家就梦想着创造能自主思考的机器。神话人物皮格马利翁 (Pygmalion)、代达罗斯 (Daedalus) 和赫淮斯托斯 (Hephaestus) 可以被看作传说中的发明家，而加拉蒂亚 (Galatea)、塔洛斯 (Talos) 和潘多拉 (Pandora) 则可以被视为人造生命 (Ovid and Martin, 2004; Sparkes, 1996; Tandy, 1997)。

当人类第一次构思可编程计算机时，就已经在思考计算机能否变得智能 (尽管这距造出第一台计算机还有一百多年)(Lovelace, 1842)。如今，**人工智能**(artificial intelligence, AI) 已经成为一个具有众多实际应用和活跃研究课题的领域，并且正在蓬勃发展。我们期望通过智能软件自动地处理常规劳动、理解语音或图像、帮助医学诊断和支持基础科学研究。

在人工智能的早期，那些对人类智力来说非常困难、但对计算机来说相对简单的问题得到迅速解决，比如，那些可以通过一系列形式化的数学规则来描述的问题。人工智能的真正挑战在于解决那些对人来说很容易执行、但很难形式化描述的任务，如识别人们所说的话或图像中的脸。对于这些问题，我们人类往往可以凭借直觉轻易地解决。

针对这些比较直观的问题，本书讨论一种解决方案。该方案可以让计算机从经验中学习，并根据层次化的概念体系来理解世界，而每个概念则通过与某些相对简单的概念之间的关系来定义。让计算机从经验获取知识，可以避免由人类来给计算机形式化地指定它需要的所有知识。层次化的概念让计算机构建较简单的概念来学习复杂概念。如果绘制出表示这些概念如何建立在彼此之上的图，我们将得到一张"深"(层次很多) 的图。基于这个原因，我们称这种方法为**AI 深度学习**(deep learning)。

AI 许多早期的成功发生在相对朴素且形式化的环境中，而且不要求计算机具备很多关于世界的知识。例如，IBM 的深蓝 (Deep Blue) 国际象棋系统在 1997 年击败了世界冠军Garry Kasparov(Hsu, 2002)。显然国际象棋是一个非常简单的领域，因为它仅含有 64 个位置并只能以严格限制的方式移动 32 个棋子。设计一种成功的国际象棋策略是巨大的成就，但向计算机描述棋子及其允许的走法并不是这一挑战的困难所在。国际象棋完全可以由一个非常简短的、完全形式化的规则列表来描述，并可以容易地由程序员事先准备好。

具有讽刺意义的是，抽象和形式化的任务对人类而言是最困难的脑力任务之一，但对计算机而言却属于最容易的。计算机早就能够打败人类最好的国际象棋选手，但直到最近计算机才在识别对象或语音任务中达到人类平均水平。一个人的日常生活需要关于世界的巨量知识。很多这方面的知识是主观的、直观的，因此很难通过形式化的方式表达清楚。计算机需要获取同样的知识才能表现出智能。人工智能的一个关键挑战就是如何将这些非形式化的知识传达给计算机。

一些人工智能项目力求将关于世界的知识用形式化的语言进行硬编码 (hard-code)。计算机可以使用逻辑推理规则来自动地理解这些形式化语言中的声明。这就是众所周知的人工智能的**知识库**(knowledge base) 方法。然而，这些项目最终都没有取得重大的成功。其中最著名的项目是 Cyc (Lenat and Guha, 1989)。Cyc 包括一个推断引擎和一个使用 CycL 语言描述的声明数据库。这些声明是由人类监督者输入的。这是一个笨拙的过程。人们设法设计出足够复杂的形式化规则来精确地描述世界。例如，Cyc 不能理解一个关于名为 Fred 的人在早上剃须的故事 (Linde, 1992)。它的推理引擎检测到故事中的不一致性：它知道人体的构成不包含电气零件，但由于 Fred 正拿着一个电动剃须刀，它认为实体 ——“正在剃须的 Fred”(“FredWhileShaving”) 含有电气部件。因此，它产生了这样的疑问 ——Fred 在刮胡子的时候是否仍然是一个人。

依靠硬编码的知识体系面临的困难表明，AI 系统需要具备自己获取知识的能力，即从原始数据中提取模式的能力。这种能力称为**机器学习**(machine learning)。引入机器学习使计算机能够解决涉及现实世界知识的问题，并能做出看似主观的决策。比如，一个称为**逻辑回归**(logistic regression) 的简单机器学习算法可以决定是否建议剖腹产 (Mor-Yosef *et al.*, 1990)。而同样是简单机器学习算法的**朴素贝叶斯**(naive Bayes) 则可以区分垃圾电子邮件和合法电子邮件。

这些简单的机器学习算法的性能在很大程度上依赖于给定数据的**表示**(representation)。例如，当逻辑回归用于判断产妇是否适合剖腹产时，AI 系统不会直接检查患者。相反，医生需要告诉系统几条相关的信息，诸如是否存在子宫疤痕。表示患者的每条信息称为一个特征。逻辑回归学习病人的这些特征如何与各种结果相关联。然而，它丝毫不能影响该特征定义的方式。如果将病人的 MRI(核磁共振) 扫描而不是医生正式的报告作为逻辑回归的输入，它将无法做出有用的预测。MRI 扫描的单一像素与分娩过程中并发症之间的相关性微乎其微。

在整个计算机科学乃至日常生活中，对表示的依赖都是一个普遍现象。在计算机科学中，如果数据集合被精巧地结构化并被智能地索引，那么诸如搜索之类的操作的处理速度就可以成指数级地加快。人们可以很容易地在阿拉伯数字的表示下进行算术运算，但在罗马数字的表示下，运算会比较耗时。因此，毫不奇怪，表示的选择会对机器学习算法的性能产生巨大的影响。图 1.1 展示了一个简单的可视化例子。

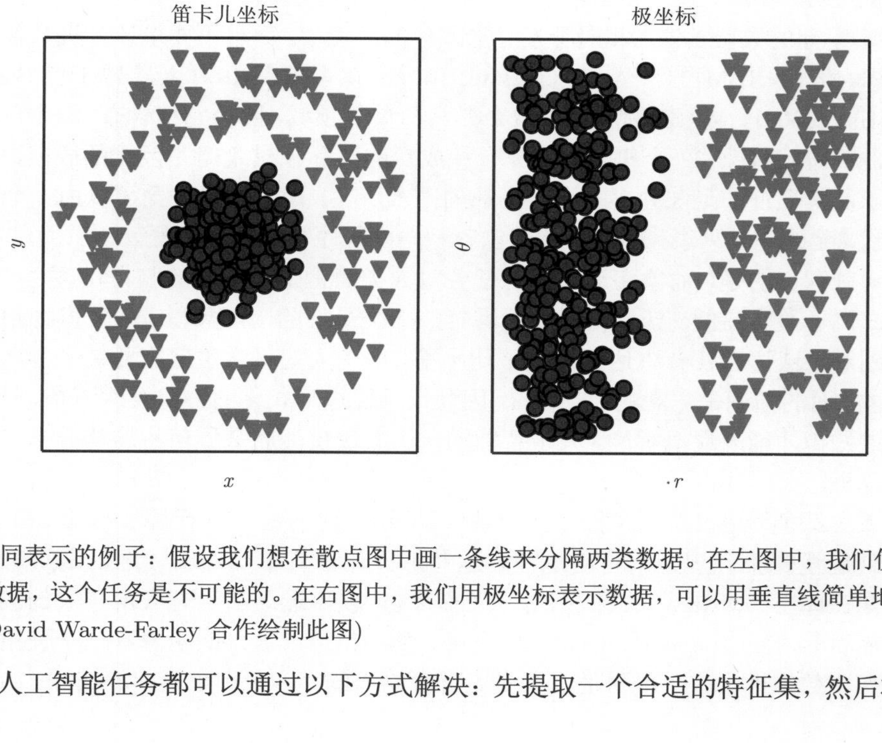

图 1.1 不同表示的例子：假设我们想在散点图中画一条线来分隔两类数据。在左图中，我们使用笛卡儿坐标表示数据，这个任务是不可能的。在右图中，我们用极坐标表示数据，可以用垂直线简单地解决这个任务 (与 David Warde-Farley 合作绘制此图)

许多人工智能任务都可以通过以下方式解决：先提取一个合适的特征集，然后将这些特征提供给简单的机器学习算法。例如，对于通过声音鉴别说话者的任务来说，一个有用的特征是对其声道大小的估计。这个特征为判断说话者是男性、女性还是儿童提供了有力线索。

然而，对于许多任务来说，我们很难知道应该提取哪些特征。例如，假设我们想编写一个程序来检测照片中的车。我们知道，汽车有轮子，所以我们可能会想用车轮的存在与否作为特征。遗憾的是，我们难以准确地根据像素值来描述车轮看上去像什么。虽然车轮具有简单的几何形状，但它的图像可能会因场景而异，如落在车轮上的阴影、太阳照亮的车轮的金属零件、汽车的挡泥板或者遮挡的车轮一部分的前景物体等。

解决这个问题的途径之一是使用机器学习来发掘表示本身，而不仅仅把表示映射到输出。这种方法我们称之为**表示学习**(representation learning)。学习到的表示往往比手动设计的表示表现得更好。并且它们只需最少的人工干预，就能让AI系统迅速适应新的任务。表示学习算法只需几分钟就可以为简单的任务发现一个很好的特征集，对于复杂任务则需要几小时到几个月。手动为一个复杂的任务设计特征需要耗费大量的人工、时间和精力，甚至需要花费整个社群研究人员几十年的时间。

表示学习算法的典型例子是**自编码器**(autoencoder)。自编码器由一个**编码器**(encoder) 函数和一个**解码器**(decoder) 函数组合而成。编码器函数将输入数据转换为一种不同的表示，而解码器函数则将这个新的表示转换回原来的形式。我们期望当输入数据经过编码器和解码器之后尽可能多地保留信息，同时希望新的表示有各种好的特性，这也是自编码器的训练目标。为了实现不同的特性，我们可以设计不同形式的自编码器。

当设计特征或设计用于学习特征的算法时，我们的目标通常是分离出能解释观察数据的**变差因素**(factors of variation)。在此背景下，“因素”这个词仅指代影响的不同来源；因素通常不是乘性组合。这些因素通常是不能被直接观察到的量。相反，它们可能是现实世界中观察不到的物体或者不可观测的力，但会影响可观测的量。为了对观察到的数据提供有用的简化解释或推断其原因，它们还可能以概念的形式存在于人类的思维中。它们可以被看作数据的概念或者抽象，帮助我们了解这些数据的丰富多样性。当分析语音记录时，变差因素包括说话者的年龄、性别、他们的口音和他们正在说的词语。当分析汽车的图像时，变差因素包括汽车的位置、它的颜色、太阳的角度和亮度。

在许多现实的人工智能应用中，困难主要源于多个变差因素同时影响着我们能够观察到的每一个数据。比如，在一张包含红色汽车的图片中，其单个像素在夜间可能会非常接近黑色。汽车轮廓的形状取决于视角。大多数应用需要我们理清变差因素并忽略我们不关心的因素。

显然，从原始数据中提取如此高层次、抽象的特征是非常困难的。许多诸如说话口音这样的变差因素，只能通过对数据进行复杂的、接近人类水平的理解来辨识。这几乎与获得原问题的表示一样困难，因此，乍一看，表示学习似乎并不能帮助我们。

深度学习(deep learning) 通过其他较简单的表示来表达复杂表示，解决了表示学习中的核心问题。

深度学习让计算机通过较简单的概念构建复杂的概念。图 1.2 展示了深度学习系统如何通过组合较简单的概念 (例如角和轮廓，它们反过来由边线定义) 来表示图像中人的概念。深度学习模型的典型例子是前馈深度网络或**多层感知机**(multilayer perceptron, MLP)。多层感知机仅仅是一个将一组输入值映射到输出值的数学函数。该函数由许多较简单的函数复合而成。我们可以认为不同数学函数的每一次应用都为输入提供了新的表示。

学习数据的正确表示的想法是解释深度学习的一个视角。另一个视角是深度促使计算机学习一个多步骤的计算机程序。每一层表示都可以被认为是并行执行另一组指令之后计算机的存储器状态。更深的网络可以按顺序执行更多的指令。顺序指令提供了极大的能力，因为后面的指令可以参考早期指令的结果。从这个角度上看，在某层激活函数里，并非所有信息都蕴涵着解释输入的变差因素。表示还存储着状态信息，用于帮助程序理解输入。这里的状态信息类似于传统计算机程序中的计数器或指针。它与具体的输入内容无关，但有助于模型组织其处理过程。

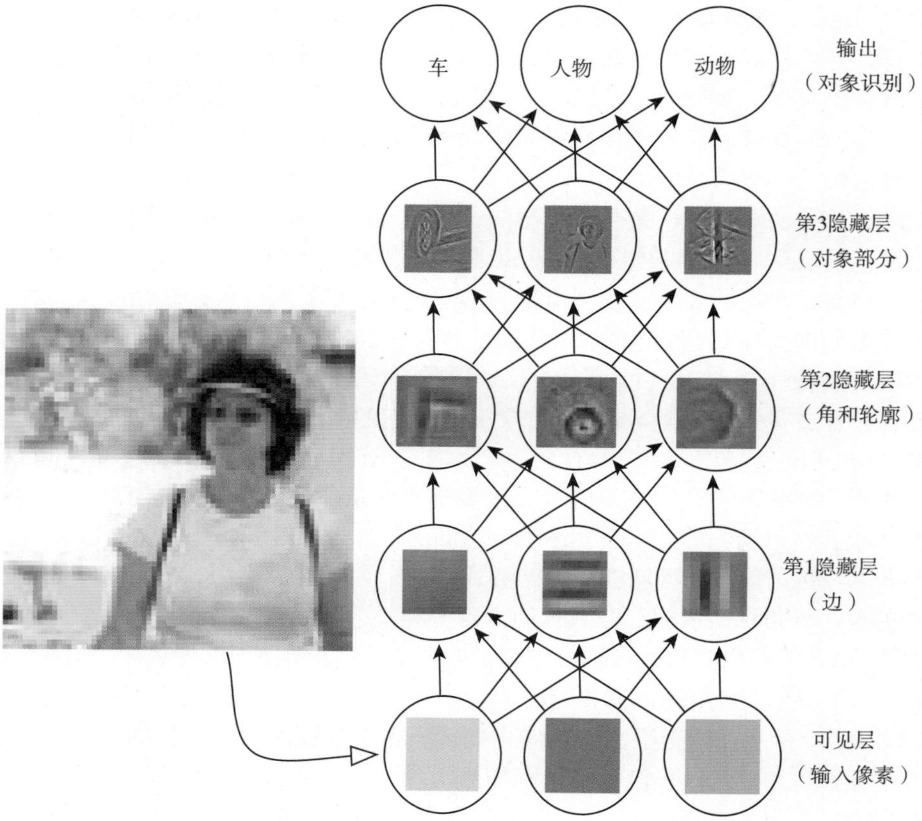

图 1.2 深度学习模型的示意图。计算机难以理解原始感观输入数据的含义，如表示为像素值集合的图像。将一组像素映射到对象标识的函数非常复杂。如果直接处理，学习或评估此映射似乎是不可能的。深度学习将所需的复杂映射分解为一系列嵌套的简单映射 (每个由模型的不同层描述) 来解决这一难题。输入展示在**可见层**(visible layer)，这样命名的原因是因为它包含我们能观察到的变量。然后是一系列从图像中提取越来越多抽象特征的**隐藏层**(hidden layer)。因为它们的值不在数据中给出，所以将这些层称为“隐藏层”；模型必须确定哪些概念有利于解释观察数据中的关系。这里的图像是每个隐藏单元表示的特征的可视化。给定像素，第 1 层可以轻易地通过比较相邻像素的亮度来识别边缘。有了第 1 隐藏层描述的边缘，第 2 隐藏层可以容易地搜索可识别为角和扩展轮廓的边集合。给定第 2 隐藏层中关于角和轮廓的图像描述，第 3 隐藏层可以找到轮廓和角的特定集合来检测特定对象的整个部分。最后，根据图像描述中包含的对象部分，可以识别图像中存在的对象 (经 Zeiler and Fergus (2014) 许可引用此图)

目前主要有两种度量模型深度的方式。一种方式是基于评估架构所需执行的顺序指令的数目。假设我们将模型表示为给定输入后，计算对应输出的流程图，则可以将这张流程图中的最长路径视为模型的深度。正如两个使用不同语言编写的等价程序将具有不同的长度，相同的函数可以被绘制为具有不同深度的流程图，其深度取决于我们可以用来作为一个步骤的函数。图 1.3 说明了语言的选择如何给相同的架构两个不同的衡量。

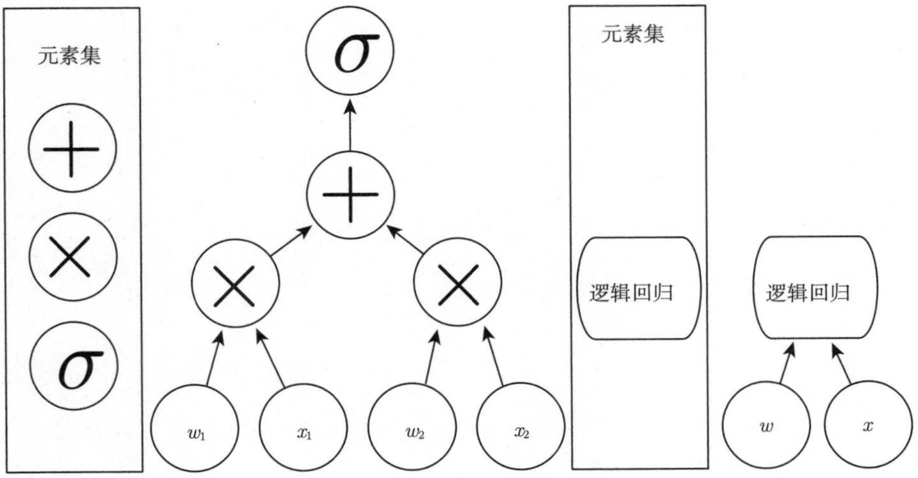

图 1.3 将输入映射到输出的计算图表的示意图，其中每个节点执行一个操作。深度是从输入到输出的最长路径的长度，但这取决于可能的计算步骤的定义。这些图中所示的计算是逻辑回归模型的输出，$\sigma(\boldsymbol{w}^T\boldsymbol{x})$，其中 σ 是 logistic sigmoid 函数。如果使用加法、乘法和 logistic sigmoid 作为计算机语言的元素，那么这个模型深度为 3；如果将逻辑回归视为元素本身，那么这个模型深度为 1

另一种是在深度概率模型中使用的方法，它不是将计算图的深度视为模型深度，而是将描述概念彼此如何关联的图的深度视为模型深度。在这种情况下，计算每个概念表示的计算流程图的深度可能比概念本身的图更深。这是因为系统对较简单概念的理解在给出更复杂概念的信息后可以进一步精细化。例如，一个 AI 系统观察其中一只眼睛在阴影中的脸部图像时，它最初可能只看到一只眼睛。但当检测到脸部的存在后，系统可以推断第二只眼睛也可能是存在的。在这种情况下，概念的图仅包括两层 (关于眼睛的层和关于脸的层)，但如果我们细化每个概念的估计将需要额外的 n 次计算，那么计算的图将包含 $2n$ 层。

由于并不总是清楚计算图的深度和概率模型图的深度哪一个是最有意义的，并且由于不同的人选择不同的最小元素集来构建相应的图，所以就像计算机程序的长度不存在单一的正确值一样，架构的深度也不存在单一的正确值。另外，也不存在模型多么深才能被修饰为“深”的共识。但相比传统机器学习，深度学习研究的模型涉及更多学到功能或学到概念的组合，这点毋庸置疑。

总之，这本书的主题 —— 深度学习是通向人工智能的途径之一。具体来说，它是机器学习的一种，一种能够使计算机系统从经验和数据中得到提高的技术。我们坚信机器学习可以构建出在复杂实际环境下运行的 AI 系统，并且是唯一切实可行的方法。深度学习是一种特定类型的机器学习，具有强大的能力和灵活性，它将大千世界表示为嵌套的层次概念体系 (由较简单概念间的联系定义复杂概念、从一般抽象概括到高级抽象表示)。图 1.4 说明了这些不同的 AI 学科之间的关系。图 1.5 展示了每个学科如何工作的高层次原理。

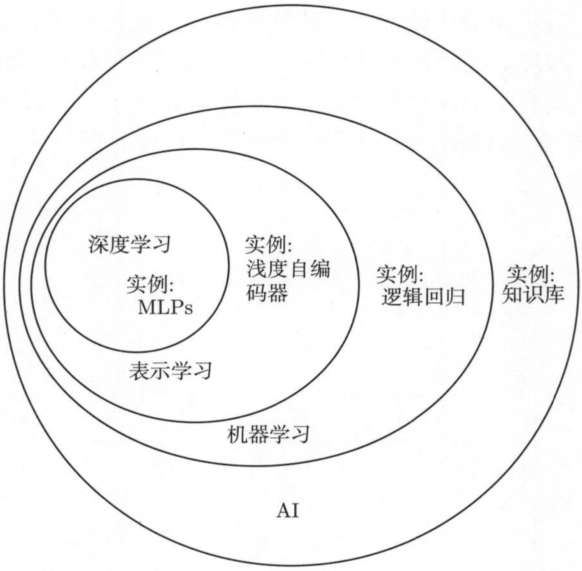

图 1.4 维恩图展示了深度学习既是一种表示学习，也是一种机器学习，可以用于许多 (但不是全部)AI 方法。维恩图的每个部分包括一个 AI 技术的实例

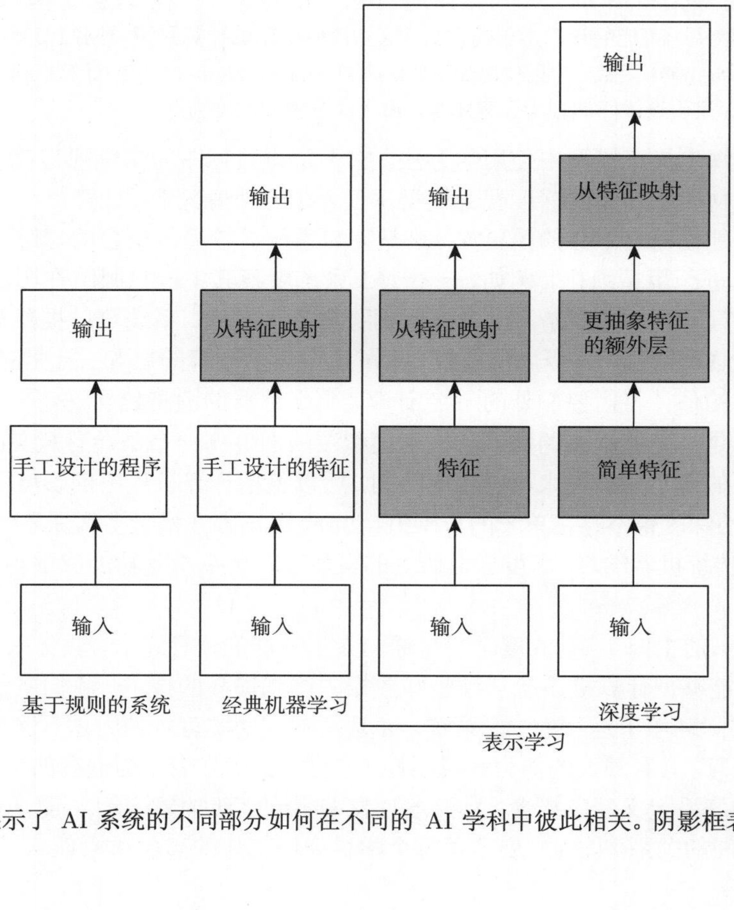

图 1.5 流程图展示了 AI 系统的不同部分如何在不同的 AI 学科中彼此相关。阴影框表示能从数据中学习的组件

1.1 本书面向的读者

本书对各类读者都有一定的用处，但主要是为两类受众而写的。其中，一类受众是学习机器学习的大学生 (本科或研究生)，包括那些已经开始职业生涯的深度学习和人工智能研究者。另一类受众是没有机器学习或统计背景，但希望能快速地掌握这方面知识，并在他们的产品或平台中使用深度学习的软件工程师。现已证明，深度学习在许多软件领域都是有用的，包括计算机视觉、语音和音频处理、自然语言处理、机器人技术、生物信息学和化学、电子游戏、搜索引擎、网络广告和金融。

为了更好地服务各类读者，我们将本书组织为 3 个部分。第 1 部分介绍基本的数学工具和机器学习的概念。第 2 部分介绍最成熟的深度学习算法，这些技术基本上已经得到解决。第 3 部分讨论某些具有展望性的想法，它们被广泛地认为是深度学习未来的研究重点。

读者可以随意跳过不感兴趣或与自己背景不相关的部分。熟悉线性代数、概率和基本机器学习概念的读者可以跳过第 1 部分。若读者只是想实现一个能工作的系统，则不需要阅读超出第 2 部分的内容。为了帮助读者选择章节，图 1.6 给出了本书高层组织结构的流程图。

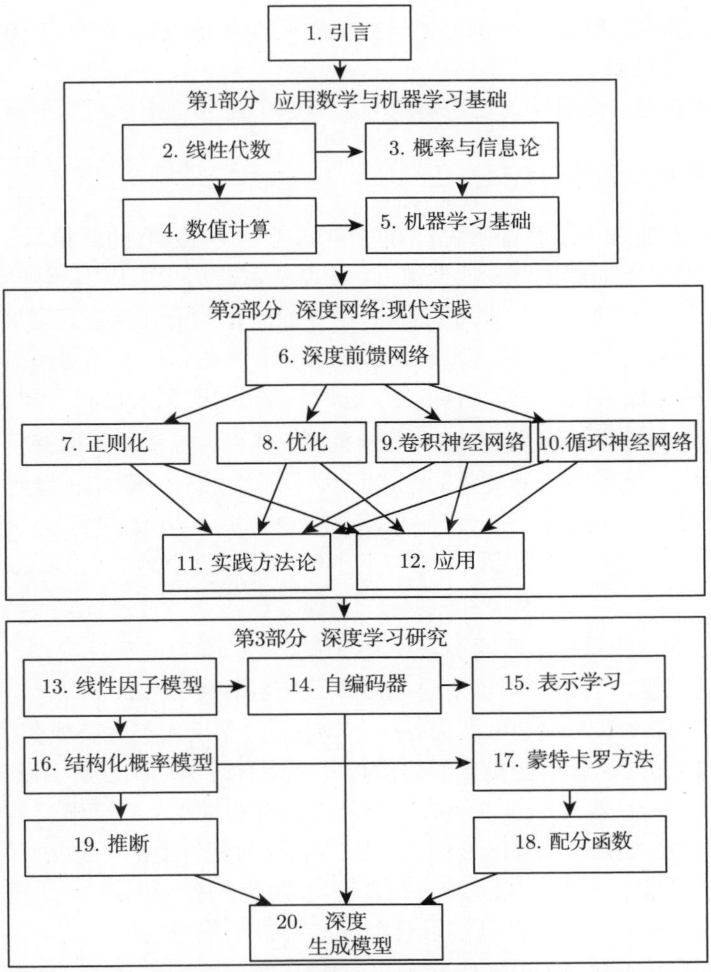

图 1.6 本书的高层组织结构的流程图。从一章到另一章的箭头表示前一章是理解后一章的必备内容

我们假设所有读者都具备计算机科学背景。也假设读者熟悉编程，并且对计算的性能问题、复杂性理论、入门级微积分和一些图论术语有基本的了解。

《深度学习》英文版配套网站是 www.deeplearningbook.org。网站上提供了各种补充材料，包括练习、讲义幻灯片、错误更正以及其他应该对读者和讲师有用的资源。

《深度学习》中文版的读者，可访问人民邮电出版社异步社区网站https://www.epubit.com，获取更多图书信息。

1.2 深度学习的历史趋势

通过历史背景了解深度学习是最简单的方式。这里我们仅指出深度学习的几个关键趋势，而不是提供其详细的历史：

- 深度学习有着悠久而丰富的历史，但随着许多不同哲学观点的渐渐消逝，与之对应的名称也渐渐尘封。
- 随着可用的训练数据量不断增加，深度学习变得更加有用。
- 随着时间的推移，针对深度学习的计算机软硬件基础设施都有所改善，深度学习模型的规模也随之增长。
- 随着时间的推移，深度学习已经解决日益复杂的应用，并且精度不断提高。

1.2.1 神经网络的众多名称和命运变迁

我们期待这本书的许多读者都听说过深度学习这一激动人心的新技术，并对一本书提及一个新兴领域的“历史”而感到惊讶。事实上，深度学习的历史可以追溯到 20 世纪 40 年代。深度学习看似是一个全新的领域，只不过因为在目前流行的前几年它还是相对冷门的，同时也因为它被赋予了许多不同的名称 (其中大部分已经不再使用)，最近才成为众所周知的“深度学习”。这个领域已经更换了很多名称，它反映了不同的研究人员和不同观点的影响。

全面地讲述深度学习的历史超出了本书的范围。然而，一些基本的背景对理解深度学习是有用的。一般认为，迄今为止深度学习已经经历了 3 次发展浪潮：20 世纪 40 年代到 60 年代，深度学习的雏形出现在**控制论**(cybernetics) 中；20 世纪 80 年代到 90 年代，深度学习表现为**联结主义**(connectionism)；直到 2006 年，才真正以深度学习之名复兴。图 1.7 给出了定量的展示。

我们今天知道的一些最早的学习算法，旨在模拟生物学习的计算模型，即大脑怎样学习或为什么能学习的模型。其结果是深度学习以**人工神经网络**(artificial neural network, ANN) 之名而淡去。彼时，深度学习模型被认为是受生物大脑 (无论人类大脑或其他动物的大脑) 所启发而设计出来的系统。尽管有些机器学习的神经网络有时被用来理解大脑功能 (Hinton and Shallice, 1991)，但它们一般都没有设计成生物功能的真实模型。深度学习的神经观点受两个主要思想启发：一个想法是，大脑作为例子证明智能行为是可能的，因此，概念上，建立智能的直接途径是逆向大脑背后的计算原理，并复制其功能；另一种看法是，理解大脑和人类智能背后的原理也非常有趣，因此机器学习模型除了解决工程应用的能力，如果能让人类对这些基本的科学问题有进一步的认识，也将会很有用。

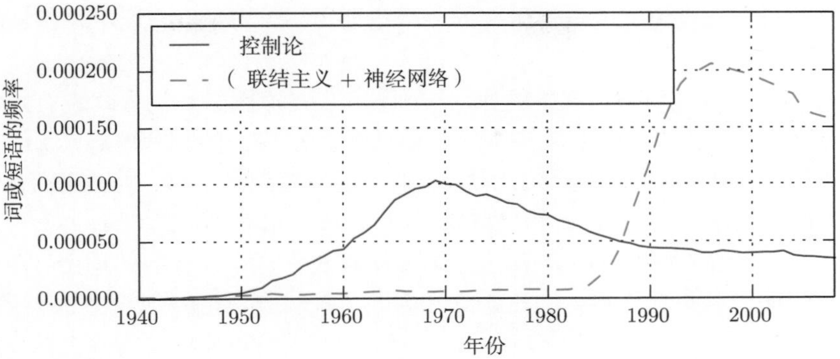

图 1.7 根据 Google 图书中短语“控制论”“联结主义”或“神经网络”频率衡量的人工神经网络研究的历史浪潮（图中展示了 3 次浪潮的前两次，第 3 次最近才出现）。第 1 次浪潮开始于 20 世纪 40 年代到 20 世纪 60 年代的控制论，随着生物学习理论的发展 (McCulloch and Pitts, 1943; Hebb, 1949) 和第一个模型的实现 (如感知机 (Rosenblatt, 1958))，能实现单个神经元的训练。第 2 次浪潮开始于 1980—1995 年间的联结主义方法，可以使用反向传播 (Rumelhart *et al.*, 1986a) 训练具有一两个隐藏层的神经网络。当前第 3 次浪潮，也就是深度学习，大约始于 2006 年 (Hinton *et al.*, 2006a; Bengio *et al.*, 2007a; Ranzato *et al.*, 2007a)，并且于 2016 年以图书的形式出现。另外，前两次浪潮类似地出现在书中的时间比相应的科学活动晚得多

现代术语“深度学习”超越了目前机器学习模型的神经科学观点。它诉诸于学习*多层次组合*这一更普遍的原理，这一原理也可以应用于那些并非受神经科学启发的机器学习框架。

现代深度学习最早的前身是从神经科学的角度出发的简单线性模型。这些模型设计为使用一组 n 个输入 $x_1, \cdots, x_n$，并将它们与一个输出 y 相关联。这些模型希望学习一组权重 $w_1, \cdots, w_n$，并计算它们的输出 $f(\boldsymbol{x}, \boldsymbol{w}) = x_1 w_1 + \cdots + x_n w_n$。如图 1.7 所示，第一次神经网络研究浪潮称为控制论。

McCulloch-Pitts 神经元 (McCulloch and Pitts, 1943) 是脑功能的早期模型。该线性模型通过检验函数 $f(\boldsymbol{x}, \boldsymbol{w})$ 的正负来识别两种不同类别的输入。显然，模型的权重需要正确设置后才能使模型的输出对应于期望的类别。这些权重可以由操作人员设定。20 世纪 50 年代，感知机 (Rosenblatt, 1956, 1958) 成为第一个能根据每个类别的输入样本来学习权重的模型。大约在同一时期，**自适应线性单元**(adaptive linear element, ADALINE) 简单地返回函数 $f(\boldsymbol{x})$ 本身的值来预测一个实数 (Widrow and Hoff, 1960)，并且它还可以学习从数据预测这些数。

这些简单的学习算法大大影响了机器学习的现代景象。用于调节 ADALINE 权重的训练算法是被称为**随机梯度下降**(stochastic gradient descent) 的一种特例。稍加改进后的随机梯度下降算法仍然是当今深度学习的主要训练算法。

基于感知机和 ADALINE 中使用的函数 $f(\boldsymbol{x}, \boldsymbol{w})$ 的模型称为**线性模型**(linear model)。尽管在许多情况下，这些模型以不同于原始模型的方式进行训练，但仍是目前最广泛使用的机器学习模型。

线性模型有很多局限性。最著名的是，它们无法学习异或 (XOR) 函数，即 $f([0,1], \boldsymbol{w}) = 1$ 和 $f([1,0], \boldsymbol{w}) = 1$，但 $f([1,1], \boldsymbol{w}) = 0$ 和 $f([0,0], \boldsymbol{w}) = 0$。观察到线性模型这个缺陷的批评者对受生物学启发的学习普遍地产生了抵触 (Minsky and Papert, 1969)。这导致了神经网络热潮的第一次大衰退。

现在，神经科学被视为深度学习研究的一个重要灵感来源，但它已不再是该领域的主要指导。

如今神经科学在深度学习研究中的作用被削弱，主要原因是我们根本没有足够的关于大脑的信息来作为指导去使用它。要获得对被大脑实际使用算法的深刻理解，我们需要有能力同时监测 (至少是) 数千相连神经元的活动。我们不能够做到这一点，所以我们甚至连大脑最简单、最深入研究的部分都还远远没有理解 (Olshausen and Field, 2005)。

神经科学已经给了我们依靠单一深度学习算法解决许多不同任务的理由。神经学家们发现，如果将雪貂的大脑重新连接，使视觉信号传送到听觉区域，它们可以学会用大脑的听觉处理区域去“看” (Von Melchner *et al.*, 2000)。这暗示着大多数哺乳动物的大脑使用单一的算法就可以解决其大脑可以解决的大部分不同任务。在这个假设之前，机器学习研究是比较分散的，研究人员在不同的社群研究自然语言处理、计算机视觉、运动规划和语音识别。如今，这些应用社群仍然是独立的，但是对于深度学习研究团体来说，同时研究许多甚至所有这些应用领域是很常见的。

我们能够从神经科学得到一些粗略的指南。仅通过计算单元之间的相互作用而变得智能的基本思想是受大脑启发的。新认知机 (Fukushima, 1980) 受哺乳动物视觉系统的结构启发，引入了一个处理图片的强大模型架构，它后来成为了现代卷积网络的基础 (LeCun *et al.*, 1998c)(参见第 9.10 节)。目前大多数神经网络是基于一个称为**整流线性单元**(rectified linear unit) 的神经单元模型。原始认知机 (Fukushima, 1975) 受我们关于大脑功能知识的启发，引入了一个更复杂的版本。简化的现代版通过吸收来自不同观点的思想而形成，Nair and Hinton (2010b) 和 Glorot *et al.* (2011a) 援引神经科学作为影响，Jarrett *et al.* (2009a) 援引更多面向工程的影响。虽然神经科学是灵感的重要来源，但它不需要被视为刚性指导。我们知道，真实的神经元计算着与现代整流线性单元非常不同的函数，但更接近真实神经网络的系统并没有导致机器学习性能的提升。此外，虽然神经科学已经成功地启发了一些神经网络架构，但我们对用于神经科学的生物学习还没有足够多的了解，因此也就不能为训练这些架构用的学习算法提供太多的借鉴。

媒体报道经常强调深度学习与大脑的相似性。的确，深度学习研究者比其他机器学习领域 (如核方法或贝叶斯统计) 的研究者更可能地引用大脑作为影响，但是大家不应该认为深度学习在尝试模拟大脑。现代深度学习从许多领域获取灵感，特别是应用数学的基本内容，如线性代数、概率论、信息论和数值优化。尽管一些深度学习的研究人员引用神经科学作为灵感的重要来源，然而其他学者完全不关心神经科学。

值得注意的是，了解大脑是如何在算法层面上工作的尝试确实存在且发展良好。这项尝试主要被称为“计算神经科学”，并且是独立于深度学习的领域。研究人员在两个领域之间来回研究是很常见的。深度学习领域主要关注如何构建计算机系统，从而成功解决需要智能才能解决的任务，而计算神经科学领域主要关注构建大脑如何真实工作的、比较精确的模型。

20 世纪 80 年代，神经网络研究的第二次浪潮在很大程度上是伴随一个被称为**联结主义**(connectionism) 或**并行分布处理**(parallel distributed processing) 潮流而出现的 (Rumelhart *et al.*, 1986d; McClelland *et al.*, 1995)。联结主义是在认知科学的背景下出现的。认知科学是理解思维的跨学科途径，即它融合多个不同的分析层次。20 世纪 80 年代初期，大多数认知科学家研究符号推理模型。尽管这很流行，但符号模型很难解释大脑如何真正使用神经元实现推理功能。联结主义者开始研究真正基于神经系统实现的认知模型 (Touretzky and Minton, 1985)，其中很多复苏的想法可以追溯到心理学家 Donald Hebb 在 20 世纪 40 年代的工作 (Hebb, 1949)。

联结主义的中心思想是，当网络将大量简单的计算单元连接在一起时可以实现智能行为。这种见解同样适用于生物神经系统中的神经元，因为它和计算模型中隐藏单元起着类似的作用。

在 20 世纪 80 年代的联结主义期间形成的几个关键概念在今天的深度学习中仍然是非常重要的。

其中一个概念是**分布式表示**(distributed representation)(Hinton *et al.*, 1986)。其思想是：系统的每一个输入都应该由多个特征表示，并且每一个特征都应该参与到多个可能输入的表示。例如，假设我们有一个能够识别红色、绿色或蓝色的汽车、卡车和鸟类的视觉系统，表示这些输入的其中一个方法是将 9 个可能的组合：红卡车、红汽车、红鸟、绿卡车等使用单独的神经元或隐藏单元激活。这需要 9 个不同的神经元，并且每个神经必须独立地学习颜色和对象身份的概念。改善这种情况的方法之一是使用分布式表示，即用 3 个神经元描述颜色，3 个神经元描述对象身份。这仅仅需要 6 个神经元而不是 9 个，并且描述红色的神经元能够从汽车、卡车和鸟类的图像中学习红色，而不仅仅是从一个特定类别的图像中学习。分布式表示的概念是本书的核心，我们将在第 15 章中更加详细地描述。

联结主义潮流的另一个重要成就是反向传播在训练具有内部表示的深度神经网络中的成功使用以及反向传播算法的普及 (Rumelhart *et al.*, 1986c; LeCun, 1987)。这个算法虽然曾黯然失色且不再流行，但截至写书之时，它仍是训练深度模型的主导方法。

20 世纪 90 年代，研究人员在使用神经网络进行序列建模的方面取得了重要进展。Hochreiter (1991b) 和 Bengio *et al.* (1994b) 指出了对长序列进行建模的一些根本性数学难题，这将在第 10.7 节中描述。Hochreiter 和 Schmidhuber(1997) 引入**长短期记忆**(long short-term memory, LSTM) 网络来解决这些难题。如今，LSTM 在许多序列建模任务中广泛应用，包括 Google 的许多自然语言处理任务。

神经网络研究的第二次浪潮一直持续到 20 世纪 90 年代中期。基于神经网络和其他AI技术的创业公司开始寻求投资，其做法野心勃勃但不切实际。当AI研究不能实现这些不合理的期望时，投资者感到失望。同时，机器学习的其他领域取得了进步。比如，核方法 (Boser *et al.*, 1992; Cortes and Vapnik, 1995; Schölkopf *et al.*, 1999) 和图模型 (Jordan, 1998) 都在很多重要任务上实现了很好的效果。这两个因素导致了神经网络热潮的第二次衰退，并一直持续到 2007 年。

在此期间，神经网络继续在某些任务上获得令人印象深刻的表现 (LeCun *et al.*, 1998c; Bengio *et al.*, 2001a)。加拿大高级研究所 (CIFAR) 通过其神经计算和自适应感知 (NCAP) 研究计划帮助维持神经网络研究。该计划联合了分别由 Geoffrey Hinton、Yoshua Bengio和 Yann LeCun 领导的多伦多大学、蒙特利尔大学和纽约大学的机器学习研究小组。这个多学科的 CIFAR NCAP 研究计划还包括了神经科学家、人类和计算机视觉专家。

在那个时候，人们普遍认为深度网络是难以训练的。现在我们知道，20 世纪 80 年代就存在的算法能工作得非常好，但是直到 2006 年前后都没有体现出来。这可能仅仅由于其计算代价太高，而以当时可用的硬件难以进行足够的实验。

神经网络研究的第三次浪潮始于 2006 年的突破。Geoffrey Hinton 表明名为“深度信念网络”的神经网络可以使用一种称为“贪婪逐层预训练”的策略来有效地训练 (Hinton *et al.*, 2006a)，我们将在第 15.1 节中更详细地描述。其他 CIFAR 附属研究小组很快表明，同样的策略可以被用来训练许多其他类型的深度网络 (Bengio and LeCun, 2007a; Ranzato *et al.*, 2007b)，并能系统地帮助提高在测试样例上的泛化能力。神经网络研究的这一次浪潮普及了“深度学习”这一术语，强调研究者现在有能力训练以前不可能训练的比较深的神经网络，并着力于深度的理论重要性上 (Bengio and LeCun, 2007b; Delalleau and Bengio, 2011; Pascanu *et al.*, 2014a; Montufar *et al.*, 2014)。此时，深度神经网络已经优于与之竞争的基于其他机器学习技术以及手工设计功能的 AI 系统。在写这本书的时候，神经网络的第三次发展浪潮仍在继续，尽管深度学习的研究重点在这一段时间内发生了巨大变化。第三次浪潮已开始着眼于新的无监督学习技术和深度模型在小数据集的泛化能力，但目前更多的兴趣点仍是比较传统的监督学习算法和深度模型充分利用大型标注数据集的能力。

1.2.2 与日俱增的数据量

人们可能想问，既然人工神经网络的第一个实验在 20 世纪 50 年代就完成了，但为什么深度学习直到最近才被认为是关键技术？自 20 世纪 90 年代以来，深度学习就已经成功用于商业应用，但通常被视为一种只有专家才可以使用的艺术而不是一种技术，这种观点一直持续到最近。确实，要从一个深度学习算法获得良好的性能需要一些技巧。幸运的是，随着训练数据的增加，所需的技巧正在减少。目前在复杂的任务中达到人类水平的学习算法，与 20 世纪 80 年代努力解决玩具问题 (toy problem) 的学习算法几乎是一样的，尽管我们使用这些算法训练的模型经历了变革，即简化了极深架构的训练。最重要的新进展是，现在我们有了这些算法得以成功训练所需的资源。图 1.8 展示了基准数据集的大小如何随着时间的推移而

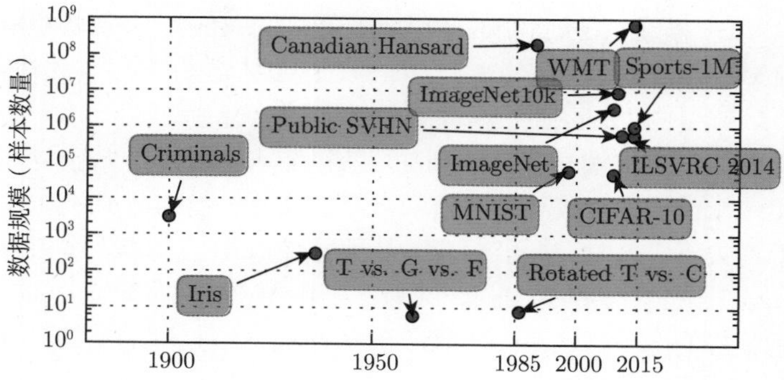

图 1.8 与日俱增的数据量。20 世纪初，统计学家使用数百或数千的手动制作的度量来研究数据集 (Garson, 1900; Gosset, 1908; Anderson, 1935; Fisher, 1936)。20 世纪 50 年代到 80 年代，受生物启发的机器学习开拓者通常使用小的合成数据集，如低分辨率的字母位图，设计为在低计算成本下表明神经网络能够学习特定功能 (Widrow and Hoff, 1960; Rumelhart *et al.*, 1986b)。20 世纪 80 年代和 90 年代，机器学习变得更偏统计，并开始利用包含成千上万个样本的更大数据集，如手写扫描数字的 MNIST 数据集 (如图 1.9 所示)(LeCun *et al.*, 1998c)。在 21 世纪的第一个 10 年里，相同大小更复杂的数据集持续出现，如 CIFAR-10 数据集 (Krizhevsky and Hinton, 2009)。在这 10 年结束和接下来的 5 年，明显更大的数据集 (包含数万到数千万的样例) 完全改变了深度学习可能实现的事。这些数据集包括公共 Street View House Numbers 数据集 (Netzer *et al.*, 2011)、各种版本的 ImageNet 数据集 (Deng *et al.*, 2009, 2010a; Russakovsky *et al.*, 2014a) 以及 Sports-1M 数据集 (Karpathy *et al.*, 2014)。在图顶部，我们看到翻译句子的数据集通常远大于其他数据集，如根据 Canadian Hansard 制作的 IBM 数据集 (Brown *et al.*, 1990) 和 WMT 2014 英法数据集 (Schwenk, 2014)

显著增加。这种趋势是由社会日益数字化驱动的。由于我们的活动越来越多地发生在计算机上，我们做什么也越来越多地被记录。由于计算机越来越多地联网在一起，这些记录变得更容易集中管理，并更容易将它们整理成适于机器学习应用的数据集。因为统计估计的主要负担（观察少量数据以在新数据上泛化）已经减轻，"大数据"时代使机器学习更加容易。截至 2016 年，一个粗略的经验法则是，监督深度学习算法在每类给定约 5000 个标注样本情况下一般将达到可以接受的性能，当至少有 1000 万个标注样本的数据集用于训练时，它将达到或超过人类表现。此外，在更小的数据集上获得成功是一个重要的研究领域，为此我们应特别侧重于如何通过无监督或半监督学习充分利用大量的未标注样本。

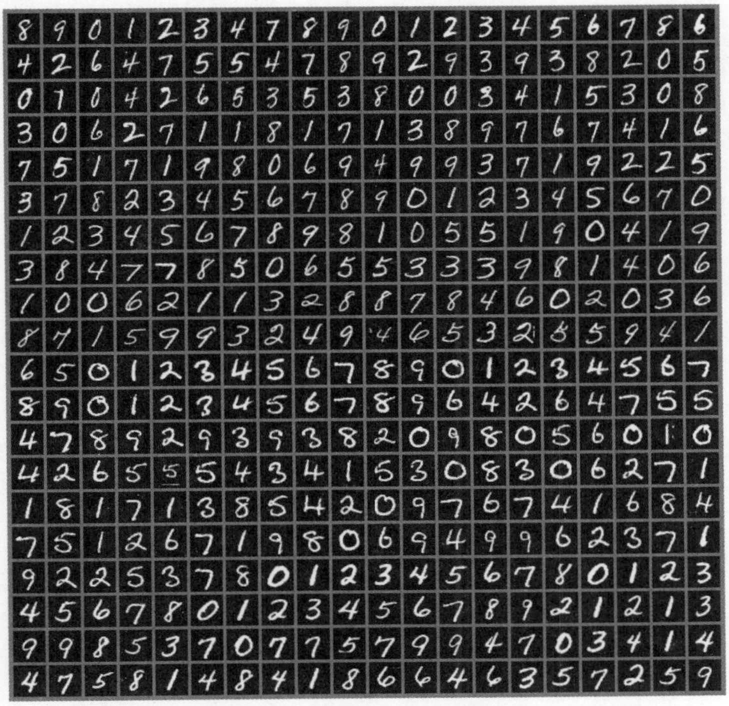

图 1.9 MNIST 数据集的输入样例。"NIST"代表国家标准和技术研究所 (National Institute of Standards and Technology)，是最初收集这些数据的机构。"M"代表"修改的 (Modified)"，为更容易地与机器学习算法一起使用，数据已经过预处理。MNIST 数据集包括手写数字的扫描和相关标签（描述每个图像中包含 0~9 中哪个数字)。这个简单的分类问题是深度学习研究中最简单和最广泛使用的测试之一。尽管现代技术很容易解决这个问题，它仍然很受欢迎。Geoffrey Hinton 将其描述为"机器学习的果蝇"，这意味着机器学习研究人员可以在受控的实验室条件下研究他们的算法，就像生物学家经常研究果蝇一样

1.2.3 与日俱增的模型规模

20 世纪 80 年代，神经网络只能取得相对较小的成功，而现在神经网络非常成功的另一个重要原因是我们现在拥有的计算资源可以运行更大的模型。联结主义的主要见解之一是，当动物的许多神经元一起工作时会变得聪明。单独神经元或小集合的神经元不是特别有用。

生物神经元不是特别稠密地连接在一起。如图 1.10 所示，几十年来，我们的机器学习模型中每个神经元的连接数量已经与哺乳动物的大脑在同一数量级上。

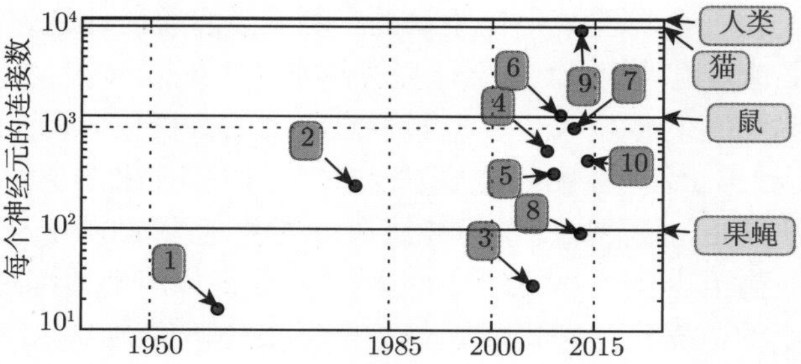

图 1.10 与日俱增的每个神经元的连接数。最初，人工神经网络中神经元之间的连接数受限于硬件能力。而现在，神经元之间的连接数大多是出于设计考虑。一些人工神经网络中每个神经元的连接数与猫一样多，并且对于其他神经网络来说，每个神经元的连接数与较小哺乳动物 (如小鼠) 一样多，这种情况是非常普遍的。甚至人类大脑每个神经元的连接数也没有过高的数量。生物神经网络规模来自 Wikipedia (2015)

1. 自适应线性单元 (Widrow and Hoff, 1960)；2. 神经认知机 (Fukushima, 1980)；3. GPU- 加速卷积网络 (Chellapilla *et al.*, 2006)；4. 深度玻尔兹曼机 (Salakhutdinov and Hinton, 2009a)；5. 无监督卷积网络 (Jarrett *et al.*, 2009b)；6. GPU- 加速多层感知机 (Ciresan *et al.*, 2010)；7. 分布式自编码器 (Le *et al.*, 2012)；8. Multi-GPU 卷积网络 (Krizhevsky *et al.*, 2012a)；9. COTS HPC 无监督卷积网络 (Coates *et al.*, 2013)；10. GoogLeNet (Szegedy *et al.*, 2014a)

如图 1.11 所示，就神经元的总数目而言，直到最近神经网络都是惊人的小。自从隐藏单元引入以来，人工神经网络的规模大约每 2.4 年扩大一倍。这种增长是由更大内存、更快的计算机和更大的可用数据集驱动的。更大的网络能够在更复杂的任务中实现更高的精度。这种趋势看起来将持续数十年。除非有能力迅速扩展新技术，否则至少要到 21 世纪 50 年代，人工神经网络才能具备与人脑相同数量级的神经元。生物神经元表示的功能可能比目前的人工神经元所表示的更复杂，因此生物神经网络可能比图中描绘的甚至要更大。

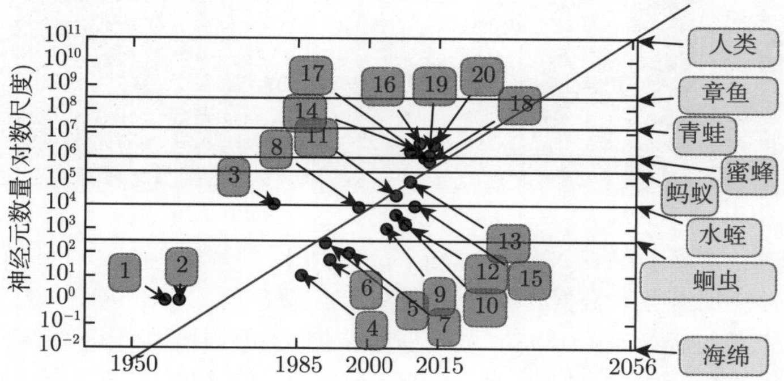

图 1.11 与日俱增的神经网络规模。自从引入隐藏单元，人工神经网络的规模大约每 2.4 年翻一倍。生物神经网络规模来自 Wikipedia (2015)

1. 感知机 (Rosenblatt, 1958, 1962)；2. 自适应线性单元 (Widrow and Hoff, 1960)；3. 神经认知机 (Fukushima, 1980)；4. 早期后向传播网络 (Rumelhart *et al.*, 1986b)；5. 用于语音识别的循环神经网络 (Robinson and Fallside, 1991)；6. 用于语音识别的多层感知机 (Bengio *et al.*, 1991)；7. 均匀场 sigmoid 信念网络 (Saul *et al.*, 1996)；8. LeNet-5 (LeCun *et al.*, 1998c)；9. 回声状态网络 (Jaeger and Haas, 2004)；10. 深度信念网络 (Hinton *et al.*, 2006a)；11. GPU- 加速卷积网络 (Chellapilla *et al.*, 2006)；12. 深度玻尔兹曼机 (Salakhutdinov and Hinton, 2009a)；13. GPU- 加速深度信念网络 (Raina *et al.*, 2009a)；14. 无监督卷积网络 (Jarrett *et al.*, 2009b)；15. GPU- 加速多层感知机 (Ciresan *et al.*, 2010)；16. OMP-1 网络 (Coates and Ng, 2011)；17. 分布式自编码器 (Le *et al.*, 2012)；18. Multi-GPU 卷积网络 (Krizhevsky *et al.*, 2012a)；19. COTS HPC 无监督卷积网络 (Coates *et al.*, 2013)；20. GoogLeNet (Szegedy *et al.*, 2014a)

现在看来，神经元数量比一个水蛭还少的神经网络不能解决复杂的人工智能问题，这是不足为奇的。即使现在的网络，从计算系统角度来看它可能相当大，但实际上它比相对原始的脊椎动物 (如青蛙) 的神经系统还要小。

由于更快的 CPU、通用 GPU 的出现 (在第 12.1.2 节中讨论)、更快的网络连接和更好的分布式计算的软件基础设施，模型规模随着时间的推移不断增加是深度学习历史中最重要的趋势之一。人们普遍预计这种趋势将很好地持续到未来。

1.2.4 与日俱增的精度、复杂度和对现实世界的冲击

20 世纪 80 年代以来，深度学习提供精确识别和预测的能力一直在提高。而且，深度学习持续成功地应用于越来越广泛的实际问题中。

最早的深度模型被用来识别裁剪紧凑且非常小的图像中的单个对象 (Rumelhart *et al.*, 1986d)。此后，神经网络可以处理的图像尺寸逐渐增加。现代对象识别网络能处理丰富的高分辨率照片，并且不需要在被识别的对象附近进行裁剪 (Krizhevsky *et al.*, 2012b)。类似地，最早的网络只能识别两种对象 (或在某些情况下，单类对象的存在与否)，而这些现代网络通常能够识别至少1000个不同类别的对象。对象识别中最大的比赛是每年举行的 ImageNet 大型视觉识别挑战 (ILSVRC)。深度学习迅速崛起的激动人心的一幕是卷积网络第一次大幅赢得这一挑战，它将最高水准的前 5 错误率从 26.1% 降到 15.3% (Krizhevsky *et al.*, 2012b)，这意味着该卷积网络针对每个图像的可能类别生成一个顺序列表，除了 15.3% 的测试样本，其他测试样本的正确类标都出现在此列表中的前 5 项里。此后，深度卷积网络连续地赢得这些比赛，截至写作本书时，深度学习的最新结果将这个比赛中的前 5 错误率降到了 3.6%，如图 1.12 所示。

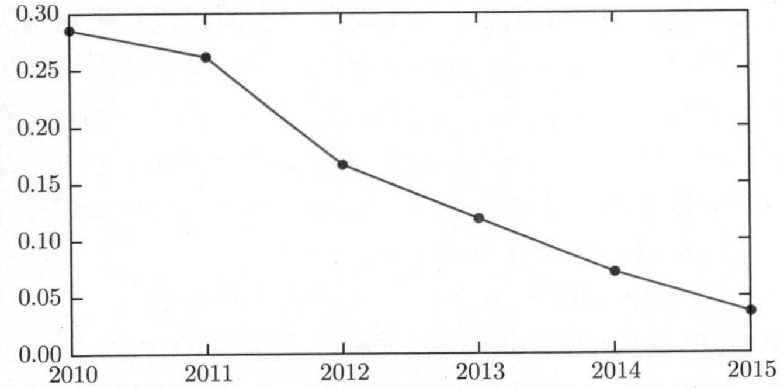

图 1.12 日益降低的错误率。由于深度网络达到了在 ImageNet 大规模视觉识别挑战中竞争所必需的规模，它们每年都能赢得胜利，并且产生越来越低的错误率。数据来源于 Russakovsky *et al.* (2014b) 和 He *et al.* (2015)

深度学习也对语音识别产生了巨大影响。语音识别在 20 世纪 90 年代得到提高后，直到约 2000 年都停滞不前。深度学习的引入 (Dahl *et al.*, 2010; Deng *et al.*, 2010b; Seide *et al.*, 2011; Hinton *et al.*, 2012a) 使得语音识别错误率陡然下降，有些错误率甚至降低了一半。我们将在第 12.3 节更详细地探讨这个历史。

深度网络在行人检测和图像分割中也取得了引人注目的成功 (Sermanet *et al.*, 2013; Farabet *et al.*, 2013; Couprie *et al.*, 2013)，并且在交通标志分类上取得了超越人类的表现 (Ciresan *et al.*, 2012)。

在深度网络的规模和精度有所提高的同时，它们可以解决的任务也日益复杂。Goodfellow *et al.* (2014d) 表明，神经网络可以学习输出描述图像的整个字符序列，而不是仅仅识别单个对象。此前，人们普遍认为，这种学习需要对序列中的单个元素进行标注 (Gulcehre and Bengio, 2013)。循环神经网络，如之前提到的 LSTM 序列模型，现在用于对序列和其他序列之间的关系进行建模，而不是仅仅固定输入之间的关系。这种序列到序列的学习似乎引领着另一个应用的颠覆性发展，即机器翻译 (Sutskever *et al.*, 2014; Bahdanau *et al.*, 2015)。

这种复杂性日益增加的趋势已将其推向逻辑结论，即神经图灵机 (Graves *et al.*, 2014) 的引入，它能学习读取存储单元和向存储单元写入任意内容。这样的神经网络可以从期望行为的样本中学习简单的程序。例如，从杂乱和排好序的样本中学习对一系列数进行排序。这种自我编程技术正处于起步阶段，但原则上未来可以适用于几乎所有的任务。

深度学习的另一个最大的成就是其在**强化学习**(reinforcement learning) 领域的扩展。在强化学习中，一个自主的智能体必须在没有人类操作者指导的情况下，通过试错来学习执行任务。DeepMind 表明，基于深度学习的强化学习系统能够学会玩 Atari 视频游戏，并在多种任务中可与人类匹敌 (Mnih *et al.*, 2015)。深度学习也显著改善了机器人强化学习的性能 (Finn *et al.*, 2015)。

许多深度学习应用都是高利润的。现在深度学习被许多顶级的技术公司使用，包括 Google、Microsoft、Facebook、IBM、Baidu、Apple、Adobe、Netflix、NVIDIA 和 NEC 等。

深度学习的进步也严重依赖于软件基础架构的进展。软件库如 Theano (Bergstra *et al.*, 2010a; Bastien *et al.*, 2012a)、PyLearn2 (Goodfellow *et al.*, 2013e)、Torch (Collobert *et al.*, 2011b)、DistBelief (Dean *et al.*, 2012)、Caffe (Jia, 2013)、MXNet (Chen *et al.*, 2015) 和 TensorFlow (Abadi *et al.*, 2015) 都能支持重要的研究项目或商业产品。

深度学习也为其他科学做出了贡献。用于对象识别的现代卷积网络为神经科学家们提供了可以研究的视觉处理模型 (DiCarlo, 2013)。深度学习也为处理海量数据以及在科学领域做出有效的预测提供了非常有用的工具。它已成功地用于预测分子如何相互作用、从而帮助制药公司设计新的药物 (Dahl *et al.*, 2014)，搜索亚原子粒子 (Baldi *et al.*, 2014)，以及自动解析用于构建人脑三维图的显微镜图像 (Knowles-Barley *et al.*, 2014) 等多个场合。我们期待深度学习未来能够出现在越来越多的科学领域中。

总之，深度学习是机器学习的一种方法。在过去几十年的发展中，它大量借鉴了我们关于人脑、统计学和应用数学的知识。近年来，得益于更强大的计算机、更大的数据集和能够训练更深网络的技术，深度学习的普及性和实用性都有了极大的发展。未来几年，深度学习更是充满了进一步提高并应用到新领域的挑战和机遇。

第 1 部分

应用数学与机器学习基础

本书这一部分将介绍理解深度学习所需的基本数学概念。我们从应用数学的一般概念开始，这能使我们定义拥有许多变量的函数，找到这些函数的最高点和最低点，并量化信念度。

接着，我们描述机器学习的基本目标，并描述如何实现这些目标。我们需要指定代表某些信念的模型、设计衡量这些信念与现实对应程度的代价函数以及使用训练算法最小化这个代价函数。

这个基本框架是广泛多样的机器学习算法的基础，其中也包括非深度的机器学习方法。在本书的后续章节，我们将在这个框架下开发深度学习算法。

第 2 章　线性代数

线性代数作为数学的一个分支，广泛应用于科学和工程中。然而，因为线性代数主要是面向连续数学，而非离散数学，所以很多计算机科学家很少接触它。掌握好线性代数对于理解和从事机器学习算法相关工作是很有必要的，尤其对于深度学习算法而言。因此，在开始介绍深度学习之前，我们集中探讨一些必备的线性代数知识。

如果你已经很熟悉线性代数，那么可以轻松地跳过本章。如果你已经了解这些概念，但是需要一份索引表来回顾一些重要公式，那么我们推荐 *The Matrix Cookbook* (Petersen and Pedersen, 2006)。如果你没有接触过线性代数，那么本章将告诉你本书所需的线性代数知识，不过我们仍然强烈建议你参考其他专门讲解线性代数的文献，例如 Shilov (1977)。最后，本章略去了很多重要但是对于理解深度学习非必需的线性代数知识。

2.1　标量、向量、矩阵和张量

学习线性代数，会涉及以下几个数学概念：

- **标量**(scalar)：一个标量就是一个单独的数，它不同于线性代数中研究的其他大部分对象 (通常是多个数的数组)。我们用斜体表示标量。标量通常被赋予小写的变量名称。在介绍标量时，我们会明确它们是哪种类型的数。比如，在定义实数标量时，我们可能会说“令 $s \in \mathbb{R}$ 表示一条线的斜率”；在定义自然数标量时，我们可能会说“令 $n \in \mathbb{N}$ 表示元素的数目”。
- **向量**(vector)：一个向量是一列数。这些数是有序排列的。通过次序中的索引，我们可以确定每个单独的数。通常我们赋予向量粗体的小写变量名称，比如 $\boldsymbol{x}$。向量中的元素可以通过带脚标的斜体表示。向量 $\boldsymbol{x}$ 的第一个元素是 x_1，第二个元素是 x_2，等等。我们也会注明存储在向量中的元素是什么类型的。如果每个元素都属于 $\mathbb{R}$，并且该向量有 n 个元素，那么该向量属于实数集 $\mathbb{R}$ 的 n 次笛卡儿乘积构成的集合，记为 $\mathbb{R}^n$。当需要明确表示向量中的元素时，我们会将元素排列成一个方括号包围的纵列：

$$\boldsymbol{x} = \begin{bmatrix} x_1 \\ x_2 \\ \vdots \\ x_n \end{bmatrix} \tag{2.1}$$

  我们可以把向量看作空间中的点，每个元素是不同坐标轴上的坐标。

  有时我们需要索引向量中的一些元素。在这种情况下，我们定义一个包含这些元素索引的集合，然后将该集合写在脚标处。比如，指定 x_1、x_3 和 x_6，我们定义集合 $S = \{1, 3, 6\}$，然后写作 $\boldsymbol{x}_S$。我们用符号 − 表示集合的补集中的索引。比如 $\boldsymbol{x}_{-1}$ 表示 $\boldsymbol{x}$ 中除 x_1 外的所有元素，$\boldsymbol{x}_{-S}$ 表示 $\boldsymbol{x}$ 中除 x_1、x_3、x_6 外所有元素构成的向量。

- **矩阵**(matrix)：矩阵是一个二维数组，其中的每一个元素由两个索引 (而非一个) 所确定。我们通常会赋予矩阵粗体的大写变量名称，比如 $\boldsymbol{A}$。如果一个实数矩阵高度为 m，宽度为 n，那么我们说 $\boldsymbol{A} \in \mathbb{R}^{m \times n}$。我们在表示矩阵中的元素时，通常以不加粗的斜体形式使用其名称，索引用逗号间隔。比如，$A_{1,1}$ 表示 $\boldsymbol{A}$ 左上的元素，$A_{m,n}$ 表示 $\boldsymbol{A}$ 右下的元素。我们通过用 “:” 表示水平坐标，以表示垂直坐标 i 中的所有元素。比如，$\boldsymbol{A}_{i,:}$ 表示 $\boldsymbol{A}$ 中垂直坐标 i 上的一横排元素。这也被称为 $\boldsymbol{A}$ 的第 i **行**(row)。同样地，$\boldsymbol{A}_{:,i}$ 表示 $\boldsymbol{A}$ 的第 i **列**(column)。当需要明确表示矩阵中的元素时，我们将它们写在用方括号括起来的数组中：

$$\begin{bmatrix} A_{1,1} & A_{1,2} \\ A_{2,1} & A_{2,2} \end{bmatrix} \tag{2.2}$$

  有时我们需要矩阵值表达式的索引，而不是单个元素。在这种情况下，我们在表达式后面接下标，但不必将矩阵的变量名称小写化。比如，$f(\boldsymbol{A})_{i,j}$ 表示函数 f 作用在 $\boldsymbol{A}$ 上输出的矩阵的第 i 行第 j 列元素。
- **张量**(tensor)：在某些情况下，我们会讨论坐标超过两维的数组。一般的，一个数组中的元素分布在若干维坐标的规则网格中，我们称之为张量。我们使用字体 A 来表示张量“A”。张量 A 中坐标为 (i,j,k) 的元素记作 $\mathsf{A}_{i,j,k}$。

转置(transpose) 是矩阵的重要操作之一。矩阵的转置是以对角线为轴的镜像，这条从左上角到右下角的对角线被称为**主对角线**(main diagonal)。图 2.1 显示了这个操作。我们将矩阵 $\boldsymbol{A}$ 的转置表示为 $\boldsymbol{A}^\top$，定义如下

$$(\boldsymbol{A}^\top)_{i,j} = A_{j,i} \tag{2.3}$$

向量可以看作只有一列的矩阵。对应地，向量的转置可以看作只有一行的矩阵。有时，我们通过将向量元素作为行矩阵写在文本行中，然后使用转置操作将其变为标准的列向量，来定义一个向量，比如 $\boldsymbol{x} = [x_1, x_2, x_3]^\top$。

标量可以看作只有一个元素的矩阵。因此，标量的转置等于它本身，$a = a^\top$。

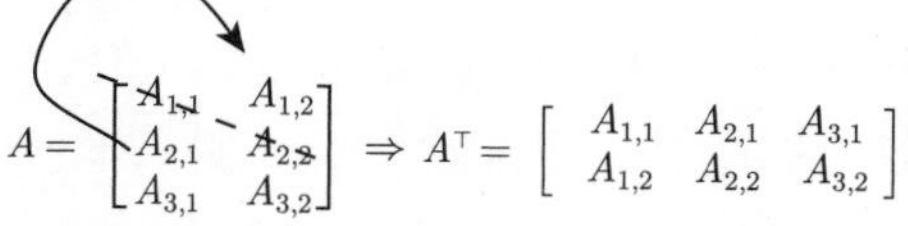

图 2.1　矩阵的转置可以看作以主对角线为轴的一个镜像

只要矩阵的形状一样，我们可以把两个矩阵相加。两个矩阵相加是指对应位置的元素相加，比如 $\boldsymbol{C} = \boldsymbol{A} + \boldsymbol{B}$，其中 $C_{i,j} = A_{i,j} + B_{i,j}$。

标量和矩阵相乘，或是和矩阵相加时，我们只需将其与矩阵的每个元素相乘或相加，比如 $\boldsymbol{D} = a \cdot \boldsymbol{B} + c$，其中 $D_{i,j} = a \cdot B_{i,j} + c$。

在深度学习中，我们也使用一些不那么常规的符号。我们允许矩阵和向量相加，产生另一个矩阵：$\boldsymbol{C} = \boldsymbol{A} + \boldsymbol{b}$，其中 $C_{i,j} = A_{i,j} + b_j$。换言之，向量 $\boldsymbol{b}$ 和矩阵 $\boldsymbol{A}$ 的每一行相加。这个简写方法使我们无须在加法操作前定义一个将向量 $\boldsymbol{b}$ 复制到每一行而生成的矩阵。这种隐式地复制向量 $\boldsymbol{b}$ 到很多位置的方式，称为**广播**(broadcasting)。

2.2 矩阵和向量相乘

矩阵乘法是矩阵运算中最重要的操作之一。两个矩阵 $\boldsymbol{A}$ 和 $\boldsymbol{B}$ 的**矩阵乘积**(matrix product) 是第三个矩阵 $\boldsymbol{C}$。为了使乘法可被定义，矩阵 $\boldsymbol{A}$ 的列数必须和矩阵 $\boldsymbol{B}$ 的行数相等。如果矩阵 $\boldsymbol{A}$ 的形状是 $m \times n$，矩阵 $\boldsymbol{B}$ 的形状是 $n \times p$，那么矩阵 $\boldsymbol{C}$ 的形状是 $m \times p$。我们可以通过将两个或多个矩阵并列放置以书写矩阵乘法，例如

$$\boldsymbol{C} = \boldsymbol{A}\boldsymbol{B} \tag{2.4}$$

具体地，该乘法操作定义为

$$C_{i,j} = \sum_k A_{i,k} B_{k,j} \tag{2.5}$$

需要注意的是，两个矩阵的标准乘积*不是*指两个矩阵中对应元素的乘积。不过，那样的矩阵操作确实是存在的，称为**元素对应乘积**(element-wise product) 或者**Hadamard 乘积** (Hadamard product)，记为 $\boldsymbol{A} \odot \boldsymbol{B}$。

两个相同维数的向量 $\boldsymbol{x}$ 和 $\boldsymbol{y}$ 的**点积**(dot product) 可看作矩阵乘积 $\boldsymbol{x}^\top \boldsymbol{y}$。我们可以把矩阵乘积 $\boldsymbol{C} = \boldsymbol{A}\boldsymbol{B}$ 中计算 $C_{i,j}$ 的步骤看作 $\boldsymbol{A}$ 的第 i 行和 $\boldsymbol{B}$ 的第 j 列之间的点积。

矩阵乘积运算有许多有用的性质，从而使矩阵的数学分析更加方便。比如，矩阵乘积服从分配律：

$$\boldsymbol{A}(\boldsymbol{B} + \boldsymbol{C}) = \boldsymbol{A}\boldsymbol{B} + \boldsymbol{A}\boldsymbol{C} \tag{2.6}$$

矩阵乘积也服从结合律：

$$\boldsymbol{A}(\boldsymbol{B}\boldsymbol{C}) = (\boldsymbol{A}\boldsymbol{B})\boldsymbol{C} \tag{2.7}$$

不同于标量乘积，矩阵乘积*并不*满足交换律 ($\boldsymbol{A}\boldsymbol{B} = \boldsymbol{B}\boldsymbol{A}$ 的情况并非总是满足)。然而，两个向量的**点积**满足交换律：

$$\boldsymbol{x}^\top \boldsymbol{y} = \boldsymbol{y}^\top \boldsymbol{x} \tag{2.8}$$

矩阵乘积的转置有着简单的形式：

$$(\boldsymbol{A}\boldsymbol{B})^\top = \boldsymbol{B}^\top \boldsymbol{A}^\top \tag{2.9}$$

利用两个向量点积的结果是标量、标量转置是自身的事实，我们可以证明式 (2.8)：

$$\boldsymbol{x}^\top \boldsymbol{y} = \left(\boldsymbol{x}^\top \boldsymbol{y}\right)^\top = \boldsymbol{y}^\top \boldsymbol{x} \tag{2.10}$$

由于本书的重点不是线性代数，我们并不想展示矩阵乘积的所有重要性质，但读者应该知道矩阵乘积还有很多有用的性质。

现在我们已经知道了足够多的线性代数符号，可以表达下列线性方程组：

$$\boldsymbol{A}\boldsymbol{x} = \boldsymbol{b} \tag{2.11}$$

其中 $\boldsymbol{A} \in \mathbb{R}^{m \times n}$ 是一个已知矩阵，$\boldsymbol{b} \in \mathbb{R}^m$ 是一个已知向量，$\boldsymbol{x} \in \mathbb{R}^n$ 是一个我们要求解的未知向量。向量 $\boldsymbol{x}$ 的每一个元素 x_i 都是未知的。矩阵 $\boldsymbol{A}$ 的每一行和 $\boldsymbol{b}$ 中对应的元素构成一个

约束。我们可以把式 (2.11) 重写为

$$\boldsymbol{A}_{1,:}\boldsymbol{x} = b_1 \tag{2.12}$$

$$\boldsymbol{A}_{2,:}\boldsymbol{x} = b_2 \tag{2.13}$$

$$\cdots \tag{2.14}$$

$$\boldsymbol{A}_{m,:}\boldsymbol{x} = b_m \tag{2.15}$$

或者，更明确地，写作

$$\boldsymbol{A}_{1,1}x_1 + \boldsymbol{A}_{1,2}x_2 + \cdots + \boldsymbol{A}_{1,n}x_n = b_1 \tag{2.16}$$

$$\boldsymbol{A}_{2,1}x_1 + \boldsymbol{A}_{2,2}x_2 + \cdots + \boldsymbol{A}_{2,n}x_n = b_2 \tag{2.17}$$

$$\cdots \tag{2.18}$$

$$\boldsymbol{A}_{m,1}x_1 + \boldsymbol{A}_{m,2}x_2 + \cdots + \boldsymbol{A}_{m,n}x_n = b_m \tag{2.19}$$

矩阵向量乘积符号为这种形式的方程提供了更紧凑的表示。

2.3 单位矩阵和逆矩阵

线性代数提供了称为**矩阵逆**(matrix inversion) 的强大工具。对于大多数矩阵 $\boldsymbol{A}$，我们都能通过矩阵逆解析地求解式 (2.11)。

为了描述矩阵逆，我们首先需要定义**单位矩阵**(identity matrix) 的概念。任意向量和单位矩阵相乘，都不会改变。我们将保持 n 维向量不变的单位矩阵记作 $\boldsymbol{I}_n$。形式上，$\boldsymbol{I}_n \in \mathbb{R}^{n\times n}$，

$$\forall \boldsymbol{x} \in \mathbb{R}^n, \boldsymbol{I}_n\boldsymbol{x} = \boldsymbol{x} \tag{2.20}$$

单位矩阵的结构很简单：所有沿主对角线的元素都是 1，而其他位置的所有元素都是 0，如图 2.2 所示。

$$\begin{bmatrix} 1 & 0 & 0 \\ 0 & 1 & 0 \\ 0 & 0 & 1 \end{bmatrix}$$

图 2.2 单位矩阵的一个样例：这是 $\boldsymbol{I}_3$

矩阵 $\boldsymbol{A}$ 的**矩阵逆**记作 $\boldsymbol{A}^{-1}$，其定义的矩阵满足如下条件：

$$\boldsymbol{A}^{-1}\boldsymbol{A} = \boldsymbol{I}_n \tag{2.21}$$

现在我们可以通过以下步骤求解式 (2.11)：

$$\boldsymbol{A}\boldsymbol{x} = \boldsymbol{b} \tag{2.22}$$

$$\boldsymbol{A}^{-1}\boldsymbol{A}\boldsymbol{x} = \boldsymbol{A}^{-1}\boldsymbol{b} \tag{2.23}$$

$$\boldsymbol{I}_n\boldsymbol{x} = \boldsymbol{A}^{-1}\boldsymbol{b} \tag{2.24}$$

$$\boldsymbol{x} = \boldsymbol{A}^{-1}\boldsymbol{b} \tag{2.25}$$

当然，这取决于我们能否找到一个逆矩阵 $\boldsymbol{A}^{-1}$。在接下来的章节中，我们会讨论逆矩阵 $\boldsymbol{A}^{-1}$ 存在的条件。

当逆矩阵 $\boldsymbol{A}^{-1}$ 存在时，有几种不同的算法都能找到它的闭解形式。理论上，相同的逆矩阵可用于多次求解不同向量 $\boldsymbol{b}$ 的方程。然而，逆矩阵 $\boldsymbol{A}^{-1}$ 主要是作为理论工具使用的，并不会在大多数软件应用程序中实际使用。这是因为逆矩阵 $\boldsymbol{A}^{-1}$ 在数字计算机上只能表现出有限的精度，有效使用向量 $\boldsymbol{b}$ 的算法通常可以得到更精确的 $\boldsymbol{x}$。

2.4 线性相关和生成子空间

如果逆矩阵 $\boldsymbol{A}^{-1}$ 存在，那么式 (2.11) 肯定对于每一个向量 $\boldsymbol{b}$ 恰好存在一个解。但是，对于方程组而言，对于向量 $\boldsymbol{b}$ 的某些值，有可能不存在解，或者存在无限多个解。存在多于一个解但是少于无限多个解的情况是不可能发生的；因为如果 $\boldsymbol{x}$ 和 $\boldsymbol{y}$ 都是某方程组的解，则

$$\boldsymbol{z} = \alpha \boldsymbol{x} + (1 - \alpha)\boldsymbol{y} \tag{2.26}$$

(其中 α 取任意实数) 也是该方程组的解。

为了分析方程有多少个解，我们可以将 $\boldsymbol{A}$ 的列向量看作从**原点**(origin)(元素都是零的向量) 出发的不同方向，确定有多少种方法可以到达向量 $\boldsymbol{b}$。在这个观点下，向量 $\boldsymbol{x}$ 中的每个元素表示我们应该沿着这些方向走多远，即 x_i 表示我们需要沿着第 i 个向量的方向走多远：

$$\boldsymbol{A}\boldsymbol{x} = \sum_i x_i \boldsymbol{A}_{:,i} \tag{2.27}$$

一般而言，这种操作称为**线性组合**(linear combination)。形式上，一组向量的线性组合，是指每个向量乘以对应标量系数之后的和，即

$$\sum_i c_i \boldsymbol{v}^{(i)} \tag{2.28}$$

一组向量的**生成子空间**(span) 是原始向量线性组合后所能抵达的点的集合。

确定 $\boldsymbol{A}\boldsymbol{x} = \boldsymbol{b}$ 是否有解，相当于确定向量 $\boldsymbol{b}$ 是否在 $\boldsymbol{A}$ 列向量的生成子空间中。这个特殊的生成子空间被称为 $\boldsymbol{A}$ 的**列空间**(column space) 或者 $\boldsymbol{A}$ 的**值域**(range)。

为了使方程 $\boldsymbol{A}\boldsymbol{x} = \boldsymbol{b}$ 对于任意向量 $\boldsymbol{b} \in \mathbb{R}^m$ 都存在解，我们要求 $\boldsymbol{A}$ 的列空间构成整个 $\mathbb{R}^m$。如果 $\mathbb{R}^m$ 中的某个点不在 $\boldsymbol{A}$ 的列空间中，那么该点对应的 $\boldsymbol{b}$ 会使得该方程没有解。矩阵 $\boldsymbol{A}$ 的列空间是整个 $\mathbb{R}^m$ 的要求，意味着 $\boldsymbol{A}$ 至少有 m 列，即 $n \geqslant m$。否则，$\boldsymbol{A}$ 列空间的维数会小于 m。例如，假设 $\boldsymbol{A}$ 是一个 3×2 的矩阵。目标 $\boldsymbol{b}$ 是 3 维的，但是 $\boldsymbol{x}$ 只有 2 维。所以无论如何修改 $\boldsymbol{x}$ 的值，也只能描绘出 $\mathbb{R}^3$ 空间中的二维平面。当且仅当向量 $\boldsymbol{b}$ 在该二维平面中时，该方程有解。

不等式 $n \geqslant m$ 仅是方程对每一点都有解的必要条件。这不是一个充分条件，因为有些列向量可能是冗余的。假设有一个 $\mathbb{R}^{2\times 2}$ 中的矩阵，它的两个列向量是相同的。那么它的列空间和它的一个列向量作为矩阵的列空间是一样的。换言之，虽然该矩阵有 2 列，但是它的列空间仍然只是一条线，不能涵盖整个 $\mathbb{R}^2$ 空间。

正式地说，这种冗余称为**线性相关**(linear dependence)。如果一组向量中的任意一个向量都不能表示成其他向量的线性组合，那么这组向量称为**线性无关**(linearly independent)。如果

某个向量是一组向量中某些向量的线性组合，那么我们将这个向量加入这组向量后不会增加这组向量的生成子空间。这意味着，如果一个矩阵的列空间涵盖整个 $\mathbb{R}^m$，那么该矩阵必须包含至少一组 m 个线性无关的向量。这是式 (2.11) 对于每一个向量 $\boldsymbol{b}$ 的取值都有解的充分必要条件。值得注意的是，这个条件是说该向量集恰好有 m 个线性无关的列向量，而不是至少 m 个。不存在一个 m 维向量的集合具有多于 m 个彼此线性不相关的列向量，但是一个有多于 m 个列向量的矩阵有可能拥有不止一个大小为 m 的线性无关向量集。

要想使矩阵可逆，我们还需要保证式 (2.11) 对于每一个 $\boldsymbol{b}$ 值至多有一个解。为此，我们需要确保该矩阵至多有 m 个列向量。否则，该方程会有不止一个解。

综上所述，这意味着该矩阵必须是一个**方阵**(square)，即 $m = n$，并且所有列向量都是线性无关的。一个列向量线性相关的方阵被称为**奇异的**(singular)。

如果矩阵 $\boldsymbol{A}$ 不是一个方阵或者是一个奇异的方阵，该方程仍然可能有解。但是我们不能使用矩阵逆去求解。

目前为止，我们已经讨论了逆矩阵左乘。我们也可以定义逆矩阵右乘：

$$\boldsymbol{A}\boldsymbol{A}^{-1} = \boldsymbol{I} \tag{2.29}$$

对于方阵而言，它的左逆和右逆是相等的。

2.5　范数

有时我们需要衡量一个向量的大小。在机器学习中，我们经常使用称为**范数**(norm) 的函数来衡量向量大小。形式上，L^p 范数定义如下

$$\|\boldsymbol{x}\|_p = \left(\sum_i |x_i|^p\right)^{\frac{1}{p}} \tag{2.30}$$

其中 $p \in \mathbb{R}$，$p \geqslant 1$。

范数 (包括 L^p 范数) 是将向量映射到非负值的函数。直观上来说，向量 $\boldsymbol{x}$ 的范数衡量从原点到点 $\boldsymbol{x}$ 的距离。更严格地说，范数是满足下列性质的任意函数：

- $f(\boldsymbol{x}) = 0 \Rightarrow \boldsymbol{x} = \boldsymbol{0}$;
- $f(\boldsymbol{x}+\boldsymbol{y}) \leqslant f(\boldsymbol{x}) + f(\boldsymbol{y})$ (**三角不等式**(triangle inequality));
- $\forall \alpha \in \mathbb{R}$, $f(\alpha\boldsymbol{x}) = |\alpha| f(\boldsymbol{x})$。

当 $p = 2$ 时，L^2 范数称为**欧几里得范数**(Euclidean norm)。它表示从原点出发到向量 $\boldsymbol{x}$ 确定的点的欧几里得距离。L^2 范数在机器学习中出现得十分频繁，经常简化表示为 $\|x\|$，略去了下标 2。平方 L^2 范数也经常用来衡量向量的大小，可以简单地通过点积 $\boldsymbol{x}^\top\boldsymbol{x}$ 计算。

平方 L^2 范数在数学和计算上都比 L^2 范数本身更方便。例如，平方 L^2 范数对 $\boldsymbol{x}$ 中每个元素的导数只取决于对应的元素，而 L^2 范数对每个元素的导数和整个向量相关。但是在很多情况下，平方 L^2 范数也可能不受欢迎，因为它在原点附近增长得十分缓慢。在某些机器学习应用中，区分恰好是零的元素和非零但值很小的元素是很重要的。在这些情况下，我们转而使用在各个位置斜率相同，同时保持简单的数学形式的函数：L^1 范数。L^1 范数可以简化如下

$$\|\boldsymbol{x}\|_1 = \sum_i |x_i| \tag{2.31}$$

当机器学习问题中零和非零元素之间的差异非常重要时，通常会使用 L^1 范数。每当 $\boldsymbol{x}$ 中某个元素从 0 增加 ϵ，对应的 L^1 范数也会增加 ϵ。

有时候我们会统计向量中非零元素的个数来衡量向量的大小。有些作者将这种函数称为"L^0 范数"，但是这个术语在数学意义上是不对的。向量的非零元素的数目不是范数，因为对向量缩放 α 倍不会改变该向量非零元素的数目。因此，L^1 范数经常作为表示非零元素数目的替代函数。

另外一个经常在机器学习中出现的范数是 L^∞ 范数，也被称为**最大范数**(max norm)。这个范数表示向量中具有最大幅值的元素的绝对值：

$$\|\boldsymbol{x}\|_\infty = \max_i |x_i| \tag{2.32}$$

有时候我们可能也希望衡量矩阵的大小。在深度学习中，最常见的做法是使用**Frobenius 范数**(Frobenius norm)，即

$$\|\boldsymbol{A}\|_F = \sqrt{\sum_{i,j} A_{i,j}^2} \tag{2.33}$$

其类似于向量的 L^2 范数。

两个向量的**点积**可以用范数来表示，具体如下

$$\boldsymbol{x}^\top \boldsymbol{y} = \|\boldsymbol{x}\|_2 \|\boldsymbol{y}\|_2 \cos\theta \tag{2.34}$$

其中 θ 表示 $\boldsymbol{x}$ 和 $\boldsymbol{y}$ 之间的夹角。

2.6 特殊类型的矩阵和向量

有些特殊类型的矩阵和向量是特别有用的。

对角矩阵(diagonal matrix) 只在主对角线上含有非零元素，其他位置都是零。形式上，矩阵 $\boldsymbol{D}$ 是对角矩阵，当且仅当对于所有的 $i \neq j$，$D_{i,j} = 0$。我们已经看到过一个对角矩阵：单位矩阵，其对角元素全部是 1。我们用 $\mathrm{diag}(\boldsymbol{v})$ 表示对角元素由向量 $\boldsymbol{v}$ 中元素给定的一个对角方阵。对角矩阵受到关注的部分原因是对角矩阵的乘法计算很高效。计算乘法 $\mathrm{diag}(\boldsymbol{v})\boldsymbol{x}$，我们只需要将 $\boldsymbol{x}$ 中的每个元素 x_i 放大 v_i 倍。换言之，$\mathrm{diag}(\boldsymbol{v})\boldsymbol{x} = \boldsymbol{v} \odot \boldsymbol{x}$。计算对角方阵的逆矩阵也很高效。对角方阵的逆矩阵存在，当且仅当对角元素都是非零值，在这种情况下，$\mathrm{diag}(\boldsymbol{v})^{-1} = \mathrm{diag}([1/v_1, \cdots, 1/v_n]^\top)$。在很多情况下，我们可以根据任意矩阵导出一些通用的机器学习算法，但通过将一些矩阵限制为对角矩阵，我们可以得到计算代价较低的 (并且简明扼要的) 算法。

并非所有的对角矩阵都是方阵。长方形的矩阵也有可能是对角矩阵。非方阵的对角矩阵没有逆矩阵，但我们仍然可以高效地计算它们的乘法。对于一个长方形对角矩阵 $\boldsymbol{D}$ 而言，乘法 $\boldsymbol{D}\boldsymbol{x}$ 会涉及 $\boldsymbol{x}$ 中每个元素的缩放，如果 $\boldsymbol{D}$ 是瘦长型矩阵，那么在缩放后的末尾添加一些零；如果 $\boldsymbol{D}$ 是胖宽型矩阵，那么在缩放后去掉最后一些元素。

对称(symmetric) 矩阵是转置和自己相等的矩阵，即

$$\boldsymbol{A} = \boldsymbol{A}^\top \tag{2.35}$$

当某些不依赖参数顺序的双参数函数生成元素时，对称矩阵经常会出现。例如，如果 $\boldsymbol{A}$ 是一个距离度量矩阵，$\boldsymbol{A}_{i,j}$ 表示点 i 到点 j 的距离，那么 $\boldsymbol{A}_{i,j} = \boldsymbol{A}_{j,i}$，因为距离函数是对称的。

单位向量(unit vector) 是具有**单位范数**(unit norm) 的向量，即

$$\|\boldsymbol{x}\|_2 = 1 \tag{2.36}$$

如果 $\boldsymbol{x}^\top \boldsymbol{y} = 0$，那么向量 $\boldsymbol{x}$ 和向量 $\boldsymbol{y}$ 互相**正交**(orthogonal)。如果两个向量都有非零范数，那么这两个向量之间的夹角是 90°。在 $\mathbb{R}^n$ 中，至多有 n 个范数非零向量互相正交。如果这些向量不但互相正交，而且范数都为 1，那么我们称它们是**标准正交**(orthonormal)。

正交矩阵(orthogonal matrix) 指行向量和列向量是分别标准正交的方阵，即

$$\boldsymbol{A}^\top \boldsymbol{A} = \boldsymbol{A}\boldsymbol{A}^\top = \boldsymbol{I} \tag{2.37}$$

这意味着

$$\boldsymbol{A}^{-1} = \boldsymbol{A}^\top \tag{2.38}$$

正交矩阵受到关注是因为求逆计算代价小。我们需要注意正交矩阵的定义。违反直觉的是，正交矩阵的行向量不仅是正交的，还是标准正交的。对于行向量或列向量互相正交但不是标准正交的矩阵，没有对应的专有术语。

2.7 特征分解

许多数学对象可以通过将它们分解成多个组成部分或者找到它们的一些属性来更好地理解。这些属性是通用的，而不是由我们选择表示它们的方式所产生的。

例如，整数可以分解为质因数。我们可以用十进制或二进制等不同方式表示整数 12，但是 $12 = 2 \times 2 \times 3$ 永远是对的。从这个表示中我们可以获得一些有用的信息，比如 12 不能被 5 整除，或者 12 的倍数可以被 3 整除。

正如我们可以通过分解质因数来发现整数的一些内在性质，我们也可以通过分解矩阵来发现矩阵表示成数组元素时不明显的函数性质。

特征分解(eigendecomposition) 是使用最广的矩阵分解之一，即我们将矩阵分解成一组特征向量和特征值。

方阵 $\boldsymbol{A}$ 的**特征向量**(eigenvector) 是指与 $\boldsymbol{A}$ 相乘后相当于对该向量进行缩放的非零向量 $\boldsymbol{v}$：

$$\boldsymbol{A}\boldsymbol{v} = \lambda \boldsymbol{v} \tag{2.39}$$

其中标量 λ 称为这个特征向量对应的**特征值**(eigenvalue)。(类似地，我们也可以定义**左特征向量**(left eigenvector) $\boldsymbol{v}^\top \boldsymbol{A} = \lambda \boldsymbol{v}^\top$，但是通常我们更关注**右特征向量**(right eigenvector))。

如果 $\boldsymbol{v}$ 是 $\boldsymbol{A}$ 的特征向量，那么任何缩放后的向量 $s\boldsymbol{v}$ ($s \in \mathbb{R}$，$s \neq 0$) 也是 $\boldsymbol{A}$ 的特征向量。此外，$s\boldsymbol{v}$ 和 $\boldsymbol{v}$ 有相同的特征值。基于这个原因，通常我们只考虑单位特征向量。

假设矩阵 $\boldsymbol{A}$ 有 n 个线性无关的特征向量 $\{\boldsymbol{v}^{(1)}, \cdots, \boldsymbol{v}^{(n)}\}$，对应着特征值 $\{\lambda_1, \cdots, \lambda_n\}$。我们将特征向量连接成一个矩阵，使得每一列是一个特征向量：$\boldsymbol{V} = [\boldsymbol{v}^{(1)}, \cdots, \boldsymbol{v}^{(n)}]$。类似地，我们也可以将特征值连接成一个向量 $\boldsymbol{\lambda} = [\lambda_1, \cdots, \lambda_n]^\top$。因此 $\boldsymbol{A}$ 的**特征分解**(eigendecomposition) 可以记作

$$\boldsymbol{A} = \boldsymbol{V} \operatorname{diag}(\boldsymbol{\lambda}) \boldsymbol{V}^{-1} \tag{2.40}$$

我们已经看到了构建具有特定特征值和特征向量的矩阵，能够使我们在目标方向上延伸空间。然而，我们也常常希望将矩阵**分解**(decompose) 成特征值和特征向量。这样可以帮助我们分析矩阵的特定性质，就像质因数分解有助于我们理解整数。

不是每一个矩阵都可以分解成特征值和特征向量。在某些情况下，特征分解存在，但是会涉及复数而非实数。幸运的是，在本书中，我们通常只需要分解一类有简单分解的矩阵。具体来讲，每个实对称矩阵都可以分解成实特征向量和实特征值：

$$\boldsymbol{A} = \boldsymbol{Q}\boldsymbol{\Lambda}\boldsymbol{Q}^\top \tag{2.41}$$

其中 $\boldsymbol{Q}$ 是 $\boldsymbol{A}$ 的特征向量组成的正交矩阵，$\boldsymbol{\Lambda}$ 是对角矩阵。特征值 $\Lambda_{i,i}$ 对应的特征向量是矩阵 $\boldsymbol{Q}$ 的第 i 列，记作 $\boldsymbol{Q}_{:,i}$。因为 $\boldsymbol{Q}$ 是正交矩阵，我们可以将 $\boldsymbol{A}$ 看作沿方向 $\boldsymbol{v}^{(i)}$ 延展 λ_i 倍的空间，如图 2.3 所示。

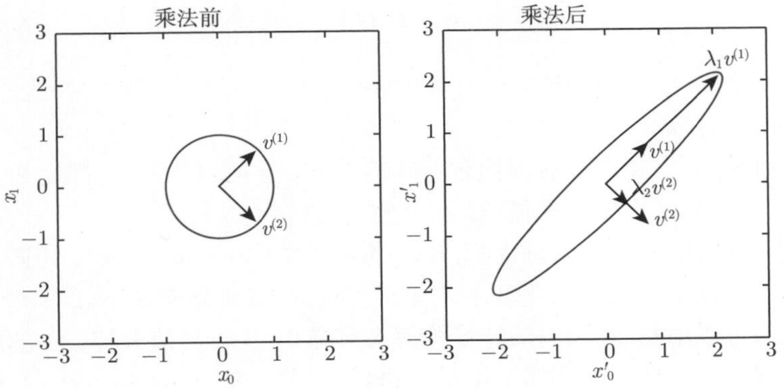

图 2.3 特征向量和特征值的作用效果。特征向量和特征值的作用效果的一个实例。在这里，矩阵 $\boldsymbol{A}$ 有两个标准正交的特征向量，对应特征值为 λ_1 的 $\boldsymbol{v}^{(1)}$ 以及对应特征值为 λ_2 的 $\boldsymbol{v}^{(2)}$。(左)我们画出了所有单位向量 $\boldsymbol{u} \in \mathbb{R}^2$ 的集合，构成一个单位圆。(右)我们画出了所有 $\boldsymbol{A}\boldsymbol{u}$ 点的集合。通过观察 $\boldsymbol{A}$ 拉伸单位圆的方式，我们可以看到它将 $\boldsymbol{v}^{(i)}$ 方向的空间拉伸了 λ_i 倍

虽然任意一个实对称矩阵 $\boldsymbol{A}$ 都有特征分解，但是特征分解可能并不唯一。如果两个或多个特征向量拥有相同的特征值，那么在由这些特征向量产生的生成子空间中，任意一组正交向量都是该特征值对应的特征向量。因此，我们可以等价地从这些特征向量中构成 $\boldsymbol{Q}$ 作为替代。按照惯例，我们通常按降序排列 $\boldsymbol{\Lambda}$ 的元素。在该约定下，特征分解唯一，当且仅当所有的特征值都是唯一的。

矩阵的特征分解给了我们很多关于矩阵的有用信息。矩阵是奇异的，当且仅当含有零特征值。实对称矩阵的特征分解也可以用于优化二次方程 $f(\boldsymbol{x}) = \boldsymbol{x}^\top \boldsymbol{A}\boldsymbol{x}$，其中限制 $\|\boldsymbol{x}\|_2 = 1$。当 $\boldsymbol{x}$ 等于 $\boldsymbol{A}$ 的某个特征向量时，f 将返回对应的特征值。在限制条件下，函数 f 的最大值是最大特征值，最小值是最小特征值。

所有特征值都是正数的矩阵称为**正定**(positive definite)；所有特征值都是非负数的矩阵称为**半正定**(positive semidefinite)。同样地，所有特征值都是负数的矩阵称为**负定**(negative definite)；所有特征值都是非正数的矩阵称为**半负定**(negative semidefinite)。半正定矩阵受到关注是因为它们保证 $\forall \boldsymbol{x}, \boldsymbol{x}^\top \boldsymbol{A}\boldsymbol{x} \geqslant 0$。此外，正定矩阵还保证 $\boldsymbol{x}^\top \boldsymbol{A}\boldsymbol{x} = 0 \Rightarrow \boldsymbol{x} = \boldsymbol{0}$。

2.8 奇异值分解

在第 2.7 节，我们探讨了如何将矩阵分解成特征向量和特征值。还有另一种分解矩阵的方法，称为**奇异值分解**(singular value decomposition, SVD)，是将矩阵分解为**奇异向量**(singular vector) 和**奇异值**(singular value)。通过奇异值分解，我们会得到一些与特征分解相同类型的信息。然而，奇异值分解有更广泛的应用。每个实数矩阵都有一个奇异值分解，但不一定都有特征分解。例如，非方阵的矩阵没有特征分解，这时我们只能使用奇异值分解。

回想一下，我们使用特征分解去分析矩阵 $\boldsymbol{A}$ 时，得到特征向量构成的矩阵 $\boldsymbol{V}$ 和特征值构成的向量 $\boldsymbol{\lambda}$，我们可以重新将 $\boldsymbol{A}$ 写作

$$\boldsymbol{A} = \boldsymbol{V}\mathrm{diag}(\boldsymbol{\lambda})\,\boldsymbol{V}^{-1} \tag{2.42}$$

奇异值分解是类似的，只不过这回我们将矩阵 $\boldsymbol{A}$ 分解成三个矩阵的乘积：

$$\boldsymbol{A} = \boldsymbol{U}\boldsymbol{D}\boldsymbol{V}^{\top} \tag{2.43}$$

假设 $\boldsymbol{A}$ 是一个 $m \times n$ 的矩阵，那么 $\boldsymbol{U}$ 是一个 $m \times m$ 的矩阵，$\boldsymbol{D}$ 是一个 $m \times n$ 的矩阵，$\boldsymbol{V}$ 是一个 $n \times n$ 矩阵。

这些矩阵中的每一个经定义后都拥有特殊的结构。矩阵 $\boldsymbol{U}$ 和 $\boldsymbol{V}$ 都定义为正交矩阵，而矩阵 $\boldsymbol{D}$ 定义为对角矩阵。注意，矩阵 $\boldsymbol{D}$ 不一定是方阵。

对角矩阵 $\boldsymbol{D}$ 对角线上的元素称为矩阵 $\boldsymbol{A}$ 的**奇异值**(singular value)。矩阵 $\boldsymbol{U}$ 的列向量称为**左奇异向量**(left singular vector)，矩阵 $\boldsymbol{V}$ 的列向量称**右奇异向量**(right singular vector)。

事实上，我们可以用与 $\boldsymbol{A}$ 相关的特征分解去解释 $\boldsymbol{A}$ 的奇异值分解。$\boldsymbol{A}$ 的**左奇异向量**(left singular vector) 是 $\boldsymbol{A}\boldsymbol{A}^{\top}$ 的特征向量。$\boldsymbol{A}$ 的**右奇异向量**(right singular vector) 是 $\boldsymbol{A}^{\top}\boldsymbol{A}$ 的特征向量。$\boldsymbol{A}$ 的非零奇异值是 $\boldsymbol{A}^{\top}\boldsymbol{A}$ 特征值的平方根，同时也是 $\boldsymbol{A}\boldsymbol{A}^{\top}$ 特征值的平方根。

SVD 最有用的一个性质可能是拓展矩阵求逆到非方矩阵上。我们将在下一节中探讨。

2.9 Moore-Penrose 伪逆

对于非方矩阵而言，其逆矩阵没有定义。假设在下面的问题中，我们希望通过矩阵 $\boldsymbol{A}$ 的左逆 $\boldsymbol{B}$ 来求解线性方程：

$$\boldsymbol{A}\boldsymbol{x} = \boldsymbol{y} \tag{2.44}$$

等式两边左乘左逆 $\boldsymbol{B}$ 后，我们得到

$$\boldsymbol{x} = \boldsymbol{B}\boldsymbol{y} \tag{2.45}$$

取决于问题的形式，我们可能无法设计一个唯一的映射将 $\boldsymbol{A}$ 映射到 $\boldsymbol{B}$。

如果矩阵 $\boldsymbol{A}$ 的行数大于列数，那么上述方程可能没有解。如果矩阵 $\boldsymbol{A}$ 的行数小于列数，那么上述矩阵可能有多个解。

Moore-Penrose 伪逆(Moore-Penrose pseudoinverse) 使我们在这类问题上取得了一定的进展。矩阵 $\boldsymbol{A}$ 的伪逆定义为

$$\boldsymbol{A}^{+} = \lim_{\alpha \searrow 0}(\boldsymbol{A}^{\top}\boldsymbol{A} + \alpha\boldsymbol{I})^{-1}\boldsymbol{A}^{\top} \tag{2.46}$$

计算伪逆的实际算法没有基于这个定义，而是使用下面的公式

$$\boldsymbol{A}^{+} = \boldsymbol{V}\boldsymbol{D}^{+}\boldsymbol{U}^{\top} \tag{2.47}$$

其中，矩阵 $\boldsymbol{U}$、$\boldsymbol{D}$ 和 $\boldsymbol{V}$ 是矩阵 $\boldsymbol{A}$ 奇异值分解后得到的矩阵。对角矩阵 $\boldsymbol{D}$ 的伪逆 $\boldsymbol{D}^{+}$ 是其非零元素取倒数之后再转置得到的。

当矩阵 $\boldsymbol{A}$ 的列数多于行数时，使用伪逆求解线性方程是众多可能解法中的一种。特别地，$\boldsymbol{x} = \boldsymbol{A}^{+}\boldsymbol{y}$ 是方程所有可行解中欧几里得范数 $\|\boldsymbol{x}\|_2$ 最小的一个。

当矩阵 $\boldsymbol{A}$ 的行数多于列数时，可能没有解。在这种情况下，通过伪逆得到的 $\boldsymbol{x}$ 使得 $\boldsymbol{A}\boldsymbol{x}$ 和 $\boldsymbol{y}$ 的欧几里得距离 $\|\boldsymbol{A}\boldsymbol{x} - \boldsymbol{y}\|_2$ 最小。

2.10 迹运算

迹运算返回的是矩阵对角元素的和：

$$\mathrm{Tr}(\boldsymbol{A}) = \sum_i \boldsymbol{A}_{i,i}. \tag{2.48}$$

迹运算因为很多原因而有用。若不使用求和符号，有些矩阵运算很难描述，而通过矩阵乘法和迹运算符号可以清楚地表示。例如，迹运算提供了另一种描述矩阵 Frobenius 范数的方式：

$$\|A\|_F = \sqrt{\mathrm{Tr}(\boldsymbol{A}\boldsymbol{A}^{\top})} \tag{2.49}$$

用迹运算表示表达式，我们可以使用很多有用的等式巧妙地处理表达式。例如，迹运算在转置运算下是不变的：

$$\mathrm{Tr}(\boldsymbol{A}) = \mathrm{Tr}(\boldsymbol{A}^{\top}) \tag{2.50}$$

多个矩阵相乘得到的方阵的迹，和将这些矩阵中的最后一个挪到最前面之后相乘的迹是相同的。当然，我们需要考虑挪动之后矩阵乘积依然定义良好：

$$\mathrm{Tr}(\boldsymbol{A}\boldsymbol{B}\boldsymbol{C}) = \mathrm{Tr}(\boldsymbol{C}\boldsymbol{A}\boldsymbol{B}) = \mathrm{Tr}(\boldsymbol{B}\boldsymbol{C}\boldsymbol{A}) \tag{2.51}$$

或者更一般地，

$$\mathrm{Tr}(\prod_{i=1}^{n} \boldsymbol{F}^{(i)}) = \mathrm{Tr}(\boldsymbol{F}^{(n)} \prod_{i=1}^{n-1} \boldsymbol{F}^{(i)}) \tag{2.52}$$

即使循环置换后矩阵乘积得到的矩阵形状变了，迹运算的结果依然不变。例如，假设矩阵 $\boldsymbol{A} \in \mathbb{R}^{m\times n}$，矩阵 $\boldsymbol{B} \in \mathbb{R}^{n\times m}$，我们可以得到

$$\mathrm{Tr}(\boldsymbol{A}\boldsymbol{B}) = \mathrm{Tr}(\boldsymbol{B}\boldsymbol{A}) \tag{2.53}$$

尽管 $\boldsymbol{A}\boldsymbol{B} \in \mathbb{R}^{m\times m}$ 和 $\boldsymbol{B}\boldsymbol{A} \in \mathbb{R}^{n\times n}$。

另一个有用的事实是标量在迹运算后仍然是它自己：$a = \mathrm{Tr}(a)$。

2.11 行列式

行列式，记作 $\det(\boldsymbol{A})$，是一个将方阵 $\boldsymbol{A}$ 映射到实数的函数。行列式等于矩阵特征值的乘积。行列式的绝对值可以用来衡量矩阵参与矩阵乘法后空间扩大或者缩小了多少。如果行列式是 0，那么空间至少沿着某一维完全收缩了，使其失去了所有的体积；如果行列式是 1，那么这个转换保持空间体积不变。

2.12 实例：主成分分析

主成分分析(principal components analysis, PCA) 是一个简单的机器学习算法，可以通过基础的线性代数知识推导。

假设在 $\mathbb{R}^n$ 空间中有 m 个点 $\{\boldsymbol{x}^{(1)}, \cdots, \boldsymbol{x}^{(m)}\}$，我们希望对这些点进行有损压缩。有损压缩表示我们使用更少的内存，但损失一些精度去存储这些点。我们希望损失的精度尽可能少。

编码这些点的一种方式是用低维表示。对于每个点 $\boldsymbol{x}^{(i)} \in \mathbb{R}^n$，会有一个对应的编码向量 $\boldsymbol{c}^{(i)} \in \mathbb{R}^l$。如果 l 比 n 小，那么我们便使用了更少的内存来存储原来的数据。我们希望找到一个编码函数，根据输入返回编码，$f(\boldsymbol{x}) = \boldsymbol{c}$；我们也希望找到一个解码函数，给定编码重构输入，$\boldsymbol{x} \approx g(f(\boldsymbol{x}))$。

PCA 由我们选择的解码函数而定。具体来讲，为了简化解码器，我们使用矩阵乘法将编码映射回 $\mathbb{R}^n$，即 $g(\boldsymbol{c}) = \boldsymbol{D}\boldsymbol{c}$，其中 $\boldsymbol{D} \in \mathbb{R}^{n \times l}$ 是定义解码的矩阵。

到目前为止，所描述的问题可能会有多个解。因为如果我们按比例地缩小所有点对应的编码向量 c_i，那么只需按比例放大 $\boldsymbol{D}_{:,i}$，即可保持结果不变。为了使问题有唯一解，我们限制 $\boldsymbol{D}$ 中所有列向量都有单位范数。

计算这个解码器的最优编码可能是一个困难的问题。为了使编码问题简单一些，PCA限制 $\boldsymbol{D}$ 的列向量彼此正交 (注意，除非 $l = n$，否则严格意义上 $\boldsymbol{D}$ 不是一个正交矩阵)。

为了将这个基本想法变为我们能够实现的算法，首先我们需要明确如何根据每一个输入 $\boldsymbol{x}$ 得到一个最优编码 $\boldsymbol{c}^*$。一种方法是最小化原始输入向量 $\boldsymbol{x}$ 和重构向量 $g(\boldsymbol{c}^*)$ 之间的距离。我们使用范数来衡量它们之间的距离。在PCA算法中，我们使用 L^2 范数

$$\boldsymbol{c}^* = \arg\min_{\boldsymbol{c}} \|\boldsymbol{x} - g(\boldsymbol{c})\|_2 \tag{2.54}$$

我们可以用平方 L^2 范数替代 L^2 范数，因为两者在相同的值 $\boldsymbol{c}$ 上取得最小值。这是因为 L^2 范数是非负的，并且平方运算在非负值上是单调递增的。

$$\boldsymbol{c}^* = \arg\min_{\boldsymbol{c}} \|\boldsymbol{x} - g(\boldsymbol{c})\|_2^2 \tag{2.55}$$

该最小化函数可以简化成

$$(\boldsymbol{x} - g(\boldsymbol{c}))^\top(\boldsymbol{x} - g(\boldsymbol{c})) \tag{2.56}$$

(式 (2.30) 中 L^2 范数的定义)

$$= \boldsymbol{x}^\top\boldsymbol{x} - \boldsymbol{x}^\top g(\boldsymbol{c}) - g(\boldsymbol{c})^\top\boldsymbol{x} + g(\boldsymbol{c})^\top g(\boldsymbol{c}) \tag{2.57}$$

(分配律)

$$= \boldsymbol{x}^\top\boldsymbol{x} - 2\boldsymbol{x}^\top g(\boldsymbol{c}) + g(\boldsymbol{c})^\top g(\boldsymbol{c}) \tag{2.58}$$

(因为标量 $g(\boldsymbol{c})^\top \boldsymbol{x}$ 的转置等于自己)。

因为第一项 $\boldsymbol{x}^\top \boldsymbol{x}$ 不依赖于 $\boldsymbol{c}$，所以我们可以忽略它，得到如下的优化目标：

$$\boldsymbol{c}^* = \arg\min_{\boldsymbol{c}} -2\boldsymbol{x}^\top g(\boldsymbol{c}) + g(\boldsymbol{c})^\top g(\boldsymbol{c}) \tag{2.59}$$

更进一步，代入 $g(\boldsymbol{c})$ 的定义：

$$\boldsymbol{c}^* = \arg\min_{\boldsymbol{c}} -2\boldsymbol{x}^\top \boldsymbol{D}\boldsymbol{c} + \boldsymbol{c}^\top \boldsymbol{D}^\top \boldsymbol{D}\boldsymbol{c} \tag{2.60}$$

$$= \arg\min_{\boldsymbol{c}} -2\boldsymbol{x}^\top \boldsymbol{D}\boldsymbol{c} + \boldsymbol{c}^\top \boldsymbol{I}_l \boldsymbol{c} \tag{2.61}$$

(矩阵 $\boldsymbol{D}$ 的正交性和单位范数约束)

$$= \arg\min_{\boldsymbol{c}} -2\boldsymbol{x}^\top \boldsymbol{D}\boldsymbol{c} + \boldsymbol{c}^\top \boldsymbol{c} \tag{2.62}$$

我们可以通过向量微积分来求解这个最优化问题 (如果你不清楚怎么做，请参考第 4.3 节)。

$$\nabla_{\boldsymbol{c}}(-2\boldsymbol{x}^\top \boldsymbol{D}\boldsymbol{c} + \boldsymbol{c}^\top \boldsymbol{c}) = 0 \tag{2.63}$$

$$-2\boldsymbol{D}^\top \boldsymbol{x} + 2\boldsymbol{c} = 0 \tag{2.64}$$

$$\boldsymbol{c} = \boldsymbol{D}^\top \boldsymbol{x} \tag{2.65}$$

这使得算法很高效：最优编码 $\boldsymbol{x}$ 只需要一个矩阵 - 向量乘法操作。为了编码向量，我们使用编码函数

$$f(\boldsymbol{x}) = \boldsymbol{D}^\top \boldsymbol{x} \tag{2.66}$$

进一步使用矩阵乘法，我们也可以定义PCA重构操作：

$$r(\boldsymbol{x}) = g(f(\boldsymbol{x})) = \boldsymbol{D}\boldsymbol{D}^\top \boldsymbol{x} \tag{2.67}$$

接下来，我们需要挑选编码矩阵 $\boldsymbol{D}$。要做到这一点，先来回顾最小化输入和重构之间 L^2 距离的这个想法。因为用相同的矩阵 $\boldsymbol{D}$ 对所有点进行解码，我们不能再孤立地看待每个点。反之，我们必须最小化所有维数和所有点上的误差矩阵的 Frobenius 范数：

$$\boldsymbol{D}^* = \arg\min_{\boldsymbol{D}} \sqrt{\sum_{i,j}\left(\boldsymbol{x}_j^{(i)} - r(\boldsymbol{x}^{(i)})_j\right)^2} \text{ subject to } \boldsymbol{D}^\top \boldsymbol{D} = \boldsymbol{I}_l \tag{2.68}$$

为了推导用于寻求 $\boldsymbol{D}^*$ 的算法，我们首先考虑 $l = 1$ 的情况。在这种情况下，$\boldsymbol{D}$ 是一个单一向量 $\boldsymbol{d}$。将式 (2.67) 代入式 (2.68)，简化 $\boldsymbol{D}$ 为 $\boldsymbol{d}$，问题简化为

$$\boldsymbol{d}^* = \arg\min_{\boldsymbol{d}} \sum_i \left\|\boldsymbol{x}^{(i)} - \boldsymbol{d}\boldsymbol{d}^\top \boldsymbol{x}^{(i)}\right\|_2^2 \text{ subject to } \|\boldsymbol{d}\|_2 = 1 \tag{2.69}$$

上述公式是直接代入得到的，但不是表述上最美观的方式。在上述公式中，我们将标量 $\boldsymbol{d}^\top \boldsymbol{x}^{(i)}$ 放在向量 $\boldsymbol{d}$ 的右边。将该标量放在左边的写法更为传统。于是我们通常写作

$$\boldsymbol{d}^* = \arg\min_{\boldsymbol{d}} \sum_i \left\|\boldsymbol{x}^{(i)} - \boldsymbol{d}^\top \boldsymbol{x}^{(i)} \boldsymbol{d}\right\|_2^2 \text{ subject to } \|\boldsymbol{d}\|_2 = 1 \tag{2.70}$$

或者，考虑到标量的转置和自身相等，我们也可以写作

$$\boldsymbol{d}^* = \arg\min_{\boldsymbol{d}} \sum_i \left\| \boldsymbol{x}^{(i)} - \boldsymbol{x}^{(i)\top} \boldsymbol{d}\boldsymbol{d} \right\|_2^2 \text{ subject to } \|\boldsymbol{d}\|_2 = 1 \tag{2.71}$$

读者应该对这些重排写法慢慢熟悉起来。

此时，使用单一矩阵来重述问题，比将问题写成求和形式更有帮助。这有助于我们使用更紧凑的符号。将表示各点的向量堆叠成一个矩阵，记为 $\boldsymbol{X} \in \mathbb{R}^{m \times n}$，其中 $\boldsymbol{X}_{i,:} = \boldsymbol{x}^{(i)^\top}$。原问题可以重新表述为

$$\boldsymbol{d}^* = \arg\min_{\boldsymbol{d}} \left\| \boldsymbol{X} - \boldsymbol{X}\boldsymbol{d}\boldsymbol{d}^\top \right\|_F^2 \text{ subject to } \boldsymbol{d}^\top \boldsymbol{d} = 1 \tag{2.72}$$

暂时不考虑约束，我们可以将 Frobenius 范数简化成下面的形式：

$$\arg\min_{\boldsymbol{d}} \left\| \boldsymbol{X} - \boldsymbol{X}\boldsymbol{d}\boldsymbol{d}^\top \right\|_F^2 \tag{2.73}$$

$$= \arg\min_{\boldsymbol{d}} \operatorname{Tr}\left(\left(\boldsymbol{X} - \boldsymbol{X}\boldsymbol{d}\boldsymbol{d}^\top \right)^\top \left(\boldsymbol{X} - \boldsymbol{X}\boldsymbol{d}\boldsymbol{d}^\top \right) \right) \tag{2.74}$$

(式 (2.49))

$$= \arg\min_{\boldsymbol{d}} \operatorname{Tr}\left(\boldsymbol{X}^\top \boldsymbol{X} - \boldsymbol{X}^\top \boldsymbol{X}\boldsymbol{d}\boldsymbol{d}^\top - \boldsymbol{d}\boldsymbol{d}^\top \boldsymbol{X}^\top \boldsymbol{X} + \boldsymbol{d}\boldsymbol{d}^\top \boldsymbol{X}^\top \boldsymbol{X}\boldsymbol{d}\boldsymbol{d}^\top \right) \tag{2.75}$$

$$= \arg\min_{\boldsymbol{d}} \operatorname{Tr}(\boldsymbol{X}^\top \boldsymbol{X}) - \operatorname{Tr}(\boldsymbol{X}^\top \boldsymbol{X}\boldsymbol{d}\boldsymbol{d}^\top) - \operatorname{Tr}(\boldsymbol{d}\boldsymbol{d}^\top \boldsymbol{X}^\top \boldsymbol{X}) + \operatorname{Tr}(\boldsymbol{d}\boldsymbol{d}^\top \boldsymbol{X}^\top \boldsymbol{X}\boldsymbol{d}\boldsymbol{d}^\top) \tag{2.76}$$

$$= \arg\min_{\boldsymbol{d}} - \operatorname{Tr}(\boldsymbol{X}^\top \boldsymbol{X}\boldsymbol{d}\boldsymbol{d}^\top) - \operatorname{Tr}(\boldsymbol{d}\boldsymbol{d}^\top \boldsymbol{X}^\top \boldsymbol{X}) + \operatorname{Tr}(\boldsymbol{d}\boldsymbol{d}^\top \boldsymbol{X}^\top \boldsymbol{X}\boldsymbol{d}\boldsymbol{d}^\top) \tag{2.77}$$

(因为与 $\boldsymbol{d}$ 无关的项不影响 $\arg\min$)

$$= \arg\min_{\boldsymbol{d}} - 2\operatorname{Tr}(\boldsymbol{X}^\top \boldsymbol{X}\boldsymbol{d}\boldsymbol{d}^\top) + \operatorname{Tr}(\boldsymbol{d}\boldsymbol{d}^\top \boldsymbol{X}^\top \boldsymbol{X}\boldsymbol{d}\boldsymbol{d}^\top) \tag{2.78}$$

(因为循环改变迹运算中相乘矩阵的顺序不影响结果，如式 (2.52) 所示)

$$= \arg\min_{\boldsymbol{d}} - 2\operatorname{Tr}(\boldsymbol{X}^\top \boldsymbol{X}\boldsymbol{d}\boldsymbol{d}^\top) + \operatorname{Tr}(\boldsymbol{X}^\top \boldsymbol{X}\boldsymbol{d}\boldsymbol{d}^\top \boldsymbol{d}\boldsymbol{d}^\top) \tag{2.79}$$

(再次使用上述性质)。

此时，我们再来考虑约束条件

$$\arg\min_{\boldsymbol{d}} - 2\operatorname{Tr}(\boldsymbol{X}^\top \boldsymbol{X}\boldsymbol{d}\boldsymbol{d}^\top) + \operatorname{Tr}(\boldsymbol{X}^\top \boldsymbol{X}\boldsymbol{d}\boldsymbol{d}^\top \boldsymbol{d}\boldsymbol{d}^\top) \text{ subject to } \boldsymbol{d}^\top \boldsymbol{d} = 1 \tag{2.80}$$

$$= \arg\min_{\boldsymbol{d}} - 2\operatorname{Tr}(\boldsymbol{X}^\top \boldsymbol{X}\boldsymbol{d}\boldsymbol{d}^\top) + \operatorname{Tr}(\boldsymbol{X}^\top \boldsymbol{X}\boldsymbol{d}\boldsymbol{d}^\top) \text{ subject to } \boldsymbol{d}^\top \boldsymbol{d} = 1 \tag{2.81}$$

(因为约束条件)

$$= \arg\min_{\boldsymbol{d}} - \operatorname{Tr}(\boldsymbol{X}^\top \boldsymbol{X}\boldsymbol{d}\boldsymbol{d}^\top) \text{ subject to } \boldsymbol{d}^\top \boldsymbol{d} = 1 \tag{2.82}$$

$$= \arg\max_{\boldsymbol{d}} \operatorname{Tr}(\boldsymbol{X}^\top \boldsymbol{X}\boldsymbol{d}\boldsymbol{d}^\top) \text{ subject to } \boldsymbol{d}^\top \boldsymbol{d} = 1 \tag{2.83}$$

$$= \arg\max_{\boldsymbol{d}} \operatorname{Tr}(\boldsymbol{d}^\top \boldsymbol{X}^\top \boldsymbol{X} \boldsymbol{d}) \text{ subject to } \boldsymbol{d}^\top \boldsymbol{d} = 1 \tag{2.84}$$

这个优化问题可以通过特征分解来求解。具体来讲，最优的 $\boldsymbol{d}$ 是 $\boldsymbol{X}^\top \boldsymbol{X}$ 最大特征值对应的特征向量。

以上推导特定于 $l = 1$ 的情况，仅得到了第一个主成分。更一般地，当我们希望得到主成分的基时，矩阵 $\boldsymbol{D}$ 由前 l 个最大的特征值对应的特征向量组成。这个结论可以通过归纳法证明，我们建议将此证明作为练习。

线性代数是理解深度学习所必须掌握的基础数学学科之一。另一门在机器学习中无处不在的重要数学学科是概率论，我们将在下一章探讨。

第 3 章　概率与信息论

本章讨论概率论和信息论。

概率论是用于表示不确定性声明的数学框架。它不仅提供了量化不确定性的方法，也提供了用于导出新的不确定性**声明**(statement) 的公理。在人工智能领域，概率论主要有两种用途：首先，概率法则告诉我们 AI 系统如何推理，据此我们设计一些算法来计算或者估算由概率论导出的表达式；其次，可以用概率和统计从理论上分析我们提出的 AI 系统的行为。

概率论是众多科学学科和工程学科的基本工具。之所以讲述这章的内容，是为了确保那些背景偏软件工程而较少接触概率论的读者也可以理解本书的内容。

概率论使我们能够提出不确定的声明以及在不确定性存在的情况下进行推理，而信息论使我们能够量化概率分布中的不确定性总量。

如果你已经对概率论和信息论很熟悉了，那么除了第 3.14 节，本章其余内容你都可以跳过。而在第 3.14 节中，我们会介绍用来描述机器学习中结构化概率模型的图。即使你对这些主题没有任何的先验知识，本章对于完成深度学习的研究项目来说也已经足够。尽管如此，我们还是建议读者能够参考其他一些额外的资料，例如 Jaynes (2003)。

3.1　为什么要使用概率

计算机科学的许多分支处理的实体大部分都是完全确定且必然的。程序员通常可以安全地假定 CPU 将完美地执行每条机器指令。虽然硬件错误确实会发生，但它们非常罕见，以至于大部分软件应用在设计时并不需要考虑这些因素的影响。鉴于许多计算机科学家和软件工程师在一个相对干净和确定的环境中工作，机器学习对于概率论的大量使用是很令人吃惊的。

这是因为机器学习通常必须处理不确定量，有时也可能需要处理随机 (非确定性的) 量。不确定性和随机性可能来自多个方面。至少从 20 世纪 80 年代开始，研究人员就对使用概率论来量化不确定性提出了令人信服的论据。这里给出的许多论据都是根据 Pearl (1988) 的工作总结或启发得到的。

几乎所有活动都需要一些在不确定性存在的情况下进行推理的能力。事实上，除了那些被定义为真的数学声明，我们很难认定某个命题是千真万确的或者确保某件事一定会发生。

不确定性有 3 种可能的来源：

(1) 被建模系统内在的随机性。例如，大多数量子力学的解释，都将亚原子粒子的动力学描述为概率的。我们还可以创建一些假设具有随机动态的理论情境，例如一个假想的纸牌游戏，在这个游戏中，我们假设纸牌被真正混洗成了随机顺序。

(2) 不完全观测。即使是确定的系统，当我们不能观测到所有驱动系统行为的变量时，该系统也会呈现随机性。例如，在 Monty Hall 问题中，一个游戏节目的参与者被要求在 3 个门之间选择，并且会赢得放置在选中门后的奖品。其中两扇门通向山羊，第 3 扇门通向一辆汽车。选手的每个选择所导致的结果是确定的，但是站在选手的角度，结果是不确定的。

(3) 不完全建模。当我们使用一些必须舍弃某些观测信息的模型时，舍弃的信息会导致模型的预测出现不确定性。例如，假设我们制作了一个机器人，它可以准确地观察周围每一个对象的位置。在对这些对象将来的位置进行预测时，如果机器人采用的是离散化的空间，那么离散化的方法将使得机器人无法确定对象们的精确位置：因为每个对象都可能处于它被观测到的离散单元的任何一个角落。

在很多情况下，使用一些简单而不确定的规则要比复杂而确定的规则更为实用，即使真正的规则是确定的并且我们建模的系统可以足够精确地容纳复杂的规则。例如，"多数鸟儿都会飞"这个简单的规则描述起来很简单并且使用广泛，而正式的规则 ——"除了那些还没学会飞翔的幼鸟，因为生病或是受伤而失去了飞翔能力的鸟，包括食火鸟 (cassowary)、鸵鸟 (ostrich)、几维 (kiwi，一种新西兰产的无翼鸟) 等不会飞的鸟类……以外，鸟儿会飞"，很难应用、维护和沟通，即使经过这么多的努力，这个规则还是很脆弱而且容易失效。

尽管我们的确需要一种用以对不确定性进行表示和推理的方法，但是概率论并不能明显地提供我们在人工智能领域需要的所有工具。概率论最初的发展是为了分析事件发生的频率。我们可以很容易地看出概率论，对于像在扑克牌游戏中抽出一手特定的牌这种事件的研究中，是如何使用的。这类事件往往是可以重复的。当我们说一个结果发生的概率为 p，这意味着如果我们反复实验 (例如，抽取一手牌) 无限次，有 p 的比例可能会导致这样的结果。这种推理似乎并不立即适用于那些不可重复的命题。如果一个医生诊断了病人，并说该病人患流感的概率为 40%，这意味着非常不同的事情 —— 我们既不能让病人有无穷多的副本，也没有任何理由去相信病人的不同副本在具有不同的潜在条件下表现出相同的症状。在医生诊断病人的例子中，我们用概率来表示一种**信任度**(degree of belief)，其中 1 表示非常肯定病人患有流感，而 0 表示非常肯定病人没有患流感。前面那种概率直接与事件发生的频率相联系，被称为**频率派概率**(frequentist probability)；而后者涉及确定性水平，被称为**贝叶斯概率**(Bayesian probability)。

关于不确定性的常识推理，如果我们已经列出了若干条期望它具有的性质，那么满足这些性质的唯一一种方法就是将贝叶斯概率和频率派概率视为等同的。例如，如果我们要在扑克牌游戏中根据玩家手上的牌计算他能够获胜的概率，那么可以使用和医生情境完全相同的公式，即依据病人的某些症状计算他是否患病的概率。为什么一小组常识性假设蕴含了必须是相同的公理控制两种概率？更多的细节参见 Ramsey (1926)。

概率可以被看作用于处理不确定性的逻辑扩展。逻辑提供了一套形式化的规则，可以在给定某些命题是真或假的假设下，判断另外一些命题是真的还是假的。概率论提供了一套形式化的规则，可以在给定一些命题的似然后，计算其他命题为真的似然。

3.2 随机变量

随机变量(random variable) 是可以随机地取不同值的变量。我们通常用无格式字体 (plain typeface) 中的小写字母来表示随机变量本身，而用手写体中的小写字母来表示随机变量能够取到的值。例如，x_1 和 x_2 都是随机变量 x 可能的取值。对于向量值变量，我们会将随机变量写成 $\mathbf{x}$，它的一个可能取值为 $\boldsymbol{x}$。就其本身而言，一个随机变量只是对可能的状态的描述；它必须伴随着一个概率分布来指定每个状态的可能性。

随机变量可以是离散的或者连续的。离散随机变量拥有有限或者可数无限多的状态。注意：这些状态不一定非要是整数，它们也可能只是一些被命名的状态而没有数值。连续随机变量伴随着实数值。

3.3 概率分布

概率分布(probability distribution) 用来描述随机变量或一簇随机变量在每一个可能取到的状态的可能性大小。我们描述概率分布的方式取决于随机变量是离散的还是连续的。

3.3.1 离散型变量和概率质量函数

离散型变量的概率分布可以用**概率质量函数**(probability mass function, PMF)[①]来描述。我们通常用大写字母 P 来表示概率质量函数。通常每一个随机变量都会有一个不同的概率质量函数，并且读者必须根据随机变量来推断所使用的 PMF，而不是根据函数的名称来推断，例如，$P(\mathrm{x})$ 通常和 $P(\mathrm{y})$ 不一样。

概率质量函数将随机变量能够取得的每个状态映射到随机变量取得该状态的概率。$\mathrm{x}=x$ 的概率用 $P(x)$ 来表示，概率为 1 表示 $\mathrm{x}=x$ 是确定的，概率为 0 表示 $\mathrm{x}=x$ 是不可能发生的。有时为了使得PMF的使用不相互混淆，我们会明确写出随机变量的名称：$P(\mathrm{x}=x)$。有时我们会先定义一个随机变量，然后用 $\sim$ 符号来说明它遵循的分布：$\mathrm{x}\sim P(\mathrm{x})$。

概率质量函数可以同时作用于多个随机变量。这种多个变量的概率分布被称为**联合概率分布**(joint probability distribution)。$P(\mathrm{x}=x,\mathrm{y}=y)$ 表示 $\mathrm{x}=x$ 和 $\mathrm{y}=y$ 同时发生的概率。我们也可以简写为 $P(x,y)$。

如果一个函数 P 是随机变量 x 的 PMF，必须满足下面这几个条件：

- P 的定义域必须是 x 所有可能状态的集合。
- $\forall x\in\mathrm{x}, 0\leqslant P(x)\leqslant 1$。不可能发生的事件概率为 0，并且不存在比这概率更低的状态。类似地，能够确保一定发生的事件概率为 1，而且不存在比这概率更高的状态。
- $\sum_{x\in\mathrm{x}} P(x)=1$。我们把这条性质称之为**归一化的**(normalized)。如果没有这条性质，当我们计算很多事件其中之一发生的概率时，可能会得到大于 1 的概率。

例如，考虑一个离散型随机变量 x 有 k 个不同的状态。我们可以假设 x 是**均匀分布**(uniform distribution) 的 (也就是将它的每个状态视为等可能的)，通过将它的PMF设为

$$P(\mathrm{x}=x_i)=\frac{1}{k} \tag{3.1}$$

对于所有的 i 都成立。我们可以看出这满足上述成为概率质量函数的条件。因为 k 是一个正整数，所以 $\frac{1}{k}$ 是正的。我们也可以看出

$$\sum_i P(\mathrm{x}=x_i)=\sum_i \frac{1}{k}=\frac{k}{k}=1 \tag{3.2}$$

因此分布也满足归一化条件。

3.3.2 连续型变量和概率密度函数

当研究的对象是连续型随机变量时，我们用**概率密度函数**(probability density function, PDF) 而不是概率质量函数来描述它的概率分布。如果一个函数 p 是概率密度函数，必须满足下面这几个条件：

①译者注：国内有些教材也将 PMF 翻译成概率分布律。

- p 的定义域必须是 x 所有可能状态的集合。
- $\forall x \in \mathrm{x}, p(x) \geqslant 0$。注意，我们并不要求 $p(x) \leqslant 1$。
- $\int p(x)dx = 1$。

概率密度函数 $p(x)$ 并没有直接对特定的状态给出概率，相对的，它给出了落在面积为 δx 的无限小的区域内的概率为 $p(x)\delta x$。

我们可以对概率密度函数求积分来获得点集的真实概率质量。特别是，x 落在集合 $\mathbb{S}$ 中的概率可以通过 $p(x)$ 对这个集合求积分来得到。在单变量的例子中，x 落在区间 $[a,b]$ 的概率是 $\int_{[a,b]} p(x)dx$。

为了给出一个连续型随机变量的 PDF 的例子，我们可以考虑实数区间上的均匀分布。我们可以使用函数 $u(x;a,b)$，其中 a 和 b 是区间的端点且满足 $b > a$。符号"$;$"表示"以什么为参数"；我们把 x 作为函数的自变量，a 和 b 作为定义函数的参数。为了确保区间外没有概率，我们对所有的 $x \notin [a,b]$，令 $u(x;a,b) = 0$。在 $[a,b]$ 内，有 $u(x;a,b) = \frac{1}{b-a}$。可以看出，任何一点都非负。另外，它的积分为 1。我们通常用 $\mathrm{x} \sim U(a,b)$ 表示 x 在 $[a,b]$ 上是均匀分布的。

3.4 边缘概率

有时，我们知道了一组变量的联合概率分布，但想要了解其中一个子集的概率分布。这种定义在子集上的概率分布被称为**边缘概率分布**(marginal probability distribution)。

例如，假设有离散型随机变量 x 和 y，并且我们知道 $P(\mathrm{x}, \mathrm{y})$。可以依据下面的**求和法则**(sum rule) 来计算 $P(\mathrm{x})$：

$$\forall x \in \mathrm{x}, P(\mathrm{x} = x) = \sum_y P(\mathrm{x} = x, \mathrm{y} = y) \tag{3.3}$$

"边缘概率"的名称来源于手算边缘概率的计算过程。当 $P(\mathrm{x}, \mathrm{y})$ 的每个值被写在由每行表示不同的 x 值、每列表示不同的 y 值形成的网格中时，对网格中的每行求和是很自然的事情，然后将求和的结果 $P(x)$ 写在每行右边的纸的边缘处。

对于连续型变量，我们需要用积分替代求和：

$$p(x) = \int p(x,y)dy \tag{3.4}$$

3.5 条件概率

在很多情况下，我们感兴趣的是某个事件在给定其他事件发生时出现的概率。这种概率叫作条件概率。我们将给定 $\mathrm{x} = x$，$\mathrm{y} = y$ 发生的条件概率记为 $P(\mathrm{y} = y \mid \mathrm{x} = x)$。这个条件概率可以通过下面的公式计算：

$$P(\mathrm{y} = y \mid \mathrm{x} = x) = \frac{P(\mathrm{y} = y, \mathrm{x} = x)}{P(\mathrm{x} = x)} \tag{3.5}$$

条件概率只在 $P(\mathrm{x} = x) > 0$ 时有定义。我们不能计算给定在永远不会发生的事件上的条件概率。

这里需要注意的是，不要把条件概率和计算当采用某个动作后会发生什么相混淆。假定某个人说德语，那么他是德国人的条件概率是非常高的，但是如果随机选择的一个人会说德语，他的国籍不会因此而改变。计算一个行动的后果被称为**干预查询**(intervention query)。干预查询属于**因果模型**(causal modeling) 的范畴，我们不会在本书中讨论。

3.6 条件概率的链式法则

任何多维随机变量的联合概率分布，都可以分解成只有一个变量的条件概率相乘的形式：

$$P(\mathrm{x}^{(1)},\cdots,\mathrm{x}^{(n)}) = P(\mathrm{x}^{(1)})\Pi_{i=2}^{n}P(\mathrm{x}^{(i)} \mid \mathrm{x}^{(1)},\cdots,\mathrm{x}^{(i-1)}) \tag{3.6}$$

这个规则被称为概率的**链式法则**(chain rule) 或者**乘法法则**(product rule)。它可以直接从式 (3.5) 条件概率的定义中得到。例如，使用两次定义可以得到

$$\begin{aligned} P(\mathrm{a},\mathrm{b},\mathrm{c}) &= P(\mathrm{a} \mid \mathrm{b},\mathrm{c})P(\mathrm{b},\mathrm{c}) \\ P(\mathrm{b},\mathrm{c}) &= P(\mathrm{b} \mid \mathrm{c})P(\mathrm{c}) \\ P(\mathrm{a},\mathrm{b},\mathrm{c}) &= P(\mathrm{a} \mid \mathrm{b},\mathrm{c})P(\mathrm{b} \mid \mathrm{c})P(\mathrm{c}) \end{aligned}$$

3.7 独立性和条件独立性

两个随机变量 x 和 y，如果它们的概率分布可以表示成两个因子的乘积形式，并且一个因子只包含 x，另一个因子只包含 y，我们就称这两个随机变量是**相互独立的**(independent)：

$$\forall x \in \mathrm{x}, y \in \mathrm{y}, p(\mathrm{x}=x,\mathrm{y}=y) = p(\mathrm{x}=x)p(\mathrm{y}=y) \tag{3.7}$$

如果关于 x 和 y 的条件概率分布对于 z 的每一个值都可以写成乘积的形式，那么这两个随机变量 x 和 y 在给定随机变量 z 时是**条件独立的**(conditionally independent)：

$$\forall x \in \mathrm{x}, y \in \mathrm{y}, z \in \mathrm{z}, p(\mathrm{x}=x,\mathrm{y}=y \mid \mathrm{z}=z) = p(\mathrm{x}=x \mid \mathrm{z}=z)p(\mathrm{y}=y \mid \mathrm{z}=z) \tag{3.8}$$

我们可以采用一种简化形式来表示独立性和条件独立性：$\mathrm{x}\perp\mathrm{y}$ 表示 x 和 y 相互独立，$\mathrm{x}\perp\mathrm{y} \mid \mathrm{z}$ 表示 x 和 y 在给定 z 时条件独立。

3.8 期望、方差和协方差

函数 $f(x)$ 关于某分布 $P(\mathrm{x})$ 的**期望**(expectation) 或者**期望值**(expected value) 是指，当 x 由 P 产生，f 作用于 x 时，$f(x)$ 的平均值。对于离散型随机变量，这可以通过求和得到

$$\mathbb{E}_{\mathrm{x}\sim P}[f(x)] = \sum_{x} P(x)f(x) \tag{3.9}$$

对于连续型随机变量，可以通过求积分得到

$$\mathbb{E}_{\mathrm{x}\sim p}[f(x)] = \int p(x)f(x)dx \tag{3.10}$$

当概率分布在上下文中指明时，我们可以只写出期望作用的随机变量的名称来进行简化，例如 $\mathbb{E}_{\mathrm{x}}[f(x)]$。如果期望作用的随机变量也很明确，我们可以完全不写脚标，就像 $\mathbb{E}[f(x)]$。默

认地，我们假设 $\mathbb{E}[\cdot]$ 表示对方括号内的所有随机变量的值求平均。类似地，当没有歧义时，我们还可以省略方括号。

期望是线性的，例如，

$$\mathbb{E}_{\mathrm{x}}[\alpha f(x)+\beta g(x)]=\alpha\mathbb{E}_{\mathrm{x}}[f(x)]+\beta\mathbb{E}_{\mathrm{x}}[g(x)] \tag{3.11}$$

其中 α 和 β 不依赖于 x。

方差(variance) 衡量的是当我们对 x 依据它的概率分布进行采样时，随机变量 x 的函数值会呈现多大的差异：

$$\mathrm{Var}(f(x))=\mathbb{E}\left[(f(x)-\mathbb{E}[f(x)])^2\right] \tag{3.12}$$

当方差很小时，$f(x)$ 的值形成的簇比较接近它们的期望值。方差的平方根被称为**标准差**(standard deviation)。

协方差(covariance) 在某种意义上给出了两个变量线性相关性的强度以及这些变量的尺度：

$$\mathrm{Cov}(f(x),g(y))=\mathbb{E}[(f(x)-\mathbb{E}[f(x)])(g(y)-\mathbb{E}[g(y)])] \tag{3.13}$$

协方差的绝对值如果很大，则意味着变量值变化很大，并且它们同时距离各自的均值很远。如果协方差是正的，那么两个变量都倾向于同时取得相对较大的值。如果协方差是负的，那么其中一个变量倾向于取得相对较大的值的同时，另一个变量倾向于取得相对较小的值，反之亦然。其他的衡量指标如**相关系数**(correlation) 将每个变量的贡献归一化，为了只衡量变量的相关性而不受各个变量尺度大小的影响。

协方差和相关性是有联系的，但实际上是不同的概念。它们是有联系的：如果两个变量相互独立，那么它们的协方差为零；如果两个变量的协方差不为零，那么它们一定是相关的。然而，独立性又是和协方差完全不同的性质。两个变量如果协方差为零，它们之间一定没有线性关系。独立性是比零协方差的要求更强，因为独立性还排除了非线性的关系。两个变量相互依赖，但是具有零协方差是可能的。例如，假设我们首先从区间 $[-1,1]$ 上的均匀分布中采样出一个实数 x，然后对一个随机变量 s 进行采样。s 以 $\frac{1}{2}$ 的概率值为 1，否则为 -1。我们可以通过令 $y=sx$ 来生成一个随机变量 y。显然，x 和 y 不是相互独立的，因为 x 完全决定了 y 的尺度。然而，$\mathrm{Cov}(x,y)=0$。

随机向量 $\boldsymbol{x}\in\mathbb{R}^n$ 的**协方差矩阵**(covariance matrix) 是一个 $n\times n$ 的矩阵，并且满足

$$\mathrm{Cov}(\mathbf{x})_{i,j}=\mathrm{Cov}(\mathrm{x}_i,\mathrm{x}_j) \tag{3.14}$$

协方差矩阵的对角元是方差：

$$\mathrm{Cov}(\mathrm{x}_i,\mathrm{x}_i)=\mathrm{Var}(\mathrm{x}_i) \tag{3.15}$$

3.9 常用概率分布

许多简单的概率分布在机器学习的众多领域中都是有用的。

3.9.1 Bernoulli 分布

Bernoulli 分布(Bernoulli distribution) 是单个二值随机变量的分布。它由单个参数 $\phi \in [0,1]$ 控制，ϕ 给出了随机变量等于 1 的概率。它具有如下的一些性质。

$$P(\mathrm{x}=1)=\phi \tag{3.16}$$

$$P(\mathrm{x}=0)=1-\phi \tag{3.17}$$

$$P(\mathrm{x}=x)=\phi^{x}(1-\phi)^{1-x} \tag{3.18}$$

$$\mathbb{E}_{\mathrm{x}}[\mathrm{x}]=\phi \tag{3.19}$$

$$\mathrm{Var}_{\mathrm{x}}(\mathrm{x})=\phi(1-\phi) \tag{3.20}$$

3.9.2 Multinoulli 分布

Multinoulli 分布(multinoulli distribution) 或者**范畴分布**(categorical distribution) 是指在具有 k 个不同状态的单个离散型随机变量上的分布，其中 k 是一个有限值。② Multinoulli 分布由向量 $\boldsymbol{p} \in [0,1]^{k-1}$ 参数化，其中每一个分量 p_i 表示第 i 个状态的概率。最后的第 k 个状态的概率可以通过 $1-\mathbf{1}^{\top}\boldsymbol{p}$ 给出。注意我们必须限制 $\mathbf{1}^{\top}\boldsymbol{p} \leqslant 1$。Multinoulli 分布经常用来表示对象分类的分布，所以我们很少假设状态 1 具有数值 1 之类的。因此，我们通常不需要去计算 Multinoulli 分布的随机变量的期望和方差。

Bernoulli 分布和 Multinoulli 分布足够用来描述在它们领域内的任意分布。它们能够描述这些分布，不是因为它们特别强大，而是因为它们的领域很简单。它们可以对那些能够将所有的状态进行枚举的离散型随机变量进行建模。当处理的是连续型随机变量时，会有不可数无限多的状态，所以任何通过少量参数描述的概率分布都必须在分布上加以严格的限制。

3.9.3 高斯分布

实数上最常用的分布就是**正态分布**(normal distribution)，也称为**高斯分布**(Gaussian distribution)：

$$\mathcal{N}(x;\mu,\sigma^2)=\sqrt{\frac{1}{2\pi\sigma^2}}\exp\left(-\frac{1}{2\sigma^2}(x-\mu)^2\right) \tag{3.21}$$

图 3.1 画出了正态分布的概率密度函数。

正态分布由两个参数控制，$\mu \in \mathbb{R}$ 和 $\sigma \in (0,\infty)$。参数 μ 给出了中心峰值的坐标，这也是分布的均值：$\mathbb{E}[\mathrm{x}]=\mu$。分布的标准差用 σ 表示，方差用 σ^2 表示。

当我们要对概率密度函数求值时，需要对 σ 平方并且取倒数。当我们需要经常对不同参数下的概率密度函数求值时，一种更高效的参数化分布的方式是使用参数 $\beta \in (0,\infty)$ 来控制分布的**精度**(precision)(或方差的倒数)：

$$\mathcal{N}(x;\mu,\beta^{-1})=\sqrt{\frac{\beta}{2\pi}}\exp\left(-\frac{1}{2}\beta(x-\mu)^2\right) \tag{3.22}$$

---

②“multinoulli”这个术语是最近被 Gustavo Lacerdo 发明、被 Murphy (2012) 推广的。Multinoulli 分布是**多项式分布**(multinomial distribution) 的一个特例。多项式分布是 $\{0,\cdots,n\}^k$ 中的向量的分布，用于表示当对 Multinoulli 分布采样 n 次时 k 个类中的每一个被访问的次数。很多文章使用“多项式分布”而实际上说的是 Multinoulli 分布，但是他们并没有说是对 $n=1$ 的情况，这点需要注意。

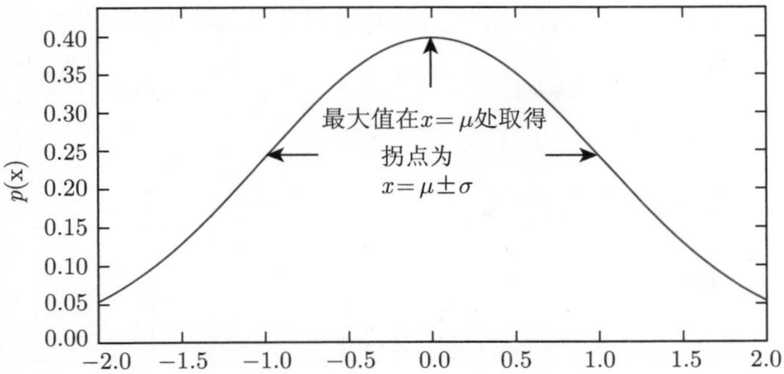

图 3.1 正态分布。正态分布 $\mathcal{N}(x;\mu,\sigma^2)$ 呈现经典的“钟形曲线”的形状，其中中心峰的 x 坐标由 μ 给出，峰的宽度受 σ 控制。在这个示例中，我们展示的是**标准正态分布**(standard normal distribution)，其中 $\mu=0,\sigma=1$

采用正态分布在很多应用中都是一个明智的选择。当我们由于缺乏关于某个实数上分布的先验知识而不知道该选择怎样的形式时，正态分布是默认的比较好的选择，其中有两个原因。

第一，我们想要建模的很多分布的真实情况是比较接近正态分布的。**中心极限定理**(central limit theorem) 说明很多独立随机变量的和近似服从正态分布。这意味着在实际中，很多复杂系统都可以被成功地建模成正态分布的噪声，即使系统可以被分解成一些更结构化的部分。

第二，在具有相同方差的所有可能的概率分布中，正态分布在实数上具有最大的不确定性。因此，我们可以认为正态分布是对模型加入的先验知识量最少的分布。充分利用和证明这个想法需要更多的数学工具，我们推迟到第 19.4.2 节进行讲解。

正态分布可以推广到 $\mathbb{R}^n$ 空间，这种情况下被称为**多维正态分布**(multivariate normal distribution)。它的参数是一个正定对称矩阵 $\boldsymbol{\Sigma}$：

$$\mathcal{N}(\boldsymbol{x};\boldsymbol{\mu},\boldsymbol{\Sigma})=\sqrt{\frac{1}{(2\pi)^n\det(\boldsymbol{\Sigma})}}\exp\left(-\frac{1}{2}(\boldsymbol{x}-\boldsymbol{\mu})^\top\boldsymbol{\Sigma}^{-1}(\boldsymbol{x}-\boldsymbol{\mu})\right) \tag{3.23}$$

参数 $\boldsymbol{\mu}$ 仍然表示分布的均值，只不过现在是向量值。参数 $\boldsymbol{\Sigma}$ 给出了分布的协方差矩阵。和单变量的情况类似，当我们希望对很多不同参数下的概率密度函数多次求值时，协方差矩阵并不是一个很高效的参数化分布的方式，因为对概率密度函数求值时需要对 $\boldsymbol{\Sigma}$ 求逆。我们可以使用一个**精度矩阵**(precision matrix)$\boldsymbol{\beta}$ 进行替代：

$$\mathcal{N}(\boldsymbol{x};\boldsymbol{\mu},\boldsymbol{\beta}^{-1})=\sqrt{\frac{\det(\boldsymbol{\beta})}{(2\pi)^n}}\exp\left(-\frac{1}{2}(\boldsymbol{x}-\boldsymbol{\mu})^\top\boldsymbol{\beta}(\boldsymbol{x}-\boldsymbol{\mu})\right) \tag{3.24}$$

我们常常把协方差矩阵固定成一个对角阵。一个更简单的版本是**各向同性**(isotropic) 高斯分布，它的协方差矩阵是一个标量乘以单位阵。

3.9.4 指数分布和 Laplace 分布

在深度学习中，我们经常会需要一个在 $x=0$ 点处取得边界点 (sharp point) 的分布。为了实现这一目的，我们可以使用**指数分布**(exponential distribution)：

$$p(x;\lambda)=\lambda\mathbf{1}_{x\geqslant 0}\exp(-\lambda x) \tag{3.25}$$

指数分布用指示函数 (indicator function)$\mathbf{1}_{x\geqslant 0}$ 来使得当 x 取负值时的概率为零。

一个联系紧密的概率分布是**Laplace 分布**(Laplace distribution)，它允许我们在任意一点 μ 处设置概率质量的峰值：

$$\text{Laplace}(x;\mu,\gamma)=\frac{1}{2\gamma}\exp\left(-\frac{|x-\mu|}{\gamma}\right) \tag{3.26}$$

3.9.5　Dirac 分布和经验分布

在一些情况下，我们希望概率分布中的所有质量都集中在一个点上。这可以通过**Dirac delta 函数**(Dirac delta function) $\delta(x)$ 定义概率密度函数来实现：

$$p(x)=\delta(x-\mu) \tag{3.27}$$

Dirac delta 函数被定义成在除了 0 以外的所有点的值都为 0，但是积分为 1。Dirac delta 函数不像普通函数一样对 x 的每一个值都有一个实数值的输出，它是一种不同类型的数学对象，被称为**广义函数**(generalized function)，广义函数是依据积分性质定义的数学对象。我们可以把 Dirac delta 函数想成一系列函数的极限点，这一系列函数把除 0 以外的所有点的概率密度越变越小。

通过把 $p(x)$ 定义成 δ 函数左移 $-\mu$ 个单位，我们得到了一个在 $x=\mu$ 处具有无限窄也无限高的峰值的概率质量。

Dirac 分布经常作为**经验分布**(empirical distribution) 的一个组成部分出现：

$$\hat{p}(\boldsymbol{x})=\frac{1}{m}\sum_{i=1}^{m}\delta(\boldsymbol{x}-\boldsymbol{x}^{(i)}) \tag{3.28}$$

经验分布将概率密度 $\frac{1}{m}$ 赋给 m 个点 $\boldsymbol{x}^{(1)},\cdots,\boldsymbol{x}^{(m)}$ 中的每一个，这些点是给定的数据集或者采样的集合。只有在定义连续型随机变量的经验分布时，Dirac delta 函数才是必要的。对于离散型随机变量，情况更加简单：经验分布可以被定义成一个 Multinoulli 分布，对于每一个可能的输入，其概率可以简单地设为在训练集上那个输入值的**经验频率**(empirical frequency)。

当我们在训练集上训练模型时，可以认为从这个训练集上得到的经验分布指明了采样来源的分布。关于经验分布另外一种重要的观点是，它是训练数据的似然最大的那个概率密度函数 (见第 5.5 节)。

3.9.6　分布的混合

通过组合一些简单的概率分布来定义新的概率分布也是很常见的。一种通用的组合方法是构造**混合分布**(mixture distribution)。混合分布由一些组件 (component) 分布构成。每次实验，样本是由哪个组件分布产生的取决于从一个 Multinoulli 分布中采样的结果：

$$P(\mathrm{x})=\sum_{i}P(\mathrm{c}=i)P(\mathrm{x}\mid\mathrm{c}=i) \tag{3.29}$$

这里 $P(\mathrm{c})$ 是对各组件的一个 Multinoulli 分布。

我们已经看过一个混合分布的例子了：实值变量的经验分布对于每一个训练实例来说，就是以 Dirac 分布为组件的混合分布。

混合模型是组合简单概率分布来生成更丰富的分布的一种简单策略。在第 16 章中，我们更加详细地探讨从简单概率分布构建复杂模型的技术。

混合模型使我们能够一瞥以后会用到的一个非常重要的概念 ——**潜变量**(latent variable)。潜变量是我们不能直接观测到的随机变量。混合模型的组件标识变量 c 就是其中一个例子。潜变量在联合分布中可能和 x 有关，在这种情况下，$P(\mathrm{x}, \mathrm{c}) = P(\mathrm{x} \mid \mathrm{c})P(\mathrm{c})$。潜变量的分布 $P(\mathrm{c})$ 以及关联潜变量和观测变量的条件分布 $P(\mathrm{x} \mid \mathrm{c})$，共同决定了分布 $P(\mathrm{x})$ 的形状，尽管描述 $P(\mathrm{x})$ 时可能并不需要潜变量。潜变量将在第 16.5 节中深入讨论。

一个非常强大且常见的混合模型是**高斯混合模型**(Gaussian Mixture Model)，它的组件 $p(\mathbf{x} \mid \mathrm{c} = i)$ 是高斯分布。每个组件都有各自的参数，均值 $\boldsymbol{\mu}^{(i)}$ 和协方差矩阵 $\boldsymbol{\Sigma}^{(i)}$。有一些混合可以有更多的限制。例如，协方差矩阵可以通过 $\boldsymbol{\Sigma}^{(i)} = \boldsymbol{\Sigma}, \forall i$ 的形式在组件之间共享参数。和单个高斯分布一样，高斯混合模型有时会限制每个组件的协方差矩阵为对角的或者各向同性的 (标量乘以单位矩阵)。

除了均值和协方差以外，高斯混合模型的参数指明了给每个组件 i 的**先验概率**(prior probability)$\alpha_i = P(\mathrm{c} = i)$。“先验”一词表明了在观测到 $\mathbf{x}$ 之前传递给模型关于 c 的信念。作为对比，$P(\mathrm{c} \mid \boldsymbol{x})$ 是**后验概率**(posterior probability)，因为它是在观测到 x之后进行计算的。高斯混合模型是概率密度的**万能近似器**(universal approximator)，在这种意义下，任何平滑的概率密度都可以用具有足够多组件的高斯混合模型以任意精度来逼近。

图 3.2 展示了某个高斯混合模型生成的样本。

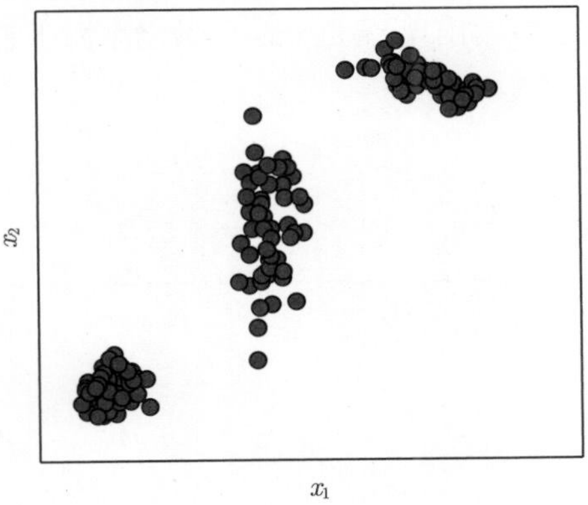

图 3.2 来自高斯混合模型的样本。在这个示例中，有 3 个组件。从左到右，第 1 个组件具有各向同性的协方差矩阵，这意味着它在每个方向上具有相同的方差。第 2 个组件具有对角的协方差矩阵，这意味着它可以沿着每个轴的对齐方向单独控制方差。该示例中，沿着 x_2 轴的方差要比沿着 x_1 轴的方差大。第 3 个组件具有满秩的协方差矩阵，使它能够沿着任意基的方向单独地控制方差

3.10 常用函数的有用性质

某些函数在处理概率分布时经常会出现，尤其是深度学习的模型中用到的概率分布。

其中一个函数是 **logistic sigmoid**函数：

$$\sigma(x) = \frac{1}{1 + \exp(-x)} \tag{3.30}$$

logistic sigmoid 函数通常用来产生 Bernoulli 分布中的参数 ϕ，因为它的范围是 $(0, 1)$，处在 ϕ 的有效取值范围内。图 3.3 给出了 sigmoid 函数的图示。sigmoid 函数在变量取绝对值非常大的正值或负值时会出现**饱和**(saturate) 现象，意味着函数会变得很平，并且对输入的微小改变会变得不敏感。

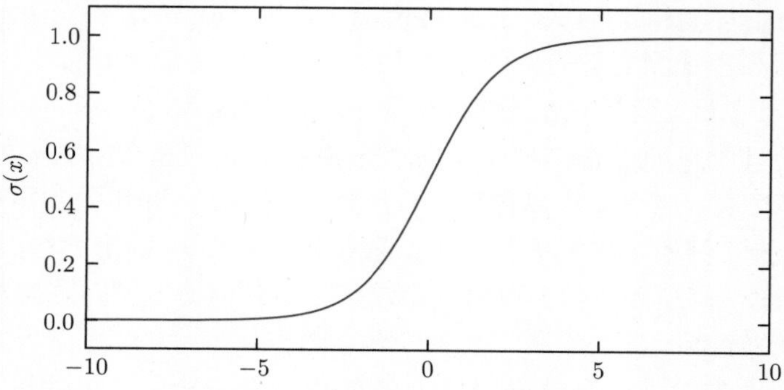

图 3.3　logistic sigmoid函数

另外一个经常遇到的函数是**softplus 函数**(softplus function)(Dugas *et al.*, 2001)：

$$\zeta(x) = \log(1 + \exp(x)) \tag{3.31}$$

softplus 函数可以用来产生正态分布的 β 和 σ 参数，因为它的范围是 $(0, \infty)$。当处理包含 sigmoid 函数的表达式时，它也经常出现。softplus 函数名来源于它是另外一个函数的平滑 (或 "软化") 形式，这个函数是

$$x^+ = \max(0, x). \tag{3.32}$$

图 3.4 给出了 softplus 函数的图示。

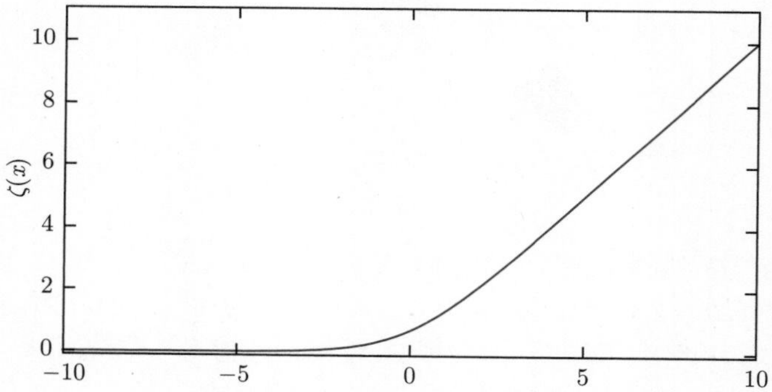

图 3.4　softplus 函数

下面一些性质非常有用，你可能要记下来。

$$\sigma(x) = \frac{\exp(x)}{\exp(x) + \exp(0)} \tag{3.33}$$

$$\frac{d}{dx}\sigma(x) = \sigma(x)(1 - \sigma(x)) \tag{3.34}$$

$$1 - \sigma(x) = \sigma(-x) \tag{3.35}$$

$$\log \sigma(x) = -\zeta(-x) \tag{3.36}$$

$$\frac{d}{dx}\zeta(x) = \sigma(x) \tag{3.37}$$

$$\forall x \in (0,1), \sigma^{-1}(x) = \log\left(\frac{x}{1-x}\right) \tag{3.38}$$

$$\forall x > 0, \zeta^{-1}(x) = \log(\exp(x) - 1) \tag{3.39}$$

$$\zeta(x) = \int_{-\infty}^{x} \sigma(y)dy \tag{3.40}$$

$$\zeta(x) - \zeta(-x) = x \tag{3.41}$$

函数 $\sigma^{-1}(x)$ 在统计学中被称为**分对数**(logit)，但这个函数在机器学习中很少用到。

式 (3.41) 为函数名"softplus"提供了其他的正当理由。softplus 函数被设计成**正部函数**(positive part function) 的平滑版本，这个正部函数是指 $x^+ = \max\{0, x\}$。与正部函数相对的是**负部函数**(negative part function)，即 $x^- = \max\{0, -x\}$。为了获得类似负部函数的一个平滑函数，我们可以使用 $\zeta(-x)$。就像 x 可以用它的正部和负部通过等式 $x^+ - x^- = x$ 恢复一样，我们也可以用同样的方式对 $\zeta(x)$ 和 $\zeta(-x)$ 进行操作，就像式 (3.41) 中那样。

3.11 贝叶斯规则

我们经常会需要在已知 $P(\mathrm{y} \mid \mathrm{x})$ 时计算 $P(\mathrm{x} \mid \mathrm{y})$。幸运的是，如果还知道 $P(\mathrm{x})$，我们可以用**贝叶斯规则**(Bayes' rule) 来实现这一目的：

$$P(\mathrm{x} \mid \mathrm{y}) = \frac{P(\mathrm{x})P(\mathrm{y} \mid \mathrm{x})}{P(\mathrm{y})} \tag{3.42}$$

注意到 $P(\mathrm{y})$ 出现在上面的公式中，它通常使用 $P(\mathrm{y}) = \sum_x P(\mathrm{y} \mid x)P(x)$ 来计算，所以我们并不需要事先知道 $P(\mathrm{y})$ 的信息。

贝叶斯规则可以从条件概率的定义直接推导得出，但我们最好记住这个公式的名字，因为很多文献通过名字来引用这个公式。这个公式是以牧师 Thomas Bayes 的名字来命名的，他是第一个发现这个公式特例的人。这里介绍的一般形式由 Pierre-Simon Laplace 独立发现。

3.12 连续型变量的技术细节

连续型随机变量和概率密度函数的深入理解需要用到数学分支**测度论**(measure theory) 的相关内容来扩展概率论。测度论超出了本书的范畴，但我们可以简要介绍一些测度论用来解决的问题。

在第 3.3.2 节中，我们已经看到连续型向量值随机变量 $\mathbf{x}$ 落在某个集合 $\mathbb{S}$ 中的概率是通过 $p(\boldsymbol{x})$ 对集合 $\mathbb{S}$ 积分得到的。对于集合 $\mathbb{S}$ 的一些选择可能会引起悖论。例如，构造两个集合 $\mathbb{S}_1$ 和 $\mathbb{S}_2$ 使得 $p(\boldsymbol{x} \in \mathbb{S}_1) + p(\boldsymbol{x} \in \mathbb{S}_2) > 1$ 并且 $\mathbb{S}_1 \cap \mathbb{S}_2 = \emptyset$ 是可能的。这些集合通常是大量使用了实数的无限精度来构造的，例如通过构造分形形状 (fractal-shaped) 的集合或者是通过有理数相关集合的变换定义的集合。[3] 测度论的一个重要贡献就是提供了一些集合的特征，使

③Banach-Tarski 定理给出了这类集合的一个有趣的例子。译者注：我们这里把"the set of rational numbers"翻译成"有理数相关集合"，理解为"一些有理数组成的集合"，如果直接用后面的翻译读起来会比较拗口。

得我们在计算概率时不会遇到悖论。在本书中，我们只对相对简单的集合进行积分，所以测度论的这个方面不会成为一个相关考虑。

对于我们的目的，测度论更多的是用来描述那些适用于 $\mathbb{R}^n$ 上的大多数点，却不适用于一些边界情况的定理。测度论提供了一种严格的方式来描述那些非常微小的点集。这种集合被称为**"零测度**(measure zero)**"**的。我们不会在本书中给出这个概念的正式定义。然而，直观地理解这个概念是有用的，可以认为零测度集在我们的度量空间中不占有任何的体积。例如，在 $\mathbb{R}^2$ 空间中，一条直线的测度为零，而填充的多边形具有正的测度。类似地，一个单独的点的测度为零。可数多个零测度集的并仍然是零测度的 (所以，所有有理数构成的集合的测度为零)。

另外一个有用的测度论中的术语是**"几乎处处**(almost everywhere)**"**。某个性质如果是几乎处处都成立的，那么它在整个空间中除了一个测度为零的集合以外都是成立的。因为这些例外只在空间中占有极其微小的量，它们在多数应用中都可以被放心地忽略。概率论中的一些重要结果对于离散值成立，但对于连续值只能是"几乎处处"成立。

连续型随机变量的另一技术细节涉及处理那种相互之间有确定性函数关系的连续型变量。假设有两个随机变量 $\mathbf{x}$ 和 $\mathbf{y}$ 满足 $\boldsymbol{y} = g(\boldsymbol{x})$，其中 g 是可逆的、连续可微的函数。可能有人会想 $p_y(\boldsymbol{y}) = p_x(g^{-1}(\boldsymbol{y}))$。但实际上这并不对。

举一个简单的例子，假设有两个标量值随机变量 x 和 y，并且满足 $\mathrm{y} = \frac{\mathrm{x}}{2}$ 以及 $\mathrm{x} \sim U(0,1)$。如果我们使用 $p_y(y) = p_x(2y)$，那么 p_y 除了区间 $[0, \frac{1}{2}]$ 以外都为 0，并且在这个区间上的值为 1。这意味着

$$\int p_y(y)dy = \frac{1}{2} \tag{3.43}$$

而这违背了概率密度的定义 (积分为 1)。这个常见错误之所以错，是因为它没有考虑到引入函数 g 后造成的空间变形。回忆一下，$\boldsymbol{x}$ 落在无穷小的体积为 $\delta\boldsymbol{x}$ 的区域内的概率为 $p(\boldsymbol{x})\delta\boldsymbol{x}$。因为 g 可能会扩展或者压缩空间，在 $\boldsymbol{x}$ 空间内的包围着 $\boldsymbol{x}$ 的无穷小体积在 $\boldsymbol{y}$ 空间中可能有不同的体积。

为了看出如何改正这个问题，我们回到标量值的情况。我们需要保持下面这个性质：

$$|p_y(g(x))dy| = |p_x(x)dx| \tag{3.44}$$

求解上式，我们得到

$$p_y(y) = p_x(g^{-1}(y)) \left| \frac{\partial x}{\partial y} \right| \tag{3.45}$$

或者等价地，

$$p_x(x) = p_y(g(x)) \left| \frac{\partial g(x)}{\partial x} \right| \tag{3.46}$$

在高维空间中，微分运算扩展为**Jacobian 矩阵**(Jacobian matrix) 的行列式 —— 矩阵的每个元素为 $J_{i,j} = \frac{\partial x_i}{\partial y_j}$。因此，对于实值向量 $\boldsymbol{x}$ 和 $\boldsymbol{y}$，

$$p_x(\boldsymbol{x}) = p_y(g(\boldsymbol{x})) \left| \det \left(\frac{\partial g(\boldsymbol{x})}{\partial \boldsymbol{x}} \right) \right| \tag{3.47}$$

3.13 信息论

信息论是应用数学的一个分支，主要研究的是对一个信号包含信息的多少进行量化。它最初被发明是用来研究在一个含有噪声的信道上用离散的字母表来发送消息，例如通过无线电传输来通信。在这种情况下，信息论告诉我们如何对消息设计最优编码以及计算消息的期望长度，这些消息是使用多种不同编码机制、从特定的概率分布上采样得到的。在机器学习中，我们也可以把信息论应用于连续型变量，此时某些消息长度的解释不再适用。信息论是电子工程和计算机科学中许多领域的基础。在本书中，我们主要使用信息论的一些关键思想来描述概率分布或者量化概率分布之间的相似性。有关信息论的更多细节，参见 Cover and Thomas (2006) 或者 MacKay (2003)。

信息论的基本想法是一个不太可能的事件居然发生了，要比一个非常可能的事件发生，能提供更多的信息。消息说："今天早上太阳升起"，信息量是如此之少，以至于没有必要发送；但一条消息说："今天早上有日食"，信息量就很丰富。

我们想要通过这种基本想法来量化信息。特别是：

- 非常可能发生的事件信息量要比较少，并且极端情况下，确保能够发生的事件应该没有信息量。
- 较不可能发生的事件具有更高的信息量。
- 独立事件应具有增量的信息。例如，投掷的硬币两次正面朝上传递的信息量，应该是投掷一次硬币正面朝上的信息量的两倍。

为了满足上述 3 个性质，我们定义一个事件 $\mathrm{x} = x$ 的**自信息**(self-information) 为

$$I(x) = -\log P(x) \tag{3.48}$$

在本书中，我们总是用 log 来表示自然对数，其底数为 e。因此我们定义的 $I(x)$ 单位是**奈特**(nats)。一奈特是以 $\frac{1}{e}$ 的概率观测到一个事件时获得的信息量。其他的材料中使用底数为 2 的对数，单位是**比特**(bit) 或者**香农**(shannons)；通过比特度量的信息只是通过奈特度量信息的常数倍。

当 x 是连续的，我们使用类似的关于信息的定义，但有些来源于离散形式的性质就丢失了。例如，一个具有单位密度的事件信息量仍然为 0，但是不能保证它一定发生。

自信息只处理单个的输出。我们可以用**香农熵**(Shannon entropy) 来对整个概率分布中的不确定性总量进行量化：

$$H(\mathrm{x}) = \mathbb{E}_{\mathrm{x}\sim P}[I(x)] = -\mathbb{E}_{\mathrm{x}\sim P}[\log P(x)] \tag{3.49}$$

也记作 $H(P)$。换言之，一个分布的香农熵是指遵循这个分布的事件所产生的期望信息总量。它给出了对依据概率分布 P 生成的符号进行编码所需的比特数在平均意义上的下界 (当对数底数不是 2 时，单位将有所不同)。那些接近确定性的分布 (输出几乎可以确定) 具有较低的熵；那些接近均匀分布的概率分布具有较高的熵。图 3.5 给出了一个说明。当 x 是连续的，香农熵被称为**微分熵**(differential entropy)。

如果对于同一个随机变量 x 有两个单独的概率分布 $P(\mathrm{x})$ 和 $Q(\mathrm{x})$，可以使用**KL 散度**(Kullback-Leibler (KL) divergence) 来衡量这两个分布的差异：

$$D_{\mathrm{KL}}(P\|Q) = \mathbb{E}_{\mathrm{x}\sim P}\left[\log \frac{P(x)}{Q(x)}\right] = \mathbb{E}_{\mathrm{x}\sim P}[\log P(x) - \log Q(x)] \tag{3.50}$$

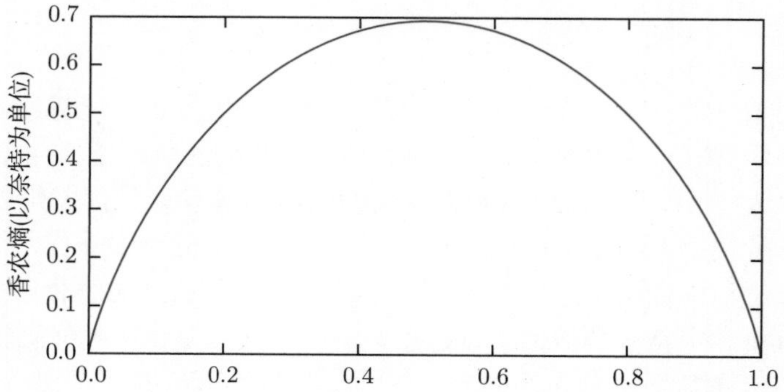

图 3.5　二值随机变量的香农熵。该图说明了更接近确定性的分布是如何具有较低的香农熵，而更接近均匀分布的分布是如何具有较高的香农熵。水平轴是 p，表示二值随机变量等于 1 的概率。熵由 $(p-1)\log(1-p)-p\log p$ 给出。当 p 接近 0 时，分布几乎是确定的，因为随机变量几乎总是 0。当 p 接近 1 时，分布也几乎是确定的，因为随机变量几乎总是 1。当 $p=0.5$ 时，熵是最大的，因为分布在两个结果 (0 和 1) 上是均匀的

在离散型变量的情况下，KL 散度衡量的是，当我们使用一种被设计成能够使得概率分布 Q 产生的消息的长度最小的编码，发送包含由概率分布 P 产生的符号的消息时，所需要的额外信息量 (如果我们使用底数为 2 的对数时，信息量用比特衡量，但在机器学习中，我们通常用奈特和自然对数。)

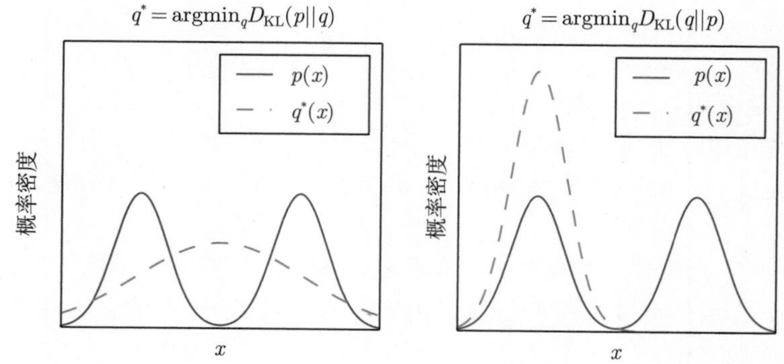

图 3.6　KL 散度是不对称的。假设我们有一个分布 $p(x)$，并且希望用另一个分布 $q(x)$ 来近似它。我们可以选择最小化 $D_{\text{KL}}(p||q)$ 或最小化 $D_{\text{KL}}(q||p)$。为了说明每种选择的效果，我们令 p 是两个高斯分布的混合，令 q 为单个高斯分布。选择使用 KL 散度的哪个方向是取决于问题的。一些应用需要这个近似分布 q 在真实分布 p 放置高概率的所有地方都放置高概率，而其他应用需要这个近似分布 q 在真实分布 p 放置低概率的所有地方都很少放置高概率。KL 散度方向的选择反映了对于每种应用，优先考虑哪一种选择。(*左*)最小化 $D_{\text{KL}}(p||q)$ 的效果。在这种情况下，我们选择一个 q，使得它在 p 具有高概率的地方具有高概率。当 p 具有多个峰时，q 选择将这些峰模糊到一起，以便将高概率质量放到所有峰上。(*右*)最小化 $D_{\text{KL}}(q||p)$ 的效果。在这种情况下，我们选择一个 q，使得它在 p 具有低概率的地方具有低概率。当 p 具有多个峰并且这些峰间隔很宽时，如该图所示，最小化 KL 散度会选择单个峰，以避免将概率质量放置在 p 的多个峰之间的低概率区域中。这里，我们说明当 q 被选择成强调左边峰时的结果。我们也可以通过选择右边峰来得到 KL 散度相同的值。如果这些峰没有被足够强的低概率区域分离，那么 KL 散度的这个方向仍然可能选择模糊这些峰

KL 散度有很多有用的性质，最重要的是，它是非负的。KL 散度为 0，当且仅当 P 和 Q 在离散型变量的情况下是相同的分布，或者在连续型变量的情况下是“几乎处处”相同的。因为 KL 散度是非负的并且衡量的是两个分布之间的差异，它经常被用作分布之间的某种距离。然而，它并不是真的距离，因为它不是对称的：对于某些 P 和 Q，$D_{\mathrm{KL}}(P\|Q) \neq D_{\mathrm{KL}}(Q\|P)$。这种非对称性意味着选择 $D_{\mathrm{KL}}(P\|Q)$ 还是 $D_{\mathrm{KL}}(Q\|P)$ 影响很大。更多细节可以看图 3.6。

一个和 KL 散度密切联系的量是**交叉熵**(cross-entropy)，即 $H(P,Q) = H(P) + D_{\mathrm{KL}}(P\|Q)$，它和 KL 散度很像，但是缺少左边一项：

$$H(P,Q) = -\mathbb{E}_{\mathrm{x}\sim P} \log Q(x) \tag{3.51}$$

针对 Q 最小化交叉熵等价于最小化 KL 散度，因为 Q 并不参与被省略的那一项。

当我们计算这些量时，经常会遇到 $0 \log 0$ 这个表达式。按照惯例，在信息论中，我们将这个表达式处理为 $\lim_{x\to 0} x \log x = 0$。

3.14 结构化概率模型

机器学习的算法经常会涉及在非常多的随机变量上的概率分布。通常，这些概率分布涉及的直接相互作用都是介于非常少的变量之间的。使用单个函数来描述整个联合概率分布是非常低效的 (无论是计算上还是统计上)。

我们可以把概率分布分解成许多因子的乘积形式，而不是使用单一的函数来表示概率分布。例如，假设我们有 3 个随机变量 a、b 和 c，并且 a 影响 b 的取值，b 影响 c 的取值，但是 a 和 c 在给定 b 时是条件独立的。我们可以把全部 3 个变量的概率分布重新表示为两个变量的概率分布的连乘形式：

$$p(\mathrm{a},\mathrm{b},\mathrm{c}) = p(\mathrm{a})p(\mathrm{b} \mid \mathrm{a})p(\mathrm{c} \mid \mathrm{b}) \tag{3.52}$$

这种分解可以极大地减少用来描述一个分布的参数数量。每个因子使用的参数数目是其变量数目的指数倍。这意味着，如果我们能够找到一种使每个因子分布具有更少变量的分解方法，就能极大地降低表示联合分布的成本。

可以用图来描述这种分解。这里我们使用的是图论中的“图”的概念：由一些可以通过边互相连接的顶点的集合构成。当用图来表示这种概率分布的分解时，我们把它称为**结构化概率模型**(structured probabilistic model) 或者**图模型** (graphical model)。

有两种主要的结构化概率模型：有向的和无向的。两种图模型都使用图 $\mathcal{G}$，其中图的每个节点对应着一个随机变量，连接两个随机变量的边意味着概率分布可以表示成这两个随机变量之间的直接作用。

有向(directed) 模型使用带有有向边的图，它们用条件概率分布来表示分解，就像上面的例子。特别地，有向模型对于分布中的每一个随机变量 x_i 都包含着一个影响因子，这个组成 x_i 条件概率的影响因子被称为 x_i 的父节点，记为 $Pa_{\mathcal{G}}(\mathrm{x}_i)$。

$$p(\mathbf{x}) = \prod_i p(\mathrm{x}_i \mid Pa_{\mathcal{G}}(\mathrm{x}_i)) \tag{3.53}$$

图 3.7 给出了一个有向图的例子以及它表示的概率分布的分解。

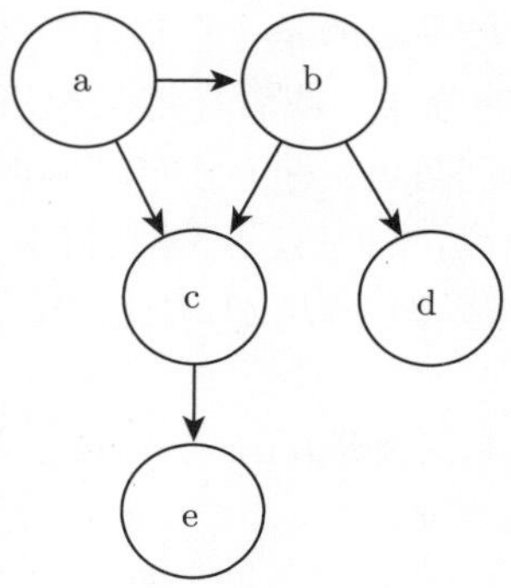

图 3.7　关于随机变量 a、b、c、d 和 e 的有向图模型。这幅图对应的概率分布可以分解为

$$p(\mathrm{a,b,c,d,e}) = p(\mathrm{a})p(\mathrm{b} \mid \mathrm{a})p(\mathrm{c} \mid \mathrm{a,b})p(\mathrm{d} \mid \mathrm{b})p(\mathrm{e} \mid \mathrm{c}) \tag{3.54}$$

该图模型使我们能够快速看出此分布的一些性质。例如，a 和 c 直接相互影响，但 a 和 e 只有通过 c 间接相互影响

无向(undirected) 模型使用带有无向边的图，它们将分解表示成一组函数：不像有向模型那样，这些函数通常不是任何类型的概率分布。$\mathcal{G}$ 中任何满足两两之间有边连接的顶点的集合被称为团。无向模型中的每个团 $\mathcal{C}^{(i)}$ 都伴随着一个因子 $\phi^{(i)}(\mathcal{C}^{(i)})$。这些因子仅仅是函数，并不是概率分布。每个因子的输出都必须是非负的，但是并没有像概率分布中那样要求因子的和或者积分为 1。

随机变量的联合概率与所有这些因子的乘积**成比例**(proportional)—— 这意味着因子的值越大，则可能性越大。当然，不能保证这种乘积的求和为 1。所以我们需要除以一个归一化常数 Z 来得到归一化的概率分布，归一化常数 Z 被定义为 ϕ 函数乘积的所有状态的求和或积分。概率分布为

$$p(\mathbf{x}) = \frac{1}{Z}\prod_i \phi^{(i)}\left(\mathcal{C}^{(i)}\right) \tag{3.55}$$

图 3.8 给出了一个无向图的例子以及它表示的概率分布的分解。

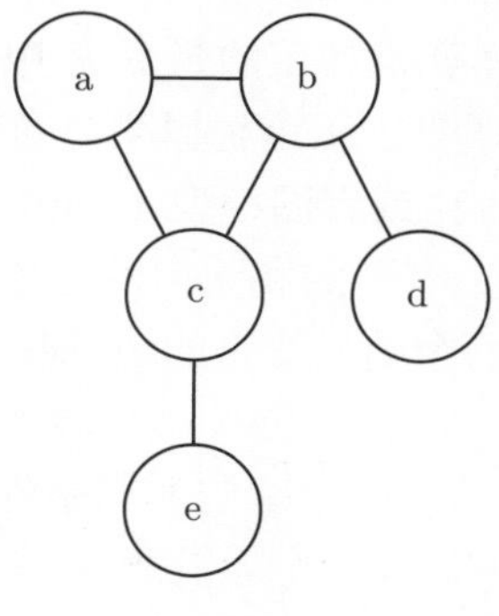

图 3.8　关于随机变量 a、b、c、d 和 e 的无向图模型。这幅图对应的概率分布可以分解为

$$p(\mathrm{a,b,c,d,e}) = \frac{1}{Z}\phi^{(1)}(\mathrm{a,b,c})\phi^{(2)}(\mathrm{b,d})\phi^{(3)}(\mathrm{c,e}) \tag{3.56}$$

该图模型使我们能够快速看出此分布的一些性质。例如，a 和 c 直接相互影响，但 a 和 e 只有通过 c 间接相互影响

请记住，这些图模型表示的分解仅仅是描述概率分布的一种语言。它们不是互相排斥的概率分布族。有向或者无向不是概率分布的特性；它是概率分布的一种特殊**描述**(description)所具有的特性，而任何概率分布都可以用这两种方式进行描述。

在本书第 1 部分和第 2 部分中，我们仅仅将结构化概率模型视作一门语言，来描述不同的机器学习算法选择表示的直接的概率关系。在讨论研究课题之前，读者不需要更深入地理解结构化概率模型。在第 3 部分的研究课题中，我们将更为详尽地探讨结构化概率模型。

本章复习了概率论中与深度学习最为相关的一些基本概念。我们还剩下一些基本的数学工具需要讨论：数值计算。

第 4 章　数值计算

机器学习算法通常需要大量的数值计算。这通常是指通过迭代过程更新解的估计值来解决数学问题的算法，而不是通过解析过程推导出公式来提供正确解的方法。常见的操作包括优化 (找到最小化或最大化函数值的参数) 和线性方程组的求解。对数字计算机来说，实数无法在有限内存下精确表示，因此仅仅是计算涉及实数的函数也是困难的。

4.1　上溢和下溢

连续数学在数字计算机上的根本困难是，我们需要通过有限数量的位模式来表示无限多的实数。这意味着我们在计算机中表示实数时，几乎总会引入一些近似误差。在许多情况下，这仅仅是舍入误差。舍入误差会导致一些问题，特别是当许多操作复合时，即使是理论上可行的算法，如果在设计时没有考虑最小化舍入误差的累积，在实践时也可能会导致算法失效。

一种极具毁灭性的舍入误差是**下溢**(underflow)。当接近零的数被四舍五入为零时发生下溢。许多函数在其参数为零而不是一个很小的正数时才会表现出质的不同。例如，我们通常要避免被零除 (一些软件环境将在这种情况下抛出异常，有些会返回一个非数字 (not-a-number, NaN) 的占位符) 或避免取零的对数 (这通常被视为 $-\infty$，进一步的算术运算会使其变成非数字)。

另一个极具破坏力的数值错误形式是**上溢**(overflow)。当大量级的数被近似为 ∞ 或 $-\infty$ 时发生上溢。进一步的运算通常会导致这些无限值变为非数字。

必须对上溢和下溢进行数值稳定的一个例子是**softmax 函数**(softmax function)。softmax 函数经常用于预测与 Multinoulli 分布相关联的概率，定义为

$$\text{softmax}(\boldsymbol{x})_i = \frac{\exp(x_i)}{\sum_{j=1}^{n} \exp(x_j)} \tag{4.1}$$

考虑一下当所有 x_i 都等于某个常数 c 时会发生什么。从理论分析上说，我们可以发现所有的输出都应该为 $\frac{1}{n}$。从数值计算上说，当 c 量级很大时，这可能不会发生。如果 c 是很小的负数，$\exp(c)$ 就会下溢。这意味着 softmax 函数的分母会变成 0，所以最后的结果是未定义的。当 c 是非常大的正数时，$\exp(c)$ 的上溢再次导致整个表达式未定义。这两个困难能通过计算 $\text{softmax}(\boldsymbol{z})$ 同时解决，其中 $\boldsymbol{z} = \boldsymbol{x} - \max_i x_i$。简单的代数计算表明，softmax 解析上的函数值不会因为从输入向量减去或加上标量而改变。减去 $\max_i x_i$ 导致 exp 的最大参数为 0，这排除了上溢的可能性。同样地，分母中至少有一个值为 1 的项，这就排除了因分母下溢而导致被零除的可能性。

还有一个小问题。分子中的下溢仍可以导致整体表达式被计算为零。这意味着，如果我们在计算 $\log \text{softmax}(\boldsymbol{x})$ 时，先计算 softmax 再把结果传给 log 函数，会错误地得到 $-\infty$。相

反，我们必须实现一个单独的函数，并以数值稳定的方式计算 log softmax。我们可以使用相同的技巧来稳定 log softmax 函数。

在大多数情况下，我们没有明确地对本书描述的各种算法所涉及的数值考虑进行详细说明。在实现深度学习算法时，底层库的开发者应该牢记数值问题。本书的大多数读者可以简单地依赖保证数值稳定的底层库。在某些情况下，我们有可能在实现一个新的算法时自动保持数值稳定。Theano (Bergstra *et al.*, 2010a; Bastien *et al.*, 2012a) 就是这样软件包的一个例子，它能自动检测并稳定深度学习中许多常见的数值不稳定的表达式。

4.2 病态条件

条件数指的是函数相对于输入的微小变化而变化的快慢程度。输入被轻微扰动而迅速改变的函数对于科学计算来说可能是有问题的，因为输入中的舍入误差可能导致输出的巨大变化。

考虑函数 $f(\boldsymbol{x}) = \boldsymbol{A}^{-1}\boldsymbol{x}$。当 $\boldsymbol{A} \in \mathbb{R}^{n\times n}$ 具有特征值分解时，其条件数为

$$\max_{i,j} \left| \frac{\lambda_i}{\lambda_j} \right| \tag{4.2}$$

这是最大和最小特征值的模之比 [①]。当该数很大时，矩阵求逆对输入的误差特别敏感。

这种敏感性是矩阵本身的固有特性，而不是矩阵求逆期间舍入误差的结果。即使我们乘以完全正确的矩阵逆，病态条件的矩阵也会放大预先存在的误差。在实践中，该错误将与求逆过程本身的数值误差进一步复合。

4.3 基于梯度的优化方法

大多数深度学习算法都涉及某种形式的优化。优化指的是改变 $\boldsymbol{x}$ 以最小化或最大化某个函数 $f(\boldsymbol{x})$ 的任务。我们通常以最小化 $f(\boldsymbol{x})$ 指代大多数最优化问题。最大化可经由最小化算法最小化 $-f(\boldsymbol{x})$ 来实现。

我们把要最小化或最大化的函数称为**目标函数**(objective function) 或**准则**(criterion)。当我们对其进行最小化时，也把它称为**代价函数**(cost function)、**损失函数**(loss function) 或**误差函数**(error function)。虽然有些机器学习著作赋予这些名称特殊的意义，但在这本书中我们交替使用这些术语。

我们通常使用一个上标 $*$ 表示最小化或最大化函数的 $\boldsymbol{x}$ 值，如记 $\boldsymbol{x}^* = \arg\min f(\boldsymbol{x})$。

我们假设读者已经熟悉微积分，这里简要回顾微积分概念如何与优化联系。

假设有一个函数 $y = f(x)$，其中 x 和 y 是实数。这个函数的**导数**(derivative) 记为 $f'(x)$ 或 $\frac{dy}{dx}$。导数 $f'(x)$ 代表 $f(x)$ 在点 x 处的斜率。换句话说，它表明如何缩放输入的小变化才能在输出获得相应的变化：$f(x+\epsilon) \approx f(x) + \epsilon f'(x)$。

因此导数对于最小化一个函数很有用，因为它告诉我们如何更改 x 来略微地改善 y。例如，我们知道对于足够小的 ϵ 来说，$f(x - \epsilon \mathrm{sign}(f'(x)))$ 是比 $f(x)$ 小的。因此我们可以将 x

①译者注：与通常的条件数定义有所不同。

往导数的反方向移动一小步来减小 $f(x)$。这种技术称为**梯度下降**(gradient descent)(Cauchy, 1847)。图 4.1 展示了一个例子。

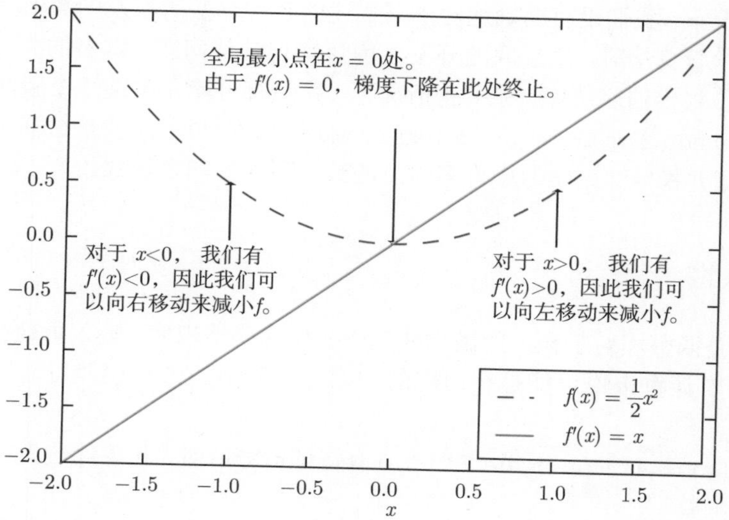

图 4.1 梯度下降。梯度下降算法如何使用函数导数的示意图，即沿着函数的下坡方向 (导数反方向) 直到最小

当 $f'(x) = 0$ 时，导数无法提供往哪个方向移动的信息。$f'(x) = 0$ 的点称为**临界点**(critical point) 或**驻点**(stationary point)。一个**局部极小点**(local minimum) 意味着这个点的 $f(x)$ 小于所有邻近点，因此不可能通过移动无穷小的步长来减小 $f(x)$。一个**局部极大点**(local maximum) 意味着这个点的 $f(x)$ 大于所有邻近点，因此不可能通过移动无穷小的步长来增大 $f(x)$。有些临界点既不是最小点也不是最大点，这些点称为**鞍点**(saddle point)。见图 4.2 给出的各种临界点的例子。

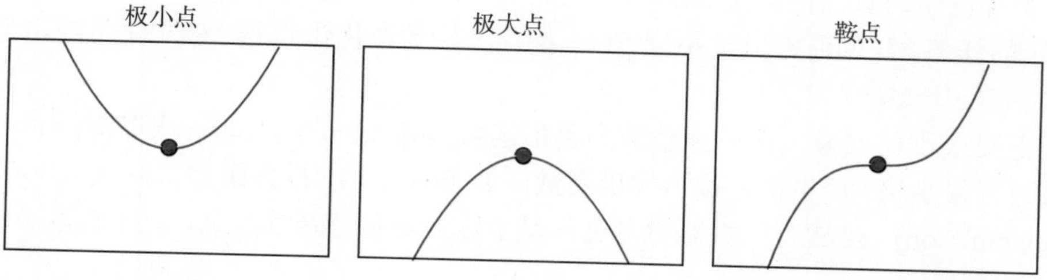

图 4.2 临界点的类型。一维情况下，3 种临界点的示例。临界点是斜率为零的点。这样的点可以是：**局部极小点**(local minimum)，其值低于相邻点；**局部极大点**(local maximum)，其值高于相邻点；鞍点，同时存在更高和更低的相邻点

使 $f(x)$ 取得绝对的最小值 (相对所有其他值) 的点是**全局最小点**(global minimum)。函数可能只有一个全局最小点或存在多个全局最小点，还可能存在不是全局最优的局部极小点。在深度学习的背景下，我们要优化的函数可能含有许多不是最优的局部极小点，或者还有很多处于非常平坦的区域内的鞍点。尤其是当输入是多维的时候，所有这些都将使优化变得困难。因此，我们通常寻找使 f 非常小的点，但这在任何形式意义下并不一定是最小，如图 4.3

所示的例子。

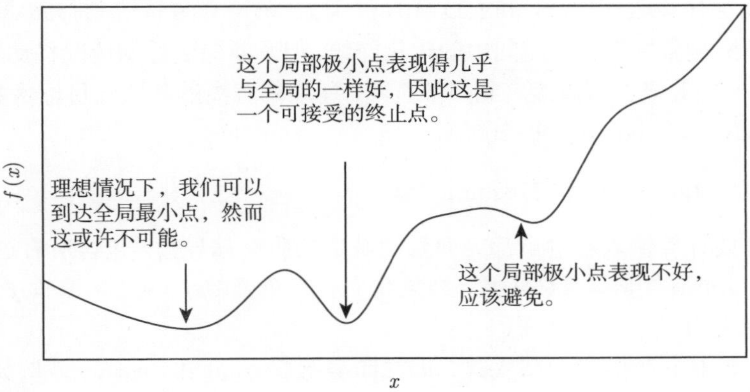
这个局部极小点表现得几乎
与全局的一样好，因此这是
一个可接受的终止点。
理想情况下，我们可以
到达全局最小点，然而
这或许不可能。
这个局部极小点表现不好，
应该避免。
$f(x)$
x

图 4.3 近似最小化。当存在多个局部极小点或平坦区域时，优化算法可能无法找到全局最小点。在深度学习的背景下，即使找到的解不是真正最小的，但只要它们对应于代价函数显著低的值，我们通常就能接受这样的解

我们经常最小化具有多维输入的函数：$f : \mathbb{R}^n \to \mathbb{R}$。为了使"最小化"的概念有意义，输出必须是一维的 (标量)。

针对具有多维输入的函数，我们需要用到**偏导数**(partial derivative) 的概念。偏导数 $\frac{\partial}{\partial x_i} f(\boldsymbol{x})$ 衡量点 $\boldsymbol{x}$ 处只有 x_i 增加时 $f(\boldsymbol{x})$ 如何变化。**梯度**(gradient) 是相对一个向量求导的导数:f 的梯度是包含所有偏导数的向量，记为 $\nabla_{\boldsymbol{x}} f(\boldsymbol{x})$。梯度的第 i 个元素是 f 关于 x_i 的偏导数。在多维情况下，临界点是梯度中所有元素都为零的点。

在 $\boldsymbol{u}$(单位向量) 方向的**方向导数**(directional derivative) 是函数 f 在 $\boldsymbol{u}$ 方向的斜率。换句话说，方向导数是函数 $f(\boldsymbol{x} + \alpha \boldsymbol{u})$ 关于 α 的导数 (在 $\alpha = 0$ 时取得)。使用链式法则，我们可以看到当 $\alpha = 0$ 时，$\frac{\partial}{\partial \alpha} f(\boldsymbol{x} + \alpha \boldsymbol{u}) = \boldsymbol{u}^\top \nabla_{\boldsymbol{x}} f(\boldsymbol{x})$。

为了最小化 f，我们希望找到使 f 下降得最快的方向。计算方向导数：

$$\min_{\boldsymbol{u}, \boldsymbol{u}^\top \boldsymbol{u}=1} \boldsymbol{u}^\top \nabla_{\boldsymbol{x}} f(\boldsymbol{x}) \tag{4.3}$$

$$= \min_{\boldsymbol{u}, \boldsymbol{u}^\top \boldsymbol{u}=1} \|\boldsymbol{u}\|_2 \|\nabla_{\boldsymbol{x}} f(\boldsymbol{x})\|_2 \cos\theta \tag{4.4}$$

其中 θ 是 $\boldsymbol{u}$ 与梯度的夹角。将 $\|\boldsymbol{u}\|_2 = 1$ 代入，并忽略与 $\boldsymbol{u}$ 无关的项，就能简化得到 $\min_{\boldsymbol{u}} \cos\theta$。这在 $\boldsymbol{u}$ 与梯度方向相反时取得最小。换句话说，梯度向量指向上坡，负梯度向量指向下坡。我们在负梯度方向上移动可以减小 f。这被称为**最速下降法**(method of steepest descent) 或**梯度下降**(gradient descent)。

最速下降建议新的点为

$$\boldsymbol{x}' = \boldsymbol{x} - \epsilon \nabla_{\boldsymbol{x}} f(\boldsymbol{x}) \tag{4.5}$$

其中 ϵ 为**学习率**(learning rate)，是一个确定步长大小的正标量。我们可以通过几种不同的方式选择 ϵ。普遍的方式是选择一个小常数。有时我们通过计算，选择使方向导数消失的步长。还有一种方法是根据几个 ϵ 计算 $f(\boldsymbol{x} - \epsilon \nabla_{\boldsymbol{x}} f(\boldsymbol{x}))$，并选择其中能产生最小目标函数值的 ϵ。这种策略称为线搜索。

最速下降在梯度的每一个元素为零时收敛 (或在实践中，很接近零时)。在某些情况下，我们也许能够避免运行该迭代算法，并通过解方程 $\nabla_{\boldsymbol{x}} f(\boldsymbol{x}) = 0$ 直接跳到临界点。

虽然梯度下降被限制在连续空间中的优化问题，但不断向更好的情况移动一小步 (即近似最佳的小移动) 的一般概念可以推广到离散空间。递增带有离散参数的目标函数称为**爬山**(hill climbing) 算法 (Russel and Norvig, 2003)。

4.3.1 梯度之上：Jacobian 和 Hessian 矩阵

有时我们需要计算输入和输出都为向量的函数的所有偏导数。包含所有这样的偏导数的矩阵被称为 **Jacobian** 矩阵。具体来说，如果我们有一个函数 $\boldsymbol{f}: \mathbb{R}^m \rightarrow \mathbb{R}^n$，$\boldsymbol{f}$ 的 Jacobian 矩阵 $\boldsymbol{J} \in \mathbb{R}^{n \times m}$ 定义为 $J_{i,j} = \frac{\partial}{\partial x_j} f(\boldsymbol{x})_i$。

有时，我们也对导数的导数感兴趣，即**二阶导数**(second derivative)。例如，有一个函数 $f: \mathbb{R}^m \rightarrow \mathbb{R}$，$f$ 的一阶导数 (关于 x_j) 关于 x_i 的导数记为 $\frac{\partial^2}{\partial x_i \partial x_j} f$。在一维情况下，我们可以将 $\frac{\partial^2}{\partial x^2} f$ 为 $f''(x)$。二阶导数告诉我们，一阶导数将如何随着输入的变化而改变。它表示只基于梯度信息的梯度下降步骤是否会产生如我们预期的那样大的改善，因此它是重要的。我们可以认为，二阶导数是对曲率的衡量。假设我们有一个二次函数 (虽然很多实践中的函数都不是二次的，但至少在局部可以很好地用二次近似)，如果这样的函数具有零二阶导数，那就没有曲率，也就是一条完全平坦的线，仅用梯度就可以预测它的值。我们使用沿负梯度方向大小为 ϵ 的下降步，当该梯度是 1 时，代价函数将下降 ϵ。如果二阶导数是负的，函数曲线向下凹陷 (向上凸出)，因此代价函数将下降得比 ϵ 多。如果二阶导数是正的，函数曲线是向上凹陷 (向下凸出)，因此代价函数将下降得比 ϵ 少。从图 4.4 可以看出不同形式的曲率如何影响基于梯度的预测值与真实的代价函数值的关系。

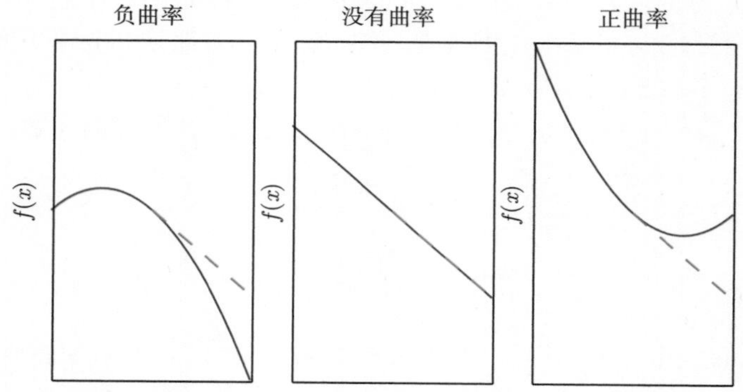

图 4.4 二阶导数确定函数的曲率。这里我们展示具有各种曲率的二次函数。虚线表示我们仅根据梯度信息进行梯度下降后预期的代价函数值。对于负曲率，代价函数实际上比梯度预测下降得更快。没有曲率时，梯度正确预测下降值。对于正曲率，代价函数比预期下降得更慢，并且最终会开始增加，因此太大的步骤实际上可能会无意地增加函数值

当我们的函数具有多维输入时，二阶导数也有很多。我们可以将这些导数合并成一个矩阵，称为 **Hessian** 矩阵。Hessian 矩阵 $\boldsymbol{H}(f)(\boldsymbol{x})$ 定义为

$$\boldsymbol{H}(f)(\boldsymbol{x})_{i,j} = \frac{\partial^2}{\partial x_i \partial x_j} f(\boldsymbol{x}) \tag{4.6}$$

Hessian 等价于梯度的 Jacobian 矩阵。

微分算子在任何二阶偏导连续的点处可交换，也就是它们的顺序可以互换：

$$\frac{\partial^2}{\partial x_i \partial x_j} f(\boldsymbol{x}) = \frac{\partial^2}{\partial x_j \partial x_i} f(\boldsymbol{x}) \tag{4.7}$$

这意味着 $H_{i,j} = H_{j,i}$，因此 Hessian 矩阵在这些点上是对称的。在深度学习背景下，我们遇到的大多数函数的 Hessian 几乎处处都是对称的。因为 Hessian 矩阵是实对称的，我们可以将其分解成一组实特征值和一组特征向量的正交基。在特定方向 $\boldsymbol{d}$ 上的二阶导数可以写成 $\boldsymbol{d}^\top \boldsymbol{H} \boldsymbol{d}$。当 $\boldsymbol{d}$ 是 $\boldsymbol{H}$ 的一个特征向量时，这个方向的二阶导数就是对应的特征值。对于其他的方向 $\boldsymbol{d}$，方向二阶导数是所有特征值的加权平均，权重在 0 和 1 之间，且与 $\boldsymbol{d}$ 夹角越小的特征向量的权重越大。最大特征值确定最大二阶导数，最小特征值确定最小二阶导数。

我们可以通过 (方向) 二阶导数预期一个梯度下降步骤能表现得多好。我们在当前点 $\boldsymbol{x}^{(0)}$ 处做函数 $f(\boldsymbol{x})$ 的近似二阶泰勒级数：

$$f(\boldsymbol{x}) \approx f(\boldsymbol{x}^{(0)}) + (\boldsymbol{x} - \boldsymbol{x}^{(0)})^\top \boldsymbol{g} + \frac{1}{2}(\boldsymbol{x} - \boldsymbol{x}^{(0)})^\top \boldsymbol{H} (\boldsymbol{x} - \boldsymbol{x}^{(0)}) \tag{4.8}$$

其中 $\boldsymbol{g}$ 是梯度，$\boldsymbol{H}$ 是 $\boldsymbol{x}^{(0)}$ 点的 Hessian。如果我们使用学习率 ϵ，那么新的点 $\boldsymbol{x}$ 将会是 $\boldsymbol{x}^{(0)} - \epsilon \boldsymbol{g}$。代入上述的近似，可得

$$f(\boldsymbol{x}^{(0)} - \epsilon \boldsymbol{g}) \approx f(\boldsymbol{x}^{(0)}) - \epsilon \boldsymbol{g}^\top \boldsymbol{g} + \frac{1}{2}\epsilon^2 \boldsymbol{g}^\top \boldsymbol{H} \boldsymbol{g} \tag{4.9}$$

其中有 3 项：函数的原始值、函数斜率导致的预期改善和函数曲率导致的校正。当最后一项太大时，梯度下降实际上是可能向上移动的。当 $\boldsymbol{g}^\top \boldsymbol{H} \boldsymbol{g}$ 为零或负时，近似的泰勒级数表明增加 ϵ 将永远使 f 下降。在实践中，泰勒级数不会在 ϵ 大的时候也保持准确，因此在这种情况下我们必须采取更具启发式的选择。当 $\boldsymbol{g}^\top \boldsymbol{H} \boldsymbol{g}$ 为正时，通过计算可得，使近似泰勒级数下降最多的最优步长为

$$\epsilon^* = \frac{\boldsymbol{g}^\top \boldsymbol{g}}{\boldsymbol{g}^\top \boldsymbol{H} \boldsymbol{g}} \tag{4.10}$$

最坏的情况下，$\boldsymbol{g}$ 与 $\boldsymbol{H}$ 最大特征值 $\lambda_{\max}$ 对应的特征向量对齐，则最优步长是 $\frac{1}{\lambda_{\max}}$。当我们要最小化的函数能用二次函数很好地近似的情况下，Hessian 的特征值决定了学习率的量级。

二阶导数还可以用于确定一个临界点是否是局部极大点、局部极小点或鞍点。回想一下，在临界点处 $f'(x) = 0$。而 $f''(x) > 0$ 意味着 $f'(x)$ 会随着我们移向右边而增加，移向左边而减小，也就是 $f'(x - \epsilon) < 0$ 和 $f'(x + \epsilon) > 0$ 对足够小的 ϵ 成立。换句话说，当我们移向右边，斜率开始指向右边的上坡；当我们移向左边，斜率开始指向左边的上坡。因此我们得出结论，当 $f'(x) = 0$ 且 $f''(x) > 0$ 时，$\boldsymbol{x}$ 是一个局部极小点。同理，当 $f'(x) = 0$ 且 $f''(x) < 0$ 时，$\boldsymbol{x}$ 是一个局部极大点。这就是所谓的**二阶导数测试**(second derivative test)。不幸的是，当 $f''(x) = 0$ 时，测试是不确定的。在这种情况下，$\boldsymbol{x}$ 可以是一个鞍点或平坦区域的一部分。

在多维情况下，我们需要检测函数的所有二阶导数。利用 Hessian 的特征值分解，我们可以将二阶导数测试扩展到多维情况。在临界点处 ($\nabla_{\boldsymbol{x}} f(\boldsymbol{x}) = 0$)，我们通过检测 Hessian 的特征值来判断该临界点是一个局部极大点、局部极小点还是鞍点。当 Hessian 是正定的 (所有特征值都是正的)，则该临界点是局部极小点。因为方向二阶导数在任意方向都是正的，参考单

变量的二阶导数测试就能得出此结论。同样的，当 Hessian 是负定的 (所有特征值都是负的)，这个点就是局部极大点。在多维情况下，实际上我们可以找到确定该点是否为鞍点的积极迹象 (某些情况下)。如果 Hessian 的特征值中至少一个是正的且至少一个是负的，那么 $\boldsymbol{x}$ 是 f 某个横截面的局部极大点，却是另一个横截面的局部极小点，如图 4.5 所示。最后，多维二阶导数测试可能像单变量版本那样是不确定的。当所有非零特征值是同号的且至少有一个特征值是 0 时，这个检测就是不确定的。这是因为单变量的二阶导数测试在零特征值对应的横截面上是不确定的。

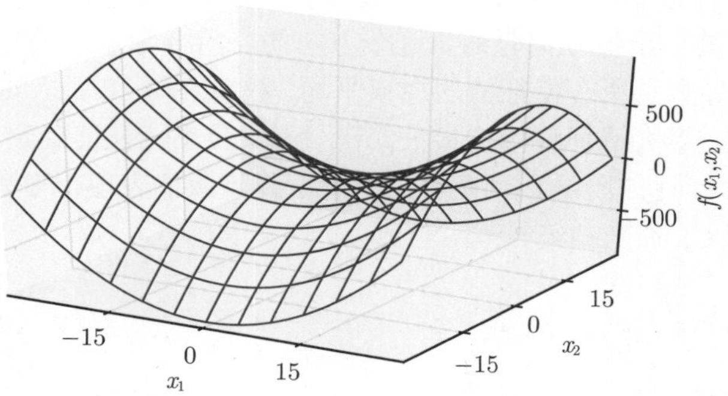

图 4.5　既有正曲率又有负曲率的鞍点。示例中的函数是 $f(\boldsymbol{x}) = x_1^2 - x_2^2$。函数沿 x_1 轴向上弯曲。x_1 轴是 Hessian 的一个特征向量，并且具有正特征值。函数沿 x_2 轴向下弯曲。该方向对应于 Hessian 负特征值的特征向量。名称"鞍点"源自该处函数的鞍状形状。这是具有鞍点函数的典型示例。维度多于一个时，鞍点不一定要具有 0 特征值：仅需要同时具有正特征值和负特征值。我们可以想象这样一个鞍点 (具有正负特征值) 在一个横截面内是局部极大点，而在另一个横截面内是局部极小点

多维情况下，单个点处每个方向上的二阶导数是不同的。Hessian 的条件数衡量这些二阶导数的变化范围。当 Hessian 的条件数很差时，梯度下降法也会表现得很差。这是因为一个方向上的导数增加得很快，而在另一个方向上增加得很慢。梯度下降不知道导数的这种变化，所以它不知道应该优先探索导数长期为负的方向。病态条件也导致很难选择合适的步长。步长必须足够小，以免冲过最小而向具有较强正曲率的方向上升。这通常意味着步长太小，以至于在其他较小曲率的方向上进展不明显，如图 4.6 所示。

我们可以使用 Hessian 矩阵的信息来指导搜索，以解决这个问题。其中最简单的方法是**牛顿法**(Newton’ s method)。牛顿法基于一个二阶泰勒展开来近似 $\boldsymbol{x}^{(0)}$ 附近的 $f(\boldsymbol{x})$：

$$f(\boldsymbol{x}) \approx f(\boldsymbol{x}^{(0)}) + (\boldsymbol{x} - \boldsymbol{x}^{(0)})^\top \nabla_{\boldsymbol{x}} f(\boldsymbol{x}^{(0)}) + \frac{1}{2}(\boldsymbol{x} - \boldsymbol{x}^{(0)})^\top \boldsymbol{H}(f)(\boldsymbol{x}^{(0)})(\boldsymbol{x} - \boldsymbol{x}^{(0)}) \tag{4.11}$$

接着通过计算，我们可以得到这个函数的临界点：

$$\boldsymbol{x}^* = \boldsymbol{x}^{(0)} - \boldsymbol{H}(f)(\boldsymbol{x}^{(0)})^{-1} \nabla_{\boldsymbol{x}} f(\boldsymbol{x}^{(0)}) \tag{4.12}$$

如果 f 是一个正定二次函数，牛顿法只要应用一次式 (4.12) 就能直接跳到函数的最小点。如果 f 不是一个真正二次但能在局部近似为正定二次，牛顿法则需要多次迭代应用式 (4.12)。迭代地更新近似函数和跳到近似函数的最小点可以比梯度下降更快地到达临界点。这在接近局部极小点时是一个特别有用的性质，但是在鞍点附近是有害的。正如本书第 8.2.3 节所讨论的那样，当附近的临界点是最小点 (Hessian 的所有特征值都是正的) 时牛顿法才适用，而梯度下降不会被吸引到鞍点 (除非梯度指向鞍点)。

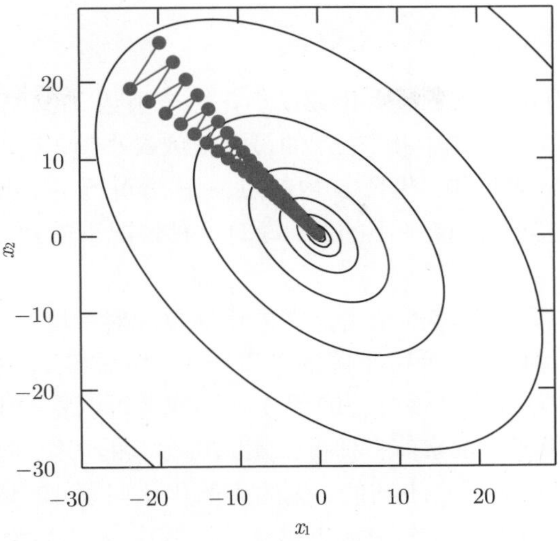

图 4.6 梯度下降无法利用包含在 Hessian 矩阵中的曲率信息。这里我们使用梯度下降来最小化 Hessian 矩阵条件数为 5 的二次函数 $f(\boldsymbol{x})$。这意味着最大曲率方向具有比最小曲率方向多 5 倍的曲率。在这种情况下，最大曲率在 $[1,1]^\top$ 方向上，最小曲率在 $[1,-1]^\top$ 方向上。红线表示梯度下降的路径。这个非常细长的二次函数类似一个长峡谷。梯度下降把时间浪费于在峡谷壁反复下降，因为它们是最陡峭的特征。由于步长有点大，有超过函数底部的趋势，因此需要在下一次迭代时在对面的峡谷壁下降。与指向该方向的特征向量对应的 Hessian 的大的正特征值表示该方向上的导数快速增加，因此基于 Hessian 的优化算法可以预测，在此情况下最陡峭方向实际上不是有前途的搜索方向

仅使用梯度信息的优化算法称为**一阶优化算法**(first-order optimization algorithms)，如梯度下降。使用 Hessian 矩阵的优化算法称为**二阶最优化算法**(second-order optimization algorithms)(Nocedal and Wright, 2006)，如牛顿法。

本书大多数上下文中使用的优化算法适用于各种各样的函数，但几乎都没有理论保证。因为在深度学习中使用的函数族是相当复杂的，所以深度学习算法往往缺乏理论保证。在许多其他领域，优化的主要方法是为有限的函数族设计优化算法。

在深度学习的背景下，限制函数满足**Lipschitz 连续**(Lipschitz continuous) 或其导数 Lipschitz 连续可以获得一些保证。Lipschitz 连续函数的变化速度以**Lipschitz 常数**(Lipschitz constant) $\mathcal{L}$ 为界：

$$\forall \boldsymbol{x},\ \forall \boldsymbol{y},\ |f(\boldsymbol{x}) - f(\boldsymbol{y})| \leqslant \mathcal{L}\|\boldsymbol{x} - \boldsymbol{y}\|_2 \tag{4.13}$$

这个属性允许我们量化自己的假设 —— 梯度下降等算法导致的输入的微小变化将使输出只产生微小变化，因此是很有用的。Lipschitz 连续性也是相当弱的约束，并且深度学习中很多优化问题经过相对较小的修改后就能变得 Lipschitz 连续。

最成功的特定优化领域或许是**凸优化**(Convex optimization)。凸优化通过更强的限制提供更多的保证。凸优化算法只对凸函数适用，即 Hessian 处处半正定的函数。因为这些函数没有鞍点而且其所有局部极小点必然是全局最小点，所以表现很好。然而，深度学习中的大多数问题都难以表示成凸优化的形式。凸优化仅用作一些深度学习算法的子程序。凸优化中的分析思路对证明深度学习算法的收敛性非常有用，然而一般来说，深度学习背景下凸优化的重要性大大减少。有关凸优化的详细信息，详见 Boyd and Vandenberghe (2004) 或 Rockafellar (1997)。

4.4 约束优化

有时候，在 $\boldsymbol{x}$ 的所有可能值下最大化或最小化一个函数 $f(x)$ 不是我们所希望的。相反，我们可能希望在 $\boldsymbol{x}$ 的某些集合 $\mathbb{S}$ 中找 $f(\boldsymbol{x})$ 的最大值或最小值。这称为**约束优化**(constrained optimization)。在约束优化术语中，集合 $\mathbb{S}$ 内的点 $\boldsymbol{x}$ 称为**可行**(feasible) 点。

我们常常希望找到在某种意义上小的解。针对这种情况下的常见方法是强加一个范数约束，如 $\|\boldsymbol{x}\| \leqslant 1$。

约束优化的一个简单方法是将约束考虑在内后简单地对梯度下降进行修改。如果使用一个小的恒定步长 ϵ，我们可以先取梯度下降的单步结果，然后将结果投影回 $\mathbb{S}$。如果使用线搜索，我们只能在步长为 ϵ 范围内搜索可行的新 $\boldsymbol{x}$ 点，或者可以将线上的每个点投影到约束区域。如果可能，在梯度下降或线搜索前将梯度投影到可行域的切空间会更高效 (Rosen, 1960)。

一个更复杂的方法是设计一个不同的、无约束的优化问题，其解可以转化成原始约束优化问题的解。例如，我们要在 $\boldsymbol{x} \in \mathbb{R}^2$ 中最小化 $f(\boldsymbol{x})$，其中 $\boldsymbol{x}$ 约束为具有单位 L^2 范数。我们可以关于 θ 最小化 $g(\theta) = f([\cos\theta, \sin\theta]^\top)$，最后返回 $[\cos\theta, \sin\theta]$ 作为原问题的解。这种方法需要创造性；优化问题之间的转换必须专门根据我们遇到的每一种情况进行设计。

Karush-Kuhn-Tucker(KKT) 方法[②] 是针对约束优化非常通用的解决方案。为介绍KKT方法，我们引入一个称为**广义 Lagrangian**(generalized Lagrangian) 或**广义 Lagrange 函数**(generalized Lagrange function) 的新函数。

为了定义Lagrangian，我们先要通过等式和不等式的形式描述 $\mathbb{S}$。我们希望通过 m 个函数 $g^{(i)}$ 和 n 个函数 $h^{(j)}$ 描述 $\mathbb{S}$，那么 $\mathbb{S}$ 可以表示为 $\mathbb{S} = \{\boldsymbol{x} \mid \forall i, g^{(i)}(\boldsymbol{x}) = 0 \text{ and } \forall j, h^{(j)}(\boldsymbol{x}) \leqslant 0\}$。其中涉及 $g^{(i)}$ 的等式称为**等式约束**(equality constraint)，涉及 $h^{(j)}$ 的不等式称为**不等式约束**(inequality constraint)。

我们为每个约束引入新的变量 λ_i 和 α_j，这些新变量被称为 KKT 乘子。广义 Lagrangian 可以定义为

$$L(\boldsymbol{x}, \boldsymbol{\lambda}, \boldsymbol{\alpha}) = f(\boldsymbol{x}) + \sum_i \lambda_i g^{(i)}(\boldsymbol{x}) + \sum_j \alpha_j h^{(j)}(\boldsymbol{x}) \tag{4.14}$$

现在，我们可以通过优化无约束的广义 Lagrangian 解决约束最小化问题。只要存在至少一个可行点且 $f(\boldsymbol{x})$ 不允许取 ∞，那么

$$\min_{\boldsymbol{x}} \max_{\boldsymbol{\lambda}} \max_{\boldsymbol{\alpha}, \boldsymbol{\alpha} \geqslant 0} L(\boldsymbol{x}, \boldsymbol{\lambda}, \boldsymbol{\alpha}) \tag{4.15}$$

与如下函数有相同的最优目标函数值和最优点集 $\boldsymbol{x}$

$$\min_{\boldsymbol{x} \in \mathbb{S}} f(\boldsymbol{x}) \tag{4.16}$$

这是因为当约束满足时，

$$\max_{\boldsymbol{\lambda}} \max_{\boldsymbol{\alpha}, \boldsymbol{\alpha} \geqslant 0} L(\boldsymbol{x}, \boldsymbol{\lambda}, \boldsymbol{\alpha}) = f(\boldsymbol{x}) \tag{4.17}$$

---

②KKT 方法是 **Lagrange 乘子法**(只允许等式约束) 的推广。

而违反任意约束时，

$$\max_{\boldsymbol{\lambda}} \max_{\boldsymbol{\alpha},\boldsymbol{\alpha}\geqslant 0} L(\boldsymbol{x},\boldsymbol{\lambda},\boldsymbol{\alpha}) = \infty \tag{4.18}$$

这些性质保证不可行点不会是最佳的，并且可行点范围内的最优点不变。

要解决约束最大化问题，我们可以构造 $-f(\boldsymbol{x})$ 的广义 Lagrange 函数，从而导致以下优化问题：

$$\min_{\boldsymbol{x}} \max_{\boldsymbol{\lambda}} \max_{\boldsymbol{\alpha},\boldsymbol{\alpha}\geqslant 0} -f(\boldsymbol{x}) + \sum_i \lambda_i g^{(i)}(\boldsymbol{x}) + \sum_j \alpha_j h^{(j)}(\boldsymbol{x}) \tag{4.19}$$

我们也可将其转换为在外层最大化的问题：

$$\max_{\boldsymbol{x}} \min_{\boldsymbol{\lambda}} \min_{\boldsymbol{\alpha},\boldsymbol{\alpha}\geqslant 0} f(\boldsymbol{x}) + \sum_i \lambda_i g^{(i)}(\boldsymbol{x}) - \sum_j \alpha_j h^{(j)}(\boldsymbol{x}) \tag{4.20}$$

等式约束对应项的符号并不重要，因为优化可以自由选择每个 λ_i 的符号，我们可以随意将其定义为加法或减法。

不等式约束特别有趣。如果 $h^{(i)}(\boldsymbol{x}^*) = 0$，我们就说这个约束 $h^{(i)}(\boldsymbol{x})$ 是**活跃**(active) 的。如果约束不是活跃的，则有该约束的问题的解与去掉该约束的问题的解至少存在一个相同的局部解。一个不活跃约束有可能排除其他解。例如，整个区域 (代价相等的宽平区域) 都是全局最优点的凸问题可能因约束消去其中的某个子区域，或在非凸问题的情况下，收敛时不活跃的约束可能排除了较好的局部驻点。然而，无论不活跃的约束是否被包括在内，收敛时找到的点仍然是一个驻点。因为一个不活跃的约束 $h^{(i)}$ 必有负值，那么 $\min_{\boldsymbol{x}} \max_{\boldsymbol{\lambda}} \max_{\boldsymbol{\alpha},\boldsymbol{\alpha}\geqslant 0} L(\boldsymbol{x},\boldsymbol{\lambda},\boldsymbol{\alpha})$ 中的 $\alpha_i = 0$。因此，我们可以观察到在该解中 $\boldsymbol{\alpha} \odot \boldsymbol{h}(\boldsymbol{x}) = 0$。换句话说，对于所有的 i，$\alpha_i \geqslant 0$ 或 $h^{(j)}(\boldsymbol{x}) \leqslant 0$ 在收敛时必有一个是活跃的。为了获得关于这个想法的一些直观解释，我们可以说这个解是由不等式强加的边界，我们必须通过对应的 KKT 乘子影响 $\boldsymbol{x}$ 的解，或者不等式对解没有影响，我们则归零 KKT 乘子。

我们可以使用一组简单的性质来描述约束优化问题的最优点。这些性质称为**Karush-Kuhn-Tucker**(KKT) 条件 (Karush, 1939; Kuhn and Tucker, 1951)。这些是确定一个点是最优点的必要条件，但不一定是充分条件。这些条件是：

- 广义 Lagrangian 的梯度为零。
- 所有关于 $\boldsymbol{x}$ 和 KKT 乘子的约束都满足。
- 不等式约束显示的“互补松弛性”：$\boldsymbol{\alpha} \odot \boldsymbol{h}(\boldsymbol{x}) = 0$。

有关 KKT 方法的详细信息，请参阅 Nocedal and Wright (2006)。

4.5 实例：线性最小二乘

假设我们希望找到最小化下式的 $\boldsymbol{x}$ 值

$$f(\boldsymbol{x}) = \frac{1}{2}\|\boldsymbol{A}\boldsymbol{x} - \boldsymbol{b}\|_2^2 \tag{4.21}$$

存在专门的线性代数算法能够高效地解决这个问题，但是我们也可以探索如何使用基于梯度的优化来解决这个问题，这可以作为这些技术是如何工作的一个简单例子。

首先，我们计算梯度

$$\nabla_{\boldsymbol{x}} f(\boldsymbol{x}) = \boldsymbol{A}^\top(\boldsymbol{A}\boldsymbol{x} - \boldsymbol{b}) = \boldsymbol{A}^\top\boldsymbol{A}\boldsymbol{x} - \boldsymbol{A}^\top\boldsymbol{b} \tag{4.22}$$

然后，我们可以采用小的步长，并按照这个梯度下降，见算法 4.1中的详细信息。

算法 4.1 从任意点 $\boldsymbol{x}$ 开始，使用梯度下降关于 $\boldsymbol{x}$ 最小化 $f(\boldsymbol{x}) = \frac{1}{2}||\boldsymbol{A}\boldsymbol{x} - \boldsymbol{b}||_2^2$ 的算法。

将步长 (ϵ) 和容差 (δ) 设为小的正数。
while $||\boldsymbol{A}^\top\boldsymbol{A}\boldsymbol{x} - \boldsymbol{A}^\top\boldsymbol{b}||_2 > \delta$ **do**
  $\boldsymbol{x} \leftarrow \boldsymbol{x} - \epsilon\left(\boldsymbol{A}^\top\boldsymbol{A}\boldsymbol{x} - \boldsymbol{A}^\top\boldsymbol{b}\right)$
end while

我们也可以使用牛顿法解决这个问题。因为在这个情况下，真实函数是二次的，牛顿法所用的二次近似是精确的，该算法会在一步后收敛到全局最小点。

现在假设我们希望最小化同样的函数，但受 $\boldsymbol{x}^\top\boldsymbol{x} \leqslant 1$ 的约束。要做到这一点，我们引入 Lagrangian

$$L(\boldsymbol{x}, \lambda) = f(\boldsymbol{x}) + \lambda(\boldsymbol{x}^\top\boldsymbol{x} - 1) \tag{4.23}$$

现在，我们解决以下问题

$$\min_{\boldsymbol{x}} \max_{\lambda, \lambda \geqslant 0} L(\boldsymbol{x}, \lambda) \tag{4.24}$$

我们可以用 Moore-Penrose 伪逆：$\boldsymbol{x} = \boldsymbol{A}^+\boldsymbol{b}$ 找到无约束最小二乘问题的最小范数解。如果这一点是可行的，那么这也是约束问题的解。否则，我们必须找到约束是活跃的解。关于 $\boldsymbol{x}$ 对 Lagrangian 微分，我们得到方程

$$\boldsymbol{A}^\top\boldsymbol{A}\boldsymbol{x} - \boldsymbol{A}^\top\boldsymbol{b} + 2\lambda\boldsymbol{x} = 0 \tag{4.25}$$

这就告诉我们，该解的形式将会是

$$\boldsymbol{x} = (\boldsymbol{A}^\top\boldsymbol{A} + 2\lambda\boldsymbol{I})^{-1}\boldsymbol{A}^\top\boldsymbol{b} \tag{4.26}$$

λ 的选择必须使结果服从约束。我们可以关于 λ 进行梯度上升找到这个值。为了做到这一点，观察

$$\frac{\partial}{\partial\lambda} L(\boldsymbol{x}, \lambda) = \boldsymbol{x}^\top\boldsymbol{x} - 1 \tag{4.27}$$

当 $\boldsymbol{x}$ 的范数超过 1 时，该导数是正的，所以为了跟随导数上坡并相对 λ 增加 Lagrangian，我们需要增加 λ。因为 $\boldsymbol{x}^\top\boldsymbol{x}$ 的惩罚系数增加了，求解关于 $\boldsymbol{x}$ 的线性方程现在将得到具有较小范数的解。求解线性方程和调整 λ 的过程将一直持续到 $\boldsymbol{x}$ 具有正确的范数，并且关于 λ 的导数是 0。

本章总结了开发机器学习算法所需的数学基础。现在，我们已经为建立和分析一些成熟的学习系统做好了准备。

第 5 章　机器学习基础

深度学习是机器学习的一个特定分支。我们要想充分理解深度学习，必须对机器学习的基本原理有深刻的理解。本章将探讨贯穿本书其余部分的一些机器学习的重要原理。我们建议新手读者或是希望更全面了解的读者参考一些更全面覆盖基础知识的机器学习参考书，例如 Murphy (2012) 或者 Bishop (2006)。如果你已经熟知机器学习，可以跳过前面的部分，前往第 5.11 节。第 5.11 节涵盖了一些传统机器学习技术观点，这些技术对深度学习的发展有着深远影响。

首先，我们将介绍学习算法的定义，并介绍一个简单的示例：线性回归算法。接下来，我们会探讨拟合训练数据与寻找能够泛化到新数据的模式存在哪些不同的挑战。大部分机器学习算法都有*超参数*(必须在学习算法外设定)，我们将探讨如何使用额外的数据设置超参数。机器学习本质上属于应用统计学，更多地关注于如何用计算机统计地估计复杂函数，不太关注为这些函数提供置信区间，因此我们会探讨两种统计学的主要方法：频率派估计和贝叶斯推断。大部分机器学习算法可以分成监督学习和无监督学习两类，我们将探讨不同的分类，并针对每个分类提供一些简单的机器学习算法作为示例。大部分深度学习算法都是基于被称为随机梯度下降的算法求解的。我们将介绍如何组合不同的算法部分，例如优化算法、代价函数、模型和数据集，来建立一个机器学习算法。最后在第 5.11 节，我们会介绍一些限制传统机器学习泛化能力的因素。这些挑战促进了解决这些问题的深度学习算法的发展。

5.1　学习算法

机器学习算法是一种能够从数据中学习的算法。然而，我们所谓的 “学习” 是什么意思呢？Mitchell (1997) 提供了一个简洁的定义：“对于某类任务 T 和性能度量 P，一个计算机程序被认为可以从经验 E 中学习是指，通过经验 E 改进后，它在任务 T 上由性能度量 P 衡量的性能有所提升。” 经验 E、任务 T 和性能度量 P 的定义范围非常宽广，在本书中我们并不会试图去解释这些定义的具体意义。相反，我们会在接下来的章节中提供直观的解释和示例来介绍不同的任务、性能度量和经验，这些将被用来构建机器学习算法。

5.1.1　任务 T

机器学习可以让我们解决一些人为设计和使用确定性程序很难解决的问题。从科学和哲学的角度来看，机器学习之所以受到关注，是因为提高我们对机器学习的认识需要提高我们自身对智能背后原理的理解。

从 “任务” 的相对正式的定义上说，学习过程本身不能算是任务。学习是我们所谓的获取完成任务的能力。例如，我们的目标是使机器人能够行走，那么行走便是任务。我们可以编程让机器人学会如何行走，或者可以人工编写特定的指令来指导机器人如何行走。

通常机器学习任务定义为机器学习系统应该如何处理**样本**(example)。样本是指我们从某些希望机器学习系统处理的对象或事件中收集到的已经量化的**特征** (feature) 的集合。我们通常会将样本表示成一个向量 $\boldsymbol{x} \in \mathbb{R}^n$，其中向量的每一个元素 x_i 是一个特征。例如，一张图片的特征通常是指这张图片的像素值。

机器学习可以解决很多类型的任务。一些非常常见的机器学习任务列举如下。

- **分类**：在这类任务中，计算机程序需要指定某些输入属于 k 类中的哪一类。为了完成这个任务，学习算法通常会返回一个函数 $f: \mathbb{R}^n \rightarrow \{1, \cdots, k\}$。当 $y = f(\boldsymbol{x})$ 时，模型将向量 $\boldsymbol{x}$ 所代表的输入分类到数字码 y 所代表的类别。还有一些其他的分类问题，例如，f 输出的是不同类别的概率分布。分类任务中有一个任务是对象识别，其中输入是图片 (通常由一组像素亮度值表示)，输出是表示图片物体的数字码。例如，Willow Garage PR2 机器人能像服务员一样识别不同饮料，并送给点餐的顾客 (Goodfellow *et al.*, 2010)。目前，最好的对象识别工作正是基于深度学习的 (Krizhevsky *et al.*, 2012a; Ioffe and Szegedy, 2015)。对象识别同时也是计算机识别人脸的基本技术，可用于标记相片合辑中的人脸 (Taigman *et al.*, 2014)，有助于计算机更自然地与用户交互。
- **输入缺失分类**：当输入向量的每个度量不被保证时，分类问题将会变得更有挑战性。为了解决分类任务，学习算法只需要定义**一个**从输入向量映射到输出类别的函数。当一些输入可能丢失时，学习算法必须学习**一组**函数，而不是单个分类函数。每个函数对应着分类具有不同缺失输入子集的 $\boldsymbol{x}$。这种情况在医疗诊断中经常出现，因为很多类型的医学测试是昂贵的，对身体有害的。有效地定义这样一个大集合函数的方法是学习所有相关变量的概率分布，然后通过边缘化缺失变量来解决分类任务。使用 n 个输入变量，我们现在可以获得每个可能的缺失输入集合所需的所有 2^n 个不同的分类函数，但是计算机程序仅需要学习一个描述联合概率分布的函数。参见 Goodfellow *et al.* (2013d) 了解以这种方式将深度概率模型应用于这类任务的示例。本节中描述的许多其他任务也可以推广到缺失输入的情况；缺失输入分类只是机器学习能够解决的问题的一个示例。
- **回归**：在这类任务中，计算机程序需要对给定输入预测数值。为了解决这个任务，学习算法需要输出函数 $f: \mathbb{R}^n \rightarrow \mathbb{R}$。除了返回结果的形式不一样外，这类问题和分类问题是很像的。这类任务的一个示例是预测投保人的索赔金额 (用于设置保险费)，或者预测证券未来的价格。这类预测也用在算法交易中。
- **转录**：在这类任务中，机器学习系统观测一些相对非结构化表示的数据，并转录信息为离散的文本形式。例如，光学字符识别要求计算机程序根据文本图片返回文字序列 (ASCII 码或者 Unicode 码)。谷歌街景以这种方式使用深度学习处理街道编号 (Goodfellow *et al.*, 2014d)。另一个例子是语音识别，计算机程序输入一段音频波形，输出一序列音频记录中所说的字符或单词 ID 的编码。深度学习是现代语音识别系统的重要组成部分，被各大公司广泛使用，包括微软、IBM 和谷歌 (Hinton *et al.*, 2012b)。
- **机器翻译**：在这类任务中，输入是一种语言的符号序列，计算机程序必须将其转化成另一种语言的符号序列。这通常适用于自然语言，如将英语译成法语。最近，深度学习已经开始在这类任务上产生重要影响 (Sutskever *et al.*, 2014; Bahdanau *et al.*, 2015)。
- **结构化输出**：结构化输出任务的输出是向量或者其他包含多个值的数据结构，并且构成输出的这些不同元素间具有重要关系。这是一个很大的范畴，包括上述转录任务和翻译任务在内的很多其他任务。例如语法分析 —— 映射自然语言句子到语法结构树，并标记树的节点为动词、名词、副词等。参考 Collobert (2011) 将深度学习应用到语法分析的示例。另一个例子是图像的像素级分割，将每一个像素分配到特定类别。例如，深度学习可用于标注航拍照片中的道路位置 (Mnih and Hinton, 2010)。在这些标注型的任务中，输出的结构形式不需要和输入尽可能相似。例如，在为图片添加描述的任务中，计算机程序观察到一幅图，输出描述这幅图的自然语言句子 (Kiros *et al.*, 2014a,b; Mao *et al.*, 2014; Vinyals *et al.*, 2015b; Donahue *et al.*, 2014; Karpathy and Li, 2015; Fang *et al.*, 2015; Xu *et al.*, 2015)。这类任务被称为**结构化输出任务**，是因为输出值之间内部紧密相关。例如，为图片添加标题的程序输出的单词必须组合成一个通顺的句子。

- **异常检测**：在这类任务中，计算机程序在一组事件或对象中筛选，并标记不正常或非典型的个体。异常检测任务的一个示例是信用卡欺诈检测。通过对你的购买习惯建模，信用卡公司可以检测到你的卡是否被滥用。如果窃贼窃取你的信用卡或信用卡信息，窃贼采购物品的分布通常和你的不同。当该卡发生了不正常的购买行为时，信用卡公司可以尽快冻结该卡以防欺诈。参考 Chandola *et al.* (2009) 了解欺诈检测方法。
- **合成和采样**：在这类任务中，机器学习程序生成一些和训练数据相似的新样本。通过机器学习，合成和采样可能在媒体应用中非常有用，可以避免艺术家大量昂贵或者乏味费时的手动工作。例如，视频游戏可以自动生成大型物体或风景的纹理，而不是让艺术家手动标记每个像素 (Luo *et al.*, 2013)。在某些情况下，我们希望采样或合成过程可以根据给定的输入生成一些特定类型的输出。例如，在语音合成任务中，我们提供书写的句子，要求程序输出这个句子语音的音频波形。这是一类**结构化输出任务**，但是多了每个输入并非只有一个正确输出的条件，并且我们明确希望输出有很多变化，这可以使结果看上去更加自然和真实。
- **缺失值填补**：在这类任务中，机器学习算法给定一个新样本 $\boldsymbol{x} \in \mathbb{R}^n$，$\boldsymbol{x}$ 中某些元素 x_i 缺失。算法必须填补这些缺失值。
- **去噪**：在这类任务中，机器学习算法的输入是，**干净样本** $\boldsymbol{x} \in \mathbb{R}^n$ 经过未知损坏过程后得到的**损坏样本** $\tilde{\boldsymbol{x}} \in \mathbb{R}^n$。算法根据损坏后的样本 $\tilde{\boldsymbol{x}}$ 预测干净的样本 $\boldsymbol{x}$，或者更一般地预测条件概率分布 $p(\boldsymbol{x} \mid \tilde{\boldsymbol{x}})$。
- **密度估计或概率质量函数估计**：在密度估计问题中，机器学习算法学习函数 $p_{\text{model}}: \mathbb{R}^n \to \mathbb{R}$，其中 $p_{\text{model}}(\boldsymbol{x})$ 可以解释成样本采样空间的概率密度函数 (如果 $\mathbf{x}$ 是连续的) 或者概率质量函数 (如果 $\mathbf{x}$ 是离散的)。要做好这样的任务 (在讨论性能度量 P 时，我们会明确定义任务是什么)，算法需要学习观测到的数据的结构。算法必须知道什么情况下样本聚集出现，什么情况下不太可能出现。以上描述的大多数任务都要求学习算法至少能隐式地捕获概率分布的结构。密度估计可以让我们显式地捕获该分布。原则上，我们可以在该分布上计算以便解决其他任务。例如，如果通过密度估计得到了概率分布 $p(\boldsymbol{x})$，我们可以用该分布解决缺失值填补任务。如果 x_i 的值是缺失的，但是其他的变量值 $\boldsymbol{x}_{-i}$ 已知，那么我们可以得到条件概率分布 $p(x_i \mid \boldsymbol{x}_{-i})$。实际情况中，密度估计并不能够解决所有这类问题，因为在很多情况下 $p(\boldsymbol{x})$ 是难以计算的。

当然，还有很多其他同类型或其他类型的任务。这里我们列举的任务类型只是用来介绍机器学习可以做哪些任务，并非严格地定义机器学习任务分类。

5.1.2 性能度量 P

为了评估机器学习算法的能力，我们必须设计其性能的定量度量。通常性能度量 P 是特定于系统执行的任务 T 而言的。

对于诸如分类、缺失输入分类和转录任务，我们通常度量模型的**准确率**(accuracy)。准确率是指该模型输出正确结果的样本比率。我们也可以通过**错误率**(errorrate) 得到相同的信息。错误率是指该模型输出错误结果的样本比率。我们通常把错误率称为 0−1 损失的期望。在一个特定的样本上，如果结果是对的，那么 0−1 损失是 0；否则是 1。但是对于密度估计这类任务而言，度量准确率，错误率或者其他类型的 0−1 损失是没有意义的。反之，我们必须使用不同的性能度量，使模型对每个样本都输出一个连续数值的得分。最常用的方法是输出模型在一些样本上概率对数的平均值。

通常，我们会更加关注机器学习算法在未观测数据上的性能如何，因为这将决定其在实际应用中的性能。因此，我们使用**测试集**(test set) 数据来评估系统性能，将其与训练机器学习系统的训练集数据分开。

性能度量的选择或许看上去简单且客观，但是选择一个与系统理想表现对应的性能度量通常是很难的。

在某些情况下，这是因为很难确定应该度量什么。例如，在执行转录任务时，我们是应该度量系统转录整个序列的准确率，还是应该用一个更细粒度的指标，对序列中正确的部分元素以正面评价？在执行回归任务时，我们应该更多地惩罚频繁犯一些中等错误的系统，还是较少犯错但是犯很大错误的系统？这些设计的选择取决于应用。

还有一些情况，我们知道应该度量哪些数值，但是度量它们不太现实。这种情况经常出现在密度估计中。很多最好的概率模型只能隐式地表示概率分布。在许多这类模型中，计算空间中特定点的概率是不可行的。在这些情况下，我们必须设计一个仍然对应于设计对象的替代标准，或者设计一个理想标准的良好近似。

5.1.3 经验 E

根据学习过程中的不同经验，机器学习算法可以大致分类为**无监督**(unsupervised) 算法和**监督**(supervised) 算法。

本书中的大部分学习算法可以被理解为在整个**数据集**(dataset) 上获取经验。数据集是指很多样本组成的集合，如第 5.1.1 节所定义的。有时我们也将样本称为**数据点**(data point)。

Iris(鸢尾花卉) 数据集 (Fisher, 1936) 是统计学家和机器学习研究者使用了很久的数据集。它是 150 个鸢尾花卉植物不同部分测量结果的集合。每个单独的植物对应一个样本。每个样本的特征是该植物不同部分的测量结果：萼片长度、萼片宽度、花瓣长度和花瓣宽度。这个数据集也记录了每个植物属于什么品种，其中共有 3 个不同的品种。

无监督学习算法(unsupervised learning algorithm) 训练含有很多特征的数据集，然后学习出这个数据集上有用的结构性质。在深度学习中，我们通常要学习生成数据集的整个概率分布，显式地，比如密度估计，或是隐式地，比如合成或去噪。还有一些其他类型的无监督学习任务，例如聚类，将数据集分成相似样本的集合。

监督学习算法(supervised learning algorithm) 训练含有很多特征的数据集，不过数据集中的样本都有一个**标签**(label) 或**目标**(target)。例如，Iris 数据集注明了每个鸢尾花卉样本属于什么品种。监督学习算法通过研究 Iris 数据集，学习如何根据测量结果将样本划分为 3 个不同品种。

大致说来，无监督学习涉及观察随机向量 $\mathbf{x}$ 的好几个样本，试图显式或隐式地学习出概率分布 $p(\mathbf{x})$，或者是该分布一些有意思的性质；而监督学习包含观察随机向量 $\mathbf{x}$ 及其相关联的值或向量 $\mathbf{y}$，然后从 $\mathbf{x}$ 预测 $\mathbf{y}$，通常是估计 $p(\mathbf{y} \mid \mathbf{x})$。术语**监督学习**(supervised learning) 源自这样一个视角，教员或者老师提供目标 $\mathbf{y}$ 给机器学习系统，指导其应该做什么。在无监督学习中，没有教员或者老师，算法必须学会在没有指导的情况下理解数据。

无监督学习和监督学习不是严格定义的术语。它们之间界线通常是模糊的。很多机器学习技术可以用于这两个任务。例如，概率的链式法则表明对于随机向量 $\mathbf{x} \in \mathbb{R}^n$，联合分布可以分解成

$$p(\mathbf{x}) = \prod_{i=1}^{n} p(\mathrm{x}_i \mid \mathrm{x}_1, \cdots, \mathrm{x}_{i-1}) \tag{5.1}$$

该分解意味着我们可以将其拆分成 n 个监督学习问题，来解决表面上的无监督学习 $p(\boldsymbol{x})$。另外，我们求解监督学习问题 $p(y \mid \mathbf{x})$ 时，也可以使用传统的无监督学习策略学习联合分布 $p(\mathbf{x}, y)$，然后推断

$$p(y \mid \mathbf{x}) = \frac{p(\mathbf{x}, y)}{\sum_{y'} p(\mathbf{x}, y')} \tag{5.2}$$

尽管无监督学习和监督学习并非完全没有交集的正式概念，它们确实有助于粗略分类我们研究机器学习算法时遇到的问题。传统上，人们将回归、分类或者结构化输出问题称为监督学习，将支持其他任务的密度估计称为无监督学习。

学习范式的其他变种也是有可能的。例如，半监督学习中，一些样本有监督目标，但其他样本没有。在多实例学习中，样本的整个集合被标记为含有或者不含有该类的样本，但是集合中单独的样本是没有标记的。参考 Kotzias *et al.* (2015) 了解最近深度模型进行多实例学习的示例。

有些机器学习算法并不是训练于一个固定的数据集上。例如，**强化学习**(reinforcement learning) 算法会和环境进行交互，所以学习系统和它的训练过程会有反馈回路。这类算法超出了本书的范畴。请参考 Sutton and Barto (1998) 或 Bertsekas and Tsitsiklis (1996) 了解强化学习相关知识，Mnih *et al.* (2013) 介绍了强化学习方向的深度学习方法。

大部分机器学习算法简单地训练于一个数据集上。数据集可以用很多不同方式来表示。在所有的情况下，数据集都是样本的集合，而样本是特征的集合。

表示数据集的常用方法是**设计矩阵**(design matrix)。设计矩阵的每一行包含一个不同的样本。每一列对应不同的特征。例如，Iris 数据集包含 150 个样本，每个样本有 4 个特征。这意味着我们可以将该数据集表示为设计矩阵 $\boldsymbol{X} \in \mathbb{R}^{150\times4}$，其中 $X_{i,1}$ 表示第 i 个植物的萼片长度，$X_{i,2}$ 表示第 i 个植物的萼片宽度等。我们在本书中描述的大部分学习算法都是讲述它们是如何运行在设计矩阵数据集上的。

当然，每一个样本都能表示成向量，并且这些向量的维度相同，才能将一个数据集表示成设计矩阵。这一点并非永远可能。例如，你有不同宽度和高度的照片的集合，那么不同的照片将会包含不同数量的像素。因此不是所有的照片都可以表示成相同长度的向量。第 9.7 节和第 10 章将会介绍如何处理这些不同类型的异构数据。在上述这类情况下，我们不会将数据集表示成 m 行的矩阵，而是表示成 m 个元素的结合：$\{\boldsymbol{x}^{(1)}, \boldsymbol{x}^{(2)}, \cdots, \boldsymbol{x}^{(m)}\}$。这种表示方式意味着样本向量 $\boldsymbol{x}^{(i)}$ 和 $\boldsymbol{x}^{(j)}$ 可以有不同的大小。

在监督学习中，样本包含一个标签或目标和一组特征。例如，我们希望使用学习算法从照片中识别对象。我们需要明确哪些对象会出现在每张照片中。我们或许会用数字编码表示，如 0 表示人、1 表示车、2 表示猫等。通常在处理包含观测特征的设计矩阵 $\boldsymbol{X}$ 的数据集时，我们也会提供一个标签向量 $\boldsymbol{y}$，其中 y_i 表示样本 i 的标签。

当然，有时标签可能不止一个数。例如，如果我们想要训练语音模型转录整个句子，那么每个句子样本的标签是一个单词序列。

正如监督学习和无监督学习没有正式的定义，数据集或者经验也没有严格的区分。这里介绍的结构涵盖了大多数情况，但始终有可能为新的应用设计出新的结构。

5.1.4 示例：线性回归

我们将机器学习算法定义为：通过经验以提高计算机程序在某些任务上性能的算法。这个定义有点抽象。为了使这个定义更具体点，我们展示一个简单的机器学习示例：**线性回归**(linear regression)。当我们介绍更多有助于理解机器学习特性的概念时，会反复回顾这个示例。

顾名思义，线性回归解决回归问题。换言之，我们的目标是建立一个系统，将向量 $\boldsymbol{x} \in \mathbb{R}^n$ 作为输入，预测标量 $y \in \mathbb{R}$ 作为输出。线性回归的输出是其输入的线性函数。令 $\hat{y}$ 表示模型预测 y 应该取的值。我们定义输出为

$$\hat{y} = \boldsymbol{w}^\top \boldsymbol{x} \tag{5.3}$$

其中 $\boldsymbol{w} \in \mathbb{R}^n$ 是**参数**(parameter) 向量。

参数是控制系统行为的值。在这种情况下，w_i 是系数，会和特征 x_i 相乘之后全部相加起来。我们可以将 $\boldsymbol{w}$ 看作一组决定每个特征如何影响预测的**权重**(weight)。如果特征 x_i 对应的权重 w_i 是正的，那么特征的值增加，我们的预测值 $\hat{y}$ 也会增加。如果特征 x_i 对应的权重 w_i 是负的，那么特征的值增加，我们的预测值 $\hat{y}$ 会减少。如果特征权重的大小很大，那么它对预测有很大的影响；如果特征权重的大小是零，那么它对预测没有影响。

因此，我们可以定义任务 T：通过输出 $\hat{y} = \boldsymbol{w}^\top \boldsymbol{x}$ 从 $\boldsymbol{x}$ 预测 y。接下来我们需要定义性能度量 ——P。

假设我们有 m 个输入样本组成的设计矩阵，不用它来训练模型，而是评估模型性能如何。我们也有每个样本对应的正确值 y 组成的回归目标向量。因为这个数据集只是用来评估性能，我们称之为**测试集**(test set)。我们将输入的设计矩阵记作 $\boldsymbol{X}^{(\text{test})}$，回归目标向量记作 $\boldsymbol{y}^{(\text{test})}$。

度量模型性能的一种方法是计算模型在测试集上的**均方误差**(mean squared error)。如果 $\hat{\boldsymbol{y}}^{(\text{test})}$ 表示模型在测试集上的预测值，那么均方误差表示为

$$\text{MSE}_{\text{test}} = \frac{1}{m} \sum_i (\hat{\boldsymbol{y}}^{(\text{test})} - \boldsymbol{y}^{(\text{test})})_i^2 \tag{5.4}$$

直观上，当 $\hat{\boldsymbol{y}}^{(\text{test})} = \boldsymbol{y}^{(\text{test})}$ 时，我们会发现误差降为 0。我们也可以看到

$$\text{MSE}_{\text{test}} = \frac{1}{m} \left\| \hat{\boldsymbol{y}}^{(\text{test})} - \boldsymbol{y}^{(\text{test})} \right\|_2^2 \tag{5.5}$$

所以当预测值和目标值之间的欧几里得距离增加时，误差也会增加。

为了构建一个机器学习算法，我们需要设计一个算法，通过观察训练集 $(\boldsymbol{X}^{(\text{train})}, \boldsymbol{y}^{(\text{train})})$ 获得经验，减少 MSE_{test} 以改进权重 $\boldsymbol{w}$。一种直观方式 (我们将在后续的第 5.5.1 节说明其合法性) 是最小化训练集上的均方误差，即 $\text{MSE}_{\text{train}}$。

最小化 $\text{MSE}_{\text{train}}$，我们可以简单地求解其导数为 $\mathbf{0}$ 的情况：

$$\nabla_{\boldsymbol{w}} \text{MSE}_{\text{train}} = 0 \tag{5.6}$$

$$\Rightarrow \nabla_{\boldsymbol{w}} \frac{1}{m} \left\| \hat{\boldsymbol{y}}^{(\text{train})} - \boldsymbol{y}^{(\text{train})} \right\|_2^2 = 0 \tag{5.7}$$

$$\Rightarrow \frac{1}{m} \nabla_{\boldsymbol{w}} \left\| \boldsymbol{X}^{(\text{train})} \boldsymbol{w} - \boldsymbol{y}^{(\text{train})} \right\|_2^2 = 0 \tag{5.8}$$

$$\Rightarrow \nabla_{\boldsymbol{w}} \left(\boldsymbol{X}^{(\text{train})} \boldsymbol{w} - \boldsymbol{y}^{(\text{train})} \right)^\top \left(\boldsymbol{X}^{(\text{train})} \boldsymbol{w} - \boldsymbol{y}^{(\text{train})} \right) = 0 \tag{5.9}$$

$$\Rightarrow \nabla_{\boldsymbol{w}} \left(\boldsymbol{w}^\top \boldsymbol{X}^{(\text{train})\top} \boldsymbol{X}^{(\text{train})} \boldsymbol{w} - 2\boldsymbol{w}^\top \boldsymbol{X}^{(\text{train})\top} \boldsymbol{y}^{(\text{train})} + \boldsymbol{y}^{(\text{train})\top} \boldsymbol{y}^{(\text{train})} \right) = 0 \tag{5.10}$$

$$\Rightarrow 2\boldsymbol{X}^{(\text{train})\top} \boldsymbol{X}^{(\text{train})} \boldsymbol{w} - 2\boldsymbol{X}^{(\text{train})\top} \boldsymbol{y}^{(\text{train})} = 0 \tag{5.11}$$

$$\Rightarrow \boldsymbol{w} = \left(\boldsymbol{X}^{(\text{train})\top} \boldsymbol{X}^{(\text{train})} \right)^{-1} \boldsymbol{X}^{(\text{train})\top} \boldsymbol{y}^{(\text{train})} \tag{5.12}$$

通过式 (5.12) 给出解的系统方程被称为**正规方程**(normal equation)。计算式 (5.12) 构成了一个简单的机器学习算法。图 5.1 展示了线性回归算法的使用示例。

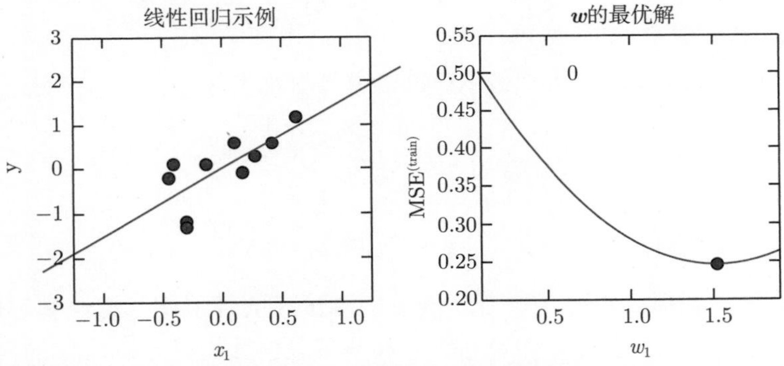

图 5.1 一个线性回归问题，其中训练集包括 10 个数据点，每个数据点包含一个特征。因为只有一个特征，权重向量 $\boldsymbol{w}$ 也只有一个要学习的参数 w_1。(*左*) 我们可以观察到线性回归学习 w_1，从而使得直线 $y = w_1 x$ 能够尽量接近穿过所有的训练点。(*右*) 标注的点表示由正规方程学习到的 w_1 的值，我们发现它可以最小化训练集上的均方误差

值得注意的是，术语**线性回归**(linear regression) 通常用来指稍微复杂一些，附加额外参数 (截距项 b) 的模型。在这个模型中，

$$\hat{y} = \boldsymbol{w}^\top \boldsymbol{x} + b \tag{5.13}$$

因此从参数到预测的映射仍是一个线性函数，而从特征到预测的映射是一个仿射函数。如此扩展到仿射函数意味着模型预测的曲线仍然看起来像是一条直线，只是这条直线没必要经过原点。除了通过添加偏置参数 b，我们还可以使用仅含权重的模型，但是 $\boldsymbol{x}$ 需要增加一项永远为 1 的元素。对应于额外 1 的权重起到了偏置参数的作用。当我们在本书中提到仿射函数时，会经常使用术语“线性”。

截距项 b 通常被称为仿射变换的**偏置**(bias) 参数。这个术语的命名源自该变换的输出在没有任何输入时会偏移 b。它和统计偏差中指代统计估计算法的某个量的期望估计偏离真实值的意思是不一样的。

线性回归当然是一个极其简单且有局限的学习算法，但是它提供了一个说明学习算法如何工作的例子。在接下来的章节中，我们将会介绍一些设计学习算法的基本原则，并说明如何使用这些原则来构建更复杂的学习算法。

5.2 容量、过拟合和欠拟合

机器学习的主要挑战是我们的算法必须能够在*先前未观测到的新*输入上表现良好，而不只是在训练集上表现良好。在先前未观测到的输入上表现良好的能力被称为**泛化**(generalization)。

通常情况下，训练机器学习模型时，我们可以使用某个训练集，在训练集上计算一些被称为**训练误差**(training error) 的度量误差，目标是降低训练误差。到目前为止，我们讨论的是一个简单的优化问题。机器学习和优化不同的地方在于，我们也希望**泛化误差**(generalization error)(也被称为**测试误差**(test error)) 很低。泛化误差被定义为新输入的误差期望。这里，期望的计算基于不同的可能输入，这些输入采自系统在现实中遇到的分布。

通常，我们度量模型在训练集中分出来的**测试集**(test set) 样本上的性能，来评估机器学习模型的泛化误差。

在我们的线性回归示例中，通过最小化训练误差来训练模型，

$$\frac{1}{m^{(\text{train})}}\left\|\boldsymbol{X}^{(\text{train})}\boldsymbol{w}-\boldsymbol{y}^{(\text{train})}\right\|_2^2 \tag{5.14}$$

但是我们真正关注的是测试误差 $\frac{1}{m^{(\text{test})}}\left\|\boldsymbol{X}^{(\text{test})}\boldsymbol{w}-\boldsymbol{y}^{(\text{test})}\right\|_2^2$。

当我们只能观测到训练集时，如何才能影响测试集的性能呢？**统计学习理论**(statistical learning theory) 提供了一些答案。如果训练集和测试集的数据是任意收集的，那么我们能够做的确实很有限。如果可以对训练集和测试集数据的收集方式有些假设，那么我们能够对算法做些改进。

训练集和测试集数据通过数据集上被称为**数据生成过程**(data generating process) 的概率分布生成。通常，我们会做一系列被统称为**独立同分布假设**(i.i.d. assumption) 的假设。该假设是说，每个数据集中的样本都是彼此**相互独立的**(independent)，并且训练集和测试集是**同分布的**(identically distributed)，采样自相同的分布。这个假设使我们能够在单个样本的概率分布描述数据生成过程。然后相同的分布可以用来生成每一个训练样本和每一个测试样本。我们将这个共享的潜在分布称为**数据生成分布**(data generating distribution)，记作 p_{data}。这个概率框架和独立同分布假设允许我们从数学上研究训练误差和测试误差之间的关系。

我们能观察到训练误差和测试误差之间的直接联系是，随机模型训练误差的期望和该模型测试误差的期望是一样的。假设我们有概率分布 $p(\boldsymbol{x}, y)$，从中重复采样生成训练集和测试集。对于某个固定的 $\boldsymbol{w}$，训练集误差的期望恰好和测试集误差的期望一样，这是因为这两个期望的计算都使用了相同的数据集生成过程。这两种情况的唯一区别是数据集的名字不同。

当然，在使用机器学习算法时，我们不会提前固定参数，然后采样得到两个数据集。我们采样得到训练集，然后挑选参数去降低训练集误差，然后采样得到测试集。在这个过程中，测试误差期望会大于或等于训练误差期望。以下是决定机器学习算法效果是否好的因素：

(1) 降低训练误差。

(2) 缩小训练误差和测试误差的差距。

这两个因素对应机器学习的两个主要挑战：**欠拟合**(underfitting) 和**过拟合**(overfitting)。欠拟合是指模型不能在训练集上获得足够低的误差，而过拟合是指训练误差和测试误差之间的差距太大。

通过调整模型的**容量**(capacity)，我们可以控制模型是否偏向于过拟合或者欠拟合。通俗来讲，模型的容量是指其拟合各种函数的能力。容量低的模型可能很难拟合训练集。容量高的模型可能会过拟合，因为记住了不适用于测试集的训练集性质。

一种控制训练算法容量的方法是选择**假设空间**(hypothesis space)，即学习算法可以选择为解决方案的函数集。例如，线性回归算法将关于其输入的所有线性函数作为假设空间。广义线性回归的假设空间包括多项式函数，而非仅有线性函数。这样做就增加了模型的容量。

一次多项式提供了我们已经熟悉的线性回归模型，其预测如下

$$\hat{y} = b + wx \tag{5.15}$$

通过引入 x^2 作为线性回归模型的另一个特征，我们能够学习关于 x 的二次函数模型：

$$\hat{y} = b + w_1 x + w_2 x^2 \tag{5.16}$$

尽管该模型是输入的二次函数，但输出仍是参数的线性函数，因此我们仍然可以用正规方程得到模型的闭解。我们可以继续添加 x 的更高幂作为额外特征，例如下面的 9 次多项式：

$$\hat{y} = b + \sum_{i=1}^{9} w_i x^i \tag{5.17}$$

当机器学习算法的容量适合于所执行任务的复杂度和所提供训练数据的数量时，算法效果通常会最佳。容量不足的模型不能解决复杂任务。容量高的模型能够解决复杂的任务，但是当其容量高于任务所需时，有可能会过拟合。

图 5.2 展示了这个原理的使用情况。我们比较了线性、二次和 9 次预测器拟合真实二次函数的效果。线性函数无法刻画真实函数的曲率，所以欠拟合。9 次函数能够表示正确的函数，但是因为训练参数比训练样本还多，所以它也能够表示无限多个刚好穿越训练样本点的很多其他函数。我们不太可能从这很多不同的解中选出一个泛化良好的。在这个问题中，二次模型非常符合任务的真实结构，因此它可以很好地泛化到新数据上。

到目前为止，我们探讨了通过改变输入特征的数目和加入这些特征对应的参数，改变模型的容量。事实上，还有很多方法可以改变模型的容量。容量不仅取决于模型的选择。模型规定了调整参数降低训练目标时，学习算法可以从哪些函数族中选择函数。这被称为模型的**表示容量**(representational capacity)。在很多情况下，从这些函数中挑选出最优函数是非常困难的优化问题。实际中，学习算法不会真的找到最优函数，而仅是找到一个可以大大降低训练误差的函数。额外的限制因素，比如优化算法的不完美，意味着学习算法的**有效容量**(effective capacity) 可能小于模型族的表示容量。

提高机器学习模型泛化的现代思想可以追溯到早在托勒密时期的哲学家的思想。许多早期的学者提出一个简约原则，现在广泛被称为**奥卡姆剃刀**(Occam's razor)(c. 1287-1387)。该原则指出，在同样能够解释已知观测现象的假设中，我们应该挑选"最简单"的那一个。这个想法是在 20 世纪，由统计学习理论创始人形式化并精确化的 (Vapnik and Chervonenkis, 1971; Vapnik, 1982; Blumer *et al.*, 1989; Vapnik, 1995)。

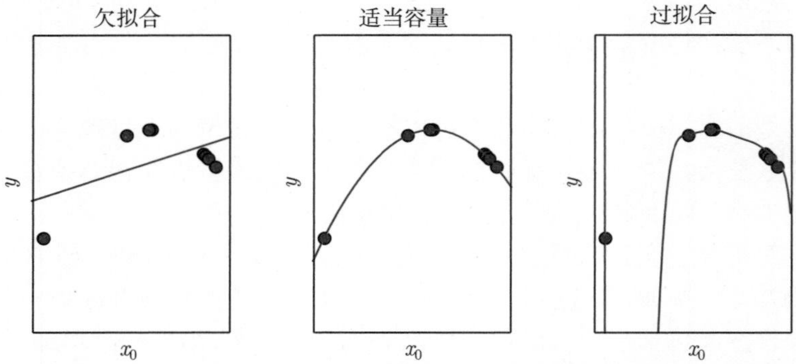

图 5.2　我们用 3 个模型拟合了这个训练集的样本。训练数据是通过随机抽取 x 然后用二次函数确定性地生成 y 来合成的。(*左*) 用一个线性函数拟合数据会导致欠拟合 —— 它无法捕捉数据中的曲率信息。(*中*) 用二次函数拟合数据在未观察到的点上泛化得很好，这并不会导致明显的欠拟合或者过拟合。(*右*) 一个 9 阶的多项式拟合数据会导致过拟合。在这里我们使用 Moore-Penrose 伪逆来解这个欠定的正规方程。得出的解能够精确地穿过所有的训练点，但可惜我们无法提取有效的结构信息。在两个数据点之间它有一个真实的函数所不包含的深谷。在数据的左侧，它也会急剧增长，而在这一区域真实的函数却是下降的

统计学习理论提供了量化模型容量的不同方法。在这些方法中，最有名的是**Vapnik-Chervonenkis 维度**(Vapnik-Chervonenkis dimension, VC)，简称 VC 维。VC 维度量二元分类器的容量。VC 维定义为该分类器能够分类的训练样本的最大数目。假设存在 m 个不同 $\boldsymbol{x}$ 点的训练集，分类器可以任意地标记该 m 个不同的 $\boldsymbol{x}$ 点，VC 维被定义为 m 的最大可能值。

量化模型的容量使得统计学习理论可以进行量化预测。统计学习理论中最重要的结论阐述了训练误差和泛化误差之间差异的上界随着模型容量增长而增长，但随着训练样本增多而下降 (Vapnik and Chervonenkis, 1971; Vapnik, 1982; Blumer *et al.*, 1989; Vapnik, 1995)。这些边界为机器学习算法可以有效解决问题提供了理论验证，但是它们很少应用于实际中的深度学习算法。一部分原因是边界太松，另一部分原因是很难确定深度学习算法的容量。由于有效容量受限于优化算法的能力，确定深度学习模型容量的问题特别困难。而且对于深度学习中的一般非凸优化问题，我们只有很少的理论分析。

我们必须记住虽然更简单的函数更可能泛化 (训练误差和测试误差的差距小)，但我们仍然需要选择一个充分复杂的假设以达到低的训练误差。通常，当模型容量上升时，训练误差会下降，直到其渐近最小可能误差 (假设误差度量有最小值)。通常，泛化误差是一个关于模型容量的 U 形曲线函数，如图 5.3 所示。

为考虑容量任意高的极端情况，我们介绍**非参数**(non-parametric)模型的概念。至此，我们只探讨过参数模型，例如线性回归。参数模型学习的函数在观测到新数据前，参数向量的分量个数是有限且固定的。非参数模型没有这些限制。

有时，非参数模型仅是一些不能实际实现的理论抽象 (比如搜索所有可能概率分布的算法)。然而，我们也可以设计一些实用的非参数模型，使它们的复杂度和训练集大小有关。这

种算法的一个示例是**最近邻回归**(nearest neighbor regression)。不像线性回归有固定长度的向量作为权重，最近邻回归模型存储了训练集中所有的 $\boldsymbol{X}$ 和 $\boldsymbol{y}$。当需要为测试点 $\boldsymbol{x}$ 分类时，模型会查询训练集中离该点最近的点，并返回相关的回归目标。换言之，$\hat{y} = y_i$ 其中 $i = \arg\min \|\boldsymbol{X}_{i,:} - \boldsymbol{x}\|_2^2$。该算法也可以扩展成 L^2 范数以外的距离度量，例如学成距离度量 (Goldberger *et al.*, 2005)。在最近向量不唯一的情况下，如果允许算法对所有离 $\boldsymbol{x}$ 最近的 $\boldsymbol{X}_{i,:}$ 关联的 y_i 求平均，那么该算法会在任意回归数据集上达到最小可能的训练误差 (如果存在两个相同的输入对应不同的输出，那么训练误差可能会大于零)。

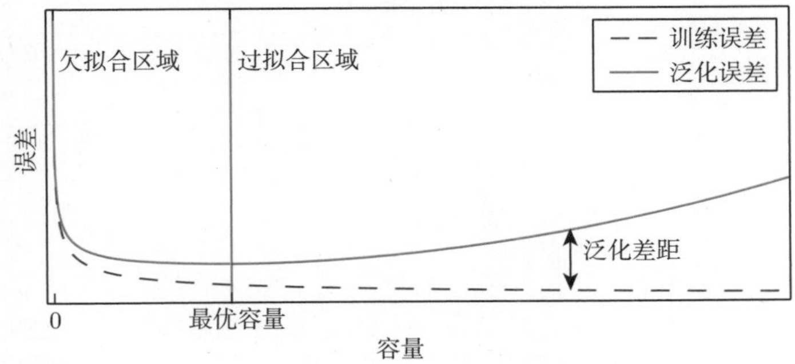

图 5.3 容量和误差之间的典型关系。训练误差和测试误差表现得非常不同。在图的左端，训练误差和泛化误差都非常高，这是**欠拟合机制**(underfitting regime)。当我们增加容量时，训练误差减小，但是训练误差和泛化误差之间的间距却不断扩大。最终，这个间距的大小超过了训练误差的下降，我们进入到了**过拟合机制**(overfitting regime)，其中容量过大，超过了**最优容量**(optimal capacity)

最后，我们也可以将参数学习算法嵌入另一个增加参数数目的算法来创建非参数学习算法。例如，我们可以想象这样一个算法，外层循环调整多项式的次数，内层循环通过线性回归学习模型。

理想模型假设我们能够预先知道生成数据的真实概率分布。然而这样的模型仍然会在很多问题上发生一些错误，因为分布中仍然会有一些噪声。在监督学习中，从 $\boldsymbol{x}$ 到 y 的映射可能内在是随机的，或者 y 可能是其他变量 (包括 $\boldsymbol{x}$ 在内) 的确定性函数。从预先知道的真实分布 $p(\boldsymbol{x}, y)$ 预测而出现的误差被称为**贝叶斯误差**(Bayes error)。

训练误差和泛化误差会随训练集的大小发生变化。泛化误差的期望从不会因训练样本数目的增加而增加。对于非参数模型而言，更多的数据会得到更好的泛化能力，直到达到最佳可能的泛化误差。任何模型容量小于最优容量的固定参数模型会渐近到大于贝叶斯误差的误差值，如图 5.4 所示。值得注意的是，具有最优容量的模型仍然有可能在训练误差和泛化误差之间存在很大的差距。在这种情况下，我们可以通过收集更多的训练样本来缩小差距。

5.2.1 没有免费午餐定理

学习理论表明机器学习算法能够在有限个训练集样本中很好地泛化。这似乎违背一些基本的逻辑原则。归纳推理，或是从一组有限的样本中推断一般的规则，在逻辑上不是很有效。为了逻辑地推断一个规则去描述集合中的元素，我们必须具有集合中每个元素的信息。

在一定程度上，机器学习仅通过概率法则就可以避免这个问题，而无须使用纯逻辑推理整个确定性法则。机器学习保证找到一个在所关注的大多数样本上可能正确的规则。

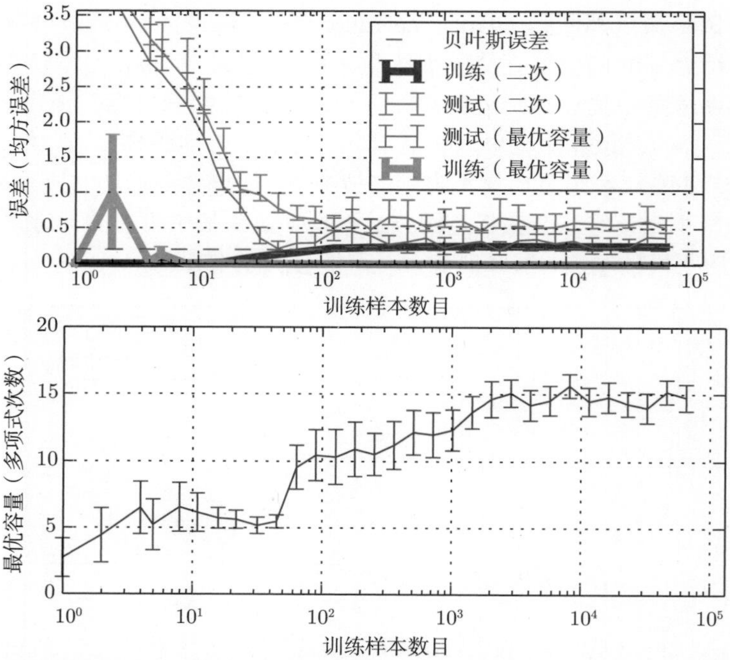

图 5.4 训练集大小对训练误差、测试误差以及最优容量的影响。通过给一个 5 阶多项式添加适当大小的噪声，我们构造了一个合成的回归问题，生成单个测试集，然后生成一些不同尺寸的训练集。为了描述 95% 置信区间的误差条，对于每一个尺寸，我们生成了 40 个不同的训练集。(上) 两个不同的模型上训练集和测试集的 MSE，一个二次模型，另一个模型的阶数通过最小化测试误差来选择。两个模型都是用闭式解来拟合。对于二次模型来说，当训练集增加时，训练误差也随之增大。这是由于越大的数据集越难以拟合。同时，测试误差随之减小，因为关于训练数据的不正确的假设越来越少。二次模型的容量并不足以解决这个问题，所以它的测试误差趋近于一个较高的值。最优容量点处的测试误差趋近于贝叶斯误差。训练误差可以低于贝叶斯误差，因为训练算法有能力记住训练集中特定的样本。当训练集趋向于无穷大时，任何固定容量的模型 (在这里指的是二次模型) 的训练误差都至少增至贝叶斯误差。(下) 当训练集大小增大时，最优容量 (在这里是用最优多项式回归器的阶数衡量的) 也会随之增大。最优容量在达到足够捕捉模型复杂度之后就不再增长了

可惜，即使这样也不能解决整个问题。机器学习的**没有免费午餐定理**(no free lunch theorem) 表明 (Wolpert，1996)，在所有可能的数据生成分布上平均之后，每一个分类算法在未事先观测的点上都有相同的错误率。换言之，在某种意义上，没有一个机器学习算法总是比其他的要好。我们能够设想的最先进的算法和简单地将所有点归为同一类的简单算法有着相同的平均性能 (在所有可能的任务上)。

幸运的是，这些结论仅在我们考虑所有可能的数据生成分布时才成立。在真实世界应用中，如果我们对遇到的概率分布进行假设，那么可以设计在这些分布上效果良好的学习算法。

这意味着机器学习研究的目标不是找一个通用学习算法或是绝对最好的学习算法，而是理解什么样的分布与人工智能获取经验的“真实世界”相关，以及什么样的学习算法在我们关注的数据生成分布上效果最好。

5.2.2 正则化

没有免费午餐定理暗示我们必须在特定任务上设计性能良好的机器学习算法。我们建立一组学习算法的偏好来达到这个要求。当这些偏好和我们希望算法解决的学习问题相吻合时，

性能会更好。

至此，我们具体讨论修改学习算法的方法，只有通过增加或减少学习算法可选假设空间的函数来增加或减少模型的容量。所列举的一个具体示例是线性回归增加或减少多项式的次数。到目前为止讨论的观点都是过度简化的。

算法的效果不仅很大程度上受影响于假设空间的函数数量，也取决于这些函数的具体形式。我们已经讨论的学习算法 (线性回归) 具有包含其输入的线性函数集的假设空间。对于输入和输出确实接近线性相关的问题，这些线性函数是很有用的。对于完全非线性的问题它们不太有效。例如，我们用线性回归，从 x 预测 $\sin(x)$，效果不会好。因此我们可以通过两种方式控制算法的性能，一是允许使用的函数种类，二是这些函数的数量。

在假设空间中，相比于某一个学习算法，我们可能更偏好另一个学习算法。这意味着两个函数都是符合条件的，但是我们更偏好其中一个。只有非偏好函数比偏好函数在训练数据集上效果明显好很多时，我们才会考虑非偏好函数。

例如，可以加入**权重衰减**(weight decay) 来修改线性回归的训练标准。带权重衰减的线性回归最小化训练集上的均方误差和正则项的和 $J(\boldsymbol{w})$，其偏好于平方 L^2 范数较小的权重。具体如下

$$J(\boldsymbol{w}) = \text{MSE}_{\text{train}} + \lambda \boldsymbol{w}^\top \boldsymbol{w} \tag{5.18}$$

其中 λ 是提前挑选的值，控制我们偏好小范数权重的程度。当 $\lambda = 0$ 时，我们没有任何偏好。越大的 λ 偏好范数越小的权重。最小化 $J(\boldsymbol{w})$ 可以看作拟合训练数据和偏好小权重范数之间的权衡。这会使得解决方案的斜率较小，或是将权重放在较少的特征上。我们可以训练具有不同 λ 值的高次多项式回归模型，来举例说明如何通过权重衰减控制模型欠拟合或过拟合的趋势，如图 5.5 所示。

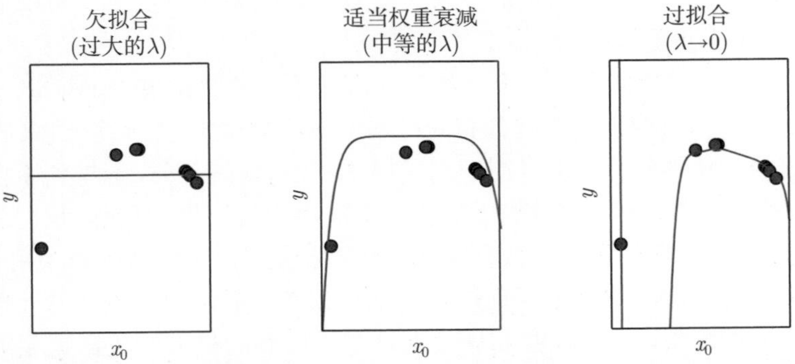

图 5.5 我们使用高阶多项式回归模型来拟合图 5.2 中的训练样本。真实函数是二次的，但是在这里只使用 9 阶多项式。我们通过改变权重衰减的量来避免高阶模型的过拟合问题。(*左*) 当 λ 非常大时，我们可以强迫模型学习到一个没有斜率的函数。由于它只能表示一个常数函数，所以会导致欠拟合。(*中*) 取一个适当的 λ 时，学习算法能够用一个正常的形状来恢复曲率。即使模型能够用更复杂的形状来表示函数，权重衰减也鼓励用一个带有更小参数的更简单的模型来描述它。(*右*) 当权重衰减趋近于 0(即使用 Moore-Penrose 伪逆来解这个带有最小正则化的欠定问题) 时，这个 9 阶多项式会导致严重的过拟合，这和我们在图 5.2 中看到的一样

更一般地，正则化一个学习函数 $f(\boldsymbol{x};\boldsymbol{\theta})$ 的模型，我们可以给代价函数添加被称为**正则化项**(regularizer) 的惩罚。在权重衰减的例子中，正则化项是 $\Omega(\boldsymbol{w}) = \boldsymbol{w}^\top \boldsymbol{w}$。在第 7 章，我们将看到很多其他可能的正则化项。

表示对函数的偏好是比增减假设空间的成员函数更一般地控制模型容量的方法。我们可以将去掉假设空间中的某个函数看作对不赞成这个函数的无限偏好。

在权重衰减的示例中，通过在最小化的目标中额外增加一项，我们明确地表示了偏好权重较小的线性函数。有很多其他方法隐式或显式地表示对不同解的偏好。总而言之，这些不同的方法都被称为**正则化**(regularization)。*正则化是指修改学习算法，使其降低泛化误差而非训练误差*。正则化是机器学习领域的中心问题之一，只有优化能够与其重要性相提并论。

没有免费午餐定理已经清楚地阐述了没有最优的学习算法，特别是没有最优的正则化形式。反之，我们必须挑选一个非常适合于我们所要解决的任务的正则形式。深度学习中普遍的 (特别是本书中的) 理念是大量任务 (例如所有人能做的智能任务) 也许都可以使用非常通用的正则化形式来有效解决。

5.3 超参数和验证集

大多数机器学习算法都有超参数，可以设置来控制算法行为。超参数的值不是通过学习算法本身学习出来的 (尽管我们可以设计一个嵌套的学习过程，一个学习算法为另一个学习算法学出最优超参数)。

在图 5.2 所示的多项式回归示例中，有一个超参数，即多项式的次数，作为**容量**超参数。控制权重衰减程度的 λ 是另一个超参数。

有时一个选项被设为学习算法不用学习的超参数，是因为它太难优化了。更多的情况是，该选项必须是超参数，因为它不适合在训练集上学习。这适用于控制模型容量的所有超参数。如果在训练集上学习超参数，这些超参数总是趋向于最大可能的模型容量，导致过拟合 (见图 5.3)。例如，相比低次多项式和正的权重衰减设定，更高次的多项式和权重衰减参数设定 $\lambda = 0$ 总能在训练集上更好地拟合。

为了解决这个问题，我们需要一个训练算法观测不到的**验证集**(validation set) 样本。

早先我们讨论过和训练数据相同分布的样本组成的测试集，它可以用来估计学习过程完成之后的学习器的泛化误差。其重点在于测试样本不能以任何形式参与到模型的选择中，包括设定超参数。基于这个原因，测试集中的样本不能用于验证集。因此，我们总是从训练数据中构建验证集。特别地，我们将训练数据分成两个不相交的子集。其中一个用于学习参数。另一个作为验证集，用于估计训练中或训练后的泛化误差，更新超参数。用于学习参数的数据子集通常仍被称为训练集，尽管这会和整个训练过程用到的更大的数据集相混。用于挑选超参数的数据子集被称为**验证集**。通常，80% 的训练数据用于训练，20% 用于验证。由于验证集是用来“训练”超参数的，尽管验证集的误差通常会比训练集误差小，验证集会低估泛化误差。所有超参数优化完成之后，泛化误差可能会通过测试集来估计。

在实际中，当相同的测试集已在很多年中重复地用于评估不同算法的性能，并且考虑学术界在该测试集上的各种尝试，我们最后可能也会对测试集有着乐观的估计。基准会因之变得陈旧，而不能反映系统的真实性能。值得庆幸的是，学术界往往会移到新的 (通常会更巨大、更具挑战性) 基准数据集上。

5.3.1 交叉验证

将数据集分成固定的训练集和固定的测试集后，若测试集的误差很小，这将是有问题的。

一个小规模的测试集意味着平均测试误差估计的统计不确定性，使得很难判断算法 A 是否比算法 B 在给定的任务上做得更好。

当数据集有十万计或者更多的样本时，这不会是一个严重的问题。当数据集太小时，也有替代方法允许我们使用所有的样本估计平均测试误差，代价是增加了计算量。这些过程是基于在原始数据上随机采样或分离出的不同数据集上重复训练和测试的想法。最常见的是 k-折交叉验证过程，如算法 5.1 所示，将数据集分成 k 个不重合的子集。测试误差可以估计为 k 次计算后的平均测试误差。在第 i 次测试时，数据的第 i 个子集用于测试集，其他的数据用于训练集。带来的一个问题是不存在平均误差方差的无偏估计 (Bengio and Grandvalet, 2004)，但是我们通常会使用近似来解决。

算法 5.1 k-折交叉验证算法。当给定数据集 $\mathbb{D}$ 对于简单的训练/测试或训练/验证分割而言太小难以产生泛化误差的准确估计时 (因为在小的测试集上，L 可能具有过高的方差)，k-折交叉验证算法可以用于估计学习算法 A 的泛化误差。数据集 $\mathbb{D}$ 包含的元素是抽象的样本 $\boldsymbol{z}^{(i)}$(对于第 i 个样本)，在监督学习的情况代表 (输入，目标) 对 $\boldsymbol{z}^{(i)} = (\boldsymbol{x}^{(i)}, y^{(i)})$ ，或者无监督学习的情况下仅用于输入 $\boldsymbol{z}^{(i)} = \boldsymbol{x}^{(i)}$。该算法返回 $\mathbb{D}$ 中每个示例的误差向量 $\boldsymbol{e}$，其均值是估计的泛化误差。单个样本上的误差可用于计算平均值周围的置信区间 (式 (5.47))。虽然这些置信区间在使用交叉验证之后不能很好地证明，但是通常的做法是只有当算法 A 误差的置信区间低于并且不与算法 B 的置信区间相交时，我们才声明算法 A 比算法 B 更好。

Define `KFoldXV`$(\mathbb{D}, A, L, k)$:
Require: $\mathbb{D}$ 为给定数据集，其中元素为 $\boldsymbol{z}^{(i)}$
Require: A 为学习算法，可视为一个函数 (使用数据集作为输入，输出一个学好的函数)
Require: L 为损失函数，可视为来自学好的函数 f，将样本 $\boldsymbol{z}^{(i)} \in \mathbb{D}$ 映射到 $\mathbb{R}$ 中标量的函数
Require: k 为折数
　将 $\mathbb{D}$ 分为 k 个互斥子集 $\mathbb{D}_i$，它们的并集为 $\mathbb{D}$
　for i from 1 to k **do**
　　$f_i = A(\mathbb{D} \backslash \mathbb{D}_i)$
　　for $\boldsymbol{z}^{(j)}$ in $\mathbb{D}_i$ **do**
　　　$e_j = L(f_i, \boldsymbol{z}^{(j)})$
　　end for
　end for
　Return $\boldsymbol{e}$

5.4 估计、偏差和方差

统计领域为我们提供了很多工具来实现机器学习目标，不仅可以解决训练集上的任务，还可以泛化。基本的概念，例如参数估计、偏差和方差，对于正式地刻画泛化、欠拟合和过拟合都非常有帮助。

5.4.1 点估计

点估计试图为一些感兴趣的量提供单个“最优”预测。一般地，感兴趣的量可以是单个参

数，或是某些参数模型中的一个向量参数，例如第 5.1.4 节线性回归中的权重，但是也有可能是整个函数。

为了区分参数估计和真实值，我们习惯将参数 $\boldsymbol{\theta}$ 的点估计表示为 $\hat{\boldsymbol{\theta}}$。

令 $\{\boldsymbol{x}^{(1)},\cdots,\boldsymbol{x}^{(m)}\}$ 是 m 个独立同分布 (i.i.d.) 的数据点。**点估计**(point estimator) 或**统计量**(statistics) 是这些数据的任意函数：

$$\hat{\boldsymbol{\theta}}_m = g(\boldsymbol{x}^{(1)},\cdots,\boldsymbol{x}^{(m)}) \tag{5.19}$$

这个定义不要求 g 返回一个接近真实 $\boldsymbol{\theta}$ 的值，或者 g 的值域恰好是 $\boldsymbol{\theta}$ 的允许取值范围。点估计的定义非常宽泛，给了估计量的设计者极大的灵活性。虽然几乎所有的函数都可以称为估计量，但是一个良好的估计量的输出会接近生成训练数据的真实参数 $\boldsymbol{\theta}$。

现在，我们采取频率派在统计上的观点。换言之，我们假设真实参数 $\boldsymbol{\theta}$ 是固定但未知的，而点估计 $\hat{\boldsymbol{\theta}}$ 是数据的函数。由于数据是随机过程采样出来的，数据的任何函数都是随机的，因此 $\hat{\boldsymbol{\theta}}$ 是一个随机变量。

点估计也可以指输入和目标变量之间关系的估计，我们将这种类型的点估计称为函数估计。

函数估计　有时我们会关注函数估计 (或函数近似)。这时我们试图从输入向量 $\boldsymbol{x}$ 预测变量 $\boldsymbol{y}$。假设有一个函数 $f(\boldsymbol{x})$ 表示 $\boldsymbol{y}$ 和 $\boldsymbol{x}$ 之间的近似关系。例如，我们可能假设 $\boldsymbol{y} = f(\boldsymbol{x}) + \boldsymbol{\epsilon}$，其中 $\boldsymbol{\epsilon}$ 是 $\boldsymbol{y}$ 中未能从 $\boldsymbol{x}$ 预测的一部分。在函数估计中，我们感兴趣的是用模型估计去近似 f，或者估计 $\hat{f}$。函数估计和估计参数 $\boldsymbol{\theta}$ 是一样的，函数估计 $\hat{f}$ 是函数空间中的一个点估计。线性回归示例 (第 5.1.4 节中讨论的) 和多项式回归示例 (第 5.2 节中讨论的) 都既可以被解释为估计参数 $\boldsymbol{w}$，又可以被解释为估计从 $\boldsymbol{x}$ 到 y 的函数映射 $\hat{f}$。

现在我们回顾点估计最常研究的性质，并探讨这些性质说明了估计的哪些特点。

5.4.2 偏差

估计的偏差被定义为

$$\mathrm{bias}(\hat{\boldsymbol{\theta}}_m) = \mathbb{E}(\hat{\boldsymbol{\theta}}_m) - \boldsymbol{\theta} \tag{5.20}$$

其中期望作用在所有数据 (看作从随机变量采样得到的) 上，$\boldsymbol{\theta}$ 是用于定义数据生成分布的 $\boldsymbol{\theta}$ 的真实值。如果 $\mathrm{bias}(\hat{\boldsymbol{\theta}}_m) = 0$，那么估计量 $\hat{\boldsymbol{\theta}}_m$ 被称为是**无偏**(unbiased)，这意味着 $\mathbb{E}(\hat{\boldsymbol{\theta}}_m) = \boldsymbol{\theta}$。如果 $\lim\limits_{m\to\infty} \mathrm{bias}(\hat{\boldsymbol{\theta}}_m) = 0$，那么估计量 $\hat{\boldsymbol{\theta}}_m$ 被称为是**渐近无偏**(asymptotically unbiased)，这意味着 $\lim\limits_{m\to\infty} \mathbb{E}(\hat{\boldsymbol{\theta}}_m) = \boldsymbol{\theta}$。

示例：伯努利分布　考虑一组服从均值为 θ 的伯努利分布的独立同分布的样本 $\{x^{(1)},\cdots,x^{(m)}\}$：

$$P(x^{(i)};\theta) = \theta^{x^{(i)}}(1-\theta)^{(1-x^{(i)})} \tag{5.21}$$

这个分布中参数 θ 的常用估计量是训练样本的均值：

$$\hat{\theta}_m = \frac{1}{m}\sum_{i=1}^{m} x^{(i)} \tag{5.22}$$

判断这个估计量是否有偏，我们将式 (5.22) 代入式 (5.20)：

$$\text{bias}(\hat{\theta}_m) = \mathbb{E}[\hat{\theta}_m] - \theta \tag{5.23}$$

$$= \mathbb{E}\left[\frac{1}{m}\sum_{i=1}^{m} x^{(i)}\right] - \theta \tag{5.24}$$

$$= \frac{1}{m}\sum_{i=1}^{m} \mathbb{E}\left[x^{(i)}\right] - \theta \tag{5.25}$$

$$= \frac{1}{m}\sum_{i=1}^{m} \sum_{x^{(i)}=0}^{1} \left(x^{(i)}\theta^{x^{(i)}}(1-\theta)^{(1-x^{(i)})}\right) - \theta \tag{5.26}$$

$$= \frac{1}{m}\sum_{i=1}^{m}(\theta) - \theta \tag{5.27}$$

$$= \theta - \theta = 0 \tag{5.28}$$

因为 $\text{bias}(\hat{\theta}) = 0$，我们称估计 $\hat{\theta}$ 是无偏的。

示例：均值的高斯分布估计 现在，考虑一组独立同分布的样本 $\{x^{(1)}, \cdots, x^{(m)}\}$ 服从高斯分布 $p(x^{(i)}) = \mathcal{N}(x^{(i)}; \mu, \sigma^2)$，其中 $i \in \{1, \cdots, m\}$。回顾高斯概率密度函数如下：

$$p(x^{(i)}; \mu, \sigma^2) = \frac{1}{\sqrt{2\pi\sigma^2}} \exp\left(-\frac{1}{2}\frac{(x^{(i)} - \mu)^2}{\sigma^2}\right) \tag{5.29}$$

高斯均值参数的常用估计量被称为**样本均值**(sample mean)：

$$\hat{\mu}_m = \frac{1}{m}\sum_{i=1}^{m} x^{(i)} \tag{5.30}$$

判断样本均值是否有偏，我们再次计算它的期望：

$$\text{bias}(\hat{\mu}_m) = \mathbb{E}[\hat{\mu}_m] - \mu \tag{5.31}$$

$$= \mathbb{E}\left[\frac{1}{m}\sum_{i=1}^{m} x^{(i)}\right] - \mu \tag{5.32}$$

$$= \left(\frac{1}{m}\sum_{i=1}^{m} \mathbb{E}\left[x^{(i)}\right]\right) - \mu \tag{5.33}$$

$$= \left(\frac{1}{m}\sum_{i=1}^{m} \mu\right) - \mu \tag{5.34}$$

$$= \mu - \mu = 0 \tag{5.35}$$

因此我们发现样本均值是高斯均值参数的无偏估计量。

示例：高斯分布方差估计 本例中，我们比较高斯分布方差参数 σ^2 的两个不同估计。我们探讨是否有一个是有偏的。

我们考虑的第一个方差估计被称为**样本方差**(sample variance)：

$$\hat{\sigma}_m^2 = \frac{1}{m}\sum_{i=1}^{m}\left(x^{(i)} - \hat{\mu}_m\right)^2 \tag{5.36}$$

其中 $\hat{\mu}_m$ 是样本均值。更形式化地，我们对计算感兴趣

$$\text{bias}(\hat{\sigma}_m^2) = \mathbb{E}[\hat{\sigma}_m^2] - \sigma^2 \tag{5.37}$$

我们首先估计项 $\mathbb{E}[\hat{\sigma}_m^2]$：

$$\mathbb{E}[\hat{\sigma}_m^2] = \mathbb{E}\left[\frac{1}{m}\sum_{i=1}^{m}\left(x^{(i)} - \hat{\mu}_m\right)^2\right] \tag{5.38}$$

$$= \frac{m-1}{m}\sigma^2 \tag{5.39}$$

回到式 (5.37)，我们可以得出 $\hat{\sigma}_m^2$ 的偏差是 $-\sigma^2/m$。因此样本方差是有偏估计。

无偏样本方差(unbiased sample variance) 估计：

$$\tilde{\sigma}_m^2 = \frac{1}{m-1}\sum_{i=1}^{m}\left(x^{(i)} - \hat{\mu}_m\right)^2 \tag{5.40}$$

提供了另一种可选方法。正如名字所言，这个估计是无偏的。换言之，我们会发现 $\mathbb{E}[\tilde{\sigma}_m^2] = \sigma^2$：

$$\mathbb{E}[\tilde{\sigma}_m^2] = \mathbb{E}\left[\frac{1}{m-1}\sum_{i=1}^{m}\left(x^{(i)} - \hat{\mu}_m\right)^2\right] \tag{5.41}$$

$$= \frac{m}{m-1}\mathbb{E}[\hat{\sigma}_m^2] \tag{5.42}$$

$$= \frac{m}{m-1}\left(\frac{m-1}{m}\sigma^2\right) \tag{5.43}$$

$$= \sigma^2 \tag{5.44}$$

我们有两个估计量：一个是有偏的，另一个是无偏的。尽管无偏估计显然是令人满意的，但它并不总是“最好”的估计。我们将看到，经常会使用其他具有重要性质的有偏估计。

5.4.3 方差和标准差

我们有时会考虑估计量的另一个性质是它作为数据样本的函数，期望的变化程度是多少。正如我们可以计算估计量的期望来决定它的偏差，我们也可以计算它的方差。估计量的**方差**(variance) 就是一个方差：

$$\text{Var}(\hat{\theta}) \tag{5.45}$$

其中随机变量是训练集。另外，方差的平方根被称为**标准差**(standard error)，记作 $\text{SE}(\hat{\theta})$。

估计量的方差或标准差告诉我们，当独立地从潜在的数据生成过程中重采样数据集时，如何期望估计的变化。正如我们希望估计的偏差较小，我们也希望其方差较小。

当我们使用有限的样本计算任何统计量时，真实参数的估计都是不确定的，在这个意义下，从相同的分布得到其他样本时，它们的统计量也会不一样。任何方差估计量的期望程度是我们想量化的误差的来源。

均值的标准差被记作

$$\text{SE}(\hat{\mu}_m) = \sqrt{\text{Var}\left[\frac{1}{m}\sum_{i=1}^{m}x^{(i)}\right]} = \frac{\sigma}{\sqrt{m}} \tag{5.46}$$

其中 σ^2 是样本 $x^{(i)}$ 的真实方差。标准差通常被记作 σ。可惜，样本方差的平方根和方差无偏估计的平方根都不是标准差的无偏估计。这两种计算方法都倾向于低估真实的标准差，但仍用于实际中。相较而言，方差无偏估计的平方根较少被低估。对于较大的 m，这种近似非常合理。

均值的标准差在机器学习实验中非常有用。我们通常用测试集样本的误差均值来估计泛化误差。测试集中样本的数量决定了这个估计的精确度。中心极限定理告诉我们均值会接近一个高斯分布，我们可以用标准差计算出真实期望落在选定区间的概率。例如，以均值 $\hat{\mu}_m$ 为中心的 95% 置信区间是

$$(\hat{\mu}_m - 1.96\mathrm{SE}(\hat{\mu}_m), \hat{\mu}_m + 1.96\mathrm{SE}(\hat{\mu}_m)) \tag{5.47}$$

以上区间是基于均值 $\hat{\mu}_m$ 和方差 $\mathrm{SE}(\hat{\mu}_m)^2$ 的高斯分布。在机器学习实验中，我们通常说算法 A 比算法 B 好，是指算法 A 的误差的 95% 置信区间的上界小于算法 B 的误差的 95% 置信区间的下界。

示例：伯努利分布 我们再次考虑从伯努利分布 (回顾 $P(x^{(i)};\theta) = \theta^{x^{(i)}}(1-\theta)^{1-x^{(i)}}$) 中独立同分布采样出来的一组样本 $\{x^{(1)}, \cdots, x^{(m)}\}$。这次我们关注估计 $\hat{\theta}_m = \frac{1}{m}\sum_{i=1}^{m} x^{(i)}$ 的方差：

$$\mathrm{Var}\left(\hat{\theta}_m\right) = \mathrm{Var}\left(\frac{1}{m}\sum_{i=1}^{m} x^{(i)}\right) \tag{5.48}$$

$$= \frac{1}{m^2}\sum_{i=1}^{m} \mathrm{Var}\left(x^{(i)}\right) \tag{5.49}$$

$$= \frac{1}{m^2}\sum_{i=1}^{m} \theta(1-\theta) \tag{5.50}$$

$$= \frac{1}{m^2} m\theta(1-\theta) \tag{5.51}$$

$$= \frac{1}{m}\theta(1-\theta) \tag{5.52}$$

估计量方差的下降速率是关于数据集样本数目 m 的函数。这是常见估计量的普遍性质，在探讨一致性 (参见第 5.4.5 节) 时，我们会继续讨论。

5.4.4 权衡偏差和方差以最小化均方误差

偏差和方差度量着估计量的两个不同误差来源。偏差度量着偏离真实函数或参数的误差期望，而方差度量着数据上任意特定采样可能导致的估计期望的偏差。

当我们可以在一个偏差更大的估计和一个方差更大的估计中进行选择时，会发生什么呢？我们该如何选择？例如，想象我们希望近似图 5.2 中的函数，如果只可以选择一个偏差较大的估计或一个方差较大的估计，我们该如何选择呢？

判断这种权衡最常用的方法是交叉验证。经验上，交叉验证在真实世界的许多任务中都非常成功。另外，我们也可以比较这些估计的**均方误差**(mean squared error，MSE)：

$$\mathrm{MSE} = \mathbb{E}[(\hat{\theta}_m - \theta)^2] \tag{5.53}$$

$$= \mathrm{Bias}(\hat{\theta}_m)^2 + \mathrm{Var}(\hat{\theta}_m) \tag{5.54}$$

MSE 度量着估计和真实参数 θ 之间平方误差的总体期望偏差。如式 (5.54) 所示，MSE 估计包含了偏差和方差。理想的估计具有较小的 MSE 或是在检查中会稍微约束它们的偏差和方差。

偏差和方差的关系与机器学习容量、欠拟合和过拟合的概念紧密相联。用 MSE 度量泛化误差 (偏差和方差对于泛化误差都是有意义的) 时，增加容量会增加方差，降低偏差。如图 5.6 所示，我们再次在关于容量的函数中看到泛化误差的 U 形曲线。

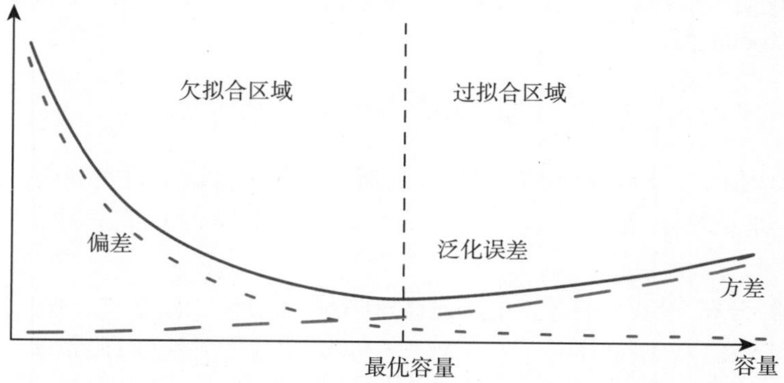

图 5.6 当容量增大 (x 轴) 时，偏差 (用点表示) 随之减小，而方差 (虚线) 随之增大，使得泛化误差 (加粗曲线) 产生了另一种 U 形。如果我们沿着轴改变容量，会发现最优容量，当容量小于最优容量会呈现欠拟合，大于时导致过拟合。这种关系与第 5.2 节以及图 5.3 中讨论的容量、欠拟合和过拟合之间的关系类似

5.4.5 一致性

目前我们已经探讨了固定大小训练集下不同估计量的性质。通常，我们也会关注训练数据增多后估计量的效果。特别地，我们希望当数据集中数据点的数量 m 增加时，点估计会收敛到对应参数的真实值。更形式化地，我们想要

$$\text{plim}_{m\to\infty}\hat{\theta}_m = \theta \tag{5.55}$$

符号 plim 表示依概率收敛，即对于任意的 $\epsilon > 0$，当 $m \to \infty$ 时，有 $P(|\hat{\theta}_m - \theta| > \epsilon) \to 0$。式 (5.55) 表示的条件被称为**一致性**(consistency)。有时它是指弱一致性，强一致性是指**几乎必然**(almost sure) 从 $\hat{\theta}$ 收敛到 θ。**几乎必然收敛**(almost sure convergence) 是指当 $p(\lim_{m\to\infty} \mathbf{x}^{(m)} = \boldsymbol{x}) = 1$ 时，随机变量序列 $\mathbf{x}^{(1)}$，$\mathbf{x}^{(2)}$，$\cdots$ 收敛到 $\boldsymbol{x}$。

一致性保证了估计量的偏差会随数据样本数目的增多而减少。然而，反过来是不正确的 —— 渐近无偏并不意味着一致性。例如，考虑用包含 m 个样本的数据集 $\{x^{(1)}, \cdots, x^{(m)}\}$ 估计正态分布 $\mathcal{N}(x; \mu, \sigma^2)$ 的均值参数 μ。我们可以使用数据集的第一个样本 $x^{(1)}$ 作为无偏估计量：$\hat{\theta} = x^{(1)}$。在该情况下，$\mathbb{E}(\hat{\theta}_m) = \theta$，所以不管观测到多少数据点，该估计量都是无偏的。然而，这不是一个一致估计，因为它不满足当 $m \to \infty$ 时，$\hat{\theta}_m \to \theta$。

5.5 最大似然估计

之前，我们已经看过常用估计的定义，并分析了它们的性质。但是这些估计是从哪里来的呢？我们希望有些准则可以让我们从不同模型中得到特定函数作为好的估计，而不是猜测某些函数可能是好的估计，然后分析其偏差和方差。

最常用的准则是最大似然估计。

考虑一组含有 m 个样本的数据集 $\mathbb{X}=\{\boldsymbol{x}^{(1)},\cdots,\boldsymbol{x}^{(m)}\}$，独立地由未知的真实数据生成分布 $p_{\text{data}}(\mathbf{x})$ 生成。

令 $p_{\text{model}}(\mathbf{x};\boldsymbol{\theta})$ 是一族由 $\boldsymbol{\theta}$ 确定在相同空间上的概率分布。换言之，$p_{\text{model}}(\boldsymbol{x};\boldsymbol{\theta})$ 将任意输入 $\boldsymbol{x}$ 映射到实数来估计真实概率 $p_{\text{data}}(\boldsymbol{x})$。

对 $\boldsymbol{\theta}$ 的最大似然估计被定义为

$$\boldsymbol{\theta}_{\text{ML}}=\underset{\boldsymbol{\theta}}{\arg\max}\, p_{\text{model}}(\mathbb{X};\boldsymbol{\theta}) \tag{5.56}$$

$$=\underset{\boldsymbol{\theta}}{\arg\max}\prod_{i=1}^{m} p_{\text{model}}(\boldsymbol{x}^{(i)};\boldsymbol{\theta}) \tag{5.57}$$

多个概率的乘积会因很多原因不便于计算。例如，计算中很可能会出现数值下溢。为了得到一个便于计算的等价优化问题，我们观察到似然对数不会改变其 $\arg\max$，但是将乘积转化成了便于计算的求和形式：

$$\boldsymbol{\theta}_{\text{ML}}=\underset{\boldsymbol{\theta}}{\arg\max}\sum_{i=1}^{m}\log p_{\text{model}}(\boldsymbol{x}^{(i)};\boldsymbol{\theta}) \tag{5.58}$$

因为当重新缩放代价函数时 $\arg\max$ 不会改变，我们可以除以 m 得到和训练数据经验分布 $\hat{p}_{\text{data}}$ 相关的期望作为准则：

$$\boldsymbol{\theta}_{\text{ML}}=\underset{\boldsymbol{\theta}}{\arg\max}\,\mathbb{E}_{\mathbf{x}\sim\hat{p}_{\text{data}}}\log p_{\text{model}}(\boldsymbol{x};\boldsymbol{\theta}) \tag{5.59}$$

一种解释最大似然估计的观点是将它看作最小化训练集上的经验分布 $\hat{p}_{\text{data}}$ 和模型分布之间的差异，两者之间的差异程度可以通过 KL 散度度量。KL 散度被定义为

$$D_{\text{KL}}(\hat{p}_{\text{data}}\|p_{\text{model}})=\mathbb{E}_{\mathbf{x}\sim\hat{p}_{\text{data}}}[\log\hat{p}_{\text{data}}(\boldsymbol{x})-\log p_{\text{model}}(\boldsymbol{x})] \tag{5.60}$$

左边一项仅涉及数据生成过程，和模型无关。这意味着当训练模型最小化 KL 散度时，我们只需要最小化

$$-\mathbb{E}_{\mathbf{x}\sim\hat{p}_{\text{data}}}[\log p_{\text{model}}(\boldsymbol{x})] \tag{5.61}$$

当然，这和式 (5.59) 中最大化是相同的。

最小化 KL 散度其实就是在最小化分布之间的交叉熵。许多作者使用术语“交叉熵”特定表示伯努利或 softmax 分布的负对数似然，但那是用词不当的。任何一个由负对数似然组成的损失都是定义在训练集上的经验分布和定义在模型上的概率分布之间的交叉熵。例如，均方误差是经验分布和高斯模型之间的交叉熵。

我们可以将最大似然看作使模型分布尽可能地和经验分布 $\hat{p}_{\text{data}}$ 相匹配的尝试。理想情况下，我们希望匹配真实的数据生成分布 p_{data}，但我们无法直接知道这个分布。

虽然最优 $\boldsymbol{\theta}$ 在最大化似然或是最小化 KL 散度时是相同的，但目标函数值是不一样的。在软件中，我们通常将两者都称为最小化代价函数。因此最大化似然变成了最小化负对数似然 (NLL)，或者等价的是最小化交叉熵。将最大化似然看作最小化 KL 散度的视角在这个情况下是有帮助的，因为已知 KL 散度最小值是零。当 $\boldsymbol{x}$ 取实数时，负对数似然可以是负值。

5.5.1 条件对数似然和均方误差

最大似然估计很容易扩展到估计条件概率 $P(\mathbf{y} \mid \mathbf{x}; \boldsymbol{\theta})$，从而给定 $\mathbf{x}$ 预测 $\mathbf{y}$。实际上这是最常见的情况，因为这构成了大多数监督学习的基础。如果 $\boldsymbol{X}$ 表示所有的输入，$\boldsymbol{Y}$ 表示我们观测到的目标，那么条件最大似然估计是

$$\boldsymbol{\theta}_{\mathrm{ML}} = \underset{\boldsymbol{\theta}}{\arg\max} P(\boldsymbol{Y} \mid \boldsymbol{X}; \boldsymbol{\theta}) \tag{5.62}$$

如果假设样本是独立同分布的，那么式 (5.62) 可以分解成

$$\boldsymbol{\theta}_{\mathrm{ML}} = \underset{\boldsymbol{\theta}}{\arg\max} \sum_{i=1}^{m} \log P(\boldsymbol{y}^{(i)} \mid \boldsymbol{x}^{(i)}; \boldsymbol{\theta}) \tag{5.63}$$

示例：线性回归作为最大似然 第 5.1.4 节介绍的线性回归，可以被看作最大似然过程。之前，我们将线性回归作为学习从输入 $\boldsymbol{x}$ 映射到输出 $\hat{y}$ 的算法。从 $\boldsymbol{x}$ 到 $\hat{y}$ 的映射选自最小化均方误差 (我们或多或少介绍的一个标准)。现在，我们以最大似然估计的角度重新审视线性回归。我们现在希望模型能够得到条件概率 $p(y \mid \boldsymbol{x})$，而不只是得到一个单独的预测 $\hat{y}$。想象有一个无限大的训练集，我们可能会观测到几个训练样本有相同的输入 $\boldsymbol{x}$ 但是不同的 y。现在学习算法的目标是拟合分布 $p(y \mid \boldsymbol{x})$ 到和 $\boldsymbol{x}$ 相匹配的不同的 y。为了得到我们之前推导出的相同的线性回归算法，我们定义 $p(y \mid \boldsymbol{x}) = \mathcal{N}(y; \hat{y}(\boldsymbol{x}; \boldsymbol{w}), \sigma^2)$。函数 $\hat{y}(\boldsymbol{x}; \boldsymbol{w})$ 预测高斯的均值。在这个例子中，我们假设方差是用户固定的某个常量 σ^2。这种函数形式 $p(y \mid \boldsymbol{x})$ 会使得最大似然估计得出和之前相同的学习算法。由于假设样本是独立同分布的，条件对数似然 (式 (5.63)) 如下

$$\sum_{i=1}^{m} \log p(y^{(i)} \mid \boldsymbol{x}^{(i)}; \boldsymbol{\theta}) \tag{5.64}$$

$$= -m \log \sigma - \frac{m}{2} \log(2\pi) - \sum_{i=1}^{m} \frac{\left\| \hat{y}^{(i)} - y^{(i)} \right\|^2}{2\sigma^2} \tag{5.65}$$

其中 $\hat{y}^{(i)}$ 是线性回归在第 i 个输入 $\boldsymbol{x}^{(i)}$ 上的输出，m 是训练样本的数目。对比均方误差和对数似然，

$$\mathrm{MSE}_{\mathrm{train}} = \frac{1}{m} \sum_{i=1}^{m} \left\| \hat{y}^{(i)} - y^{(i)} \right\|^2 \tag{5.66}$$

我们立刻可以看出，最大化关于 $\boldsymbol{w}$ 的对数似然和最小化均方误差会得到相同的参数估计 $\boldsymbol{w}$。但是对于相同的最优 $\boldsymbol{w}$，这两个准则有着不同的值。这验证了 MSE 可以用于最大似然估计。正如我们将看到的，最大似然估计有几个理想的性质。

5.5.2 最大似然的性质

最大似然估计最吸引人的地方在于，它被证明当样本数目 $m \to \infty$ 时，就收敛率而言是最好的渐近估计。

在合适的条件下，最大似然估计具有一致性 (参考第 5.4.5 节)，意味着训练样本数目趋向于无穷大时，参数的最大似然估计会收敛到参数的真实值。这些条件是：

- 真实分布 p_{data} 必须在模型族 $p_{\mathrm{model}}(\cdot; \boldsymbol{\theta})$ 中。否则，没有估计可以还原 p_{data}。

- 真实分布 p_{data} 必须刚好对应一个 $\boldsymbol{\theta}$ 值。否则，最大似然估计恢复出真实分布 p_{data} 后，也不能决定数据生成过程使用哪个 $\boldsymbol{\theta}$。

除了最大似然估计，还有其他的归纳准则，其中许多共享一致估计的性质。然而，一致估计的**统计效率**(statistic efficiency) 可能区别很大。某些一致估计可能会在固定数目的样本上获得一个较低的泛化误差，或者等价地，可能只需要较少的样本就能达到一个固定程度的泛化误差。

统计效率通常用于**有参情况**(parametric case) 的研究中 (例如线性回归)。在有参情况中，我们的目标是估计参数值 (假设有可能确定真实参数)，而不是函数值。一种度量和真实参数相差多少的方法是计算均方误差的期望，即计算 m 个从数据生成分布中出来的训练样本上的估计参数和真实参数之间差值的平方。有参均方误差估计随着 m 的增加而减少，当 m 较大时，Cramér-Rao 下界 (Rao, 1945; Cramér, 1946) 表明不存在均方误差低于最大似然估计的一致估计。

因为这些原因 (一致性和统计效率)，最大似然通常是机器学习中的首选估计方法。当样本数目小到会发生过拟合时，正则化策略如权重衰减可用于获得训练数据有限时方差较小的最大似然有偏版本。

5.6 贝叶斯统计

至此我们已经讨论了**频率派统计**(frequentist statistics) 方法和基于估计单一值 $\boldsymbol{\theta}$ 的方法，然后基于该估计作所有的预测。另一种方法是在做预测时会考虑所有可能的 $\boldsymbol{\theta}$。后者属于**贝叶斯统计**(Bayesian statistics) 的范畴。

正如第 5.4.1 节中讨论的，频率派的视角是真实参数 $\boldsymbol{\theta}$ 是未知的定值，而点估计 $\hat{\boldsymbol{\theta}}$ 是考虑数据集上函数 (可以看作随机的) 的随机变量。

贝叶斯统计的视角完全不同。贝叶斯统计用概率反映知识状态的确定性程度。数据集能够被直接观测到，因此不是随机的。另一方面，真实参数 $\boldsymbol{\theta}$ 是未知或不确定的，因此可以表示成随机变量。

在观察到数据前，我们将 $\boldsymbol{\theta}$ 的已知知识表示成**先验概率分布**(prior probability distribution)，$p(\boldsymbol{\theta})$(有时简单地称为“先验”)。一般而言，机器学习实践者会选择一个相当宽泛的 (即，高熵的) 先验分布，以反映在观测到任何数据前参数 $\boldsymbol{\theta}$ 的高度不确定性。例如，我们可能会假设先验 $\boldsymbol{\theta}$ 在有限区间中均匀分布。许多先验偏好于“更简单”的解 (如小幅度的系数，或是接近常数的函数)。

现在假设我们有一组数据样本 $\{x^{(1)}, \cdots, x^{(m)}\}$，通过贝叶斯规则结合数据似然 $p(x^{(1)}, \cdots, x^{(m)} \mid \boldsymbol{\theta})$ 和先验，可以恢复数据对我们关于 $\boldsymbol{\theta}$ 信念的影响：

$$p(\boldsymbol{\theta} \mid x^{(1)}, \cdots, x^{(m)}) = \frac{p(x^{(1)}, \cdots, x^{(m)} \mid \boldsymbol{\theta}) p(\boldsymbol{\theta})}{p(x^{(1)}, \cdots, x^{(m)})} \tag{5.67}$$

在贝叶斯估计常用的情景下，先验开始是相对均匀的分布或高熵的高斯分布，观测数据通常会使后验的熵下降，并集中在参数的几个可能性很高的值。

相对于最大似然估计，贝叶斯估计有两个重要区别。第一，不像最大似然方法预测时使用 $\boldsymbol{\theta}$ 的点估计，贝叶斯方法使用 $\boldsymbol{\theta}$ 的全分布。例如，在观测到 m 个样本后，下一个数据样本

$x^{(m+1)}$ 的预测分布如下：

$$p(x^{(m+1)} \mid x^{(1)}, \cdots, x^{(m)}) = \int p(x^{(m+1)} \mid \boldsymbol{\theta}) p(\boldsymbol{\theta} \mid x^{(1)}, \cdots, x^{(m)})\, d\boldsymbol{\theta} \tag{5.68}$$

这里，每个具有正概率密度的 $\boldsymbol{\theta}$ 的值有助于下一个样本的预测，其中贡献由后验密度本身加权。在观测到数据集 $\{x^{(1)}, \cdots, x^{(m)}\}$ 之后，如果我们仍然非常不确定 $\boldsymbol{\theta}$ 的值，那么这个不确定性会直接包含在我们所做的任何预测中。

在第 5.4 节中，我们已经探讨频率派方法解决给定点估计 $\boldsymbol{\theta}$ 的不确定性的方法是评估方差，估计的方差评估了观测数据重新从观测数据中采样后，估计可能如何变化。对于如何处理估计不确定性的这个问题，贝叶斯派的答案是积分，这往往会防止过拟合。当然，积分仅仅是概率法则的应用，使贝叶斯方法容易验证，而频率派机器学习基于相当特别的决定构建了一个估计，将数据集里的所有信息归纳到一个单独的点估计。

贝叶斯方法和最大似然方法的第二个最大区别是由贝叶斯先验分布造成的。先验能够影响概率质量密度朝参数空间中偏好先验的区域偏移。实践中，先验通常表现为偏好更简单或更光滑的模型。对贝叶斯方法的批判认为，先验是人为主观判断影响预测的来源。

当训练数据很有限时，贝叶斯方法通常泛化得更好，但是当训练样本数目很大时，通常会有很大的计算代价。

示例：贝叶斯线性回归　我们使用贝叶斯估计方法学习线性回归的参数。在线性回归中，我们学习从输入向量 $\boldsymbol{x} \in \mathbb{R}^n$ 预测标量 $y \in \mathbb{R}$ 的线性映射。该预测由向量 $\boldsymbol{w} \in \mathbb{R}^n$ 参数化：

$$\hat{y} = \boldsymbol{w}^\top \boldsymbol{x} \tag{5.69}$$

给定一组 m 个训练样本 $(\boldsymbol{X}^{(\text{train})}, \boldsymbol{y}^{(\text{train})})$，我们可以表示整个训练集对 y 的预测：

$$\hat{\boldsymbol{y}}^{(\text{train})} = \boldsymbol{X}^{(\text{train})} \boldsymbol{w} \tag{5.70}$$

表示为 $\boldsymbol{y}^{(\text{train})}$ 上的高斯条件分布，我们得到

$$p(\boldsymbol{y}^{(\text{train})} \mid \boldsymbol{X}^{(\text{train})}, \boldsymbol{w}) = \mathcal{N}(\boldsymbol{y}^{(\text{train})}; \boldsymbol{X}^{(\text{train})} \boldsymbol{w}, \boldsymbol{I}) \tag{5.71}$$

$$\propto \exp\left(-\frac{1}{2}(\boldsymbol{y}^{(\text{train})} - \boldsymbol{X}^{(\text{train})} \boldsymbol{w})^\top (\boldsymbol{y}^{(\text{train})} - \boldsymbol{X}^{(\text{train})} \boldsymbol{w})\right) \tag{5.72}$$

其中，我们根据标准的 MSE 公式假设 y 上的高斯方差为 1。在下文中，为减少符号负担，我们将 $(\boldsymbol{X}^{(\text{train})}, \boldsymbol{y}^{(\text{train})})$ 简单表示为 $(\boldsymbol{X}, \boldsymbol{y})$。

为确定模型参数向量 $\boldsymbol{w}$ 的后验分布，我们首先需要指定一个先验分布。先验应该反映我们对这些参数取值的信念。虽然有时将我们的先验信念表示为模型的参数很难或很不自然，但在实践中我们通常假设一个相当广泛的分布来表示 $\boldsymbol{\theta}$ 的高度不确定性。实数值参数通常使用高斯作为先验分布：

$$p(\boldsymbol{w}) = \mathcal{N}(\boldsymbol{w}; \boldsymbol{\mu}_0, \boldsymbol{\Lambda}_0) \propto \exp\left(-\frac{1}{2}(\boldsymbol{w} - \boldsymbol{\mu}_0)^\top \boldsymbol{\Lambda}_0^{-1} (\boldsymbol{w} - \boldsymbol{\mu}_0)\right) \tag{5.73}$$

其中，$\boldsymbol{\mu}_0$ 和 $\boldsymbol{\Lambda}_0$ 分别是先验分布的均值向量和协方差矩阵。[①]

① 除非有理由使用协方差矩阵的特定结构，我们通常假设其为对角协方差矩阵 $\boldsymbol{\Lambda}_0 = \text{diag}(\boldsymbol{\lambda}_0)$。

确定好先验后，我们现在可以继续确定模型参数的**后验**分布。

$$p(\boldsymbol{w} \mid \boldsymbol{X}, \boldsymbol{y}) \propto p(\boldsymbol{y} \mid \boldsymbol{X}, \boldsymbol{w})p(\boldsymbol{w}) \tag{5.74}$$

$$\propto \exp\left(-\frac{1}{2}(\boldsymbol{y}-\boldsymbol{X}\boldsymbol{w})^\top(\boldsymbol{y}-\boldsymbol{X}\boldsymbol{w})\right)\exp\left(-\frac{1}{2}(\boldsymbol{w}-\boldsymbol{\mu}_0)^\top\boldsymbol{\Lambda}_0^{-1}(\boldsymbol{w}-\boldsymbol{\mu}_0)\right) \tag{5.75}$$

$$\propto \exp\left(-\frac{1}{2}\left(-2\boldsymbol{y}^\top\boldsymbol{X}\boldsymbol{w}+\boldsymbol{w}^\top\boldsymbol{X}^\top\boldsymbol{X}\boldsymbol{w}+\boldsymbol{w}^\top\boldsymbol{\Lambda}_0^{-1}\boldsymbol{w}-2\boldsymbol{\mu}_0^\top\boldsymbol{\Lambda}_0^{-1}\boldsymbol{w}\right)\right) \tag{5.76}$$

现在我们定义 $\boldsymbol{\Lambda}_m = (\boldsymbol{X}^\top\boldsymbol{X}+\boldsymbol{\Lambda}_0^{-1})^{-1}$ 和 $\boldsymbol{\mu}_m = \boldsymbol{\Lambda}_m(\boldsymbol{X}^\top\boldsymbol{y}+\boldsymbol{\Lambda}_0^{-1}\boldsymbol{\mu}_0)$。使用这些新的变量，我们发现后验可改写为高斯分布：

$$p(\boldsymbol{w} \mid \boldsymbol{X}, \boldsymbol{y}) \propto \exp\left(-\frac{1}{2}(\boldsymbol{w}-\boldsymbol{\mu}_m)^\top\boldsymbol{\Lambda}_m^{-1}(\boldsymbol{w}-\boldsymbol{\mu}_m)+\frac{1}{2}\boldsymbol{\mu}_m^\top\boldsymbol{\Lambda}_m^{-1}\boldsymbol{\mu}_m\right) \tag{5.77}$$

$$\propto \exp\left(-\frac{1}{2}(\boldsymbol{w}-\boldsymbol{\mu}_m)^\top\boldsymbol{\Lambda}_m^{-1}(\boldsymbol{w}-\boldsymbol{\mu}_m)\right) \tag{5.78}$$

分布的积分必须归一这个事实意味着要删去所有不包括参数向量 $\boldsymbol{w}$ 的项。式 (3.23)显示了如何标准化多元高斯分布。

检查此后验分布可以让我们获得贝叶斯推断效果的一些直觉。大多数情况下，我们设置 $\boldsymbol{\mu}_0 = 0$。如果我们设置 $\boldsymbol{\Lambda}_0 = \frac{1}{\alpha}\boldsymbol{I}$，那么 μ_m 对 $\boldsymbol{w}$ 的估计就和频率派带权重衰减惩罚 $\alpha\boldsymbol{w}^\top\boldsymbol{w}$ 的线性回归的估计是一样的。一个区别是若 α 设为 0，则贝叶斯估计是未定义的 —— 我们不能将贝叶斯学习过程初始化为一个无限宽的 $\boldsymbol{w}$ 先验。更重要的区别是，贝叶斯估计会给出一个协方差矩阵，表示 $\boldsymbol{w}$ 所有不同值的可能范围，而不仅是估计 μ_m。

5.6.1 最大后验 (MAP) 估计

原则上，我们应该使用参数 $\boldsymbol{\theta}$ 的完整贝叶斯后验分布进行预测，但单点估计常常也是需要的。希望使用点估计的一个常见原因是，对于大多数有意义的模型而言，大多数涉及贝叶斯后验的计算是非常棘手的，点估计提供了一个可行的近似解。我们仍然可以让先验影响点估计的选择来利用贝叶斯方法的优点，而不是简单地回到最大似然估计。一种能够做到这一点的合理方式是选择**最大后验**(Maximum A Posteriori, MAP) 点估计。MAP 估计选择后验概率最大的点 (或在 $\boldsymbol{\theta}$ 是连续值的更常见情况下，概率密度最大的点)：

$$\boldsymbol{\theta}_{\text{MAP}} = \arg\max_{\boldsymbol{\theta}} p(\boldsymbol{\theta} \mid \boldsymbol{x}) = \arg\max_{\boldsymbol{\theta}} [\log p(\boldsymbol{x} \mid \boldsymbol{\theta}) + \log p(\boldsymbol{\theta})] \tag{5.79}$$

我们可以认出式 (5.79) 右边的 $\log p(\boldsymbol{x} \mid \boldsymbol{\theta})$ 对应着标准的对数似然项，$\log p(\boldsymbol{\theta})$ 对应着先验分布。

例如，考虑具有高斯先验权重 $\boldsymbol{w}$ 的线性回归模型。如果先验是 $\mathcal{N}(\boldsymbol{w}; \boldsymbol{0}, \frac{1}{\lambda}I^2)$，那么式 (5.79) 的对数先验项正比于熟悉的权重衰减惩罚 $\lambda\boldsymbol{w}^\top\boldsymbol{w}$，加上一个不依赖于 $\boldsymbol{w}$ 也不会影响学习过程的项。因此，具有高斯先验权重的 MAP 贝叶斯推断对应着权重衰减。

正如全贝叶斯推断，MAP 贝叶斯推断的优势是能够利用来自先验的信息，这些信息无法从训练数据中获得。该附加信息有助于减少最大后验点估计的方差 (相比于 ML 估计)。然而，这个优点的代价是增加了偏差。

许多正规化估计方法，例如权重衰减正则化的最大似然学习，可以被解释为贝叶斯推断的 MAP 近似。这个适应于正则化时加到目标函数的附加项对应着 $\log p(\boldsymbol{\theta})$。并非所有的正则化惩罚都对应着 MAP 贝叶斯推断。例如，有些正则化项可能不是一个概率分布的对数。还有些正则化项依赖于数据，当然也不会是一个先验概率分布。

MAP 贝叶斯推断提供了一个直观的方法来设计复杂但可解释的正则化项。例如，更复杂的惩罚项可以通过混合高斯分布作为先验得到，而不是一个单独的高斯分布 (Nowlan and Hinton, 1992)。

5.7 监督学习算法

回顾第 5.1.3 节，粗略地说，监督学习算法是给定一组输入 $\boldsymbol{x}$ 和输出 $\boldsymbol{y}$ 的训练集，学习如何关联输入和输出。在许多情况下，输出 $\boldsymbol{y}$ 很难自动收集，必须由人来提供“监督”，不过该术语仍然适用于训练集目标可以被自动收集的情况。

5.7.1 概率监督学习

本书的大部分监督学习算法都是基于估计概率分布 $p(y \mid \boldsymbol{x})$ 的。我们可以使用最大似然估计找到对于有参分布族 $p(y \mid \boldsymbol{x};\boldsymbol{\theta})$ 最好的参数向量 $\boldsymbol{\theta}$。

我们已经看到，线性回归对应于分布族

$$p(y \mid \boldsymbol{x};\boldsymbol{\theta}) = \mathcal{N}(y;\boldsymbol{\theta}^\top \boldsymbol{x}, \boldsymbol{I}) \tag{5.80}$$

通过定义一族不同的概率分布，我们可以将线性回归扩展到分类情况中。如果我们有两个类，类 0 和类 1，那么只需要指定这两类之一的概率。类 1 的概率决定了类 0 的概率，因为这两个值加起来必须等于 1。

我们用于线性回归的实数正态分布是用均值参数化的。我们提供这个均值的任何值都是有效的。二元变量上的分布稍微复杂些，因为它的均值必须始终在 0 和 1 之间。解决这个问题的一种方法是使用 logistic sigmoid 函数将线性函数的输出压缩进区间 $(0, 1)$。该值可以解释为概率：

$$p(y = 1 \mid \boldsymbol{x};\boldsymbol{\theta}) = \sigma(\boldsymbol{\theta}^\top \boldsymbol{x}) \tag{5.81}$$

这个方法被称为**逻辑回归**(logistic regression)，这个名字有点奇怪，因为该模型用于分类而非回归。

线性回归中，我们能够通过求解正规方程以找到最佳权重。相比而言，逻辑回归会更困难些。其最佳权重没有闭解。反之，我们必须最大化对数似然来搜索最优解。我们可以通过梯度下降算法最小化负对数似然来搜索。

通过确定正确的输入和输出变量上的有参条件概率分布族，相同的策略基本上可以用于任何监督学习问题。

5.7.2 支持向量机

支持向量机(support vector machine, SVM) 是监督学习中最有影响力的方法之一 (Boser *et al.*, 1992; Cortes and Vapnik, 1995)。类似于逻辑回归，这个模型也是基于线性函数 $\boldsymbol{w}^\top \boldsymbol{x} + b$ 的。不同于逻辑回归的是，支持向量机不输出概率，只输出类别。当 $\boldsymbol{w}^\top \boldsymbol{x} + b$ 为正时，支持向量机预测属于正类。类似地，当 $\boldsymbol{w}^\top \boldsymbol{x} + b$ 为负时，支持向量机预测属于负类。

支持向量机的一个重要创新是**核技巧**(kernel trick)。核技巧观察到许多机器学习算法都可以写成样本间点积的形式。例如，支持向量机中的线性函数可以重写为

$$\boldsymbol{w}^\top \boldsymbol{x} + b = b + \sum_{i=1}^{m} \alpha_i \boldsymbol{x}^\top \boldsymbol{x}^{(i)} \tag{5.82}$$

其中，$\boldsymbol{x}^{(i)}$ 是训练样本，$\boldsymbol{\alpha}$ 是系数向量。学习算法重写为这种形式允许我们将 $\boldsymbol{x}$ 替换为特征函数 $\phi(\boldsymbol{x})$ 的输出，点积替换为被称为**核函数**(kernel function) 的函数 $k(\boldsymbol{x}, \boldsymbol{x}^{(i)}) = \phi(\boldsymbol{x}) \cdot \phi(\boldsymbol{x}^{(i)})$。运算符 $\cdot$ 表示类似于 $\phi(\boldsymbol{x})^\top \phi(\boldsymbol{x}^{(i)})$ 的点积。对于某些特征空间，我们可能不会书面地使用向量内积。在某些无限维空间中，我们需要使用其他类型的内积，如基于积分而非加和的内积。这种类型内积的完整介绍超出了本书的范围。

使用核估计替换点积之后，我们可以使用如下函数进行预测

$$f(\boldsymbol{x}) = b + \sum_{i} \alpha_i k(\boldsymbol{x}, \boldsymbol{x}^{(i)}) \tag{5.83}$$

这个函数关于 $\boldsymbol{x}$ 是非线性的，关于 $\phi(\boldsymbol{x})$ 是线性的。$\boldsymbol{\alpha}$ 和 $f(\boldsymbol{x})$ 之间的关系也是线性的。核函数完全等价于用 $\phi(\boldsymbol{x})$ 预处理所有的输入，然后在新的转换空间学习线性模型。

核技巧十分强大有两个原因：其一，它使我们能够使用保证有效收敛的凸优化技术来学习非线性模型 (关于 $\boldsymbol{x}$ 的函数)。这是可能的，因为我们可以认为 ϕ 是固定的，仅优化 α，即优化算法可以将决策函数视为不同空间中的线性函数。其二，核函数 k 的实现方法通常比直接构建 $\phi(\boldsymbol{x})$ 再算点积高效很多。

在某些情况下，$\phi(\boldsymbol{x})$ 甚至可以是无限维的，对于普通的显式方法而言，这将是无限的计算代价。在很多情况下，即使 $\phi(\boldsymbol{x})$ 是难算的，$k(\boldsymbol{x}, \boldsymbol{x}')$ 却会是一个关于 $\boldsymbol{x}$ 非线性的、易算的函数。举个无限维空间易算的核的例子，我们构建一个作用于非负整数 x 上的特征映射 $\phi(x)$。假设这个映射返回一个由开头 x 个 1，随后是无限个 0 的向量。我们可以写一个核函数 $k(x, x^{(i)}) = \min(x, x^{(i)})$，完全等价于对应的无限维点积。

最常用的核函数是**高斯核**(Gaussian kernel)，

$$k(\boldsymbol{u}, \boldsymbol{v}) = \mathcal{N}(\boldsymbol{u} - \boldsymbol{v}; \boldsymbol{0}, \sigma^2 I) \tag{5.84}$$

其中 $\mathcal{N}(x; \boldsymbol{\mu}, \boldsymbol{\Sigma})$ 是标准正态密度。这个核也被称为**径向基函数**(radial basis function，RBF) 核，因为其值沿 $\boldsymbol{v}$ 中从 $\boldsymbol{u}$ 向外辐射的方向减小。高斯核对应于无限维空间中的点积，但是该空间的推导没有整数上最小核的示例那么直观。

我们可以认为高斯核在执行一种**模板匹配**(template matching)。训练标签 y 相关的训练样本 $\boldsymbol{x}$ 变成了类别 y 的模板。当测试点 $\boldsymbol{x}'$ 到 $\boldsymbol{x}$ 的欧几里得距离很小，对应的高斯核响应很大时，表明 $\boldsymbol{x}'$ 和模板 $\boldsymbol{x}$ 非常相似。该模型进而会赋予相对应的训练标签 y 较大的权重。总的来说，预测将会组合很多这种通过训练样本相似度加权的训练标签。

支持向量机不是唯一可以使用核技巧来增强的算法。许多其他的线性模型也可以通过这种方式来增强。使用核技巧的算法类别被称为**核机器**(kernel machine) 或**核方法**(kernel method) (Williams and Rasmussen, 1996; Schölkopf *et al.*, 1999)。

核机器的一个主要缺点是计算决策函数的成本关于训练样本的数目是线性的。因为第 i 个样本贡献 $\alpha_i k(\boldsymbol{x}, \boldsymbol{x}^{(i)})$ 到决策函数。支持向量机能够通过学习主要包含零的向量 $\boldsymbol{\alpha}$，以缓和

这个缺点。那么判断新样本的类别仅需要计算非零 α_i 对应的训练样本的核函数。这些训练样本被称为**支持向量**(support vector)。

当数据集很大时，核机器的计算量也会很大。我们将会在第 5.9 节回顾这个想法。带通用核的核机器致力于泛化得更好。我们将在第 5.11 节解释原因。现代深度学习的设计旨在克服核机器的这些限制。当前深度学习的复兴始于 Hinton *et al.* (2006b) 表明神经网络能够在 MNIST 基准数据上胜过 RBF 核的支持向量机。

5.7.3　其他简单的监督学习算法

我们已经简要介绍过另一个非概率监督学习算法，最近邻回归。通常，k-最近邻是一类可用于分类或回归的技术。作为一个非参数学习算法，k-最近邻并不局限于固定数目的参数。我们通常认为 k-最近邻算法没有任何参数，而是使用训练数据的简单函数。事实上，它甚至也没有一个真正的训练阶段或学习过程。反之，在测试阶段我们希望在新的测试输入 $\boldsymbol{x}$ 上产生 y，我们需要在训练数据 $\boldsymbol{X}$ 上找到 $\boldsymbol{x}$ 的 k-最近邻。然后返回训练集上对应的 y 值的平均值。这几乎适用于任何类型可以确定 y 值平均值的监督学习。在分类情况中，我们可以关于 one-hot 编码向量 $\boldsymbol{c}$ 求平均，其中 $c_y = 1$，其他的 i 值取 $c_i = 0$。然后，我们可以解释这些 one-hot 编码的均值为类别的概率分布。作为一个非参数学习算法，k-近邻能达到非常高的容量。例如，假设我们有一个用 0-1 误差度量性能的多分类任务。在此设定中，当训练样本数目趋向于无穷大时，1- 最近邻收敛到两倍贝叶斯误差。超出贝叶斯误差的原因是它会随机从等距离的临近点中随机挑一个。而存在无限的训练数据时，所有测试点 $\boldsymbol{x}$ 周围距离为零的邻近点有无限多个。如果我们使用所有这些临近点投票的决策方式，而不是随机挑选一个，那么该过程将会收敛到贝叶斯错误率。k-最近邻的高容量使其在训练样本数目大时能够获取较高的精度。然而，它的计算成本很高，另外在训练集较小时泛化能力很差。k-最近邻的一个弱点是它不能学习出哪一个特征比其他更具识别力。例如，假设我们要处理一个回归任务，其中 $\boldsymbol{x} \in \mathbb{R}^{100}$ 是从各向同性的高斯分布中抽取的，但是只有一个变量 x_1 和结果相关。进一步假设该特征直接决定了输出，即在所有情况中 $y = x_1$。最近邻回归不能检测到这个简单模式。大多数点 $\boldsymbol{x}$ 的最近邻将取决于 x_2 到 x_{100} 的大多数特征，而不是单独取决于特征 x_1。因此，小训练集上的输出将会非常随机。

决策树(decision tree) 及其变种是另一类将输入空间分成不同的区域，每个区域有独立参数的算法 (Breiman *et al.*, 1984)。如图 5.7 所示，决策树的每个节点都与输入空间的一个区域相关联，并且内部节点继续将区域分成子节点下的子区域 (通常使用坐标轴拆分区域)。空间由此细分成不重叠的区域，叶节点和输入区域之间形成一一对应的关系。每个叶结点将其输入区域的每个点映射到相同的输出。决策树通常有特定的训练算法，超出了本书的范围。如果允许学习任意大小的决策树，那么它可以被视作非参数算法。然而实践中通常有大小限制，作为正则化项将其转变成有参模型。由于决策树通常使用坐标轴相关的拆分，并且每个子节点关联到常数输出，因此有时解决一些对于逻辑回归很简单的问题很费力。例如，假设有一个二分类问题，当 $x_2 > x_1$ 时分为正类，则决策树的分界不是坐标轴对齐的。因此，决策树将需要许多节点近似决策边界，坐标轴对齐使其算法步骤不断地来回穿梭于真正的决策函数。

正如我们已经看到的，最近邻预测和决策树都有很多的局限性。尽管如此，在计算资源受限制时，它们都是很有用的学习算法。通过思考复杂算法和 k-最近邻或决策树之间的相似性和差异，我们可以建立对更复杂学习算法的直觉。

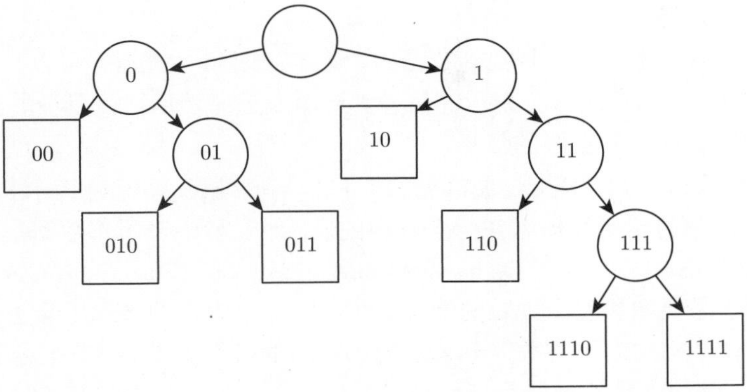

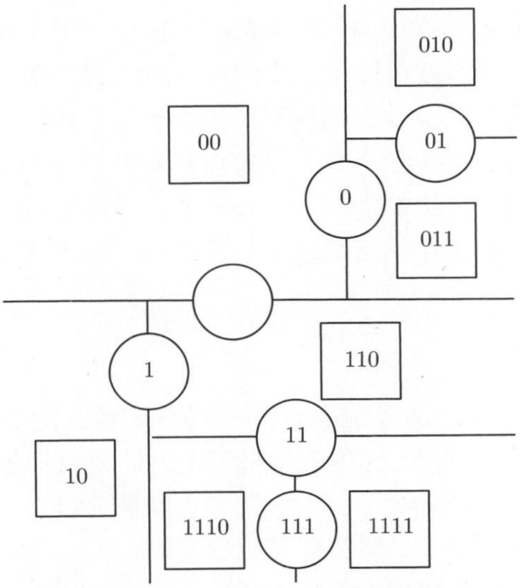

图 5.7 描述一个决策树如何工作的示意图。(上) 树中每个节点都选择将输入样本送到左子节点 (0) 或者右子节点 (1)。内部的节点用圆圈表示，叶节点用方块表示。每一个节点可以用一个二值的字符串识别并对应树中的位置，这个字符串是通过给起父亲节点的字符串添加一个位元来实现的 (0 表示选择左或者上，1 表示选择右或者下)。(下) 这个树将空间分为区域。这个二维平面说明决策树可以分割 $\mathbb{R}^2$。这个平面中画出了树的节点，每个内部点穿过分割线并用来给样本分类，叶节点画在样本所属区域的中心。结果是一个分块常数函数，每一个叶节点一个区域。每个叶需要至少一个训练样本来定义，所以决策树不可能用来学习一个局部极大值比训练样本数量还多的函数

读者可以参考 Murphy (2012); Bishop (2006); Hastie *et al.* (2001) 或其他机器学习教科书了解更多的传统监督学习算法。

5.8 无监督学习算法

回顾第 5.1.3 节，无监督算法只处理“特征”，不操作监督信号。监督和无监督算法之间的区别没有规范严格的定义，因为没有客观的判断来区分监督者提供的值是特征还是目标。通俗地说，无监督学习的大多数尝试是指从不需要人为注释的样本的分布中抽取信息。该术语通常与密度估计相关，学习从分布中采样、学习从分布中去噪、寻找数据分布的流形或是将

数据中相关的样本聚类。

一个经典的无监督学习任务是找到数据的“最佳”表示。“最佳”可以是不同的表示，但是一般来说，是指该表示在比本身表示的信息更简单或更易访问而受到一些惩罚或限制的情况下，尽可能地保存关于 $\boldsymbol{x}$ 更多的信息。

有很多方式定义较简单的表示。最常见的 3 种包括低维表示、稀疏表示和独立表示。低维表示尝试将 $\boldsymbol{x}$ 中的信息尽可能压缩在一个较小的表示中。稀疏表示将数据集嵌入到输入项大多数为零的表示中 (Barlow, 1989; Olshausen and Field, 1996; Hinton and Ghahramani, 1997)。稀疏表示通常用于需要增加表示维数的情况，使得大部分为零的表示不会丢失很多信息。这会使得表示的整体结构倾向于将数据分布在表示空间的坐标轴上。独立表示试图分开数据分布中变化的来源，使得表示的维度是统计独立的。

当然，这 3 个标准并非相互排斥的。低维表示通常会产生比原始的高维数据具有较少或较弱依赖关系的元素。这是因为减少表示大小的一种方式是找到并消除冗余。识别并去除更多的冗余使得降维算法在丢失更少信息的同时显现更大的压缩。

表示的概念是深度学习核心主题之一，因此也是本书的核心主题之一。本节会介绍表示学习算法中的一些简单示例。总的来说，这些示例算法会说明如何实施上面的 3 个标准。剩余的大部分章节会介绍额外的表示学习算法，它们以不同方式处理这 3 个标准或是引入其他标准。

5.8.1 主成分分析

在第 2.12 节中，我们看到 PCA 算法提供了一种压缩数据的方式。我们也可以将 PCA 视为学习数据表示的无监督学习算法。这种表示基于上述简单表示的两个标准。PCA 学习一种比原始输入维数更低的表示。它也学习了一种元素之间彼此没有线性相关的表示。这是学习表示中元素统计独立标准的第一步。要实现完全独立性，表示学习算法也必须去掉变量间的非线性关系。

如图 5.8 所示，PCA 将输入 $\boldsymbol{x}$ 投影表示成 $\boldsymbol{z}$，学习数据的正交线性变换。在第 2.12 节中，我们看到了如何学习重建原始数据的最佳一维表示 (就均方误差而言)，这种表示其实对应着数据的第一个主要成分。因此，我们可以用 PCA 作为保留数据尽可能多信息的降维方法 (再次就最小重构误差平方而言)。在下文中，我们将研究 PCA 表示如何使原始数据表示 $\boldsymbol{X}$ 去相关的。

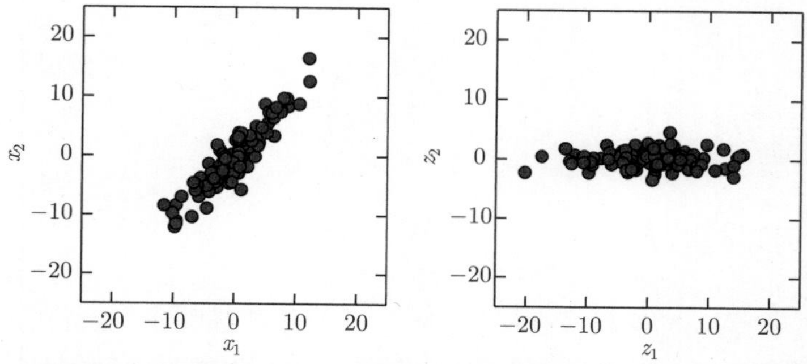

图 5.8 PCA 学习一种线性投影，使最大方差的方向和新空间的轴对齐。(左) 原始数据包含了 $\boldsymbol{x}$ 的样本。在这个空间中，方差的方向与轴的方向并不是对齐的。(右) 变换过的数据 $\boldsymbol{z} = \boldsymbol{x}^\top \boldsymbol{W}$ 在轴 z_1 的方向上有最大的变化。第二大变化方差的方向沿着轴 z_2

假设有一个 $m \times n$ 的设计矩阵 $\boldsymbol{X}$，数据的均值为零，$\mathbb{E}[\boldsymbol{x}] = 0$。若非如此，通过预处理步骤使所有样本减去均值，数据可以很容易地中心化。

$\boldsymbol{X}$ 对应的无偏样本协方差矩阵给定如下

$$\operatorname{Var}[\boldsymbol{x}] = \frac{1}{m-1}\boldsymbol{X}^\top \boldsymbol{X} \tag{5.85}$$

PCA 通过线性变换找到一个 $\operatorname{Var}[\boldsymbol{z}]$ 是对角矩阵的表示 $\boldsymbol{z} = \boldsymbol{W}^\top \boldsymbol{x}$。

在第 2.12 节，我们已知设计矩阵 $\boldsymbol{X}$ 的主成分由 $\boldsymbol{X}^\top \boldsymbol{X}$ 的特征向量给定。从这个角度，我们有

$$\boldsymbol{X}^\top \boldsymbol{X} = \boldsymbol{W} \boldsymbol{\Lambda} \boldsymbol{W}^\top \tag{5.86}$$

本节中，我们会探索主成分的另一种推导。主成分也可以通过奇异值分解 (SVD) 得到。具体来说，它们是 $\boldsymbol{X}$ 的右奇异向量。为了说明这点，假设 $\boldsymbol{W}$ 是奇异值分解 $\boldsymbol{X} = \boldsymbol{U}\boldsymbol{\Sigma}\boldsymbol{W}^\top$ 的右奇异向量。以 $\boldsymbol{W}$ 作为特征向量基，我们可以得到原来的特征向量方程：

$$\boldsymbol{X}^\top \boldsymbol{X} = \left(\boldsymbol{U}\boldsymbol{\Sigma}\boldsymbol{W}^\top\right)^\top \boldsymbol{U}\boldsymbol{\Sigma}\boldsymbol{W}^\top = \boldsymbol{W}\boldsymbol{\Sigma}^2\boldsymbol{W}^\top \tag{5.87}$$

SVD 有助于说明 PCA 后的 $\operatorname{Var}[\boldsymbol{z}]$ 是对角的。使用 $\boldsymbol{X}$ 的 SVD 分解，$\boldsymbol{X}$ 的方差可以表示为

$$\operatorname{Var}[\boldsymbol{x}] = \frac{1}{m-1}\boldsymbol{X}^\top \boldsymbol{X} \tag{5.88}$$

$$= \frac{1}{m-1}\left(\boldsymbol{U}\boldsymbol{\Sigma}\boldsymbol{W}^\top\right)^\top \boldsymbol{U}\boldsymbol{\Sigma}\boldsymbol{W}^\top \tag{5.89}$$

$$= \frac{1}{m-1}\boldsymbol{W}\boldsymbol{\Sigma}^\top\boldsymbol{U}^\top\boldsymbol{U}\boldsymbol{\Sigma}\boldsymbol{W}^\top \tag{5.90}$$

$$= \frac{1}{m-1}\boldsymbol{W}\boldsymbol{\Sigma}^2\boldsymbol{W}^\top \tag{5.91}$$

其中，我们使用 $\boldsymbol{U}^\top\boldsymbol{U} = \boldsymbol{I}$，因为根据奇异值的定义矩阵 $\boldsymbol{U}$ 是正交的。这表明 $\boldsymbol{z}$ 的协方差满足对角的要求：

$$\operatorname{Var}[\boldsymbol{z}] = \frac{1}{m-1}\boldsymbol{Z}^\top\boldsymbol{Z} \tag{5.92}$$

$$= \frac{1}{m-1}\boldsymbol{W}^\top\boldsymbol{X}^\top\boldsymbol{X}\boldsymbol{W} \tag{5.93}$$

$$= \frac{1}{m-1}\boldsymbol{W}^\top\boldsymbol{W}\boldsymbol{\Sigma}^2\boldsymbol{W}^\top\boldsymbol{W} \tag{5.94}$$

$$= \frac{1}{m-1}\boldsymbol{\Sigma}^2 \tag{5.95}$$

其中，再次使用 SVD 的定义有 $\boldsymbol{W}^\top\boldsymbol{W} = \boldsymbol{I}$。

以上分析指明当我们通过线性变换 $\boldsymbol{W}$ 将数据 $\boldsymbol{x}$ 投影到 $\boldsymbol{z}$ 时，得到的数据表示的协方差矩阵是对角的 (即 $\boldsymbol{\Sigma}^2$)，立刻可得 $\boldsymbol{z}$ 中的元素是彼此无关的。

PCA 这种将数据变换为元素之间彼此不相关表示的能力是 PCA 的一个重要性质。它是消除数据中未知变化因素的简单表示示例。在 PCA 中，这个消除是通过寻找输入空间的一个旋转 (由 $\boldsymbol{W}$ 确定)，使得方差的主坐标和 $\boldsymbol{z}$ 相关的新表示空间的基对齐。

虽然相关性是数据元素间依赖关系的一个重要范畴，但我们对于能够消除更复杂形式的特征依赖的表示学习也很感兴趣。对此，我们需要比简单线性变换更强的工具。

5.8.2 k-均值聚类

另外一个简单的表示学习算法是 k-均值聚类。k-均值聚类算法将训练集分成 k 个靠近彼此的不同样本聚类。因此我们可以认为该算法提供了 k-维的 one-hot 编码向量 $\boldsymbol{h}$ 以表示输入 $\boldsymbol{x}$。当 $\boldsymbol{x}$ 属于聚类 i 时，有 $h_i = 1$，$\boldsymbol{h}$ 的其他项为零。

k-均值聚类提供的 one-hot 编码也是一种稀疏表示，因为每个输入的表示中大部分元素为零。之后，我们会介绍能够学习更灵活的稀疏表示的一些其他算法 (表示中每个输入 $\boldsymbol{x}$ 不只一个非零项)。one-hot 编码是稀疏表示的一个极端示例，丢失了很多分布式表示的优点。one-hot 编码仍然有一些统计优点 (自然地传达了相同聚类中的样本彼此相似的观点)，也具有计算上的优势，因为整个表示可以用一个单独的整数表示。

k-均值聚类初始化 k 个不同的中心点 $\{\boldsymbol{\mu}^{(1)}, \cdots, \boldsymbol{\mu}^{(k)}\}$，然后迭代交换两个不同的步骤直到收敛。步骤一，每个训练样本分配到最近的中心点 $\boldsymbol{\mu}^{(i)}$ 所代表的聚类 i。步骤二，每一个中心点 $\boldsymbol{\mu}^{(i)}$ 更新为聚类 i 中所有训练样本 $\boldsymbol{x}^{(j)}$ 的均值。

关于聚类的一个问题是，聚类问题本身是病态的。这是说没有单一的标准去度量聚类的数据在真实世界中效果如何。我们可以度量聚类的性质，例如类中元素到类中心点的欧几里得距离的均值。这使我们可以判断从聚类分配中重建训练数据的效果如何。然而我们不知道聚类的性质是否很好地对应到真实世界的性质。此外，可能有许多不同的聚类都能很好地对应到现实世界的某些属性。我们可能希望找到和一个特征相关的聚类，但是得到了一个和任务无关的，同样是合理的不同聚类。例如，假设我们在包含红色卡车图片、红色汽车图片、灰色卡车图片和灰色汽车图片的数据集上运行两个聚类算法。如果每个聚类算法聚两类，那么可能一个算法将汽车和卡车各聚一类，另一个根据红色和灰色各聚一类。假设我们还运行了第 3 个聚类算法，用来决定类别的数目。这有可能聚成了 4 类，红色卡车、红色汽车、灰色卡车和灰色汽车。现在这个新的聚类至少抓住了属性的信息，但是丢失了相似性信息。红色汽车和灰色汽车在不同的类中，正如红色汽车和灰色卡车也在不同的类中。该聚类算法没有告诉我们灰色汽车和红色汽车的相似度比灰色卡车和红色汽车的相似度更高。我们只知道它们是不同的。

这些问题说明了一些我们可能更偏好于分布式表示 (相对于 one-hot 表示而言) 的原因。分布式表示可以对每个车辆赋予两个属性 —— 一个表示它的颜色，一个表示它是汽车还是卡车。目前仍然不清楚什么是最优的分布式表示 (学习算法如何知道我们关心的两个属性是颜色和是否汽车或卡车，而不是制造商和车龄？)，但是多个属性减少了算法去猜我们关心哪一个属性的负担，允许我们通过比较很多属性而非测试一个单一属性来细粒度地度量相似性。

5.9 随机梯度下降

几乎所有的深度学习算法都用到了一个非常重要的算法：**随机梯度下降**(stochastic gradient descent, SGD)。随机梯度下降是第 4.3 节介绍的梯度下降算法的一个扩展。

机器学习中反复出现的一个问题是好的泛化需要大的训练集，但大的训练集的计算代价也更大。

机器学习算法中的代价函数通常可以分解成每个样本的代价函数的总和。例如，训练数据的负条件对数似然可以写成

$$J(\boldsymbol{\theta}) = \mathbb{E}_{\mathbf{x},\mathrm{y}\sim\hat{p}_{\text{data}}} L(\boldsymbol{x}, y, \boldsymbol{\theta}) = \frac{1}{m}\sum_{i=1}^{m} L(\boldsymbol{x}^{(i)}, y^{(i)}, \boldsymbol{\theta}) \tag{5.96}$$

其中 L 是每个样本的损失 $L(\boldsymbol{x}, y, \boldsymbol{\theta}) = -\log p(y \mid \boldsymbol{x}; \boldsymbol{\theta})$。

对于这些相加的代价函数，梯度下降需要计算

$$\nabla_{\boldsymbol{\theta}} J(\boldsymbol{\theta}) = \frac{1}{m}\sum_{i=1}^{m} \nabla_{\boldsymbol{\theta}} L(\boldsymbol{x}^{(i)}, y^{(i)}, \boldsymbol{\theta}) \tag{5.97}$$

这个运算的计算代价是 $O(m)$。随着训练集规模增长为数十亿的样本，计算一步梯度也会消耗相当长的时间。

随机梯度下降的核心是，梯度是期望。期望可使用小规模的样本近似估计。具体而言，在算法的每一步，我们从训练集中均匀抽出一**小批量**(minibatch) 样本 $\mathbb{B} = \{\boldsymbol{x}^{(1)}, \cdots, \boldsymbol{x}^{(m')}\}$。小批量的数目 m' 通常是一个相对较小的数，从一到几百。重要的是，当训练集大小 m 增长时，m' 通常是固定的。我们可能在拟合几十亿的样本时，每次更新计算只用到几百个样本。

梯度的估计可以表示成

$$\boldsymbol{g} = \frac{1}{m'}\nabla_{\boldsymbol{\theta}} \sum_{i=1}^{m'} L(\boldsymbol{x}^{(i)}, y^{(i)}, \boldsymbol{\theta}) \tag{5.98}$$

使用来自小批量 $\mathbb{B}$ 的样本。然后，随机梯度下降算法使用如下的梯度下降估计：

$$\boldsymbol{\theta} \leftarrow \boldsymbol{\theta} - \epsilon \boldsymbol{g} \tag{5.99}$$

其中，ϵ 是学习率。

梯度下降往往被认为很慢或不可靠。以前，将梯度下降应用到非凸优化问题被认为很鲁莽或没有原则。现在，我们知道梯度下降用于本书第 2 部分中的训练时效果不错。优化算法不一定能保证在合理的时间内达到一个局部最小值，但它通常能及时地找到代价函数一个很小的值，并且是有用的。

随机梯度下降在深度学习之外有很多重要的应用。它是在大规模数据上训练大型线性模型的主要方法。对于固定大小的模型，每一步随机梯度下降更新的计算量不取决于训练集的大小 m。在实践中，当训练集大小增长时，我们通常会使用一个更大的模型，但这并非是必需的。达到收敛所需的更新次数通常会随训练集规模增大而增加。然而，当 m 趋向于无穷大时，该模型最终会在随机梯度下降抽样完训练集上的所有样本之前收敛到可能的最优测试误差。继续增加 m 不会延长达到模型可能的最优测试误差的时间。从这点来看，我们可以认为用 SGD 训练模型的渐近代价是关于 m 的函数的 $O(1)$ 级别。

在深度学习兴起之前，学习非线性模型的主要方法是结合核技巧的线性模型。很多核学习算法需要构建一个 $m \times m$ 的矩阵 $G_{i,j} = k(\boldsymbol{x}^{(i)}, \boldsymbol{x}^{(j)})$。构建这个矩阵的计算量是 $O(m^2)$。当数据集是几十亿个样本时，这个计算量是不能接受的。在学术界，深度学习从 2006 年开始受到关注的原因是，在数以万计样本的中等规模数据集上，深度学习在新样本上比当时很多热门算法泛化得更好。不久后，深度学习在工业界受到了更多的关注，因为其提供了一种训练大数据集上的非线性模型的可扩展方式。

我们将会在第 8 章继续探讨随机梯度下降及其很多改进方法。

5.10　构建机器学习算法

几乎所有的深度学习算法都可以被描述为一个相当简单的配方：特定的数据集、代价函数、优化过程和模型。

例如，线性回归算法由以下部分组成：$\boldsymbol{X}$ 和 $\boldsymbol{y}$ 构成的数据集，代价函数

$$J(\boldsymbol{w}, b) = -\mathbb{E}_{\mathbf{x},\mathrm{y}\sim\hat{p}_{\text{data}}} \log p_{\text{model}}(y \mid \boldsymbol{x}) \tag{5.100}$$

模型是 $p_{\text{model}}(y \mid \boldsymbol{x}) = \mathcal{N}(y; \boldsymbol{x}^\top \boldsymbol{w} + b, 1)$，在大多数情况下，优化算法可以定义为求解代价函数梯度为零的正规方程。

意识到可以替换独立于其他组件的大多数组件，因此我们能得到很多不同的算法。

通常代价函数至少含有一项使学习过程进行统计估计的成分。最常见的代价函数是负对数似然，最小化代价函数导致的最大似然估计。

代价函数也可能含有附加项，如正则化项。例如，我们可以将权重衰减加到线性回归的代价函数中

$$J(\boldsymbol{w}, b) = \lambda \|\boldsymbol{w}\|_2^2 - \mathbb{E}_{\mathbf{x},\mathrm{y}\sim\hat{p}_{\text{data}}} \log p_{\text{model}}(y \mid \boldsymbol{x}) \tag{5.101}$$

该优化仍然有闭解。

如果我们将该模型变成非线性的，那么大多数代价函数不再能通过闭解优化。这就要求我们选择一个迭代数值优化过程，如梯度下降等。

组合模型、代价和优化算法来构建学习算法的配方同时适用于监督学习和无监督学习。线性回归示例说明了如何适用于监督学习的。无监督学习时，我们需要定义一个只包含 $\boldsymbol{X}$ 的数据集、一个合适的无监督代价和一个模型。例如，通过指定如下损失函数可以得到 PCA 的第一个主向量

$$J(\boldsymbol{w}) = \mathbb{E}_{\mathbf{x}\sim\hat{p}_{\text{data}}} \|\boldsymbol{x} - r(\boldsymbol{x}; \boldsymbol{w})\|_2^2 \tag{5.102}$$

模型定义为重构函数 $r(\boldsymbol{x}) = \boldsymbol{w}^\top \boldsymbol{x}\, \boldsymbol{w}$，并且 $\boldsymbol{w}$ 有范数为 1 的限制。

在某些情况下，由于计算原因，我们不能实际计算代价函数。在这种情况下，只要有近似其梯度的方法，那么我们仍然可以使用迭代数值优化近似最小化目标。

尽管有时候不明显，但大多数学习算法都用到了上述配方。如果一个机器学习算法看上去特别独特或是手动设计的，那么通常需要使用特殊的优化方法进行求解。有些模型，如决策树或 k-均值，需要特殊的优化，因为它们的代价函数有平坦的区域，使其不适合通过基于梯度的优化去最小化。在认识到大部分机器学习算法可以使用上述配方描述之后，我们可以将不同算法视为出于相同原因解决相关问题的一类方法，而不是一长串各个不同的算法。

5.11　促使深度学习发展的挑战

本章描述的简单机器学习算法在很多不同的重要问题上效果都良好，但是它们不能成功解决人工智能中的核心问题，如语音识别或者对象识别。

促使深度学习发展的一部分原因是传统学习算法在这类人工智能问题上泛化能力不足。

本节介绍为何处理高维数据时在新样本上泛化特别困难，以及为何在传统机器学习中实现泛化的机制不适合学习高维空间中复杂的函数。这些空间经常涉及巨大的计算代价，深度学习旨在克服这些以及其他一些难题。

5.11.1 维数灾难

当数据的维数很高时，很多机器学习问题变得相当困难。这种现象被称为**维数灾难**(curse of dimensionality)。特别值得注意的是，一组变量不同的可能配置数量会随着变量数目的增加而指数级增长。

维数灾难发生在计算机科学的许多地方，在机器学习中尤其如此。

由维数灾难带来的一个挑战是统计挑战。如图 5.9 所示，统计挑战产生于 $\boldsymbol{x}$ 的可能配置数目远大于训练样本的数目。为了充分理解这个问题，我们假设输入空间如图所示被分成网格。低维时，我们可以用由数据占据的少量网格去描述这个空间。泛化到新数据点时，通过检测和新输入在相同网格中的训练样本，我们可以判断如何处理新数据点。例如，如果要估计某点 $\boldsymbol{x}$ 处的概率密度，我们可以返回 $\boldsymbol{x}$ 处单位体积内训练样本的数目除以训练样本的总数。如果希望对一个样本进行分类，我们可以返回相同网格中训练样本最多的类别。如果是做回归分析，我们可以平均该网格中样本对应的目标值。但是，如果该网格中没有样本，该怎么办呢？因为在高维空间中参数配置数目远大于样本数目，大部分配置没有相关的样本。我们如何能在这些新配置中找到一些有意义的东西呢？许多传统机器学习算法只是简单地假设在一个新点的输出应大致和最接近的训练点的输出相同。

图 5.9 当数据的相关维度增大时 (从左向右)，我们感兴趣的配置数目会随之指数级增长。(*左*) 在这个一维的例子中，我们用一个变量来区分所感兴趣的仅仅 10 个区域。当每个区域都有足够的样本数时 (图中每个样本对应了一个细胞)，学习算法能够轻易地泛化得很好。泛化的一个直接方法是估计目标函数在每个区域的值 (可能是在相邻区域之间插值)。(*中*) 在二维情况下，对每个变量区分 10 个不同的值更加困难。我们需要追踪 $10 \times 10 = 100$ 个区域，至少需要很多样本来覆盖所有的区域。(*右*) 三维情况下，区域数量增加到了 $10^3 = 1000$，至少需要那么多的样本。对于需要区分的 d 维以及 v 个值来说，我们需要 $O(v^d)$ 个区域和样本。这就是维数灾难的一个示例。感谢由 Nicolas Chapados 提供的图片

5.11.2 局部不变性和平滑正则化

为了更好地泛化，机器学习算法需要由先验信念引导应该学习什么类型的函数。此前，我们已经看到过由模型参数的概率分布形成的先验。通俗地讲，我们也可以说先验信念直接影响函数本身，而仅仅通过它们对函数的影响来间接改变参数。此外，我们还能通俗地说，先验信念还间接地体现在选择一些偏好某类函数的算法，尽管这些偏好并没有通过我们对不同函数置信程度的概率分布表现出来 (也许根本没法表现)。

其中使用最广泛的隐式“先验”是**平滑先验**(smoothness prior)，或**局部不变性先验**(local constancy prior)。这个先验表明我们学习的函数不应在小区域内发生很大的变化。

许多简单算法完全依赖于此先验达到良好的泛化，其结果是不能推广去解决人工智能级别任务中的统计挑战。本书中，我们将介绍深度学习如何引入额外的 (显式或隐式的) 先验去

降低复杂任务中的泛化误差。这里，我们解释为什么仅依靠平滑先验不足以应对这类任务。

有许多不同的方法来显式或隐式地表示学习函数应该具有光滑或局部不变的先验。所有这些不同的方法都旨在鼓励学习过程能够学习出函数 f^*，对于大多数设置 $\boldsymbol{x}$ 和小变动 ϵ，都满足条件

$$f^*(\boldsymbol{x}) \approx f^*(\boldsymbol{x} + \epsilon) \tag{5.103}$$

换言之，如果我们知道对应输入 $\boldsymbol{x}$ 的答案 (例如，$\boldsymbol{x}$ 是个有标签的训练样本)，那么该答案对于 $\boldsymbol{x}$ 的邻域应该也适用。如果在有些邻域中我们有几个好答案，那么我们可以组合它们 (通过某种形式的平均或插值法) 以产生一个尽可能和大多数输入一致的答案。

局部不变方法的一个极端例子是 k-最近邻系列的学习算法。当一个区域里的所有点 $\boldsymbol{x}$ 在训练集中的 k 个最近邻是一样的，那么对这些点的预测也是一样的。当 $k=1$ 时，不同区域的数目不会比训练样本还多。

虽然 k-最近邻算法复制了附近训练样本的输出，大部分核机器也是在和附近训练样本相关的训练集输出上插值。一类重要的核函数是**局部核**(local kernel)，其核函数 $k(\boldsymbol{u}, \boldsymbol{v})$ 在 $\boldsymbol{u} = \boldsymbol{v}$ 时很大，当 $\boldsymbol{u}$ 和 $\boldsymbol{v}$ 距离拉大时而减小。局部核可以看作执行模板匹配的相似函数，用于度量测试样本 $\boldsymbol{x}$ 和每个训练样本 $\boldsymbol{x}^{(i)}$ 有多么相似。近年来深度学习的很多推动力源自研究局部模板匹配的局限性，以及深度学习如何克服这些局限性 (Bengio *et al.*, 2006a)。

决策树也有平滑学习的局限性，因为它将输入空间分成和叶节点一样多的区间，并在每个区间使用单独的参数 (或者有些决策树的拓展有多个参数)。如果目标函数需要至少拥有 n 个叶节点的树才能精确表示，那么至少需要 n 个训练样本去拟合。需要几倍于 n 的样本去达到预测输出上的某种统计置信度。

总的来说，区分输入空间中 $O(k)$ 个区间，所有的这些方法需要 $O(k)$ 个样本。通常会有 $O(k)$ 个参数，$O(1)$ 参数对应于 $O(k)$ 区间之一。最近邻算法中，每个训练样本至多用于定义一个区间，如图 5.10 所示。

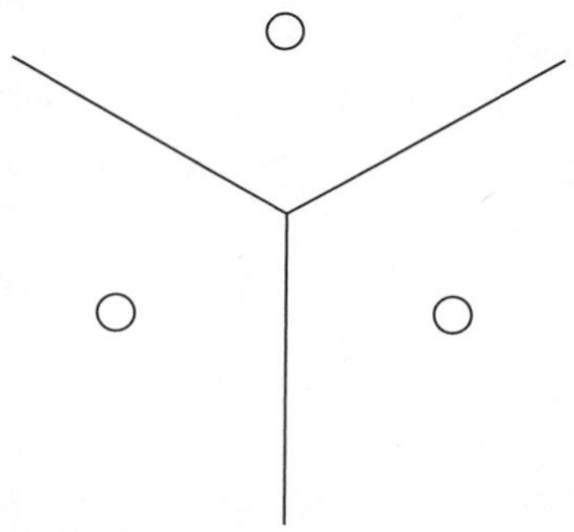

图 5.10 最近邻算法如何划分输入空间的示例。每个区域内的一个样本 (这里用圆圈表示) 定义了区域边界 (这里用线表示)。每个样本相关的 y 值定义了对应区域内所有数据点的输出。由最近邻定义并且匹配几何模式的区域被称为 Voronoi 图。这些连续区域的数量不会比训练样本的数量增加得更快。尽管此图具体说明了最近邻算法的效果，其他的单纯依赖局部光滑先验的机器学习算法也表现出了类似的泛化能力：每个训练样本仅仅能告诉学习者如何在其周围的相邻区域泛化

有没有什么方法能表示区间数目比训练样本数目还多的复杂函数？显然，只是假设函数的平滑性不能做到这点。例如，想象目标函数作用在西洋跳棋盘上。棋盘包含许多变化，但只有一个简单的结构。想象一下，如果训练样本数目远小于棋盘上的黑白方块数目，那么会发

生什么。基于局部泛化和平滑性或局部不变性先验，如果新点和某个训练样本位于相同的棋盘方块中，那么我们能够保证正确地预测新点的颜色。但如果新点所在的方块没有训练样本，学习器不一定能举一反三。如果仅依靠这个先验，一个样本只能告诉我们它所在的方块的颜色。获得整个棋盘颜色的唯一方法是其上的每个方块至少要有一个样本。

只要在要学习的真实函数的峰值和谷值处有足够多的样本，那么平滑性假设和相关的无参数学习算法的效果都非常好。当要学习的函数足够平滑，并且只在少数几维变化时，这样做一般没问题。在高维空间中，即使是非常平滑的函数，也会在不同维度上有不同的变化方式。如果函数在不同的区间中表现不一样，那么就非常难用一组训练样本去刻画函数。如果函数是复杂的 (我们想区分多于训练样本数目的大量区间)，有希望很好地泛化么？

这些问题，即是否可以有效地表示复杂的函数以及所估计的函数是否可以很好地泛化到新的输入，答案是有的。关键观点是，只要我们通过额外假设生成数据的分布来建立区域间的依赖关系，那么 $O(k)$ 个样本足以描述多如 $O(2^k)$ 的大量区间。通过这种方式，我们确实能做到非局部的泛化 (Bengio and Monperrus, 2005; Bengio *et al.*, 2006b)。为了利用这些优势，许多不同的深度学习算法都提出了一些适用于多种 AI 任务的隐式或显式的假设。

一些其他的机器学习方法往往会提出更强的、针对特定问题的假设。例如，假设目标函数是周期性的，我们很容易解决棋盘问题。通常，神经网络不会包含这些很强的 (针对特定任务的) 假设，因此神经网络可以泛化到更广泛的各种结构中。人工智能任务的结构非常复杂，很难限制到简单的、人工手动指定的性质，如周期性，因此我们希望学习算法具有更通用的假设。深度学习的核心思想是假设数据由*因素或特征组合产生*，这些因素或特征可能来自一个层次结构的多个层级。许多其他类似的通用假设进一步提高了深度学习算法。这些很温和的假设允许了样本数目和可区分区间数目之间的指数增益。这类指数增益将在第 6.4.1 节、第 15.4 节和第 15.5 节中更详尽地介绍。深度的分布式表示带来的指数增益有效地解决了维数灾难带来的挑战。

5.11.3 流形学习

流形是一个机器学习中很多想法内在的重要概念。

流形(manifold) 指连接在一起的区域。数学上，它是指一组点，且每个点都有其邻域。给定一个任意的点，其流形局部看起来像是欧几里得空间。日常生活中，我们将地球视为二维平面，但实际上它是三维空间中的球状流形。

每个点周围邻域的定义暗示着存在变换能够从一个位置移动到其邻域位置。例如在地球表面这个流形中，我们可以朝东南西北走。

尽管术语“流形”有正式的数学定义，但是机器学习倾向于更松散地定义一组点，只需要考虑少数嵌入在高维空间中的自由度或维数就能很好地近似。每一维都对应着局部的变化方向。如图 5.11 所示，训练数据位于二维空间中的一维流形中。在机器学习中，我们允许流形的维数从一个点到另一个点有所变化。这经常发生于流形和自身相交的情况中。例如，数字“8”形状的流形在大多数位置只有一维，但在中心的相交处有两维。

如果我们希望机器学习算法学习整个 $\mathbb{R}^n$ 上有趣变化的函数，那么很多机器学习问题看上去都是无望的。**流形学习**(manifold learning) 算法通过一个假设来克服这个障碍，该假设认为 $\mathbb{R}^n$ 中大部分区域都是无效的输入，有意义的输入只分布在包含少量数据点的子集构成的一组流形中，而学习函数的输出中，有意义的变化都沿着流形的方向或仅发生在我们切换到另一流形时。流形学习最初用于连续数值和无监督学习的环境，尽管这个概率集中的想法也能够泛化到离散数据和监督学习的设定下：关键假设仍然是概率质量高度集中。

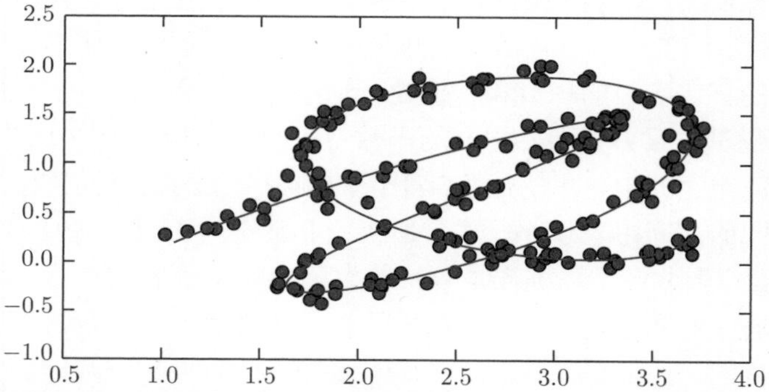

图 5.11 从一个二维空间的分布中抽取的数据样本，这些样本实际上聚集在一维流形附近，像一个缠绕的带子。实线代表学习器应该推断的隐式流形

数据位于低维流形的假设并不总是对的或者有用的。我们认为在人工智能的一些场景中，如涉及处理图像、声音或者文本时，流形假设至少是近似对的。这个假设的支持证据包含两类观察结果。

第一个支持**流形假设**(manifold hypothesis) 的观察是现实生活中的图像、文本、声音的概率分布都是高度集中的。均匀的噪声从来不会与这类领域的结构化输入类似。图 5.12 显示

图 5.12 随机地均匀抽取图像 (根据均匀分布随机地选择每一个像素) 会得到噪声图像。尽管在人工智能应用中以这种方式生成一个脸或者其他物体的图像是非零概率的，但是实际上我们从来没有观察到这种现象。这也意味着人工智能应用中遇到的图像在所有图像空间中的占比可以是忽略不计的

均匀采样的点看上去像是没有信号时模拟电视上的静态模式。同样，如果我们均匀地随机抽取字母来生成文件，能有多大的概率得到一个有意义的英语文档？几乎是零。因为大部分字母长序列不对应着自然语言序列：自然语言序列的分布只占了字母序列的总空间里非常小的一部分。

当然，集中的概率分布不足以说明数据位于一个相当小的流形中。我们还必须确保，所遇到的样本和其他样本相互连接，每个样本被其他高度相似的样本包围，而这些高度相似的样本可以通过变换来遍历该流形得到。支持流形假设的第二个论点是，我们至少能够非正式地想象这些邻域和变换。在图像中，我们当然会认为有很多可能的变换仍然允许我们描绘出图片空间的流形：我们可以逐渐变暗或变亮光泽、逐步移动或旋转图中对象、逐渐改变对象表面的颜色等。在大多数应用中很有可能会涉及多个流形。例如，人脸图像的流形不太可能连接到猫脸图像的流形。

这些支持流形假设的思维实验传递了一些支持它的直观理由。更严格的实验 (Cayton, 2005; Narayanan and Mitter, 2010; Schölkopf *et al.*, 1998a; Roweis and Saul, 2000; Tenenbaum *et al.*, 2000; Brand, 2003a; Belkin and Niyogi, 2003b; Donoho and Grimes, 2003; Weinberger and Saul, 2004a) 在人工智能备受关注的一大类数据集上支持了这个假设。

当数据位于低维流形中时，使用流形中的坐标而非 $\mathbb{R}^n$ 中的坐标表示机器学习数据更为自然。日常生活中，我们可以认为道路是嵌入在三维空间的一维流形。我们用一维道路中的地址号码确定地址，而非三维空间中的坐标。提取这些流形中的坐标是非常具有挑战性的，但是很有希望改进许多机器学习算法。这个一般性原则能够用在很多情况中。图 5.13 展示了包含人脸的数据集的流形结构。在本书的最后，我们会介绍一些学习这样的流形结构的必备方法。在图 20.6 中，我们将看到机器学习算法如何成功完成这个目标。

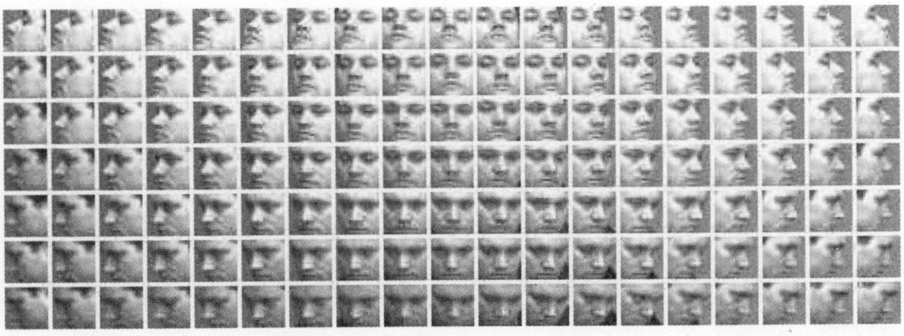

图 5.13 QMUL Multiview Face 数据集中的训练样本 (Gong *et al.*, 2000)，其中的物体是移动的，从而覆盖对应两个旋转角度的二维流形。我们希望学习算法能够发现并且理出这些流形坐标。图 20.6 提供了这样一个示例

本书第 1 部分介绍了数学和机器学习中的基本概念，这将用于本书其他章节中。至此，我们已经做好了研究深度学习的准备。

第 2 部分

深度网络：现代实践

本书这一部分总结了现代深度学习用于解决实际应用的现状。

深度学习有着悠久的历史和许多愿景。数种提出的方法尚未完全结出果实，数个雄心勃勃的目标尚未实现。这些较不发达的深度学习分支将出现在本书的最后一部分。

本书的第 2 部分仅关注那些基本上已在工业中大量使用的技术方法。

现代深度学习为监督学习提供了一个强大的框架。通过添加更多层以及向层内添加更多单元，深度网络可以表示复杂性不断增加的函数。给定足够大的模型和足够大的标注训练数据集，我们可以通过深度学习将输入向量映射到输出向量，完成大多数对人来说能迅速处理的任务。其他任务，比如不能被描述为将一个向量与另一个相关联的任务，或者对于一个人来说足够困难并需要时间思考和反复琢磨才能完成的任务，现在仍然超出了深度学习的能力范围。

本书这一部分描述参数化函数近似技术的核心，几乎所有现代实际应用的深度学习背后都用到了这一技术。首先，我们描述用于表示这些函数的前馈深度网络模型。其次，我们提出正则化和优化这种模型的高级技术。将这些模型扩展到大输入 (如高分辨率图像或长时间序列) 需要专门化。我们将会介绍扩展到大图像的卷积网络和用于处理时间序列的循环神经网络。最后，我们提出实用方法的一般准则，有助于设计、构建和配置一些涉及深度学习的应用，并回顾其中一些应用。

这些章节对于从业者来说是最重要的，也就是说，现在想开始实现和使用深度学习算法解决现实问题的人需要阅读这些章节。

第 6 章 深度前馈网络

深度前馈网络(deep feedforward network)，也叫作**前馈神经网络**(feedforward neural network) 或者**多层感知机**(multilayer perceptron, MLP)，是典型的深度学习模型。前馈网络的目标是近似某个函数 f^*。例如，对于分类器，$y = f^*(\boldsymbol{x})$ 将输入 $\boldsymbol{x}$ 映射到一个类别 y。前馈网络定义了一个映射 $\boldsymbol{y} = f(\boldsymbol{x}; \boldsymbol{\theta})$，并且学习参数 $\boldsymbol{\theta}$ 的值，使它能够得到最佳的函数近似。

这种模型被称为**前向**(feedforward) 的，是因为信息流过 $\boldsymbol{x}$ 的函数，流经用于定义 f 的中间计算过程，最终到达输出 $\boldsymbol{y}$。在模型的输出和模型本身之间没有**反馈**(feedback) 连接。当前馈神经网络被扩展成包含反馈连接时，它们被称为**循环神经网络**(recurrent neural network)，这将在第 10 章介绍。

前馈网络对于机器学习的从业者是极其重要的。它们是许多重要商业应用的基础。例如，用于对照片中的对象进行识别的卷积神经网络就是一种专门的前馈网络。前馈网络是通往循环网络之路的概念基石，后者在自然语言的许多应用中发挥着巨大作用。

前馈神经网络之所以被称作**网络**(network)，是因为它们通常用许多不同函数复合在一起来表示。该模型与一个有向无环图相关联，而图描述了函数是如何复合在一起的。例如，我们有三个函数 $f^{(1)}$、$f^{(2)}$ 和 $f^{(3)}$ 连接在一个链上以形成 $f(\boldsymbol{x}) = f^{(3)}(f^{(2)}(f^{(1)}(\boldsymbol{x})))$。这些链式结构是神经网络中最常用的结构。在这种情况下，$f^{(1)}$ 被称为网络的**第一层**(first layer)，$f^{(2)}$ 被称为**第二层**(second layer)，以此类推。链的全长称为模型的**深度**(depth)。正是因为这个术语才出现了"深度学习"这个名字。前馈网络的最后一层被称为**输出层**(output layer)。在神经网络训练的过程中，我们让 $f(\boldsymbol{x})$ 去匹配 $f^*(\boldsymbol{x})$ 的值。训练数据为我们提供了在不同训练点上取值的、含有噪声的 $f^*(\boldsymbol{x})$ 的近似实例。每个样本 $\boldsymbol{x}$ 都伴随着一个标签 $y \approx f^*(\boldsymbol{x})$。训练样本直接指明了输出层在每一点 $\boldsymbol{x}$ 上必须做什么；它必须产生一个接近 y 的值。但是训练数据并没有直接指明其他层应该怎么做。学习算法必须决定如何使用这些层来产生想要的输出，但是训练数据并没有说每个单独的层应该做什么。相反，学习算法必须决定如何使用这些层来最好地实现 f^* 的近似。因为训练数据并没有给出这些层中的每一层所需的输出，所以这些层被称为**隐藏层**(hidden layer)。

最后，这些网络之所以被称为*神经网络*，是因为它们或多或少地受到神经科学的启发。网络中的每个隐藏层通常都是向量值的。这些隐藏层的维数决定了模型的**宽度**(width)。向量的每个元素都可以被视为起到类似一个神经元的作用。除了将层想象成向量到向量的单个函数，我们也可以把层想象成由许多并行操作的**单元**(unit) 组成，每个单元表示一个向量到标量的函数。每个单元在某种意义上类似一个神经元，它接收的输入来源于许多其他的单元，并计算它自己的激活值。使用多层向量值表示的想法来源于神经科学。用于计算这些表示的函数 $f^{(i)}(\boldsymbol{x})$ 的选择，也或多或少地受到神经科学观测的指引，这些观测是关于生物神经元计算功能的。然而，现代的神经网络研究受到更多的是来自许多数学和工程学科的指引，并且神经网络的目标并不是完美地给大脑建模。我们最好将前馈神经网络想成是为了实现统计泛化而设计出的函数近似机，它偶尔从我们了解的大脑中提取灵感，但并不是大脑功能的模型。

一种理解前馈网络的方式是从线性模型开始，并考虑如何克服它的局限性。线性模型，例如逻辑回归和线性回归，是非常吸引人的，因为无论是通过闭解形式还是使用凸优化，它们都能高效且可靠地拟合。线性模型也有明显的缺陷，那就是该模型的能力被局限在线性函数里，所以它无法理解任何两个输入变量间的相互作用。

为了扩展线性模型来表示 $\boldsymbol{x}$ 的非线性函数，我们可以不把线性模型用于 $\boldsymbol{x}$ 本身，而是用在一个变换后的输入 $\phi(\boldsymbol{x})$ 上，这里 ϕ 是一个非线性变换。同样，我们可以使用第 5.7.2 节中描述的核技巧，来得到一个基于隐含地使用 ϕ 映射的非线性学习算法。我们可以认为 ϕ 提供了一组描述 $\boldsymbol{x}$ 的特征，或者认为它提供了 $\boldsymbol{x}$ 的一个新的表示。

剩下的问题就是如何选择映射 ϕ。

(1) 其中一种选择是使用一个通用的 ϕ，例如无限维的 ϕ，它隐含地用在基于 RBF 核的核机器上。如果 $\phi(\boldsymbol{x})$ 具有足够高的维数，我们总是有足够的能力来拟合训练集，但是对于测试集的泛化往往不佳。非常通用的特征映射通常只基于局部光滑的原则，并且没有将足够的先验信息进行编码来解决高级问题。

(2) 另一种选择是手动地设计 ϕ。在深度学习出现以前，这一直是主流的方法。这种方法对于每个单独的任务都需要人们数十年的努力，从业者各自擅长特定的领域 (如语音识别或计算机视觉)，并且不同领域之间很难迁移 (transfer)。

(3) 深度学习的策略是去学习 ϕ。在这种方法中，我们有一个模型 $y = f(\boldsymbol{x};\boldsymbol{\theta},\boldsymbol{w}) = \phi(\boldsymbol{x};\boldsymbol{\theta})^\top \boldsymbol{w}$。我们现在有两种参数：用于从一大类函数中学习 ϕ 的参数 $\boldsymbol{\theta}$，以及用于将 $\phi(\boldsymbol{x})$ 映射到所需的输出的参数 $\boldsymbol{w}$。这是深度前馈网络的一个例子，其中 ϕ 定义了一个隐藏层。这是三种方法中唯一一种放弃训练问题的凸性的方法，但是利大于弊。在这种方法中，我们将表示参数化为 $\phi(\boldsymbol{x};\boldsymbol{\theta})$，并且使用优化算法来寻找 $\boldsymbol{\theta}$，使它能够得到一个好的表示。如果我们想要的话，这种方法也可以通过使它变得高度通用以获得第一种方法的优点 —— 我们只需使用一个非常广泛的函数族 $\phi(\boldsymbol{x};\boldsymbol{\theta})$。这种方法也可以获得第二种方法的优点。人类专家可以将他们的知识编码进网络来帮助泛化，他们只需要设计那些他们期望能够表现优异的函数族 $\phi(\boldsymbol{x};\boldsymbol{\theta})$ 即可。这种方法的优点是人类设计者只需要寻找正确的函数族即可，而不需要去寻找精确的函数。

这种通过学习特征来改善模型的一般化原则不仅仅适用于本章描述的前馈神经网络。它是深度学习中反复出现的主题，适用于本书描述的所有种类的模型。前馈神经网络是这个原则的应用，它学习从 $\boldsymbol{x}$ 到 $\boldsymbol{y}$ 的确定性映射并且没有反馈连接。后面出现的其他模型会把这些原则应用到学习随机映射、学习带有反馈的函数以及学习单个向量的概率分布。

本章我们先从前馈网络的一个简单例子说起。接着，我们讨论部署一个前馈网络所需的每个设计决策。首先，训练一个前馈网络至少需要做和线性模型同样多的设计决策：选择一个优化模型、代价函数以及输出单元的形式。我们先回顾这些基于梯度学习的基本知识，然后去面对那些只出现在前馈网络中的设计决策。前馈网络已经引入了隐藏层的概念，这需要我们去选择用于计算隐藏层值的**激活函数**(activation function)。我们还必须设计网络的结构，包括网络应该包含多少层、这些层应该如何连接，以及每一层包含多少单元。在深度神经网络的学习中需要计算复杂函数的梯度。我们给出**反向传播**(back propagation) 算法和它的现代推广，它们可以用来高效地计算这些梯度。最后，我们以某些历史观点来结束这一章。

6.1 实例：学习 XOR

为了使前馈网络的想法更加具体，我们首先从一个可以完整工作的前馈网络说起。这个例子解决一个非常简单的任务：学习 XOR 函数。

XOR 函数（“异或”逻辑）是两个二进制值 x_1 和 x_2 的运算。当这些二进制值中恰好有一个为 1 时，XOR 函数返回值为 1。其余情况下返回值为 0。XOR 函数提供了我们想要学习的目标函数 $y=f^*(\boldsymbol{x})$。我们的模型给出了一个函数 $y=f(\boldsymbol{x};\boldsymbol{\theta})$，并且我们的学习算法会不断调整参数 $\boldsymbol{\theta}$ 来使得 f 尽可能接近 f^*。

在这个简单的例子中，我们不会关心统计泛化。我们希望网络在这 4 个点 $\mathbb{X}=\{[0,0]^\top,[0,1]^\top,[1,0]^\top,[1,1]^\top\}$ 上表现正确。我们会用全部这 4 个点来训练我们的网络，唯一的挑战是拟合训练集。

我们可以把这个问题当作回归问题，并使用均方误差损失函数。选择这个损失函数是为了尽可能地简化本例中用到的数学知识。在应用领域，对于二进制数据建模时，MSE 通常并不是一个合适的代价函数。更加合适的方法将在第 6.2.2.2 节中讨论。

评估整个训练集上表现的 MSE 代价函数为

$$J(\boldsymbol{\theta})=\frac{1}{4}\sum_{\boldsymbol{x}\in\mathbb{X}}(f^*(\boldsymbol{x})-f(\boldsymbol{x};\boldsymbol{\theta}))^2 \tag{6.1}$$

我们现在必须要选择模型 $f(\boldsymbol{x};\boldsymbol{\theta})$ 的形式。假设选择一个线性模型，$\boldsymbol{\theta}$ 包含 $\boldsymbol{w}$ 和 b，那么模型被定义成

$$f(\boldsymbol{x};\boldsymbol{w},b)=\boldsymbol{x}^\top\boldsymbol{w}+b \tag{6.2}$$

我们可以使用正规方程关于 $\boldsymbol{w}$ 和 b 最小化 $J(\boldsymbol{\theta})$，来得到一个闭式解。

解正规方程以后，我们得到 $\boldsymbol{w}=0$ 以及 $b=\frac{1}{2}$。线性模型仅仅是在任意一点都输出 0.5。为什么会发生这种事？图 6.1 演示了线性模型为什么不能用来表示 XOR 函数。解决这个问题

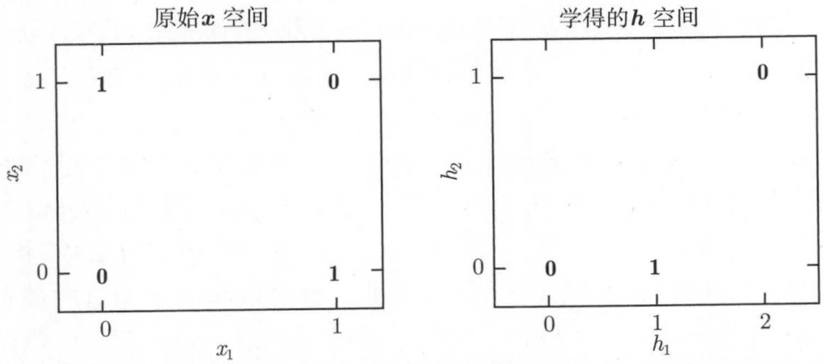

图 6.1 通过学习一个表示来解决 XOR 问题。图上的粗体数字标明了学得的函数必须在每个点输出的值。(左) 直接应用于原始输入的线性模型不能实现 XOR 函数。当 $x_1=0$ 时，模型的输出必须随着 x_2 的增大而增大。当 $x_1=1$ 时，模型的输出必须随着 x_2 的增大而减小。线性模型必须对 x_2 使用固定的系数 w_2。因此，线性模型不能使用 x_1 的值来改变 x_2 的系数，从而不能解决这个问题。(右) 在由神经网络提取的特征表示的变换空间中，线性模型现在可以解决这个问题了。在我们的示例解决方案中，输出必须为 1 的两个点折叠到了特征空间中的单个点。换句话说，非线性特征将 $\boldsymbol{x}=[1,0]^\top$ 和 $\boldsymbol{x}=[0,1]^\top$ 都映射到了特征空间中的单个点 $\boldsymbol{h}=[1,0]^\top$。线性模型现在可以将函数描述为 h_1 增大和 h_2 减小。在该示例中，学习特征空间的动机仅仅是使得模型的能力更大，使得它可以拟合训练集。在更现实的应用中，学习的表示也可以帮助模型泛化

的其中一种方法是使用一个模型来学习一个不同的特征空间，在这个空间上线性模型能够表示这个解。

具体来说，我们这里引入一个非常简单的前馈神经网络，它有一层隐藏层并且隐藏层中包含两个单元，见图 6.2 中对该模型的解释。这个前馈网络有一个通过函数 $f^{(1)}(\boldsymbol{x};\boldsymbol{W},\boldsymbol{c})$ 计算得到的隐藏单元的向量 $\boldsymbol{h}$。这些隐藏单元的值随后被用作第二层的输入。第二层就是这个网络的输出层。输出层仍然只是一个线性回归模型，只不过现在它作用于 $\boldsymbol{h}$ 而不是 $\boldsymbol{x}$。网络现在包含链接在一起的两个函数：$\boldsymbol{h}=f^{(1)}(\boldsymbol{x};\boldsymbol{W},\boldsymbol{c})$ 和 $y=f^{(2)}(\boldsymbol{h};\boldsymbol{w},b)$，完整的模型是 $f(\boldsymbol{x};\boldsymbol{W},\boldsymbol{c},\boldsymbol{w},b)=f^{(2)}(f^{(1)}(\boldsymbol{x}))$。

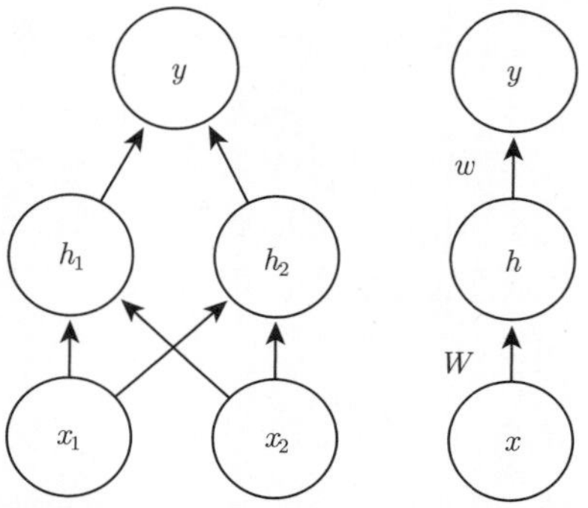

图 6.2　使用两种不同样式绘制的前馈网络的示例。具体来说，这是我们用来解决 XOR 问题的前馈网络。它有单个隐藏层，包含两个单元。(*左*) 在这种样式中，我们将每个单元绘制为图中的一个节点。这种风格是清楚而明确的，但对于比这个例子更大的网络，它可能会消耗太多的空间。(*右*) 在这种样式中，我们将表示每一层激活的整个向量绘制为图中的一个节点。这种样式更加紧凑。有时，我们对图中的边使用参数名进行注释，这些参数是用来描述两层之间的关系的。这里，我们用矩阵 $\boldsymbol{W}$ 描述从 $\boldsymbol{x}$ 到 $\boldsymbol{h}$ 的映射，用向量 $\boldsymbol{w}$ 描述从 $\boldsymbol{h}$ 到 y 的映射。当标记这种图时，我们通常省略与每个层相关联的截距参数

$f^{(1)}$ 应该是哪种函数？线性模型到目前为止都表现不错，让 $f^{(1)}$ 也是线性的似乎很有诱惑力。可惜的是，如果 $f^{(1)}$ 是线性的，那么前馈网络作为一个整体对于输入仍然是线性的。暂时忽略截距项，假设 $f^{(1)}(\boldsymbol{x})=\boldsymbol{W}^\top\boldsymbol{x}$ 并且 $f^{(2)}(\boldsymbol{h})=\boldsymbol{h}^\top\boldsymbol{w}$，那么 $f(\boldsymbol{x})=\boldsymbol{w}^\top\boldsymbol{W}^\top\boldsymbol{x}$。我们可以将这个函数重新表示成 $f(\boldsymbol{x})=\boldsymbol{x}^\top\boldsymbol{w}'$，其中 $\boldsymbol{w}'=\boldsymbol{W}\boldsymbol{w}$。

显然，我们必须用非线性函数来描述这些特征。大多数神经网络通过仿射变换之后紧跟着一个被称为激活函数的固定非线性函数来实现这个目标，其中仿射变换由学得的参数控制。我们这里使用这种策略，定义 $\boldsymbol{h}=g(\boldsymbol{W}^\top\boldsymbol{x}+\boldsymbol{c})$，其中 $\boldsymbol{W}$ 是线性变换的权重矩阵，$\boldsymbol{c}$ 是偏置。此前，为了描述线性回归模型，我们使用权重向量和一个标量的偏置参数来描述从输入向量到输出标量的仿射变换。现在，因为描述的是向量 $\boldsymbol{x}$ 到向量 $\boldsymbol{h}$ 的仿射变换，所以我们需要一整个向量的偏置参数。激活函数 g 通常选择对每个元素分别起作用的函数，有 $h_i=g(\boldsymbol{x}^\top\boldsymbol{W}_{:,i}+c_i)$。在现代神经网络中，默认的推荐是使用由激活函数 $g(z)=\max\{0,z\}$ 定义的**整流线性单元**(rectified linear unit) 或者称为 ReLU(Jarrett *et al.*, 2009b; Nair and Hinton, 2010a; Glorot *et al.*, 2011a)，如图 6.3 所示。

现在可以指明我们的整个网络是

$$f(\boldsymbol{x};\boldsymbol{W},\boldsymbol{c},\boldsymbol{w},b)=\boldsymbol{w}^\top\max\{0,\boldsymbol{W}^\top\boldsymbol{x}+\boldsymbol{c}\}+b \tag{6.3}$$

我们现在可以给出 XOR 问题的一个解。令

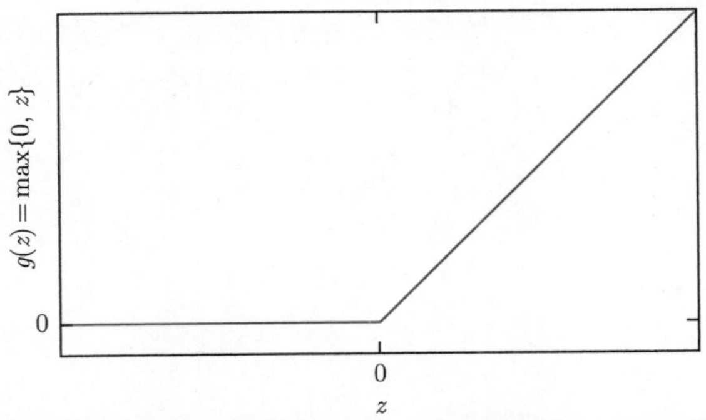

图 6.3 整流线性激活函数。该激活函数是被推荐用于大多数前馈神经网络的默认激活函数。将此函数用于线性变换的输出将产生非线性变换。然而，函数仍然非常接近线性，在这种意义上它是具有两个线性部分的分段线性函数。由于整流线性单元几乎是线性的，因此它们保留了许多使得线性模型易于使用基于梯度的方法进行优化的属性。它们还保留了许多使得线性模型能够泛化良好的属性。计算机科学的一个公共原则是，我们可以从最小的组件构建复杂的系统。就像图灵机的内存只需要能够存储 0 或 1 的状态，我们可以从整流线性函数构建一个万能函数近似器

$$\boldsymbol{W} = \begin{bmatrix} 1 & 1 \\ 1 & 1 \end{bmatrix} \tag{6.4}$$

$$\boldsymbol{c} = \begin{bmatrix} 0 \\ -1 \end{bmatrix} \tag{6.5}$$

$$\boldsymbol{w} = \begin{bmatrix} 1 \\ -2 \end{bmatrix} \tag{6.6}$$

以及 $b = 0$。

我们现在可以了解这个模型如何处理一批输入。令 $\boldsymbol{X}$ 表示设计矩阵，它包含二进制输入空间中全部的四个点，每个样本占一行，那么矩阵表示为

$$\boldsymbol{X} = \begin{bmatrix} 0 & 0 \\ 0 & 1 \\ 1 & 0 \\ 1 & 1 \end{bmatrix} \tag{6.7}$$

神经网络的第一步是将输入矩阵乘以第一层的权重矩阵：

$$\boldsymbol{X}\boldsymbol{W} = \begin{bmatrix} 0 & 0 \\ 1 & 1 \\ 1 & 1 \\ 2 & 2 \end{bmatrix} \tag{6.8}$$

然后，我们加上偏置向量 $\boldsymbol{c}$，得到

$$\begin{bmatrix} 0 & -1 \\ 1 & 0 \\ 1 & 0 \\ 2 & 1 \end{bmatrix} \tag{6.9}$$

在这个空间中，所有的样本都处在一条斜率为 1 的直线上。当我们沿着这条直线移动时，输出需要从 0 升到 1，然后再降回 0。线性模型不能实现这样一种函数。为了用 $\boldsymbol{h}$ 对每个样本求值，我们使用整流线性变换：

$$\begin{bmatrix} 0 & 0 \\ 1 & 0 \\ 1 & 0 \\ 2 & 1 \end{bmatrix} \tag{6.10}$$

这个变换改变了样本间的关系。它们不再处于同一条直线上了。如图 6.1 所示，它们现在处在一个可以用线性模型解决的空间上。

我们最后乘以一个权重向量 $\boldsymbol{w}$:

$$\begin{bmatrix} 0 \\ 1 \\ 1 \\ 0 \end{bmatrix} \tag{6.11}$$

神经网络对这一批次中的每个样本都给出了正确的结果。

在这个例子中，我们简单地指定了解决方案，然后说明它得到的误差为零。在实际情况中，可能会有数十亿的模型参数以及数十亿的训练样本，所以不能像我们这里做的那样进行简单地猜解。与之相对的，基于梯度的优化算法可以找到一些参数使得产生的误差非常小。这里给出的 XOR 问题的解处在损失函数的全局最小点，所以梯度下降算法可以收敛到这一点。梯度下降算法还可以找到 XOR 问题一些其他的等价解。梯度下降算法的收敛点取决于参数的初始值。在实践中，梯度下降通常不会找到像我们这里给出的那种干净的、容易理解的、整数值的解。

6.2 基于梯度的学习

设计和训练神经网络与使用梯度下降训练其他任何机器学习模型并没有太大不同。在第 5.10 节中，我们描述了如何通过指定一个优化过程、代价函数和一个模型族来构建一个机器学习算法。

我们到目前为止看到的线性模型和神经网络的最大区别，在于神经网络的非线性导致大多数我们感兴趣的代价函数都变得非凸。这意味着神经网络的训练通常使用迭代的、基于梯度的优化，仅仅使得代价函数达到一个非常小的值；而不是像用于训练线性回归模型的线性方程求解器，或者用于训练逻辑回归或 SVM 的凸优化算法那样保证全局收敛。凸优化从任何一种初始参数出发都会收敛 (理论上如此 —— 在实践中也很鲁棒但可能会遇到数值问题)。用于非凸损失函数的随机梯度下降没有这种收敛性保证，并且对参数的初始值很敏感。对于前馈神经网络，将所有的权重值初始化为小随机数是很重要的。偏置可以初始化为零或者小的正值。这种用于训练前馈神经网络以及几乎所有深度模型的迭代的基于梯度的优化算法会在第 8 章详细介绍，参数初始化会在第 8.4 节中具体说明。就目前而言，只需要懂得，训练算法几乎总是基于使用梯度来使得代价函数下降的各种方法即可。一些特别的算法是对梯度下降思想的改进和提纯 (在第 4.3 节中介绍) 还有一些更特别的，大多数是对随机梯度下降算法的改进 (在第 5.9 节中介绍)。

我们当然也可以用梯度下降来训练诸如线性回归和支持向量机之类的模型，并且事实上当训练集相当大时这是很常用的。从这一点来看，训练神经网络和训练其他任何模型并没有太大区别。计算梯度对于神经网络会略微复杂一些，但仍然可以很高效而精确地实现。第 6.5 节将会介绍如何用反向传播算法以及它的现代扩展算法来求得梯度。

和其他的机器学习模型一样，为了使用基于梯度的学习方法，我们必须选择一个代价函数，并且必须选择如何表示模型的输出。现在，我们重温这些设计上的考虑，并且特别强调神经网络的情景。

6.2.1 代价函数

深度神经网络设计中的一个重要方面是代价函数的选择。幸运的是，神经网络的代价函数或多或少是和其他的参数模型 (例如线性模型的代价函数) 相同的。

在大多数情况下，参数模型定义了一个分布 $p(\boldsymbol{y} \mid \boldsymbol{x};\boldsymbol{\theta})$ 并且简单地使用最大似然原理。这意味着我们使用训练数据和模型预测间的交叉熵作为代价函数。

有时，我们使用一个更简单的方法，不是预测 $\boldsymbol{y}$ 的完整概率分布，而是仅仅预测在给定 $\boldsymbol{x}$ 的条件下 $\boldsymbol{y}$ 的某种统计量。某些专门的损失函数允许我们来训练这些估计量的预测器。

用于训练神经网络的完整的代价函数，通常在我们这里描述的基本代价函数的基础上结合一个正则项。我们已经在第 5.2.2 节中看到正则化应用到线性模型中的一些简单的例子。用于线性模型的权重衰减方法也直接适用于深度神经网络，而且是最流行的正则化策略之一。用于神经网络的更高级的正则化策略将在第 7 章中讨论。

6.2.1.1 使用最大似然学习条件分布

大多数现代的神经网络使用最大似然来训练。这意味着代价函数就是负的对数似然，它与训练数据和模型分布间的交叉熵等价。这个代价函数表示为

$$J(\boldsymbol{\theta}) = -\mathbb{E}_{\mathbf{x},\mathbf{y}\sim\hat{p}_{\text{data}}} \log p_{\text{model}}(\boldsymbol{y} \mid \boldsymbol{x}) \tag{6.12}$$

代价函数的具体形式随着模型而改变，取决于 $\log p_{\text{model}}$ 的具体形式。上述方程的展开形式通常会有一些项不依赖于模型的参数，我们可以舍去。例如，正如我们在第 5.1.1 节中看到的，如果 $p_{\text{model}}(\boldsymbol{y} \mid \boldsymbol{x}) = \mathcal{N}(\boldsymbol{y}; f(\boldsymbol{x};\boldsymbol{\theta}), \boldsymbol{I})$，那么我们就重新得到了均方误差代价：

$$J(\theta) = \frac{1}{2}\mathbb{E}_{\mathbf{x},\mathbf{y}\sim\hat{p}_{\text{data}}} ||\boldsymbol{y} - f(\boldsymbol{x};\boldsymbol{\theta})||^2 + \text{const} \tag{6.13}$$

至少系数 $\frac{1}{2}$ 和常数项不依赖于 $\boldsymbol{\theta}$。舍弃的常数是基于高斯分布的方差，在这种情况下，我们选择不把它参数化。之前，我们看到了对输出分布的最大似然估计和对线性模型均方误差的最小化之间的等价性，但事实上，这种等价性并不要求 $f(\boldsymbol{x};\boldsymbol{\theta})$ 用于预测高斯分布的均值。

使用最大似然来导出代价函数的方法的一个优势是，它减轻了为每个模型设计代价函数的负担。明确一个模型 $p(\boldsymbol{y} \mid \boldsymbol{x})$ 则自动地确定了一个代价函数 $\log p(\boldsymbol{y} \mid \boldsymbol{x})$。

贯穿神经网络设计的一个反复出现的主题是代价函数的梯度必须足够的大和具有足够的预测性，来为学习算法提供一个好的指引。饱和 (变得非常平) 的函数破坏了这一目标，因为它们把梯度变得非常小。这在很多情况下都会发生，因为用于产生隐藏单元或者输出单元的输出的激活函数会饱和。负的对数似然帮助我们在很多模型中避免这个问题。很多输出单元都会包含一个指数函数，这在它的变量取绝对值非常大的负值时会造成饱和。负对数似然代

价函数中的对数函数消除了某些输出单元中的指数效果。我们将会在第 6.2.2 节中讨论代价函数和输出单元的选择间的相互作用。

用于实现最大似然估计的交叉熵代价函数有一个不同寻常的特性，那就是当它被应用于实践中经常遇到的模型时，它通常没有最小值。对于离散型输出变量，大多数模型以一种特殊的形式来参数化，即它们不能表示概率零和一，但是可以无限接近。逻辑回归是其中一个例子。对于实值的输出变量，如果模型可以控制输出分布的密度 (例如，通过学习高斯输出分布的方差参数)，那么它可能对正确的训练集输出赋予极其高的密度，这将导致交叉熵趋向负无穷。第 7 章中描述的正则化技术提供了一些不同的方法来修正学习问题，使得模型不会通过这种方式来获得无限制的收益。

6.2.1.2 学习条件统计量

有时我们并不是想学习一个完整的概率分布 $p(\boldsymbol{y} \mid \boldsymbol{x}; \boldsymbol{\theta})$，而仅仅是想学习在给定 $\boldsymbol{x}$ 时 $\boldsymbol{y}$ 的某个条件统计量。

例如，我们可能有一个预测器 $f(\boldsymbol{x}; \boldsymbol{\theta})$，想用它来预测 $\boldsymbol{y}$ 的均值。如果使用一个足够强大的神经网络，我们可以认为这个神经网络能够表示一大类函数中的任何一个函数 f，这个类仅仅被一些特征所限制，例如连续性和有界，而不是具有特殊的参数形式。从这个角度来看，我们可以把代价函数看作一个**泛函**(functional)，而不仅仅是一个函数。泛函是函数到实数的映射。因此我们可以将学习看作选择一个函数，而不仅仅是选择一组参数。可以设计代价泛函在我们想要的某些特殊函数处取得最小值。例如，我们可以设计一个代价泛函，使它的最小值处于一个特殊的函数上，这个函数将 $\boldsymbol{x}$ 映射到给定 $\boldsymbol{x}$ 时 $\boldsymbol{y}$ 的期望值。对函数求解优化问题需要用到**变分法**(calculus of variations) 这个数学工具，我们将在第 19.4.2 节中讨论。理解变分法对于理解本章的内容不是必要的。目前，只需要知道变分法可以被用来导出下面的两个结果。

我们使用变分法导出的第一个结果是解优化问题：

$$f^* = \arg\min_f \mathbb{E}_{\mathbf{x},\mathbf{y}\sim p_{\text{data}}} ||\boldsymbol{y} - f(\boldsymbol{x})||^2 \tag{6.14}$$

得到

$$f^*(\boldsymbol{x}) = \mathbb{E}_{\mathbf{y}\sim p_{\text{data}}(\boldsymbol{y}|\boldsymbol{x})}[\boldsymbol{y}] \tag{6.15}$$

要求这个函数处在我们要优化的类里。换句话说，如果我们能够用无穷多的、来源于真实的数据生成分布的样本进行训练，最小化均方误差代价函数将得到一个函数，它可以用来对每个 $\boldsymbol{x}$ 的值预测出 $\boldsymbol{y}$ 的均值。

不同的代价函数给出不同的统计量。第二个使用变分法得到的结果是

$$f^* = \arg\min_f \mathbb{E}_{\mathbf{x},\mathbf{y}\sim p_{\text{data}}} ||\boldsymbol{y} - f(\boldsymbol{x})||_1 \tag{6.16}$$

将得到一个函数可以对每个 $\boldsymbol{x}$ 预测 $\boldsymbol{y}$ 取值的中位数，只要这个函数在我们要优化的函数族里。这个代价函数通常被称为**平均绝对误差**(mean absolute error)。

可惜的是，均方误差和平均绝对误差在使用基于梯度的优化方法时往往成效不佳。一些饱和的输出单元当结合这些代价函数时会产生非常小的梯度。这就是交叉熵代价函数比均方误差或者平均绝对误差更受欢迎的原因之一了，即使是在没必要估计整个 $p(\boldsymbol{y} \mid \boldsymbol{x})$ 分布时。

6.2.2 输出单元

代价函数的选择与输出单元的选择紧密相关。大多数时候，我们简单地使用数据分布和模型分布间的交叉熵。选择如何表示输出决定了交叉熵函数的形式。

任何可用作输出的神经网络单元，也可以被用作隐藏单元。这里，我们着重讨论将这些单元用作模型输出时的情况，不过原则上它们也可以在内部使用。我们将在第 6.3 节中重温这些单元，并且给出当它们被用作隐藏单元时一些额外的细节。

在本节中，我们假设前馈网络提供了一组定义为 $\boldsymbol{h} = f(\boldsymbol{x};\boldsymbol{\theta})$ 的隐藏特征。输出层的作用是随后对这些特征进行一些额外的变换来完成整个网络必须完成的任务。

6.2.2.1 用于高斯输出分布的线性单元

一种简单的输出单元是基于仿射变换的输出单元，仿射变换不具有非线性。这些单元往往被直接称为线性单元。

给定特征 $\boldsymbol{h}$，线性输出单元层产生一个向量 $\hat{\boldsymbol{y}} = \boldsymbol{W}^\top \boldsymbol{h} + \boldsymbol{b}$。

线性输出层经常被用来产生条件高斯分布的均值：

$$p(\boldsymbol{y} \mid \boldsymbol{x}) = \mathcal{N}(\boldsymbol{y}; \hat{\boldsymbol{y}}, \boldsymbol{I}) \tag{6.17}$$

最大化其对数似然此时等价于最小化均方误差。

最大似然框架也使得学习高斯分布的协方差矩阵更加容易，或更容易地使高斯分布的协方差矩阵作为输入的函数。然而，对于所有输入，协方差矩阵都必须被限定成一个正定矩阵。线性输出层很难满足这种限定，所以通常使用其他的输出单元来对协方差参数化。对协方差建模的方法将在第 6.2.2.4 节中简要介绍。

因为线性单元不会饱和，所以它们易于采用基于梯度的优化算法，甚至可以使用其他多种优化算法。

6.2.2.2 用于 Bernoulli 输出分布的 sigmoid 单元

许多任务需要预测二值型变量 y 的值。具有两个类的分类问题可以归结为这种形式。

此时最大似然的方法是定义 y 在 $\boldsymbol{x}$ 条件下的 Bernoulli 分布。

Bernoulli 分布仅需单个参数来定义。神经网络只需要预测 $P(y = 1 \mid \boldsymbol{x})$ 即可。为了使这个数是有效的概率，它必须处在区间 $[0, 1]$ 中。

为满足该约束条件需要一些细致的设计工作。假设我们打算使用线性单元，并且通过阈值来限制它成为一个有效的概率：

$$P(y = 1 \mid \boldsymbol{x}) = \max\left\{0, \min\{1, \boldsymbol{w}^\top \boldsymbol{h} + b\}\right\} \tag{6.18}$$

这的确定义了一个有效的条件概率分布，但我们无法使用梯度下降来高效地训练它。当 $\boldsymbol{w}^\top \boldsymbol{h} + b$ 处于单位区间外时，模型的输出对其参数的梯度都将为 $\boldsymbol{0}$。梯度为 $\boldsymbol{0}$ 通常是有问题的，因为学习算法对于如何改善相应的参数不再具有指导意义。

相反，最好是使用一种新的方法来保证无论何时模型给出了错误的答案时，总能有一个较大的梯度。这种方法是基于使用 sigmoid 输出单元结合最大似然来实现的。

sigmoid 输出单元定义为

$$\hat{y} = \sigma\left(\boldsymbol{w}^\top \boldsymbol{h} + b\right) \tag{6.19}$$

这里 σ 是第 3.10 节中介绍的 logistic sigmoid 函数。

我们可以认为 sigmoid 输出单元具有两个部分。首先，它使用一个线性层来计算 $z = \boldsymbol{w}^\top \boldsymbol{h} + b$。其次，它使用 sigmoid 激活函数将 z 转化成概率。

我们暂时忽略对于 $\boldsymbol{x}$ 的依赖性，只讨论如何用 z 的值来定义 y 的概率分布。sigmoid 可以通过构造一个非归一化 (和不为 1) 的概率分布 $\tilde{P}(y)$ 来得到。我们可以随后除以一个合适的常数来得到有效的概率分布。如果假定非归一化的对数概率对 y 和 z 是线性的，可以对它取指数来得到非归一化的概率。然后对它归一化，可以发现这服从 Bernoulli 分布，该分布受 z 的 sigmoid 变换控制：

$$\log \tilde{P}(y) = yz \tag{6.20}$$

$$\tilde{P}(y) = \exp(yz) \tag{6.21}$$

$$P(y) = \frac{\exp(yz)}{\sum_{y'=0}^{1} \exp(y'z)} \tag{6.22}$$

$$P(y) = \sigma((2y-1)z) \tag{6.23}$$

基于指数和归一化的概率分布在统计建模的文献中很常见。用于定义这种二值型变量分布的变量 z 被称为**分对数**(logit)。

这种在对数空间里预测概率的方法可以很自然地使用最大似然学习。因为用于最大似然的代价函数是 $-\log P(y \mid \boldsymbol{x})$，代价函数中的 log 抵消了 sigmoid 中的 exp。如果没有这个效果，sigmoid 的饱和性会阻止基于梯度的学习做出好的改进。我们使用最大似然来学习一个由 sigmoid 参数化的 Bernoulli 分布，它的损失函数为

$$J(\boldsymbol{\theta}) = -\log P(y \mid \boldsymbol{x}) \tag{6.24}$$

$$= -\log \sigma((2y-1)z) \tag{6.25}$$

$$= \zeta((1-2y)z) \tag{6.26}$$

这个推导使用了第 3.10 节中的一些性质。通过将损失函数写成 softplus 函数的形式，我们可以看到它仅仅在 $(1-2y)z$ 取绝对值非常大的负值时才会饱和。因此饱和只会出现在模型已经得到正确答案时 —— 当 $y=1$ 且 z 取非常大的正值时，或者 $y=0$ 且 z 取非常小的负值时。当 z 的符号错误时，softplus 函数的变量 $(1-2y)z$ 可以简化为 $|z|$。当 $|z|$ 变得很大并且 z 的符号错误时，softplus 函数渐近地趋向于它的变量 $|z|$。对 z 求导则渐近地趋向于 $\text{sign}(z)$，所以，对于极限情况下极度不正确的 z，softplus 函数完全不会收缩梯度。这个性质很有用，因为它意味着基于梯度的学习可以很快地改正错误的 z。

当我们使用其他的损失函数，例如均方误差之类的，损失函数就会在 $\sigma(z)$ 饱和时饱和。sigmoid 激活函数在 z 取非常小的负值时会饱和到 0，当 z 取非常大的正值时会饱和到 1。这种情况一旦发生，梯度会变得非常小以至于不能用来学习，无论此时模型给出的是正确还是错误的答案。因此，最大似然几乎总是训练 sigmoid 输出单元的优选方法。

理论上，sigmoid 的对数总是确定和有限的，因为 sigmoid 的返回值总是被限制在开区间 $(0,1)$ 上，而不是使用整个闭区间 $[0,1]$ 的有效概率。在软件实现时，为了避免数值问题，最好将负的对数似然写作 z 的函数，而不是 $\hat{y} = \sigma(z)$ 的函数。如果 sigmoid 函数下溢到零，那么之后对 $\hat{y}$ 取对数会得到负无穷。

6.2.2.3 用于 Multinoulli 输出分布的 softmax 单元

任何时候，当我们想要表示一个具有 n 个可能取值的离散型随机变量的分布时，都可以使用 softmax 函数。它可以看作 sigmoid 函数的扩展，其中 sigmoid 函数用来表示二值型变量的分布。

softmax 函数最常用作分类器的输出，来表示 n 个不同类上的概率分布。比较少见的是，softmax 函数可以在模型内部使用，例如，如果我们想要在某个内部变量的 n 个不同选项中进行选择。

在二值型变量的情况下，我们希望计算一个单独的数

$$\hat{y} = P(y = 1 \mid \boldsymbol{x}) \tag{6.27}$$

因为这个数需要处在 0 和 1 之间，并且我们想要让这个数的对数可以很好地用于对数似然的基于梯度的优化，因而我们选择去预测另外一个数 $z = \log \hat{P}(y = 1 \mid \boldsymbol{x})$。对其指数化和归一化，就得到了一个由 sigmoid 函数控制的 Bernoulli 分布。

为了推广到具有 n 个值的离散型变量的情况，现在需要创造一个向量 $\hat{\boldsymbol{y}}$，它的每个元素是 $\hat{y}_i = P(y = i \mid \boldsymbol{x})$。我们不仅要求每个 $\hat{y}_i$ 元素介于 0 和 1 之间，还要使得整个向量的和为 1，使得它表示一个有效的概率分布。用于 Bernoulli 分布的方法同样可以推广到 Multinoulli 分布。首先，线性层预测了未归一化的对数概率：

$$\boldsymbol{z} = \boldsymbol{W}^{\top}\boldsymbol{h} + \boldsymbol{b} \tag{6.28}$$

其中 $z_i = \log \hat{P}(y = i \mid \boldsymbol{x})$。softmax 函数然后可以对 z 指数化和归一化来获得需要的 $\hat{\boldsymbol{y}}$。最终，softmax 函数的形式为

$$\text{softmax}(\boldsymbol{z})_i = \frac{\exp(z_i)}{\sum_j \exp(z_j)} \tag{6.29}$$

和 logistic sigmoid 一样，当使用最大化对数似然训练 softmax 来输出目标值 y 时，使用指数函数工作地非常好。这种情况下，我们想要最大化 $\log P(\mathrm{y} = i; \boldsymbol{z}) = \log \text{softmax}(\boldsymbol{z})_i$。将 softmax 定义成指数的形式是很自然的，因为对数似然中的 log 可以抵消 softmax 中的 exp：

$$\log \text{softmax}(\boldsymbol{z})_i = z_i - \log \sum_j \exp(z_j) \tag{6.30}$$

式 (6.30) 中的第一项表示输入 z_i 总是对代价函数有直接的贡献。因为这一项不会饱和，所以即使 z_i 对式 (6.30) 的第二项的贡献很小，学习依然可以进行。当最大化对数似然时，第一项鼓励 z_i 被推高，而第二项则鼓励所有的 $\boldsymbol{z}$ 被压低。为了对第二项 $\log \sum_j \exp(z_j)$ 有一个直观的理解，注意到这一项可以大致近似为 $\max_j z_j$。这种近似是基于对任何明显小于 $\max_j z_j$ 的 z_k，$\exp(z_k)$ 都是不重要的。我们能从这种近似中得到的直觉是，负对数似然代价函数总是强烈地惩罚最活跃的不正确预测。如果正确答案已经具有了 softmax 的最大输入，那么 $-z_i$ 项和 $\log \sum_j \exp(z_j) \approx \max_j z_j = z_i$ 项将大致抵消。这个样本对于整体训练代价贡献很小，这个代价主要由其他未被正确分类的样本产生。

到目前为止，我们只讨论了一个例子。总体来说，未正则化的最大似然会驱动模型去学习一些参数，而这些参数会驱动 softmax 函数来预测在训练集中观察到的每个结果的比率：

$$\text{softmax}(\boldsymbol{z}(\boldsymbol{x}; \boldsymbol{\theta}))_i \approx \frac{\sum_{j=1}^{m} \mathbf{1}_{y^{(j)}=i, \boldsymbol{x}^{(j)}=\boldsymbol{x}}}{\sum_{j=1}^{m} \mathbf{1}_{\boldsymbol{x}^{(j)}=\boldsymbol{x}}} \tag{6.31}$$

因为最大似然是一致的估计量，所以只要模型族能够表示训练的分布，这就能保证发生。在实践中，有限的模型能力和不完美的优化将意味着模型只能近似这些比率。

对数似然之外的许多目标函数对 softmax 函数不起作用。具体来说，那些不使用对数来抵消 softmax 中的指数的目标函数，当指数函数的变量取非常小的负值时会造成梯度消失，从而无法学习。特别是平方误差，对于 softmax 单元来说，它是一个很差的损失函数，即使模型做出高度可信的不正确预测，也不能训练模型改变其输出 (Bridle, 1990)。要理解为什么这些损失函数可能失败，我们需要检查 softmax 函数本身。

像 sigmoid 一样，softmax 激活函数可能会饱和。sigmoid 函数具有单个输出，当它的输入极端负或者极端正时会饱和。对于 softmax 的情况，它有多个输出值。当输入值之间的差异变得极端时，这些输出值可能饱和。当 softmax 饱和时，基于 softmax 的许多代价函数也饱和，除非它们能够转化饱和的激活函数。

为了说明 softmax 函数对于输入之间差异的响应，观察到当对所有的输入都加上一个相同常数时 softmax 的输出不变：

$$\text{softmax}(\boldsymbol{z}) = \text{softmax}(\boldsymbol{z} + c) \tag{6.32}$$

使用这个性质，我们可以导出一个数值方法稳定的 softmax 函数的变体：

$$\text{softmax}(\boldsymbol{z}) = \text{softmax}(\boldsymbol{z} - \max_i z_i) \tag{6.33}$$

变换后的形式允许我们在对 softmax 函数求值时只有很小的数值误差，即使是当 z 包含极正或者极负的数时。观察 softmax 数值稳定的变体，可以看到 softmax 函数由它的变量偏离 $\max_i z_i$ 的量来驱动。

当其中一个输入是最大 ($z_i = \max_i z_i$) 并且 z_i 远大于其他的输入时，相应的输出 softmax $(\boldsymbol{z})_i$ 会饱和到 1。当 z_i 不是最大值并且最大值非常大时，相应的输出 $\text{softmax}(\boldsymbol{z})_i$ 也会饱和到 0。这是 sigmoid 单元饱和方式的一般化，并且如果损失函数不被设计成对其进行补偿，那么也会造成类似的学习困难。

softmax 函数的变量 $\boldsymbol{z}$ 可以通过两种方式产生。最常见的是简单地使神经网络较早的层输出 $\boldsymbol{z}$ 的每个元素，就像先前描述的使用线性层 $\boldsymbol{z} = W^\top \boldsymbol{h} + \boldsymbol{b}$。虽然很直观，但这种方法是对分布的过度参数化。$n$ 个输出总和必须为 1 的约束意味着只有 $n-1$ 个参数是必要的；第 n 个概率值可以通过 1 减去前面 $n-1$ 个概率来获得。因此，我们可以强制要求 $\boldsymbol{z}$ 的一个元素是固定的。例如，我们可以要求 $z_n = 0$。事实上，这正是 sigmoid 单元所做的。定义 $P(y=1 \mid \boldsymbol{x}) = \sigma(z)$ 等价于用二维的 $\boldsymbol{z}$ 以及 $z_1 = 0$ 来定义 $P(y=1 \mid \boldsymbol{x}) = \text{softmax}(\boldsymbol{z})_1$。无论是 $n-1$ 个变量还是 n 个变量的方法，都描述了相同的概率分布，但会产生不同的学习机制。在实践中，无论是过度参数化的版本还是限制的版本都很少有差别，并且实现过度参数化的版本更为简单。

从神经科学的角度看，有趣的是认为 softmax 是一种在参与其中的单元之间形成竞争的方式：softmax 输出总是和为 1，所以一个单元的值增加必然对应着其他单元值的减少。这与被认为存在于皮质中相邻神经元间的侧抑制类似。在极端情况下 (当最大的 a_i 和其他的在幅度上差异很大时)，它变成了**赢者通吃**(winner-take-all) 的形式 (其中一个输出接近 1，其他的接近 0)。

“softmax”的名称可能会让人产生困惑。这个函数更接近于 argmax 函数而不是 max 函数。“soft”这个术语来源于 softmax 函数是连续可微的。“argmax”函数的结果表示为一个 one-hot 向量 (只有一个元素为 1，其余元素都为 0 的向量)，不是连续和可微的。softmax 函数因此提供了 argmax 的“软化”版本。max 函数相应的软化版本是 $\text{softmax}(\boldsymbol{z})^\top \boldsymbol{z}$。可能最好是把 softmax 函数称为“softargmax”，但当前名称已经是一个根深蒂固的习惯了。

6.2.2.4 其他的输出类型

之前描述的线性、sigmoid 和 softmax 输出单元是最常见的。神经网络可以推广到我们希望的几乎任何种类的输出层。最大似然原则给如何为几乎任何种类的输出层设计一个好的代价函数提供了指导。

一般而言，如果我们定义了一个条件分布 $p(\boldsymbol{y} \mid \boldsymbol{x};\boldsymbol{\theta})$，最大似然原则建议我们使用 $-\log p(\boldsymbol{y} \mid \boldsymbol{x};\boldsymbol{\theta})$ 作为代价函数。

一般来说，我们可以认为神经网络表示函数 $f(\boldsymbol{x};\boldsymbol{\theta})$。这个函数的输出不是对 $\boldsymbol{y}$ 值的直接预测。相反，$f(\boldsymbol{x};\boldsymbol{\theta}) = \boldsymbol{\omega}$ 提供了 y 分布的参数。我们的损失函数就可以表示成 $-\log p(\mathbf{y};\boldsymbol{\omega}(\boldsymbol{x}))$。

例如，我们想要学习在给定 $\mathbf{x}$ 时，$\mathbf{y}$ 的条件高斯分布的方差。简单情况下，方差 σ^2 是一个常数，此时有一个解析表达式，这是因为方差的最大似然估计量仅仅是观测值 $\mathbf{y}$ 与它们的期望值的差值的平方平均。一种计算上代价更加高但是不需要写特殊情况代码的方法是简单地将方差作为分布 $p(\mathbf{y} \mid \boldsymbol{x})$ 的其中一个属性，这个分布由 $\boldsymbol{\omega} = f(\boldsymbol{x};\boldsymbol{\theta})$ 控制。负对数似然 $-\log p(\boldsymbol{y};\boldsymbol{\omega}(\boldsymbol{x}))$ 将为代价函数提供一个必要的合适项来使优化过程可以逐渐地学到方差。在标准差不依赖于输入的简单情况下，我们可以在网络中创建一个直接复制到 $\boldsymbol{\omega}$ 中的新参数。这个新参数可以是 σ 本身，或者可以是表示 σ^2 的参数 v，或者可以是表示 $\frac{1}{\sigma^2}$ 的参数 β，取决于我们怎样对分布参数化。我们可能希望模型对不同的 $\mathbf{x}$ 值预测出 $\mathbf{y}$ 不同的方差。这被称为**异方差**(heteroscedastic) 模型。在异方差情况下，我们简单地把方差指定为 $f(\mathbf{x};\boldsymbol{\theta})$ 其中一个输出值。实现它的典型方法是使用精度而不是方差来表示高斯分布，就像式 (3.22) 所描述的。在多维变量的情况下，最常见的是使用一个对角精度矩阵

$$\text{diag}(\boldsymbol{\beta}) \tag{6.34}$$

这个公式适用于梯度下降，因为由 $\boldsymbol{\beta}$ 参数化的高斯分布的对数似然的公式仅涉及 β_i 的乘法和 $\log \beta_i$ 的加法。乘法、加法和对数运算的梯度表现良好。相比之下，如果我们用方差来参数化输出，我们需要用到除法。除法函数在零附近会变得任意陡峭。虽然大梯度可以帮助学习，但任意大的梯度通常导致不稳定。如果我们用标准差来参数化输出，对数似然仍然会涉及除法，并且还将涉及平方。通过平方运算的梯度可能在零附近消失，这使得学习被平方的参数变得困难。无论使用的是标准差、方差还是精度，我们必须确保高斯分布的协方差矩阵是正定的。因为精度矩阵的特征值是协方差矩阵特征值的倒数，所以这等价于确保精度矩阵是正定的。如果我们使用对角矩阵，或者是一个常数乘以单位矩阵①，那么需要对模型输出强加的唯一条件是它的元素都为正。如果假设 $\boldsymbol{a}$ 是用于确定对角精度的模型的原始激活，那么可以用 softplus 函数来获得正的精度向量：$\boldsymbol{\beta} = \boldsymbol{\zeta}(\boldsymbol{a})$。这种相同的策略对于方差或标准差同样适用，也适用于常数乘以单位阵的情况。

---

① 译者注：这里原文是“If we use a diagonal matrix, or a scalar times the diagonal matrix...”，即“如果我们使用对角矩阵，或者是一个标量乘以对角矩阵 ……”，但一个标量乘以对角矩阵和对角矩阵没区别，结合上下文可以看出，这里原作者误把“identity”写成了“diagonal matrix”，因此这里采用“常数乘以单位矩阵”的译法。

学习一个比对角矩阵具有更丰富结构的协方差或者精度矩阵是很少见的。如果协方差矩阵是“满的”和有条件的，那么参数化的选择就必须要保证预测的协方差矩阵是正定的。这可以通过写成 $\boldsymbol{\Sigma}(\boldsymbol{x}) = \boldsymbol{B}(\boldsymbol{x})\boldsymbol{B}^\top(\boldsymbol{x})$ 来实现，这里 $\boldsymbol{B}$ 是一个无约束的方阵。如果矩阵是满秩的，那么一个实际问题是计算似然的代价很高，计算一个 $d \times d$ 的矩阵的行列式或者 $\boldsymbol{\Sigma}(\boldsymbol{x})$ 的逆 (或者等价地并且更常用地，对它特征值分解或者 $\boldsymbol{B}(\boldsymbol{x})$ 的特征值分解) 需要 $O(d^3)$ 的计算量。

我们经常想要执行多峰回归 (multimodal regression)，即预测条件分布 $p(\boldsymbol{y} \mid \boldsymbol{x})$ 的实值，该条件分布对于相同的 $\boldsymbol{x}$ 值在 $\boldsymbol{y}$ 空间中有多个不同的峰值。在这种情况下，高斯混合是输出的自然表示 (Jacobs *et al.*, 1991; Bishop, 1994)。将高斯混合作为其输出的神经网络通常被称为**混合密度网络**(mixture density network)。具有 n 个分量的高斯混合输出由下面的条件分布定义：

$$p(\boldsymbol{y} \mid \boldsymbol{x}) = \sum_{i=1}^{n} p(\mathrm{c} = i \mid \boldsymbol{x}) \mathcal{N}(\boldsymbol{y}; \boldsymbol{\mu}^{(i)}(\boldsymbol{x}), \boldsymbol{\Sigma}^{(i)}(\boldsymbol{x})) \tag{6.35}$$

神经网络必须有 3 个输出：定义 $p(\mathrm{c} = i \mid \boldsymbol{x})$ 的向量，对所有的 i 给出 $\boldsymbol{\mu}^{(i)}(\boldsymbol{x})$ 的矩阵，以及对所有的 i 给出 $\boldsymbol{\Sigma}^{(i)}(\boldsymbol{x})$ 的张量。这些输出必须满足不同的约束：

(1) 混合组件 $p(\mathrm{c} = i \mid \boldsymbol{x})$：它们由潜变量 ② c 关联着，在 n 个不同组件上形成 Multinoulli 分布。这个分布通常可以由 n 维向量的 softmax 来获得，以确保这些输出是正的并且和为 1。

(2) 均值 $\boldsymbol{\mu}^{(i)}(\boldsymbol{x})$：它们指明了与第 i 个高斯组件相关联的中心或者均值，并且是无约束的 (通常对于这些输出单元完全没有非线性)。如果 $\mathbf{y}$ 是个 d 维向量，那么网络必须输出一个由 n 个这种 d 维向量组成的 $n \times d$ 的矩阵。用最大似然来学习这些均值要比学习只有一个输出模式的分布的均值稍稍复杂一些。我们只想更新那个真正产生观测数据的组件的均值。在实践中，我们并不知道是哪个组件产生了观测数据。负对数似然表达式将每个样本对每个组件的贡献进行赋权，权重的大小由相应的组件产生这个样本的概率来决定。

(3) 协方差 $\boldsymbol{\Sigma}^{(i)}(\boldsymbol{x})$：它们指明了每个组件 i 的协方差矩阵。和学习单个高斯组件时一样，我们通常使用对角矩阵来避免计算行列式。和学习混合均值时一样，最大似然是很复杂的，它需要将每个点的部分责任分配给每个混合组件。如果给定了混合模型的正确的负对数似然，梯度下降将自动地遵循正确的过程。

有报告说，基于梯度的优化方法对于混合条件高斯 (作为神经网络的输出) 可能是不可靠的，部分是因为涉及除法 (除以方差) 可能是数值不稳定的 (当某个方差对于特定的实例变得非常小时，会导致非常大的梯度)。一种解决方法是**梯度截断**(clip gradient)(参见第 10.11.1 节)，另一种解决方法是启发式缩放梯度 (Murray and Larochelle, 2014)。

高斯混合输出在语音生成模型 (Schuster, 1999) 和物理运动 (Graves, 2013) 中特别有效。混合密度策略为网络提供了一种方法来表示多种输出模式，并且控制输出的方差，这对于在这些实数域中获得高质量的结果是至关重要的。混合密度网络的一个实例如图 6.4 所示。

一般地，我们可能希望继续对包含更多变量的、更大的向量 $\boldsymbol{y}$ 来建模，并在这些输出变量上施加更多更丰富的结构。例如，可能希望神经网络输出字符序列形成一个句子。在这些情况下，我们可以继续使用最大似然原理应用到我们的模型 $p(\boldsymbol{y}; \boldsymbol{\omega}(\boldsymbol{x}))$ 上，但用来描述 $\boldsymbol{y}$ 的

② 之所以认为 c 是潜在的，是因为我们不能直接在数据中观测到它：给定输入 $\mathbf{x}$ 和目标 $\mathbf{y}$，不可能确切地知道是哪个高斯组件产生 $\mathbf{y}$，但我们可以想象 $\mathbf{y}$ 是通过选择其中一个来产生的，并且将那个未被观测到的选择作为随机变量。

模型会变得非常复杂，超出了本章的范畴。第 10 章描述了如何使用循环神经网络来定义这种序列上的模型。本书第 3 部分描述了对任意概率分布进行建模的高级技术。

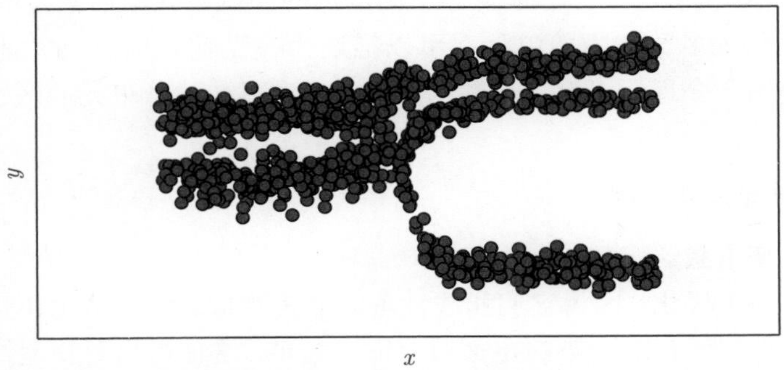

图 6.4 从具有混合密度输出层的神经网络中抽取的样本。输入 x 从均匀分布中采样，输出 y 从 $p_{\text{model}}(y \mid x)$ 中采样。神经网络能够学习从输入到输出分布的参数的非线性映射。这些参数包括控制 3 个组件中的哪一个将产生输出的概率，以及每个组件各自的参数。每个混合组件都是高斯分布，具有预测的均值和方差。输出分布的这些方面都能够相对输入 x 变化，并且以非线性的方式改变

6.3 隐藏单元

到目前为止，我们集中讨论了神经网络的设计选择，这对于使用基于梯度的优化方法来训练的大多数参数化机器学习模型都是通用的。现在我们转向一个前馈神经网络独有的问题：该如何选择隐藏单元的类型，这些隐藏单元用在模型的隐藏层中。

隐藏单元的设计是一个非常活跃的研究领域，并且还没有许多明确的指导性理论原则。

整流线性单元是隐藏单元极好的默认选择。许多其他类型的隐藏单元也是可用的。决定何时使用哪种类型的隐藏单元是困难的事 (尽管整流线性单元通常是一个可接受的选择)。我们这里描述对于每种隐藏单元的一些基本直觉。这些直觉可以用来建议我们何时尝试一些单元。通常不可能预先预测出哪种隐藏单元工作得最好。设计过程充满了试验和错误，先直觉认为某种隐藏单元可能表现良好，然后用它组成神经网络进行训练，最后用验证集来评估它的性能。

这里列出的一些隐藏单元可能并不是在所有的输入点上都是可微的。例如，整流线性单元 $g(z) = \max\{0, z\}$ 在 $z = 0$ 处不可微。这似乎使得 g 对于基于梯度的学习算法无效。在实践中，梯度下降对这些机器学习模型仍然表现得足够好。部分原因是神经网络训练算法通常不会达到代价函数的局部最小值，而是仅仅显著地减小它的值，如图 4.3 所示。这些想法会在第 8 章中进一步描述。因为我们不再期望训练能够实际到达梯度为 $\mathbf{0}$ 的点，所以代价函数的最小值对应于梯度未定义的点是可以接受的。不可微的隐藏单元通常只在少数点上不可微。一般来说，函数 $g(z)$ 具有左导数和右导数，左导数定义为紧邻在 z 左边的函数的斜率，右导数定义为紧邻在 z 右边的函数的斜率。只有当函数在 z 处的左导数和右导数都有定义并且相等时，函数在 z 点处才是可微的。神经网络中用到的函数通常对左导数和右导数都有定义。在 $g(z) = \max\{0, z\}$ 的情况下，在 $z = 0$ 处的左导数是 0，右导数是 1。神经网络训练的软件实现通常返回左导数或右导数的其中一个，而不是报告导数未定义或产生一个错误。这可以通过观察到在数字计算机上基于梯度的优化总是会受到数值误差的影响来启发式地给出理由。当

一个函数被要求计算 $g(0)$ 时，底层值真正为 0 是不太可能的。相对的，它可能是被舍入为 0 的一个小量 ϵ。在某些情况下，理论上有更好的理由，但这些通常对神经网络训练并不适用。重要的是，在实践中，我们可以放心地忽略下面描述的隐藏单元激活函数的不可微性。

除非另有说明，大多数的隐藏单元都可以描述为接受输入向量 $\boldsymbol{x}$，计算仿射变换 $\boldsymbol{z} = \boldsymbol{W}^\top \boldsymbol{x} + \boldsymbol{b}$，然后使用一个逐元素的非线性函数 $g(\boldsymbol{z})$。大多数隐藏单元的区别仅仅在于激活函数 $g(\boldsymbol{z})$ 的形式。

6.3.1 整流线性单元及其扩展

整流线性单元使用激活函数 $g(z) = \max\{0, z\}$。

整流线性单元易于优化，因为它们和线性单元非常类似。线性单元和整流线性单元的唯一区别在于整流线性单元在其一半的定义域上输出为零。这使得只要整流线性单元处于激活状态，它的导数都能保持较大。它的梯度不但大而且一致。整流操作的二阶导数几乎处处为 0，并且在整流线性单元处于激活状态时，它的一阶导数处处为 1。这意味着相比于引入二阶效应的激活函数来说，它的梯度方向对于学习来说更加有用。

整流线性单元通常作用于仿射变换之上：

$$\boldsymbol{h} = g(\boldsymbol{W}^\top \boldsymbol{x} + \boldsymbol{b}) \tag{6.36}$$

当初始化仿射变换的参数时，可以将 $\boldsymbol{b}$ 的所有元素设置成一个小的正值，例如 0.1。这使得整流线性单元很可能初始时就对训练集中的大多数输入呈现激活状态，并且允许导数通过。

有很多整流线性单元的扩展存在。大多数这些扩展的表现比得上整流线性单元，并且偶尔表现得更好。

整流线性单元的一个缺陷是它们不能通过基于梯度的方法学习那些使它们激活为零的样本。整流线性单元的各种扩展保证了它们能在各个位置都接收到梯度。

整流线性单元的 3 个扩展基于当 $z_i < 0$ 时使用一个非零的斜率 α_i：$h_i = g(\boldsymbol{z}, \boldsymbol{\alpha})_i = \max(0, z_i) + \alpha_i \min(0, z_i)$。**绝对值整流**(absolute value rectification) 固定 $\alpha_i = -1$ 来得到 $g(z) = |z|$。它用于图像中的对象识别 (Jarrett *et al.*, 2009a)，其中寻找在输入照明极性反转下不变的特征是有意义的。整流线性单元的其他扩展比这应用得更广泛。**渗漏整流线性单元**(Leaky ReLU)(Maas *et al.*, 2013) 将 α_i 固定成一个类似 0.01 的小值，**参数化整流线性单元**(parametric ReLU) 或者 **PReLU** 将 α_i 作为学习的参数 (He *et al.*, 2015)。

maxout 单元(maxout unit)(Goodfellow *et al.*, 2013a) 进一步扩展了整流线性单元。maxout 单元将 $\boldsymbol{z}$ 划分为每组具有 k 个值的组，而不是使用作用于每个元素的函数 $g(z)$。每个 maxout 单元则输出每组中的最大元素：

$$g(\boldsymbol{z})_i = \max_{j \in \mathbb{G}^{(i)}} z_j \tag{6.37}$$

这里 $\mathbb{G}^{(i)}$ 是组 i 的输入索引集 $\{(i-1)k+1, \cdots, ik\}$。这提供了一种方法来学习对输入 $\boldsymbol{x}$ 空间中多个方向响应的分段线性函数。

maxout 单元可以学习具有多达 k 段的分段线性的凸函数。maxout 单元因此可以视为学习激活函数本身，而不仅仅是单元之间的关系。使用足够大的 k，maxout 单元可以以任意的精确度来近似任何凸函数。特别地，具有两块的 maxout 层可以学习实现和传统层相同的输入 $\boldsymbol{x}$ 的函数，这些传统层可以使用整流线性激活函数、绝对值整流、渗漏整流线性单元或参数化整流线性单元，或者可以学习实现与这些都不同的函数。maxout 层的参数化当然也将与这些层不同，所以即使是 maxout 学习去实现和其他种类的层相同的 $\boldsymbol{x}$ 的函数这种情况下，学习的机理也是不一样的。

每个 maxout 单元现在由 k 个权重向量来参数化，而不仅仅是一个，所以 maxout 单元通常比整流线性单元需要更多的正则化。如果训练集很大并且每个单元的块数保持很低的话，它们可以在没有正则化的情况下工作得不错 (Cai *et al.*, 2013)。

maxout 单元还有一些其他的优点。在某些情况下，要求更少的参数可以获得一些统计和计算上的优点。具体来说，如果由 n 个不同的线性过滤器描述的特征可以在不损失信息的情况下，用每一组 k 个特征的最大值来概括的话，那么下一层可以获得 k 倍更少的权重数。

因为每个单元由多个过滤器驱动，maxout 单元具有一些冗余来帮助它们抵抗一种被称为**灾难遗忘**(catastrophic forgetting) 的现象，这个现象是说神经网络忘记了如何执行它们过去训练的任务 (Goodfellow *et al.*, 2014a)。

整流线性单元和它们的这些扩展都是基于一个原则，那就是如果它们的行为更接近线性，那么模型更容易优化。使用线性行为更容易优化的一般性原则同样也适用于除深度线性网络以外的情景。循环网络可以从序列中学习并产生状态和输出的序列。当训练它们时，需要通过一些时间步来传播信息，当其中包含一些线性计算 (具有大小接近 1 的某些方向导数) 时，这会更容易。作为性能最好的循环网络结构之一，LSTM 通过求和在时间上传播信息，这是一种特别直观的线性激活。它将在第 10.10 节中进一步讨论。

6.3.2 logistic sigmoid 与双曲正切函数

在引入整流线性单元之前，大多数神经网络使用 logistic sigmoid 激活函数

$$g(z) = \sigma(z) \tag{6.38}$$

或者是双曲正切激活函数

$$g(z) = \tanh(z) \tag{6.39}$$

这些激活函数紧密相关，因为 $\tanh(z) = 2\sigma(2z) - 1$。

我们已经看过 sigmoid 单元作为输出单元用来预测二值型变量取值为 1 的概率。与分段线性单元不同，sigmoid 单元在其大部分定义域内都饱和 —— 当 z 取绝对值很大的正值时，它们饱和到一个高值，当 z 取绝对值很大的负值时，它们饱和到一个低值，并且仅仅当 z 接近 0 时它们才对输入强烈敏感。sigmoid 单元的广泛饱和性会使得基于梯度的学习变得非常困难。因为这个原因，现在不鼓励将它们用作前馈网络中的隐藏单元。当使用一个合适的代价函数来抵消 sigmoid 的饱和性时，它们作为输出单元可以与基于梯度的学习相兼容。

当必须要使用 sigmoid 激活函数时，双曲正切激活函数通常要比 logistic sigmoid 函数表现更好。在 $\tanh(0) = 0$ 而 $\sigma(0) = \frac{1}{2}$ 的意义上，它更像是单位函数。因为 tanh 在 0 附近与单位函数类似，训练深层神经网络 $\hat{y} = \boldsymbol{w}^\top\tanh(\boldsymbol{U}^\top\tanh(\boldsymbol{V}^\top\boldsymbol{x}))$ 类似于训练一个线性模型 $\hat{y} = \boldsymbol{w}^\top\boldsymbol{U}^\top\boldsymbol{V}^\top\boldsymbol{x}$，只要网络的激活能够被保持地很小。这使得训练 tanh 网络更加容易。

sigmoid 激活函数在除了前馈网络以外的情景中更为常见。循环网络、许多概率模型以及一些自编码器有一些额外的要求使得它们不能使用分段线性激活函数，并且使得 sigmoid 单元更具有吸引力，尽管它存在饱和性的问题。

6.3.3 其他隐藏单元

也存在许多其他种类的隐藏单元，但它们并不常用。

一般来说，很多种类的可微函数都表现得很好。许多未发布的激活函数与流行的激活函数表现得一样好。为了提供一个具体的例子，作者在 MNIST 数据集上使用 $\boldsymbol{h} = \cos(\boldsymbol{W}\boldsymbol{x} + \boldsymbol{b})$ 测试了一个前馈网络，并获得了小于 1% 的误差率，这可以与更为传统的激活函数获得的结果相媲美。在新技术的研究和开发期间，通常会测试许多不同的激活函数，并且会发现许多标准方法的变体表现非常好。这意味着，通常新的隐藏单元类型只有在被明确证明能够提供显著改进时才会被发布。新的隐藏单元类型如果与已有的隐藏单元表现大致相当，那么它们是非常常见的，不会引起别人的兴趣。

列出文献中出现的所有隐藏单元类型是不切实际的。我们只对一些特别有用和独特的类型进行强调。

其中一种是完全没有激活函数 $g(z)$。也可以认为这是使用单位函数作为激活函数的情况。我们已经看过线性单元可以用作神经网络的输出。它也可以用作隐藏单元。如果神经网络的每一层都仅由线性变换组成，那么网络作为一个整体也将是线性的。然而，神经网络的一些层是纯线性也是可以接受的。考虑具有 n 个输入和 p 个输出的神经网络层 $\boldsymbol{h} = g(\boldsymbol{W}^\top \boldsymbol{x} + \boldsymbol{b})$。我们可以用两层来代替它，一层使用权重矩阵 $\boldsymbol{U}$，另一层使用权重矩阵 $\boldsymbol{V}$。如果第一层没有激活函数，那么我们对基于 $\boldsymbol{W}$ 的原始层的权重矩阵进行因式分解。分解方法是计算 $\boldsymbol{h} = g(\boldsymbol{V}^\top \boldsymbol{U}^\top \boldsymbol{x} + \boldsymbol{b})$。如果 U 产生了 q 个输出，那么 $\boldsymbol{U}$ 和 V 一起仅包含 $(n+p)q$ 个参数，而 $\boldsymbol{W}$ 包含 np 个参数。如果 q 很小，这可以在很大程度上节省参数。这是以将线性变换约束为低秩的代价来实现的，但这些低秩关系往往是足够的。线性隐藏单元因此提供了一种减少网络中参数数量的有效方法。

softmax 单元是另外一种经常用作输出的单元 (如第 6.2.2.3 节中所描述的)，但有时也可以用作隐藏单元。softmax 单元很自然地表示具有 k 个可能值的离散型随机变量的概率分布，所以它们可以用作一种开关。这些类型的隐藏单元通常仅用于明确地学习操作内存的高级结构中，将在第 10.12 节中描述。

其他一些常见的隐藏单元类型包括：

- **径向基函数**(radial basis function, RBF)：$h_i = \exp\left(-\frac{1}{\sigma_i^2}||\boldsymbol{W}_{:,i} - \boldsymbol{x}||^2\right)$。这个函数在 $\boldsymbol{x}$ 接近模板 $\boldsymbol{W}_{:,i}$ 时更加活跃。因为它对大部分 $\boldsymbol{x}$ 都饱和到 0，因此很难优化。
- **softplus**函数：$g(a) = \zeta(a) = \log(1 + e^a)$。这是整流线性单元的平滑版本，由 Dugas *et al.* (2001) 引入用于函数近似，由 Nair and Hinton (2010a) 引入用于无向概率模型的条件分布。Glorot *et al.* (2011a) 比较了 softplus 和整流线性单元，发现后者的结果更好。通常不鼓励使用 softplus 函数。softplus 表明隐藏单元类型的性能可能是非常反直觉的 —— 因为它处处可导或者因为它不完全饱和，人们可能希望它具有优于整流线性单元的点，但根据经验来看，它并没有。
- **硬双曲正切函数**(hard tanh)：它的形状和 tanh 以及整流线性单元类似，但是不同于后者，它是有界的，$g(a) = \max(-1, \min(1, a))$。它由 Collobert (2004) 引入。

隐藏单元的设计仍然是一个活跃的研究领域，许多有用的隐藏单元类型仍有待发现。

6.4 架构设计

神经网络设计的另一个关键点是确定它的架构。**架构**(architecture) 一词是指网络的整体结构：它应该具有多少单元，以及这些单元应该如何连接。

大多数神经网络被组织成称为层的单元组。大多数神经网络架构将这些层布置成链式结构，其中每一层都是前一层的函数。在这种结构中，第一层由下式给出：

$$\boldsymbol{h}^{(1)} = g^{(1)}\left(\boldsymbol{W}^{(1)\top}\boldsymbol{x} + \boldsymbol{b}^{(1)}\right) \tag{6.40}$$

第二层由

$$\boldsymbol{h}^{(2)} = g^{(2)}\left(\boldsymbol{W}^{(2)\top}\boldsymbol{h}^{(1)} + \boldsymbol{b}^{(2)}\right) \tag{6.41}$$

给出，以此类推。

在这些链式架构中，主要的架构考虑是选择网络的深度和每一层的宽度。我们将会看到，即使只有一个隐藏层的网络也足够适应训练集。更深层的网络通常能够对每一层使用更少的单元数和更少的参数，并且经常容易泛化到测试集，但是通常也更难以优化。对于一个具体的任务，理想的网络架构必须通过实验，观测在验证集上的误差来找到。

6.4.1 万能近似性质和深度

线性模型，通过矩阵乘法将特征映射到输出，顾名思义，仅能表示线性函数。它具有易于训练的优点，因为当使用线性模型时，许多损失函数会导出凸优化问题。可惜的是，我们经常希望我们的系统学习非线性函数。

乍一看，可能认为学习非线性函数需要为我们想要学习的那种非线性专门设计一类模型族。幸运的是，具有隐藏层的前馈网络提供了一种万能近似框架。具体来说，**万能近似定理**(universal approximation theorem)(Hornik *et al.*, 1989; Cybenko, 1989) 表明，一个前馈神经网络如果具有线性输出层和至少一层具有任何一种 “挤压” 性质的激活函数 (例如 logistic sigmoid 激活函数) 的隐藏层，只要给予网络足够数量的隐藏单元，它可以以任意的精度来近似任何从一个有限维空间到另一个有限维空间的 Borel 可测函数。前馈网络的导数也可以任意好地来近似函数的导数 (Hornik *et al.*, 1990)。Borel 可测的概念超出了本书的范畴。对于我们想要实现的目标，只需要知道定义在 $\mathbb{R}^n$ 的有界闭集上的任意连续函数是 Borel 可测的，因此可以用神经网络来近似。神经网络也可以近似从任何有限维离散空间映射到另一个的任意函数。虽然原始定理最初以具有特殊激活函数的单元的形式来描述，这个激活函数当变量取绝对值非常大的正值和负值时都会饱和，万能近似定理也已经被证明对于更广泛类别的激活函数也是适用的，其中就包括现在常用的整流线性单元 (Leshno *et al.*, 1993)。

万能近似定理意味着无论我们试图学习什么函数，我们知道一个大的 MLP 一定能够表示这个函数。然而，我们不能保证训练算法能够学得这个函数。即使 MLP 能够表示该函数，学习也可能因两个不同的原因而失败。首先，用于训练的优化算法可能找不到用于期望函数的参数值。其次，训练算法可能由于过拟合而选择了错误的函数。回忆第 5.2.1 节中的“没有免费的午餐”定理，说明了没有普遍优越的机器学习算法。前馈网络提供了表示函数的万能系统，在这种意义上，给定一个函数，存在一个前馈网络能够近似该函数。不存在万能的过程既能够验证训练集上的特殊样本，又能够选择一个函数来扩展到训练集上没有的点。

万能近似定理说明，存在一个足够大的网络能够达到我们所希望的任意精度，但是定理并没有说这个网络有多大。Barron (1993) 提供了单层网络近似一大类函数所需大小的一些界。不幸的是，在最坏情况下，可能需要指数数量的隐藏单元 (可能一个隐藏单元对应着一个需要区分的输入配置)。这在二进制值的情况下很容易看到：向量 $\boldsymbol{v} \in \{0,1\}^n$ 上的可能的二值型函数的数量是 2^{2^n}，并且选择一个这样的函数需要 2^n 位，这通常需要 $O(2^n)$ 的自由度。

总之，具有单层的前馈网络足以表示任何函数，但是网络层可能大得不可实现，并且可能无法正确地学习和泛化。在很多情况下，使用更深的模型能够减少表示期望函数所需的单元的数量，并且可以减少泛化误差。

存在一些函数族能够在网络的深度大于某个值 d 时被高效地近似，而当深度被限制到小于或等于 d 时需要一个远远大于之前的模型。在很多情况下，浅层模型所需的隐藏单元的数量是 n 的指数级。这个结果最初被证明是在那些不与连续可微的神经网络类似的机器学习模型中出现，但现在已经扩展到了这些模型。第一个结果是关于逻辑门电路的 (Håstad, 1986)。后来的工作将这些结果扩展到了具有非负权重的线性阈值单元 (Håstad and Goldmann, 1991; Hajnal *et al.*, 1993)，然后扩展到了具有连续值激活的网络 (Maass, 1992; Maass *et al.*, 1994)。许多现代神经网络使用整流线性单元。Leshno *et al.* (1993) 证明带有一大类非多项式激活函数族的浅层网络，包括整流线性单元，具有万能的近似性质，但是这些结果并没有强调深度或效率的问题 —— 它们仅指出足够宽的整流网络能够表示任意函数。Montufar *et al.* (2014) 指出一些用深度整流网络表示的函数可能需要浅层网络 (一个隐藏层) 指数级的隐藏单元才能表示。更确切地说，他们说明分段线性网络 (可以通过整流非线性或 maxout 单元获得) 可以表示区域的数量是网络深度的指数级的函数。图 6.5 解释了带有绝对值整流的网络是如何创建函数的镜像图像的，这些函数在某些隐藏单元的顶部计算，作用于隐藏单元的输入。每个隐藏单元指定在哪里折叠输入空间，来创造镜像响应 (在绝对值非线性的两侧)。通过组合这些折叠操作，我们获得指数级的分段线性区域，它们可以概括所有种类的规则模式 (例如，重复)。

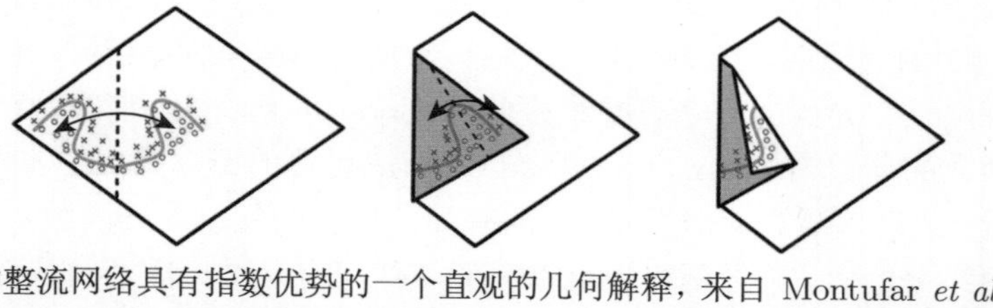

图 6.5 关于更深的整流网络具有指数优势的一个直观的几何解释，来自 Montufar *et al.* (2014)。(左) 绝对值整流单元对其输入中的每对镜像点有相同的输出。镜像的对称轴由单元的权重和偏置定义的超平面给出。在该单元顶部计算的函数 (绿色决策面) 将是横跨该对称轴的更简单模式的一个镜像。(中) 该函数可以通过折叠对称轴周围的空间来得到。(右) 另一个重复模式可以在第一个的顶部折叠 (由另一个下游单元) 以获得另外的对称性 (现在重复 4 次，使用了两个隐藏层)。经 Montufar *et al.* (2014) 许可引用此图

Montufar *et al.* (2014) 的主要定理指出，具有 d 个输入、深度为 l、每个隐藏层具有 n 个单元的深度整流网络可以描述的线性区域的数量是

$$O\left(\binom{n}{d}^{d(l-1)} n^d\right) \tag{6.42}$$

意味着，这是深度 l 的指数级。在每个单元具有 k 个过滤器的 maxout 网络中，线性区域的数

量是

$$O\left(k^{(l-1)+d}\right) \tag{6.43}$$

当然，我们不能保证在机器学习 (特别是 AI) 的应用中想要学得的函数类型享有这样的属性。

还可能出于统计原因来选择深度模型。任何时候，当选择一个特定的机器学习算法时，我们隐含地陈述了一些先验，这些先验是关于算法应该学得什么样的函数的。选择深度模型默许了一个非常普遍的信念，那就是我们想要学得的函数应该涉及几个更加简单的函数的组合。这可以从表示学习的观点来解释，我们相信学习的问题包含发现一组潜在的变差因素，它们可以根据其他更简单的潜在的变差因素来描述。或者，我们可以将深度结构的使用解释为另一种信念，那就是我们想要学得的函数是包含多个步骤的计算机程序，其中每个步骤使用前一步骤的输出。这些中间输出不一定是变差因素，而是可以类似于网络用来组织其内部处理

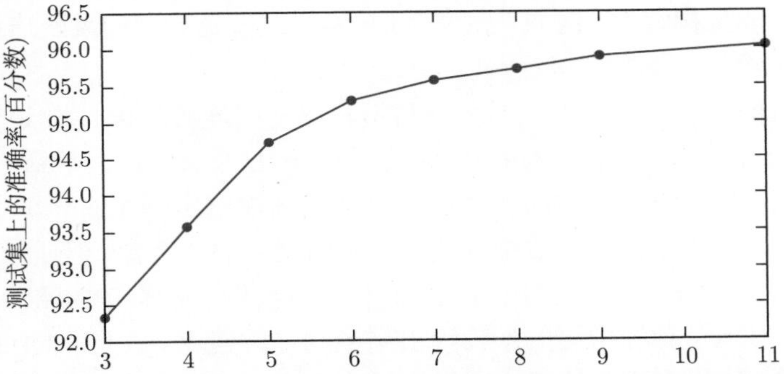

图 6.6 深度的影响。实验结果表明，当从地址照片转录多位数字时，更深层的网络能够更好地泛化。数据来自 Goodfellow *et al.* (2014d)。测试集上的准确率随着深度的增加而不断增加。图 6.7 给出了一个对照实验，它说明了对模型尺寸其他方面的增加并不能产生相同的效果

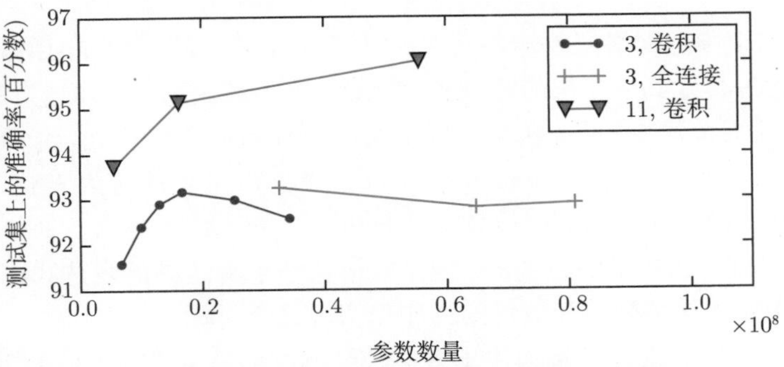

图 6.7 参数数量的影响。更深的模型往往表现更好。这不仅仅是因为模型更大。Goodfellow *et al.* (2014d) 的这项实验表明，增加卷积网络层中参数的数量，但是不增加它们的深度，在提升测试集性能方面几乎没有效果。图例标明了用于画出每条曲线的网络深度，以及曲线表示的是卷积层还是全连接层的大小变化。我们可以观察到，在这种情况下，浅层模型在参数数量达到 2000 万时就过拟合，而深层模型在参数数量超过 6000 万时仍然表现良好。这表明，使用深层模型表达出了对模型可以学习的函数空间的有用偏好。具体来说，它表达了一种信念，即该函数应该由许多更简单的函数复合在一起而得到。这可能导致学习由更简单的表示所组成的表示 (例如，由边所定义的角) 或者学习具有顺序依赖步骤的程序 (例如，首先定位一组对象，然后分割它们，之后识别它们)

的计数器或指针。根据经验，更深的模型似乎确实在广泛的任务中泛化得更好 (Bengio *et al.*, 2007b; Erhan *et al.*, 2009; Bengio, 2009; Mesnil *et al.*, 2011; Ciresan *et al.*, 2012; Krizhevsky *et al.*, 2012a; Sermanet *et al.*, 2013; Farabet *et al.*, 2013; Couprie *et al.*, 2013; Kahou *et al.*, 2013; Goodfellow *et al.*, 2014d; Szegedy *et al.*, 2014a)。图 6.6 和图 6.7 展示了一些实验结果的例子。这表明使用深层架构确实在模型学习的函数空间上表示了一个有用的先验。

6.4.2　其他架构上的考虑

到目前为止，我们都将神经网络描述成层的简单链式结构，主要的考虑因素是网络的深度和每层的宽度。在实践中，神经网络显示出相当的多样性。

许多神经网络架构已经被开发用于特定的任务。用于计算机视觉的卷积神经网络的特殊架构将在第 9 章中介绍。前馈网络也可以推广到用于序列处理的循环神经网络，但有它们自己的架构考虑，这将在第 10 章中介绍。

一般来说，层不需要连接在链中，尽管这是最常见的做法。许多架构构建了一个主链，但随后又添加了额外的架构特性，例如从层 i 到层 $i+2$ 或者更高层的跳跃连接。这些跳跃连接使得梯度更容易从输出层流向更接近输入的层。

架构设计考虑的另外一个关键点是如何将层与层之间连接起来。默认的神经网络层采用矩阵 $\boldsymbol{W}$ 描述的线性变换，每个输入单元连接到每个输出单元。在之后章节中的许多专用网络具有较少的连接，使得输入层中的每个单元仅连接到输出层单元的一个小子集。这些用于减少连接数量的策略减少了参数的数量以及用于评估网络的计算量，但通常高度依赖于问题。例如，第 9 章描述的卷积神经网络使用对于计算机视觉问题非常有效的稀疏连接的专用模式。在这一章中，很难对通用神经网络的架构给出更多具体的建议。我们在随后的章节中介绍一些特殊的架构策略，可以在不同的领域工作良好。

6.5　反向传播和其他的微分算法

当我们使用前馈神经网络接收输入 $\boldsymbol{x}$ 并产生输出 $\hat{\boldsymbol{y}}$ 时，信息通过网络向前流动。输入 $\boldsymbol{x}$ 提供初始信息，然后传播到每一层的隐藏单元，最终产生输出 $\hat{\boldsymbol{y}}$。这称之为**前向传播**(forward propagation)。在训练过程中，前向传播可以持续向前直到它产生一个标量代价函数 $J(\boldsymbol{\theta})$。**反向传播**(back propagation) 算法 (Rumelhart *et al.*, 1986c)，经常简称为 **backprop**，允许来自代价函数的信息通过网络向后流动，以便计算梯度。

计算梯度的解析表达式是很直观的，但是数值化地求解这样的表达式在计算上的代价可能很大。反向传播算法使用简单和廉价的程序来实现这个目标。

反向传播这个术语经常被误解为用于多层神经网络的整个学习算法。实际上，反向传播仅指用于计算梯度的方法，而另一种算法，例如随机梯度下降，使用该梯度来进行学习。此外，反向传播经常被误解为仅适用于多层神经网络，但是原则上它可以计算任何函数的导数 (对于一些函数，正确的响应是报告函数的导数是未定义的)。特别地，我们会描述如何计算一个任意函数 f 的梯度 $\nabla_{\boldsymbol{x}} f(\boldsymbol{x}, \boldsymbol{y})$，其中 $\boldsymbol{x}$ 是一组变量，我们需要它们的导数，而 $\boldsymbol{y}$ 是函数的另外一组输入变量，但我们并不需要它们的导数。在学习算法中，我们最常需要的梯度是代价函数关于参数的梯度，即 $\nabla_{\boldsymbol{\theta}} J(\boldsymbol{\theta})$。许多机器学习任务需要计算其他导数，来作为学习过程的一部分，或者用来分析学得的模型。反向传播算法也适用于这些任务，不局限于计算代价函数关于参数的梯度。通过在网络中传播信息来计算导数的想法非常普遍，它还可以用于计算诸如多输出函数 f 的 Jacobian 的值。我们这里描述的是最常用的情况，其中 f 只有单个输出。

6.5.1 计算图

到目前为止，我们已经用相对非正式的图形语言讨论了神经网络。为了更精确地描述反向传播算法，使用更精确的**计算图**(computational graph) 语言是很有帮助的。

将计算形式化为图形的方法有很多。

这里，我们使用图中的每一个节点来表示一个变量。变量可以是标量、向量、矩阵、张量或者甚至是另一类型的变量。

为了形式化图形，我们还需引入**操作**(operation) 这一概念。操作是指一个或多个变量的简单函数。图形语言伴随着一组被允许的操作。我们可以通过将多个操作复合在一起来描述更为复杂的函数。

为了不失一般性，我们定义一个操作仅返回单个输出变量。这并没有失去一般性，是因为输出变量可以有多个条目，例如向量。反向传播的软件实现通常支持具有多个输出的操作，但是我们在描述中避免这种情况，因为它引入了对概念理解不重要的许多额外细节。

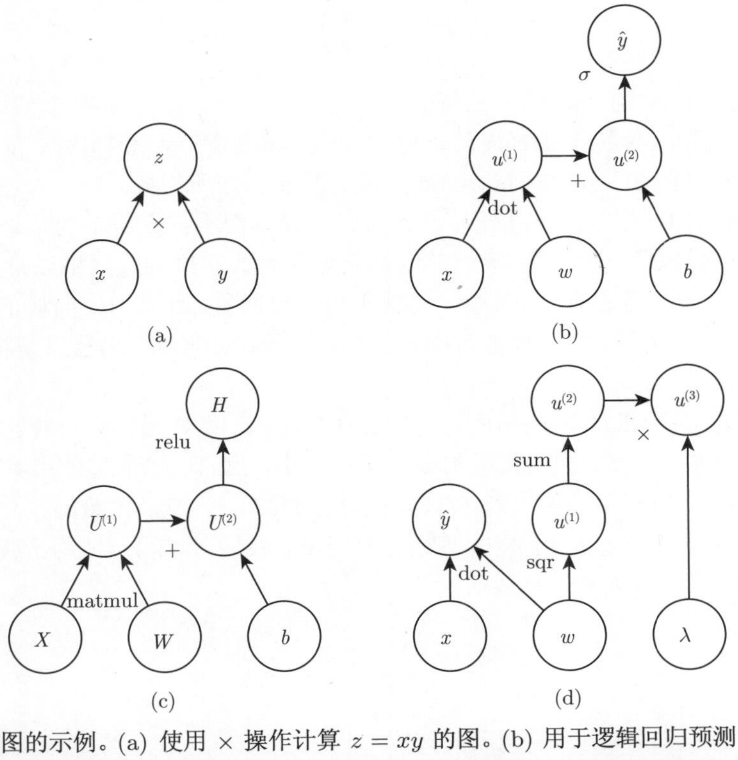

图 6.8 一些计算图的示例。(a) 使用 × 操作计算 $z = xy$ 的图。(b) 用于逻辑回归预测 $\hat{y} = \sigma(\boldsymbol{x}^\top \boldsymbol{w} + b)$ 的图。一些中间表达式在代数表达式中没有名称，但在图形中却需要。我们简单地将第 i 个这样的变量命名为 $\boldsymbol{u}^{(i)}$。(c) 表达式 $\boldsymbol{H} = \max\{0, \boldsymbol{X}\boldsymbol{W} + \boldsymbol{b}\}$ 的计算图，在给定包含小批量输入数据的设计矩阵 $\boldsymbol{X}$ 时，它计算整流线性单元激活的设计矩阵 $\boldsymbol{H}$。(d) 示例 (a) 到 (c) 对每个变量最多只实施一个操作，但是对变量实施多个操作也是可能的。这里我们展示一个计算图，它对线性回归模型的权重 $\boldsymbol{w}$ 实施多个操作。这个权重不仅用于预测 $\hat{y}$，也用于权重衰减罚项 $\lambda \sum_i w_i^2$

如果变量 y 是变量 x 通过一个操作计算得到的，那么我们画一条从 x 到 y 的有向边。有时我们用操作的名称来注释输出的节点，当上下文很明确时，有时也会省略这个标注。

计算图的示例可以参考图 6.8。

6.5.2 微积分中的链式法则

微积分中的链式法则 (为了不与概率中的链式法则相混淆) 用于计算复合函数的导数。反向传播是一种计算链式法则的算法，使用高效的特定运算顺序。

设 x 是实数，f 和 g 是从实数映射到实数的函数。假设 $y=g(x)$ 并且 $z=f(g(x))=f(y)$。那么链式法则是说

$$\frac{dz}{dx}=\frac{dz}{dy}\frac{dy}{dx} \tag{6.44}$$

我们可以将这种标量情况进行扩展。假设 $\boldsymbol{x}\in\mathbb{R}^m, \boldsymbol{y}\in\mathbb{R}^n$，$g$ 是从 $\mathbb{R}^m$ 到 $\mathbb{R}^n$ 的映射，f 是从 $\mathbb{R}^n$ 到 $\mathbb{R}$ 的映射。如果 $\boldsymbol{y}=g(\boldsymbol{x})$ 并且 $z=f(\boldsymbol{y})$，那么

$$\frac{\partial z}{\partial x_i}=\sum_j\frac{\partial z}{\partial y_j}\frac{\partial y_j}{\partial x_i} \tag{6.45}$$

使用向量记法，可以等价地写成

$$\nabla_{\boldsymbol{x}}z=\left(\frac{\partial \boldsymbol{y}}{\partial \boldsymbol{x}}\right)^\top\nabla_{\boldsymbol{y}}z \tag{6.46}$$

这里 $\frac{\partial \boldsymbol{y}}{\partial \boldsymbol{x}}$ 是 g 的 $n\times m$ 的 Jacobian 矩阵。

从这里我们看到，变量 $\boldsymbol{x}$ 的梯度可以通过 Jacobian 矩阵 $\frac{\partial \boldsymbol{y}}{\partial \boldsymbol{x}}$ 和梯度 $\nabla_{\boldsymbol{y}}z$ 相乘来得到。反向传播算法由图中每一个这样的 Jacobian 梯度的乘积操作所组成。

通常我们将反向传播算法应用于任意维度的张量，而不仅仅用于向量。从概念上讲，这与使用向量的反向传播完全相同。唯一的区别是如何将数字排列成网格以形成张量。我们可以想象，在运行反向传播之前，将每个张量变平为一个向量，计算一个向量值梯度，然后将该梯度重新构造成一个张量。从这种重新排列的观点上看，反向传播仍然只是将 Jacobian 乘以梯度。

为了表示值 z 关于张量 X 的梯度，我们记为 $\nabla_{\mathsf{X}}z$，就像 X 是向量一样。X 的索引现在有多个坐标 —— 例如，一个 3 维的张量由 3 个坐标索引。我们可以通过使用单个变量 i 来表示完整的索引元组，从而完全抽象出来。对所有可能的元组 i，$(\nabla_{\mathsf{X}}z)_i$ 给出 $\frac{\partial z}{\partial \mathsf{X}_i}$。这与向量中索引的方式完全一致，$(\nabla_{\boldsymbol{x}}z)_i$ 给出 $\frac{\partial z}{\partial x_i}$。使用这种记法，我们可以写出适用于张量的链式法则。如果 $\mathsf{Y}=g(\mathsf{X})$ 并且 $z=f(\mathsf{Y})$，那么

$$\nabla_{\mathsf{X}}z=\sum_j(\nabla_{\mathsf{X}}\mathsf{Y}_j)\frac{\partial z}{\partial \mathsf{Y}_j} \tag{6.47}$$

6.5.3 递归地使用链式法则来实现反向传播

使用链式规则，我们可以直接写出某个标量关于计算图中任何产生该标量的节点的梯度的代数表达式。然而，实际在计算机中计算该表达式时会引入一些额外的考虑。

具体来说，许多子表达式可能在梯度的整个表达式中重复若干次。任何计算梯度的程序都需要选择是存储这些子表达式还是重新计算它们几次。图 6.9 给出了一个例子来说明这些

重复的子表达式是如何出现的。在某些情况下，计算两次相同的子表达式纯粹是浪费。在复杂图中，可能存在指数多的这种计算上的浪费，使得简单的链式法则不可实现。在其他情况下，计算两次相同的子表达式可能是以较高的运行时间为代价来减少内存开销的有效手段。

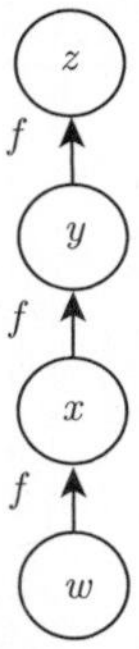

图 6.9 计算梯度时导致重复子表达式的计算图。令 $w \in \mathbb{R}$ 为图的输入。我们对链中的每一步使用相同的操作函数 $f : \mathbb{R} \to \mathbb{R}$，这样 $x = f(w), y = f(x), z = f(y)$。为了计算 $\frac{\partial z}{\partial w}$，我们应用式 (6.44) 得到

$$\frac{\partial z}{\partial w} \tag{6.48}$$

$$=\frac{\partial z}{\partial y}\frac{\partial y}{\partial x}\frac{\partial x}{\partial w} \tag{6.49}$$

$$=f'(y)f'(x)f'(w) \tag{6.50}$$

$$=f'(f(f(w)))f'(f(w))f'(w) \tag{6.51}$$

式 (6.50) 建议我们采用的实现方式是，仅计算 $f(w)$ 的值一次并将它存储在变量 x 中。这是反向传播算法所采用的方法。式 (6.51) 提出了一种替代方法，其中子表达式 $f(w)$ 出现了不止一次。在替代方法中，每次只在需要时重新计算 $f(w)$。当存储这些表达式的值所需的存储较少时，式 (6.50) 的反向传播方法显然是较优的，因为它减少了运行时间。然而，式 (6.51) 也是链式法则的有效实现，并且当存储受限时它是有用的

我们首先给出一个版本的反向传播算法，它指明了梯度的直接计算方式 (算法6.2 以及相关的正向计算的算法6.1)，按照它实际完成的顺序并且递归地使用链式法则。我们可以直接执行这些计算或者将算法的描述视为用于计算反向传播的计算图的符号表示。然而，这些公式并没有明确地操作和构造用于计算梯度的符号图。这些公式将在后面的第 6.5.6 节和算法 6.5 中给出，其中我们还推广到了包含任意张量的节点。

首先考虑描述如何计算单个标量 $u^{(n)}$(例如训练样本上的损失函数) 的计算图。我们想要计算这个标量对 n_i 个输入节点 $u^{(1)}$ 到 $u^{(n_i)}$ 的梯度。换句话说，我们希望对所有的 $i \in \{1, 2, \cdots, n_i\}$ 计算 $\frac{\partial u^{(n)}}{\partial u^{(i)}}$。在使用反向传播计算梯度来实现参数的梯度下降时，$u^{(n)}$ 将对应单个或者小批量实例的代价函数，而 $u^{(1)}$ 到 $u^{(n_i)}$ 则对应于模型的参数。

假设图的节点已经以一种特殊的方式被排序，使得我们可以一个接一个地计算他们的输出，从 $u^{(n_i+1)}$ 开始，一直上升到 $u^{(n)}$。如算法6.1 中所定义的，每个节点 $u^{(i)}$ 与操作 $f^{(i)}$ 相关联，并且通过对以下函数求值来得到

$$u^{(i)} = f(\mathbb{A}^{(i)}) \tag{6.52}$$

其中 $\mathbb{A}^{(i)}$ 是 $u^{(i)}$ 所有父节点的集合。

该算法详细说明了前向传播的计算，我们可以将其放入图 $\mathcal{G}$ 中。为了执行反向传播，我们可以构造一个依赖于 $\mathcal{G}$ 并添加额外一组节点的计算图。这形成了一个子图 $\mathcal{B}$，它的每个节

算法 6.1 计算将 n_i 个输入 $u^{(1)}$ 到 $u^{(n_i)}$ 映射到一个输出 $u^{(n)}$ 的程序。这定义了一个计算图，其中每个节点通过将函数 $f^{(i)}$ 应用到变量集合 $\mathbb{A}^{(i)}$ 上来计算 $u^{(i)}$ 的值，$\mathbb{A}^{(i)}$ 包含先前节点 $u^{(j)}$ 的值满足 $j < i$ 且 $j \in Pa(u^{(i)})$。计算图的输入是向量 $\boldsymbol{x}$，并且被分配给前 n_i 个节点 $u^{(1)}$ 到 $u^{(n_i)}$。计算图的输出可以从最后一个 (输出) 节点 $u^{(n)}$ 读出。

for $i = 1, \cdots, n_i$ **do**
　$u^{(i)} \leftarrow x_i$
end for
for $i = n_i + 1, \cdots, n$ **do**
　$\mathbb{A}^{(i)} \leftarrow \{u^{(j)} \mid j \in Pa(u^{(i)})\}$
　$u^{(i)} \leftarrow f^{(i)}(\mathbb{A}^{(i)})$
end for
return $u^{(n)}$

算法 6.2 反向传播算法的简化版本，用于计算 $u^{(n)}$ 关于图中变量的导数。这个示例旨在通过演示所有变量都是标量的简化情况来进一步理解反向传播算法，这里我们希望计算关于 $u^{(1)}, \cdots, u^{(n_i)}$ 的导数。这个简化版本计算了关于图中所有节点的导数。假定与每条边相关联的偏导数计算需要恒定的时间的话，该算法的计算成本与图中边的数量成比例。这与前向传播的计算次数具有相同的阶。每个 $\frac{\partial u^{(i)}}{\partial u^{(j)}}$ 是 $u^{(i)}$ 的父节点 $u^{(j)}$ 的函数，从而将前向图的节点链接到反向传播图中添加的节点。

运行前向传播 (对于此例是算法6.1) 获得网络的激活。
初始化grad_table，用于存储计算好的导数的数据结构。grad_table$[u^{(i)}]$ 将存储 $\frac{\partial u^{(n)}}{\partial u^{(i)}}$ 计算好的值。
grad_table$[u^{(n)}] \leftarrow 1$
for $j = n - 1$ down to 1 **do**
　下一行使用存储的值计算 $\frac{\partial u^{(n)}}{\partial u^{(j)}} = \sum_{i:j \in Pa(u^{(i)})} \frac{\partial u^{(n)}}{\partial u^{(i)}} \frac{\partial u^{(i)}}{\partial u^{(j)}}$：
　grad_table$[u^{(j)}] \leftarrow \sum_{i:j \in Pa(u^{(i)})}$ grad_table$[u^{(i)}] \frac{\partial u^{(i)}}{\partial u^{(j)}}$
end for
return $\{$grad_table$[u^{(i)}] \mid i = 1, \cdots, n_i\}$

点都是 $\mathcal{G}$ 的节点。$\mathcal{B}$ 中的计算和 $\mathcal{G}$ 中的计算顺序完全相反，而且 $\mathcal{B}$ 中的每个节点计算导数 $\frac{\partial u^{(n)}}{\partial u^{(i)}}$ 与前向图中的节点 $u^{(i)}$ 相关联。这通过对标量输出 $u^{(n)}$ 使用链式法则来完成：

$$\frac{\partial u^{(n)}}{\partial u^{(j)}} = \sum_{i:j \in Pa(u^{(i)})} \frac{\partial u^{(n)}}{\partial u^{(i)}} \frac{\partial u^{(i)}}{\partial u^{(j)}} \tag{6.53}$$

这在算法6.2 中详细说明。子图 $\mathcal{B}$ 恰好包含每一条对应着 $\mathcal{G}$ 中从节点 $u^{(j)}$ 到节点 $u^{(i)}$ 的边。从 $u^{(j)}$ 到 $u^{(i)}$ 的边对应着计算 $\frac{\partial u^{(i)}}{\partial u^{(j)}}$。另外，对于每个节点都要执行一个内积，内积的一个因子是对于 u^j 子节点 $u^{(i)}$ 的已经计算的梯度，另一个因子是对于相同子节点 $u^{(i)}$ 的偏导数 $\frac{\partial u^{(i)}}{\partial u^{(j)}}$ 组成的向量。总而言之，执行反向传播所需的计算量与 $\mathcal{G}$ 中的边的数量成比例，其中每条边的计算包括计算偏导数 (节点关于它的一个父节点的偏导数) 以及执行一次乘法和一次加法。下面，我们将此分析推广到张量值节点，这只是在同一节点中对多个标量值进行分组并能够更高效地实现。

反向传播算法被设计为减少公共子表达式的数量而不考虑存储的开销。具体来说，它大约对图中的每个节点执行一个 Jacobian 乘积。这可以从算法6.2 中看出，反向传播算法访问了图中的节点 $u^{(j)}$ 到节点 $u^{(i)}$ 的每条边一次，以获得相关的偏导数 $\frac{\partial u^{(i)}}{\partial u^{(j)}}$。反向传播因此避免了重复子表达式的指数爆炸。然而，其他算法可能通过对计算图进行简化来避免更多的子表达式，或者也可能通过重新计算而不是存储这些子表达式来节省内存。我们将在描述完反向传播算法本身后再重新审视这些想法。

6.5.4 全连接 MLP 中的反向传播计算

为了阐明反向传播的上述定义，让我们考虑一个与全连接的多层 MLP 相关联的特定图。

算法6.3 首先给出了前向传播，它将参数映射到与单个训练样本 (输入，目标)$(\boldsymbol{x},\boldsymbol{y})$ 相关联的监督损失函数 $L(\hat{\boldsymbol{y}},\boldsymbol{y})$，其中 $\hat{\boldsymbol{y}}$ 是当 $\boldsymbol{x}$ 提供输入时神经网络的输出。

算法 6.3 典型深度神经网络中的前向传播和代价函数的计算。损失函数 $L(\hat{\boldsymbol{y}},\boldsymbol{y})$ 取决于输出 $\hat{\boldsymbol{y}}$ 和目标 $\boldsymbol{y}$(参考第 6.2.1.1 节中损失函数的示例)。为了获得总代价 J，损失函数可以加上正则项 $\Omega(\theta)$，其中 θ 包含所有参数 (权重和偏置)。算法6.4 说明了如何计算 J 关于参数 $\boldsymbol{W}$ 和 $\boldsymbol{b}$ 的梯度。为简单起见，该演示仅使用单个输入样本 $\boldsymbol{x}$。实际应用应该使用小批量。请参考第 6.5.7 节以获得更加真实的演示。

Require: 网络深度，l
Require: $\boldsymbol{W}^{(i)}, i \in \{1,\cdots,l\}$，模型的权重矩阵
Require: $\boldsymbol{b}^{(i)}, i \in \{1,\cdots,l\}$，模型的偏置参数
Require: $\boldsymbol{x}$，程序的输入
Require: $\boldsymbol{y}$，目标输出
　$\boldsymbol{h}^{(0)} = \boldsymbol{x}$
　for $k = 1,\cdots,l$ **do**
　　$\boldsymbol{a}^{(k)} = \boldsymbol{b}^{(k)} + \boldsymbol{W}^{(k)}\boldsymbol{h}^{(k-1)}$
　　$\boldsymbol{h}^{(k)} = f(\boldsymbol{a}^{(k)})$
　end for
　$\hat{\boldsymbol{y}} = \boldsymbol{h}^{(l)}$
　$J = L(\hat{\boldsymbol{y}},\boldsymbol{y}) + \lambda\Omega(\theta)$

算法6.4 随后说明了将反向传播应用于该图所需的相关计算。

算法6.3 和算法6.4 是简单而直观的演示。然而，它们专门针对特定的问题。

现在的软件实现基于之后第 6.5.6 节中描述的一般形式的反向传播，它可以通过显式地操作表示符号计算的数据结构，来适应任何计算图。

6.5.5 符号到符号的导数

代数表达式和计算图都对**符号**(symbol) 或不具有特定值的变量进行操作。这些代数或者基于图的表达式被称为**符号表示**(symbolic representation)。当实际使用或者训练神经网络时，我们必须给这些符号赋特定的值。我们用一个特定的**数值**(numeric value) 来替代网络的符号输入 $\boldsymbol{x}$，例如 $[1.2, 3, 765, -1.8]^\top$。

算法 6.4 深度神经网络中算法6.3 的反向计算，它不止使用了输入 $\boldsymbol{x}$ 和目标 $\boldsymbol{y}$。该计算对于每一层 k 都产生了对激活 $\boldsymbol{a}^{(k)}$ 的梯度，从输出层开始向后计算一直到第一个隐藏层。这些梯度可以看作对每层的输出应如何调整以减小误差的指导，根据这些梯度可以获得对每层参数的梯度。权重和偏置上的梯度可以立即用作随机梯度更新的一部分 (梯度算出后即可执行更新)，或者与其他基于梯度的优化方法一起使用。

在前向计算完成后，计算顶层的梯度：

$\boldsymbol{g} \leftarrow \nabla_{\hat{\boldsymbol{y}}} J = \nabla_{\hat{\boldsymbol{y}}} L(\hat{\boldsymbol{y}}, \boldsymbol{y})$

for $k = l, l-1, \cdots, 1$ **do**

将关于层输出的梯度转换为非线性激活输入前的梯度 (如果 f 是逐元素的，则逐元素地相乘)：

$\boldsymbol{g} \leftarrow \nabla_{\boldsymbol{a}^{(k)}} J = \boldsymbol{g} \odot f'(\boldsymbol{a}^{(k)})$

计算关于权重和偏置的梯度 (如果需要的话，还要包括正则项)：

$\nabla_{\boldsymbol{b}^{(k)}} J = \boldsymbol{g} + \lambda \nabla_{\boldsymbol{b}^{(k)}} \Omega(\theta)$

$\nabla_{\boldsymbol{W}^{(k)}} J = \boldsymbol{g}\ \boldsymbol{h}^{(k-1)\top} + \lambda \nabla_{\boldsymbol{W}^{(k)}} \Omega(\theta)$

关于下一更低层的隐藏层传播梯度：

$\boldsymbol{g} \leftarrow \nabla_{\boldsymbol{h}^{(k-1)}} J = \boldsymbol{W}^{(k)\top}\ \boldsymbol{g}$

end for

一些反向传播的方法采用计算图和一组用于图的输入的数值，然后返回在这些输入值处梯度的一组数值。我们将这种方法称为**符号到数值**的微分。这种方法用在诸如 Torch (Collobert *et al.*, 2011b) 和 Caffe (Jia, 2013) 之类的库中。

另一种方法是采用计算图以及添加一些额外的节点到计算图中，这些额外的节点提供了我们所需导数的符号描述。这是 Theano (Bergstra *et al.*, 2010b; Bastien *et al.*, 2012b) 和 TensorFlow (Abadi *et al.*, 2015) 所采用的方法。图 6.10 给出了该方法如何工作的一个例子。

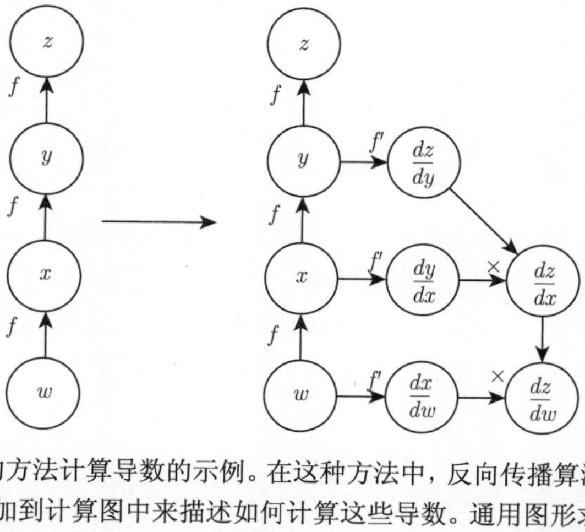

图 6.10 使用符号到符号的方法计算导数的示例。在这种方法中，反向传播算法不需要访问任何实际的特定数值。相反，它将节点添加到计算图中来描述如何计算这些导数。通用图形求值引擎可以在随后计算任何特定数值的导数。(*左*) 在这个例子中，我们从表示 $z = f(f(f(w)))$ 的图开始。(*右*) 我们运行反向传播算法，指导它构造表达式 $\frac{dz}{dw}$ 对应的图。在这个例子中，我们不解释反向传播算法如何工作。我们的目的只是说明想要的结果是什么：符号描述的导数的计算图

这种方法的主要优点是导数可以使用与原始表达式相同的语言来描述。因为导数只是另外一张计算图，我们可以再次运行反向传播，对导数再进行求导就能得到更高阶的导数。高阶导数的计算在第 6.5.10 节中描述。

我们将使用后一种方法，并且使用构造导数的计算图的方法来描述反向传播算法。图的任意子集之后都可以使用特定的数值来求值。这允许我们避免精确地指明每个操作应该在何时计算。相反，通用的图计算引擎只要当一个节点的父节点的值都可用时就可以进行求值。

基于符号到符号的方法的描述包含了符号到数值的方法。符号到数值的方法可以理解为执行了与符号到符号的方法中构建图的过程中完全相同的计算。关键的区别是符号到数值的方法不会显示出计算图。

6.5.6　一般化的反向传播

反向传播算法非常简单。为了计算某个标量 z 关于图中它的一个祖先 $\boldsymbol{x}$ 的梯度，首先观察到它关于 z 的梯度由 $\frac{dz}{dz}=1$ 给出。然后，我们可以计算对图中 z 的每个父节点的梯度，通过现有的梯度乘以产生 z 的操作的 Jacobian。我们继续乘以 Jacobian，以这种方式向后穿过图，直到到达 $\boldsymbol{x}$。对于从 z 出发可以经过两个或更多路径向后行进而到达的任意节点，我们简单地对该节点来自不同路径上的梯度进行求和。

更正式地，图 $\mathcal{G}$ 中的每个节点对应着一个变量。为了实现最大的一般化，我们将这个变量描述为一个张量 V。张量通常可以具有任意维度，并且包含标量、向量和矩阵。

我们假设每个变量 V 与下列子程序相关联：

- `get_operation`(V)：它返回用于计算 V 的操作，代表了在计算图中流入 V 的边。例如，可能有一个 Python 或者 C++ 的类表示矩阵乘法操作，以及 `get_operation` 函数。假设我们的一个变量是由矩阵乘法产生的，$\boldsymbol{C}=\boldsymbol{A}\boldsymbol{B}$。那么，`get_operation`($\mathsf{V}$) 返回一个指向相应 C++ 类的实例的指针。
- `get_consumers`($\mathsf{V},\mathcal{G}$)：它返回一组变量，是计算图 $\mathcal{G}$ 中 V 的子节点。
- `get_inputs`($\mathsf{V},\mathcal{G}$)：它返回一组变量，是计算图 $\mathcal{G}$ 中 V 的父节点。

每个操作 `op` 也与 `bprop` 操作相关联。该 `bprop` 操作可以计算如式 (6.47) 所描述的 Jacobian 向量积。这是反向传播算法能够实现很大通用性的原因。每个操作负责了解如何通过它参与的图中的边来反向传播。例如，我们可以使用矩阵乘法操作来产生变量 $\boldsymbol{C}=\boldsymbol{A}\boldsymbol{B}$。假设标量 z 关于 $\boldsymbol{C}$ 的梯度是 $\boldsymbol{G}$。矩阵乘法操作负责定义两个反向传播规则，每个规则对应于一个输入变量。如果我们调用 `bprop` 方法来请求关于 $\boldsymbol{A}$ 的梯度，那么在给定输出的梯度为 $\boldsymbol{G}$ 的情况下，矩阵乘法操作的 `bprop` 方法必须说明关于 $\boldsymbol{A}$ 的梯度是 $\boldsymbol{G}\boldsymbol{B}^\top$。类似地，如果我们调用 `bprop` 方法来请求关于 $\boldsymbol{B}$ 的梯度，那么矩阵操作负责实现 `bprop` 方法并指定希望的梯度是 $\boldsymbol{A}^\top\boldsymbol{G}$。反向传播算法本身并不需要知道任何微分法则。它只需要使用正确的参数调用每个操作的 `bprop` 方法即可。正式地，`op.bprop(inputs`$,\mathsf{X},\mathsf{G}$`)` 必须返回

$$\sum_i (\nabla_{\mathsf{X}}\texttt{op.f(inputs)}_i)\mathsf{G}_i \tag{6.54}$$

这只是如式 (6.47) 所表达的链式法则的实现。这里，`inputs` 是提供给操作的一组输入，`op.f` 是操作实现的数学函数，X 是输入，我们想要计算关于它的梯度，G 是操作对于输出的梯度。

`op.bprop` 方法应该总是假装它的所有输入彼此不同，即使它们不是。例如，如果 `mul` 操作传递两个 x 来计算 x^2，`op.bprop` 方法应该仍然返回 x 作为对于两个输入的导数。反向传

播算法后面会将这些变量加起来获得 $2x$，这是 x 上总的正确的导数。

反向传播算法的软件实现通常提供操作和其 bprop 方法，所以深度学习软件库的用户能够对使用诸如矩阵乘法、指数运算、对数运算等常用操作构建的图进行反向传播。构建反向传播新实现的软件工程师或者需要向现有库添加自己的操作的高级用户通常必须手动为新操作推导 op.bprop 方法。

反向传播算法的正式描述参考算法 6.5。

算法 6.5 反向传播算法最外围的骨架。这部分做简单的设置和清理工作。大多数重要的工作发生在算法6.6 的子程序build_grad中。

Require: $\mathbb{T}$，需要计算梯度的目标变量集
Require: $\mathcal{G}$，计算图
Require: z，要微分的变量
 令 $\mathcal{G}'$ 为 $\mathcal{G}$ 剪枝后的计算图，其中仅包括 z 的祖先以及 $\mathbb{T}$ 中节点的后代。
 初始化grad_table，它是关联张量和对应导数的数据结构。
 grad_table$[z] \leftarrow 1$
 for V in $\mathbb{T}$ **do**
  build_grad($\mathbf{V}, \mathcal{G}, \mathcal{G}'$, grad_table)
 end for
 Return grad_table restricted to $\mathbb{T}$

在第 6.5.2 节中，我们使用反向传播作为一种策略来避免多次计算链式法则中的相同子表达式。由于这些重复子表达式的存在，简单的算法可能具有指数运行时间。现在我们已经详细说明了反向传播算法，可以去理解它的计算成本了。如果我们假设每个操作的执行都有大致相同的开销，那么可以依据执行操作的数量来分析计算成本。注意这里我们将一个操作记为计算图的基本单位，它实际可能包含许多算术运算 (例如，我们可能将矩阵乘法视为单个操作)。在具有 n 个节点的图中计算梯度，将永远不会执行超过 $O(n^2)$ 个操作，或者存储超过 $O(n^2)$ 个操作的输出。这里我们是对计算图中的操作进行计数，而不是由底层硬件执行的单独操作，所以重要的是，要记住每个操作的运行时间可能是高度可变的。例如，两个矩阵相乘可能对应着图中的一个单独的操作，但这两个矩阵可能每个都包含数百万个元素。我们可以看到，计算梯度至多需要 $O(n^2)$ 的操作，因为在最坏的情况下，前向传播的步骤将在原始图的全部 n 个节点上运行 (取决于我们想要计算的值，可能不需要执行整个图)。反向传播算法在原始图的每条边添加一个 Jacobian 向量积，可以用 $O(1)$ 个节点来表达。因为计算图是有向无环图，它至多有 $O(n^2)$ 条边。对于实践中常用图的类型，情况会更好。大多数神经网络的代价函数大致是链式结构的，使得反向传播只有 $O(n)$ 的成本。这远远胜过简单的方法，简单方法可能需要在指数级的节点上运算。这种潜在的指数级代价可以通过非递归地扩展和重写递归链式法则 (式 (6.53)) 来看出：

$$\frac{\partial u^{(n)}}{\partial u^{(j)}} = \sum_{\substack{\text{path}(u^{(\pi_1)}, u^{(\pi_2)}, \cdots, u^{(\pi_t)}), \\ \text{from } \pi_1 = j \text{ to } \pi_t = n}} \prod_{k=2}^{t} \frac{\partial u^{(\pi_k)}}{\partial u^{(\pi_{k-1})}} \tag{6.55}$$

由于节点 j 到节点 n 的路径数目可以关于这些路径的长度上指数地增长，所以上述求和符

算法 6.6 反向传播算法的内循环子程序 `build_grad`$(\mathsf{V}, \mathcal{G}, \mathcal{G}', \texttt{grad\_table})$，由算法 6.5 中定义的反向传播算法调用。

Require: V，应该被加到 $\mathcal{G}$ 和`grad_table`的变量。
Require: $\mathcal{G}$，要修改的图。
Require: $\mathcal{G}'$，根据参与梯度的节点 $\mathcal{G}$ 的受限图。
Require: `grad_table`，将节点映射到对应梯度的数据结构。
  if $\mathbb{V}$ is in `grad_table` **then**
    Return `grad_table`$[\mathsf{V}]$
  end if
  $i \leftarrow 1$
  for C in `get_consumers`$(\mathsf{V}, \mathcal{G}')$ **do**
    op $\leftarrow$ `get_operation`(C)
    $\mathsf{D} \leftarrow$ `build_grad`$(\mathsf{C}, \mathcal{G}, \mathcal{G}', \texttt{grad\_table})$
    $\mathsf{G}^{(i)} \leftarrow$ op.bprop(`get_inputs`$(\mathsf{C}, \mathcal{G}'), \mathsf{V}, \mathsf{D})$
    $i \leftarrow i + 1$
  end for
  $\mathsf{G} \leftarrow \sum_i \mathsf{G}^{(i)}$
  `grad_table`$[\mathsf{V}] = \mathsf{G}$
  插入 G 和将其生成到 $\mathcal{G}$ 中的操作
  Return G

号中的项数 (这些路径的数目)，可能以前向传播图的深度的指数级增长。会产生如此大的成本是因为对于 $\frac{\partial u^{(i)}}{\partial u^{(j)}}$，相同的计算会重复进行很多次。为了避免这种重新计算，我们可以将反向传播看作一种表填充算法，利用存储的中间结果 $\frac{\partial u^{(n)}}{\partial u^{(i)}}$ 来对表进行填充。图中的每个节点对应着表中的一个位置，这个位置存储对该节点的梯度。通过顺序填充这些表的条目，反向传播算法避免了重复计算许多公共子表达式。这种表填充策略有时被称为**动态规划**(dynamic programming)。

6.5.7 实例：用于 MLP 训练的反向传播

作为一个例子，我们利用反向传播算法来训练多层感知机。

这里，我们考虑一个具有单个隐藏层的非常简单的多层感知机。为了训练这个模型，我们将使用小批量随机梯度下降算法。反向传播算法用于计算单个小批量上的代价的梯度。具体来说，我们使用训练集上的一小批量实例，将其规范化为一个设计矩阵 $\boldsymbol{X}$ 以及相关联的类标签向量 $\boldsymbol{y}$。网络计算隐藏特征层 $\boldsymbol{H} = \max\{0, \boldsymbol{X}\boldsymbol{W}^{(1)}\}$。为了简化表示，我们在这个模型中不使用偏置。假设我们的图语言包含 `relu` 操作，该操作可以对 $\max\{0, \boldsymbol{Z}\}$ 表达式的每个元素分别进行计算。类的非归一化对数概率的预测将随后由 $\boldsymbol{H}\boldsymbol{W}^{(2)}$ 给出。假设我们的图语言包含 `cross_entropy` 操作，用以计算目标 $\boldsymbol{y}$ 和由这些未归一化对数概率定义的概率分布间的交叉熵。所得到的交叉熵定义了代价函数 J_{MLE}。最小化这个交叉熵将执行对分类器的最大似然估计。然而，为了使得这个例子更加真实，我们也包含一个正则项。总的代价函数为

$$J = J_{\text{MLE}} + \lambda \left(\sum_{i,j} \left(W_{i,j}^{(1)} \right)^2 + \sum_{i,j} \left(W_{i,j}^{(2)} \right)^2 \right) \tag{6.56}$$

包含了交叉熵和系数为 λ 的权重衰减项。它的计算图在图 6.11 中给出。

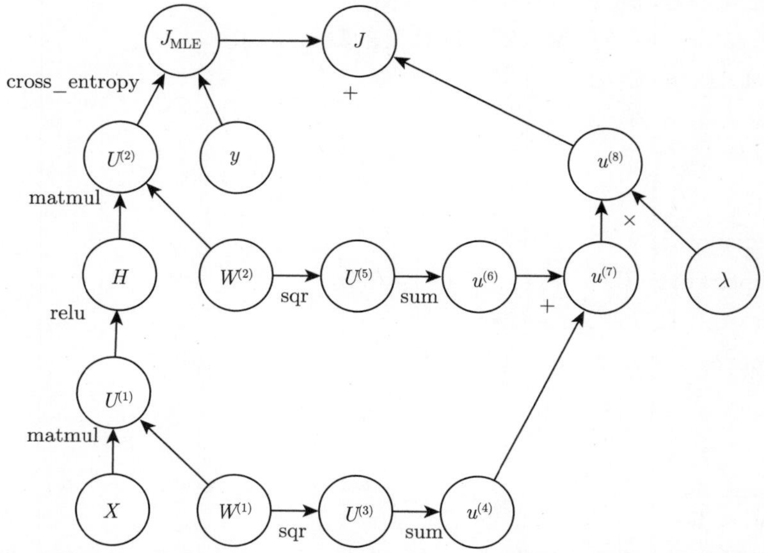

图 6.11 用于计算代价函数的计算图，这个代价函数是使用交叉熵损失以及权重衰减训练我们的单层 MLP 示例所产生的

这个示例的梯度计算图实在太大，以至于绘制或者阅读都将是乏味的。这显示出了反向传播算法的优点之一，即它可以自动生成梯度，而这种计算对于软件工程师来说需要进行直观但冗长的手动推导。

我们可以通过观察图 6.11 中的正向传播图来粗略地描述反向传播算法的行为。为了训练，我们希望计算 $\nabla_{\boldsymbol{W}^{(1)}} J$ 和 $\nabla_{\boldsymbol{W}^{(2)}} J$。有两种不同的路径从 J 后退到权重：一条通过交叉熵代价，另一条通过权重衰减代价。权重衰减代价相对简单，它总是对 $\boldsymbol{W}^{(i)}$ 上的梯度贡献 $2\lambda \boldsymbol{W}^{(i)}$。

另一条通过交叉熵代价的路径稍微复杂一些。令 $\boldsymbol{G}$ 是由 `cross_entropy` 操作提供的对未归一化对数概率 $\boldsymbol{U}^{(2)}$ 的梯度。反向传播算法现在需要探索两个不同的分支。在较短的分支上，它使用对矩阵乘法的第二个变量的反向传播规则，将 $\boldsymbol{H}^\top \boldsymbol{G}$ 加到 $\boldsymbol{W}^{(2)}$ 的梯度上。另一条更长些的路径沿着网络逐步下降。首先，反向传播算法使用对矩阵乘法的第一个变量的反向传播规则，计算 $\nabla_{\boldsymbol{H}} J = \boldsymbol{G} \boldsymbol{W}^{(2)\top}$。接下来，`relu` 操作使用其反向传播规则来对关于 $\boldsymbol{U}^{(1)}$ 的梯度中小于 0 的部分清零。记上述结果为 $\boldsymbol{G}'$。反向传播算法的最后一步是使用对 `matmul` 操作的第二个变量的反向传播规则，将 $\boldsymbol{X}^\top \boldsymbol{G}'$ 加到 $\boldsymbol{W}^{(1)}$ 的梯度上。

在计算了这些梯度以后，梯度下降算法或者其他优化算法所要做的就是使用这些梯度来更新参数。

对于 MLP，计算成本主要来源于矩阵乘法。在前向传播阶段，我们乘以每个权重矩阵，得到了 $O(w)$ 数量的乘 - 加，其中 w 是权重的数量。在反向传播阶段，我们乘以每个权重矩阵的转置，这具有相同的计算成本。算法主要的存储成本是我们需要将输入存储到隐藏层的非线性中去。这些值从被计算时开始存储，直到反向过程回到了同一点。因此存储成本是 $O(mn_h)$，其中 m 是小批量中样本的数目，n_h 是隐藏单元的数量。

6.5.8 复杂化

我们这里描述的反向传播算法要比实践中实际使用的实现要简单。

正如前面提到的，我们将操作的定义限制为返回单个张量的函数。大多数软件实现需要支持可以返回多个张量的操作。例如，如果我们希望计算张量中的最大值和该值的索引，则最好在单次运算中计算两者，因此将该过程实现为具有两个输出的操作效率更高。

我们还没有描述如何控制反向传播的内存消耗。反向传播经常涉及将许多张量加在一起。在朴素方法中，将分别计算这些张量中的每一个，然后在第二步中对所有这些张量求和。朴素方法具有过高的存储瓶颈，可以通过保持一个缓冲器，并且在计算时将每个值加到该缓冲器中来避免该瓶颈。

反向传播的现实实现还需要处理各种数据类型，例如 32 位浮点数、64 位浮点数和整型。处理这些类型的策略需要特别的设计考虑。

一些操作具有未定义的梯度，并且重要的是跟踪这些情况并且确定用户请求的梯度是否是未定义的。

各种其他技术的特性使现实世界的微分更加复杂。这些技术性并不是不可逾越的，本章已经描述了计算微分所需的关键知识工具，但重要的是要知道还有许多的精妙之处存在。

6.5.9 深度学习界以外的微分

深度学习界在某种程度上已经与更广泛的计算机科学界隔离开来，并且在很大程度上发展了自己关于如何进行微分的文化态度。一般来说，**自动微分**(automatic differentiation) 领域关心如何以算法方式计算导数。这里描述的反向传播算法只是自动微分的一种方法。它是一种称为**反向模式累加**(reverse mode accumulation) 的更广泛类型的技术的特殊情况。其他方法以不同的顺序来计算链式法则的子表达式。一般来说，确定一种计算的顺序使得计算开销最小，是困难的问题。找到计算梯度的最优操作序列是 NP 完全问题 (Naumann, 2008)，在这种意义上，它可能需要将代数表达式简化为它们最廉价的形式。

例如，假设有变量 $p_1, p_2 \cdots, p_n$ 表示概率，以及变量 $z_1, z_2, \cdots, z_n$ 表示未归一化的对数概率。假设定义

$$q_i = \frac{\exp(z_i)}{\sum_i \exp(z_i)} \tag{6.57}$$

其中我们通过指数化、求和与除法运算构建 softmax 函数，并构造交叉熵损失函数 $J = -\sum_i p_i \log q_i$。人类数学家可以观察到 J 对 z_i 的导数有一个非常简单的形式：$q_i - p_i$ 反向传播算法不能够以这种方式来简化梯度，而是会通过原始图中的所有对数和指数操作显式地传播梯度。一些软件库如 Theano (Bergstra *et al.*, 2010b; Bastien *et al.*, 2012b) 能够执行某些种类的代数替换来改进由纯反向传播算法提出的图。

当前向图 $\mathcal{G}$ 具有单个输出节点，并且每个偏导数 $\frac{\partial u^{(i)}}{\partial u^{(j)}}$ 都可以用恒定的计算量来计算时，反向传播保证梯度计算的计算数目和前向计算的计算数目是同一个量级：这可以在算法 6.2 中看出，因为每个局部偏导数 $\frac{\partial u^{(i)}}{\partial u^{(j)}}$ 以及递归链式公式（式 (6.53)）中相关的乘和加都只需计算一次。因此，总的计算量是 $O(\#\text{edges})$。然而，可能通过对反向传播算法构建的计算图进行简化来减少这些计算量，并且这是 NP 完全问题。诸如 Theano 和 TensorFlow 的实现使用基

于匹配已知简化模式的试探法，以便重复地尝试去简化图。我们定义反向传播仅用于计算标量输出的梯度，但是反向传播可以扩展到计算 Jacobian 矩阵 (该 Jacobian 矩阵或者来源于图中的 k 个不同标量节点，或者来源于包含 k 个值的张量值节点)。朴素的实现可能需要 k 倍的计算：对于原始前向图中的每个内部标量节点，朴素的实现计算 k 个梯度而不是单个梯度。当图的输出数目大于输入的数目时，有时更偏向于使用另外一种形式的自动微分，称为**前向模式累加**(forward mode accumulation)。前向模式计算已经被提出用于循环神经网络梯度的实时计算，例如 (Williams and Zipser, 1989)。这也避免了存储整个图的值和梯度的需要，是计算效率和内存使用的折中。前向模式和后向模式的关系类似于左乘和右乘一系列矩阵之间的关系，例如

$$\boldsymbol{ABCD} \tag{6.58}$$

其中的矩阵可以认为是 Jacobian 矩阵。例如，如果 $\boldsymbol{D}$ 是列向量，而 $\boldsymbol{A}$ 有很多行，那么这对应于一幅具有单个输出和多个输入的图，并且从最后开始乘，反向进行，只需要矩阵 - 向量的乘积。这对应着反向模式。相反，从左边开始乘将涉及一系列的矩阵 - 矩阵乘积，这使得总的计算变得更加昂贵。然而，如果 $\boldsymbol{A}$ 的行数小于 $\boldsymbol{D}$ 的列数，则从左到右乘更为便宜，这对应着前向模式。

在机器学习以外的许多社区中，更常见的是使用传统的编程语言来直接实现微分软件，例如用 Python 或者 C 来编程，并且自动生成使用这些语言编写的不同函数的程序。在深度学习界中，计算图通常使用由专用库创建的明确的数据结构表示。专用方法的缺点是需要库开发人员为每个操作定义 `bprop` 方法，并且限制了库的用户仅使用定义好的那些操作。然而，专用方法也允许定制每个操作的反向传播规则，允许开发者以非显而易见的方式提高速度或稳定性，对于这种方式自动的过程可能不能复制。

因此，反向传播不是计算梯度的唯一方式或最佳方式，但它是一个非常实用的方法，继续为深度学习社区服务。在未来，深度网络的微分技术可能会提高，因为深度学习的从业者更加懂得了更广泛的自动微分领域的进步。

6.5.10 高阶微分

一些软件框架支持使用高阶导数。在深度学习软件框架中，这至少包括 Theano 和 TensorFlow。这些库使用一种数据结构来描述要被微分的原始函数，它们使用相同类型的数据结构来描述这个函数的导数表达式。这意味着符号微分机制可以应用于导数 (从而产生高阶导数)。

在深度学习的相关领域，很少会计算标量函数的单个二阶导数。相反，我们通常对 Hessian 矩阵的性质比较感兴趣。如果我们有函数 $f:\mathbb{R}^n \to \mathbb{R}$，那么 Hessian 矩阵的大小是 $n \times n$。在典型的深度学习应用中，n 将是模型的参数数量，可能很容易达到数十亿。因此，完整的 Hessian 矩阵甚至不能表示。

典型的深度学习方法是使用**Krylov 方法**(Krylov method)，而不是显式地计算 Hessian 矩阵。Krylov 方法是用于执行各种操作的一组迭代技术，这些操作包括像近似求解矩阵的逆或者近似矩阵的特征值/特征向量等，而不使用矩阵 - 向量乘法以外的任何操作。

为了在 Hesssian 矩阵上使用 Krylov 方法，我们只需要能够计算 Hessian 矩阵 $\boldsymbol{H}$ 和一个

任意向量 $\boldsymbol{v}$ 间的乘积即可。实现这一目标的一种直观方法 (Christianson, 1992) 是

$$\boldsymbol{H}\boldsymbol{v} = \nabla_{\boldsymbol{x}}\left[(\nabla_{\boldsymbol{x}} f(x))^\top \boldsymbol{v}\right] \tag{6.59}$$

该表达式中两个梯度的计算都可以由适当的软件库自动完成。注意，外部梯度表达式是内部梯度表达式的函数的梯度。

如果 $\boldsymbol{v}$ 本身是由计算图产生的一个向量，那么重要的是指定自动微分软件不要对产生 $\boldsymbol{v}$ 的图进行微分。

虽然计算 Hessian 通常是不可取的，但是可以使用 Hessian 向量积。可以对所有的 $i = 1, \cdots, n$ 简单地计算 $\boldsymbol{H}\boldsymbol{e}^{(i)}$，其中 $\boldsymbol{e}^{(i)}$ 是 $e_i^{(i)} = 1$ 并且其他元素都为 0 的 one-hot 向量。

6.6 历史小记

前馈网络可以被视为一种高效的非线性函数近似器，它以使用梯度下降来最小化函数近似误差为基础。从这个角度来看，现代前馈网络是一般函数近似任务的几个世纪进步的结晶。

处于反向传播算法底层的链式法则是 17 世纪发明的 (Leibniz, 1676; L'Hôpital, 1696)。微积分和代数长期以来被用于求解优化问题的封闭形式，但梯度下降直到 19 世纪才作为优化问题的一种迭代近似的求解方法被引入 (Cauchy, 1847)。

从 20 世纪 40 年代开始，这些函数近似技术被用于导出诸如感知机的机器学习模型。然而，最早的模型都是基于线性模型。来自包括 Marvin Minsky 的批评指出了线性模型族的几个缺陷，例如它无法学习 XOR 函数，这导致了对整个神经网络方法的抵制。

学习非线性函数需要多层感知机的发展和计算该模型梯度的方法。基于动态规划的链式法则的高效应用开始出现在 20 世纪 60 年代和 70 年代，主要用于控制领域 (Kelley, 1960; Bryson and Denham, 1961; Dreyfus, 1962; Bryson and Ho, 1969; Dreyfus, 1973)，也用于灵敏度分析 (Linnainmaa, 1976)。Werbos (1981) 提出应用这些技术来训练人工神经网络。这个想法以不同的方式被独立地重新发现后 (LeCun, 1985; Parker, 1985; Rumelhart *et al.*, 1986a)，最终在实践中得以发展。**《并行分布式处理》**(Parallel Distributed Processing) 一书在其中一章提供了第一次成功使用反向传播的一些实验的结果 (Rumelhart *et al.*, 1986b)，这对反向传播的普及做出了巨大的贡献，并且开启了一个研究多层神经网络非常活跃的时期。然而，该书作者提出的想法，特别是 Rumelhart 和 Hinton 提出的想法远远超过了反向传播。它们包括一些关键思想，关于可能通过计算实现认知和学习的几个核心方面，后来被冠以"联结主义"的名称，因为它强调了神经元之间的连接作为学习和记忆的轨迹的重要性。特别地，这些想法包括分布式表示的概念 (Hinton *et al.*, 1986)。

在反向传播的成功之后，神经网络研究获得了普及，并在 20 世纪 90 年代初达到高峰。随后，其他机器学习技术变得更受欢迎，直到 2006 年开始的现代深度学习复兴。

现代前馈网络的核心思想自 20 世纪 80 年代以来没有发生重大变化，仍然使用相同的反向传播算法和相同的梯度下降方法。1986~2015 年，神经网络性能的大部分改进可归因于两个因素：第一，较大的数据集减少了统计泛化对神经网络的挑战的程度。第二，神经网络由于更强大的计算机和更好的软件基础设施已经变得更大。然而，少量算法上的变化也显著改善了神经网络的性能。

其中一个算法上的变化是用交叉熵族损失函数替代均方误差损失函数。均方误差在 20 世纪 80 年代和 90 年代流行，但逐渐被交叉熵损失替代，并且最大似然原理的想法在统计学界和机器学习界之间广泛传播。使用交叉熵损失大大提高了具有 sigmoid 和 softmax 输出的模型的性能，而当使用均方误差损失时会存在饱和和学习缓慢的问题。

另一个显著改善前馈网络性能的算法上的主要变化是使用分段线性隐藏单元来替代 sigmoid 隐藏单元，例如用整流线性单元。使用 $\max\{0, z\}$ 函数的整流在早期神经网络中已经被引入，并且至少可以追溯到认知机 (Cognitron) 和神经认知机 (Neocognitron)(Fukushima, 1975, 1980)。这些早期的模型没有使用整流线性单元，而是将整流用于非线性函数。尽管整流在早期很普及，在 20 世纪 80 年代，整流很大程度上被 sigmoid 所取代，也许是因为当神经网络非常小时，sigmoid 表现更好。到 21 世纪初，由于有些迷信的观念认为，必须避免具有不可导点的激活函数，所以避免了整流线性单元。这在 2009 年开始发生改变。Jarrett *et al.* (2009b) 观察到，在神经网络结构设计的几个不同因素中“使用整流非线性是提高识别系统性能的最重要的唯一因素”。

对于小的数据集，Jarrett *et al.* (2009b) 观察到，使用整流非线性甚至比学习隐藏层的权重值更加重要。随机的权重足以通过整流网络传播有用的信息，允许在顶部的分类器层学习如何将不同的特征向量映射到类标识。

当有更多数据可用时，学习开始提取足够的有用知识来超越随机选择参数的性能。Glorot *et al.* (2011a) 说明，在深度整流网络中的学习比在激活函数具有曲率或两侧饱和的深度网络中的学习更容易。

整流线性单元还具有历史意义，因为它们表明神经科学继续对深度学习算法的发展产生影响。Glorot *et al.* (2011a) 从生物学考虑整流线性单元的导出。半整流非线性旨在描述生物神经元的这些性质：(1) 对于某些输入，生物神经元是完全不活跃的。(2) 对于某些输入，生物神经元的输出和它的输入成比例。(3) 大多数时间，生物神经元是在它们不活跃的状态下进行操作 (即它们应该具有**稀疏激活**(sparse activation))。

当 2006 年深度学习开始现代复兴时，前馈网络仍然有不良的声誉。从 2006~2012 年，人们普遍认为，前馈网络不会表现良好，除非它们得到其他模型的辅助，例如概率模型。现在已经知道，只要具备适当的资源和工程实践，前馈网络表现得非常好。今天，前馈网络中基于梯度的学习被用作发展概率模型的工具，例如第 20 章中描述的变分自编码器和生成式对抗网络。前馈网络中基于梯度的学习自 2012 年以来一直被视为一种强大的技术，并应用于许多其他机器学习任务，而不是被视为必须由其他技术支持的不可靠技术。2006 年，业内使用无监督学习来支持监督学习。现在更讽刺的是，使用监督学习来支持无监督学习更常见。

前馈网络还有许多未实现的潜力。未来，我们期望它们用于更多的任务，优化算法和模型设计的进步将进一步提高它们的性能。本章主要描述了神经网络模型族。在接下来的章节中，我们将讨论如何使用这些模型 —— 如何对它们进行正则化和训练。

第 7 章　深度学习中的正则化

机器学习中的一个核心问题是设计不仅在训练数据上表现好，而且能在新输入上泛化好的算法。在机器学习中，许多策略被显式地设计来减少测试误差 (可能会以增大训练误差为代价)。这些策略被统称为正则化。我们将在后文看到，深度学习工作者可以使用许多不同形式的正则化策略。事实上，开发更有效的正则化策略已成为本领域的主要研究工作之一。

第 5 章介绍了泛化、欠拟合、过拟合、偏差、方差和正则化的基本概念。如果你不熟悉这些概念，请先参考第 5 章，然后再继续阅读本章。

在本章中，我们会更详细地介绍正则化，重点介绍深度模型 (或组成深度模型的模块) 的正则化策略。

本章中的某些章节涉及机器学习中的标准概念。如果你已经熟悉了这些概念，可以随意跳过相关章节。然而，本章的大多数内容是关于这些基本概念在特定神经网络中的扩展概念。

在第 5.2.2 节中，我们将正则化定义为“对学习算法的修改 —— 旨在减少泛化误差而不是训练误差”。目前有许多正则化策略。有些策略向机器学习模型添加限制参数值的额外约束。有些策略向目标函数增加额外项来对参数值进行软约束。如果我们细心选择，这些额外的约束和惩罚可以改善模型在测试集上的表现。有时候，这些约束和惩罚被设计为编码特定类型的先验知识；其他时候，这些约束和惩罚被设计为偏好简单模型，以便提高泛化能力。有时，惩罚和约束对于确定欠定的问题是必要的。其他形式的正则化，如被称为集成的方法，则结合多个假说来解释训练数据。

在深度学习的背景下，大多数正则化策略都会对估计进行正则化。估计的正则化以偏差的增加换取方差的减少。一个有效的正则化是有利的“交易”，也就是能显著减少方差而不过度增加偏差。我们在第 5 章中讨论泛化和过拟合时，主要侧重模型族训练的 3 种情况：(1) 不包括真实的数据生成过程 —— 对应欠拟合和含有偏差的情况；(2) 匹配真实数据生成过程；(3) 除了包括真实的数据生成过程，还包括许多其他可能的生成过程 —— 方差 (而不是偏差) 主导的过拟合。正则化的目标是使模型从第三种情况转化为第二种情况。

在实践中，过于复杂的模型族不一定包括目标函数或真实数据生成过程，甚至也不包括近似过程。我们几乎从未知晓真实数据的生成过程，所以我们永远不知道被估计的模型族是否包括生成过程。然而，深度学习算法的大多数应用都是针对这样的情况，其中真实数据的生成过程几乎肯定在模型族之外。深度学习算法通常应用于极为复杂的领域，如图像、音频序列和文本，本质上这些领域的真实生成过程涉及模拟整个宇宙。从某种程度上说，我们总是持方枘 (数据生成过程) 而欲内圆凿 (模型族)。

这意味着控制模型的复杂度不是找到合适规模的模型 (带有正确的参数个数) 这样一个简单的事情。相反，我们可能会发现，或者说在实际的深度学习场景中我们几乎总是会发现，最好的拟合模型 (从最小化泛化误差的意义上) 是一个适当正则化的大型模型。

现在我们回顾几种策略，以创建这些正则化的大型深度模型。

7.1 参数范数惩罚

正则化在深度学习的出现前就已经被使用了数十年。线性模型，如线性回归和逻辑回归，可以使用简单、直接、有效的正则化策略。

许多正则化方法通过对目标函数 J 添加一个参数范数惩罚 $\Omega(\boldsymbol{\theta})$，限制模型 (如神经网络、线性回归或逻辑回归) 的学习能力。我们将正则化后的目标函数记为 $\tilde{J}$：

$$\tilde{J}(\boldsymbol{\theta};\boldsymbol{X},\boldsymbol{y}) = J(\boldsymbol{\theta};\boldsymbol{X},\boldsymbol{y}) + \alpha\Omega(\boldsymbol{\theta}) \tag{7.1}$$

其中 $\alpha \in [0,\infty)$ 是权衡范数惩罚项 Ω 和标准目标函数 $J(\boldsymbol{X};\boldsymbol{\theta})$ 相对贡献的超参数。将 α 设为 0 表示没有正则化。α 越大，对应正则化惩罚越大。

当我们的训练算法最小化正则化后的目标函数 $\tilde{J}$ 时，它会降低原始目标 J 关于训练数据的误差并同时减小在某些衡量标准下参数 $\boldsymbol{\theta}$(或参数子集) 的规模。选择不同的参数范数 Ω 会偏好不同的解。在本节中，我们会讨论各种范数惩罚对模型的影响。

在探究不同范数的正则化表现之前，需要说明一下，在神经网络中，参数包括每一层仿射变换的权重和偏置，我们通常*只对权重*做惩罚而不对偏置做正则惩罚。精确拟合偏置所需的数据通常比拟合权重少得多。每个权重会指定两个变量如何相互作用。我们需要在各种条件下观察这两个变量才能良好地拟合权重。而每个偏置仅控制一个单变量。这意味着，我们不对其进行正则化也不会导致太大的方差。另外，正则化偏置参数可能会导致明显的欠拟合。因此，我们使用向量 $\boldsymbol{w}$ 表示所有应受范数惩罚影响的权重，而向量 $\boldsymbol{\theta}$ 表示所有参数 (包括 $\boldsymbol{w}$ 和无须正则化的参数)。

在神经网络的情况下，有时希望对网络的每一层使用单独的惩罚，并分配不同的 α 系数。寻找合适的多个超参数的代价很大，因此为了减少搜索空间，我们会在所有层使用相同的权重衰减。

7.1.1 L^2 参数正则化

在第 5.2 节中我们已经看到过最简单而又最常见的参数范数惩罚，即通常被称为**权重衰减**(weight decay) 的 L^2 参数范数惩罚。这个正则化策略通过向目标函数添加一个正则项 $\Omega(\boldsymbol{\theta}) = \frac{1}{2}\|\boldsymbol{w}\|_2^2$，使权重更加接近原点 ①。在其他学术圈，$L^2$ 也被称为岭回归或 Tikhonov 正则。

我们可以通过研究正则化后目标函数的梯度，洞察一些权重衰减的正则化表现。为了简单起见，我们假定其中没有偏置参数，因此 $\boldsymbol{\theta}$ 就是 $\boldsymbol{w}$。这样一个模型具有以下总的目标函数：

$$\tilde{J}(\boldsymbol{w};\boldsymbol{X},\boldsymbol{y}) = \frac{\alpha}{2}\boldsymbol{w}^\top\boldsymbol{w} + J(\boldsymbol{w};\boldsymbol{X},\boldsymbol{y}) \tag{7.2}$$

与之对应的梯度为

$$\nabla_{\boldsymbol{w}}\tilde{J}(\boldsymbol{w};\boldsymbol{X},\boldsymbol{y}) = \alpha\boldsymbol{w} + \nabla_{\boldsymbol{w}}J(\boldsymbol{w};\boldsymbol{X},\boldsymbol{y}) \tag{7.3}$$

使用单步梯度下降更新权重，即执行以下更新：

$$\boldsymbol{w} \leftarrow \boldsymbol{w} - \epsilon(\alpha\boldsymbol{w} + \nabla_{\boldsymbol{w}}J(\boldsymbol{w};\boldsymbol{X},\boldsymbol{y})) \tag{7.4}$$

① 更一般地，我们可以将参数正则化为接近空间中的任意特定点，令人惊讶的是这样也仍有正则化效果，但是特定点越接近真实值结果越好。当我们不知道正确的值应该是正还是负时，零是有意义的默认值。由于模型参数正则化为零的情况更为常见，我们将只探讨这种特殊情况。

换种写法就是

$$\boldsymbol{w} \leftarrow (1-\epsilon\alpha)\boldsymbol{w} - \epsilon\nabla_{\boldsymbol{w}} J(\boldsymbol{w};\boldsymbol{X},\boldsymbol{y}) \tag{7.5}$$

我们可以看到，加入权重衰减后会引起学习规则的修改，即在每步执行通常的梯度更新之前先收缩权重向量 (将权重向量乘以一个常数因子)。这是单个步骤发生的变化。但是，在训练的整个过程会发生什么呢？

我们进一步简化分析，令 $\boldsymbol{w}^*$ 为未正则化的目标函数取得最小训练误差时的权重向量，即 $\boldsymbol{w}^* = \arg\min_{\boldsymbol{w}} J(\boldsymbol{w})$，并在 $\boldsymbol{w}^*$ 的邻域对目标函数做二次近似。如果目标函数确实是二次的 (如以均方误差拟合线性回归模型的情况)，则该近似是完美的。近似的 $\hat{J}(\boldsymbol{\theta})$ 如下

$$\hat{J}(\boldsymbol{\theta}) = J(\boldsymbol{w}^*) + \frac{1}{2}(\boldsymbol{w}-\boldsymbol{w}^*)^\top \boldsymbol{H}(\boldsymbol{w}-\boldsymbol{w}^*) \tag{7.6}$$

其中 $\boldsymbol{H}$ 是 J 在 $\boldsymbol{w}^*$ 处计算的 Hessian 矩阵 (关于 $\boldsymbol{w}$)。因为 $\boldsymbol{w}^*$ 被定义为最优，即梯度消失为 0，所以该二次近似中没有一阶项。同样地，因为 $\boldsymbol{w}^*$ 是 J 的一个最优点，我们可以得出 $\boldsymbol{H}$ 是半正定的结论。

当 $\hat{J}$ 取得最小时，其梯度

$$\nabla_{\boldsymbol{w}}\hat{J}(\boldsymbol{w}) = \boldsymbol{H}(\boldsymbol{w}-\boldsymbol{w}^*) \tag{7.7}$$

为 0。

为了研究权重衰减带来的影响，我们在式 (7.7) 中添加权重衰减的梯度。现在我们探讨最小化正则化后的 $\hat{J}$。我们使用变量 $\tilde{\boldsymbol{w}}$ 表示此时的最优点：

$$\alpha\tilde{\boldsymbol{w}} + \boldsymbol{H}(\tilde{\boldsymbol{w}}-\boldsymbol{w}^*) = 0 \tag{7.8}$$

$$(\boldsymbol{H}+\alpha\boldsymbol{I})\tilde{\boldsymbol{w}} = \boldsymbol{H}\boldsymbol{w}^* \tag{7.9}$$

$$\tilde{\boldsymbol{w}} = (\boldsymbol{H}+\alpha\boldsymbol{I})^{-1}\boldsymbol{H}\boldsymbol{w}^* \tag{7.10}$$

当 α 趋向于 0 时，正则化的解 $\tilde{\boldsymbol{w}}$ 会趋向 $\boldsymbol{w}^*$。那么当 α 增加时会发生什么呢？因为 $\boldsymbol{H}$ 是实对称的，所以我们可以将其分解为一个对角矩阵 $\boldsymbol{\Lambda}$ 和一组特征向量的标准正交基 $\boldsymbol{Q}$，并且有 $\boldsymbol{H} = \boldsymbol{Q}\boldsymbol{\Lambda}\boldsymbol{Q}^\top$。将其应用于式 (7.10)，可得

$$\tilde{\boldsymbol{w}} = (\boldsymbol{Q}\boldsymbol{\Lambda}\boldsymbol{Q}^\top + \alpha\boldsymbol{I})^{-1}\boldsymbol{Q}\boldsymbol{\Lambda}\boldsymbol{Q}^\top\boldsymbol{w}^* \tag{7.11}$$

$$= [\boldsymbol{Q}(\boldsymbol{\Lambda}+\alpha\boldsymbol{I})\boldsymbol{Q}^\top]^{-1}\boldsymbol{Q}\boldsymbol{\Lambda}\boldsymbol{Q}^\top\boldsymbol{w}^* \tag{7.12}$$

$$= \boldsymbol{Q}(\boldsymbol{\Lambda}+\alpha\boldsymbol{I})^{-1}\boldsymbol{\Lambda}\boldsymbol{Q}^\top\boldsymbol{w}^* \tag{7.13}$$

我们可以看到权重衰减的效果是沿着由 $\boldsymbol{H}$ 的特征向量所定义的轴缩放 $\boldsymbol{w}^*$。具体来说，我们会根据 $\frac{\lambda_i}{\lambda_i+\alpha}$ 因子缩放与 $\boldsymbol{H}$ 第 i 个特征向量对齐的 $\boldsymbol{w}^*$ 的分量。(不妨查看图 2.3，回顾这种缩放的原理)。

沿着 $\boldsymbol{H}$ 特征值较大的方向 (如 $\lambda_i \gg \alpha$) 正则化的影响较小。而 $\lambda_i \ll \alpha$ 的分量将会收缩到几乎为零。这种效应如图 7.1 所示。

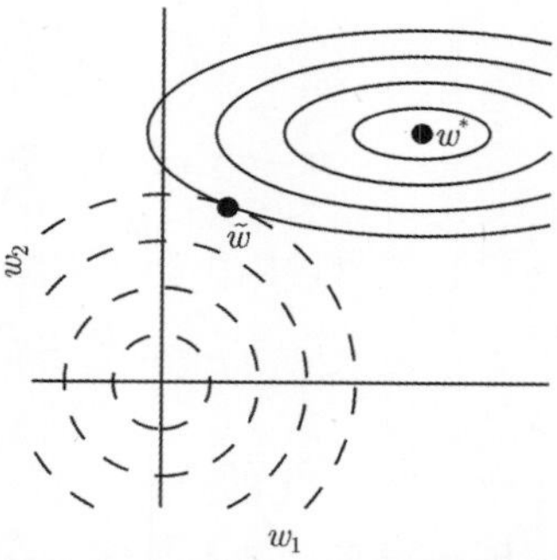

图 7.1 L^2(或权重衰减) 正则化对最佳 $\boldsymbol{w}$ 值的影响。实线椭圆表示没有正则化目标的等值线。虚线圆圈表示 L^2 正则化项的等值线。在 $\tilde{\boldsymbol{w}}$ 点，这两个竞争目标达到平衡。目标函数 J 的 Hessian 的第一维特征值很小。当从 $\boldsymbol{w}^*$ 水平移动时，目标函数不会增加得太多。因为目标函数对这个方向没有强烈的偏好，所以正则化项对该轴具有强烈的影响。正则化项将 w_1 拉向零。而目标函数对沿着第二维远离 $\boldsymbol{w}^*$ 的移动非常敏感。对应的特征值较大，表示高曲率。因此，权重衰减对 w_2 的位置影响相对较小

只有在显著减小目标函数方向上的参数会保留得相对完好。在无助于目标函数减小的方向 (对应 Hessian 矩阵较小的特征值) 上改变参数不会显著增加梯度。这种不重要方向对应的分量会在训练过程中因正则化而衰减掉。

目前为止，我们讨论了权重衰减对优化一个抽象通用的二次代价函数的影响。这些影响具体是怎么和机器学习关联的呢？我们可以研究线性回归，它的真实代价函数是二次的，因此我们可以使用相同的方法分析。再次应用分析，我们会在这种情况下得到相同的结果，但这次我们使用训练数据的术语表述。线性回归的代价函数是平方误差之和：

$$(\boldsymbol{X}\boldsymbol{w}-\boldsymbol{y})^\top(\boldsymbol{X}\boldsymbol{w}-\boldsymbol{y}) \tag{7.14}$$

我们添加 L^2 正则项后，目标函数变为

$$(\boldsymbol{X}\boldsymbol{w}-\boldsymbol{y})^\top(\boldsymbol{X}\boldsymbol{w}-\boldsymbol{y})+\frac{1}{2}\alpha\boldsymbol{w}^\top\boldsymbol{w} \tag{7.15}$$

这将正规方程的解从

$$\boldsymbol{w}=(\boldsymbol{X}^\top\boldsymbol{X})^{-1}\boldsymbol{X}^\top\boldsymbol{y} \tag{7.16}$$

变为

$$\boldsymbol{w}=(\boldsymbol{X}^\top\boldsymbol{X}+\alpha\boldsymbol{I})^{-1}\boldsymbol{X}^\top\boldsymbol{y} \tag{7.17}$$

式 (7.16) 中的矩阵 $\boldsymbol{X}^\top\boldsymbol{X}$ 与协方差矩阵 $\frac{1}{m}\boldsymbol{X}^\top\boldsymbol{X}$ 成正比。L^2 正则项将这个矩阵替换为式 (7.17) 中的 $(\boldsymbol{X}^\top\boldsymbol{X}+\alpha\boldsymbol{I})^{-1}$，这个新矩阵与原来的是一样的，不同的仅仅是在对角加了 α。这个矩阵的对角项对应每个输入特征的方差。我们可以看到，L^2 正则化能让学习算法“感知”到具有较高方差的输入 $\boldsymbol{x}$，因此与输出目标的协方差较小 (相对增加方差) 的特征的权重将会收缩。

7.1.2 L^1 正则化

L^2 权重衰减是权重衰减最常见的形式，我们还可以使用其他的方法限制模型参数的规模。一个选择是使用 L^1 正则化。

Python机器学习——预测分析核心算法

书号：978-7-115-43373-2
作者：[美] Michael Bowles
译者：沙赢、李鹏

机器学习与数据科学（基于R的统计学习方法）

书号：978-7-115-45240-5
作者：[美] Daniel D. Gutierrez
译者：施翊

机器学习Web应用

书号：978-7-115-45852-0
作者：[意] Andrea Isoni
译者：杜春晓

精通Python自然语言处理

书号: 978-7-115-45968-8
作者：[印度] Deepti Chopra, Nisheeth Joshi, Iti Mathur
译者：王威

Microsoft Azure机器学习和预测分析

书号：978-7-115-45848-3
作者：[美] Roger Barga, [美] Valentine Fontama, [新加坡] Wee Hyong Tok
译者：李永伦

Python机器学习实践指南

书号：978-7-115-44906-1
作者：[美] Alexander T. Combs
译者：黄申

NLTK基础教程——用NLTK和Python库构建机器学习应用

书号：978-7-115-45257-3
作者：[印度] Nitin Hardeniya
译者：凌杰

机器学习项目开发实战

书号：978-7-115-42951-3
作者：[美] Mathias Brandewinder
译者：姚军

神经网络算法与实现——基于Java语言

作者：[巴西] Fá bio M. Soares, Alan M.F. Souza
译者：范东来、封强

贝叶斯方法：概率编程与贝叶斯推断

作者：[加] Cameron Davidson-Pilon
译者：辛愿、钟黎、欧阳婷

概率编程实战

作者：[美] Avi Pfeffer
译者：姚军

计算机视觉度量深入解析

作者：[美] Scott Krig
译者：刘波、靳小波、于俊伟

形式地，对模型参数 $\boldsymbol{w}$ 的 L^1 正则化被定义为

$$\Omega(\boldsymbol{\theta}) = \|\boldsymbol{w}\|_1 = \sum_i |w_i| \tag{7.18}$$

即各个参数的绝对值之和[②]。接着我们将讨论 L^1 正则化对简单线性回归模型的影响，与分析 L^2 正则化时一样不考虑偏置参数。我们尤其感兴趣的是找出 L^1 和 L^2 正则化之间的差异。与 L^2 权重衰减类似，我们也可以通过缩放惩罚项 Ω 的正超参数 α 来控制 L^1 权重衰减的强度。因此，正则化的目标函数 $\tilde{J}(\boldsymbol{w};\boldsymbol{X},\boldsymbol{y})$ 如下所示

$$\tilde{J}(\boldsymbol{w};\boldsymbol{X},\boldsymbol{y}) = \alpha\|\boldsymbol{w}\|_1 + J(\boldsymbol{w};\boldsymbol{X},\boldsymbol{y}) \tag{7.19}$$

对应的梯度 (实际上是次梯度)：

$$\nabla_{\boldsymbol{w}}\tilde{J}(\boldsymbol{w};\boldsymbol{X},\boldsymbol{y}) = \alpha\text{sign}(\boldsymbol{w}) + \nabla_{\boldsymbol{w}}J(\boldsymbol{w};\boldsymbol{X},\boldsymbol{y}) \tag{7.20}$$

其中 $\text{sign}(\boldsymbol{w})$ 只是简单地取 $\boldsymbol{w}$ 各个元素的正负号。

观察式 (7.20)，我们立刻发现 L^1 的正则化效果与 L^2 大不一样。具体来说，我们可以看到正则化对梯度的影响不再是线性地缩放每个 w_i；而是添加了一项与 $\text{sign}(w_i)$ 同号的常数。使用这种形式的梯度之后，我们不一定能得到 $J(\boldsymbol{X},\boldsymbol{y};\boldsymbol{w})$ 二次近似的直接算术解 (L^2 正则化时可以)。

简单线性模型具有二次代价函数，我们可以通过泰勒级数表示。或者我们可以设想，这是逼近更复杂模型的代价函数的截断泰勒级数。在这个设定下，梯度由下式给出

$$\nabla_{\boldsymbol{w}}\hat{J}(\boldsymbol{w}) = \boldsymbol{H}(\boldsymbol{w}-\boldsymbol{w}^*) \tag{7.21}$$

同样，$\boldsymbol{H}$ 是 J 在 $\boldsymbol{w}^*$ 处的 Hessian 矩阵 (关于 $\boldsymbol{w}$)。

由于 L^1 惩罚项在完全一般化的 Hessian 的情况下，无法得到直接清晰的代数表达式，因此我们将进一步简化假设 Hessian 是对角的，即 $\boldsymbol{H} = \text{diag}([H_{1,1},\cdots,H_{n,n}])$，其中每个 $H_{i,i}>0$。如果线性回归问题中的数据已被预处理 (如可以使用 PCA)，去除了输入特征之间的相关性，那么这一假设成立。

我们可以将 L^1 正则化目标函数的二次近似分解成关于参数的求和：

$$\hat{J}(\boldsymbol{w};\boldsymbol{X},\boldsymbol{y}) = J(\boldsymbol{w}^*;\boldsymbol{X},\boldsymbol{y}) + \sum_i \left[\frac{1}{2}H_{i,i}(w_i-w_i^*)^2 + \alpha|w_i|\right] \tag{7.22}$$

如下列形式的解析解 (对每一维 i) 可以最小化这个近似代价函数：

$$w_i = \text{sign}(w_i^*)\max\left\{|w_i^*| - \frac{\alpha}{H_{i,i}}, 0\right\} \tag{7.23}$$

对每个 i, 考虑 $w_i^*>0$ 的情形，会有两种可能结果：

(1)$w_i^* \leqslant \frac{\alpha}{H_{i,i}}$ 的情况。正则化后目标中的 w_i 最优值是 $w_i=0$。这是因为在方向 i 上 $J(\boldsymbol{w};\boldsymbol{X},\boldsymbol{y})$ 对 $\hat{J}(\boldsymbol{w};\boldsymbol{X},\boldsymbol{y})$ 的贡献被抵消，L^1 正则化项将 w_i 推至 0。

② 如同 L^2 正则化，我们能将参数正则化到其他非零值 $\boldsymbol{w}^{(o)}$。在这种情况下，L^1 正则化将会引入不同的项 $\Omega(\boldsymbol{\theta}) = \|\boldsymbol{w}-\boldsymbol{w}^{(o)}\|_1 = \sum_i |w_i - w_i^{(o)}|$。

(2)$w_i^* > \frac{\alpha}{H_{i,i}}$ 的情况。在这种情况下，正则化不会将 w_i 的最优值推至 0，而仅仅在那个方向上移动 $\frac{\alpha}{H_{i,i}}$ 的距离。

$w_i^* < 0$ 的情况与此类似，但是 L^1 惩罚项使 w_i 更接近 0(增加 $\frac{\alpha}{H_{i,i}}$) 或者为 0。

相比 L^2 正则化，L^1 正则化会产生更**稀疏**(sparse) 的解。此处稀疏性指的是最优值中的一些参数为 0。和 L^2 正则化相比，L^1 正则化的稀疏性具有本质的不同。式 (7.13) 给出了 L^2 正则化的解 $\tilde{\boldsymbol{w}}$。如果我们使用 Hessian 矩阵 $\boldsymbol{H}$ 为对角正定矩阵的假设 (与 L^1 正则化分析时一样)，重新考虑这个等式，会发现 $\tilde{w}_i = \frac{H_{i,i}}{H_{i,i}+\alpha} w_i^*$。如果 w_i^* 不是零，那么 $\tilde{w}_i$ 也会保持非零。这表明 L^2 正则化不会使参数变得稀疏，而 L^1 正则化有可能通过足够大的 α 实现稀疏。

由 L^1 正则化导出的稀疏性质已经被广泛地用于**特征选择**(feature selection) 机制。特征选择从可用的特征子集选择出有意义的特征，化简机器学习问题。著名的 LASSO (Tibshirani, 1995)(Least Absolute Shrinkage and Selection Operator) 模型将 L^1 惩罚和线性模型结合，并使用最小二乘代价函数。L^1 惩罚使部分子集的权重为零，表明相应的特征可以被安全地忽略。

在第 5.6.1 节，我们看到许多正则化策略可以被解释为 MAP 贝叶斯推断，特别是 L^2 正则化相当于权重是高斯先验的 MAP 贝叶斯推断。对于 L^1 正则化，用于正则化代价函数的惩罚项 $\alpha\Omega(\boldsymbol{w}) = \alpha \sum_i |w_i|$ 与通过 MAP 贝叶斯推断最大化的对数先验项是等价的 ($\boldsymbol{w} \in \mathbb{R}^n$ 并且权重先验是各向同性的拉普拉斯分布 (式 (3.26)))：

$$\log p(\boldsymbol{w}) = \sum_i \log \text{Laplace}(w_i; 0, \frac{1}{\alpha}) = -\alpha \|\boldsymbol{w}\|_1 + n \log \alpha - n \log 2 \tag{7.24}$$

因为是关于 $\boldsymbol{w}$ 最大化进行学习，我们可以忽略 $\log \alpha - \log 2$ 项，因为它们与 $\boldsymbol{w}$ 无关。

7.2 作为约束的范数惩罚

考虑经过参数范数正则化的代价函数：

$$\tilde{J}(\boldsymbol{\theta}; \boldsymbol{X}, \boldsymbol{y}) = J(\boldsymbol{\theta}; \boldsymbol{X}, \boldsymbol{y}) + \alpha\Omega(\boldsymbol{\theta}) \tag{7.25}$$

回顾第 4.4 节，我们可以构造一个广义 Lagrange 函数来最小化带约束的函数，即在原始目标函数上添加一系列惩罚项。每个惩罚是一个被称为**Karush-Kuhn-Tucker**(Karush-Kuhn-Tucker) 乘子的系数以及一个表示约束是否满足的函数之间的乘积。如果想约束 $\Omega(\boldsymbol{\theta})$ 小于某个常数 k，我们可以构建广义 Lagrange 函数

$$\mathcal{L}(\boldsymbol{\theta}, \alpha; \boldsymbol{X}, \boldsymbol{y}) = J(\boldsymbol{\theta}; \boldsymbol{X}, \boldsymbol{y}) + \alpha(\Omega(\boldsymbol{\theta}) - k) \tag{7.26}$$

这个约束问题的解由下式给出

$$\boldsymbol{\theta}^* = \arg\min_{\boldsymbol{\theta}} \max_{\alpha, \alpha \geqslant 0} \mathcal{L}(\boldsymbol{\theta}, \alpha) \tag{7.27}$$

如第 4.4 节中描述的，要解决这个问题，我们需要对 $\boldsymbol{\theta}$ 和 α 都做出调整。第 4.5 节给出了一个带 L^2 约束的线性回归实例。还有许多不同的优化方法，有些可能会使用梯度下降而其他可能会使用梯度为 0 的解析解，但在所有过程中 α 在 $\Omega(\boldsymbol{\theta}) > k$ 时必须增加，在 $\Omega(\boldsymbol{\theta}) < k$ 时必须减小。所有正值的 α 都鼓励 $\Omega(\boldsymbol{\theta})$ 收缩。最优值 α^* 也将鼓励 $\Omega(\boldsymbol{\theta})$ 收缩，但不会强到使得 $\Omega(\boldsymbol{\theta})$ 小于 k。

为了洞察约束的影响，我们可以固定 α^*，把这个问题看成只跟 $\boldsymbol{\theta}$ 有关的函数：

$$\boldsymbol{\theta}^* = \arg\min_{\boldsymbol{\theta}} \mathcal{L}(\boldsymbol{\theta}, \alpha^*) = \arg\min_{\boldsymbol{\theta}} J(\boldsymbol{\theta}; \boldsymbol{X}, \boldsymbol{y}) + \alpha^* \Omega(\boldsymbol{\theta}) \tag{7.28}$$

这和最小化 $\tilde{J}$ 的正则化训练问题是完全一样的。因此，我们可以把参数范数惩罚看作对权重强加的约束。如果 Ω 是 L^2 范数，那么权重就是被约束在一个 L^2 球中。如果 Ω 是 L^1 范数，那么权重就是被约束在一个 L^1 范数限制的区域中。通常我们不知道权重衰减系数 α^* 约束的区域大小，因为 α^* 的值不直接告诉我们 k 的值。原则上我们可以解得 k，但 k 和 α^* 之间的关系取决于 J 的形式。虽然我们不知道约束区域的确切大小，但可以通过增加或者减小 α 来大致扩大或收缩约束区域。较大的 α，将得到一个较小的约束区域。较小的 α，将得到一个较大的约束区域。

有时候，我们希望使用显式的限制，而不是惩罚。如第 4.4 节所述，我们可以修改下降算法 (如随机梯度下降算法)，使其先计算 $J(\boldsymbol{\theta})$ 的下降步，然后将 $\boldsymbol{\theta}$ 投影到满足 $\Omega(\boldsymbol{\theta}) < k$ 的最近点。如果我们知道什么样的 k 是合适的，而不想花时间寻找对应于此 k 处的 α 值，这会非常有用。

另一个使用显式约束和重投影而不是使用惩罚强加约束的原因是，惩罚可能会导致目标函数非凸而使算法陷入局部极小 (对应于小的 $\boldsymbol{\theta}$)。当训练神经网络时，这通常表现为训练带有几个“死亡单元”的神经网络。这些单元不会对网络学到的函数有太大影响，因为进入或离开它们的权重都非常小。当使用权重范数的惩罚训练时，即使可以通过增加权重以显著减少 J，这些配置也可能是局部最优的。因为重投影实现的显式约束不鼓励权重接近原点，所以在这些情况下效果更好。通过重投影实现的显式约束只在权重变大并试图离开限制区域时产生作用。

最后，因为重投影的显式约束还对优化过程增加了一定的稳定性，所以这是另一个好处。当使用较高的学习率时，很可能进入正反馈，即大的权重诱导大梯度，然后使得权重获得较大更新。如果这些更新持续增加权重的大小，$\boldsymbol{\theta}$ 就会迅速增大，直到离原点很远而发生溢出。重投影的显式约束可以防止这种反馈环引起权重无限制地持续增加。Hinton *et al.* (2012c) 建议结合使用约束和高学习速率，这样能更快地探索参数空间，并保持一定的稳定性。

Hinton *et al.* (2012c) 尤其推荐由 Srebro and Shraibman (2005) 引入的策略：约束神经网络层的权重矩阵每列的范数，而不是限制整个权重矩阵的 Frobenius 范数。分别限制每一列的范数可以防止某一隐藏单元有非常大的权重。如果我们将此约束转换成 Lagrange 函数中的一个惩罚，这将与 L^2 权重衰减类似但每个隐藏单元的权重都具有单独的 KKT 乘子。每个 KKT 乘子分别会被动态更新，以使每个隐藏单元服从约束。在实践中，列范数的限制总是通过重投影的显式约束来实现。

7.3 正则化和欠约束问题

在某些情况下，为了正确定义机器学习问题，正则化是必要的。机器学习中许多线性模型，包括线性回归和 PCA，都依赖于对矩阵 $\boldsymbol{X}^\top\boldsymbol{X}$ 求逆。只要 $\boldsymbol{X}^\top\boldsymbol{X}$ 是奇异的，这些方法就会失效。当数据生成分布在一些方向上确实没有差异时，或因为例子较少 (即相对输入特征的维数来说) 而在一些方向上没有观察到方差时，这个矩阵就是奇异的。在这种情况下，正则化的许多形式对应求逆 $\boldsymbol{X}^\top\boldsymbol{X} + \alpha\boldsymbol{I}$。这个正则化矩阵可以保证是可逆的。

相关矩阵可逆时，这些线性问题有闭式解。没有闭式解的问题也可能是欠定的。一个例子是应用于线性可分问题的逻辑回归。如果权重向量 $\boldsymbol{w}$ 能够实现完美分类，那么 $2\boldsymbol{w}$ 也会以更高似然实现完美分类。类似随机梯度下降的迭代优化算法将持续增加 $\boldsymbol{w}$ 的大小，理论上永远不会停止。在实践中，数值实现的梯度下降最终会达到导致数值溢出的超大权重，此时的行为将取决于程序员如何处理这些不是真正数字的值。

大多数形式的正则化能够保证应用于欠定问题的迭代方法收敛。例如，当似然的斜率等于权重衰减的系数时，权重衰减将阻止梯度下降继续增加权重的大小。

使用正则化解决欠定问题的想法不局限于机器学习。同样的想法在几个基本线性代数问题中也非常有用。

正如我们在第 2.9 节看到的，我们可以使用 Moore-Penrose 求解欠定线性方程。回想 $\boldsymbol{X}$ 伪逆 $\boldsymbol{X}^+$ 的一个定义：

$$\boldsymbol{X}^+ = \lim_{\alpha \searrow 0}(\boldsymbol{X}^\top \boldsymbol{X} + \alpha \boldsymbol{I})^{-1}\boldsymbol{X}^\top \tag{7.29}$$

现在我们可以将式 (7.29) 看作进行具有权重衰减的线性回归。具体来说，当正则化系数趋向 0 时，式(7.29) 是式(7.17) 的极限。因此，我们可以将伪逆解释为使用正则化来稳定欠定问题。

7.4 数据集增强

让机器学习模型泛化得更好的最好办法是使用更多的数据进行训练。当然，在实践中，我们拥有的数据量是很有限的。解决这个问题的一种方法是创建假数据并添加到训练集中。对于一些机器学习任务，创建新的假数据相当简单。

对分类来说这种方法是最简单的。分类器需要一个复杂的高维输入 $\boldsymbol{x}$，并用单个类别标识 y 概括 $\boldsymbol{x}$。这意味着分类面临的一个主要任务是要对各种各样的变换保持不变。我们可以轻易通过转换训练集中的 $\boldsymbol{x}$ 来生成新的 $(\boldsymbol{x}, y)$ 对。

这种方法对于其他许多任务来说并不那么容易。例如，除非我们已经解决了密度估计问题，否则在密度估计任务中生成新的假数据是很困难的。

数据集增强对一个具体的分类问题来说是特别有效的方法：对象识别。图像是高维的并包括各种巨大的变化因素，其中有许多可以轻易地模拟。即使模型已使用卷积和池化技术 (第 9 章) 对部分平移保持不变，沿训练图像每个方向平移几个像素的操作通常可以大大改善泛化。许多其他操作如旋转图像或缩放图像也已被证明非常有效。

我们必须要小心，不能使用会改变类别的转换。例如，光学字符识别任务需要认识到 “b” 和 “d” 以及 “6” 和 “9” 的区别，所以对这些任务来说，水平翻转和旋转 180° 并不是合适的数据集增强方式。

能保持我们希望的分类不变，但不容易执行的转换也是存在的。例如，平面外绕轴转动难以通过简单的几何运算在输入像素上实现。

数据集增强对语音识别任务也是有效的 (Jaitly and Hinton, 2013)。

在神经网络的输入层注入噪声 (Sietsma and Dow, 1991) 也可以看作数据增强的一种方式。对于许多分类甚至一些回归任务而言，即使小的随机噪声被加到输入，任务仍应该是能够被解决的。然而，神经网络被证明对噪声不是非常健壮 (Tang and Eliasmith, 2010)。改善神经网络健壮性的方法之一是简单地将随机噪声添加到输入再进行训练。输入噪声注入是一些无监督学习算法的一部分，如去噪自编码器 (Vincent *et al.*, 2008a)。向隐藏单元施加噪声也是可行的，这可以被看作在多个抽象层上进行的数据集增强。Poole *et al.* (2014) 最近表明，噪声的幅度被细心调整后，该方法是非常高效的。我们将在第 7.12 节介绍一个强大的正则化策略 Dropout，该策略可以看作通过与噪声相乘构建新输入的过程。

在比较机器学习基准测试的结果时，考虑其采取的数据集增强是很重要的。通常情况下，人工设计的数据集增强方案可以大大减少机器学习技术的泛化误差。将一个机器学习算法的性能与另一个进行对比时，对照实验是必要的。在比较机器学习算法 A 和机器学习算法 B 时，应该确保这两个算法使用同一人工设计的数据集增强方案。假设算法 A 在没有数据集增强时表现不佳，而 B 结合大量人工转换的数据后表现良好。在这样的情况下，很可能是合成转化引起了性能改进，而不是机器学习算法 B 比算法 A 更好。有时候，确定实验是否已经适当控制需要主观判断。例如，向输入注入噪声的机器学习算法是执行数据集增强的一种形式。通常，普适操作 (例如，向输入添加高斯噪声) 被认为是机器学习算法的一部分，而特定于一个应用领域 (如随机地裁剪图像) 的操作被认为是独立的预处理步骤。

7.5 噪声鲁棒性

第 7.4 节已经提出将噪声作用于输入，作为数据集增强策略。对于某些模型而言，向输入添加方差极小的噪声等价于对权重施加范数惩罚 (Bishop, 1995a,b)。在一般情况下，注入噪声远比简单地收缩参数强大，特别是噪声被添加到隐藏单元时会更加强大。向隐藏单元添加噪声是值得单独讨论的重要话题。在第 7.12 节所述的 Dropout 算法是这种做法的主要发展方向。

另一种正则化模型的噪声使用方式是将其加到权重。这项技术主要用于循环神经网络 (Jim *et al.*, 1996; Graves, 2011)。这可以被解释为关于权重的贝叶斯推断的随机实现。贝叶斯学习过程将权重视为不确定的，并且可以通过概率分布表示这种不确定性。向权重添加噪声是反映这种不确定性的一种实用的随机方法。

在某些假设下，施加于权重的噪声可以被解释为与更传统的正则化形式等同，鼓励要学习的函数保持稳定。我们研究回归的情形，也就是训练将一组特征 $\boldsymbol{x}$ 映射成一个标量的函数 $\hat{y}(\boldsymbol{x})$，并使用最小二乘代价函数衡量模型预测值 $\hat{y}(\boldsymbol{x})$ 与真实值 y 的误差：

$$J = \mathbb{E}_{p(x,y)}[(\hat{y}(\boldsymbol{x}) - y)^2] \tag{7.30}$$

训练集包含 m 对标注样例 $\{(\boldsymbol{x}^{(1)}, y^{(1)}), \cdots, (\boldsymbol{x}^{(m)}, y^{(m)})\}$。

现在我们假设对每个输入表示，网络权重添加随机扰动 $\epsilon_{\boldsymbol{w}} \sim \mathcal{N}(\boldsymbol{\epsilon}; 0, \eta \boldsymbol{I})$。想象我们有一个标准的 l 层 MLP。我们将扰动模型记为 $\hat{y}_{\epsilon_{\boldsymbol{W}}}(\boldsymbol{x})$。尽管有噪声注入，我们仍然希望减少网络输出误差的平方。因此目标函数变为：

$$\tilde{J}_{\boldsymbol{W}} = \mathbb{E}_{p(\boldsymbol{x},y,\epsilon_{\boldsymbol{W}})}[(\hat{y}_{\epsilon_{\boldsymbol{W}}}(\boldsymbol{x}) - y)^2] \tag{7.31}$$

$$= \mathbb{E}_{p(\boldsymbol{x},y,\epsilon_{\boldsymbol{W}})}[\hat{y}^2_{\epsilon_{\boldsymbol{W}}}(\boldsymbol{x}) - 2y\hat{y}_{\epsilon_{\boldsymbol{W}}}(\boldsymbol{x}) + y^2] \tag{7.32}$$

对于小的 η，最小化带权重噪声 (方差为 $\eta \boldsymbol{I}$) 的 J 等同于最小化附加正则化项：$\eta \mathbb{E}_{p(\boldsymbol{x},y)}[\|\nabla_{\boldsymbol{W}}\ \hat{y}(\boldsymbol{x})\|^2]$ 的 J。这种形式的正则化鼓励参数进入权重小扰动对输出相对影响较小的参数

空间区域。换句话说，它推动模型进入对权重小的变化相对不敏感的区域，找到的点不只是极小点，还是由平坦区域所包围的极小点 (Hochreiter and Schmidhuber, 1995)。在简化的线性回归中 (例如，$\hat{y}(\boldsymbol{x}) = \boldsymbol{w}^\top \boldsymbol{x} + b$)，正则项退化为 $\eta \mathbb{E}_{p(\boldsymbol{x})}[\|\boldsymbol{x}\|^2]$，这与函数的参数无关，因此不会对 $\tilde{J}_{\boldsymbol{w}}$ 关于模型参数的梯度有影响。

7.5.1 向输出目标注入噪声

大多数数据集的 y 标签都有一定错误。错误的 y 不利于最大化 $\log p(y \mid \boldsymbol{x})$。避免这种情况的一种方法是显式地对标签上的噪声进行建模。例如，我们可以假设，对于一些小常数 ϵ，训练集标记 y 是正确的概率是 $1-\epsilon$，(以 ϵ 的概率) 任何其他可能的标签也可能是正确的。这个假设很容易就能解析地与代价函数结合，而不用显式地抽取噪声样本。例如，**标签平滑**(label smoothing) 通过把确切分类目标从 0 和 1 替换成 $\frac{\epsilon}{k-1}$ 和 $1-\epsilon$，正则化具有 k 个输出的 softmax 函数的模型。标准交叉熵损失可以用在这些非确切目标的输出上。使用 softmax 函数和明确目标的最大似然学习可能永远不会收敛——softmax 函数永远无法真正预测 0 概率或 1 概率，因此它会继续学习越来越大的权重，使预测更极端。使用如权重衰减等其他正则化策略能够防止这种情况。标签平滑的优势是能够防止模型追求确切概率而不影响模型学习正确分类。这种策略自 20 世纪 80 年代就已经被使用，并在现代神经网络继续保持显著特色 (Szegedy *et al.*, 2015)。

7.6 半监督学习

在半监督学习的框架下，$P(\mathbf{x})$ 产生的未标记样本和 $P(\mathbf{x}, \mathbf{y})$ 中的标记样本都用于估计 $P(\mathbf{y} \mid \mathbf{x})$ 或者根据 $\mathbf{x}$ 预测 $\mathbf{y}$。

在深度学习的背景下，半监督学习通常指的是学习一个表示 $\boldsymbol{h} = f(\boldsymbol{x})$。学习表示的目的是使相同类中的样本有类似的表示。无监督学习可以为如何在表示空间聚集样本提供有用线索。在输入空间紧密聚集的样本应该被映射到类似的表示。在许多情况下，新空间上的线性分类器可以达到较好的泛化 (Belkin and Niyogi, 2002; Chapelle *et al.*, 2003)。这种方法的一个经典变种是使用主成分分析作为分类前 (在投影后的数据上分类) 的预处理步骤。

我们可以构建这样一个模型，其中生成模型 $P(\mathbf{x})$ 或 $P(\mathbf{x}, \mathbf{y})$ 与判别模型 $P(\mathbf{y} \mid \mathbf{x})$ 共享参数，而不用分离无监督和监督部分。我们权衡监督模型准则 $-\log P(\mathbf{y} \mid \mathbf{x})$ 和无监督或生成模型准则 (如 $-\log P(\mathbf{x})$ 或 $-\log P(\mathbf{x}, \mathbf{y})$)。生成模型准则表达了对监督学习问题解的特殊形式的先验知识 (Lasserre *et al.*, 2006)，即 $P(\mathbf{x})$ 的结构通过某种共享参数的方式连接到 $P(\mathbf{y} \mid \mathbf{x})$。通过控制在总准则中的生成准则，我们可以获得比纯生成或纯判别训练准则更好的权衡 (Lasserre *et al.*, 2006; Larochelle and Bengio, 2008a)。

Salakhutdinov and Hinton (2008) 描述了一种学习回归核机器中核函数的方法，其中建模 $P(\mathbf{x})$ 时使用的未标记样本大大提高了 $P(\mathbf{y} \mid \mathbf{x})$ 的效果。

更多半监督学习的信息，请参阅 Chapelle *et al.* (2006)。

7.7 多任务学习

多任务学习 (Caruana, 1993) 是通过合并几个任务中的样例 (可以视为对参数施加的软约束) 来提高泛化的一种方式。正如额外的训练样本能够将模型参数推向具有更好泛化能力的值一样，当模型的一部分被多个额外的任务共享时，这部分将被约束为良好的值 (如果共享合理)，通常会带来更好的泛化能力。

图 7.2 展示了多任务学习中非常普遍的一种形式，其中不同的监督任务 (给定 $\mathbf{x}$ 预测 $\mathbf{y}^{(i)}$) 共享相同的输入 $\mathbf{x}$ 以及一些中间层表示 $\boldsymbol{h}^{(\text{share})}$，能学习共同的因素池。该模型通常可以分为两类相关的参数：

(1) 具体任务的参数 (只能从各自任务的样本中实现良好的泛化)，如图 7.2 中的上层。

(2) 所有任务共享的通用参数 (从所有任务的汇集数据中获益)，如图 7.2 中的下层。

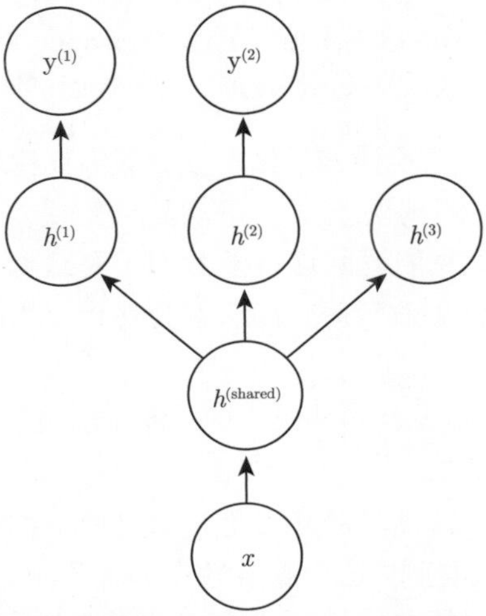

图 7.2 多任务学习在深度学习框架中可以以多种方式进行，该图说明了任务共享相同输入但涉及不同目标随机变量的常见情况。深度网络的较低层 (无论是监督前馈的，还是包括向下箭头的生成组件) 可以跨这样的任务共享，而任务特定的参数 (分别与从 $\boldsymbol{h}^{(1)}$ 和 $\boldsymbol{h}^{(2)}$ 进入和发出的权重) 可以在共享表示 $\boldsymbol{h}^{(\text{shared})}$ 之上学习。这里的基本假设是存在解释输入 $\mathbf{x}$ 变化的共同因素池，而每个任务与这些因素的子集相关联。在该示例中，额外假设顶层隐藏单元 $\boldsymbol{h}^{(1)}$ 和 $\boldsymbol{h}^{(2)}$ 专用于每个任务 (分别预测 $\mathbf{y}^{(1)}$ 和 $\mathbf{y}^{(2)}$)，而一些中间层表示 $\boldsymbol{h}^{(\text{shared})}$ 在所有任务之间共享。在无监督学习情况下，一些顶层因素不与输出任务 ($\boldsymbol{h}^{(3)}$) 的任意一个关联是有意义的：这些因素可以解释一些输入变化但与预测 $\mathbf{y}^{(1)}$ 或 $\mathbf{y}^{(2)}$ 不相关

因为共享参数，其统计强度可大大提高 (共享参数的样本数量相对于单任务模式增加的比例)，并能改善泛化和泛化误差的范围 (Baxter, 1995)。当然，仅当不同的任务之间存在某些统计关系的假设是合理 (意味着某些参数能通过不同任务共享) 时才会发生这种情况。

从深度学习的观点看，底层的先验知识如下：*能解释数据变化 (在与之相关联的不同任务中观察到) 的因素中，某些因素是跨两个或更多任务共享的。*

7.8 提前终止

当训练有足够的表示能力甚至会过拟合的大模型时，我们经常观察到，训练误差会随着时间的推移逐渐降低但验证集的误差会再次上升。图 7.3 是这些现象的一个例子，这种现象几乎一定会出现。

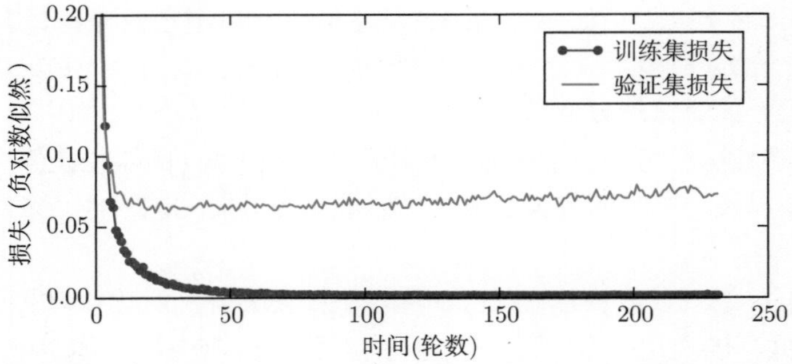

图 7.3 学习曲线显示负对数似然损失如何随时间变化 (表示为遍历数据集的训练迭代数， **或轮数** (epochs))。在这个例子中，我们在 MNIST 上训练了一个 maxout 网络。我们可以观察到训练目标随时间持续减小，但验证集上的平均损失最终会再次增加，形成不对称的 U 形曲线

这意味着我们只要返回使验证集误差最低的参数设置，就可以获得验证集误差更低的模型 (并且因此有希望获得更好的测试误差)。在每次验证集误差有所改善后，我们存储模型参数的副本。当训练算法终止时，我们返回这些参数而不是最新的参数。当验证集上的误差在事先指定的循环次数内没有进一步改善时，算法就会终止。此过程在算法 7.1 中有更正式的说明。

这种策略被称为**提前终止**(early stopping)。这可能是深度学习中最常用的正则化形式。它的流行主要是因为有效性和简单性。

我们可以认为提前终止是非常高效的超参数选择算法。按照这种观点，训练步数仅是另一个超参数。我们从图 7.3 可以看到，这个超参数在验证集上具有 U 型性能曲线。很多控制模型容量的超参数在验证集上都是这样的 U 型性能曲线，如图 5.3 所示。在提前终止的情况下，我们通过控制拟合训练集的步数来控制模型的有效容量。大多数超参数的选择必须使用高代价的猜测和检查过程，我们需要在训练开始时猜测一个超参数，然后运行几个步骤检查它的训练效果。“训练时间”是唯一只要跑一次训练就能尝试很多值的超参数。通过提前终止自动选择超参数的唯一显著的代价是训练期间要定期评估验证集。在理想情况下，这可以并行在与主训练过程分离的机器上，或独立的 CPU，或独立的 GPU 上完成。如果没有这些额外的资源，可以使用比训练集小的验证集或较不频繁地评估验证集来减小评估代价，较粗略地估算取得最佳的训练时间。

另一个提前终止的额外代价是需要保持最佳的参数副本。这种代价一般是可忽略的，因为可以将它储存在较慢较大的存储器上 (例如，在 GPU 内存中训练，但将最佳参数存储在主存储器或磁盘驱动器上)。由于最佳参数的写入很少发生而且从不在训练过程中读取，这些偶发的慢写入对总训练时间的影响不大。

提前终止是一种非常不显眼的正则化形式，它几乎不需要改变基本训练过程、目标函数或一组允许的参数值。这意味着，无须破坏学习动态就能很容易地使用提前终止。相对于权重衰减，必须小心不能使用太多的权重衰减，以防网络陷入不良局部极小点 (对应于病态的小权重)。

提前终止可单独使用或与其他的正则化策略结合使用。即使为鼓励更好泛化，使用正则化策略改进目标函数，在训练目标的局部极小点达到最好泛化也是非常罕见的。

提前终止需要验证集，这意味着某些训练数据不能被馈送到模型。为了更好地利用这一

算法 7.1 用于确定最佳训练时间量的提前终止元算法。这种元算法是一种通用策略，可以很好地在各种训练算法和各种量化验证集误差的方法上工作。

令 n 为评估间隔的步数。
令 p 为“耐心 (patience)”，即观察到较坏的验证集表现 p 次后终止。
令 $\boldsymbol{\theta}_o$ 为初始参数。
$\boldsymbol{\theta} \leftarrow \boldsymbol{\theta}_o$
$i \leftarrow 0$
$j \leftarrow 0$
$v \leftarrow \infty$
$\boldsymbol{\theta}^* \leftarrow \boldsymbol{\theta}$
$i^* \leftarrow i$
while $j < p$ **do**
  运行训练算法 n 步，更新 $\boldsymbol{\theta}$ 。
  $i \leftarrow i + n$
  $v' \leftarrow \text{ValidationSetError}(\boldsymbol{\theta})$
  if $v' < v$ **then**
    $j \leftarrow 0$
    $\boldsymbol{\theta}^* \leftarrow \boldsymbol{\theta}$
    $i^* \leftarrow i$
    $v \leftarrow v'$
  else
    $j \leftarrow j + 1$
  end if
end while
最佳参数为 $\boldsymbol{\theta}^*$，最佳训练步数为 i^*

额外的数据，我们可以在完成提前终止的首次训练之后，进行额外的训练。在第二轮，即额外的训练步骤中，所有的训练数据都被包括在内。有两个基本的策略都可以用于第二轮训练过程。

一个策略（算法 7.2）是再次初始化模型，然后使用所有数据再次训练。在这个第二轮训练过程中，我们使用第一轮提前终止训练确定的最佳步数。此过程有一些细微之处。例如，我们没有办法知道重新训练时，对参数进行相同次数的更新和对数据集进行相同次数的遍历哪一个更好。由于训练集变大了，在第二轮训练时，每一次遍历数据集将会更多次地更新参数。

另一个策略是保持从第一轮训练获得的参数，然后使用全部的数据继续训练。在这个阶段，已经没有验证集指导我们需要在训练多少步后终止。取而代之，我们可以监控验证集的平均损失函数，并继续训练，直到它低于提前终止过程终止时的目标值。此策略避免了重新训练模型的高成本，但表现并没有那么好。例如，验证集的目标不一定能达到之前的目标值，所以这种策略甚至不能保证终止。我们会在算法 7.3 中更正式地介绍这个过程。

提前终止对减少训练过程的计算成本也是有用的。除了由于限制训练的迭代次数而明显

算法 7.2 使用提前终止确定训练步数，然后在所有数据上训练的元算法。

令 $\boldsymbol{X}^{(\text{train})}$ 和 $\boldsymbol{y}^{(\text{train})}$ 为训练集。
将 $\boldsymbol{X}^{(\text{train})}$ 和 $\boldsymbol{y}^{(\text{train})}$ 分别分割为 $(\boldsymbol{X}^{(\text{subtrain})}, \boldsymbol{X}^{(\text{valid})})$ 和 $(\boldsymbol{y}^{(\text{subtrain})}, \boldsymbol{y}^{(\text{valid})})$。
从随机 $\boldsymbol{\theta}$ 开始，使用 $\boldsymbol{X}^{(\text{subtrain})}$ 和 $\boldsymbol{y}^{(\text{subtrain})}$ 作为训练集，$\boldsymbol{X}^{(\text{valid})}$ 和 $\boldsymbol{y}^{(\text{valid})}$ 作为验证集，运行 (算法 7.1)。这将返回最佳训练步数 i^*。
将 $\boldsymbol{\theta}$ 再次设为随机值。
在 $\boldsymbol{X}^{(\text{train})}$ 和 $\boldsymbol{y}^{(\text{train})}$ 上训练 i^* 步。

减少的计算成本，还带来了正则化的益处 (不需要添加惩罚项的代价函数或计算这种附加项的梯度)。

算法 7.3 使用提前终止确定将会过拟合的目标值，然后在所有数据上训练直到再次达到该值的元算法。

令 $\boldsymbol{X}^{(\text{train})}$ 和 $\boldsymbol{y}^{(\text{train})}$ 为训练集。
将 $\boldsymbol{X}^{(\text{train})}$ 和 $\boldsymbol{y}^{(\text{train})}$ 分别分割为 $(\boldsymbol{X}^{(\text{subtrain})}, \boldsymbol{X}^{(\text{valid})})$ 和 $(\boldsymbol{y}^{(\text{subtrain})}, \boldsymbol{y}^{(\text{valid})})$。
从随机 $\boldsymbol{\theta}$ 开始，使用 $\boldsymbol{X}^{(\text{subtrain})}$ 和 $\boldsymbol{y}^{(\text{subtrain})}$ 作为训练集，$\boldsymbol{X}^{(\text{valid})}$ 和 $\boldsymbol{y}^{(\text{valid})}$ 作为验证集，运行 (算法 7.1)。这会更新 $\boldsymbol{\theta}$。
$\epsilon \leftarrow J(\boldsymbol{\theta}, \boldsymbol{X}^{(\text{subtrain})}, \boldsymbol{y}^{(\text{subtrain})})$
while $J(\boldsymbol{\theta}, \boldsymbol{X}^{(\text{valid})}, \boldsymbol{y}^{(\text{valid})}) > \epsilon$ **do**
  在 $\boldsymbol{X}^{(\text{train})}$ 和 $\boldsymbol{y}^{(\text{train})}$ 上训练 n 步。
end while

提前终止为何具有正则化效果： 目前为止，我们已经声明提前终止是一种正则化策略，但只通过展示验证集误差的学习曲线是一个 U 型曲线来支持这种说法。提前终止正则化模型的真正机制是什么呢？Bishop (1995a) 和 Sjöberg and Ljung (1995) 认为提前终止可以将优化过程的参数空间限制在初始参数值 $\boldsymbol{\theta}_0$ 的小邻域内。更具体地，想象用学习率 ϵ 进行 τ 个优化步骤 (对应于 τ 个训练迭代)。我们可以将 $\epsilon\tau$ 作为有效容量的度量。假设梯度有界，限制迭代的次数和学习速率能够限制从 $\boldsymbol{\theta}_0$ 到达的参数空间的大小，如图 7.4 所示。在这个意义上，$\epsilon\tau$ 的效果就好像是权重衰减系数的倒数。

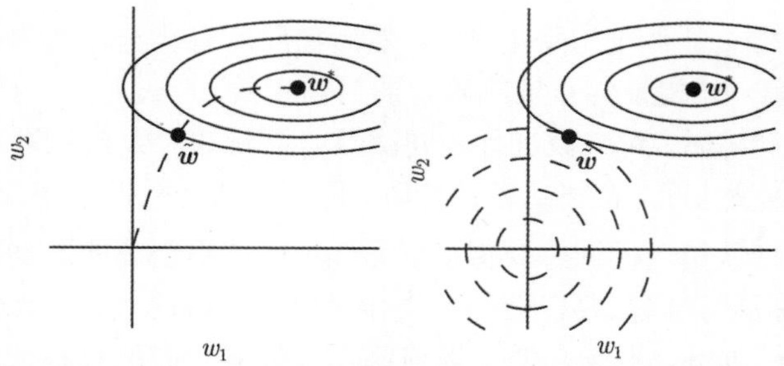

图 7.4 提前终止效果的示意图。(*左*) 实线轮廓线表示负对数似然的轮廓。虚线表示从原点开始的 SGD 所经过的轨迹。提前终止的轨迹在较早的点 $\tilde{\boldsymbol{w}}$ 处停止，而不是停止在最小化代价的点 $\boldsymbol{w}^*$ 处。(*右*) 为了对比，使用 L^2 正则化效果的示意图。虚线圆圈表示 L^2 惩罚的轮廓，L^2 惩罚使得总代价的最小值比非正则化代价的最小值更靠近原点

事实上，在二次误差的简单线性模型和简单的梯度下降情况下，我们可以展示提前终止相当于 L^2 正则化。

为了与经典 L^2 正则化比较，我们只考察唯一的参数是线性权重 ($\boldsymbol{\theta} = \boldsymbol{w}$) 的简单情形。我们在权重 $\boldsymbol{w}$ 的经验最佳值 $\boldsymbol{w}^*$ 附近以二次近似建模代价函数 J：

$$\hat{J}(\boldsymbol{\theta}) = J(\boldsymbol{w}^*) + \frac{1}{2}(\boldsymbol{w} - \boldsymbol{w}^*)^\top \boldsymbol{H}(\boldsymbol{w} - \boldsymbol{w}^*) \tag{7.33}$$

其中 $\boldsymbol{H}$ 是 J 关于 $\boldsymbol{w}$ 在 $\boldsymbol{w}^*$ 点的 Hessian。鉴于假设 $\boldsymbol{w}^*$ 是 $J(\boldsymbol{w})$ 的最小点，我们知道 $\boldsymbol{H}$ 为半正定。在局部泰勒级数逼近下，梯度由下式给出：

$$\nabla_{\boldsymbol{w}} \hat{J}(\boldsymbol{w}) = \boldsymbol{H}(\boldsymbol{w} - \boldsymbol{w}^*) \tag{7.34}$$

接下来我们研究训练时参数向量的轨迹。为简化起见，我们将参数向量初始化为原点 ③，也就是 $\boldsymbol{w}^{(0)} = 0$。我们通过分析 $\hat{J}$ 上的梯度下降来研究 J 上近似的梯度下降的效果：

$$\boldsymbol{w}^{(\tau)} = \boldsymbol{w}^{(\tau-1)} - \epsilon \nabla_{\boldsymbol{w}} \hat{J}(\boldsymbol{w}^{(\tau-1)}) \tag{7.35}$$

$$= \boldsymbol{w}^{(\tau-1)} - \epsilon \boldsymbol{H}(\boldsymbol{w}^{(\tau-1)} - \boldsymbol{w}^*) \tag{7.36}$$

$$\boldsymbol{w}^{(\tau)} - \boldsymbol{w}^* = (\boldsymbol{I} - \epsilon \boldsymbol{H})(\boldsymbol{w}^{(\tau-1)} - \boldsymbol{w}^*) \tag{7.37}$$

现在让我们在 $\boldsymbol{H}$ 特征向量的空间中改写表达式，利用 $\boldsymbol{H}$ 的特征分解：$\boldsymbol{H} = \boldsymbol{Q}\boldsymbol{\Lambda}\boldsymbol{Q}^\top$，其中 $\boldsymbol{\Lambda}$ 是对角矩阵，$\boldsymbol{Q}$ 是特征向量的一组标准正交基。

$$\boldsymbol{w}^{(\tau)} - \boldsymbol{w}^* = (\boldsymbol{I} - \epsilon \boldsymbol{Q}\boldsymbol{\Lambda}\boldsymbol{Q}^\top)(\boldsymbol{w}^{(\tau-1)} - \boldsymbol{w}^*) \tag{7.38}$$

$$\boldsymbol{Q}^\top(\boldsymbol{w}^{(\tau)} - \boldsymbol{w}^*) = (\boldsymbol{I} - \epsilon \boldsymbol{\Lambda})\boldsymbol{Q}^\top(\boldsymbol{w}^{(\tau-1)} - \boldsymbol{w}^*) \tag{7.39}$$

假定 $\boldsymbol{w}^{(0)} = 0$ 并且 ϵ 选择得足够小以保证 $|1 - \epsilon\lambda_i| < 1$，经过 τ 次参数更新后轨迹如下：

$$\boldsymbol{Q}^\top \boldsymbol{w}^{(\tau)} = [\boldsymbol{I} - (\boldsymbol{I} - \epsilon \boldsymbol{\Lambda})^\tau]\boldsymbol{Q}^\top \boldsymbol{w}^* \tag{7.40}$$

现在，式 (7.13) 中 $\boldsymbol{Q}^\top \tilde{\boldsymbol{w}}$ 的表达式能被重写为

$$\boldsymbol{Q}^\top \tilde{\boldsymbol{w}} = (\boldsymbol{\Lambda} + \alpha \boldsymbol{I})^{-1}\boldsymbol{\Lambda}\boldsymbol{Q}^\top \boldsymbol{w}^* \tag{7.41}$$

$$\boldsymbol{Q}^\top \tilde{\boldsymbol{w}} = [\boldsymbol{I} - (\boldsymbol{\Lambda} + \alpha \boldsymbol{I})^{-1}\alpha]\boldsymbol{Q}^\top \boldsymbol{w}^* \tag{7.42}$$

比较式 (7.40) 和式 (7.42)，我们能够发现，如果超参数 ϵ、α 和 τ 满足

$$(\boldsymbol{I} - \epsilon \boldsymbol{\Lambda})^\tau = (\boldsymbol{\Lambda} + \alpha \boldsymbol{I})^{-1}\alpha \tag{7.43}$$

那么 L^2 正则化和提前终止可以看作等价的 (至少在目标函数的二次近似下)。进一步取对数，使用 $\log(1+x)$ 的级数展开，我们可以得出结论：如果所有 λ_i 是小的 (即 $\epsilon\lambda_i \ll 1$ 且 $\lambda_i/\alpha \ll 1$)，那么

$$\tau \approx \frac{1}{\epsilon\alpha} \tag{7.44}$$

$$\alpha \approx \frac{1}{\tau\epsilon} \tag{7.45}$$

③ 对于神经网络，我们需要打破隐藏单元间的对称平衡，因此不能将所有参数都初始化为 $\boldsymbol{0}$(如第 6.2 节所讨论的)。然而，对于其他任何初始值 $\boldsymbol{w}_{(0)}$ 该论证都成立。

也就是说，在这些假设下，训练迭代次数 τ 起着与 L^2 参数成反比的作用，$\tau\epsilon$ 的倒数与权重衰减系数的作用类似。

在大曲率 (目标函数) 方向上的参数值受正则化影响小于小曲率方向。当然，在提前终止的情况下，这实际上意味着在大曲率方向的参数比较小曲率方向的参数更早地学习到。

本节中的推导表明，长度为 τ 的轨迹结束于 L^2 正则化目标的极小点。当然，提前终止比简单的轨迹长度限制更丰富；取而代之，提前终止通常涉及监控验证集误差，以便在空间特别好的点处终止轨迹。因此提前终止比权重衰减更具有优势，提前终止能自动确定正则化的正确量，而权重衰减需要进行多个不同超参数值的训练实验。

7.9 参数绑定和参数共享

目前为止，本章讨论对参数添加约束或惩罚时，一直是相对于固定的区域或点。例如，L^2 正则化 (或权重衰减) 对参数偏离零的固定值进行惩罚。然而，有时我们可能需要其他的方式来表达我们对模型参数适当值的先验知识。有时候，我们可能无法准确地知道应该使用什么样的参数，但根据相关领域和模型结构方面的知识得知模型参数之间应该存在一些相关性。

我们经常想要表达的一种常见依赖是某些参数应当彼此接近。考虑以下情形：有两个模型执行相同的分类任务 (具有相同类别)，但输入分布稍有不同。形式地，我们有参数为 $\boldsymbol{w}^{(A)}$ 的模型 A 和参数为 $\boldsymbol{w}^{(B)}$ 的模型 B。这两种模型将输入映射到两个不同但相关的输出：$\hat{y}^{(A)} = f(\boldsymbol{w}^{(A)}, \boldsymbol{x})$ 和 $\hat{y}^{(B)} = f(\boldsymbol{w}^{(B)}, \boldsymbol{x})$。

我们可以想象，这些任务会足够相似 (或许具有相似的输入和输出分布)，因此我们认为模型参数应彼此靠近：$\forall i, w_i^{(A)}$ 应该与 $w_i^{(B)}$ 接近。我们可以通过正则化利用此信息。具体来说，可以使用以下形式的参数范数惩罚：$\Omega(\boldsymbol{w}^{(A)}, \boldsymbol{w}^{(B)}) = \left\|\boldsymbol{w}^{(A)} - \boldsymbol{w}^{(B)}\right\|_2^2$。这里我们使用 L^2 惩罚，但也可以使用其他选择。

这种方法由 Lasserre *et al.* (2006) 提出，正则化一个模型 (监督模式下训练的分类器) 的参数，使其接近另一个无监督模式下训练的模型 (捕捉观察到的输入数据的分布) 的参数。构造的这种架构使得分类模型中的许多参数能与无监督模型中对应的参数匹配。

参数范数惩罚是正则化参数使其彼此接近的一种方式，而更流行的方法是使用约束：*强迫某些参数相等*。由于我们将各种模型或模型组件解释为共享唯一的一组参数，这种正则化方法通常被称为**参数共享**(parameter sharing)。和正则化参数使其接近 (通过范数惩罚) 相比，参数共享的一个显著优点是，只有参数 (唯一一个集合) 的子集需要被存储在内存中。对于某些特定模型，如卷积神经网络，这可能可以显著减少模型所占用的内存。

7.9.1 卷积神经网络

目前为止，最流行和广泛使用的参数共享出现在应用于计算机视觉的**卷积神经网络**(CNN) 中。

自然图像有许多统计属性是对转换不变的。例如，猫的照片即使向右边移了一个像素，仍保持猫的照片。CNN 通过在图像多个位置共享参数来考虑这个特性。相同的特征 (具有相同权重的隐藏单元) 在输入的不同位置上计算获得。这意味着无论猫出现在图像中的第 i 列或 $i+1$ 列，我们都可以使用相同的猫探测器找到猫。

参数共享显著降低了 CNN 模型的参数数量，并显著提高了网络的大小而不需要相应地增加训练数据。它仍然是将领域知识有效地整合到网络架构的最佳范例之一。

我们将会在第 9 章中更详细地讨论卷积神经网络。

7.10 稀疏表示

前文所述的权重衰减直接惩罚模型参数。另一种策略是惩罚神经网络中的激活单元，稀疏化激活单元。这种策略间接地对模型参数施加了复杂惩罚。

我们已经讨论过 (在第 7.1.2 节中)L^1 惩罚如何诱导稀疏的参数，即许多参数为零 (或接近于零)。另一方面，表示的稀疏描述了许多元素是零 (或接近零) 的表示。我们可以线性回归的情况简单说明这种区别：

$$\underbrace{\begin{bmatrix} 18 \\ 5 \\ 15 \\ -9 \\ -3 \end{bmatrix}}_{\boldsymbol{y} \in \mathbb{R}^m} = \underbrace{\begin{bmatrix} 4 & 0 & 0 & -2 & 0 & 0 \\ 0 & 0 & -1 & 0 & 3 & 0 \\ 0 & 5 & 0 & 0 & 0 & 0 \\ 1 & 0 & 0 & -1 & 0 & -4 \\ 1 & 0 & 0 & 0 & -5 & 0 \end{bmatrix}}_{\boldsymbol{A} \in \mathbb{R}^{m \times n}} \underbrace{\begin{bmatrix} 2 \\ 3 \\ -2 \\ -5 \\ 1 \\ 4 \end{bmatrix}}_{\boldsymbol{x} \in \mathbb{R}^n} \tag{7.46}$$

$$\underbrace{\begin{bmatrix} -14 \\ 1 \\ 19 \\ 2 \\ 23 \end{bmatrix}}_{\boldsymbol{y} \in \mathbb{R}^m} = \underbrace{\begin{bmatrix} 3 & -1 & 2 & -5 & 4 & 1 \\ 4 & 2 & -3 & -1 & 1 & 3 \\ -1 & 5 & 4 & 2 & -3 & -2 \\ 3 & 1 & 2 & -3 & 0 & -3 \\ -5 & 4 & -2 & 2 & -5 & -1 \end{bmatrix}}_{\boldsymbol{B} \in \mathbb{R}^{m \times n}} \underbrace{\begin{bmatrix} 0 \\ 2 \\ 0 \\ 0 \\ -3 \\ 0 \end{bmatrix}}_{\boldsymbol{h} \in \mathbb{R}^n} \tag{7.47}$$

第一个表达式是参数稀疏的线性回归模型的例子。第二个表达式是数据 $\boldsymbol{x}$ 具有稀疏表示 $\boldsymbol{h}$ 的线性回归。也就是说，$\boldsymbol{h}$ 是 $\boldsymbol{x}$ 的一个函数，在某种意义上表示存在于 $\boldsymbol{x}$ 中的信息，但只是用一个稀疏向量表示。

表示的正则化可以使用参数正则化中同种类型的机制实现。

表示的范数惩罚正则化是通过向损失函数 J 添加对表示的范数惩罚来实现的。我们将这个惩罚记作 $\Omega(\boldsymbol{h})$。和以前一样，我们将正则化后的损失函数记作 $\tilde{J}$：

$$\tilde{J}(\boldsymbol{\theta}; \boldsymbol{X}, \boldsymbol{y}) = J(\boldsymbol{\theta}; \boldsymbol{X}, \boldsymbol{y}) + \alpha\Omega(\boldsymbol{h}) \tag{7.48}$$

其中 $\alpha \in [0, \infty]$ 权衡范数惩罚项的相对贡献，越大的 α 对应越多的正则化。

正如对参数的 L^1 惩罚诱导参数稀疏性，对表示元素的 L^1 惩罚诱导稀疏的表示：$\Omega(\boldsymbol{h}) = \|\boldsymbol{h}\|_1 = \sum_i |h_i|$。当然 L^1 惩罚是使表示稀疏的方法之一。其他方法还包括从表示上的 Student-t 先验导出的惩罚 (Olshausen and Field, 1996; Bergstra, 2011) 和 KL 散度惩罚 (Larochelle and Bengio, 2008b)，这些方法对于将表示中的元素约束于单位区间上特别有用。Lee *et al.* (2008) 和 Goodfellow *et al.* (2009) 都提供了正则化几个样本平均激活的例子，即令 $\frac{1}{m}\sum_i \boldsymbol{h}^{(i)}$ 接近某些目标值 (如每项都是 .01 的向量)。

还有一些其他方法通过激活值的硬性约束来获得表示稀疏。例如，**正交匹配追踪**(orthogonal matching pursuit)(Pati *et al.*, 1993) 通过解决以下约束优化问题将输入值 $\boldsymbol{x}$ 编码成表示 $\boldsymbol{h}$

$$\underset{\boldsymbol{h}, \|\boldsymbol{h}\|_0 < k}{\arg\min} \|\boldsymbol{x} - \boldsymbol{W}\boldsymbol{h}\|^2 \tag{7.49}$$

其中 $\|\boldsymbol{h}\|_0$ 是 $\boldsymbol{h}$ 中非零项的个数。当 $\boldsymbol{W}$ 被约束为正交时，我们可以高效地解决这个问题。这种方法通常被称为 OMP-k，通过 k 指定允许的非零特征数量。Coates and Ng (2011) 证明 OMP-1 可以成为深度架构中非常有效的特征提取器。

含有隐藏单元的模型在本质上都能变得稀疏。在本书中，我们将看到在各种情况下使用稀疏正则化的例子。

7.11 Bagging 和其他集成方法

Bagging(bootstrap aggregating) 是通过结合几个模型降低泛化误差的技术 (Breiman, 1994)。主要想法是分别训练几个不同的模型，然后让所有模型表决测试样例的输出。这是机器学习中常规策略的一个例子，被称为**模型平均**(model averaging)。采用这种策略的技术被称为集成方法。

模型平均(model averaging) 奏效的原因是不同的模型通常不会在测试集上产生完全相同的误差。

假设我们有 k 个回归模型。假设每个模型在每个例子上的误差是 ϵ_i，这个误差服从零均值方差为 $\mathbb{E}[\epsilon_i^2] = v$ 且协方差为 $\mathbb{E}[\epsilon_i\epsilon_j] = c$ 的多维正态分布。通过所有集成模型的平均预测所得误差是 $\frac{1}{k}\sum_i \epsilon_i$。集成预测器平方误差的期望是

$$\mathbb{E}\left[\left(\frac{1}{k}\sum_i \epsilon_i\right)^2\right] = \frac{1}{k^2}\mathbb{E}\left[\sum_i \left(\epsilon_i^2 + \sum_{j\neq i} \epsilon_i\epsilon_j\right)\right] \tag{7.50}$$

$$= \frac{1}{k}v + \frac{k-1}{k}c \tag{7.51}$$

在误差完全相关即 $c = v$ 的情况下，均方误差减少到 v，所以模型平均没有任何帮助。在错误完全不相关即 $c = 0$ 的情况下，该集成平方误差的期望仅为 $\frac{1}{k}v$。这意味着集成平方误差的期望会随着集成规模增大而线性减小。换言之，平均上，集成至少与它的任何成员表现得一样好，并且如果成员的误差是独立的，集成将显著地比其成员表现得更好。

不同的集成方法以不同的方式构建集成模型。例如，集成的每个成员可以使用不同的算法和目标函数训练成完全不同的模型。Bagging 是一种允许重复多次使用同一种模型、训练算法和目标函数的方法。

具体来说，Bagging 涉及构造 k 个不同的数据集。每个数据集从原始数据集中重复采样构成，和原始数据集具有相同数量的样例。这意味着，每个数据集以高概率缺少一些来自原始数据集的例子，还包含若干重复的例子 (如果所得训练集与原始数据集大小相同，那所得数据集中大概有原始数据集 2/3 的实例)。模型 i 在数据集 i 上训练。每个数据集所含样本的差异导致了训练模型之间的差异。图 7.5 是一个例子。

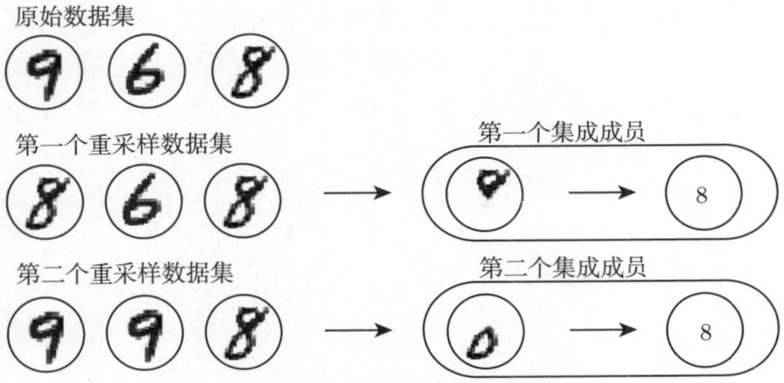

图 7.5 描述 Bagging 如何工作的草图。假设我们在上述数据集 (包含一个 8、一个 6 和一个 9) 上训练数字 8 的检测器，假设我们制作了两个不同的重采样数据集，Bagging 训练程序通过有放回采样构建这些数据集。第一个数据集忽略 9 并重复 8。在这个数据集上，检测器得知数字顶部有一个环就对应于一个 8。第二个数据集中，我们忽略 6 并重复 9。在这种情况下，检测器得知数字底部有一个环就对应于一个 8。这些单独的分类规则中的每一个都是不可靠的，但如果我们平均它们的输出，就能得到鲁棒的检测器，只有当 8 的两个环都存在时才能实现最大置信度

神经网络能找到足够多的不同的解，意味着它们可以从模型平均中受益 (即使所有模型都在同一数据集上训练)。神经网络中随机初始化的差异、小批量的随机选择、超参数的差异或不同输出的非确定性实现往往足以使得集成中的不同成员具有部分独立的误差。

模型平均是一个减少泛化误差的非常强大可靠的方法。在作为科学论文算法的基准时，它通常是不鼓励使用的，因为任何机器学习算法都可以从模型平均中大幅获益 (以增加计算和存储为代价)。

机器学习比赛中的取胜算法通常是使用超过几十种模型平均的方法。最近一个突出的例子是 Netflix Grand Prize(Koren, 2009)。

不是所有构建集成的技术都是为了让集成模型比单一模型更加正则化。例如，一种被称为 **Boosting** 的技术 (Freund and Schapire, 1996b,a) 构建比单个模型容量更高的集成模型。通过向集成逐步添加神经网络，Boosting 已经被应用于构建神经网络的集成 (Schwenk and Bengio, 1998)。通过逐渐增加神经网络的隐藏单元，Boosting 也可以将单个神经网络解释为一个集成。

7.12 Dropout

Dropout (Srivastava *et al.*, 2014) 提供了正则化一大类模型的方法，计算方便但功能强大。在第一种近似下，Dropout 可以被认为是集成大量深层神经网络的实用 Bagging 方法。Bagging 涉及训练多个模型，并在每个测试样本上评估多个模型。当每个模型都是一个很大的神经网络时，这似乎是不切实际的，因为训练和评估这样的网络需要花费很多运行时间和内存。通常我们只能集成 5~10 个神经网络，如 Szegedy *et al.* (2014a) 集成了 6 个神经网络赢得 ILSVRC，超过这个数量就会迅速变得难以处理。Dropout 提供了一种廉价的 Bagging 集成近似，能够训练和评估指数级数量的神经网络。

具体而言，Dropout 训练的集成包括所有从基础网络除去非输出单元后形成的子网络，如图 7.6 所示。最先进的神经网络基于一系列仿射变换和非线性变换，我们只需将一些单元的输

出乘零就能有效地删除一个单元。这个过程需要对模型 (如径向基函数网络，单元的状态和参考值之间存在一定区别) 进行一些修改。为了简单起见，我们在这里提出乘零的简单 Dropout 算法，但是它被简单修改后，可以与从网络中移除单元的其他操作结合使用。

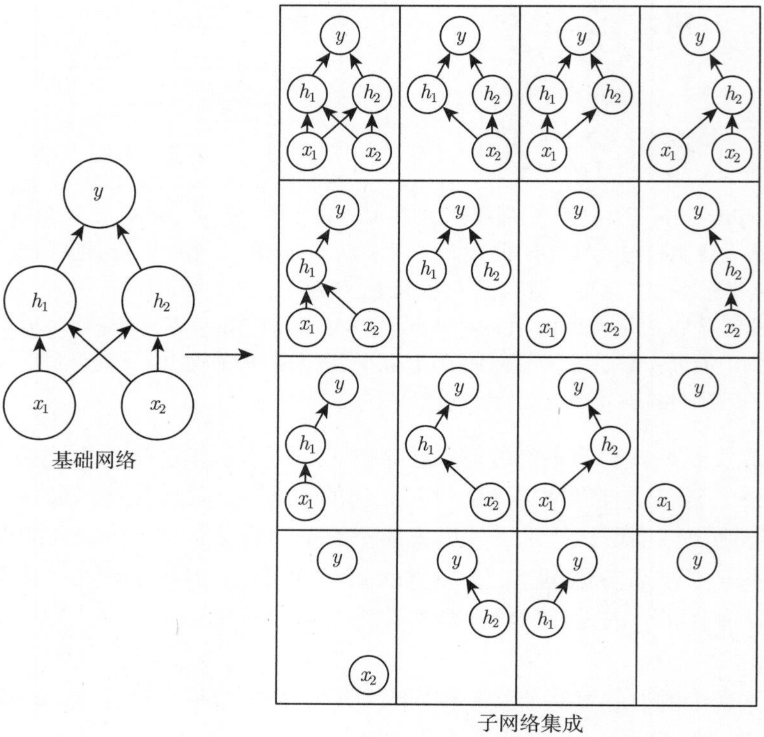

图 7.6 Dropout 训练由所有子网络组成的集成，其中子网络通过从基本网络中删除非输出单元构建。我们从具有两个可见单元和两个隐藏单元的基本网络开始。这 4 个单元有 16 个可能的子集。右图展示了从原始网络中丢弃不同的单元子集而形成的所有 16 个子网络。在这个小例子中，所得到的大部分网络没有输入单元或没有从输入连接到输出的路径。当层较宽时，丢弃所有从输入到输出的可能路径的概率变小，所以这个问题不太可能在出现层较宽的网络中

回想一下 Bagging 学习，我们定义 k 个不同的模型，从训练集有放回采样构造 k 个不同的数据集，然后在训练集 i 上训练模型 i。Dropout 的目标是在指数级数量的神经网络上近似这个过程。具体来说，在训练中使用 Dropout 时，我们会使用基于小批量产生较小步长的学习算法，如随机梯度下降等。我们每次在小批量中加载一个样本，然后随机抽样应用于网络中所有输入和隐藏单元的不同二值掩码。对于每个单元，掩码是独立采样的。掩码值为 1 的采样概率 (导致包含一个单元) 是训练开始前一个固定的超参数。它不是模型当前参数值或输入样本的函数。通常在每一个小批量训练的神经网络中，一个输入单元被包括的概率为 0.8，一个隐藏单元被包括的概率为 0.5。然后，我们运行和之前一样的前向传播、反向传播以及学习更新。图 7.7 说明了在 Dropout 下的前向传播。

更正式地说，假设一个掩码向量 $\boldsymbol{\mu}$ 指定被包括的单元，$J(\boldsymbol{\theta},\boldsymbol{\mu})$ 是由参数 $\boldsymbol{\theta}$ 和掩码 $\boldsymbol{\mu}$ 定义的模型代价。那么 Dropout 训练的目标是最小化 $\mathbb{E}_{\boldsymbol{\mu}}J(\boldsymbol{\theta},\boldsymbol{\mu})$。这个期望包含多达指数级的项，但我们可以通过抽样 $\boldsymbol{\mu}$ 获得梯度的无偏估计。

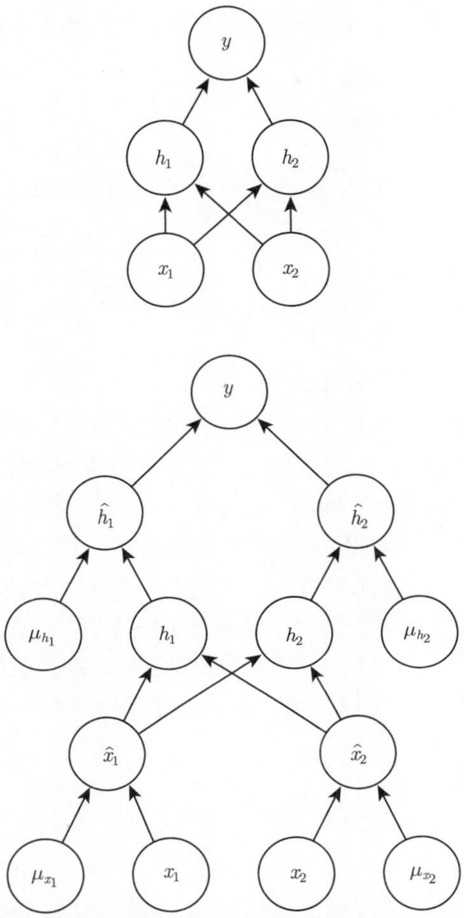

图 7.7 在使用 Dropout 的前馈网络中前向传播的示例。(顶部) 在此示例中，我们使用具有两个输入单元，具有两个隐藏单元的隐藏层以及一个输出单元的前馈网络。(底部) 为了执行具有 Dropout 的前向传播，我们随机地对向量 $\boldsymbol{\mu}$ 进行采样，其中网络中的每个输入或隐藏单元对应一项。$\boldsymbol{\mu}$ 中的每项都是二值的且独立于其他项采样。超参数的采样概率为 1，隐藏层的采样概率通常为 0.5，输入的采样概率通常为 0.8。网络中的每个单元乘以相应的掩码，然后正常地继续沿着网络的其余部分前向传播。这相当于从图 7.6 中随机选择一个子网络并沿着前向传播

Dropout 训练与 Bagging 训练不太一样。在 Bagging 的情况下，所有模型都是独立的。在 Dropout 的情况下，所有模型共享参数，其中每个模型继承父神经网络参数的不同子集。参数共享使得在有限可用的内存下表示指数级数量的模型变得可能。在 Bagging 的情况下，每一个模型在其相应训练集上训练到收敛。在 Dropout 的情况下，通常大部分模型都没有显式地被训练，因为通常父神经网络会很大，以至于到宇宙毁灭都不可能采样完所有的子网络。取而代之的是，在单个步骤中我们训练一小部分的子网络，参数共享会使得剩余的子网络也能有好的参数设定。这些是仅有的区别。除了这些，Dropout 与 Bagging 算法一样。例如，每个子网络中遇到的训练集确实是有放回采样的原始训练集的一个子集。

Bagging 集成必须根据所有成员的累积投票做一个预测。在这种背景下，我们将这个过程称为**推断**(inference)。目前为止，我们在介绍 Bagging 和 Dropout 时没有要求模型具有明确的概率。现在，我们假定该模型的作用是输出一个概率分布。在 Bagging 的情况下，每个模型

i 产生一个概率分布 $p^{(i)}(y \mid \boldsymbol{x})$。集成的预测由这些分布的算术平均值给出：

$$\frac{1}{k}\sum_{i=1}^{k} p^{(i)}(y \mid \boldsymbol{x}) \tag{7.52}$$

在 Dropout 的情况下，通过掩码 $\boldsymbol{\mu}$ 定义每个子模型的概率分布 $p(y \mid \boldsymbol{x}, \boldsymbol{\mu})$。所有掩码的算术平均值由下式给出：

$$\sum_{\boldsymbol{\mu}} p(\boldsymbol{\mu}) p(y \mid \boldsymbol{x}, \boldsymbol{\mu}) \tag{7.53}$$

其中 $p(\boldsymbol{\mu})$ 是训练时采样 $\boldsymbol{\mu}$ 的概率分布。

因为这个求和包含多达指数级的项，除非该模型的结构允许某种形式的简化，否则是不可能计算的。目前为止，无法得知深度神经网络是否允许某种可行的简化。相反，我们可以通过采样近似推断，即平均许多掩码的输出。即使是 10~20 个掩码就足以获得不错的表现。

然而，一个更好的方法能不错地近似整个集成的预测，且只需一个前向传播的代价。要做到这一点，我们改用集成成员预测分布的几何平均而不是算术平均。Warde-Farley *et al.* (2014) 提出的论点和经验证据表明，在这个情况下几何平均与算术平均表现得差不多。

多个概率分布的几何平均不能保证是一个概率分布。为了保证结果是一个概率分布，我们要求没有子模型给某一事件分配概率 0，并重新标准化所得分布。通过几何平均直接定义的非标准化概率分布由下式给出：

$$\tilde{p}_{\text{ensemble}}(y \mid \boldsymbol{x}) = \sqrt[2^d]{\prod_{\boldsymbol{\mu}} p(y \mid \boldsymbol{x}, \boldsymbol{\mu})} \tag{7.54}$$

其中 d 是可被丢弃的单元数。这里为简化介绍，我们使用均匀分布的 $\boldsymbol{\mu}$，但非均匀分布也是可以的。为了作出预测，我们必须重新标准化集成：

$$p_{\text{ensemble}}(y \mid \boldsymbol{x}) = \frac{\tilde{p}_{\text{ensemble}}(y \mid \boldsymbol{x})}{\sum_{y'} \tilde{p}_{\text{ensemble}}(y' \mid \boldsymbol{x})} \tag{7.55}$$

涉及 Dropout 的一个重要观点 (Hinton *et al.*, 2012c) 是，我们可以通过评估模型中 $p(y \mid \boldsymbol{x})$ 来近似 p_{ensemble}：该模型具有所有单元，但我们将单元 i 的输出的权重乘以单元 i 的被包含概率。这个修改的动机是得到从该单元输出的正确期望值。我们把这种方法称为**权重比例推断规则**(weight scaling inference rule)。目前还没有在深度非线性网络上对这种近似推断规则的准确性作任何理论分析，但经验上表现得很好。

因为我们通常使用 $\frac{1}{2}$ 的包含概率，权重比例规则一般相当于在训练结束后将权重除 2，然后像平常一样使用模型。实现相同结果的另一种方法是在训练期间将单元的状态乘 2。无论哪种方式，我们的目标是确保在测试时一个单元的期望总输入与在训练时该单元的期望总输入是大致相同的 (即使近半单位在训练时丢失)。

对许多不具有非线性隐藏单元的模型族而言，权重比例推断规则是精确的。举个简单的例子，考虑 softmax 函数回归分类，其中由向量 $\mathbf{v}$ 表示 n 个输入变量：

$$P(\mathrm{y} = y \mid \mathbf{v}) = \operatorname{softmax}\big(\boldsymbol{W}^{\top}\mathbf{v} + \boldsymbol{b}\big)_y \tag{7.56}$$

我们可以根据二值向量 $\boldsymbol{d}$ 逐元素的乘法将一类子模型进行索引：

$$P(\mathrm{y}=y \mid \mathbf{v}; \boldsymbol{d}) = \mathrm{softmax}\big(\boldsymbol{W}^{\top}(\boldsymbol{d}\odot\mathbf{v})+\boldsymbol{b}\big)_y \tag{7.57}$$

集成预测器被定义为重新标准化所有集成成员预测的几何平均：

$$P_{\text{ensemble}}(\mathrm{y}=y \mid \mathbf{v}) = \frac{\tilde{P}_{\text{ensemble}}(\mathrm{y}=y \mid \mathbf{v})}{\sum_{y'}\tilde{P}_{\text{ensemble}}(\mathrm{y}=y' \mid \mathbf{v})} \tag{7.58}$$

其中

$$\tilde{P}_{\text{ensemble}}(\mathrm{y}=y \mid \mathbf{v}) = \sqrt[2^n]{\prod_{\boldsymbol{d}\in\{0,1\}^n} P(\mathrm{y}=y \mid \mathbf{v}; \boldsymbol{d})} \tag{7.59}$$

为了证明权重比例推断规则是精确的，我们简化 $\tilde{P}_{\text{ensemble}}$：

$$\tilde{P}_{\text{ensemble}}(\mathrm{y}=y \mid \mathbf{v}) = \sqrt[2^n]{\prod_{\boldsymbol{d}\in\{0,1\}^n} P(\mathrm{y}=y \mid \mathbf{v}; \boldsymbol{d})} \tag{7.60}$$

$$= \sqrt[2^n]{\prod_{\boldsymbol{d}\in\{0,1\}^n} \mathrm{softmax}(\boldsymbol{W}^{\top}(\boldsymbol{d}\odot\mathbf{v})+\boldsymbol{b})_y} \tag{7.61}$$

$$= \sqrt[2^n]{\prod_{\boldsymbol{d}\in\{0,1\}^n} \frac{\exp(\boldsymbol{W}_{y,:}^{\top}(\boldsymbol{d}\odot\mathbf{v})+\boldsymbol{b}_y)}{\sum_{y'}\exp(\boldsymbol{W}_{y',:}^{\top}(\boldsymbol{d}\odot\mathbf{v})+\boldsymbol{b}_{y'})}} \tag{7.62}$$

$$= \frac{\sqrt[2^n]{\prod_{\boldsymbol{d}\in\{0,1\}^n}\exp(\boldsymbol{W}_{y,:}^{\top}(\boldsymbol{d}\odot\mathbf{v})+\boldsymbol{b}_y)}}{\sqrt[2^n]{\prod_{\boldsymbol{d}\in\{0,1\}^n}\sum_{y'}\exp(\boldsymbol{W}_{y',:}^{\top}(\boldsymbol{d}\odot\mathbf{v})+\boldsymbol{b}_{y'})}} \tag{7.63}$$

由于 $\tilde{P}$ 将被标准化，我们可以放心地忽略那些相对 y 不变的乘法：

$$\tilde{P}_{\text{ensemble}}(\mathrm{y}=y \mid \mathbf{v}) \propto \sqrt[2^n]{\prod_{\boldsymbol{d}\in\{0,1\}^n}\exp(\boldsymbol{W}_{y,:}^{\top}(\boldsymbol{d}\odot\mathbf{v})+\boldsymbol{b}_y)} \tag{7.64}$$

$$= \exp\left(\frac{1}{2^n}\sum_{\boldsymbol{d}\in\{0,1\}^n}\boldsymbol{W}_{y,:}^{\top}(\boldsymbol{d}\odot\mathbf{v})+\boldsymbol{b}_y\right) \tag{7.65}$$

$$= \exp\left(\frac{1}{2}\boldsymbol{W}_{y,:}^{\top}\mathbf{v}+\boldsymbol{b}_y\right) \tag{7.66}$$

将其代入式 (7.58)，我们得到了一个权重为 $\frac{1}{2}\boldsymbol{W}$ 的 softmax 函数分类器。

权重比例推断规则在其他设定下也是精确的，包括条件正态输出的回归网络以及那些隐藏层不包含非线性的深度网络。然而，权重比例推断规则对具有非线性的深度模型仅仅是一个近似。虽然这个近似尚未有理论上的分析，但在实践中往往效果很好。Goodfellow *et al.* (2013b) 实验发现，在对集成预测的近似方面，权重比例推断规则比蒙特卡罗近似更好 (就分类精度而言)。即使允许蒙特卡罗近似采样多达 1000 子网络时也比不过权重比例推断规则。Gal and Ghahramani (2015) 发现一些模型可以通过 20 个样本和蒙特卡罗近似获得更好的分类精度。似乎推断近似的最佳选择是与问题相关的。

Srivastava *et al.* (2014) 显示，Dropout 比其他标准的计算开销小的正则化方法 (如权重衰减、过滤器范数约束和稀疏激活的正则化) 更有效。Dropout 也可以与其他形式的正则化合并，得到进一步的提升。

计算方便是 Dropout 的一个优点。训练过程中使用 Dropout 产生 n 个随机二进制数与状态相乘，每个样本每次更新只需 $\mathcal{O}(n)$ 的计算复杂度。根据实现，也可能需要 $\mathcal{O}(n)$ 的存储空间来持续保存这些二进制数 (直到反向传播阶段)。使用训练好的模型推断时，计算每个样本的代价与不使用 Dropout 是一样的，尽管我们必须在开始运行推断前将权重除以 2。

Dropout 的另一个显著优点是不怎么限制适用的模型或训练过程。几乎在所有使用分布式表示且可以用随机梯度下降训练的模型上都表现很好。包括前馈神经网络、概率模型，如受限玻尔兹曼机 (Srivastava *et al.*, 2014)，以及循环神经网络 (Bayer and Osendorfer, 2014; Pascanu *et al.*, 2014a)。许多效果差不多的其他正则化策略对模型结构的限制更严格。

虽然 Dropout 在特定模型上每一步的代价是微不足道的，但在一个完整的系统上使用 Dropout 的代价可能非常显著。因为 Dropout 是一个正则化技术，它减少了模型的有效容量。为了抵消这种影响，我们必须增大模型规模。不出意外的话，使用 Dropout 时最佳验证集的误差会低很多，但这是以更大的模型和更多训练算法的迭代次数为代价换来的。对于非常大的数据集，正则化带来的泛化误差减少得很小。在这些情况下，使用 Dropout 和更大模型的计算代价可能超过正则化带来的好处。

只有极少的训练样本可用时，Dropout 不会很有效。在只有不到 5000 的样本的 Alternative Splicing 数据集上 (Xiong *et al.*, 2011)，贝叶斯神经网络 (Neal, 1996) 比 Dropout 表现得更好 (Srivastava *et al.*, 2014)。当有其他未分类的数据可用时，无监督特征学习也比 Dropout 更有优势。

Wager *et al.* (2013) 表明，当 Dropout 作用于线性回归时，相当于每个输入特征具有不同权重衰减系数的 L^2 权重衰减。每个特征的权重衰减系数的大小是由其方差来确定的。其他线性模型也有类似的结果。而对于深度模型而言，Dropout 与权重衰减是不等同的。

使用 Dropout 训练时的随机性不是这个方法成功的必要条件。它仅仅是近似所有子模型总和的一个方法。Wang and Manning (2013) 导出了近似这种边缘分布的解析解。他们的近似被称为**快速 Dropout**(fast dropout)，减小梯度计算中的随机性而获得更快的收敛速度。这种方法也可以在测试时应用，能够比权重比例推断规则更合理地 (但计算也更昂贵) 近似所有子网络的平均。快速 Dropout 在小神经网络上的性能几乎与标准的 Dropout 相当，但在大问题上尚未产生显著改善或尚未应用。

随机性对实现 Dropout 的正则化效果不是必要的，同时也不是充分的。为了证明这一点，Warde-Farley *et al.* (2014) 使用一种被称为 **Dropout Boosting** 的方法设计了一个对照实验，具有与传统 Dropout 方法完全相同的噪声掩码，但缺乏正则化效果。Dropout Boosting 训练整个集成以最大化训练集上的似然。从传统 Dropout 类似于 Bagging 的角度来看，这种方式类似于 Boosting。如预期一样，和单一模型训练整个网络相比，Dropout Boosting 几乎没有正则化效果。这表明，使用 Bagging 解释 Dropout 比使用稳健性噪声解释 Dropout 更好。只有当随机抽样的集成成员相互独立地训练好后，才能达到 Bagging 集成的正则化效果。

Dropout 启发其他以随机方法训练指数量级的共享权重的集成。DropConnect 是 Dropout 的一个特殊情况，其中一个标量权重和单个隐藏单元状态之间的每个乘积被认为是可以丢弃的一个单元 (Wan *et al.*, 2013)。随机池化是构造卷积神经网络集成的一种随机化池化的形式 (见第 9.3 节)，其中每个卷积网络参与每个特征图的不同空间位置。目前为止，Dropout 仍然是最广泛使用的隐式集成方法。

一个关于 Dropout 的重要见解是，通过随机行为训练网络并平均多个随机决定进行预测，实现了一种参数共享的 Bagging 形式。早些时候，我们将 Dropout 描述为通过包括或排除单元形成模型集成的 Bagging。然而，这种参数共享策略不一定要基于包括和排除。原则上，任何一种随机的修改都是可接受的。在实践中，我们必须选择让神经网络能够学习对抗的修改类型。在理想情况下，我们也应该使用可以快速近似推断的模型族。我们可以认为由向量 $\boldsymbol{\mu}$ 参数化的任何形式的修改，是对 $\boldsymbol{\mu}$ 所有可能的值训练 $p(y \mid \boldsymbol{x}, \boldsymbol{\mu})$ 的集成。注意，这里不要求 $\boldsymbol{\mu}$ 具有有限数量的值。例如，$\boldsymbol{\mu}$ 可以是实值。Srivastava *et al.* (2014) 表明，权重乘以 $\boldsymbol{\mu} \sim \mathcal{N}(\mathbf{1}, \boldsymbol{I})$ 比基于二值掩码 Dropout 表现得更好。由于 $\mathbb{E}[\boldsymbol{\mu}] = 1$，标准网络自动实现集成的近似推断，而不需要权重比例推断规则。

目前为止，我们将 Dropout 介绍为一种纯粹高效近似 Bagging 的方法。然而，还有比这更进一步的 Dropout 观点。Dropout 不仅仅是训练一个 Bagging 的集成模型，而且是共享隐藏单元的集成模型。这意味着无论其他隐藏单元是否在模型中，每个隐藏单元必须都能够表现良好。隐藏单元必须准备好进行模型之间的交换和互换。Hinton *et al.* (2012d) 由生物学的想法受到启发：有性繁殖涉及两个不同生物体之间交换基因，进化产生的压力使得基因不仅是良好的，而且要准备好不同有机体之间的交换。这样的基因和这些特点对环境的变化是非常稳健的，因为它们一定会正确适应任何一个有机体或模型不寻常的特性。因此 Dropout 正则化每个隐藏单元不仅是一个很好的特征，更要在许多情况下是良好的特征。Warde-Farley *et al.* (2014) 将 Dropout 与大集成的训练相比并得出结论：相比独立模型集成获得泛化误差改进，Dropout 会带来额外的改进。

Dropout 强大的大部分原因来自施加到隐藏单元的掩码噪声，了解这一事实是重要的。这可以看作对输入内容的信息高度智能化、自适应破坏的一种形式，而不是对输入原始值的破坏。例如，如果模型学得通过鼻检测脸的隐藏单元 h_i，那么丢失 h_i 对应于擦除图像中有鼻子的信息。模型必须学习另一种 h_i，要么是鼻子存在的冗余编码，要么是像嘴这样的脸部的另一特征。传统的噪声注入技术，在输入端加非结构化的噪声不能够随机地从脸部图像中抹去关于鼻子的信息，除非噪声的幅度大到几乎能抹去图像中所有的信息。破坏提取的特征而不是原始值，让破坏过程充分利用该模型迄今获得的关于输入分布的所有知识。

Dropout 的另一个重要方面是噪声是乘性的。如果是固定规模的加性噪声，那么加了噪声 ϵ 的整流线性隐藏单元可以简单地学会使 h_i 变得很大 (使增加的噪声 ϵ 变得不显著)。乘性噪声不允许这样病态地解决噪声鲁棒性问题。

另一种深度学习算法 —— 批标准化，在训练时向隐藏单元引入加性和乘性噪声重新参数化模型。批标准化的主要目的是改善优化，但噪声具有正则化的效果，有时没必要再使用 Dropout。批标准化将会在第 8.7.1 节中被更详细地讨论。

7.13 对抗训练

在许多情况下，神经网络在独立同分布的测试集上进行评估已经达到了人类表现。因此，我们自然要怀疑这些模型在这些任务上是否获得了真正的人类层次的理解。为了探索网络对底层任务的理解层次，我们可以探索这个模型错误分类的例子。Szegedy *et al.* (2014b) 发现，在精度达到人类水平的神经网络上通过优化过程故意构造数据点，其上的误差率接近 100%，模型在这个输入点 $\boldsymbol{x}'$ 的输出与附近的数据点 $\boldsymbol{x}$ 非常不同。在许多情况下，$\boldsymbol{x}'$ 与 $\boldsymbol{x}$ 非常近似，人类观察者不会察觉原始样本和**对抗样本**(adversarial example) 之间的差异，但是网络会做出非常不同的预测，如图 7.8 所示。

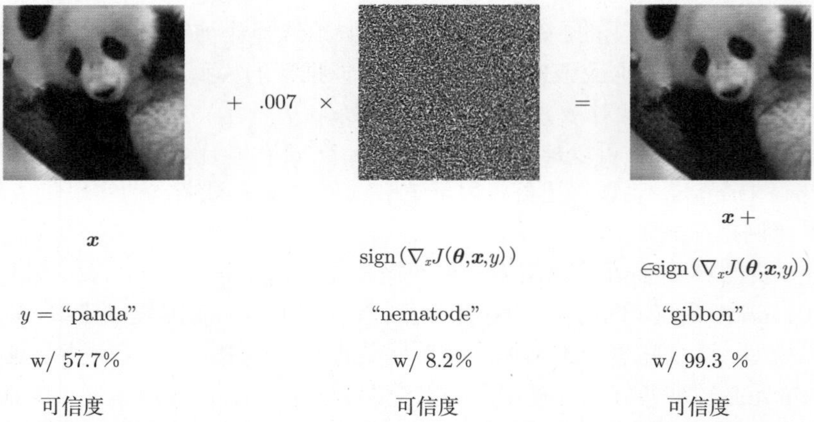

图 7.8　在 ImageNet 上应用 GoogLeNet (Szegedy *et al.*, 2014a) 的对抗样本生成的演示。通过添加一个不可察觉的小向量 (其中元素等于代价函数相对于输入的梯度元素的符号)，我们可以改变 GoogLeNet 对此图像的分类结果。经 Goodfellow *et al.* (2014b) 许可转载

对抗样本在很多领域有很多影响，例如计算机安全，这超出了本章的范围。然而，它们在正则化的背景下很有意思，因为我们可以通过**对抗训练**(adversarial training) 减少原有独立同分布的测试集的错误率 —— 在对抗扰动的训练集样本上训练网络 (Szegedy *et al.*, 2014b; Goodfellow *et al.*, 2014b)。

Goodfellow *et al.* (2014b) 表明，这些对抗样本的主要原因之一是过度线性。神经网络主要是基于线性块构建的。因此在一些实验中，它们实现的整体函数被证明是高度线性的。这些线性函数很容易优化。不幸的是，如果一个线性函数具有许多输入，那么它的值可以非常迅速地改变。如果我们用 ϵ 改变每个输入，那么权重为 $\boldsymbol{w}$ 的线性函数可以改变 $\epsilon \|\boldsymbol{w}\|_1$ 之多，如果 $\boldsymbol{w}$ 是高维的这会是一个非常大的数。对抗训练通过鼓励网络在训练数据附近的局部区域恒定来限制这一高度敏感的局部线性行为。这可以看作一种明确地向监督神经网络引入局部恒定先验的方法。

对抗训练有助于体现积极正则化与大型函数族结合的力量。纯粹的线性模型，如逻辑回归，由于它们被限制为线性而无法抵抗对抗样本。神经网络能够将函数从接近线性转化为局部近似恒定，从而可以灵活地捕获到训练数据中的线性趋势同时学习抵抗局部扰动。

对抗样本也提供了一种实现半监督学习的方法。在与数据集中的标签不相关联的点 $\boldsymbol{x}$ 处，模型本身为其分配一些标签 $\hat{y}$。模型的标记 $\hat{y}$ 未必是真正的标签，但如果模型是高品质的，那么 $\hat{y}$ 提供正确标签的可能性很大。我们可以搜索一个对抗样本 $\boldsymbol{x}'$，导致分类器输出一个标签 y' 且 $y' \neq \hat{y}$。不使用真正的标签，而是由训练好的模型提供标签产生的对抗样本被称为**虚拟对抗样本**(virtual adversarial example)(Miyato *et al.*, 2015)。我们可以训练分类器为 $\boldsymbol{x}$ 和 $\boldsymbol{x}'$ 分配相同的标签。这鼓励分类器学习一个沿着未标签数据所在流形上任意微小变化都很鲁棒的函数。驱动这种方法的假设是，不同的类通常位于分离的流形上，并且小扰动不会使数据点从一个类的流形跳到另一个类的流形上。

7.14 切面距离、正切传播和流形正切分类器

如第 5.11.3 节所述，许多机器学习通过假设数据位于低维流形附近来克服维数灾难。

一个利用流形假设的早期尝试是**切面距离**(tangent distance) 算法 (Simard *et al.*, 1993, 1998)。它是一种非参数的最近邻算法，其中使用的度量不是通用的欧几里德距离，而是根据邻近流形关于聚集概率的知识导出的。这个算法假设我们尝试分类的样本和同一流形上的样本具有相同的类别。由于分类器应该对局部因素 (对应于流形上的移动) 的变化保持不变，一种合理的度量是将点 $\boldsymbol{x}_1$ 和 $\boldsymbol{x}_2$ 各自所在流形 M_1 和 M_2 的距离作为点 $\boldsymbol{x}_1$ 和 $\boldsymbol{x}_2$ 之间的最近邻距离。然而这可能在计算上是困难的 (它需要解决一个寻找 M_1 和 M_2 最近点对的优化问题)，一种局部合理的廉价替代是使用 $\boldsymbol{x}_i$ 点处切平面近似 M_i，并测量两条切平面或一个切平面和点之间的距离。这可以通过求解一个低维线性系统 (就流形的维数而言) 来实现。当然，这种算法需要指定那些切向量。

受相关启发，**正切传播**(tangent prop) 算法 (Simard *et al.*, 1992)(见图 7.9) 训练带有额外惩罚的神经网络分类器，使神经网络的每个输出 $f(\boldsymbol{x})$ 对已知的变化因素是局部不变的。这些变化因素对应于沿着的相同样本聚集的流形的移动。这里实现局部不变性的方法是要求 $\nabla_{\boldsymbol{x}} f(\boldsymbol{x})$ 与已知流形的切向 $\boldsymbol{v}^{(i)}$ 正交，或者等价地通过正则化惩罚 Ω 使 f 在 $\boldsymbol{x}$ 的 $\boldsymbol{v}^{(i)}$ 方向的导数较小：

$$\Omega(f) = \sum_i \left((\nabla_{\boldsymbol{x}} f(\boldsymbol{x})^\top \boldsymbol{v}^{(i)}) \right)^2 \tag{7.67}$$

这个正则化项当然可以通过适当的超参数缩放，并且对于大多数神经网络，我们需要对许多输出求和 (此处为了描述简单，$f(\boldsymbol{x})$ 为唯一输出)。与切面距离算法一样，我们根据切向量推导先验，通常从变换 (如平移、旋转和缩放图像) 的效果获得形式知识。正切传播不仅用于监督学习 (Simard *et al.*, 1992)，还在强化学习 (Thrun, 1995) 中有所应用。

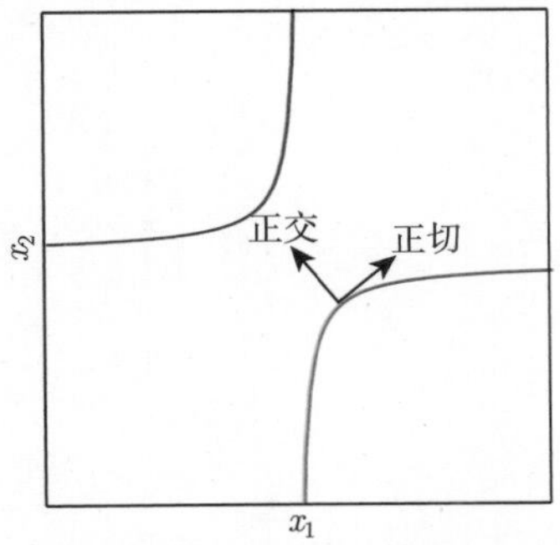

图 7.9 正切传播算法 (Simard *et al.*, 1992) 和流形正切分类器主要思想的示意图 (Rifai *et al.*, 2011c)，它们都正则化分类器的输出函数 $f(\boldsymbol{x})$。每条曲线表示不同类别的流形，这里表示嵌入二维空间中的一维流形。在一条曲线上，我们选择单个点并绘制一个与类别流形 (平行并接触流形) 相切的向量以及与类别流形 (与流形正交) 垂直的向量。在多维情况下，可以存在许多切线方向和法线方向。我们希望分类函数在垂直于流形方向上快速改变，并且在类别流形的方向上保持不变。正切传播和流形正切分类器都会正则化 $f(\boldsymbol{x})$，使其不随 $\boldsymbol{x}$ 沿流形的移动而剧烈变化。正切传播需要用户手动指定正切方向的计算函数 (例如指定小平移后的图像保留在相同类别的流形中)，而流形正切分类器通过训练自编码器拟合训练数据来估计流形的正切方向。我们将在第 14 章中讨论使用自编码器来估计流形

正切传播与数据集增强密切相关。在这两种情况下，该算法的用户通过指定一组应当不会改变网络输出的转换，将其先验知识编码至算法中。不同的是在数据集增强的情况下，网络显式地训练正确分类这些施加大量变换后产生的不同输入。正切传播不需要显式访问一个新的输入点。取而代之，它解析地对模型正则化从而在指定转换的方向抵抗扰动。虽然这种解析方法是聪明优雅的，但是它有两个主要的缺点：首先，模型的正则化只能抵抗无穷小的扰动。显式的数据集增强能抵抗较大的扰动。其次，我们很难在基于整流线性单元的模型上使用无限小的方法。这些模型只能通过关闭单元或缩小它们的权重才能缩小它们的导数。它们不能像 sigmoid 或 tanh 单元一样通过较大权重在高值处饱和以收缩导数。数据集增强在整流线性单元上工作得很好，因为不同的整流单元会在每一个原始输入的不同转换版本上被激活。

正切传播也和双反向传播 (Drucker and LeCun, 1992) 以及对抗训练 (Szegedy *et al.*, 2014b; Goodfellow *et al.*, 2014b) 有关联。双反向传播正则化使 Jacobian 矩阵偏小，而对抗训练找到原输入附近的点，训练模型在这些点上产生与原来输入相同的输出。正切传播和手动指定转换的数据集增强都要求模型在输入变化的某些特定的方向上保持不变。双反向传播和对抗训练都要求模型对输入所有方向中的变化 (只要该变化较小) 都应当保持不变。正如数据集增强是正切传播非无限小的版本，对抗训练是双反向传播非无限小的版本。

流形正切分类器 (Rifai *et al.*, 2011d) 无须知道切线向量的先验。我们将在第 14 章看到，自编码器可以估算流形的切向量。流形正切分类器使用这种技术来避免用户指定切向量。如图 14.10 所示，这些估计的切向量不仅对图像经典几何变换 (如转化、旋转和缩放) 保持不变，还必须掌握对特定对象 (如正在移动的身体某些部分) 保持不变的因素。因此根据流形正切分类器提出的算法相当简单：使用自编码器通过无监督学习来学习流形的结构，以及如正切传播 (式 (7.67)) 一样使用这些切面正则化神经网络分类器。

在本章中，我们已经描述了大多数用于正则化神经网络的通用策略。正则化是机器学习的中心主题，因此我们将不时在其余各章中重新回顾。机器学习的另一个中心主题是优化，我们将在下一章描述。

第 8 章　深度模型中的优化

深度学习算法在许多情况下都涉及优化。例如，模型中的进行推断 (如 PCA) 涉及求解优化问题。我们经常使用解析优化去证明或设计算法。在深度学习涉及的诸多优化问题中，最难的是神经网络训练。甚至是用几百台机器投入几天到几个月来解决单个神经网络训练问题，也是很常见的。因为这其中的优化问题很重要，代价也很高，因此研究者们开发了一组专门为此设计的优化技术。本章会介绍神经网络训练中的这些优化技术。

如果你不熟悉基于梯度优化的基本原则，我们建议回顾第 4 章。该章简要概述了一般的数值优化。

本章主要关注这一类特定的优化问题：寻找神经网络上的一组参数 $\boldsymbol{\theta}$，它能显著地降低代价函数 $J(\boldsymbol{\theta})$，该代价函数通常包括整个训练集上的性能评估和额外的正则化项。

首先，我们会介绍在机器学习任务中作为训练算法使用的优化与纯优化有哪些不同。其次，我们会介绍导致神经网络优化困难的几个具体挑战。再次，我们会介绍几个实用算法，包括优化算法本身和初始化参数的策略。更高级的算法能够在训练中自适应调整学习率，或者使用代价函数二阶导数包含的信息。最后，我们会介绍几个将简单优化算法结合成高级过程的优化策略，以此作为总结。

8.1　学习和纯优化有什么不同

用于深度模型训练的优化算法与传统的优化算法在几个方面有所不同。机器学习通常是间接作用的。在大多数机器学习问题中，我们关注某些性能度量 P，其定义于测试集上并且可能是不可解的。因此，我们只是间接地优化 P。我们希望通过降低代价函数 $J(\boldsymbol{\theta})$ 来提高 P。这一点与纯优化不同，纯优化最小化目标 J 本身。训练深度模型的优化算法通常也会包括一些针对机器学习目标函数的特定结构进行的特化。

通常，代价函数可写为训练集上的平均，如

$$J(\boldsymbol{\theta}) = \mathbb{E}_{(\mathbf{x},\mathrm{y})\sim\hat{p}_{\text{data}}} L(f(\boldsymbol{x};\boldsymbol{\theta}), y) \tag{8.1}$$

其中 L 是每个样本的损失函数，$f(\boldsymbol{x};\boldsymbol{\theta})$ 是输入 $\boldsymbol{x}$ 时所预测的输出，$\hat{p}_{\text{data}}$ 是经验分布。监督学习中，y 是目标输出。在本章中，我们会介绍不带正则化的监督学习，L 的变量是 $f(\boldsymbol{x};\boldsymbol{\theta})$ 和 y。不难将这种监督学习扩展成其他形式，如包括 $\boldsymbol{\theta}$ 或者 $\boldsymbol{x}$ 作为参数，或是去掉参数 y，以发展不同形式的正则化或是无监督学习。

式 (8.1) 定义了训练集上的目标函数。通常，我们更希望最小化取自数据生成分布 p_{data} 的期望，而不仅仅是有限训练集上的对应目标函数：

$$J^*(\boldsymbol{\theta}) = \mathbb{E}_{(\mathbf{x},\mathrm{y})\sim p_{\text{data}}} L(f(\boldsymbol{x};\boldsymbol{\theta}), y) \tag{8.2}$$

8.1.1　经验风险最小化

机器学习算法的目标是降低式 (8.2) 所示的期望泛化误差。这个数据量被称为**风险** (risk)。在这里，我们强调该期望取自真实的潜在分布 p_{data}。如果我们知道了真实分布 $p_{\text{data}}(\boldsymbol{x}, y)$，那么最小化风险变成了一个可以被优化算法解决的优化问题。然而，我们遇到的机器学习问题，通常是不知道 $p_{\text{data}}(\boldsymbol{x}, y)$，只知道训练集中的样本。

将机器学习问题转化回一个优化问题的最简单方法是最小化训练集上的期望损失。这意味着用训练集上的经验分布 $\hat{p}(\boldsymbol{x}, y)$ 替代真实分布 $p(\boldsymbol{x}, y)$。现在，我们将最小化**经验风险** (empirical risk)：

$$\mathbb{E}_{\mathbf{x},\mathrm{y}\sim\hat{p}_{\text{data}}}[L(f(\boldsymbol{x};\boldsymbol{\theta}), y)] = \frac{1}{m}\sum_{i=1}^{m} L(f(\boldsymbol{x}^{(i)};\boldsymbol{\theta}), y^{(i)}) \tag{8.3}$$

其中 m 表示训练样本的数目。

基于最小化这种平均训练误差的训练过程被称为**经验风险最小化**(empirical risk minimization) 在这种情况下，机器学习仍然和传统的直接优化很相似。我们并不直接最优化风险，而是最优化经验风险，希望也能够很大地降低风险。一系列不同的理论构造了一些条件，使得在这些条件下真实风险的期望可以下降不同的量。

然而，经验风险最小化很容易导致过拟合。高容量的模型会简单地记住训练集。在很多情况下，经验风险最小化并非真的可行。最有效的现代优化算法是基于梯度下降的，但是很多有用的损失函数，如 0-1 损失，没有有效的导数 (导数要么为零，要么处处未定义)。这两个问题说明，在深度学习中我们很少使用经验风险最小化。反之，我们会使用一个稍有不同的方法，我们真正优化的目标会更加不同于我们希望优化的目标。

8.1.2 代理损失函数和提前终止

有时，我们真正关心的损失函数 (比如分类误差) 并不能被高效地优化。例如，即使对于线性分类器而言，精确地最小化 0-1 损失通常是不可解的 (复杂度是输入维数的指数级别)(Marcotte and Savard, 1992)。在这种情况下，我们通常会优化**代理损失函数** (surrogate loss function)。代理损失函数作为原目标的代理，还具备一些优点。例如，正确类别的负对数似然通常用作 0-1 损失的替代。负对数似然允许模型估计给定样本的类别的条件概率，如果该模型效果好，那么它能够输出期望最小分类误差所对应的类别。

在某些情况下，代理损失函数比原函数学到的更多。例如，使用对数似然替代函数时，在训练集上的 0-1 损失达到 0 之后，测试集上的 0-1 损失还能持续下降很长一段时间。这是因为即使 0-1 损失期望是零时，我们还能拉开不同类别的距离以改进分类器的鲁棒性，获得一个更强壮的、更值得信赖的分类器，从而，相对于简单地最小化训练集上的平均 0-1 损失，它能够从训练数据中抽取更多信息。

一般的优化和我们用于训练算法的优化有一个重要不同：训练算法通常不会停止在局部极小点。反之，机器学习通常优化代理损失函数，但是在基于提前终止 (第 7.8 节) 的收敛条件满足时停止。通常，提前终止使用真实潜在损失函数，如验证集上的 0-1 损失，并设计为在过拟合发生之前终止。与纯优化不同的是，提前终止时代理损失函数仍然有较大的导数，而纯优化终止时导数较小。

8.1.3 批量算法和小批量算法

机器学习算法和一般优化算法不同的一点是，机器学习算法的目标函数通常可以分解为训练样本上的求和。机器学习中的优化算法在计算参数的每一次更新时通常仅使用整个代价函数中一部分项来估计代价函数的期望值。

例如，最大似然估计问题可以在对数空间中分解成各个样本的总和：

$$\boldsymbol{\theta}_{\mathrm{ML}} = \arg\max_{\boldsymbol{\theta}} \sum_{i=1}^{m} \log p_{\mathrm{model}}(\boldsymbol{x}^{(i)}, y^{(i)}; \boldsymbol{\theta}) \tag{8.4}$$

最大化这个总和等价于最大化训练集在经验分布上的期望：

$$J(\boldsymbol{\theta}) = \mathbb{E}_{\mathbf{x},\mathrm{y}\sim\hat{p}_{\mathrm{data}}} \log p_{\mathrm{model}}(\boldsymbol{x}, y; \boldsymbol{\theta}) \tag{8.5}$$

优化算法用到的目标函数 J 中的大多数属性也是训练集上的期望。例如，最常用的属性是梯度：

$$\nabla_{\boldsymbol{\theta}} J(\boldsymbol{\theta}) = \mathbb{E}_{\mathbf{x},\mathrm{y}\sim\hat{p}_{\mathrm{data}}} \nabla_{\boldsymbol{\theta}} \log p_{\mathrm{model}}(\boldsymbol{x}, y; \boldsymbol{\theta}) \tag{8.6}$$

准确计算这个期望的计算代价非常大，因为我们需要在整个数据集上的每个样本上评估模型。在实践中，我们可以从数据集中随机采样少量的样本，然后计算这些样本上的平均值。

回想一下，n 个样本均值的标准差 (式 (5.46)) 是 $\sigma/\sqrt{n}$，其中 σ 是样本值真实的标准差。分母 $\sqrt{n}$ 表明使用更多样本来估计梯度的方法的回报是低于线性的。比较两个假想的梯度计算，一个基于 100 个样本，另一个基于 10 000 个样本。后者需要的计算量是前者的 100 倍，却只降低了 10 倍的均值标准差。如果能够快速地计算出梯度估计值，而不是缓慢地计算准确值，那么大多数优化算法会收敛地更快 (就总的计算量而言，而不是指更新次数)。

另一个促使我们从小数目样本中获得梯度的统计估计的动机是训练集的冗余。在最坏的情况下，训练集中所有的 m 个样本都是彼此相同的拷贝。基于采样的梯度估计可以使用单个样本计算出正确的梯度，而比原来的做法少花了 m 倍时间。实践中，我们不太可能真的遇到这种最坏情况，但可能会发现大量样本都对梯度做出了非常相似的贡献。

使用整个训练集的优化算法被称为**批量**(batch) 或**确定性**(deterministic) 梯度算法，因为它们会在一个大批量中同时处理所有样本。这个术语可能有点令人困惑，因为这个词“批量”也经常被用来描述小批量随机梯度下降算法中用到的小批量样本。通常，术语“批量梯度下降”指使用全部训练集，而术语“批量”单独出现时指一组样本。例如，我们普遍使用术语“批量大小”表示小批量的大小。

每次只使用单个样本的优化算法有时被称为**随机**(stochastic) 或者**在线**(online) 算法。术语“在线”通常是指从连续产生样本的数据流中抽取样本的情况，而不是从一个固定大小的训练集中遍历多次采样的情况。

大多数用于深度学习的算法介于以上两者之间，使用一个以上而又不是全部的训练样本。传统上，这些会被称为**小批量**(minibatch) 或**小批量随机**(minibatch stochastic) 方法，现在通常将它们简单地称为**随机**(stochastic) 方法。

随机方法的典型示例是随机梯度下降，这将在第 8.3.1 节中详细描述。

小批量的大小通常由以下几个因素决定：

- 更大的批量会计算更精确的梯度估计，但是回报却是小于线性的。
- 极小批量通常难以充分利用多核架构。这促使我们使用一些绝对最小批量，低于这个值的小批量处理不会减少计算时间。
- 如果批量处理中的所有样本可以并行地处理 (通常确是如此)，那么内存消耗和批量大小会正比。对于很多硬件设施，这是批量大小的限制因素。

- 在某些硬件上使用特定大小的数组时，运行时间会更少。尤其是在使用 GPU 时，通常使用 2 的幂数作为批量大小可以获得更少的运行时间。一般，2 的幂数的取值范围是 $32 \sim 256$，16 有时在尝试大模型时使用。
- 可能是由于小批量在学习过程中加入了噪声，它们会有一些正则化效果 (Wilson and Martinez, 2003)。泛化误差通常在批量大小为 1 时最好。因为梯度估计的高方差，小批量训练需要较小的学习率以保持稳定性。因为降低的学习率和消耗更多步骤来遍历整个训练集都会产生更多的步骤，所以会导致总的运行时间非常大。

不同的算法使用不同的方法从小批量中获取不同的信息。有些算法对采样误差比其他算法更敏感，这通常有两个可能原因。一个是它们使用了很难在少量样本上精确估计的信息，另一个是它们以放大采样误差的方式使用了信息。仅基于梯度 $\boldsymbol{g}$ 的更新方法通常相对鲁棒，并能使用较小的批量获得成功，如 100。使用 Hessian 矩阵 $\boldsymbol{H}$，计算如 $\boldsymbol{H}^{-1}\boldsymbol{g}$ 更新的二阶方法通常需要更大的批量，如 10 000。这些大批量需要最小化估计 $\boldsymbol{H}^{-1}\boldsymbol{g}$ 的波动。假设 $\boldsymbol{H}$ 被精确估计，但是有病态条件数。乘以 $\boldsymbol{H}$ 或是其逆会放大之前存在的误差 (这个示例中是指 $\boldsymbol{g}$ 的估计误差)。即使 $\boldsymbol{H}$ 被精确估计，$\boldsymbol{g}$ 中非常小的变化也会导致更新值 $\boldsymbol{H}^{-1}\boldsymbol{g}$ 中非常大的变化。当然，我们通常只会近似地估计 $\boldsymbol{H}$，因此相对于我们使用具有较差条件的操作去估计 $\boldsymbol{g}$，更新 $\boldsymbol{H}^{-1}\boldsymbol{g}$ 会含有更多的误差。

小批量是随机抽取的这点也很重要。从一组样本中计算出梯度期望的无偏估计要求这些样本是独立的。我们也希望两个连续的梯度估计是互相独立的，因此两个连续的小批量样本也应该是彼此独立的。很多现实的数据集自然排列，从而使得连续的样本之间具有高度相关性。例如，假设我们有一个很长的血液样本测试结果清单。清单上的数据有可能是这样获取的，头 5 个血液样本于不同时间段取自第一个病人，接下来 3 个血液样本取自第二个病人，再随后的血液样本取自第 3 个病人，等等。如果从这个清单上顺序抽取样本，那么我们的每个小批量数据的偏差都很大，因为这个小批量很可能只代表着数据集上众多患者中的某一个患者。在这种数据集中的顺序有很大影响的情况下，很有必要在抽取小批量样本前打乱样本顺序。对于非常大的数据集，如数据中心含有几十亿样本的数据集，我们每次构建小批量样本时都将样本完全均匀地抽取出来是不太现实的。幸运的是，实践中通常将样本顺序打乱一次，然后按照这个顺序存储起来就足够了。之后训练模型时会用到的一组组小批量连续样本是固定的，每个独立的模型每次遍历训练数据时都会重复使用这个顺序。然而，这种偏离真实随机采样的方法并没有很严重的有害影响。不以某种方式打乱样本顺序才会极大地降低算法的性能。

很多机器学习上的优化问题都可以分解成并行地计算不同样本上单独的更新。换言之，我们在计算小批量样本 $\boldsymbol{X}$ 上最小化 $J(\boldsymbol{X})$ 的更新时，同时可以计算其他小批量样本上的更新。这类异步并行分布式方法将在第 12.1.3 节中进一步讨论。

小批量随机梯度下降的一个有趣动机是，只要没有重复使用样本，它将遵循着真实*泛化误差*(式 (8.2)) 的梯度。很多小批量随机梯度下降方法的实现都会打乱数据顺序一次，然后多次遍历数据来更新参数。第一次遍历时，每个小批量样本都用来计算真实泛化误差的无偏估计。第二次遍历时，估计将会是有偏的，因为它重新抽取了已经用过的样本，而不是从和原先样本相同的数据生成分布中获取新的无偏的样本。

我们不难从在线学习的情况中看出随机梯度下降最小化泛化误差的原因。这时样本或者小批量都是从数据**流**(stream) 中抽取出来的。换言之，学习器好像是一个每次看到新样本的人，每个样本 $(\boldsymbol{x}, y)$ 都来自数据生成分布 $p_{\text{data}}(\boldsymbol{x}, y)$，而不是使用大小固定的训练集。这种情况下，样本永远不会重复；每次更新的样本是从分布 p_{data} 中采样获得的无偏样本。

在 $\boldsymbol{x}$ 和 y 是离散时，以上的等价性很容易得到。在这种情况下，泛化误差 (式 (8.2)) 可以表示为

$$J^*(\boldsymbol{\theta}) = \sum_{\boldsymbol{x}} \sum_{y} p_{\text{data}}(\boldsymbol{x}, y) L(f(\boldsymbol{x}; \boldsymbol{\theta}), y) \tag{8.7}$$

上式的准确梯度为

$$\boldsymbol{g} = \nabla_{\boldsymbol{\theta}} J^*(\boldsymbol{\theta}) = \sum_{\boldsymbol{x}} \sum_{y} p_{\text{data}}(\boldsymbol{x}, y) \nabla_{\boldsymbol{\theta}} L(f(\boldsymbol{x}; \boldsymbol{\theta}), y) \tag{8.8}$$

在式 (8.5) 和式 (8.6) 中，我们已经在对数似然中看到了相同的结果，现在我们发现这一点在包括似然的其他函数 L 上也是成立的。在一些关于 p_{data} 和 L 的温和假设下，在 $\boldsymbol{x}$ 和 y 是连续时也能得到类似的结果。

因此，我们可以从数据生成分布 p_{data} 抽取小批量样本 $\{\boldsymbol{x}^{(1)}, \cdots, \boldsymbol{x}^{(m)}\}$ 以及对应的目标 $y^{(i)}$，然后计算该小批量上损失函数关于对应参数的梯度

$$\hat{\boldsymbol{g}} = \frac{1}{m} \nabla_{\boldsymbol{\theta}} \sum_{i} L(f(\boldsymbol{x}^{(i)}; \boldsymbol{\theta}), y^{(i)}) \tag{8.9}$$

以此获得泛化误差准确梯度的无偏估计。最后，在泛化误差上使用 SGD 方法在方向 $\hat{\boldsymbol{g}}$ 上更新 $\boldsymbol{\theta}$。

当然，这个解释只能用于样本没有重复使用的情况。然而，除非训练集特别大，通常最好是多次遍历训练集。当多次遍历数据集更新时，只有第一遍满足泛化误差梯度的无偏估计。但是，额外的遍历更新当然会由于减小训练误差而得到足够的好处，以抵消其带来的训练误差和测试误差间差距的增加。

随着数据集的规模迅速增长，超越了计算能力的增速，机器学习应用每个样本只使用一次的情况变得越来越常见，甚至是不完整地使用训练集。在使用一个非常大的训练集时，过拟合不再是问题，而欠拟合和计算效率变成了主要的顾虑。读者也可以参考 Bottou and Bousquet (2008a) 中关于训练样本数目增长时，泛化误差上计算瓶颈影响的讨论。

8.2 神经网络优化中的挑战

优化通常是一个极其困难的任务。传统的机器学习会小心设计目标函数和约束，以确保优化问题是凸的，从而避免一般优化问题的复杂度。在训练神经网络时，我们肯定会遇到一般的非凸情况。即使是凸优化，也并非没有任何问题。在这一节中，我们会总结几个训练深度模型时会涉及的主要挑战。

8.2.1 病态

在优化凸函数时，会遇到一些挑战。这其中最突出的是 Hessian 矩阵 $\boldsymbol{H}$ 的病态。这是数值优化、凸优化或其他形式的优化中普遍存在的问题，更多细节请回顾第 4.3.1 节。

病态问题一般被认为存在于神经网络训练过程中。病态体现在随机梯度下降会“卡”在某些情况，此时即使很小的更新步长也会增加代价函数。

回顾式 (4.9)，代价函数的二阶泰勒级数展开预测梯度下降中的 $-\epsilon \boldsymbol{g}$ 会增加

$$\frac{1}{2}\epsilon^2 \boldsymbol{g}^\top \boldsymbol{H}\boldsymbol{g} - \epsilon \boldsymbol{g}^\top \boldsymbol{g} \tag{8.10}$$

到代价中。当 $\frac{1}{2}\epsilon^2 \boldsymbol{g}^\top \boldsymbol{H}\boldsymbol{g}$ 超过 $\epsilon \boldsymbol{g}^\top \boldsymbol{g}$ 时，梯度的病态会成为问题。判断病态是否不利于神经网络训练任务，我们可以监测平方梯度范数 $\boldsymbol{g}^\top \boldsymbol{g}$ 和 $\boldsymbol{g}^\top \boldsymbol{H}\boldsymbol{g}$。在很多情况中，梯度范数不会在训练过程中显著缩小，但是 $\boldsymbol{g}^\top \boldsymbol{H}\boldsymbol{g}$ 的增长会超过一个数量级。其结果是尽管梯度很强，学习会变得非常缓慢，因为学习率必须收缩以弥补更强的曲率。如图 8.1 所示，成功训练的神经网络中，梯度显著增加。

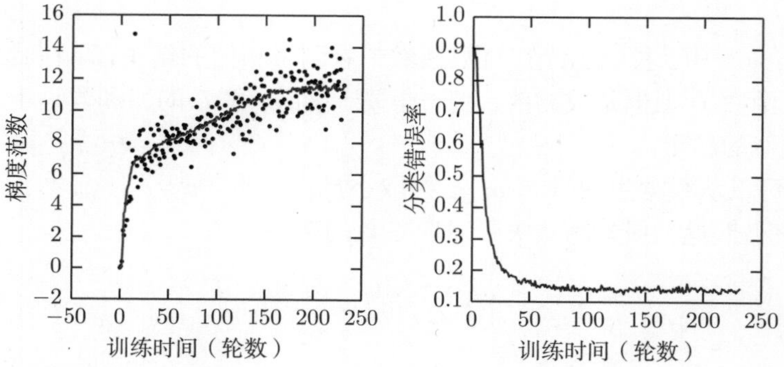

图 8.1　梯度下降通常不会到达任何类型的临界点。此示例中，在用于对象检测的卷积网络的整个训练期间，梯度范数持续增加。(*左*)各个梯度计算的范数如何随时间分布的散点图。为了方便作图，每轮仅绘制一个梯度范数。我们将所有梯度范数的移动平均绘制为实曲线。梯度范数明显随时间增加，而不是如我们所期望的那样随训练过程收敛到临界点而减小。(*右*)尽管梯度递增，训练过程却相当成功。验证集上的分类误差可以降低到较低水平

尽管病态还存在于除了神经网络训练的其他情况中，有些适用于其他情况的解决病态的技术并不适用于神经网络。例如，牛顿法在解决带有病态条件的 Hessian 矩阵的凸优化问题时，是一个非常优秀的工具，但是我们将会在以下小节中说明牛顿法运用到神经网络时需要很大的改动。

8.2.2　局部极小值

凸优化问题的一个突出特点是其可以简化为寻找一个局部极小点的问题。任何一个局部极小点都是全局最小点。有些凸函数的底部是一个平坦的区域，而不是单一的全局最小点，但该平坦区域中的任意点都是一个可以接受的解。优化一个凸问题时，若发现了任何形式的临界点，我们都会知道已经找到了一个不错的可行解。

对于非凸函数时，如神经网络，有可能会存在多个局部极小值。事实上，几乎所有的深度模型基本上都会有非常多的局部极小值。然而，我们会发现这并不是主要问题。

由于**模型可辨识性**(model identifiability) 问题，神经网络和任意具有多个等效参数化潜变量的模型都会具有多个局部极小值。如果一个足够大的训练集可以唯一确定一组模型参数，那么该模型被称为可辨认的。带有潜变量的模型通常是不可辨认的，因为通过相互交换潜变量我们能得到等价的模型。例如，考虑神经网络的第一层，我们可以交换单元 i 和单元 j 的传入权重向量、传出权重向量而得到等价的模型。如果神经网络有 m 层，每层有 n 个单元，

那么会有 $n!^m$ 种排列隐藏单元的方式。这种不可辨认性被称为**权重空间对称性**(weight space symmetry)。

除了权重空间对称性，很多神经网络还有其他导致不可辨认的原因。例如，在任意整流线性网络或者 maxout 网络中，我们可以将传入权重和偏置扩大 α 倍，然后将传出权重扩大 $\frac{1}{\alpha}$ 倍，而保持模型等价。这意味着，如果代价函数不包括如权重衰减这种直接依赖于权重而非模型输出的项，那么整流线性网络或者 maxout 网络的每一个局部极小点都在等价的局部极小值的 $(m \times n)$ 维双曲线上。

这些模型可辨识性问题意味着，神经网络代价函数具有非常多甚至不可数无限多的局部极小值。然而，所有这些由于不可辨识性问题而产生的局部极小值都有相同的代价函数值。因此，这些局部极小值并非是非凸所带来的问题。

如果局部极小值相比全局最小点拥有很大的代价，局部极小值会带来很大的隐患。我们可以构建没有隐藏单元的小规模神经网络，其局部极小值的代价比全局最小点的代价大很多 (Sontag and Sussman, 1989; Brady *et al.*, 1989; Gori and Tesi, 1992)。如果具有很大代价的局部极小值是常见的，那么这将给基于梯度的优化算法带来极大的问题。

对于实际中感兴趣的网络，是否存在大量代价很高的局部极小值，优化算法是否会碰到这些局部极小值，都是尚未解决的公开问题。多年来，大多数从业者认为局部极小值是困扰神经网络优化的常见问题。如今，情况有所变化。这个问题仍然是学术界的热点问题，但是学者们现在猜想，对于足够大的神经网络而言，大部分局部极小值都具有很小的代价函数，我们能不能找到真正的全局最小点并不重要，而是需要在参数空间中找到一个代价很小 (但不是最小) 的点 (Saxe *et al.*, 2013; Dauphin *et al.*, 2014; Goodfellow *et al.*, 2015; Choromanska *et al.*, 2014)。

很多从业者将神经网络优化中的所有困难都归结于局部极小值。我们鼓励从业者要仔细分析特定的问题。一种能够排除局部极小值是主要问题的检测方法是画出梯度范数随时间的变化。如果梯度范数没有缩小到一个微小的值，那么该问题既不是局部极小值，也不是其他形式的临界点。在高维空间中，很难明确证明局部极小值是导致问题的原因。许多并非局部极小值的结构也具有很小的梯度。

8.2.3 高原、鞍点和其他平坦区域

对于很多高维非凸函数而言，局部极小值 (以及极大值) 事实上都远少于另一类梯度为零的点：鞍点。鞍点附近的某些点比鞍点有更大的代价，而其他点则有更小的代价。在鞍点处，Hessian 矩阵同时具有正负特征值。位于正特征值对应的特征向量方向的点比鞍点有更大的代价，反之，位于负特征值对应的特征向量方向的点有更小的代价。我们可以将鞍点视为代价函数某个横截面上的局部极小点，同时也可以视为代价函数某个横截面上的局部极大点。图 4.5 给了一个示例。

多类随机函数表现出以下性质：低维空间中，局部极小值很普遍。在更高维空间中，局部极小值很罕见，而鞍点则很常见。对于这类函数 $f: \mathbb{R}^n \to \mathbb{R}$ 而言，鞍点和局部极小值的数目比率的期望随 n 指数级增长。我们可以从直觉上理解这种现象 ——Hessian 矩阵在局部极小点处只有正特征值。而在鞍点处，Hessian 矩阵则同时具有正负特征值。试想一下，每个特征值的正负号由抛硬币决定。在一维情况下，很容易抛硬币得到正面朝上一次而获取局部极小点。在 n- 维空间中，要抛掷 n 次硬币都正面朝上的难度是指数级的。具体可以参考 Dauphin *et al.* (2014)，它回顾了相关的理论工作。

很多随机函数一个惊人性质是，当我们到达代价较低的区间时，Hessian 矩阵的特征值为正的可能性更大。和抛硬币类比，这意味着如果我们处于低代价的临界点时，抛掷硬币正面朝上 n 次的概率更大。这也意味着，局部极小值具有低代价的可能性比高代价要大得多。具有高代价的临界点更有可能是鞍点。具有极高代价的临界点就很可能是局部极大值了。

以上现象出现在许多种类的随机函数中。那么是否在神经网络中也有发生呢？Baldi and Hornik (1989) 从理论上证明，不具非线性的浅层自编码器 (第 14 章中将介绍的一种将输出训练为输入拷贝的前馈网络) 只有全局极小值和鞍点，没有代价比全局极小值更大的局部极小值。他们还发现这些结果能够扩展到不具非线性的更深的网络上，不过没有证明。这类网络的输出是其输入的线性函数，但它们仍然有助于分析非线性神经网络模型，因为它们的损失函数是关于参数的非凸函数。这类网络本质上是多个矩阵组合在一起。Saxe *et al.* (2013) 精确解析了这类网络中完整的学习动态，表明这些模型的学习能够捕捉到许多在训练具有非线性激活函数的深度模型时观察到的定性特征。Dauphin *et al.* (2014) 通过实验表明，真实的神经网络也存在包含很多高代价鞍点的损失函数。Choromanska *et al.* (2014) 提供了额外的理论论点，表明另一类和神经网络相关的高维随机函数也满足这种情况。

鞍点激增对于训练算法来说有哪些影响呢？对于只使用梯度信息的一阶优化算法而言，目前情况还不清楚。鞍点附近的梯度通常会非常小。另一方面，实验中梯度下降似乎可以在许多情况下逃离鞍点。Goodfellow *et al.* (2015) 可视化了最新神经网络的几个学习轨迹，图 8.2 给了一个例子。这些可视化显示，在突出的鞍点附近，代价函数都是平坦的，权重都为零。但是他们也展示了梯度下降轨迹能够迅速逸出该区间。Goodfellow *et al.* (2015) 也主张，应该可以通过分析来表明连续时间的梯度下降会逃离而不是吸引到鞍点，但对梯度下降更现实的使用场景来说，情况或许会有所不同。

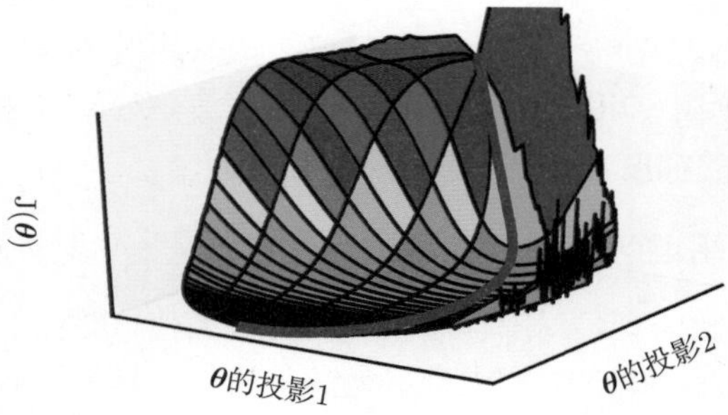

图 8.2 神经网络代价函数的可视化。这些可视化对应用于真实对象识别和自然语言处理任务的前馈神经网络、卷积网络和循环网络而言是类似的。令人惊讶的是，这些可视化通常不会显示出很多明显的障碍。大约 2012 年，在随机梯度下降开始成功训练非常大的模型之前，相比这些投影所显示的神经网络代价函数的表面通常被认为有更多的非凸结构。该投影所显示的主要障碍是初始参数附近的高代价鞍点，但如由蓝色路径所示，SGD 训练轨迹能轻易地逃脱该鞍点。大多数训练时间花费在横穿代价函数中相对平坦的峡谷，可能由于梯度中的高噪声，或该区域中 Hessian 矩阵的病态条件，或者需要经过间接的弧路径绕过图中可见的高“山”。图经 Goodfellow *et al.* (2015) 许可改编

对于牛顿法而言，鞍点显然是一个问题。梯度下降旨在朝“下坡”移动，而非明确寻求临界点。而牛顿法的目标是寻求梯度为零的点。如果没有适当的修改，牛顿法就会跳进一个鞍

点。高维空间中鞍点的激增或许解释了在神经网络训练中为什么二阶方法无法成功取代梯度下降。Dauphin *et al.* (2014) 介绍了二阶优化的**无鞍牛顿法** (saddle-free Newton method)，并表明和传统算法相比有显著改进。二阶方法仍然难以扩展到大型神经网络，但是如果这类无鞍算法能够扩展，还是很有希望的。

除了极小值和鞍点，还存在其他梯度为零的点。例如从优化的角度看与鞍点很相似的极大值，很多算法不会被吸引到极大值，除了未经修改的牛顿法。和极小值一样，许多种类的随机函数的极大值在高维空间中也是指数级稀少。

也可能存在恒值的、宽且平坦的区域。在这些区域，梯度和 Hessian 矩阵都是零。这种退化的情形是所有数值优化算法的主要问题。在凸问题中，一个宽而平坦的区间肯定包含全局极小值，但是对于一般的优化问题而言，这样的区域可能会对应着目标函数中一个较高的值。

8.2.4 悬崖和梯度爆炸

多层神经网络通常存在像悬崖一样的斜率较大区域，如图 8.3 所示。这是由于几个较大的权重相乘导致的。遇到斜率极大的悬崖结构时，梯度更新会很大程度地改变参数值，通常会完全跳过这类悬崖结构。

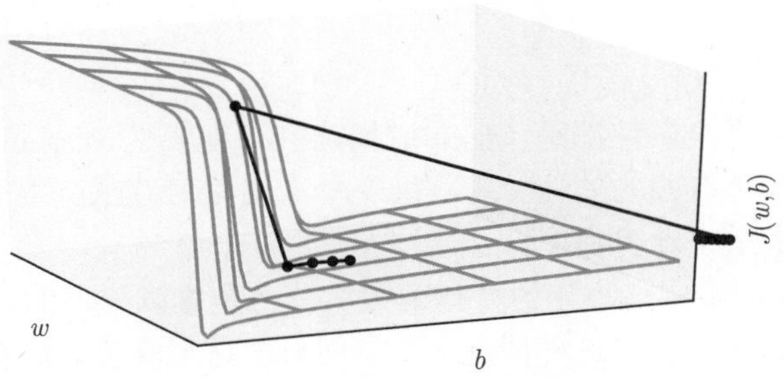

图 8.3 高度非线性的深度神经网络或循环神经网络的目标函数通常包含由几个参数连乘而导致的参数空间中尖锐非线性。这些非线性在某些区域会产生非常大的导数。当参数接近这样的悬崖区域时，梯度下降更新可以使参数弹射得非常远，可能会使大量已完成的优化工作成为无用功。图经 Pascanu *et al.* (2013a) 许可改编

不管我们是从上还是从下接近悬崖，情况都很糟糕，但幸运的是，我们可以使用第 10.11.1 节介绍的启发式**梯度截断**(gradient clipping) 来避免其严重的后果。其基本想法源自梯度并没有指明最佳步长，只说明了在无限小区域内的最佳方向。当传统的梯度下降算法提议更新很大一步时，启发式梯度截断会干涉来减小步长，从而使其不太可能走出梯度近似为最陡下降方向的悬崖区域。悬崖结构在循环神经网络的代价函数中很常见，因为这类模型会涉及多个因子的相乘，其中每个因子对应一个时间步。因此，长期时间序列会产生大量相乘。

8.2.5 长期依赖

当计算图变得极深时，神经网络优化算法会面临的另一个难题就是长期依赖问题 —— 由于变深的结构使模型丧失了学习到先前信息的能力，让优化变得极其困难。深层的计算图不仅存在于前馈网络，还存在于之后介绍的循环网络中 (在第 10 章中描述)。因为循环网络要在很长时间序列的各个时刻重复应用相同操作来构建非常深的计算图，并且模型参数共享，这使问题更加凸显。

例如，假设某个计算图中包含一条反复与矩阵 $\boldsymbol{W}$ 相乘的路径。那么 t 步后，相当于乘以 $\boldsymbol{W}^t$。假设 $\boldsymbol{W}$ 有特征值分解 $\boldsymbol{W} = \boldsymbol{V}\mathrm{diag}(\boldsymbol{\lambda})\boldsymbol{V}^{-1}$。在这种简单的情况下，很容易看出

$$\boldsymbol{W}^t = (\boldsymbol{V}\mathrm{diag}(\boldsymbol{\lambda})\boldsymbol{V}^{-1})^t = \boldsymbol{V}\mathrm{diag}(\boldsymbol{\lambda})^t\boldsymbol{V}^{-1} \tag{8.11}$$

当特征值 λ_i 不在 1 附近时，若在量级上大于 1 则会爆炸；若小于 1 时则会消失。**梯度消失与爆炸问题**(vanishing and exploding gradient problem) 是指该计算图上的梯度也会因为 $\mathrm{diag}(\boldsymbol{\lambda})^t$ 大幅度变化。梯度消失使得我们难以知道参数朝哪个方向移动能够改进代价函数，而梯度爆炸会使得学习不稳定。之前描述的促使我们使用梯度截断的悬崖结构便是梯度爆炸现象的一个例子。

此处描述的在各时间步重复与 $\boldsymbol{W}$ 相乘非常类似于寻求矩阵 $\boldsymbol{W}$ 的最大特征值及对应特征向量的**幂方法**(power method)。从这个观点来看，$\boldsymbol{x}^\top\boldsymbol{W}^t$ 最终会丢弃 $\boldsymbol{x}$ 中所有与 $\boldsymbol{W}$ 的主特征向量正交的成分。

循环网络在各时间步上使用相同的矩阵 $\boldsymbol{W}$，而前馈网络并没有。所以即使使用非常深层的前馈网络，也能很大程度上有效地避免梯度消失与爆炸问题 (Sussillo, 2014)。

在更详细地描述循环网络之后，我们将会在第 10.7 节进一步讨论循环网络训练中的挑战。

8.2.6 非精确梯度

大多数优化算法的先决条件都是我们知道精确的梯度或是Hessian矩阵。在实践中，通常这些量会有噪声，甚至是有偏的估计。几乎每一个深度学习算法都需要基于采样的估计，至少使用训练样本的小批量来计算梯度。

在其他情况下，我们希望最小化的目标函数实际上是难以处理的。当目标函数不可解时，通常其梯度也是难以处理的。在这种情况下，我们只能近似梯度。这些问题主要出现在本书第 3 部分更高级的模型中。例如，对比散度是用来近似玻尔兹曼机中难以处理的对数似然梯度的一种技术。

各种神经网络优化算法的设计都考虑到了梯度估计的缺陷。我们可以选择比真实损失函数更容易估计的代理损失函数来避免这个问题。

8.2.7 局部和全局结构间的弱对应

迄今为止，我们讨论的许多问题都是关于损失函数在单个点的性质 —— 若 $J(\boldsymbol{\theta})$ 是当前点 $\boldsymbol{\theta}$ 的病态条件，或者 $\boldsymbol{\theta}$ 在悬崖中，或者 $\boldsymbol{\theta}$ 是一个下降方向不明显的鞍点，那么会很难更新当前步。

如果该方向在局部改进很大，但并没有指向代价低得多的遥远区域，那么我们有可能在单点处克服以上所有困难，但仍然表现不佳。

Goodfellow *et al.* (2015) 认为大部分训练的运行时间取决于到达解决方案的轨迹长度。如图 8.2 所示，学习轨迹将花费大量的时间探寻一个围绕山形结构的宽弧。

大多数优化研究的难点集中于训练是否找到了全局最小点、局部极小点或是鞍点，但在实践中神经网络不会到达任何一种临界点。图 8.1 表明神经网络通常不会到达梯度很小的区域。甚至，这些临界点不一定存在。例如，损失函数 $-\log p(y \mid \boldsymbol{x};\boldsymbol{\theta})$ 可以没有全局最小点，而是当随着训练模型逐渐稳定后，渐近地收敛于某个值。对于具有离散的 y 和 softmax 分布 $p(y \mid \boldsymbol{x})$ 的分类器而言，若模型能够正确分类训练集上的每个样本，则负对数似然可以无限趋

近但不会等于零。同样地，实值模型 $p(y \mid \boldsymbol{x}) = \mathcal{N}(y; f(\boldsymbol{\theta}), \beta^{-1})$ 的负对数似然会趋向于负无穷 —— 如果 $f(\boldsymbol{\theta})$ 能够正确预测所有训练集中的目标 y，学习算法会无限制地增加 β。图 8.4 给出了一个失败的例子，即使没有局部极小值和鞍点，该例还是不能从局部优化中找到一个良好的代价函数值。

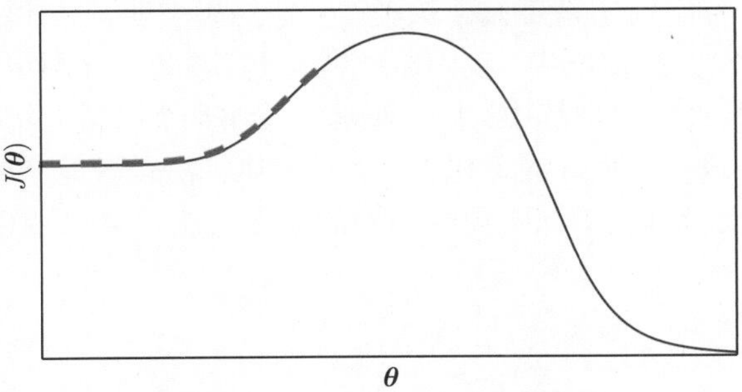

图 8.4　如果局部表面没有指向全局解，基于局部下坡移动的优化可能就会失败。这里我们提供一个例子，说明即使在没有鞍点或局部极小值的情况下，优化过程会如何失败。此例中的代价函数仅包含朝向低值而不是极小值的渐近线。在这种情况下，造成这种困难的主要原因是初始化在“山”的错误一侧，并且无法遍历。在高维空间中，学习算法通常可以环绕过这样的高山，但是相关的轨迹可能会很长，并且导致过长的训练时间，如图 8.2 所示

未来的研究需要进一步探索影响学习轨迹长度和更好地表征训练过程的结果。

许多现有研究方法在求解具有困难全局结构的问题时，旨在寻求良好的初始点，而不是开发非局部范围更新的算法。

梯度下降和基本上所有的可以有效训练神经网络的学习算法，都是基于局部较小更新。之前的小节主要集中于为何这些局部范围更新的正确方向难以计算。我们也许能计算目标函数的一些性质，如近似的有偏梯度或正确方向估计的方差。在这些情况下，难以确定局部下降能否定义通向有效解的足够短的路径，但我们并不能真的遵循局部下降的路径。目标函数可能有诸如病态条件或不连续梯度的问题，使得梯度为目标函数提供较好近似的区间非常小。在这些情况下，步长为 ϵ 的局部下降可能定义了到达解的合理的短路经，但是我们只能计算步长为 $\delta \ll \epsilon$ 的局部下降方向。在这些情况下，局部下降或许能定义通向解的路径，但是该路径包含很多次更新，因此遵循该路径会带来很高的计算代价。有时，比如说当目标函数有一个宽而平的区域，或是我们试图寻求精确的临界点 (通常来说后一种情况只发生于显式求解临界点的方法，如牛顿法) 时，局部信息不能为我们提供任何指导。在这些情况下，局部下降完全无法定义通向解的路径。在其他情况下，局部移动可能太过贪心，朝着下坡方向移动，却和所有可行解南辕北辙，如图 8.4 所示，或者是用舍近求远的方法来求解问题，如图 8.2 所示。目前，我们还不了解这些问题中的哪一个与神经网络优化中的难点最相关，这是研究领域的热点方向。

不管哪个问题最重要，如果存在一个区域，我们遵循局部下降便能合理地直接到达某个解，并且我们能够在该良好区域上初始化学习，那么这些问题都可以避免。最终的观点还是建议在传统优化算法上研究怎样选择更佳的初始化点，以此来实现目标更切实可行。

8.2.8　优化的理论限制

一些理论结果表明，我们为神经网络设计的任何优化算法都有性能限制 (Blum and Rivest,

1992; Judd, 1989; Wolpert and MacReady, 1997)。通常这些结果不影响神经网络在实践中的应用。

一些理论结果仅适用于神经网络的单元输出离散值的情况。然而，大多数神经网络单元输出光滑的连续值，使得局部搜索求解优化可行。一些理论结果表明，存在某类问题是不可解的，但很难判断一个特定问题是否属于该类。其他结果表明，寻找给定规模的网络的一个可行解是很困难的，但在实际情况中，我们通过设置更多参数，使用更大的网络，能轻松找到可接受的解。此外，在神经网络训练中，我们通常不关注某个函数的精确极小点，而只关注将其值下降到足够小以获得一个良好的泛化误差。对优化算法是否能完成此目标进行理论分析是非常困难的。因此，研究优化算法更现实的性能上界仍然是学术界的一个重要目标。

8.3 基本算法

之前我们已经介绍了梯度下降 (第 4.3 节)，即沿着整个训练集的梯度方向下降。这可以使用随机梯度下降很大程度地加速，沿着随机挑选的小批量数据的梯度下降方向，就像第 5.9 节和第 8.1.3 节中讨论的一样。

8.3.1 随机梯度下降

随机梯度下降 (SGD) 及其变种很可能是一般机器学习中应用最多的优化算法，特别是在深度学习中。如第 8.1.3 节中所讨论的，按照数据生成分布抽取 m 个小批量 (独立同分布的) 样本，通过计算它们梯度均值，我们可以得到梯度的无偏估计。

算法 8.1 展示了如何沿着这个梯度的估计下降。

算法 8.1 随机梯度下降 (SGD) 在第 k 个训练迭代的更新。

Require: 学习率 ϵ_k
Require: 初始参数 $\boldsymbol{\theta}$
  while 停止准则未满足 **do**
    从训练集中采包含 m 个样本 $\{\boldsymbol{x}^{(1)}, \cdots, \boldsymbol{x}^{(m)}\}$ 的小批量，其中 $\boldsymbol{x}^{(i)}$ 对应目标为 $\boldsymbol{y}^{(i)}$。
    计算梯度估计：$\hat{\boldsymbol{g}} \leftarrow +\frac{1}{m}\nabla_{\boldsymbol{\theta}} \sum_i L(f(\boldsymbol{x}^{(i)};\boldsymbol{\theta}), \boldsymbol{y}^{(i)})$
    应用更新：$\boldsymbol{\theta} \leftarrow \boldsymbol{\theta} - \epsilon\hat{\boldsymbol{g}}$
  end while

SGD 算法中的一个关键参数是学习率。之前，我们介绍的 SGD 使用固定的学习率。在实践中，有必要随着时间的推移逐渐降低学习率，因此我们将第 k 步迭代的学习率记作 ϵ_k。

这是因为 SGD 中梯度估计引入的噪声源 (m 个训练样本的随机采样) 并不会在极小点处消失。相比之下，当我们使用批量梯度下降到达极小点时，整个代价函数的真实梯度会变得很小，之后为 $\mathbf{0}$，因此批量梯度下降可以使用固定的学习率。保证 SGD 收敛的一个充分条件是

$$\sum_{k=1}^{\infty} \epsilon_k = \infty \tag{8.12}$$

且

$$\sum_{k=1}^{\infty} \epsilon_k^2 < \infty \tag{8.13}$$

实践中，一般会线性衰减学习率直到第 τ 次迭代：

$$\epsilon_k = (1-\alpha)\epsilon_0 + \alpha\epsilon_\tau \tag{8.14}$$

其中 $\alpha = \frac{k}{\tau}$。在 τ 步迭代之后，一般使 ϵ 保持常数。

学习率可通过试验和误差来选取，通常最好的选择方法是监测目标函数值随时间变化的学习曲线。与其说是科学，这更像是一门艺术，我们应该谨慎地参考关于这个问题的大部分指导。使用线性策略时，需要选择的参数为 ϵ_0、ϵ_τ 和 τ。通常 τ 被设为需要反复遍历训练集几百次的迭代次数。通常 ϵ_τ 应设为大约 ϵ_0 的 1%。主要问题是如何设置 ϵ_0。若 ϵ_0 太大，学习曲线将会剧烈振荡，代价函数值通常会明显增加。温和的振荡是良好的，容易在训练随机代价函数 (例如使用 Dropout 的代价函数) 时出现。如果学习率太小，那么学习过程会很缓慢。如果初始学习率太低，那么学习可能会卡在一个相当高的代价值。通常，就总训练时间和最终代价值而言，最优初始学习率会高于大约迭代 100 次后达到最佳效果的学习率。因此，通常最好是检测最早的几轮迭代，选择一个比在效果上表现最佳的学习率更大的学习率，但又不能太大导致严重的震荡。

SGD 及相关的小批量亦或更广义的基于梯度优化的在线学习算法，一个重要的性质是每一步更新的计算时间不依赖训练样本数目的多寡。即使训练样本数目非常大时，它们也能收敛。对于足够大的数据集，SGD 可能会在处理整个训练集之前就收敛到最终测试集误差的某个固定容差范围内。

研究优化算法的收敛率，一般会衡量**额外误差**(excess error) $J(\boldsymbol{\theta}) - \min_{\boldsymbol{\theta}} J(\boldsymbol{\theta})$，即当前代价函数超出最低可能代价的量。SGD 应用于凸问题时，k 步迭代后的额外误差量级是 $O(\frac{1}{\sqrt{k}})$，在强凸情况下是 $O(\frac{1}{k})$。除非假定额外的条件，否则这些界限不能进一步改进。批量梯度下降在理论上比随机梯度下降有更好的收敛率。然而，Cramér-Rao 界限 (Cramér, 1946; Rao, 1945) 指出，泛化误差的下降速度不会快于 $O(\frac{1}{k})$。Bottou and Bousquet (2008b) 因此认为对于机器学习任务，不值得探寻收敛快于 $O(\frac{1}{k})$ 的优化算法 —— 更快的收敛可能对应着过拟合。此外，渐近分析掩盖了随机梯度下降在少量更新步之后的很多优点。对于大数据集，SGD 只需非常少量样本计算梯度从而实现初始快速更新，远远超过了其缓慢的渐近收敛。本章剩余部分介绍的大多数算法在实践中都受益于这种性质，但是损失了常数倍 $O(\frac{1}{k})$ 的渐近分析。我们也可以在学习过程中逐渐增大小批量的大小，以此权衡批量梯度下降和随机梯度下降两者的优点。

了解 SGD 更多的信息，请查看 Bottou (1998)。

8.3.2 动量

虽然随机梯度下降仍然是非常受欢迎的优化方法，但其学习过程有时会很慢。动量方法 (Polyak, 1964) 旨在加速学习，特别是处理高曲率、小但一致的梯度，或是带噪声的梯度。动量算法积累了之前梯度指数级衰减的移动平均，并且继续沿该方向移动。动量的效果如图 8.5 所示。

从形式上看，动量算法引入了变量 $\boldsymbol{v}$ 充当速度角色 —— 它代表参数在参数空间移动的方向和速率。速度被设为负梯度的指数衰减平均。名称**动量** (momentum) 来自物理类比，根据牛顿运动定律，负梯度是移动参数空间中粒子的力。动量在物理学上定义为质量乘以速度。在动量学习算法中，我们假设是单位质量，因此速度向量 $\boldsymbol{v}$ 也可以看作粒子的动量。超参数 $\alpha \in [0, 1)$ 决定了之前梯度的贡献衰减得有多快。更新规则如下：

$$\boldsymbol{v} \leftarrow \alpha \boldsymbol{v} - \epsilon \nabla_{\boldsymbol{\theta}} \left(\frac{1}{m} \sum_{i=1}^{m} L(\boldsymbol{f}(\boldsymbol{x}^{(i)}; \boldsymbol{\theta}), \boldsymbol{y}^{(i)}) \right) \tag{8.15}$$

$$\boldsymbol{\theta} \leftarrow \boldsymbol{\theta} + \boldsymbol{v} \tag{8.16}$$

速度 $\boldsymbol{v}$ 累积了梯度元素 $\nabla_{\boldsymbol{\theta}}(\frac{1}{m}\sum_{i=1}^{m} L(\boldsymbol{f}(\boldsymbol{x}^{(i)};\boldsymbol{\theta}),\boldsymbol{y}^{(i)}))$。相对于 ϵ，α 越大，之前梯度对现在方向的影响也越大。带动量的 SGD 算法如算法 8.2 所示。

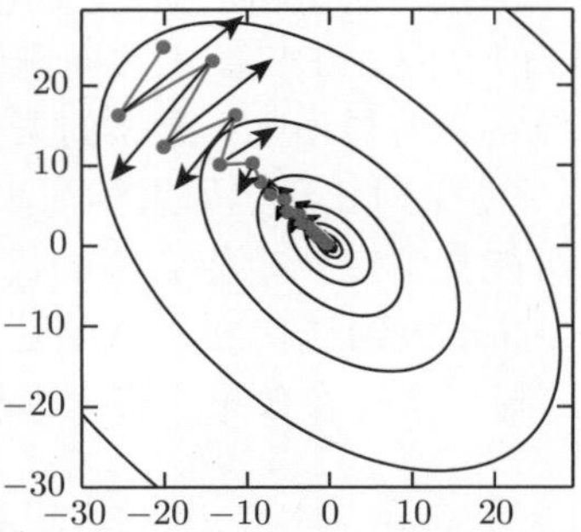

图 8.5 动量的主要目的是解决两个问题：Hessian 矩阵的病态条件和随机梯度的方差。我们通过此图说明动量如何克服这两个问题的第一个。等高线描绘了一个二次损失函数 (具有病态条件的 Hessian 矩阵)。横跨轮廓的红色路径表示动量学习规则所遵循的路径，它使该函数最小化。在该路径的每个步骤画一个箭头，表示梯度下降将在该点采取的步骤。可以看到，一个病态条件的二次目标函数看起来像一个长而窄的山谷或具有陡峭边的峡谷。动量正确地纵向穿过峡谷，而普通的梯度步骤则会浪费时间在峡谷的窄轴上来回移动。比较图 4.6，它也显示了没有动量的梯度下降的行为

算法 8.2 使用动量的随机梯度下降 (SGD)。

Require: 学习率 ϵ，动量参数 α
Require: 初始参数 $\boldsymbol{\theta}$，初始速度 $\boldsymbol{v}$
while 没有达到停止准则 **do**
  从训练集中采包含 m 个样本 $\{\boldsymbol{x}^{(1)},\cdots,\boldsymbol{x}^{(m)}\}$ 的小批量，对应目标为 $\boldsymbol{y}^{(i)}$。
  计算梯度估计：$\boldsymbol{g} \leftarrow \frac{1}{m}\nabla_{\boldsymbol{\theta}}\sum_i L(f(\boldsymbol{x}^{(i)};\boldsymbol{\theta}),\boldsymbol{y}^{(i)})$
  计算速度更新：$\boldsymbol{v} \leftarrow \alpha\boldsymbol{v} - \epsilon\boldsymbol{g}$
  应用更新：$\boldsymbol{\theta} \leftarrow \boldsymbol{\theta} + \boldsymbol{v}$
end while

之前，步长只是梯度范数乘以学习率。现在，步长取决于梯度*序列*的大小和排列。当许多连续的梯度指向相同的方向时，步长最大。如果动量算法总是观测到梯度 $\boldsymbol{g}$，那么它会在方向 $-g$ 上不停加速，直到达到最终速度，其中步长大小为

$$\frac{\epsilon \|\boldsymbol{g}\|}{1-\alpha} \tag{8.17}$$

因此将动量的超参数视为 $\frac{1}{1-\alpha}$ 有助于理解。例如，$\alpha = 0.9$ 对应着最大速度 10 倍于梯度下降算法。

在实践中，α 的一般取值为 0.5、0.9 和 0.99。和学习率一样，α 也会随着时间不断调整。一般初始值是一个较小的值，随后会慢慢变大。随着时间推移调整 α 没有收缩 ϵ 重要。

我们可以将动量算法视为模拟连续时间下牛顿动力学下的粒子。这种物理类比有助于直觉上理解动量和梯度下降算法是如何表现的。

粒子在任意时间点的位置由 $\boldsymbol{\theta}(t)$ 给定。粒子会受到净力 $\boldsymbol{f}(t)$。该力会导致粒子加速：

$$\boldsymbol{f}(t) = \frac{\partial^2}{\partial t^2}\boldsymbol{\theta}(t) \tag{8.18}$$

与其将其视为位置的二阶微分方程，我们不如引入表示粒子在时间 t 处速度的变量 $\boldsymbol{v}(t)$，将牛顿动力学重写为一阶微分方程：

$$\boldsymbol{v}(t) = \frac{\partial}{\partial t}\boldsymbol{\theta}(t) \tag{8.19}$$

$$\boldsymbol{f}(t) = \frac{\partial}{\partial t}\boldsymbol{v}(t) \tag{8.20}$$

由此，动量算法包括通过数值模拟求解微分方程。求解微分方程的一个简单数值方法是欧拉方法，通过在每个梯度方向上小且有限的步来简单模拟该等式定义的动力学。

这解释了动量更新的基本形式，但具体什么是力呢？力正比于代价函数的负梯度 $-\nabla_{\boldsymbol{\theta}} J(\boldsymbol{\theta})$。该力推动粒子沿着代价函数表面下坡的方向移动。梯度下降算法基于每个梯度简单地更新一步，而使用动量算法的牛顿方案则使用该力改变粒子的速度。我们可以将粒子视作在冰面上滑行的冰球。每当它沿着表面最陡的部分下降时，它会累积继续在该方向上滑行的速度，直到其开始向上滑动为止。

另一个力也是必要的。如果代价函数的梯度是唯一的力，那么粒子可能永远不会停下来。想象一下，假设理想情况下冰面没有摩擦，一个冰球从山谷的一端下滑，上升到另一端，永远来回振荡。要解决这个问题，我们添加另一个正比于 $-\boldsymbol{v}(t)$ 的力。在物理术语中，此力对应于黏性阻力，就像粒子必须通过一个抵抗介质，如糖浆。这会导致粒子随着时间推移逐渐失去能量，最终收敛到局部极小点。

为什么要特别使用 $-\boldsymbol{v}(t)$ 和黏性阻力呢？部分原因是因为 $-\boldsymbol{v}(t)$ 在数学上的便利 —— 速度的整数幂很容易处理。然而，其他物理系统具有基于速度的其他整数幂的其他类型的阻力。例如，颗粒通过空气时会受到正比于速度平方的湍流阻力，而颗粒沿着地面移动时会受到恒定大小的摩擦力。这些选择都不合适。湍流阻力正比于速度的平方，在速度很小时会很弱，不够强到使粒子停下来。非零值初始速度的粒子仅受到湍流阻力，会从初始位置永远地移动下去，和初始位置的距离大概正比于 $O(\log t)$，因此我们必须使用速度较低幂次的力。如果幂次为零，相当于干摩擦，那么力太强了。当代价函数的梯度表示的力很小但非零时，由于摩擦导致的恒力会使得粒子在达到局部极小点之前就停下来。黏性阻力避免了这两个问题 —— 它足够弱，可以使梯度引起的运动直到达到最小，但又足够强，使得坡度不够时可以阻止运动。

8.3.3 Nesterov 动量

受 Nesterov 加速梯度算法 (Nesterov, 1983, 2004) 启发，Sutskever *et al.* (2013) 提出了动量算法的一个变种。这种情况的更新规则如下：

$$\boldsymbol{v} \leftarrow \alpha\boldsymbol{v} - \epsilon\nabla_{\boldsymbol{\theta}}\left[\frac{1}{m}\sum_{i=1}^{m} L\big(\boldsymbol{f}(\boldsymbol{x}^{(i)};\boldsymbol{\theta}+\alpha\boldsymbol{v}), \boldsymbol{y}^{(i)}\big)\right] \tag{8.21}$$

$$\boldsymbol{\theta} \leftarrow \boldsymbol{\theta} + \boldsymbol{v} \tag{8.22}$$

其中参数 α 和 ϵ 发挥了和标准动量方法中类似的作用。Nesterov 动量和标准动量之间的区别体现在梯度计算上。Nesterov 动量中，梯度计算在施加当前速度之后。因此，Nesterov 动量可以解释为往标准动量方法中添加了一个*校正因子*。完整的 Nesterov 动量算法如算法 8.3 所示。

算法 8.3 使用 Nesterov 动量的随机梯度下降 (SGD)。

Require: 学习率 ϵ，动量参数 α
Require: 初始参数 $\boldsymbol{\theta}$，初始速度 $\boldsymbol{v}$
  while 没有达到停止准则 **do**
    从训练集中采包含 m 个样本 $\{\boldsymbol{x}^{(1)}, \cdots, \boldsymbol{x}^{(m)}\}$ 的小批量，对应目标为 $\boldsymbol{y}^{(i)}$。
    应用临时更新：$\tilde{\boldsymbol{\theta}} \leftarrow \boldsymbol{\theta} + \alpha \boldsymbol{v}$
    计算梯度 (在临时点)：$\boldsymbol{g} \leftarrow \frac{1}{m} \nabla_{\tilde{\boldsymbol{\theta}}} \sum_i L(f(\boldsymbol{x}^{(i)}; \tilde{\boldsymbol{\theta}}), \boldsymbol{y}^{(i)})$
    计算速度更新：$\boldsymbol{v} \leftarrow \alpha \boldsymbol{v} - \epsilon \boldsymbol{g}$
    应用更新：$\boldsymbol{\theta} \leftarrow \boldsymbol{\theta} + \boldsymbol{v}$
  end while

在凸批量梯度的情况下，Nesterov 动量将额外误差收敛率从 $O(1/k)$ (k 步后) 改进到 $O(1/k^2)$，如 Nesterov (1983) 所示。可惜，在随机梯度的情况下，Nesterov 动量没有改进收敛率。

8.4 参数初始化策略

有些优化算法本质上是非迭代的，只是求解一个解点。有些其他优化算法本质上是迭代的，但是应用于这一类的优化问题时，能在可接受的时间内收敛到可接受的解，并且与初始值无关。深度学习训练算法通常没有这两种奢侈的性质。深度学习模型的训练算法通常是迭代的，因此要求使用者指定一些开始迭代的初始点。此外，训练深度模型是一个足够困难的问题，以至于大多数算法都很大程度地受到初始化选择的影响。初始点能够决定算法是否收敛，有些初始点十分不稳定，使得该算法会遭遇数值困难，并完全失败。当学习收敛时，初始点可以决定学习收敛得多快，以及是否收敛到一个代价高或低的点。此外，差不多代价的点可以具有区别极大的泛化误差，初始点也可以影响泛化。

现代的初始化策略是简单的、启发式的。设定改进的初始化策略是一项困难的任务，因为神经网络优化至今还未被很好地理解。大多数初始化策略基于在神经网络初始化时实现一些很好的性质。然而，我们并没有很好地理解这些性质中的哪些会在学习开始进行后的哪些情况下得以保持。进一步的难点是，有些初始点从优化的观点看或许是有利的，但是从泛化的观点看是不利的。我们对于初始点如何影响泛化的理解是相当原始的，几乎没有提供如何选择初始点的任何指导。

也许完全确知的唯一特性是初始参数需要在不同单元间"破坏对称性"。如果具有相同激活函数的两个隐藏单元连接到相同的输入，那么这些单元必须具有不同的初始参数。如果它们具有相同的初始参数，然后应用到确定性损失和模型的确定性学习算法将一直以相同的方式更新这两个单元。即使模型或训练算法能够使用随机性为不同的单元计算不同的更新 (例如使用 Dropout 的训练)，通常来说，最好还是初始化每个单元使其和其他单元计算不同的函数。这或许有助于确保没有输入模式丢失在前向传播的零空间中，没有梯度模式丢失在反向传播的零空间中。每个单元计算不同函数的目标促使了参数的随机初始化。我们可以明确地搜索一大组彼此互不相同的基函数，但这经常会导致明显的计算代价。例如，如果我们有和输出一样多的输入，可以使用 Gram-Schmidt 正交化于初始的权重矩阵，保证每个单元计算彼此非常不同的函数。在高维空间上使用高熵分布来随机初始化，计算代价小并且不太可能分配单元计算彼此相同的函数。

通常情况下，我们可以为每个单元的偏置设置启发式挑选的常数，仅随机初始化权重。额外的参数 (例如用于编码预测条件方差的参数) 通常和偏置一样设置为启发式选择的常数。

我们几乎总是初始化模型的权重为高斯或均匀分布中随机抽取的值。高斯或均匀分布的选择似乎不会有很大的差别，但也没有被详尽地研究。然而，初始分布的大小确实对优化过程的结果和网络泛化能力都有很大的影响。

更大的初始权重具有更强的破坏对称性的作用，有助于避免冗余的单元。它们也有助于避免在每层线性成分的前向或反向传播中丢失信号 —— 矩阵中更大的值在矩阵乘法中有更大的输出。如果初始权重太大，那么会在前向传播或反向传播中产生爆炸的值。在循环网络中，很大的权重也可能导致**混沌**(chaos)(对于输入中很小的扰动非常敏感，导致确定性前向传播过程表现随机)。在一定程度上，梯度爆炸问题可以通过梯度截断来缓解 (执行梯度下降步骤之前设置梯度的阈值)。较大的权重也会产生使得激活函数饱和的值，导致饱和单元的梯度完全丢失。这些竞争因素决定了权重的理想初始大小。

关于如何初始化网络，正则化和优化有着非常不同的观点。优化观点建议权重应该足够大以成功传播信息，但是正则化希望其小一点。诸如随机梯度下降这类对权重较小的增量更新，趋于停止在更靠近初始参数的区域 (不管是由于卡在低梯度的区域，还是由于触发了基于过拟合的提前终止准则) 的优化算法倾向于最终参数应接近于初始参数。回顾第 7.8 节，在某些模型上，提前终止的梯度下降等价于权重衰减。在一般情况下，提前终止的梯度下降和权重衰减不同，但是提供了一个宽松的类比去考虑初始化的影响。我们可以将初始化参数 $\boldsymbol{\theta}$ 为 $\boldsymbol{\theta}_0$ 类比于强置均值为 $\boldsymbol{\theta}_0$ 的高斯先验 $p(\boldsymbol{\theta})$。从这个角度来看，选择 $\boldsymbol{\theta}_0$ 接近 0 是有道理的。这个先验表明，单元间彼此互不交互比交互更有可能。只有在目标函数的似然项表达出对交互很强的偏好时，单元才会交互。此外，如果我们初始化 $\boldsymbol{\theta}_0$ 为很大的值，那么我们的先验指定了哪些单元应互相交互，以及它们应如何交互。

有些启发式方法可用于选择权重的初始大小。一种初始化 m 个输入和 n 输出的全连接层的权重的启发式方法是从分布 $U(-\frac{1}{\sqrt{m}}, \frac{1}{\sqrt{m}})$ 中采样权重，而 Glorot and Bengio (2010) 建议使用**标准初始化**(normalized initialization)

$$W_{i,j} \sim U\left(-\sqrt{\frac{6}{m+n}}, \sqrt{\frac{6}{m+n}}\right) \tag{8.23}$$

后一种启发式方法初始化所有的层，折衷于使其具有相同激活方差和使其具有相同梯度方差之间。这假设网络是不含非线性的链式矩阵乘法，据此推导得出。现实的神经网络显然会违反这个假设，但很多设计于线性模型的策略在其非线性对应中的效果也不错。

Saxe *et al.* (2013) 推荐初始化为随机正交矩阵，仔细挑选负责每一层非线性缩放或**增益**(gain) 因子 g。他们得到了用于不同类型的非线性激活函数的特定缩放因子。这种初始化方案也是启发于不含非线性的矩阵相乘序列的深度网络。在该模型下，这个初始化方案保证了达到收敛所需的训练迭代总数独立于深度。

增加缩放因子 g 将网络推向网络前向传播时激活范数增加，反向传播时梯度范数增加的区域。Sussillo (2014) 表明，正确设置缩放因子足以训练深达 1000 层的网络，而不需要使用正交初始化。这种方法的一个重要观点是，在前馈网络中，激活和梯度会在每一步前向传播或反向传播中增加或缩小，遵循随机游走行为。这是因为前馈网络在每一层使用了不同的权重矩阵。如果该随机游走调整到保持范数，那么前馈网络能够很大程度地避免相同权重矩阵用于每层的梯度消失与爆炸问题，如第 8.2.5 节所述。

可惜，这些初始权重的最佳准则往往不会带来最佳效果。这可能有三种不同的原因。首先，我们可能使用了错误的标准 —— 它实际上并不利于保持整个网络信号的范数。其次，初始化时强加的性质可能在学习开始进行后不能保持。最后，该标准可能成功提高了优化速度，但意外地增大了泛化误差。在实践中，我们通常需要将权重范围视为超参数，其最优值大致接近，但并不完全等于理论预测。

数值范围准则的一个缺点是，设置所有的初始权重具有相同的标准差，例如 $\frac{1}{\sqrt{m}}$，会使得层很大时每个单一权重会变得极其小。Martens (2010) 提出了一种被称为**稀疏初始化**(sparse initialization) 的替代方案，每个单元初始化为恰好有 k 个非零权重。这个想法保持该单元输入的总数量独立于输入数目 m，而不使单一权重元素的大小随 m 缩小。稀疏初始化有助于实现单元之间在初始化时更具多样性。但是，获得较大取值的权重也同时被加了很强的先验。因为梯度下降需要很长时间缩小“不正确”的大值，这个初始化方案可能会导致某些单元出问题，例如 maxout 单元有几个过滤器，互相之间必须仔细调整。

如果计算资源允许，将每层权重的初始数值范围设为超参数通常是个好主意，使用第 11.4.2 节介绍的超参数搜索算法，如随机搜索，挑选这些数值范围。是否选择使用密集或稀疏初始化也可以设为一个超参数。作为替代，我们可以手动搜索最优初始范围。一个好的挑选初始数值范围的经验法则是观测单个小批量数据上的激活或梯度的幅度或标准差。如果权重太小，那么当激活值在小批量上前向传播于网络时，激活值的幅度会缩小。通过重复识别具有小得不可接受的激活值的第一层，并提高其权重，最终有可能得到一个初始激活全部合理的网络。如果学习在这点上仍然很慢，观测梯度的幅度或标准差可能也会有所帮助。这个过程原则上是自动的，且通常计算量低于基于验证集误差的超参数优化，因为它是基于初始模型在单批数据上的行为反馈，而不是在验证集上训练模型的反馈。由于这个协议很长时间都被启发式使用，最近 Mishkin and Matas (2015) 更正式地研究了该协议。

目前为止，我们关注在权重的初始化上。幸运的是，其他参数的初始化通常更容易。

设置偏置的方法必须和设置权重的方法协调。设置偏置为零通常在大多数权重初始化方案中是可行的。存在一些我们可能设置偏置为非零值的情况：

- 如果偏置是作为输出单元，那么初始化偏置以获取正确的输出边缘统计通常是有利的。要做到这一点，我们假设初始权重足够小，该单元的输出仅由偏置决定。这说明设置偏置为应用于训练集上输出边缘统计的激活函数的逆。例如，如果输出是类上的分布，且该分布是高度偏态分布，第 i 类的边缘概率由某个向量 $\boldsymbol{c}$ 的第 i 个元素给定，那么我们可以通过求解方程 $\text{softmax}(\boldsymbol{b}) = \boldsymbol{c}$ 来设置偏置向量 $\boldsymbol{b}$。这不仅适用于分类器，也适用于我们将在第三部分遇到的模型，例如自编码器和玻尔兹曼机。这些模型拥有输出类似于输入数据 $\boldsymbol{x}$ 的网络层，非常有助于初始化这些层的偏置以匹配 $\boldsymbol{x}$ 上的边缘分布。
- 有时，我们可能想要选择偏置以避免初始化引起太大饱和。例如，我们可能会将 ReLU 的隐藏单元设为 0.1 而非 0，以避免 ReLU 在初始化时饱和。尽管这种方法违背不希望偏置具有很强输入的权重初始化准则。例如，不建议使用随机游走初始化 (Sussillo, 2014)。

- 有时，一个单元会控制其他单元能否参与到等式中。在这种情况下，我们有一个单元输出 u，另一个单元 $h \in [0,1]$，那么我们可以将 h 视作门，以决定 $uh \approx 1$ 还是 $uh \approx 0$。在这种情形下，我们希望设置偏置 h，使得在初始化的大多数情况下 $h \approx 1$。否则，u 没有机会学习。例如，Jozefowicz *et al.* (2015) 提议设置 LSTM 模型遗忘门的偏置为 1，如第 10.10 节所述。

另一种常见类型的参数是方差或精确度参数。例如，我们用以下模型进行带条件方差估计的线性回归

$$p(y \mid \boldsymbol{x}) = \mathcal{N}(y \mid \boldsymbol{w}^\top \boldsymbol{x} + b, 1/\beta) \tag{8.24}$$

其中 β 是精确度参数。通常我们能安全地初始化方差或精确度参数为 1。另一种方法假设初始权重足够接近零，设置偏置可以忽略权重的影响，然后设定偏置以产生输出的正确边缘均值，并将方差参数设置为训练集输出的边缘方差。

除了这些初始化模型参数的简单常数或随机方法，还有可能使用机器学习初始化模型参数。在本书第 3 部分讨论的一个常用策略是使用相同的输入数据集，用无监督模型训练出来的参数来初始化监督模型。我们也可以在相关问题上使用监督训练。即使是在一个不相关的任务上运行监督训练，有时也能得到一个比随机初始化具有更快收敛率的初始值。这些初始化策略有些能够得到更快的收敛率和更好的泛化误差，因为它们编码了模型初始参数的分布信息。其他策略显然效果不错的原因主要在于它们设置参数为正确的数值范围，或是设置不同单元计算互相不同的函数。

8.5 自适应学习率算法

神经网络研究员早就意识到学习率肯定是难以设置的超参数之一，因为它对模型的性能有显著的影响。正如我们在第 4.3 节和第 8.2 节中所探讨的，损失通常高度敏感于参数空间中的某些方向，而不敏感于其他。动量算法可以在一定程度缓解这些问题，但这样做的代价是引入了另一个超参数。在这种情况下，自然会问有没有其他方法。如果我们相信方向敏感度在某种程度是轴对齐的，那么每个参数设置不同的学习率，在整个学习过程中自动适应这些学习率是有道理的。

Delta-bar-delta 算法 (Jacobs, 1988) 是一个早期的在训练时适应模型参数各自学习率的启发式方法。该方法基于一个很简单的想法，如果损失对于某个给定模型参数的偏导保持相同的符号，那么学习率应该增加。如果对于该参数的偏导变化了符号，那么学习率应减小。当然，这种方法只能应用于全批量优化中。

最近，提出了一些增量 (或者基于小批量) 的算法来自适应模型参数的学习率。这节将简要回顾其中一些算法。

8.5.1 AdaGrad

AdaGrad 算法，如算法 8.4 所示，独立地适应所有模型参数的学习率，缩放每个参数反比于其所有梯度历史平方值总和的平方根 (Duchi *et al.*, 2011)。具有损失最大偏导的参数相应地有一个快速下降的学习率，而具有小偏导的参数在学习率上有相对较小的下降。净效果是在参数空间中更为平缓的倾斜方向会取得更大的进步。

在凸优化背景中，AdaGrad 算法具有一些令人满意的理论性质。然而，经验上已经发现，对于训练深度神经网络模型而言，从训练开始时积累梯度平方会导致有效学习率过早和过量的减小。AdaGrad 在某些深度学习模型上效果不错，但不是全部。

算法 8.4 AdaGrad 算法。

Require: 全局学习率 ϵ

Require: 初始参数 $\boldsymbol{\theta}$

Require: 小常数 δ，为了数值稳定大约设为 10^{-7}

初始化梯度累积变量 $\boldsymbol{r} = 0$

while 没有达到停止准则 **do**

从训练集中采包含 m 个样本 $\{\boldsymbol{x}^{(1)}, \cdots, \boldsymbol{x}^{(m)}\}$ 的小批量，对应目标为 $\boldsymbol{y}^{(i)}$。

计算梯度：$\boldsymbol{g} \leftarrow \frac{1}{m} \nabla_{\boldsymbol{\theta}} \sum_i L(f(\boldsymbol{x}^{(i)}; \boldsymbol{\theta}), \boldsymbol{y}^{(i)})$

累积平方梯度：$\boldsymbol{r} \leftarrow \boldsymbol{r} + \boldsymbol{g} \odot \boldsymbol{g}$

计算更新：$\Delta\boldsymbol{\theta} \leftarrow -\frac{\epsilon}{\delta + \sqrt{\boldsymbol{r}}} \odot \boldsymbol{g}$ （逐元素地应用除和求平方根)

应用更新：$\boldsymbol{\theta} \leftarrow \boldsymbol{\theta} + \Delta\boldsymbol{\theta}$

end while

8.5.2 RMSProp

RMSProp 算法 (Hinton, 2012) 修改 AdaGrad 以在非凸设定下效果更好，改变梯度积累为指数加权的移动平均。AdaGrad 旨在应用于凸问题时快速收敛。当应用于非凸函数训练神经网络时，学习轨迹可能穿过了很多不同的结构，最终到达一个局部是凸碗的区域。AdaGrad 根据平方梯度的整个历史收缩学习率，可能使得学习率在达到这样的凸结构前就变得太小了。RMSProp 使用指数衰减平均以丢弃遥远过去的历史，使其能够在找到凸碗状结构后快速收敛，它就像一个初始化于该碗状结构的 AdaGrad 算法实例。

RMSProp 的标准形式如算法 8.5 所示，结合 Nesterov 动量的形式如算法 8.6 所示。相比于 AdaGrad，使用移动平均引入了一个新的超参数 ρ，用来控制移动平均的长度范围。

算法 8.5 RMSProp 算法。

Require: 全局学习率 ϵ，衰减速率 ρ

Require: 初始参数 $\boldsymbol{\theta}$

Require: 小常数 δ，通常设为 10^{-6}(用于被小数除时的数值稳定)

初始化累积变量 $\boldsymbol{r} = 0$

while 没有达到停止准则 **do**

从训练集中采包含 m 个样本 $\{\boldsymbol{x}^{(1)}, \cdots, \boldsymbol{x}^{(m)}\}$ 的小批量，对应目标为 $\boldsymbol{y}^{(i)}$。

计算梯度：$\boldsymbol{g} \leftarrow \frac{1}{m} \nabla_{\boldsymbol{\theta}} \sum_i L(f(\boldsymbol{x}^{(i)}; \boldsymbol{\theta}), \boldsymbol{y}^{(i)})$

累积平方梯度：$\boldsymbol{r} \leftarrow \rho \boldsymbol{r} + (1 - \rho) \boldsymbol{g} \odot \boldsymbol{g}$

计算参数更新：$\Delta\boldsymbol{\theta} = -\frac{\epsilon}{\sqrt{\delta + \boldsymbol{r}}} \odot \boldsymbol{g}$ （$\frac{1}{\sqrt{\delta + \boldsymbol{r}}}$ 逐元素应用)

应用更新：$\boldsymbol{\theta} \leftarrow \boldsymbol{\theta} + \Delta\boldsymbol{\theta}$

end while

算法 8.6 使用 Nesterov 动量的 RMSProp 算法。

Require: 全局学习率 ϵ，衰减速率 ρ，动量系数 α
Require: 初始参数 $\boldsymbol{\theta}$，初始参数 $\boldsymbol{v}$
  初始化累积变量 $\boldsymbol{r} = 0$
  while 没有达到停止准则 **do**
    从训练集中采包含 m 个样本 $\{\boldsymbol{x}^{(1)}, \cdots, \boldsymbol{x}^{(m)}\}$ 的小批量，对应目标为 $\boldsymbol{y}^{(i)}$。
    计算临时更新：$\tilde{\boldsymbol{\theta}} \leftarrow \boldsymbol{\theta} + \alpha \boldsymbol{v}$
    计算梯度：$\boldsymbol{g} \leftarrow \frac{1}{m} \nabla_{\tilde{\boldsymbol{\theta}}} \sum_i L(f(\boldsymbol{x}^{(i)}; \tilde{\boldsymbol{\theta}}), \boldsymbol{y}^{(i)})$
    累积梯度：$\boldsymbol{r} \leftarrow \rho \boldsymbol{r} + (1-\rho) \boldsymbol{g} \odot \boldsymbol{g}$
    计算速度更新：$\boldsymbol{v} \leftarrow \alpha \boldsymbol{v} - \frac{\epsilon}{\sqrt{\boldsymbol{r}}} \odot \boldsymbol{g}$ ($\frac{1}{\sqrt{\boldsymbol{r}}}$ 逐元素应用)
    应用更新：$\boldsymbol{\theta} \leftarrow \boldsymbol{\theta} + \boldsymbol{v}$
  end while

经验上，RMSProp 已被证明是一种有效且实用的深度神经网络优化算法。目前它是深度学习从业者经常采用的优化方法之一。

8.5.3 Adam

Adam (Kingma and Ba, 2014) 是另一种学习率自适应的优化算法，如算法8.7 所示。

算法 8.7 Adam 算法。

Require: 步长 ϵ (建议默认为：0.001)
Require: 矩估计的指数衰减速率，ρ_1 和 ρ_2 在区间 [0, 1) 内。(建议默认为：分别为 0.9 和 0.999)
Require: 用于数值稳定的小常数 δ (建议默认为：10^{-8})
Require: 初始参数 $\boldsymbol{\theta}$
  初始化一阶和二阶矩变量 $\boldsymbol{s} = 0$, $\boldsymbol{r} = 0$
  初始化时间步 $t = 0$
  while 没有达到停止准则 **do**
    从训练集中采包含 m 个样本 $\{\boldsymbol{x}^{(1)}, \cdots, \boldsymbol{x}^{(m)}\}$ 的小批量，对应目标为 $\boldsymbol{y}^{(i)}$。
    计算梯度：$\boldsymbol{g} \leftarrow \frac{1}{m} \nabla_{\boldsymbol{\theta}} \sum_i L(f(\boldsymbol{x}^{(i)}; \boldsymbol{\theta}), \boldsymbol{y}^{(i)})$
    $t \leftarrow t + 1$
    更新有偏一阶矩估计：$\boldsymbol{s} \leftarrow \rho_1 \boldsymbol{s} + (1-\rho_1) \boldsymbol{g}$
    更新有偏二阶矩估计：$\boldsymbol{r} \leftarrow \rho_2 \boldsymbol{r} + (1-\rho_2) \boldsymbol{g} \odot \boldsymbol{g}$
    修正一阶矩的偏差：$\hat{\boldsymbol{s}} \leftarrow \frac{\boldsymbol{s}}{1-\rho_1^t}$
    修正二阶矩的偏差：$\hat{\boldsymbol{r}} \leftarrow \frac{\boldsymbol{r}}{1-\rho_2^t}$
    计算更新：$\Delta \boldsymbol{\theta} = -\epsilon \frac{\hat{\boldsymbol{s}}}{\sqrt{\hat{\boldsymbol{r}}} + \delta}$ (逐元素应用操作)
    应用更新：$\boldsymbol{\theta} \leftarrow \boldsymbol{\theta} + \Delta \boldsymbol{\theta}$
  end while

"Adam"这个名字派生自短语"adaptive moments"。早期算法背景下，它也许最好被看作结合 RMSProp 和具有一些重要区别的动量的变种。首先，在 Adam 中，动量直接并入了梯度一阶矩 (指数加权) 的估计。将动量加入 RMSProp 最直观的方法是将动量应用于缩放后的梯度。结合缩放的动量使用没有明确的理论动机。其次，Adam 包括偏置修正，修正从原点初始化的一阶矩 (动量项) 和 (非中心的) 二阶矩的估计 (算法8.7)。RMSProp 也采用了 (非中心的) 二阶矩估计，然而缺失了修正因子。因此，不像 Adam，RMSProp 二阶矩估计可能在训练初期有很高的偏置。Adam 通常被认为对超参数的选择相当鲁棒，尽管学习率有时需要从建议的默认修改。

8.5.4 选择正确的优化算法

在本节中，我们讨论了一系列算法，通过自适应每个模型参数的学习率以解决优化深度模型中的难题。此时，一个自然的问题是：该选择哪种算法呢？

遗憾的是，目前在这一点上没有达成共识。Schaul *et al.* (2014) 展示了许多优化算法在大量学习任务上极具价值的比较。虽然结果表明，具有自适应学习率 (以 RMSProp 和 AdaDelta 为代表) 的算法族表现得相当鲁棒，不分伯仲，但没有哪个算法能脱颖而出。

目前，最流行并且使用很高的优化算法包括 SGD、具动量的 SGD、RMSProp、具动量的 RMSProp、AdaDelta 和 Adam。此时，选择哪一个算法似乎主要取决于使用者对算法的熟悉程度 (以便调节超参数)。

8.6 二阶近似方法

在本节中，我们会讨论训练深度神经网络的二阶方法。参考 LeCun *et al.* (1998a) 了解该问题的早期处理方法。为表述简单起见，我们只考察目标函数为经验风险：

$$J(\boldsymbol{\theta}) = \mathbb{E}_{\mathbf{x},\mathrm{y}\sim\hat{p}_{\mathrm{data}}(\boldsymbol{x},y)}[L(f(\boldsymbol{x};\boldsymbol{\theta}),y)] = \frac{1}{m}\sum_{i=1}^{m} L(f(\boldsymbol{x}^{(i)};\boldsymbol{\theta}),y^{(i)}) \tag{8.25}$$

然而，我们在这里讨论的方法很容易扩展到更一般的目标函数，例如，第 7 章讨论的包括参数正则项的函数。

8.6.1 牛顿法

在第 4.3 节，我们介绍了二阶梯度方法。与一阶方法相比，二阶方法使用二阶导数改进了优化。最广泛使用的二阶方法是牛顿法。我们现在更详细地描述牛顿法，重点在其应用于神经网络的训练。

牛顿法是基于二阶泰勒级数展开在某点 $\boldsymbol{\theta}_0$ 附近来近似 $J(\boldsymbol{\theta})$ 的优化方法，其忽略了高阶导数：

$$J(\boldsymbol{\theta}) \approx J(\boldsymbol{\theta}_0) + (\boldsymbol{\theta}-\boldsymbol{\theta}_0)^\top \nabla_{\boldsymbol{\theta}} J(\boldsymbol{\theta}_0) + \frac{1}{2}(\boldsymbol{\theta}-\boldsymbol{\theta}_0)^\top \boldsymbol{H}(\boldsymbol{\theta}-\boldsymbol{\theta}_0) \tag{8.26}$$

其中 $\boldsymbol{H}$ 是 J 相对于 $\boldsymbol{\theta}$ 的 Hessian 矩阵在 $\boldsymbol{\theta}_0$ 处的估计。如果我们再求解这个函数的临界点，将得到牛顿参数更新规则：

$$\boldsymbol{\theta}^* = \boldsymbol{\theta}_0 - \boldsymbol{H}^{-1}\nabla_{\boldsymbol{\theta}} J(\boldsymbol{\theta}_0) \tag{8.27}$$

因此，对于局部的二次函数 (具有正定的 $\boldsymbol{H}$)，用 $\boldsymbol{H}^{-1}$ 重新调整梯度，牛顿法会直接跳到极小值。如果目标函数是凸的但非二次的 (有高阶项)，该更新将是迭代的，得到和牛顿法相关的算法，如算法8.8 所示。

对于非二次的表面，只要 Hessian 矩阵保持正定，牛顿法能够迭代地应用。这意味着一个两步迭代过程。首先，更新或计算 Hessian 逆 (通过更新二阶近似)。其次，根据式 (8.27) 更新参数。

算法 8.8 目标为 $J(\boldsymbol{\theta}) = \frac{1}{m}\sum_{i=1}^{m} L(f(\boldsymbol{x}^{(i)};\boldsymbol{\theta}), y^{(i)})$ 的牛顿法。

Require: 初始参数 $\boldsymbol{\theta}_0$
Require: 包含 m 个样本的训练集
while 没有达到停止准则 **do**
  计算梯度：$\boldsymbol{g} \leftarrow \frac{1}{m}\nabla_{\boldsymbol{\theta}}\sum_i L(f(\boldsymbol{x}^{(i)};\boldsymbol{\theta}), \boldsymbol{y}^{(i)})$
  计算 Hessian 矩阵：$\boldsymbol{H} \leftarrow \frac{1}{m}\nabla_{\boldsymbol{\theta}}^2\sum_i L(f(\boldsymbol{x}^{(i)};\boldsymbol{\theta}), \boldsymbol{y}^{(i)})$
  计算 Hessian 逆：$\boldsymbol{H}^{-1}$
  计算更新：$\Delta\boldsymbol{\theta} = -\boldsymbol{H}^{-1}\boldsymbol{g}$
  应用更新：$\boldsymbol{\theta} = \boldsymbol{\theta} + \Delta\boldsymbol{\theta}$
end while

在第 8.2.3 节，我们讨论了牛顿法只适用于 Hessian 矩阵是正定的情况。在深度学习中，目标函数的表面通常非凸 (有很多特征)，如鞍点。因此使用牛顿法是有问题的。如果 Hessian 矩阵的特征值并不都是正的，例如，靠近鞍点处，牛顿法实际上会导致更新朝错误的方向移动。这种情况可以通过正则化 Hessian 矩阵来避免。常用的正则化策略包括在 Hessian 矩阵对角线上增加常数 α。正则化更新变为

$$\boldsymbol{\theta}^* = \boldsymbol{\theta}_0 - [H(f(\boldsymbol{\theta}_0)) + \alpha\boldsymbol{I}]^{-1}\nabla_{\boldsymbol{\theta}} f(\boldsymbol{\theta}_0) \tag{8.28}$$

这个正则化策略用于牛顿法的近似，例如 Levenberg-Marquardt 算法 (Levenberg, 1944; Marquardt, 1963)，只要 Hessian 矩阵的负特征值仍然相对接近零，效果就会很好。在曲率方向更极端的情况下，α 的值必须足够大，以抵消负特征值。然而，如果 α 持续增加，Hessian 矩阵会变得由对角矩阵 $\alpha\boldsymbol{I}$ 主导，通过牛顿法所选择的方向会收敛到普通梯度除以 α。当很强的负曲率存在时，α 可能需要特别大，以至于牛顿法比选择合适学习率的梯度下降的步长更小。

除了目标函数的某些特征带来的挑战，如鞍点，牛顿法用于训练大型神经网络还受限于其显著的计算负担。Hessian 矩阵中元素数目是参数数量的平方，因此，如果参数数目为 k(甚至是在非常小的神经网络中 k 也可能是百万级别)，牛顿法需要计算 $k \times k$ 矩阵的逆，计算复杂度为 $O(k^3)$。另外，由于参数将每次更新都会改变，每次训练迭代都需要计算 Hessian 矩阵的逆。其结果是，只有参数很少的网络才能在实际中用牛顿法训练。在本节的剩余部分，我们将讨论一些试图保持牛顿法优点，同时避免计算障碍的替代算法。

8.6.2 共轭梯度

共轭梯度是一种通过迭代下降的**共轭方向**(conjugate directions) 以有效避免 Hessian 矩阵求逆计算的方法。这种方法的灵感来自对最速下降方法弱点的仔细研究 (详细信息请查看第 4.3 节)，其中线搜索迭代地用于与梯度相关的方向上。图 8.6 说明了该方法在二次碗型目标

中如何表现的，是一个相当低效的来回往复，锯齿形模式。这是因为每一个由梯度给定的线搜索方向，都保证正交于上一个线搜索方向。

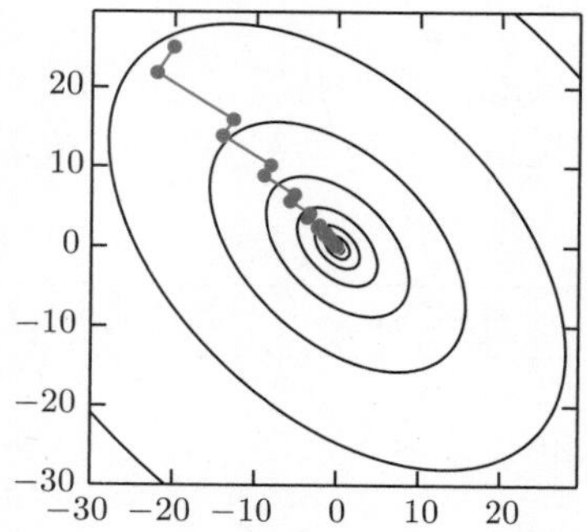

图 8.6 将最速下降法应用于二次代价表面。在每个步骤中，最速下降法沿着由初始点处的梯度定义的线跳到最低代价的点。这解决了图 4.6 中使用固定学习率所遇到的一些问题，但即使使用最佳步长，算法仍然朝最优方向曲折前进。根据定义，在沿着给定方向的目标最小值处，最终点处的梯度与该方向正交

假设上一个搜索方向是 $\boldsymbol{d}_{t-1}$。在极小值处，线搜索终止，方向 $\boldsymbol{d}_{t-1}$ 处的方向导数为零：$\nabla_{\boldsymbol{\theta}} J(\boldsymbol{\theta}) \cdot \boldsymbol{d}_{t-1} = 0$。因为该点的梯度定义了当前的搜索方向，$\boldsymbol{d}_t = \nabla_{\boldsymbol{\theta}} J(\boldsymbol{\theta})$ 将不会贡献于方向 $\boldsymbol{d}_{t-1}$。因此方向 $\boldsymbol{d}_t$ 正交于 $\boldsymbol{d}_{t-1}$。最速下降多次迭代中，方向 $\boldsymbol{d}_{t-1}$ 和 $\boldsymbol{d}_t$ 之间的关系如图 8.6 所示。如图展示的那样，下降正交方向的选择不会保持前一搜索方向上的最小值。这产生了锯齿形的过程。在当前梯度方向下降到极小值，我们必须重新最小化之前梯度方向上的目标。因此，通过遵循每次线搜索结束时的梯度，我们在某种程度上撤销了在之前线搜索的方向上取得的进展。共轭梯度试图解决这个问题。

在共轭梯度法中，我们寻求一个和先前线搜索方向**共轭**(conjugate) 的搜索方向，即它不会撤销该方向上的进展。在训练迭代 t 时，下一步的搜索方向 $\boldsymbol{d}_t$ 的形式如下：

$$\boldsymbol{d}_t = \nabla_{\boldsymbol{\theta}} J(\boldsymbol{\theta}) + \beta_t \boldsymbol{d}_{t-1} \tag{8.29}$$

其中，系数 β_t 的大小控制我们应沿方向 $\boldsymbol{d}_{t-1}$ 加回多少到当前搜索方向上。

如果 $\boldsymbol{d}_t^\top \boldsymbol{H} \boldsymbol{d}_{t-1} = 0$，其中 $\boldsymbol{H}$ 是 Hessian 矩阵，则两个方向 $\boldsymbol{d}_t$ 和 $\boldsymbol{d}_{t-1}$ 被称为共轭的。

适应共轭的直接方法会涉及 $\boldsymbol{H}$ 特征向量的计算以选择 β_t。这将无法满足我们的开发目标：寻找在大问题比牛顿法计算更加可行的方法。我们能否不进行这些计算而得到共轭方向？幸运的是，这个问题的答案是肯定的。

两种用于计算 β_t 的流行方法是

(1) Fletcher-Reeves:

$$\beta_t = \frac{\nabla_{\boldsymbol{\theta}} J(\boldsymbol{\theta}_t)^\top \nabla_{\boldsymbol{\theta}} J(\boldsymbol{\theta}_t)}{\nabla_{\boldsymbol{\theta}} J(\boldsymbol{\theta}_{t-1})^\top \nabla_{\boldsymbol{\theta}} J(\boldsymbol{\theta}_{t-1})} \tag{8.30}$$

(2)Polak-Ribière:

$$\beta_t = \frac{(\nabla_{\boldsymbol{\theta}} J(\boldsymbol{\theta}_t) - \nabla_{\boldsymbol{\theta}} J(\boldsymbol{\theta}_{t-1}))^\top \nabla_{\boldsymbol{\theta}} J(\boldsymbol{\theta}_t)}{\nabla_{\boldsymbol{\theta}} J(\boldsymbol{\theta}_{t-1})^\top \nabla_{\boldsymbol{\theta}} J(\boldsymbol{\theta}_{t-1})} \tag{8.31}$$

对于二次曲面而言，共轭方向确保梯度沿着前一方向大小不变。因此，我们在前一方向上仍然是极小值。其结果是，在 k- 维参数空间中，共轭梯度只需要至多 k 次线搜索就能达到极小值。共轭梯度算法如算法 8.9 所示。

算法 8.9 共轭梯度方法。

Require: 初始参数 $\boldsymbol{\theta}_0$

Require: 包含 m 个样本的训练集

初始化 $\boldsymbol{\rho}_0 = 0$

初始化 $g_0 = 0$

初始化 $t = 1$

while 没有达到停止准则 **do**

初始化梯度 $\boldsymbol{g}_t = 0$

计算梯度：$\boldsymbol{g}_t \leftarrow \frac{1}{m}\nabla_{\boldsymbol{\theta}}\sum_i L(f(\boldsymbol{x}^{(i)};\boldsymbol{\theta}), \boldsymbol{y}^{(i)})$

计算 $\beta_t = \frac{(\boldsymbol{g}_t - \boldsymbol{g}_{t-1})^\top \boldsymbol{g}_t}{\boldsymbol{g}_{t-1}^\top \boldsymbol{g}_{t-1}}$ (Polak-Ribière)

(非线性共轭梯度：视情况可重置 β_t 为零，例如 t 是常数 k 的倍数时，如 $k = 5$)

计算搜索方向：$\boldsymbol{\rho}_t = -\boldsymbol{g}_t + \beta_t \boldsymbol{\rho}_{t-1}$

执行线搜索寻找：$\epsilon^* = \text{argmin}_\epsilon \frac{1}{m}\sum_{i=1}^m L(f(\boldsymbol{x}^{(i)};\boldsymbol{\theta}_t + \epsilon\boldsymbol{\rho}_t), \boldsymbol{y}^{(i)})$

(对于真正二次的代价函数，存在 ϵ^* 的解析解，而无须显式地搜索)

应用更新：$\boldsymbol{\theta}_{t+1} = \boldsymbol{\theta}_t + \epsilon^* \boldsymbol{\rho}_t$

$t \leftarrow t + 1$

end while

非线性共轭梯度： 目前，我们已经讨论了用于二次目标函数的共轭梯度法。当然，本章我们主要关注于探索训练神经网络和其他相关深度学习模型的优化方法，其对应的目标函数比二次函数复杂得多。或许令人惊讶，共轭梯度法在这种情况下仍然是适用的，尽管需要做一些修改。没有目标是二次的保证，共轭方向也不再保证在以前方向上的目标仍是极小值。其结果是，**非线性共轭梯度** 算法会包括一些偶尔的重设，共轭梯度法沿未修改的梯度重启线搜索。

实践者报告，在实践中使用非线性共轭梯度算法训练神经网络是合理的，尽管在开始非线性共轭梯度前使用随机梯度下降迭代若干步来初始化效果更好。另外，尽管 (非线性) 共轭梯度算法传统上作为批方法，小批量版本已经成功用于训练神经网络 (Le *et al.*, 2011)。针对神经网路的共轭梯度应用早已被提出，例如缩放的共轭梯度算法 (Moller, 1993)。

8.6.3 BFGS

Broyden-Fletcher-Goldfarb-Shanno(BFGS) 算法具有牛顿法的一些优点，但没有牛顿法的计算负担。在这方面，BFGS 和 CG 很像。然而，BFGS 使用了一个更直接的方法近似牛顿更新。回顾牛顿更新，由下式给出

$$\boldsymbol{\theta}^* = \boldsymbol{\theta}_0 - \boldsymbol{H}^{-1}\nabla_{\boldsymbol{\theta}} J(\boldsymbol{\theta}_0) \tag{8.32}$$

其中，$\boldsymbol{H}$ 是 J 相对于 $\boldsymbol{\theta}$ 的 Hessian 矩阵在 $\boldsymbol{\theta}_0$ 处的估计。运用牛顿法的主要计算难点在于计算 Hessian 逆 $\boldsymbol{H}^{-1}$。拟牛顿法所采用的方法 (BFGS 是其中最突出的) 是使用矩阵 $\boldsymbol{M}_t$ 近似逆，迭代地低秩更新精度以更好地近似 $\boldsymbol{H}^{-1}$。

BFGS 近似的说明和推导出现在很多关于优化的教科书中，包括 Luenberger (1984)。

当 Hessian 逆近似 $\boldsymbol{M}_t$ 更新时，下降方向 $\boldsymbol{\rho}_t$ 为 $\boldsymbol{\rho}_t = \boldsymbol{M}_t \boldsymbol{g}_t$。该方向上的线搜索用于决定该方向上的步长 ϵ^*。参数的最后更新为

$$\boldsymbol{\theta}_{t+1} = \boldsymbol{\theta}_t + \epsilon^* \boldsymbol{\rho}_t \tag{8.33}$$

和共轭梯度法相似，BFGS 算法迭代一系列线搜索，其方向含二阶信息。然而和共轭梯度不同的是，该方法的成功并不严重依赖于线搜索寻找该方向上和真正极小值很近的一点。因此，相比于共轭梯度，BFGS 的优点是其花费较少的时间改进每个线搜索。另一方面，BFGS 算法必须存储 Hessian 逆矩阵 $\boldsymbol{M}$，需要 $O(n^2)$ 的存储空间，使 BFGS 不适用于大多数具有百万级参数的现代深度学习模型。

存储受限的 BFGS(或 L-BFGS) 通过避免存储完整的 Hessian 逆近似 $\boldsymbol{M}$，BFGS 算法的存储代价可以显著降低。L-BFGS 算法使用和 BFGS 算法相同的方法计算 $\boldsymbol{M}$ 的近似，但起始假设是 $\boldsymbol{M}^{(t-1)}$ 是单位矩阵，而不是一步一步都要存储近似。如果使用精确的线搜索，L-BFGS 定义的方向会是相互共轭的。然而，不同于共轭梯度法，即使只是近似线搜索的极小值，该过程的效果仍然不错。这里描述的无存储的 L-BFGS 方法可以拓展为包含 Hessian 矩阵更多的信息，每步存储一些用于更新 $\boldsymbol{M}$ 的向量，且每步的存储代价是 $O(n)$。

8.7 优化策略和元算法

许多优化技术并非真正的算法，而是一般化的模板，可以特定地产生算法，或是并入到很多不同的算法中。

8.7.1 批标准化

批标准化 (Ioffe and Szegedy, 2015) 是优化深度神经网络中最激动人心的最新创新之一。实际上它并不是一个优化算法，而是一个自适应的重参数化的方法，试图解决训练非常深的模型的困难。

非常深的模型会涉及多个函数或层组合。在其他层不改变的假设下，梯度用于如何更新每一个参数。在实践中，我们同时更新所有层。当我们进行更新时，可能会发生一些意想不到的结果，这是因为许多组合在一起的函数同时改变时，计算更新的假设是其他函数保持不变。举一个简单的例子，假设我们有一个深度神经网络，每一层只有一个单元，并且在每个隐藏层不使用激活函数：$\hat{y} = x w_1 w_2 w_3 \cdots w_l$。此处，$w_i$ 表示用于层 i 的权重。层 i 的输出是 $h_i = h_{i-1} w_i$。输出 $\hat{y}$ 是输入 x 的线性函数，但是权重 w_i 的非线性函数。假设代价函数 $\hat{y}$ 上的梯度为 1，所以我们希望稍稍降低 $\hat{y}$。然后反向传播算法可以计算梯度 $\boldsymbol{g} = \nabla_{\boldsymbol{w}} \hat{y}$。想想我们在更新 $\boldsymbol{w} \leftarrow \boldsymbol{w} - \epsilon \boldsymbol{g}$ 时会发生什么。近似 $\hat{y}$ 的一阶泰勒级数会预测 $\hat{y}$ 的值下降 $\epsilon \boldsymbol{g}^\top \boldsymbol{g}$。如果我们希望 $\hat{y}$ 下降 0.1，那么梯度中的一阶信息表明我们应设置学习率 ϵ 为 $\frac{0.1}{\boldsymbol{g}^\top \boldsymbol{g}}$。然而，实际的更新将包括二阶、三阶直到 l 阶的影响。$\hat{y}$ 的更新值为

$$x(w_1 - \epsilon g_1)(w_2 - \epsilon g_2) \cdots (w_l - \epsilon g_l) \tag{8.34}$$

这个更新中所产生的一个二阶项示例是 $\epsilon^2 g_1 g_2 \prod_{i=3}^{l} w_i$。如果 $\prod_{i=3}^{l} w_i$ 很小，那么该项可以忽略不计。而如果层 3 到层 l 的权重都比 1 大时，该项可能会指数级大。这使得我们很难选择一个合适的学习率，因为某一层中参数更新的效果很大程度上取决于其他所有层。二阶优

化算法通过考虑二阶相互影响来解决这个问题，但我们可以看到，在非常深的网络中，更高阶的相互影响会很显著。即使是二阶优化算法，计算代价也很高，并且通常需要大量近似，以免真正计算所有的重要二阶相互作用。因此对于 $n>2$ 的情况，建立 n 阶优化算法似乎是无望的。那么我们可以做些什么呢？

批标准化提出了一种几乎可以重参数化所有深度网络的优雅方法。重参数化显著减少了多层之间协调更新的问题。批标准化可应用于网络的任何输入层或隐藏层。设 $\boldsymbol{H}$ 是需要标准化的某层的小批量激活函数，排布为设计矩阵，每个样本的激活出现在矩阵的每一行中。为了标准化 $\boldsymbol{H}$，我们将其替换为

$$\boldsymbol{H}' = \frac{\boldsymbol{H}-\boldsymbol{\mu}}{\boldsymbol{\sigma}} \tag{8.35}$$

其中 $\boldsymbol{\mu}$ 是包含每个单元均值的向量，$\boldsymbol{\sigma}$ 是包含每个单元标准差的向量。此处的算术是基于广播向量 $\boldsymbol{\mu}$ 和向量 $\boldsymbol{\sigma}$ 应用于矩阵 $\boldsymbol{H}$ 的每一行。在每一行内，运算是逐元素的，因此 $H_{i,j}$ 标准化为减去 μ_j 再除以 σ_j。网络的其余部分操作 $\boldsymbol{H}'$ 的方式和原网络操作 $\boldsymbol{H}$ 的方式一样。

在训练阶段，

$$\boldsymbol{\mu} = \frac{1}{m}\sum_i \boldsymbol{H}_{i,:} \tag{8.36}$$

和

$$\boldsymbol{\sigma} = \sqrt{\delta + \frac{1}{m}\sum_i (\boldsymbol{H}-\boldsymbol{\mu})_i^2} \tag{8.37}$$

其中 δ 是个很小的正值，比如 10^{-8}，以强制避免遇到 $\sqrt{z}$ 的梯度在 $z=0$ 处未定义的问题。至关重要的是，*我们反向传播这些操作*，来计算均值和标准差，并应用它们于标准化 $\boldsymbol{H}$。这意味着，梯度不会再简单地增加 h_i 的标准差或均值；标准化操作会除掉这一操作的影响，归零其在梯度中的元素。这是批标准化方法的一个重大创新。以前的方法添加代价函数的惩罚，以鼓励单元标准化激活统计量，或是在每个梯度下降步骤之后重新标准化单元统计量。前者通常会导致不完全的标准化，而后者通常会显著地消耗时间，因为学习算法会反复改变均值和方差而标准化步骤会反复抵消这种变化。批标准化重参数化模型，以使一些单元总是被定义标准化，巧妙地回避了这两个问题。

在测试阶段，$\boldsymbol{\mu}$ 和 $\boldsymbol{\sigma}$ 可以被替换为训练阶段收集的运行均值。这使得模型可以对单一样本评估，而无须使用定义于整个小批量的 $\boldsymbol{\mu}$ 和 $\boldsymbol{\sigma}$。

回顾例子 $\hat{y}=xw_1w_2\cdots w_l$，我们看到，可以通过标准化 h_{l-1} 很大程度地解决学习这个模型的问题。假设 x 采样自一个单位高斯，那么 h_{l-1} 也是来自高斯，因为从 x 到 h_l 的变换是线性的。然而，h_{l-1} 不再有零均值和单位方差。使用批标准化后，我们得到的归一化 $\hat{h}_{l-1}$ 恢复了零均值和单位方差的特性。对于底层的几乎任意更新而言，$\hat{h}_{l-1}$ 仍然保持着单位高斯。然后输出 $\hat{y}$ 可以学习为一个简单的线性函数 $\hat{y}=w_l\hat{h}_{l-1}$。现在学习这个模型非常简单，因为低层的参数在大多数情况下没有什么影响；它们的输出总是重新标准化为单位高斯。只在少数个例中，低层会有影响。改变某个低层权重为 0，可能使输出退化；改变低层权重的符号可能反转 $\hat{h}_{l-1}$ 和 y 之间的关系。这些情况都是非常罕见的。没有标准化，几乎每一个更新都会对 h_{l-1} 的统计量有着极端的影响。因此，批标准化显著地使得模型更易学习。在这个示例中，容易学习的代价是使得底层网络没有用。在我们的线性示例中，较低层不再有任何有害的影响，但它们也不再有任何有益的影响。这是因为我们已经标准化了一阶和二阶统计量，这是线性网络可以影响的所有因素。在具有非线性激活函数的深度神经网络中，较低层可以进行

数据的非线性变换，所以它们仍然是有用的。批标准化仅标准化每个单元的均值和方差，以稳定化学习，但允许单元和单个单元的非线性统计量之间的关系发生变化。

由于网络的最后一层能够学习线性变换，实际上我们可能希望移除一层内单元之间的所有线性关系。事实上，这是 Guillaume Desjardins (2015) 中采用的方法，为批标准化提供了灵感。令人遗憾的是，消除所有的线性关联比标准化各个独立单元的均值和标准差代价更高，因此批标准化仍是迄今最实用的方法。

标准化一个单元的均值和标准差会降低包含该单元的神经网络的表达能力。为了保持网络的表现力，通常会将批量隐藏单元激活 $\boldsymbol{H}$ 替换为 $\gamma\boldsymbol{H}'+\boldsymbol{\beta}$，而不是简单地使用标准化的 $\boldsymbol{H}'$。变量 γ 和 $\boldsymbol{\beta}$ 是允许新变量有任意均值和标准差的学习参数。乍一看，这似乎是无用的 —— 为什么我们将均值设为 0，然后又引入参数允许它被重设为任意值 $\boldsymbol{\beta}$? 答案是新的参数可以表示旧参数作为输入的同一族函数，但是新参数有不同的学习动态。在旧参数中，$\boldsymbol{H}$ 的均值取决于 $\boldsymbol{H}$ 下层中参数的复杂关联。在新参数中，$\gamma\boldsymbol{H}'+\boldsymbol{\beta}$ 的均值仅由 $\boldsymbol{\beta}$ 确定。新参数很容易通过梯度下降来学习。

大多数神经网络层会采取 $\phi(\boldsymbol{X}\boldsymbol{W}+\boldsymbol{b})$ 的形式，其中 ϕ 是某个固定的非线性激活函数，如整流线性变换。自然想到我们应该将批标准化应用于输入 $\boldsymbol{X}$ 还是变换后的值 $\boldsymbol{X}\boldsymbol{W}+\boldsymbol{b}$。Ioffe and Szegedy (2015) 推荐后者。更具体地讲，$\boldsymbol{X}\boldsymbol{W}+\boldsymbol{b}$ 应替换为 $\boldsymbol{X}\boldsymbol{W}$ 的标准化形式。偏置项应被忽略，因为参数 $\boldsymbol{\beta}$ 会加入批标准化重参数化，它是冗余的。一层的输入通常是前一层的非线性激活函数 (如整流线性函数) 的输出。因此，输入的统计量更符合非高斯，而更不服从线性操作的标准化。

第 9 章所述的卷积网络，在特征映射中每个空间位置同样地标准化 $\boldsymbol{\mu}$ 和 $\boldsymbol{\sigma}$ 是很重要的，能使特征映射的统计量在不同的空间位置仍然保持相同。

8.7.2 坐标下降

在某些情况下，将一个优化问题分解成几个部分，可以更快地解决原问题。如果我们相对于某个单一变量 x_i 最小化 $f(\boldsymbol{x})$，然后相对于另一个变量 x_j 等等，反复循环所有的变量，我们会保证到达 (局部) 极小值。这种做法被称为**坐标下降**(coordinate descent)，因为我们一次优化一个坐标。更一般地，**块坐标下降**(block coordinate descent) 是指对于某个子集的变量同时最小化。术语"坐标下降"通常既指块坐标下降，也指严格的单个坐标下降。

当优化问题中的不同变量能够清楚地分成相对独立的组，或是当优化一组变量明显比优化所有变量效率更高时，坐标下降最有意义。例如，考虑代价函数

$$J(\boldsymbol{H},\boldsymbol{W})=\sum_{i,j}|H_{i,j}|+\sum_{i,j}\left(\boldsymbol{X}-\boldsymbol{W}^\top\boldsymbol{H}\right)^2_{i,j} \tag{8.38}$$

该函数描述了一种被称为稀疏编码的学习问题，其目标是寻求一个权重矩阵 $\boldsymbol{W}$，可以线性解码激活值矩阵 $\boldsymbol{H}$ 以重构训练集 $\boldsymbol{X}$。稀疏编码的大多数应用还涉及权重衰减或 $\boldsymbol{W}$ 列范数的约束，以避免极小 $\boldsymbol{H}$ 和极大 $\boldsymbol{W}$ 的病态解。

函数 J 不是凸的。然而，我们可以将训练算法的输入分成两个集合：字典参数 $\boldsymbol{W}$ 和编码表示 $\boldsymbol{H}$。最小化关于这两者之一的任意一组变量的目标函数都是凸问题。因此，块坐标下降允许我们使用高效的凸优化算法，交替固定 $\boldsymbol{H}$ 优化 $\boldsymbol{W}$ 和固定 $\boldsymbol{W}$ 优化 $\boldsymbol{H}$。

当一个变量的值很大程度地影响另一个变量的最优值时，坐标下降不是一个很好的方法，如函数 $f(\boldsymbol{x})=(x_1-x_2)^2+\alpha(x_1^2+x_2^2)$，其中 α 是正值常数。第一项鼓励两个变量具有相似的

值，而第二项鼓励它们接近零。解是两者都为零。牛顿法可以一步解决这个问题，因为它是一个正定二次问题。但是，对于小值 α 而言，坐标下降会使进展非常缓慢，因为第一项不允许单个变量变为和其他变量当前值显著不同的值。

8.7.3 Polyak 平均

Polyak 平均 (Polyak and Juditsky, 1992) 会平均优化算法在参数空间访问轨迹中的几个点。如果 t 次迭代梯度下降访问了点 $\boldsymbol{\theta}^{(1)}, \cdots, \boldsymbol{\theta}^{(t)}$，那么 Polyak 平均算法的输出是 $\hat{\boldsymbol{\theta}}^{(t)} = \frac{1}{t}\sum_i \boldsymbol{\theta}^{(i)}$。在某些问题中，如梯度下降应用于凸问题时，这种方法具有较强的收敛保证。当应用于神经网络时，其验证更多是启发式的，但在实践中表现良好。基本想法是，优化算法可能会来回穿过山谷好几次而没经过山谷底部附近的点。尽管两边所有位置的均值应比较接近谷底。

在非凸问题中，优化轨迹的路径可以非常复杂，并且经过了许多不同的区域。包括参数空间中遥远过去的点，可能与当前点在代价函数上相隔很大的障碍，看上去不像一个有用的行为。其结果是，当应用 Polyak 平均于非凸问题时，通常会使用指数衰减计算平均值：

$$\hat{\boldsymbol{\theta}}^{(t)} = \alpha\hat{\boldsymbol{\theta}}^{(t-1)} + (1-\alpha)\boldsymbol{\theta}^{(t)} \tag{8.39}$$

这个计算平均值的方法被用于大量数值应用中。最近的例子请查阅 Szegedy *et al.* (2015)。

8.7.4 监督预训练

有时，如果模型太复杂难以优化或是任务非常困难，直接训练模型来解决特定任务的挑战可能太大。有时训练一个较简单的模型来求解问题，然后使模型更复杂会更有效。训练模型来求解一个简化的问题，然后转移到最后的问题，有时也会更有效些。这些在直接训练目标模型求解目标问题之前，训练简单模型求解简化问题的方法统称为**预训练**(pretraining)。

贪心算法(greedy algorithm) 将问题分解成许多部分，然后独立地在每个部分求解最优值。令人遗憾的是，结合各个最佳的部分不能保证得到一个最佳的完整解。然而，贪心算法计算上比求解最优联合解的算法高效得多，并且贪心算法的解在不是最优的情况下，往往也是可以接受的。贪心算法也可以紧接一个**精调**(fine-tuning) 阶段，联合优化算法搜索全问题的最优解。使用贪心解初始化联合优化算法，可以极大地加速算法，并提高寻找到的解的质量。

预训练算法，特别是贪心预训练，在深度学习中是普遍存在的。在本节中，我们会具体描述这些将监督学习问题分解成其他简化的监督学习问题的预训练算法。这种方法被称为**贪心监督预训练**(greedy supervised pretraining)。

在贪心监督预训练的原始版本 (Bengio *et al.*, 2007c) 中，每个阶段包括一个仅涉及最终神经网络的子集层的监督学习训练任务。贪心监督预训练的一个例子如图 8.7 所示，其中每个附加的隐藏层作为浅层监督多层感知机的一部分预训练，以先前训练的隐藏层输出作为输入。Simonyan and Zisserman (2015) 预训练深度卷积网络 (11 层权重)，然后使用该网络前四层和最后三层初始化更深的网络 (多达 19 层权重)，并非一次预训练一层。非常深的新网络的中间层是随机初始化的。然后联合训练新网络。还有一种选择，由 Yu *et al.* (2010) 提出，将先前训练多层感知机的输出，以及原始输入，作为每个附加阶段的输入。

为什么贪心监督预训练会有帮助呢？最初由 Bengio *et al.* (2007d) 提出的假说是，其有助于更好地指导深层结构的中间层的学习。一般情况下，预训练对于优化和泛化都是有帮助的。

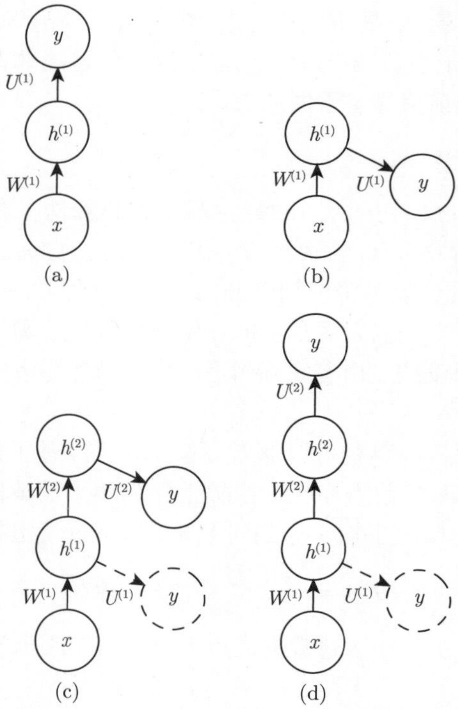

图 8.7 一种形式的贪心监督预训练的示意图 (Bengio *et al.*, 2007a)。(a) 我们从训练一个足够浅的架构开始。(b) 同一个架构的另一描绘。(c) 我们只保留原始网络的输入到隐藏层，并丢弃隐藏到输出层。我们将第一层隐藏层的输出作为输入发送到另一监督单隐层 MLP(使用与第一个网络相同的目标训练)，从而可以添加第二层隐藏层。这可以根据需要重复多层。(d) 所得架构的另一种描绘，可视为前馈网络。为了进一步改进优化，我们可以联合地精调所有层 (仅在该过程的结束或者该过程的每个阶段)

另一个与监督预训练有关的方法扩展了迁移学习的想法：Yosinski *et al.* (2014) 在一组任务上预训练了 8 层权重的深度卷积网络 (1000 个 ImageNet 对象类的子集)，然而用该网络的前 k 层初始化同样规模的网络。然后第二个网络的所有层 (上层随机初始化) 联合训练以执行不同的任务 (1000 个 ImageNet 对象类的另一个子集)，但训练样本少于第一个任务。神经网络中另一个和迁移学习相关的方法将在第 15.2 节讨论。

另一条相关的工作线是 **FitNets** (Romero *et al.*, 2015) 方法。这种方法始于训练深度足够低和宽度足够大 (每层单元数)，容易训练的网络。然后，这个网络成为第二个网络 (被指定为 **学生**) 的 **老师**。学生网络更深更窄 (11∼19 层)，且在正常情况下很难用 SGD 训练。训练学生网络不仅需要预测原任务的输出，还需要预测教师网络中间层的值，这样使得训练学生网络变得更容易。这个额外的任务说明了隐藏层应如何使用，并且能够简化优化问题。附加参数被引入来从更深的学生网络中间层去回归 5 层教师网络的中间层。然而，该目标是预测教师网络的中间隐藏层，并非预测最终分类目标。学生网络的低层因而具有两个目标：帮助学生网络的输出完成其目标和预测教师网络的中间层。尽管一个窄而深的网络似乎比宽而浅的网络更难训练，但窄而深网络的泛化能力可能更好，并且如果其足够窄，参数足够少，那么其计算代价更小。没有隐藏层的提示，学生网络在训练集和测试集上的实验表现都很差。因而中间层的提示是有助于训练很难训练的网络的方法之一，但是其他优化技术或是架构上的变化也可能解决这个问题。

8.7.5 设计有助于优化的模型

改进优化的最好方法并不总是改进优化算法。相反，深度模型中优化的许多改进来自设计易于优化的模型。

原则上，我们可以使用呈锯齿非单调模式上上下下的激活函数，但是，这将使优化极为困难。在实践中，**选择一族容易优化的模型比使用一个强大的优化算法更重要**。神经网络学习在过去 30 年的大多数进步主要来自改变模型族，而非改变优化过程。20 世纪 80 年代用于训练神经网络的带动量的随机梯度下降，仍然是现代神经网络应用中的前沿算法。

具体来说，现代神经网络的设计选择体现在层之间的线性变换，几乎处处可导的激活函数，和大部分定义域都有明显的梯度。特别是，创新的模型，如 LSTM、整流线性单元和 maxout 单元都比先前的模型 (如基于 sigmoid 单元的深度网络) 使用更多的线性函数。这些模型都具有简化优化的性质。如果线性变换的 jacobian 具有相对合理的奇异值，那么梯度能够流经很多层。此外，线性函数在一个方向上一致增加，所以即使模型的输出远离正确值，也可以简单清晰地计算梯度，使其输出方向朝降低损失函数的方向移动。换言之，现代神经网络的设计方案旨在使其*局部*梯度信息合理地对应着移向一个遥远的解。

其他的模型设计策略有助于使优化更简单。例如，层之间的线性路径或是跳跃连接减少了从较低层参数到输出最短路径的长度，因而缓解了梯度消失的问题 (Srivastava *et al.*, 2015)。一个和跳跃连接相关的想法是添加和网络中间隐藏层相连的输出的额外副本，如 GoogLeNet (Szegedy *et al.*, 2014a) 和深度监督网络 (Lee *et al.*, 2014)。这些"辅助头"被训练来执行和网络顶层主要输出相同的任务，以确保底层网络能够接受较大的梯度。当训练完成时，辅助头可能被丢弃。这是之前小节介绍到的预训练策略的替代方法。以这种方式，我们可以在一个阶段联合训练所有层，而不改变架构，使得中间层 (特别是低层) 能够通过更短的路径得到一些如何更新的有用信息。这些信息为底层提供了误差信号。

8.7.6 延拓法和课程学习

正如第 8.2.7 节探讨的，许多优化挑战都来自代价函数的全局结构，不能仅通过局部更新方向上更好的估计来解决。解决这个问题的主要方法是尝试初始化参数到某种区域内，该区域可以通过局部下降很快连接到参数空间中的解。

延拓法(continuation method) 是一族通过挑选初始点使优化更容易的方法，以确保局部优化花费大部分时间在表现良好的空间。延拓法的背后想法是构造一系列具有相同参数的目标函数。为了最小化代价函数 $J(\boldsymbol{\theta})$，我们构建新的代价函数 $\{J^{(0)}, \cdots, J^{(n)}\}$。这些代价函数的难度逐步提高，其中 $J^{(0)}$ 是最容易最小化的，$J^{(n)}$ 是最难的，真正的代价函数驱动整个过程。当我们说 $J^{(i)}$ 比 $J^{(i+1)}$ 更容易时，是指其在更多的 $\boldsymbol{\theta}$ 空间上表现良好。随机初始化更有可能落入局部下降可以成功最小化代价函数的区域，因为其良好区域更大。这系列代价函数设计为前一个解是下一个的良好初始点。因此，我们首先解决一个简单的问题，然后改进解以解决逐步变难的问题，直到我们求解真正问题的解。

传统的延拓法 (用于神经网络训练之前的延拓法) 通常基于平滑目标函数。读者可以查看 Wu (1997) 了解这类方法的示例，以及一些相关方法的综述。延拓法也和参数中加入噪声的模拟退火紧密相关 (Kirkpatrick *et al.*, 1983)。延拓法在最近几年非常成功。参考 Mobahi and Fisher (2015) 了解近期文献的概述，特别是在 AI 方面的应用。

传统上，延拓法主要用来克服局部极小值的问题。具体地，它被设计用来在有很多局部极小值的情况下，求解一个全局最小点。这些连续方法会通过“模糊”原来的代价函数来构建更容易的代价函数。这些模糊操作可以是用采样来近似

$$J^{(i)}(\boldsymbol{\theta}) = \mathbb{E}_{\theta' \sim \mathcal{N}(\boldsymbol{\theta}'; \boldsymbol{\theta}, \sigma^{(i)2})} J(\boldsymbol{\theta}') \tag{8.40}$$

这个方法的直觉是有些非凸函数在模糊后会近似凸的。在许多情况下，这种模糊保留了关于全局极小值的足够信息，我们可以通过逐步求解模糊更少的问题来求解全局极小值。这种方法有三种可能失败的方式。首先，它可能成功地定义了一连串代价函数，并从开始的一个凸函数起 (逐一地) 沿着函数链最佳轨迹逼近全局最小值，但可能需要非常多的逐步代价函数，整个过程的成本仍然很高。另外，即使延拓法可以适用，NP-hard 的优化问题仍然是 NP-hard。其他两种延拓法失败的原因是不实用。其一，不管如何模糊，函数都没法变成凸的，比如函数 $J(\boldsymbol{\theta}) = -\boldsymbol{\theta}^\top\boldsymbol{\theta}$。其二，函数可能在模糊后是凸的，但模糊函数的最小值可能会追踪到一个局部最小值，而非原始代价函数的全局最小值。

尽管延拓法最初用来解决局部最小值的问题，而局部最小值已不再认为是神经网络优化中的主要问题了。幸运的是，延拓法仍然有所帮助。延拓法引入的简化目标函数能够消除平坦区域，减少梯度估计的方差，提高 Hessian 矩阵的条件数，使局部更新更容易计算，或是改进局部更新方向与朝向全局解方向之间的对应关系。

Bengio *et al.* (2009) 指出被称为**课程学习**(curriculum learning) 或者**塑造**(shaping) 的方法可以被解释为延拓法。课程学习基于规划学习过程的想法，首先学习简单的概念，然后逐步学习依赖于这些简化概念的复杂概念。之前这一基本策略被用来加速动物训练过程 (Skinner, 1958; Peterson, 2004; Krueger and Dayan, 2009) 和机器学习过程 (Solomonoff, 1989; Elman, 1993; Sanger, 1994)。Bengio *et al.* (2009) 验证这一策略为延拓法，通过增加简单样本的影响 (通过分配它们较大的系数到代价函数，或者更频繁地采样)，先前的 $J^{(i)}$ 会变得更容易。实验证明，在大规模的神经语言模型任务上使用课程学习，可以获得更好的结果。课程学习已经成功应用于大量的自然语言 (Spitkovsky *et al.*, 2010; Collobert *et al.*, 2011a; Mikolov *et al.*, 2011b; Tu and Honavar, 2011) 和计算机视觉 (Kumar *et al.*, 2010; Lee and Grauman, 2011; Supancic and Ramanan, 2013) 任务上。课程学习被证实为与人类教学方式一致 (Khan *et al.*, 2011)：教师刚开始会展示更容易、更典型的示例，然后帮助学习者在不太显然的情况下提炼决策面。在人类教学上，基于课程学习的策略比基于样本均匀采样的策略*更有效*，也能提高其他学习策略的效率 (Basu and Christensen, 2013)。

课程学习研究的另一个重要贡献体现在训练循环神经网络捕获长期依赖：Zaremba and Sutskever (2014) 发现使用*随机课程*获得了更好的结果，其中容易和困难的示例混合在一起，随机提供给学习者，更难示例 (这些具有长期依赖) 的平均比例在逐渐上升。而使用确定性课程，并没有发现超过基线 (完整训练集的普通训练) 的改进。

现在我们已经介绍了一些基本的神经网络模型，以及如何进行正则化和优化。在接下来的章节中，我们转向特化的神经网络家族，允许其扩展到能够处理很大规模的数据和具有特殊结构的数据。在本章中讨论的优化算法在较少改动后或者无须改动，通常就可以直接用于这些特化的架构。

第9章　卷积网络

卷积网络(convolutional network)(LeCun, 1989)，也叫作**卷积神经网络**(convolutional neural network，CNN)，是一种专门用来处理具有类似网格结构的数据的神经网络。例如时间序列数据 (可以认为是在时间轴上有规律地采样形成的一维网格) 和图像数据 (可以看作二维的像素网格)。卷积网络在诸多应用领域都表现优异。“卷积神经网络”一词表明该网络使用了**卷积**(convolution) 这种数学运算。卷积是一种特殊的线性运算。*卷积网络是指那些至少在网络的一层中使用卷积运算来替代一般的矩阵乘法运算的神经网络。*

本章我们首先说明什么是卷积运算，接着会解释在神经网络中使用卷积运算的动机，然后会介绍**池化**(pooling)。池化是一种几乎所有的卷积网络都会用到的操作。通常来说，卷积神经网络中用到的卷积运算和其他领域 (例如工程领域以及纯数学领域) 中的定义并不完全一致。我们会对神经网络实践中广泛应用的几种卷积函数的变体进行说明。我们也会说明如何在多种不同维数的数据上使用卷积运算。之后我们讨论使得卷积运算更加高效的一些方法。卷积网络是神经科学原理影响深度学习的典型代表。我们之后也会讨论这些神经科学的原理，并对卷积网络在深度学习发展史中的作用做出评价。本章没有涉及如何为卷积网络选择合适的结构，因为本章的目标是说明卷积网络提供的各种工具。第 11 章将会对如何在具体环境中选择使用相应的工具给出通用的准则。对于卷积网络结构的研究进展得如此迅速，以至于针对特定基准 (benchmark)，数月甚至几周就会公开一个新的最优的网络结构，甚至在写这本书时也不好描述究竟哪种结构是最好的。然而，最好的结构也是由本章所描述的基本部件逐步搭建起来的。

9.1　卷积运算

在通常形式中，卷积是对两个实变函数的一种数学运算 ①。为了给出卷积的定义，我们从两个可能会用到的函数的例子出发。

假设我们正在用激光传感器追踪一艘宇宙飞船的位置。我们的激光传感器给出一个单独的输出 $x(t)$，表示宇宙飞船在时刻 t 的位置。x 和 t 都是实值的，这意味着我们可以在任意时刻从传感器中读出飞船的位置。

现在假设我们的传感器受到一定程度的噪声干扰。为了得到飞船位置的低噪声估计，我们对得到的测量结果进行平均。显然，时间上越近的测量结果越相关，所以我们采用一种加权平均的方法，对于最近的测量结果赋予更高的权重。我们可以采用一个加权函数 $w(a)$ 来实现，其中 a 表示测量结果距当前时刻的时间间隔。如果我们对任意时刻都采用这种加权平均的操作，就得到了一个新的对于飞船位置的平滑估计函数 s：

$$s(t) = \int x(a)w(t-a)da \tag{9.1}$$

①译者注：本书中 operation 视语境有时翻译成“运算”，有时翻译成“操作”。

这种运算就叫作**卷积**(convolution)。卷积运算通常用星号表示：

$$s(t) = (x * w)(t) \tag{9.2}$$

在我们的例子中，w 必须是一个有效的概率密度函数，否则输出就不再是一个加权平均。另外，在参数为负值时，w 的取值必须为 0，否则它会预测到未来，这不是我们能够推测得了的。但这些限制仅仅是对我们这个例子来说。通常，卷积被定义在满足上述积分式的任意函数上，并且也可能被用于加权平均以外的目的。

在卷积网络的术语中，卷积的第一个参数 (在这个例子中，函数 x) 通常叫作**输入**(input)，第二个参数 (函数 w) 叫作**核函数**(kernel function)。输出有时被称作**特征映射**(feature map)。

在本例中，激光传感器在每个瞬间反馈测量结果的想法是不切实际的。一般来讲，当我们用计算机处理数据时，时间会被离散化，传感器会定期地反馈数据。所以在我们的例子中，假设传感器每秒反馈一次测量结果是比较现实的。这样，时刻 t 只能取整数值。如果假设 x 和 w 都定义在整数时刻 t 上，就可以定义离散形式的卷积：

$$s(t) = (x * w)(t) = \sum_{a=-\infty}^{\infty} x(a)w(t-a) \tag{9.3}$$

在机器学习的应用中，输入通常是多维数组的数据，而核通常是由学习算法优化得到的多维数组的参数。我们把这些多维数组叫作张量。因为在输入与核中的每一个元素都必须明确地分开存储，我们通常假设在存储了数值的有限点集以外，这些函数的值都为零。这意味着在实际操作中，我们可以通过对有限个数组元素的求和来实现无限求和。

最后，我们经常一次在多个维度上进行卷积运算。例如，如果把一张二维的图像 I 作为输入，我们也许也想要使用一个二维的核 K：

$$S(i,j) = (I * K)(i,j) = \sum_m \sum_n I(m,n)K(i-m,j-n) \tag{9.4}$$

卷积是可交换的 (commutative)，我们可以等价地写作：

$$S(i,j) = (K * I)(i,j) = \sum_m \sum_n I(i-m,j-n)K(m,n) \tag{9.5}$$

通常，下面的公式在机器学习库中实现更为简单，因为 m 和 n 的有效取值范围相对较小。

卷积运算可交换性的出现是因为我们将核相对输入进行了**翻转**(flip)，从 m 增大的角度来看，输入的索引在增大，但是核的索引在减小。我们将核翻转的唯一目的是实现可交换性。尽管可交换性在证明时很有用，但在神经网络的应用中却不是一个重要的性质。与之不同的是，许多神经网络库会实现一个相关的函数，称为**互相关函数**(cross-correlation)，和卷积运算几乎一样但是并没有对核进行翻转：

$$S(i,j) = (I * K)(i,j) = \sum_m \sum_n I(i+m,j+n)K(m,n) \tag{9.6}$$

许多机器学习的库实现的是互相关函数但是称之为卷积。在这本书中我们遵循把两种运算都叫作卷积的这个传统，在与核翻转有关的上下文中，我们会特别指明是否对核进行了翻转。在机器学习中，学习算法会在核合适的位置学得恰当的值，所以一个基于核翻转的卷积运算的学习算法所学得的核，是对未进行翻转的算法学得的核的翻转。单独使用卷积运算在机器学习中是很少见的，卷积经常与其他的函数一起使用，无论卷积运算是否对它的核进行了翻转，这些函数的组合通常是不可交换的。

图 9.1 演示了一个在二维张量上的卷积运算 (没有对核进行翻转) 的例子。

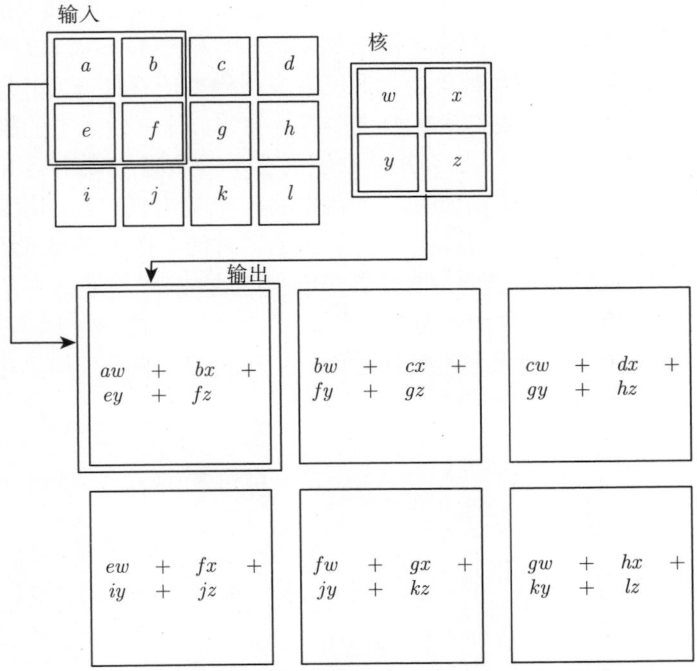

图 9.1 一个二维卷积的例子 (没有对核进行翻转)。我们限制只对核完全处在图像中的位置进行输出，在一些上下文中称为“有效”卷积。我们用画有箭头的盒子来说明输出张量的左上角元素是如何通过对输入张量相应的左上角区域应用核进行卷积得到的

离散卷积可以看作矩阵的乘法，然而，这个矩阵的一些元素被限制为必须和另外一些元素相等。例如对于单变量的离散卷积，矩阵每一行中的元素都与上一行对应位置平移一个单位的元素相同。这种矩阵叫作**Toeplitz 矩阵**(Toeplitz matrix)。对于二维情况，卷积对应着一个**双重分块循环矩阵**(doubly block circulant matrix)。除了这些元素相等的限制以外，卷积通常对应着一个非常稀疏的矩阵 (一个几乎所有元素都为零的矩阵)。这是因为核的大小通常要远小于输入图像的大小。任何一个使用矩阵乘法但是并不依赖矩阵结构的特殊性质的神经网络算法，都适用于卷积运算，并且不需要对神经网络做出大的修改。典型的卷积神经网络为了更有效地处理大规模输入，确实使用了一些专门化的技巧，但这些在理论分析方面并不是严格必要的。

9.2 动机

卷积运算通过三个重要的思想来帮助改进机器学习系统：**稀疏交互**(sparse interactions)、**参数共享**(parameter sharing)、**等变表示**(equivariant representations)。另外，卷积提供了一种

处理大小可变的输入的方法。我们下面依次介绍这些思想。

传统的神经网络使用矩阵乘法来建立输入与输出的连接关系。其中，参数矩阵中每一个单独的参数都描述了一个输入单元与一个输出单元间的交互。这意味着每一个输出单元与每一个输入单元都产生交互。然而，卷积网络具有**稀疏交互**(sparse interactions)(也叫作**稀疏连接**(sparse connectivity) 或者**稀疏权重**(sparse weights)) 的特征。这是使核的大小远小于输入的大小来达到的。举个例子，当处理一张图像时，输入的图像可能包含成千上万个像素点，但是我们可以通过只占用几十到上百个像素点的核来检测一些小的有意义的特征，例如图像的边缘。这意味着我们需要存储的参数更少，不仅减少了模型的存储需求，还提高了它的统计效率。这也意味着为了得到输出我们只需要更少的计算量。这些效率上的提高往往是很显著的。如果有 m 个输入和 n 个输出，那么矩阵乘法需要 $m \times n$ 个参数并且相应算法的时间复杂度为 $O(m \times n)$(对于每一个例子)。如果我们限制每一个输出拥有的连接数为 k，那么稀疏的连接方法只需要 $k \times n$ 个参数以及 $O(k \times n)$ 的运行时间。在很多实际应用中，只需保持 k 比 m 小几个数量级，就能在机器学习的任务中取得好的表现。稀疏连接的图形化解释如图 9.2 和图 9.3 所示。在深度卷积网络中，处在网络深层的单元可能与绝大部分输入是间接交互的，如图 9.4 所示。这允许网络可以通过只描述稀疏交互的基石来高效地描述多个变量的复杂交互。

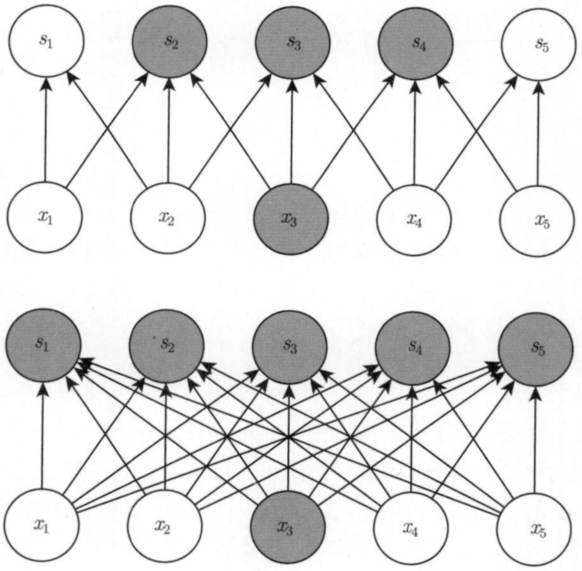

图 9.2　稀疏连接，对每幅图从下往上看。我们强调了一个输入单元 x_3 以及在 $\boldsymbol{s}$ 中受该单元影响的输出单元。(上)当 $\boldsymbol{s}$ 是由核宽度为 3 的卷积产生时，只有 3 个输出受到 $\boldsymbol{x}$ 的影响。(下)当 $\boldsymbol{s}$ 是由矩阵乘法产生时，连接不再是稀疏的，所以所有的输出都会受到 x_3 的影响

参数共享(parameter sharing) 是指在一个模型的多个函数中使用相同的参数。在传统的神经网络中，当计算一层的输出时，权重矩阵的每一个元素只使用一次，当它乘以输入的一个元素后就再也不会用到了。作为参数共享的同义词，我们可以说一个网络含有**绑定的权重**(tied weights)，因为用于一个输入的权重也会被绑定在其他的权重上。在卷积神经网络中，核的每一个元素都作用在输入的每一位置上 (是否考虑边界像素取决于对边界决策的设计)。卷积运

算中的参数共享保证了我们只需要学习一个参数集合，而不是对于每一位置都需要学习一个单独的参数集合。这虽然没有改变前向传播的运行时间 (仍然是 $O(k \times n)$)，但它显著地把模型的存储需求降低至 k 个参数，并且 k 通常要比 m 小很多个数量级。因为 m 和 n 通常有着大致相同的大小，k 在实际中相对于 $m \times n$ 是很小的。因此，卷积在存储需求和统计效率方面极大地优于稠密矩阵的乘法运算。图 9.5 演示了参数共享是如何实现的。

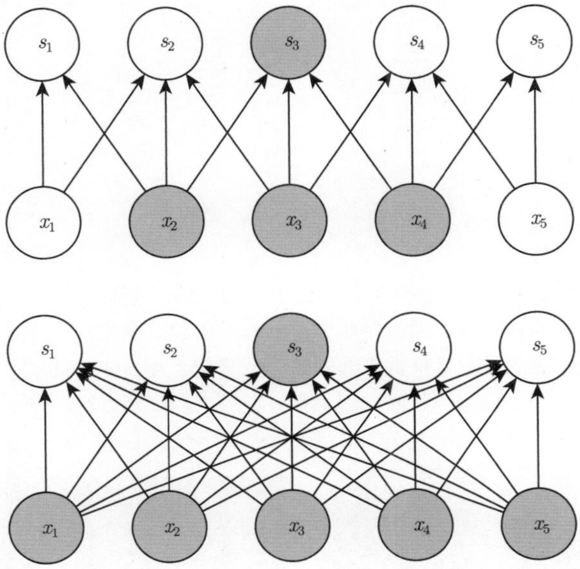

图 9.3　稀疏连接，对每幅图从上往下看。我们强调了一个输出单元 s_3 以及 $\boldsymbol{x}$ 中影响该单元的输入单元。这些单元被称为 s_3 的**接受域**(receptive field)。(上)当 $\boldsymbol{s}$ 是由核宽度为 3 的卷积产生时，只有 3 个输入影响 s_3。(下)当 $\boldsymbol{s}$ 是由矩阵乘法产生时，连接不再是稀疏的，所以所有的输入都会影响 s_3

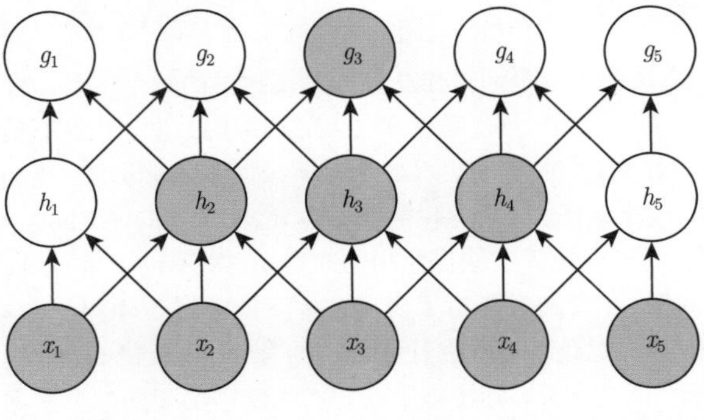

图 9.4　处于卷积网络更深的层中的单元，它们的接受域要比处在浅层的单元的接受域更大。如果网络还包含类似步幅卷积 (见图 9.12) 或者池化 (第 9.3 节) 之类的结构特征，这种效应会加强。这意味着在卷积网络中尽管直接连接都是很稀疏的，但处在更深的层中的单元可以间接地连接到全部或者大部分输入图像

作为前两条原则的一个实际例子，图 9.6 说明了稀疏连接和参数共享是如何显著提高线性函数在一张图像上进行边缘检测的效率的。

对于卷积，参数共享的特殊形式使得神经网络层具有对平移**等变**(equivariance) 的性质。如果一个函数满足输入改变，输出也以同样的方式改变这一性质，我们就说它是等变

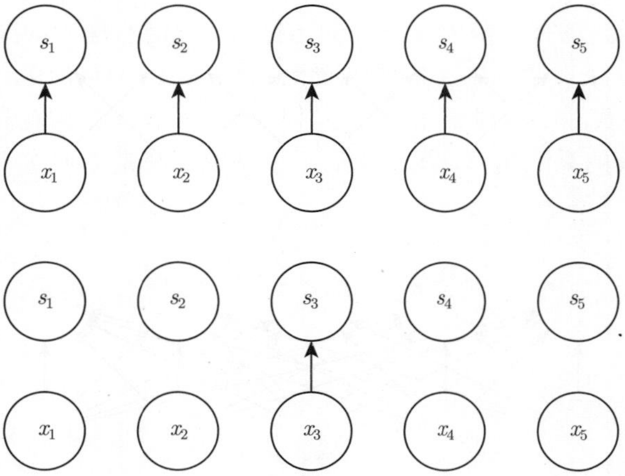

图 9.5 参数共享。黑色箭头表示在两个不同的模型中使用了特殊参数的连接。(上)黑色箭头表示在卷积模型中对 3 元素核的中间元素的使用。因为参数共享，这个单独的参数被用于所有的输入位置。(下)这个单独的黑色箭头表示在全连接模型中对权重矩阵的中间元素的使用。这个模型没有使用参数共享，所以参数只使用了一次

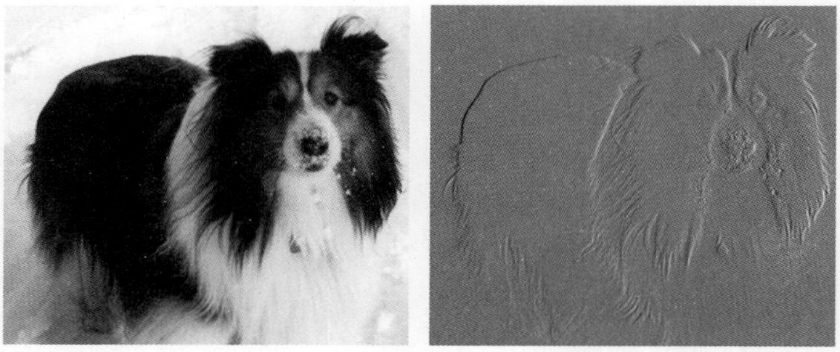

图 9.6 边缘检测的效率。右边的图像是通过先获得原始图像中的每个像素，然后减去左边相邻像素的值而形成的。这个操作给出了输入图像中所有垂直方向上的边缘的强度，对目标检测来说是有用的。两个图像的高度均为 280 个像素。输入图像的宽度为 320 个像素，而输出图像的宽度为 319 个像素。这个变换可以通过包含两个元素的卷积核来描述，使用卷积需要 $319 \times 280 \times 3 = 267\ 960$ 次浮点运算 (每个输出像素需要两次乘法和一次加法)。为了用矩阵乘法描述相同的变换，需要一个包含 $320 \times 280 \times 319 \times 280$ 个或者说超过 80 亿个元素的矩阵，这使得卷积对于表示这种变换更有效 40 亿倍。直接运行矩阵乘法的算法将执行超过 160 亿次浮点运算，这使得卷积在计算上大约有 60 000 倍的效率。当然，矩阵的大多数元素将为零。如果我们只存储矩阵的非零元，则矩阵乘法和卷积都需要相同数量的浮点运算来计算。矩阵仍然需要包含 $2 \times 319 \times 280 = 178\ 640$ 个元素。将小的局部区域上的相同线性变换应用到整个输入上，卷积是描述这种变换的极其有效的方法。照片来源：Paula Goodfellow

(equivariant) 的。特别的是，如果函数 $f(x)$ 与 $g(x)$ 满足 $f(g(x)) = g(f(x))$，我们就说 $f(x)$ 对于变换 g 具有等变性。对于卷积来说，如果令 g 是输入的任意平移函数，那么卷积函数对于 g 具有等变性。举个例子，令 I 表示图像在整数坐标上的亮度函数，g 表示图像函数的变换函数 (把一个图像函数映射到另一个图像函数的函数) 使得 $I' = g(I)$，其中图像函数 I' 满足 $I'(x, y) = I(x - 1, y)$。这个函数把 I 中的每个像素向右移动一个单位。如果我们先对 I 进行

这种变换然后进行卷积操作所得到的结果，与先对 I 进行卷积然后再对输出使用平移函数 g 得到的结果是一样的 [②]。当处理时间序列数据时，这意味着通过卷积可以得到一个由输入中出现不同特征的时刻所组成的时间轴。如果我们把输入中的一个事件向后延时，在输出中仍然会有完全相同的表示，只是时间延后了。图像与此类似，卷积产生了一个二维映射来表明某些特征在输入中出现的位置。如果我们移动输入中的对象，它的表示也会在输出中移动同样的量。当处理多个输入位置时，一些作用在邻居像素的函数是很有用的。例如在处理图像时，在卷积网络的第一层进行图像的边缘检测是很有用的。相同的边缘或多或少地散落在图像的各处，所以应当对整个图像进行参数共享。但在某些情况下，我们并不希望对整幅图进行参数共享。例如，在处理已经通过剪裁而使其居中的人脸图像时，我们可能想要提取不同位置上的不同特征 (处理人脸上部的部分网络需要去搜寻眉毛，处理人脸下部的部分网络就需要去搜寻下巴了)。

卷积对其他的一些变换并不是天然等变的，例如对于图像的放缩或者旋转变换，需要其他的一些机制来处理这些变换。

最后，一些不能被传统的由 (固定大小的) 矩阵乘法定义的神经网络处理的特殊数据，可能通过卷积神经网络来处理，我们将在第 9.7 节中进行讨论。

9.3 池化

卷积网络中一个典型层包含三级 (见图 9.7)。在第一级中，这一层并行地计算多个卷积产生一组线性激活响应。在第二级中，每一个线性激活响应将会通过一个非线性的激活函数，例如整流线性激活函数。这一级有时也被称为**探测级**(detector stage)。在第三级中，我们使用**池化函数**(pooling function) 来进一步调整这一层的输出。

池化函数使用某一位置的相邻输出的总体统计特征来代替网络在该位置的输出。例如，**最大池化** (max pooling) 函数 (Zhou and Chellappa, 1988) 给出相邻矩形区域内的最大值。其他常用的池化函数包括相邻矩形区域内的平均值、L^2 范数以及基于距中心像素距离的加权平均函数。

不管采用什么样的池化函数，当输入做出少量平移时，池化能够帮助输入的表示近似**不变**(invariant)。平移的不变性是指当我们对输入进行少量平移时，经过池化函数后的大多数输出并不会发生改变。图 9.8 用了一个例子来说明这是如何实现的。*局部平移不变性是一个很有用的性质，尤其是当我们关心某个特征是否出现而不关心它出现的具体位置时。*例如，当判定一张图像中是否包含人脸时，我们并不需要知道眼睛的精确像素位置，我们只需要知道有一只眼睛在脸的左边，有一只在右边就行了。但在一些其他领域，保存特征的具体位置却很重要。例如当我们想要寻找一个由两条边相交而成的拐角时，就需要很好地保存边的位置来判定它们是否相交。

使用池化可以看作增加了一个无限强的先验：这一层学得的函数必须具有对少量平移的不变性。当这个假设成立时，池化可以极大地提高网络的统计效率。

对空间区域进行池化产生了平移不变性，但当我们对分离参数的卷积的输出进行池化时，特征能够学得应该对于哪种变换具有不变性 (见图 9.9)。

② 译者注：原文将此处误写成了 I'。

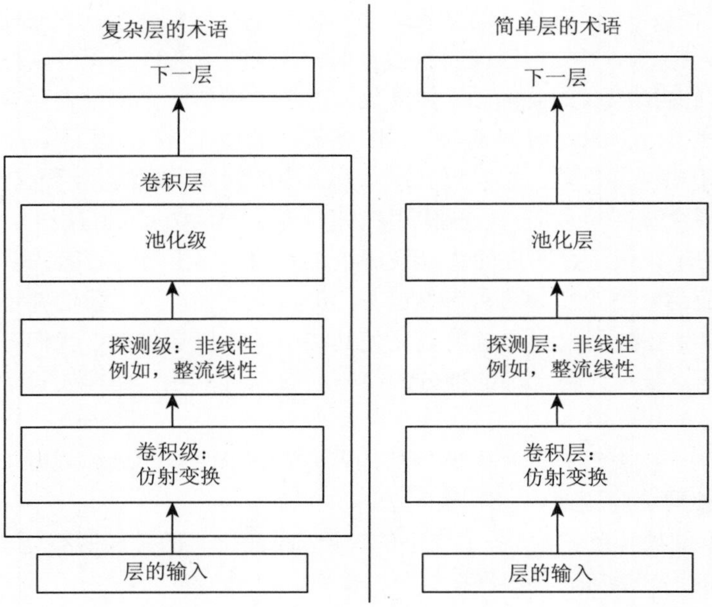

图 9.7　一个典型卷积神经网络层的组件。有两组常用的术语用于描述这些层。(左)在这组术语中，卷积网络被视为少量相对复杂的层，每层具有许多“级”。在这组术语中，核张量与网络层之间存在一一对应关系。在本书中，我们通常使用这组术语。(右)在这组术语中，卷积网络被视为更多数量的简单层；每一个处理步骤都被认为是一个独立的层。这意味着不是每一“层”都有参数

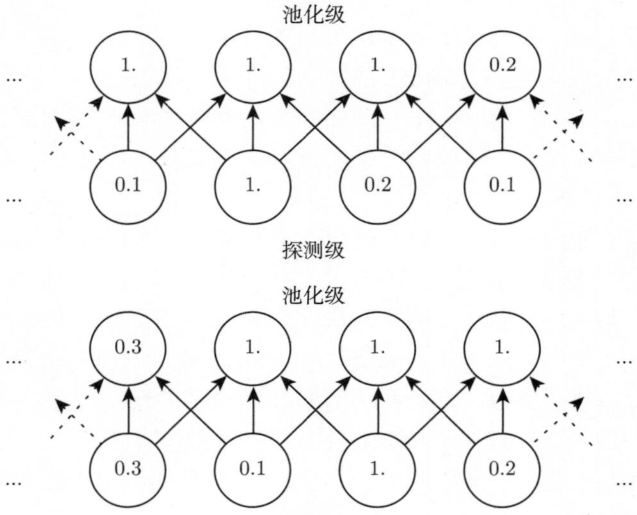

图 9.8　最大池化引入了不变性。(上)卷积层中间输出的视图。下面一行显示非线性的输出。上面一行显示最大池化的输出，每个池的宽度为三个像素并且池化区域的步幅为一个像素。(下)相同网络的视图，不过对输入右移了一个像素。下面一行的所有值都发生了改变，但上面一行只有一半的值发生了改变，这是因为最大池化单元只对周围的最大值比较敏感，而不是对精确的位置

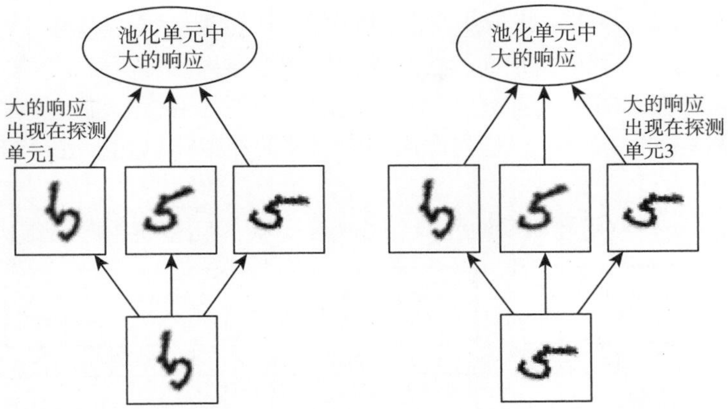

图 9.9 学习不变性的示例。使用分离的参数学得多个特征，再使用池化单元进行池化，可以学得对输入的某些变换的不变性。这里我们展示了用三个学得的过滤器和一个最大池化单元可以学得对旋转变换的不变性。这三个过滤器都旨在检测手写的数字 5。每个过滤器尝试匹配稍微不同方向的 5。当输入中出现 5 时，相应的过滤器会匹配它并且在探测单元中引起大的激活。然后，无论哪个探测单元被激活，最大池化单元都具有大的激活。我们在这里演示了网络如何处理两个不同的输入，这导致两个不同的探测单元被激活，然而对池化单元的影响大致相同。这个原则在 maxout 网络 (Goodfellow *et al.*, 2013b) 和其他卷积网络中更有影响。空间位置上的最大池化对于平移是天然不变的。这种多通道方法只在学习其他变换时是必要的

因为池化综合了全部邻居的反馈，这使得池化单元少于探测单元成为可能，我们可以通过综合池化区域的 k 个像素的统计特征而不是单个像素来实现。图 9.10 给出了一个例子。这种方法提高了网络的计算效率，因为下一层少了约 k 倍的输入。当下一层的参数数目是关于那一层输入大小的函数时 (例如当下一层是全连接的基于矩阵乘法的网络层时)，这种对于输入规模的减小也可以提高统计效率并且减少对于参数的存储需求。

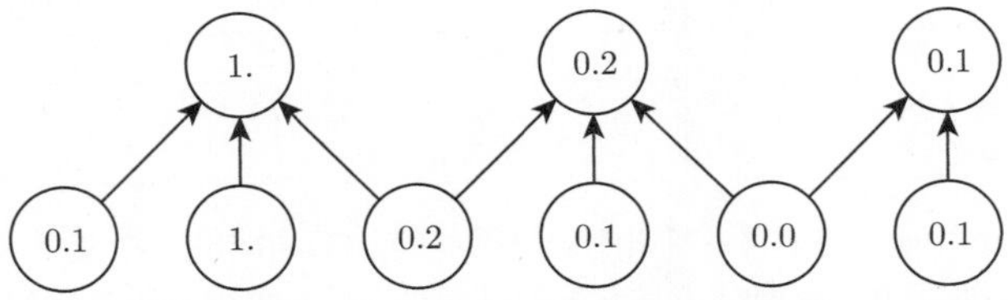

图 9.10 带有降采样的池化。这里我们使用最大池化，池的宽度为三并且池之间的步幅为二。这使得表示的大小减少了一半，减轻了下一层的计算和统计负担。注意到最右边的池化区域尺寸较小，但如果我们不想忽略一些探测单元，就必须包含这个区域

在很多任务中，池化对于处理不同大小的输入具有重要作用。例如我们想对不同大小的图像进行分类时，分类层的输入必须是固定的大小，而这通常通过调整池化区域的偏置大小来实现，这样分类层总是能接收到相同数量的统计特征而不管最初的输入大小了。例如，最终的池化层可能会输出 4 组综合统计特征，每组对应着图像的一个象限，而与图像的大小无关。

一些理论工作对于在不同情况下应当使用哪种池化函数给出了一些指导 (Boureau *et al.*, 2010)。将特征一起动态地池化也是可行的，例如，对于感兴趣特征的位置运行聚类算法 (Boureau *et al.*, 2011)。这种方法对于每幅图像产生一个不同的池化区域集合。另一种方法

是先学习一个单独的池化结构，再应用到全部的图像中 (Jia *et al.*, 2012)。

池化可能会使得一些利用自顶向下信息的神经网络结构变得复杂，例如玻尔兹曼机和自编码器。这些问题将在本书第 3 部分当我们遇到这些类型的网络时进一步讨论。卷积玻尔兹曼机中的池化出现在第 20.6 节。一些可微网络中需要的在池化单元上进行的类逆运算将在第 20.10.6 节中讨论。

图 9.11 给出了一些使用卷积和池化操作的用于分类的完整卷积网络结构的例子。

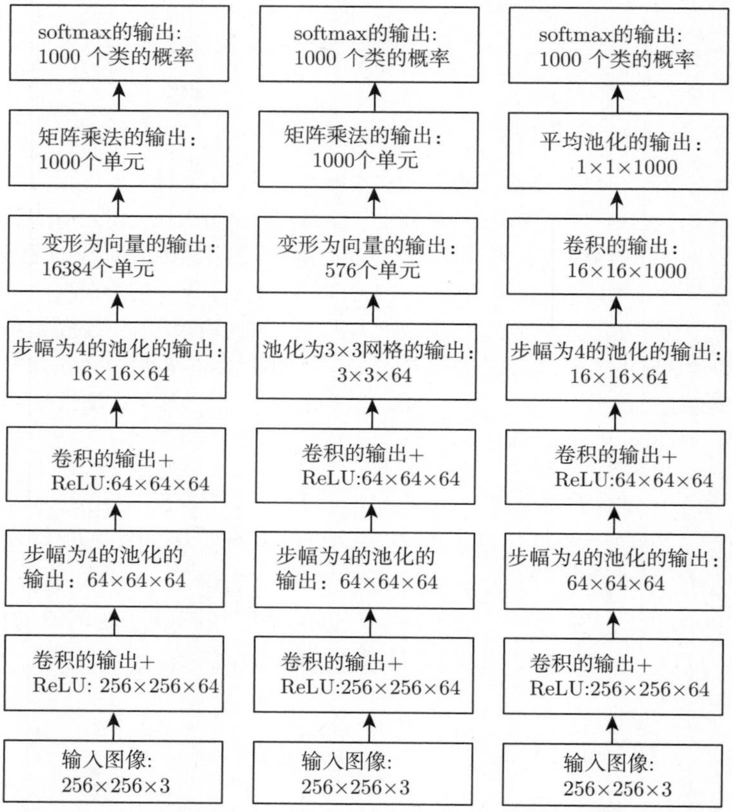

图 9.11 卷积网络用于分类的结构示例。本图中使用的具体步幅和深度并不建议实际使用，因为它们被设计得非常浅以适合页面。实际的卷积网络还常常涉及大量的分支，不同于这里为简单起见所使用的链式结构。(*左*)处理固定大小的图像的卷积网络。在卷积层和池化层几层交替之后，卷积特征映射的张量被重新变形以展平空间维度。网络的其余部分是一个普通的前馈网络分类器，如第 6 章所述。(*中*)处理大小可变的图像的卷积网络，但仍保持全连接的部分。该网络使用具有可变大小但是数量固定的池的池化操作，以便向网络的全连接部分提供固定 576 个单位大小的向量。(*右*)没有任何全连接权重层的卷积网络。相对的，最后的卷积层为每个类输出一个特征映射。该模型可能会用来学习每个类出现在每个空间位置的可能性的映射。将特征映射进行平均得到的单个值，提供了顶部 softmax 分类器的变量

9.4 卷积与池化作为一种无限强的先验

回忆一下第 5.2 节中**先验概率分布**(prior probability distribution) 的概念。这是一个模型参数的概率分布，它刻画了我们在看到数据之前认为什么样的模型是合理的信念。

先验被认为是强或者弱取决于先验中概率密度的集中程度。弱先验具有较高的熵值，例如方差很大的高斯分布。这样的先验允许数据对于参数的改变具有或多或少的自由性。强先验具有较低的熵值，例如方差很小的高斯分布。这样的先验在决定参数最终取值时起着更加积极的作用。

一个无限强的先验需要对一些参数的概率置零并且完全禁止对这些参数赋值，无论数据对于这些参数的值给出了多大的支持。

我们可以把卷积网络类比成全连接网络，但对于这个全连接网络的权重有一个无限强的先验。这个无限强的先验是说一个隐藏单元的权重必须和它邻居的权重相同，但可以在空间上移动。这个先验也要求除了那些处在隐藏单元的小的空间连续的接受域内的权重以外，其余的权重都为零。总之，我们可以把卷积的使用当作对网络中一层的参数引入了一个无限强的先验概率分布。这个先验说明了该层应该学得的函数只包含局部连接关系并且对平移具有等变性。类似地，使用池化也是一个无限强的先验：每一个单元都具有对少量平移的不变性。

当然，把卷积神经网络当作一个具有无限强先验的全连接网络来实现会导致极大的计算浪费。但把卷积神经网络想成具有无限强先验的全连接网络可以帮助我们更好地洞察卷积神经网络是如何工作的。

其中一个关键的洞察是卷积和池化可能导致欠拟合。与任何其他先验类似，卷积和池化只有当先验的假设合理且正确时才有用。如果一项任务依赖于保存精确的空间信息，那么在所有的特征上使用池化将会增大训练误差。一些卷积网络结构 (Szegedy *et al.*, 2014a) 为了既获得具有较高不变性的特征又获得当平移不变性不合理时不会导致欠拟合的特征，被设计成在一些通道上使用池化而在另一些通道上不使用。当一项任务涉及要对输入中相隔较远的信息进行合并时，那么卷积所利用的先验可能就不正确了。

另一个关键洞察是当我们比较卷积模型的统计学习表现时，只能以基准中的其他卷积模型作为比较的对象。其他不使用卷积的模型即使我们把图像中的所有像素点都置换后依然有可能进行学习。对于许多图像数据集，还有一些分别的基准，有些是针对那些具有**置换不变性** (permutation invariant) 并且必须通过学习发现拓扑结构的模型，还有一些是针对模型设计者将空间关系的知识植入了它们的模型。

9.5 基本卷积函数的变体

当在神经网络的上下文中讨论卷积时，我们通常不是特指数学文献中使用的那种标准的离散卷积运算。实际应用中的函数略有不同。这里我们详细讨论一下这些差异，并且对神经网络中用到的函数的一些重要性质进行重点说明。

首先，当提到神经网络中的卷积时，我们通常是指由多个并行卷积组成的运算。这是因为具有单个核的卷积只能提取一种类型的特征，尽管它作用在多个空间位置上。我们通常希望网络的每一层能够在多个位置提取多种类型的特征。

另外，输入通常也不仅仅是实值的网格，而是由一系列观测数据的向量构成的网格。例如，一幅彩色图像在每一个像素点都会有红、绿、蓝三种颜色的亮度。在多层的卷积网络中，第二层的输入是第一层的输出，通常在每个位置包含多个不同卷积的输出。当处理图像时，我们通常把卷积的输入输出都看作 3 维的张量，其中一个索引用于标明不同的通道 (例如红、绿、蓝)，另外两个索引标明在每个通道上的空间坐标。软件实现通常使用批处理模式，所以实际上会使用 4 维的张量，第 4 维索引用于标明批处理中不同的实例，但我们为简明起见这里忽略批处理索引。

因为卷积网络通常使用多通道的卷积，所以即使使用了核翻转，也不一定保证网络的线性运算是可交换的。只有当其中每个运算的输出和输入具有相同的通道数时，这些多通道的运算才是可交换的。

假定我们有一个 4 维的核张量 K，它的每一个元素是 $K_{i,j,k,l}$，表示输出中处于通道 i 的一个单元和输入中处于通道 j 中的一个单元的连接强度，并且在输出单元和输入单元之间有 k 行 l 列的偏置。假定我们的输入由观测数据 V 组成，它的每一个元素是 $V_{i,j,k}$，表示处在通道 i 中第 j 行第 k 列的值。假定我们的输出 Z 和输入 V 具有相同的形式，如果输出 Z 是通过对 K 和 V 进行卷积而不涉及翻转 K 得到的，那么

$$Z_{i,j,k} = \sum_{l,m,n} V_{l,j+m-1,k+n-1} K_{i,l,m,n} \tag{9.7}$$

这里对所有的 l、m 和 n 进行求和是对所有 (在求和式中) 有效的张量索引的值进行求和。在线性代数中，向量的索引通常从 1 开始，这就是上述公式中 -1 的由来。但是像 C 或 Python 这类编程语言索引通常从 0 开始，这使得上述公式可以更加简洁。

我们有时会希望跳过核中的一些位置来降低计算的开销 (相应的代价是提取特征没有先前那么好了)。我们可以把这一过程看作对全卷积函数输出的下采样 (downsampling)。如果只想在输出的每个方向上每间隔 s 个像素进行采样，那么我们可以定义一个下采样卷积函数 c 使得

$$Z_{i,j,k} = c(\mathsf{K}, \mathsf{V}, s)_{i,j,k} = \sum_{l,m,n} [V_{l,(j-1)\times s+m,(k-1)\times s+n,} K_{i,l,m,n}] \tag{9.8}$$

我们把 s 称为下采样卷积的**步幅**(stride)。当然也可以对每个移动方向定义不同的步幅。图 9.12 演示了一个实例。

在任何卷积网络的实现中都有一个重要性质，那就是能够隐含地对输入 V 用零进行填充 (pad) 使得它加宽。如果没有这个性质，表示的宽度在每一层就会缩减，缩减的幅度是比核少一个像素这么多。对输入进行零填充允许我们对核的宽度和输出的大小进行独立的控制。如果没有零填充，我们就被迫面临二选一的局面，要么选择网络空间宽度的快速缩减，要么选择一个小型的核 —— 这两种情境都会极大得限制网络的表示能力。图 9.13 给出了一个例子。

有三种零填充设定的情况值得注意。第一种是无论怎样都不使用零填充的极端情况，并且卷积核只允许访问那些图像中能够完全包含整个核的位置。在 MATLAB 的术语中，这称为**有效**(valid) 卷积。在这种情况下，输出的所有像素都是输入中相同数量像素的函数，这使得输出像素的表示更加规范。然而，输出的大小在每一层都会缩减。如果输入的图像宽度是 m，核的宽度是 k，那么输出的宽度就会变成 $m-k+1$。如果卷积核非常大，缩减率会非常显著。因为缩减数大于 0，这限制了网络中能够包含的卷积层的层数。当层数增加时，网络的空间维度最终会缩减到 1×1，这种情况下增加的层就不可能进行有意义的卷积了。第二种特殊的情况是只进行足够的零填充来保持输出和输入具有相同的大小。在 MATLAB 的术语中，这称为**相同**(same) 卷积。在这种情况下，只要硬件支持，网络就能包含任意多的卷积层，这是因为卷积运算不改变下一层的结构。然而，输入像素中靠近边界的部分相比于中间部分对于输出像素的影响更小。这可能会导致边界像素存在一定程度的欠表示。这使得第三种极端

情况产生了，在 MATLAB 中称为**全**(full) 卷积。它进行了足够多的零填充，使得每个像素在每个方向上恰好被访问了 k 次，最终输出图像的宽度为 $m+k-1$。在这种情况下，输出像素中靠近边界的部分相比于中间部分是更少像素的函数。这将导致学得一个在卷积特征映射的所有位置都表现不错的单核更为困难。通常零填充的最优数量 (对于测试集的分类正确率) 处于"有效卷积"和"相同卷积"之间的某个位置。

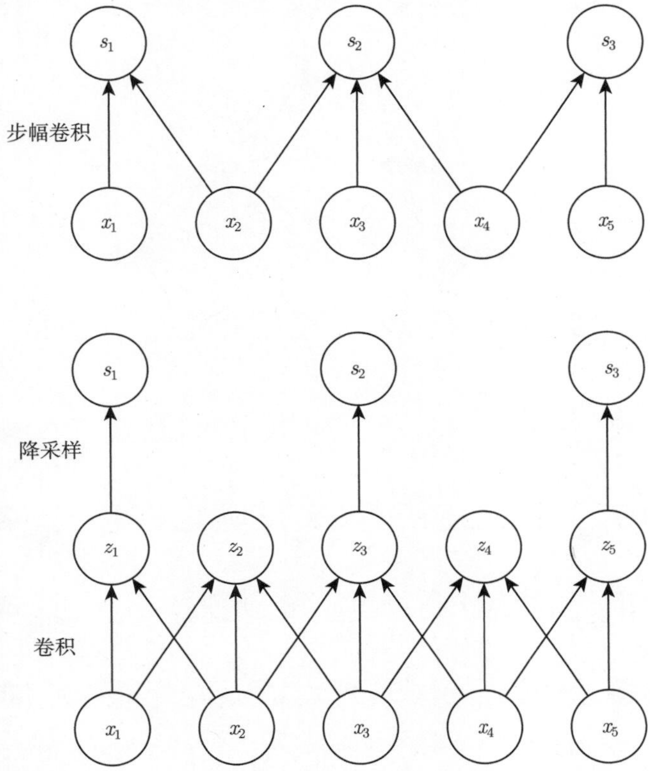

图 9.12 带有步幅的卷积。在这个例子中，我们的步幅为 2。(上) 在单个操作中实现的步幅为 2 的卷积。(下) 步幅大于一个像素的卷积在数学上等价于单位步幅的卷积随后降采样。显然，涉及降采样的两步法在计算上是浪费的，因为它计算了许多将被丢弃的值

在一些情况下，我们并不是真的想使用卷积，而是想用一些局部连接的网络层 (LeCun, 1986, 1989)。在这种情况下，我们的多层感知机对应的邻接矩阵是相同的，但每一个连接都有它自己的权重，用一个 6 维的张量 W 来表示。W 的索引分别是：输出的通道 i，输出的行 j 和列 k，输入的通道 l，输入的行偏置 m 和列偏置 n。局部连接层的线性部分可以表示为

$$\mathsf{Z}_{i,j,k} = \sum_{l,m,n} [\mathsf{V}_{l,j+m-1,k+n-1} w_{i,j,k,l,m,n}] \tag{9.9}$$

这有时也被称为**非共享卷积**(unshared convolution)，因为它和具有一个小核的离散卷积运算很像，但并不横跨位置来共享参数。图 9.14 比较了局部连接、卷积和全连接的区别。

当我们知道每一个特征都是一小块空间的函数并且相同的特征不会出现在所有的空间上时，局部连接层是很有用的。例如，如果想要辨别一张图片是否是人脸图像，我们只需要去寻找嘴是否在图像下半部分即可。

使用那些连接被更进一步限制的卷积或者局部连接层也是有用的，例如，限制每一个输出的通道 i 仅仅是输入通道 l 的一部分的函数时。实现这种情况的一种通用方法是使输出的前 m 个通道仅仅连接到输入的前 n 个通道，输出的接下来的 m 个通道仅仅连接到输入的接下来的 n 个通道，以此类推。图 9.15 给出了一个例子。对少量通道间的连接进行建模允许网络使用更少的参数，这降低了存储的消耗以及提高了统计效率，并且减少了前向和反向传播所需要的计算量。这些目标的实现并没有减少隐藏单元的数目。

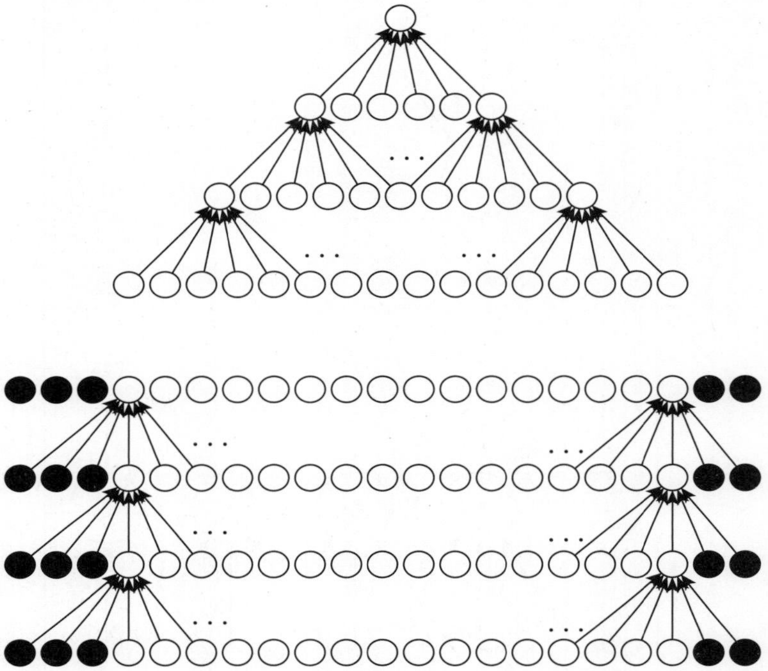

图 9.13 零填充对网络大小的影响。考虑一个卷积网络，每层有一个宽度为 6 的核。在这个例子中，我们不使用任何池化，所以只有卷积操作本身缩小网络的大小。(上)在这个卷积网络中，我们不使用任何隐含的零填充。这使得表示在每层缩小 5 个像素。从 16 个像素的输入开始，我们只能有 3 个卷积层，并且最后一层不能移动核，所以可以说只有两层是真正的卷积层。可以通过使用较小的核来减缓收缩速率，但是较小的核表示能力不足，并且在这种结构中一些收缩是不可避免的。(下)通过向每层添加 5 个隐含的零，我们防止了表示随深度收缩。这允许我们设计一个任意深的卷积网络

平铺卷积(tiled convolution)(Gregor and LeCun, 2010a; Le *et al.*, 2010) 对卷积层和局部连接层进行了折衷。这里并不是对每一个空间位置的权重集合进行学习，我们学习一组核使得当我们在空间移动时它们可以循环利用。这意味着在近邻的位置上拥有不同的过滤器，就像局部连接层一样，但是对于这些参数的存储需求仅仅会增长常数倍，这个常数就是核的集合的大小，而不是整个输出的特征映射的大小。图 9.16 对局部连接层、平铺卷积和标准卷积进行了比较。

为了用代数的方法定义平铺卷积，令 K 是一个 6 维的张量 ③，其中的两维对应着输出映射中的不同位置。K 在这里并没有对输出映射中的每一个位置使用单独的索引，输出的位置在每个方向上在 t 个不同的核组成的集合中进行循环。如果 t 等于输出的宽度，这就是局部

③ 译者注：原文将 K 误写成了 k。

连接层了。

$$Z_{i,j,k} = \sum_{l,m,n} V_{l,j+m-1,k+n-1} K_{i,l,m,n,j\%t+1,k\%t+1} \tag{9.10}$$

这里百分号是取模运算，它的性质包括 $t\%t = 0, (t+1)\%t = 1$ 等。在每一维上使用不同的 t 可以很容易对这个方程进行扩展。

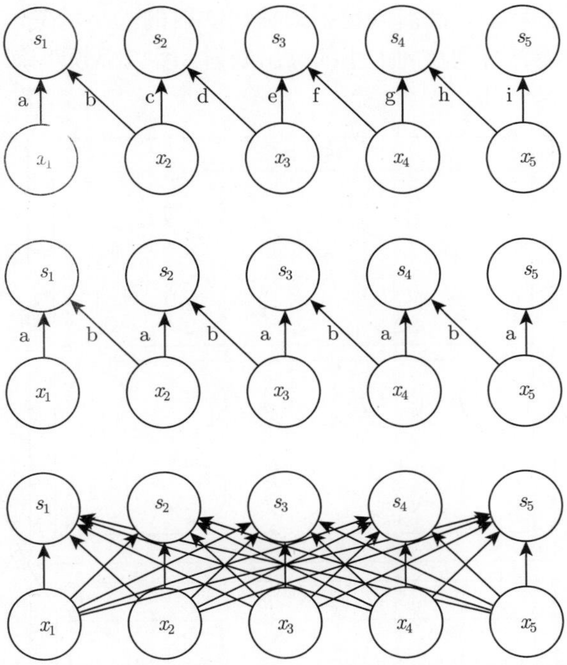

图 9.14　局部连接，卷积和全连接的比较。(上)每一小片 (接受域) 有两个像素的局部连接层。每条边用唯一的字母标记，来显示每条边都有自身的权重参数。(中)核宽度为两个像素的卷积层。该模型与局部连接层具有完全相同的连接。区别不在于哪些单元相互交互，而在于如何共享参数。局部连接层没有参数共享。正如用于标记每条边的字母重复出现所指示的，卷积层在整个输入上重复使用相同的两个权重。(下)全连接层类似于局部连接层，它的每条边都有其自身的参数 (在该图中用字母明确标记就太多了)。然而，它不具有局部连接层的连接受限的特征

局部连接层与平铺卷积层都和最大池化有一些有趣的关联：这些层的探测单元都是由不同的过滤器驱动的。如果这些过滤器能够学会探测相同隐含特征的不同变换形式，那么最大池化的单元对于学得的变换就具有不变性 (见图 9.9)。卷积层对于平移具有内置的不变性。

实现卷积网络时，通常也需要除卷积以外的其他运算。为了实现学习，必须在给定输出的梯度时能够计算核的梯度。在一些简单情况下，这种运算可以通过卷积来实现，但在很多我们感兴趣的情况下，包括步幅大于 1 的情况，并不具有这样的性质。

回忆一下，卷积是一种线性运算，所以可以表示成矩阵乘法的形式 (如果我们首先把输入张量变形为一个扁平的向量)。其中包含的矩阵是关于卷积核的函数。这个矩阵是稀疏的，并且核的每个元素都复制给矩阵的多个元素。这种观点能够帮助我们导出实现一个卷积网络所需的很多其他运算。

通过卷积定义的矩阵转置的乘法就是这样一种运算。这种运算用于在卷积层反向传播误差的导数，所以它在训练多于一个隐藏层的卷积网络时是必要的。如果我们想要从隐藏层单

元重构可视化单元时，同样的运算也是需要的 (Simard *et al.*, 1992)。重构可视化单元是本书第 3 部分的模型广泛用到的一种运算，这些模型包括自编码器、RBM 和稀疏编码等。构建这些模型的卷积化的版本都要用到转置化卷积。类似核梯度运算，这种输入梯度运算在某些情况下可以用卷积来实现，但在一般情况下需要用到第三种运算来实现。必须非常小心地来使这种转置运算和前向传播过程相协调。转置运算返回的输出的大小取决于三个方面：零填充的策略、前向传播运算的步幅以及前向传播的输出映射的大小。在一些情况下，不同大小的输入通过前向传播过程能够得到相同大小的输出映射，所以必须明确地告知转置运算原始输入的大小。

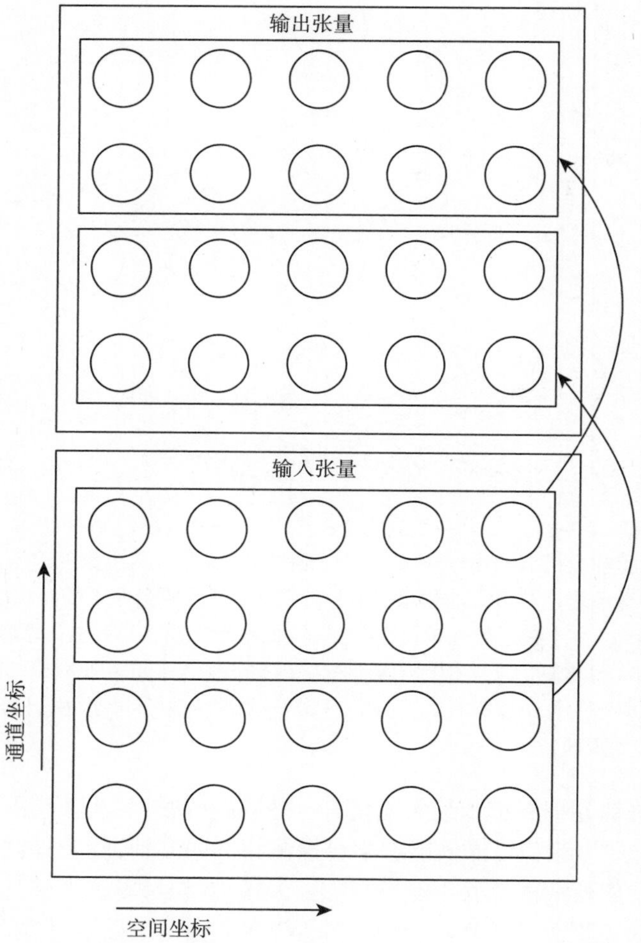

图 9.15 卷积网络的前两个输出通道只和前两个输入通道相连，随后的两个输出通道只和随后的两个输入通道相连

这三种运算 —— 卷积、从输出到权重的反向传播和从输出到输入的反向传播 —— 对于训练任意深度的前馈卷积网络，以及训练带有 (基于卷积的转置的) 重构函数的卷积网络，这三种运算都足以计算它们所需的所有梯度。对于完全一般的多维、多样例情况下的公式，完整的推导可以参考 Goodfellow (2010)。为了直观说明这些公式是如何起作用的，我们这里给出一个二维单个样例的版本。

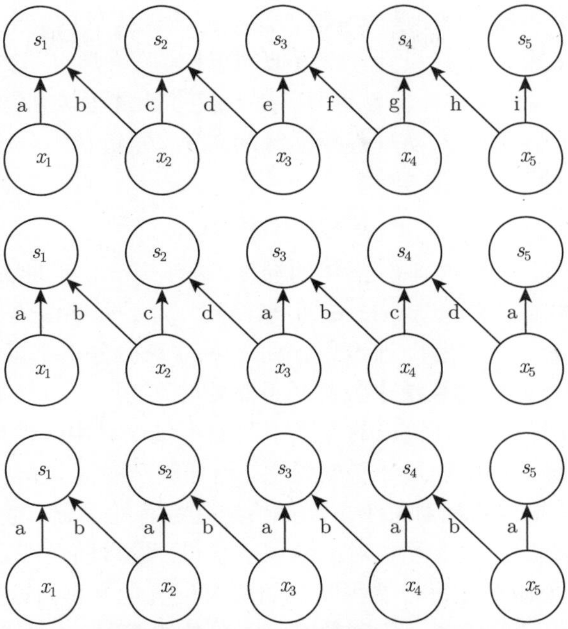

图 9.16 局部连接层、平铺卷积和标准卷积的比较。当使用相同大小的核时，这三种方法在单元之间具有相同的连接。此图是对使用两个像素宽的核的说明。这三种方法之间的区别在于它们如何共享参数。(上)局部连接层根本没有共享参数。我们对每个连接使用唯一的字母标记，来表明每个连接都有它自身的权重。(中)平铺卷积有 t 个不同的核。这里我们说明 $t=2$ 的情况。其中一个核具有标记为"a"和"b"的边，而另一个具有标记为"c"和"d"的边。每当我们在输出中右移一个像素后，我们使用一个不同的核。这意味着，与局部连接层类似，输出中的相邻单元具有不同的参数。与局部连接层不同的是，在遍历所有可用的 t 个核之后，我们循环回到了第一个核。如果两个输出单元间隔 t 个步长的倍数，则它们共享参数。(下)传统卷积等效于 $t=1$ 的平铺卷积。它只有一个核，并且被应用到各个地方，我们在图中表示为在各处使用具有标记为"a"和"b"的边的核

假设我们想要训练这样一个卷积网络，它包含步幅为 s 的步幅卷积，该卷积的核为 K，作用于多通道的图像 V，定义为 $c(\mathsf{K},\mathsf{V},s)$，就像式 (9.8) 中一样。假设我们想要最小化某个损失函数 $J(\mathsf{V},\mathsf{K})$。在前向传播过程中，我们需要用 c 本身来输出 Z，然后 Z 传递到网络的其余部分并且被用来计算损失函数 J。在反向传播过程中，我们会得到一个张量 G 满足 $\mathsf{G}_{i,j,k}=\frac{\partial}{\partial \mathsf{Z}_{i,j,k}}J(\mathsf{V},\mathsf{K})$。

为了训练网络，我们需要对核中的权重求导。为了实现这个目的，我们可以使用一个函数

$$g(\mathsf{G},\mathsf{V},s)_{i,j,k,l}=\frac{\partial}{\partial \mathsf{K}_{i,j,k,l}}J(\mathsf{V},\mathsf{K})=\sum_{m,n}\mathsf{G}_{i,m,n}\mathsf{V}_{j,(m-1)\times s+k,(n-1)\times s+l} \tag{9.11}$$

如果这一层不是网络的底层，我们需要对 V 求梯度来使得误差进一步反向传播。我们可以使用如下的函数

$$h(\mathsf{K},\mathsf{G},s)_{i,j,k}=\frac{\partial}{\partial \mathsf{V}_{i,j,k}}J(\mathsf{V},\mathsf{K}) \tag{9.12}$$

$$=\sum_{\substack{l,m\\ \text{s.t.}\\ (l-1)\times s+m=j}}\ \sum_{\substack{n,p\\ \text{s.t.}\\ (n-1)\times s+p=k}}\ \sum_{q}\mathsf{K}_{q,i,m,p}\mathsf{G}_{q,l,n} \tag{9.13}$$

第 14 章描述的自编码器网络，是一些被训练成把输入拷贝到输出的前馈网络。一个简单的例子是 PCA 算法，将输入 $\boldsymbol{x}$ 拷贝到一个近似的重构值 $\boldsymbol{r}$，通过函数 $\boldsymbol{W}^\top\boldsymbol{W}\boldsymbol{x}$ 来实现。使用权重矩阵转置的乘法，就像 PCA 算法这种，在一般的自编码器中是很常见的。为了使这些模型卷积化，我们可以用函数 h 来实现卷积运算的转置。假定我们有和 Z 相同形式的隐藏单元 H，并且我们定义一种重构运算

$$\mathsf{R} = h(\mathsf{K}, \mathsf{H}, s) \tag{9.14}$$

为了训练自编码器，我们会得到关于 R 的梯度，表示为一个张量 E。为了训练解码器，我们需要获得对于 K 的梯度，这通过 $g(\mathsf{H}, \mathsf{E}, s)$ 来得到。为了训练编码器，我们需要获得对于 H 的梯度，这通过 $c(\mathsf{K}, \mathsf{E}, s)$ 来得到。通过用 c 和 h 对 g 求微分也是可行的，但这些运算对于任何标准神经网络上的反向传播算法来说都是不需要的。

一般来说，在卷积层从输入到输出的变换中我们不仅仅只用线性运算。我们一般也会在进行非线性运算前，对每个输出加入一些偏置项。这样就产生了如何在偏置项中共享参数的问题。对于局部连接层，很自然地对每个单元都给定它特有的偏置，对于平铺卷积，也很自然地用与核一样的平铺模式来共享参数。对于卷积层来说，通常的做法是在输出的每一个通道上都设置一个偏置，这个偏置在每个卷积映射的所有位置上共享。然而，如果输入是已知的固定大小，也可以在输出映射的每个位置学习一个单独的偏置。分离这些偏置可能会稍稍降低模型的统计效率，但同时也允许模型来校正图像中不同位置的统计差异。例如，当使用隐含的零填充时，图像边缘的探测单元接收到较少的输入，因此需要较大的偏置。

9.6 结构化输出

卷积神经网络可以用于输出高维的结构化对象，而不仅仅是预测分类任务的类标签或回归任务的实数值。通常这个对象只是一个张量，由标准卷积层产生。例如，模型可以产生张量 S，其中 $S_{i,j,k}$ 是网络的输入像素 (j, k) 属于类 i 的概率。这允许模型标记图像中的每个像素，并绘制沿着单个对象轮廓的精确掩模。

经常出现的一个问题是输出平面可能比输入平面要小，如图 9.13 所示。用于对图像中单个对象分类的常用结构中，网络空间维数的最大减少来源于使用大步幅的池化层。为了产生与输入大小相似的输出映射，我们可以避免把池化放在一起 (Jain *et al.*, 2007)。另一种策略是单纯地产生一张低分辨率的标签网格 (Pinheiro and Collobert, 2014, 2015)。最后，原则上可以使用具有单位步幅的池化操作。

对图像逐个像素标记的一种策略是先产生图像标签的原始猜测，然后使用相邻像素之间的交互来修正该原始猜测。重复这个修正步骤数次对应于在每一步使用相同的卷积，该卷积在深层网络的最后几层之间共享权重 (Jain *et al.*, 2007)。这使得在层之间共享参数的连续的卷积层所执行的一系列运算，形成了一种特殊的循环神经网络 (Pinheiro and Collobert, 2014, 2015)。图 9.17 给出了这样一个循环卷积网络的结构。

一旦对每个像素都进行了预测，我们就可以使用各种方法来进一步处理这些预测，以便获得图像在区域上的分割 (Briggman *et al.*, 2009; Turaga *et al.*, 2010; Farabet *et al.*, 2013)。一般的想法是假设大片相连的像素倾向于对应着相同的标签。图模型可以描述相邻像素间的概率关系。或者，卷积网络可以被训练来最大化地近似图模型的训练目标 (Ning *et al.*, 2005; Thompson *et al.*, 2014)。

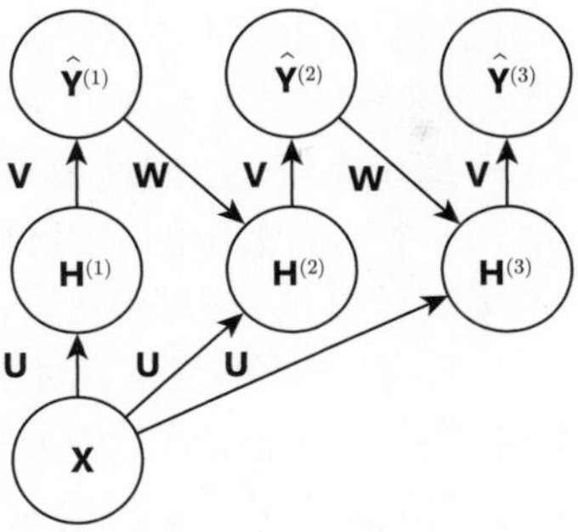

图 9.17 用于像素标记的循环卷积网络的示例。输入是图像张量 **X**，它的轴对应图像的行、列和通道 (红、绿、蓝)。目标是输出标签 $\hat{Y}$，它遵循每个像素的标签的概率分布。该张量的轴对应图像的行、列和不同类别。循环网络通过使用 $\hat{Y}$ 的先前估计作为创建新估计的输入，来迭代地改善其估计，而不是单次输出 $\hat{Y}$。每个更新的估计使用相同的参数，并且估计可以如我们所愿地被改善任意多次。每一步使用的卷积核张量 **U**，是用来计算给定输入图像的隐藏表示的。核张量 **V** 用于产生给定隐藏值时标签的估计。除了第一步之外，核 **W** 都对 $\hat{Y}$ 进行卷积来提供隐藏层的输入。在第一步中，此项由零代替。因为每一步使用相同的参数，所以这是一个循环网络的例子，如第 10 章所述

9.7 数据类型

卷积网络使用的数据通常包含多个通道，每个通道是时间上或空间中某一点的不同观测量。参考表 9.1 来了解具有不同维数和通道数的数据类型的例子。

表 9.1 用于卷积网络的不同数据格式的示例

	单通道	多通道
一维	音频波形：卷积的轴对应于时间。我们将时间离散化并且在每个时间点测量一次波形的振幅	骨架动画 (skeleton animation) 数据：计算机渲染的三维角色动画是通过随时间调整“骨架”的姿势而生成的。在每个时间点，角色的姿势通过骨架中的每个关节的角度来描述。我们输入到卷积模型的数据的每个通道，表示一个关节关于一个轴的角度
二维	已经使用傅里叶变换预处理过的音频数据：我们可以将音频波形变换成二维张量，不同的行对应不同的频率，不同的列对应不同的时间点。在时间轴上使用卷积使模型等效于在时间上移动。在频率轴上使用卷积使得模型等效于在频率上移动，这使得在不同八度音阶中播放的相同旋律产生相同的表示，但处于网络输出中的不同高度	彩色图像数据：其中一个通道包含红色像素，另一个包含绿色像素，最后一个包含蓝色像素。在图像的水平轴和竖直轴上移动卷积核，赋予了两个方向上平移等变性
三维	体积数据：这种数据一般来源于医学成像技术，例如 CT 扫描等	彩色视频数据：其中一个轴对应着时间，另一个轴对应着视频帧的高度，最后一个对应着视频帧的宽度

卷积网络用于视频的例子，可以参考 Chen *et al.* (2010)。

到目前为止，我们仅讨论了训练和测试数据中的每个样例都有相同的空间维度的情况。卷积网络的一个优点是它们还可以处理具有可变的空间尺度的输入。这些类型的输入不能用传统的基于矩阵乘法的神经网络来表示。这为卷积网络的使用提供了令人信服的理由，即使当计算开销和过拟合都不是主要问题时。

例如，考虑一组图像的集合，其中每个图像具有不同的高度和宽度。目前还不清楚如何用固定大小的权重矩阵对这样的输入进行建模。卷积就可以很直接地应用；核依据输入的大小简单地被使用不同次，并且卷积运算的输出也相应地放缩。卷积可以被视为矩阵乘法；相同的卷积核为每种大小的输入引入了一个不同大小的双重分块循环矩阵。有时，网络的输出允许和输入一样具有可变的大小，例如，如果我们想要为输入的每个像素分配一个类标签，在这种情况下，不需要进一步的设计工作。在其他情况下，网络必须产生一些固定大小的输出，例如，如果我们想要为整个图像指定单个类标签，在这种情况下，我们必须进行一些额外的设计步骤，例如插入一个池化层，池化区域的大小要与输入的大小成比例，以便保持固定数量的池化输出。这种策略的一些例子可以参考图 9.11。

注意，使用卷积处理可变尺寸的输入，仅对输入是因为包含对同种事物的不同量的观察(时间上不同长度的记录，空间上不同宽度的观察等) 而导致的尺寸变化这种情况才有意义。如果输入是因为它可以选择性地包括不同种类的观察而具有可变尺寸，使用卷积是不合理的。例如，如果我们正在处理大学申请，并且我们的特征包括成绩等级和标准化测试分数，但不是每个申请人都进行了标准化测试，则使用相同的权重来对成绩特征和测试分数特征进行卷积是没有意义的。

9.8　高效的卷积算法

现代卷积网络的应用通常需要包含超过百万个单元的网络。利用并行计算资源的强大实现是很关键的，如第 12.1 节中所描述的。然而，在很多情况下，也可以通过选择适当的卷积算法来加速卷积。

卷积等效于使用傅里叶变换将输入与核都转换到频域、执行两个信号的逐点相乘，再使用傅里叶逆变换转换回时域。对于某些问题的规模，这种算法可能比离散卷积的朴素实现更快。

当一个 d 维的核可以表示成 d 个向量 (每一维一个向量) 的外积时，该核被称为**可分离的**(separable)。当核可分离时，朴素的卷积是低效的。它等价于组合 d 个一维卷积，每个卷积使用这些向量中的一个。组合方法显著快于使用它们的外积来执行一个 d 维的卷积，并且核也只要更少的参数来表示成向量。如果核在每一维都是 w 个元素宽，那么朴素的多维卷积需要 $O(w^d)$ 的运行时间和参数存储空间，而可分离卷积只需要 $O(w \times d)$ 的运行时间和参数存储空间。当然，并不是每个卷积都可以表示成这种形式。

设计更快的执行卷积或近似卷积，而不损害模型准确性的方法，是一个活跃的研究领域。甚至仅提高前向传播效率的技术也是有用的，因为在商业环境中，通常部署网络比训练网络还要耗资源。

9.9　随机或无监督的特征

通常，卷积网络训练中最昂贵的部分是学习特征。输出层的计算代价通常相对不高，因为在通过若干层池化之后作为该层输入的特征的数量较少。当使用梯度下降执行监督训练时，每步梯度计算需要完整地运行整个网络的前向传播和反向传播。减少卷积网络训练成本的一种方式是使用那些不是由监督方式训练得到的特征。

有三种基本策略可以不通过监督训练而得到卷积核。其中一种是简单地随机初始化它们。另一种是手动设计它们，例如设置每个核在一个特定的方向或尺度来检测边缘。最后，可以使用无监督的标准来学习核。例如，Coates *et al.* (2011) 将 k 均值聚类算法应用于小图像块，然后使用每个学得的中心作为卷积核。本书第 3 部分描述了更多的无监督学习方法。使用无监督的标准来学习特征，允许这些特征的确定与位于网络结构顶层的分类层相分离。然后只需提取一次全部训练集的特征，构造用于最后一层的新训练集。假设最后一层类似逻辑回归或者 SVM，那么学习最后一层通常是凸优化问题。

随机过滤器经常在卷积网络中表现得出乎意料得好 Jarrett *et al.* (2009b); Saxe *et al.* (2011); Pinto *et al.* (2011); Cox and Pinto (2011)。Saxe *et al.* (2011) 说明，由卷积和随后的池化组成的层，当赋予随机权重时，自然地变得具有频率选择性和平移不变性。他们认为这提供了一种廉价的方法来选择卷积网络的结构：首先通过仅训练最后一层来评估几个卷积网络结构的性能，然后选择最好的结构并使用更昂贵的方法来训练整个网络。

一个中间方法是学习特征，但是使用那种不需要在每个梯度计算步骤中都进行完整的前向和反向传播的方法。与多层感知机一样，我们使用贪心逐层预训练，单独训练第一层，然后一次性地从第一层提取所有特征，之后用那些特征单独训练第二层，以此类推。第 8 章描述了如何实现监督的贪心逐层预训练，本书第 3 部分将此扩展到了无监督的范畴。卷积模型的贪心逐层预训练的经典模型是卷积深度信念网络 (Lee *et al.*, 2009)。卷积网络为我们提供了相对于多层感知机更进一步采用预训练策略的机会。并非一次训练整个卷积层，我们可以训练一小块模型，就像 Coates *et al.* (2011) 使用 k 均值做的那样。然后，我们可以用来自这个小块模型的参数来定义卷积层的核。这意味着使用无监督学习来训练卷积网络*并且在训练的过程中完全不使用卷积*是可能的。使用这种方法，我们可以训练非常大的模型，并且只在推断期间产生高计算成本 (Ranzato *et al.*, 2007c; Jarrett *et al.*, 2009b; Kavukcuoglu *et al.*, 2010; Coates *et al.*, 2013)。这种方法大约在 2007~2013 年流行，当时标记的数据集很小，并且计算能力有限。如今，大多数卷积网络以纯粹监督的方式训练，在每次训练迭代中使用通过整个网络的完整的前向和反向传播。

与其他无监督预训练的方法一样，使用这种方法的一些好处仍然难以说清。无监督预训练可以提供一些相对于监督训练的正则化，或者它可以简单地允许我们训练更大的结构，因为它的学习规则降低了计算成本。

9.10 卷积网络的神经科学基础

卷积网络也许是生物学启发人工智能的最为成功的案例。虽然卷积网络也经过许多其他领域的指导，但是神经网络的一些关键设计原则来自神经科学。

卷积网络的历史始于神经科学实验，远早于相关计算模型的发展。为了确定关于哺乳动物视觉系统如何工作的许多最基本的事实，神经生理学家 David Hubel 和 Torsten Wiesel 合作多年 (Hubel and Wiesel, 1959, 1962, 1968)。他们的成就最终获得了诺贝尔奖。他们的发现对当代深度学习模型有最大影响的是基于记录猫的单个神经元的活动。他们观察了猫的脑内神经元如何响应投影在猫前面屏幕上精确位置的图像。他们的伟大发现是，处于视觉系统较为前面的神经元对非常特定的光模式 (例如精确定向的条纹) 反应最强烈，但对其他模式几乎完全没有反应。

他们的工作有助于表征大脑功能的许多方面，这些方面超出了本书的范围。从深度学习的角度来看，我们可以专注于简化的、草图形式的大脑功能视图。

在这个简化的视图中，我们关注被称为 V1 的大脑的一部分，也称为**初级视觉皮层**(primary visual cortex)。V1 是大脑对视觉输入开始执行显著高级处理的第一个区域。在该草图视图中，图像是由光到达眼睛并刺激视网膜 (眼睛后部的光敏组织) 形成的。视网膜中的神经元对图像执行一些简单的预处理，但是基本不改变它被表示的方式。然后图像通过视神经和称为*外侧膝状核*的脑部区域。这些解剖区域的主要作用是仅仅将信号从眼睛传递到位于头后部的 V1。

卷积网络层被设计为描述 V1 的三个性质：

(1) V1 可以进行空间映射。它实际上具有二维结构来反映视网膜中的图像结构。例如，到达视网膜下半部的光仅影响 V1 相应的一半。卷积网络通过用二维映射定义特征的方式来描述该特性。

(2) V1 包含许多**简单细胞**(simple cell)。简单细胞的活动在某种程度上可以概括为在一个小的空间位置感受野内的图像的线性函数。卷积网络的检测器单元被设计为模拟简单细胞的这些性质。

(3) V1 还包括许多**复杂细胞**(complex cell)。这些细胞响应类似于由简单细胞检测的那些特征，但是复杂细胞对于特征的位置微小偏移具有不变性。这启发了卷积网络的池化单元。复杂细胞对于照明中的一些变化也是不变的，不能简单地通过在空间位置上池化来刻画。这些不变性激发了卷积网络中的一些跨通道池化策略，例如 maxout 单元 (Goodfellow *et al.*, 2013b)。

虽然我们最了解 V1，但是一般认为相同的基本原理也适用于视觉系统的其他区域。在视觉系统的草图视图中，当我们逐渐深入大脑时，遵循池化的基本探测策略被反复执行。当穿过大脑的多个解剖层时，我们最终找到了响应一些特定概念的细胞，并且这些细胞对输入的很多种变换都具有不变性。这些细胞被昵称为“祖母细胞”—— 这个想法是一个人可能有一个神经元，当看到他祖母的照片时该神经元被激活，无论祖母是出现在照片的左边或右边，无论照片是她脸部的特写镜头还是她的全身照，也无论她处在光亮还是黑暗中，等等。

这些祖母细胞已经被证明确实存在于人脑中，在一个被称为*内侧颞叶*的区域 (Quiroga *et al.*, 2005)。研究人员测试了单个神经元是否会响应名人的照片。他们发现了后来被称为“Halle Berry 神经元”的神经元：由 Halle Berry 的概念激活的单个神经元。当一个人看到 Halle Berry 的照片、Halle Berry 的图画甚至包含单词“Halle Berry”的文本时，这个神经元会触发。当然，这与 Halle Berry 本人无关，其他神经元会对 Bill Clinton、Jennifer Aniston 等人的出现做出响应。

这些内侧颞叶神经元比现代卷积网络更通用一些，这些网络在读取名称时不会自动联想到识别人或对象。与卷积网络的最后一层在特征上最接近的类比是称为*颞下皮质*(IT) 的脑区。当查看一个对象时，信息从视网膜经 LGN 流到 V1，然后到 V2、V4，之后是 IT。这发生在瞥见对象的前 100ms 内。如果允许一个人继续观察对象更多的时间，那么信息将开始回流，因为大脑使用自上而下的反馈来更新较低级脑区中的激活。然而，如果我们打断人的注视，并且只观察前 100ms 内的大多数前向激活导致的放电率，那么 IT 被证明与卷积网络非常相似。卷积网络可以预测 IT 放电率，并且在执行对象识别任务时与人类 (时间有限的情况) 非常类似 (DiCarlo, 2013)。

话虽如此，卷积网络和哺乳动物的视觉系统之间还是有许多区别。这些区别有一些是计算神经科学家所熟知的，但超出了本书的范围。还有一些区别尚未知晓，因为关于哺乳动物视觉系统如何工作的许多基本问题仍未得到回答。简要列表如下：

- 人眼大部分是非常低的分辨率，除了一个被称为**中央凹**(fovea) 的小块。中央凹仅观察在手臂长度距离内一块拇指大小的区域。虽然我们觉得自己可以看到高分辨率的整个场景，但这是由大脑的潜意识部分创建的错觉，因为它“缝合”了我们瞥见的若干个小区域。大多数卷积网络实际上接收大的全分辨率的照片作为输入。人类大脑控制几次眼动，称为**扫视**(saccade)，以瞥见场景中最显眼的或任务相关的部分。将类似的注意力机制融入深度学习模型是一个活跃的研究方向。在深度学习的背景下，注意力机制对于自然语言处理是最成功的，参考第 12.4.5.1 节。研究者已经研发了几种具有视觉机制的视觉模型，但到目前为止还没有成为主导方法 (Larochelle and Hinton, 2010; Denil *et al.*, 2012)。
- 人类视觉系统集成了许多其他感觉，例如听觉，以及像我们的心情和想法一样的因素。卷积网络迄今为止纯粹是视觉的。
- 人类视觉系统不仅仅用于识别对象。它能够理解整个场景，包括许多对象和对象之间的关系，以及处理我们的身体与世界交互所需的丰富的三维几何信息。卷积网络已经应用于这些问题中的一些，但是这些应用还处于起步阶段。
- 即使像 V1 这样简单的大脑区域也受到来自较高级别的反馈的严重影响。反馈已经在神经网络模型中被广泛地探索，但还没有被证明提供了引人注目的改进。
- 虽然前馈 IT 放电频率刻画了与卷积网络特征很多相同的信息，但是仍不清楚中间计算的相似程度。大脑可能使用非常不同的激活和池化函数。单个神经元的激活可能不能用单个线性过滤器的响应来很好地表征。最近的 V1 模型涉及对每个神经元的多个二次过滤器 (Rust *et al.*, 2005)。事实上，我们的“简单细胞”和“复杂细胞”的草图图片可能并没有区别；简单细胞和复杂细胞可能是相同种类的细胞，但是它们的“参数”使其能够实现从我们所说的“简单”到“复杂”的连续的行为。

还值得一提的是，神经科学很少告诉我们该如何训练卷积网络。具有跨多个空间位置的参数共享的模型结构，可以追溯到早期关于视觉的联结主义模型 (Marr and Poggio, 1976)，但是这些模型没有使用现代的反向传播算法和梯度下降。例如，(Fukushima, 1980) 结合了现代卷积网络的大多数模型结构设计元素，但依赖于层次化的无监督聚类算法。

Lang and Hinton (1988) 引入反向传播来训练**时延神经网络**(time delay neural network，TDNN)。使用当代术语来说，TDNN 是用于时间序列的一维卷积网络。用于这些模型的反向传播不受任何神经科学观察的启发，并且被一些人认为是生物不可信的。在基于使用反向传播训练的 TDNN 成功之后，LeCun *et al.* (1989) 通过将相同的训练算法应用于图像的二维卷积来发展现代卷积网络。

到目前为止，我们已经描述了简单细胞对于某些特征是如何呈现粗略的线性和选择性，复杂细胞是如何更加非线性，并且对于这些简单细胞特征的某些变换具有不变性，以及在选择性和不变性之间交替放置的层可以产生对非常特定现象的祖母细胞。我们还没有精确描述这些单个细胞检测到了什么。在深度非线性网络中，可能难以理解单个细胞的功能。第一层中的简单细胞相对更容易分析，因为它们的响应由线性函数驱动。在人工神经网络中，我们可以直接显示卷积核的图像，来查看卷积层的相应通道是如何响应的。在生物神经网络中，我们不能访问权重本身。相反，我们在神经元自身中放置一个电极，在动物视网膜前显示几个白噪声图像样本，并记录这些样本中的每一个是如何导致神经元激活的。然后，我们可以对这些响应拟合线性模型，以获得近似的神经元权重。这种方法被称为**反向相关**(reverse correlation)(Ringach and Shapley, 2004)。

反向相关向我们表明，大多数的 V1 细胞具有由**Gabor 函数**(Gabor function) 所描述的权重。Gabor 函数描述在图像中的二维点处的权重。我们可以认为图像是二维坐标 $I(x,y)$ 的函数。类似地，我们可以认为简单细胞是在图像中的一组位置采样，这组位置由一组 x 坐标 $\mathbb{X}$ 和一组 y 坐标 $\mathbb{Y}$ 来定义，并且使用的权重 $w(x,y)$ 也是位置的函数。从这个观点来看，简单细胞对于图像的响应由下式给出

$$s(I)=\sum_{x\in\mathbb{X}}\sum_{y\in\mathbb{Y}}w(x,y)I(x,y) \tag{9.15}$$

特别地，$w(x,y)$ 采用 Gabor 函数的形式：

$$w(x,y;\alpha,\beta_x,\beta_y,f,\phi,x_0,y_0,\tau)=\alpha\exp(-\beta_x x'^2-\beta_y y'^2)\cos(fx'+\phi) \tag{9.16}$$

其中

$$x'=(x-x_0)\cos(\tau)+(y-y_0)\sin(\tau) \tag{9.17}$$

以及

$$y'=-(x-x_0)\sin(\tau)+(y-y_0)\cos(\tau) \tag{9.18}$$

这里 α、β_x、β_y、f、ϕ、x_0、y_0、τ 都是控制 Gabor 函数性质的参数。图 9.18 给出了 Gabor 函数在不同参数集上的一些例子。

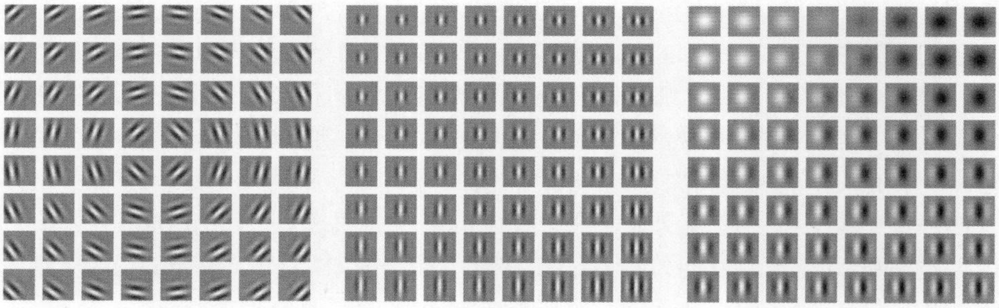

图 9.18 具有各种参数设置的 Gabor 函数。白色表示绝对值大的正权重，黑色表示绝对值大的负权重，背景灰色对应于零权重。(左)控制坐标系的参数具有不同值的 Gabor 函数，这些参数包括：x_0、y_0 和 γ。在该网格中的每个 Gabor 函数被赋予和它在网格中的位置成比例的 x_0 和 y_0 的值，并且 τ 被选择为使得每个 Gabor 过滤器对从网格中心辐射出的方向非常敏感。对于其他两幅图，x_0、y_0 和 γ 固定为零。(中)具有不同高斯比例参数 β_x 和 β_y 的 Gabor 函数。当我们从左到右通过网格时，Gabor 函数被设置为增加宽度 (减少 β_x)；当我们从上到下通过网格时，Gabor 函数被设置为增加高度 (减少 β_y)。对于其他两幅图，β 值固定为图像宽度的 1.5 倍。(右)具有不同的正弦参数 f 和 ϕ 的 Gabor 函数。当我们从上到下移动时，f 增加；当我们从左到右移动时，ϕ 增加。对于其他两幅图，ϕ 固定为 0，f 固定为图像宽度的 5 倍

参数 x_0、y_0 和 τ 定义坐标系。我们平移和旋转 x 和 y 来得到 x' 和 y'。具体地，简单细胞会响应以点 (x_0,y_0) 为中心的图像特征，并且当我们沿着从水平方向旋转 τ 弧度的线移动时，简单细胞将响应亮度的变化。

作为 x' 和 y' 的函数，函数 w 会响应当我们沿着 x' 移动时的亮度变化。它有两个重要的因子：一个是高斯函数，另一个是余弦函数。

高斯因子 $\alpha\exp(-\beta_x x'^2 - \beta_y y'^2)$ 可以被视为阈值项，用于保证简单细胞仅对接近 x' 和 y' 都为零点处的值响应，换句话说，接近细胞接受域的中心。尺度因子 α 调整简单细胞响应的总的量级，而 β_x 和 β_y 控制接受域消退的速度。

余弦因子 $\cos(fx' + \phi)$ 控制简单细胞如何响应延 x' 轴的亮度改变。参数 f 控制余弦的频率，ϕ 控制它的相位偏移。

合在一起，简单细胞的这个草图视图意味着，简单细胞对在特定位置处、特定方向上、特定空间频率的亮度进行响应。当图像中的光波与细胞的权重具有相同的相位时，简单细胞是最兴奋的。这种情况发生在当图像亮时，它的权重为正，而图像暗时，它的权重为负。当光波与权重完全异相时，简单细胞被抑制 —— 当图像较暗时，它的权重为正；较亮时，它的权重为负。

复杂细胞的草图视图是它计算包含两个简单细胞响应的二维向量的 L^2 范数：$c(I) = \sqrt{s_0(I)^2 + s_1(I)^2}$。一个重要的特殊情况是当 s_1 和 s_0 具有除 ϕ 以外都相同的参数，并且 ϕ 被设置为使得 s_1 与 s_0 相位相差四分之一周期时。在这种情况下，s_0 和 s_1 形成**象限对**(quadrature pair)。当高斯重新加权的图像 $I(x,y)\exp(-\beta_x x'^2 - \beta_y y^2)$ 包含具有频率 f、在方向 τ 上、接近 (x_0, y_0) 的高振幅正弦波时，用先前方法定义的复杂细胞会响应，并且*不管该波的相位偏移*。换句话说，复杂细胞对于图像在方向 τ 上的微小变换或者翻转图像 (用白色代替黑色，反之亦然) 具有不变性。

神经科学和机器学习之间最显著的对应关系，是从视觉上比较机器学习模型学得的特征与使用 V1 得到的特征。Olshausen and Field (1996) 说明，一个简单的无监督学习算法 —— 稀疏编码，学习的特征具有与简单细胞类似的感受野。从那时起，我们发现，当应用于自然图像时，极其多样的统计学习算法学习类 Gabor 函数的特征。这包括大多数深度学习算法，它们在其第一层中学习这些特征。图 9.19 给出了一些例子。因为如此众多不同的学习算法学习边缘检测器，所以很难仅基于学习算法学得的特征，来断定哪一个特定的学习算法是“正确”的大脑模型 (虽然，当应用于自然图像时，如果一个算法*不能*学得某种检测器时，它能够作为一种否定标志)。这些特征是自然图像的统计结构的重要部分，并且可以通过许多不同的统计建模方法来重新获得。读者可以参考 (Hyvärinen *et al.*, 2009) 来获得自然图像统计领域的综述。

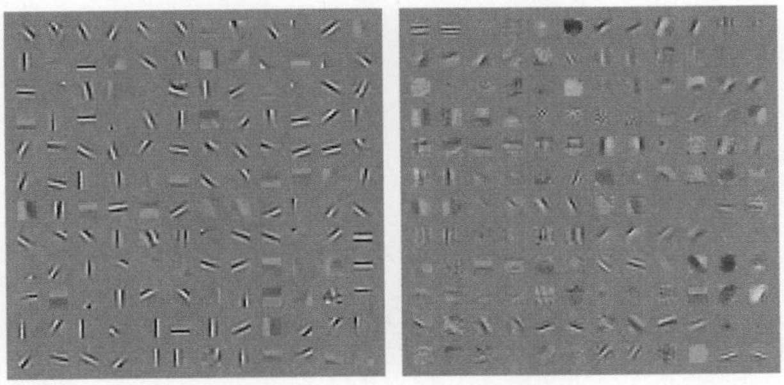

图 9.19 许多机器学习算法在应用于自然图像时，会学习那些用来检测边缘或边缘的特定颜色的特征。这些特征检测器使人联想到已知存在于初级视觉皮层中的 Gabor 函数。(*左*)通过应用于小图像块的无监督学习算法 (尖峰和平板稀疏编码) 学得的权重。(*右*)由完全监督的卷积 maxout 网络的第一层学得的卷积核。相邻的一对过滤器驱动相同的 maxout 单元

9.11 卷积网络与深度学习的历史

卷积网络在深度学习的历史中发挥了重要作用。它们是将研究大脑获得的深刻理解成功用于机器学习应用的关键例子。它们也是首批表现良好的深度模型之一，远远早于任意深度模型被认为是可行的之前。卷积网络也是第一个解决重要商业应用的神经网络，并且仍然处于当今深度学习商业应用的前沿。例如，在 20 世纪 90 年代，AT&T 的神经网络研究小组开发了一个用于读取支票的卷积网络 (LeCun *et al.*, 1998c)。到 90 年代末，NEC 部署的这个系统已经被用于读取美国 10%以上的支票。后来，微软公司部署了若干个基于卷积网络的 OCR 和手写识别系统 (Simard *et al.*, 2003)。关于卷积网络的这种应用和更现代应用的更多细节，参考第 12 章。读者可以参考 (LeCun *et al.*, 2010) 了解 2010 年之前的更为深入的卷积网络历史。

卷积网络也被用作在许多比赛中的取胜手段。当前对深度学习的商业兴趣的热度始于 Krizhevsky *et al.* (2012a) 赢得了 ImageNet 对象识别挑战，但是在那之前，卷积网络也已经被用于赢得前些年影响较小的其他机器学习和计算机视觉竞赛了。

卷积网络是第一批能使用反向传播有效训练的深度网络之一。现在仍不完全清楚为什么卷积网络在一般的反向传播网络被认为已经失败时反而成功了。这可能可以简单地归结为卷积网络比全连接网络计算效率更高，因此使用它们运行多个实验并调整它们的实现和超参数更容易。更大的网络也似乎更容易训练。利用现代硬件，大型全连接的网络在许多任务上也表现得很合理，即使使用过去那些全连接网络被认为不能工作得很好的数据集和当时流行的激活函数时，现在也能执行得很好。心理可能是神经网络成功的主要阻碍 (实践者没有期望神经网络有效，所以他们没有认真努力地使用神经网络)。无论如何，幸运的是卷积网络在几十年前就表现良好。在许多方面，它们为余下的深度学习传递火炬，并为一般的神经网络被接受铺平了道路。

卷积网络提供了一种方法来特化神经网络，使其能够处理具有清楚的网格结构拓扑的数据，以及将这样的模型扩展到非常大的规模。这种方法在二维图像拓扑上是最成功的。为了处理一维序列数据，我们接下来转向神经网络框架的另一种强大的特化：循环神经网络。

第 10 章　序列建模：循环和递归网络

循环神经网络(recurrent neural network) 或 RNN (Rumelhart *et al.*, 1986c) 是一类用于处理序列数据的神经网络。就像卷积网络是专门用于处理网格化数据 $\mathbf{X}$(如一个图像) 的神经网络，循环神经网络是专门用于处理序列 $\boldsymbol{x}^{(1)},\cdots,\boldsymbol{x}^{(\tau)}$ 的神经网络。正如卷积网络可以很容易地扩展到具有很大宽度和高度的图像，以及处理大小可变的图像，循环网络可以扩展到更长的序列 (比不基于序列的特化网络长得多)。大多数循环网络也能处理可变长度的序列。

从多层网络出发到循环网络，我们需要利用 20 世纪 80 年代机器学习和统计模型早期思想的优点：在模型的不同部分共享参数。参数共享使得模型能够扩展到不同形式的样本 (这里指不同长度的样本) 并进行泛化。如果我们在每个时间点都有一个单独的参数，不但不能泛化到训练时没有见过序列长度，也不能在时间上共享不同序列长度和不同位置的统计强度。当信息的特定部分会在序列内多个位置出现时，这样的共享尤为重要。例如，考虑这两句话："I went to Nepal in 2009" 和 "In 2009, I went to Nepal." 如果我们让一个机器学习模型读取这两个句子，并提取叙述者去 Nepal 的年份，无论 "2009 年" 是作为句子的第六个单词还是第二个单词出现，我们都希望模型能认出 "2009 年" 作为相关资料片段。假设我们要训练一个处理固定长度句子的前馈网络。传统的全连接前馈网络会给每个输入特征分配一个单独的参数，所以需要分别学习句子每个位置的所有语言规则。相比之下，循环神经网络在几个时间步内共享相同的权重，不需要分别学习句子每个位置的所有语言规则。

一个相关的想法是在一维时间序列上使用卷积。这种卷积方法是时延神经网络的基础 (Lang and Hinton, 1988; Waibel *et al.*, 1989; Lang *et al.*, 1990)。卷积操作允许网络跨时间共享参数，但是浅层的。卷积的输出是一个序列，其中输出中的每一项是相邻几项输入的函数。参数共享的概念体现在每个时间步中使用的相同卷积核。循环神经网络以不同的方式共享参数。输出的每一项是前一项的函数。输出的每一项对先前的输出应用相同的更新规则而产生。这种循环方式导致参数通过很深的计算图共享。

为简单起见，我们说的 RNN 是指在序列上的操作，并且该序列在时刻 t(从 1 到 τ) 包含向量 $\boldsymbol{x}^{(t)}$。在实际情况中，循环网络通常在序列的小批量上操作，并且小批量的每项具有不同序列长度 τ。我们省略了小批量索引来简化记号。此外，时间步索引不必是字面上现实世界中流逝的时间。有时，它仅表示序列中的位置。RNN 也可以应用于跨越两个维度的空间数据 (如图像)。当应用于涉及时间的数据，并且将整个序列提供给网络之前就能观察到整个序列时，该网络可具有关于时间向后的连接。

本章将计算图的思想扩展到包括循环。这些周期代表变量自身的值在未来某一时间步对自身值的影响。这样的计算图允许我们定义循环神经网络。然后，我们描述许多构建、训练和使用循环神经网络的不同方式。

本章将简要介绍循环神经网络，为获取更多详细信息，我们建议读者参考 Graves (2012) 的著作。

10.1 展开计算图

计算图是形式化一组计算结构的方式，如那些涉及将输入和参数映射到输出和损失的计算。综合的介绍请参考第 6.5.1 节。本节，我们对**展开**(unfolding) 递归或循环计算得到的重复结构进行解释，这些重复结构通常对应于一个事件链。**展开**(unfolding) 这个计算图将导致深度网络结构中的参数共享。

例如，考虑动态系统的经典形式：

$$\boldsymbol{s}^{(t)} = f(\boldsymbol{s}^{(t-1)}; \boldsymbol{\theta}) \tag{10.1}$$

其中 $\boldsymbol{s}^{(t)}$ 称为系统的状态。

$\boldsymbol{s}$ 在时刻 t 的定义需要参考时刻 $t-1$ 时同样的定义，因此式 (10.1) 是循环的。

对有限时间步 τ，$\tau-1$ 次应用这个定义可以展开这个图。例如 $\tau=3$，我们对式 (10.1) 展开，可以得到

$$\boldsymbol{s}^{(3)} = f(\boldsymbol{s}^{(2)}; \boldsymbol{\theta}) \tag{10.2}$$

$$= f(f(\boldsymbol{s}^{(1)}; \boldsymbol{\theta}); \boldsymbol{\theta}) \tag{10.3}$$

以这种方式重复应用定义，展开等式，就能得到不涉及循环的表达。现在我们可以使用传统的有向无环计算图呈现这样的表达。

式 (10.1) 和式 (10.3) 的展开计算图如图 10.1 所示。

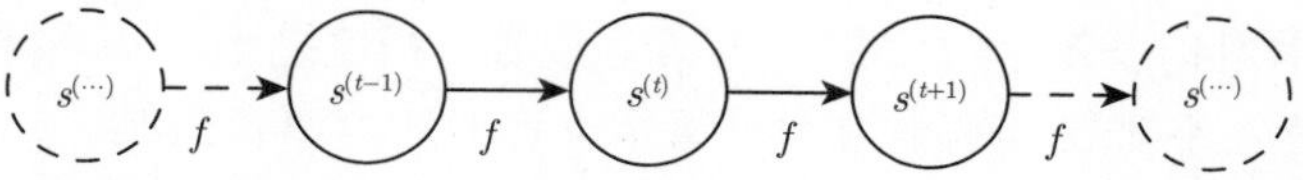

图 10.1 将式 (10.1) 描述的经典动态系统表示为展开的计算图。每个节点表示在某个时刻 t 的状态，并且函数 f 将 t 处的状态映射到 $t+1$ 处的状态。所有时间步都使用相同的参数 (用于参数化 f 的相同 $\boldsymbol{\theta}$ 值)

作为另一个例子，让我们考虑由外部信号 $\boldsymbol{x}^{(t)}$ 驱动的动态系统，

$$\boldsymbol{s}^{(t)} = f(\boldsymbol{s}^{(t-1)}, \boldsymbol{x}^{(t)}; \boldsymbol{\theta}) \tag{10.4}$$

我们可以看到，当前状态包含了整个过去序列的信息。

循环神经网络可以通过许多不同的方式建立。就像几乎所有函数都可以被认为是前馈网络，本质上任何涉及循环的函数都可以视为一个循环神经网络。

很多循环神经网络使用式 (10.5) 或类似的公式定义隐藏单元的值。为了表明状态是网络的隐藏单元，我们使用变量 $\boldsymbol{h}$ 代表状态重写式 (10.4)：

$$\boldsymbol{h}^{(t)} = f(\boldsymbol{h}^{(t-1)}, \boldsymbol{x}^{(t)}; \boldsymbol{\theta}) \tag{10.5}$$

如图 10.2 所示，典型 RNN 会增加额外的架构特性，如读取状态信息 $\boldsymbol{h}$ 进行预测的输出层。

当训练循环网络根据过去预测未来时，网络通常要学会使用 $\boldsymbol{h}^{(t)}$ 作为过去序列 (直到 t) 与任务相关方面的有损摘要。此摘要一般而言一定是有损的，因为其映射任意长度的序列 $(\boldsymbol{x}^{(t)}, \boldsymbol{x}^{(t-1)}, \boldsymbol{x}^{(t-2)}, \cdots, \boldsymbol{x}^{(2)}, \boldsymbol{x}^{(1)})$ 到一固定长度的向量 $\boldsymbol{h}^{(t)}$。根据不同的训练准则，摘要可能

选择性地精确保留过去序列的某些方面。例如，如果在统计语言建模中使用的 RNN，通常给定前一个词预测下一个词，可能没有必要存储时刻 t 前输入序列中的所有信息；而仅仅存储足够预测句子其余部分的信息。最苛刻的情况是我们要求 $\boldsymbol{h}^{(t)}$ 足够丰富，并能大致恢复输入序列，如自编码器框架 (第 14 章)。

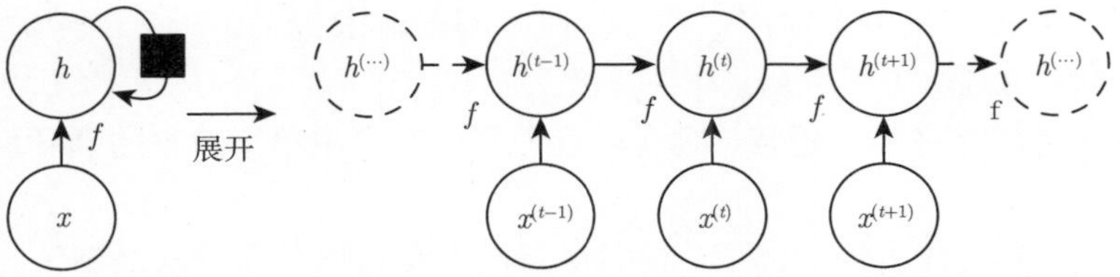

图 10.2 没有输出的循环网络。此循环网络只处理来自输入 $\boldsymbol{x}$ 的信息，将其合并到经过时间向前传播的状态 $\boldsymbol{h}$。(左)回路原理图。黑色方块表示单个时间步的延迟。(右)同一网络被视为展开的计算图，其中每个节点现在与一个特定的时间实例相关联

式 (10.5) 可以用两种不同的方式绘制。一种方法是为可能在模型的物理实现中存在的部分赋予一个节点，如生物神经网络。在这个观点下，网络定义了实时操作的回路，如图 10.2 的左侧，其当前状态可以影响其未来的状态。在本章中，我们使用回路图的黑色方块表明在时刻 t 的状态到时刻 $t+1$ 的状态单个时刻延迟中的相互作用。另一个绘制 RNN 的方法是展开的计算图，其中每一个组件由许多不同的变量表示，每个时间步一个变量，表示在该时间点组件的状态。每个时间步的每个变量绘制为计算图的一个独立节点，如图 10.2 的右侧。我们所说的展开是将左图中的回路映射为右图中包含重复组件的计算图的操作。目前，展开图的大小取决于序列长度。

我们可以用一个函数 $g^{(t)}$ 代表经 t 步展开后的循环：

$$\boldsymbol{h}^{(t)} = g^{(t)}(\boldsymbol{x}^{(t)}, \boldsymbol{x}^{(t-1)}, \boldsymbol{x}^{(t-2)}, \cdots, \boldsymbol{x}^{(2)}, \boldsymbol{x}^{(1)}) \tag{10.6}$$

$$= f(\boldsymbol{h}^{(t-1)}, \boldsymbol{x}^{(t)}; \boldsymbol{\theta}) \tag{10.7}$$

函数 $g^{(t)}$ 将全部的过去序列 $(\boldsymbol{x}^{(t)}, \boldsymbol{x}^{(t-1)}, \boldsymbol{x}^{(t-2)}, \cdots, \boldsymbol{x}^{(2)}, \boldsymbol{x}^{(1)})$ 作为输入来生成当前状态，但是展开的循环架构允许我们将 $g^{(t)}$ 分解为函数 f 的重复应用。因此，展开过程引入两个主要优点：

(1) 无论序列的长度，学成的模型始终具有相同的输入大小，因为它指定的是从一种状态到另一种状态的转移，而不是在可变长度的历史状态上操作。

(2) 我们可以在每个时间步使用相同参数的相同转移函数 f。

这两个因素使得学习在所有时间步和所有序列长度上操作单一的模型 f 是可能的，而不需要在所有可能时间步学习独立的模型 $g^{(t)}$。学习单一的共享模型允许泛化到没有见过的序列长度 (没有出现在训练集中)，并且估计模型所需的训练样本远远少于不带参数共享的模型。

无论是循环图还是展开图，都有其用途。循环图简洁。展开图能够明确描述其中的计算流程。展开图还通过显式的信息流动路径帮助说明信息在时间上向前 (计算输出和损失) 和向后 (计算梯度) 的思想。

10.2 循环神经网络

基于第 10.1 节中的图展开和参数共享的思想，我们可以设计各种循环神经网络。

循环神经网络中一些重要的设计模式包括以下几种：

(1) 每个时间步都有输出，并且隐藏单元之间有循环连接的循环网络，如图 10.3 所示。

(2) 每个时间步都产生一个输出，只有当前时刻的输出到下个时刻的隐藏单元之间有循环连接的循环网络，如图 10.4 所示。

(3) 隐藏单元之间存在循环连接，但读取整个序列后产生单个输出的循环网络，如图 10.5 所示。

图 10.3 是非常具有代表性的例子，我们将会在本章大部分涉及这个例子。

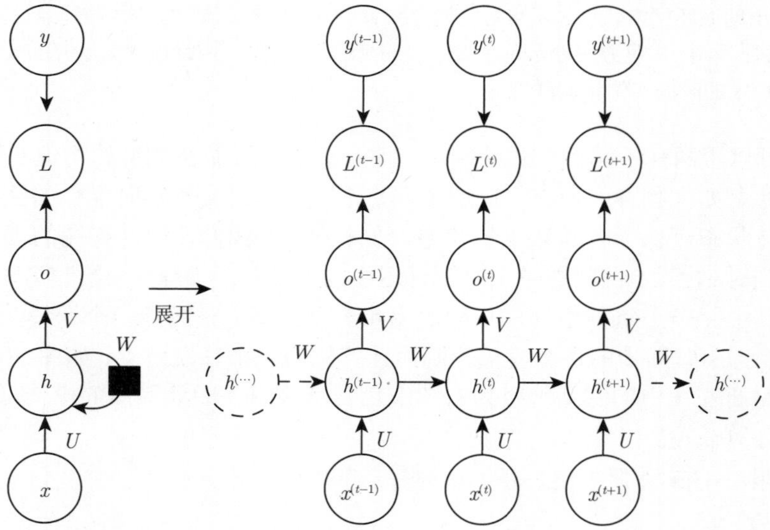

图 10.3 计算循环网络 (将 $\boldsymbol{x}$ 值的输入序列映射到输出值 $\boldsymbol{o}$ 的对应序列) 训练损失的计算图。损失 L 衡量每个 $\boldsymbol{o}$ 与相应的训练目标 $\boldsymbol{y}$ 的距离。当使用 softmax 输出时，我们假设 $\boldsymbol{o}$ 是未归一化的对数概率。损失 L 内部计算 $\hat{\boldsymbol{y}} = \text{softmax}(\boldsymbol{o})$，并将其与目标 $\boldsymbol{y}$ 比较。RNN 输入到隐藏的连接由权重矩阵 $\boldsymbol{U}$ 参数化，隐藏到隐藏的循环连接由权重矩阵 $\boldsymbol{W}$ 参数化以及隐藏到输出的连接由权重矩阵 $\boldsymbol{V}$ 参数化。式 (10.8) 定义了该模型中的前向传播。(*左*)使用循环连接绘制的 RNN 和它的损失。(*右*)同一网络被视为展开的计算图，其中每个节点现在与一个特定的时间实例相关联

任何图灵可计算的函数都可以通过这样一个有限维的循环网络计算，在这个意义上图 10.3 和式 (10.8) 的循环神经网络是万能的。RNN 经过若干时间步后读取输出，这与图灵机所用的时间步是渐近线性的，与输入长度也是渐近线性的 (Siegelmann and Sontag, 1991; Siegelmann, 1995; Siegelmann and Sontag, 1995; Hyotyniemi, 1996)。因为图灵机计算的函数是离散的，所以这些结果都是函数的具体实现，而不是近似。RNN 作为图灵机使用时，需要一个二进制序列作为输入，其输出必须离散化以提供二进制输出。利用单个有限大小的特定 RNN 计算在此设置下的所有函数是可能的 (Siegelmann and Sontag (1995) 用了 886 个单元)。图灵机的“输入”是要计算函数的详细说明 (specification)，所以模拟此图灵机的相同网络足以应付所有问题。用于证明的理论 RNN 可以通过激活和权重 (由无限精度的有理数表示) 来模拟无限堆栈。

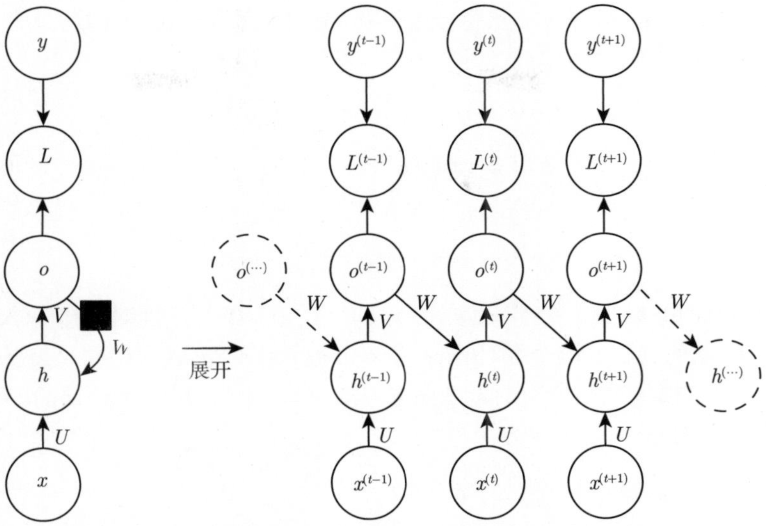

图 10.4 此类 RNN 的唯一循环是从输出到隐藏层的反馈连接。在每个时间步 t，输入为 $\boldsymbol{x}_t$，隐藏层激活为 $\boldsymbol{h}^{(t)}$，输出为 $\boldsymbol{o}^{(t)}$，目标为 $\boldsymbol{y}^{(t)}$，损失为 $L^{(t)}$。(*左*)回路原理图。(*右*)展开的计算图。这样的 RNN 没有图 10.3 表示的 RNN 那样强大 (只能表示更小的函数集合)。图 10.3 中的 RNN 可以选择将其想要的关于过去的任何信息放入隐藏表示 $\boldsymbol{h}$ 中并且将 $\boldsymbol{h}$ 传播到未来。该图中的 RNN 被训练为将特定输出值放入 $\boldsymbol{o}$ 中，并且 $\boldsymbol{o}$ 是允许传播到未来的唯一信息。此处没有从 $\boldsymbol{h}$ 前向传播的直接连接。之前的 $\boldsymbol{h}$ 仅通过产生的预测间接地连接到当前。$\boldsymbol{o}$ 通常缺乏过去的重要信息，除非它非常高维且内容丰富。这使得该图中的 RNN 不那么强大，但是它更容易训练，因为每个时间步可以与其他时间步分离训练，允许训练期间更多的并行化，如第 10.2.1 节所述

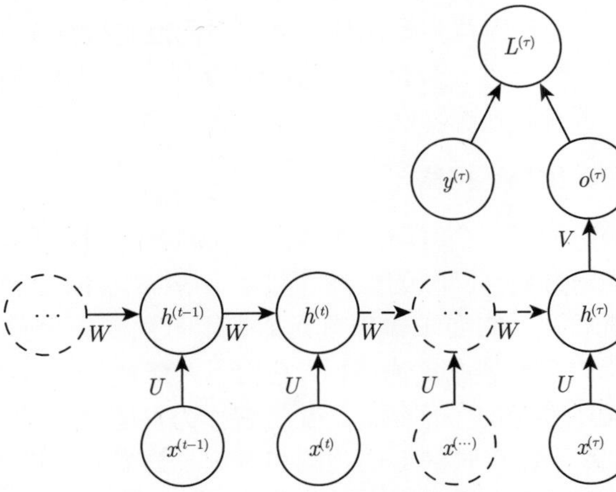

图 10.5 关于时间展开的循环神经网络，在序列结束时具有单个输出。这样的网络可以用于概括序列并产生用于进一步处理的固定大小的表示。在结束处可能存在目标 (如此处所示)，或者通过更下游模块的反向传播来获得输出 $\boldsymbol{o}^{(t)}$ 上的梯度

现在我们研究图 10.3 中 RNN 的前向传播公式。这个图没有指定隐藏单元的激活函数。假设使用双曲正切激活函数。此外，图中没有明确指定何种形式的输出和损失函数。假定输出是离散的，如用于预测词或字符的 RNN。表示离散变量的常规方式是把输出 $\boldsymbol{o}$ 作为每个离散变量可能值的非标准化对数概率。然后，我们可以应用 softmax 函数后续处理后，获得

标准化后概率的输出向量 $\hat{\boldsymbol{y}}$。RNN 从特定的初始状态 $\boldsymbol{h}^{(0)}$ 开始前向传播。从 $t=1$ 到 $t=\tau$ 的每个时间步，我们应用以下更新方程：

$$\boldsymbol{a}^{(t)} = \boldsymbol{b} + \boldsymbol{W}\boldsymbol{h}^{(t-1)} + \boldsymbol{U}\boldsymbol{x}^{(t)} \tag{10.8}$$

$$\boldsymbol{h}^{(t)} = \tanh(\boldsymbol{a}^{(t)}) \tag{10.9}$$

$$\boldsymbol{o}^{(t)} = \boldsymbol{c} + \boldsymbol{V}\boldsymbol{h}^{(t)} \tag{10.10}$$

$$\hat{\boldsymbol{y}}^{(t)} = \mathrm{softmax}(\boldsymbol{o}^{(t)}) \tag{10.11}$$

其中的参数的偏置向量 $\boldsymbol{b}$ 和 $\boldsymbol{c}$ 连同权重矩阵 $\boldsymbol{U}$、$\boldsymbol{V}$ 和 $\boldsymbol{W}$，分别对应于输入到隐藏、隐藏到输出和隐藏到隐藏的连接。这个循环网络将一个输入序列映射到相同长度的输出序列。与 $\boldsymbol{x}$ 序列配对的 $\boldsymbol{y}$ 的总损失就是所有时间步的损失之和。例如，$L^{(t)}$ 为给定的 $\boldsymbol{x}^{(1)},\cdots,\boldsymbol{x}^{(t)}$ 后 $\boldsymbol{y}^{(t)}$ 的负对数似然，则

$$L\big(\{\boldsymbol{x}^{(1)},\cdots,\boldsymbol{x}^{(\tau)}\},\{\boldsymbol{y}^{(1)},\cdots,\boldsymbol{y}^{(\tau)}\}\big) \tag{10.12}$$

$$=\sum_t L^{(t)} \tag{10.13}$$

$$=-\sum_t \log p_{\mathrm{model}}\big(y^{(t)} \mid \{\boldsymbol{x}^{(1)},\cdots,\boldsymbol{x}^{(t)}\}\big) \tag{10.14}$$

其中 $p_{\mathrm{model}}\big(y^{(t)} \mid \{\boldsymbol{x}^{(1)},\cdots,\boldsymbol{x}^{(t)}\}\big)$ 需要读取模型输出向量 $\hat{\boldsymbol{y}}^{(t)}$ 中对应于 $y^{(t)}$ 的项。关于各个参数计算这个损失函数的梯度是计算成本很高的操作。梯度计算涉及执行一次前向传播 (如在图 10.3 展开图中从左到右的传播)，接着是由右到左的反向传播。运行时间是 $\mathcal{O}(\tau)$，并且不能通过并行化来降低，因为前向传播图是固有循序的; 每个时间步只能一前一后地计算。前向传播中的各个状态必须保存，直到它们反向传播中被再次使用，因此内存代价也是 $\mathcal{O}(\tau)$。应用于展开图且代价为 $\mathcal{O}(\tau)$ 的反向传播算法称为**通过时间反向传播**(back-propagation through time，BPTT)，将在第 10.2.2 节进一步讨论。因此隐藏单元之间存在循环的网络非常强大但训练代价也很大。我们是否有其他选择呢?

10.2.1 导师驱动过程和输出循环网络

仅在一个时间步的输出和下一个时间步的隐藏单元间存在循环连接的网络 (见图 10.4) 确实没有那么强大 (因为缺乏隐藏到隐藏的循环连接)。例如，它不能模拟通用图灵机。因为这个网络缺少隐藏到隐藏的循环，它要求输出单元捕捉用于预测未来的关于过去的所有信息。因为输出单元明确地训练成匹配训练集的目标，它们不太能捕获关于过去输入历史的必要信息，除非用户知道如何描述系统的全部状态，并将它作为训练目标的一部分。消除隐藏到隐藏循环的优点在于，任何基于比较时刻 t 的预测和时刻 t 的训练目标的损失函数中的所有时间步都解耦了。因此训练可以并行化，即在各时刻 t 分别计算梯度。因为训练集提供输出的理想值，所以没有必要先计算前一时刻的输出。

由输出反馈到模型而产生循环连接的模型可用**导师驱动过程**(teacher forcing) 进行训练。训练模型时，导师驱动过程不再使用最大似然准则，而在时刻 $t+1$ 接收真实值 $y^{(t)}$ 作为输入。我们可以通过检查两个时间步的序列得知这一点。条件最大似然准则是

$$\log p(\boldsymbol{y}^{(1)},\boldsymbol{y}^{(2)} \mid \boldsymbol{x}^{(1)},\boldsymbol{x}^{(2)}) \tag{10.15}$$

$$=\log p(\boldsymbol{y}^{(2)} \mid \boldsymbol{y}^{(1)},\boldsymbol{x}^{(1)},\boldsymbol{x}^{(2)}) + \log p(\boldsymbol{y}^{(1)} \mid \boldsymbol{x}^{(1)},\boldsymbol{x}^{(2)}) \tag{10.16}$$

在这个例子中，同时给定迄今为止的 $\boldsymbol{x}$ 序列和来自训练集的前一 $\boldsymbol{y}$ 值，我们可以看到在时刻 $t=2$ 时，模型被训练为最大化 $\boldsymbol{y}^{(2)}$ 的条件概率。因此最大似然在训练时指定正确反馈，而不是将自己的输出反馈到模型，如图 10.6 所示。

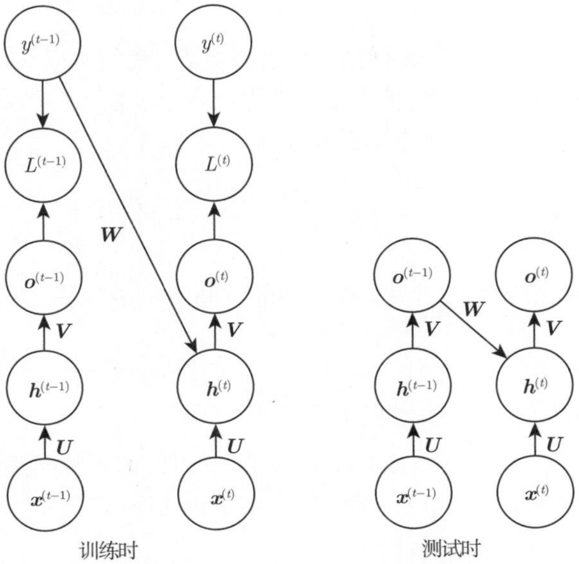

图 10.6 导师驱动过程的示意图。导师驱动过程是一种训练技术，适用于输出与下一时间步的隐藏状态存在连接的 RNN。(*左*)训练时，我们将训练集中*正确*的输出 $\boldsymbol{y}^{(t)}$ 反馈到 $\boldsymbol{h}^{(t+1)}$。(*右*)当模型部署后，真正的输出通常是未知的。在这种情况下，我们用模型的输出 $\boldsymbol{o}^{(t)}$ 近似正确的输出 $\boldsymbol{y}^{(t)}$，并反馈回模型

我们使用导师驱动过程的最初动机是为了在缺乏隐藏到隐藏连接的模型中避免通过时间反向传播。只要模型一个时间步的输出与下一时间步计算的值存在连接，导师驱动过程仍然可以应用到这些存在隐藏到隐藏连接的模型。然而，只要隐藏单元成为较早时间步的函数，BPTT 算法是必要的。因此训练某些模型时要同时使用导师驱动过程和 BPTT。

如果之后网络在**开环**(open-loop) 模式下使用，即网络输出 (或输出分布的样本) 反馈作为输入，那么完全使用导师驱动过程进行训练的缺点就会出现。在这种情况下，训练期间该网络看到的输入与测试时看到的会有很大的不同。减轻此问题的一种方法是同时使用导师驱动过程和自由运行的输入进行训练，例如在展开循环的输出到输入路径上预测几个步骤的正确目标值。通过这种方式，网络可以学会考虑在训练时没有接触到的输入条件 (如自由运行模式下，自身生成自身)，以及将状态映射回使网络几步之后生成正确输出的状态。另一种方式 (Bengio *et al.*, 2015b) 是通过随意选择生成值或真实的数据值作为输入以减小训练时和测试时看到的输入之间的差别。这种方法利用了课程学习策略，逐步使用更多生成值作为输入。

10.2.2 计算循环神经网络的梯度

计算循环神经网络的梯度是容易的。我们可以简单地将第 6.5.6 节中的推广反向传播算法应用于展开的计算图，而不需要特殊化的算法。由反向传播计算得到的梯度，并结合任何通用的基于梯度的技术就可以训练 RNN。

为了获得 BPTT 算法行为的一些直观理解，我们举例说明如何通过 BPTT 计算上述 RNN 公式 (式 (10.8) 和式 (10.12)) 的梯度。计算图的节点包括参数 $\boldsymbol{U}$、$\boldsymbol{V}$、$\boldsymbol{W}$、$\boldsymbol{b}$ 和 $\boldsymbol{c}$，以及以 t

为索引的节点序列 $\boldsymbol{x}^{(t)}$、$\boldsymbol{h}^{(t)}$、$\boldsymbol{o}^{(t)}$ 和 $L^{(t)}$。对于每一个节点 N，我们需要基于 N 后面的节点的梯度，递归地计算梯度 $\nabla_{\mathsf{N}} L$。我们从紧接着最终损失的节点开始递归：

$$\frac{\partial L}{\partial L^{(t)}} = 1 \tag{10.17}$$

在这个导数中，假设输出 $\boldsymbol{o}^{(t)}$ 作为 softmax 函数的参数，我们可以从 softmax 函数可以获得关于输出概率的向量 $\hat{\boldsymbol{y}}$。我们也假设损失是迄今为止给定了输入后的真实目标 $y^{(t)}$ 的负对数似然。对于所有 i、t，关于时间步 t 输出的梯度 $\nabla_{\boldsymbol{o}^{(t)}} L$ 如下：

$$(\nabla_{\boldsymbol{o}^{(t)}} L)_i = \frac{\partial L}{\partial o_i^{(t)}} = \frac{\partial L}{\partial L^{(t)}} \frac{\partial L^{(t)}}{\partial o_i^{(t)}} = \hat{y}_i^{(t)} - \mathbf{1}_{i, y^{(t)}} \tag{10.18}$$

我们从序列的末尾开始，反向进行计算。在最后的时间步 τ, $\boldsymbol{h}^{(\tau)}$ 只有 $\boldsymbol{o}^{(\tau)}$ 作为后续节点，因此这个梯度很简单：

$$\nabla_{\boldsymbol{h}^{(\tau)}} L = \boldsymbol{V}^\top \nabla_{\boldsymbol{o}^{(\tau)}} L \tag{10.19}$$

然后，我们可以从时刻 $t = \tau - 1$ 到 $t = 1$ 反向迭代，通过时间反向传播梯度，注意 $\boldsymbol{h}^{(t)}(t < \tau)$ 同时具有 $\boldsymbol{o}^{(t)}$ 和 $\boldsymbol{h}^{(t+1)}$ 两个后续节点。因此，它的梯度由下式计算

$$\nabla_{\boldsymbol{h}^{(t)}} L = \left(\frac{\partial \boldsymbol{h}^{(t+1)}}{\partial \boldsymbol{h}^{(t)}}\right)^\top (\nabla_{\boldsymbol{h}^{(t+1)}} L) + \left(\frac{\partial \boldsymbol{o}^{(t)}}{\partial \boldsymbol{h}^{(t)}}\right)^\top (\nabla_{\boldsymbol{o}^{(t)}} L) \tag{10.20}$$

$$= \boldsymbol{W}^\top (\nabla_{\boldsymbol{h}^{(t+1)}} L) \operatorname{diag}\Big(1 - (\boldsymbol{h}^{(t+1)})^2\Big) + \boldsymbol{V}^\top (\nabla_{\boldsymbol{o}^{(t)}} L) \tag{10.21}$$

其中 $\operatorname{diag}\Big(1 - (\boldsymbol{h}^{(t+1)})^2\Big)$ 表示包含元素 $1 - (h_i^{(t+1)})^2$ 的对角矩阵。这是关于时刻 $t+1$ 与隐藏单元 i 关联的双曲正切的 Jacobian。

一旦获得了计算图内部节点的梯度，我们就可以得到关于参数节点的梯度。因为参数在许多时间步共享，我们必须在表示这些变量的微积分操作时谨慎对待。我们希望实现的等式使用第 6.5.6 节中的bprop方法计算计算图中单一边对梯度的贡献。然而微积分中的 $\nabla_{\boldsymbol{W}} f$ 算子，计算 $\boldsymbol{W}$ 对于 f 的贡献时将计算图中的所有边都考虑进去了。为了消除这种歧义，我们定义只在 t 时刻使用的虚拟变量 $\boldsymbol{W}^{(t)}$ 作为 $\boldsymbol{W}$ 的副本。然后，可以使用 $\nabla_{\boldsymbol{W}^{(t)}}$ 表示权重在时间步 t 对梯度的贡献。

使用这个表示，关于剩下参数的梯度可以由式 (10.22)~ 式 (10.28) 给出：

$$\nabla_{\boldsymbol{c}} L = \sum_t \left(\frac{\partial \boldsymbol{o}^{(t)}}{\partial \boldsymbol{c}}\right)^\top \nabla_{\boldsymbol{o}^{(t)}} L = \sum_t \nabla_{\boldsymbol{o}^{(t)}} L \tag{10.22}$$

$$\nabla_{\boldsymbol{b}} L = \sum_t \left(\frac{\partial \boldsymbol{h}^{(t)}}{\partial \boldsymbol{b}^{(t)}}\right)^\top \nabla_{\boldsymbol{h}^{(t)}} L = \sum_t \operatorname{diag}\Big(1 - \big(\boldsymbol{h}^{(t)}\big)^2\Big) \nabla_{\boldsymbol{h}^{(t)}} L \tag{10.23}$$

$$\nabla_{\boldsymbol{V}} L = \sum_t \sum_i \left(\frac{\partial L}{\partial o_i^{(t)}}\right) \nabla_{\boldsymbol{V}} o_i^{(t)} = \sum_t (\nabla_{\boldsymbol{o}^{(t)}} L) \boldsymbol{h}^{(t)^\top} \tag{10.24}$$

$$\nabla_{\boldsymbol{W}} L = \sum_t \sum_i \left(\frac{\partial L}{\partial h_i^{(t)}}\right) \nabla_{\boldsymbol{W}^{(t)}} h_i^{(t)} \tag{10.25}$$

$$= \sum_t \operatorname{diag}\Big(1 - \big(\boldsymbol{h}^{(t)}\big)^2\Big) (\nabla_{\boldsymbol{h}^{(t)}} L) \boldsymbol{h}^{(t-1)^\top} \tag{10.26}$$

$$\nabla_{\boldsymbol{U}} L = \sum_t \sum_i \left(\frac{\partial L}{\partial h_i^{(t)}}\right) \nabla_{\boldsymbol{U}^{(t)}} h_i^{(t)} \tag{10.27}$$

$$= \sum_t \text{diag}\Big(1 - \big(\boldsymbol{h}^{(t)}\big)^2\Big) (\nabla_{\boldsymbol{h}^{(t)}} L) \boldsymbol{x}^{(t)\top} \tag{10.28}$$

因为计算图中定义的损失的任何参数都不是训练数据 $\boldsymbol{x}^{(t)}$ 的父节点，所以我们不需要计算关于它的梯度。

10.2.3 作为有向图模型的循环网络

目前为止，我们接触的循环网络例子中损失 $L^{(t)}$ 是训练目标 $\boldsymbol{y}^{(t)}$ 和输出 $\boldsymbol{o}^{(t)}$ 之间的交叉熵。与前馈网络类似，原则上循环网络几乎可以使用任何损失。但必须根据任务来选择损失。如前馈网络，通常我们希望将 RNN 的输出解释为一个概率分布，并且通常使用与分布相关联的交叉熵来定义损失。均方误差是与单位高斯分布的输出相关联的交叉熵损失，例如前馈网络中所使用的。

当使用一个预测性对数似然的训练目标，如式 (10.12)，我们将 RNN 训练为能够根据之前的输入估计下一个序列元素 $\boldsymbol{y}^{(t)}$ 的条件分布。这可能意味着，我们最大化对数似然

$$\log p(\boldsymbol{y}^{(t)} \mid \boldsymbol{x}^{(1)}, \cdots, \boldsymbol{x}^{(t)}) \tag{10.29}$$

或者，如果模型包括来自一个时间步的输出到下一个时间步的连接，

$$\log p(\boldsymbol{y}^{(t)} \mid \boldsymbol{x}^{(1)}, \cdots, \boldsymbol{x}^{(t)}, \boldsymbol{y}^{(1)}, \cdots, \boldsymbol{y}^{(t-1)}) \tag{10.30}$$

将整个序列 $\boldsymbol{y}$ 的联合分布分解为一系列单步的概率预测是捕获关于整个序列完整联合分布的一种方法。如果我们不把过去的 $\boldsymbol{y}$ 值反馈给下一步作为预测的条件，那么有向图模型不包含任何从过去 $\boldsymbol{y}^{(i)}$ 到当前 $\boldsymbol{y}^{(t)}$ 的边。在这种情况下，输出 $\boldsymbol{y}$ 与给定的 $\boldsymbol{x}$ 序列是条件独立的。如果我们反馈真实的 $\boldsymbol{y}$ 值 (不是它们的预测值，而是真正观测到或生成的值) 给网络，那么有向图模型包含所有从过去 $\boldsymbol{y}^{(i)}$ 到当前 $\boldsymbol{y}^{(t)}$ 的边。

举一个简单的例子，让我们考虑对标量随机变量序列 $\mathbb{Y} = \{\mathrm{y}^{(1)}, \cdots, \mathrm{y}^{(\tau)}\}$ 建模的 RNN，也没有额外的输入 x。在时间步 t 的输入仅仅是时间步 $t-1$ 的输出。该 RNN 定义了关于 y 变量的有向图模型。我们使用链式法则 (用于条件概率的 (3.6)) 参数化这些观察值的联合分布：

$$P(\mathbb{Y}) = P(\mathbf{y}^{(1)}, \cdots, \mathbf{y}^{(\tau)}) = \prod_{t=1}^{\tau} P(\mathbf{y}^{(t)} \mid \mathbf{y}^{(t-1)}, \mathbf{y}^{(t-2)}, \cdots, \mathbf{y}^{(1)}) \tag{10.31}$$

其中当 $t=1$ 时竖杠右侧显然为空。因此，根据这样一个模型，一组值 $\{y^{(1)}, \cdots, y^{(\tau)}\}$ 的负对数似然为

$$L = \sum_t L^{(t)} \tag{10.32}$$

其中

$$L^{(t)} = -\log P(\mathrm{y}^{(t)} = y^{(t)} \mid y^{(t-1)}, y^{(t-2)}, \cdots, y^{(1)}) \tag{10.33}$$

图模型中的边表示哪些变量直接依赖于其他变量。许多图模型的目标是省略不存在强相互作用的边以实现统计和计算的效率。例如，我们通常可以作 Markov 假设，即图模型应该只

包含从 $\{\mathrm{y}^{(t-k)},\cdots,\mathrm{y}^{(t-1)}\}$ 到 $\mathrm{y}^{(t)}$ 的边，而不是包含整个过去历史的边。然而，在一些情况下，我们认为整个过去的输入会对序列的下一个元素有一定影响。当我们认为 $\mathrm{y}^{(t)}$ 的分布可能取决于遥远过去 (在某种程度) 的 $\mathrm{y}^{(i)}$ 的值，且无法通过 $\mathrm{y}^{(t-1)}$ 捕获 $\mathrm{y}^{(i)}$ 的影响时，RNN 将会很有用。

解释 RNN 作为图模型的一种方法是将 RNN 视为定义一个结构为完全图的图模型，且能够表示任何一对 y 值之间的直接联系。图 10.7 是关于 y 值且具有完全图结构的图模型。该 RNN 完全图的解释基于排除并忽略模型中的隐藏单元 $\boldsymbol{h}^{(t)}$。

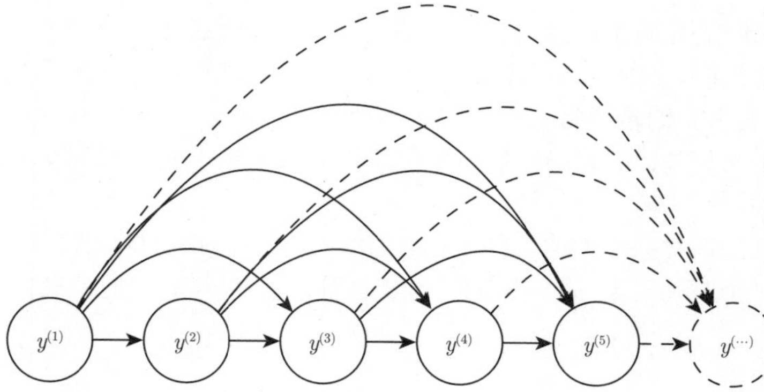

图 10.7 序列 $y^{(1)},y^{(2)},\cdots,y^{(t)},\cdots$ 的全连接图模型。给定先前的值，每个过去的观察值 $y^{(i)}$ 可以影响一些 $y^{(t)}(t>i)$ 的条件分布。当序列中每个元素的输入和参数的数目越来越多，根据此图直接参数化图模型 (如式 (10.6) 中) 可能是非常低效的。RNN 可以通过高效的参数化获得相同的全连接，如图 10.8 所示

更有趣的是，将隐藏单元 $\boldsymbol{h}^{(t)}$ 视为随机变量，从而产生 RNN 的图模型结构 ①。在图模型中包括隐藏单元预示 RNN 能对观测的联合分布提供非常有效的参数化。假设我们用表格表示法来表示离散值上任意的联合分布，即对每个值可能的赋值分配一个单独条目的数组，该条目表示发生该赋值的概率。如果 y 可以取 k 个不同的值，表格表示法将有 $\mathcal{O}(k^\tau)$ 个参数。对比 RNN，由于参数共享，RNN 的参数数目为 $\mathcal{O}(1)$ 且是序列长度的函数。我们可以调节 RNN 的参数数量来控制模型容量，但不用被迫与序列长度成比例。式 (10.5) 展示了所述 RNN 通过循环应用相同的函数 f 以及在每个时间步的相同参数 $\boldsymbol{\theta}$，有效地参数化的变量之间的长期联系。图 10.8 说明了这个图模型的解释。在图模型中结合 $\boldsymbol{h}^{(t)}$ 节点可以用作过去和未来之间的中间量，从而将它们解耦。遥远过去的变量 $y^{(i)}$ 可以通过其对 $\boldsymbol{h}$ 的影响来影响变量 $y^{(t)}$。该图的结构表明可以在时间步使用相同的条件概率分布有效地参数化模型，并且当观察到全部变量时，可以高效地评估联合分配给所有变量的概率。

即便使用高效参数化的图模型，某些操作在计算上仍然具有挑战性。例如，难以预测序列中缺少的值。

循环网络为减少的参数数目付出的代价是优化参数可能变得困难。

在循环网络中使用的参数共享的前提是相同参数可用于不同时间步的假设。也就是说，假设给定时刻 t 的变量后，时刻 $t+1$ 变量的条件概率分布是**平稳的**(stationary)，这意味着之前的时间步与下个时间步之间的关系并不依赖于 t。原则上，可以使用 t 作为每个时间步的额

① 给定这些变量的父变量，其条件分布是确定性的。尽管设计具有这样确定性的隐藏单元的图模型是很少见的，但这是完全合理的。

外输入，并让学习器在发现任何时间依赖性的同时，在不同时间步之间尽可能多地共享。相比在每个 t 使用不同的条件概率分布已经好很多了，但网络将必须在面对新 t 时进行推断。

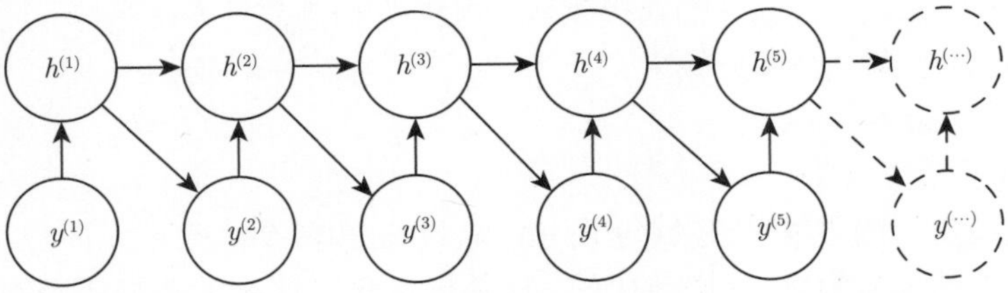

图 10.8 在 RNN 图模型中引入状态变量，尽管它是输入的确定性函数，但它有助于我们根据式 (10.5) 获得非常高效的参数化。序列中的每个阶段 (对于 $\boldsymbol{h}^{(t)}$ 和 $\boldsymbol{y}^{(t)}$) 使用相同的结构 (每个节点具有相同数量的输入)，并且可以与其他阶段共享相同的参数

为了完整描述将 RNN 作为图模型的观点，我们必须描述如何从模型采样。我们需要执行的主要操作是简单地从每一时间步的条件分布采样。然而，这会导致额外的复杂性。RNN 必须有某种机制来确定序列的长度。这可以通过多种方式实现。

在当输出是从词汇表获取的符号的情况下，我们可以添加一个对应于序列末端的特殊符号 (Schmidhuber, 2012)。当产生该符号时，采样过程停止。在训练集中，我们将该符号作为序列的一个额外成员，即紧跟每个训练样本 $\boldsymbol{x}^{(\tau)}$ 之后。

另一种选择是在模型中引入一个额外的 Bernoulli 输出，表示在每个时间步决定继续生成或停止生成。相比向词汇表增加一个额外符号，这种方法更普遍，因为它适用于任何 RNN，而不仅仅是输出符号序列的 RNN。例如，它可以应用于一个产生实数序列的 RNN。新的输出单元通常使用 sigmoid 单元，并通过交叉熵训练。在这种方法中，sigmoid 被训练为最大化正确预测的对数似然，即在每个时间步序列决定结束或继续。

确定序列长度 τ 的另一种方法是将一个额外的输出添加到模型并预测整数 τ 本身。模型可以采出 τ 的值，然后采 τ 步有价值的数据。这种方法需要在每个时间步的循环更新中增加一个额外输入，使得循环更新知道它是否是靠近所产生序列的末尾。这种额外的输入可以是 τ 的值，也可以是 $\tau - t$ 即剩下时间步的数量。如果没有这个额外的输入，RNN 可能会产生突然结束序列，如一个句子在最终完整前结束。此方法基于分解

$$P(\boldsymbol{x}^{(1)}, \cdots, \boldsymbol{x}^{(\tau)}) = P(\tau)P(\boldsymbol{x}^{(1)}, \cdots, \boldsymbol{x}^{(\tau)} \mid \tau) \tag{10.34}$$

直接预测 τ 的例子见 Goodfellow *et al.* (2014d)。

10.2.4 基于上下文的 RNN 序列建模

上一节描述了没有输入 $\boldsymbol{x}$ 时，关于随机变量序列 $y^{(t)}$ 的 RNN 如何对应于有向图模型。当然，如式 (10.8) 所示的 RNN 包含一个输入序列 $\boldsymbol{x}^{(1)}, \boldsymbol{x}^{(2)}, \cdots, \boldsymbol{x}^{(\tau)}$。一般情况下，RNN 允许将图模型的观点扩展到不仅代表 y 变量的联合分布也能表示给定 $\boldsymbol{x}$ 后 y 条件分布。如在第 6.2.1.1 节的前馈网络情形中所讨论的，任何代表变量 $P(\boldsymbol{y}; \boldsymbol{\theta})$ 的模型都能被解释为代表条件分布 $P(\boldsymbol{y} \mid \boldsymbol{\omega})$ 的模型，其中 $\boldsymbol{\omega} = \boldsymbol{\theta}$。我们能像之前一样使用 $P(\boldsymbol{y} \mid \boldsymbol{\omega})$ 代表分布 $P(\boldsymbol{y} \mid \boldsymbol{x})$ 来扩展这样的模型，但要令 $\boldsymbol{\omega}$ 是关于 $\boldsymbol{x}$ 的函数。在 RNN 的情况，这可以通过不同的方式来实现。此处，我们回顾最常见和最明显的选择。

之前，我们已经讨论了将 $t = 1, \cdots, \tau$ 的向量 $\boldsymbol{x}^{(t)}$ 序列作为输入的 RNN。另一种选择是只使用单个向量 $\boldsymbol{x}$ 作为输入。当 $\boldsymbol{x}$ 是一个固定大小的向量时，我们可以简单地将其看作产生 $\boldsymbol{y}$ 序列 RNN 的额外输入。将额外输入提供到 RNN 的一些常见方法是：

(1) 在每个时刻作为一个额外输入，或

(2) 作为初始状态 $\boldsymbol{h}^{(0)}$，或

(3) 结合两种方式。

第一个也是最常用的方法如图 10.9 所示。输入 $\boldsymbol{x}$ 和每个隐藏单元向量 $\boldsymbol{h}^{(t)}$ 之间的相互作用是通过新引入的权重矩阵 $\boldsymbol{R}$ 参数化的，这是只包含 y 序列的模型所没有的。同样的乘积 $\boldsymbol{x}^{\top}\boldsymbol{R}$ 在每个时间步作为隐藏单元的一个额外输入。我们可以认为 $\boldsymbol{x}$ 的选择 (确定 $\boldsymbol{x}^{\top}\boldsymbol{R}$ 值)，是有效地用于每个隐藏单元的一个新偏置参数。权重与输入保持独立。我们可以认为这种模型采用了非条件模型的 $\boldsymbol{\theta}$，并将 $\boldsymbol{\omega}$ 代入 $\boldsymbol{\theta}$，其中 $\boldsymbol{\omega}$ 内的偏置参数现在是输入的函数。

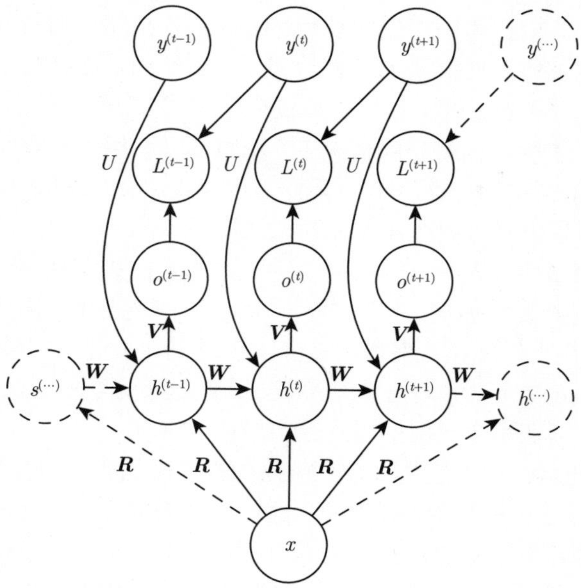

图 10.9　将固定长度的向量 $\boldsymbol{x}$ 映射到序列 $\boldsymbol{Y}$ 上分布的 RNN。这类 RNN 适用于很多任务 (如图注)，其中单个图像作为模型的输入，然后产生描述图像的词序列。观察到的输出序列的每个元素 $\boldsymbol{y}^{(t)}$ 同时用作输入 (对于当前时间步) 和训练期间的目标 (对于前一时间步)

RNN 可以接收向量序列 $\boldsymbol{x}^{(t)}$ 作为输入，而不是仅接收单个向量 $\boldsymbol{x}$ 作为输入。式 (10.8) 描述的 RNN 对应条件分布 $P(\boldsymbol{y}^{(1)}, \cdots, \boldsymbol{y}^{(\tau)} \mid \boldsymbol{x}^{(1)}, \cdots, \boldsymbol{x}^{(\tau)})$，并在条件独立的假设下这个分布分解为

$$\prod_t P(\boldsymbol{y}^{(t)} \mid \boldsymbol{x}^{(1)}, \cdots, \boldsymbol{x}^{(t)}) \tag{10.35}$$

为去掉条件独立的假设，我们可以在时刻 t 的输出到时刻 $t+1$ 的隐藏单元添加连接，如图 10.10 所示。该模型就可以代表关于 $\boldsymbol{y}$ 序列的任意概率分布。这种给定一个序列表示另一个序列分布的模型的还是有一个限制，就是这两个序列的长度必须是相同的。我们将在第 10.4 节描述如何消除这种限制。

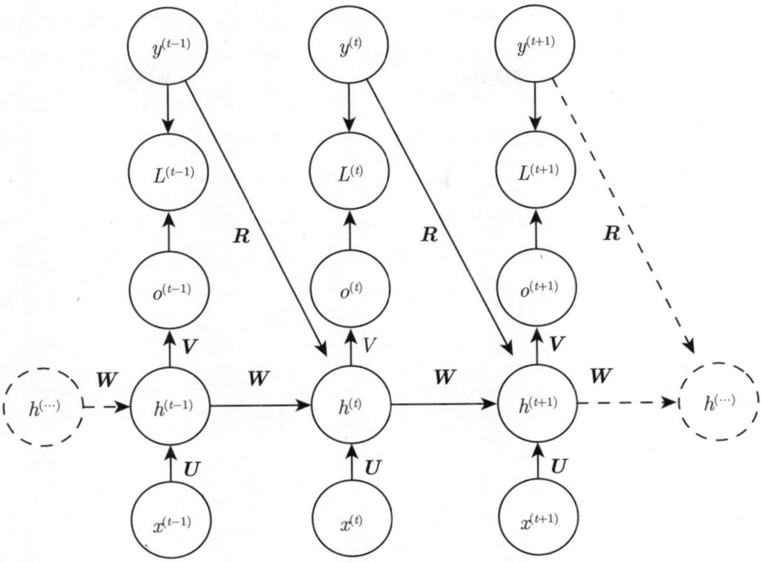

图 10.10 将可变长度的 $\boldsymbol{x}$ 值序列映射到相同长度的 $\boldsymbol{y}$ 值序列上分布的条件循环神经网络。对比图 10.3，此 RNN 包含从前一个输出到当前状态的连接。这些连接允许此 RNN 对给定 $\boldsymbol{x}$ 的序列后相同长度的 $\boldsymbol{y}$ 序列上的任意分布建模。图 10.3 的 RNN 仅能表示在给定 $\boldsymbol{x}$ 值的情况下，$\boldsymbol{y}$ 值彼此条件独立的分布

10.3 双向 RNN

目前为止，我们考虑的所有循环神经网络有一个"因果"结构，意味着在时刻 t 的状态只能从过去的序列 $\boldsymbol{x}^{(1)},\cdots,\boldsymbol{x}^{(t-1)}$ 以及当前的输入 $\boldsymbol{x}^{(t)}$ 捕获信息。我们还讨论了某些在 $\boldsymbol{y}$ 可用时，允许过去的 $\boldsymbol{y}$ 值信息影响当前状态的模型。

然而，在许多应用中，我们要输出的 $\boldsymbol{y}^{(t)}$ 的预测可能依赖于整个输入序列。例如，在语音识别中，由于协同发音，当前声音作为音素的正确解释可能取决于未来几个音素，甚至潜在的可能取决于未来的几个词，因为词与附近的词之间的存在语义依赖：如果当前的词有两种声学上合理的解释，我们可能要在更远的未来 (和过去) 寻找信息区分它们。这在手写识别和许多其他序列到序列学习的任务中也是如此，将会在下一节中描述。

双向循环神经网络 (或双向 RNN) 为满足这种需要而发明 (Schuster and Paliwal, 1997)。它们在需要双向信息的应用中非常成功 (Graves, 2012)，如手写识别 (Graves *et al.*, 2008; Graves and Schmidhuber, 2009)、语音识别 (Graves and Schmidhuber, 2005; Graves *et al.*, 2013) 以及生物信息学 (Baldi *et al.*, 1999)。

顾名思义，双向 RNN 结合时间上从序列起点开始移动的 RNN 和另一个时间上从序列末尾开始移动的 RNN。图 10.11 展示了典型的双向 RNN，其中 $\boldsymbol{h}^{(t)}$ 代表通过时间向前移动的子 RNN 的状态，$\boldsymbol{g}^{(t)}$ 代表通过时间向后移动的子 RNN 的状态。这允许输出单元 $\boldsymbol{o}^{(t)}$ 能够计算同时依赖于过去和未来且对时刻 t 的输入值最敏感的表示，而不必指定 t 周围固定大小的窗口 (这是前馈网络、卷积网络或具有固定大小的先行缓存器的常规 RNN 所必须要做的)。

这个想法可以自然地扩展到二维输入，如图像，由4 个 RNN 组成，每一个沿着 4 个方向中的一个计算：上、下、左、右。如果 RNN 能够学习到承载长期信息，那在二维网格每个点

(i,j) 的输出 $O_{i,j}$ 就能计算一个能捕捉到大多局部信息但仍依赖于长期输入的表示。相比卷积网络，应用于图像的 RNN 计算成本通常更高，但允许同一特征图的特征之间存在长期横向的相互作用 (Visin *et al.*, 2015; Kalchbrenner *et al.*, 2015)。实际上，对于这样的 RNN，前向传播公式可以写成表示使用卷积的形式，计算自底向上到每一层的输入 (在整合横向相互作用的特征图的循环传播之前)。

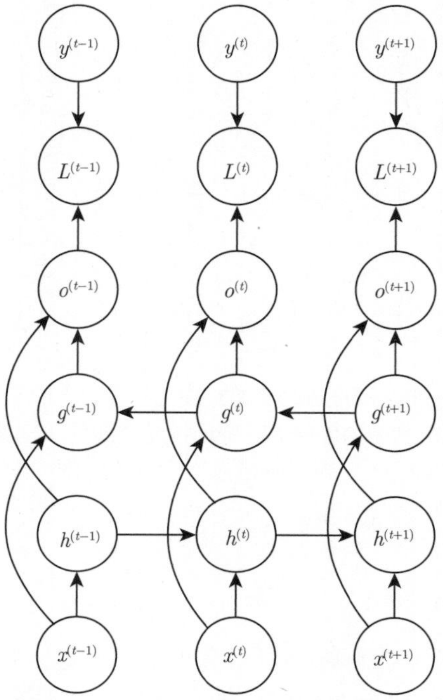

图 10.11 典型的双向循环神经网络中的计算，意图学习将输入序列 $\boldsymbol{x}$ 映射到目标序列 $\boldsymbol{y}$(在每个步骤 t 具有损失 $L^{(t)}$)。循环性 $\boldsymbol{h}$ 在时间上向前传播信息 (向右)，而循环性 $\boldsymbol{g}$ 在时间上向后传播信息 (向左)。因此在每个点 t，输出单元 $\boldsymbol{o}^{(t)}$ 可以受益于输入 $\boldsymbol{h}^{(t)}$ 中关于过去的相关概要以及输入 $\boldsymbol{g}^{(t)}$ 中关于未来的相关概要

10.4 基于编码 - 解码的序列到序列架构

我们已经在图 10.5 看到 RNN 如何将输入序列映射成固定大小的向量，在图 10.9 中看到 RNN 如何将固定大小的向量映射成一个序列，在图 10.3、图 10.4、图 10.10 和图 10.11 中看到 RNN 如何将一个输入序列映射到等长的输出序列。

本节我们讨论如何训练 RNN，使其将输入序列映射到不一定等长的输出序列。这在许多场景中都有应用，如语音识别、机器翻译或问答，其中训练集的输入和输出序列的长度通常不相同 (虽然它们的长度可能相关)。

我们经常将 RNN 的输入称为“上下文”。我们希望产生此上下文的表示 C。这个上下文 C 可能是一个概括输入序列 $\boldsymbol{X}=(\boldsymbol{x}^{(1)},\cdots,\boldsymbol{x}^{(n_x)})$ 的向量或者向量序列。

用于映射可变长度序列到另一可变长度序列最简单的 RNN 架构最初由 Cho *et al.* (2014a) 提出，之后不久由 Sutskever *et al.* (2014) 独立开发，并且第一个使用这种方法获得翻译的最

好结果。前一系统是对另一个机器翻译系统产生的建议进行评分，而后者使用独立的循环网络生成翻译。这些作者分别将该架构称为编码 - 解码或序列到序列架构，如图 10.12 所示。这个想法非常简单：(1) **编码器**(encoder) 或**读取器**(reader) 或**输入**(input) RNN 处理输入序列。编码器输出上下文 C(通常是最终隐藏状态的简单函数)。(2) **解码器**(decoder) 或**写入器**(writer) 或**输出**(output) RNN 则以固定长度的向量 (见图 10.9) 为条件产生输出序列 $\boldsymbol{Y} = (\boldsymbol{y}^{(1)}, \cdots, \boldsymbol{y}^{(n_y)})$。这种架构对比本章前几节提出的架构的创新之处在于长度 n_x 和 n_y 可以彼此不同，而之前的架构约束 $n_x = n_y = \tau$。在序列到序列的架构中，两个 RNN 共同训练以最大化 $\log P(\boldsymbol{y}^{(1)}, \cdots, \boldsymbol{y}^{(n_y)} \mid \boldsymbol{x}^{(1)}, \cdots, \boldsymbol{x}^{(n_x)})$(关于训练集中所有 $\boldsymbol{x}$ 和 $\boldsymbol{y}$ 对的平均)。编码器 RNN 的最后一个状态 $\boldsymbol{h}_{n_x}$ 通常被当作输入的表示 C 并作为解码器 RNN 的输入。

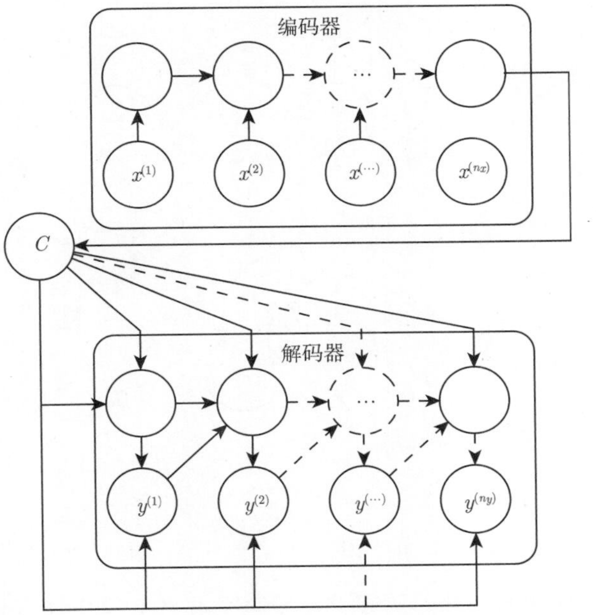

图 10.12　在给定输入序列 $(\mathbf{x}^{(1)}, \mathbf{x}^{(2)}, \cdots, \mathbf{x}^{(n_x)})$ 的情况下学习生成输出序列 $(\mathbf{y}^{(1)}, \mathbf{y}^{(2)}, \cdots, \mathbf{y}^{(n_y)})$ 的编码器 - 解码器或序列到序列的 RNN 架构的示例。它由读取输入序列的编码器 RNN 以及生成输出序列(或计算给定输出序列的概率) 的解码器 RNN 组成。编码器 RNN 的最终隐藏状态用于计算一般为固定大小的上下文变量 C，C 表示输入序列的语义概要并且作为解码器 RNN 的输入

如果上下文 C 是一个向量，则解码器 RNN 只是在第 10.2.4 节描述的向量到序列 RNN。正如我们所见，向量到序列 RNN 至少有两种接受输入的方法。输入可以被提供为 RNN 的初始状态，或连接到每个时间步中的隐藏单元。这两种方式也可以结合。

这里并不强制要求编码器与解码器的隐藏层具有相同的大小。

此架构的一个明显不足是，编码器 RNN 输出的上下文 C 的维度太小而难以适当地概括一个长序列。这种现象由 Bahdanau *et al.* (2015) 在机器翻译中观察到。他们提出让 C 成为可变长度的序列，而不是一个固定大小的向量。此外，他们还引入了将序列 C 的元素和输出序列的元素相关联的**注意力机制**(attention mechanism)。读者可在第 12.4.5.1 节了解更多细节。

10.5 深度循环网络

大多数 RNN 中的计算可以分解成 3 块参数及其相关的变换：

(1) 从输入到隐藏状态。

(2) 从前一隐藏状态到下一隐藏状态。

(3) 从隐藏状态到输出。

根据图 10.3 中的 RNN 架构，这 3 个块都与单个权重矩阵相关联。换句话说，当网络被展开时，每个块对应一个浅的变换。能通过深度 MLP 内单个层来表示的变换称为浅变换。通常，这是由学成的仿射变换和一个固定非线性表示组成的变换。

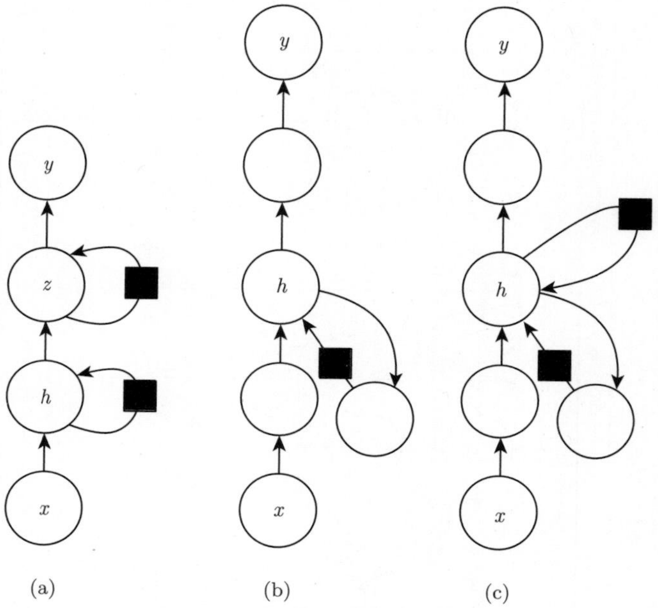

图 10.13 循环神经网络可以通过许多方式变得更深 (Pascanu *et al.*, 2014a)。(a) 隐藏循环状态可以被分解为具有层次的组。(b) 可以向输入到隐藏、隐藏到隐藏以及隐藏到输出的部分引入更深的计算 (如 MLP)。这可以延长链接不同时间步的最短路径。(c) 可以引入跳跃连接来缓解路径延长的效应

在这些操作中引入深度会有利吗？实验证据 (Graves *et al.*, 2013; Pascanu *et al.*, 2014a) 强烈暗示理应如此。实验证据与我们需要足够的深度以执行所需映射的想法一致。读者可以参考 Schmidhuber (1992)、El Hihi and Bengio (1996) 或 Jaeger (2007a)，了解更早的关于深度 RNN 的研究。

Graves *et al.* (2013) 第一个展示了将 RNN 的状态分为多层的显著好处，如图 10.13(a) 所示。我们可以认为，在图 10.13(a) 所示层次结构中较低的层起到了将原始输入转化为对更高层的隐藏状态更合适表示的作用。Pascanu *et al.* (2014a) 更进一步提出在上述 3 个块中各使用一个单独的 MLP(可能是深度的)，如图 10.13(b) 所示。考虑表示容量，我们建议在这 3 个步中都分配足够的容量，但增加深度可能会因为优化困难而损害学习效果。在一般情况下，更容易优化较浅的架构，加入图 10.13(b) 的额外深度导致从时间步 t 的变量到时间步 $t+1$ 的最短路径变得更长。例如，如果具有单个隐藏层的 MLP 被用于状态到状态的转换，那么与图

10.3 相比，我们就会加倍任何两个不同时间步变量之间最短路径的长度。然而 Pascanu *et al.* (2014a) 认为，在隐藏到隐藏的路径中引入跳跃连接可以缓和这个问题，如图 10.13(c) 所示。

10.6 递归神经网络

递归神经网络 ②代表循环网络的另一个扩展，它被构造为深的树状结构而不是 RNN 的链状结构，因此是不同类型的计算图。递归网络的典型计算图如图 10.14 所示。递归神经网络由 Pollack (1990) 引入，而 Bottou (2011) 描述了这类网络的潜在用途 —— 学习推论。递归网络已成功地应用于输入是**数据结构**的神经网络 (Frasconi *et al.*, 1997, 1998)，如自然语言处理 (Socher *et al.*, 2011a,c, 2013a) 和计算机视觉 (Socher *et al.*, 2011b)。

递归网络的一个明显优势是，对于具有相同长度 τ 的序列，深度 (通过非线性操作的组合数量来衡量) 可以急剧地从 τ 减小为 $\mathcal{O}(\log \tau)$，这可能有助于解决长期依赖。一个悬而未决的问题是如何以最佳的方式构造树。一种选择是使用不依赖于数据的树结构，如平衡二叉树。在某些应用领域，外部方法可以为选择适当的树结构提供借鉴。例如，处理自然语言的句子时，用于递归网络的树结构可以被固定为句子语法分析树的结构 (可以由自然语言语法分析程序提供)(Socher *et al.*, 2011a,c)。理想的情况下，人们希望学习器自行发现和推断适合于任意给定输入的树结构，如 (Bottou, 2011) 所建议。

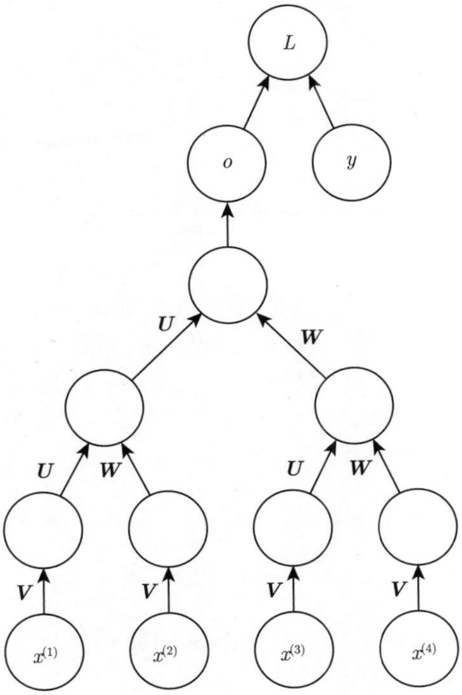

图 10.14 递归网络将循环网络的链状计算图推广到树状计算图。可变大小的序列 $\boldsymbol{x}^{(1)}, \boldsymbol{x}^{(2)}, \cdots, \boldsymbol{x}^{(t)}$ 可以通过固定的参数集合 (权重矩阵 $\boldsymbol{U}, \boldsymbol{V}, \boldsymbol{W}$) 映射到固定大小的表示 (输出 $\boldsymbol{o}$)。该图展示了监督学习的情况，其中提供了一些与整个序列相关的目标 $\boldsymbol{y}$

② 我们建议不要将“递归神经网络”缩写为“RNN”，以免与“循环神经网络”混淆。

递归网络想法的变种存在很多。例如，Frasconi *et al.* (1997) 和 Frasconi *et al.* (1998) 将数据与树结构相关联，并将输入和目标与树的单独节点相关联。由每个节点执行的计算无须是传统的人工神经计算 (所有输入的仿射变换后跟一个单调非线性)。例如，Socher *et al.* (2013a) 提出用张量运算和双线性形式，在这之前人们已经发现当概念是由连续向量 (嵌入) 表示时，这种方式有利于建模概念之间的联系 (Weston *et al.*, 2010; Bordes *et al.*, 2012)。

10.7 长期依赖的挑战

学习循环网络长期依赖的数学挑战在第 8.2.5 节中引入。根本问题是，经过许多阶段传播后的梯度倾向于消失 (大部分情况) 或爆炸 (很少，但对优化过程影响很大)。即使我们假设循环网络是参数稳定的 (可存储记忆，且梯度不爆炸)，但长期依赖的困难来自比短期相互作用指数小的权重 (涉及许多 Jacobian 相乘)。许多资料提供了更深层次的讨论 (Hochreiter, 1991a; Doya, 1993; Bengio *et al.*, 1994b; Pascanu *et al.*, 2013a)。在这一节中，我们会更详细地描述该问题。其余几节介绍克服这个问题的方法。

循环网络涉及相同函数的多次组合，每个时间步一次。这些组合可以导致极端非线性行为，如图 10.15 所示。

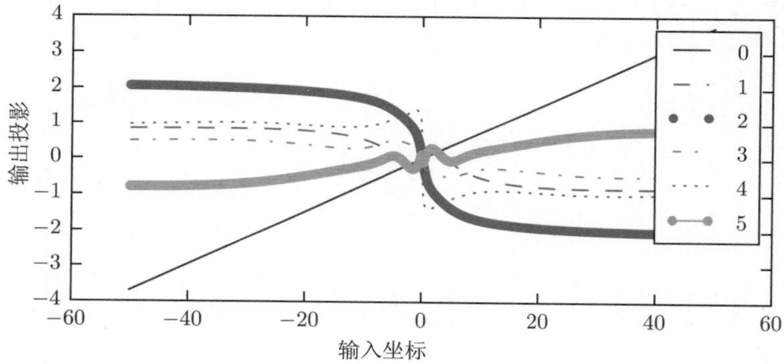

图 10.15 重复组合函数。当组合许多非线性函数 (如这里所示的线性 tanh 层) 时，结果是高度非线性的，通常大多数值与微小的导数相关联，也有一些具有大导数的值，以及在增加和减小之间的多次交替。此处，我们绘制从 100 维隐藏状态降到单个维度的线性投影，绘制于 y 轴上。x 轴是 100 维空间中沿着随机方向的初始状态的坐标。因此，我们可以将该图视为高维函数的线性截面。曲线显示每个时间步之后的函数，或者等价地，转换函数被组合一定次数之后

特别的是，循环神经网络所使用的函数组合有点像矩阵乘法。我们可以认为，循环联系

$$\boldsymbol{h}^{(t)} = \boldsymbol{W}^\top \boldsymbol{h}^{(t-1)} \tag{10.36}$$

是一个非常简单的、缺少非线性激活函数和输入 $\boldsymbol{x}$ 的循环神经网络。如第 8.2.5 节描述，这种递推关系本质上描述了幂法。它可以被简化为

$$\boldsymbol{h}^{(t)} = (\boldsymbol{W}^t)^\top \boldsymbol{h}^{(0)} \tag{10.37}$$

而当 $\boldsymbol{W}$ 符合下列形式的特征分解

$$\boldsymbol{W} = \boldsymbol{Q}\boldsymbol{\Lambda}\boldsymbol{Q}^\top \tag{10.38}$$

其中 $\boldsymbol{Q}$ 正交，循环性可进一步简化为

$$\boldsymbol{h}^{(t)} = \boldsymbol{Q}^\top \boldsymbol{\Lambda}^t \boldsymbol{Q} \boldsymbol{h}^{(0)} \tag{10.39}$$

特征值提升到 t 次后，导致幅值不到一的特征值衰减到零，而幅值大于一的就会激增。任何不与最大特征向量对齐的 $\boldsymbol{h}^{(0)}$ 的部分将最终被丢弃。

这个问题是针对循环网络的。在标量情况下，想象多次乘一个权重 w。该乘积 w^t 消失还是爆炸取决于 w 的幅值。然而，如果每个时刻使用不同权重 $w^{(t)}$ 的非循环网络，情况就不同了。如果初始状态给定为 1，那么时刻 t 的状态可以由 $\prod_t w^{(t)}$ 给出。假设 $w^{(t)}$ 的值是随机生成的，各自独立，且有 0 均值 v 方差。乘积的方差就为 $\mathcal{O}(v^n)$。为了获得某些期望的方差 v^*，我们可以选择单个方差为 $v = \sqrt[n]{v^*}$ 权重。因此，非常深的前馈网络通过精心设计的比例可以避免梯度消失和爆炸问题，如 Sussillo (2014) 所主张的。

RNN 梯度消失和爆炸问题是由不同研究人员独立发现 (Hochreiter, 1991a; Bengio *et al.*, 1993, 1994b)。有人可能会希望通过简单地停留在梯度不消失或爆炸的参数空间来避免这个问题。不幸的是，为了储存记忆并对小扰动具有鲁棒性，RNN 必须进入参数空间中的梯度消失区域 (Bengio *et al.*, 1993, 1994b)。具体来说，每当模型能够表示长期依赖时，长期相互作用的梯度幅值就会变得指数小 (相比短期相互作用的梯度幅值)。这并不意味着这是不可能学习的，由于长期依赖关系的信号很容易被短期相关性产生的最小波动隐藏，因而学习长期依赖可能需要很长的时间。实践中，Bengio *et al.* (1994b) 的实验表明，当我们增加了需要捕获的依赖关系的跨度，基于梯度的优化变得越来越困难，SGD 在长度仅为 10 或 20 的序列上成功训练传统 RNN 的概率迅速变为 0。

将循环网络作为动力系统更深入探讨的资料见 Doya (1993); Bengio *et al.* (1994b); Siegelmann and Sontag (1995) 及 Pascanu *et al.* (2013b) 的回顾。本章的其余部分将讨论目前已经提出的降低学习长期依赖 (在某些情况下，允许一个 RNN 学习横跨数百步的依赖) 难度的不同方法，但学习长期依赖的问题仍是深度学习中的一个主要挑战。

10.8 回声状态网络

从 $\boldsymbol{h}^{(t-1)}$ 到 $\boldsymbol{h}^{(t)}$ 的循环权重映射以及从 $\boldsymbol{x}^{(t)}$ 到 $\boldsymbol{h}^{(t)}$ 的输入权重映射是循环网络中最难学习的参数。研究者 (Jaeger, 2003; Maass *et al.*, 2002; Jaeger and Haas, 2004; Jaeger, 2007b) 提出避免这种困难的方法是设定循环隐藏单元，使其能很好地捕捉过去输入历史，并且只学习输出权重。**回声状态网络**(echo state network) 或 ESN (Jaeger and Haas, 2004; Jaeger, 2007b)，以及**流体状态机** (liquid state machines)(Maass *et al.*, 2002) 分别独立地提出了这种想法。后者是类似的，只不过它使用脉冲神经元 (二值输出) 而不是 ESN 中的连续隐藏单元。ESN 和流体状态机都被称为**储层计算**(reservoir computing)(Lukoševičius and Jaeger, 2009)，因为隐藏单元形成了可能捕获输入历史不同方面的临时特征池。

储层计算循环网络类似于核机器，这是思考它们的一种方式：它们将任意长度的序列 (到时刻 t 的输入历史) 映射为一个长度固定的向量 (循环状态 $\boldsymbol{h}^{(t)}$)，之后可以施加一个线性预测算子 (通常是一个线性回归) 以解决感兴趣的问题。训练准则就可以很容易地设计为输出权重的凸函数。例如，如果输出是从隐藏单元到输出目标的线性回归，训练准则就是均方误差，由于是凸的，就可以用简单的学习算法可靠地解决 (Jaeger, 2003)。

因此，重要的问题是：如何设置输入和循环权重，才能让一组丰富的历史可以在循环神经网络的状态中表示？储层计算研究给出的答案是将循环网络视为动态系统，并设定让动态系统接近稳定边缘的输入和循环权重。

最初的想法是使状态到状态转换函数的 Jacobian 矩阵的特征值接近 1。如第 8.2.5 节解释，循环网络的一个重要特征就是 Jacobian 矩阵的特征值谱 $\boldsymbol{J}^{(t)} = \frac{\partial s^{(t)}}{\partial s^{(t-1)}}$。特别重要的是，$\boldsymbol{J}^{(t)}$ 的**谱半径**(spectral radius) 定义为特征值的最大绝对值。

为了解谱半径的影响，可以考虑反向传播中 Jacobian 矩阵 $\boldsymbol{J}$ 不随 t 改变的简单情况。例如当网络是纯线性时，会发生这种情况。假设 $\boldsymbol{J}$ 特征值 λ 对应的特征向量为 $\boldsymbol{v}$。考虑当我们通过时间向后传播梯度向量时会发生什么。如果刚开始的梯度向量为 $\boldsymbol{g}$，然后经过反向传播的一个步骤后，我们将得到 $\boldsymbol{Jg}$，n 步之后会得到 $\boldsymbol{J}^n\boldsymbol{g}$。现在考虑如果我们向后传播扰动版本的 $\boldsymbol{g}$ 会发生什么。如果刚开始是 $\boldsymbol{g} + \delta\boldsymbol{v}$，一步之后，我们会得到 $\boldsymbol{J}(\boldsymbol{g} + \delta\boldsymbol{v})$。$n$ 步之后，我们将得到 $\boldsymbol{J}^n(\boldsymbol{g} + \delta\boldsymbol{v})$。由此可以看出，由 $\boldsymbol{g}$ 开始的反向传播和由 $\boldsymbol{g} + \delta\boldsymbol{v}$ 开始的反向传播，n 步之后偏离 $\delta\boldsymbol{J}^n\boldsymbol{v}$。如果 $\boldsymbol{v}$ 选择为 $\boldsymbol{J}$ 特征值 λ 对应的一个单位特征向量，那么在每一步乘 Jacobian 矩阵只是简单地缩放。反向传播的两次执行分离的距离为 $\delta|\lambda|^n$。当 $\boldsymbol{v}$ 对应于最大特征值 $|\lambda|$，初始扰动为 δ 时这个扰动达到可能的最宽分离。

当 $|\lambda| > 1$，偏差 $\delta|\lambda|^n$ 就会指数增长。当 $|\lambda| < 1$，偏差就会变得指数减小。

当然，这个例子假定 Jacobian 矩阵在每个时间步是相同的，即对应于没有非线性循环网络。当非线性存在时，非线性的导数将在许多时间步后接近零，并有助于防止因过大的谱半径而导致的爆炸。事实上，关于回声状态网络的最近工作提倡使用远大于 1 的谱半径 (Yildiz *et al.*, 2012; Jaeger, 2012)。

我们已经说过多次，通过反复矩阵乘法的反向传播同样适用于没有非线性的正向传播的网络，其状态为 $\boldsymbol{h}^{(t+1)} = \boldsymbol{h}^{(t)\top}\boldsymbol{W}$。

如果线性映射 $\boldsymbol{W}^\top$ 在 L^2 范数的测度下总是缩小 $\boldsymbol{h}$，那么我们说这个映射是**收缩**(contractive) 的。当谱半径小于一，则从 $\boldsymbol{h}^{(t)}$ 到 $\boldsymbol{h}^{(t+1)}$ 的映射是收缩的，因此小变化在每个时间步后变得更小。当我们使用有限精度 (如 32 位整数) 来存储状态向量时，必然会使得网络忘掉过去的信息。

Jacobian 矩阵告诉我们 $\boldsymbol{h}^{(t)}$ 一个微小的变化如何向前一步传播，或等价地，$\boldsymbol{h}^{(t+1)}$ 的梯度如何向后一步传播。需要注意的是，$\boldsymbol{W}$ 和 $\boldsymbol{J}$ 都不需要是对称的 (尽管它们是实方阵)，因此它们可能有复的特征值和特征向量，其中虚数分量对应于潜在的振荡行为 (如果迭代地应用同一 Jacobian)。即使 $\boldsymbol{h}^{(t)}$ 或 $\boldsymbol{h}^{(t)}$ 中有趣的小变化在反向传播中是实值的，它们仍可以用这样的复数基表示。重要的是，当向量乘以矩阵时，这些复数基的系数幅值 (复数的绝对值) 会发生什么变化。幅值大于 1 的特征值对应于放大 (如果反复应用则指数增长) 或收缩 (如果反复应用则指数减小)。

非线性映射情况时，Jacobian 会在每一步任意变化。因此，动态量变得更加复杂。然而，一个小的初始变化多步之后仍然会变成一个大的变化。纯线性和非线性情况的一个不同之处在于使用压缩非线性 (如 tanh) 可以使循环动态量有界。注意，即使前向传播动态量有界，反向传播的动态量仍然可能无界，例如，当 tanh 序列都在它们状态中间的线性部分，并且由谱半径大于 1 的权重矩阵连接。然而，所有 tanh 单元同时位于它们的线性激活点是非常罕见的。

回声状态网络的策略是简单地固定权重，使其具有一定的谱半径如 3，其中信息通过时间前向传播，但会由于饱和非线性单元 (如 tanh) 的稳定作用而不会爆炸。

最近，已经有研究表明，用于设置 ESN 权重的技术可以用来*初始化*完全可训练的循环网络的权重 (通过时间反向传播来训练隐藏到隐藏的循环权重)，帮助学习长期依赖 (Sutskever, 2012; Sutskever *et al.*, 2013)。在这种设定下，结合第 8.4 节中稀疏初始化的方案，设置 1.2 的初始谱半径表现不错。

10.9 渗漏单元和其他多时间尺度的策略

处理长期依赖的一种方法是设计工作在多个时间尺度的模型，使模型的某些部分在细粒度时间尺度上操作并能处理小细节，而其他部分在粗时间尺度上操作并能把遥远过去的信息更有效地传递过来。存在多种同时构建粗细时间尺度的策略。这些策略包括在时间轴增加跳跃连接，"渗漏单元" 使用不同时间常数整合信号，并去除一些用于建模细粒度时间尺度的连接。

10.9.1 时间维度的跳跃连接

增加从遥远过去的变量到目前变量的直接连接是得到粗时间尺度的一种方法。使用这样跳跃连接的想法可以追溯到 Lin *et al.* (1996)，紧接是向前馈网络引入延迟的想法 (Lang and Hinton, 1988)。在普通的循环网络中，循环从时刻 t 的单元连接到时刻 $t+1$ 单元。构造较长的延迟循环网络是可能的 (Bengio, 1991)。

正如我们在第 8.2.5 节看到，梯度可能*关于时间步数*呈指数消失或爆炸。(Lin *et al.*, 1996) 引入了 d 延时的循环连接以减轻这个问题。现在导数指数减小的速度与 $\frac{\tau}{d}$ 相关而不是 τ。既然同时存在延迟和单步连接，梯度仍可能成 t 指数爆炸。这允许学习算法捕获更长的依赖性，但不是所有的长期依赖都能在这种方式下良好地表示。

10.9.2 渗漏单元和一系列不同时间尺度

获得导数乘积接近 1 的另一方式是设置*线性*自连接单元，并且这些连接的权重接近 1。

我们对某些 v 值应用更新 $\mu^{(t)} \leftarrow \alpha\mu^{(t-1)} + (1-\alpha)v^{(t)}$ 累积一个滑动平均值 $\mu^{(t)}$，其中 α 是一个从 $\mu^{(t-1)}$ 到 $\mu^{(t)}$ 线性自连接的例子。当 α 接近 1 时，滑动平均值能记住过去很长一段时间的信息，而当 α 接近 0，关于过去的信息被迅速丢弃。线性自连接的隐藏单元可以模拟滑动平均的行为。这种隐藏单元称为**渗漏单元**(leaky unit)。

d 时间步的跳跃连接可以确保单元总能被 d 个时间步前的那个值影响。使用权重接近 1 的线性自连接是确保该单元可以访问过去值的不同方式。线性自连接通过调节实值 α 更平滑灵活地调整这种效果，而不是调整整数值的跳跃长度。

这个想法由 Mozer (1992) 和 El Hihi and Bengio (1996) 提出。在回声状态网络中，渗漏单元也被发现很有用 (Jaeger *et al.*, 2007)。

我们可以通过两种基本策略设置渗漏单元使用的时间常数。一种策略是手动将其固定为常数，例如在初始化时从某些分布采样它们的值。另一种策略是使时间常数成为自由变量，并学习出来。在不同时间尺度使用这样的渗漏单元似乎能帮助学习长期依赖 (Mozer, 1992; Pascanu *et al.*, 2013a)。

10.9.3 删除连接

处理长期依赖的另一种方法是在多个时间尺度组织 RNN 状态的想法 (El Hihi and Bengio, 1996)，信息在较慢的时间尺度上更容易长距离流动。

这个想法与之前讨论的时间维度上的跳跃连接不同，因为它涉及主动*删除*长度为一的连接并用更长的连接替换它们。以这种方式修改的单元被迫在长时间尺度上运作。而通过时间跳跃连接是*添加*边。收到这种新连接的单元，可以学习在长时间尺度上运作，但也可以选择专注于自己其他的短期连接。

强制一组循环单元在不同时间尺度上运作有不同的方式。一种选择是使循环单元变成渗漏单元，但不同的单元组关联不同的固定时间尺度。这由 Mozer (1992) 提出，并被成功应用于 Pascanu *et al.* (2013a)。另一种选择是使显式且离散的更新发生在不同的时间，不同的单元组有不同的频率。这是 El Hihi and Bengio (1996) 和 Koutnik *et al.* (2014) 的方法。它在一些基准数据集上表现不错。

10.10 长短期记忆和其他门控 RNN

本书撰写之时，实际应用中最有效的序列模型称为**门控 RNN**(gated RNN)。包括基于**长短期记忆**(long short-term memory) 和基于**门控循环单元**(gated recurrent unit) 的网络。

像渗漏单元一样，门控 RNN 想法也是基于生成通过时间的路径，其中导数既不消失也不发生爆炸。渗漏单元通过手动选择常量的连接权重或参数化的连接权重来达到这一目的。门控 RNN 将其推广为在每个时间步都可能改变的连接权重。

渗漏单元允许网络在较长持续时间内*积累*信息 (诸如用于特定特征或类的线索)。然而，一旦该信息被使用，让神经网络*遗忘*旧的状态可能是有用的。例如，如果一个序列是由子序列组成，我们希望渗漏单元能在各子序列内积累线索，需要将状态设置为 0 以忘记旧状态的机制。我们希望神经网络学会决定何时清除状态，而不是手动决定。这就是门控 RNN 要做的事。

10.10.1 LSTM

引入自循环的巧妙构思，以产生梯度长时间持续流动的路径是初始**长短期记忆**(long short-term memory，LSTM) 模型的核心贡献 (Hochreiter and Schmidhuber, 1997)。其中一个关键扩展是使自循环的权重视上下文而定，而不是固定的 (Gers *et al.*, 2000)。门控此自循环 (由另一个隐藏单元控制) 的权重，累积的时间尺度可以动态地改变。在这种情况下，即使是具有固定参数的 LSTM，累积的时间尺度也可以因输入序列而改变，因为时间常数是模型本身的输出。LSTM 已经在许多应用中取得重大成功，如无约束手写识别 (Graves *et al.*, 2009)、语音识别 (Graves *et al.*, 2013; Graves and Jaitly, 2014)、手写生成 (Graves, 2013)、机器翻译 (Sutskever *et al.*, 2014)、为图像生成标题 (Kiros *et al.*, 2014b; Vinyals *et al.*, 2014b; Xu *et al.*, 2015) 和解析 (Vinyals *et al.*, 2014a)。

LSTM 块如图 10.16 所示。在浅循环网络的架构下，相应的前向传播公式如下。更深的架构也被成功应用 (Graves *et al.*, 2013; Pascanu *et al.*, 2014a)。LSTM 循环网络除了外部的 RNN 循环外，还具有内部的“LSTM 细胞”循环 (自环)，因此 LSTM 不是简单地向输入和循环单元的仿射变换之后施加一个逐元素的非线性。与普通的循环网络类似，每个单元有相同的输入和输出，但也有更多的参数和控制信息流动的门控单元系统。最重要的组成部分是状态单元 $s_i^{(t)}$，与前一节讨论的渗漏单元有类似的线性自环。然而，此处自环的权重 (或相关联的时间常数) 由**遗忘门**(forget gate) $f_i^{(t)}$ 控制 (时刻 t 和细胞 i)，由 sigmoid 单元将权重设置为 0 和 1 之间的值：

$$f_i^{(t)} = \sigma\Big(b_i^f + \sum_j U_{i,j}^f x_j^{(t)} + \sum_j W_{i,j}^f h_j^{(t-1)}\Big) \tag{10.40}$$

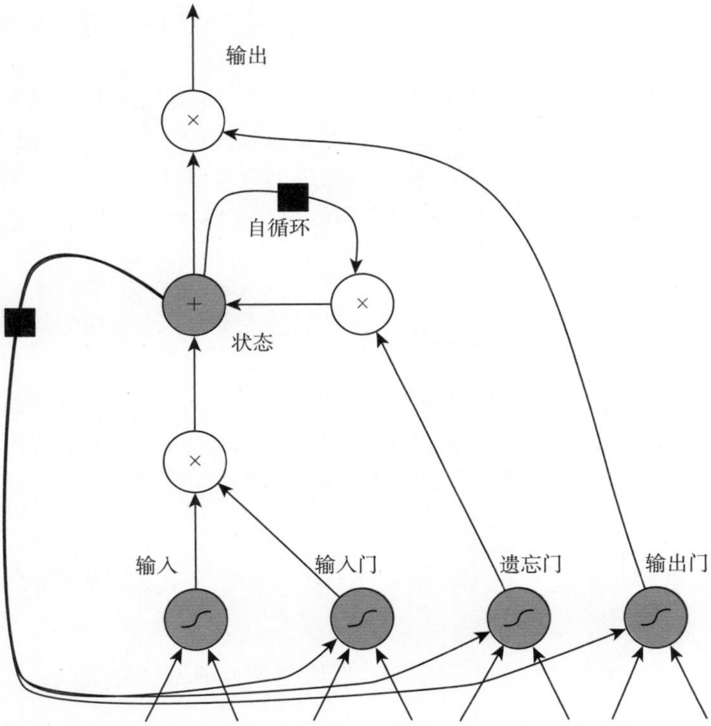

图 10.16　LSTM 循环网络“细胞”的框图。细胞彼此循环连接，代替一般循环网络中普通的隐藏单元。这里使用常规的人工神经元计算输入特征。如果 sigmoid 输入门允许，它的值可以累加到状态。状态单元具有线性自循环，其权重由遗忘门控制。细胞的输出可以被输出门关闭。所有门控单元都具有 sigmoid 非线性，而输入单元可具有任意的压缩非线性。状态单元也可以用作门控单元的额外输入。黑色方块表示单个时间步的延迟

其中 $\boldsymbol{x}^{(t)}$ 是当前输入向量，$\boldsymbol{h}^t$ 是当前隐藏层向量，$\boldsymbol{h}^t$ 包含所有 LSTM 细胞的输出。$\boldsymbol{b}^f$、$\boldsymbol{U}^f$、$\boldsymbol{W}^f$ 分别是偏置、输入权重和遗忘门的循环权重。因此 LSTM 细胞内部状态以如下方式更新，其中有一个条件的自环权重 $f_i^{(t)}$：

$$s_i^{(t)} = f_i^{(t)} s_i^{(t-1)} + g_i^{(t)} \sigma\Big(b_i + \sum_j U_{i,j} x_j^{(t)} + \sum_j W_{i,j} h_j^{(t-1)}\Big) \tag{10.41}$$

其中 $\boldsymbol{b}$、$\boldsymbol{U}$、$\boldsymbol{W}$ 分别是 LSTM 细胞中的偏置、输入权重和循环权重。**外部输入门**(external input gate) 单元 $g_i^{(t)}$ 以类似遗忘门 (使用sigmoid获得一个 0 和 1 之间的值) 的方式更新，但有自身的参数：

$$g_i^{(t)} = \sigma\Big(b_i^g + \sum_j U_{i,j}^g x_j^{(t)} + \sum_j W_{i,j}^g h_j^{(t-1)}\Big) \tag{10.42}$$

LSTM 细胞的输出 $h_i^{(t)}$ 也可以由**输出门**(output gate) $q_i^{(t)}$ 关闭 (使用 sigmoid 单元作为门控)：

$$h_i^{(t)} = \tanh\left(s_i^{(t)}\right) q_i^{(t)} \tag{10.43}$$

$$q_i^{(t)} = \sigma\left(b_i^o + \sum_j U_{i,j}^o x_j^{(t)} + \sum_j W_{i,j}^o h_j^{(t-1)}\right) \tag{10.44}$$

其中 $\boldsymbol{b}^o$、$\boldsymbol{U}^o$、$\boldsymbol{W}^o$ 分别是偏置、输入权重和循环权重。在这些变体中，可以选择使用细胞状态 $s_i^{(t)}$ 作为额外的输入 (及其权重)，输入到第 i 个单元的 3 个门，如图 10.16 所示。这将需要 3 个额外的参数。

LSTM 网络比简单的循环架构更易于学习长期依赖，先是用于测试长期依赖学习能力的人工数据集 (Bengio *et al.*, 1994c; Hochreiter and Schmidhuber, 1997; Hochreiter *et al.*, 2001)，然后是在具有挑战性的序列处理任务上获得最先进的表现 (Graves, 2012, 2013; Sutskever *et al.*, 2014)。LSTM 的变体和替代也已经被研究和使用，这将在下文进行讨论。

10.10.2 其他门控 RNN

LSTM 架构中哪些部分是真正必需的？还可以设计哪些其他成功架构允许网络动态地控制时间尺度和不同单元的遗忘行为？

最近关于门控 RNN 的工作给出了这些问题的某些答案，其单元也被称为门控循环单元或 GRU (Cho *et al.*, 2014c; Chung *et al.*, 2014, 2015a; Jozefowicz *et al.*, 2015; Chrupala *et al.*, 2015)。与 LSTM 的主要区别是，单个门控单元同时控制遗忘因子和更新状态单元的决定。更新公式如下：

$$h_i^{(t)} = u_i^{(t-1)} h_i^{(t-1)} + (1 - u_i^{(t-1)})\sigma\left(b_i + \sum_j U_{i,j} x_j^{(t)} + \sum_j W_{i,j} r_j^{(t-1)} h_j^{(t-1)}\right) \tag{10.45}$$

其中 $\boldsymbol{u}$ 代表“更新”门，$\boldsymbol{r}$ 表示“复位”门。它们的值就如通常所定义的：

$$u_i^{(t)} = \sigma\left(b_i^u + \sum_j U_{i,j}^u x_j^{(t)} + \sum_j W_{i,j}^u h_j^{(t)}\right) \tag{10.46}$$

和

$$r_i^{(t)} = \sigma\left(b_i^r + \sum_j U_{i,j}^r x_j^{(t)} + \sum_j W_{i,j}^r h_j^{(t)}\right) \tag{10.47}$$

复位和更新门能独立地“忽略”状态向量的一部分。更新门像条件渗漏累积器一样可以线性门控任意维度，从而选择将它复制 (在 sigmoid 的一个极端) 或完全由新的“目标状态”值 (朝向渗漏累积器的收敛方向) 替换并完全忽略它 (在另一个极端)。复位门控制当前状态中哪些部分用于计算下一个目标状态，在过去状态和未来状态之间引入了附加的非线性效应。

围绕这一主题可以设计更多的变种。例如复位门 (或遗忘门) 的输出可以在多个隐藏单元间共享。或者，全局门的乘积 (覆盖一整组的单元，例如整一层) 和一个局部门 (每单元) 可用于结合全局控制和局部控制。然而，一些调查发现这些 LSTM 和 GRU 架构的变种，在广泛的任务中难以明显地同时击败这两个原始架构 (Greff *et al.*, 2015; Jozefowicz *et al.*, 2015)。Greff *et al.* (2015) 发现其中的关键因素是遗忘门，而 Jozefowicz *et al.* (2015) 发现向 LSTM 遗忘门加入 1 的偏置 (由 Gers *et al.* (2000) 提倡) 能让 LSTM 变得与已探索的最佳变种一样健壮。

10.11 优化长期依赖

我们已经在第 8.2.5 节和第 10.7 节中描述过在许多时间步上优化 RNN 时发生的梯度消失和爆炸的问题。

由 Martens and Sutskever (2011) 提出了一个有趣的想法是，二阶导数可能在一阶导数消失的同时消失。二阶优化算法可以大致被理解为将一阶导数除以二阶导数 (在更高维数，由梯度乘以 Hessian 的逆)。如果二阶导数与一阶导数以类似的速率收缩，那么一阶和二阶导数的比率可保持相对恒定。不幸的是，二阶方法有许多缺点，包括高的计算成本、需要一个大的小批量并且倾向于被吸引到鞍点。Martens and Sutskever (2011) 发现采用二阶方法的不错结果。之后，Sutskever *et al.* (2013) 发现使用较简单的方法可以达到类似的结果，例如经过谨慎初始化的 Nesterov 动量法。更详细的内容参考 Sutskever (2012)。应用于 LSTM 时，这两种方法在很大程度上会被单纯的 SGD(甚至没有动量) 取代。这是机器学习中一个延续的主题，设计一个易于优化模型通常比设计出更加强大的优化算法更容易。

10.11.1 截断梯度

如第 8.2.4 节讨论，强非线性函数 (如由许多时间步计算的循环网络) 往往倾向于非常大或非常小幅度的梯度。如图 8.3 和图 10.17 所示，我们可以看到，目标函数 (作为参数的函数) 存在一个伴随“悬崖”的“地形”：宽且相当平坦区域被目标函数变化快的小区域隔开，形成了一种悬崖。

这导致的困难是，当参数梯度非常大时，梯度下降的参数更新可以将参数抛出很远，进入目标函数较大的区域，到达当前解所做的努力变成了无用功。梯度告诉我们，围绕当前参数的无穷小区域内最速下降的方向。这个无穷小区域之外，代价函数可能开始沿曲线背面而上。更新必须被选择为足够小，以避免过分穿越向上的曲面。我们通常使用衰减速度足够慢的学习率，使连续的步骤具有大致相同的学习率。适合于一个相对线性的地形部分的步长经常在下一步进入地形中更加弯曲的部分时变得不适合，会导致上坡运动。

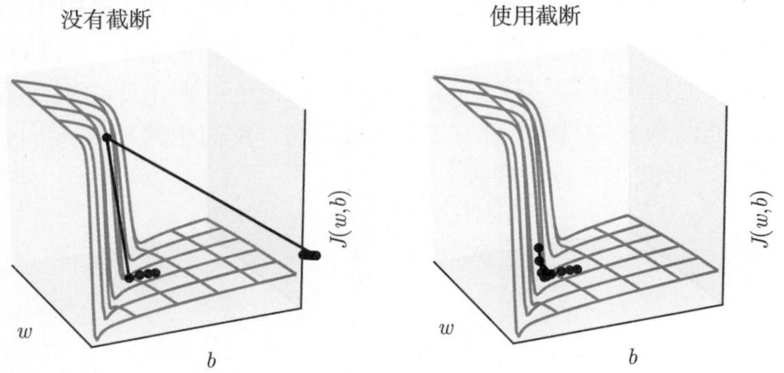

图 10.17 梯度截断在有两个参数 $\boldsymbol{w}$ 和 $\boldsymbol{b}$ 的循环网络中的效果示例。梯度截断可以使梯度下降在极陡峭的悬崖附近更合理地执行。这些陡峭的悬崖通常发生在循环网络中，位于循环网络近似线性的附近。悬崖在时间步的数量上呈指数地陡峭，因为对于每个时间步，权重矩阵都自乘一次。(*左*)没有梯度截断的梯度下降越过这个小峡谷的底部，然后从悬崖面接收非常大的梯度。大梯度灾难性地将参数推到图的轴外。(*右*)使用梯度截断的梯度下降对悬崖的反应更温和。当它上升到悬崖面时，步长受到限制，使得它不会被推出靠近解的陡峭区域。经 Pascanu *et al.* (2013a) 许可改编此图

一个简单的解决方案已被从业者使用多年：**截断梯度**(clipping the gradient)。此想法有不同实例 (Mikolov, 2012; Pascanu *et al.*, 2013a)。一种选择是在参数更新之前，*逐元素地截断*小批量产生的参数梯度 (Mikolov, 2012)。另一种是在参数更新之前*截断梯度* $\boldsymbol{g}$ *的范数* $\|\boldsymbol{g}\|$ (Pascanu *et al.*, 2013a)：

$$\text{if } \|\boldsymbol{g}\| > v \tag{10.48}$$

$$\boldsymbol{g} \leftarrow \frac{\boldsymbol{g}v}{\|g\|} \tag{10.49}$$

其中 v 是范数上界，$\boldsymbol{g}$ 用来更新参数。因为所有参数 (包括不同的参数组，如权重和偏置) 的梯度被单个缩放因子联合重整化，所以后一方法具有的优点是保证了每个步骤仍然是在梯度方向上的，但实验表明两种形式类似。虽然参数更新与真实梯度具有相同的方向梯度，经过梯度范数截断，参数更新的向量范数现在变得有界。这种有界梯度能避免执行梯度爆炸时的有害一步。事实上，当梯度大小高于阈值时，即使是采取简单的*随机步骤*往往工作得几乎一样好。如果爆炸非常严重，梯度数值上为`Inf`或`Nan`(无穷大或不是一个数字)，则可以采取大小为 v 的随机一步，通常会离开数值不稳定的状态。截断每小批量梯度范数不会改变单个小批量的梯度方向。然而，许多小批量使用范数截断梯度后的平均值不等同于截断真实梯度 (使用所有的实例所形成的梯度) 的范数。大导数范数的样本，和像这样的出现在同一小批量的样本，其对最终方向的贡献将消失。不像传统小批量梯度下降，其中真实梯度的方向是等于所有小批量梯度的平均。换句话说，传统的随机梯度下降使用梯度的无偏估计，而与使用范数截断的梯度下降引入了经验上是有用的启发式偏置。通过逐元素截断，更新的方向与真实梯度或小批量的梯度不再对齐，但是它仍然是一个下降方向。还有学者提出 (Graves, 2013)(相对于隐藏单元) 截断反向传播梯度，但没有公布与这些变种之间的比较。我们推测，所有这些方法表现类似。

10.11.2 引导信息流的正则化

梯度截断有助于处理爆炸的梯度，但它无助于消失的梯度。为了解决消失的梯度问题并更好地捕获长期依赖，我们讨论了如下想法：在展开循环架构的计算图中，沿着与弧边相关联的梯度乘积接近 1 的部分创建路径。在第 10.10 节中已经讨论过，实现这一点的一种方法是使用 LSTM 以及其他自循环和门控机制。另一个想法是正则化或约束参数，以引导“信息流”。特别是即使损失函数只对序列尾部的输出做惩罚，我们也希望梯度向量 $\nabla_{\boldsymbol{h}^{(t)}}L$ 在反向传播时能维持其幅度。形式上，我们要使

$$(\nabla_{\boldsymbol{h}^{(t)}}L)\frac{\partial \boldsymbol{h}^{(t)}}{\partial \boldsymbol{h}^{(t-1)}} \tag{10.50}$$

与

$$\nabla_{\boldsymbol{h}^{(t)}}L \tag{10.51}$$

一样大。在这个目标下，Pascanu *et al.* (2013a) 提出以下正则项：

$$\Omega = \sum_t \left(\frac{\left\| (\nabla_{\boldsymbol{h}^{(t)}}L)\frac{\partial \boldsymbol{h}^{(t)}}{\partial \boldsymbol{h}^{(t-1)}} \right\|}{\|\nabla_{\boldsymbol{h}^{(t)}}L\|} - 1 \right)^2 \tag{10.52}$$

计算这一梯度的正则项可能会出现困难，但 Pascanu *et al.* (2013a) 提出可以将后向传播向量 $\nabla_{\boldsymbol{h}^{(t)}}L$ 考虑为恒值作为近似 (为了计算正则化的目的，没有必要通过它们向后传播)。使用该正则项的实验表明，如果与标准的启发式截断 (处理梯度爆炸) 相结合，该正则项可以显著地增加 RNN 可以学习的依赖跨度。梯度截断特别重要，因为它保持了爆炸梯度边缘的 RNN 动态。如果没有梯度截断，梯度爆炸将阻碍学习的成功。

这种方法的一个主要弱点是，在处理数据冗余的任务时如语言模型，它并不像 LSTM 一样有效。

10.12 外显记忆

智能需要知识并且可以通过学习获取知识，这已促使大型深度架构的发展。然而，知识是不同的并且种类繁多。有些知识是隐含的、潜意识的并且难以用语言表达 —— 比如怎么行走或狗与猫的样子有什么不同。其他知识可以是明确的、可陈述的以及可以相对简单地使用词语表达 —— 每天常识性的知识，如“猫是一种动物”，或者为实现自己当前目标所需知道的非常具体的事实，如“与销售团队会议在 141 室于下午 3:00 开始”。

神经网络擅长存储隐性知识，但是它们很难记住事实。被存储在神经网络参数中之前，随机梯度下降需要多次提供相同的输入，即使如此，该输入也不会被特别精确地存储。Graves *et al.* (2014) 推测这是因为神经网络缺乏**工作存储**(working memory) 系统，即类似人类为实现一些目标而明确保存和操作相关信息片段的系统。这种外显记忆组件将使我们的系统不仅能够快速“故意”地存储和检索具体的事实，也能利用它们循序推论。神经网络处理序列信息的需要，改变了每个步骤向网络注入输入的方式，长期以来推理能力被认为是重要的，而不是对输入做出自动的、直观的反应 (Hinton, 1990)。

为了解决这一难题，Weston *et al.* (2014) 引入了**记忆网络**(memory network)，其中包括一组可以通过寻址机制来访问的记忆单元。记忆网络原本需要监督信号指示它们如何使用自己的记忆单元。Graves *et al.* (2014) 引入的**神经网络图灵机**(neural Turing machine)，不需要明确地监督指示采取哪些行动而能学习从记忆单元读写任意内容，并通过使用基于内容的软注意机制 (见 Bahdanau *et al.* (2015) 和第 12.4.5.1 节)，允许端到端的训练。这种软寻址机制已成为其他允许基于梯度优化的模拟算法机制的相关架构的标准 (Sukhbaatar *et al.*, 2015; Joulin and Mikolov, 2015; Kumar *et al.*, 2015a; Vinyals *et al.*, 2015a; Grefenstette *et al.*, 2015)。

每个记忆单元可以被认为是 LSTM 和 GRU 中记忆单元的扩展。不同的是，网络输出一个内部状态来选择从哪个单元读取或写入，正如数字计算机读取或写入到特定地址的内存访问。

产生确切整数地址的函数很难优化。为了缓解这一问题，NTM 实际同时从多个记忆单元写入或读取。读取时，它们采取许多单元的加权平均值。写入时，它们对多个单元修改不同的数值。用于这些操作的系数被选择为集中在一个小数目的单元，如通过 softmax 函数产生它们。使用这些具有非零导数的权重允许函数控制访问存储器，从而能使用梯度下降法优化。关于这些系数的梯度指示着其中每个参数是应该增加还是减少，但梯度通常只在接收大系数的存储器地址上变大。

这些记忆单元通常扩充为包含向量，而不是由 LSTM 或 GRU 存储单元所存储的单个标量。增加记忆单元大小的原因有两个。原因之一是，我们已经增加了访问记忆单元的成本。我们为产生用于许多单元的系数付出计算成本，但我们预期这些系数聚集在周围小数目的单元。通过读取向量值，而不是一个标量，我们可以抵消部分成本。使用向量值的记忆单元的另一个原因是，它们允许**基于内容的寻址**(content-based addressing)，其中从一个单元读或写的权重是该单元的函数。如果我们能够生产符合某些但并非所有元素的模式，向量值单元允许我们检索一个完整向量值的记忆。这类似于人们能够通过几个歌词回忆起一首歌曲的方式。我们可以认为基于内容的读取指令是说，“检索一首副歌歌词中带有‘我们都住在黄色潜水艇’的歌”。当我们要检索的对象很大时，基于内容的寻址更为有用 —— 如果歌曲的每一个字母被存储在单独的记忆单元中，我们将无法通过这种方式找到它们。通过比较，**基于位置的寻址**(location-based addressing) 不允许引用存储器的内容。我们可以认为基于位置的读取指令是说“检索 347 档的歌的歌词”。即使当存储单元很小时，基于位置的寻址通常也是完全合理的机制。

如果一个存储单元的内容在大多数时间步上会被复制 (不被忘记)，则它包含的信息可以在时间上向前传播，随时间向后传播的梯度也不会消失或爆炸。

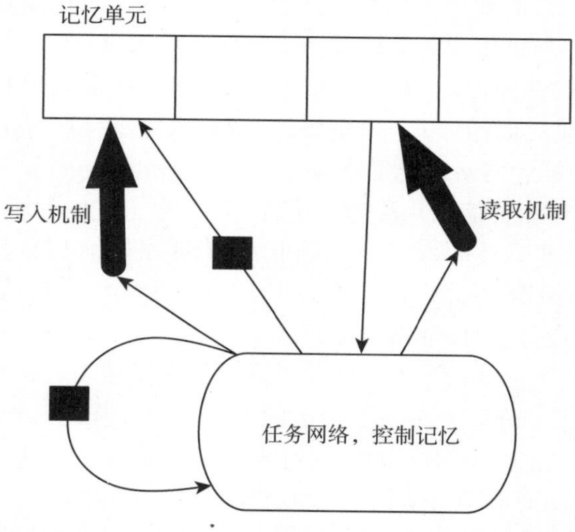

图 10.18 具有外显记忆网络的示意图，具备神经网络图灵机的一些关键设计元素。在此图中，我们将模型的“表示”部分 (“任务网络”，这里是底部的循环网络) 与存储事实的模型 (记忆单元的集合) 的“存储器”部分区分开。任务网络学习“控制”存储器，决定从哪里读取以及在哪里写入 (通过读取和写入机制，由指向读取和写入地址的粗箭头指示)

外显记忆的方法在图 10.18 说明，其中我们可以看到与存储器耦接的“任务神经网络”。虽然这一任务神经网络可以是前馈或循环的，但整个系统是一个循环网络。任务网络可以选择读取或写入的特定内存地址。外显记忆似乎允许模型学习普通 RNN 或 LSTM RNN 不能学习的任务。这种优点的一个原因可能是因为信息和梯度可以在非常长的持续时间内传播 (分别在时间上向前或向后)。

作为存储器单元的加权平均值反向传播的替代，我们可以将存储器寻址系数解释为概率，并随机从一个单元读取 (Zaremba and Sutskever, 2015)。优化离散决策的模型需要专门的优化算法，这将在第 20.9.1 节中描述。目前为止，训练这些做离散决策的随机架构，仍比训练进行软判决的确定性算法更难。

无论是软 (允许反向传播) 或随机硬性的，用于选择一个地址的机制与先前在机器翻译的背景下引入的注意力机制形式相同 (Bahdanau *et al.*, 2015)，这在第 12.4.5.1 节中也有讨论。甚至更早之前，注意力机制的想法就被引入了神经网络，在手写生成的情况下 (Graves, 2013)，有一个被约束为通过序列只向前移动的注意力机制。在机器翻译和记忆网络的情况下，每个步骤中关注的焦点可以移动到一个完全不同的地方 (相比之前的步骤)。

循环神经网络提供了将深度学习扩展到序列数据的一种方法。它们是我们的深度学习工具箱中最后一个主要的工具。现在我们的讨论将转移到如何选择和使用这些工具，以及如何在真实世界的任务中应用这些工具。

第 11 章　实践方法论

要成功地使用深度学习技术，仅仅知道存在哪些算法和解释它们为何有效的原理是不够的。一个优秀的机器学习实践者还需要知道如何针对具体应用挑选一个合适的算法以及如何监控，并根据实验反馈改进机器学习系统。在机器学习系统的日常开发中，实践者需要决定是否收集更多的数据、增加或减少模型容量、添加或删除正则化项、改进模型的优化、改进模型的近似推断或调试模型的软件实现。尝试这些操作都需要大量时间，因此确定正确的做法，而不盲目猜测尤为重要。

本书的大部分内容都是关于不同的机器学习模型、训练算法和目标函数，这可能给人一种印象 —— 成为机器学习专家的最重要因素是了解各种各样的机器学习技术，并熟悉各种不同的数学。在实践中，正确使用一个普通算法通常比草率地使用一个不清楚的算法效果更好。正确应用一个算法需要掌握一些相当简单的方法论。本章的许多建议都来自 Ng (2015)。

我们建议参考以下几个实践设计流程：

- 确定目标 —— 使用什么样的误差度量，并为此误差度量指定目标值。这些目标和误差度量取决于该应用旨在解决的问题。
- 尽快建立一个端到端的工作流程，包括估计合适的性能度量。
- 搭建系统，并确定性能瓶颈。检查哪个部分的性能差于预期，以及是否是因为过拟合、欠拟合，或者数据或软件缺陷造成的。
- 根据具体观察反复地进行增量式的改动，如收集新数据、调整超参数或改进算法。

我们将使用街景地址号码转录系统 (Goodfellow *et al.*, 2014d) 作为一个运行示例。该应用的目标是将建筑物添加到谷歌地图。街景车拍摄建筑物，并记录与每张建筑照片相关的 GPS 坐标。卷积网络识别每张照片上的地址号码，由谷歌地图数据库在正确的位置添加该地址。这个商业应用是一个很好的示例，它的开发流程遵循我们倡导的设计方法。

我们现在描述这个过程中的每一个步骤。

11.1　性能度量

确定目标，即使用什么误差度量，是必要的第一步，因为误差度量将指导接下来的所有工作。同时我们也应该了解大概能得到什么级别的目标性能。

值得注意的是，对于大多数应用而言，不可能实现绝对零误差。即使你有无限的训练数据，并且恢复了真正的概率分布，贝叶斯误差仍定义了能达到的最小错误率。这是因为输入特征可能无法包含输出变量的完整信息，或是因为系统可能本质上是随机的。当然我们还会受限于有限的训练数据。

训练数据的数量会因为各种原因受到限制。当目标是打造现实世界中最好的产品或服务时，我们通常需要收集更多的数据，但必须确定进一步减少误差的价值，并与收集更多数据的成本做权衡。数据收集会耗费时间、金钱，或带来人体痛苦 (例如，收集人体医疗测试数据)。科研中，目标通常是在某个确定基准下探讨哪个算法更好，一般会固定训练集，不允许收集更多的数据。

如何确定合理的性能期望？在学术界，通常我们可以根据先前公布的基准结果来估计预期错误率。在现实世界中，一个应用的错误率有必要是安全的、具有成本效益的或吸引消费者的。一旦你确定了想要达到的错误率，那么你的设计将由如何达到这个错误率来指导。

除了需要考虑性能度量之外，另一个需要考虑的是度量的选择。我们有几种不同的性能度量，可以用来度量一个含有机器学习组件的完整应用的有效性。这些性能度量通常不同于训练模型的代价函数。如第 5.1.2 节所述，我们通常会度量一个系统的准确率，或等价地，错误率。

然而，许多应用需要更高级的度量。

有时，一种错误可能会比另一种错误更严重。例如，垃圾邮件检测系统会有两种错误：将正常邮件错误地归为垃圾邮件，将垃圾邮件错误地归为正常邮件。阻止正常消息比允许可疑消息通过糟糕得多。我们希望度量某种形式的总代价，其中拦截正常邮件比允许垃圾邮件通过的代价更高，而不是度量垃圾邮件分类的错误率。

有时，我们需要训练检测某些罕见事件的二元分类器。例如，我们可能会为一种罕见疾病设计医疗测试。假设每一百万人中只有一人患病。我们只需要让分类器一直报告没有患者，就能轻易地在检测任务上实现 99.9999% 的正确率。显然，正确率很难描述这种系统的性能。解决这个问题的方法是度量**精度**(precision) 和**召回率**(recall)。精度是模型报告的检测正确的比率，而召回率则是真实事件被检测到的比率。检测器永远报告没有患者，会得到一个完美的精度，但召回率为零。而报告每个人都是患者的检测器会得到一个完美的召回率，但是精度会等于人群中患有该病的比例 (在我们的例子中是 0.0001%，即每一百万人只有一人患病)。当使用精度和召回率时，我们通常会画**PR 曲线**(PR curve)，y 轴表示精度，x 轴表示召回率。如果检测到的事件发生了，那么分类器会返回一个较高的得分。例如，我们将前馈网络设计为检测一种疾病，估计一个医疗结果由特征 $\boldsymbol{x}$ 表示的人患病的概率为 $\hat{y} = P(y = 1 \mid \boldsymbol{x})$。每当这个得分超过某个阈值时，我们报告检测结果。通过调整阈值，我们能权衡精度和召回率。在很多情况下，我们希望用一个数而不是曲线来概括分类器的性能。要做到这一点，我们可以将精度 p 和召回率 r 转换为**F 分数**(F-score)

$$F = \frac{2pr}{p + r} \tag{11.1}$$

另一种方法是报告 PR 曲线下方的总面积。

在一些应用中，机器学习系统可能会拒绝作出判断。如果机器学习算法能够估计所作判断的置信度，这将会非常有用，特别是在错误判断会导致严重危害，而人工操作员能够偶尔接管的情况下。街景转录系统可以作为这种情况的一个示例。这个任务是识别照片上的地址号码，将照片拍摄地点对应到地图上的地址。如果地图是不精确的，那么地图的价值会严重下降。因此只在转录正确的情况下添加地址才十分重要。如果机器学习系统认为它不太能像人一样正确地转录，那么最好的办法当然是让人来转录照片。当然，只有当机器学习系统能够大量降低需要人工操作处理的图片时，它才是有用的。在这种情况下，一种自然的性能度量是**覆盖**(coverage)。覆盖是机器学习系统能够产生响应的样本所占的比率。我们权衡覆盖和精度。一个系统可以通过拒绝处理任意样本的方式来达到 100% 的精度，但是覆盖降到了 0%。对于街景任务，该项目的目标是达到人类级别的转录精度，同时保持 95% 的覆盖。在这项任务中，人类级别的性能是 98% 的精度。

还有许多其他的性能度量。例如，我们可以度量点击率、收集用户满意度调查等。许多专业的应用领域也有特定的标准。

最重要的是首先要确定改进哪个性能度量，然后专心提高性能度量。如果没有明确的目标，那么我们很难判断机器学习系统上的改动是否有所改进。

11.2 默认的基准模型

确定性能度量和目标后，任何实际应用的下一步是尽快建立一个合理的端到端的系统。在本节中，我们提供了关于不同情况下使用哪种算法作为第一基准方法的推荐。值得注意的是，深度学习研究进展迅速，所以本书出版后很快可能会有更好的默认算法。

根据问题的复杂性，项目开始时可能无须使用深度学习。如果只需正确地选择几个线性权重就可能解决问题，那么项目可以开始于一个简单的统计模型，如逻辑回归。

如果问题属于"AI-完全"类的，如对象识别、语音识别、机器翻译等，那么项目开始于一个合适的深度学习模型，效果会比较好。

首先，根据数据的结构选择一类合适的模型。如果项目是以固定大小的向量作为输入的监督学习，那么可以使用全连接的前馈网络。如果输入已知的拓扑结构 (例如，输入的是图像)，那么可以使用卷积网络。在这些情况下，刚开始可以使用某些分段线性单元 (ReLU 或者其扩展，如 Leaky ReLU、PReLU 和 maxout)。如果输入或输出是一个序列，可以使用门控循环网络 (LSTM 或 GRU)。

具有衰减学习率以及动量的 SGD 是优化算法一个合理的选择 (流行的衰减方法有，衰减到固定最低学习率的线性衰减、指数衰减，或每次发生验证错误停滞时将学习率降低 $2 \sim 10$ 倍，这些衰减方法在不同问题上好坏不一)。另一个非常合理的选择是 Adam 算法。批标准化对优化性能有着显著的影响，特别是对卷积网络和具有 sigmoid 非线性函数的网络而言。虽然在最初的基准中忽略批标准化是合理的，然而当优化似乎出现问题时，应该立刻使用批标准化。

除非训练集包含数千万以及更多的样本，否则项目应该在一开始就包含一些温和的正则化。提前终止也被普遍采用。Dropout 也是一个很容易实现，且兼容很多模型和训练算法的出色正则化项。批标准化有时也能降低泛化误差，此时可以省略 Dropout 步骤，因为用于标准化变量的统计量估计本身就存在噪声。

如果我们的任务和另一个被广泛研究的任务相似，那么通过复制先前研究中已知性能良好的模型和算法，可能会得到很好的效果，甚至可以从该任务中复制一个训练好的模型。例如，通常会使用在 ImageNet 上训练好的卷积网络的特征来解决其他计算机视觉任务 (Girshick *et al.*, 2015)。

一个常见问题是项目开始时是否使用无监督学习，我们将在第 3 部分进一步探讨这个问题。这个问题和特定领域有关。在某些领域，比如自然语言处理，能够大大受益于无监督学习技术，如学习无监督词嵌入。在其他领域，如计算机视觉，除非是在半监督的设定下 (标注样本数量很少)(Kingma *et al.*, 2014; Rasmus *et al.*, 2015)，目前无监督学习并没有带来益处。如果应用所在环境中，无监督学习被认为是很重要的，那么将其包含在第一个端到端的基准中。否则，只有在解决无监督问题时，才会第一次尝试时使用无监督学习。在发现初始基准过拟合的时候，我们可以尝试加入无监督学习。

11.3 决定是否收集更多数据

在建立第一个端到端的系统后，就可以度量算法性能并决定如何改进算法。许多机器学习新手都忍不住尝试很多不同的算法来进行改进。然而，收集更多的数据往往比改进学习算法要有用得多。

怎样判断是否要收集更多的数据？首先，确定训练集上的性能是否可接受。如果模型在训练集上的性能就很差，学习算法都不能在训练集上学习出良好的模型，那么就没必要收集更多的数据。反之，可以尝试增加更多的网络层或每层增加更多的隐藏单元，以增加模型的规模。此外，也可以尝试调整学习率等超参数的措施来改进学习算法。如果更大的模型和仔细调试的优化算法效果不佳，那么问题可能源自训练数据的质量。数据可能含太多噪声，或是可能不包含预测输出所需的正确输入。这意味着我们需要重新开始，收集更干净的数据或是收集特征更丰富的数据集。

如果训练集上的性能是可接受的，那么我们开始度量测试集上的性能。如果测试集上的性能也是可以接受的，那么就顺利完成了。如果测试集上的性能比训练集的要差得多，那么收集更多的数据是最有效的解决方案之一。这时主要的考虑是收集更多数据的代价和可行性，其他方法降低测试误差的代价和可行性，以及增加数据数量能否显著提升测试集性能。在拥有百万甚至上亿用户的大型网络公司，收集大型数据集是可行的，并且这样做的成本可能比其他方法要少很多，所以答案几乎总是收集更多的训练数据。例如，收集大型标注数据集是解决对象识别问题的主要因素之一。在其他情况下，如医疗应用，收集更多的数据可能代价很高或者不可行。一个可以替代的简单方法是降低模型大小或是改进正则化 (调整超参数，如权重衰减系数，或是加入正则化策略，如 Dropout)。如果调整正则化超参数后，训练集性能和测试集性能之间的差距还是不可接受，那么收集更多的数据是可取的。

在决定是否收集更多的数据时，也需要确定收集多少数据。如图 5.4 所示，绘制曲线显示训练集规模和泛化误差之间的关系是很有帮助的。根据走势延伸曲线，可以预测还需要多少训练数据来达到一定的性能。通常，加入总数目一小部分的样本不会对泛化误差产生显著的影响。因此，建议在对数尺度上考虑训练集的大小，例如在后续的实验中倍增样本数目。

如果收集更多的数据是不可行的，那么改进泛化误差的唯一方法是改进学习算法本身。这属于研究领域，并非对应用实践者的建议。

11.4 选择超参数

大部分深度学习算法都有许多超参数来控制不同方面的算法表现。有些超参数会影响算法运行的时间和存储成本，有些超参数会影响学习到的模型质量以及在新输入上推断正确结果的能力。

有两种选择超参数的基本方法：手动选择和自动选择。手动选择超参数需要了解超参数做了些什么，以及机器学习模型如何才能取得良好的泛化。自动选择超参数算法大大减少了了解这些想法的需要，但它们往往需要更高的计算成本。

11.4.1 手动调整超参数

手动设置超参数，我们必须了解超参数、训练误差、泛化误差和计算资源 (内存和运行时间) 之间的关系。这需要切实了解一个学习算法有效容量的基础概念，如第 5 章所描述的。

手动搜索超参数的目标通常是最小化受限于运行时间和内存预算的泛化误差。我们不去探讨如何确定各种超参数对运行时间和内存的影响，因为这高度依赖于平台。

手动搜索超参数的主要目标是调整模型的有效容量以匹配任务的复杂性。有效容量受限于 3 个因素：模型的表示容量、学习算法成功最小化训练模型代价函数的能力，以及代价函数和训练过程正则化模型的程度。具有更多网络层、每层有更多隐藏单元的模型具有较高的表示能力 —— 能够表示更复杂的函数。然而，如果训练算法不能找到某个合适的函数来最小化训练代价，或是正则化项 (如权重衰减) 排除了这些合适的函数，那么即使模型的表达能力较高，也不能学习出合适的函数。

当泛化误差以某个超参数为变量，作为函数绘制出来时，通常会表现为 U 形曲线，如图 5.3 所示。在某个极端情况下，超参数对应着低容量，并且泛化误差由于训练误差较大而很高。这便是欠拟合的情况。另一种极端情况，超参数对应着高容量，并且泛化误差由于训练误差和测试误差之间的差距较大而很高。最优的模型容量位于曲线中间的某个位置，能够达到最低可能的泛化误差，由某个中等的泛化误差和某个中等的训练误差相加构成。

对于某些超参数，当超参数数值太大时，会发生过拟合。例如中间层隐藏单元的数量，增加数量能提高模型的容量，容易发生过拟合。对于某些超参数，当超参数数值太小时，也会发生过拟合。例如，最小的权重衰减系数允许为零，此时学习算法具有最大的有效容量，反而容易过拟合。

并非每个超参数都能对应着完整的 U 形曲线。很多超参数是离散的，如中间层单元数目或是 maxout 单元中线性元件的数目，这种情况只能沿曲线探索一些点。有些超参数是二值的。通常这些超参数用来指定是否使用学习算法中的一些可选部分，如预处理步骤减去均值并除以标准差来标准化输入特征。这些超参数只能探索曲线上的两点。其他一些超参数可能会有最小值或最大值，限制其探索曲线的某些部分。例如，权重衰减系数最小是零。这意味着，如果权重衰减系数为零时模型欠拟合，那么我们将无法通过修改权重衰减系数探索过拟合区域。换言之，有些超参数只能减少模型容量。

学习率可能是最重要的超参数。如果你只有时间调整一个超参数，那就调整学习率。相比其他超参数，它以一种更复杂的方式控制模型的有效容量 —— 当学习率适合优化问题时，模型的有效容量最高，此时学习率是*正确*的，既不是特别大也不是特别小。学习率关于*训练误差*具有 U 形曲线，如图 11.1 所示。当学习率过大时，梯度下降可能会不经意地增加而非减少训练误差。在理想化的二次情况下，如果学习率是最佳值的两倍大时，则会发生这种情况 (LeCun *et al.*, 1998b)。当学习率太小，训练不仅慢，还有可能永久停留在一个很高的训练误差上。关于这种效应，我们知之甚少 (不会发生于一个凸损失函数中)。

调整学习率外的其他参数时，需要同时监测训练误差和测试误差，以判断模型是否过拟合或欠拟合，然后适当调整其容量。

如果训练集错误率大于目标错误率，那么只能增加模型容量以改进模型。如果没有使用正则化，并且确信优化算法正确运行，那么有必要添加更多的网络层或隐藏单元。然而，令人遗憾的是，这增加了模型的计算代价。

如果测试集错误率大于目标错误率，那么可以采取两个方法。测试误差是训练误差和测试误差之间差距与训练误差的总和。寻找最佳的测试误差需要权衡这些数值。当训练误差较小 (因此容量较大)，测试误差主要取决于训练误差和测试误差之间的差距时，通常神经网络效果最好。此时目标是缩小这一差距，使训练误差的增长速率不快于差距减小的速率。要减少这个差距，我们可以改变正则化超参数，以减少有效的模型容量，如添加 Dropout 或权重衰减策略。通常，最佳性能来自正则化得很好的大规模模型，比如使用 Dropout 的神经网络。

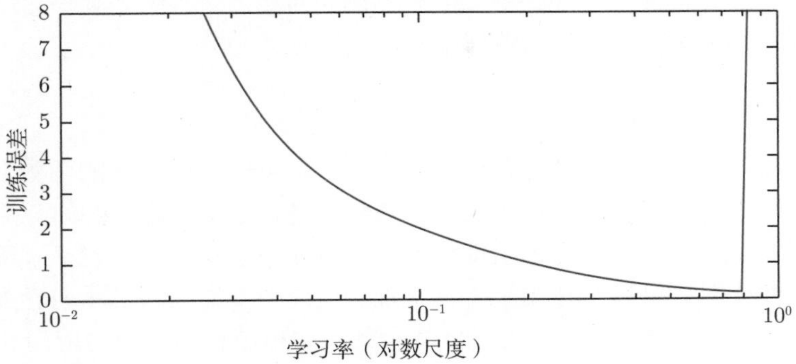

图 11.1 训练误差和学习率之间的典型关系。注意，当学习率大于最优值时，误差会有显著的提升。此图针对固定的训练时间，越小的学习率有时候可以以一个正比于学习率减小量的因素来减慢训练过程。泛化误差也会得到类似的曲线，由于正则项作用在学习率过大或过小处比较复杂。一个糟糕的优化从某种程度上说可以避免过拟合，即使是训练误差相同的点也会拥有完全不同的泛化误差

大部分超参数可以通过推理其是否增加或减少模型容量来设置。部分示例如表 11.1 所示。

表 11.1 各种超参数对模型容量的影响

超参数	容量何时增加	原因	注意事项
隐藏单元数量	增加	增加隐藏单元数量会增加模型的表示能力	几乎模型每个操作所需的时间和内存代价都会随隐藏单元数量的增加而增加
学习率	调至最优	不正确的学习速率，不管是太高还是太低都会由于优化失败而导致低有效容量的模型	
卷积核宽度	增加	增加卷积核宽度会增加模型的参数数量	较宽的卷积核导致较窄的输出尺寸，除非使用隐式零填充减少此影响，否则会降低模型容量。较宽的卷积核需要更多的内存存储参数，并会增加运行时间，但较窄的输出会降低内存代价
隐式零填充	增加	在卷积之前隐式添加零能保持较大尺寸的表示	大多数操作的时间和内存代价会增加
权重衰减系数	降低	降低权重衰减系数使得模型参数可以自由地变大	
Dropout 比率	降低	较少地丢弃单元可以更多地让单元彼此“协力”来适应训练集	

手动调整超参数时，不要忘记最终目标：提升测试集性能。加入正则化只是实现这个目

标的一种方法。只要训练误差低，随时都可以通过收集更多的训练数据来减少泛化误差。实践中能够确保学习有效的暴力方法就是不断提高模型容量和训练集的大小，直到解决问题。这种做法增加了训练和推断的计算代价，所以只有在拥有足够资源时才是可行的。原则上，这种做法可能会因为优化难度提高而失败，但对于许多问题而言，优化似乎并没有成为一个显著的障碍，当然，前提是选择了合适的模型。

11.4.2 自动超参数优化算法

理想的学习算法应该是只需要输入一个数据集，就可以输出学习的函数，而不需要手动调整超参数。一些流行的学习算法，如逻辑回归和支持向量机，流行的部分原因是这类算法只有一到两个超参数需要调整，它们也能表现出不错的性能。有些情况下，所需调整的超参数数量较少时，神经网络可以表现出不错的性能；但超参数数量有几十甚至更多时，效果会提升得更加明显。当使用者有一个很好的初始值，例如由在相同类型的应用和架构上具有经验的人确定初始值，或者使用者在相似问题上具有几个月甚至几年的神经网络超参数调整经验，那么手动调整超参数能有很好的效果。然而，对于很多应用而言，这些起点都不可用。在这些情况下，自动算法可以找到合适的超参数。

如果仔细想想使用者搜索学习算法合适超参数的方式，我们会意识到这其实是一种优化：我们在试图寻找超参数来优化目标函数，例如验证误差，有时还会有一些约束 (如训练时间、内存或识别时间的预算)。因此，原则上有可能开发出封装学习算法的**超参数优化**(hyperparameter optimization) 算法，并选择其超参数，从而使用者不需要指定学习算法的超参数。令人遗憾的是，超参数优化算法往往有自己的超参数，如学习算法的每个超参数应该被探索的值的范围。然而，这些次级超参数通常很容易选择，这就是说，相同的次级超参数能够在很多不同的问题上具有良好的性能。

11.4.3 网格搜索

当有 3 个或更少的超参数时，常见的超参数搜索方法是**网格搜索**(grid search)。对于每个超参数，使用者选择一个较小的有限值集去探索。然后，这些超参数笛卡儿乘积得到一组组超参数，网格搜索使用每组超参数训练模型。挑选验证集误差最小的超参数作为最好的超参数。图 11.2 所示是超参数值的网络。

应该如何选择搜索集合的范围呢?在超参数是数值 (有序) 的情况下，每个列表的最小和最大的元素可以基于先前相似实验的经验保守地挑选出来，以确保最优解非常可能在所选范围内。通常，网格搜索大约会在**对数尺度**(logarithmic scale) 下挑选合适的值，例如，一个学习率的取值集合是 $\{0.1, 0.01, 10^{-3}, 10^{-4}, 10^{-5}\}$，或者隐藏单元数目的取值集合 $\{50, 100, 200, 500, 1000, 2000\}$。

通常重复进行网格搜索时，效果会最好。例如，假设我们在集合 $\{-1, 0, 1\}$ 上网格搜索超参数 α。如果找到的最佳值是 1，那么说明我们低估了最优值 α 所在的范围，应该改变搜索格点，例如在集合 $\{1, 2, 3\}$ 中搜索。如果最佳值是 0，那么我们不妨通过细化搜索范围以改进估计，在集合 $\{-0.1, 0, 0.1\}$ 上进行网格搜索。

网格搜索带来的一个明显问题是，计算代价会随着超参数数量呈指数级增长。如果有 m 个超参数，每个最多取 n 个值，那么训练和估计所需的试验数将是 $O(n^m)$。我们可以并行地进行实验，并且并行要求十分宽松 (进行不同搜索的机器之间几乎没有必要进行通信)。令人遗憾的是，由于网格搜索指数级增长计算代价，即使是并行，我们也无法提供令人满意的搜索规模。

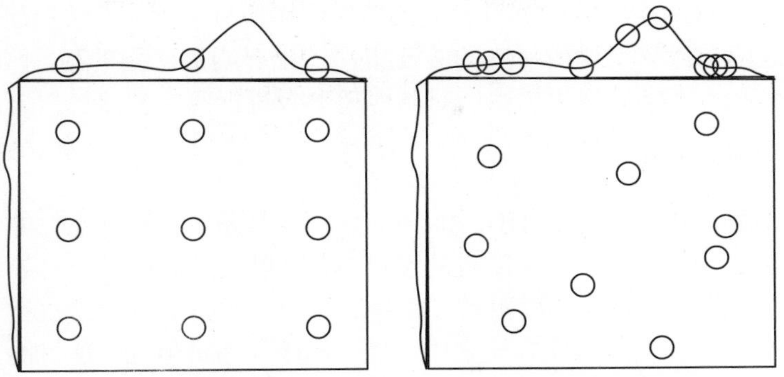

图 11.2 网格搜索和随机搜索的比较。为了便于说明，我们只展示两个超参数的例子，但是我们关注的问题中超参数个数通常会更多。(左) 为了实现网格搜索，我们为每个超参数提供了一个值的集合。搜索算法对每一种在这些集合的交叉积中的超参数组合进行训练。(右) 为了实现随机搜索，我们给联合超参数赋予了一个概率分布。通常超参数之间是相互独立的。常见的这种分布的选择是均匀分布或者是对数均匀 (从对数均匀分布中抽样，就是对从均匀分布中抽取的样本进行指数运算) 的。然后这些搜索算法从联合的超参数空间中采样，然后运行每一个样本。网格搜索和随机搜索都运行了验证集上的误差并返回了最优的解。这个图说明了通常只有一个超参数对结果有着重要的影响。在这个例子中，只有水平轴上的超参数对结果有重要的作用。网格搜索将大量的计算浪费在指数量级的对结果无影响的超参数中，相比之下随机搜索几乎每次测试都测试了对结果有影响的每个超参数的独一无二的值。此图经 Bergstra and Bengio (2011) 允许转载

11.4.4 随机搜索

幸运的是，有一个替代网格搜索的方法，并且编程简单，使用更方便，能更快地收敛到超参数的良好取值 —— 随机搜索 (Bergstra and Bengio, 2012)。

随机搜索过程如下。首先，我们为每个超参数定义一个边缘分布，例如，Bernoulli 分布或范畴分布 (分别对应着二元超参数或离散超参数)，或者对数尺度上的均匀分布 (对应着正实值超参数)。例如，

$$\texttt{log\_learning\_rate} \sim u(-1, -5), \tag{11.2}$$

$$\texttt{learning\_rate} = 10^{\texttt{log\_learning\_rate}} \tag{11.3}$$

其中，$u(a, b)$ 表示区间 (a, b) 上均匀采样的样本。类似地，`log_number_of_hidden_units` 可以从 $u(\log(50), \log(2000))$ 上采样。

与网格搜索不同，我们*不需要离散化*超参数的值。这允许我们在一个更大的集合上进行搜索，而不产生额外的计算代价。实际上，如图 11.2 所示，当有几个超参数对性能度量没有显著影响时，随机搜索相比于网格搜索指数级地高效。Bergstra and Bengio (2012) 进行了详细的研究并发现相比于网格搜索，随机搜索能够更快地减小验证集误差 (就每个模型运行的试验数而言)。

与网格搜索一样，我们通常会重复运行不同版本的随机搜索，以基于前一次运行的结果改进下一次搜索。

随机搜索能比网格搜索更快地找到良好超参数的原因是，没有浪费的实验，不像网格搜索有时会对一个超参数的两个不同值 (给定其他超参数值不变) 给出相同结果。在网格搜索中，其他超参数将在这两次实验中拥有相同的值，而在随机搜索中，它们通常会具有不同的值。因此，如果这两个值的变化所对应的验证集误差没有明显区别的话，网格搜索没有必要重复两个等价的实验，而随机搜索仍然会对其他超参数进行两次独立的探索。

11.4.5 基于模型的超参数优化

超参数搜索问题可以转化为一个优化问题，决策变量是超参数，优化的代价是超参数训练出来的模型在验证集上的误差。在简化的设定下，可以计算验证集上可导误差函数关于超参数的梯度，然后我们遵循这个梯度更新 (Bengio *et al.*, 1999; Bengio, 2000; Maclaurin *et al.*, 2015)。令人遗憾的是，在大多数实际设定中，这个梯度是不可用的。这可能是因为其高额的计算代价和存储成本，也可能是因为验证集误差在超参数上本质上不可导，例如超参数是离散值的情况。

为了弥补梯度的缺失，我们可以对验证集误差建模，然后通过优化该模型来提出新的超参数猜想。大部分基于模型的超参数搜索算法，都是使用贝叶斯回归模型来估计每个超参数的验证集误差期望和该期望的不确定性。因此，优化涉及探索 (探索高度不确定的超参数，可能带来显著的效果提升，也可能效果很差) 和使用 (使用已经确信效果不错的超参数 —— 通常是先前见过的非常熟悉的超参数) 之间的权衡。关于超参数优化的最前沿方法还包括 Spearmint (Snoek *et al.*, 2012)，TPE (Bergstra *et al.*, 2011) 和 SMAC (Hutter *et al.*, 2011)。

目前，我们无法明确确定，贝叶斯超参数优化是否是一个能够实现更好深度学习结果或是能够事半功倍的成熟工具。贝叶斯超参数优化有时表现得像人类专家，能够在有些问题上取得很好的效果，但有时又会在某些问题上发生灾难性的失误。看看它是否适用于一个特定的问题是值得尝试的，但目前该方法还不够成熟或可靠。就像所说的那样，超参数优化是一个重要的研究领域，通常主要受深度学习所需驱动，但是它不仅能贡献于整个机器学习领域，还能贡献于一般的工程学。

大部分超参数优化算法比随机搜索更复杂，并且具有一个共同的缺点，在它们能够从实验中提取任何信息之前，它们需要运行完整的训练实验。相比于人类实践者手动搜索，考虑实验早期可以收集的信息量，这种方法是相当低效的，因为手动搜索通常可以很早判断出某组超参数是否是完全病态的。Swersky *et al.* (2014) 提出了一个可以维护多个实验的早期版本算法。在不同的时间点，超参数优化算法可以选择开启一个新实验，“冻结”正在运行但希望不大的实验，或是“解冻”并恢复早期被冻结的，但现在根据更多信息后又有希望的实验。

11.5 调试策略

当一个机器学习系统效果不好时，通常很难判断效果不好的原因是算法本身，还是算法实现错误。由于各种原因，机器学习系统很难调试。

在大多数情况下，我们不能提前知道算法的行为。事实上，使用机器学习的整个出发点是，它会发现一些我们自己无法发现的有用行为。如果我们在一个新的分类任务上训练一个神经网络，它达到 5% 的测试误差，我们无法直接知道这是期望的结果，还是次优的结果。

另一个难点是，大部分机器学习模型有多个自适应的部分。如果一个部分失效了，其他部分仍然可以自适应，并获得大致可接受的性能。例如，假设我们正在训练多层神经网络，其中参数为权重 $\boldsymbol{W}$ 和偏置 $\boldsymbol{b}$。进一步假设，我们单独手动实现了每个参数的梯度下降规则。而我们在偏置更新时犯了一个错误：

$$\boldsymbol{b} \leftarrow \boldsymbol{b} - \alpha \tag{11.4}$$

其中 α 是学习率。这个错误更新没有使用梯度。它会导致偏置在整个学习中不断变为负值，对于一个学习算法来说这显然是错误的。然而只是检查模型输出的话，该错误可能并不是显而易见的。根据输入的分布，权重可能可以自适应地补偿负的偏置。

大部分神经网络的调试策略都是解决这两个难题中的一个或两个。我们可以设计一种足够简单的情况，能够提前得到正确结果，判断模型预测是否与之相符；我们也可以设计一个测试，独立检查神经网络实现的各个部分。

一些重要的调试检测如下所述。

可视化计算中模型的行为：当训练模型检测图像中的对象时，查看一些模型检测到部分重叠的图像。在训练语音生成模型时，试听一些生成的语音样本。这似乎是显而易见的，但在实际中很容易只注意量化性能度量，如准确率或对数似然。直接观察机器学习模型运行其任务，有助于确定其达到的量化性能数据是否看上去合理。错误评估模型性能可能是最具破坏性的错误之一，因为它们会使你在系统出问题时误以为系统运行良好。

可视化最严重的错误：大多数模型能够输出运行任务时的某种置信度量。例如，基于 softmax 函数输出层的分类器给每个类分配一个概率。因此，分配给最有可能的类的概率给出了模型在其分类决定上的置信估计值。通常，相比于正确预测的概率最大似然训练会略有高估。但是由于实际上模型的较小概率不太可能对应着正确的标签，因此它们在一定意义上还是有些用的。通过查看训练集中很难正确建模的样本，通常可以发现该数据预处理或者标记方式的问题。例如，街景转录系统原本有个问题是，地址号码检测系统会将图像裁剪得过于紧密，而省略掉了一些数字。然后转录网络会给这些图像的正确答案分配非常低的概率。将图像排序，确定置信度最高的错误，显示系统的裁剪有问题。修改检测系统裁剪更宽的图像，从而使整个系统获得更好的性能，但是转录网络需要能够处理地址号码中位置和范围更大变化的情况。

根据训练和测试误差检测软件：我们往往很难确定底层软件是否正确实现。训练和测试误差能够提供一些线索。如果训练误差较低，但是测试误差较高，那么很有可能训练过程是在正常运行，但模型由于算法原因过拟合了。另一种可能是，测试误差没有被正确地度量，可能是由于训练后保存模型再重载去度量测试集时出现问题，或者是因为测试数据和训练数据预处理的方式不同。如果训练和测试误差都很高，那么很难确定是软件错误，还是由于算法原因模型欠拟合。这种情况需要进一步的测试，如下面所述。

拟合极小的数据集：当训练集上有很大的误差时，我们需要确定问题是真正的欠拟合，还是软件错误。通常，即使是小模型也可以保证很好地拟合一个足够小的数据集。例如，只有一个样本的分类数据可以通过正确设置输出层的偏置来拟合。通常，如果不能训练一个分类器来正确标注一个单独的样本，或不能训练一个自编码器来成功地精准再现一个单独的样本，或不能训练一个生成模型来一致地生成一个单独的样本，那么很有可能是由于软件错误阻止训练集上的成功优化。此测试可以扩展到只有少量样本的小数据集上。

比较反向传播导数和数值导数：如果读者正在使用一个需要实现梯度计算的软件框架，

或者在添加一个新操作到求导库中，必须定义它的 bprop 方法，那么常见的错误原因是没能正确地实现梯度表达。验证这些求导正确性的一种方法是比较自动求导的实现和通过**有限差分**(finite difference) 计算的导数。因为

$$f'(x) = \lim_{\epsilon \to 0} \frac{f(x+\epsilon) - f(x)}{\epsilon} \tag{11.5}$$

我们可以使用小的、有限的 ϵ 近似导数：

$$f'(x) \approx \frac{f(x+\epsilon) - f(x)}{\epsilon} \tag{11.6}$$

我们可以使用**中心差分**(centered difference) 提高近似的准确率：

$$f'(x) \approx \frac{f(x+\frac{1}{2}\epsilon) - f(x-\frac{1}{2}\epsilon)}{\epsilon} \tag{11.7}$$

扰动大小 ϵ 必须足够大，以确保该扰动不会由于数值计算的有限精度问题产生舍入误差。

通常，我们会测试向量值函数 $g : \mathbb{R}^m \to \mathbb{R}^n$ 的梯度或 Jacobian 矩阵。令人遗憾的是，有限差分只允许我们每次计算一个导数。我们可以使用有限差分 mn 次评估 g 的所有偏导数，也可以将该测试应用于一个新函数 (在函数 g 的输入输出都加上随机投影)。例如，我们可以将导数实现的测试用于函数 $f(x) = \boldsymbol{u}^T g(\boldsymbol{v}x)$，其中 $\boldsymbol{u}$ 和 $\boldsymbol{v}$ 是随机向量。正确计算 $f'(x)$ 要求能够正确地通过 g 反向传播，但是使用有限差分能够高效地计算，因为 f 只有一个输入和一个输出。通常，一个好的方法是在多个 $\boldsymbol{u}$ 值和 $\boldsymbol{v}$ 值上重复这个测试，可以减少测试忽略了垂直于随机投影的错误的几率。

如果我们可以在复数上进行数值计算，那么使用复数作为函数的输入会有非常高效的数值方法估算梯度 (Squire and Trapp, 1998)。该方法基于如下观察：

$$f(x+i\epsilon) = f(x) + i\epsilon f'(x) + O(\epsilon^2) \tag{11.8}$$

$$\text{real}(f(x+i\epsilon)) = f(x) + O(\epsilon^2), \quad \text{image}(\frac{f(x+i\epsilon)}{\epsilon}) = f'(x) + O(\epsilon^2) \tag{11.9}$$

其中 $i = \sqrt{-1}$。和上面的实值情况不同，这里不存在消除影响，因为我们对 f 在不同点上计算差分。因此我们可以使用很小的 ϵ，比如 $\epsilon = 10^{-150}$，其中误差 $O(\epsilon^2)$ 对所有实用目标都是微不足道的。

监控激活函数值和梯度的直方图：可视化神经网络在大量训练迭代后 (也许是一个轮) 收集到的激活函数值和梯度的统计量往往是有用的。隐藏单元的预激活值可以告诉我们该单元是否饱和，或者它们饱和的频率如何。例如，对于整流器，它们多久关一次？是否有单元一直关闭？对于双曲正切单元而言，预激活绝对值的平均值可以告诉我们该单元的饱和程度。在深度网络中，传播梯度的快速增长或快速消失，可能会阻碍优化过程。最后，比较参数梯度和参数的量级也是有帮助的。正如 (Bottou, 2015) 所建议的，我们希望参数在一个小批量更新中变化的幅度是参数量值 1% 这样的级别，而不是 50% 或者 0.001%(这会导致参数移动得太慢)。也有可能是某些参数以良好的步长移动，而另一些停滞。如果数据是稀疏的 (比如自然语言)，有些参数可能很少更新，检测它们变化时应该记住这一点。

最后，许多深度学习算法为每一步产生的结果提供了某种保证。例如，在第 3 部分，我们将看到一些使用代数解决优化问题的近似推断算法。通常，这些可以通过测试它们的每个保

证来调试。某些优化算法提供的保证包括，目标函数值在算法的迭代步中不会增加，某些变量的导数在算法的每一步中都是零，所有变量的梯度在收敛时会变为零。通常，由于舍入误差，这些条件不会在数字计算机上完全成立，因此调试测试应该包含一些容差参数。

11.6 示例：多位数字识别

为了端到端地说明如何在实践中应用我们的设计方法论，我们从设计深度学习组件出发，简单地介绍一下街景转录系统。显然，整个系统的许多其他组件，如街景车、数据库设施等，也是极其重要的。

从机器学习任务的视角出发，首先这个过程要采集数据。街景车收集原始数据，然后操作员手动提供标签。转录任务开始前有大量的数据处理工作，包括在转录前使用其他机器学习技术探测房屋号码。

转录项目开始于性能度量的选择和对这些度量的期望值。一个重要的总原则是度量的选择要符合项目的业务目标。因为地图只有是高准确率时才有用，所以为这个项目设置高准确率的要求非常重要。具体地，目标是达到人类水平，98% 的准确率。这种程度的准确率并不是总能达到。为了达到这个级别的准确率，街景转录系统牺牲了覆盖。因此在保持准确率 98% 的情况下，覆盖成了这个项目优化的主要性能度量。随着卷积网络的改进，我们能够降低网络拒绝转录输入的置信度阈值，最终超出了覆盖 95% 的目标。

在选择量化目标后，我们推荐方法的下一步是要快速建立一个合理的基准系统。对于视觉任务而言，基准系统是带有整流线性单元的卷积网络。转录项目开始于一个这样的模型。当时，使用卷积网络输出预测序列并不常见。开始时，我们使用一个尽可能简单的基准模型，该模型输出层的第一个实现包含 n 个不同的 softmax 单元来预测 n 个字符的序列。我们使用与训练分类任务相同的方式来训练这些 softmax 单元，独立地训练每个 softmax 单元。

我们建议反复细化这些基准，并测试每个变化是否都有改进。街景转录系统的第一个变化受激励于覆盖指标的理论理解和数据结构。具体地，当输出序列的概率低于某个值 t 即 $p(\boldsymbol{y} \mid \boldsymbol{x}) < t$ 时，网络拒绝为输入 $\boldsymbol{x}$ 分类。最初，$p(\boldsymbol{y} \mid \boldsymbol{x})$ 的定义是临时的，简单地将所有 softmax 函数输出乘在一起。这促使我们发展能够真正计算出合理对数似然的特定输出层和代价函数。这种方法使得样本拒绝机制更有效。

此时，覆盖仍低于 90%，但该方法没有明显的理论问题了。因此，我们的方法论建议综合训练集和测试集性能，以确定问题是否欠拟合或过拟合。在这种情况下，训练和测试集误差几乎是一样的。事实上，这个项目进行得如此顺利的主要原因是有数以千万计的标注样本数据集可用。因为训练和测试集的误差是如此相似，这表明要么是这个问题欠拟合，要么是训练数据的问题。我们推荐的调试策略之一是可视化模型最糟糕的错误。在这种情况下，这意味着可视化不正确而模型给了最高置信度的训练集转录结果。结果显示，主要是输入图像裁剪得太紧，有些和地址相关的数字被裁剪操作除去了。例如，地址"1849"的图片可能裁切得太紧，只剩下"849"是可见的。如果我们花费几周时间改进确定裁剪区域的地址号码检测系统的准确率，或许也可以解决这个问题。与之不同，项目团队采取了更实际的办法，简单地系统性扩大裁剪区域的宽度，使其大于地址号码检测系统预测的区域宽度。这种单一改变将转录系统的覆盖提高了 10 个百分点。

最后，性能提升的最后几个百分点来自调整超参数。这主要包括在保持一些计算代价限制的同时加大模型的规模。因为训练误差和测试误差保持几乎相等，所以明确表明性能不足是由欠拟合造成的，数据集本身也存在一些问题。

总体来说，转录项目是非常成功的，可以比人工速度更快、代价更低地转录数以亿计的地址。

我们希望本章中介绍的设计原则能带来其他更多类似的成功。

第 12 章　应用

在本章中，我们将介绍如何使用深度学习来解决计算机视觉、语音识别、自然语言处理以及其他商业领域中的应用。首先我们将讨论在许多最重要的 AI 应用中所需的大规模神经网络的实现。接着，我们将回顾深度学习已经成功应用的几个特定领域。尽管深度学习的一个目标是设计能够处理各种任务的算法，然而截至目前深度学习的应用仍然需要一定程度的特化。例如，计算机视觉中的任务对每一个样本都需要处理大量的输入特征 (像素)，自然语言处理任务的每一个输入特征都需要对大量的可能值 (词汇表中的词) 建模。

12.1　大规模深度学习

深度学习的基本思想基于联结主义：尽管机器学习模型中单个生物性的神经元或者说是单个特征不是智能的，但是大量的神经元或者特征作用在一起往往能够表现出智能。我们必须着重强调神经元数量必须*很大*这个事实。相比 20 世纪 80 年代，如今神经网络的精度以及处理任务的复杂度都有一定提升，其中一个关键的因素就是网络规模的巨大提升。正如我们在第 1.2.3 节中看到的一样，在过去的 30 年内，网络规模是以指数级的速度递增的。然而如今的人工神经网络的规模也仅仅和昆虫的神经系统差不多。

由于规模的大小对于神经网络来说至关重要，因此深度学习需要高性能的硬件设施和软件实现。

12.1.1　快速的 CPU 实现

传统的神经网络是用单台机器的 CPU 来训练的。如今，这种做法通常被视为是不可取的。现在，我们通常使用 GPU 或者许多台机器的 CPU 连接在一起进行计算。在使用这种昂贵配置之前，为论证 CPU 无法承担神经网络所需的巨大计算量，研究者们付出了巨大的努力。

描述如何实现高效的数值 CPU 代码已经超出了本书的讨论范围，但是我们在这里还是要强调通过设计一些特定的 CPU 上的操作可以大大提升效率。例如，在 2011 年，最好的 CPU 在训练神经网络时使用定点运算能够比浮点运算跑得更快。通过调整定点运算的实现方式，Vanhoucke *et al.* (2011) 获得了 3 倍于一个强浮点运算系统的速度。因为各个新型 CPU 都有各自不同的特性，所以有时候采用浮点运算实现会更快。一条重要的准则就是，通过特殊设计的数值运算，我们可以获得巨大的回报。除了选择定点运算或者浮点运算以外，其他的策略还包括了如通过优化数据结构避免高速缓存缺失、使用向量指令等。机器学习的研究者们大多会忽略这些实现的细节，但是如果某种实现限制了模型的规模，那该模型的精度就要受到影响。

12.1.2　GPU 实现

许多现代神经网络的实现基于**图形处理器**(Graphics Processing Unit, GPU)。图形处理器最初是为图形应用而开发的专用硬件组件。视频游戏系统的消费市场刺激了图形处理硬件的发展。GPU 为视频游戏所设计的特性也可以使神经网络的计算受益。

视频游戏的渲染要求许多操作能够快速并行地执行。环境和角色模型通过一系列顶点的 3D 坐标确定。为了将大量的 3D 坐标转化为 2D 显示器上的坐标，显卡必须并行地对许多顶点执行矩阵乘法与除法。之后，显卡必须并行地在每个像素上执行诸多计算，来确定每个像素点的颜色。在这两种情况下，计算都是非常简单的，并且不涉及 CPU 通常遇到的复杂的分支运算。例如，同一个刚体内的每个顶点都会乘上相同的矩阵，也就是说，不需要通过`if`语句来判断和确定每个顶点需要乘哪个矩阵。各个计算过程之间也是完全相互独立的，因此能够实现并行操作。计算过程还涉及处理大量内存缓冲以及描述每一个需要被渲染对象的纹理 (颜色模式) 的位图信息。总的来说，这使显卡设计为拥有高度并行特性以及很高的内存带宽，同时也付出了一些代价，如相比传统的 CPU 更慢的时钟速度以及更弱的处理分支运算的能力。

与上述的实时图形算法相比，神经网络算法所需要的性能特性是相同的。神经网络算法通常涉及大量参数、激活值、梯度值的缓冲区，其中每个值在每一次训练迭代中都要被完全更新。这些缓冲太大，会超出传统的桌面计算机的高速缓存 (cache)，所以内存带宽通常会成为主要瓶颈。相比 CPU，GPU 一个显著的优势是其极高的内存带宽。神经网络的训练算法通常并不涉及大量的分支运算与复杂的控制指令，所以更适合在 GPU 硬件上训练。由于神经网络能够被分为多个单独的“神经元”，并且独立于同一层内其他神经元进行处理，所以神经网络可以从 GPU 的并行特性中受益匪浅。

GPU 硬件最初专为图形任务而设计。随着时间的推移，GPU 也变得更灵活，允许定制的子程序处理转化顶点坐标或者计算像素颜色的任务。原则上，GPU 不要求这些像素值实际基于渲染任务。只要将计算的输出值作为像素值写入缓冲区，GPU 就可以用于科学计算。Steinkrau *et al.* (2005) 在 GPU 上实现了一个两层全连接的神经网络，并获得了相对基于 CPU 的基准方法 3 倍的加速。不久以后，Chellapilla *et al.* (2006) 也论证了相同的技术可以用来加速监督卷积网络的训练。

在通用 GPU 发布以后，使用显卡训练神经网络的热度开始爆炸性地增长。这种通用 GPU 可以执行任意的代码，而并非仅仅渲染子程序。NVIDIA 的 CUDA 编程语言使得我们可以用一种像 C 一样的语言实现任意代码。由于相对简便的编程模型，强大的并行能力以及巨大的内存带宽，通用 GPU 为我们提供了训练神经网络的理想平台。在它发布以后不久，这个平台就迅速被深度学习的研究者们所采纳 (Raina *et al.*, 2009b; Ciresan *et al.*, 2010)。

如何在通用 GPU 上写高效的代码依然是一个难题。在 GPU 上获得良好表现所需的技术与 CPU 上的技术非常不同。比如说，基于 CPU 的良好代码通常被设计为尽可能从高速缓存中读取更多的信息。然而在 GPU 中，大多数可写内存位置并不会被高速缓存，所以计算某个值两次往往会比计算一次然后从内存中读取更快。GPU 代码是天生多线程的，不同线程之间必须仔细协调好。例如，如果能够把数据**级联**(coalesced) 起来，那么涉及内存的操作一般会更快。当几个线程同时需要读/写一个值时，像这样的级联会作为一次内存操作出现。不同的 GPU 可能采用不同的级联读/写数据的方式。通常来说，如果在 n 个线程中，线程 i 访问的是第 $i+j$ 处的内存，其中 j 是 2 的某个幂的倍数，那么内存操作就易于级联。具体的设定在不同的 GPU 型号中有所区别。GPU 另一个常见的设定是使一个组中的所有线程都同时执行同一指令。这意味着 GPU 难以执行分支操作。线程被分为一个个称作 **warp** 的小组。在一个 warp 中的每一个线程在每一个循环中执行同一指令，所以当同一个 warp 中的不同线程需要执行不同的指令时，需要使用串行而非并行的方式。

由于实现高效 GPU 代码的困难性，研究人员应该组织好他们的工作流程，避免对每一个新的模型或算法都编写新的 GPU 代码。通常来讲，人们会选择建立一个包含高效操作 (如卷积和矩阵乘法) 的软件库解决这个问题，然后再从库中调用所需要的操作确定模型。例如，机器学习库 Pylearn2 (Goodfellow *et al.*, 2013e) 将其所有的机器学习算法都通过调用 Theano (Bergstra *et al.*, 2010c; Bastien *et al.*, 2012a) 和 cuda-convnet (Krizhevsky, 2010) 所提供的高性能操作来指定。这种分解方法还可以简化对多种硬件的支持。例如，同一个 Theano 程序可以在 CPU 或者 GPU 上运行，而不需要改变调用 Theano 的方式。其他库如 TensorFlow (Abadi *et al.*, 2015) 和 Torch (Collobert *et al.*, 2011b) 也提供了类似的功能。

12.1.3 大规模的分布式实现

在许多情况下，单个机器的计算资源是有限的。因此，我们希望把训练或者推断的任务分摊到多个机器上进行。

分布式的推断是容易实现的，因为每一个输入的样本都可以在单独的机器上运行。这也被称为**数据并行**(data parallelism)。

同样地，**模型并行**(model parallelism) 也是可行的，其中多个机器共同运行一个数据点，每一个机器负责模型的一个部分。对于推断和训练，这都是可行的。

在训练过程中，数据并行从某种程度上来说更加困难。对于随机梯度下降的单步来说，我们可以增加小批量的大小，但是从优化性能的角度来说，我们得到的回报通常并不会线性增长。使用多个机器并行地计算多个梯度下降步骤是一个更好的选择。不幸的是，梯度下降的标准定义完全是一个串行的过程：第 t 步的梯度是第 $t-1$ 步所得参数的函数。

这个问题可以使用**异步随机梯度下降**(Asynchoronous Stochasitc Gradient Descent) (Bengio *et al.*, 2001b; Recht *et al.*, 2011) 解决。在这个方法中，几个处理器的核共用存有参数的内存。每一个核在无锁的情况下读取这些参数，并计算对应的梯度，然后在无锁状态下更新这些参数。由于一些核把其他的核所更新的参数覆盖了，因此这种方法减少了每一步梯度下降所获得的平均提升。但因为更新步数的速率增加，总体上还是加快了学习过程。Dean *et al.* (2012) 率先提出了多机器无锁的梯度下降方法，其中参数是由**参数服务器**(parameter server) 管理而非存储在共用的内存中。分布式的异步梯度下降方法保留了训练深度神经网络的基本策略，并被工业界很多机器学习组所使用 (Chilimbi *et al.*, 2014; Wu *et al.*, 2015)。学术界的深度学习研究者们通常无法负担那么大规模的分布式学习系统，但是一些研究仍关注于如何在校园环境中使用相对廉价的硬件系统构造分布式网络 (Coates *et al.*, 2013)。

12.1.4 模型压缩

在许多商业应用的机器学习模型中，一个时间和内存开销较小的推断算法比一个时间和内存开销较小的训练算法要更为重要。对于那些不需要个性化设计的应用来说，我们只需要一次性地训练模型，然后它就可以被成千上万的用户使用。在许多情况下，相比开发者，终端用户的可用资源往往更有限。例如，开发者们可以使用巨大的计算机集群训练一个语音识别的网络，然后将其部署到移动手机上。

减少推断所需开销的一个关键策略是**模型压缩**(model compression)(Buciluǎ *et al.*, 2006)。模型压缩的基本思想是用一个更小的模型代替原始耗时的模型，从而使得用来存储与评估所需的内存与运行时间更少。

当原始模型的规模很大，且我们需要防止过拟合时，模型压缩就可以起到作用。在许多情况下，拥有最小泛化误差的模型往往是多个独立训练而成的模型的集成。评估所有 n 个集成成员的成本很高。有时候，当单个模型很大 (例如，如果它使用 Dropout 正则化) 时，其泛化能力也会很好。

这些巨大的模型能够学习到某个函数 $f(\boldsymbol{x})$，但选用的参数数量超过了任务所需的参数数量。只是因为训练样本数是有限的，所以模型的规模才变得必要。只要我们拟合了这个函数 $f(\boldsymbol{x})$，我们就可以通过将 f 作用于随机采样点 x 来生成有无穷多训练样本的训练集。然后，我们使用这些样本训练一个新的更小的模型，使其能够在这些点上拟合 $f(\boldsymbol{x})$。为了更加充分地利用这个新的小模型的容量，最好从类似于真实测试数据 (之后将提供给模型) 的分布中采样 $\boldsymbol{x}$。这个过程可以通过损坏训练样本或者从原始训练数据训练的生成模型中采样完成。

此外，我们还可以仅在原始训练数据上训练一个更小的模型，但只是为了复制模型的其他特征，比如在不正确的类上的后验分布 (Hinton *et al.*, 2014, 2015)。

12.1.5 动态结构

一般来说，加速数据处理系统的一种策略是构造一个系统，这个系统用**动态结构**(dynamic structure) 描述图中处理输入所需的计算过程。在给定一个输入的情况中，数据处理系统可以动态地决定运行神经网络系统的哪一部分。单个神经网络内部同样也存在动态结构，给定输入信息，决定特征 (隐藏单元) 哪一部分用于计算。这种神经网络中的动态结构有时被称为**条件计算**(conditional computation)(Bengio, 2013; Bengio *et al.*, 2013b)。由于模型结构许多部分可能只跟输入的一小部分有关，只计算那些需要的特征就可以起到加速的目的。

动态结构计算是一种基础的计算机科学方法，广泛应用于软件工程项目。应用于神经网络的最简单的动态结构基于决定神经网络 (或者其他机器学习模型) 中的哪些子集需要应用于特定的输入。

在分类器中加速推断的可行策略是使用**级联**(cascade) 的分类器。当目标是检测罕见对象 (或事件) 是否存在时，可以应用级联策略。要确定对象是否存在，我们必须使用具有高容量、运行成本高的复杂分类器。然而，因为对象是罕见的，我们通常可以使用更少的计算拒绝不包含对象的输入。在这些情况下，我们可以训练一序列分类器。序列中的第一个分类器具有低容量，训练为具有高召回率。换句话说，它们被训练为确保对象存在时，我们不会错误地拒绝输入。最后一个分类器被训练为具有高精度。在测试时，我们按照顺序运行分类器进行推断，一旦级联中的任何一个拒绝它，就选择抛弃。总的来说，这允许我们使用高容量模型以较高的置信度验证对象的存在，而不是强制我们为每个样本付出完全推断的成本。有两种不同的方式可以使得级联实现高容量。一种方法是使级联中靠后的成员单独具有高容量。在这种情况下，由于系统中的一些个体成员具有高容量，因此系统作为一个整体显然也具有高容量。还可以使用另一种级联，其中每个单独的模型具有低容量，但是由于许多小型模型的组合，整个系统具有高容量。Viola and Jones (2001) 使用级联的增强决策树实现了适合在手持数字相机中使用的快速并且鲁棒的面部检测器。本质上，它们的分类器使用滑动窗口方法来定位面部。分类器会检查许多的窗口，如果这些窗口内不包含面部则被拒绝。级联的另一个版本使用早期模型来实现一种硬注意力机制：级联的先遣成员定位对象，并且级联的后续成员在给定对象位置的情况下执行进一步处理。例如，Google 使用两步级联从街景视图图像中转换地址编号：首先使用一个机器学习模型查找地址编号，然后使用另一个机器学习模型将其转录 (Goodfellow *et al.*, 2014d)。

决策树本身是动态结构的一个例子，因为树中的每个节点决定应该使用哪个子树来评估输入。一个结合深度学习和动态结构的简单方法是训练一个决策树，其中每个节点使用神经网络作出决策 (Guo and Gelfand, 1992)，虽然这种方法没有实现加速推断计算的目标。

类似地，我们可以使用称为**选通器**(gater) 的神经网络来选择在给定当前输入的情况下将使用几个**专家网络**(expert network) 中的哪一个来计算输出。这个想法的第一个版本被称为**专家混合体**(mixture of experts)(Nowlan, 1990; Jacobs *et al.*, 1991)，其中选通器为每个专家输出一个概率或权重 (通过非线性的 softmax 函数获得)，并且最终输出由各个专家输出的加权组合获得。在这种情况下，使用选通器不会降低计算成本，但如果每个样本的选通器选择单个专家，我们就会获得一个特殊的**硬专家混合体**(hard mixture of experts)(Collobert *et al.*, 2001, 2002)，这可以加速推断和训练。当选通器决策的数量很小时，这个策略效果会很好，因为它不是组合的。但是当我们想要选择不同的单元或参数子集时，不可能使用“软开关”，因为它需要枚举 (和计算输出) 所有的选通器配置。为了解决这个问题，许多工作探索了几种方法来训练组合的选通器。Bengio *et al.* (2013b) 提出使用选通器概率梯度的若干估计器，而 Bacon *et al.* (2015)、Bengio *et al.* (2015a) 使用强化学习技术 (**策略梯度**(policy gradient)) 来学习一种 Dropout 的条件形式 (作用于隐藏单元块)，减少了实际的计算成本，而不会对近似的质量产生负面影响。

另一种动态结构是开关，其中隐藏单元可以根据具体情况从不同单元接收输入。这种动态路由方法可以理解为**注意力机制**(attention mechanism)(Olshausen *et al.*, 1993)。目前为止，硬性开关的使用在大规模应用中还没有被证明是有效的。较为先进的方法一般采用对许多可能的输入加权平均，因此不能完全得到动态结构所带来的计算益处。先进的注意力机制将在第 12.4.5.1 节中描述。

使用动态结构化系统的主要障碍是由于系统针对不同输入的不同代码分支导致的并行度降低。这意味着网络中只有很少的操作可以被描述为对样本小批量的矩阵乘法或批量卷积。我们可以写更多的专用子程序，用不同的核对样本做卷积，或者通过不同的权重列来乘以设计矩阵的每一行。不幸的是，这些专用的子程序难以高效地实现。由于缺乏高速缓存的一致性，CPU 实现会十分缓慢。此外，由于缺乏级联的内存操作以及 warp 成员使用不同分支时需要串行化操作，GPU 的实现也会很慢。在一些情况下，我们可以通过将样本分成组，并且都采用相同的分支并且同时处理这些样本组的方式来缓解这些问题。在离线环境中，这是最小化处理固定量样本所需时间的一项可接受的策略。然而在实时系统中，样本必须连续处理，对工作负载进行分区可能会导致负载均衡问题。例如，如果我们分配一台机器处理级联中的第一步，另一台机器处理级联中的最后一步，那么第一台机器将倾向于过载，最后一个机器倾向于欠载。如果每个机器被分配以实现神经决策树的不同节点，也会出现类似的问题。

12.1.6　深度网络的专用硬件实现

自从早期的神经网络研究以来，硬件设计者就已经致力于可以加速神经网络算法的训练和/或推断的专用硬件实现。读者可以查看早期的和更近的专用硬件深度网络的评论 (Lindsey and Lindblad, 1994; Beiu *et al.*, 2003; Misra and Saha, 2010)。

不同形式的专用硬件 (Graf and Jackel, 1989; Mead and Ismail, 2012; Kim *et al.*, 2009; Pham *et al.*, 2012; Chen *et al.*, 2014b,a) 的研究已经持续了好几十年，比如**专用集成电路**(application-specific integrated circuit, ASIC) 的数字 (基于数字的二进制表示)、模拟 (Graf and Jackel, 1989; Mead and Ismail, 2012)(基于以电压或电流表示连续值的物理实现) 和混合实现 (组合数字和模拟组件)。近年来更灵活的**现场可编程门阵列**(field programmable gated array, FPGA) 实现 (其中电路的具体细节可以在制造完成后写入芯片) 也得到了长足发展。

虽然 CPU 和 GPU 上的软件实现通常使用 32 位或 64 位的精度来表示浮点数，但是长期以来使用较低的精度在更短的时间内完成推断也是可行的 (Holt and Baker, 1991; Holi and Hwang, 1993; Presley and Haggard, 1994; Simard and Graf, 1994; Wawrzynek *et al.*, 1996; Savich *et al.*, 2007)。这已成为近年来更迫切的问题，因为深度学习在工业产品中越来越受欢迎，并且由于更快的硬件产生的巨大影响已经通过 GPU 的使用得到了证明。激励当前对深度网络专用硬件研究的另一个因素是单个 CPU 或 GPU 核心的进展速度已经减慢，并且最近计算速度的改进来自核心的并行化 (无论 CPU 还是 GPU)。这与 20 世纪 90 年代的情况 (上一个神经网络时代) 的不同之处在于，神经网络的硬件实现 (从开始到芯片可用可能需要两年) 跟不上快速进展和价格低廉的通用 CPU 的脚步。因此，在针对诸如手机等低功率设备开发新的硬件设计，并且想要用于深度学习的一般公众应用 (例如，具有语音、计算机视觉或自然语言功能的设施) 时，研究专用硬件能够进一步推动其发展。

最近对基于反向传播神经网络的低精度实现的工作 (Vanhoucke *et al.*, 2011; Courbariaux *et al.*, 2015; Gupta *et al.*, 2015) 表明，8 位和 16 位之间的精度足以满足使用或训练基于反向传播的深度神经网络的要求。显而易见的是，在训练期间需要比在推断时更高的精度，并且数字某些形式的动态定点表示能够减少每个数需要的存储空间。传统的定点数被限制在一个固定范围之内 (其对应于浮点表示中的给定指数)。而动态定点表示在一组数字 (例如一个层中的所有权重) 之间共享该范围。使用定点代替浮点表示并且每个数使用较少的比特能够减少执行乘法所需的硬件表面积、功率需求和计算时间。而乘法已经是使用或训练反向传播的现代深度网络中要求最高的操作。

12.2 计算机视觉

长久以来，计算机视觉就是深度学习应用中几个最活跃的研究方向之一。因为视觉是一个对人类以及许多动物毫不费力，但对计算机却充满挑战的任务 (Ballard *et al.*, 1983)。深度学习中许多流行的标准基准任务包括对象识别和光学字符识别。

计算机视觉是一个非常广阔的发展领域，其中包括多种多样的处理图片的方式以及应用方向。计算机视觉的应用广泛：从复现人类视觉能力 (比如识别人脸) 到创造全新的视觉能力。举个后者的例子，近期一个新的计算机视觉应用是从视频中可视物体的振动识别相应的声波 (Davis *et al.*, 2014)。大多数计算机视觉领域的深度学习研究未曾关注过这样一个奇异的应用，它扩展了图像的范围，而不是仅仅关注于人工智能中较小的核心目标 —— 复制人类的能力。无论是报告图像中存在哪个物体，还是给图像中每个对象周围添加注释性的边框，或从图像中转录符号序列，或给图像中的每个像素标记它所属对象的标识，大多数计算机视觉中的深度学习往往用于对象识别或者某种形式的检测。由于生成模型已经是深度学习研究的指导原则，因此还有大量图像合成工作使用了深度模型。尽管图像合成 (“无中生有”) 通常不包括在计算机视觉内，但是能够进行图像合成的模型通常用于图像恢复，即修复图像中的缺陷或从图像中移除对象这样的计算机视觉任务。

12.2.1 预处理

由于原始输入往往以深度学习架构难以表示的形式出现，许多应用领域需要复杂精细的预处理。计算机视觉通常只需要相对少的这种预处理。图像应该被标准化，从而使得它们的像素都在相同并且合理的范围内，比如 $[0,1]$ 或者 $[-1,1]$。将 $[0,1]$ 中的图像与 $[0,255]$ 中的图像混合，通常会导致失败。将图像格式化为具有相同的比例，严格上说是唯一一种必要的预处理。许多计算机视觉架构需要标准尺寸的图像，因此必须裁剪或缩放图像以适应该尺寸。然而，严格地说即使是这种重新调整比例的操作并不总是必要的。一些卷积模型接受可变大小的输入，并动态地调整它们的池化区域大小以保持输出大小恒定 (Waibel *et al.*, 1989)。其他卷积模型具有可变大小的输出，其尺寸随输入自动缩放，例如对图像中的每个像素进行去噪或标注的模型 (Hadsell *et al.*, 2007)。

数据集增强可以被看作一种只对训练集做预处理的方式。数据集增强是减少大多数计算机视觉模型泛化误差的一种极好方法。在测试时可用的一个相关想法是将同一输入的许多不同版本传给模型 (例如，在稍微不同的位置处裁剪的相同图像)，并且在模型的不同实例上决定模型的输出。后一个想法可以被理解为集成方法，并且有助于减少泛化误差。

其他种类的预处理需要同时应用于训练集和测试集，其目的是将每个样本置于更规范的形式，以便减少模型需要考虑的变化量。减少数据中的变化量既能够减少泛化误差，也能够减小拟合训练集所需模型的大小。更简单的任务可以通过更小的模型来解决，而更简单的解决方案泛化能力一般更好。这种类型的预处理通常被设计为去除输入数据中的某种可变性，这对于人工设计者来说是容易描述的，并且人工设计者能够保证不受到任务影响。当使用大型数据集和大型模型训练时，这种预处理通常是不必要的，并且最好只是让模型学习哪些变化性应该保留。例如，用于分类 ImageNet 的 AlexNet 系统仅具有一个预处理步骤：对每个像素减去训练样本的平均值 (Krizhevsky *et al.*, 2012b)。

12.2.1.1 对比度归一化

在许多任务中，对比度是能够安全移除的最为明显的变化源之一。简单地说，对比度指的是图像中亮像素和暗像素之间差异的大小。量化图像对比度有许多方式。在深度学习中，对比度通常指的是图像或图像区域中像素的标准差。假设我们有一个张量表示的图像 $\mathsf{X} \in \mathbb{R}^{r\times c\times 3}$，其中，$X_{i,j,1}$ 表示第 i 行第 j 列红色的强度，$X_{i,j,2}$ 对应的是绿色的强度，$X_{i,j,3}$ 对应的是蓝色的强度。然后整个图像的对比度可以表示如下：

$$\sqrt{\frac{1}{3rc}\sum_{i=1}^{r}\sum_{j=1}^{c}\sum_{k=1}^{3}(X_{i,j,k}-\bar{\mathsf{X}})^2} \tag{12.1}$$

其中 $\bar{\mathsf{X}}$ 是整个图片的平均强度，满足

$$\bar{\mathsf{X}} = \frac{1}{3rc}\sum_{i=1}^{r}\sum_{j=1}^{c}\sum_{k=1}^{3}X_{i,j,k} \tag{12.2}$$

全局对比度归一化(global contrast normalization, GCN) 旨在通过从每个图像中减去其平均值，然后重新缩放使其像素上的标准差等于某个常数 s 来防止图像具有变化的对比度。这

种方法非常复杂，因为没有缩放因子可以改变零对比度图像 (所有像素都具有相等强度的图像) 的对比度。具有非常低但非零对比度的图像通常几乎没有信息内容。在这种情况下除以真实标准差通常仅能放大传感器噪声或压缩伪像。这种现象启发我们引入一个小的正的正则化参数 λ 来平衡估计的标准差。或者，我们至少可以约束分母使其大于等于 ϵ。给定一个输入图像 $\mathbf{X}$，全局对比度归一化产生输出图像 $\mathbf{X}'$，定义为

$$X'_{i,j,k} = s\frac{X_{i,j,k} - \bar{X}}{\max\{\epsilon, \sqrt{\lambda + \frac{1}{3rc}\sum_{i=1}^{r}\sum_{j=1}^{c}\sum_{k=1}^{3}(X_{i,j,k} - \bar{X})^2}\}} \tag{12.3}$$

从大图像中剪切感兴趣的对象所组成的数据集不可能包含任何强度几乎恒定的图像。在这些情况下，通过设置 $\lambda = 0$ 来忽略小分母问题是安全的，并且在非常罕见的情况下为了避免除以 0，通过将 ϵ 设置为一个非常小的值比如说 10^{-8}。这也是 Goodfellow *et al.* (2013c) 在 CIFAR-10 数据集上所使用的方法。随机剪裁的小图像更可能具有几乎恒定的强度，使得激进的正则化更有用。在处理从 CIFAR-10 数据中随机选择的小区域时，Coates *et al.* (2011) 使用 $\epsilon = 0, \lambda = 10$。

尺度参数 s 通常可以设置为 1(如 Coates *et al.* (2011) 所采用的)，或选择使所有样本上每个像素的标准差接近 1(如 Goodfellow *et al.* (2013c) 所采用的)。

式 (12.3) 中的标准差仅仅是对图片 L^2 范数的重新缩放 (假设图像的平均值已经被移除)。我们更偏向于根据标准差而不是 L^2 范数来定义 GCN，因为标准差包括除以像素数量这一步，从而基于标准差的 GCN 能够使用与图像大小无关的固定的 s。然而，观察到 L^2 范数与标准差成比例，这符合我们的直觉。我们可以把 GCN 理解成到球壳的一种映射，图 12.1 对此有所说明。这可能是一个有用的属性，因为神经网络往往更好地响应空间方向，而不是精确的位置。响应相同方向上的多个距离需要具有共线权重向量但具有不同偏置的隐藏单元。这样的情况对于学习算法来说可能是困难的。此外，许多浅层的图模型把多个分离的模式表示在一条线上会出现问题。GCN 采用一个样本一个方向①，而不是不同的方向和距离来避免这些问题。

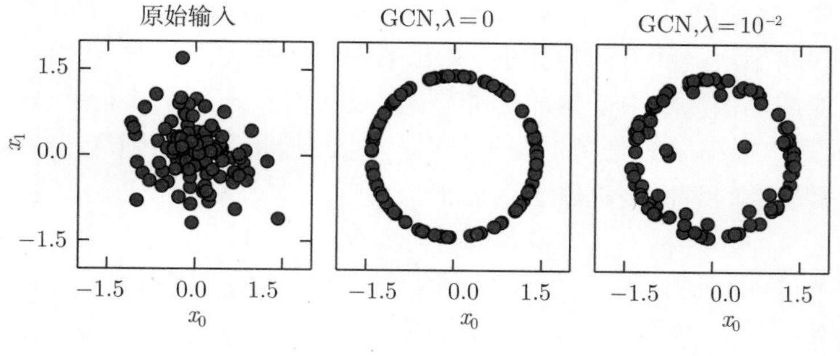

图 12.1　GCN 将样本投影到一个球上。(左) 原始的输入数据可能拥有任意的范数。(中)$\lambda = 0$ 时，GCN 可以完美地将所有的非零样本投影到球上。这里我们令 $s = 1$，$\epsilon = 10^{-8}$。由于我们使用的 GCN 是基于归一化标准差而不是 L^2 范数，所得到的球并不是单位球。(右)$\lambda > 0$ 的正则化 GCN 将样本投影到球上，但是并没有完全地丢弃其范数中变化。s 和 ϵ 的取值与之前一样

与直觉相反的是，存在被称为**sphering**的预处理操作，并且它不同于 GCN。sphering 并

①译者注：所有样本相似的距离。

不会使数据位于球形壳上，而是将主成分重新缩放以具有相等方差，使得 PCA 使用的多变量正态分布具有球形等高线。sphering 通常被称为**白化**(whitening)。

全局对比度归一化常常不能突出我们想要突出的图像特征，例如边缘和角。如果我们有一个场景，包含了一个大的黑暗区域和一个大的明亮区域 (例如一个城市广场有一半的区域处于建筑物的阴影之中)，则全局对比度归一化将确保暗区域的亮度与亮区域的亮度之间存在大的差异。然而，它不能确保暗区内的边缘突出。

这催生了**局部对比度归一化**(local contrast normalization, LCN)。局部对比度归一化确保对比度在每个小窗口上被归一化，而不是作为整体在图像上被归一化。关于局部对比度归一化和全局对比度归一化的比较可以参考图 12.2。

图 12.2 全局对比度归一化和局部对比度归一化的比较。直观上说，全局对比度归一化的效果很巧妙。它使得所有图片的尺度都差不多，这减轻了学习算法处理多个尺度的负担。局部对比度归一化更多地改变了图像，丢弃了所有相同强度的区域。这使模型能够只关注于边缘。较好的纹理区域，如第二行的屋子，可能会由于归一化核的过高带宽而丢失一些细节

局部对比度归一化的各种定义都是可行的。在所有情况下，我们可以通过减去邻近像素的平均值并除以邻近像素的标准差来修改每个像素。在一些情况下，要计算以当前要修改的像素为中心的矩形窗口中所有像素的平均值和标准差 (Pinto *et al.*, 2008)。在其他情况下，使用的则是以要修改的像素为中心的高斯权重的加权平均和加权标准差。在彩色图像的情况下，一些策略单独处理不同的颜色通道，而其他策略组合来自不同通道的信息以使每个像素归一化 (Sermanet *et al.*, 2012)。

局部对比度归一化通常可以通过使用可分离卷积 (参考第 9.8 节) 来计算特征映射的局部平均值和局部标准差，然后在不同的特征映射上使用逐元素的减法和除法。

局部对比度归一化是可微分的操作，并且还可以作为一种非线性作用应用于网络隐藏层，以及应用于输入的预处理操作。

与全局对比度归一化一样，我们通常需要正则化局部对比度归一化来避免出现除以零的情况。事实上，因为局部对比度归一化通常作用于较小的窗口，所以正则化更加重要。较小的窗口更可能包含彼此几乎相同的值，因此更可能具有零标准差。

12.2.2 数据集增强

如第 7.4 节中讲到的一样，我们很容易通过增加训练集的额外副本来增加训练集的大小，

进而改进分类器的泛化能力。这些额外副本可以通过对原始图像进行一些变化来生成，但是并不改变其类别。对象识别这个分类任务特别适合于这种形式的数据集增强，因为类别信息对于许多变换是不变的，而我们可以简单地对输入应用诸多几何变换。如前所述，分类器可以受益于随机转换或者旋转，某些情况下输入的翻转可以增强数据集。在专门的计算机视觉应用中，存在很多更高级的用以增强数据集的变换。这些方案包括图像中颜色的随机扰动 (Krizhevsky *et al.*, 2012b)，以及对输入的非线性几何变形 (LeCun *et al.*, 1998c)。

12.3 语音识别

语音识别任务是将一段包括了自然语言发音的声学信号投影到对应说话人的词序列上。令 $\boldsymbol{X} = (\boldsymbol{x}^{(1)}, \boldsymbol{x}^{(2)}, \cdots, \boldsymbol{x}^{(T)})$ 表示语音的输入向量 (传统做法以 20ms 为一帧分割信号)。许多语音识别的系统通过特殊的手工设计方法预处理输入信号，从而提取特征，但是某些深度学习系统 (Jaitly and Hinton, 2011) 直接从原始输入中学习特征。令 $\boldsymbol{y} = (y_1, y_2, \cdots, y_N)$ 表示目标的输出序列 (通常是一个词或者字符的序列)。**自动语音识别**(automatic speech recognition, ASR) 任务指的是构造一个函数 f^*_{ASR}，使得它能够在给定声学序列 $\boldsymbol{X}$ 的情况下计算最有可能的语言序列 $\boldsymbol{y}$：

$$f^*_{\mathrm{ASR}}(\boldsymbol{X}) = \arg\max_{\boldsymbol{y}} P^*(\mathbf{y} \mid \mathbf{X} = \boldsymbol{X}) \tag{12.4}$$

其中 P^* 是给定输入值 $\boldsymbol{X}$ 时对应目标 $\boldsymbol{y}$ 的真实条件分布。

从 20 世纪 80 年代直到 2009～2012 年，最先进的语音识别系统是**隐马尔可夫模型**(hidden markov model, HMM) 和**高斯混合模型**(gaussian mixture model, GMM) 的结合。GMM 对声学特征和**音素**(phoneme) 之间的关系建模 (Bahl *et al.*, 1987)，HMM 对音素序列建模。GMM-HMM 模型将语音信号视作由如下过程生成：首先，一个 HMM 生成了一个音素的序列以及离散的子音素状态 (比如每一个音素的开始、中间、结尾)，然后 GMM 把每一个离散的状态转化为一个简短的声音信号。尽管直到最近 GMM-HMM 一直在 ASR 中占据主导地位，语音识别仍然是神经网络所成功应用的第一个领域。从 20 世纪 80 年代末期到 90 年代初期，大量语音识别系统使用了神经网络 (Bourlard and Wellekens, 1989; Waibel *et al.*, 1989; Robinson and Fallside, 1991; Bengio *et al.*, 1991, 1992; Konig *et al.*, 1996)。当时，基于神经网络的 ASR 的表现和 GMM-HMM 系统的表现差不多。比如说，Robinson and Fallside (1991) 在 TIMIT 数据集 (Garofolo *et al.*, 1993)(有 39 个区分的音素) 上达到了 26% 的音素错误率，这个结果优于或者说是可以与基于 HMM 的结果相比。从那时起，TIMIT 成为音素识别的一个基准数据集，在语音识别中的作用就和 MNIST 在对象识别中的作用差不多。然而，由于语音识别软件系统中复杂的工程因素以及在基于 GMM-HMM 的系统中已经付出的巨大努力，工业界并没有迫切转向神经网络的需求。结果，直到 21 世纪 00 年代末期，学术界和工业界的研究者们更多的是用神经网络为 GMM-HMM 系统学习一些额外的特征。

之后，随着*更大更深*的模型以及更大的数据集的出现，通过使用神经网络代替 GMM 来实现将声学特征转化为音素 (或者子音素状态) 的过程可以大大地提高识别的精度。从 2009 年开始，语音识别的研究者们将一种无监督学习的深度学习方法应用于语音识别。这种深度学习方法基于训练一个被称作是受限玻尔兹曼机的无向概率模型，从而对输入数据建模。受限玻尔兹曼机将会在第 3 部分中描述。为了完成语音识别任务，无监督的预训练被用来构造一个深度前馈网络，这个神经网络每一层都是通过训练受限玻尔兹曼机来初始化的。这些网络的输入是从一个固定规格的输入窗 (以当前帧为中心) 的谱声学表示抽取，预测了当前帧所对应的 HMM 状态的条件概率。训练一个这样的神经网络能够可以显著提高在 TIMIT 数据集上的识别率 (Mohamed *et al.*, 2009, 2012a)，并将音素级别的错误率从大约 26% 降到了 20.7%。关于这个模型成功原因的详细分析可以参考 Mohamed *et al.* (2012b)。对于基本的电话识别工作流程的一个扩展工作是添加说话人自适应相关特征 (Mohamed *et al.*, 2011) 的方法，这可以进一步地降低错误率。紧接着的工作则将结构从音素识别 (TIMIT 所主要关注的) 转向了大规模词汇语音识别 (Dahl *et al.*, 2012)，这不仅包含了识别音素，还包括了识别大规模词汇的序列。语音识别上的深度网络从最初的使用受限玻尔兹曼机进行预训练发展到了使用诸如整流线性单元和 Dropout 这样的技术 (Zeiler *et al.*, 2013; Dahl *et al.*, 2013)。从那时开始，工业界的几个语音研究组开始寻求与学术圈的研究者之间的合作。Hinton *et al.* (2012a) 描述了这些合作所带来的突破性进展，这些技术现在被广泛应用在产品中，比如移动手机端。

随后，当研究组使用了越来越大的带标签的数据集，加入了各种初始化、训练方法以及调试深度神经网络的结构之后，他们发现这种无监督的预训练方式是没有必要的，或者说不能带来任何显著的改进。

用语音识别中词错误率来衡量，在语音识别性能上的这些突破是史无前例的 (大约 30% 的提高)。在这之前的长达十年左右的时间内，尽管数据集的规模是随时间增长的 (见 Deng and Yu (2014) 的图 2.4)，但基于 GMM-HMM 的系统的传统技术已经停滞不前了。这也导致了语音识别领域快速地转向深度学习的研究。在大约两年的时间内，工业界大多数的语音识别产品都包含了深度神经网络，这种成功也激发了 ASR 领域对深度学习算法和结构的新一波研究浪潮，并且影响至今。

其中的一个创新点是卷积网络的应用 (Sainath *et al.*, 2013)。卷积网络在时域与频域上复用了权重，改进了之前的仅在时域上使用重复权值的时延神经网络。这种新的二维卷积模型并不是将输入的频谱当作一个长的向量，而是当成一个图像，其中一个轴对应着时间，另一个轴对应的是谱分量的频率。

完全抛弃 HMM 并转向研究端到端的深度学习语音识别系统是至今仍然活跃的另一个重要推动。这个领域第一个主要突破是 Graves *et al.* (2013)，他训练了一个深度的长短期记忆循环神经网络 (见第 10.10 节)，使用了帧–音素排列的 MAP 推断，就像 LeCun *et al.* (1998c) 以及 CTC 框架 (Graves *et al.*, 2006; Graves, 2012) 中一样。一个深度循环神经网络 (Graves *et al.*, 2013) 每个时间步的各层都有状态变量，两种展开图的方式导致两种不同深度：一种是普通的根据层的堆叠衡量的深度，另一种是根据时间展开衡量的深度。这个工作把 TIMIT 数据集上音素的错误率记录降到了新低 17.7%。关于应用于其他领域的深度循环神经网络的变种可以参考 Pascanu *et al.* (2014a); Chung *et al.* (2014)。

另一个端到端深度学习语音识别方向的最新方法是，让系统学习如何利用**语音**(phonetic) 层级的信息“排列”**声学**(acoustic) 层级的信息 (Chorowski *et al.*, 2014; Lu *et al.*, 2015)。

12.4 自然语言处理

自然语言处理(natural language processing，NLP) 是让计算机能够使用人类语言，例如英语或法语。为了让简单的程序能够高效明确地解析，计算机程序通常读取和发出特殊化的语言。而自然语言通常是模糊的，并且可能不遵循形式的描述。自然语言处理中的应用如机器翻译，学习者需要读取一种人类语言的句子，并用另一种人类语言发出等同的句子。许多 NLP 应用程序基于语言模型，语言模型定义了关于自然语言中的字、字符或字节序列的概率分布。

与本章讨论的其他应用一样，非常通用的神经网络技术可以成功地应用于自然语言处理。然而，为了实现卓越的性能并扩展到大型应用程序，一些领域特定的策略也很重要。为了构建自然语言的有效模型，通常必须使用专门处理序列数据的技术。在很多情况下，我们将自然语言视为一系列词，而不是单个字符或字节序列。因为可能的词总数非常大，基于词的语言模型必须在极高维度和稀疏的离散空间上操作。为了使这种空间上的模型在计算和统计意义上都高效，研究者已经开发了几种策略。

12.4.1 *n*-gram

语言模型(language model) 定义了自然语言中标记序列的概率分布。根据模型的设计，标记可以是词、字符甚至是字节。标记总是离散的实体。最早成功的语言模型基于固定长度序列的标记模型，称为 n-gram。一个 n-gram 是一个包含 n 个标记的序列。

基于 n-gram 的模型定义一个条件概率 —— 给定前 $n-1$ 个标记后的第 n 个标记的条件概率。该模型使用这些条件分布的乘积定义较长序列的概率分布：

$$P(x_1, \cdots, x_\tau) = P(x_1, \cdots, x_{n-1}) \prod_{t=n}^{\tau} P(x_t \mid x_{t-n+1}, \cdots, x_{t-1}) \tag{12.5}$$

这个分解可以由概率的链式法则证明。初始序列 $P(x_1, \cdots, x_{n-1})$ 的概率分布可以通过带有较小 n 值的不同模型建模。

训练 n-gram 模型是简单的，因为最大似然估计可以通过简单地统计每个可能的 n-gram 在训练集中出现的次数来获得。几十年来，基于 n-gram 的模型都是统计语言模型的核心模块 (Jelinek and Mercer, 1980; Katz, 1987; Chen and Goodman, 1999)。

对于小的 n 值，模型有特定的名称：$n=1$ 称为**一元语法**(unigram)，$n=2$ 称为**二元语法**(bigram)，$n=3$ 称为**三元语法**(trigram)。这些名称源于相应数字的拉丁前缀和希腊后缀 "-gram"，分别表示所写之物。

通常我们同时训练 n-gram 模型和 $n-1$ gram 模型。这使得下式可以简单地通过查找两个存储的概率来计算。

$$P(x_t \mid x_{t-n+1}, \cdots, x_{t-1}) = \frac{P_n(x_{t-n+1}, \cdots, x_t)}{P_{n-1}(x_{t-n+1}, \cdots, x_{t-1})} \tag{12.6}$$

为了在 P_n 中精确地再现推断，我们训练 P_{n-1} 时必须省略每个序列最后一个字符。

举个例子，我们演示三元模型如何计算句子 "THE DOG RAN AWAY." 的概率。句子的第一个词不能通过上述条件概率的公式计算，因为句子的开头没有上下文。取而代之，在句子的开头我们必须使用词的边缘概率。因此我们计算 $P_3(\texttt{THE DOG RAN})$。最后，可以使用条件分布 $P(\texttt{AWAY} \mid \texttt{DOG RAN})$(典型情况) 来预测最后一个词。将这与式 (12.6) 放在一起，我们得到

$$P(\texttt{THE DOG RAN AWAY}) = P_3(\texttt{THE DOG RAN}) P_3(\texttt{DOG RAN AWAY}) / P_2(\texttt{DOG RAN}) \tag{12.7}$$

n-gram 模型最大似然的基本限制是，在许多情况下从训练集计数估计得到的 P_n 很可能为零 (即使元组 $(x_{t-n+1}, \cdots, x_t)$ 可能出现在测试集中)。这可能会导致两种不同的灾难性后

果。当 P_{n-1} 为零时，该比率是未定义的，因此模型甚至不能产生有意义的输出。当 P_{n-1} 非零而 P_n 为零时，测试样本的对数似然为 $-\infty$。为避免这种灾难性的后果，大多数 n-gram 模型采用某种形式的**平滑**(smoothing)。平滑技术将概率质量从观察到的元组转移到类似的未观察到的元组。见 Chen and Goodman (1999) 的综述和实验对比。其中一种基本技术基于向所有可能的下一个符号值添加非零概率质量。这个方法可以被证明，计数参数具有均匀或 Dirichlet 先验的贝叶斯推断。另一个非常流行的想法是包含高阶和低阶 n-gram 模型的混合模型，其中高阶模型提供更多的容量，而低阶模型尽可能地避免零计数。如果上下文 $x_{t-n+k},\cdots,x_{t-1}$ 的频率太小而不能使用高阶模型，**回退方法**(back-off methods) 就查找低阶 n-gram。更正式地说，它们通过上下文 $x_{t-n+k},\cdots,x_{t-1}$ 估计 x_t 上的分布，并增加 k 直到找到足够可靠的估计。

经典的 n-gram 模型特别容易引起维数灾难。因为存在 $|\mathbb{V}|^n$ 可能的 n-gram，而且 $|\mathbb{V}|$ 通常很大。即使有大量训练数据和适当的 n，大多数 n-gram 也不会出现在训练集中。经典 n-gram 模型的一种观点是执行最近邻查询。换句话说，它可以被视为局部非参数预测器，类似于 k-最近邻。这些极端局部预测器面临的统计问题已经在第 5.11.2 节中描述过。语言模型的问题甚至比普通模型更严重，因为任何两个不同的词在 one-hot 向量空间中的距离彼此相同。因此，难以大量利用来自任意“邻居”的信息 —— 只有重复相同上下文的训练样本对局部泛化有用。为了克服这些问题，语言模型必须能够在一个词和其他语义相似的词之间共享知识。

为了提高 n-gram 模型的统计效率，**基于类的语言模型**(class-based language model) (Brown *et al.*, 1992; Ney and Kneser, 1993; Niesler *et al.*, 1998) 引入词类别的概念，然后属于同一类别的词共享词之间的统计强度。这个想法使用了聚类算法，基于它们与其他词同时出现的频率，将该组词分成集群或类。随后，模型可以在条件竖杠的右侧使用词类 ID 而不是单个词 ID。混合 (或回退) 词模型和类模型的复合模型也是可能的。尽管词类提供了在序列之间泛化的方式，但其中一些词被相同类的另一个替换，导致该表示丢失了很多信息。

12.4.2 神经语言模型

神经语言模型(neural language model, NLM) 是一类用来克服维数灾难的语言模型，它使用词的分布式表示对自然语言序列建模 (Bengio *et al.*, 2001b)。不同于基于类的 n-gram 模型，神经语言模型在能够识别两个相似的词，并且不丧失将每个词编码为彼此不同的能力。神经语言模型共享一个词 (及其上下文) 和其他类似词 (和上下文之间) 的统计强度。模型为每个词学习的分布式表示，允许模型处理具有类似共同特征的词来实现这种共享。例如，如果词`dog`和词`cat`映射到具有许多属性的表示，则包含词`cat`的句子可以告知模型对包含词`dog`的句子做出预测，反之亦然。因为这样的属性很多，所以存在许多泛化的方式，可以将信息从每个训练语句传递到指数数量的语义相关语句。维数灾难需要模型泛化到指数多的句子 (指数相对句子长度而言)。该模型通过将每个训练句子与指数数量的类似句子相关联克服这个问题。

我们有时将这些词表示称为**词嵌入**(word embedding)。在这个解释下，我们将原始符号视为维度等于词表大小的空间中的点。词表示将这些点嵌入到较低维的特征空间中。在原始空间中，每个词由一个 one-hot 向量表示，因此每对词彼此之间的欧氏距离都是 $\sqrt{2}$。在嵌入空间中，经常出现在类似上下文 (或共享由模型学习的一些“特征”的任何词对) 中的词彼此接近。这通常导致具有相似含义的词变得邻近。图 12.3 放大了学到的词嵌入空间的特定区域，我们可以看到语义上相似的词如何映射到彼此接近的表示。

其他领域的神经网络也可以定义嵌入。例如，卷积网络的隐藏层提供“图像嵌入”。因为自然语言最初不在实值向量空间上，所以 NLP 从业者通常对嵌入的这个想法更感兴趣。隐藏层在表示数据的方式上提供了更质变的戏剧性变化。

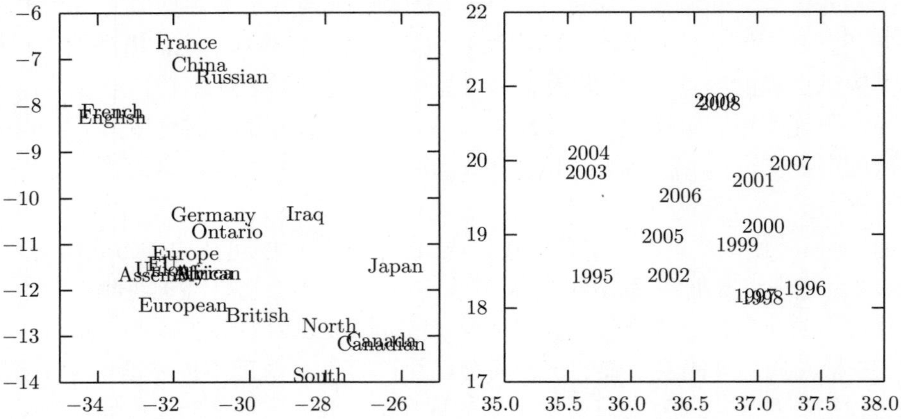

图 12.3 从神经机器翻译模型获得的词嵌入的二维可视化 (Bahdanau *et al.*, 2015)。此图在语义相关词的特定区域放大，它们具有彼此接近的嵌入向量。国家在左图，数字在右图。注意，这些嵌入是为了可视化才表示为二维。在实际应用中，嵌入通常具有更高的维度并且可以同时捕获词之间多种相似性

使用分布式表示来改进自然语言处理模型的基本思想不必局限于神经网络。它还可以用于图模型，其中分布式表示是多个潜变量的形式 (Mnih and Hinton, 2007)。

12.4.3 高维输出

在许多自然语言应用中，通常希望我们的模型产生词 (而不是字符) 作为输出的基本单位。对于大词汇表，由于词汇量很大，在词的选择上表示输出分布的计算成本可能非常高。在许多应用中，$\mathbb{V}$ 包含数十万词。表示这种分布的朴素方法是应用一个仿射变换，将隐藏表示转换到输出空间，然后应用 softmax 函数。假设我们的词汇表 $\mathbb{V}$ 大小为 $|\mathbb{V}|$。因为其输出维数为 $|\mathbb{V}|$，描述该仿射变换线性分量的权重矩阵非常大。这造成了表示该矩阵的高存储成本，以及与之相乘的高计算成本。因为 softmax 要在所有 $|\mathbb{V}|$ 输出之间归一化，所以在训练时以及测试时执行全矩阵乘法是必要的 —— 我们不能仅计算与正确输出的权重向量的点积。因此，输出层的高计算成本在训练期间 (计算似然性及其梯度) 和测试期间 (计算所有或所选词的概率) 都有出现。对于专门的损失函数，可以有效地计算梯度 (Vincent *et al.*, 2015)，但是应用于传统 softmax 输出层的标准交叉熵损失时会出现许多困难。

假设 $\boldsymbol{h}$ 是用于预测输出概率 $\hat{\boldsymbol{y}}$ 的顶部隐藏层。如果我们使用学到的权重 $\boldsymbol{W}$ 和学到的偏置 $\boldsymbol{b}$ 参数化从 $\boldsymbol{h}$ 到 $\hat{\boldsymbol{y}}$ 的变换，则仿射 softmax 输出层执行以下计算：

$$a_i = b_i + \sum_j W_{ij} h_j \quad \forall i \in \{1, \cdots, |\mathbb{V}|\} \tag{12.8}$$

$$\hat{y}_i = \frac{e^{a_i}}{\sum_{i'=1}^{|\mathbb{V}|} e^{a_{i'}}} \tag{12.9}$$

如果 $\boldsymbol{h}$ 包含 n_h 个元素，则上述操作复杂度是 $O(|\mathbb{V}|n_h)$。在 n_h 为数千和 $|\mathbb{V}|$ 数十万的情况

下，这个操作占据了神经语言模型的大多数计算。

12.4.3.1 使用短列表

第一个神经语言模型 (Bengio *et al.*, 2001b, 2003) 通过将词汇量限制为 10 000 或 20 000 来减轻大词汇表上 softmax 的高成本。Schwenk and Gauvain (2002) 和 Schwenk (2007) 在这种方法的基础上建立新的方式，将词汇表 $\mathbb{V}$ 分为最常见词汇 (由神经网络处理) 的**短列表**(shortlist)$\mathbb{L}$ 和较稀有词汇的尾列表 $\mathbb{T} = \mathbb{V}\backslash\mathbb{L}$(由 n-gram 模型处理)。为了组合这两个预测，神经网络还必须预测在上下文 C 之后出现的词位于尾列表的概率。我们可以添加额外的 sigmoid 输出单元估计 $P(i \in \mathbb{T} \mid C)$ 实现这个预测。额外输出则可以用来估计 $\mathbb{V}$ 中所有词的概率分布，如下：

$$\begin{aligned} P(y = i \mid C) =& 1_{i\in\mathbb{L}} P(y = i \mid C, i \in \mathbb{L})(1 - P(i \in \mathbb{T} \mid C)) \\ &+ 1_{i\in\mathbb{T}} P(y = i \mid C, i \in \mathbb{T}) P(i \in \mathbb{T} \mid C) \end{aligned} \tag{12.10}$$

其中 $P(y = i \mid C, i \in \mathbb{L})$ 由神经语言模型提供，$P(y = i \mid C, i \in \mathbb{T})$ 由 n-gram 模型提供。稍作修改，这种方法也可以在神经语言模型的 softmax 层中使用额外的输出值，而不是单独的 sigmoid 单元。

短列表方法的一个明显缺点是，神经语言模型的潜在泛化优势仅限于最常用的词，这大概是最没用的。这个缺点引发了处理高维输出替代方法的探索，如下所述。

12.4.3.2 分层 Softmax

减少大词汇表 $\mathbb{V}$ 上高维输出层计算负担的经典方法 (Goodman, 2001) 是分层地分解概率。$|\mathbb{V}|$ 因子可以降低到 $\log|\mathbb{V}|$ 一样低，而无须执行与 $|\mathbb{V}|$ 成比例数量 (并且也与隐藏单元数量 n_h 成比例) 的计算。Bengio (2002) 和 Morin and Bengio (2005) 将这种因子分解方法引入神经语言模型中。

我们可以认为这种层次结构是先建立词的类别，然后是词类别的类别，然后是词类别的类别的类别等。这些嵌套类别构成一棵树，其叶子为词。在平衡树中，树的深度为 $\log|\mathbb{V}|$。选择一个词的概率是由路径 (从树根到包含该词叶子的路径) 上的每个节点通向该词分支概率的乘积给出。图 12.4 是一个简单的例子。Mnih and Hinton (2009) 也描述了使用多个路径来识别单个词的方法，以便更好地建模具有多个含义的词。计算词的概率则涉及在导向该词所有路径上的求和。

为了预测树的每个节点所需的条件概率，我们通常在树的每个节点处使用逻辑回归模型，并且为所有这些模型提供与输入相同的上下文 C。因为正确的输出编码在训练集中，我们可以使用监督学习训练逻辑回归模型。我们通常使用标准交叉熵损失，对应于最大化正确判断序列的对数似然。

因为可以高效地计算输出对数似然 (低至 $\log|\mathbb{V}|$ 而不是 $|\mathbb{V}|$)，所以也可以高效地计算梯度。这不仅包括关于输出参数的梯度，而且还包括关于隐藏层激活的梯度。

优化树结构最小化期望的计算数量是可能的，但通常不切实际。给定词的相对频率，信息理论的工具可以指定如何选择最佳的二进制编码。为此，我们可以构造树，使得与词相关联的位数量近似等于该词频率的对数。然而在实践中，节省计算通常事倍功半，因为输出概率的计算仅是神经语言模型中总计算的一部分。例如，假设有 l 个全连接的宽度为 n_h 的隐藏

层。令 n_b 是识别一个词所需比特数的加权平均值，其加权由这些词的频率给出。在这个例子中，计算隐藏激活所需的操作数增长为 $O(ln_h^2)$，而输出计算增长为 $O(n_h n_b)$。只要 $n_b \leqslant ln_h$，我们可以通过收缩 n_h 比收缩 n_b 减少更多的计算量。事实上，n_b 通常很小。因为词汇表的大小很少超过一百万，而 $\log_2(10^6) \approx 20$，所以可以将 n_b 减小到大约 20，但 n_h 通常大得多，大约为 10^3 或更大。我们可以定义深度为 2 和分支因子为 $\sqrt{|\mathbb{T}|}$ 的树，而不用仔细优化分支因子为 2 的树。这样的树对应于简单定义一组互斥的词类。基于深度为 2 的树的简单方法可以获得层级策略大部分的计算益处。

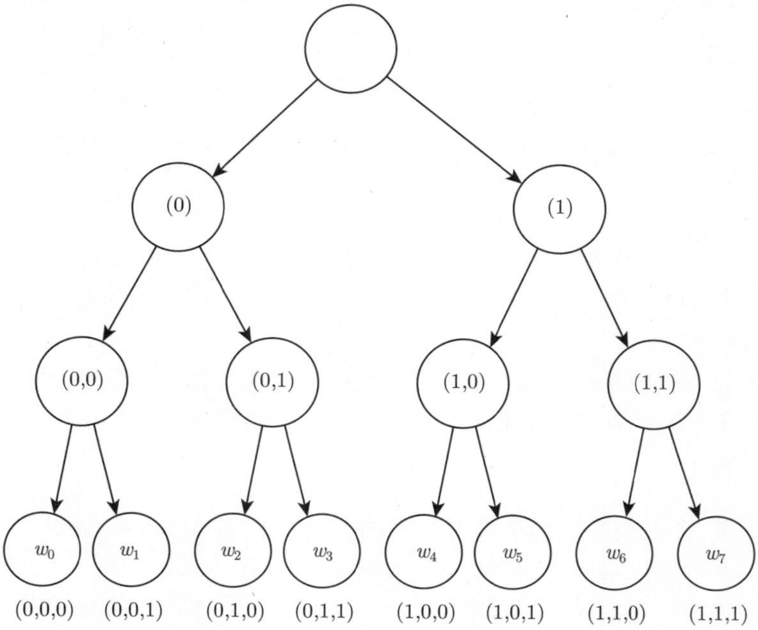

图 12.4 词类别简单层次结构的示意图，其中 8 个词 $w_0, \cdots, w_7$ 组织成三级层次结构。树的叶子表示实际特定的词。内部节点表示词的组别。任何节点都可以通过二值决策序列 (0= 左，1= 右) 索引，从根到达节点。超类 (0) 包含类 (0, 0) 和 (0, 1)，其中分别包含词 $\{w_0, w_1\}$ 和 $\{w_2, w_3\}$ 的集合，类似地超类 (1) 包含类 (1, 0) 和 (1, 1)，分别包含词 $\{w_4, w_5\}$ 和 $\{w_6, w_7\}$。如果树充分平衡，则最大深度 (二值决策的数量) 与词数 $|\mathbb{V}|$ 的对数同阶：从 $|\mathbb{V}|$ 个词中选一个词只需执行 $\mathcal{O}(\log |\mathbb{V}|)$ 次操作 (从根开始的路径上的每个节点一次操作)。在该示例中，我们乘三次概率就能计算词 y 的概率，这三次概率与从根到节点 y 的路径上每个节点向左或向右的二值决策相关联。令 $b_i(y)$ 为遍历树移向 y 时的第 i 个二值决策。对输出 y 进行采样的概率可以通过条件概率的链式法则分解为条件概率的乘积，其中每个节点由这些位的前缀索引。例如，节点 (1, 0) 对应于前缀 $(b_0(w_4) = 1, b_1(w_4) = 0)$，并且 w_4 的概率可以如下分解：

$$P(\mathrm{y} = w_4) = P(\mathrm{b}_0 = 1, \mathrm{b}_1 = 0, \mathrm{b}_2 = 0) \tag{12.11}$$

$$= P(\mathrm{b}_0 = 1)P(\mathrm{b}_1 = 0 \mid \mathrm{b}_0 = 1)P(\mathrm{b}_2 = 0 \mid \mathrm{b}_0 = 1, \mathrm{b}_1 = 0) \tag{12.12}$$

一个仍然有点开放的问题是如何最好地定义这些词类，或者如何定义一般的词层次结构。早期工作使用现有的层次结构 (Morin and Bengio, 2005)，但也可以理想地与神经语言模型联合学习层次结构。学习层次结构很困难。对数似然的精确优化似乎难以解决，因为词层次的选择是离散的，不适于基于梯度的优化。然而，我们可以使用离散优化来近似地最优化词类的分割。

分层 softmax 的一个重要优点是，它在训练期间和测试期间 (如果在测试时我们想计算特定词的概率) 都带来了计算上的好处。

当然即使使用分层 softmax，计算所有 $|\mathbb{V}|$ 个词概率的成本仍是很高的。另一个重要的操作是在给定上下文中选择最可能的词。不幸的是，树结构不能为这个问题提供高效精确的解决方案。

其缺点是在实践中，分层 softmax 倾向于更差的测试结果 (相对基于采样的方法)，我们将在下文描述。这可能是因为词类选择得不好。

12.4.3.3 重要采样

加速神经语言模型训练的一种方式是，避免明确地计算所有未出现在下一位置的词对梯度的贡献。每个不正确的词在此模型下具有低概率。枚举所有这些词的计算成本可能会很高。相反，我们可以仅采样词的子集。使用式 (12.8) 中引入的符号，梯度可以写成如下形式：

$$\frac{\partial \log P(y \mid C)}{\partial \theta} = \frac{\partial \log \operatorname{softmax}_y(\boldsymbol{a})}{\partial \theta} \tag{12.13}$$

$$= \frac{\partial}{\partial \theta} \log \frac{e^{a_y}}{\sum_i e^{a_i}} \tag{12.14}$$

$$= \frac{\partial}{\partial \theta}(a_y - \log \sum_i e^{a_i}) \tag{12.15}$$

$$= \frac{\partial a_y}{\partial \theta} - \sum_i P(y = i \mid C) \frac{\partial a_i}{\partial \theta} \tag{12.16}$$

其中 $\boldsymbol{a}$ 是 presoftmax 激活 (或得分) 向量，每个词对应一个元素。第一项是**正相**(positive phase) 项，推动 a_y 向上；而第二项是**负相**(negative phase) 项，对于所有 i 以权重 $P(i \mid C)$ 推动 a_i 向下。由于负相项是期望值，我们可以通过蒙特卡罗采样估计。然而，这将需要从模型本身采样。从模型中采样需要对词汇表中所有的 i 计算 $P(i \mid C)$，这正是我们试图避免的。

我们可以从另一个分布中采样，而不是从模型中采样，这个分布称为**提议分布**(proposal distribution)(记为 q)，并通过适当的权重校正从错误分布采样引入的偏差 (Bengio and Sénécal, 2003; Bengio and Sénécal, 2008)。这是一种称为**重要采样**(Importance Sampling) 的更通用技术的应用，我们将在第 12.4.3.3 节中更详细地描述。不幸的是，即使精确重要采样也不一定有效，因为我们需要计算权重 p_i/q_i，其中的 $p_i = P(i \mid C)$ 只能在计算所有得分 a_i 后才能计算。这个应用采取的解决方案称为有偏重要采样，其中重要性权重被归一化加和为 1。当对负词 n_i 进行采样时，相关联的梯度被加权为

$$w_i = \frac{p_{n_i}/q_{n_i}}{\sum_{j=1}^{N} p_{n_j}/q_{n_j}} \tag{12.17}$$

这些权重用于对来自 q 的 m 个负样本给出适当的重要性，以形成负相估计对梯度的贡献：

$$\sum_{i=1}^{|\mathbb{V}|} P(i \mid C) \frac{\partial a_i}{\partial \theta} \approx \frac{1}{m} \sum_{i=1}^{m} w_i \frac{\partial a_{n_i}}{\partial \theta} \tag{12.18}$$

一元语法或二元语法分布与提议分布 q 工作得一样好。从数据估计这种分布的参数是很容易的。在估计参数之后，也可以非常高效地从这样的分布采样。

重要采样(Importance Sampling) 不仅可以加速具有较大 softmax 输出的模型。更一般地，它可以加速具有大稀疏输出层的训练，其中输出是稀疏向量而不是 n 选 1。其中一个例子是**词袋**(bag of words)。词袋具有稀疏向量 $\boldsymbol{v}$，其中 v_i 表示词汇表中的词 i 存不存在文档中。或者，v_i 可以指示词 i 出现的次数。由于各种原因，训练产生这种稀疏向量的机器学习模型的成本可能很高。在学习的早期，模型可能不会真的使输出真正稀疏。此外，将输出的每个元素与目标的每个元素进行比较，可能是描述训练的损失函数最自然的方式。这意味着稀疏输出并不一定能带来计算上的好处，因为模型可以选择使大多数输出非零，并且所有这些非零值需要与相应的训练目标进行比较（即使训练目标是零)。Dauphin *et al.* (2011) 证明可以使用重要采样加速这种模型。高效算法最小化“正词”(在目标中非零的那些词) 和相等数量的“负词”的重构损失。负词是被随机选取的，如使用启发式采样更可能被误解的词。该启发式过采样引入的偏差则可以使用重要性权重校正。

在所有这些情况下，输出层梯度估计的计算复杂度被减少为与负样本数量成比例，而不是与输出向量的大小成比例。

12.4.3.4 噪声对比估计和排名损失

为减少训练大词汇表的神经语言模型的计算成本，研究者也提出了其他基于采样的方法。早期的例子是 Collobert and Weston (2008a) 提出的排名损失，将神经语言模型每个词的输出视为一个得分，并试图使正确词的得分 a_y 比其他词 a_i 排名更高。提出的排名损失则是

$$L = \sum_i \max(0, 1 - a_y + a_i) \tag{12.19}$$

如果观察到词的得分 a_y 远超过负词的得分 a_i(相差大于 1)，则第 i 项梯度为零。这个准则的一个问题是它不提供估计的条件概率，条件概率在很多应用中是有用的，包括语音识别和文本生成 (包括诸如翻译的条件文本生成任务)。

最近用于神经语言模型的训练目标是噪声对比估计，将在第 18.6 节中介绍。这种方法已成功应用于神经语言模型 (Mnih and Teh, 2012; Mnih and Kavukcuoglu, 2013)。

12.4.4 结合 n-gram 和神经语言模型

n-gram 模型相对神经网络的主要优点是 n-gram 模型具有更高的模型容量 (通过存储非常多的元组的频率)，并且处理样本只需非常少的计算量 (通过查找只匹配当前上下文的几个元组)。如果我们使用哈希表或树来访问计数，那么用于 n-gram 的计算量几乎与容量无关。相比之下，将神经网络的参数数目加倍通常也大致加倍计算时间。当然，避免每次计算时使用所有参数的模型是一个例外。嵌入层每次只索引单个嵌入，所以我们可以增加词汇量，而不会增加每个样本的计算时间。一些其他模型，例如平铺卷积网络，可以在减少参数共享程度的同时添加参数以保持相同的计算量。然而，基于矩阵乘法的典型神经网络层需要与参数数量成比例的计算量。

因此，增加容量的一种简单方法是将两种方法结合，由神经语言模型和 n-gram 语言模型组成集成 (Bengio *et al.*, 2001b, 2003)。

对于任何集成，如果集成成员产生独立的错误，这种技术可以减少测试误差。集成学习领域提供了许多方法来组合集成成员的预测，包括统一加权和在验证集上选择权重。Mikolov *et al.* (2011a) 扩展了集成，不是仅包括两个模型，而是包括大量模型。我们也可以将神经网络

与最大熵模型配对并联合训练 (Mikolov *et al.*, 2011b)。该方法可以被视为训练具有一组额外输入的神经网络，额外输入直接连接到输出并且不连接到模型的任何其他部分。额外输入是输入上下文中特定 n-gram 是否存在的指示器，因此这些变量是非常高维且非常稀疏的。

模型容量的增加是巨大的 (架构的新部分包含高达 $|sV|^n$ 个参数)，但是处理输入所需的额外计算量是很小的 (因为额外输入非常稀疏)。

12.4.5　神经机器翻译

机器翻译以一种自然语言读取句子并产生等同含义的另一种语言的句子。机器翻译系统通常涉及许多组件。在高层次，一个组件通常会提出许多候选翻译。由于语言之间的差异，这些翻译中的许多翻译是不符合语法的。例如，许多语言在名词后放置形容词，因此直接翻译成英语时，它们会产生诸如“apple red”的短语。提议机制提出建议翻译的许多变体，理想情况下应包括“red apple”。翻译系统的第二个组成部分 (语言模型) 评估提议的翻译，并可以评估“red apple”比“apple red”更好。

最早的机器翻译神经网络探索中已经纳入了编码器和解码器的想法 (Allen 1987; Chrisman 1991; Forcada and Ñeco 1997)，而翻译中神经网络的第一个大规模有竞争力的用途是通过神经语言模型升级翻译系统的语言模型 (Schwenk *et al.*, 2006; Schwenk, 2010)。之前，大多数机器翻译系统在该组件使用 n-gram 模型。机器翻译中基于 n-gram 的模型不仅包括传统的回退 n-gram 模型 (Jelinek and Mercer, 1980; Katz, 1987; Chen and Goodman, 1999)，而且包括**最大熵语言模型**(maximum entropy language models)(Berger *et al.*, 1996)，其中给定上下文中常见的词，affine-softmax 层预测下一个词。

传统语言模型仅仅报告自然语言句子的概率。因为机器翻译涉及给定输入句子产生输出句子，所以将自然语言模型扩展为条件的是有意义的。如第 6.2.1.1 节所述，可以直接地扩展一个模型，该模型定义某些变量的边缘分布，以便在给定上下文 C(C 可以是单个变量或变量列表) 的情况下定义该变量的条件分布。Devlin *et al.* (2014) 在一些统计机器翻译的基准中击败了最先进的技术，他给定源语言中的短语 $\mathrm{s}_1, \mathrm{s}_2, \cdots, \mathrm{s}_k$ 后使用 MLP 对目标语言的短语 $\mathrm{t}_1, \mathrm{t}_2, \cdots, \mathrm{t}_k$ 进行评分。这个 MLP 估计 $P(\mathrm{t}_1, \mathrm{t}_2, \cdots, \mathrm{t}_k \mid \mathrm{s}_1, \mathrm{s}_2, \cdots, \mathrm{s}_k)$。这个 MLP 的估计替代了条件 n-gram 模型提供的估计。

基于 MLP 方法的缺点是需要将序列预处理为固定长度。为了使翻译更加灵活，我们希望模型允许可变的输入长度和输出长度。RNN 具备这种能力。第 10.2.4 节描述了给定某些输入后，关于序列条件分布 RNN 的几种构造方法，并且第 10.4 节描述了当输入是序列时如何实现这种条件分布。在所有情况下，一个模型首先读取输入序列并产生概括输入序列的数据结构。我们称这个概括为“上下文” C。上下文 C 可以是向量列表，或者向量或张量。读取输入以产生 C 的模型可以是 RNN (Cho *et al.*, 2014b; Sutskever *et al.*, 2014; Jean *et al.*, 2014) 或卷积网络 (Kalchbrenner and Blunsom, 2013)。另一个模型 (通常是 RNN)，则读取上下文 C 并且生成目标语言的句子。在图 12.5 中展示了这种用于机器翻译的编码器 - 解码器框架的总体思想。

为生成以源句为条件的整句，模型必须具有表示整个源句的方式。早期模型只能表示单个词或短语。从表示学习的观点来看，具有相同含义的句子具有类似表示是有用的，无论它们是以源语言还是以目标语言书写。研究者首先使用卷积和 RNN 的组合探索该策略 (Kalchbrenner and Blunsom, 2013)。后来的工作介绍了使用 RNN 对所提议的翻译进行打分

(Cho *et al.*, 2014b) 或生成翻译句子 (Sutskever *et al.*, 2014)。Jean *et al.* (2014) 将这些模型扩展到更大的词汇表。

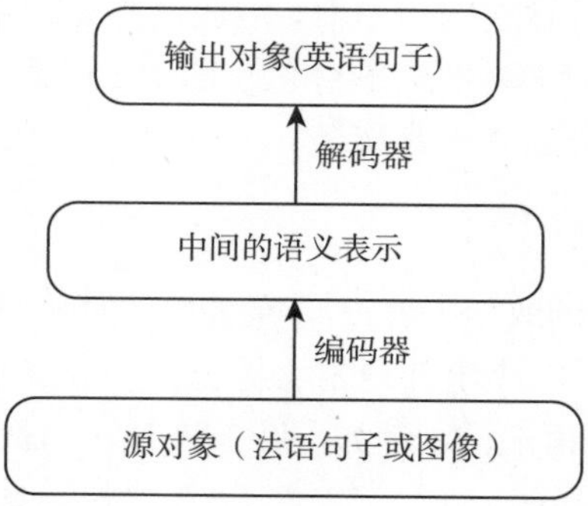

图 12.5 编码器 - 解码器架构在直观表示 (例如词序列或图像) 和语义表示之间来回映射。使用来自一种模态数据的编码器输出 (例如从法语句子到捕获句子含义的隐藏表示的编码器映射) 作为用于另一模态的解码器输入 (如解码器将捕获句子含义的隐藏表示映射到英语)，我们可以训练将一种模态转换到另一种模态的系统。这个想法已经成功应用于很多领域，不仅仅是机器翻译，还包括为图像生成标题

12.4.5.1 使用注意力机制并对齐数据片段

使用固定大小的表示概括非常长的句子 (例如 60 个词) 的所有语义细节是非常困难的。这需要使用足够大的 RNN，并且用足够长的时间训练得很好才能实现，如 Cho *et al.* (2014b) 和 Sutskever *et al.* (2014) 所表明的。然而，更高效的方法是先读取整个句子或段落 (以获得正在表达的上下文和焦点)，然后一次翻译一个词，每次聚焦于输入句子的不同部分来收集产生下一个输出词所需的语义细节。这正是 Bahdanau *et al.* (2015) 第一次引入的想法。图 12.6 中展示了注意力机制，其中每个时间步关注输入序列的特定部分。

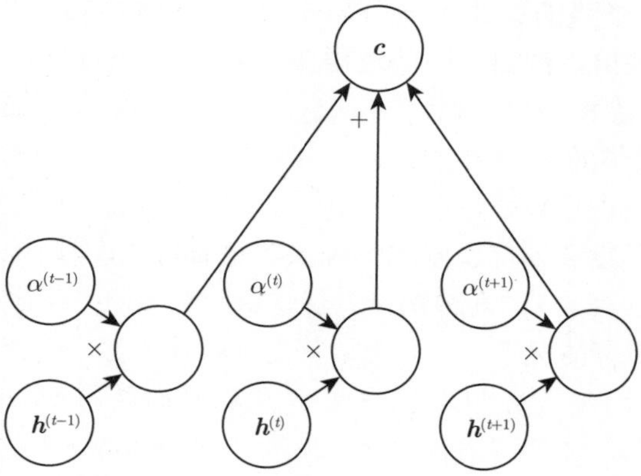

图 12.6 由 Bahdanau *et al.* (2015) 引入的现代注意力机制，本质上是加权平均。注意力机制对具有权重 $\alpha^{(t)}$ 的特征向量 $\boldsymbol{h}^{(t)}$ 进行加权平均形成上下文向量 $\boldsymbol{c}$。在一些应用中，特征向量 $\boldsymbol{h}$ 是神经网络的隐藏单元，但它们也可以是模型的原始输入。权重 $\alpha^{(t)}$ 由模型本身产生。它们通常是区间 $[0, 1]$ 中的值，并且旨在仅仅集中在单个 $\boldsymbol{h}^{(t)}$ 周围，使得加权平均精确地读取接近一个特定时间步的特征向量。权重 $\alpha^{(t)}$ 通常由模型另一部分发出的相关性得分应用 softmax 函数后产生。注意力机制在计算上需要比直接索引期望的 $\boldsymbol{h}^{(t)}$ 付出更高的代价，但直接索引不能使用梯度下降训练。基于加权平均的注意力机制是平滑、可微的近似，可以使用现有优化算法训练

我们可以认为基于注意力机制的系统有三个组件：

- 读取器读取原始数据 (例如源语句中的源词) 并将其转换为分布式表示，其中一个特征向量与每个词的位置相关联。
- 存储器存储读取器输出的特征向量列表。这可以被理解为包含事实序列的*存储器*，而之后不必以相同的顺序从中检索，也不必访问全部。
- 最后一个程序利用存储器的内容顺序地执行任务，每个时间步聚焦于某个存储器元素的内容 (或几个，具有不同权重)。

第三组件可以生成翻译语句。

当用一种语言书写的句子中的词与另一种语言的翻译语句中的相应词对齐时，可以使对应的词嵌入相关联。早期的工作表明，我们可以学习将一种语言中的词嵌入与另一种语言中的词嵌入相关联的翻译矩阵 (Kočiský *et al.*, 2014)，与传统的基于短语表中频率计数的方法相比，可以产生较低的对齐错误率。更早的工作 (Klementiev *et al.*, 2012) 也对跨语言词向量进行了研究。这种方法存在很多的扩展。例如，允许在更大数据集上训练的更高效的跨语言对齐 (Gouws *et al.*, 2014)。

12.4.6 历史展望

在对反向传播的第一次探索中，Rumelhart *et al.* (1986a) 等人提出了分布式表示符号的思想，其中符号对应于族成员的身份，而神经网络捕获族成员之间的关系，训练样本形成三元组如 (Colin、Mother、Victoria)。神经网络的第一层学习每个族成员的表示。例如，Colin 的特征可能代表 Colin 所在的族树，他所在树的分支，他来自哪一代等等。我们可以将神经网络认为是将这些属性关联在一起的计算学习规则，可以获得期望预测。模型则可以进行预测，例如推断谁是 Colin 的母亲。

Deerwester *et al.* (1990) 将符号嵌入的想法扩展到对词的嵌入。这些嵌入使用 SVD 学习。之后，嵌入将通过神经网络学习。

自然语言处理的历史是由流行表示 (对模型输入不同方式的表示) 的变化为标志的。在早期对符号和词建模的工作之后，神经网络在 NLP 上一些最早的应用 (Miikkulainen and Dyer, 1991; Schmidhuber, 1996) 将输入表示为字符序列。

Bengio *et al.* (2001b) 将焦点重新引到对词建模并引入神经语言模型，能产生可解释的词嵌入。这些神经模型已经从在一小组符号上的定义表示 (20 世纪 80 年代) 扩展到现代应用中的数百万字 (包括专有名词和拼写错误)。这种计算扩展的努力导致了第 12.4.3 节中描述的技术发明。

最初，使用词作为语言模型的基本单元可以改进语言建模的性能 (Bengio *et al.*, 2001b)。而今，新技术不断推动基于字符 (Sutskever *et al.*, 2011) 和基于词的模型向前发展，最近的工作 (Gillick *et al.*, 2015) 甚至建模 Unicode 字符的单个字节。

神经语言模型背后的思想已经扩展到多个自然语言处理应用，如解析 (Henderson, 2003, 2004; Collobert, 2011)、词性标注、语义角色标注、分块等，有时使用共享词嵌入的单一多任务学习架构 (Collobert and Weston, 2008a; Collobert *et al.*, 2011a)。

随着 t-SNE 降维算法的发展 (van der Maaten and Hinton, 2008) 以及 Joseph Turian 在 2009 年引入的专用于可视化词嵌入的应用，用于分析语言模型嵌入的二维可视化成为一种流行的工具。

12.5　其他应用

在本节中，我们介绍深度学习一些其他类型的应用，它们与上面讨论的标准对象识别、语音识别和自然语言处理任务不同。本书的第 3 部分将扩大这个范围，甚至进一步扩展到仍是目前主要研究领域的任务。

12.5.1　推荐系统

信息技术部门中机器学习的主要应用之一是向潜在用户或客户推荐项目。这可以分为两种主要的应用：在线广告和项目建议 (通常这些建议的目的仍然是为了销售产品)。两者都依赖于预测用户和项目之间的关联，一旦向该用户展示了广告或推荐了该产品，推荐系统要么预测一些行为的概率 (用户购买产品或该行为的一些代替) 或预期增益 (其可取决于产品的价值)。目前，互联网的资金主要来自各种形式的在线广告。经济的主要部分依靠网上购物。包括 Amazon 和 eBay 在内的公司都使用了机器学习 (包括深度学习) 推荐他们的产品。有时，项目不是实际出售的产品，如选择在社交网络新闻信息流上显示的帖子、推荐观看的电影、推荐笑话、推荐专家建议、匹配视频游戏的玩家或匹配约会的人。

通常，这种关联问题可以作为监督学习问题来处理：给出一些关于项目和关于用户的信息，预测感兴趣的行为 (用户点击广告、输入评级、点击“喜欢”按钮、购买产品，在产品上花钱、花时间访问产品页面等)。通常这最终会归结到回归问题 (预测一些条件期望值) 或概率分类问题 (预测一些离散事件的条件概率)。

早期推荐系统的工作依赖于这些预测输入的最小信息：用户 ID 和项目 ID。在这种情况下，唯一的泛化方式依赖于不同用户或不同项目的目标变量值之间的模式相似性。假设用户 1 和用户 2 都喜欢项目 A，B 和 C. 由此，我们可以推断出用户 1 和用户 2 具有类似的口味。如果用户 1 喜欢项目 D，那么这可以强烈提示用户 2 也喜欢 D。基于此原理的算法称为**协同过滤**(collaborative filtering)。非参数方法 (例如基于估计偏好模式之间相似性的最近邻方法) 和参数方法都可能用来解决这个问题。参数方法通常依赖于为每个用户和每个项目学习分布式表示 (也称为嵌入)。目标变量的双线性预测 (例如评级) 是一种简单的参数方法，这种方法非常成功，通常被认为是最先进系统的组成部分。通过用户嵌入和项目嵌入之间的点积 (可能需要使用仅依赖于用户 ID 或项目 ID 的常数来校正) 获得预测。令 $\hat{\boldsymbol{R}}$ 是包含我们预测的矩阵，$\boldsymbol{A}$ 矩阵行中是用户嵌入，$\boldsymbol{B}$ 矩阵列中具有项目嵌入。令 $\boldsymbol{b}$ 和 $\boldsymbol{c}$ 是分别包含针对每个用户 (表示用户平常坏脾气或积极的程度) 以及每个项目 (表示其大体受欢迎程度) 的偏置向量。因此，双线性预测如下获得

$$\hat{R}_{u,i} = b_u + c_i + \sum_j A_{u,j} B_{j,i} \tag{12.20}$$

通常，人们希望最小化预测评级 $\hat{R}_{u,i}$ 和实际评级 $\hat{R}_{u,i}$ 之间的平方误差。当用户嵌入和项目嵌入首次缩小到低维度 (两个或三个) 时，它们就可以方便地可视化，或者可以将用户或项目彼此进行比较 (就像词嵌入)。获得这些嵌入的一种方式是对实际目标 (例如评级) 的矩阵 $\boldsymbol{R}$ 进行奇异值分解。这对应于将 $\boldsymbol{R} = \boldsymbol{UDV}'$(或归一化的变体) 分解为两个因子的乘积，低秩矩阵 $\boldsymbol{A} = \boldsymbol{UD}$ 和 $\boldsymbol{B} = \boldsymbol{V}'$。SVD 的一个问题是它以任意方式处理缺失条目，如同它们对应于目标值 0。相反，我们希望避免为缺失条目做出的预测付出任何代价。幸运的是，观察到的评级的平方误差总和也可以使用基于梯度的优化最小化。SVD 和式 (12.20) 中的双线性预测

在 Netflix 奖竞赛中 (目的是仅基于大量匿名用户的之前评级预测电影的评级) 表现得非常好 (Bennett and Lanning, 2007)。许多机器学习专家参加了 2006 年和 2009 年之间的这场比赛。它提高了使用先进机器学习的推荐系统的研究水平，并改进了推荐系统。即使简单的双线性预测或 SVD 本身并没有赢得比赛，但它是大多数竞争对手提出的整体模型中一个组成部分，包括胜者 (Töscher *et al.*, 2009; Koren, 2009)。

除了这些具有分布式表示的双线性模型之外，第一次用于协同过滤的神经网络之一是基于 RBM 的无向概率模型 (Salakhutdinov *et al.*, 2007)。RBM 是 Netflix 比赛获胜方法的一个重要组成部分 (Töscher *et al.*, 2009; Koren, 2009)。神经网络社群中也已经探索了对评级矩阵进行因子分解的更高级变体 (Salakhutdinov and Mnih, 2008)。

然而，协同过滤系统有一个基本限制：当引入新项目或新用户时，缺乏评级历史意味着无法评估其与其他项目或用户的相似性，或者说无法评估新的用户和现有项目的联系。这被称为冷启动推荐问题。解决冷启动推荐问题的一般方式是引入单个用户和项目的额外信息。例如，该额外信息可以是用户简要信息或每个项目的特征。使用这种信息的系统被称为**基于内容的推荐系统**(content-based recommender system)。从丰富的用户特征或项目特征集到嵌入的映射可以通过深度学习架构学习 (Huang *et al.*, 2013; Elkahky *et al.*, 2015)。

专用的深度学习架构，如卷积网络已经应用于从丰富内容中提取特征，如提取用于音乐推荐的音乐音轨 (van den Oörd *et al.*, 2013)。在该工作中，卷积网络将声学特征作为输入并计算相关歌曲的嵌入。该歌曲嵌入和用户嵌入之间的点积则可以预测用户是否将收听该歌曲。

12.5.1.1 探索与利用

当向用户推荐时，会产生超出普通监督学习范围的问题，并进入强化学习的领域。理论上，许多推荐问题最准确的描述是 contextual bandit (Langford and Zhang, 2008; Lu *et al.*, 2010)。问题是，当我们使用推荐系统收集数据时，我们得到是一个有偏且不完整的用户偏好观：我们只能看到用户对推荐给他们项目的反应，而不是其他项目。此外，在某些情况下，我们可能无法获得未向其进行推荐的用户的任何信息 (例如，在广告竞价中，可能是广告的建议价格低于最低价格阈值，或者没有赢得竞价，因此广告不会显示)。更重要的是，我们不知道推荐任何其他项目会产生什么结果。这就像训练一个分类器，为每个训练样本 $\boldsymbol{x}$ 挑选一个类别 $\hat{y}$(通常是基于模型最高概率的类别)，然后只能获得该类别正确与否的反馈。显然，每个样本传达的信息少于监督的情况 (其中真实标签 y 是可直接访问的)，因此需要更多的样本。更糟糕的是，如果我们不够小心，即使收集越来越多的数据，我们得到的系统可能会继续选择错误的决定，因为正确的决定最初只有很低的概率：直到学习者选择正确的决定之前，该系统都无法学习正确的决定。这类似于强化学习的情况，其中仅观察到所选动作的奖励。一般来说，强化学习会涉及许多动作和许多奖励的序列。bandit 情景是强化学习的特殊情况，其中学习者仅采取单一动作并接收单个奖励。bandit 问题在学习者知道哪个奖励与哪个动作相关联的时候更容易。在一般的强化学习场景中，高奖励或低奖励可能是由最近的动作或很久以前的动作引起的。术语**contextual bandit**指的是在一些输入变量可以通知决定的上下文中采取动作的情况。例如，我们至少知道用户身份，并且我们要选择一个项目。从上下文到动作的映射也称为**策略**(policy)。学习者和数据分布 (现在取决于学习者的动作) 之间的反馈循环是强化学习和 bandit 研究的中心问题。

强化学习需要权衡**探索**(exploration) 与**利用**(exploitation)。利用指的是从目前学到的最好策略采取动作，也就是我们所知的将获得高奖励的动作。**探索**是指采取行动以获得更多的训练数据。如果我们知道给定上下文 $\boldsymbol{x}$，动作 a 给予我们 1 的奖励，但我们不知道这是否是最好的奖励。我们可能想利用我们目前的策略，并继续采取行动 a 相对肯定地获得 1 的奖励。然而，我们也可能想通过尝试动作 a' 来探索。我们不知道尝试动作 a' 会发生什么。我们希望得到 2 的奖励，但有获得 0 奖励的风险。无论如何，我们至少获得了一些知识。

探索可以以许多方式实现，从覆盖可能动作的整个空间的随机动作到基于模型的方法 (基于预期回报和模型对该回报不确定性的量来计算动作的选择)。

许多因素决定了我们喜欢探索或利用的程度。最突出的因素之一是我们感兴趣的时间尺度。如果代理只有短暂的时间积累奖励，那么我们喜欢更多的利用。如果代理有很长时间积累奖励，那么我们开始更多的探索，以便使用更多的知识更有效地规划未来的动作。

监督学习在探索或利用之间没有权衡，因为监督信号总是指定哪个输出对于每个输入是正确的。我们总是知道标签是最好的输出，没有必要尝试不同的输出来确定是否优于模型当前的输出。

除了权衡探索和利用之外，强化学习背景下出现的另一个困难是难以评估和比较不同的策略。强化学习包括学习者和环境之间的相互作用。这个反馈回路意味着使用固定的测试集输入评估学习者的表现不是直接的。策略本身确定将看到哪些输入。Dudik *et al.* (2011) 提出了评估 contextual bandit 的技术。

12.5.2 知识表示、推理和回答

因为使用符号 (Rumelhart *et al.*, 1986a) 和词嵌入 (Deerwester *et al.*, 1990; Bengio *et al.*, 2001b)，深度学习方法在语言模型、机器翻译和自然语言处理方面非常成功。这些嵌入表示关于单个词或概念的语义知识。研究前沿是为短语或词和事实之间的关系开发嵌入。搜索引擎已经使用机器学习来实现这一目的，但是要改进这些更高级的表示还有许多工作要做。

12.5.2.1 知识、联系和回答

一个有趣的研究方向是确定如何训练分布式表示才能捕获两个实体之间的**关系**(relation)。

数学中，二元关系是一组有序的对象对。集合中的对具有这种关系，而那些不在集合中的对则没有。例如，我们可以在实体集 $\{1, 2, 3\}$ 上定义关系"小于"来定义有序对的集合 $\mathbb{S} = \{(1, 2), (1, 3), (2, 3)\}$。一旦这个关系被定义，我们可以像动词一样使用它。因为 $(1, 2) \in \mathbb{S}$，我们说 1 小于 2。因为 $(2, 1) \notin \mathbb{S}$，我们不能说 2 小于 1。当然，彼此相关的实体不必是数字。我们可以定义关系`is_a_type_of`包含如(狗，哺乳动物)的元组。

在 AI 的背景下，我们将关系看作句法上简单且高度结构化的语言。关系起到动词的作用，而关系的两个参数发挥着主体和客体的作用。这些句子是一个三元组标记的形式：

$$(\text{subject}, \text{verb}, \text{object}) \tag{12.21}$$

其值是

$$(\text{entity}_i, \text{relation}_j, \text{entity}_k) \tag{12.22}$$

我们还可以定义**属性**(attribute)，类似于关系的概念，但只需要一个参数：

$$(\text{entity}_i, \text{attribute}_j) \tag{12.23}$$

例如，我们可以定义has_fur 属性，并将其应用于像狗这样的实体。

许多应用中需要表示关系和推理。我们如何在神经网络中做到这一点？

机器学习模型当然需要训练数据。我们可以推断非结构化自然语言组成的训练数据集中实体之间的关系，也可以使用明确定义关系的结构化数据库。这些数据库的共同结构是关系型数据库，它存储这种相同类型的信息，虽然没有格式化为三元标记的句子。当数据库旨在将日常生活中常识或关于应用领域的专业知识传达给人工智能系统时，我们将这种数据库称为知识库。知识库包括一般的，像Freebase、OpenCyc、WordNet、Wikibase②等；还包括专业的知识库，如 GeneOntology③。实体和关系的表示可以将知识库中的每个三元组作为训练样本来学习，并且以最大化捕获它们的联合分布为训练目标 (Bordes *et al.*, 2013a)。

除了训练数据，我们还需定义训练的模型族。一种常见的方法是将神经语言模型扩展到模型实体和关系。神经语言模型学习提供每个词分布式表示的向量。他们还通过学习这些向量的函数来学习词之间的相互作用，例如哪些词可能出现在词序列之后。我们可以学习每个关系的嵌入向量将这种方法扩展到实体和关系。事实上，建模语言和通过关系编码建模知识的联系非常接近，研究人员可以同时使用知识库和自然语言句子训练这样的实体表示 (Bordes *et al.*, 2011, 2012; Wang *et al.*, 2014a)，或组合来自多个关系型数据库的数据 (Bordes *et al.*, 2013b)。可能与这种模型相关联的特定参数化有许多种。早期关于学习实体间关系的工作 (Paccanaro and Hinton, 2000) 假定高度受限的参数形式 (“线性关系嵌入”)，通常对关系使用与实体形式不同的表示。例如，Paccanaro and Hinton (2000) 和 Bordes *et al.* (2011) 用向量表示实体而矩阵表示关系，其思想是关系在实体上相当于运算符。或者，关系可以被认为是任何其他实体 (Bordes *et al.*, 2012)，允许我们关于关系作声明，但是更灵活的是将它们结合在一起并建模联合分布的机制。

这种模型的实际短期应用是**链接预测**(link prediction)：预测知识图谱中缺失的弧。这是基于旧事实推广新事实的一种形式。目前存在的大多数知识库都是通过人力劳动构建的，这往往使知识库缺失许多并且可能是大多数真正的关系。请查看 Wang *et al.* (2014b)、Lin *et al.* (2015) 和 Garcia-Duran *et al.* (2015) 中这样应用的例子。

我们很难评估链接预测任务上模型的性能，因为我们的数据集只有正样本 (已知是真实的事实)。如果模型提出了不在数据集中的事实，我们不确定模型是犯了错误还是发现了一个新的以前未知的事实。度量基于测试模型如何将已知真实事实的留存集合与不太可能为真的其他事实相比较，因此有些不精确。构造感兴趣的负样本 (可能为假的事实) 的常见方式是从真实事实开始，并创建该事实的损坏版本，例如用随机选择的不同实体替换关系中的一个实体。通用的测试精度 (10% 度量) 计算模型在该事实的所有损坏版本的前 10% 中选择“正确”事实的次数。

知识库和分布式表示的另一个应用是**词义消歧**(word-sense disambiguation)(Navigli and Velardi, 2005; Bordes *et al.*, 2012)，这个任务决定在某些语境中哪个词的意义是恰当的。

最后，知识的关系结合一个推理过程和对自然语言的理解可以让我们建立一个一般的问答系统。一般的问答系统必须能处理输入信息并记住重要的事实，并以之后能检索和推理的方式组织。这仍然是一个困难的开放性问题，只能在受限的“玩具”环境下解决。目前，记住和检索特定声明性事实的最佳方法是使用显式记忆机制，如第 10.12 节所述。记忆网络最开

②分别可以在如下网址获取：freebase.com, cyc.com/opencyc, wordnet.princeton.edu, wikiba.se

③geneontology.org

始是被用来解决一个玩具问答任务 (Weston *et al.*, 2014)。Kumar *et al.* (2015b) 提出了一种扩展，使用 GRU 循环网络将输入读入存储器并且在给定存储器的内容后产生回答。

深度学习已经应用于其他许多应用 (除了这里描述的应用以外)，并且肯定会在此之后应用于更多的场景。我们不可能全面描述与此主题相关的所有应用。本项调查尽可能地提供了在本文写作之时的代表性样本。

本书第 2 部分介绍了涉及深度学习的现代实践，囊括了所有非常成功的方法。一般而言，这些方法使用代价函数的梯度寻找模型 (近似于某些所期望的函数) 的参数。当具有足够的训练数据时，这种方法是非常强大的。我们现在转到第 3 部分，开始进入研究领域，旨在使用较少的训练数据或执行更多样的任务。而且相比目前为止所描述的情况，其中的挑战更困难并且远远没有解决。

第 3 部分

深度学习研究

本书这一部分描述目前研究社群所追求的、更有远见和更先进的深度学习方法。

在本书的前两部分，我们已经展示了如何解决监督学习问题，即在给定足够的映射样本的情况下，学习将一个向量映射到另一个。

我们想要解决的问题并不全都属于这个类别。我们可能希望生成新的样本、或确定一个点的似然性、或处理缺失值以及利用一组大量的未标记样本或相关任务的样本。当前应用于工业的最先进技术的缺点是我们的学习算法需要大量的监督数据才能实现良好的精度。在本书这一部分，我们讨论一些推测性的方法，来减少现有模型工作所需的标注数据量，并适用于更广泛的任务。实现这些目标通常需要某种形式的无监督或半监督学习。

许多深度学习算法被设计为处理无监督学习问题，但不像深度学习已经在很大程度上解决了各种任务的监督学习问题，没有一个算法能以同样的方式真正解决无监督学习问题。在本书这一部分，我们描述无监督学习的现有方法和一些如何在这一领域取得进展的流行思想。

无监督学习困难的核心原因是被建模的随机变量的高维度。这带来了两个不同的挑战：统计挑战和计算挑战。*统计挑战*与泛化相关：我们可能想要区分的配置数会随着感兴趣的维度数指数增长，并且这快速变得比可能具有的 (或者在有限计算资源下使用的) 样本数大得多。与高维分布相关联的*计算挑战*之所以会出现，是因为用于学习或使用训练模型的许多算法 (特别是基于估计显式概率函数的算法) 涉及难处理的计算量，并且随维数呈指数增长。

使用概率模型，这种计算挑战来自执行难解的推断或归一化分布。

- *难解的推断*：推断主要在第 19 章讨论。推断关于捕获 a、b 和 c 上联合分布的模型，给定其他变量 b 的情况下，猜测一些变量 a 的可能值。为了计算这样的条件概率，我们需要对变量 c 的值求和，以及计算对 a 和 c 的值求和的归一化常数。
- *难解的归一化常数 (配分函数)*：配分函数主要在第 18 章讨论。归一化概率函数的常数在推断 (上文) 以及学习中出现。许多概率模型涉及这样的归一化常数。不幸的是，学习这样的模型通常需要相对于模型参数计算配分函数对数的梯度。该计算通常与计算配分函数本身一样难解。马尔可夫链蒙特卡罗 (MCMC)(第 17 章) 通常用于处理配分函数。不幸的是，当模型分布的模式众多且分离良好时，MCMC 方法会出现问题，特别是在高维空间中 (参见第 17.5 节)。

面对这些难以处理的计算的一种方法是近似它们，如在本书的第 3 部分中讨论的，研究者已经提出了许多方法。这里还讨论另一种有趣的方式是通过设计模型，完全避免这些难以处理的计算，因此不需要这些计算的方法是非常有吸引力的。近年来，研究者已经提出了数种具有该动机的生成模型。其中第 20 章讨论了各种各样的现代生成式建模方法。

第 3 部分对于研究者来说是最重要的，研究者想要了解深度学习领域的广度，并将领域推向真正的人工智能。

第 13 章　线性因子模型

许多深度学习的研究前沿均涉及构建输入的概率模型 $p_{\text{model}}(\boldsymbol{x})$。原则上说，给定任何其他变量的情况下，这样的模型可以使用概率推断来预测其环境中的任何变量。许多这样的模型还具有潜变量 $\boldsymbol{h}$，其中 $p_{\text{model}}(\boldsymbol{x}) = \mathbb{E}_{\boldsymbol{h}}\, p_{\text{model}}(\boldsymbol{x} \mid \boldsymbol{h})$。这些潜变量提供了表示数据的另一种方式。我们在深度前馈网络和循环网络中已经发现，基于潜变量的分布式表示继承了表示学习的所有优点。

在本章中，我们描述了一些基于潜变量的最简单的概率模型：**线性因子模型**(linear factor model)。这些模型有时被用来作为混合模型的组成模块 (Hinton *et al.*, 1995a; Ghahramani and Hinton, 1996; Roweis *et al.*, 2002) 或者更大的深度概率模型 (Tang *et al.*, 2012)。同时，也介绍了构建生成模型所需的许多基本方法，在此基础上更先进的深度模型也将得到进一步扩展。

线性因子模型通过随机线性解码器函数来定义，该函数通过对 $\boldsymbol{h}$ 的线性变换以及添加噪声来生成 $\boldsymbol{x}$。

有趣的是，通过这些模型我们能够发现一些符合简单联合分布的解释性因子。线性解码器的简单性使得它们成为了最早被广泛研究的潜变量模型。

线性因子模型描述如下的数据生成过程。首先，我们从一个分布中抽取解释性因子 $\boldsymbol{h}$，

$$\mathbf{h} \sim p(\boldsymbol{h}) \tag{13.1}$$

其中 $p(\boldsymbol{h})$ 是一个因子分布，满足 $p(\boldsymbol{h}) = \prod_i p(h_i)$，所以易于从中采样。接下来，在给定因子的情况下，我们对实值的可观察变量进行采样

$$\boldsymbol{x} = \boldsymbol{W}\boldsymbol{h} + \boldsymbol{b} + \text{noise} \tag{13.2}$$

其中噪声通常是对角化的 (在维度上是独立的) 且服从高斯分布。这在图 13.1 有具体说明。

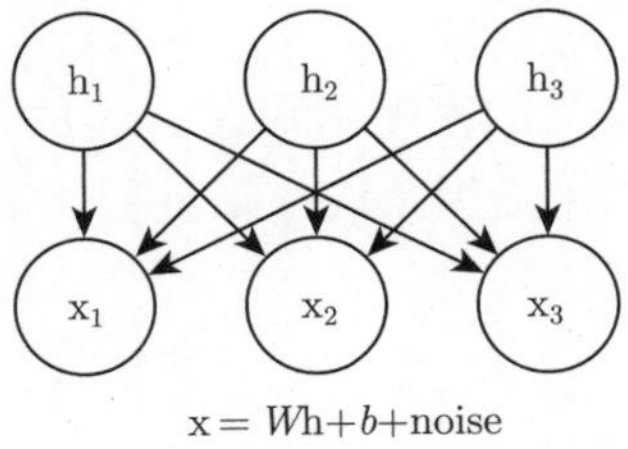

图 13.1　描述线性因子模型族的有向图模型，其中我们假设观察到的数据向量 $\boldsymbol{x}$ 是通过独立的潜在因子 $\boldsymbol{h}$ 的线性组合再加上一定噪声获得的。不同的模型，比如概率 PCA、因子分析或者是 ICA，都是选择了不同形式的噪声以及先验 $p(\boldsymbol{h})$

13.1　概率 PCA 和因子分析

概率 PCA (probabilistic PCA)、因子分析和其他线性因子模型是上述等式 (式 (13.1) 和式 (13.2)) 的特殊情况，并且仅在对观测到 $\boldsymbol{x}$ 之前的噪声分布和潜变量 $\boldsymbol{h}$ 先验的选择上有所

不同。

在**因子分析**(factor analysis)(Bartholomew, 1987; Basilevsky, 1994) 中，潜变量的先验是一个方差为单位矩阵的高斯分布

$$\mathbf{h} \sim \mathcal{N}(\boldsymbol{h}; \mathbf{0}, \boldsymbol{I}) \tag{13.3}$$

同时，假定在给定 $\boldsymbol{h}$ 的条件下观察值 x_i 是**条件独立**(conditionally independent) 的。具体来说，我们可以假设噪声是从对角协方差矩阵的高斯分布中抽出的，协方差矩阵为 $\boldsymbol{\psi} = \text{diag}(\boldsymbol{\sigma}^2)$，其中 $\boldsymbol{\sigma}^2 = [\sigma_1^2, \sigma_2^2, \cdots, \sigma_n^2]^\top$ 表示一个向量，每个元素表示一个变量的方差。

因此，潜变量的作用是*捕获不同观测变量 x_i 之间的依赖关系*。实际上，可以容易地看出 $\boldsymbol{x}$ 服从多维正态分布，并满足

$$\mathbf{x} \sim \mathcal{N}(\boldsymbol{x}; \boldsymbol{b}, \boldsymbol{W}\boldsymbol{W}^\top + \boldsymbol{\psi}) \tag{13.4}$$

为了将 PCA 引入到概率框架中，我们可以对因子分析模型作轻微修改，使条件方差 σ_i^2 等于同一个值。在这种情况下，$\boldsymbol{x}$ 的协方差简化为 $\boldsymbol{W}\boldsymbol{W}^\top + \sigma^2\boldsymbol{I}$，这里的 σ^2 是一个标量。由此可以得到条件分布，如下：

$$\mathbf{x} \sim \mathcal{N}(\boldsymbol{x}; \boldsymbol{b}, \boldsymbol{W}\boldsymbol{W}^\top + \sigma^2\boldsymbol{I}) \tag{13.5}$$

或者等价地

$$\mathbf{x} = \boldsymbol{W}\mathbf{h} + \boldsymbol{b} + \sigma\mathbf{z} \tag{13.6}$$

其中 $\mathbf{z} \sim \mathcal{N}(\boldsymbol{z}; \mathbf{0}, \boldsymbol{I})$ 是高斯噪声。之后 Tipping and Bishop (1999) 提出了一种迭代的 EM 算法来估计参数 $\boldsymbol{W}$ 和 σ^2。

这个**概率 PCA**(probabilistic PCA) 模型利用了这样一种观察现象：除了一些微小残余的**重构误差**(reconstruction error)(至多为 σ^2)，数据中的大多数变化可以由潜变量 $\boldsymbol{h}$ 描述。通过 Tipping and Bishop (1999) 的研究我们可以发现，当 $\sigma \to 0$ 时，概率 PCA 退化为 PCA。在这种情况下，给定 $\boldsymbol{x}$ 情况下 $\boldsymbol{h}$ 的条件期望等于将 $\boldsymbol{x} - \boldsymbol{b}$ 投影到 $\boldsymbol{W}$ 的 d 列所生成的空间上，与 PCA 一样。

当 $\sigma \to 0$ 时，概率 PCA 所定义的密度函数在 d 维的 $\boldsymbol{W}$ 的列生成空间周围非常尖锐。这导致模型会为没有在一个超平面附近聚集的数据分配非常低的概率。

13.2 独立成分分析

独立成分分析(independent component analysis, ICA) 是最古老的表示学习算法之一 (Herault and Ans, 1984; Jutten and Herault, 1991; Comon, 1994; Hyvärinen, 1999; Hyvärinen *et al.*, 2001a; Hinton *et al.*, 2001; Teh *et al.*, 2003)。它是一种建模线性因子的方法，旨在将观察到的信号分离成许多潜在信号，这些潜在信号通过缩放和叠加可以恢复成观察数据。这些信号是完全独立的，而不是仅仅彼此不相关[①]。

许多不同的具体方法被称为 ICA。与我们本书中描述的其他生成模型最相似的 ICA 变种 (Pham *et al.*, 1992) 训练了完全参数化的生成模型。潜在因子 $\boldsymbol{h}$ 的先验 $p(\boldsymbol{h})$，必须由用户提

①第 3.8 节讨论了不相关变量和独立变量之间的差异。

前给出并固定。接着模型确定性地生成 $\boldsymbol{x} = \boldsymbol{W}\boldsymbol{h}$。我们可以通过非线性变化 (使用式 (3.47)) 来确定 $p(\boldsymbol{x})$。然后通过一般的方法比如最大化似然进行学习。

这种方法的动机是，通过选择一个独立的 $p(\boldsymbol{h})$，我们可以尽可能恢复接近独立的潜在因子。这是一种常用的方法，它并不是用来捕捉高级别的抽象因果因子，而是恢复已经混合在一起的低级别信号。在该设置中，每个训练样本对应一个时刻，每个 x_i 是一个传感器对混合信号的观察值，并且每个 h_i 是单个原始信号的一个估计。例如，我们可能有 n 个人同时说话。如果我们在不同位置放置 n 个不同的麦克风，则 ICA 可以检测每个麦克风的音量变化，并且分离信号，使得每个 h_i 仅包含一个人清楚地说话。这通常用于脑电图的神经科学，这种技术可用于记录源自大脑的电信号。放置在受试者头部上的许多电极传感器用于测量来自身体的多种电信号。实验者通常仅对来自大脑的信号感兴趣，但是来自受试者心脏和眼睛的信号强到足以混淆在受试者头皮处的测量结果。信号到达电极，并且混合在一起，因此为了分离源于心脏与源于大脑的信号，并且将不同脑区域中的信号彼此分离，ICA 是必要的。

如前所述，ICA 存在许多变种。一些版本在 $\boldsymbol{x}$ 的生成中添加一些噪声，而不是使用确定性的解码器。大多数方法不使用最大似然准则，而是旨在使 $\boldsymbol{h} = \boldsymbol{W}^{-1}\boldsymbol{x}$ 的元素彼此独立。许多准则能够达成这个目标。式 (3.47) 需要用到 $\boldsymbol{W}$ 的行列式，这可能是代价很高且数值不稳定的操作。ICA 的一些变种通过将 $\boldsymbol{W}$ 约束为正交来避免这个有问题的操作。

ICA 的所有变种均要求 $p(\boldsymbol{h})$ 是非高斯的。这是因为如果 $p(\boldsymbol{h})$ 是具有高斯分量的独立先验，则 $\boldsymbol{W}$ 是不可识别的。对于许多 $\boldsymbol{W}$ 值，我们可以在 $p(\boldsymbol{x})$ 上获得相同的分布。这与其他线性因子模型有很大的区别，例如概率 PCA 和因子分析通常要求 $p(\boldsymbol{h})$ 是高斯的，以便使模型上的许多操作具有闭式解。在用户明确指定分布的最大似然方法中，一个典型的选择是使用 $p(h_i) = \frac{d}{dh_i}\sigma(h_i)$。这些非高斯分布的典型选择在 0 附近具有比高斯分布更高的峰值，因此我们也可以看到独立成分分析经常用于学习稀疏特征。

按照我们对生成模型这个术语的定义，ICA 的许多变种不是生成模型。在本书中，生成模型可以直接表示 $p(\boldsymbol{x})$，也可以认为是从 $p(\boldsymbol{x})$ 中抽取样本。ICA 的许多变种仅知道如何在 $\boldsymbol{x}$ 和 $\boldsymbol{h}$ 之间变换，而没有任何表示 $p(\boldsymbol{h})$ 的方式，因此也无法在 $p(\boldsymbol{x})$ 上施加分布。例如，许多 ICA 变量旨在增加 $\boldsymbol{h} = \boldsymbol{W}^{-1}\boldsymbol{x}$ 的样本峰度，因为高峰度说明了 $p(\boldsymbol{h})$ 是非高斯的，但这是在没有显式表示 $p(\boldsymbol{h})$ 的情况下完成的。这就是为什么 ICA 多被用作分离信号的分析工具，而不是用于生成数据或估计其密度。

正如 PCA 可以推广到第 14 章中描述的非线性自编码器，ICA 也可以推广到非线性生成模型，其中我们使用非线性函数 f 来生成观测数据。关于非线性 ICA 最初的工作可以参考 Hyvärinen and Pajunen (1999)，它和集成学习的成功结合可以参见 Roberts and Everson (2001)、Lappalainen *et al.* (2000)。ICA 的另一个非线性扩展是**非线性独立成分估计**(nonlinear independent components estimation, NICE) 方法 (Dinh *et al.*, 2014)，这个方法堆叠了一系列可逆变换 (在编码器阶段)，其特性是能高效地计算每个变换的 Jacobian 行列式。这使得我们能够精确地计算似然，并且像 ICA 一样，NICE 尝试将数据变换到具有因子的边缘分布的空间。由于非线性编码器的使用，这种方法更可能成功。因为编码器和一个能进行完美逆变换的解码器相关联，所以可以直接从模型生成样本 (首先从 $p(\boldsymbol{h})$ 采样，然后使用解码器)。

ICA 的另一个推广是通过鼓励组内统计依赖关系、抑制组间依赖关系来学习特征组 (Hyvärinen and Hoyer, 1999; Hyvärinen *et al.*, 2001b)。当相关单元的组被选为不重叠时，这被称为**独立子空间分析**(independent subspace analysis)。我们还可以向每个隐藏单元分配空间坐标，并且空间上相邻的单元组形成一定程度的重叠。这能够鼓励相邻的单元学习类似的特征。当应用于自然图像时，这种**地质 ICA**(topographic ICA) 方法可以学习 Gabor 滤波器，从而使得相邻特征具有相似的方向、位置或频率。在每个区域内出现类似 Gabor 函数的许多不同相位存在抵消作用，使得在小区域上的池化产生了平移不变性。

13.3　慢特征分析

慢特征分析(slow feature analysis, SFA) 是使用来自时间信号的信息学习不变特征的线性因子模型 (Wiskott and Sejnowski, 2002)。

慢特征分析的想法源于所谓的**慢性原则**(slowness principle)。其基本思想是，与场景中起描述作用的单个量度相比，场景的重要特性通常变化得非常缓慢。例如，在计算机视觉中，单个像素值可以非常快速地改变。如果斑马从左到右移动穿过图像并且它的条纹穿过对应的像素时，该像素将迅速从黑色变为白色，并再次恢复成黑色。通过比较，指示斑马是否在图像中的特征将不发生改变，并且描述斑马位置的特征将缓慢地改变。因此，我们可能希望将模型正则化，从而能够学习到那些随时间变化较为缓慢的特征。

慢性原则早于慢特征分析，并已被应用于各种模型 (Hinton, 1989; Földiák, 1989; Mobahi *et al.*, 2009; Bergstra and Bengio, 2009)。一般来说，我们可以将慢性原则应用于可以使用梯度下降训练的任何可微分模型。为了引入慢性原则，我们可以向代价函数添加以下项

$$\lambda \sum_t L(f(\boldsymbol{x}^{(t+1)}), f(\boldsymbol{x}^{(t)})) \tag{13.7}$$

其中 λ 是确定慢度正则化强度的超参数项，t 是样本时间序列的索引，f 是需要正则化的特征提取器，L 是测量 $f(\boldsymbol{x}^{(t)})$ 和 $f(\boldsymbol{x}^{(t+1)})$ 之间的距离的损失函数。L 的一个常见选择是均方误差。

慢特征分析是慢性原则中一个特别高效的应用。由于它被应用于线性特征提取器，并且可以通过闭式解训练，所以它是高效的。像 ICA 的一些变种一样，SFA 本身并不是生成模型，只是在输入空间和特征空间之间定义了一个线性映射，但是没有定义特征空间的先验，因此没有在输入空间上施加分布 $p(\boldsymbol{x})$。

SFA 算法 (Wiskott and Sejnowski, 2002) 先将 $f(\boldsymbol{x};\theta)$ 定义为线性变换，然后求解如下优化问题：

$$\min_{\boldsymbol{\theta}} \mathbb{E}_t (f(\boldsymbol{x}^{(t+1)})_i - f(\boldsymbol{x}^{(t)})_i)^2 \tag{13.8}$$

并且满足下面的约束：

$$\mathbb{E}_t f(\boldsymbol{x}^{(t)})_i = 0 \tag{13.9}$$

以及

$$\mathbb{E}_t [f(\boldsymbol{x}^{(t)})_i^2] = 1 \tag{13.10}$$

学习特征具有零均值的约束对于使问题具有唯一解是必要的，否则我们可以向所有特征值添加一个常数，并获得具有相等慢度目标值的不同解。特征具有单位方差的约束对于防止所有

特征趋近于 0 的病态解是必要的。与 PCA 类似，SFA 特征是有序的，其中学习第一特征是最慢的。要学习多个特征，我们还必须添加约束

$$\forall i < j, \quad \mathbb{E}_t[f(\boldsymbol{x}^{(t)})_i f(\boldsymbol{x}^{(t)})_j] = 0 \tag{13.11}$$

这要求学习的特征必须彼此线性去相关。没有这个约束，所有学习到的特征将简单地捕获一个最慢的信号。可以想象使用其他机制，如最小化重构误差，也可以迫使特征多样化。但是由于 SFA 特征的线性，这种去相关机制只能得到一种简单的解。SFA 问题可以通过线性代数软件获得闭式解。

在运行 SFA 之前，SFA 通常通过对 $\boldsymbol{x}$ 使用非线性的基扩充来学习非线性特征。例如，通常用 $\boldsymbol{x}$ 的二次基扩充来代替原来的 $\boldsymbol{x}$，得到一个包含所有 $x_i x_j$ 的向量。由此，我们可以通过反复地学习一个线性 SFA 特征提取器，对其输出应用非线性基扩展，然后在该扩展之上学习另一个线性 SFA 特征提取器的方式来组合线性 SFA 模块，从而学习深度非线性慢特征提取器。

当在自然场景视频的小块空间部分上训练时，使用二次基扩展的 SFA 所学习到的特征与 V1 皮层中那些复杂细胞的特征有许多共同特性 (Berkes and Wiskott, 2005)。当在计算机渲染的 3D 环境内随机运动的视频上训练时，深度 SFA 模型能够学习的特征与大鼠脑中用于导航的神经元学到的特征有许多共同特性 (Franzius *et al.*, 2007)。因此从生物学角度上来说 SFA 是一个合理的、有依据的模型。

SFA 的一个主要优点是，即使在深度非线性条件下，它依然能够在理论上预测 SFA 能够学习哪些特征。为了做出这样的理论预测，必须知道关于配置空间的环境动力 (例如，在 3D 渲染环境中随机运动的例子中，理论分析是从相机位置、速度的概率分布中入手的)。已知潜在因子如何改变的情况下，我们能够通过理论分析解出表达这些因子的最佳函数。在实践中，基于模拟数据的实验上，使用深度 SFA 似乎能够恢复理论预测的函数。相比之下，在其他学习算法中，代价函数高度依赖于特定像素值，使得难以确定模型将学习到什么特征。

深度 SFA 也已经被用于学习用在对象识别和姿态估计的特征 (Franzius *et al.*, 2008)。到目前为止，慢性原则尚未成为任何最先进应用的基础。究竟是什么因素限制了其性能仍有待研究。我们推测，或许慢度先验太过强势，并且最好添加这样一个先验使得当前时间步到下一个时间步的预测更加容易，而不是加一个先验使得特征近似为一个常数。对象的位置是一个有用的特征，无论对象的速度是高还是低。但慢性原则鼓励模型忽略具有高速度的对象的位置。

13.4 稀疏编码

稀疏编码(sparse coding)(Olshausen and Field, 1996) 是一个线性因子模型，已作为一种无监督特征学习和特征提取机制得到了广泛研究。严格来说，术语“稀疏编码”是指在该模型中推断 $\boldsymbol{h}$ 值的过程，而“稀疏建模”是指设计和学习模型的过程，但是通常这两个概念都可以用术语“稀疏编码”描述。

像大多数其他线性因子模型一样，它使用了线性的解码器加上噪声的方式获得一个 $\boldsymbol{x}$ 的重构，就像式 (13.2) 描述的一样。更具体地说，稀疏编码模型通常假设线性因子有一个各向

同性精度为 β 的高斯噪声：

$$p(\boldsymbol{x} \mid \boldsymbol{h}) = \mathcal{N}(\boldsymbol{x}; \boldsymbol{W}\boldsymbol{h} + \boldsymbol{b}, \frac{1}{\beta}\boldsymbol{I}) \tag{13.12}$$

分布 $p(\boldsymbol{h})$ 通常选取为一个峰值很尖锐且接近 0 的分布 (Olshausen and Field, 1996)。常见的选择包括可分解的 Laplace、Cauchy 或者可分解的 Student-t 分布。例如，以稀疏惩罚系数 λ 为参数的 Laplace 先验可以表示为

$$p(h_i) = \text{Laplace}(h_i; 0, \frac{2}{\lambda}) = \frac{\lambda}{4}\mathrm{e}^{-\frac{1}{2}\lambda|h_i|} \tag{13.13}$$

相应地，Student-t 先验分布可以表示为

$$p(h_i) \propto \frac{1}{(1+\frac{h_i^2}{\nu})^{\frac{\nu+1}{2}}} \tag{13.14}$$

使用最大似然的方法来训练稀疏编码模型是不可行的。相反，为了在给定编码的情况下更好地重构数据，训练过程在编码数据和训练解码器之间交替进行。稍后在第 19.3 节中，这种方法将被进一步证明为是解决最大似然问题的一种通用的近似方法。

对于诸如 PCA 的模型，我们已经看到使用了预测 $\boldsymbol{h}$ 的参数化的编码器函数，并且该函数仅包括乘以权重矩阵。稀疏编码中的编码器不是参数化的编码器。相反，编码器是一个优化算法，在这个优化问题中，我们寻找单个最可能的编码值：

$$\boldsymbol{h}^* = f(\boldsymbol{x}) = \arg\max_{\boldsymbol{h}} p(\boldsymbol{h} \mid \boldsymbol{x}) \tag{13.15}$$

结合式 (13.13) 和式 (13.12)，我们得到如下的优化问题：

$$\arg\max_{\boldsymbol{h}} p(\boldsymbol{h} \mid \boldsymbol{x}) \tag{13.16}$$

$$= \arg\max_{\boldsymbol{h}} \log p(\boldsymbol{h} \mid \boldsymbol{x}) \tag{13.17}$$

$$= \arg\min_{\boldsymbol{h}} \lambda\|\boldsymbol{h}\|_1 + \beta\|\boldsymbol{x} - \boldsymbol{W}\boldsymbol{h}\|_2^2 \tag{13.18}$$

其中，我们扔掉了与 $\boldsymbol{h}$ 无关的项，并除以一个正的缩放因子来简化表达。

由于在 $\boldsymbol{h}$ 上施加 L^1 范数，这个过程将产生稀疏的 $\boldsymbol{h}^*$(详见第 7.1.2 节)。

为了训练模型而不仅仅是进行推断，我们交替迭代关于 $\boldsymbol{h}$ 和 $\boldsymbol{W}$ 的最小化过程。在这里，我们将 β 视为超参数。我们通常将其设置为 1，因为它在此优化问题的作用与 λ 类似，没有必要使用两个超参数。原则上，我们还可以将 β 作为模型的参数，并学习它。我们在这里已经放弃了一些不依赖于 $\boldsymbol{h}$ 但依赖于 β 的项。要学习 β，必须包含这些项，否则 β 将退化为 0。

不是所有的稀疏编码方法都显式地构建了一个 $p(\boldsymbol{h})$ 和一个 $p(\boldsymbol{x} \mid \boldsymbol{h})$。通常我们只是对学习一个带有激活值的特征的字典感兴趣，当特征是由这个推断过程提取时，这个激活值通常为 0。

如果我们从 Laplace 先验中采样 $\boldsymbol{h}$，$\boldsymbol{h}$ 的元素实际上为 0 是一个零概率事件。生成模型本身并不稀疏，只有特征提取器是稀疏的。Goodfellow *et al.* (2013f) 描述了不同模型族中的近似推断，如尖峰和平板稀疏编码模型，其中先验的样本通常包含许多真正的 0。

与非参数编码器结合的稀疏编码方法原则上可以比任何特定的参数化编码器更好地最小化重构误差和对数先验的组合。另一个优点是编码器没有泛化误差。参数化的编码器必须泛化地学习如何将 $\boldsymbol{x}$ 映射到 $\boldsymbol{h}$。对于与训练数据差异很大的异常 $\boldsymbol{x}$，所学习的参数化编码器可能无法找到对应精确重构或稀疏的编码 $\boldsymbol{h}$。对于稀疏编码模型的绝大多数形式，推断问题是凸的，优化过程总能找到最优编码 (除非出现退化的情况，例如重复的权重向量)。显然，稀疏和重构成本仍然可以在不熟悉的点上升，但这归因于解码器权重中的泛化误差，而不是编码器中的泛化误差。当稀疏编码用作分类器的特征提取器，而不是使用参数化的函数来预测编码值时，基于优化的稀疏编码模型的编码过程中较小的泛化误差可以得到更好的泛化能力。Coates and Ng (2011) 证明了在对象识别任务中稀疏编码特征比基于参数化的编码器 (线性 -sigmoid 自编码器) 的特征拥有更好的泛化能力。受他们的工作启发，Goodfellow *et al.* (2013f) 表明一种稀疏编码的变体在标签极少 (每类 20 个或更少标签) 的情况中比相同情况下的其他特征提取器拥有更好的泛化能力。

非参数编码器的主要缺点是在给定 $\boldsymbol{x}$ 的情况下需要大量的时间来计算 $\boldsymbol{h}$，因为非参数方法需要运行迭代算法。在第 14 章中讲到的参数化自编码器方法仅使用固定数量的层，通常只有一层。另一个缺点是它不直接通过非参数编码器进行反向传播，这使得我们很难采用先使用无监督方式预训练稀疏编码模型，然后使用监督方式对其进行精调的方法。允许近似导数的稀疏编码模型的修改版本确实存在但未被广泛使用 (Bagnell and Bradley, 2009)。

像其他线性因子模型一样，稀疏编码经常产生糟糕的样本，如图 13.2 所示。即使当模型能够很好地重构数据并为分类器提供有用的特征时，也会发生这种情况。这种现象发生的原因是每个单独的特征可以很好地被学习到，但是隐藏编码值的因子先验会导致模型包括每个生成样本中所有特征的随机子集。这促使人们开发更深的模型，可以在其中最深的编码层施加一个非因子分布，与此同时也在开发一些复杂的浅度模型。

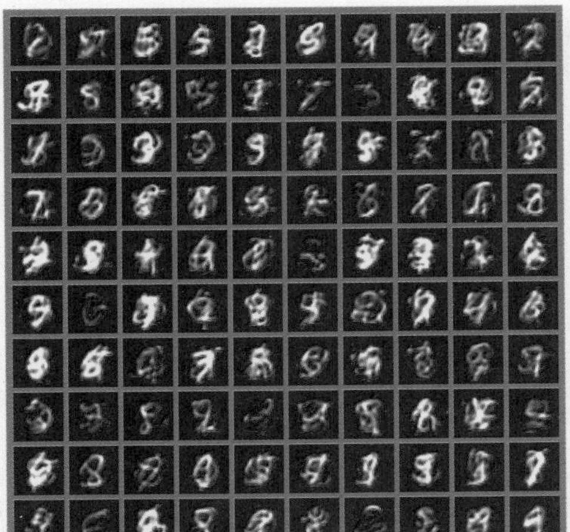

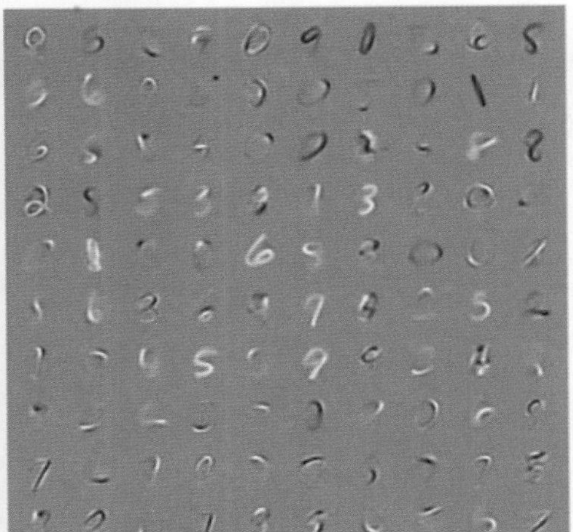

图 13.2 尖峰和平板稀疏编码模型上在 MNIST 数据集训练的样例和权重。(*左*) 这个模型中的样本和训练样本相差很大。第一眼看来，我们可能认为模型拟合得很差。(*右*) 这个模型的权重向量已经学习到了如何表示笔迹，有时候还能写完整的数字。因此这个模型也学习到了有用的特征。问题在于特征的因子先验会导致特征子集合随机的组合。一些这样的子集能够合成可识别的 MNIST 集上的数字。这也促进了拥有更强大潜在编码分布的生成模型的发展。此图经 Goodfellow *et al.* (2013f) 允许转载

13.5 PCA 的流形解释

线性因子模型，包括 PCA 和因子分析，可以理解为学习一个流形 (Hinton *et al.*, 1997)。我们可以将概率 PCA 定义为高概率的薄饼状区域，即一个高斯分布，沿着某些轴非常窄，就像薄饼沿着其垂直轴非常平坦，但沿着其他轴是细长的，正如薄饼在其水平轴方向是很宽的一样。图 13.3 解释了这种现象。PCA 可以理解为将该薄饼与更高维空间中的线性流形对准。这种解释不仅适用于传统 PCA，而且适用于学习矩阵 $\boldsymbol{W}$ 和 $\boldsymbol{V}$ 的任何线性自编码器，其目的是使重构的 $\boldsymbol{x}$ 尽可能接近于原始的 $\boldsymbol{x}$。

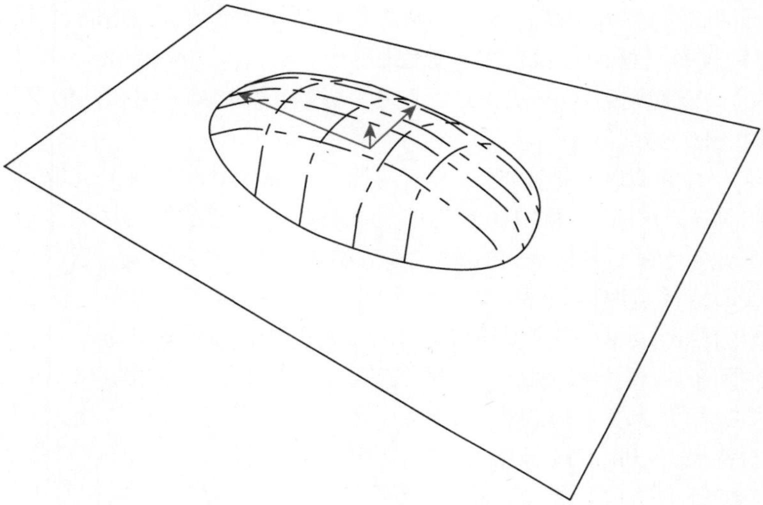

图 13.3 平坦的高斯能够描述一个低维流形附近的概率密度。此图表示了“流形平面”上“馅饼”的上半部分，并且这个平面穿过了馅饼的中心。正交于流形方向 (指向平面外的箭头方向) 的方差非常小，可以被视作“噪声”，其他方向 (平面内的箭头) 的方差则很大，对应了“信号”以及降维数据的坐标系统

编码器表示为

$$\boldsymbol{h} = f(\boldsymbol{x}) = \boldsymbol{W}^\top(\boldsymbol{x} - \boldsymbol{\mu}) \tag{13.19}$$

编码器计算 h 的低维表示。从自编码器的角度来看，解码器负责计算重构：

$$\hat{\boldsymbol{x}} = g(\boldsymbol{h}) = \boldsymbol{b} + \boldsymbol{V}\boldsymbol{h} \tag{13.20}$$

能够最小化重构误差

$$\mathbb{E}[\|\boldsymbol{x} - \hat{\boldsymbol{x}}\|^2] \tag{13.21}$$

的线性编码器和解码器的选择对应着 $\boldsymbol{V} = \boldsymbol{W}$，$\boldsymbol{\mu} = \boldsymbol{b} = \mathbb{E}[\boldsymbol{x}]$，$\boldsymbol{W}$ 的列形成一组标准正交基，这组基生成的子空间与协方差矩阵 $\boldsymbol{C}$

$$\boldsymbol{C} = \mathbb{E}[(\boldsymbol{x} - \boldsymbol{\mu})(\boldsymbol{x} - \boldsymbol{\mu})^\top] \tag{13.22}$$

的主特征向量所生成的子空间相同。在 PCA 中，$\boldsymbol{W}$ 的列是按照对应特征值 (其全部是实数和非负数) 幅度大小排序所对应的特征向量。

我们还可以发现 $\boldsymbol{C}$ 的特征值 λ_i 对应了 $\boldsymbol{x}$ 在特征向量 $\boldsymbol{v}^{(i)}$ 方向上的方差。如果 $\boldsymbol{x} \in \mathbb{R}^D$，$\boldsymbol{h} \in \mathbb{R}^d$ 并且满足 $d < D$，则 (给定上述的 $\boldsymbol{\mu}, \boldsymbol{b}, \boldsymbol{V}, \boldsymbol{W}$ 的情况下) 最佳的重构误差是

$$\min \mathbb{E}[\|\boldsymbol{x} - \hat{\boldsymbol{x}}\|^2] = \sum_{i=d+1}^{D} \lambda_i \tag{13.23}$$

因此，如果协方差矩阵的秩为 d，则特征值 λ_{d+1} 到 λ_D 都为 0，并且重构误差为 0。

此外，我们还可以证明上述解可以通过在给定正交矩阵 $\boldsymbol{W}$ 的情况下最大化 $\boldsymbol{h}$ 元素的方差，而不是最小化重构误差来获得。

从某种程度上说，线性因子模型是最简单的生成模型和学习数据表示的最简单模型。许多模型如线性分类器和线性回归模型可以扩展到深度前馈网络，而这些线性因子模型可以扩展到自编码器网络和深度概率模型，它们可以执行相同任务但具有更强大和更灵活的模型族。

第 14 章　自编码器

自编码器(autoencoder) 是神经网络的一种，经过训练后能尝试将输入复制到输出。**自编码器**内部有一个隐藏层 $\boldsymbol{h}$，可以产生**编码**(code) 表示输入。该网络可以看作由两部分组成：一个由函数 $\boldsymbol{h} = f(\boldsymbol{x})$ 表示的编码器和一个生成重构的解码器 $\boldsymbol{r} = g(\boldsymbol{h})$。图 14.1 展示了这种架构。如果一个自编码器只是简单地学会将处处设置为 $g(f(\boldsymbol{x})) = \boldsymbol{x}$，那么这个自编码器就没什么特别的用处。相反，我们不应该将自编码器设计成输入到输出完全相等。这通常需要向自编码器强加一些约束，使它只能近似地复制，并只能复制与训练数据相似的输入。这些约束强制模型考虑输入数据的哪些部分需要被优先复制，因此它往往能学习到数据的有用特性。

现代自编码器将编码器和解码器的概念推而广之，将其中的确定函数推广为随机映射 $p_{\text{encoder}}(\boldsymbol{h} \mid \boldsymbol{x})$ 和 $p_{\text{decoder}}(\boldsymbol{x} \mid \boldsymbol{h})$。

数十年间，自编码器的想法一直是神经网络历史景象的一部分 (LeCun, 1987; Bourlard and Kamp, 1988; Hinton and Zemel, 1994)。传统自编码器被用于降维或特征学习。近年来，自编码器与潜变量模型理论的联系将自编码器带到了生成式建模的前沿，我们将在第 20 章揭示更多细节。自编码器可以被看作前馈网络的一个特例，并且可以使用完全相同的技术进行训练，通常使用小批量梯度下降法 (其中梯度基于反向传播计算)。不同于一般的前馈网络，自编码器也可以使用**再循环**(recirculation) 训练 (Hinton and McClelland, 1988)。这种学习算法基于比较原始输入的激活和重构输入的激活。相比反向传播算法，再循环算法更具生物学意义，但很少用于机器学习应用。

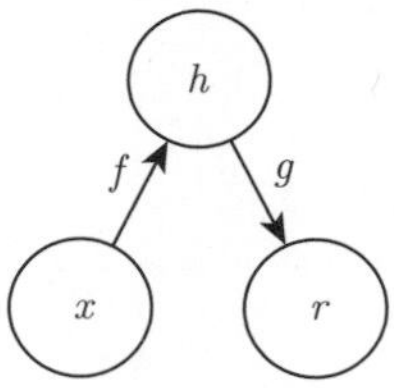

图 14.1　自编码器的一般结构，通过内部表示或编码 $\boldsymbol{h}$ 将输入 $\boldsymbol{x}$ 映射到输出 (称为重构)$\boldsymbol{r}$。自编码器具有两个组件：编码器 f(将 $\boldsymbol{x}$ 映射到 $\boldsymbol{h}$) 和解码器 g(将 $\boldsymbol{h}$ 映射到 $\boldsymbol{r}$)

14.1　欠完备自编码器

将输入复制到输出听起来没什么用，但我们通常不关心解码器的输出。相反，我们希望通过训练自编码器对输入进行复制而使 $\boldsymbol{h}$ 获得有用的特性。

从自编码器获得有用特征的一种方法是限制 $\boldsymbol{h}$ 的维度比 $\boldsymbol{x}$ 小，这种编码维度小于输入维度的自编码器称为**欠完备**(undercomplete) 自编码器。学习欠完备的表示将强制自编码器捕捉训练数据中最显著的特征。

学习过程可以简单地描述为最小化一个损失函数

$$L(\boldsymbol{x}, g(f(\boldsymbol{x}))) \tag{14.1}$$

其中 L 是一个损失函数，惩罚 $g(f(\boldsymbol{x}))$ 与 $\boldsymbol{x}$ 的差异，如均方误差。

当解码器是线性的且 L 是均方误差，欠完备的自编码器会学习出与 PCA 相同的生成子空间。这种情况下，自编码器在训练来执行复制任务的同时学到了训练数据的主元子空间。

因此，拥有非线性编码器函数 f 和非线性解码器函数 g 的自编码器能够学习出更强大的 PCA 非线性推广。不幸的是，如果编码器和解码器被赋予过大的容量，自编码器会执行复制任务而捕捉不到任何有关数据分布的有用信息。从理论上说，我们可以设想这样一个自编码器，它只有一维编码，但它具有一个非常强大的非线性编码器，能够将每个训练数据 $\boldsymbol{x}^{(i)}$ 表示为编码 i。而解码器可以学习将这些整数索引映射回特定训练样本的值。这种特定情形不会在实际情况中发生，但它清楚地说明，如果自编码器的容量太大，那训练来执行复制任务的自编码器可能无法学习到数据集的任何有用信息。

14.2 正则自编码器

编码维数小于输入维数的欠完备自编码器可以学习数据分布最显著的特征。我们已经知道，如果赋予这类自编码器过大的容量，它就不能学到任何有用的信息。

如果隐藏编码的维数允许与输入相等，或隐藏编码维数大于输入的**过完备**(overcomplete) 情况下，会发生类似的问题。在这些情况下，即使是线性编码器和线性解码器也可以学会将输入复制到输出，而学不到任何有关数据分布的有用信息。

理想情况下，根据要建模的数据分布的复杂性，选择合适的编码维数和编码器、解码器容量，就可以成功训练任意架构的自编码器。正则自编码器提供这样的能力。正则自编码器使用的损失函数可以鼓励模型学习其他特性 (除了将输入复制到输出)，而不必限制使用浅层的编码器和解码器以及小的编码维数来限制模型的容量。这些特性包括稀疏表示、表示的小导数以及对噪声或输入缺失的鲁棒性。即使模型容量大到足以学习一个无意义的恒等函数，非线性且过完备的正则自编码器仍然能够从数据中学到一些关于数据分布的有用信息。

除了这里所描述的方法 (正则化自编码器最自然的解释)，几乎任何带有潜变量并配有一个推断过程 (计算给定输入的潜在表示) 的生成模型，都可以看作自编码器的一种特殊形式。强调与自编码器联系的两个生成式建模方法是 Helmholtz 机 (Hinton *et al.*, 1995b) 的衍生模型，如变分自编码器 (第 20.10.3 节) 和生成随机网络 (第 20.12 节)。这些变种 (或衍生) 自编码器能够学习出高容量且过完备的模型，进而发现输入数据中有用的结构信息，并且也无须对模型进行正则化。这些编码显然是有用的，因为这些模型被训练为近似训练数据的概率分布而不是将输入复制到输出。

14.2.1 稀疏自编码器

稀疏自编码器简单地在训练时结合编码层的稀疏惩罚 $\Omega(\boldsymbol{h})$ 和重构误差：

$$L(\boldsymbol{x}, g(f(\boldsymbol{x}))) + \Omega(\boldsymbol{h}) \tag{14.2}$$

其中 $g(\boldsymbol{h})$ 是解码器的输出，通常 $\boldsymbol{h}$ 是编码器的输出，即 $\boldsymbol{h} = f(\boldsymbol{x})$。

稀疏自编码器一般用来学习特征，以便用于像分类这样的任务。稀疏正则化的自编码器必须反映训练数据集的独特统计特征，而不是简单地充当恒等函数。以这种方式训练，执行附带稀疏惩罚的复制任务可以得到能学习有用特征的模型。

我们可以简单地将惩罚项 $\Omega(\boldsymbol{h})$ 视为加到前馈网络的正则项，这个前馈网络的主要任务是将输入复制到输出 (无监督学习的目标)，并尽可能地根据这些稀疏特征执行一些监督学习任务 (根据监督学习的目标)。不像其他正则项如权重衰减 —— 没有直观的贝叶斯解释。如第 5.6.1 节描述，权重衰减和其他正则惩罚可以被解释为一个 MAP 近似贝叶斯推断，正则化的惩罚对应于模型参数的先验概率分布。这种观点认为，正则化的最大似然对应最大化 $p(\boldsymbol{\theta} \mid \boldsymbol{x})$，相当于最大化 $\log p(\boldsymbol{x} \mid \boldsymbol{\theta}) + \log p(\boldsymbol{\theta})$。$\log p(\boldsymbol{x} \mid \boldsymbol{\theta})$ 即通常的数据似然项，参数的对数先验项 $\log p(\boldsymbol{\theta})$ 则包含了对 $\boldsymbol{\theta}$ 特定值的偏好。这种观点在第 5.6 节有所描述。正则自编码器不适用这样的解释是因为正则项取决于数据，因此根据定义上 (从文字的正式意义) 来说，它不是一个先验。虽然如此，我们仍可以认为这些正则项隐式地表达了对函数的偏好。

我们可以认为整个稀疏自编码器框架是对带有潜变量的生成模型的近似最大似然训练，而不将稀疏惩罚视为复制任务的正则化。假如我们有一个带有可见变量 $\boldsymbol{x}$ 和潜变量 $\boldsymbol{h}$ 的模型，且具有明确的联合分布 $p_{\text{model}}(\boldsymbol{x}, \boldsymbol{h}) = p_{\text{model}}(\boldsymbol{h}) p_{\text{model}}(\boldsymbol{x} \mid \boldsymbol{h})$。我们将 $p_{\text{model}}(\boldsymbol{h})$ 视为模型关于潜变量的先验分布，表示模型看到 $\boldsymbol{x}$ 的信念先验。这与我们之前使用“先验”的方式不同，之前指分布 $p(\boldsymbol{\theta})$ 在我们看到数据前就对模型参数的先验进行编码。对数似然函数可分解为

$$\log p_{\text{model}}(\boldsymbol{x}) = \log \sum_{\boldsymbol{h}} p_{\text{model}}(\boldsymbol{h}, \boldsymbol{x}) \tag{14.3}$$

我们可以认为自编码器使用一个高似然值 $\boldsymbol{h}$ 的点估计近似这个总和。这类似于稀疏编码生成模型 (第 13.4 节)，但 $\boldsymbol{h}$ 是参数编码器的输出，而不是从优化结果推断出的最可能的 $\boldsymbol{h}$。从这个角度来看，我们根据这个选择的 $\boldsymbol{h}$，最大化如下：

$$\log p_{\text{model}}(\boldsymbol{h}, \boldsymbol{x}) = \log p_{\text{model}}(\boldsymbol{h}) + \log p_{\text{model}}(\boldsymbol{x} \mid \boldsymbol{h}) \tag{14.4}$$

$\log p_{\text{model}}(\boldsymbol{h})$ 项能被稀疏诱导。如 Laplace 先验，

$$p_{\text{model}}(h_i) = \frac{\lambda}{2} e^{-\lambda |h_i|} \tag{14.5}$$

对应于绝对值稀疏惩罚。将对数先验表示为绝对值惩罚，我们得到

$$\Omega(\boldsymbol{h}) = \lambda \sum_i |h_i| \tag{14.6}$$

$$-\log p_{\text{model}}(\boldsymbol{h}) = \sum_i \left(\lambda |h_i| - \log \frac{\lambda}{2}\right) = \Omega(\boldsymbol{h}) + \text{const} \tag{14.7}$$

这里的常数项只跟 λ 有关。通常我们将 λ 视为超参数，因此可以丢弃不影响参数学习的常数项。其他如 Student-t 先验也能诱导稀疏性。从稀疏性导致 $p_{\text{model}}(\boldsymbol{h})$ 学习成近似最大似然的结果看，稀疏惩罚完全不是一个正则项。这仅仅影响模型关于潜变量的分布。这个观点提供了训练自编码器的另一个动机：这是近似训练生成模型的一种途径。这也给出了为什么自编码器学到的特征是有用的另一个解释：它们描述的潜变量可以解释输入。

稀疏自编码器的早期工作 (Ranzato *et al.*, 2007a, 2008) 探讨了各种形式的稀疏性，并提出了稀疏惩罚和 $\log Z$ 项 (将最大似然应用到无向概率模型 $p(\boldsymbol{x}) = \frac{1}{Z}\tilde{p}(\boldsymbol{x})$ 时产生) 之间的联系。这个想法是最小化 $\log Z$ 防止概率模型处处具有高概率，同理强制稀疏可以防止自编码器处处具有低的重构误差。这种情况下，这种联系是对通用机制的直观理解而不是数学上的对应。在数学上更容易解释稀疏惩罚对应于有向模型 $p_{\text{model}}(\boldsymbol{h})p_{\text{model}}(\boldsymbol{x} \mid \boldsymbol{h})$ 中的 $\log p_{\text{model}}(\boldsymbol{h})$。

Glorot *et al.* (2011b) 提出了一种在稀疏 (和去噪) 自编码器的 $\boldsymbol{h}$ 中实现真正为零的方式。该想法是使用整流线性单元产生编码层。基于将表示真正推向零 (如绝对值惩罚) 的先验，可以间接控制表示中零的平均数量。

14.2.2 去噪自编码器

除了向代价函数增加一个惩罚项，我们也可以通过改变重构误差项来获得一个能学到有用信息的自编码器。

传统的自编码器最小化以下目标

$$L(\boldsymbol{x}, g(f(\boldsymbol{x}))) \tag{14.8}$$

其中 L 是一个损失函数，惩罚 $g(f(\boldsymbol{x}))$ 与 $\boldsymbol{x}$ 的差异，如它们彼此差异的 L^2 范数。如果模型被赋予过大的容量，L 仅仅使得 $g \circ f$ 学成一个恒等函数。

相反，**去噪自编码器**(denoising autoencoder, DAE) 最小化

$$L(\boldsymbol{x}, g(f(\tilde{\boldsymbol{x}}))) \tag{14.9}$$

其中 $\tilde{\boldsymbol{x}}$ 是被某种噪声损坏的 $\boldsymbol{x}$ 的副本。因此去噪自编码器必须撤销这些损坏，而不是简单地复制输入。

Alain and Bengio (2013) 和 Bengio *et al.* (2013c) 指出去噪训练过程强制 f 和 g 隐式地学习 $p_{\text{data}}(\boldsymbol{x})$ 的结构。因此，去噪自编码器也是一个通过最小化重构误差获取有用特性的例子。这也是将过完备、高容量的模型用作自编码器的一个例子 —— 只要小心防止这些模型仅仅学习一个恒等函数。去噪自编码器将在第 14.5 节给出更多细节。

14.2.3 惩罚导数作为正则

另一正则化自编码器的策略是使用一个类似稀疏自编码器中的惩罚项 Ω，

$$L(\boldsymbol{x}, g(f(\boldsymbol{x}))) + \Omega(\boldsymbol{h}, \boldsymbol{x}) \tag{14.10}$$

但 Ω 的形式不同：

$$\Omega(\boldsymbol{h}, \boldsymbol{x}) = \lambda \sum_i \|\nabla_{\boldsymbol{x}} h_i\|^2 \tag{14.11}$$

这迫使模型学习一个在 $\boldsymbol{x}$ 变化小时目标也没有太大变化的函数。因为这个惩罚只对训练数据适用，它迫使自编码器学习可以反映训练数据分布信息的特征。

这样正则化的自编码器被称为**收缩自编码器**(contractive autoencoder, CAE)。这种方法与去噪自编码器、流形学习和概率模型存在一定理论联系。收缩自编码器将在第 14.7 节更详细地描述。

14.3 表示能力、层的大小和深度

自编码器通常只有单层的编码器和解码器，但这不是必然的。实际上深度编码器和解码器能提供更多优势。

回忆第 6.4.1 节，其中提到加深前馈网络有很多优势。这些优势也同样适用于自编码器，因为它也属于前馈网络。此外，编码器和解码器各自都是一个前馈网络，因此这两个部分也能各自从深度结构中获得好处。

万能近似定理保证至少有一层隐藏层且隐藏单元足够多的前馈神经网络能以任意精度近似任意函数 (在很大范围里)，这是非平凡深度 (至少有一层隐藏层) 的一个主要优点。这意味着具有单隐藏层的自编码器在数据域内能表示任意近似数据的恒等函数。但是，从输入到编码的映射是浅层的。这意味着我们不能任意添加约束，比如约束编码稀疏。深度自编码器 (编码器至少包含一层额外隐藏层) 在给定足够多的隐藏单元的情况下，能以任意精度近似任何从输入到编码的映射。

深度可以指数地降低表示某些函数的计算成本。深度也能指数地减少学习一些函数所需的训练数据量。读者可以参考第 6.4.1 节巩固深度在前馈网络中的优势。

实验中，深度自编码器能比相应的浅层或线性自编码器产生更好的压缩效率 (Hinton and Salakhutdinov, 2006)。

训练深度自编码器的普遍策略是训练一堆浅层的自编码器来贪心地预训练相应的深度架构。所以即使最终目标是训练深度自编码器，我们也经常会遇到浅层自编码器。

14.4 随机编码器和解码器

自编码器本质上是一个前馈网络，可以使用与传统前馈网络相同的损失函数和输出单元。

如第 6.2.2.4 节中描述，设计前馈网络的输出单元和损失函数普遍策略是定义一个输出分布 $p(\boldsymbol{y} \mid \boldsymbol{x})$ 并最小化负对数似然 $-\log p(\boldsymbol{y} \mid \boldsymbol{x})$。在这种情况下，$\boldsymbol{y}$ 是关于目标的向量 (如类标)。

在自编码器中，$\boldsymbol{x}$ 既是输入也是目标。然而，我们仍然可以使用与之前相同的架构。给定一个隐藏编码 $\boldsymbol{h}$，我们可以认为解码器提供了一个条件分布 $p_{\text{model}}(\boldsymbol{x} \mid \boldsymbol{h})$。接着我们根据最小化 $-\log p_{\text{decoder}}(\boldsymbol{x} \mid \boldsymbol{h})$ 来训练自编码器。损失函数的具体形式视 p_{decoder} 的形式而定。就传统的前馈网络来说，如果 $\boldsymbol{x}$ 是实值的，那么我们通常使用线性输出单元参数化高斯分布的均值。在这种情况下，负对数似然对应均方误差准则。类似地，二值 $\boldsymbol{x}$ 对应于一个 Bernoulli 分布，其参数由 sigmoid 输出单元确定的。而离散的 $\boldsymbol{x}$ 对应 softmax 分布，以此类推。在给定 $\boldsymbol{h}$ 的情况下，为了便于计算概率分布，输出变量通常被视为条件独立的，但一些技术 (如混合密度输出) 可以解决输出相关的建模。

为了更彻底地与我们之前了解到的前馈网络相区别，我们也可以将**编码函数**(encoding function) $f(\boldsymbol{x})$ 的概念推广为**编码分布**(encoding distribution) $p_{\text{encoder}}(\boldsymbol{h} \mid \boldsymbol{x})$，如图 14.2 所示。

任何潜变量模型 $p_{\text{model}}(\boldsymbol{h}, \boldsymbol{x})$ 定义一个随机编码器

$$p_{\text{encoder}}(\boldsymbol{h} \mid \boldsymbol{x}) = p_{\text{model}}(\boldsymbol{h} \mid \boldsymbol{x}) \tag{14.12}$$

以及一个随机解码器

$$p_{\text{decoder}}(\boldsymbol{x} \mid \boldsymbol{h}) = p_{\text{model}}(\boldsymbol{x} \mid \boldsymbol{h}) \tag{14.13}$$

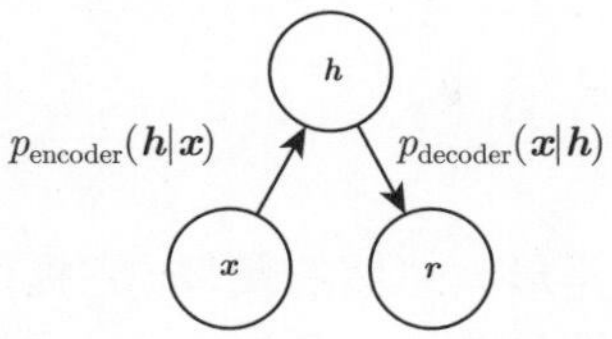

图 14.2 随机自编码器的结构，其中编码器和解码器包括一些噪声注入，而不是简单的函数。这意味着可以将它们的输出视为来自分布的采样 (对于编码器是 $p_{\text{encoder}}(\boldsymbol{h} \mid \boldsymbol{x})$，对于解码器是 $p_{\text{decoder}}(\boldsymbol{x} \mid \boldsymbol{h})$)

通常情况下，编码器和解码器的分布没有必要是与唯一一个联合分布 $p_{\text{model}}(\boldsymbol{x}, \boldsymbol{h})$ 相容的条件分布。Alain *et al.* (2015) 指出，在保证足够的容量和样本的情况下，将编码器和解码器作为去噪自编码器训练，能使它们渐近地相容。

14.5 去噪自编码器详解

去噪自编码器(denoising autoencoder, DAE) 是一类接受损坏数据作为输入，并训练来预测原始未被损坏数据作为输出的自编码器。

DAE 的训练过程如图 14.3 所示。我们引入一个损坏过程 $C(\tilde{\mathbf{x}} \mid \mathbf{x})$，这个条件分布代表给定数据样本 $\mathbf{x}$ 产生损坏样本 $\tilde{\mathbf{x}}$ 的概率。自编码器则根据以下过程，从训练数据对 $(\boldsymbol{x}, \tilde{\boldsymbol{x}})$ 中学习**重构分布**(reconstruction distribution) $p_{\text{reconstruct}}(\mathbf{x} \mid \tilde{\mathbf{x}})$：

(1) 从训练数据中采一个训练样本 $\boldsymbol{x}$。

(2) 从 $C(\tilde{\mathbf{x}} \mid \mathbf{x} = \boldsymbol{x})$ 采一个损坏样本 $\tilde{\boldsymbol{x}}$。

(3) 将 $(\boldsymbol{x}, \tilde{\boldsymbol{x}})$ 作为训练样本来估计自编码器的重构分布 $p_{\text{reconstruct}}(\boldsymbol{x} \mid \tilde{\boldsymbol{x}}) = p_{\text{decoder}}(\boldsymbol{x} \mid \boldsymbol{h})$，其中 $\boldsymbol{h}$ 是编码器 $f(\tilde{\boldsymbol{x}})$ 的输出，p_{decoder} 根据解码函数 $g(\boldsymbol{h})$ 定义。

通常我们可以简单地对负对数似然 $-\log p_{\text{decoder}}(\boldsymbol{x} \mid \boldsymbol{h})$ 进行基于梯度法 (如小批量梯度下降) 的近似最小化。只要编码器是确定性的，去噪自编码器就是一个前馈网络，并且可以使用与其他前馈网络完全相同的方式进行训练。

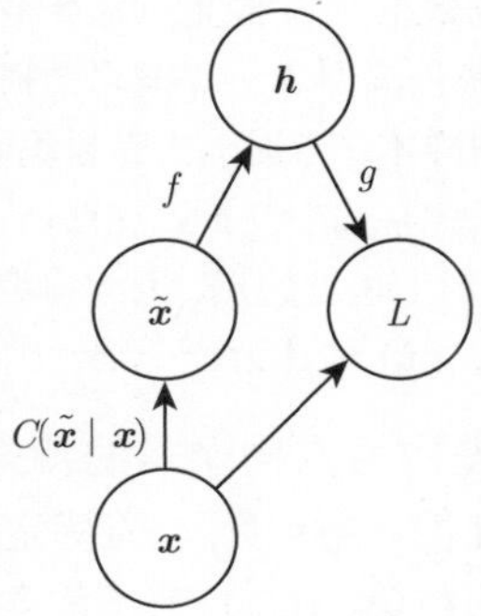

图 14.3 去噪自编码器代价函数的计算图。去噪自编码器被训练为从损坏的版本 $\tilde{\boldsymbol{x}}$ 重构干净数据点 $\boldsymbol{x}$。这可以通过最小化损失 $L = -\log p_{\text{decoder}}(\boldsymbol{x} \mid \boldsymbol{h} = f(\tilde{\boldsymbol{x}}))$ 实现，其中 $\tilde{\boldsymbol{x}}$ 是样本 $\boldsymbol{x}$ 经过损坏过程 $C(\tilde{\boldsymbol{x}} \mid \boldsymbol{x})$ 后得到的损坏版本。通常，分布 p_{decoder} 是因子的分布 (平均参数由前馈网络 g 给出)

因此我们可以认为 DAE 是在以下期望下进行随机梯度下降：

$$-\mathbb{E}_{\mathbf{x}\sim\hat{p}_{\text{data}}(\mathbf{x})}\mathbb{E}_{\tilde{\mathbf{x}}\sim C(\tilde{\mathbf{x}}|\boldsymbol{x})}\log p_{\text{decoder}}(\boldsymbol{x}\mid\boldsymbol{h}=f(\tilde{\boldsymbol{x}})) \tag{14.14}$$

其中 $\hat{p}_{\text{data}}(\boldsymbol{x})$ 是训练数据的分布。

14.5.1　得分估计

得分匹配 (Hyvärinen, 2005a) 是最大似然的代替。它提供了概率分布的一致估计，促使模型在各个数据点 $\boldsymbol{x}$ 上获得与数据分布相同的**得分**(score)。在这种情况下，得分是一个特定的梯度场：

$$\nabla_{\boldsymbol{x}}\log p(\boldsymbol{x}) \tag{14.15}$$

我们将在第 18.4 节中更详细地讨论得分匹配。对于现在讨论的自编码器，理解学习 $\log p_{\text{data}}$ 的梯度场是学习 p_{data} 结构的一种方式就足够了。

DAE 的训练准则 (条件高斯 $p(\boldsymbol{x}\mid\boldsymbol{h})$) 能让自编码器学到能估计数据分布得分的向量场 $(g(f(\boldsymbol{x}))-\boldsymbol{x})$，这是 DAE 的一个重要特性，具体如图 14.4 所示。

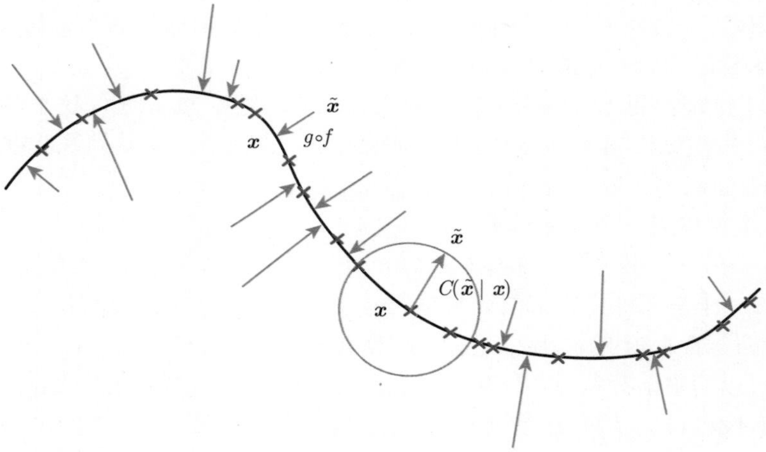

图 14.4　去噪自编码器被训练为将损坏的数据点 $\tilde{\boldsymbol{x}}$ 映射回原始数据点 $\boldsymbol{x}$。我们将训练样本 $\boldsymbol{x}$ 表示为位于低维流形 (粗黑线) 附近的红叉。我们用灰色圆圈表示等概率的损坏过程 $C(\tilde{\boldsymbol{x}}\mid\boldsymbol{x})$。灰色箭头演示了如何将一个训练样本转换为经过此损坏过程的样本。当训练去噪自编码器最小化平方误差 $\|g(f(\tilde{\boldsymbol{x}}))-\boldsymbol{x}\|^2$ 的平均值时，重构 $g(f(\tilde{\boldsymbol{x}}))$ 估计 $\mathbb{E}_{\mathbf{x},\tilde{\mathbf{x}}\sim p_{\text{data}}(\mathbf{x})C(\tilde{\mathbf{x}}|\mathbf{x})}[\mathbf{x}\mid\tilde{\boldsymbol{x}}]$。$g(f(\tilde{\boldsymbol{x}}))$ 对可能产生 $\tilde{\boldsymbol{x}}$ 的原始点 $\boldsymbol{x}$ 的质心进行估计，所以向量 $g(f(\tilde{\boldsymbol{x}}))-\tilde{\boldsymbol{x}}$ 近似指向流形上最近的点。因此自编码器可以学习由绿色箭头表示的向量场 $g(f(\boldsymbol{x}))-\boldsymbol{x}$。该向量场将得分 $\nabla_{\boldsymbol{x}}\log p_{\text{data}}(\boldsymbol{x})$ 估计为一个乘性因子，即重构误差均方根的平均

对一类采用高斯噪声和均方误差作为重构误差的特定去噪自编码器 (具有 sigmoid 隐藏单元和线性重构单元) 的去噪训练过程，与训练一类特定的被称为 RBM 的无向概率模型是等价的 (Vincent, 2011)。这类模型将在第 20.5.1 节给出更详细的介绍；对于现在的讨论，我们只需知道这个模型能显式的给出 $p_{\text{model}}(\boldsymbol{x};\boldsymbol{\theta})$。当 RBM 使用**去噪得分匹配**(denoising score matching) 算法 (Kingma and LeCun, 2010a) 训练时，它的学习算法与训练对应的去噪自编码器是等价的。在一个确定的噪声水平下，正则化的得分匹配不是一致估计量，相反它会恢复

分布的一个模糊版本。然而，当噪声水平趋向于 0 且训练样本数趋向于无穷时，一致性就会恢复。我们将会在第 18.5 节更详细地讨论去噪得分匹配。

自编码器和 RBM 还存在其他联系。在 RBM 上应用得分匹配后，其代价函数将等价于重构误差结合类似 CAE 惩罚的正则项 (Swersky *et al.*, 2011)。Bengio and Delalleau (2009) 指出自编码器的梯度是对 RBM 对比散度训练的近似。

对于连续的 $\boldsymbol{x}$，高斯损坏和重构分布的去噪准则得到的得分估计适用于一般编码器和解码器的参数化 (Alain and Bengio, 2013)。这意味着一个使用平方误差准则

$$\|g(f(\tilde{\boldsymbol{x}}))-\boldsymbol{x}\|^2 \tag{14.16}$$

和噪声方差为 σ^2 的损坏

$$C(\tilde{x}=\tilde{\boldsymbol{x}}\mid\boldsymbol{x})=N(\tilde{\boldsymbol{x}};\mu=\boldsymbol{x},\Sigma=\sigma^2 I) \tag{14.17}$$

的通用编码器 - 解码器架构可以用来训练估计得分。图 14.5 展示了其中的工作原理。

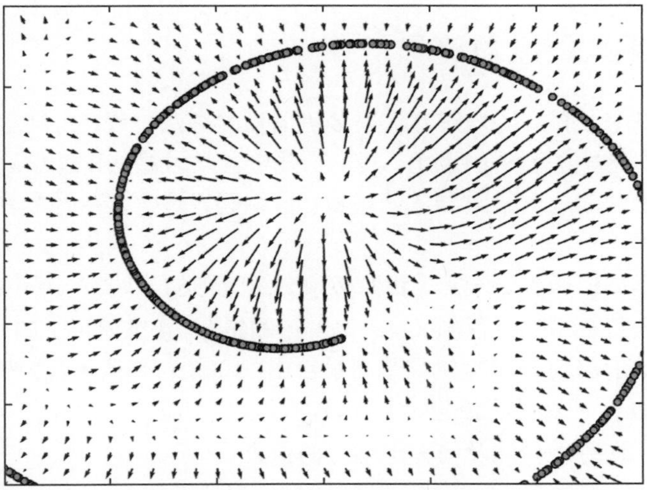

图 14.5　由去噪自编码器围绕一维弯曲流形学习的向量场，其中数据集中在二维空间中。每个箭头与重构向量减去自编码器的输入向量后的向量成比例，并且根据隐式估计的概率分布指向较高的概率。向量场在估计的密度函数的最大值处 (在数据流形上) 和密度函数的最小值处都为零。例如，螺旋臂形成局部最大值彼此连接的一维流形。局部最小值出现在两个臂间隙的中间附近。当重构误差的范数 (由箭头的长度示出) 很大时，在箭头的方向上移动可以显著增加概率，并且在低概率的地方大多也是如此。自编码器将这些低概率点映射到较高的概率重构。在概率最大的情况下，重构变得更准确，因此箭头会收缩。经 Alain and Bengio (2013) 许可转载此图

一般情况下，不能保证重构函数 $g(f(\boldsymbol{x}))$ 减去输入 $\boldsymbol{x}$ 后对应于某个函数的梯度，更不用说得分。这是早期工作 (Vincent, 2011) 专用于特定参数化的原因 (其中 $g(f(\boldsymbol{x}))-\boldsymbol{x}$ 能通过另一个函数的导数获得)。Kamyshanska and Memisevic (2015) 通过标识一类特殊的浅层自编码器家族，使 $g(f(\boldsymbol{x}))-\boldsymbol{x}$ 对应于这个家族所有成员的一个得分，以此推广 Vincent (2011) 的结果。

目前为止我们所讨论的仅限于去噪自编码器如何学习表示一个概率分布。更一般的，我们可能希望使用自编码器作为生成模型，并从其分布中进行采样。这将在第 20.11 节中讨论。

14.5.2 历史展望

采用 MLP 去噪的想法可以追溯到 LeCun (1987) 和 Gallinari *et al.* (1987) 的工作。Behnke (2001) 也曾使用循环网络对图像去噪。在某种意义上，去噪自编码器仅仅是被训练去噪的 MLP。然而，“去噪自编码器”的命名指的不仅仅是学习去噪，而且可以学到一个好的内部表示 (作为学习去噪的副效用)。这个想法提出较晚 (Vincent *et al.*, 2008b, 2010)。学习到的表示可以被用来预训练更深的无监督网络或监督网络。与稀疏自编码器、稀疏编码、收缩自编码器等正则化的自编码器类似，DAE 的动机是允许学习容量很高的编码器，同时防止在编码器和解码器学习一个无用的恒等函数。

在引入现代 DAE 之前，Inayoshi and Kurita (2005) 探索了其中一些相同的方法和目标。他们除了在监督目标的情况下最小化重构误差之外，还在监督 MLP 的隐藏层注入噪声，通过引入重构误差和注入噪声提升泛化能力。然而，他们的方法基于线性编码器，因此无法学习到现代 DAE 能学习的强大函数族。

14.6 使用自编码器学习流形

如第 5.11.3 节描述，自编码器跟其他很多机器学习算法一样，也利用了数据集中在一个低维流形或者一小组这样的流形的思想。其中一些机器学习算法仅能学习到在流形上表现良好但给定不在流形上的输入会导致异常的函数。自编码器进一步借此想法，旨在学习流形的结构。

要了解自编码器如何做到这一点，我们必须介绍流形的一些重要特性。

流形的一个重要特征是**切平面**(tangent plane) 的集合。d 维流形上的一点 $\boldsymbol{x}$，切平面由能张成流形上允许变动的局部方向的 d 维基向量给出。如图 14.6 所示，这些局部方向决定了我们能如何微小地变动 $\boldsymbol{x}$ 而保持于流形上。

所有自编码器的训练过程涉及两种推动力的折衷：

(1) 学习训练样本 $\boldsymbol{x}$ 的表示 $\boldsymbol{h}$ 使得 $\boldsymbol{x}$ 能通过解码器近似地从 $\boldsymbol{h}$ 中恢复。$\boldsymbol{x}$ 是从训练数据挑出的这一事实很关键，因为这意味着自编码器不需要成功重构不属于数据生成分布下的输入。

(2) 满足约束或正则惩罚。这既可以是限制自编码器容量的架构约束，也可以是加入到重构代价的一个正则项。这些技术一般倾向那些对输入较不敏感的解。

显然，单一的推动力是无用的 —— 从它本身将输入复制到输出是无用的，同样忽略输入也是没用的。相反，两种推动力结合是有用的，因为它们驱使隐藏的表示能捕获有关数据分布结构的信息。重要的原则是，自编码器必须有能力表示*重构训练实例所需的变化*。如果该数据生成分布集中靠近一个低维流形，自编码器能隐式产生捕捉这个流形局部坐标系的表示：仅在 $\boldsymbol{x}$ 周围关于流形的相切变化需要对应于 $\boldsymbol{h} = f(\boldsymbol{x})$ 中的变化。因此，编码器学习从输入空间 $\boldsymbol{x}$ 到表示空间的映射，映射仅对沿着流形方向的变化敏感，并且对流形正交方向的变化不敏感。

图 14.7 中一维的例子说明，我们可以通过构建对数据点周围的输入扰动不敏感的重构函数，使得自编码器恢复流形结构。

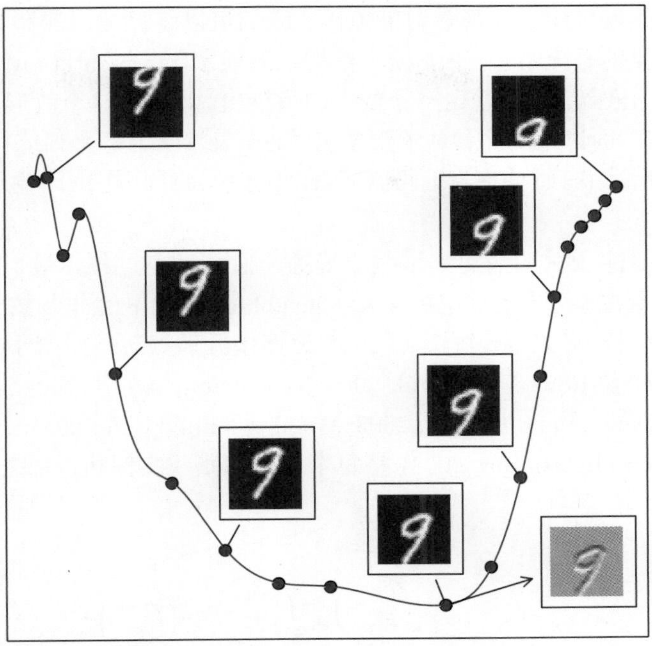

图 14.6 正切超平面概念的图示。我们在 784 维空间中创建了一维流形。我们使用一张 784 像素的 MNIST 图像，并通过垂直平移来转换它。垂直平移的量定义沿着一维流形的坐标，轨迹为通过图像空间的弯曲路径。该图显示了沿着该流形的几个点。为了可视化，我们使用 PCA 将流形投影到二维空间中。n 维流形在每个点处都具有 n 维切平面。该切平面恰好在该点接触流形，并且在该点处平行于流形表面。它定义了为保持在流形上可以移动的方向空间。该一维流形具有单个切线。我们在图中示出了一个点处的示例切线，其中图像表示该切线方向在图像空间中是怎样的。灰色像素表示沿着切线移动时不改变的像素，白色像素表示变亮的像素，黑色像素表示变暗的像素

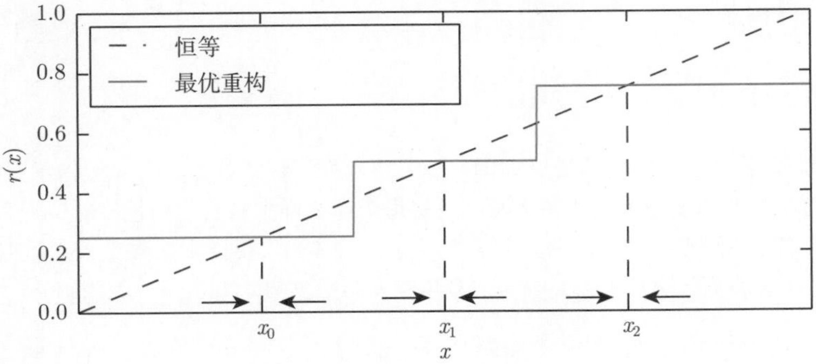

图 14.7 如果自编码器学习到对数据点附近的小扰动不变的重构函数，它就能捕获数据的流形结构。这里，流形结构是 0 维流形的集合。虚线对角线表示重构的恒等函数目标。最佳重构函数会在存在数据点的任意处穿过恒等函数。图底部的水平箭头表示在输入空间中基于箭头的 $r(\boldsymbol{x}) - \boldsymbol{x}$ 重建方向向量，总是指向最近的“流形”(一维情况下的单个数据点)。在数据点周围，去噪自编码器明确地尝试将重构函数 $r(\boldsymbol{x})$ 的导数限制为很小。收缩自编码器的编码器执行相同操作。虽然在数据点周围，$r(\boldsymbol{x})$ 的导数被要求很小，但在数据点之间它可能会很大。数据点之间的空间对应于流形之间的区域，为将损坏点映射回流形，重构函数必须具有大的导数

为了理解自编码器可用于流形学习的原因，我们可以将自编码器和其他方法进行对比。学习表征流形最常见的是流形上 (或附近) 数据点的**表示**(representation)。对于特定的实例，这样的表示也被称为嵌入。它通常由一个低维向量给出，具有比这个流形的“外围”空间更少的维数。有些算法 (下面讨论的非参数流形学习算法) 直接学习每个训练样例的嵌入，而其他算法学习更一般的映射 (有时被称为编码器或表示函数)，将周围空间 (输入空间) 的任意点映射到它的嵌入。

流形学习大多专注于试图捕捉到这些流形的无监督学习过程。最初始的学习非线性流形的机器学习研究专注基于**最近邻图**(nearest neighbor graph) 的**非参数**(non-parametric) 方法。该图中每个训练样例对应一个节点，它的边连接近邻点对。如图 14.8 所示，这些方法 (Schölkopf *et al.*, 1998b; Roweis and Saul, 2000; Tenenbaum *et al.*, 2000; Brand, 2003b; Belkin and Niyogi, 2003a; Donoho and Grimes, 2003; Weinberger and Saul, 2004b; Hinton and Roweis, 2003; van der Maaten and Hinton, 2008) 将每个节点与张成实例和近邻之间的差向量变化方向的切平面相关联。

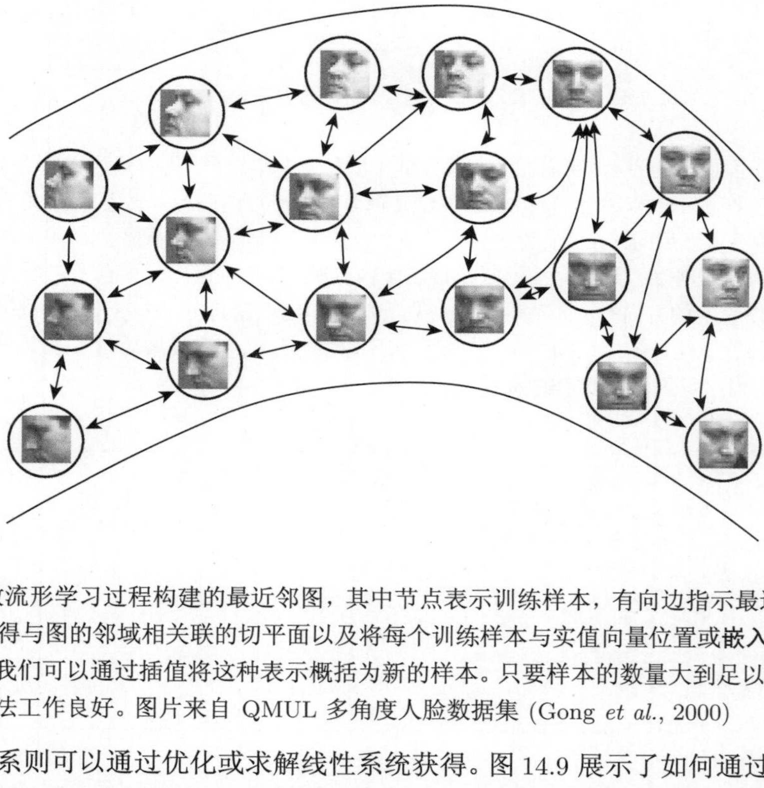

图 14.8 非参数流形学习过程构建的最近邻图，其中节点表示训练样本，有向边指示最近邻关系。因此，各种过程可以获得与图的邻域相关联的切平面以及将每个训练样本与实值向量位置或**嵌入**(embedding) 相关联的坐标系。我们可以通过插值将这种表示概括为新的样本。只要样本的数量大到足以覆盖流形的弯曲和扭转，这些方法工作良好。图片来自 QMUL 多角度人脸数据集 (Gong *et al.*, 2000)

全局坐标系则可以通过优化或求解线性系统获得。图 14.9 展示了如何通过大量局部线性的类高斯样平铺 (或“薄煎饼”，因为高斯块在切平面方向是扁平的) 得到一个流形。

然而，Bengio and Monperrus (2005) 指出了这些局部非参数方法应用于流形学习的根本困难：如果流形不是很光滑 (它们有许多波峰、波谷和曲折)，为覆盖其中的每一个变化，我们可能需要非常多的训练样本，导致没有能力泛化到没见过的变化。实际上，这些方法只能通过内插，概括相邻实例之间流形的形状。不幸的是，AI 问题中涉及的流形可能具有非常复杂的结构，难以仅从局部插值捕获特征。考虑图 14.6 转换所得的流形样例。如果我们只观察输入向量内的一个坐标 x_i，当平移图像，我们可以观察到当这个坐标遇到波峰或波谷时，图像的亮度也会经历一个波峰或波谷。换句话说，底层图像模板亮度的模式复杂性决定执行简单的图像变换所产生的流形的复杂性。这是采用分布式表示和深度学习捕获流形结构的动机。

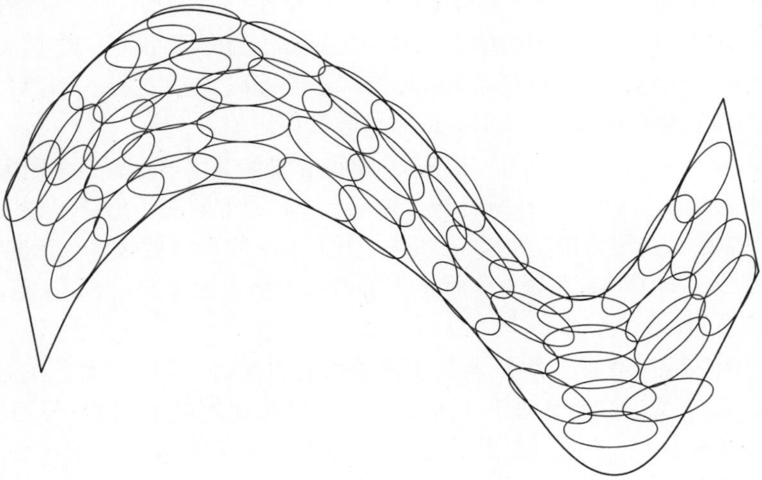

图 14.9 如果每个位置处的切平面 (见图 14.6) 是已知的，则它们可以平铺后形成全局坐标系或密度函数。每个局部块可以被认为是局部欧几里德坐标系，或者是局部平面高斯或“薄饼”，在与薄饼正交的方向上具有非常小的方差而在定义坐标系的方向上具有非常大的方差。这些高斯的混合提供了估计的密度函数，如流形中的 Parzen 窗口算法 (Vincent and Bengio, 2003) 或其非局部的基于神经网络的变体 (Bengio *et al.*, 2006b)

14.7 收缩自编码器

收缩自编码器 (Rifai *et al.*, 2011a,b) 在编码 $\boldsymbol{h} = f(\boldsymbol{x})$ 的基础上添加了显式的正则项，鼓励 f 的导数尽可能小：

$$\Omega(\boldsymbol{h}) = \lambda \left\| \frac{\partial f(\boldsymbol{x})}{\partial \boldsymbol{x}} \right\|_F^2 \tag{14.18}$$

惩罚项 $\Omega(\boldsymbol{h})$ 为平方 Frobenius 范数 (元素平方之和)，作用于与编码器的函数相关偏导数的的 Jacobian 矩阵。

去噪自编码器和收缩自编码器之间存在一定联系：Alain and Bengio (2013) 指出在小高斯噪声的限制下，当重构函数将 $\boldsymbol{x}$ 映射到 $\boldsymbol{r} = g(f(\boldsymbol{x}))$ 时，去噪重构误差与收缩惩罚项是等价的。换句话说，去噪自编码器能抵抗小且有限的输入扰动，而收缩自编码器使特征提取函数能抵抗极小的输入扰动。

分类任务中，基于 Jacobian 的收缩惩罚预训练特征函数 $f(\boldsymbol{x})$，将收缩惩罚应用在 $f(\boldsymbol{x})$ 而不是 $g(f(\boldsymbol{x}))$ 可以产生最好的分类精度。如第 14.5.1 节所讨论的，应用于 $f(\boldsymbol{x})$ 的收缩惩罚与得分匹配也有紧密的联系。

收缩(contractive) 源于 CAE 弯曲空间的方式。具体来说，由于 CAE 训练为抵抗输入扰动，鼓励将输入点邻域映射到输出点处更小的邻域。我们能认为这是将输入的邻域收缩到更小的输出邻域。

说得更清楚一点，CAE 只在局部收缩 —— 一个训练样本 $\boldsymbol{x}$ 的所有扰动都映射到 $f(\boldsymbol{x})$ 的附近。全局来看，两个不同的点 $\boldsymbol{x}$ 和 $\boldsymbol{x}'$ 会分别被映射到远离原点的两个点 $f(\boldsymbol{x})$ 和 $f(\boldsymbol{x}')$。f 扩展到数据流形的中间或远处是合理的 (见图 14.7 中小例子的情况)。当 $\Omega(\boldsymbol{h})$ 惩罚应用于 sigmoid 单元时，收缩 Jacobian 的简单方式是令 sigmoid 趋向饱和的 0 或 1。这鼓励 CAE 使用 sigmoid 的极值编码输入点，或许可以解释为二进制编码。它也保证了 CAE 可以穿过大部分 sigmoid 隐藏单元能张成的超立方体，进而扩散其编码值。

我们可以认为点 $\boldsymbol{x}$ 处的 Jacobian 矩阵 $\boldsymbol{J}$ 能将非线性编码器近似为线性算子。这允许我们更形式地使用“收缩”这个词。在线性理论中，当 $\boldsymbol{J}\boldsymbol{x}$ 的范数对于所有单位 $\boldsymbol{x}$ 都小于等于 1 时，$\boldsymbol{J}$ 被称为收缩的。换句话说，如果 $\boldsymbol{J}$ 收缩了单位球，它就是收缩的。我们可以认为 CAE 为鼓励每个局部线性算子具有收缩性，而在每个训练数据点处将 Frobenius 范数作为 $f(\boldsymbol{x})$ 的局部线性近似的惩罚。

如第 14.6 节中描述，正则自编码器基于两种相反的推动力学习流形。在 CAE 的情况下，这两种推动力是重构误差和收缩惩罚 $\Omega(\boldsymbol{h})$。单独的重构误差鼓励 CAE 学习一个恒等函数。单独的收缩惩罚将鼓励 CAE 学习关于 $\boldsymbol{x}$ 是恒定的特征。这两种推动力的折衷产生导数 $\frac{\partial f(\boldsymbol{x})}{\partial \boldsymbol{x}}$ 大多是微小的自编码器。只有少数隐藏单元，对应于一小部分输入数据的方向，可能有显著的导数。

CAE 的目标是学习数据的流形结构。使 $\boldsymbol{J}\boldsymbol{x}$ 很大的方向 $\boldsymbol{x}$，会快速改变 $\boldsymbol{h}$，因此很可能是近似流形切平面的方向。Rifai *et al.* (2011a,b) 的实验显示训练 CAE 会导致 $\boldsymbol{J}$ 中大部分奇异值 (幅值) 比 1 小，因此是收缩的。然而，有些奇异值仍然比 1 大，因为重构误差的惩罚鼓励 CAE 对最大局部变化的方向进行编码。对应于最大奇异值的方向被解释为收缩自编码器学到的切方向。理想情况下，这些切方向应对应于数据的真实变化。比如，一个应用于图像的 CAE 应该能学到显示图像改变的切向量，就像图 14.6 中物体渐渐改变状态。如图 14.10 所示，实验获得的奇异向量的可视化似乎真的对应于输入图像有意义的变换。

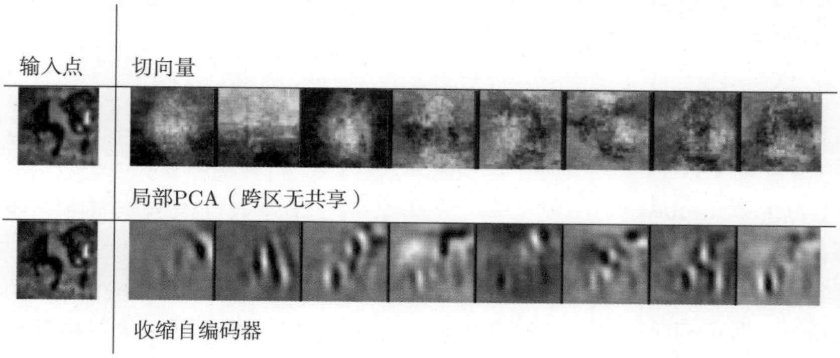

图 14.10 通过局部 PCA 和收缩自编码器估计的流形切向量的图示。流形的位置由来自 CIFAR-10 数据集中狗的输入图像定义。切向量通过输入到代码映射的 Jacobian 矩阵 $\frac{\partial \boldsymbol{h}}{\partial \boldsymbol{x}}$ 的前导奇异向量估计。虽然局部 PCA 和 CAE 都可以捕获局部切方向，但 CAE 能够从有限训练数据形成更准确的估计，因为它利用了不同位置的参数共享 (共享激活的隐藏单元子集)。CAE 切方向通常对应于物体的移动或改变部分 (例如头或腿)。经 Rifai *et al.* (2011c) 许可转载此图

收缩自编码器正则化准则的一个实际问题是，尽管它在单一隐藏层的自编码器情况下是容易计算的，但在更深的自编码器情况下会变得难以计算。根据 Rifai *et al.* (2011a) 的策略，

分别训练一系列单层的自编码器，并且每个被训练为重构前一个自编码器的隐藏层。这些自编码器的组合就组成了一个深度自编码器。因为每个层分别训练成局部收缩，深度自编码器自然也是收缩的。这个结果与联合训练深度模型完整架构 (带有关于 Jacobian 的惩罚项) 获得的结果是不同的，但它抓住了许多理想的定性特征。

另一个实际问题是，如果我们不对解码器强加一些约束，收缩惩罚可能导致无用的结果。例如，编码器将输入乘一个小常数 ϵ，解码器将编码除以一个小常数 ϵ。随着 ϵ 趋向于 0，编码器会使收缩惩罚项 $\Omega(\boldsymbol{h})$ 趋向于 0 而学不到任何关于分布的信息。同时，解码器保持完美的重构。Rifai *et al.* (2011a) 通过绑定 f 和 g 的权重来防止这种情况。f 和 g 都是由线性仿射变换后进行逐元素非线性变换的标准神经网络层组成，因此将 g 的权重矩阵设成 f 权重矩阵的转置是很直观的。

14.8 预测稀疏分解

预测稀疏分解(predictive sparse decomposition, PSD) 是稀疏编码和参数化自编码器 (Kavukcuoglu *et al.*, 2008) 的混合模型。参数化编码器被训练为能预测迭代推断的输出。PSD 被应用于图片和视频中对象识别的无监督特征学习 (Kavukcuoglu *et al.*, 2009, 2010; Jarrett *et al.*, 2009b; Farabet *et al.*, 2011)，在音频中也有所应用 (Henaff *et al.*, 2011)。这个模型由一个编码器 $f(\boldsymbol{x})$ 和一个解码器 $g(\boldsymbol{h})$ 组成，并且都是参数化的。在训练过程中，$\boldsymbol{h}$ 由优化算法控制。优化过程是最小化

$$\|\boldsymbol{x} - g(\boldsymbol{h})\|^2 + \lambda|\boldsymbol{h}|_1 + \gamma\|\boldsymbol{h} - f(\boldsymbol{x})\|^2 \tag{14.19}$$

就像稀疏编码，训练算法交替地相对 $\boldsymbol{h}$ 和模型的参数最小化上述目标。相对 $\boldsymbol{h}$ 最小化较快，因为 $f(\boldsymbol{x})$ 提供 $\boldsymbol{h}$ 的良好初始值以及损失函数将 $\boldsymbol{h}$ 约束在 $f(\boldsymbol{x})$ 附近。简单的梯度下降算法只需 10 步左右就能获得理想的 $\boldsymbol{h}$。

PSD 所使用的训练程序不是先训练稀疏编码模型，然后训练 $f(\boldsymbol{x})$ 来预测稀疏编码的特征。PSD 训练过程正则化解码器，使用 $f(\boldsymbol{x})$ 可以推断出良好编码的参数。

预测稀疏分解是**学习近似推断**(learned approximate inference) 的一个例子。在第 19.5 节中，这个话题将会进一步展开。第 19 章中展示的工具能让我们了解到，PSD 能够被解释为通过最大化模型的对数似然下界训练有向稀疏编码的概率模型。

在 PSD 的实际应用中，迭代优化仅在训练过程中使用。模型被部署后，参数编码器 f 用于计算已经习得的特征。相比通过梯度下降推断 $\boldsymbol{h}$，计算 f 是很容易的。因为 f 是一个可微带参函数，PSD 模型可堆叠，并用于初始化其他训练准则的深度网络。

14.9 自编码器的应用

自编码器已成功应用于降维和信息检索任务。降维是表示学习和深度学习的第一批应用之一。它是研究自编码器早期驱动力之一。例如，Hinton and Salakhutdinov (2006) 训练了一个栈式 RBM，然后利用它们的权重初始化一个隐藏层逐渐减小的深度自编码器，终结于 30 个单元的瓶颈。生成的编码比 30 维的 PCA 产生更少的重构误差，所学到的表示更容易定性解释，并能联系基础类别，这些类别表现为分离良好的集群。

低维表示可以提高许多任务的性能，例如分类。小空间的模型消耗更少的内存和运行时间。据 Salakhutdinov and Hinton (2007b) 和 Torralba *et al.* (2008) 观察，许多降维的形式会将语义上相关的样本置于彼此邻近的位置。映射到低维空间所提供的线索有助于泛化。

相比普通任务，**信息检索**(information retrieval) 从降维中获益更多，此任务需要找到数据库中类似查询的条目。此任务不仅和其他任务一样从降维中获得一般益处，还使某些低维空间中的搜索变得极为高效。特别的，如果我们训练降维算法生成一个低维且二值的编码，那么我们就可以将所有数据库条目在哈希表映射为二值编码向量。这个哈希表允许我们返回具有相同二值编码的数据库条目作为查询结果进行信息检索。我们也可以非常高效地搜索稍有不同条目，只需反转查询编码的各个位。这种通过降维和二值化的信息检索方法被称为**语义哈希**(semantic hashing)(Salakhutdinov and Hinton, 2007b, 2009b)，已经被用于文本输入 (Salakhutdinov and Hinton, 2007b, 2009b) 和图像 (Torralba *et al.*, 2008; Weiss *et al.*, 2008; Krizhevsky and Hinton, 2011)。

通常在最终层上使用 sigmoid 编码函数产生语义哈希的二值编码。sigmoid 单元必须被训练为到达饱和，对所有输入值都接近 0 或接近 1。能做到这一点的窍门就是训练时在 sigmoid 非线性单元前简单地注入加性噪声。噪声的大小应该随时间增加。要对抗这种噪声并且保存尽可能多的信息，网络必须加大输入到 sigmoid 函数的幅度，直到饱和。

学习哈希函数的思想已在其他多个方向进一步探讨，包括改变损失训练表示的想法，其中所需优化的损失与哈希表中查找附近样本的任务有更直接的联系 (Norouzi and Fleet, 2011)。

第 15 章　表示学习

在本章中，首先我们会讨论表示学习是什么意思，以及表示的概念如何有助于深度框架的设计。我们探讨学习算法如何在不同任务中共享统计信息，包括使用无监督任务中的信息来完成监督任务。共享表示有助于处理多模式或多领域，或是将已学到的知识迁移到样本很少或没有，但任务表示依然存在的任务上。最后，我们回过头探讨表示学习成功的原因，从分布式表示 (Hinton *et al.*, 1986) 和深度表示的理论优势，最后会讲到数据生成过程潜在假设的更一般概念，特别是观测数据的基本成因。

很多信息处理任务可能非常容易，也可能非常困难，这取决于信息是如何表示的。这是一个广泛适用于日常生活、计算机科学及机器学习的基本原则。例如，对于人而言，可以直接使用长除法计算 210 除以 6。但如果使用罗马数字表示，这个问题就没那么直接了。大部分现代人在使用罗马数字计算 CCX 除以 VI 时，都会将其转化成阿拉伯数字，从而使用位值系统的长除法。更具体地，我们可以使用合适或不合适的表示来量化不同操作的渐近运行时间。例如，插入一个数字到有序表中的正确位置，如果该数列表示为链表，那么所需时间是 $O(n)$；如果该列表表示为红黑树，那么只需要 $O(\log n)$ 的时间。

在机器学习中，到底是什么因素决定了一种表示比另一种表示更好呢？一般而言，一个好的表示可以使后续的学习任务更容易。选择什么表示通常取决于后续的学习任务。

我们可以将监督学习训练的前馈网络视为表示学习的一种形式。具体地，网络的最后一层通常是线性分类器，如 softmax 回归分类器。网络的其余部分学习出该分类器的表示。监督学习训练模型，一般会使得模型的各个隐藏层 (特别是接近顶层的隐藏层) 的表示能够更加容易地完成训练任务。例如，输入特征线性不可分的类别可能在最后一个隐藏层变成线性可分离的。原则上，最后一层可以是另一种模型，如最近邻分类器 (Salakhutdinov and Hinton, 2007a)。倒数第二层的特征应该根据最后一层的类型学习不同的性质。

前馈网络的监督训练并没有给学成的中间特征明确强加任何条件。其他的表示学习算法往往会以某种特定的方式明确设计表示。例如，我们想要学习一种使得密度估计更容易的表示。具有更多独立性的分布会更容易建模，因此，我们可以设计鼓励表示向量 $\boldsymbol{h}$ 中元素之间相互独立的目标函数。就像监督网络，无监督深度学习算法有一个主要的训练目标，但也额外地学习出了表示。不论该表示是如何得到的，它都可以用于其他任务。或者，多个任务 (有些是监督的，有些是无监督的) 可以通过共享的内部表示一起学习。

大多数表示学习算法都会在尽可能多地保留与输入相关的信息和追求良好的性质 (如独立性) 之间作出权衡。

表示学习特别有趣，因为它提供了进行无监督学习和半监督学习的一种方法。我们通常会有巨量的未标注训练数据和相对较少的标注训练数据。在非常有限的标注数据集上监督学习通常会导致严重的过拟合。半监督学习通过进一步学习未标注数据，来解决过拟合的问题。具体地，我们可以从未标注数据上学习出很好的表示，然后用这些表示来解决监督学习问题。

人类和动物能够从非常少的标注样本中学习。我们至今仍不知道这是如何做到的。有许多假说解释人类的卓越学习能力 —— 例如，大脑可能使用了大量的分类器或者贝叶斯推断技术的集成。一种流行的假说是，大脑能够利用无监督学习和半监督学习。利用未标注数据有多种方式。在本章中，我们主要使用的假说是未标注数据可以学习出良好的表示。

15.1　贪心逐层无监督预训练

无监督学习在深度神经网络的复兴上起到了关键的、历史性的作用，它使研究者首次可以训练不含诸如卷积或者循环这类特殊结构的深度监督网络。我们将这一过程称为**无监督预训练**(unsupervised pretraining)，或者更精确地，**贪心逐层无监督预训练**(greedy layer-wise unsupervised pretraining)。此过程是一个任务 (无监督学习，尝试获取输入分布的形状) 的表示如何有助于另一个任务 (具有相同输入域的监督学习) 的典型示例。

贪心逐层无监督预训练依赖于单层表示学习算法，例如 RBM、单层自编码器、稀疏编码模型或其他学习潜在表示的模型。每一层使用无监督学习预训练，将前一层的输出作为输入，输出数据的新的表示。这个新的表示的分布 (或者是和其他变量比如要预测类别的关系) 有可能是更简单的，如算法 15.1 所示的正式表述。

算法 15.1 贪心逐层无监督预训练的协定。

给定如下：无监督特征学习算法 $\mathcal{L}$，$\mathcal{L}$ 使用训练集样本并返回编码器或特征函数 f。原始输入数据是 $\boldsymbol{X}$，每行一个样本，并且 $f^{(1)}(\boldsymbol{X})$ 是第一阶段编码器关于 $\boldsymbol{X}$ 的输出。在执行精调的情况下，我们使用学习者 $\mathcal{T}$，并使用初始函数 f，输入样本 $\boldsymbol{X}$(以及在监督精调情况下关联的目标 $\boldsymbol{Y}$)，并返回细调好函数。阶段数为 m。

$f \leftarrow$ 恒等函数
$\tilde{\boldsymbol{X}} = \boldsymbol{X}$
for $k = 1, \cdots, m$ **do**
　$f^{(k)} = \mathcal{L}(\tilde{\boldsymbol{X}})$
　$f \leftarrow f^{(k)} \circ f$
　$\tilde{\boldsymbol{X}} \leftarrow f^{(k)}(\tilde{\boldsymbol{X}})$
end for
if *fine-tuning* ***then***
　$f \leftarrow \mathcal{T}(f, \boldsymbol{X}, \boldsymbol{Y})$
end if
Return f

基于无监督标准的贪心逐层训练过程，早已被用来规避监督问题中深度神经网络难以联合训练多层的问题。这种方法至少可以追溯神经认知机 (Fukushima, 1975)。深度学习的复兴始于 2006 年，源于发现这种贪心学习过程能够为多层联合训练过程找到一个好的初始值，甚至可以成功训练全连接的结构 (Hinton *et al.*, 2006b; Hinton and Salakhutdinov, 2006; Hinton, 2006; Bengio *et al.*, 2007d; Ranzato *et al.*, 2007a)。在此发现之前，只有深度卷积网络或深度循环网络这类特殊结构的深度网络被认为是有可能训练的。现在我们知道训练具有全连接的深度结构时，不再需要使用贪心逐层无监督预训练，但无监督预训练是第一个成功的方法。

贪心逐层无监督预训练被称为**贪心**(greedy) 的，是因为它是一个**贪心算法**(greedy algorithm)，这意味着它独立地优化解决方案的每一个部分，每一步解决一个部分，而不是联合优化所有部分。它被称为**逐层的**(layer wise)，是因为这些独立的解决方案是网络层。具体地，贪心逐层无监督预训练每次处理一层网络，训练第 k 层时保持前面的网络层不变。特别地，低层网络 (最先训练的) 不会在引入高层网络后进行调整。它被称为**无监督**(unsupervised) 的，是因为每一层用无监督表示学习算法训练。然而，它也被称为**预训练**(pretraining)，是因为它只是在联合训练算法**精调**(fine tune) 所有层之前的第一步。在监督学习任务中，它可以被看作正则化项 (在一些实验中，预训练不能降低训练误差，但能降低测试误差) 和参数初始化的一种形式。

通常而言，“预训练” 不仅单指预训练阶段，也指结合预训练和监督学习的两阶段学习过程。监督学习阶段可能会使用预训练阶段得到的顶层特征训练一个简单分类器，或者可能会对预训练阶段得到的整个网络进行监督精调。不管采用什么类型的监督学习算法和模型，在大多数情况下，整个训练过程几乎是相同的。虽然无监督学习算法的选择将明显影响到细节，但是大多数无监督预训练应用都遵循这一基本方法。

贪心逐层无监督预训练也能用作其他无监督学习算法的初始化，比如深度自编码器 (Hinton and Salakhutdinov, 2006) 和具有很多潜变量层的概率模型。这些模型包括深度信念网络 (Hinton *et al.*, 2006b) 和深度玻尔兹曼机 (Salakhutdinov and Hinton, 2009a)。这些深度生成模型会在第 20 章中讨论。

正如第 8.7.4 节所探讨的，我们也可以进行贪心逐层监督预训练。这是建立在训练浅层模型比深度模型更容易的前提下，而该前提似乎在一些情况下已被证实 (Erhan *et al.*, 2010)。

15.1.1 何时以及为何无监督预训练有效

在很多分类任务中，贪心逐层无监督预训练能够在测试误差上获得重大提升。这一观察结果始于 2006 年对深度神经网络的重新关注 (Hinton *et al.*, 2006b; Bengio *et al.*, 2007d; Ranzato *et al.*, 2007a)。然而，在很多其他问题上，无监督预训练不能带来改善，甚至还会带来明显的负面影响。Ma *et al.* (2015) 研究了预训练对机器学习模型在化学活性预测上的影响。结果发现，平均而言预训练是有轻微负面影响的，但在有些问题上会有显著帮助。由于无监督预训练有时有效，但经常也会带来负面效果，因此很有必要了解它何时有效以及有效的原因，以确定它是否适合用于特定的任务。

首先，要注意的是这个讨论大部分都是针对贪心无监督预训练而言。还有很多其他完全不同的方法使用半监督学习来训练神经网络，比如第 7.13 节介绍的虚拟对抗训练。我们还可以在训练监督模型的同时训练自编码器或生成模型。这种单阶段方法的例子包括判别 RBM (Larochelle and Bengio, 2008b) 和梯形网络 (Rasmus *et al.*, 2015)，其中整体目标是两项之和 (一个使用标签，另一个仅仅使用输入)。

无监督预训练结合了两种不同的想法。第一，它利用了深度神经网络对初始参数的选择，可以对模型有着显著的正则化效果 (在较小程度上，可以改进优化) 的想法。第二，它利用了更一般的想法 —— 学习输入分布有助于学习从输入到输出的映射。

这两个想法都涉及机器学习算法中多个未能完全理解的部分之间复杂的相互作用。

第一个想法，即深度神经网络初始参数的选择对其性能具有很强的正则化效果，很少有关于这个想法的理解。在预训练变得流行时，在一个位置初始化模型被认为会使其接近某一个局部极小点，而不是另一个局部极小点。如今，局部极小值不再被认为是神经网络优化中的严重问题。现在我们知道标准的神经网络训练过程通常不会到达任何形式的临界点。仍然可能的是，预训练会初始化模型到一个可能不会到达的位置 —— 例如，某种区域，其中代价函数从一个样本点到另一个样本点变化很大，而小批量只能提供噪声严重的梯度估计，或是某种区域中的 Hessian 矩阵条件数是病态的，梯度下降必须使用非常小的步长。然而，我们很难准确判断监督学习期间预训练参数的哪些部分应该保留。这是现代方法通常同时使用无监督学习和监督学习，而不是依序使用两个学习阶段的原因之一。除了这些复杂的方法可以让监督学习阶段保持无监督学习阶段提取的信息之外，还有一种简单的方法，固定特征提取器的参数，仅仅将监督学习作为顶层学成特征的分类器。

另一个想法有更好的理解，即学习算法可以使用无监督阶段学习的信息，在监督学习的阶段表现得更好。其基本想法是，对于无监督任务有用的一些特征对于监督学习任务也可能是有用的。例如，如果我们训练汽车和摩托车图像的生成模型，它需要知道轮子的概念，以及一张图中应该有多少个轮子。如果我们幸运的话，无监督阶段学习的轮子表示会适合于监督学习。然而我们还未能从数学、理论层面上证明，因此并不总是能够预测哪种任务能以这种形式从无监督学习中受益。这种方法的许多方面高度依赖于具体使用的模型。例如，如果我们希望在预训练特征的顶层添加线性分类器，那么 (学习到的) 特征必须使潜在的类别是线性可分离的。这些性质通常会在无监督学习阶段自然发生，但也并非总是如此。这是另一个监督和无监督学习同时训练更可取的原因 —— 输出层施加的约束很自然地从一开始就包括在内。

从无监督预训练作为学习一个表示的角度来看，我们可以期望无监督预训练在初始表示较差的情况下更有效。一个重要的例子是词嵌入。使用 one-hot 向量表示的词并不具有很多信息，因为任意两个不同的 one-hot 向量之间的距离 (平方 L^2 距离都是 2) 都是相同的。学成的词嵌入自然会用它们彼此之间的距离来编码词之间的相似性。因此，无监督预训练在处理单词时特别有用。然而在处理图像时是不太有用的，可能是因为图像已经在一个很丰富的向量空间中，其中的距离只能提供低质量的相似性度量。

从无监督预训练作为正则化项的角度来看，我们可以期望无监督预训练在标注样本数量非常小时很有帮助。因为无监督预训练添加的信息来源于未标注数据，所以当未标注样本的数量非常大时，我们也可以期望无监督预训练的效果最好。无监督预训练的大量未标注样本和少量标注样本构成的半监督学习的优势特别明显。在 2011 年，无监督预训练赢得了两个国际迁移学习比赛 (Mesnil *et al.*, 2011; Goodfellow *et al.*, 2011)。在该情景中，目标任务中标注样本的数目很少 (每类几个到几十个)。这些效果也出现在被 Paine *et al.* (2014) 严格控制的实验中。

还可能涉及一些其他的因素。例如，当我们要学习的函数非常复杂时，无监督预训练可能会非常有用。无监督学习不同于权重衰减这样的正则化项，它不偏向于学习一个简单的函数，而是学习对无监督学习任务有用的特征函数。如果真实的潜在函数是复杂的，并且由输入分布的规律塑造，那么无监督学习更适合作为正则化项。

除了这些注意事项外，我们现在分析一些无监督预训练改善性能的成功示例，并解释这种改进发生的已知原因。无监督预训练通常用来改进分类器，并且从减少测试集误差的观点来看是很有意思的。然而，无监督预训练还有助于分类以外的任务，并且可以用于改进优化，而不仅仅只是作为正则化项。例如，它可以提高去噪自编码器的训练和测试重构误差 (Hinton and Salakhutdinov, 2006)。

Erhan *et al.* (2010) 进行了许多实验来解释无监督预训练的几个成功原因。对训练误差和测试误差的改进都可以解释为，无监督预训练将参数引入到了其他方法可能探索不到的区域。神经网络训练是非确定性的，并且每次运行都会收敛到不同的函数。训练可以停止在梯度很小的点；也可以提前终止结束训练，以防过拟合；还可以停止在梯度很大，但由于诸如随机性或 Hessian 矩阵病态条件等问题难以找到合适下降方向的点。经过无监督预训练的神经网络会一致地停止在一片相同的函数空间区域，但未经过预训练的神经网络会一致地停在另一个区域。图 15.1 可视化了这种现象。经过预训练的网络到达的区域是较小的，这表明预训练减少了估计过程的方差，这进而又可以降低严重过拟合的风险。换言之，无监督预训练将神经网络参数初始化到它们不易逃逸的区域，并且遵循这种初始化的结果更加一致，和没有这种初始化相比，结果很差的可能性更低。

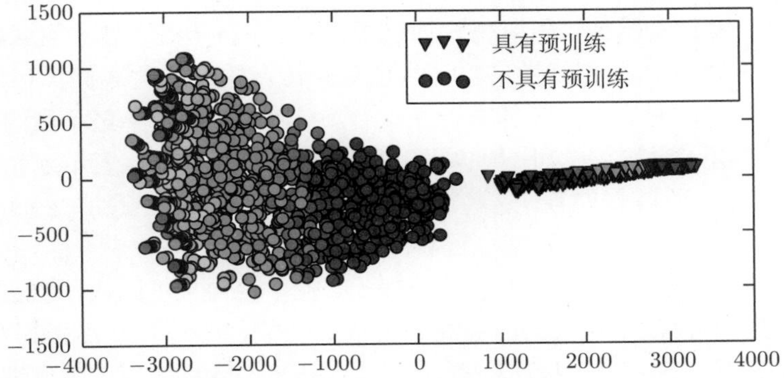

图 15.1 在函数空间(并非参数空间，避免从参数向量到函数的多对一映射) 不同神经网络学习轨迹的非线性映射的可视化。不同网络采用不同的随机初始化，并且有的使用了无监督预训练，有的没有。每个点对应着训练过程中一个特定时间的神经网络。经 Erhan *et al.* (2010) 许可改编此图。函数空间中的坐标是关于每组输入 $\boldsymbol{x}$ 和它的一个输出 $\boldsymbol{y}$ 的无限维向量。Erhan *et al.* (2010) 将很多特定 $\boldsymbol{x}$ 的 $\boldsymbol{y}$ 连接起来，线性投影到高维空间中。然后他们使用 Isomap (Tenenbaum *et al.*, 2000) 进行进一步的非线性投影并投到二维空间。颜色表示时间。所有的网络初始化在图 15.1 的中心点附近 (对应的函数区域在不多数输入上具有近似均匀分布的类别 y)。随着时间推移，学习将函数向外移动到预测得更好的点。当使用预训练时，训练会一致地收敛到同一个区域；而不使用预训练时，训练会收敛到另一个不重叠的区域。Isomap 试图维持全局相对距离 (体积因此也保持不变)，因此使用预训练的模型对应的较小区域意味着，基于预训练的估计具有较小的方差

Erhan *et al.* (2010) 也回答了何时预训练效果最好 —— 预训练的网络越深，测试误差的均值和方差下降得越多。值得注意的是，这些实验是在训练非常深层网络的现代方法发明和流行 (整流线性单元、Dropout 和批标准化) 之前进行的，因此对于无监督预训练与当前方法的结合，我们所知甚少。

一个重要的问题是无监督预训练是如何起到正则化项作用的。一个假设是，预训练鼓励学习算法发现那些与生成观察数据的潜在原因相关的特征。这也是启发除无监督预训练之外许多其他算法的重要思想，将会在第 15.3 节中进一步讨论。

与无监督学习的其他形式相比，无监督预训练的缺点是其使用了两个单独的训练阶段。很多正则化技术都具有一个优点，允许用户通过调整单一超参数的值来控制正则化的强度。无监督预训练没有一种明确的方法来调整无监督阶段正则化的强度。相反，无监督预训练有

许多超参数，但其效果只能之后度量，通常难以提前预测。当我们同时执行无监督和监督学习而不使用预训练策略时，会有单个超参数 (通常是附加到无监督代价的系数) 控制无监督目标正则化监督模型的强度。减少该系数，总是能够可预测地获得较少正则化强度。在无监督预训练的情况下，没有一种灵活调整正则化强度的方式 —— 要么监督模型初始化为预训练的参数，要么不是。

具有两个单独的训练阶段的另一个缺点是每个阶段都具有各自的超参数。第二阶段的性能通常不能在第一阶段期间预测，因此在第一阶段提出超参数和第二阶段根据反馈来更新之间存在较长的延迟。最通用的方法是在监督阶段使用验证集上的误差来挑选预训练阶段的超参数，如 Larochelle *et al.* (2009) 中讨论的。在实际中，有些超参数，如预训练迭代的次数，很方便在预训练阶段设定，通过无监督目标上使用提前终止策略完成。这个策略并不理想，但是在计算上比使用监督目标代价小得多。

如今，大部分算法已经不使用无监督预训练了，除了在自然语言处理领域中单词作为 one-hot 向量的自然表示不能传达相似性信息，并且有非常多的未标注数据集可用。在这种情况下，预训练的优点是可以对一个巨大的未标注集合 (例如用包含数十亿单词的语料库) 进行预训练，学习良好的表示 (通常是单词，但也可以是句子)，然后使用该表示或精调它，使其适合于训练集样本大幅减少的监督任务。这种方法由 Collobert and Weston (2008b)、Turian *et al.* (2010) 和 Collobert *et al.* (2011a) 开创，至今仍在使用。

基于监督学习的深度学习技术，通过 Dropout 或批标准化来正则化，能够在很多任务上达到人类级别的性能，但仅仅是在极大的标注数据集上。在中等大小的数据集 (例如 CIFAR-10 和 MNIST，每个类大约有 5000 个标注样本) 上，这些技术的效果比无监督预训练更好。在极小的数据集，例如选择性剪接数据集，贝叶斯方法要优于基于无监督预训练的方法 (Srivastava, 2013)。由于这些原因，无监督预训练已经不如以前流行。然而，无监督预训练仍然是深度学习研究历史上的一个重要里程碑，并将继续影响当代方法。预训练的想法已经推广到**监督预训练** (supervised pretraining)，这将在第 8.7.4 节中讨论，在迁移学习中这是非常常用的方法。迁移学习中的监督预训练流行 (Oquab *et al.*, 2014; Yosinski *et al.*, 2014) 于在 ImageNet 数据集上使用卷积网络预训练。由于这个原因，实践者们公布了这些网络训练出的参数，就像自然语言任务公布预训练的单词向量一样 (Collobert *et al.*, 2011a; Mikolov *et al.*, 2013a)。

15.2　迁移学习和领域自适应

迁移学习和领域自适应指的是利用一个情景 (例如，分布 P_1) 中已经学到的内容去改善另一个情景 (比如分布 P_2) 中的泛化情况。这点概括了上一节提出的想法，即在无监督学习任务和监督学习任务之间转移表示。

在**迁移学习** (transfer learning) 中，学习器必须执行两个或更多个不同的任务，但是我们假设能够解释 P_1 变化的许多因素和学习 P_2 需要抓住的变化相关。这通常能够在监督学习中解释，输入是相同的，但是输出不同的性质。例如，我们可能在第一种情景中学习了一组视觉类别，比如猫和狗，然后在第二种情景中学习一组不同的视觉类别，比如蚂蚁和黄蜂。如果第一种情景 (从 P_1 采样) 中具有非常多的数据，那么这有助于学习到能够使得从 P_2 抽取的非常少样本中快速泛化的表示。许多视觉类别*共享*一些低级概念，比如边缘、视觉形状、几何变化、光照变化的影响等。一般而言，当存在对不同情景或任务有用特征时，并且这些特征对应多个情景出现的潜在因素，迁移学习、多任务学习 (第 7.7 节) 和领域自适应可以使用表示学习来实现。如图 7.2 所示，这是具有共享底层和任务相关上层的学习框架。

然而，有时不同任务之间共享的不是输入的语义，而是输出的语义。例如，语音识别系统需要在输出层产生有效的句子，但是输入附近的较低层可能需要识别相同音素或子音素发音的非常不同的版本 (这取决于说话人)。在这样的情况下，共享神经网络的上层 (输出附近) 和进行任务特定的预处理是有意义的，如图 15.2 所示。

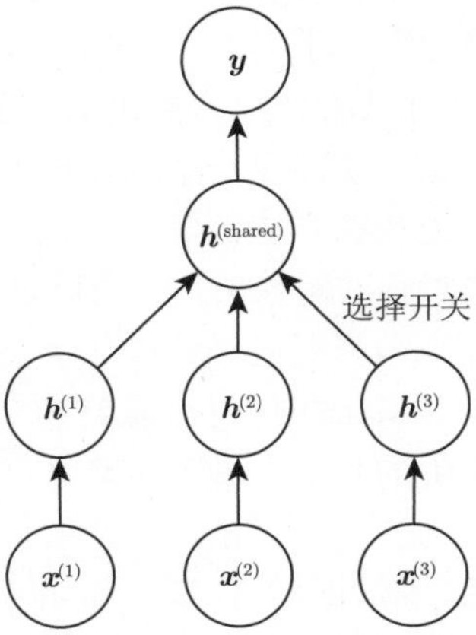

图 15.2 多任务学习或者迁移学习的架构示例。输出变量 $\mathbf{y}$ 在所有的任务上具有相同的语义，输入变量 $\mathbf{x}$ 在每个任务 (或者，比如每个用户) 上具有不同的意义 (甚至可能具有不同的维度)。图上 3 个任务为 $\mathbf{x}^{(1)}$、$\mathbf{x}^{(2)}$、$\mathbf{x}^{(3)}$。底层结构 (决定了选择方向) 是面向任务的，上层结构是共享的。底层结构学习将面向特定任务的输入转化为通用特征

在**领域自适应**(domain adaption) 的相关情况下，在每个情景之间任务 (和最优的输入到输出的映射) 都是相同的，但是输入分布稍有不同。例如，考虑情感分析的任务，如判断一条评论是表达积极的还是消极的情绪。网上的评论有许多类别。在书、视频和音乐等媒体内容上训练的顾客评论情感预测器，被用于分析诸如电视机或智能电话的消费电子产品的评论时，领域自适应情景可能会出现。可以想象，存在一个潜在的函数可以判断任何语句是正面的、中性的还是负面的，但是词汇和风格可能会因领域而有差异，使得跨域的泛化训练变得更加困难。简单的无监督预训练 (去噪自编码器) 已经能够非常成功地用于领域自适应的情感分析 (Glorot *et al.*, 2011c)。

一个相关的问题是**概念漂移**(concept drift)，我们可以将其视为一种迁移学习，因为数据分布随时间而逐渐变化。概念漂移和迁移学习都可以被视为多任务学习的特定形式。“多任务学习”这个术语通常指监督学习任务，而更广义的迁移学习的概念也适用于无监督学习和强化学习。

在所有这些情况下，我们的目标是利用第一个情景下的数据，提取那些在第二种情景中学习时或直接进行预测时可能有用的信息。表示学习的核心思想是相同的表示可能在两种情景中都是有用的。两个情景使用相同的表示，使得表示可以受益于两个任务的训练数据。

如前所述，迁移学习中无监督深度学习已经在一些机器学习比赛中取得了成功 (Mesnil *et al.*, 2011; Goodfellow *et al.*, 2011)。这些比赛中的某一个实验配置如下。首先每个参与者获得一个第一种情景 (来自分布 P_1) 的数据集，其中含有一些类别的样本。参与者必须使用这个

来学习一个良好的特征空间 (将原始输入映射到某种表示)，使得当我们将这个学成变换用于来自迁移情景 (分布 P_2) 的输入时，线性分类器可以在很少标注样本上训练、并泛化得很好。这个比赛中最引人注目的结果之一是，学习表示的网络架构越深 (在第一个情景 P_1 中的数据使用纯无监督方式学习)，在第二个情景 (迁移)P_2 的新类别上学习到的曲线就越好。对于深度表示而言，迁移任务只需要少量标注样本就能显著地提升泛化性能。

迁移学习的两种极端形式是**一次学习**(one-shot learning) 和**零次学习**(zero-shot learning)，有时也被称为**零数据学习**(zero-data learning)。只有一个标注样本的迁移任务被称为一次学习；没有标注样本的迁移任务被称为零次学习。

因为第一阶段学习出的表示就可以清楚地分离出潜在的类别，所以一次学习 (Fei-Fei *et al.*, 2006) 是可能的。在迁移学习阶段，仅需要一个标注样本来推断表示空间中聚集在相同点周围许多可能测试样本的标签。这使得在学成的表示空间中，对应于不变性的变化因子已经与其他因子完全分离，在区分某些类别的对象时，我们可以学习到哪些因素具有决定意义。

考虑一个零次学习情景的例子，学习器已经读取了大量文本，然后要解决对象识别的问题。如果文本足够好地描述了对象，那么即使没有看到某对象的图像，也能识别出该对象的类别。例如，已知猫有 4 条腿和尖尖的耳朵，那么学习器可以在没有见过猫的情况下猜测该图像中是猫。

只有在训练时使用了额外信息，零数据学习 (Larochelle *et al.*, 2008) 和零次学习 (Palatucci *et al.*, 2009; Socher *et al.*, 2013b) 才是有可能的。我们可以认为零数据学习场景包含 3 个随机变量：传统输入 $\boldsymbol{x}$，传统输出或目标 $\boldsymbol{y}$，以及描述任务的附加随机变量 T。该模型被训练来估计条件分布 $p(\boldsymbol{y} \mid \boldsymbol{x}, T)$，其中 T 是我们希望执行的任务的描述。在我们的例子中，读取猫的文本信息然后识别猫，输出是二元变量 y，$y=1$ 表示"是"，$y=0$ 表示"不是"。任务变量 T 表示要回答的问题，例如"这个图像中是否有猫？"如果训练集包含和 T 在相同空间的无监督对象样本，我们也许能够推断未知的 T 实例的含义。在我们的例子中，没有提前看到猫的图像而去识别猫，所以拥有一些未标注文本数据包含句子诸如"猫有 4 条腿"或"猫有尖耳朵"，对于学习非常有帮助。

零次学习要求 T 被表示为某种形式的泛化。例如，T 不能仅是指示对象类别的 one-hot 编码。通过使用每个类别词的词嵌入表示，Socher *et al.* (2013b) 提出了对象类别的分布式表示。

我们还可以在机器翻译中发现一种类似的现象 (Klementiev *et al.*, 2012; Mikolov *et al.*, 2013b; Gouws *et al.*, 2014)：我们已经知道一种语言中的单词，还可以学到单一语言语料库中词与词之间的关系；另一方面，我们已经翻译了一种语言中的单词与另一种语言中的单词相关的句子。即使我们可能没有将语言 X 中的单词 A 翻译成语言 Y 中的单词 B 的标注样本，我们也可以泛化并猜出单词 A 的翻译，这是由于我们已经学习了语言 X 和 Y 单词的分布式表示，并且通过两种语言句子的匹配对组成的训练样本，产生了关联于两个空间的链接 (可能是双向的)。如果联合学习 3 种成分 (两种表示形式和它们之间的关系)，那么这种迁移将会非常成功。

零次学习是迁移学习的一种特殊形式。同样的原理可以解释如何能执行**多模态学习**(multimodal learning)，学习两种模态的表示，和一种模态中的观察结果 $\boldsymbol{x}$ 与另一种模态中的观察结果 $\boldsymbol{y}$ 组成的对 $(\boldsymbol{x}, \boldsymbol{y})$ 之间的关系 (通常是一个联合分布)(Srivastava and Salakhutdinov, 2012)。通过学习所有的三组参数 (从 $\boldsymbol{x}$ 到它的表示、从 $\boldsymbol{y}$ 到它的表示，以及两个表示之间的关系)，一个表示中的概念被锚定在另一个表示中，反之亦然，从而可以有效地推广到新的对组。这个过程如图 15.3 所示。

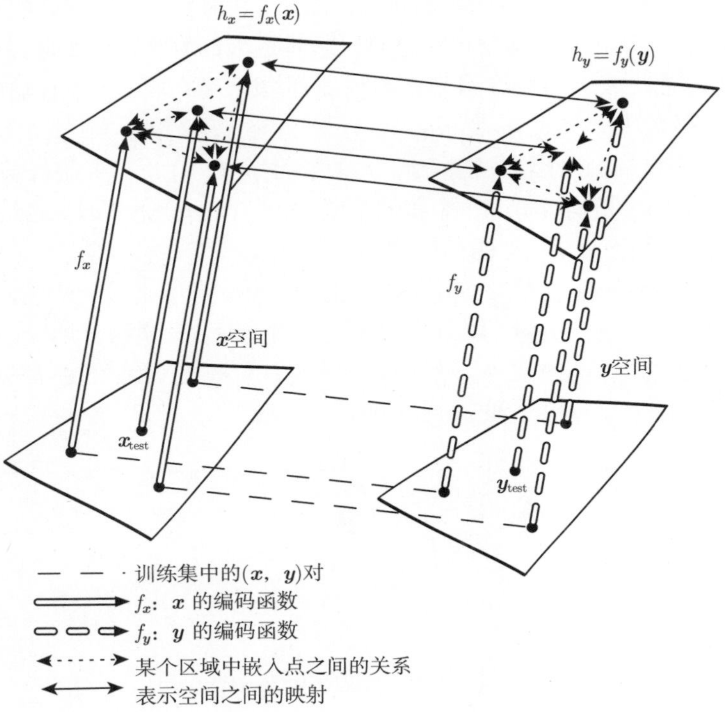

图 15.3 两个域 $\boldsymbol{x}$ 和 $\boldsymbol{y}$ 之间的迁移学习能够进行零次学习。标注或未标注样本 $\boldsymbol{x}$ 可以学习表示函数 f_x。同样地，样本 $\boldsymbol{y}$ 也可以学习表示函数 f_y。图中 f_x 和 f_y 旁都有一个向上的箭头，不同的箭头表示不同的作用函数。并且箭头的类型表示使用了哪一种函数。$\boldsymbol{h}_x$ 空间中的相似性度量表示 $\boldsymbol{x}$ 空间中任意点对之间的距离，这种度量方式比直接度量 $\boldsymbol{x}$ 空间的距离更好。同样地，$\boldsymbol{h}_y$ 空间中的相似性度量表示 $\boldsymbol{y}$ 空间中任意点对之间的距离。这两种相似函数都使用带点的双向箭头表示。标注样本 (水平虚线)$(\boldsymbol{x}, \boldsymbol{y})$ 能够学习表示 $f_x(\boldsymbol{x})$ 和表示 $f_y(\boldsymbol{y})$ 之间的单向或双向映射 (实双向箭头)，以及这些表示之间如何锚定。零数据学习可以通过以下方法实现。像 $\boldsymbol{x}_{\text{test}}$ 可以和单词 $\boldsymbol{y}_{\text{test}}$ 关联起来，即使该单词没有像，仅仅是因为单词表示 $f_y(\boldsymbol{y}_{\text{test}})$ 和像表示 $f_x(\boldsymbol{x}_{\text{test}})$ 可以通过表示空间的映射彼此关联。这种方法有效的原因是，尽管像和单词没有匹配成队，但是它们各自的特征向量 $f_x(\boldsymbol{x}_{\text{test}})$ 和 $f_y(\boldsymbol{y}_{\text{test}})$ 互相关联。该图受 Hrant Khachatrian 的建议启发

15.3 半监督解释因果关系

表示学习的一个重要问题是“什么原因能够使一个表示比另一个表示更好？”一种假设是，理想表示中的特征对应到观测数据的潜在成因，特征空间中不同的特征或方向对应着不同的原因，从而表示能够区分这些原因。这个假设促使我们去寻找表示 $p(\boldsymbol{x})$ 的更好方法。如果 $\boldsymbol{y}$ 是 $\boldsymbol{x}$ 的重要成因之一，那么这种表示也可能是计算 $p(\boldsymbol{y} \mid \boldsymbol{x})$ 的一种良好表示。从 20 世纪 90 年代以来，这个想法已经指导了大量的深度学习研究工作 (Becker and Hinton, 1992; Hinton and Sejnowski, 1999)。关于半监督学习可以超过纯监督学习的其他论点，请读者参考 Chapelle *et al.* (2006) 的第 1.2 节。

在表示学习的其他方法中，我们大多关注易于建模的表示 —— 例如，数据稀疏或是各项之间相互独立的情况。能够清楚地分离出潜在因素的表示可能并不一定易于建模。然而，该假设促使半监督学习使用无监督表示学习的一个更深层原因是，对于很多人工智能任务而言，有两个相随的特点：一旦我们能够获得观察结果基本成因的解释，那么将会很容易分离出个体属性。具体来说，如果表示向量 $\boldsymbol{h}$ 表示观察值 $\boldsymbol{x}$ 的很多潜在因素，并且输出向量 $\boldsymbol{y}$ 是最为重要的原因之一，那么从 $\boldsymbol{h}$ 预测 $\boldsymbol{y}$ 会很容易。

首先，让我们看看 $p(\mathbf{x})$ 的无监督学习无助于学习 $p(\mathbf{y} \mid \mathbf{x})$ 时，半监督学习为何失败。例如，考虑一种情况，$p(\mathbf{x})$ 是均匀分布的，我们希望学习 $f(\boldsymbol{x}) = \mathbb{E}[\mathbf{y} \mid \boldsymbol{x}]$。显然，仅仅观察训练集的值 $\boldsymbol{x}$ 不能给我们关于 $p(\mathbf{y} \mid \mathbf{x})$ 的任何信息。

接下来，让我们看看半监督学习成功的一个简单例子。考虑这样的情况，$\mathbf{x}$ 来自一个混合分布，每个 $\mathbf{y}$ 值具有一个混合分量，如图 15.4 所示。如果混合分量很好地分出来了，那么建模 $p(\mathbf{x})$ 可以精确地指出每个分量的位置，每个类一个标注样本的训练集足以精确学习 $p(\mathbf{y} \mid \mathbf{x})$。但是更一般地，什么能将 $p(\mathbf{y} \mid \mathbf{x})$ 和 $p(\mathbf{x})$ 关联在一起呢？

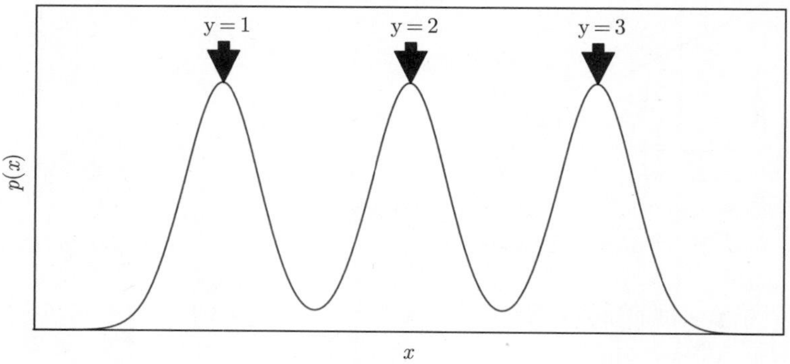

图 15.4 混合模型。具有 3 个混合分量的 x 上混合密度示例。混合分量的内在本质是潜在解释因子 y。因为混合分量 (例如，图像数据中的自然对象类别) 在统计学上是显著的，所以仅仅使用未标注样本无监督建模 $p(x)$ 也能揭示解释因子 y

如果 $\mathbf{y}$ 与 $\mathbf{x}$ 的成因之一非常相关，那么 $p(\mathbf{x})$ 和 $p(\mathbf{y} \mid \mathbf{x})$ 也会紧密关联，试图找到变化潜在因素的无监督表示学习可能像半监督学习一样有用。

假设 $\mathbf{y}$ 是 $\mathbf{x}$ 的成因之一，让 $\mathbf{h}$ 代表所有这些成因。真实的生成过程可以被认为是根据这个有向图模型结构化出来的，其中 $\mathbf{h}$ 是 $\mathbf{x}$ 的父节点：

$$p(\mathbf{h}, \mathbf{x}) = p(\mathbf{x} \mid \mathbf{h})p(\mathbf{h}) \tag{15.1}$$

因此，数据的边缘概率是

$$p(\boldsymbol{x}) = \mathbb{E}_{\mathbf{h}}p(\boldsymbol{x} \mid \boldsymbol{h}) \tag{15.2}$$

从这个直观的观察中，我们得出结论，$\mathbf{x}$ 最好可能的模型 (从广义的观点) 是会表示上述“真实”结构的，其中 $\boldsymbol{h}$ 作为潜变量解释 $\boldsymbol{x}$ 中可观察的变化。上文讨论的“理想”的表示学习应该能够反映出这些潜在因子。如果 $\mathbf{y}$ 是其中之一 (或是紧密关联于其中之一)，那么将很容易从这种表示中预测 $\mathbf{y}$。我们会看到给定 $\mathbf{x}$ 下 $\mathbf{y}$ 的条件分布通过贝叶斯规则关联到上式中的

分量:

$$p(\mathbf{y} \mid \mathbf{x}) = \frac{p(\mathbf{x} \mid \mathbf{y})p(\mathbf{y})}{p(\mathbf{x})} \tag{15.3}$$

因此边缘概率 $p(\mathbf{x})$ 和条件概率 $p(\mathbf{y} \mid \mathbf{x})$ 密切相关，前者的结构信息应该有助于学习后者。因此，在这些假设情况下，半监督学习应该能提高性能。

关于这个事实的一个重要的研究问题是，大多数观察是由极其大量的潜在成因形成的。假设 $\mathbf{y} = \mathrm{h}_i$，但是无监督学习器并不知道是哪一个 h_i。对于一个无监督学习器暴力求解就是学习一种表示，这种表示能够捕获所有合理的重要生成因子 h_j，并将它们彼此区分开来，因此不管 h_i 是否关联于 $\mathbf{y}$，从 $\mathbf{h}$ 预测 $\mathbf{y}$ 都是容易的。

在实践中，暴力求解是不可行的，因为不可能捕获影响观察的所有或大多数变化因素。例如，在视觉场景中，表示是否应该对背景中的所有最小对象进行编码？根据一个有据可查的心理学现象，人们不会察觉到环境中和他们所在进行的任务并不立刻相关的变化，具体例子可以参考 Simons and Levin (1998)。半监督学习的一个重要研究前沿是确定每种情况下要编码什么。目前，处理大量潜在原因的两个主要策略是，同时使用无监督学习和监督学习信号，从而使得模型捕获最相关的变动因素，或是使用纯无监督学习学习更大规模的表示。

无监督学习的另一个思路是选择一个更好的确定哪些潜在因素最为关键的定义。之前，自编码器和生成模型被训练来优化一个类似于均方误差的固定标准。这些固定标准确定了哪些因素是重要的。例如，图像像素的均方误差隐式地指定，一个潜在因素只有在其显著地改变大量像素的亮度时，才是重要影响因素。如果我们希望解决的问题涉及小对象之间的相互作用，那么这将有可能遇到问题。如图 15.5 所示，在机器人任务中，自编码器未能学习到编码小乒乓球。同样是这个机器人，它可以成功地与更大的对象进行交互 (例如棒球，均方误差在这种情况下很显著)。

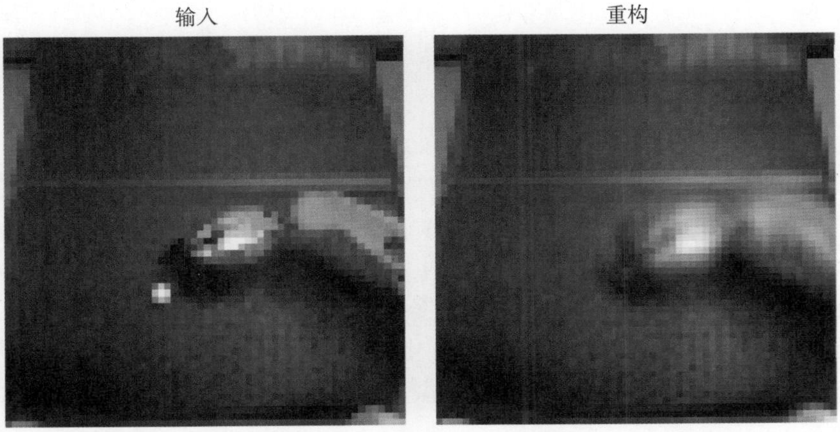

图 15.5 机器人任务上，基于均方误差训练的自编码器不能重构乒乓球。乒乓球的存在及其所有空间坐标，是生成图像且与机器人任务相关的重要潜在因素。不幸的是，自编码器具有有限的容量，基于均方误差的训练没能将乒乓球作为显著物体识别出来编码。以上图像由 Chelsea Finn 提供

还有一些其他的显著性的定义。例如，如果一组像素具有高度可识别的模式，那么即使该模式不涉及极端的亮度或暗度，该模式还是会被认为非常显著。实现这样一种定义显著的方法是使用最近提出的**生成式对抗网络** (generative adversarial network) (Goodfellow *et al.*, 2014c)。

在这种方法中，生成模型被训练来愚弄前馈分类器。前馈分类器尝试将来自生成模型的所有样本识别为假的，并将来自训练集的所有样本识别为真的。在这个框架中，前馈网络能够识别出的任何结构化模式都是非常显著的。生成式对抗网络会在第 20.10.4 节中更详细地介绍。为了叙述方便，知道它能学习出如何决定什么是显著的就可以了。Lotter *et al.* (2015) 表明，生成人类头部头像的模型在使用均方误差训练时往往会忽视耳朵，但是对抗式框架学习能够成功地生成耳朵。因为耳朵与周围的皮肤相比不是非常明亮或黑暗，所以根据均方误差损失它们不是特别突出，但是它们高度可识别的形状和一致的位置意味着前馈网络能够轻易地学习出如何检测它们，从而使得它们在生成式对抗框架下是高度突出的。图 15.6 给了一些样例图片。生成式对抗网络只是确定应该表示哪些因素的一小步。我们期望未来的研究能够发现更好的方式来确定表示哪些因素，并且根据任务来开发表示不同因素的机制。

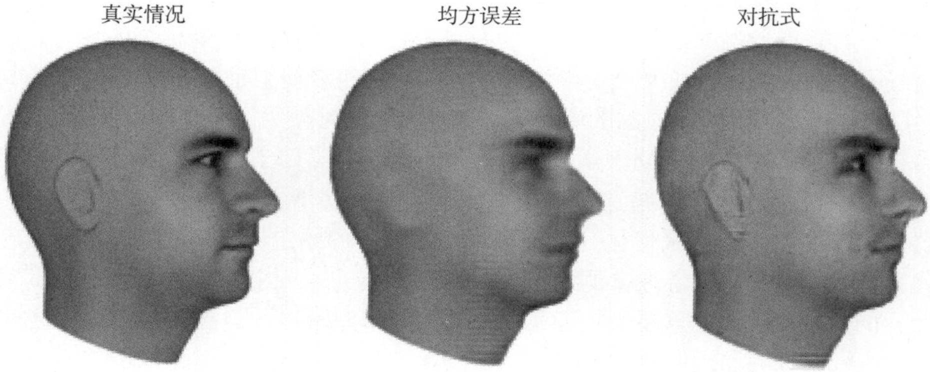

图 15.6 预测生成网络是一个学习哪些特征显著的例子。在这个例子中，预测生成网络已被训练成在特定视角预测人头的 3D 模型。(左) 真实情况。这是一张网络应该生成的正确图片。(中) 由具有均方误差的预测生成网络生成的图片。因为与相邻皮肤相比，耳朵不会引起亮度的极大差异，所以它们的显著性不足以让模型学习表示它们。(右) 由具有均方误差和对抗损失的模型生成的图片。使用这个学成的代价函数，由于耳朵遵循可预测的模式，因此耳朵是显著重要的。学习哪些原因对于模型而言是足够重要和相关的，是一个重要的活跃研究领域。以上图片由 Lotter *et al.* (2015) 提供

正如 Schölkopf *et al.* (2012) 指出，学习潜在因素的好处是，如果真实的生成过程中 $\mathbf{x}$ 是结果，$\mathbf{y}$ 是原因，那么建模 $p(\mathbf{x} \mid \mathbf{y})$ 对于 $p(\mathbf{y})$ 的变化是鲁棒的。如果因果关系被逆转，这是不对的，因为根据贝叶斯规则，$p(\mathbf{x} \mid \mathbf{y})$ 将会对 $p(\mathbf{y})$ 的变化十分敏感。很多时候，我们考虑分布的变化 (由于不同领域、时间不稳定性或任务性质的变化) 时，因果机制是保持不变的(“宇宙定律不变”)，而潜在因素的边缘分布是会变化的。因此，通过学习试图恢复成因向量 $\mathbf{h}$ 和 $p(\mathbf{x} \mid \mathbf{h})$ 的生成模型，我们可以期望最后的模型对所有种类的变化有更好的泛化和鲁棒性。

15.4 分布式表示

分布式表示的概念 (由很多元素组合的表示，这些元素之间可以设置成可分离的) 是表示学习最重要的工具之一。分布式表示非常强大，因为他们能用具有 k 个值的 n 个特征去描述 k^n 个不同的概念。正如我们在本书中看到的，具有多个隐藏单元的神经网络和具有多个潜变量的概率模型都利用了分布式表示的策略。我们现在再介绍一个观察结果。许多深度学习算

法基于的假设是，隐藏单元能够学习表示出解释数据的潜在因果因子，就像第 15.3 节中讨论的一样。这种方法在分布式表示上是自然的，因为表示空间中的每个方向都对应着一个不同的潜在配置变量的值。

n 维二元向量是一个分布式表示的示例，有 2^n 种配置，每一种都对应输入空间中的一个不同区域，如图 15.7 所示。这可以与符号表示相比较，其中输入关联到单一符号或类别。如果字典中有 n 个符号，那么可以想象有 n 个特征监测器，每个特征探测器监测相关类别的存在。在这种情况下，只有表示空间中 n 个不同配置才有可能在输入空间中刻画 n 个不同的区域，如图 15.8 所示。这样的符号表示也被称为 one-hot 表示，因为它可以表示成相互排斥的 n 维二元向量 (其中只有一位是激活的)。符号表示是更广泛的非分布式表示类中的一个具体示例，它可以包含很多条目，但是每个条目没有显著意义的单独控制作用。

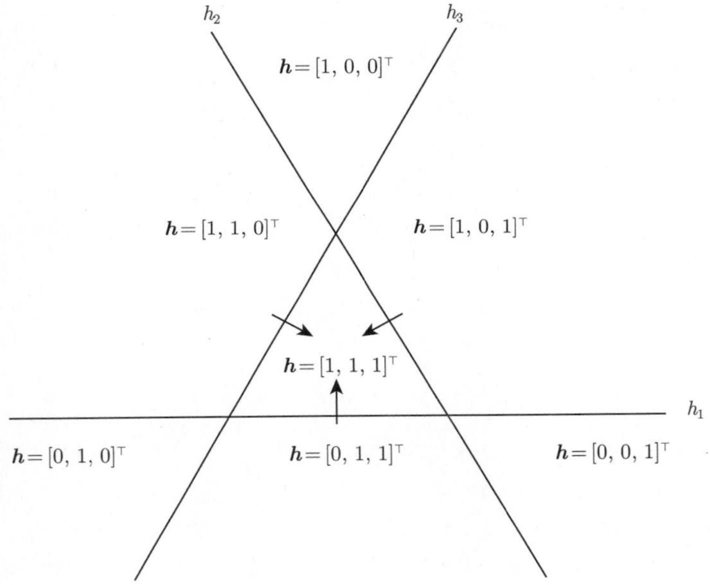

图 15.7 基于分布式表示的学习算法如何将输入空间分割成多个区域的图示。这个例子具有二元变量 h_1、h_2、h_3。每个特征通过为学成的线性变换设定输出阈值而定义。每个特征将 $\mathbb{R}^2$ 分成两个半平面。令 h_i^+ 表示输入点 $h_i = 1$ 的集合；h_i^- 表示输入点 $h_i = 0$ 的集合。在这个图示中，每条线代表着一个 h_i 的决策边界，对应的箭头指向边界的 h_i^+ 区域。整个表示在这些半平面的每个相交区域都指定一个唯一值。例如，表示值为 $[1,1,1]^\top$ 对应着区域 $h_1^+ \cap h_2^+ \cap h_3^+$。可以将以上表示和图 15.8 中的非分布式表示进行比较。在输入维度是 d 的一般情况下，分布式表示通过半空间 (而不是半平面) 的交叉分割 $\mathbb{R}^d$。具有 n 个特征的分布式表示给 $O(n^d)$ 个不同区域分配唯一的编码，而具有 n 个样本的最近邻算法只能给 n 个不同区域分配唯一的编码。因此，分布式表示能够比非分布式表示多分配指数级的区域。注意并非所有的 $\boldsymbol{h}$ 值都是可取的 (这个例子中没有 $\boldsymbol{h} = \boldsymbol{0}$)，在分布式表示上的线性分类器不能向每个相邻区域分配不同的类别标识，甚至深度线性阈值网络的 VC 维只有 $O(w \log w)$(其中 w 是权重数目)(Sontag, 1998)。强表示层和弱分类器层的组合是一个强正则化项。试图学习“人”和“非人”概念的分类器不需要给表示为“戴眼镜的女人”和“没有戴眼镜的男人”的输入分配不同的类别。容量限制鼓励每个分类器关注少数几个 h_i，鼓励 $\boldsymbol{h}$ 以线性可分的方式学习表示这些类别

以下是基于非分布式表示的学习算法的示例：

- 聚类算法，包含 k-means 算法：每个输入点恰好分配到一个类别。
- k- 最近邻算法：给定一个输入，一个或几个模板或原型样本与之关联。在 $k > 1$ 的情况下，每个输入都使用多个值来描述，但是它们不能彼此分开控制，因此这不能算真正的分布式表示。
- 决策树：给定输入时，只有一个叶节点 (和从根到该叶节点路径上的点) 是被激活的。
- 高斯混合体和专家混合体：模板 (聚类中心) 或专家关联一个激活的程度。和 k- 最近邻算法一样，每个输入用多个值表示，但是这些值不能轻易地彼此分开控制。
- 具有高斯核 (或其他类似的局部核) 的核机器：尽管每个"支持向量"或模板样本的激活程度是连续值，但仍然会出现和高斯混合体相同的问题。
- 基于 n-gram 的语言或翻译模型：根据后缀的树结构划分上下文集合 (符号序列)。例如，一个叶节点可能对应于最后两个单词 w_1 和 w_2。树上的每个叶节点分别估计单独的参数 (有些共享也是可能的)。

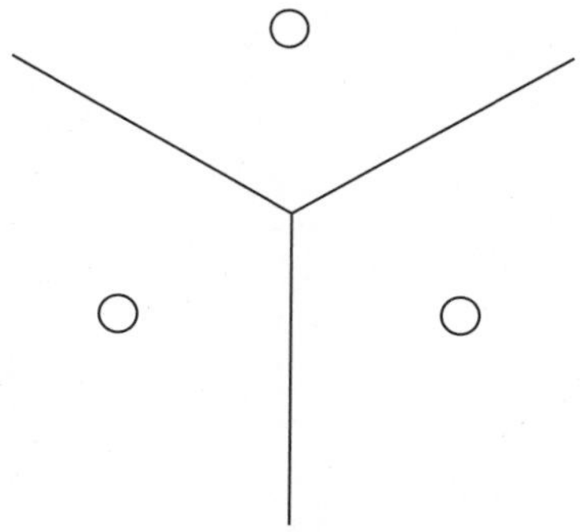

图 15.8　最近邻算法如何将输入空间分成不同区域的图示。最近邻算法是一个基于非分布式表示的学习算法的示例。不同的非分布式算法可以具有不同的几何形状，但是它们通常将输入空间分成区域，**每个区域具有不同的参数**。非分布式方法的优点是，给定足够的参数，它能够拟合一个训练集，而不需要复杂的优化算法。因为它直接为每个区域**独立地**设置不同的参数。缺点是，非分布式表示的模型只能通过平滑先验来局部地泛化，因此学习波峰波谷多于样本的复杂函数时，该方法是不可行的。和分布式表示的对比，可以参照图 15.7

对于部分非分布式算法而言，有些输出并非是恒定的，而是在相邻区域之间内插。参数 (或样本) 的数量和它们能够定义区域的数量之间仍保持线性关系。

将分布式表示和符号表示区分开来的一个重要概念是，由不同概念之间的**共享属性而产生的泛化**。作为纯符号，"猫"和"狗"之间的距离和任意其他两种符号的距离一样。然而，如果将它们与有意义的分布式表示相关联，那么关于猫的很多特点可以推广到狗，反之亦然。例如，我们的分布式表示可能会包含诸如"具有皮毛"或"腿的数目"这类在"猫"和"狗"的嵌入上具有相同值的项。正如第 12.4.2 节所讨论的，作用于单词分布式表示的神经语言模型比其他直接对单词 one-hot 表示进行操作的模型泛化得更好。分布式表示具有丰富的**相似性空间**，语义上相近的概念 (或输入) 在距离上接近，这是纯粹的符号表示所缺少的特点。

在学习算法中使用分布式表示何时以及为什么具有统计优势？当一个明显复杂的结构可以用较少参数紧致地表示时，分布式表示具有统计上的优点。一些传统的非分布式学习算法仅仅在平滑假设的情况下能够泛化，也就是说如果 $u \approx v$，那么学习到的目标函数 f 通常具

有 $f(u) \approx f(v)$ 的性质。有许多方法来形式化这样一个假设，但其结果是如果我们有一个样本 (x, y)，并且我们知道 $f(x) \approx y$，那么我们可以选取一个估计 $\hat{f}$ 近似地满足这些限制，并且当我们移动到附近的输入 $x + \epsilon$ 时，$\hat{f}$ 尽可能少地发生改变。显然这个假设是非常有用的，但是它会遭受维数灾难：学习出一个能够在很多不同区域上增加或减少很多次的目标函数[①]，我们可能需要至少和可区分区域数量一样多的样本。我们可以将每一个区域视为一个类别或符号：通过让每个符号 (或区域) 具有单独的自由度，我们可以学习出从符号映射到值的任意解码器。然而，这不能推广到新区域的新符号上。

如果我们幸运的话，除了平滑之外，目标函数可能还有一些其他规律。例如，具有最大池化的卷积网络可以在不考虑对象在图像中位置 (即使对象的空间变换不对应输入空间的平滑变换) 的情况下识别出对象。

让我们检查分布式表示学习算法的一个特殊情况，它通过对输入的线性函数进行阈值处理来提取二元特征。该表示中的每个二元特征将 $\mathbb{R}^d$ 分成一对半空间，如图 15.7 所示。n 个相应半空间的指数级数量的交集确定了该分布式表示学习器能够区分多少区域。空间 $\mathbb{R}^d$ 中的 n 个超平面的排列组合能够生成多少区间？通过应用关于超平面交集的一般结果 (Zaslavsky, 1975)，我们发现 (Pascanu *et al.*, 2014b) 这个二元特征表示能够区分的空间数量是

$$\sum_{j=0}^{d} \binom{n}{j} = O(n^d) \tag{15.4}$$

因此，我们会发现关于输入大小呈指数级增长，关于隐藏单元的数量呈多项式级增长。

这提供了分布式表示泛化能力的一种几何解释：$O(nd)$ 个参数 (空间 $\mathbb{R}^d$ 中的 n 个线性阈值特征) 能够明确表示输入空间中 $O(n^d)$ 个不同区域。如果我们没有对数据做任何假设，并且每个区域使用唯一的符号来表示，每个符号使用单独的参数去识别 $\mathbb{R}^d$ 中的对应区域，那么指定 $O(n^d)$ 个区域需要 $O(n^d)$ 个样本。更一般地，分布式表示的优势还可以体现在我们对分布式表示中的每个特征使用非线性的、可能连续的特征提取器，而不是线性阈值单元的情况。在这种情况下，如果具有 k 个参数的参数变换可以学习输入空间中的 r 个区域 $(k \ll r)$，并且如果学习这样的表示有助于关注的任务，那么这种方式会比非分布式情景 (我们需要 $O(r)$ 个样本来获得相同的特征，将输入空间相关联地划分成 r 个区域。) 泛化得更好。使用较少的参数来表示模型意味着我们只需拟合较少的参数，因此只需要更少的训练样本去获得良好的泛化。

另一个解释基于分布式表示的模型泛化能力更好的说法是，尽管能够明确地编码这么多不同的区域，但它们的容量仍然是很有限的。例如，线性阈值单元神经网络的 VC 维仅为 $O(w \log w)$，其中 w 是权重的数目 (Sontag, 1998)。这种限制出现的原因是，虽然我们可以为表示空间分配非常多的唯一码，但是我们不能完全使用所有的码空间，也不能使用线性分类器学习出从表示空间 $\boldsymbol{h}$ 到输出 $\boldsymbol{y}$ 的任意函数映射。因此使用与线性分类器相结合的分布式表示传达了一种先验信念，待识别的类在 $\boldsymbol{h}$ 代表的潜在因果因子的函数下是线性可分的。我们通常想要学习类别，例如所有绿色对象的图像集合，或是所有汽车图像集合，但不会是需要非线性 XOR 逻辑的类别。例如，我们通常不会将数据划分成所有红色汽车和绿色卡车作为一个集合，所有绿色汽车和红色卡车作为另一个集合。

① 一般来说，我们可能会想要学习一个函数，这个函数在指数级数量区域的表现都是不同的：在 d- 维空间中，为了区分每一维，至少有两个不同的值。我们想要函数 f 区分这 2^d 个不同的区域，需要 $O(2^d)$ 量级的训练样本。

到目前为止讨论的想法都是抽象的，但是它们可以通过实验验证。Zhou *et al.* (2015) 发现，在 ImageNet 和 Places 基准数据集上训练的深度卷积网络中的隐藏单元学成的特征通常是可以解释的，对应人类自然分配的标签。在实践中，隐藏单元并不能总是学习出具有简单语言学名称的事物，但有趣的是，这些事物会在那些最好的计算机视觉深度网络的顶层附近出现。这些特征的共同之处在于，我们可以设想**学习其中的每个特征不需要知道其他所有特征的所有配置**。Radford *et al.* (2015) 发现生成模型可以学习人脸图像的表示，在表示空间中的不同方向捕获不同的潜在变差因素。图 15.9 展示表示空间中的一个方向对应着该人是男性还是女性，而另一个方向对应着该人是否戴着眼镜。这些特征都是自动发现的，而非先验固定的。我们没有必要为隐藏单元分类器提供标签：只要该任务需要这样的特征，梯度下降就能在感兴趣的目标函数上自然地学习出语义上有趣的特征。我们可以学习出男性和女性之间的区别，或者是眼镜的存在与否，而不必通过涵盖所有这些值组合的样本来表征其他 $n-1$ 个特征的所有配置。这种形式的统计可分离性质能够泛化到训练期间从未见过的新特征上。

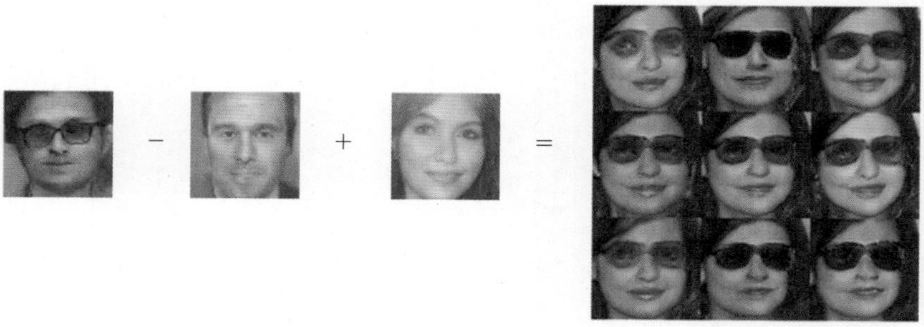

图 15.9 生成模型学到了分布式表示，能够从戴眼镜的概念中区分性别的概念。如果我们从一个戴眼镜的男人的概念表示向量开始，然后减去一个没戴眼镜的男人的概念表示向量，最后加上一个没戴眼镜的女人的概念表示向量，那么我们会得到一个戴眼镜的女人的概念表示向量。生成模型将所有这些表示向量正确地解码为可被识别为正确类别的图像。图片转载许可自 Radford *et al.* (2015)

15.5 得益于深度的指数增益

我们已经在第 6.4.1 节中看到，多层感知机是万能近似器，相比于浅层网络，一些函数能够用指数级小的深度网络表示。缩小模型规模能够提高统计效率。在本节中，我们描述如何将类似结果更一般地应用于其他具有分布式隐藏表示的模型。

在第 15.4 节中，我们看到了一个生成模型的示例，能够学习人脸图像的潜在解释因子，包括性别以及是否佩戴眼镜。完成这个任务的生成模型是基于一个深度神经网络的。浅层网络例如线性网络不能学习出这些抽象解释因子和图像像素之间的复杂关系。在这个任务和其他 AI 任务中，这些因子几乎彼此独立地被抽取，但仍然对应到有意义输入的因素，很有可能是高度抽象的，并且和输入呈高度非线性的关系。我们认为这需要**深度分布式表示**，需要许多非线性组合来获得较高级的特征 (被视为输入的函数) 或因子 (被视为生成原因)。

在许多不同情景中已经证明，非线性和重用特征层次结构的组合来组织计算，可以使分布式表示获得指数级加速之外，还可以获得统计效率的指数级提升。许多种类的只有一个隐藏层的网络 (例如，具有饱和非线性，布尔门，和/积，或 RBF 单元的网络) 都可以被视为万能近似器。在给定足够多隐藏单元的情况下，这个模型族是一个万能近似器，可以在任意非零允错级别近似一大类函数 (包括所有连续函数)。然而，隐藏单元所需的数量可能会非常大。关于深层架构表达能力的理论结果表明，有些函数族可以高效地通过深度 k 层的网络架构表示，但是深度不够 (深度为 2 或 $k-1$) 时会需要指数级 (相对于输入大小而言) 的隐藏单元。

在第 6.4.1 节中，我们看到确定性前馈网络是函数的万能近似器。许多具有单个隐藏层 (潜变量) 的结构化概率模型 (包括受限玻尔兹曼机、深度信念网络) 是概率分布的万能近似器 (Le Roux and Bengio, 2008, 2010; Montúfar and Ay, 2011; Montúfar, 2014; Krause *et al.*, 2013)。

在第 6.4.1 节中，我们看到足够深的前馈网络会比深度不够的网络具有指数级优势。这样的结果也能从诸如概率模型的其他模型中获得。**和-积网络** (sum-product network，SPN)(Poon and Domingos, 2011) 是这样的一种概率模型。这些模型使用多项式回路来计算一组随机变量的概率分布。Delalleau and Bengio (2011) 表明存在一种概率分布，对 SPN 的最小深度有要求，以避免模型规模呈指数级增长。后来，Martens and Medabalimi (2014) 表明，任意两个有限深度的 SPN 之间都会存在显著差异，并且一些使 SPN 易于处理的约束可能会限制其表示能力。

另一个有趣的进展是，一系列和卷积网络相关的深度回路族表达能力的理论结果，即使让浅度回路只去近似深度回路计算的函数，也能突出反映深度回路的指数级优势 (Cohen *et al.*, 2015)。相比之下，以前的理论工作只研究了浅度回路必须精确复制特定函数的情况。

15.6 提供发现潜在原因的线索

我们回到最初的问题之一来结束本章：什么原因能够使一个表示比另一个表示更好？首先在第 15.3 节中介绍的一个答案是，一个理想的表示能够区分生成数据变化的潜在因果因子，特别是那些与我们的应用相关的因素。表示学习的大多数策略都会引入一些有助于学习潜在变差因素的线索。这些线索可以帮助学习器将这些观察到的因素与其他因素分开。监督学习提供了非常强的线索：每个观察向量 $\boldsymbol{x}$ 的标签 $\boldsymbol{y}$，它通常直接指定了至少一个变差因素。更一般地，为了利用丰富的未标注数据，表示学习会使用关于潜在因素的其他不太直接的提示。这些提示包含一些我们 (学习算法的设计者) 为了引导学习器而强加的隐式先验信息。诸如没有免费午餐定理的这些结果表明，正则化策略对于获得良好泛化是很有必要的。当不可能找到一个普遍良好的正则化策略时，深度学习的一个目标是找到一套相当通用的正则化策略，使其能够适用于各种各样的 AI 任务 (类似于人和动物能够解决的任务)。

在此，我们提供了一些通用正则化策略的列表。该列表显然是不详尽的，但是给出了一些学习算法是如何发现对应潜在因素的特征的具体示例。该列表在 Bengio *et al.* (2013d) 的第 3.1 节中提出，这里进行了部分拓展。

- 平滑：假设对于单位 $\boldsymbol{d}$ 和小量 ϵ 有 $f(\boldsymbol{x}+\epsilon\boldsymbol{d}) \approx f(\boldsymbol{x})$。这个假设允许学习器从训练样本泛化到输入空间中附近的点。许多机器学习算法都利用了这个想法，但它不能克服维数灾难难题。
- 线性：很多学习算法假定一些变量之间的关系是线性的。这使得算法能够预测远离观测数据的点，但有时可能会导致一些极端的预测。大多数简单的学习算法不会做平滑假设，而会做线性假设。这些假设实际上是不同的，具有很大权重的线性函数在高维空间中可能不是非常平滑的。参看 Goodfellow *et al.* (2014b) 了解关于线性假设局限性的进一步讨论。

- **多个解释因子**：许多表示学习算法受以下假设的启发，数据是由多个潜在解释因子生成的，并且给定每一个因子的状态，大多数任务都能轻易解决。第 15.3 节描述了这种观点如何通过表示学习来启发半监督学习的。学习 $p(\boldsymbol{x})$ 的结构要求学习出一些对建模 $p(\boldsymbol{y} \mid \boldsymbol{x})$ 同样有用的特征，因为它们都涉及相同的潜在解释因子。第 15.4 节介绍了这种观点如何启发分布式表示的使用，表示空间中分离的方向对应着分离的变差因素。
- **因果因子**：该模型认为学成表示所描述的变差因素是观察数据 $\boldsymbol{x}$ 的成因，而并非反过来。正如第 15.3 节中讨论的，这对于半监督学习是有利的，当潜在成因上的分布发生改变，或者我们应用模型到一个新的任务上时，学成的模型都会更加鲁棒。
- **深度，或者解释因子的层次组织**：高级抽象概念能够通过将简单概念层次化来定义。从另一个角度来看，深度架构表达了我们认为任务应该由多个程序步骤完成的观念，其中每一个步骤回溯到先前步骤处理之后的输出。
- **任务间共享因素**：当多个对应到不同变量 y_i 的任务共享相同的输入 $\mathbf{x}$ 时，或者当每个任务关联到全局输入 $\mathbf{x}$ 的子集或者函数 $f^{(i)}(\mathbf{x})$ 时，我们会假设每个变量 y_i 关联到来自相关因素 $\mathbf{h}$ 公共池的不同子集。因为这些子集有重叠，所以通过共享的中间表示 $P(\mathbf{h} \mid \mathbf{x})$ 来学习所有的 $P(\mathrm{y}_i \mid \mathbf{x})$ 能够使任务间共享统计强度。
- **流形**：概率质量集中，并且集中区域是局部连通的，且占据很小的体积。在连续情况下，这些区域可以用比数据所在原始空间低很多维的低维流形来近似。很多机器学习算法只在这些流形上有效 (Goodfellow *et al.*, 2014b)。一些机器学习算法，特别是自编码器，会试图显式地学习流形的结构。
- **自然聚类**：很多机器学习算法假设输入空间中每个连通流形可以被分配一个单独的类。数据分布在许多个不连通的流形上，但相同流形上数据的类别是相同的。这个假设激励了各种学习算法，包括正切传播、双反向传播、流形正切分类器和对抗训练。
- **时间和空间相干性**：慢特征分析和相关的算法假设，最重要的解释因子随时间变化很缓慢，或者至少假设预测真实的潜在解释因子比预测诸如像素值这类原始观察会更容易些。读者可以参考第 13.3 节，进一步了解这个方法。
- **稀疏性**：假设大部分特征和大部分输入不相关，如在表示猫的图像时，没有必要使用象鼻的特征。因此，我们可以强加一个先验，任何可以解释为“存在”或“不存在”的特征在大多数时间都是不存在的。
- **简化因子依赖**：在良好的高级表示中，因子会通过简单的依赖相互关联。最简单的可能是边缘独立，即 $P(\mathbf{h}) = \prod_i P(\mathbf{h}_i)$。但是线性依赖或浅层自编码器所能表示的依赖关系也是合理的假设。这可以从许多物理定律中看出来，并且假设在学成表示的顶层插入线性预测器或分解的先验。

表示学习的概念将许多深度学习形式联系在了一起。前馈网络和循环网络，自编码器和深度概率模型都在学习和使用表示。学习最佳表示仍然是一个令人兴奋的研究方向。

第 16 章　深度学习中的结构化概率模型

深度学习为研究者们提供了许多建模方式，用以设计以及描述算法。其中一种形式是**结构化概率模型** (structured probabilistic model) 的思想。我们曾经在第 3.14 节中简要讨论过结构化概率模型。此前简要的介绍已经足够使我们充分了解如何使用结构化概率模型作为描述第 2 部分中某些算法的语言。现在在第 3 部分，我们可以看到结构化概率模型是许多深度学习重要研究方向的关键组成部分。作为讨论这些研究方向的预备知识，本章将更加详细地描述结构化概率模型。本章内容是自洽的，所以在阅读本章之前读者不需要回顾之前的介绍。

结构化概率模型使用图来描述概率分布中随机变量之间的直接相互作用，从而描述一个概率分布。在这里我们使用了图论 (一系列结点通过一系列边来连接) 中“图”的概念，由于模型结构是由图定义的，所以这些模型也通常被称为**图模型** (graphical model)。

图模型的研究社群是巨大的，并提出过大量的模型、训练算法和推断算法。在本章中，我们将介绍图模型中几个核心方法的基本背景，并且重点描述已被证明对深度学习社群最有用的观点。如果你已经熟知图模型，那么你可以跳过本章的绝大部分。然而，我们相信即使是资深的图模型方向的研究者也会从本章的最后一节中获益匪浅，详见第 16.7 节，其中我们强调了在深度学习算法中使用图模型的独特方式。相比于其他图模型研究领域的是，深度学习的研究者们通常会使用完全不同的模型结构、学习算法和推断过程。在本章中，我们将指明这种区别并解释其中的原因。

我们首先介绍了构建大规模概率模型时面临的挑战。之后，我们介绍如何使用一个图来描述概率分布的结构。尽管这个方法能够帮助我们解决许多挑战和问题，它本身仍有很多缺陷。图模型中的一个主要难点就是判断哪些变量之间存在直接的相互作用关系，也就是对于给定的问题哪一种图结构是最适合的。在第 16.5 节中，我们通过了解**依赖**(dependency)，简要概括了解决这个难点的两种方法。最后，作为本章的收尾，我们在第 16.7 节中讨论深度学习研究者使用图模型特定方式的独特之处。

16.1　非结构化建模的挑战

深度学习的目标是使得机器学习能够解决许多人工智能中亟需解决的挑战。这也意味着它们能够理解具有丰富结构的高维数据。举个例子，我们希望 AI 的算法能够理解自然图片 [①]，表示语音的声音信号和包含许多词和标点的文档。

分类问题可以把这样一个来自高维分布的数据作为输入，然后使用一个类别的标签来概括它 —— 这个标签既可以是照片中有什么物品，一段语音中说的是哪个单词，也可以是一段文档描述的是哪个话题。这个分类过程丢弃了输入数据中的大部分信息，然后产生单个值的输出 (或者是关于单个输出值的概率分布)。这个分类器通常可以忽略输入数据的很多部分。例如，当我们识别一张照片中的一个物体时，我们通常可以忽略图片的背景。

① 自然图片指的是能够在正常的环境下被照相机拍摄的图片，不同于合成的图片，或者一个网页的截图等。

我们也可以使用概率模型完成许多其他的任务。这些任务通常相比于分类成本更高。其中的一些任务需要产生多个输出。大部分任务需要对输入数据整个结构的完整理解，所以并不能舍弃数据的一部分。这些任务包括以下几个。

- **估计密度函数**：给定一个输入 $\boldsymbol{x}$，机器学习系统返回一个对数据生成分布的真实密度函数 $p(\boldsymbol{x})$ 的估计。这只需要一个输出，但它需要完全理解整个输入。即使向量中只有一个元素不太正常，系统也会给它赋予很低的概率。
- **去噪**：给定一个受损的或者观察有误的输入数据 $\tilde{\boldsymbol{x}}$，机器学习系统返回一个对原始的真实 $\boldsymbol{x}$ 的估计。举个例子，有时候机器学习系统需要从一张老相片中去除灰尘或者抓痕。这个系统会产生多个输出值 (对应着估计的干净样本 $\boldsymbol{x}$ 的每一个元素)，并且需要我们有一个对输入的整体理解 (因为即使只有一个损坏的区域，仍然会显示最终估计被损坏)。
- **缺失值的填补**：给定 $\boldsymbol{x}$ 的某些元素作为观察值，模型被要求返回一个 $\boldsymbol{x}$ 一些或者全部未观察值的估计或者概率分布。这个模型返回的也是多个输出。由于这个模型需要恢复 $\boldsymbol{x}$ 的每一个元素，所以它必须理解整个输入。
- **采样**：模型从分布 $p(\boldsymbol{x})$ 中抽取新的样本。其应用包括语音合成，即产生一个听起来很像人说话的声音。这个模型也需要多个输出以及对输入整体的良好建模。即使样本只有一个从错误分布中产生的元素，那么采样的过程也是错误的。

图 16.1 中描述了一个使用较小的自然图片的采样任务。

对上千甚至是上百万随机变量的分布建模，无论从计算上还是从统计意义上说，都是一个极具挑战性的任务。假设我们只想对二值的随机变量建模。这是一个最简单的例子，但是我们仍然无能为力。对一个只有 32×32 像素的彩色 (RGB) 图片来说，存在 2^{3072} 种可能的二值图片。这个数量已经超过了 10^{800}，比宇宙中的原子总数还要多。

通常意义上讲，如果我们希望对一个包含 n 个离散变量并且每个变量都能取 k 个值的 $\boldsymbol{x}$ 的分布建模，那么最简单的表示 $P(\boldsymbol{x})$ 的方法需要存储一个可以查询的表格。这个表格记录了每一种可能值的概率，则需要 k^n 个参数。

基于下述几个原因，这种方式是不可行的。

- *内存：存储参数的开销*。除了极小的 n 和 k 的值，用表格的形式来表示这样一个分布需要太多的存储空间。
- *统计的高效性*：当模型中的参数个数增加时，使用统计估计器估计这些参数所需要的训练数据数量也需要相应地增加。因为基于查表的模型拥有天文数字级别的参数，为了准确地拟合，相应的训练集的大小也是相同级别的。任何这样的模型都会导致严重的过拟合，除非我们添加一些额外的假设来联系表格中的不同元素 (正如第 12.4.1 节中所举的回退或者平滑 n-gram 模型)。
- *运行时间：推断的开销*。假设我们需要完成这样一个推断的任务，其中我们需要使用联合分布 $P(\mathbf{x})$ 来计算某些其他的分布，比如说边缘分布 $P(\mathrm{x}_1)$ 或者是条件分布 $P(\mathrm{x}_2 \mid \mathrm{x}_1)$。计算这样的分布需要对整个表格的某些项进行求和操作，因此这样的操作的运行时间和上述高昂的内存开销是一个级别的。
- *运行时间：采样的开销*。类似地，假设我们想要从这样的模型中采样。最简单的方法就是从均匀分布中采样，$u \sim \mathrm{U}(0,1)$，然后把表格中的元素累加起来，直到和大于 u，然后返回最后一个加上的元素。最差情况下，这个操作需要读取整个表格，所以和其他操作一样，它也需要指数级别的时间。

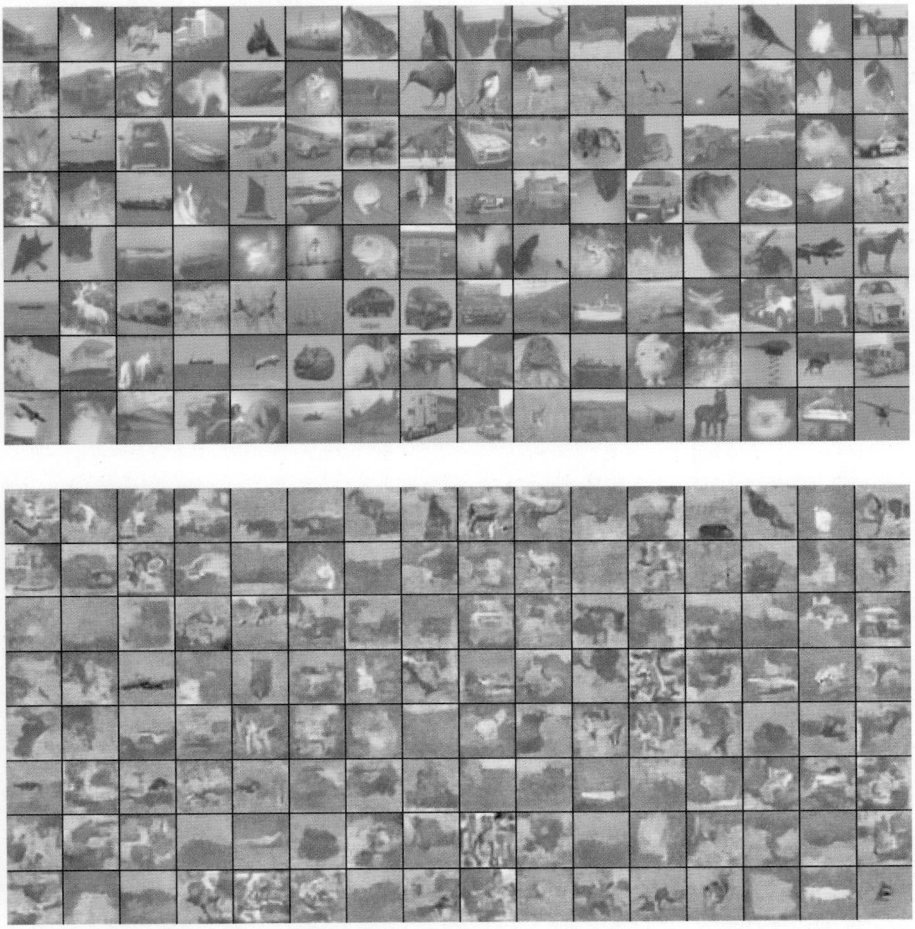

图 16.1 自然图片的概率建模。(上) CIFAR-10 数据集 (Krizhevsky and Hinton, 2009) 中的 32×32 像素的样例图片。(下) 从这个数据集上训练的结构化概率模型中抽出的样本。每一个样本都出现在与其欧式距离最近的训练样本的格点中。这种比较使得我们发现这个模型确实能够生成新的图片，而不是记住训练样本。为了方便展示，两个集合的图片都经过了微调。图片经 Courville *et al.* (2011a) 许可转载

基于表格操作的方法的主要问题是我们显式地对每一种可能的变量子集所产生的每一种可能类型的相互作用建模。在实际问题中我们遇到的概率分布远比这个简单。通常，许多变量只是间接地相互作用。

例如，我们想要对接力跑步比赛中一个队伍完成比赛的时间进行建模。假设这个队伍有 3 名成员：Alice、Bob 和 Carol。在比赛开始时，Alice 拿着接力棒，开始跑第一段距离。在跑完她的路程以后，她把棒递给了 Bob。然后 Bob 开始跑，再把棒给 Carol，Carol 跑最后一棒。我们可以用连续变量来建模他们每个人完成的时间。因为 Alice 第一个跑，所以她的完成时间并不依赖于其他的人。Bob 的完成时间依赖于 Alice 的完成时间，因为 Bob 只能在 Alice 跑完以后才能开始跑。如果 Alice 跑得更快，那么 Bob 也会完成得更快。所有其他关系都可以被类似地推出。最后，Carol 的完成时间依赖于她的两个队友。如果 Alice 跑得很慢，那么 Bob

也会完成得更慢。结果，Carol 将会更晚开始跑步，因此她的完成时间也更有可能要晚。然而，在给定 Bob 完成时间的情况下，Carol 的完成时间只是**间接地**依赖于 Alice 的完成时间。如果我们已经知道了 Bob 的完成时间，知道 Alice 的完成时间对估计 Carol 的完成时间并无任何帮助。这意味着我们可以通过仅仅两个相互作用来建模这个接力赛。这两个相互作用分别是 Alice 的完成时间对 Bob 的完成时间的影响和 Bob 的完成时间对 Carol 的完成时间的影响。在这个模型中，我们可以忽略第三种间接的相互作用，即 Alice 的完成时间对 Carol 的完成时间的影响。

结构化概率模型为随机变量之间的直接作用提供了一个正式的建模框架。这种方式大大减少了模型的参数个数，以至于模型只需要更少的数据来进行有效的估计。这些更小的模型大大减小了在模型存储、模型推断以及从模型中采样时的计算开销。

16.2 使用图描述模型结构

结构化概率模型使用图 (在图论中“结点”是通过“边”来连接的) 来表示随机变量之间的相互作用。每一个结点代表一个随机变量。每一条边代表一个直接相互作用。这些直接相互作用隐含着其他的间接相互作用，但是只有直接的相互作用会被显式地建模。

使用图来描述概率分布中相互作用的方法不止一种。在下文中我们会介绍几种最为流行和有用的方法。图模型可以被大致分为两类：基于有向无环图的模型和基于无向图的模型。

16.2.1 有向模型

有向图模型(directed graphical model) 是一种结构化概率模型，也被称为**信念网络**(belief network) 或者**贝叶斯网络**(Bayesian network)② (Pearl, 1985)。

之所以命名为有向图模型，是因为所有的边都是有方向的，即从一个结点指向另一个结点。这个方向可以通过画一个箭头来表示。箭头所指的方向表示了这个随机变量的概率分布是由其他变量的概率分布所定义的。画一个从结点 a 到结点 b 的箭头表示了我们用一个条件分布来定义 b，而 a 是作为这个条件分布符号右边的一个变量。换句话说，b 的概率分布依赖于 a 的取值。

我们继续第 16.1 节所讲的接力赛的例子，我们假设 Alice 的完成时间为 t_0，Bob 的完成时间为 t_1，Carol 的完成时间为 t_2。就像我们之前看到的一样，t_1 的估计是依赖于 t_0 的，t_2 的估计是直接依赖于 t_1 的，但是仅仅间接地依赖于 t_0。我们用一个有向图模型来建模这种关系，如图 16.2 所示。

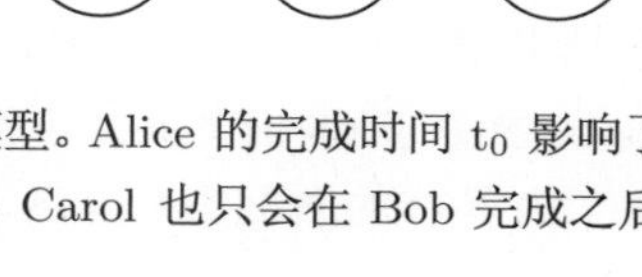

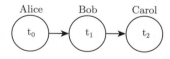

图 16.2 描述接力赛例子的有向图模型。Alice 的完成时间 t_0 影响了 Bob 的完成时间 t_1，因为 Bob 只能在 Alice 完成比赛后才开始。类似地，Carol 也只会在 Bob 完成之后才开始，所以 Bob 的完成时间 t_1 直接影响了 Carol 的完成时间 t_2

② 当我们希望“强调”从网络中计算出的值的“推断”本质，即强调这些值代表的是置信程度大小而不是事件的频率时，Judea Pearl 建议使用“贝叶斯网络”这个术语

正式地说，变量 $\mathbf{x}$ 的有向概率模型是通过有向无环图 $\mathcal{G}$ (每个结点都是模型中的随机变量) 和一系列**局部条件概率分布**(local conditional probability distribution) $p(\mathrm{x}_i \mid Pa_{\mathcal{G}}(\mathrm{x}_i))$ 来定义的，其中 $Pa_{\mathcal{G}}(\mathrm{x}_i)$ 表示结点 x_i 的所有父结点。$\mathbf{x}$ 的概率分布可以表示为

$$p(\mathbf{x}) = \prod_i p(\mathrm{x}_i \mid Pa_{\mathcal{G}}(\mathrm{x}_i)) \tag{16.1}$$

在之前所述的接力赛的例子中，参考图 16.2，这意味着概率分布可以被表示为

$$p(\mathrm{t}_0, \mathrm{t}_1, \mathrm{t}_2) = p(\mathrm{t}_0)p(\mathrm{t}_1 \mid \mathrm{t}_0)p(\mathrm{t}_2 \mid \mathrm{t}_1) \tag{16.2}$$

这是我们看到的第一个结构化概率模型的实际例子。我们能够检查这样建模的计算开销，为了验证相比于非结构化建模，结构化建模为什么有那么多的优势。

假设我们采用从第 0 分钟到第 10 分钟每 6 秒一块的方式离散化地表示时间。这使得 t_0、t_1 和 t_2 都是一个有 100 个取值可能的离散变量。如果我们尝试着用一个表来表示 $p(\mathrm{t}_0, \mathrm{t}_1, \mathrm{t}_2)$，那么我们需要存储 999 999 个值 (100 个 t_0 的可能取值 ×100 个 t_1 的可能取值 × 100 个 t_2 的可能取值减去 1，由于存在所有的概率之和为 1 的限制，所以其中有 1 个值的存储是多余的)。反之，如果我们用一个表来记录每一种条件概率分布，那么表中记录 t_0 的分布需要存储 99 个值，给定 t_0 情况下 t_1 的分布需要存储 9900 个值，给定 t_1 情况下 t_2 的分布也需要存储 9900 个值。加起来总共需要存储 19 899 个值。这意味着使用有向图模型将参数的个数减少了超过 50 倍!

通常意义上说，对每个变量都能取 k 个值的 n 个变量建模，基于建表的方法需要的复杂度是 $O(k^n)$，就像我们之前观察到的一样。现在假设我们用一个有向图模型来对这些变量建模。如果 m 代表图模型的单个条件概率分布中最大的变量数目 (在条件符号的左右皆可)，那么对这个有向模型建表的复杂度大致为 $O(k^m)$。只要我们在设计模型时使其满足 $m \ll n$，那么复杂度就会被大大地减小。

换一句话说，只要图中的每个变量都只有少量的父结点，那么这个分布就可以用较少的参数来表示。图结构上的一些限制条件，比如说要求这个图为一棵树，也可以保证一些操作 (例如求一小部分变量的边缘或者条件分布) 更加地高效。

决定哪些信息需要被包含在图中而哪些不需要是很重要的。如果变量之间可以被假设为是条件独立的，那么这个图可以包含这种简化假设。当然也存在其他类型的简化图模型的假设。例如，我们可以假设无论 Alice 的表现如何，Bob 总是跑得一样快 (实际上，Alice 的表现很大概率会影响 Bob 的表现，这取决于 Bob 的性格。如果在之前的比赛中 Alice 跑得特别快，这有可能鼓励 Bob 更加努力并取得更好的成绩，当然这也有可能使得 Bob 过分自信或者变得懒惰)。那么 Alice 对 Bob 的唯一影响就是在计算 Bob 的完成时间时需要加上 Alice 的时间。这个假设使得我们所需要的参数量从 $O(k^2)$ 降到了 $O(k)$。然而，值得注意的是，在这个假设下 t_0 和 t_1 仍然是直接相关的，因为 t_1 表示的是 Bob 完成时的时间，并不是他跑的总时间。这也意味着图中会有一个从 t_0 指向 t_1 的箭头。“Bob 的个人跑步时间相对于其他因素是独立的”这个假设无法在 t_0、t_1、t_2 的图中被表示出来。反之，我们只能将这个关系表示在条件分布的定义中。这个条件分布不再是一个大小为 $k \times k-1$ 的分别对应着 t_0、t_1 的表格，而是一个包含了 $k-1$ 个参数的略微复杂的公式。有向图模型的语法并不能对我们如何定义条件分布作出任何限制。它只定义了哪些变量可以作为其中的参数。

16.2.2 无向模型

有向图模型为我们提供了一种描述结构化概率模型的语言。而另一种常见的语言则是**无向模型**(undirected model)，也被称为**马尔可夫随机场**(Markov random field, MRF) 或者是**马尔可夫网络**(Markov network) (Kindermann, 1980)。就像它们的名字所说的那样，无向模型中所有的边都是没有方向的。

当存在很明显的理由画出每一个指向特定方向的箭头时，有向模型显然最适用。有向模型中，经常存在我们理解的具有因果关系以及因果关系有明确方向的情况。接力赛的例子就是一个这样的情况。之前运动员的表现会影响后面运动员的完成时间，而后面运动员却不会影响前面运动员的完成时间。

然而并不是所有情况的相互作用都有一个明确的方向关系。当相互的作用并没有本质性的指向，或者是明确的双向相互作用时，使用无向模型更加合适。

作为一个这种情况的例子，假设我们希望对 3 个二值随机变量建模：你是否生病，你的同事是否生病以及你的室友是否生病。就像在接力赛的例子中所作的简化假设一样，我们可以在这里做一些关于相互作用的简化假设。假设你的室友和同事并不认识，所以他们不太可能直接相互传染一些疾病，比如说感冒。这个事件太过罕见，所以我们不对此事件建模。然而，很有可能其中之一将感冒传染给你，然后通过你再传染给了另一个人。我们通过对你的同事传染给你以及你传染给你的室友建模来对这种间接的从你的同事到你的室友的感冒传染建模。

在这种情况下，你传染给你的室友和你的室友传染给你都是非常容易的，所以模型不存在一个明确的单向箭头。这启发我们使用无向模型。其中随机变量对应着图中的相互作用的结点。与有向模型相同的是，如果在无向模型中的两个结点通过一条边相连接，那么对应这些结点的随机变量相互之间是直接作用的。不同于有向模型，在无向模型中的边是没有方向的，并不与一个条件分布相关联。

我们把对应你健康状况的随机变量记作 h_y，对应你的室友健康状况的随机变量记作 h_r，你的同事健康的变量记作 h_c。图 16.3 表示这种关系。

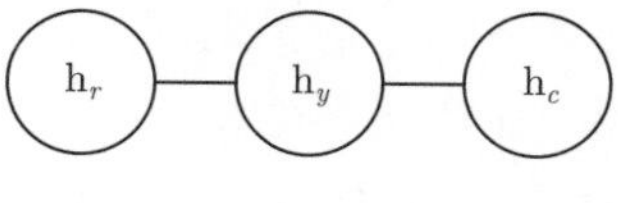

图 16.3 表示你室友健康状况的 h_r、你健康状况的 h_y 和你同事健康状况的 h_c 之间如何相互影响的一个无向图。你和你的室友可能会相互传染感冒，你和你的同事之间也是如此，但是假设你室友和同事之间相互不认识，他们只能通过你来间接传染

正式地说，一个无向模型是一个定义在无向模型 $\mathcal{G}$ 上的结构化概率模型。对于图中的每一个团 [③] $\mathcal{C}$，一个**因子**(factor) $\phi(\mathcal{C})$ (也称为**团势能**(clique potential))，衡量了团中变量每一种可能的联合状态所对应的密切程度。这些因子都被限制为是非负的。它们一起定义了**未归一化概率函数**(unnormalized probability function)：

$$\tilde{p}(\mathbf{x}) = \prod_{\mathcal{C}\in\mathcal{G}} \phi(\mathcal{C}) \tag{16.3}$$

③ 图的一个团是图中结点的一个子集，并且其中的点是全连接的。

只要所有团中的结点数都不大，那么我们就能够高效地处理这些未归一化概率函数。它包含了这样的思想，密切度越高的状态有越大的概率。然而，不像贝叶斯网络，几乎不存在团定义的结构，所以不能保证把它们乘在一起能够得到一个有效的概率分布。图 16.4 展示了一个从无向模型中读取分解信息的例子。

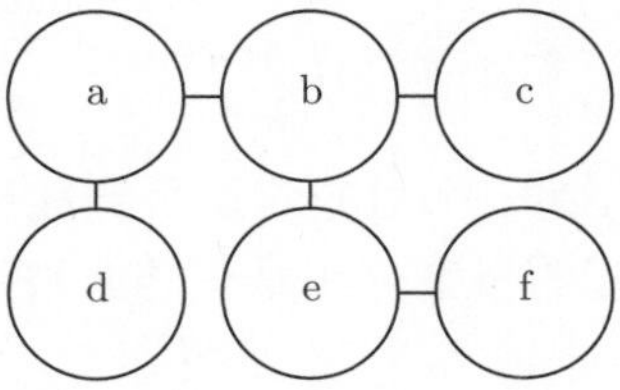

图 16.4 这个图说明通过选择适当的 ϕ，函数 $p(\mathrm{a},\mathrm{b},\mathrm{c},\mathrm{d},\mathrm{e},\mathrm{f})$ 可以写作 $\frac{1}{Z}\phi_{\mathrm{a},\mathrm{b}}(\mathrm{a},\mathrm{b})\phi_{\mathrm{b},\mathrm{c}}(\mathrm{b},\mathrm{c})\phi_{\mathrm{a},\mathrm{d}}(\mathrm{a},\mathrm{d})$ $\phi_{\mathrm{b},\mathrm{e}}(\mathrm{b},\mathrm{e})\phi_{\mathrm{e},\mathrm{f}}(\mathrm{e},\mathrm{f})$

在你、你的室友和同事之间感冒传染的例子中包含了两个团。一个团包含了 h_y 和 h_c。这个团的因子可以通过一个表来定义，可能取到下面的值。

	$\mathrm{h}_y = 0$	$\mathrm{h}_y = 1$
$\mathrm{h}_c = 0$	2	1
$\mathrm{h}_c = 1$	1	10

状态为 1 代表了健康的状态，相对的状态为 0 则表示不好的健康状态 (即感染了感冒)。你们两个通常都是健康的，所以对应的状态拥有最高的密切程度。两个人中只有一个人是生病的密切程度是最低的，因为这是一个很罕见的状态。两个人都生病的状态 (通过一个人来传染给了另一个人) 有一个稍高的密切程度，尽管仍然不及两个人都健康的密切程度。

为了完整地定义这个模型，我们需要对包含 h_y 和 h_r 的团定义类似的因子。

16.2.3 配分函数

尽管这个未归一化概率函数处处不为零，我们仍然无法保证它的概率之和或者积分为 1。为了得到一个有效的概率分布，我们需要使用对应的归一化的概率分布 [④]：

$$p(\mathbf{x}) = \frac{1}{Z}\tilde{p}(\mathbf{x}) \tag{16.4}$$

其中，Z 是使得所有的概率之和或者积分为 1 的常数，并且满足：

$$Z = \int \tilde{p}(\mathbf{x})d\mathbf{x} \tag{16.5}$$

当函数 ϕ 固定时，我们可以把 Z 当成是一个常数。值得注意的是，如果函数 ϕ 带有参数时，那么 Z 是这些参数的一个函数。在相关文献中为了节省空间忽略控制 Z 的变量而直接写 Z 是一个常用的方式。归一化常数 Z 被称作是配分函数，这是一个从统计物理学中借鉴的术语。

由于 Z 通常是由对所有可能的 $\mathbf{x}$ 状态的联合分布空间求和或者求积分得到的，它通常是很难计算的。为了获得一个无向模型的归一化概率分布，模型的结构和函数 ϕ 的定义通常需要设计为有助于高效地计算 Z。在深度学习中，Z 通常是难以处理的。由于 Z 难以精确地计算出，我们只能使用一些近似的方法。这样的近似方法是第 18 章的主要内容。

④ 一个通过归一化团势能乘积定义的分布也被称作**吉布斯分布**(Gibbs distribution)。

在设计无向模型时，我们必须牢记于心的一个要点是设定一些使得 Z 不存在的因子也是有可能的。当模型中的一些变量是连续的，且 $\tilde{p}$ 在其定义域上的积分发散时这种情况就会发生。例如，当我们需要对一个单独的标量变量 $\mathrm{x} \in \mathbb{R}$ 建模，并且单个团势能定义为 $\phi(x) = x^2$ 时。在这种情况下，

$$Z = \int x^2 dx \tag{16.6}$$

由于这个积分是发散的，所以不存在一个对应着这个势能函数 $\phi(x)$ 的概率分布。有时候 ϕ 函数某些参数的选择可以决定相应的概率分布是否能够被定义。例如，对 ϕ 函数 $\phi(x;\beta) = \exp(-\beta x^2)$ 来说，参数 β 决定了归一化常数 Z 是否存在。正的 β 使得 ϕ 函数是一个关于 x 的高斯分布，但是非正的参数 β 则使得 ϕ 不可能被归一化。

有向建模和无向建模之间一个重要的区别就是有向模型是通过从起始点的概率分布直接定义的，反之无向模型的定义显得更加宽松，通过 ϕ 函数转化为概率分布而定义。这改变了我们处理这些建模问题的直觉。当我们处理无向模型时需要牢记一点，每一个变量的定义域对于一系列给定的 ϕ 函数所对应的概率分布有着重要的影响。举个例子，我们考虑一个 n 维向量的随机变量 $\mathbf{x}$ 以及一个由偏置向量 $\boldsymbol{b}$ 参数化的无向模型。假设 $\mathbf{x}$ 的每一个元素对应着一个团，并且满足 $\phi^{(i)}(\mathrm{x}_i) = \exp(b_i \mathrm{x}_i)$。在这种情况下概率分布是怎样的呢？答案是我们无法确定，因为我们并没有指定 $\mathbf{x}$ 的定义域。如果 $\mathbf{x}$ 满足 $\mathbf{x} \in \mathbb{R}^n$，那么有关归一化常数 Z 的积分是发散的，这导致了对应的概率分布是不存在的。如果 $\mathbf{x} \in \{0,1\}^n$，那么 $p(\mathbf{x})$ 可以被分解成 n 个独立的分布，并且满足 $p(\mathrm{x}_i = 1) = \mathrm{sigmoid}(b_i)$。如果 $\mathbf{x}$ 的定义域是基本单位向量 $(\{[1,0,\cdots,0],[0,1,\cdots,0],\cdots,[0,0,\cdots,1]\})$ 的集合，那么 $p(\mathrm{x}) = \mathrm{softmax}(\boldsymbol{b})$，因此对于 $j \neq i$，一个较大的 b_i 的值会降低所有 $p(\mathrm{x}_j = 1)$ 的概率。通常情况下，通过仔细选择变量的定义域，能够从一个相对简单的 ϕ 函数的集合可以获得一个相对复杂的表达。我们会在第 20.6 节中讨论这个想法的实际应用。

16.2.4 基于能量的模型

无向模型中许多有趣的理论结果都依赖于 $\forall \boldsymbol{x},\ \tilde{p}(\boldsymbol{x}) > 0$ 这个假设。使这个条件满足的一种简单方式是使用**基于能量的模型**(Energy-based model, EBM)，其中

$$\tilde{p}(\mathbf{x}) = \exp(-E(\mathbf{x})) \tag{16.7}$$

$E(\mathbf{x})$ 被称作是**能量函数**(energy function)。对所有的 z，$\exp(\mathrm{z})$ 都是正的，这保证了没有一个能量函数会使得某一个状态 $\mathbf{x}$ 的概率为 0。我们可以完全自由地选择那些能够简化学习过程的能量函数。如果我们直接学习各个团势能，我们需要利用约束优化方法来任意地指定一些特定的最小概率值。学习能量函数的过程中，我们可以采用无约束的优化方法 ⑤。基于能量的模型中的概率可以无限趋近于 0 但是永远达不到 0。

服从式 (16.7) 形式的任意分布都是**玻尔兹曼分布**(Boltzmann distribution) 的一个实例。正是基于这个原因，我们把许多基于能量的模型称为**玻尔兹曼机** (Boltzmann Machine) (Fahlman *et al.*, 1983; Ackley *et al.*, 1985; Hinton *et al.*, 1984a; Hinton and Sejnowski, 1986)。关于什么时候称之为基于能量的模型，什么时候称之为玻尔兹曼机不存在一个公认的判别标准。一开始玻尔兹曼机这个术语是用来描述一个只有二值变量的模型，但是如今许多模型，比如均值 -

⑤ 对于某些模型，我们可以仍然使用约束优化方法来确保 Z 存在。

协方差 RBM，也涉及实值变量。虽然玻尔兹曼机最初的定义既可以包含潜变量，也可以不包含潜变量，但是时至今日玻尔兹曼机这个术语通常用于指拥有潜变量的模型，而没有潜变量的玻尔兹曼机则经常被称为马尔可夫随机场或对数线性模型。

无向模型中的团对应于未归一化概率函数中的因子。通过 $\exp(a+b)=\exp(a)\exp(b)$，我们发现无向模型中的不同团对应于能量函数的不同项。换句话说，基于能量的模型只是一种特殊的马尔可夫网络：求幂使能量函数中的每个项对应于不同团的一个因子。关于如何从无向模型结构中获得能量函数形式的示例可以参考图 16.5。人们可以将能量函数中带有多个项的基于能量的模型视作是**专家之积**(product of expert) (Hinton, 1999)。能量函数中的每一项对应的是概率分布中的一个因子。能量函数中的每一项都可以看作决定一个特定的软约束是否能够满足的“专家”。每个专家只执行一个约束，而这个约束仅仅涉及随机变量的一个低维投影，但是当其结合概率的乘法时，专家们一同构造了复杂的高维约束。

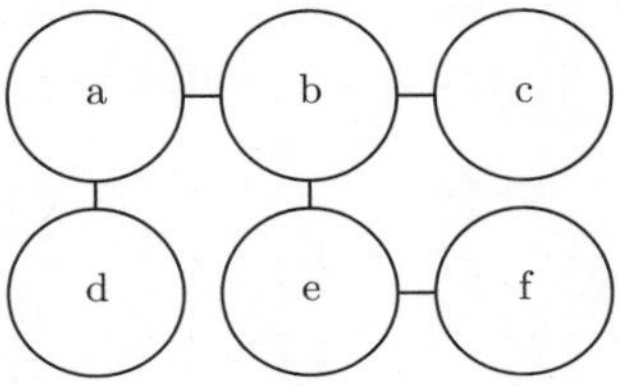

图 16.5 这个图说明通过为每个团选择适当的能量函数 $E(\mathrm{a,b,c,d,e,f})$ 可以写作 $E_{\mathrm{a,b}}(\mathrm{a,b})+E_{\mathrm{b,c}}(\mathrm{b,c})+E_{\mathrm{a,d}}(\mathrm{a,d})+E_{\mathrm{b,e}}(\mathrm{b,e})+E_{\mathrm{e,f}}(\mathrm{e,f})$。值得注意的是，我们令 ϕ 等于对应负能量的指数，可以 获得图 16.4 中的 ϕ 函数，比如，$\phi_{\mathrm{a,b}}(\mathrm{a,b})=\exp(-E(\mathrm{a,b}))$

基于能量的模型定义的一部分无法用机器学习观点来解释：即式 (16.7) 中的“-”符号。这个“-”符号可以被包含在 E 的定义之中。对于很多 E 函数的选择来说，学习算法可以自由地决定能量的符号。这个负号的存在主要是为了保持机器学习文献和物理学文献之间的兼容性。概率建模的许多研究最初都是由统计物理学家做出的，其中 E 是指实际的、物理概念的能量，没有任何符号。诸如“能量”和“配分函数”这类术语仍然与这些技术相关联，尽管它们的数学适用性比在物理中更宽。一些机器学习研究者 (例如，Smolensky (1986) 将负能量称为 **harmony**) 发出了不同的声音，但这些都不是标准惯例。

许多对概率模型进行操作的算法不需要计算 $p_{\text{model}}(\boldsymbol{x})$，而只需要计算 $\log\tilde{p}_{\text{model}}(\boldsymbol{x})$。对于具有潜变量 $\boldsymbol{h}$ 的基于能量的模型，这些算法有时会将该量的负数称为**自由能**(free energy)：

$$\mathcal{F}(\boldsymbol{x})=-\log\sum_{\boldsymbol{h}}\exp(-E(\boldsymbol{x},\boldsymbol{h})) \tag{16.8}$$

在本书中，我们更倾向于更为通用的基于 $\log\tilde{p}_{\text{model}}(\boldsymbol{x})$ 的定义。

16.2.5 分离和 d-分离

图模型中的边告诉我们哪些变量直接相互作用。我们经常需要知道哪些变量间接相互作用。某些间接相互作用可以通过观察其他变量来启用或禁用。更正式地，我们想知道在给定其他变量子集的值时，哪些变量子集彼此条件独立。

在无向模型中，识别图中的条件独立性是非常简单的。在这种情况下，图中隐含的条件独立性称为**分离**(separation)。如果图结构显示给定变量集 $\mathbb{S}$ 的情况下变量集 $\mathbb{A}$ 与变量集 $\mathbb{B}$ 无关，那么我们声称给定变量集 $\mathbb{S}$ 时，变量集 $\mathbb{A}$ 与另一组变量集 $\mathbb{B}$ 是分离的。如果连接两个变量 a 和 b 的连接路径仅涉及未观察变量，那么这些变量不是分离的。如果它们之间没有路径，或者所有路径都包含可观测的变量，那么它们是分离的。我们认为仅涉及未观察到的变量的路径是“活跃”的，而包括可观察变量的路径称为“非活跃”的。

当我们画图时，我们可以通过加阴影来表示观察到的变量。图 16.6 用于描述当以这种方式绘图时无向模型中的活跃和非活跃路径的样子。图 16.7 描述了一个从无向模型中读取分离信息的例子。

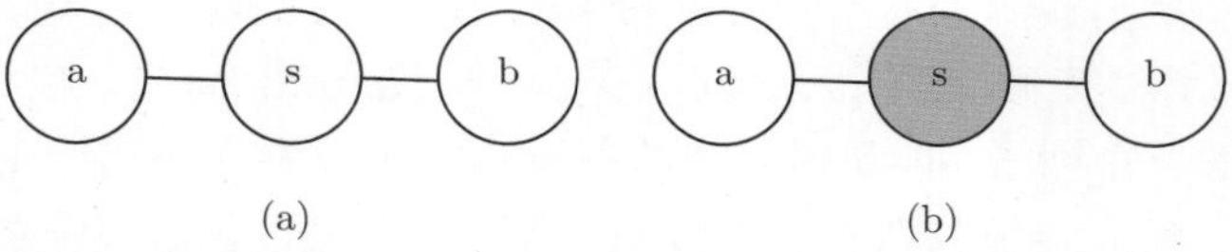

图 16.6　(a) 随机变量 a 和随机变量 b 之间穿过 s 的路径是活跃的，因为 s 是观察不到的。这意味着 a 和 b 之间不是分离的。(b) 图中 s 用阴影填充，表示它是可观察的。因为 a 和 b 之间的唯一路径通过 s，并且这条路径是不活跃的，我们可以得出结论，在给定 s 的条件下 a 和 b 是分离的

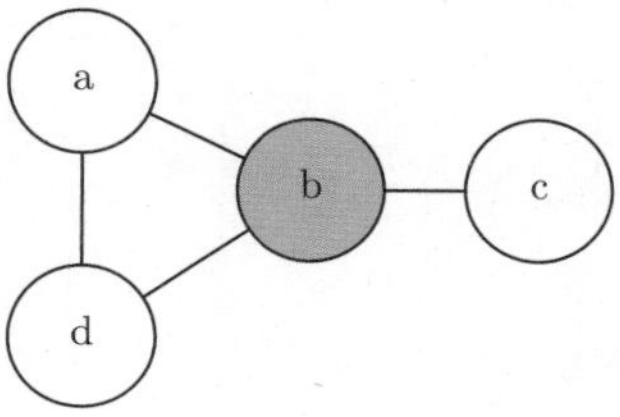

图 16.7　从一个无向图中读取分离性质的一个例子。这里 b 用阴影填充，表示它是可观察的。由于 b 挡住了从 a 到 c 的唯一路径，我们说在给定 b 的情况下 a 和 c 是相互分离的。观察值 b 同样挡住了从 a 到 d 的一条路径，但是它们之间有另一条活跃路径。因此给定 b 的情况下 a 和 d 不是分离的

类似的概念适用于有向模型，只是在有向模型中，这些概念被称为**d-分离**(d-separation)。“d”代表“依赖”的意思。有向图中 d-分离的定义与无向模型中分离的定义相同：如果图结构显示给定变量集 $\mathbb{S}$ 时，变量集 $\mathbb{A}$ 与变量集 $\mathbb{B}$ 无关，那么我们认为给定变量集 $\mathbb{S}$ 时，变量集 $\mathbb{A}$ d-分离于变量集 $\mathbb{B}$。

与无向模型一样，我们可以通过查看图中存在的活跃路径来检查图中隐含的独立性。如前所述，如果两个变量之间存在活跃路径，则两个变量是依赖的。如果没有活跃路径，则为 d-分离。在有向网络中，确定路径是否活跃有点复杂。关于在有向模型中识别活跃路径的方法可以参考图 16.8。图 16.9 是从一个图中读取一些属性的例子。

尤其重要的是，要记住分离和 d-分离只能告诉我们图中隐含的条件独立性。图并不需要表示所有存在的独立性。进一步的，使用完全图 (具有所有可能的边的图) 来表示任何分布总是合法的。事实上，一些分布包含不可能用现有图形符号表示的独立性。**特定环境下的独立**(context-specific independences) 指的是取决于网络中一些变量值的独立性。例如，考虑 3 个二值变量的模型：a、b 和 c。假设当 a 是 0 时，b 和 c 是独立的，但是当 a 是 1 时，b 确定地等于 c。当 a = 1 时，图模型需要连接 b 和 c 的边。但是图不能说明当 a = 0 时，b 和 c 不是独立的。

一般来说，当独立性不存在时，图不会显示独立性。然而，图可能无法编码独立性。

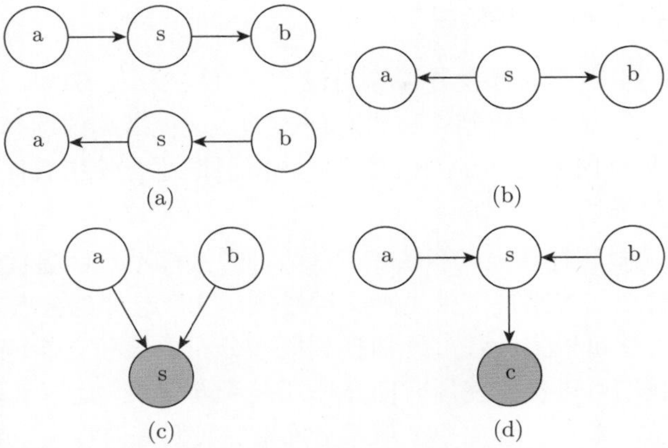

图 16.8 两个随机变量 a 和 b 之间存在长度为 2 的所有种类的活跃路径。(a) 箭头方向从 a 指向 b 的任何路径，反过来也一样。如果 s 可以被观察到，这种路径就是阻塞的。在接力赛的例子中，我们已经看到过这种类型的路径。(b) 变量 a 和 b 通过共因 s 相连。举个例子，假设 s 是一个表示是否存在飓风的变量，a 和 b 表示两个相邻气象监控区域的风速。如果我们在 a 处观察到很高的风速，我们可以期望在 b 处也观察到高速的风。如果观察到 s，那么这条路径就被阻塞了。如果我们已经知道存在飓风，那么无论 a 处观察到什么，我们都能期望 b 处有较高的风速。在 a 处观察到一个低于预期的风速 (对飓风而言) 并不会改变我们对 b 处风速的期望 (已知有飓风的情况下)。然而，如果 s 不被观测到，那么 a 和 b 是依赖的，即路径是活跃的。(c) 变量 a 和 b 都是 s 的父节点。这称为**V- 结构**(V-structure) 或者**碰撞情况**(the collider case)。根据**相消解释作用**(explaining away effect)，V- 结构导致 a 和 b 是相关的。在这种情况下，当 s 被观测到时，路径是活跃的。举个例子，假设 s 是一个表示你的同事不在工作的变量。变量 a 表示她生病了，而变量 b 表示她在休假。如果你观察到了她不在工作，你可以假设她很有可能是生病了或者是在度假，但是这两件事同时发生是不太可能的。如果你发现她在休假，那么这个事实足够解释她的缺席了。你可以推断她很可能没有生病。(d) 即使 s 的任意后代都被观察到，相消解释作用也会起作用。举个例子，假设 c 是一个表示你是否收到你同事的报告的一个变量。如果你注意到你还没有收到这个报告，这会增加你估计的她今天不在工作的概率，这反过来又会增加她今天生病或者度假的概率。阻塞 V- 结构中路径的唯一方法就是共享子节点的后代一个都观察不到

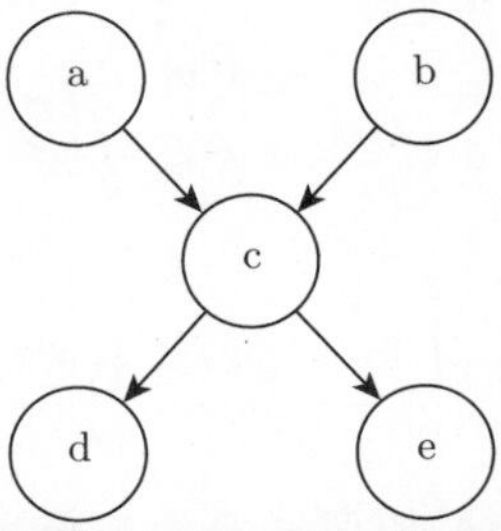

图 16.9 从这张图中，我们可以发现一些 d-分离的性质。它包括了以下几点

- 给定空集的情况下，a 和 b 是d-分离的。
- 给定 c 的情况下，a 和 e 是d-分离的。
- 给定 c 的情况下，d 和 e 是d-分离的。

我们还可以发现当我们观察到一些变量时，一些变量不再是 d- 分离的。

- 给定 c 的情况下，a 和 b 不是d-分离的。
- 给定 d 的情况下，a 和 b 不是d-分离的

16.2.6 在有向模型和无向模型中转换

我们经常将特定的机器学习模型称为无向模型或有向模型。例如，我们通常将受限玻尔兹曼机称为无向模型，而稀疏编码则被称为有向模型。这种措辞的选择可能有点误导，因为没有概率模型本质上是有向或无向的。但是，一些模型很适合使用有向图描述，而另一些模型很适合使用无向模型描述。

有向模型和无向模型都有其优点和缺点。这两种方法都不是明显优越和普遍优选的。相反，我们根据具体的每个任务来决定使用哪一种模型。这个选择部分取决于我们希望描述的概率分布。根据哪种方法可以最大程度地捕捉到概率分布中的独立性，或者哪种方法使用最少的边来描述分布，我们可以决定使用有向建模还是无向建模。还有其他因素可以影响我们决定使用哪种建模方式。即使在使用单个概率分布时，我们有时也可以在不同的建模方式之间切换。有时，如果我们观察到变量的某个子集，或者如果我们希望执行不同的计算任务，换一种建模方式可能更合适。例如，有向模型通常提供了一种高效地从模型中抽取样本 (在第 16.3 节中描述) 的直接方法。而无向模型形式通常对于推导近似推断过程 (我们将在第 19 章中看到，式 (19.56) 强调了无向模型的作用) 是很有用的。

每个概率分布可以由有向模型或由无向模型表示。在最坏的情况下，我们可以使用“完全图”来表示任何分布。在有向模型的情况下，完全图是任意有向无环图，其中我们对随机变量排序，并且每个变量在排序中位于其之前的所有其他变量作为其图中的祖先。对于无向模型，完全图只是包含所有变量的单个团。图 16.10 给出了一个实例。

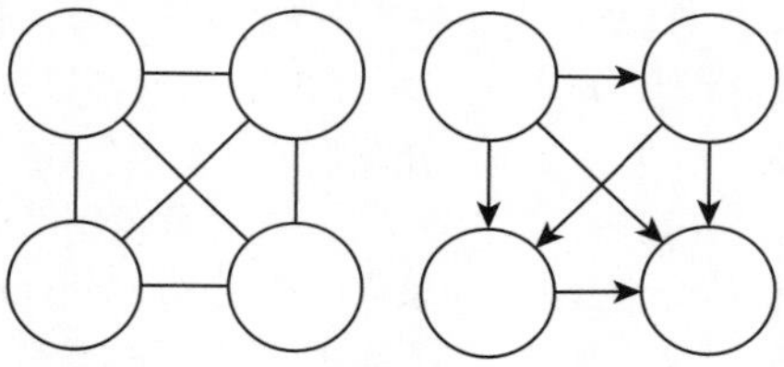

图 16.10 完全图的例子，完全图能够描述任何的概率分布。这里我们展示了一个带有 4 个随机变量的例子。(左) 完全无向图。在无向图中，完全图是唯一的。(右) 一个完全有向图。在有向图中，并不存在唯一的完全图。我们选择一种变量的排序，然后对每一个变量，从它本身开始，向每一个指向顺序在其后面的变量画一条弧。因此存在着关于变量数阶乘数量级的不同种完全图。在这个例子中，我们从左到右、从上到下地排序变量

当然，图模型的优势在于图能够包含一些变量不直接相互作用的信息。完全图并不是很有用，因为它并不隐含任何独立性。

当我们用图表示概率分布时，我们想要选择一个包含尽可能多独立性的图，但是并不会假设任何实际上不存在的独立性。

从这个角度来看，一些分布可以使用有向模型更高效地表示，而其他分布可以使用无向模型更高效地表示。换句话说，有向模型可以编码一些无向模型所不能编码的独立性，反之亦然。

有向模型能够使用一种无向模型无法完美表示的特定类型的子结构。这个子结构被称为**不道德**(immorality)。这种结构出现在当两个随机变量 a 和 b 都是第三个随机变量 c 的父结点，并且不存在任一方向上直接连接 a 和 b 的边时。(“不道德”的名字可能看起来很奇怪，

它在图模型文献中的使用源于一个关于未婚父母的笑话。) 为了将有向模型图 $\mathcal{D}$ 转换为无向模型，我们需要创建一个新图 $\mathcal{U}$。对于每对变量 x 和 y，如果存在连接 $\mathcal{D}$ 中的 x 和 y 的有向边 (在任一方向上)，或者如果 x 和 y 都是图 $\mathcal{D}$ 中另一个变量 z 的父节点，则在 $\mathcal{U}$ 中添加连接 x 和 y 的无向边。得到的图 $\mathcal{U}$ 被称为是**道德图**(moralized graph)。关于一个通过道德化将有向图模型转化为无向模型的例子可以参考图 16.11。

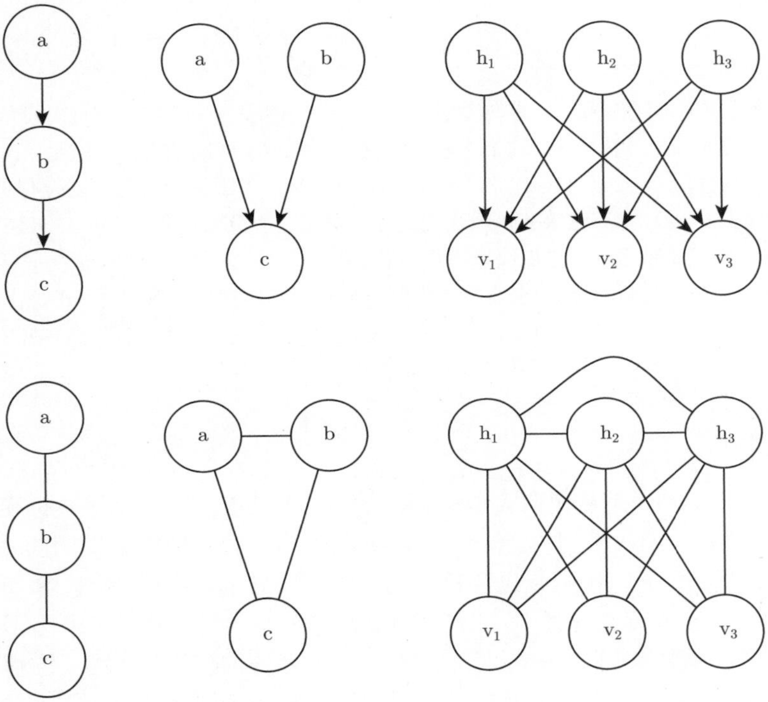

图 16.11 通过构造道德图将有向模型 (上一行) 转化为无向模型 (下一行) 的例子。(左) 只需要把有向边替换成无向边就可以把这个简单的链转化为一个道德图。得到的无向模型包含了完全相同的独立关系和条件独立关系。(中) 是在不丢失独立性的情况下无法转化为无向模型的最简单的有向模型。这个图包含了单个完整的不道德结构。因为 a 和 b 都是 c 的父节点，当 c 被观察到时，它们之间通过活跃路径相连。为了捕捉这个依赖，无向模型必须包含一个含有所有三个变量的团。这个团无法编码 $a \perp b$ 这个信息。(右) 一般来说，道德化的过程会给图添加许多边，因此丢失了一些隐含的独立性。举个例子，这个稀疏编码图需要在每一对隐藏单元之间添加道德化的边，因此也引入了二次数量级的新的直接依赖

同样地，无向模型可以包括有向模型不能完美表示的子结构。具体来说，如果 $\mathcal{U}$ 包含长度大于 3 的**环**(loop)，则有向图 $\mathcal{D}$ 不能捕获无向模型 $\mathcal{U}$ 所包含的所有条件独立性，除非该环还包含**弦**(chord)。环指的是由无向边连接的变量序列，并且满足序列中的最后一个变量连接回序列中的第一个变量。弦是定义环序列中任意两个非连续变量之间的连接。如果 $\mathcal{U}$ 具有长度为 4 或更大的环，并且这些环没有弦，我们必须在将它们转换为有向模型之前添加弦。添加这些弦会丢弃在 $\mathcal{U}$ 中编码的一些独立信息。通过将弦添加到 $\mathcal{U}$ 形成的图被称为**弦图**(chordal graph) 或者**三角形化图**(triangulated graph)，因为我们现在可以用更小的、三角的环来描述所有的环。要从弦图构建有向图 $\mathcal{D}$，我们还需要为边指定方向。当这样做时，我们不能在 $\mathcal{D}$ 中创建有向循环，否则将无法定义有效的有向概率模型。为 $\mathcal{D}$ 中的边分配方向的一种方法是对

随机变量排序，然后将每个边从排序较早的节点指向排序稍后的节点。一个简单的实例可以参考图 16.12。

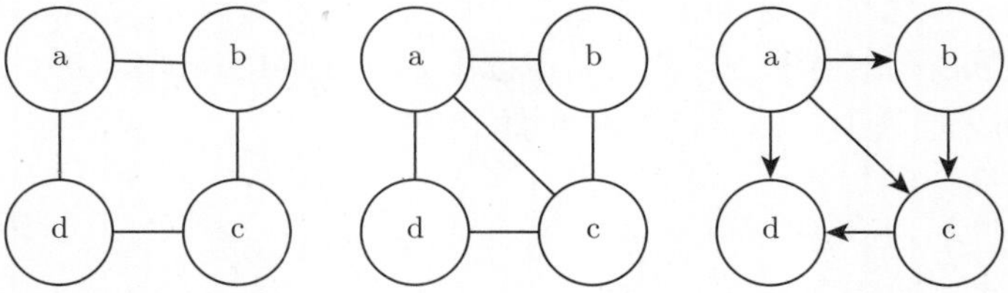

图 16.12 将一个无向模型转化为一个有向模型。(*左*) 这个无向模型无法转化为有向模型，因为它有一个长度为 4 且不带有弦的环。具体说来，这个无向模型包含了两种不同的独立性，并且不存在一个有向模型可以同时描述这两种性质：$a \perp c \mid \{b,d\}$ 和 $b \perp d \mid \{a,c\}$。(*中*) 为了将无向图转化为有向图，我们必须通过保证所有长度大于 3 的环都有弦来三角形化图。为了实现这个目标，我们可以加一条连接 a 和 c 或者连接 b 和 d 的边。在这个例子中，我们选择添加一条连接 a 和 c 的边。(*右*) 为了完成转化的过程，我们必须给每条边分配一个方向。执行这个任务时，我们必须保证不产生任何有向环。避免出现有向环的一种方法是赋予节点一定的顺序，然后将每个边从排序较早的节点指向排序稍后的节点。在这个例子中，我们根据变量名的字母进行排序

16.2.7 因子图

因子图(factor graph) 是从无向模型中抽样的另一种方法，它可以解决标准无向模型语法中图表达的模糊性。在无向模型中，每个 ϕ 函数的范围必须是图中某个团的子集。我们无法确定每一个团是否含有一个作用域包含整个团的因子 —— 比如说一个包含 3 个结点的团可能对应的是一个有 3 个结点的因子，也可能对应的是 3 个因子并且每个因子包含了一对结点，这通常会导致模糊性。通过显式地表示每一个 ϕ 函数的作用域，因子图解决了这种模糊性。具体来说，因子图是一个包含无向二分图的无向模型的图形化表示。一些节点被绘制为圆形。就像在标准无向模型中一样，这些节点对应于随机变量。其余节点绘制为方块。这些节点对应于未归一化概率函数的因子 ϕ。变量和因子可以通过无向边连接。当且仅当变量包含在未归一化概率函数的因子中时，变量和因子在图中存在连接。没有因子可以连接到图中的另一个因子，也不能将变量连接到变量。图 16.13 给出了一个例子来说明因子图如何解决无向网络中的模糊性。

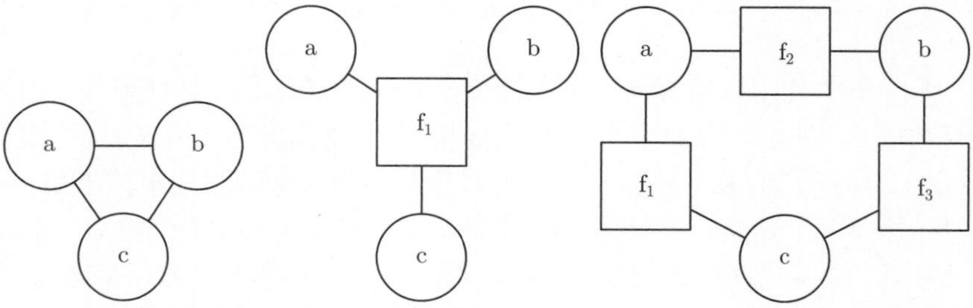

图 16.13 因子图如何解决无向网络中模糊性的一个例子。(*左*) 一个包含 3 个变量 (a、b 和 c) 的团组成的无向网络。(*中*) 对应这个无向模型的因子图。这个因子图有一个包含 3 个变量的因子。(*右*) 对应这个无向模型的另一种有效的因子图。这个因子图包含了 3 个因子，每个因子只对应两个变量。即使它们表示的是同一个无向模型，这个因子图上进行的表示、推断和学习相比于中图描述的因子图都要渐近地廉价

16.3　从图模型中采样

图模型同样简化了从模型中采样的过程。

有向图模型的一个优点是，可以通过一个简单高效的过程从模型所表示的联合分布中产生样本，这个过程被称为**原始采样**(ancestral sampling)。

原始采样的基本思想是将图中的变量 x_i 使用拓扑排序，使得对于所有 i 和 j，如果 x_i 是 x_j 的一个父亲结点，则 j 大于 i。然后可以按此顺序对变量进行采样。换句话说，我们可以首先采 $\mathrm{x}_1 \sim P(\mathrm{x}_1)$，然后采 $\mathrm{x}_2 \sim P(\mathrm{x}_2 \mid Pa_{\mathcal{G}}(\mathrm{x}_2))$，以此类推，直到最后我们从 $P(\mathrm{x}_n \mid Pa_{\mathcal{G}}(\mathrm{x}_n))$ 中采样。只要不难从每个条件分布 $\mathrm{x}_i \sim P(\mathrm{x}_i \mid Pa_{\mathcal{G}}(\mathrm{x}_i))$ 中采样，那么从整个模型中采样也是容易的。拓扑排序操作保证我们可以按照式 (16.1) 中条件分布的顺序依次采样。如果没有拓扑排序，我们可能会在其父节点可用之前试图对该变量进行抽样。

有些图可能存在多个拓扑排序。原始采样可以使用这些拓扑排序中的任何一个。

原始采样通常非常快 (假设从每个条件分布中采样都是很容易的)，并且非常简便。

原始采样的一个缺点是其仅适用于有向图模型。另一个缺点是它并不是每次采样都是条件采样操作。当我们希望从有向图模型中变量的子集中采样时，给定一些其他变量，我们经常要求所有给定的条件变量在顺序图中比要采样的变量的顺序要早。在这种情况下，我们可以从模型分布指定的局部条件概率分布中采样。否则，我们需要采样的条件分布是给定观测变量的后验分布。这些后验分布在模型中通常没有明确指定和参数化。推断这些后验分布的代价可能是很高的。在这种情况下的模型中，原始采样不再有效。

不幸的是，原始采样仅适用于有向模型。我们可以通过将无向模型转换为有向模型来实现从无向模型中采样，但是这通常需要解决棘手的推断问题 (要确定新有向图的根节点上的边缘分布)，或者需要引入许多边，从而会使得到的有向模型变得难以处理。从无向模型采样，而不首先将其转换为有向模型的做法似乎需要解决循环依赖的问题。每个变量与每个其他变量相互作用，因此对于采样过程没有明确的起点。不幸的是，从无向模型中抽取样本是一个成本很高的多次迭代的过程。理论上最简单的方法是**Gibbs 采样**(Gibbs Sampling)。假设我们在一个 n 维向量的随机变量 $\mathbf{x}$ 上有一个图模型。我们迭代地访问每个变量 x_i，在给定其他变量的条件下从 $p(\mathrm{x}_i \mid \mathrm{x}_{-i})$ 中抽样。由于图模型的分离性质，抽取 x_i 时我们可以等价地仅对 x_i 的邻居条件化。不幸的是，在我们遍历图模型一次并采样所有 n 个变量之后，我们仍然无法得到一个来自 $p(\mathbf{x})$ 的客观样本。相反，我们必须重复该过程并使用它们邻居的更新值对所有 n 个变量重新采样。在多次重复之后，该过程渐近地收敛到正确的目标分布。我们很难确定样本何时达到所期望分布的足够精确的近似。无向模型的采样技术是一个高级的研究方向，第 17 章将对此进行更详细的讨论。

16.4　结构化建模的优势

使用结构化概率模型的主要优点是，它们能够显著降低表示概率分布、学习和推断的成本。有向模型中采样还可以被加速，但是对于无向模型情况则较为复杂。选择不对某些变量的相互作用进行建模是允许所有这些操作使用较少的运行时间和内存的主要机制。图模型通过省略某些边来传达信息。在没有边的情况下，模型假设不对变量之间直接的相互作用建模。

结构化概率模型允许我们明确地将给定的现有知识与知识的学习或者推断分开，这是一个不容易量化的益处。这使我们的模型更容易开发和调试。我们可以设计、分析和评估适用于更广范围的图的学习算法和推断算法。同时，我们可以设计能够捕捉到我们认为数据中存在的重要关系的模型。然后，我们可以组合这些不同的算法和结构，并获得不同可能性的笛卡儿乘积。然而，为每种可能的情况设计端到端的算法会更加困难。

16.5　学习依赖关系

良好的生成模型需要准确地捕获所观察到的或“可见”变量 $\mathbf{v}$ 上的分布。通常 $\mathbf{v}$ 的不同元素彼此高度依赖。在深度学习中，最常用于建模这些依赖关系的方法是引入几个潜在或“隐藏”变量 $\mathbf{h}$。然后，该模型可以捕获任何对 (变量 v_i 和 v_j 间接依赖可以通过 v_i 和 $\mathbf{h}$ 之间直接依赖，$\mathbf{h}$ 和 v_j 直接依赖捕获) 之间的依赖关系。

如果一个良好的关于 $\mathbf{v}$ 的模型不包含任何潜变量，那么它在贝叶斯网络中的每个节点需要具有大量父节点或在马尔可夫网络中具有非常大的团。仅仅表示这些高阶相互作用的成本就很高了，首先从计算角度考虑，存储在存储器中的参数数量是团中成员数量的指数级别，接着在统计学意义上，因为这些指数数量的参数需要大量的数据来准确估计。

当模型旨在描述直接连接的可见变量之间的依赖关系时，通常不可能连接所有变量，因此设计图模型时需要连接那些紧密相关的变量，并忽略其他变量之间的作用。机器学习中有一个称为**结构学习**(structure learning) 的领域专门讨论这个问题。Koller and Friedman (2009) 是一个不错的结构学习参考资料。大多数结构学习技术基于一种贪婪搜索的形式。它们提出了一种结构，对具有该结构的模型进行训练，然后给出分数。该分数奖励训练集上的高精度并对模型的复杂度进行惩罚。然后提出添加或移除少量边的候选结构作为搜索的下一步。搜索向一个预计会增加分数的新结构发展。

使用潜变量而不是自适应结构避免了离散搜索和多轮训练的需要。可见变量和潜变量之间的固定结构可以使用可见单元和隐藏单元之间的直接作用，从而建模可见单元之间的间接作用。使用简单的参数学习技术，我们可以学习到一个具有固定结构的模型，这个模型在边缘分布 $p(\boldsymbol{v})$ 上拥有正确的结构。

潜变量除了发挥本来的作用，即能够高效地描述 $p(\mathbf{v})$ 以外，还具有另外的优势。新变量 $\mathbf{h}$ 还提供了 $\mathbf{v}$ 的替代表示。例如，如第 3.9.6 节所示，高斯混合模型学习了一个潜变量，这个潜变量对应于输入样本是从哪一个混合体中抽出。这意味着高斯混合模型中的潜变量可以用于做分类。我们可以看到第 14 章中简单的概率模型如稀疏编码，是如何学习可以用作分类器输入特征或者作为流形上坐标的潜变量的。其他模型也可以使用相同的方式，但是更深的模型和具有多种相互作用方式的模型可以获得更丰富的输入描述。许多方法通过学习潜变量来完成特征学习。通常，给定 $\mathbf{v}$ 和 $\mathbf{h}$，实验观察显示 $\mathbb{E}[\mathbf{h} \mid \mathbf{v}]$ 或 $\arg\max_{\boldsymbol{h}} p(\boldsymbol{h}, \boldsymbol{v})$ 都是 $\boldsymbol{v}$ 的良好特征映射。

16.6　推断和近似推断

解决变量之间如何相互关联的问题是我们使用概率模型的一个主要方式。给定一组医学测试，我们可以询问患者可能患有什么疾病。在一个潜变量模型中，我们可能需要提取能够描述可观察变量 $\mathbf{v}$ 的特征 $\mathbb{E}[\mathbf{h} \mid \mathbf{v}]$。有时我们需要解决这些问题来执行其他任务。我们经常

使用最大似然的准则来训练我们的模型。由于

$$\log p(\boldsymbol{v}) = \mathbb{E}_{\mathbf{h}\sim p(\mathbf{h}|\boldsymbol{v})}[\log p(\boldsymbol{h}, \boldsymbol{v}) - \log p(\boldsymbol{h} \mid \boldsymbol{v})] \tag{16.9}$$

学习过程中，我们经常需要计算 $p(\mathbf{h} \mid \boldsymbol{v})$。所有这些都是**推断**(inference) 问题的例子，其中我们必须预测给定其他变量的情况下一些变量的值，或者在给定其他变量值的情况下预测一些变量的概率分布。

不幸的是，对于大多数有趣的深度模型来说，即使我们使用结构化图模型来简化这些推断问题，它们仍然是难以处理的。图结构允许我们用合理数量的参数来表示复杂的高维分布，但是用于深度学习的图并不满足这样的条件，从而难以实现高效地推断。

我们可以直接看出，计算一般图模型的边缘概率是 #P-hard 的。复杂性类别 #P 是复杂性类别 NP 的泛化。NP 中的问题只需确定其中一个问题是否有解决方案，并找到一个解决方案 (如果存在) 就可以解决。#P 中的问题需要计算解决方案的数量。为了构建最坏情况的图模型，我们可以设想一下在 3-SAT 问题中定义二值变量的图模型。我们可以对这些变量施加均匀分布。然后可以为每个子句添加一个二值潜变量，来表示每个子句是否成立。然后，可以添加另一个潜变量，来表示所有子句是否成立。这可以通过构造一个潜变量的缩减树来完成，树中的每个结点表示其他两个变量是否成立，从而不需要构造一个大的团。该树的叶是每个子句的变量。树的根表示整个问题是否成立。由于子句的均匀分布，缩减树根结点的边缘分布表示子句有多少比例是成立的。虽然这是一个设计的最坏情况的例子，NP-hard 图确实会频繁地出现在现实世界的场景中。

这促使我们使用近似推断。在深度学习中，这通常涉及变分推断，其中通过寻求尽可能接近真实分布的近似分布 $q(\mathbf{h} \mid \mathbf{v})$ 来逼近真实分布 $p(\mathbf{h} \mid \boldsymbol{v})$。这个技术将在第 19 章中深入讨论。

16.7 结构化概率模型的深度学习方法

深度学习从业者通常与其他从事结构化概率模型研究的机器学习研究者使用相同的基本计算工具。然而，在深度学习中，我们通常对如何组合这些工具作出不同的设计决定，导致总体算法、模型与更传统的图模型具有非常不同的风格。

深度学习并不总是涉及特别深的图模型。在图模型中，我们可以根据图模型的图而不是计算图来定义模型的深度。如果从潜变量 h_i 到可观察变量的最短路径是 j 步，我们可以认为潜变量 h_j 处于深度 j。我们通常将模型的深度描述为任何这样的 h_j 的最大深度。这种深度不同于由计算图定义的深度。用于深度学习的许多生成模型没有潜变量或只有一层潜变量，但使用深度计算图来定义模型中的条件分布。

深度学习基本上总是利用分布式表示的思想。即使是用于深度学习目的的浅层模型 (例如预训练浅层模型，稍后将形成深层模型)，也几乎总是具有单个大的潜变量层。深度学习模型通常具有比可观察变量更多的潜变量。变量之间复杂的非线性相互作用通过多个潜变量的间接连接来实现。

相比之下，传统的图模型通常包含至少是偶尔观察到的变量，即使一些训练样本中的许多变量随机地丢失。传统模型大多使用高阶项和结构学习来捕获变量之间复杂的非线性相互作用。如果有潜变量，则它们的数量通常很少。

潜变量的设计方式在深度学习中也有所不同。深度学习从业者通常不希望潜变量提前包含了任何特定的含义 —— 训练算法可以自由地开发对特定数据集建模所需要的概念。在事后解释潜变量通常是很困难的，但是可视化技术可以得到它们表示的一些粗略表征。当潜变量在传统图模型中使用时，它们通常被赋予一些特定含义 —— 比如文档的主题、学生的智力、导致患者症状的疾病等。这些模型通常由研究者解释，并且通常具有更多的理论保证，但是不能扩展到复杂的问题，并且不能像深度模型一样在许多不同背景中重复使用。

另一个明显的区别是深度学习方法中经常使用的连接类型。深度图模型通常具有大的与其他单元组全连接的单元组，使得两个组之间的相互作用可以由单个矩阵描述。传统的图模型具有非常少的连接，并且每个变量的连接选择可以单独设计。模型结构的设计与推断算法的选择紧密相关。图模型的传统方法通常旨在保持精确推断的可解性。当这个约束太强时，我们可以采用一种流行的被称为**环状信念传播** (loopy belief propagation) 的近似推断算法。这两种方法通常在稀疏连接图上都有很好的效果。相比之下，在深度学习中使用的模型倾向于将每个可见单元 v_i 连接到非常多的隐藏单元 h_j 上，从而使得 $\mathbf{h}$ 可以获得一个 v_i 的分布式表示 (也可能是其他几个可观察变量)。分布式表示具有许多优点，但是从图模型和计算复杂性的观点来看，分布式表示有一个缺点就是很难产生对于精确推断和环状信念传播等传统技术来说足够稀疏的图。结果，大规模图模型和深度图模型最大的区别之一就是深度学习中几乎从来不会使用环状信念传播。相反，许多深度学习模型可以设计来加速 Gibbs 采样或者变分推断。此外，深度学习模型包含了大量的潜变量，使得高效的数值计算代码显得格外重要。除了选择高级推断算法之外，这提供了另外的动机，用于将结点分组成层，相邻两层之间用一个矩阵来描述相互作用。这要求实现算法的单个步骤可以实现高效的矩阵乘积运算，或者专门适用于稀疏连接的操作，例如块对角矩阵乘积或卷积。

最后，图模型的深度学习方法的一个主要特征在于对未知量的较高容忍度。与简化模型直到它的每一个量都可以被精确计算不同的是，我们仅仅直接使用数据运行或者是训练，以增强模型的能力。一般我们使用边缘分布不能计算的模型，但可以从中简单地采近似样本。我们经常训练具有难以处理的目标函数的模型，甚至不能在合理的时间内近似，但是如果我们能够高效地获得这样一个函数的梯度估计，仍然能够近似训练模型。深度学习方法通常是找出我们绝对需要的最小量信息，然后找出如何尽快得到该信息的合理近似。

16.7.1 实例：受限玻尔兹曼机

受限玻尔兹曼机(Restricted Boltzmann Machine, RBM)(Smolensky, 1986) 或者**簧风琴** (harmonium) 是图模型如何用于深度学习的典型例子。RBM 本身不是一个深层模型。相反，它有一层潜变量，可用于学习输入的表示。在第 20 章中，我们将看到 RBM 如何被用来构建许多的深层模型。在这里，我们举例展示了 RBM 在许多深度图模型中使用的实践：它的单元被分成很大的组，这种组称作层，层之间的连接由矩阵描述，连通性相对密集。该模型被设计为能够进行高效的 Gibbs 采样，并且模型设计的重点在于以很高的自由度来学习潜变量，而潜变量的含义并不是设计者指定的。之后在第 20.2 节，我们将更详细地再次讨论 RBM。

标准的 RBM 是具有二值的可见和隐藏单元的基于能量的模型。其能量函数为

$$E(\boldsymbol{v},\boldsymbol{h}) = -\boldsymbol{b}^\top\boldsymbol{v} - \boldsymbol{c}^\top\boldsymbol{h} - \boldsymbol{v}^\top\boldsymbol{W}\boldsymbol{h} \tag{16.10}$$

其中 $\boldsymbol{b}$、$\boldsymbol{c}$ 和 $\boldsymbol{W}$ 都是无约束、实值的可学习参数。我们可以看到，模型被分成两组单元：$\boldsymbol{v}$ 和 $\boldsymbol{h}$，它们之间的相互作用由矩阵 $\boldsymbol{W}$ 来描述。该模型在图 16.14 中以图的形式描绘。该图能

够使我们更清楚地发现，该模型的一个重要方面是在任何两个可见单元之间或任何两个隐藏单元之间没有直接的相互作用 (因此称为“受限”，一般的玻尔兹曼机可以具有任意连接)。

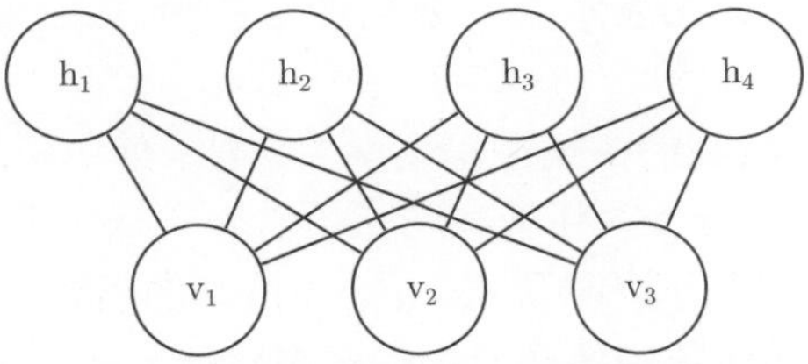

图 16.14 一个画成马尔可夫网络形式的 RBM

对 RBM 结构的限制产生了良好的属性

$$p(\mathbf{h} \mid \mathbf{v}) = \prod_i p(\mathrm{h}_i \mid \mathbf{v}) \tag{16.11}$$

以及

$$p(\mathbf{v} \mid \mathbf{h}) = \prod_i p(\mathrm{v}_i \mid \mathbf{h}) \tag{16.12}$$

独立的条件分布很容易计算。对于二元的受限玻尔兹曼机，我们可以得到

$$p(\mathrm{h}_i = 1 \mid \mathbf{v}) = \sigma\big(\mathbf{v}^\top \boldsymbol{W}_{:,i} + b_i\big) \tag{16.13}$$

$$p(\mathrm{h}_i = 0 \mid \mathbf{v}) = 1 - \sigma\big(\mathbf{v}^\top \boldsymbol{W}_{:,i} + b_i\big) \tag{16.14}$$

结合这些属性可以得到高效的**块吉布斯采样**(block Gibbs Sampling)，它在同时采样所有 $\boldsymbol{h}$ 和同时采样所有 $\boldsymbol{v}$ 之间交替。RBM 模型通过 Gibbs 采样产生的样本展示在图 16.15 中。

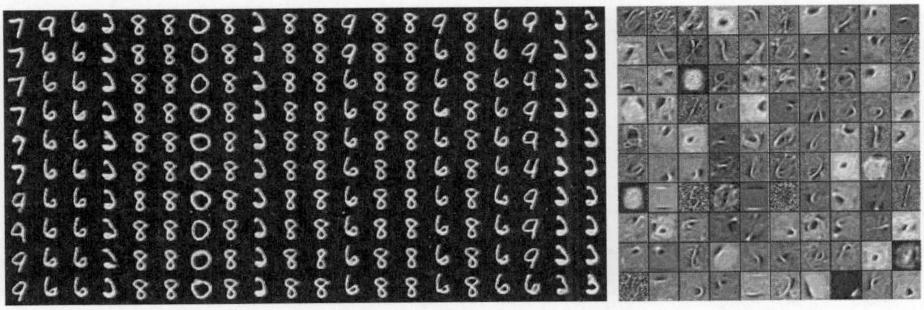

图 16.15 训练好的 RBM 的样本及其权重。(*左*) 用 MNIST 训练模型，然后用 Gibbs 采样进行采样。每一列是一个单独的 Gibbs 采样过程。每一行表示另一个 1000 步后 Gibbs 采样的输出。连续的样本之间彼此高度相关。(*右*) 对应的权重向量。将本图结果与图 13.2 中描述的线性因子模型的样本和权重相比。由于 RBM 的先验 $p(\boldsymbol{h})$ 没有限制为因子，这里的样本表现得好很多。采样时 RBM 能够学习到哪些特征需要一起出现。另一方面说，RBM 后验 $p(\boldsymbol{h} \mid \boldsymbol{v})$ 是因子的，而稀疏编码的后验并不是，所以在特征提取上稀疏编码模型表现得更好。其他的模型可以使用非因子的 $p(\boldsymbol{h})$ 和非因子的 $p(\boldsymbol{h} \mid \boldsymbol{v})$。图片经 LISA (2008) 允许转载

由于能量函数本身只是参数的线性函数，很容易获取能量函数的导数。例如，

$$\frac{\partial}{\partial W_{i,j}} E(\mathbf{v}, \mathbf{h}) = -\mathrm{v}_i \mathrm{h}_j \tag{16.15}$$

这两个属性，高效的 Gibbs 采样和导数计算，使训练过程变得非常方便。在第 18 章中，我们将看到，可以通过计算应用于这种来自模型样本的导数来训练无向模型。

训练模型可以得到数据 $\boldsymbol{v}$ 的表示 $\boldsymbol{h}$。我们经常使用 $\mathbb{E}_{\mathbf{h}\sim p(\mathbf{h}|\boldsymbol{v})}[\boldsymbol{h}]$ 作为一组描述 $\boldsymbol{v}$ 的特征。

总的来说，RBM 展示了典型的图模型深度学习方法：使用多层潜变量，并由矩阵参数化层之间的高效相互作用来完成表示学习。

图模型为描述概率模型提供了一种优雅、灵活、清晰的语言。在后续的章节中，我们将使用这种语言，以其他视角来描述各种各样的深度概率模型。

第 17 章　蒙特卡罗方法

随机算法可以粗略地分为两类：Las Vegas 算法和蒙特卡罗算法。Las Vegas 算法总是精确地返回一个正确答案 (或者返回算法失败了)。这类方法通常需要占用随机量的计算资源 (一般指内存或运行时间)。与此相对的，蒙特卡罗方法返回的答案具有随机大小的错误。花费更多的计算资源 (通常包括内存和运行时间) 可以减少这种错误。在任意固定的计算资源下，蒙特卡罗算法可以得到一个近似解。

对于机器学习中的许多问题来说，我们很难得到精确的答案。这类问题很难用精确的确定性算法如 Las Vegas 算法解决。取而代之的是确定性的近似算法或蒙特卡罗近似方法。这两种方法在机器学习中都非常普遍。本章主要关注蒙特卡罗方法。

17.1　采样和蒙特卡罗方法

机器学习中的许多重要工具都基于从某种分布中采样，以及用这些样本对目标量做一个蒙特卡罗估计。

17.1.1　为什么需要采样

有许多原因使我们希望从某个分布中采样。当我们需要以较小的代价近似许多项的和或某个积分时，采样是一种很灵活的选择。有时候，我们使用它加速一些很费时却易于处理的求和估计，就像我们使用小批量对整个训练代价进行子采样一样。在其他情况下，我们需要近似一个难以处理的求和或积分，例如估计一个无向模型中配分函数对数的梯度时。在许多其他情况下，抽样实际上是我们的目标，例如我们想训练一个可以从训练分布采样的模型。

17.1.2　蒙特卡罗采样的基础

当无法精确计算和或积分 (例如，和具有指数数量个项，且无法被精确简化) 时，通常可以使用蒙特卡罗采样来近似它。这种想法把和或者积分视作某分布下的期望，然后通过估计对应的平均值来近似这个期望。令

$$s = \sum_{\boldsymbol{x}} p(\boldsymbol{x}) f(\boldsymbol{x}) = E_p[f(\mathbf{x})] \tag{17.1}$$

或者

$$s = \int p(\boldsymbol{x}) f(\boldsymbol{x}) d\boldsymbol{x} = E_p[f(\mathbf{x})] \tag{17.2}$$

为我们所需要估计的和或者积分，写成期望的形式，p 是一个关于随机变量 $\mathbf{x}$ 的概率分布 (求和时) 或者概率密度函数 (求积分时)。

我们可以通过从 p 中抽取 n 个样本 $\boldsymbol{x}^{(1)}, \cdots, \boldsymbol{x}^{(n)}$ 来近似 s 并得到一个经验平均值

$$\hat{s}_n = \frac{1}{n} \sum_{i=1}^{n} f(\boldsymbol{x}^{(i)}) \tag{17.3}$$

下面几个性质表明了这种近似的合理性。首先很容易观察到 $\hat{s}$ 这个估计是无偏的，由于

$$\mathbb{E}[\hat{s}_n] = \frac{1}{n}\sum_{i=1}^{n}\mathbb{E}[f(\boldsymbol{x}^{(i)})] = \frac{1}{n}\sum_{i=1}^{n} s = s \tag{17.4}$$

此外，根据**大数定理**(Law of large number)，如果样本 $\boldsymbol{x}^{(i)}$ 是独立同分布的，那么其平均值几乎必然收敛到期望值，即

$$\lim_{n\to\infty} \hat{s}_n = s \tag{17.5}$$

只需要满足各个单项的方差 $\mathrm{Var}[f(\boldsymbol{x}^{(i)})]$ 有界。详细地说，我们考虑当 n 增大时 $\hat{s}_n$ 的方差。只要满足 $\mathrm{Var}[f(\mathbf{x}^{(i)})] < \infty$，方差 $\mathrm{Var}[\hat{s}_n]$ 就会减小并收敛到 0：

$$\mathrm{Var}[\hat{s}_n] = \frac{1}{n^2}\sum_{i=1}^{n}\mathrm{Var}[f(\mathbf{x})] \tag{17.6}$$

$$= \frac{\mathrm{Var}[f(\mathbf{x})]}{n} \tag{17.7}$$

这个简单有用的结果启迪我们如何估计蒙特卡罗均值中的不确定性，或者等价地说是蒙特卡罗估计的期望误差。我们计算了 $f(\boldsymbol{x}^{(i)})$ 的经验均值和方差 ①，然后将估计的方差除以样本数 n 来得到 $\mathrm{Var}[\hat{s}_n]$ 的估计。**中心极限定理**(central limit theorem) 告诉我们 $\hat{s}_n$ 的分布收敛到以 s 为均值以 $\frac{\mathrm{Var}[f(\mathbf{x})]}{n}$ 为方差的正态分布。这使得我们可以利用正态分布的累积函数来估计 $\hat{s}_n$ 的置信区间。

以上的所有结论都依赖于我们可以从基准分布 $p(\mathbf{x})$ 中轻易地采样，但是这个假设并不是一直成立的。当我们无法从 p 中采样时，一个备选方案是用第 17.2 节讲到的重要采样。一种更加通用的方式是构建一个收敛到目标分布的估计序列。这就是马尔可夫链蒙特卡罗方法 (见第 17.3 节)。

17.2 重要采样

如方程 (17.2) 所示，在蒙特卡罗方法中，对积分 (或者和) 分解，确定积分中哪一部分作为概率分布 $p(\boldsymbol{x})$ 以及哪一部分作为被积的函数 $f(\boldsymbol{x})$(我们感兴趣的是估计 $f(\boldsymbol{x})$ 在概率分布 $p(\boldsymbol{x})$ 下的期望) 是很关键的一步。$p(\boldsymbol{x})f(\boldsymbol{x})$ 不存在唯一的分解，因为它总是可以被写成

$$p(\boldsymbol{x})f(\boldsymbol{x}) = q(\boldsymbol{x})\frac{p(\boldsymbol{x})f(\boldsymbol{x})}{q(\boldsymbol{x})} \tag{17.8}$$

在这里，我们从 q 分布中采样，然后估计 $\frac{pf}{q}$ 在此分布下的均值。许多情况中，我们希望在给定 p 和 f 的情况下计算某个期望，这个问题既然是求期望，那么很自然地 p 和 f 是一种分解选择。然而，如果考虑达到某给定精度所需要的样本数量，这个问题最初的分解选择不是最优的选择。幸运的是，最优的选择 q^* 可以被简单地推导出来。这种最优的采样函数 q^* 对应所谓的最优重要采样。

从式 (17.8) 所示的关系中可以发现，任意蒙特卡罗估计

$$\hat{s}_p = \frac{1}{n}\sum_{i=1,\boldsymbol{x}^{(i)}\sim p}^{n} f(\boldsymbol{x}^{(i)}) \tag{17.9}$$

① 通常我们会倾向于计算方差的无偏估计，它由偏差的平方和除以 $n-1$ 而非 n 得到。

可以被转化为一个重要采样的估计

$$\hat{s}_q = \frac{1}{n} \sum_{i=1, \boldsymbol{x}^{(i)} \sim q}^{n} \frac{p(\boldsymbol{x}^{(i)}) f(\boldsymbol{x}^{(i)})}{q(\boldsymbol{x}^{(i)})} \tag{17.10}$$

我们可以容易地发现估计的期望与 q 分布无关:

$$\mathbb{E}_q[\hat{s}_q] = \mathbb{E}_p[\hat{s}_p] = s \tag{17.11}$$

然而，重要采样的方差可能对 q 的选择非常敏感。这个方差可以表示为

$$\mathrm{Var}[\hat{s}_q] = \mathrm{Var}\left[\frac{p(\mathbf{x}) f(\mathbf{x})}{q(\mathbf{x})}\right] / n \tag{17.12}$$

方差想要取到最小值，q 需要满足

$$q^*(\boldsymbol{x}) = \frac{p(\boldsymbol{x}) |f(\boldsymbol{x})|}{Z} \tag{17.13}$$

在这里 Z 表示归一化常数，选择适当的 Z 使得 $q^*(\boldsymbol{x})$ 之和或者积分为 1。一个更好的重要采样分布会把更多的权重放在被积函数较大的地方。事实上，当 $f(\boldsymbol{x})$ 的正负符号不变时，$\mathrm{Var}[\hat{s}_{q^*}] = 0$，这意味着当使用最优的 q 分布时，*只需要一个样本就足够了*。当然，这仅仅是因为计算 q^* 时已经解决了原问题。所以在实践中这种只需要采样一个样本的方法往往是无法实现的。

对于重要采样来说，任意 q 分布都是可行的 (从得到一个期望上正确的值的角度来说)，q^* 指的是最优的 q 分布 (从得到最小方差的角度上考虑)。从 q^* 中采样往往是不可行的，但是其他仍然能降低方差的 q 的选择还是可行的。

另一种方法是采用**有偏重要采样**(biased importance sampling)，这种方法有一个优势，即不需要归一化的 p 或 q 分布。在处理离散变量时，有偏重要采样估计可以表示为

$$\hat{s}_{\mathrm{BIS}} = \frac{\sum_{i=1}^{n} \frac{p(\boldsymbol{x}^{(i)})}{q(\boldsymbol{x}^{(i)})} f(\boldsymbol{x}^{(i)})}{\sum_{i=1}^{n} \frac{p(\boldsymbol{x}^{(i)})}{q(\boldsymbol{x}^{(i)})}} \tag{17.14}$$

$$= \frac{\sum_{i=1}^{n} \frac{p(\boldsymbol{x}^{(i)})}{\tilde{q}(\boldsymbol{x}^{(i)})} f(\boldsymbol{x}^{(i)})}{\sum_{i=1}^{n} \frac{p(\boldsymbol{x}^{(i)})}{\tilde{q}(\boldsymbol{x}^{(i)})}} \tag{17.15}$$

$$= \frac{\sum_{i=1}^{n} \frac{\tilde{p}(\boldsymbol{x}^{(i)})}{\tilde{q}(\boldsymbol{x}^{(i)})} f(\boldsymbol{x}^{(i)})}{\sum_{i=1}^{n} \frac{\tilde{p}(\boldsymbol{x}^{(i)})}{\tilde{q}(\boldsymbol{x}^{(i)})}} \tag{17.16}$$

其中 $\tilde{p}$ 和 $\tilde{q}$ 分别是分布 p 和 q 的未经归一化的形式，$\boldsymbol{x}^{(i)}$ 是从分布 q 中抽取的样本。这种估计是有偏的，因为 $\mathbb{E}[\hat{s}_{\mathrm{BIS}}] \neq s$，只有当 $n \to \infty$ 且方程式 (17.14) 的分母收敛到 1 时，等式才渐近地成立。所以这一估计也被称为渐近无偏的。

一个好的 q 分布的选择可以显著地提高蒙特卡罗估计的效率，而一个糟糕的 q 分布选择则会使效率更糟糕。我们回过头来看看方程式 (17.12) 会发现，如果存在一个 q 使得 $\frac{p(\boldsymbol{x})f(\boldsymbol{x})}{q(\boldsymbol{x})}$ 很大，那么这个估计的方差也会很大。当 $q(\boldsymbol{x})$ 很小，而 $f(\boldsymbol{x})$ 和 $p(\boldsymbol{x})$ 都较大并且无法抵消 q 时，这种情况会非常明显。q 分布经常会取一些简单常用的分布使得我们能够从 q 分布

中容易地采样。当 $\boldsymbol{x}$ 是高维数据时，q 分布的简单性使得它很难与 p 或者 $p|f|$ 相匹配。当 $q(\boldsymbol{x}^{(i)}) \gg p(\boldsymbol{x}^{(i)})|f(\boldsymbol{x}^{(i)})|$ 时，重要采样采到了很多无用的样本 (很小的数或零相加)。另一种相对少见的情况是 $q(\boldsymbol{x}^{(i)}) \ll p(\boldsymbol{x}^{(i)})|f(\boldsymbol{x}^{(i)})|$，相应的比值会非常大。正因为后一个事件是很少发生的，这种样本很难被采到，通常使得对 s 的估计出现了典型的欠估计，很难被整体的过估计抵消。这样的不均匀情况在高维数据屡见不鲜，因为在高维度分布中联合分布的动态域可能非常大。

尽管存在上述的风险，但是重要采样及其变种在机器学习的应用中仍然扮演着重要的角色，包括深度学习算法。例如，重要采样被应用于加速训练具有大规模词表的神经网络语言模型的过程中 (见第 12.4.3.3 节) 或者其他有着大量输出结点的神经网络中。此外，还可以看到重要采样应用于估计配分函数 (一个概率分布的归一化常数)，详见第 18.7 节，以及在深度有向图模型比如变分自编码器中估计对数似然 (详见第 20.10.3 节)。采用随机梯度下降训练模型参数时重要采样可以用来改进对代价函数梯度的估计，尤其是分类器这样的模型，其中代价函数的大部分代价来自少量错误分类的样本。在这种情况下，更加频繁地抽取这些困难的样本可以减小梯度估计的方差 (Hinton *et al.*, 2006a)。

17.3 马尔可夫链蒙特卡罗方法

在许多实例中，我们希望采用蒙特卡罗方法，然而往往又不存在一种简单的方法可以直接从目标分布 $p_{\text{model}}(\mathbf{x})$ 中精确采样或者一个好的 (方差较小的) 重要采样分布 $q(\boldsymbol{x})$。在深度学习中，当分布 $p_{\text{model}}(\mathbf{x})$ 表示成无向模型时，这种情况往往会发生。在这种情况下，为了从分布 $p_{\text{model}}(\mathbf{x})$ 中近似采样，我们引入了一种称为**马尔可夫链** (Markov Chain) 的数学工具。利用马尔可夫链来进行蒙特卡罗估计的这一类算法被称为**马尔可夫链蒙特卡罗**(Markov Chain Monte Carlo, MCMC) 方法。Koller and Friedman (2009) 花了大量篇幅来描述马尔可夫链蒙特卡罗算法在机器学习中的应用。MCMC 技术最标准、最一般的理论保证只适用于那些各状态概率均不为零的模型。因此，这些技术最方便的使用方法是用于从**基于能量的模型**(Energy-based model) 即 $p(\boldsymbol{x}) \propto \exp(-E(\boldsymbol{x}))$ 中采样，见第 16.2.4 节。在 EBM 的公式表述中，每一个状态所对应的概率都不为 0。事实上，MCMC 方法可以被广泛地应用在包含 0 概率状态的许多概率分布中。然而，在这种情况下，关于 MCMC 方法性能的理论保证只能依据具体不同类型的分布具体分析证明。在深度学习中，我们通常依赖于那些一般的理论保证，其在所有基于能量的模型都能自然成立。

为了解释从基于能量的模型中采样困难的原因，我们考虑一个包含两个变量的 EBM 的例子，记 $p(\mathrm{a}, \mathrm{b})$ 为其分布。为了采 a，我们必须先从 $p(\mathrm{a} \mid \mathrm{b})$ 中采样；为了采 b，我们又必须从 $p(\mathrm{b} \mid \mathrm{a})$ 中采样。这似乎成了棘手的先有鸡还是先有蛋的问题。有向模型避免了这一问题因为它的图是有向无环的。为了完成**原始采样**(ancestral sampling)，在给定每个变量的所有父结点的条件下，我们根据拓扑顺序采样每一个变量，这个变量是确定能够被采样的 (详见第 16.3 节)。原始采样定义了一种高效的、单遍的方法来抽取一个样本。

在 EBM 中，我们通过使用马尔可夫链来采样，从而避免了先有鸡还是先有蛋的问题。马尔可夫链的核心思想是从某个可取任意值的状态 $\boldsymbol{x}$ 出发。随着时间的推移，我们随机地反复更新状态 $\boldsymbol{x}$。最终 $\boldsymbol{x}$ 成为了一个从 $p(\boldsymbol{x})$ 中抽出的 (非常接近) 比较一般的样本。在正式的定义中，马尔可夫链由一个随机状态 x 和一个转移分布 $T(\boldsymbol{x}' \mid \boldsymbol{x})$ 定义而成，$T(\boldsymbol{x}' \mid \boldsymbol{x})$ 是一个概率分布，说明了给定状态 $\boldsymbol{x}$ 的情况下随机地转移到 $\boldsymbol{x}'$ 的概率。运行一个马尔可夫链意味着根据转移分布 $T(\mathbf{x}' \mid \boldsymbol{x})$ 采出的值 $\boldsymbol{x}'$ 来更新状态 $\boldsymbol{x}$。

为了给出 MCMC 方法为何有效的一些理论解释，重参数化这个问题是很有用的。首先我们关注一些简单的情况，其中随机变量 $\mathbf{x}$ 有可数个状态。我们将这种状态简单地记作正整数 x。不同的整数 x 的大小对应着原始问题中 $\boldsymbol{x}$ 的不同状态。

接下来我们考虑如果并行地运行无穷多个马尔可夫链的情况。不同马尔可夫链的所有状态都采样自某一个分布 $q^{(t)}(x)$，在这里 t 表示消耗的时间数。开始时，对每个马尔可夫链，我们采用一个分布 q^0 来任意地初始化 x。之后，$q^{(t)}$ 与所有之前运行的马尔可夫链有关。我们的目标是 $q^{(t)}(x)$ 收敛到 $p(x)$。

因为我们已经用正整数 x 重参数化了这个问题，我们可以用一个向量 $\boldsymbol{v}$ 来描述这个概率分布 q，

$$q(\mathrm{x} = i) = v_i \tag{17.17}$$

然后我们考虑更新单一的马尔可夫链，从状态 x 到新状态 x'。单一状态转移到 x' 的概率可以表示为

$$q^{(t+1)}(x') = \sum_x q^{(t)}(x) T(x' \mid x) \tag{17.18}$$

根据状态为整数的参数化设定，我们可以将转移算子 T 表示成一个矩阵 $\boldsymbol{A}$。矩阵 $\boldsymbol{A}$ 的定义如下：

$$\boldsymbol{A}_{i,j} = T(\mathbf{x}' = i \mid \mathbf{x} = j) \tag{17.19}$$

使用这一定义，我们可以改写式 (17.18)。不同于之前使用 q 和 T 来理解单个状态的更新，我们现在可以使用 $\boldsymbol{v}$ 和 $\boldsymbol{A}$ 来描述当我们更新时 (并行运行的) 不同马尔可夫链上整个分布是如何变化的：

$$\boldsymbol{v}^{(t)} = \boldsymbol{A}\boldsymbol{v}^{(t-1)} \tag{17.20}$$

重复地使用马尔可夫链更新相当于重复地与矩阵 $\boldsymbol{A}$ 相乘。换言之，我们可以认为这一过程就是关于 $\boldsymbol{A}$ 的幂乘：

$$\boldsymbol{v}^{(t)} = \boldsymbol{A}^t \boldsymbol{v}^{(0)} \tag{17.21}$$

矩阵 $\boldsymbol{A}$ 有一种特殊的结构，因为它的每一列都代表一个概率分布。这样的矩阵被称为**随机矩阵**(Stochastic Matrix)。如果对于任意状态 x 到任意其他状态 x' 存在一个 t 使得转移概率不为 0，那么 Perron-Frobenius 定理 (Perron, 1907; Frobenius, 1908) 可以保证这个矩阵的最大特征值是实数且大小为 1。我们可以看到所有的特征值随着时间呈现指数变化：

$$\boldsymbol{v}^{(t)} = (\boldsymbol{V} \mathrm{diag}(\boldsymbol{\lambda}) \boldsymbol{V}^{-1})^t \boldsymbol{v}^{(0)} = \boldsymbol{V} \mathrm{diag}(\boldsymbol{\lambda})^t \boldsymbol{V}^{-1} \boldsymbol{v}^{(0)} \tag{17.22}$$

这个过程导致了所有不等于 1 的特征值都衰减到 0。在一些额外的较为宽松的假设下，我们可以保证矩阵 $\boldsymbol{A}$ 只有一个对应特征值为 1 的特征向量。所以这个过程收敛到**平稳分布**(Stationary Distribution)，有时也被称为**均衡分布**(Equilibrium Distribution)。收敛时，我们得到

$$\boldsymbol{v}' = \boldsymbol{A}\boldsymbol{v} = \boldsymbol{v} \tag{17.23}$$

这个条件也适用于收敛之后的每一步。这就是特征向量方程。作为收敛的稳定点，$\boldsymbol{v}$ 一定是特征值为 1 所对应的特征向量。这个条件保证收敛到了平稳分布以后，再重复转移采样过程不会改变所有不同马尔可夫链上状态的分布(尽管转移算子自然而然地会改变每个单独的状态)。

如果我们正确地选择了转移算子 T，那么最终的平稳分布 q 将会等于我们所希望采样的分布 p。我们会将第 17.4 节介绍如何选择 T。

可数状态马尔可夫链的大多数性质可以被推广到连续状态的马尔可夫链中。在这种情况下，一些研究者把这种马尔可夫链称为**哈里斯链**(Harris Chain)，但是我们将这两种情况都称为马尔可夫链。通常在一些宽松的条件下，一个带有转移算子 T 的马尔可夫链都会收敛到一个不动点，这个不动点可以写成如下形式：

$$q'(\mathbf{x}') = \mathbb{E}_{\mathbf{x}\sim q} T(\mathbf{x}' \mid \mathbf{x}) \tag{17.24}$$

这个方程的离散版本就相当于重新改写方程式 (17.23)。当 $\mathbf{x}$ 是离散值时，这个期望对应着求和，而当 $\mathbf{x}$ 是连续值时，这个期望对应的是积分。

无论状态是连续的还是离散的，所有的马尔可夫链方法都包括重复、随机地更新直到最后状态开始从均衡分布中采样。运行马尔可夫链直到它达到均衡分布的过程通常被称为马尔可夫链的**磨合**(Burning-in) 过程。在马尔可夫链达到均衡分布之后，我们可以从均衡分布中抽取一个无限多数量的样本序列。这些样本服从同一分布，但是两个连续的样本之间会高度相关。所以一个有限的序列无法完全表达均衡分布。一种解决这个问题的方法是每隔 n 个样本返回一个样本，从而使得我们对于均衡分布的统计量的估计不会被 MCMC 方法的样本之间的相关性所干扰。所以马尔可夫链的计算代价很高，主要源于达到均衡分布前需要磨合的时间以及在达到均衡分布之后从一个样本转移到另一个足够无关的样本所需要的时间。如果我们想要得到完全独立的样本，那么可以同时并行地运行多个马尔可夫链。这种方法使用了额外的并行计算来减少时延。使用一条马尔可夫链来生成所有样本的策略和 (使用多条马尔可夫链) 每条马尔可夫链只产生一个样本的策略是两种极端。深度学习的从业者们通常选取的马尔可夫链的数目和小批量中的样本数相近，然后从这些固定的马尔可夫链集合中抽取所需要的样本。马尔可夫链的数目通常选为 100。

另一个难点是我们无法预先知道马尔可夫链需要运行多少步才能到达均衡分布。这段时间通常被称为**混合时间** (mixing time)。检测一个马尔可夫链是否达到平衡是很困难的。我们并没有足够完善的理论来解决这个问题。理论只能保证马尔可夫链会最终收敛，但是无法保证其他。如果我们从矩阵 $\boldsymbol{A}$ 作用在概率向量 $\boldsymbol{v}$ 上的角度来分析马尔可夫链，那么可以发现当 $\boldsymbol{A}^t$ 除了单个 1 以外的特征值都趋于 0 时，马尔可夫链混合成功 (收敛到了均衡分布)。这也意味着矩阵 $\boldsymbol{A}$ 的第二大特征值决定了马尔可夫链的混合时间。然而，在实践中，我们通常不能真的将马尔可夫链表示成矩阵的形式。我们的概率模型所能够达到的状态是变量数的指数级别，所以表达 $\boldsymbol{v}$，$\boldsymbol{A}$ 或者 $\boldsymbol{A}$ 的特征值是不现实的。由于以上在内的诸多阻碍，我们通常无法知道马尔可夫链是否已经混合成功。作为替代，我们只能运行一定量时间的马尔可夫链直到粗略估计这段时间是足够的，然后使用启发式的方法来判断马尔可夫链是否混合成功。这些启发性的算法包括手动检查样本或者衡量前后样本之间的相关性。

17.4 Gibbs 采样

目前为止我们已经了解了如何通过反复更新 $\boldsymbol{x} \leftarrow \boldsymbol{x}' \sim T(\boldsymbol{x}' \mid \boldsymbol{x})$ 从一个分布 $q(\boldsymbol{x})$ 中采样，然而我们还没有介绍过如何确定 $q(\boldsymbol{x})$ 是否是一个有效的分布。本书中将会描述两种基本的方法。第一种方法是从已经学习到的分布 p_{model} 中推导出 T，下文描述了如何从基于能量的模型中采样。第二种方法是直接用参数描述 T，然后学习这些参数，其平稳分布隐式地定义了我们所感兴趣的模型 p_{model}。我们将在第 20.12 节和第 20.13 节中讨论第二种方法的例子。

在深度学习中，我们通常使用马尔可夫链从定义为基于能量的模型的分布 $p_{\text{model}}(\boldsymbol{x})$ 中采样。在这种情况下，我们希望马尔可夫链的 $q(\boldsymbol{x})$ 分布就是 $p_{\text{model}}(\boldsymbol{x})$。为了得到所期望的 $q(\boldsymbol{x})$ 分布，我们必须选取合适的 $T(\boldsymbol{x}' \mid \boldsymbol{x})$。

Gibbs 采样(Gibbs Sampling) 是一种概念简单而又有效的方法。它构造一个从 $p_{\text{model}}(\boldsymbol{x})$ 中采样的马尔可夫链，其中在基于能量的模型中从 $T(\mathbf{x}' \mid \mathbf{x})$ 采样是通过选择一个变量 x_i，然后从 p_{model} 中该点关于在无向图 $\mathcal{G}$(定义了基于能量的模型结构) 中邻接点的条件分布中采样。只要一些变量在给定相邻变量时是条件独立的，那么这些变量就可以被同时采样。正如在第 16.7.1 节中看到的 RBM 示例一样，RBM 中所有的隐藏单元可以被同时采样，因为在给定所有可见单元的条件下它们相互条件独立。同样地，所有的可见单元也可以被同时采样，因为在给定所有隐藏单元的情况下它们相互条件独立。以这种方式同时更新许多变量的 Gibbs 采样通常被称为**块吉布斯采样**(block Gibbs Sampling)。

设计从 p_{model} 中采样的马尔可夫链还存在其他备选方法。比如说，Metropolis-Hastings 算法在其他领域中广泛使用。不过在深度学习的无向模型中，我们主要使用 Gibbs 采样，很少使用其他方法。改进采样技巧也是一个潜在的研究热点。

17.5 不同的峰值之间的混合挑战

使用 MCMC 方法的主要难点在于马尔可夫链的**混合** (mixing) 通常不理想。在理想情况下，从设计好的马尔可夫链中采出的连续样本之间是完全独立的，而且在 $\boldsymbol{x}$ 空间中，马尔可夫链会按概率大小访问许多不同区域。

然而，MCMC 方法采出的样本可能会具有很强的相关性，尤其是在高维的情况下，我们把这种现象称为慢混合甚至混合失败。具有缓慢混合的 MCMC 方法可以被视为对能量函数无意地执行类似于带噪声的梯度下降的操作，或者说等价于相对于链的状态 (被采样的随机变量) 依据概率进行噪声爬坡。(在马尔可夫链的状态空间中) 从 $\boldsymbol{x}^{(t-1)}$ 到 $\boldsymbol{x}^{(t)}$ 该链倾向于选取很小的步长，其中能量 $E(\boldsymbol{x}^{(t)})$ 通常低于或者近似等于能量 $E(\boldsymbol{x}^{(t-1)})$，倾向于向较低能量的区域移动。当从可能性较小的状态 (比来自 $p(\boldsymbol{x})$ 的典型样本拥有更高的能量) 开始时，链趋向于逐渐减少状态的能量，并且仅仅偶尔移动到另一个峰值。一旦该链已经找到低能量的区域 (例如，如果变量是图像中的像素，则低能量的区域可以是同一对象所对应图像的一个连通的流形)，我们称之为峰值，链将倾向于围绕着这个峰值游走 (按某一种形式随机游走)。它时不时会走出该峰值，但是结果通常会返回该峰值或者 (如果找到一条离开的路线) 移向另一个峰值。问题是对于很多有趣的分布来说成功地离开路线很少，所以马尔可夫链将在一个峰值附近抽取远超过需求的样本。

当我们考虑 Gibbs 采样算法 (见第 17.4 节) 时，这种现象格外明显。在这种情况下，我们考虑在一定步数内从一个峰值移动到一个临近峰值的概率。决定这个概率的是两个峰值之间的“能量障碍”的形状。隔着一个巨大“能量障碍”(低概率的区域) 的两个峰值之间的转移概率是 (随着能量障碍的高度) 指数下降的，如图 17.1 所示。当目标分布有多个高概率峰值并且被低概率区域所分割，尤其当 Gibbs 采样的每一步都只是更新变量的一小部分，而这一小部分变量又严重依赖其他的变量时，就会产生问题。

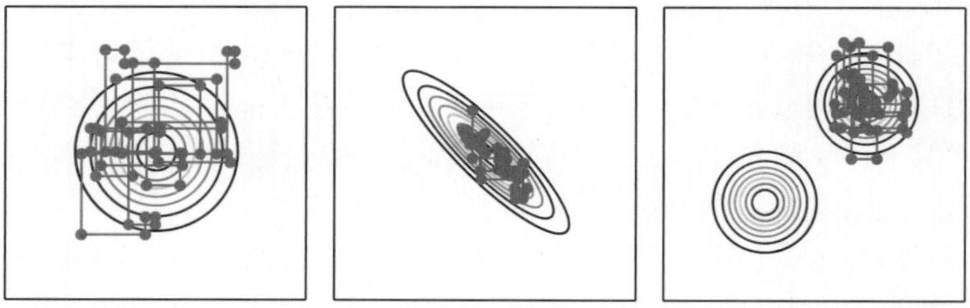

图 17.1 对于三种分布使用 Gibbs 采样所产生的路径，所有的分布马尔可夫链初始值都设为峰值。(左) 一个带有两个独立变量的多维正态分布。由于变量之间是相互独立的，Gibbs 采样混合得很好。(中) 变量之间存在高度相关性的一个多维正态分布。变量之间的相关性使得马尔可夫链很难混合。因为每一个变量的更新需要相对其他变量求条件分布，相关性减慢了马尔可夫链远离初始点的速度。(右) 峰值之间间距很大且不在轴上对齐的混合高斯分布。Gibbs 采样混合得很慢，因为每次更新仅仅一个变量很难跨越不同的峰值

举一个简单的例子，考虑两个变量 a、b 基于能量的模型，这两个变量都是二值的，取值 $+1$ 或者 -1。如果对某个较大的正数 w，$E(\mathrm{a},\mathrm{b}) = -w\mathrm{ab}$，那么这个模型传达了一个强烈的信息，a 和 b 有相同的符号。当 $\mathrm{a} = 1$ 时用 Gibbs 采样更新 b。给定 b 时的条件分布满足 $p(\mathrm{b} = 1 \mid \mathrm{a} = 1) = \sigma(w)$。如果 w 的值很大，sigmoid 函数趋近于饱和，那么 b 也取到 1 的概率趋近于 1。同理，如果 $\mathrm{a} = -1$，那么 b 取到 -1 的概率也趋于 1。根据模型 $p_{\text{model}}(\mathrm{a},\mathrm{b})$，两个变量取一样的符号的概率几乎相等。根据 $p_{\text{model}}(\mathrm{a} \mid \mathrm{b})$，两个变量应该有相同的符号。这也意味着 Gibbs 采样很难会改变这些变量的符号。

在更实际的问题中，这种挑战更加艰巨。因为在实际问题中我们不能仅仅关注在两个峰值之间的转移，更要关注在多个峰值之间的转移。如果由于峰值之间混合困难，而导致某几个这样的转移难以完成，那么得到一些可靠的覆盖大部分峰值的样本集合的计算代价是很高的，同时马尔可夫链收敛到它的平稳分布的过程也会非常缓慢。

通过寻找一些高度依赖变量的组以及分块同时更新块 (组) 中的变量，这个问题有时候是可以被解决的。然而不幸的是，当依赖关系很复杂时，从这些组中采样的过程从计算角度来说是难以处理的。归根结底，马尔可夫链最初被提出来就是解决这个问题，即从大量变量中采样的问题。

在定义了一个联合分布 $p_{\text{model}}(\boldsymbol{x},\boldsymbol{h})$ 的潜变量模型中，我们经常通过交替地从 $p_{\text{model}}(\boldsymbol{x} \mid \boldsymbol{h})$ 和 $p_{\text{model}}(\boldsymbol{h} \mid \boldsymbol{x})$ 中采样来达到抽 $\boldsymbol{x}$ 的目的。从快速混合的角度上说，我们更希望 $p_{\text{model}}(\boldsymbol{h} \mid \boldsymbol{x})$ 有很大的熵。然而，从学习一个 $\boldsymbol{h}$ 的有用表示的角度上考虑，我们还是希望 $\boldsymbol{h}$ 能够包含 $\boldsymbol{x}$ 的足够信息，从而能够较完整地重构它，这意味 $\boldsymbol{h}$ 和 $\boldsymbol{x}$ 要有非常高的互信息。这两个目标是相互矛盾的。我们经常学习到能够将 $\boldsymbol{x}$ 精确地编码为 $\boldsymbol{h}$ 的生成模型，但是无法很好混合。这种情况在玻尔兹曼机中经常出现，一个玻尔兹曼机学到的分布越尖锐，该分布的马尔可夫链采样越难混合得好。这个问题在图 17.2 中有所描述。

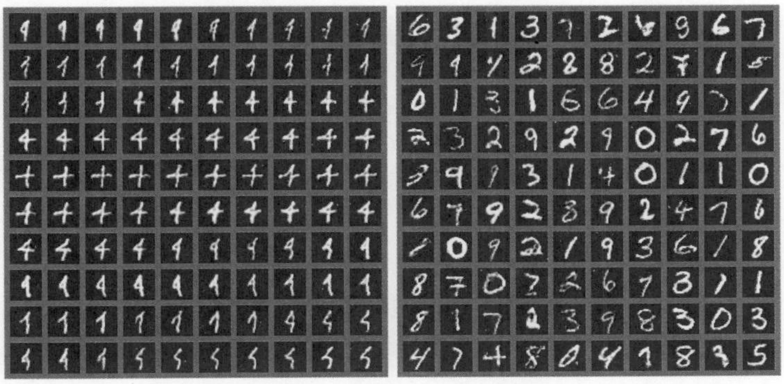

图 17.2 深度概率模型中一个混合缓慢问题的例证。每张图都是按照从左到右从上到下的顺序的。(左)Gibbs 采样从 MNIST 数据集训练成的深度玻尔兹曼机中采出的连续样本。这些连续的样本之间非常相似。由于 Gibbs 采样作用于一个深度图模型，相似度更多地是基于语义而非原始视觉特征。但是对于吉布斯链来说从分布的一个峰值转移到另一个仍然是很困难的，比如说改变数字。(右) 从生成式对抗网络中抽出的连续原始样本。因为原始采样生成的样本之间互相独立，所以不存在混合问题

当感兴趣的分布对于每个类具有单独的流形结构时，所有这些问题都使 MCMC 方法变得不那么有用：分布集中在许多峰值周围，并且这些峰值由大量高能量区域分割。我们在许多分类问题中遇到的是这种类型的分布，由于峰值之间混合缓慢，它将使得 MCMC 方法非常缓慢地收敛。

17.5.1 不同峰值之间通过回火来混合

当一个分布有一些陡峭的峰并且被低概率区域包围时，很难在分布的不同峰值之间混合。一些加速混合的方法是基于构造一个概率分布替代目标分布，这个概率分布的峰值没有那么高，峰值周围的低谷也没有那么低。基于能量的模型为这个想法提供一种简单的做法。目前为止，我们一直将基于能量的模型描述为定义一个概率分布：

$$p(\boldsymbol{x}) \propto \exp(-E(\boldsymbol{x})) \tag{17.25}$$

基于能量的模型可以通过添加一个额外的控制峰值尖锐程度的参数 β 来加强：

$$p_\beta(\boldsymbol{x}) \propto \exp(-\beta E(\boldsymbol{x})) \tag{17.26}$$

β 参数可以被理解为**温度**(temperature) 的倒数，反映了基于能量的模型的统计物理学起源。当温度趋近于 0 时，β 趋近于无穷大，此时的基于能量的模型是确定性的。当温度趋近于无穷大时，β 趋近于 0，基于能量的模型 (对离散的 $\boldsymbol{x}$) 成了均匀分布。

通常情况下，在 $\beta = 1$ 时训练一个模型。但我们也可以利用其他温度，尤其是 $\beta < 1$ 的情况。**回火**(tempering) 作为一种通用的策略，它通过从 $\beta < 1$ 模型中采样来实现在 p_1 的不同峰值之间快速混合。

基于**回火转移**(tempered transition) (Neal, 1994) 的马尔可夫链临时从高温度的分布中采样使其在不同峰值之间混合，然后继续从单位温度的分布中采样。这些技巧被应用在一些模型比如 RBM 中 (Salakhutdinov, 2010)。另一种方法是利用**并行回火**(parallel tempering) (Iba, 2001)。其中马尔可夫链并行地模拟许多不同温度的不同状态。最高温度的状态混合较慢，相比之下最低温度的状态，即温度为 1 时，采出了精确的样本。转移算子包括两个温度之间的随

机跳转，所以一个高温度状态分布槽中的样本有足够大的概率跳转到低温度分布的槽中。这个方法也被应用到了 RBM 中 (Desjardins et al., 2010; Cho et al., 2010a)。尽管回火这种方法前景可期，现今它仍然无法让我们在采样复杂的基于能量的模型中更进一步。一个可能的原因是在**临界温度**(critical temperatures) 时温度转移算子必须设置得非常慢 (因为温度需要逐渐下降) 来确保回火的有效性。

17.5.2 深度也许会有助于混合

当我们从潜变量模型 $p(\boldsymbol{h},\boldsymbol{x})$ 中采样时，我们可以发现如果 $p(\boldsymbol{h}\mid\boldsymbol{x})$ 将 $\boldsymbol{x}$ 编码得非常好，那么从 $p(\boldsymbol{x}\mid\boldsymbol{h})$ 中采样时，并不会太大地改变 $\boldsymbol{x}$，那么混合结果会很糟糕。解决这个问题的一种方法是使得 $\boldsymbol{h}$ 成为一种将 $\boldsymbol{x}$ 编码为 $\boldsymbol{h}$ 的深度表示，从而使得马尔可夫链在 $\boldsymbol{h}$ 空间中更容易混合。在许多表示学习算法如自编码器和 RBM 中，$\boldsymbol{h}$ 的边缘分布相比于 $\boldsymbol{x}$ 上的原始数据分布，通常表现为更加均匀、更趋近于单峰值。或许可以说，这是因为利用了所有可用的表示空间并尽量减小重构误差。因为当训练集上的不同样本之间在 $\boldsymbol{h}$ 空间能够被非常容易地区分时，我们也会很容易地最小化重构误差。Bengio *et al.* (2013a) 观察到这样的现象，堆叠越深的正则化自编码器或者 RBM，顶端 $\boldsymbol{h}$ 空间的边缘分布越趋向于均匀和发散，而且不同峰值 (比如说实验中的类别) 所对应区域之间的间距也会越小。在高层空间中训练 RBM 会使得 Gibbs 采样在峰值间混合得更快。然而，如何利用这种观察到的现象来辅助训练深度生成模型或者从中采样仍然有待探索。

尽管存在混合的难点，蒙特卡罗技术仍然是一个有用的工具，通常也是最好的可用工具。事实上，在遇到难以处理的无向模型中的配分函数时，蒙特卡罗方法仍然是最主要的工具，这将在下一章详细阐述。

第 18 章　直面配分函数

在第 16.2.2 节中，我们看到许多概率模型 (通常是无向图模型) 由一个未归一化的概率分布 $\tilde{p}(\mathbf{x},\theta)$ 定义。我们必须通过除以配分函数 $Z(\boldsymbol{\theta})$ 来归一化 $\tilde{p}$，以获得一个有效的概率分布：

$$p(\mathbf{x};\boldsymbol{\theta}) = \frac{1}{Z(\boldsymbol{\theta})}\tilde{p}(\mathbf{x};\boldsymbol{\theta}) \tag{18.1}$$

配分函数是未归一化概率所有状态的积分 (对于连续变量) 或求和 (对于离散变量)：

$$\int \tilde{p}(\boldsymbol{x})d\boldsymbol{x} \tag{18.2}$$

或者

$$\sum_{\boldsymbol{x}} \tilde{p}(\boldsymbol{x}) \tag{18.3}$$

对于很多有趣的模型而言，以上积分或求和难以计算。

正如我们将在第 20 章看到的，有些深度学习模型被设计成具有一个易于处理的归一化常数，或被设计成能够在不涉及计算 $p(\mathbf{x})$ 的情况下使用。然而，其他一些模型会直接面对难以计算的配分函数的挑战。在本章中，我们会介绍用于训练和评估那些具有难以处理的配分函数的模型的技术。

18.1　对数似然梯度

通过最大似然学习无向模型特别困难的原因在于配分函数依赖于参数。对数似然相对于参数的梯度具有一项对应于配分函数的梯度：

$$\nabla_{\boldsymbol{\theta}} \log p(\mathbf{x};\boldsymbol{\theta}) = \nabla_{\boldsymbol{\theta}} \log \tilde{p}(\mathbf{x};\boldsymbol{\theta}) - \nabla_{\boldsymbol{\theta}} \log Z(\boldsymbol{\theta}) \tag{18.4}$$

这是机器学习中非常著名的**正相**(positive phase) 和**负相**(negative phase) 的分解。

对于大多数感兴趣的无向模型而言，负相是困难的。没有潜变量或潜变量之间很少相互作用的模型通常会有一个易于计算的正相。RBM 的隐藏单元在给定可见单元的情况下彼此条件独立，是一个典型的具有简单正相和困难负相的模型。正相计算困难，潜变量之间具有复杂相互作用的情况将主要在第 19 章中讨论。本章主要探讨负相计算中的难点。

让我们进一步分析 $\log Z$ 的梯度：

$$\nabla_{\boldsymbol{\theta}} \log Z \tag{18.5}$$

$$= \frac{\nabla_{\boldsymbol{\theta}} Z}{Z} \tag{18.6}$$

$$= \frac{\nabla_{\boldsymbol{\theta}} \sum_{\mathbf{x}} \tilde{p}(\mathbf{x})}{Z} \tag{18.7}$$

$$= \frac{\sum_{\mathbf{x}} \nabla_{\boldsymbol{\theta}} \tilde{p}(\mathbf{x})}{Z} \tag{18.8}$$

对于保证所有的 $\mathbf{x}$ 都有 $p(\mathbf{x}) > 0$ 的模型，我们可以用 $\exp(\log \tilde{p}(\mathbf{x}))$ 代替 $\tilde{p}(\mathbf{x})$：

$$\frac{\sum_{\mathbf{x}} \nabla_{\boldsymbol{\theta}} \exp(\log \tilde{p}(\mathbf{x}))}{Z} \tag{18.9}$$

$$= \frac{\sum_{\mathbf{x}} \exp(\log \tilde{p}(\mathbf{x})) \nabla_{\boldsymbol{\theta}} \log \tilde{p}(\mathbf{x})}{Z} \tag{18.10}$$

$$= \frac{\sum_{\mathbf{x}} \tilde{p}(\mathbf{x}) \nabla_{\boldsymbol{\theta}} \log \tilde{p}(\mathbf{x})}{Z} \tag{18.11}$$

$$= \sum_{\mathbf{x}} p(\mathbf{x}) \nabla_{\boldsymbol{\theta}} \log \tilde{p}(\mathbf{x}) \tag{18.12}$$

$$= \mathbb{E}_{\mathbf{x} \sim p(\mathbf{x})} \nabla_{\boldsymbol{\theta}} \log \tilde{p}(\mathbf{x}) \tag{18.13}$$

上述推导对离散的 $\boldsymbol{x}$ 进行求和，对连续的 $\boldsymbol{x}$ 进行积分也可以得到类似结果。在连续版本的推导中，使用在积分符号内取微分的莱布尼兹法则可以得到等式

$$\nabla_{\boldsymbol{\theta}} \int \tilde{p}(\mathbf{x}) d\boldsymbol{x} = \int \nabla_{\boldsymbol{\theta}} \tilde{p}(\mathbf{x}) d\boldsymbol{x} \tag{18.14}$$

该等式只适用于 $\tilde{p}$ 和 $\nabla_{\boldsymbol{\theta}} \tilde{p}(\mathbf{x})$ 上的一些特定规范条件。在测度论术语中，这些条件是：(1) 对每一个 $\boldsymbol{\theta}$ 而言，未归一化分布 $\tilde{p}$ 必须是 $\boldsymbol{x}$ 的勒贝格可积函数。(2) 对于所有的 $\boldsymbol{\theta}$ 和几乎所有 $\boldsymbol{x}$，梯度 $\nabla_{\boldsymbol{\theta}} \tilde{p}(\mathbf{x})$ 必须存在。(3) 对于所有的 $\boldsymbol{\theta}$ 和几乎所有的 $\boldsymbol{x}$，必须存在一个可积函数 $R(\boldsymbol{x})$ 使得 $\max_i |\frac{\partial}{\partial \theta_i} \tilde{p}(\mathbf{x})| \leqslant R(\boldsymbol{x})$。幸运的是，大多数感兴趣的机器学习模型都具有这些性质。

等式

$$\nabla_{\boldsymbol{\theta}} \log Z = \mathbb{E}_{\mathbf{x} \sim p(\mathbf{x})} \nabla_{\boldsymbol{\theta}} \log \tilde{p}(\mathbf{x}) \tag{18.15}$$

是使用各种蒙特卡罗方法近似最大化 (具有难计算配分函数模型的) 似然的基础。

蒙特卡罗方法为学习无向模型提供了直观的框架，我们能够在其中考虑正相和负相。在正相中，我们增大从数据中采样得到的 $\log \tilde{p}(\mathbf{x})$。在负相中，我们通过降低从模型分布中采样的 $\log \tilde{p}(\mathbf{x})$ 来降低配分函数。

在深度学习文献中，经常会看到用能量函数 (式 (16.7)) 来参数化 $\log \tilde{p}$。在这种情况下，正相可以解释为压低训练样本的能量，负相可以解释为提高模型抽出的样本的能量，如图 18.1 所示。

18.2 随机最大似然和对比散度

实现式 (18.15) 的一个朴素方法是，每次需要计算梯度时，磨合随机初始化的一组马尔可夫链。当使用随机梯度下降进行学习时，这意味着马尔可夫链必须在每次梯度步骤中磨合。这种方法引导下的训练过程如算法 18.1 所示。内循环中磨合马尔可夫链的计算代价过高，导致这个过程在实际中是不可行的，但是这个过程是其他更加实际的近似算法的基础。

我们可以将最大化似然的 MCMC 方法视为在两种力之间平衡，一种力拉高数据出现时的模型分布，一种拉低模型采样出现时的模型分布。图 18.1 展示了这个过程。这两种力分别对应最大化 $\log \tilde{p}$ 和最小化 $\log Z$。对于负相会有一些近似方法。这些近似都可以被理解为使负相更容易计算，但是也可能将其推向错误的位置。

算法 18.1 一种朴素的 MCMC 算法，使用梯度上升最大化具有难以计算配分函数的对数似然。

设步长 ϵ 为一个小正数。
设吉布斯步数 k 大到足以允许磨合。在小图像集上训练一个 RBM 大致设为 100。
while 不收敛 **do**
  从训练集中采包含 m 个样本 $\{\mathbf{x}^{(1)}, \cdots, \mathbf{x}^{(m)}\}$ 的小批量。
  $\mathbf{g} \leftarrow \frac{1}{m}\sum_{i=1}^{m}\nabla_{\boldsymbol{\theta}}\log\tilde{p}(\mathbf{x}^{(i)};\boldsymbol{\theta})$.
  初始化 m 个样本 $\{\tilde{\mathbf{x}}^{(1)}, \cdots, \tilde{\mathbf{x}}^{(m)}\}$ 为随机值 (例如，从均匀或正态分布中采，或大致与模型边缘分布匹配的分布)。
  for $i = 1$ to k **do**
    for $j = 1$ to m **do**
      $\tilde{\mathbf{x}}^{(j)} \leftarrow \text{gibbs\_update}(\tilde{\mathbf{x}}^{(j)})$.
    end for
  end for
  $\mathbf{g} \leftarrow \mathbf{g} - \frac{1}{m}\sum_{i=1}^{m}\nabla_{\boldsymbol{\theta}}\log\tilde{p}(\tilde{\mathbf{x}}^{(i)};\boldsymbol{\theta})$.
  $\boldsymbol{\theta} \leftarrow \boldsymbol{\theta} + \epsilon\mathbf{g}$.
end while

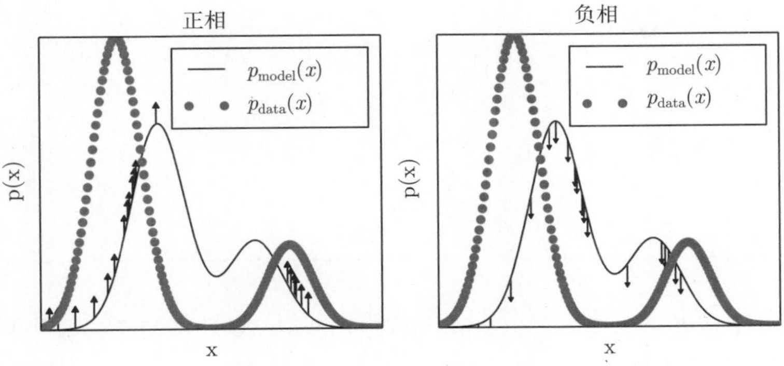

图 18.1 算法 18.1 角度的“正相”和“负相”。(*左*) 在正相中，我们从数据分布中采样，然后推高它们未归一化的概率。这意味着概率越高的数据点，未归一化的概率被推高得越多。(*右*) 在负相中，我们从模型分布中采样，然后压低它们未归一化的概率。这与正相的倾向相反，给未归一化的概率处处添加了一个大常数。当数据分布和模型分布相等时，正相推高数据点和负相压低数据点的机会相等。此时，不再有任何的梯度 (期望上说)，训练也必须停止

因为负相涉及从模型分布中抽样，所以我们可以认为它在找模型信任度很高的点。因为负相减少了这些点的概率，它们一般被认为代表了模型不正确的信念。在文献中，它们经常被称为“幻觉”或“幻想粒子”。事实上，负相已经被作为人类和其他动物做梦的一种可能解释 (Crick and Mitchison, 1983)。这个想法是说，大脑维持着世界的概率模型，并且在醒着经历真实事件时会遵循 $\log\tilde{p}$ 的梯度，在睡觉时会遵循 $\log\tilde{p}$ 的负梯度最小化 $\log Z$，其经历的样本采样自当前的模型。这个视角解释了具有正相和负相的大多数算法，但是它还没有被神经科学实验证明是正确的。在机器学习模型中，通常有必要同时使用正相和负相，而不是按不

同时间阶段分为清醒和 REM 睡眠时期。正如我们将在第 19.5 节中看到的，一些其他机器学习算法出于其他原因从模型分布中采样，这些算法也能提供睡觉做梦的解释。

这样理解学习正相和负相的作用之后，我们设计了一个比算法 18.1 计算代价更低的替代算法。简单的 MCMC 算法的计算成本主要来自每一步的随机初始化磨合马尔可夫链。一个自然的解决方法是初始化马尔可夫链为一个非常接近模型分布的分布，从而大大减少磨合步骤。

算法 18.2 对比散度算法，使用梯度上升作为优化过程。

设步长 ϵ 为一个小正数。
设吉布斯步数 k 大到足以让从 p_{data} 初始化并从 $p(\mathbf{x};\boldsymbol{\theta})$ 采样的马尔可夫链混合。在小图像集上训练一个 RBM 大致设为 1~20。
while 不收敛 **do**
  从训练集中采包含 m 个样本 $\{\mathbf{x}^{(1)},\cdots,\mathbf{x}^{(m)}\}$ 的小批量。
  $\mathbf{g} \leftarrow \frac{1}{m}\sum_{i=1}^{m}\nabla_{\boldsymbol{\theta}}\log\tilde{p}(\mathbf{x}^{(i)};\boldsymbol{\theta})$.
  for $i=1$ to m **do**
    $\tilde{\mathbf{x}}^{(i)} \leftarrow \mathbf{x}^{(i)}$.
  end for
  for $i=1$ to k **do**
    for $j=1$ to m **do**
      $\tilde{\mathbf{x}}^{(j)} \leftarrow \text{gibbs\_update}(\tilde{\mathbf{x}}^{(j)})$.
    end for
  end for
  $\mathbf{g} \leftarrow \mathbf{g} - \frac{1}{m}\sum_{i=1}^{m}\nabla_{\boldsymbol{\theta}}\log\tilde{p}(\tilde{\mathbf{x}}^{(i)};\boldsymbol{\theta})$.
  $\boldsymbol{\theta} \leftarrow \boldsymbol{\theta} + \epsilon\mathbf{g}$.
end while

对比散度(CD，或者是具有 k 个 Gibbs 步骤的 CD-k) 算法在每个步骤中初始化马尔可夫链为采样自数据分布中的样本 (Hinton, 2000, 2010)，如算法 18.2 所示。从数据分布中获取样本是计算代价最小的，因为它们已经在数据集中了。初始时，数据分布并不接近模型分布，因此负相不是非常准确。幸运的是，正相仍然可以准确地增加数据的模型概率。进行正相阶段一段时间之后，模型分布会更接近于数据分布，并且负相开始变得准确。

当然，CD 仍然是真实负相的一个近似。CD 未能定性地实现真实负相的主要原因是，它不能抑制远离真实训练样本的高概率区域。这些区域在模型上具有高概率，但是在数据生成区域上具有低概率，被称为**虚假模态**(spurious modes)。图 18.2 解释了这种现象发生的原因。基本上，除非 k 非常大，模型分布中远离数据分布的峰值不会被使用训练数据初始化的马尔可夫链访问到。

Carreira-Perpiñan and Hinton (2005) 实验上证明 CD 估计偏向于 RBM 和完全可见的玻尔兹曼机，因为它会收敛到与最大似然估计不同的点。他们认为，由于偏差较小，CD 可以作为一种计算代价低的方式来初始化模型，之后可以通过计算代价高的 MCMC 方法进行精调。Bengio and Delalleau (2009) 表明，CD 可以被理解为去掉了正确 MCMC 梯度更新中的最小项，这解释了偏差的由来。

在训练诸如 RBM 的浅层网络时 CD 是很有用的。反过来，这些可以堆叠起来初始化更深的模型，如 DBN 或 DBM。但是 CD 并不直接有助于训练更深的模型。这是因为在给定可见单元样本的情况下，很难获得隐藏单元的样本。由于隐藏单元不包括在数据中，所以使用训练点初始化无法解决这个问题。即使我们使用数据初始化可见单元，我们仍然需要磨合在给定这些可见单元的隐藏单元条件分布上采样的马尔可夫链。

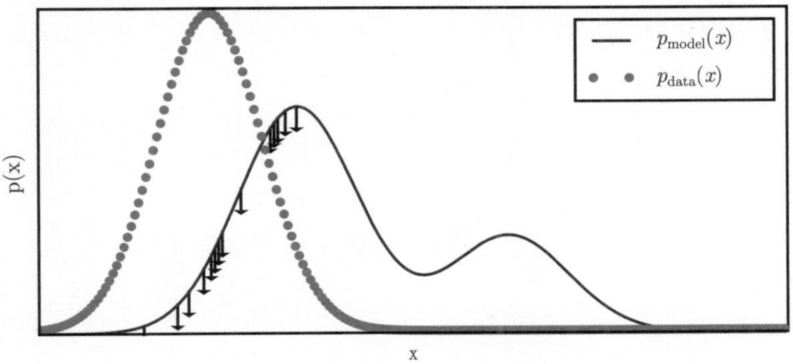

图 18.2 一个虚假模态。说明对比散度 (算法 18.2) 的负相为何无法抑制虚假模态的例子。一个虚假模态指的是一个在模型分布中出现数据分布中却不存在的模式。由于对比散度从数据点中初始化它的马尔可夫链然后仅仅运行了几步马尔可夫链，不太可能到达模型中离数据点较远的模式。这意味着从模型中采样时，我们有时候会得到一些与数据并不相似的样本。这也意味着由于在这些模式上浪费了一些概率质量，模型很难把较高的概率质量集中于正确的模式上。出于可视化的目的，这个图使用了某种程度上更加简单的距离的概念 —— 在 $\mathbb{R}$ 的数轴上虚假模态与正确的模式有很大的距离。这对应着基于局部移动 $\mathbb{R}$ 上的单个变量 x 的马尔可夫链。对于大部分深度概率模型来说，马尔可夫链是基于 Gibbs 采样的，并且对于单个变量产生非局部的移动但是无法同时移动所有的变量。对于这些问题来说，考虑编辑距离比欧式距离通常更好。然而，高维空间的编辑距离很难在二维空间作图展示

CD 算法可以被理解为惩罚某类模型，这类模型的马尔可夫链会快速改变来自数据的输入。这意味着使用 CD 训练从某种程度上说类似于训练自编码器。即使 CD 估计比一些其他训练方法具有更大偏差，但是它有助于预训练之后会堆叠起来的浅层模型。这是因为堆栈中最早的模型会受激励复制更多的信息到其潜变量，使其可用于随后的模型。这应该更多地被认为是 CD 训练中经常可利用的副产品，而不是主要的设计优势。

Sutskever and Tieleman (2010) 表明，CD 的更新方向不是任何函数的梯度。这使得 CD 可能存在永久循环的情况，但在实践中这并不是一个严重的问题。

另一个解决 CD 中许多问题的不同策略是，在每个梯度步骤中初始化马尔可夫链为先前梯度步骤的状态值。这个方法首先被应用数学和统计学社群发现，命名为**随机最大似然**(SML) (Younes, 1998)，后来又在深度学习社群中以名称**持续性对比散度**(PCD，或者每个更新中具有 k 个 Gibbs 步骤的 PCD-k) 被独立地重新发现 (Tieleman, 2008)。具体可以参考算法 18.3。这种方法的基本思想是，只要随机梯度算法得到的步长很小，那么前一步骤的模型将类似于当前步骤的模型。因此，来自先前模型分布的样本将非常接近来自当前模型分布的客观样本，用这些样本初始化的马尔可夫链将不需要花费很多时间来完成混合。

因为每个马尔可夫链在整个学习过程中不断更新，而不是在每个梯度步骤中重新开始，马

尔可夫链可以自由探索很远，以找到模型的所有峰值。因此，SML 比 CD 更不容易形成具有虚假模态的模型。此外，因为可以存储所有采样变量的状态，无论是可见的还是潜在的，SML 为隐藏单元和可见单元都提供了初始值。CD 只能为可见单元提供初始化，因此深度模型需要进行磨合步骤。SML 能够高效地训练深度模型。Marlin *et al.* (2010) 将 SML 与本章中提出的许多其他标准方法进行比较。他们发现，SML 在 RBM 上得到了最佳的测试集对数似然，并且如果 RBM 的隐藏单元被用作 SVM 分类器的特征，那么 SML 会得到最好的分类精度。

算法 18.3 随机最大似然/持续性对比散度算法，使用梯度上升作为优化过程。

设步长 ϵ 为一个小正数。

设吉布斯步数 k 大到足以让从 $p(\mathbf{x};\boldsymbol{\theta}+\epsilon\mathbf{g})$ 采样的马尔可夫链磨合 (从采自 $p(\mathbf{x};\boldsymbol{\theta})$ 的样本开始)。在小图像集上训练一个 RBM 大致设为 1，对于更复杂的模型如深度玻尔兹曼机可能要设为 5~50。

初始化 m 个样本 $\{\tilde{\mathbf{x}}^{(1)},\cdots,\tilde{\mathbf{x}}^{(m)}\}$ 为随机值 (例如，从均匀或正态分布中采，或大致与模型边缘分布匹配的分布)。

while 不收敛 **do**

  从训练集中采包含 m 个样本 $\{\mathbf{x}^{(1)},\cdots,\mathbf{x}^{(m)}\}$ 的小批量。

  $\mathbf{g} \leftarrow \frac{1}{m}\sum_{i=1}^{m}\nabla_{\boldsymbol{\theta}}\log\tilde{p}(\mathbf{x}^{(i)};\boldsymbol{\theta})$.

  for $i=1$ to k **do**

    for $j=1$ to m **do**

      $\tilde{\mathbf{x}}^{(j)} \leftarrow \text{gibbs\_update}(\tilde{\mathbf{x}}^{(j)})$.

    end for

  end for

  $\mathbf{g} \leftarrow \mathbf{g} - \frac{1}{m}\sum_{i=1}^{m}\nabla_{\boldsymbol{\theta}}\log\tilde{p}(\tilde{\mathbf{x}}^{(i)};\boldsymbol{\theta})$.

  $\boldsymbol{\theta} \leftarrow \boldsymbol{\theta}+\epsilon\mathbf{g}$.

end while

在 k 太小或 ϵ 太大时，随机梯度算法移动模型的速率比马尔可夫链在迭代步中混合更快，此时 SML 容易变得不准确。不幸的是，这些值的容许范围高度依赖于具体问题。现在还没有方法能够正式地测试马尔可夫链是否能够在迭代步骤之间成功混合。主观地，如果对于 Gibbs 步骤数目而言学习率太大的话，那么梯度步骤中负相采样的方差会比不同马尔可夫链中负相采样的方差更大。例如，一个 MNIST 模型在一个步骤中只采样得到了 7。然后学习过程将会极大降低 7 对应的峰值，在下一个步骤中，模型可能会只采样得到 9。

从使用 SML 训练的模型中评估采样必须非常小心。在模型训练完之后，有必要从一个随机起点初始化的新马尔可夫链抽取样本。用于训练的连续负相链中的样本受到了模型最近几个版本的影响，会使模型看起来具有比其实际更大的容量。

Berglund and Raiko (2013) 进行了实验来检验由 CD 和 SML 进行梯度估计带来的偏差和方差。结果证明 CD 比基于精确采样的估计具有更低的方差。而 SML 有更高的方差。CD 方差低的原因是，其在正相和负相中使用了相同的训练点。如果从不同的训练点来初始化负相，那么方差会比基于精确采样的估计的方差更大。

所有基于 MCMC 从模型中抽取样本的方法在原则上几乎可以与 MCMC 的任何变体一

起使用。这意味着诸如 SML 这样的技术可以使用第 17 章中描述的任何增强 MCMC 的技术 (例如并行回火) 来加以改进 (Desjardins *et al.*, 2010; Cho *et al.*, 2010b)。

一种在学习期间加速混合的方法是，不改变蒙特卡罗采样技术，而是改变模型的参数化和代价函数。**快速持续性对比散度**(fast persistent contrastive divergence)，或者 FPCD (Tieleman and Hinton, 2009) 使用如下表达式去替换传统模型的参数 $\boldsymbol{\theta}$

$$\boldsymbol{\theta} = \boldsymbol{\theta}^{(\text{slow})} + \boldsymbol{\theta}^{(\text{fast})} \tag{18.16}$$

现在的参数是以前的两倍多，将其逐个相加以定义原始模型的参数。快速复制参数可以使用更大的学习率来训练，从而使其快速响应学习的负相，并促使马尔可夫链探索新的区域。这能够使马尔可夫链快速混合，尽管这种效应只会发生在学习期间快速权重可以自由改变的时候。通常，在短时间地将快速权重设为大值并保持足够长时间，使马尔可夫链改变峰值之后，我们会对快速权重使用显著的权重衰减，促使它们收敛到较小的值。

本节介绍的基于 MCMC 的方法，一个关键优点是它们提供了 $\log Z$ 梯度的估计，因此我们可以从本质上将问题分解为 $\log \tilde{p}$ 和 $\log Z$ 两块。然后可以使用任何其他的方法来处理 $\log \tilde{p}(\mathbf{x})$，只需将我们的负相梯度加到其他方法的梯度中。特别地，这意味着正相可以使用那些仅提供 $\tilde{p}$ 下限的方法。然而，本章介绍处理 $\log Z$ 的大多数其他方法都和基于边界的正相方法是不兼容的。

18.3 伪似然

蒙特卡罗近似配分函数及其梯度需要直接处理配分函数。有些其他方法通过训练不需要计算配分函数的模型来绕开这个问题。这些方法大多数都基于以下观察：无向概率模型中很容易计算概率的比率。这是因为配分函数同时出现在比率的分子和分母中，互相抵消：

$$\frac{p(\mathbf{x})}{p(\mathbf{y})} = \frac{\frac{1}{Z}\tilde{p}(\mathbf{x})}{\frac{1}{Z}\tilde{p}(\mathbf{y})} = \frac{\tilde{p}(\mathbf{x})}{\tilde{p}(\mathbf{y})} \tag{18.17}$$

伪似然正是基于条件概率可以采用这种基于比率的形式，因此可以在没有配分函数的情况下进行计算。假设我们将 $\mathbf{x}$ 分为 $\mathbf{a}$、$\mathbf{b}$ 和 $\mathbf{c}$，其中 $\mathbf{a}$ 包含我们想要的条件分布的变量，$\mathbf{b}$ 包含我们想要条件化的变量，$\mathbf{c}$ 包含除此之外的变量：

$$p(\mathbf{a} \mid \mathbf{b}) = \frac{p(\mathbf{a}, \mathbf{b})}{p(\mathbf{b})} = \frac{p(\mathbf{a}, \mathbf{b})}{\sum_{\mathbf{a},\mathbf{c}} p(\mathbf{a}, \mathbf{b}, \mathbf{c})} = \frac{\tilde{p}(\mathbf{a}, \mathbf{b})}{\sum_{\mathbf{a},\mathbf{c}} \tilde{p}(\mathbf{a}, \mathbf{b}, \mathbf{c})} \tag{18.18}$$

以上计算需要边缘化 $\mathbf{a}$，假设 $\mathbf{a}$ 和 $\mathbf{c}$ 包含的变量并不多，那么这将是非常高效的操作。在极端情况下，$\mathbf{a}$ 可以是单个变量，$\mathbf{c}$ 可以为空，那么该计算仅需要估计与单个随机变量值一样多的 $\tilde{p}$。

不幸的是，为了计算对数似然，我们需要边缘化很多变量。如果总共有 n 个变量，那么我们必须边缘化 $n-1$ 个变量。根据概率的链式法则，我们有

$$\log p(\mathbf{x}) = \log p(x_1) + \log p(x_2 \mid x_1) + \cdots + \log p(x_n \mid \mathbf{x}_{1:n-1}) \tag{18.19}$$

在这种情况下，我们已经使 $\mathbf{a}$ 尽可能小，但是 $\mathbf{c}$ 可以大到 $\mathbf{x}_{2:n}$。如果我们简单地将 $\mathbf{c}$ 移到 $\mathbf{b}$ 中以减少计算代价，那么会发生什么呢？这便产生了**伪似然**(pseudolikelihood) (Besag, 1975)

目标函数，给定所有其他特征 $\boldsymbol{x}_{-i}$，预测特征 x_i 的值：

$$\sum_{i=1}^{n} \log p(x_i \mid \boldsymbol{x}_{-i}) \tag{18.20}$$

如果每个随机变量有 k 个不同的值，那么计算 $\tilde{p}$ 需要 $k \times n$ 次估计，而计算配分函数需要 k^n 次估计。

这看起来似乎是一个没有道理的策略，但可以证明最大化伪似然的估计是渐近一致的 (Mase, 1995)。当然，在数据集不趋近于大采样极限的情况下，伪似然可能表现出与最大似然估计不同的结果。

我们可以使用**广义伪似然估计**(generalized pseudolikelihood estimator) 来权衡计算复杂度和最大似然表现的偏差 (Huang and Ogata, 2002)。广义伪似然估计使用 m 个不同的集合 $\mathbb{S}^{(i)}$，$i = 1, \cdots, m$ 作为变量的指标出现在条件棒的左侧。在 $m = 1$ 和 $\mathbb{S}^{(1)} = 1, \cdots, n$ 的极端情况下，广义伪似然估计会变为对数似然。在 $m = n$ 和 $\mathbb{S}^{(i)} = \{i\}$ 的极端情况下，广义伪似然会恢复为伪似然。广义伪似然估计目标函数如下所示

$$\sum_{i=1}^{m} \log p(\mathbf{x}_{\mathbb{S}^{(i)}} \mid \mathbf{x}_{-\mathbb{S}^{(i)}}) \tag{18.21}$$

基于伪似然的方法的性能在很大程度上取决于模型是如何使用的。对于完全联合分布 $p(\mathbf{x})$ 模型的任务 (例如密度估计和采样)，伪似然通常效果不好。对于在训练期间只需要使用条件分布的任务而言，它的效果比最大似然更好，例如填充少量的缺失值。如果数据具有规则结构，使得 $\mathbb{S}$ 索引集可以被设计为表现最重要的相关性质，同时略去相关性可忽略的变量，那么广义伪似然策略将会非常有效。例如，在自然图像中，空间中相隔很远的像素也具有弱相关性，因此广义伪似然可以应用于每个 $\mathbb{S}$ 集是小的局部空间窗口的情况。

伪似然估计的一个弱点是它不能与仅在 $\tilde{p}(\mathbf{x})$ 上提供下界的其他近似一起使用，例如第 19 章中介绍的变分推断。这是因为 $\tilde{p}$ 出现在了分母中。分母的下界仅提供了整个表达式的上界，然而最大化上界没有什么意义。这使得我们难以将伪似然方法应用于诸如深度玻尔兹曼机的深度模型，因为变分方法是近似边缘化互相作用的多层隐藏变量的主要方法之一。尽管如此，伪似然仍然可以用在深度学习中，它可以用于单层模型，或使用不基于下界的近似推断方法的深度模型中。

伪似然比 SML 在每个梯度步骤中的计算代价要大得多，这是由于其对所有条件进行显式计算。但是，如果每个样本只计算一个随机选择的条件，那么广义伪似然和类似标准仍然可以很好地运行，从而使计算代价降低到和 SML 差不多的程度 (Goodfellow *et al.*, 2013d)。

虽然伪似然估计没有显式地最小化 $\log Z$，但是我们仍然认为它具有类似负相的效果。每个条件分布的分母会使得学习算法降低所有仅具有一个变量不同于训练样本的状态的概率。

读者可以参考 Marlin and de Freitas (2011) 了解伪似然渐近效率的理论分析。

18.4 得分匹配和比率匹配

得分匹配 (Hyvärinen, 2005b) 提供了另一种训练模型而不需要估计 Z 或其导数的一致性方法。对数密度关于参数的导数 $\nabla_{\boldsymbol{x}} \log p(\boldsymbol{x})$，被称为其**得分**(score)，得分匹配这个名称正是来

自这样的术语。得分匹配采用的策略是，最小化模型对数密度和数据对数密度关于输入的导数之间的平方差期望：

$$L(\boldsymbol{x},\boldsymbol{\theta})=\frac{1}{2}\left\|\nabla_{\boldsymbol{x}}\log p_{\text{model}}(\boldsymbol{x};\boldsymbol{\theta})-\nabla_{\boldsymbol{x}}\log p_{\text{data}}(\boldsymbol{x})\right\|_2^2 \tag{18.22}$$

$$J(\boldsymbol{\theta})=\frac{1}{2}\mathbb{E}_{p_{\text{data}}(\boldsymbol{x})}L(\boldsymbol{x},\boldsymbol{\theta}) \tag{18.23}$$

$$\boldsymbol{\theta}^*=\min_{\boldsymbol{\theta}}J(\boldsymbol{\theta}) \tag{18.24}$$

该目标函数避免了微分配分函数 Z 带来的难题，因为 Z 不是 x 的函数，所以 $\nabla_{\mathbf{x}}Z=0$。最初，得分匹配似乎有一个新的困难：计算数据分布的得分需要知道生成训练数据的真实分布 p_{data}。幸运的是，最小化 $L(\boldsymbol{x},\boldsymbol{\theta})$ 的期望等价于最小化下式的期望

$$\tilde{L}(\boldsymbol{x},\boldsymbol{\theta})=\sum_{j=1}^{n}\left(\frac{\partial^2}{\partial x_j^2}\log p_{\text{model}}(\boldsymbol{x};\boldsymbol{\theta})+\frac{1}{2}\left(\frac{\partial}{\partial x_j}\log p_{\text{model}}(\boldsymbol{x};\boldsymbol{\theta})\right)^2\right) \tag{18.25}$$

其中 n 是 $\boldsymbol{x}$ 的维度。

因为得分匹配需要关于 $\mathbf{x}$ 的导数，所以它不适用于具有离散数据的模型，但是模型中的潜变量可以是离散的。

类似于伪似然，得分匹配只有在我们能够直接估计 $\log\tilde{p}(\mathbf{x})$ 及其导数的时候才有效。它与对 $\log\tilde{p}(\mathbf{x})$ 仅提供下界的方法不兼容，因为得分匹配需要 $\log\tilde{p}(\mathbf{x})$ 的导数和二阶导数，而下限不能传达关于导数的任何信息。这意味着得分匹配不能应用于隐藏单元之间具有复杂相互作用的模型估计，例如稀疏编码模型或深度玻尔兹曼机。虽然得分匹配可以用于预训练较大模型的第一个隐藏层，但是它没有被用于预训练较大模型的较深层网络。这可能是因为这些模型的隐藏层通常包含一些离散变量。

虽然得分匹配没有明确显示具有负相信息，但是它可以被视为使用特定类型马尔可夫链的对比散度的变种 (Hyvärinen, 2007a)。在这种情况下，马尔可夫链并没有采用 Gibbs 采样，而是采用一种由梯度引导局部更新的不同方法。当局部更新的大小接近于 0 时，得分匹配等价于具有这种马尔可夫链的对比散度。

Lyu (2009) 将得分匹配推广到离散的情况 (但是推导有误，后由 Marlin *et al.* (2010) 修正)。Marlin *et al.* (2010) 发现，**广义得分匹配**(generalized score matching，GSM) 在许多样本观测概率为 0 的高维离散空间中不起作用。

一种更成功地将得分匹配的基本想法扩展到离散数据的方法是**比率匹配**(ratio matching) (Hyvärinen, 2007b)。比率匹配特别适用于二值数据。比率匹配最小化以下目标函数在样本上的均值：

$$L^{(\text{RM})}(\boldsymbol{x},\boldsymbol{\theta})=\sum_{j=1}^{n}\left(\frac{1}{1+\frac{p_{\text{model}}(\boldsymbol{x};\boldsymbol{\theta})}{p_{\text{model}}(f(\boldsymbol{x}),j;\boldsymbol{\theta})}}\right)^2 \tag{18.26}$$

其中 $f(\boldsymbol{x},j)$ 返回 j 处位值取反的 $\mathbf{x}$。比率匹配使用了与伪似然估计相同的策略来绕开配分函数：配分函数会在两个概率的比率中抵消掉。Marlin *et al.* (2010) 发现，训练模型给测试集图像去噪时，比率匹配的效果要优于 SML、伪似然和 GSM。

类似于伪似然估计，比率匹配对每个数据点都需要 n 个 $\tilde{p}$ 的估计，因此每次更新的计算代价大约比 SML 的计算代价高出 n 倍。

与伪似然估计一样，我们可以认为比率匹配减小了所有只有一个变量不同于训练样本的状态的概率。由于比率匹配特别适用于二值数据，这意味着在与数据的汉明距离为 1 内的所有状态上，比率匹配都是有效的。

比率匹配还可以作为处理高维稀疏数据 (例如词计数向量) 的基础。这类稀疏数据对基于 MCMC 的方法提出了挑战，因为以密集格式表示数据是非常消耗计算资源的，而只有在模型学会表示数据分布的稀疏性之后，MCMC 采样才会产生稀疏值。Dauphin and Bengio (2013) 设计了比率匹配的无偏随机近似来解决这个问题。该近似只估计随机选择的目标子集，不需要模型生成完整的样本。

读者可以参考 Marlin and de Freitas (2011) 了解比率匹配渐近效率的理论分析。

18.5 去噪得分匹配

某些情况下，我们希望拟合以下分布来正则化得分匹配

$$p_{\text{smoothed}}(\boldsymbol{x}) = \int p_{\text{data}}(\boldsymbol{y})q(\boldsymbol{x} \mid \boldsymbol{y})d\boldsymbol{y} \tag{18.27}$$

而不是拟合真实分布 p_{data}。分布 $q(\boldsymbol{x} \mid \boldsymbol{y})$ 是一个损坏过程，通常在形成 $\boldsymbol{x}$ 的过程中会向 $\boldsymbol{y}$ 中添加少量噪声。

去噪得分匹配非常有用，因为在实践中，通常我们不能获取真实的 p_{data}，而只能得到其样本确定的经验分布。给定足够容量，任何一致估计都会使 p_{model} 成为一组以训练点为中心的 Dirac 分布。考虑在第 5.4.5 节介绍的渐近一致性上的损失，通过 q 来平滑有助于缓解这个问题。Kingma and LeCun (2010b) 介绍了平滑分布 q 为正态分布噪声的正则化得分匹配。

回顾第 14.5.1 节，有一些自编码器训练算法等价于得分匹配或去噪得分匹配。因此，这些自编码器训练算法也是解决配分函数问题的一种方式。

18.6 噪声对比估计

具有难求解的配分函数的大多数模型估计都没有估计配分函数。SML 和 CD 只估计对数配分函数的梯度，而不是估计配分函数本身。得分匹配和伪似然避免了和配分函数相关的计算。

噪声对比估计(noise-contrastive estimation，NCE)(Gutmann and Hyvarinen, 2010) 采取了一种不同的策略。在这种方法中，模型估计的概率分布被明确表示为

$$\log p_{\text{model}}(\mathbf{x}) = \log \tilde{p}_{\text{model}}(\mathbf{x};\boldsymbol{\theta}) + c \tag{18.28}$$

其中 c 是 $-\log Z(\boldsymbol{\theta})$ 的近似。噪声对比估计过程将 c 视为另一参数，使用相同的算法同时估计 $\boldsymbol{\theta}$ 和 c，而不是仅仅估计 $\boldsymbol{\theta}$。因此，所得到的 $\log p_{\text{model}}(\mathbf{x})$ 可能并不完全对应有效的概率分布，但随着 c 估计的改进，它将变得越来越接近有效值 ①。

这种方法不可能使用最大似然作为估计的标准。最大似然标准可以设置 c 为任意大的值，而不是设置 c 以创建一个有效的概率分布。

① NCE 也适用于具有易于处理的、不需要引入额外参数 c 的配分函数问题。它已经是最令人感兴趣的、估计具有复杂配分函数模型的方法。

NCE 将估计 $p(\mathbf{x})$ 的无监督学习问题转化为学习一个概率二元分类器，其中一个类别对应模型生成的数据。该监督学习问题中的最大似然估计定义了原始问题的渐近一致估计。

具体地说，我们引入第二个分布，**噪声分布**(noise distribution) $p_{\text{noise}}(\mathbf{x})$。噪声分布应该易于估计和从中采样。我们现在可以构造一个联合 $\mathbf{x}$ 和新二值变量 y 的模型。在新的联合模型中，我们指定

$$p_{\text{joint}}(y=1)=\frac{1}{2} \tag{18.29}$$

$$p_{\text{joint}}(\mathbf{x}\mid y=1)=p_{\text{model}}(\mathbf{x}) \tag{18.30}$$

和

$$p_{\text{joint}}(\mathbf{x}\mid y=0)=p_{\text{noise}}(\mathbf{x}) \tag{18.31}$$

换言之，y 是一个决定我们从模型还是从噪声分布中生成 $\mathbf{x}$ 的开关变量。

我们可以在训练数据上构造一个类似的联合模型。在这种情况下，开关变量决定是从**数据**还是从噪声分布中抽取 $\mathbf{x}$。正式地，$p_{\text{train}}(y=1)=\frac{1}{2}$，$p_{\text{train}}(\mathbf{x}\mid y=1)=p_{\text{data}}(\mathbf{x})$，和 $p_{\text{train}}(\mathbf{x}\mid y=0)=p_{\text{noise}}(\mathbf{x})$。

现在我们可以应用标准的最大似然学习拟合 p_{joint} 到 p_{train} 的**监督**学习问题：

$$\boldsymbol{\theta},c=\underset{\boldsymbol{\theta},c}{\arg\max}\,\mathbb{E}_{\mathbf{x},\mathrm{y}\sim p_{\text{train}}}\log p_{\text{joint}}(y\mid\mathbf{x}) \tag{18.32}$$

分布 p_{joint} 本质上是将逻辑回归模型应用于模型和噪声分布之间的对数概率之差：

$$p_{\text{joint}}(y=1\mid\mathbf{x})=\frac{p_{\text{model}}(\mathbf{x})}{p_{\text{model}}(\mathbf{x})+p_{\text{noise}}(\mathbf{x})} \tag{18.33}$$

$$=\frac{1}{1+\frac{p_{\text{noise}}(\mathbf{x})}{p_{\text{model}}(\mathbf{x})}} \tag{18.34}$$

$$=\frac{1}{1+\exp\left(\log\frac{p_{\text{noise}}(\mathbf{x})}{p_{\text{model}}(\mathbf{x})}\right)} \tag{18.35}$$

$$=\sigma\left(-\log\frac{p_{\text{noise}}(\mathbf{x})}{p_{\text{model}}(\mathbf{x})}\right) \tag{18.36}$$

$$=\sigma(\log p_{\text{model}}(\mathbf{x})-\log p_{\text{noise}}(\mathbf{x})) \tag{18.37}$$

因此，只要 $\log\tilde{p}_{\text{model}}$ 易于反向传播，并且如上所述，p_{noise} 应易于估计 (以便评估 p_{joint}) 和采样 (以生成训练数据)，那么 NCE 就易于使用。

NCE 能够非常成功地应用于随机变量较少的问题，但即使随机变量有很多可以取的值时，它也很有效。例如，它已经成功地应用于给定单词上下文建模单词的条件分布 (Mnih and Kavukcuoglu, 2013)。虽然单词可以采样自一个很大的词汇表，但是只能采样一个单词。

当 NCE 应用于具有许多随机变量的问题时，其效率会变得较低。当逻辑回归分类器发现某个变量的取值不大可能时，它会拒绝这个噪声样本。这意味着在 p_{model} 学习了基本的边缘统计之后，学习进程会大大减慢。想象一个使用非结构化高斯噪声作为 p_{noise} 来学习面部图像的模型。如果 p_{model} 学会了眼睛，就算没有学习任何其他面部特征，比如嘴，它也会拒绝几乎所有的非结构化噪声样本。

噪声分布 p_{noise} 必须是易于估计和采样的约束可能是过于严格的限制。当 p_{noise} 比较简单时，大多数采样可能与数据有着明显不同，而不会迫使 p_{model} 进行显著改进。

类似于得分匹配和伪似然，如果 $\tilde{p}$ 只有下界，那么 NCE 不会有效。这样的下界能够用于构建 $p_{\text{joint}}(y=1 \mid \mathbf{x})$ 的下界，但是它只能用于构建 $p_{\text{joint}}(y=0 \mid \mathbf{x})$(出现在一半的 NCE 对象中) 的上界。同样地，p_{noise} 的下界也没有用，因为它只提供了 $p_{\text{joint}}(y=1 \mid \mathbf{x})$ 的上界。

在每个梯度步骤之前，模型分布被复制来定义新的噪声分布时，NCE 定义了一个被称为**自对比估计**(self-contrastive estimation) 的过程，其梯度期望等价于最大似然的梯度期望 (Goodfellow, 2014)。特殊情况的 NCE(噪声采样由模型生成) 表明，最大似然可以被解释为使模型不断学习以将现实与自身发展的信念区分的过程，而噪声对比估计通过让模型区分现实和固定的基准 (噪声模型)，我们降低了计算成本。

在训练样本和生成样本 (使用模型能量函数定义分类器) 之间进行分类以得到模型的梯度的方法，已经在更早的时候以各种形式提出来 (Welling *et al.*, 2003b; Bengio, 2009)。

噪声对比估计是基于良好生成模型应该能够区分数据和噪声的想法。一个密切相关的想法是，良好的生成模型能够生成分类器无法将其与数据区分的样本。这个想法诞生了生成式对抗网络 (第 20.10.4 节)。

18.7 估计配分函数

尽管本章中的大部分内容都在避免计算与无向图模型相关的难以计算的配分函数 $Z(\boldsymbol{\theta})$，但在本节中我们将会讨论几种直接估计配分函数的方法。

估计配分函数可能会很重要，当希望计算数据的归一化似然时，我们会需要它。在评估模型、监控训练性能和比较模型时，这通常是很重要的。

例如，假设我们有两个模型：概率分布为 $p_A(\mathbf{x};\boldsymbol{\theta}_A) = \frac{1}{Z_A}\tilde{p}_A(\mathbf{x};\boldsymbol{\theta}_A)$ 的模型 $\mathcal{M}_A$ 和概率分布为 $p_B(\mathbf{x};\boldsymbol{\theta}_B) = \frac{1}{Z_B}\tilde{p}_B(\mathbf{x};\boldsymbol{\theta}_B)$ 的模型 $\mathcal{M}_B$。比较模型的常用方法是评估和比较两个模型分配给独立同分布测试数据集的似然。假设测试集含 m 个样本 $\{\boldsymbol{x}^{(1)},\cdots,\boldsymbol{x}^{(m)}\}$。如果 $\prod_i p_A(\mathrm{x}^{(i)};\boldsymbol{\theta}_A) > \prod_i p_B(\mathrm{x}^{(i)};\boldsymbol{\theta}_B)$，或等价地，如果

$$\sum_i \log p_A(\mathrm{x}^{(i)};\boldsymbol{\theta}_A) - \sum_i \log p_B(\mathrm{x}^{(i)};\boldsymbol{\theta}_B) > 0 \tag{18.38}$$

那么我们说 $\mathcal{M}_A$ 是一个比 $\mathcal{M}_B$ 更好的模型 (或者，至少可以说，它在测试集上是一个更好的模型)，这是指它有一个更好的测试对数似然。不幸的是，测试这个条件是否成立需要知道配分函数。式 (13.38) 看起来需要估计模型分配给每个点的对数概率，因而需要估计配分函数。我们可以通过将式 (18.38) 重新转化为另一种形式来简化情况，在该形式中我们只需要知道两个模型的配分函数的**比率**：

$$\sum_i \log p_A(\mathbf{x}^{(i)};\boldsymbol{\theta}_A) - \sum_i \log p_B(\mathbf{x}^{(i)};\boldsymbol{\theta}_B) = \sum_i \left(\log \frac{\tilde{p}_A(\mathbf{x}^{(i)};\boldsymbol{\theta}_A)}{\tilde{p}_B(\mathbf{x}^{(i)};\boldsymbol{\theta}_B)}\right) - m \log \frac{Z(\boldsymbol{\theta}_A)}{Z(\boldsymbol{\theta}_B)} \tag{18.39}$$

因此，我们可以在不知道任一模型的配分函数，而只知道它们比率的情况下，判断模型 $\mathcal{M}_A$ 是否比模型 $\mathcal{M}_B$ 更优。正如我们将很快看到的，在两个模型相似的情况下，我们可以使用重要采样来估计比率。

然而，如果我们想要计算测试数据在 $\mathcal{M}_A$ 或 $\mathcal{M}_B$ 上的真实概率，我们需要计算配分函数的真实值。如果我们知道两个配分函数的比率，$r=\frac{Z(\boldsymbol{\theta}_B)}{Z(\boldsymbol{\theta}_A)}$，并且知道两者中一个的实际值，比如说 $Z(\boldsymbol{\theta}_A)$，那么我们可以计算另一个的值：

$$Z(\boldsymbol{\theta}_B)=rZ(\boldsymbol{\theta}_A)=\frac{Z(\boldsymbol{\theta}_B)}{Z(\boldsymbol{\theta}_A)}Z(\boldsymbol{\theta}_A) \tag{18.40}$$

一种估计配分函数的简单方法是使用蒙特卡罗方法，例如简单重要采样。以下用连续变量积分来表示该方法，也可以替换积分为求和，很容易将其应用到离散变量的情况。我们使用提议分布 $p_0(\mathbf{x})=\frac{1}{Z_0}\tilde{p}_0(\mathbf{x})$，其在配分函数 Z_0 和未归一化分布 $\tilde{p}_0(\mathbf{x})$ 上易于采样和估计。

$$Z_1=\int \tilde{p}_1(\mathbf{x})d\mathbf{x} \tag{18.41}$$

$$=\int \frac{p_0(\mathbf{x})}{p_0(\mathbf{x})}\tilde{p}_1(\mathbf{x})d\mathbf{x} \tag{18.42}$$

$$=Z_0\int p_0(\mathbf{x})\frac{\tilde{p}_1(\mathbf{x})}{\tilde{p}_0(\mathbf{x})}d\mathbf{x} \tag{18.43}$$

$$\hat{Z}_1=\frac{Z_0}{K}\sum_{k=1}^{K}\frac{\tilde{p}_1(\mathbf{x}^{(k)})}{\tilde{p}_0(\mathbf{x}^{(k)})} \qquad \text{s.t.}:\mathbf{x}^{(k)}\sim p_0 \tag{18.44}$$

在最后一行，我们使用蒙特卡罗估计，使用从 $p_0(\mathbf{x})$ 中抽取的采样计算积分 $\hat{Z}_1$，然后用未归一化的 $\tilde{p}_1$ 和提议分布 p_0 的比率对每个采样加权。

这种方法使得我们可以估计配分函数之间的比率：

$$\frac{1}{K}\sum_{k=1}^{K}\frac{\tilde{p}_1(\mathbf{x}^{(k)})}{\tilde{p}_0(\mathbf{x}^{(k)})} \qquad \text{s.t.}:\mathbf{x}^{(k)}\sim p_0 \tag{18.45}$$

然后该值可以直接比较式 (18.39) 中的两个模型。

如果分布 p_0 接近 p_1，那么式 (18.44) 能够有效地估计配分函数 (Minka, 2005)。不幸的是，大多数时候 p_1 都很复杂 (通常是多峰值的)，并且定义在高维空间中。很难找到一个易求解的 p_0，既能易于评估，又能充分接近 p_1 以保持高质量的近似。如果 p_0 和 p_1 不接近，那么 p_0 的大多数采样将在 p_1 中具有较低的概率，从而在式 (18.44) 的求和中产生 (相对的) 可忽略的贡献。

如果求和中只有少数几个具有显著权重的样本，那么将会由于高方差而导致估计的效果很差。这可以通过估计 $\hat{Z}_1$ 的方差来定量地理解：

$$\hat{\text{Var}}\left(\hat{Z}_1\right)=\frac{Z_0}{K^2}\sum_{k=1}^{K}\left(\frac{\tilde{p}_1(\mathbf{x}^{(k)})}{\tilde{p}_0(\mathbf{x}^{(k)})}-\hat{Z}_1\right)^2 \tag{18.46}$$

当重要性权重 $\frac{\tilde{p}_1(\mathbf{x}^{(k)})}{\tilde{p}_0(\mathbf{x}^{(k)})}$ 存在显著偏差时，上式的值是最大的。

我们现在关注两个解决高维空间复杂分布上估计配分函数的方法：退火重要采样和桥式采样。两者都始于上面介绍的简单重要采样方法，并且都试图通过引入缩小p_0 和 p_1 之间差距的中间分布，来解决 p_0 远离 p_1 的问题。

18.7.1 退火重要采样

在 $D_{KL}(p_0\|p_1)$ 很大的情况下 (即 p_0 和 p_1 之间几乎没有重叠)，一种称为**退火重要采样**(annealed importance sampling，AIS) 的方法试图通过引入中间分布来缩小这种差距 (Jarzynski, 1997; Neal, 2001)。考虑分布序列 $p_{\eta_0},\cdots,p_{\eta_n}$，其中 $0=\eta_0<\eta_1<\cdots<\eta_{n-1}<\eta_n=1$，分布序列中的第一个和最后一个分别是 p_0 和 p_1。

这种方法使我们能够估计定义在高维空间多峰分布 (例如训练 RBM 时定义的分布) 上的配分函数。我们从一个已知配分函数的简单模型 (例如，权重为零的 RBM) 开始，估计两个模型配分函数之间的比率。该比率的估计基于许多个相似分布的比率估计，例如在零和学习到的权重之间插值一组权重不同的 RBM。

现在我们可以将比率 $\frac{Z_1}{Z_0}$ 写作

$$\frac{Z_1}{Z_0}=\frac{Z_1}{Z_0}\frac{Z_{\eta_1}}{Z_{\eta_1}}\cdots\frac{Z_{\eta_{n-1}}}{Z_{\eta_{n-1}}} \tag{18.47}$$

$$=\frac{Z_{\eta_1}}{Z_0}\frac{Z_{\eta_2}}{Z_{\eta_1}}\cdots\frac{Z_{\eta_{n-1}}}{Z_{\eta_{n-2}}}\frac{Z_1}{Z_{\eta_{n-1}}} \tag{18.48}$$

$$=\prod_{j=0}^{n-1}\frac{Z_{\eta_{j+1}}}{Z_{\eta_j}} \tag{18.49}$$

如果对于所有的 $0\leqslant j\leqslant n-1$，分布 p_{η_j} 和 $p_{\eta_{j+1}}$ 足够接近，那么我们能够使用简单的重要采样来估计每个因子 $\frac{Z_{\eta_{j+1}}}{Z_{\eta_j}}$，然后使用这些得到 $\frac{Z_1}{Z_0}$ 的估计。

这些中间分布是从哪里来的呢？正如最先的提议分布 p_0 是一种设计选择，分布序列 $p_{\eta_1}\dots p_{\eta_{n-1}}$ 也是如此。也就是说，它们可以被特别设计为特定的问题领域。中间分布的一个通用和流行选择是使用目标分布 p_1 的加权几何平均，起始分布 (其配分函数是已知的) 为 p_0：

$$p_{\eta_j}\propto p_1^{\eta_j}p_0^{1-\eta_j} \tag{18.50}$$

为了从这些中间分布中采样，我们定义了一组马尔可夫链转移函数 $T_{\eta_j}(\boldsymbol{x}'\mid\boldsymbol{x})$，定义了给定 $\boldsymbol{x}$ 转移到 $\boldsymbol{x}'$ 的条件概率分布。转移算子 $T_{\eta_j}(\boldsymbol{x}'\mid\boldsymbol{x})$ 定义如下，保持 $p_{\eta_j}(\boldsymbol{x})$ 不变：

$$p_{\eta_j}(\boldsymbol{x})=\int p_{\eta_j}(\boldsymbol{x}')T_{\eta_j}(\boldsymbol{x}\mid\boldsymbol{x}')d\boldsymbol{x}' \tag{18.51}$$

这些转移可以被构造为任何马尔可夫链蒙特卡罗方法 (例如，Metropolis-Hastings，Gibbs)，包括涉及多次遍历所有随机变量或其他迭代的方法。

然后，AIS 采样方法从 p_0 开始生成样本，并使用转移算子从中间分布顺序地生成采样，直到我们得到目标分布 p_1 的采样。

- 对于 $k=1\cdots K$
  - 采样 $\boldsymbol{x}_{\eta_1}^{(k)}\sim p_0(\mathbf{x})$
  - 采样 $\boldsymbol{x}_{\eta_2}^{(k)}\sim T_{\eta_1}(\mathbf{x}_{\eta_2}^{(k)}\mid\boldsymbol{x}_{\eta_1}^{(k)})$
  - ……
  - 采样 $\boldsymbol{x}_{\eta_{n-1}}^{(k)}\sim T_{\eta_{n-2}}(\mathbf{x}_{\eta_{n-1}}^{(k)}\mid\boldsymbol{x}_{\eta_{n-2}}^{(k)})$
  - 采样 $\boldsymbol{x}_{\eta_n}^{(k)}\sim T_{\eta_{n-1}}(\mathbf{x}_{\eta_n}^{(k)}\mid\boldsymbol{x}_{\eta_{n-1}}^{(k)})$
- 结束。

对于采样 k，通过连接式 (18.49) 给出的中间分布之间的重要性权重，我们可以导出目标重要性权重：

$$w^{(k)}=\frac{\tilde{p}_{\eta_1}(\boldsymbol{x}_{\eta_1}^{(k)})}{\tilde{p}_0(\boldsymbol{x}_{\eta_1}^{(k)})}\frac{\tilde{p}_{\eta_2}(\boldsymbol{x}_{\eta_2}^{(k)})}{\tilde{p}_{\eta_1}(\boldsymbol{x}_{\eta_2}^{(k)})}\cdots\frac{\tilde{p}_1(\boldsymbol{x}_1^{(k)})}{\tilde{p}_{\eta_{n-1}}(\boldsymbol{x}_{\eta_n}^{(k)})} \tag{18.52}$$

为了避免诸如上溢的数值问题，最佳方法可能是通过加法或减法计算 $\log w^{(k)}$，而不是通过概率乘法和除法计算 $w^{(k)}$。

利用由此定义的采样过程和式 (18.52) 中给出的重要性权重，配分函数的比率估计如下所示：

$$\frac{Z_1}{Z_0}\approx\frac{1}{K}\sum_{k=1}^{K}w^{(k)} \tag{18.53}$$

为了验证该过程定义的重要采样方案是否有效，我们可以展示 (Neal, 2001) AIS 过程对应着扩展状态空间上的简单重要采样，其中数据点采样自乘积空间 $[\boldsymbol{x}_{\eta_1},\cdots,\boldsymbol{x}_{\eta_{n-1}},\boldsymbol{x}_1]$。为此，我们将扩展空间上的分布定义为

$$\tilde{p}(\boldsymbol{x}_{\eta_1},\cdots,\boldsymbol{x}_{\eta_{n-1}},\boldsymbol{x}_1) \tag{18.54}$$

$$=\tilde{p}_1(\boldsymbol{x}_1)\tilde{T}_{\eta_{n-1}}(\boldsymbol{x}_{\eta_{n-1}}\mid\boldsymbol{x}_1)\tilde{T}_{\eta_{n-2}}(\boldsymbol{x}_{\eta_{n-2}}\mid\boldsymbol{x}_{\eta_{n-1}})\cdots\tilde{T}_{\eta_1}(\boldsymbol{x}_{\eta_1}\mid\boldsymbol{x}_{\eta_2}) \tag{18.55}$$

其中 $\tilde{T}_a$ 是由 T_a 定义的转移算子的逆 (应用贝叶斯规则)：

$$\tilde{T}_a(\boldsymbol{x}'\mid\boldsymbol{x})=\frac{p_a(\boldsymbol{x}')}{p_a(\boldsymbol{x})}T_a(\boldsymbol{x}\mid\boldsymbol{x}')=\frac{\tilde{p}_a(\boldsymbol{x}')}{\tilde{p}_a(\boldsymbol{x})}T_a(\boldsymbol{x}\mid\boldsymbol{x}') \tag{18.56}$$

将以上代入到式 (18.55) 给出的扩展状态空间上的联合分布中，我们得到

$$\tilde{p}(\boldsymbol{x}_{\eta_1},\cdots,\boldsymbol{x}_{\eta_{n-1}},\boldsymbol{x}_1) \tag{18.57}$$

$$=\tilde{p}_1(\boldsymbol{x}_1)\frac{\tilde{p}_{\eta_{n-1}}(\boldsymbol{x}_{\eta_{n-1}})}{\tilde{p}_{\eta_{n-1}}(\boldsymbol{x}_1)}T_{\eta_{n-1}}(\boldsymbol{x}_1\mid\boldsymbol{x}_{\eta_{n-1}})\prod_{i=1}^{n-2}\frac{\tilde{p}_{\eta_i}(\boldsymbol{x}_{\eta_i})}{\tilde{p}_{\eta_i}(\boldsymbol{x}_{\eta_{i+1}})}T_{\eta_i}(\boldsymbol{x}_{\eta_{i+1}}\mid\boldsymbol{x}_{\eta_i}) \tag{18.58}$$

$$=\frac{\tilde{p}_1(\boldsymbol{x}_1)}{\tilde{p}_{\eta_{n-1}}(\boldsymbol{x}_1)}T_{\eta_{n-1}}(\boldsymbol{x}_1\mid\boldsymbol{x}_{\eta_{n-1}})\tilde{p}_{\eta_1}(\boldsymbol{x}_{\eta_1})\prod_{i=1}^{n-2}\frac{\tilde{p}_{\eta_{i+1}}(\boldsymbol{x}_{\eta_{i+1}})}{\tilde{p}_{\eta_i}(\boldsymbol{x}_{\eta_{i+1}})}T_{\eta_i}(\boldsymbol{x}_{\eta_{i+1}}\mid\boldsymbol{x}_{\eta_i}) \tag{18.59}$$

通过上面给定的采样方案，现在我们可以从扩展样本上的联合提议分布 q 上生成采样，联合分布如下：

$$q(\boldsymbol{x}_{\eta_1},\cdots,\boldsymbol{x}_{\eta_{n-1}},\boldsymbol{x}_1)=p_0(\boldsymbol{x}_{\eta_1})T_{\eta_1}(\boldsymbol{x}_{\eta_2}\mid\boldsymbol{x}_{\eta_1})\cdots T_{\eta_{n-1}}(\boldsymbol{x}_1\mid\boldsymbol{x}_{\eta_{n-1}}) \tag{18.60}$$

式 (18.59) 给出了扩展空间上的联合分布。将 $q(\boldsymbol{x}_{\eta_1},\cdots,\boldsymbol{x}_{\eta_{n-1}},\boldsymbol{x}_1)$ 作为扩展状态空间上的提议分布 (我们会从中抽样)，重要性权重如下：

$$w^{(k)}=\frac{\tilde{p}(\boldsymbol{x}_{\eta_1},\cdots,\boldsymbol{x}_{\eta_{n-1}},\boldsymbol{x}_1)}{q(\boldsymbol{x}_{\eta_1},\cdots,\boldsymbol{x}_{\eta_{n-1}},\boldsymbol{x}_1)}=\frac{\tilde{p}_1(\boldsymbol{x}_1^{(k)})}{\tilde{p}_{\eta_{n-1}}(\boldsymbol{x}_{\eta_{n-1}}^{(k)})}\cdots\frac{\tilde{p}_{\eta_2}(\boldsymbol{x}_{\eta_2}^{(k)})}{\tilde{p}_{\eta_1}(\boldsymbol{x}_{\eta_1}^{(k)})}\frac{\tilde{p}_{\eta_1}(\boldsymbol{x}_{\eta_1}^{(k)})}{\tilde{p}_0(\boldsymbol{x}_0^{(k)})} \tag{18.61}$$

这些权重和 AIS 上的权重相同。因此，我们可以将 AIS 解释为应用于扩展状态上的简单重要采样，其有效性直接来源于重要采样的有效性。

退火重要采样首先由 Jarzynski (1997) 发现，然后由 Neal (2001) 再次独立发现。目前它是估计无向概率模型的配分函数的最常用方法。其原因可能与一篇有影响力的论文 (Salakhutdinov and Murray, 2008) 有关，该论文并没有讨论该方法相对于其他方法的优点，而是介绍了将其应用于估计受限玻尔兹曼机和深度信念网络的配分函数。

关于 AIS 估计性质 (例如，方差和效率) 的讨论，请参看 Neal (2001)。

18.7.2 桥式采样

类似于 AIS，桥式采样 (Bennett, 1976) 是另一种处理重要采样缺点的方法。并非将一系列中间分布连接在一起，桥式采样依赖于单个分布 p_*(被称为桥)，在已知配分函数的分布 p_0 和分布 p_1(我们试图估计其配分函数 Z_1) 之间插值。

桥式采样估计比率 Z_1/Z_0：$\tilde{p}_0$ 和 $\tilde{p}_*$ 之间重要性权重期望与 $\tilde{p}_1$ 和 $\tilde{p}_*$ 之间重要性权重的比率，

$$\frac{Z_1}{Z_0} \approx \sum_{k=1}^{K} \frac{\tilde{p}_*(\boldsymbol{x}_0^{(k)})}{\tilde{p}_0(\boldsymbol{x}_0^{(k)})} \Bigg/ \sum_{k=1}^{K} \frac{\tilde{p}_*(\boldsymbol{x}_1^{(k)})}{\tilde{p}_1(\boldsymbol{x}_1^{(k)})} \tag{18.62}$$

如果仔细选择桥式采样 p_*，使其与 p_0 和 p_1 都有很大重合的话，那么桥式采样能够允许两个分布 (或更正式地，$D_{\mathrm{KL}}(p_0\|p_1)$) 之间有较大差距 (相对标准重要采样而言)。

可以表明，最优的桥式采样是 $p_*^{(opt)}(\mathbf{x}) \propto \frac{\tilde{p}_0(\boldsymbol{x})\tilde{p}_1(\boldsymbol{x})}{r\tilde{p}_0(\boldsymbol{x})+\tilde{p}_1(\boldsymbol{x})}$，其中 $r = Z_1/Z_0$。这似乎是一个不可行的解决方案，因为它似乎需要我们估计数值 Z_1/Z_0。然而，可以从粗糙的 r 开始估计，然后使用得到的桥式采样逐步迭代以改进估计 (Neal, 2005)。也就是说，我们会迭代地重新估计比率，并使用每次迭代更新 r 的值。

链接重要采样 AIS 和桥式采样各有优点。如果 $D_{\mathrm{KL}}(p_0\|p_1)$ 不太大 (由于 p_0 和 p_1 足够接近) 的话，那么桥式采样能比 AIS 更高效地估计配分函数比率。然而，如果对于单个分布 p_* 而言，两个分布相距太远难以桥接差距，那么 AIS 至少可以使用许多潜在中间分布来跨越 p_0 和 p_1 之间的差距。Neal (2005) 展示链接重要采样方法如何利用桥式采样的优点，桥接 AIS 中使用的中间分布，并且显著改进了整个配分函数的估计。

在训练期间估计配分函数 虽然 AIS 已经被认为是用于估计许多无向模型配分函数的标准方法，但是它在计算上代价很高，以致其在训练期间仍然不很实用。研究者探索了一些在训练过程中估计配分函数的替代方法。

使用桥式采样、短链 AIS 和并行回火的组合，Desjardins *et al.* (2011) 设计了一种在训练过程中追踪 RBM 配分函数的方法。该策略的基础是，在并行回火方法操作的每个温度下，RBM 配分函数的独立估计会一直保持。作者将相邻链 (来自并行回火) 的配分函数比率的桥式采样估计和跨越时间的 AIS 估计组合起来，提出一个在每次迭代学习时估计配分函数的 (且方差较小的) 方法。

本章中描述的工具提供了许多不同的方法，以解决难处理的配分函数问题，但是在训练和使用生成模型时，可能会存在一些其他问题，其中最重要的是我们接下来会遇到的难以推断的问题。

第 19 章　近似推断

许多概率模型很难训练的原因是很难进行推断。在深度学习中，通常我们有一系列可见变量 $\boldsymbol{v}$ 和一系列潜变量 $\boldsymbol{h}$。推断困难通常是指难以计算 $p(\boldsymbol{h} \mid \boldsymbol{v})$ 或其期望。而这样的操作在一些诸如最大似然学习的任务中往往是必需的。

许多仅含一个隐藏层的简单图模型会定义成易于计算 $p(\boldsymbol{h} \mid \boldsymbol{v})$ 或其期望的形式，例如受限玻尔兹曼机和概率 PCA。不幸的是，大多数具有多层隐藏变量的图模型的后验分布都很难处理。对于这些模型而言，精确推断算法需要指数量级的运行时间。即使一些只有单层的模型，如稀疏编码，也存在着这样的问题。

在本章中，我们将会介绍几个用来解决这些难以处理的推断问题的技巧。稍后，在第 20 章中，我们还将描述如何将这些技巧应用到训练其他方法难以奏效的概率模型中，如深度信念网络、深度玻尔兹曼机。

在深度学习中难以处理的推断问题通常源于结构化图模型中潜变量之间的相互作用。读者可以参考图 19.1 的几个例子。这些相互作用既可能是无向模型的直接相互作用，也可能是有向模型中同一个可见变量的共同祖先之间的"相消解释"作用。

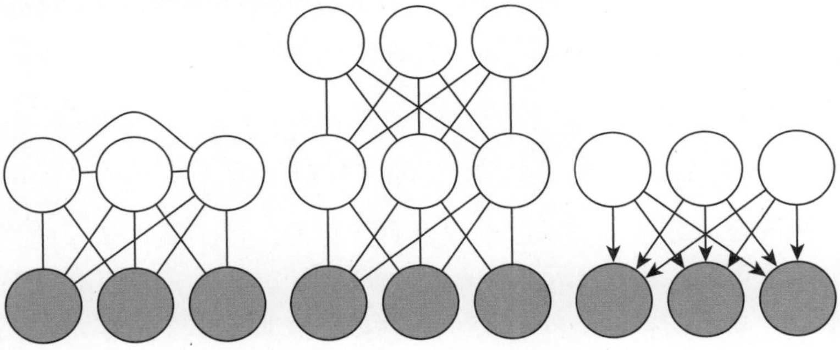

图 19.1　深度学习中难以处理的推断问题通常是由于结构化图模型中潜变量的相互作用。这些相互作用产生于一个潜变量与另一个潜变量或者当 V- 结构的子节点可观察时与更长的激活路径相连。(左) 一个隐藏单元存在连接的**半受限玻尔兹曼机**(semi-restricted Boltzmann Machine) (Osindero and Hinton, 2008)。由于存在大量潜变量的团，潜变量的直接连接使得后验分布难以处理。(中) 一个深度玻尔兹曼机，被分层从而使得不存在层内连接，由于层之间的连接其后验分布仍然难以处理。(右) 当可见变量可观察时这个有向模型的潜变量之间存在相互作用，因为每两个潜变量都是共父。即使拥有上图中的某一种结构，一些概率模型依然能够获得易于处理的关于潜变量的后验分布。如果我们选择条件概率分布来引入相对于图结构描述的额外的独立性这种情况也是可能出现的。举个例子，概率 PCA 的图结构如右图所示，然而由于其条件分布的特殊性质 (带有相互正交基向量的线性高斯条件分布) 依然能够进行简单的推断

19.1　把推断视作优化问题

精确推断问题可以描述为一个优化问题，有许多方法正是由此解决了推断的困难。通过近似这样一个潜在的优化问题，我们往往可以推导出近似推断算法。

为了构造这样一个优化问题，假设有一个包含可见变量 $\boldsymbol{v}$ 和潜变量 $\boldsymbol{h}$ 的概率模型。我们希望计算观察数据的对数概率 $\log p(\boldsymbol{v};\boldsymbol{\theta})$。有时候如果边缘化消去 $\boldsymbol{h}$ 的操作很费时，会难以计算 $\log p(\boldsymbol{v};\boldsymbol{\theta})$。作为替代，我们可以计算一个 $\log p(\boldsymbol{v};\boldsymbol{\theta})$ 的下界 $\mathcal{L}(\boldsymbol{v},\boldsymbol{\theta},q)$。这个下界被称为**证据下界**(evidence lower bound, ELBO)。这个下界的另一个常用名称是负**变分自由能**(variational free energy)。具体地，这个证据下界是这样定义的：

$$\mathcal{L}(\boldsymbol{v},\boldsymbol{\theta},q)=\log p(\boldsymbol{v};\boldsymbol{\theta})-D_{\text{KL}}(q(\boldsymbol{h}\mid\boldsymbol{v})\|p(\boldsymbol{h}\mid\boldsymbol{v};\boldsymbol{\theta}))\tag{19.1}$$

其中 q 是关于 $\boldsymbol{h}$ 的一个任意概率分布。

因为 $\log p(\boldsymbol{v})$ 和 $\mathcal{L}(\boldsymbol{v},\boldsymbol{\theta},q)$ 之间的距离是由 KL 散度来衡量的，且 KL 散度总是非负的，我们可以发现 $\mathcal{L}$ 总是小于等于所求的对数概率。当且仅当分布 q 完全相等于 $p(\boldsymbol{h}\mid\boldsymbol{v})$ 时取到等号。

令人吃惊的是，对于某些分布 q，计算 $\mathcal{L}$ 可以变得相当简单。通过简单的代数运算我们可以把 $\mathcal{L}$ 重写成一个更加简单的形式：

$$\begin{aligned}\mathcal{L}(\boldsymbol{v},\boldsymbol{\theta},q)&=\log p(\boldsymbol{v};\boldsymbol{\theta})-D_{\text{KL}}(q(\boldsymbol{h}\mid\boldsymbol{v})\|p(\boldsymbol{h}\mid\boldsymbol{v};\boldsymbol{\theta}))&(19.2)\\&=\log p(\boldsymbol{v};\boldsymbol{\theta})-\mathbb{E}_{\mathbf{h}\sim q}\log\frac{q(\boldsymbol{h}\mid\boldsymbol{v})}{p(\boldsymbol{h}\mid\boldsymbol{v})}&(19.3)\\&=\log p(\boldsymbol{v};\boldsymbol{\theta})-\mathbb{E}_{\mathbf{h}\sim q}\log\frac{q(\boldsymbol{h}\mid\boldsymbol{v})}{\frac{p(\boldsymbol{h},\boldsymbol{v};\boldsymbol{\theta})}{p(\boldsymbol{v};\boldsymbol{\theta})}}&(19.4)\\&=\log p(\boldsymbol{v};\boldsymbol{\theta})-\mathbb{E}_{\mathbf{h}\sim q}[\log q(\boldsymbol{h}\mid\boldsymbol{v})-\log p(\boldsymbol{h},\boldsymbol{v};\boldsymbol{\theta})+\log p(\boldsymbol{v};\boldsymbol{\theta})]&(19.5)\\&=-\mathbb{E}_{\mathbf{h}\sim q}[\log q(\boldsymbol{h}\mid\boldsymbol{v})-\log p(\boldsymbol{h},\boldsymbol{v};\boldsymbol{\theta})]&(19.6)\end{aligned}$$

这也给出了证据下界的标准定义：

$$\mathcal{L}(\boldsymbol{v},\boldsymbol{\theta},q)=\mathbb{E}_{\mathbf{h}\sim q}[\log p(\boldsymbol{h},\boldsymbol{v})]+H(q)\tag{19.7}$$

对于一个选择的合适分布 q 来说，$\mathcal{L}$ 是容易计算的。对任意分布 q 的选择来说，$\mathcal{L}$ 提供了似然函数的一个下界。越好地近似 $p(\boldsymbol{h}\mid\boldsymbol{v})$ 的分布 $q(\boldsymbol{h}\mid\boldsymbol{v})$，得到的下界就越紧，换言之，就是与 $\log p(\boldsymbol{v})$ 更加接近。当 $q(\boldsymbol{h}\mid\boldsymbol{v})=p(\boldsymbol{h}\mid\boldsymbol{v})$ 时，这个近似是完美的，也意味着 $\mathcal{L}(\boldsymbol{v},\boldsymbol{\theta},q)=\log p(\boldsymbol{v};\boldsymbol{\theta})$。

因此我们可以将推断问题看作找一个分布 q 使得 $\mathcal{L}$ 最大的过程。精确推断能够在包含分布 $p(\boldsymbol{h}\mid\boldsymbol{v})$ 的函数族中搜索一个函数，完美地最大化 $\mathcal{L}$。在本章中，我们将会讲到如何通过近似优化寻找分布 q 的方法来推导出不同形式的近似推断。我们可以通过限定分布 q 的形式或者使用并不彻底的优化方法来使得优化的过程更加高效 (却更粗略)，但是优化的结果是不完美的，不求彻底地最大化 $\mathcal{L}$，而只要显著地提升 $\mathcal{L}$。

无论我们选择什么样的分布 q，$\mathcal{L}$ 始终是一个下界。我们可以通过选择一个更简单或更复杂的计算过程来得到对应的更松或更紧的下界。通过一个不彻底的优化过程或者将分布 q 做很强的限定 (并且使用一个彻底的优化过程)，我们可以获得一个很差的分布 q，但是降低了计算开销。

19.2 期望最大化

我们介绍的第一个最大化下界 $\mathcal{L}$ 的算法是**期望最大化**(expectation maximization, EM) 算

法。在潜变量模型中，这是一个非常常见的训练算法。在这里我们描述 Neal and Hinton (1999) 所提出的 EM 算法。与大多数我们在本章中介绍的其他算法不同的是，EM 并不是一个近似推断算法，而是一种能够学到近似后验的算法。

EM 算法由交替迭代，直到收敛的两步运算组成。

- **E 步**(expectation step): 令 $\boldsymbol{\theta}^{(0)}$ 表示在这一步开始时的参数值。对任何我们想要训练的 (对所有的或者小批量数据均成立) 索引为 i 的训练样本 $\boldsymbol{v}^{(i)}$，令 $q(\boldsymbol{h}^{(i)} \mid \boldsymbol{v}) = p(\boldsymbol{h}^{(i)} \mid \boldsymbol{v}^{(i)}; \boldsymbol{\theta}^{(0)})$。通过这个定义，我们认为 q 在当前参数 $\boldsymbol{\theta}^{(0)}$ 下定义。如果我们改变 $\boldsymbol{\theta}$，那么 $p(\boldsymbol{h} \mid \boldsymbol{v}; \boldsymbol{\theta})$ 将会相应地变化，但是 $q(\boldsymbol{h} \mid \boldsymbol{v})$ 还是不变并且等于 $p(\boldsymbol{h} \mid \boldsymbol{v}; \boldsymbol{\theta}^{(0)})$。
- **M 步**(maximization step)：使用选择的优化算法完全地或者部分地关于 $\boldsymbol{\theta}$ 最大化

$$\sum_i \mathcal{L}(\boldsymbol{v}^{(i)}, \boldsymbol{\theta}, q) \tag{19.8}$$

这可以被看作通过坐标上升算法来最大化 $\mathcal{L}$。在第一步中，我们更新分布 q 来最大化 $\mathcal{L}$，而在另一步中，我们更新 $\boldsymbol{\theta}$ 来最大化 $\mathcal{L}$。

基于潜变量模型的随机梯度上升可以被看作一个 EM 算法的特例，其中 M 步包括了单次梯度操作。EM 算法的其他变种可以实现多次梯度操作。对一些模型族来说，M 步甚至可以直接推出解析解，不同于其他方法，在给定当前 q 的情况下直接求出最优解。

尽管 E 步采用的是精确推断，我们仍然可以将 EM 算法视作是某种程度上的近似推断。具体地说，M 步假设一个分布 q 可以被所有的 $\boldsymbol{\theta}$ 值分享。当 M 步越来越远离 E 步中的 $\boldsymbol{\theta}^{(0)}$ 时，这将会导致 $\mathcal{L}$ 和真实的 $\log p(\boldsymbol{v})$ 之间出现差距。幸运的是，在进入下一个循环时，E 步把这种差距又降到了 0。

EM 算法还包含一些不同的见解。首先，它包含了学习过程的一个基本框架，就是我们通过更新模型参数来提高整个数据集的似然，其中缺失变量的值是通过后验分布来估计的。这种特定的性质并非 EM 算法独有的。例如，使用梯度下降来最大化对数似然函数的方法也有相同的性质。计算对数似然函数的梯度需要对隐藏单元的后验分布求期望。EM 算法另一个关键的性质是当我们移动到另一个 $\boldsymbol{\theta}$ 时，我们仍然可以使用旧的分布 q。在传统机器学习中，这种特有的性质在推导大 M 步更新时候得到了广泛的应用。在深度学习中，大多数模型太过于复杂以至于在最优大 M 步更新中很难得到一个简单的解。所以 EM 算法的第二个特质，更多为其所独有，较少被使用。

19.3 最大后验推断和稀疏编码

我们通常使用**推断**(inference) 这个术语来指代给定一些其他变量的情况下计算某些变量概率分布的过程。当训练带有潜变量的概率模型时，我们通常关注于计算 $p(\boldsymbol{h} \mid \boldsymbol{v})$。另一种可选的推断形式是计算一个缺失变量的最可能值来代替在所有可能值的完整分布上的推断。在潜变量模型中，这意味着计算

$$\boldsymbol{h}^* = \arg\max_{\boldsymbol{h}} \ p(\boldsymbol{h} \mid \boldsymbol{v}) \tag{19.9}$$

这被称作**最大后验**(Maximum A Posteriori) 推断，简称 MAP 推断。

MAP 推断并不被视作一种近似推断，它只是精确地计算了最有可能的一个 $\boldsymbol{h}^*$。然而，如果我们希望设计一个最大化 $\mathcal{L}(\boldsymbol{v}, \boldsymbol{h}, q)$ 的学习过程，那么把 MAP 推断视作是输出一个 q 值

的学习过程是很有帮助的。在这种情况下，我们可以将 MAP 推断视作是近似推断，因为它并不能提供一个最优的 q。

我们回过头来看看第 19.1 节中所描述的精确推断，它指的是关于一个在无限制的概率分布族中的分布 q 使用精确的优化算法来最大化

$$\mathcal{L}(\boldsymbol{v},\boldsymbol{\theta},q)=\mathbb{E}_{\mathbf{h}\sim q}[\log p(\boldsymbol{h},\boldsymbol{v})]+H(q) \tag{19.10}$$

我们通过限定分布 q 属于某个分布族，能够使得 MAP 推断成为一种形式的近似推断。具体地说，我们令分布 q 满足一个 Dirac 分布：

$$q(\boldsymbol{h}\mid\boldsymbol{v})=\delta(\boldsymbol{h}-\boldsymbol{\mu}) \tag{19.11}$$

这也意味着现在我们可以通过 $\boldsymbol{\mu}$ 来完全控制分布 q。将 $\mathcal{L}$ 中不随 $\boldsymbol{\mu}$ 变化的项丢弃，我们只需解决一个优化问题：

$$\boldsymbol{\mu}^*=\arg\max_{\boldsymbol{\mu}}\ \log p(\boldsymbol{h}=\boldsymbol{\mu},\boldsymbol{v}) \tag{19.12}$$

这等价于 MAP 推断问题

$$\boldsymbol{h}^*=\arg\max_{\boldsymbol{h}}\ p(\boldsymbol{h}\mid\boldsymbol{v}) \tag{19.13}$$

因此我们能够证明一种类似于 EM 算法的学习算法，其中我们轮流迭代两步，一步是用 MAP 推断估计出 $\boldsymbol{h}^*$，另一步是更新 $\boldsymbol{\theta}$ 来增大 $\log p(\boldsymbol{h}^*,\boldsymbol{v})$。从 EM 算法角度来看，这也是对 $\mathcal{L}$ 的一种形式的坐标上升，交替迭代时通过推断来优化关于 q 的 $\mathcal{L}$ 以及通过参数更新来优化关于 $\boldsymbol{\theta}$ 的 $\mathcal{L}$。作为一个整体，这个算法的正确性可以得到保证，因为 $\mathcal{L}$ 是 $\log p(\boldsymbol{v})$ 的下界。在 MAP 推断中，这个保证是无效的，因为 Dirac 分布的微分熵趋近于负无穷，使得这个界会无限地松。然而，人为加入一些 $\boldsymbol{\mu}$ 的噪声会使得这个界又有了意义。

MAP 推断作为特征提取器以及一种学习机制被广泛地应用在了深度学习中。它主要用于稀疏编码模型中。

我们回过头来看第 13.4 节中的稀疏编码。稀疏编码是一种在隐藏单元上加上了诱导稀疏性的先验知识的线性因子模型。一个常用的选择是可分解的 Laplace 先验，表示为

$$p(h_i)=\frac{\lambda}{2}\exp(-\lambda|h_i|) \tag{19.14}$$

可见的节点是由一个线性变化加上噪声生成的：

$$p(\boldsymbol{v}\mid\boldsymbol{h})=\mathcal{N}(\boldsymbol{v};\boldsymbol{W}\boldsymbol{h}+\boldsymbol{b},\beta^{-1}\boldsymbol{I}) \tag{19.15}$$

分布 $p(\boldsymbol{h}\mid\boldsymbol{v})$ 难以计算，甚至难以表达。每一对 h_i，h_j 变量都是 $\boldsymbol{v}$ 的母节点。这也意味着当 $\boldsymbol{v}$ 可被观察时，图模型包含了一条连接 h_i 和 h_j 的活跃路径。因此 $p(\boldsymbol{h}\mid\boldsymbol{v})$ 中所有的隐藏单元都包含在了一个巨大的团中。如果是高斯模型，那么这些相互作用关系可以通过协方差矩阵来高效地建模。然而稀疏型先验使得这些相互作用关系并不服从高斯分布。

分布 $p(\boldsymbol{x}\mid\boldsymbol{h})$ 的难处理性导致了对数似然及其梯度也很难得到。因此我们不能使用精确的最大似然估计来进行学习。取而代之的是，我们通过 MAP 推断以及最大化由以 $\boldsymbol{h}$ 为中心的 Dirac 分布所定义而成的 ELBO 来学习模型参数。

如果我们将训练集中所有的向量 $\boldsymbol{h}$ 拼成矩阵 $\boldsymbol{H}$，并将所有的向量 $\boldsymbol{v}$ 拼起来组成矩阵 $\boldsymbol{V}$，那么稀疏编码问题意味着最小化

$$J(\boldsymbol{H},\boldsymbol{W})=\sum_{i,j}|H_{i,j}|+\sum_{i,j}\left(\boldsymbol{V}-\boldsymbol{H}\boldsymbol{W}^{\top}\right)^2_{i,j} \tag{19.16}$$

为了避免如极端小的 $\boldsymbol{H}$ 和极端大的 $\boldsymbol{W}$ 这样的病态的解，大多数稀疏编码的应用包含了权重衰减或者对 $\boldsymbol{H}$ 列范数的限制。

我们可以通过交替迭代，分别关于 $\boldsymbol{H}$ 和 $\boldsymbol{W}$ 最小化 J 的方式来最小化 J。且两个子问题都是凸的。事实上，关于 $\boldsymbol{W}$ 的最小化问题就是一个线性回归问题。然而关于这两个变量同时最小化 J 的问题通常并不是凸的。

关于 $\boldsymbol{H}$ 的最小化问题需要某些特别设计的算法，例如特征符号搜索方法 (Lee *et al.*, 2007)。

19.4 变分推断和变分学习

我们已经说明过了为什么证据下界 $\mathcal{L}(\boldsymbol{v},\boldsymbol{\theta},q)$ 是 $\log p(\boldsymbol{v};\boldsymbol{\theta})$ 的一个下界，如何将推断看作关于分布 q 最大化 $\mathcal{L}$ 的过程，以及如何将学习看作关于参数 $\boldsymbol{\theta}$ 最大化 $\mathcal{L}$ 的过程。我们也讲到了 EM 算法在给定了分布 q 的条件下能够进行大学习步骤，而基于 MAP 推断的学习算法则是学习一个 $p(\boldsymbol{h}\mid\boldsymbol{v})$ 的点估计而非推断整个完整的分布。在这里我们介绍一些变分学习中更加通用的算法。

变分学习的核心思想就是在一个关于 q 的有约束的分布族上最大化 $\mathcal{L}$。选择这个分布族时应该考虑到计算 $\mathbb{E}_q\log p(\boldsymbol{h},\boldsymbol{v})$ 的难易度。一个典型的方法就是添加分布 q 如何分解的假设。

一种常用的变分学习的方法是加入一些限制使得 q 是一个因子分布：

$$q(\boldsymbol{h}\mid\boldsymbol{v})=\prod_i q(h_i\mid\boldsymbol{v}) \tag{19.17}$$

这被称为**均值场**(mean-field) 方法。更一般地说，我们可以通过选择分布 q 的形式来选择任何图模型的结构，通过选择变量之间相互作用的多少来灵活地决定近似程度的大小。这种完全通用的图模型方法被称为**结构化变分推断** (structured variational inference) (Saul and Jordan, 1996)。

变分方法的优点是，我们不需要为分布 q 设定一个特定的参数化形式。我们设定它如何分解，之后通过解决优化问题来找出在这些分解限制下最优的概率分布。对离散型潜变量来说，这意味着我们使用传统的优化技巧来优化描述分布 q 的有限个变量。对连续型潜变量来说，这意味着我们使用一个被称为变分法的数学分支工具来解决函数空间上的优化问题。然后决定哪一个函数来表示分布 q。变分法是“变分学习”或者“变分推断”这些名字的来因，尽管当潜变量是离散时变分法并没有用武之地。当遇到连续型潜变量时，变分法不需要过多地人工选择模型，是一种很有用的工具。我们只需要设定分布 q 如何分解，而不需要去猜测一个特定的能够精确近似原后验分布的分布 q。

因为 $\mathcal{L}(\boldsymbol{v},\boldsymbol{\theta},q)$ 被定义成 $\log p(\boldsymbol{v};\boldsymbol{\theta})-D_{\mathrm{KL}}(q(\boldsymbol{h}\mid\boldsymbol{v})\|p(\boldsymbol{h}\mid\boldsymbol{v};\boldsymbol{\theta}))$，我们可以认为关于 q 最大化 $\mathcal{L}$ 的问题等价于 (关于 q) 最小化 $D_{\mathrm{KL}}(q(\boldsymbol{h}\mid\boldsymbol{v})\|p(\boldsymbol{h}\mid\boldsymbol{v}))$。在这种情况下，我们要用 q

来拟合 p。然而，与以前的方法不同，我们使用 KL 散度的相反方向来拟合一个近似。当我们使用最大似然估计来用模型拟合数据时，我们最小化 $D_{\mathrm{KL}}(p_{\mathrm{data}}\|p_{\mathrm{model}})$。如图 3.6 所示，这意味着最大似然鼓励模型在每一个数据达到高概率的地方达到高概率，而基于优化的推断则鼓励了 q 在每一个真实后验分布概率低的地方概率较小。这两种基于 KL 散度的方法都有各自的优点与缺点。选择哪一种方法取决于在具体每一个应用中哪一种性质更受偏好。在基于优化的推断问题中，从计算角度考虑，我们选择使用 $D_{\mathrm{KL}}(q(\boldsymbol{h} \mid \boldsymbol{v})\|p(\boldsymbol{h} \mid \boldsymbol{v}))$。具体地说，计算 $D_{\mathrm{KL}}(q(\boldsymbol{h} \mid \boldsymbol{v})\|p(\boldsymbol{h} \mid \boldsymbol{v}))$ 涉及计算分布 q 下的期望。所以通过将分布 q 设计得较为简单，我们可以简化求所需要的期望的计算过程。KL 散度的相反方向需要计算真实后验分布下的期望。因为真实后验分布的形式是由模型的选择决定的，所以我们不能设计出一种能够精确计算 $D_{\mathrm{KL}}(p(\boldsymbol{h} \mid \boldsymbol{v})\|q(\boldsymbol{h} \mid \boldsymbol{v}))$ 的开销较小的方法。

19.4.1 离散型潜变量

关于离散型潜变量的变分推断相对来说比较直接。我们定义一个分布 q，通常分布 q 的每个因子都由一些离散状态的可查询表格定义。在最简单的情况中，$\boldsymbol{h}$ 是二值的并且我们做了均值场假定，分布 q 可以根据每一个 h_i 分解。在这种情况下，我们可以用一个向量 $\hat{\boldsymbol{h}}$ 来参数化分布 q，$\hat{\boldsymbol{h}}$ 的每一个元素都代表一个概率，即 $q(h_i = 1 \mid \boldsymbol{v}) = \hat{h}_i$。

在确定了如何表示分布 q 以后，我们只需要优化它的参数。在离散型潜变量模型中，这是一个标准的优化问题。基本上分布 q 的选择可以通过任何优化算法解决，比如梯度下降算法。

因为它在许多学习算法的内循环中出现，所以这个优化问题必须可以很快求解。为了追求速度，我们通常使用特殊设计的优化算法。这些算法通常能够在极少的循环内解决一些小而简单的问题。一个常见的选择是使用不动点方程，换句话说，就是解关于 $\hat{h}_i$ 的方程

$$\frac{\partial}{\partial \hat{h}_i}\mathcal{L} = 0 \tag{19.18}$$

我们反复地更新 $\hat{\boldsymbol{h}}$ 不同的元素直到满足收敛准则。

为了具体化这些描述，我们接下来会讲如何将变分推断应用到**二值稀疏编码** (binary sparse coding) 模型 (这里我们所描述的模型是 Henniges *et al.* (2010) 提出的，但是我们采用了传统、通用的均值场方法，而原文作者采用了一种特殊设计的算法) 中。数学推导过程非常详细，为希望完全了解我们描述过的变分推断和变分学习高级概念描述的读者所准备。而对于并不计划推导或者实现变分学习算法的读者来说，可以放心跳过，直接阅读下一节，这并不会遗漏新的高级概念。建议那些从事二值稀疏编码研究的读者可以重新看一下第 3.10 节中描述的一些经常在概率模型中出现的有用的函数性质。我们在推导过程中随意地使用了这些性质，并没有特别强调它们。

在二值稀疏编码模型中，输入 $\boldsymbol{v} \in \mathbb{R}^n$，是由模型通过添加高斯噪声到 m 个或有或无的不同成分的和而生成的。每一个成分可以是开或者关的，对应着隐藏单元 $\boldsymbol{h} \in \{0,1\}^m$:

$$p(h_i = 1) = \sigma(b_i) \tag{19.19}$$

$$p(\boldsymbol{v} \mid \boldsymbol{h}) = \mathcal{N}(\boldsymbol{v}; \boldsymbol{W}\boldsymbol{h}, \boldsymbol{\beta}^{-1}) \tag{19.20}$$

其中 $\boldsymbol{b}$ 是一个可以学习的偏置集合，$\boldsymbol{W}$ 是一个可以学习的权值矩阵，$\boldsymbol{\beta}$ 是一个可以学习的对角精度矩阵。

使用最大似然来训练这样一个模型需要对参数进行求导。我们考虑对其中一个偏置进行求导的过程:

$$\frac{\partial}{\partial b_i}\log p(\boldsymbol{v}) \tag{19.21}$$

$$=\frac{\frac{\partial}{\partial b_i}p(\boldsymbol{v})}{p(\boldsymbol{v})} \tag{19.22}$$

$$=\frac{\frac{\partial}{\partial b_i}\sum_{\boldsymbol{h}}p(\boldsymbol{h},\boldsymbol{v})}{p(\boldsymbol{v})} \tag{19.23}$$

$$=\frac{\frac{\partial}{\partial b_i}\sum_{\boldsymbol{h}}p(\boldsymbol{h})p(\boldsymbol{v}\mid\boldsymbol{h})}{p(\boldsymbol{v})} \tag{19.24}$$

$$=\frac{\sum_{\boldsymbol{h}}p(\boldsymbol{v}\mid\boldsymbol{h})\frac{\partial}{\partial b_i}p(\boldsymbol{h})}{p(\boldsymbol{v})} \tag{19.25}$$

$$=\sum_{\boldsymbol{h}}p(\boldsymbol{h}\mid\boldsymbol{v})\frac{\frac{\partial}{\partial b_i}p(\boldsymbol{h})}{p(\boldsymbol{h})} \tag{19.26}$$

$$=\mathbb{E}_{\mathbf{h}\sim p(\boldsymbol{h}\mid\boldsymbol{v})}\frac{\partial}{\partial b_i}\log p(\boldsymbol{h}) \tag{19.27}$$

这需要计算 $p(\boldsymbol{h}\mid\boldsymbol{v})$ 下的期望。不幸的是，$p(\boldsymbol{h}\mid\boldsymbol{v})$ 是一个很复杂的分布。关于 $p(\boldsymbol{h},\boldsymbol{v})$ 和 $p(\boldsymbol{h}\mid\boldsymbol{v})$ 的图结构可以参考图 19.2。隐藏单元的后验分布对应的是关于隐藏单元的完全图，所以相对于暴力算法，变量消去算法并不能有助于提高计算期望的效率。

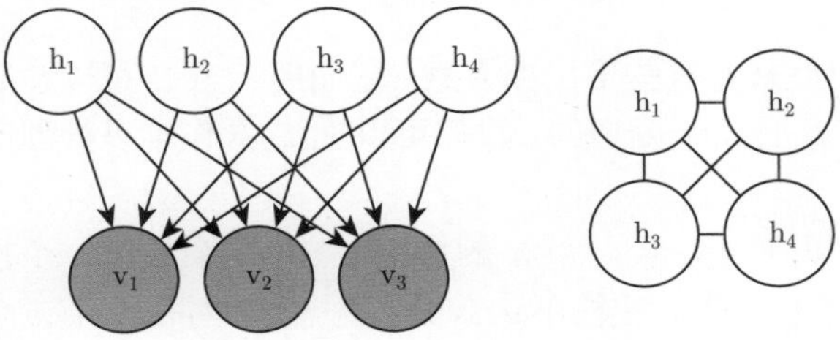

图 19.2 包含 4 个隐藏单元的二值稀疏编码的图结构。(左) $p(\boldsymbol{h},\boldsymbol{v})$ 的图结构。要注意边是有向的，每两个隐藏单元都是每个可见单元的共父。(右) $p(\boldsymbol{h},\boldsymbol{v})$ 的图结构。为了解释共父之间的活跃路径，后验分布所有隐藏单元之间都有边

取而代之的是，我们可以应用变分推断和变分学习来解决这个难点。

我们可以做一个均值场近似:

$$q(\boldsymbol{h}\mid\boldsymbol{v})=\prod_i q(h_i\mid\boldsymbol{v}) \tag{19.28}$$

二值稀疏编码中的潜变量是二值的，所以为了表示可分解的 q 我们假设对 m 个 Bernoulli 分布 $q(h_i\mid\boldsymbol{v})$ 建模。表示 Bernoulli 分布的一种很自然的方法是使用一个概率向量 $\hat{\boldsymbol{h}}$，满足 $q(h_i\mid\boldsymbol{v})=\hat{h}_i$。为了避免计算中的误差，比如说计算 $\log\hat{h}_i$ 时，我们对 $\hat{h}_i$ 添加一个约束，即 $\hat{h}_i$ 不等于 0 或者 1。

我们将会看到变分推断方程理论上永远不会赋予 $\hat{h}_i$ 为 0 或者 1。然而在软件实现过程中，机器的舍入误差会导致 0 或者 1 的值。在二值稀疏编码的软件实现中，我们希望使用一个没有限制的变分参数向量 $\boldsymbol{z}$ 以及通过关系 $\hat{\boldsymbol{h}}=\sigma(\boldsymbol{z})$ 来获得 $\boldsymbol{h}$。因此通过使用等式

$\log\sigma(z_i)=-\zeta(-z_i)$ 来建立 sigmoid 函数和 softplus 函数的关系，我们可以放心地在计算机上计算 $\log\hat{h}_i$。

在开始二值稀疏编码模型中变分学习的推导时，我们首先说明了均值场近似的使用可以使得学习过程更加简单。

证据下界可以表示为

$$\mathcal{L}(\boldsymbol{v},\boldsymbol{\theta},q) \tag{19.29}$$

$$=\mathbb{E}_{\mathbf{h}\sim q}[\log p(\boldsymbol{h},\boldsymbol{v})]+H(q) \tag{19.30}$$

$$=\mathbb{E}_{\mathbf{h}\sim q}[\log p(\boldsymbol{h})+\log p(\boldsymbol{v}\mid\boldsymbol{h})-\log q(\boldsymbol{h}\mid\boldsymbol{v})] \tag{19.31}$$

$$=\mathbb{E}_{\mathbf{h}\sim q}\Big[\sum_{i=1}^{m}\log p(h_i)+\sum_{i=1}^{n}\log p(v_i\mid\boldsymbol{h})-\sum_{i=1}^{m}\log q(h_i\mid\boldsymbol{v})\Big] \tag{19.32}$$

$$=\sum_{i=1}^{m}\Big[\hat{h}_i(\log\sigma(b_i)-\log\hat{h}_i)+(1-\hat{h}_i)(\log\sigma(-b_i)-\log(1-\hat{h}_i))\Big] \tag{19.33}$$

$$+\mathbb{E}_{\mathbf{h}\sim q}\left[\sum_{i=1}^{n}\log\sqrt{\frac{\beta_i}{2\pi}}\exp(-\frac{\beta_i}{2}(v_i-\boldsymbol{W}_{i,:}\boldsymbol{h})^2)\right] \tag{19.34}$$

$$=\sum_{i=1}^{m}\Big[\hat{h}_i(\log\sigma(b_i)-\log\hat{h}_i)+(1-\hat{h}_i)(\log\sigma(-b_i)-\log(1-\hat{h}_i))\Big] \tag{19.35}$$

$$+\frac{1}{2}\sum_{i=1}^{n}\left[\log\frac{\beta_i}{2\pi}-\beta_i\left(v_i^2-2v_i\boldsymbol{W}_{i,:}\hat{\boldsymbol{h}}+\sum_{j}\Big[W_{i,j}^2\hat{h}_j+\sum_{k\neq j}W_{i,j}W_{i,k}\hat{h}_j\hat{h}_k\Big]\right)\right] \tag{19.36}$$

尽管这些方程从美学观点来看有些不尽如人意。它们展示了 $\mathcal{L}$ 可以被表示为少量简单的代数运算。因此，证据下界 $\mathcal{L}$ 是易于处理的。我们可以把 $\mathcal{L}$ 看作难以处理的对数似然函数的一个替代。

原则上说，我们可以使用关于 $\boldsymbol{v}$ 和 $\boldsymbol{h}$ 的梯度上升。这会成为一个推断和学习算法的完美组合。但是，由于两个原因，我们往往不这么做。第一点，对每一个 $\boldsymbol{v}$ 我们需要存储 $\hat{\boldsymbol{h}}$。我们通常更加偏向于那些不需要为每一个样本都准备内存的算法。如果我们需要为每一个样本都存储一个动态更新的向量，使得算法很难处理几十亿的样本。第二个原因就是为了能够识别 $\boldsymbol{v}$ 的内容，我们希望能够有能力快速提取特征 $\hat{\boldsymbol{h}}$。在实际应用场景中，我们需要在有限时间内计算出 $\hat{\boldsymbol{h}}$。

由于以上两个原因，我们通常不会采用梯度下降来计算均值场参数 $\hat{\boldsymbol{h}}$。取而代之的是，我们使用不动点方程来快速估计。

不动点方程的核心思想是，我们寻找一个关于 $\boldsymbol{h}$ 的局部极大点，满足 $\nabla_{\boldsymbol{h}}\mathcal{L}(\boldsymbol{v},\boldsymbol{\theta},\hat{\boldsymbol{h}})=0$。我们无法同时高效地计算所有 $\hat{\boldsymbol{h}}$ 的元素。然而，我们可以解决单个变量的问题：

$$\frac{\partial}{\partial\hat{h}_i}\mathcal{L}(\boldsymbol{v},\boldsymbol{\theta},\hat{\boldsymbol{h}})=0 \tag{19.37}$$

我们可以迭代地将这个解应用到 $i=1,\cdots,m$，然后重复这个循环直到我们满足了收敛准则。常见的收敛准则包含了当整个循环所改进的 $\mathcal{L}$ 不超过预设的容差量时停止，或者是循环中改变的 $\hat{\boldsymbol{h}}$ 不超过某个值时停止。

在很多不同的模型中，迭代的均值场不动点方程是一种能够提供快速变分推断的通用算法。为了使它更加具体，我们详细地讲一下如何推导出二值稀疏编码模型的更新过程。

首先，我们给出了对 $\hat{h}_i$ 的导数表达式。为了得到这个表达式，我们将式 (19.36) 代入到式 (19.37) 的左边：

$$\frac{\partial}{\partial \hat{h}_i}\mathcal{L}(\boldsymbol{v},\boldsymbol{\theta},\hat{\boldsymbol{h}}) \tag{19.38}$$

$$=\frac{\partial}{\partial \hat{h}_i}\left[\sum_{j=1}^{m}\left[\hat{h}_j(\log\sigma(b_j)-\log\hat{h}_j)+(1-\hat{h}_j)(\log\sigma(-b_j)-\log(1-\hat{h}_j))\right]\right. \tag{19.39}$$

$$\left.+\frac{1}{2}\sum_{j=1}^{n}\left[\log\frac{\beta_j}{2\pi}-\beta_j\left(v_j^2-2v_j\boldsymbol{W}_{j,:}\hat{\boldsymbol{h}}+\sum_k\left[W_{j,k}^2\hat{h}_k+\sum_{l\neq k}W_{j,k}W_{j,l}\hat{h}_k\hat{h}_l\right]\right)\right]\right] \tag{19.40}$$

$$=\log\sigma(b_i)-\log\hat{h}_i-1+\log(1-\hat{h}_i)+1-\log\sigma(-b_i) \tag{19.41}$$

$$+\sum_{j=1}^{n}\left[\beta_j\left(v_jW_{j,i}-\frac{1}{2}W_{j,i}^2-\sum_{k\neq i}\boldsymbol{W}_{j,k}\boldsymbol{W}_{j,i}\hat{h}_k\right)\right] \tag{19.42}$$

$$=b_i-\log\hat{h}_i+\log(1-\hat{h}_i)+\boldsymbol{v}^\top\boldsymbol{\beta}\boldsymbol{W}_{:,i}-\frac{1}{2}\boldsymbol{W}_{:,i}^\top\boldsymbol{\beta}\boldsymbol{W}_{:,i}-\sum_{j\neq i}\boldsymbol{W}_{:,j}^\top\boldsymbol{\beta}\boldsymbol{W}_{:,i}\hat{h}_j \tag{19.43}$$

为了应用固定点更新的推断规则，我们通过令式 (19.43) 等于 0 来解 $\hat{h}_i$：

$$\hat{h}_i=\sigma\left(b_i+\boldsymbol{v}^\top\boldsymbol{\beta}\boldsymbol{W}_{:,i}-\frac{1}{2}\boldsymbol{W}_{:,i}^\top\boldsymbol{\beta}\boldsymbol{W}_{:,i}-\sum_{j\neq i}\boldsymbol{W}_{:,j}^\top\boldsymbol{\beta}\boldsymbol{W}_{:,i}\hat{h}_j\right) \tag{19.44}$$

此时，我们可以发现图模型中的推断和循环神经网络之间存在着紧密的联系。具体地说，均值场不动点方程定义了一个循环神经网络。这个神经网络的任务就是完成推断。我们已经从模型描述的角度介绍了如何推导这个网络，但是直接训练这个推断网络也是可行的。有关这种思路的一些想法在第 20 章中有所描述。

在二值稀疏编码模型中，我们可以发现式 (19.44) 中描述的循环网络连接包含了根据相邻隐藏单元变化值来反复更新当前隐藏单元的操作。输入层通常给隐藏单元发送一个固定的信息 $\boldsymbol{v}^\top\beta\boldsymbol{W}$，然而隐藏单元不断地更新互相传送的信息。具体地说，当 $\hat{h}_i$ 和 $\hat{h}_j$ 两个单元的权重向量平行时，它们会互相抑制。这也是一种形式的竞争 —— 两个解释输入的隐藏单元之间，只有一个解释得更好的才被允许继续保持活跃。在二值稀疏编码的后验分布中，均值场近似试图捕获到更多的相消解释相互作用，从而产生了这种竞争。事实上，相消解释效应会产生一个多峰值的后验分布，以至于如果我们从后验分布中采样，一些样本在一个单元是活跃的，其他的样本在另一个单元活跃，只有很少的样本能够两者都处于活跃状态。不幸的是，相消解释作用无法通过均值场中因子分布 q 来建模，因此建模时均值场近似只能选择一个峰值。这个现象的一个例子可以参考图 3.6。

我们将式 (19.44) 重写成等价的形式来揭示一些深层的含义：

$$\hat{h}_i=\sigma\left(b_i+\left(\boldsymbol{v}-\sum_{j\neq i}\boldsymbol{W}_{:,j}\hat{h}_j\right)^\top\boldsymbol{\beta}\boldsymbol{W}_{:,i}-\frac{1}{2}\boldsymbol{W}_{:,i}^\top\boldsymbol{\beta}\boldsymbol{W}_{:,i}\right) \tag{19.45}$$

在这种新的形式中，我们可以将 $\boldsymbol{v}-\sum_{j\neq i}\boldsymbol{W}_{:,j}\hat{h}_j$ 看作输入，而不是 $\boldsymbol{v}$。因此，我们可以把第 i 个单元视作给定其他单元编码时给 $\boldsymbol{v}$ 中的剩余误差编码。由此我们可以将稀疏编码视作一个迭代的自编码器，将输入反复地编码解码，试图在每一轮迭代后都能修复重构中的误差。

在这个例子中，我们已经推导出了每一次更新单个结点的更新规则。如果能够同时更新更多的结点，那会更令人满意。某些图模型，比如深度玻尔兹曼机，我们可以同时解出 $\hat{\boldsymbol{h}}$ 中的许多元素。不幸的是，二值稀疏编码并不适用这种块更新。取而代之的是，我们使用一种被称为**衰减** (damping) 的启发式技巧来实现块更新。在衰减方法中，对 $\hat{\boldsymbol{h}}$ 中的每一个元素我们都可以解出最优值，然后对于所有的值都在这个方向上移动一小步。这个方法不能保证每一步都能增加 $\mathcal{L}$，但是对于许多模型都很有效。关于在信息传输算法中如何选择同步程度以及使用衰减策略可以参考 Koller and Friedman (2009)。

19.4.2 变分法

在继续介绍变分学习之前，我们有必要简单地介绍一种变分学习中重要的数学工具：**变分法**(calculus of variations)。

许多机器学习的技巧是基于寻找一个输入向量 $\boldsymbol{\theta} \in \mathbb{R}^n$ 来最小化函数 $J(\boldsymbol{\theta})$，使得它取到最小值。这个步骤可以利用多元微积分以及线性代数的知识找到满足 $\nabla_{\boldsymbol{\theta}} J(\boldsymbol{\theta}) = 0$ 的临界点来完成。在某些情况下，我们希望能够解一个函数 $f(\boldsymbol{x})$，比如当我们希望找到一些随机变量的概率密度函数时。正是变分法能够让我们完成这个目标。

函数 f 的函数被称为**泛函**(functional) $J[f]$。正如许多情况下对一个函数求关于以向量的元素为变量的偏导数一样，我们可以使用**泛函导数**(functional derivative)，即在任意特定的 $\boldsymbol{x}$ 值，对一个泛函 $J[f]$ 求关于函数 $f(\boldsymbol{x})$ 的导数，这也被称为**变分导数**(variational derivative)。泛函 J 的关于函数 f 在点 $\boldsymbol{x}$ 处的泛函导数被记作 $\frac{\delta}{\delta f(x)} J$。

完整正式的泛函导数的推导不在本书的范围之内。对于我们的目标而言，了解可微分函数 $f(\boldsymbol{x})$ 以及带有连续导数的可微分函数 $g(y, \boldsymbol{x})$ 就足够了：

$$\frac{\delta}{\delta f(\boldsymbol{x})} \int g(f(\boldsymbol{x}), \boldsymbol{x}) d\boldsymbol{x} = \frac{\partial}{\partial y} g(f(\boldsymbol{x}), \boldsymbol{x}) \tag{19.46}$$

为了使上述等式更加直观，我们可以把 $f(\boldsymbol{x})$ 看作一个有着无穷不可数多元素的向量，由一个实数向量 $\boldsymbol{x}$ 表示。在这里 (看作一个不完全的介绍)，这种关系式中描述的泛函导数和向量 $\boldsymbol{\theta} \in \mathbb{R}^n$ 的导数相同：

$$\frac{\partial}{\partial \theta_i} \sum_j g(\theta_j, j) = \frac{\partial}{\partial \theta_i} g(\theta_i, i) \tag{19.47}$$

在其他机器学习文献中的许多结果则使用了更为通用的**欧拉–拉格朗日方程**(Euler-Lagrange Equation)，它能够使得 g 不仅依赖于 f 的值，还依赖于 f 的导数。但是在本书中我们不需要这个通用版本。

为了关于一个向量优化某个函数，我们求出了这个函数关于这个向量的梯度，然后找这个梯度中每一个元素都为 0 的点。类似地，我们可以通过寻找一个函数使得泛函导数的每个点都等于 0，从而来优化一个泛函。

下面介绍一个该过程如何运行的例子，我们考虑寻找一个定义在 $x \in \mathbb{R}$ 上的有最大微分熵的概率密度函数。我们回过头来看一下一个概率分布 $p(x)$ 的熵，定义如下：

$$H[p] = -\mathbb{E}_x \log p(x) \tag{19.48}$$

对于连续的值，这个期望可以被看作一个积分：

$$H[p] = -\int p(x)\log p(x)dx \tag{19.49}$$

我们不能简单地仅仅关于函数 $p(x)$ 最大化 $H[p]$，因为那样的话结果可能不是一个概率分布。为了解决这个问题，我们需要使用一个拉格朗日乘子来添加一个分布 $p(x)$ 积分值为 1 的约束。同样地，当方差增大时，熵也会无限制地增加。因此，寻找哪一个分布有最大熵这个问题是没有意义的。但是，在给定固定的方差 σ^2 时，我们可以寻找一个最大熵的分布。最后，这个问题还是欠定的，因为在不改变熵的条件下一个分布可以被随意地改变。为了获得一个唯一的解，我们再加一个约束：分布的均值必须为 μ。那么这个问题的拉格朗日泛函如下：

$$\mathcal{L}[p] = \lambda_1\Big(\int p(x)dx - 1\Big) + \lambda_2(\mathbb{E}[x]-\mu) + \lambda_3(\mathbb{E}[(x-\mu)^2]-\sigma^2) + H[p] \tag{19.50}$$

$$= \int \Big(\lambda_1 p(x) + \lambda_2 p(x)x + \lambda_3 p(x)(x-\mu)^2 - p(x)\log p(x)\Big)dx - \lambda_1 - \mu\lambda_2 - \sigma^2\lambda_3 \tag{19.51}$$

为了关于 p 最小化拉格朗日乘子，我们令泛函导数等于 0：

$$\forall x,\ \ \frac{\delta}{\delta p(x)}\mathcal{L} = \lambda_1 + \lambda_2 x + \lambda_3(x-\mu)^2 - 1 - \log p(x) = 0 \tag{19.52}$$

这个条件告诉我们 $p(x)$ 的泛函形式。通过代数运算重组上述方程，我们可以得到

$$p(x) = \exp\left(\lambda_1 + \lambda_2 x + \lambda_3(x-\mu)^2 - 1\right) \tag{19.53}$$

我们并没有直接假设 $p(x)$ 取这种形式，而是通过最小化泛函从理论上得到了这个 $p(x)$ 的表达式。为了解决这个最小化问题，我们需要选择 λ 的值来确保所有的约束都能够满足。我们有很大的自由去选择 λ。因为只要满足约束，拉格朗日关于 λ 这个变量的梯度就为 0。为了满足所有的约束，我们可以令 $\lambda_1 = 1-\log\sigma\sqrt{2\pi}$,$\lambda_2 = 0$, $\lambda_3 = -\frac{1}{2\sigma^2}$，从而得到

$$p(x) = \mathcal{N}(x;\mu,\sigma^2) \tag{19.54}$$

这也是当我们不知道真实的分布时，总是使用正态分布的一个原因。因为正态分布拥有最大的熵，我们通过这个假定来保证了最小可能量的结构。

当寻找熵的拉格朗日泛函的临界点并且给定一个固定的方差时，我们只能找到一个对应最大熵的临界点。那最小化熵的概率密度函数是什么样的呢？为什么我们无法发现对应着极小点的第二个临界点呢？原因是没有一个特定的函数能够达到最小的熵值。当函数把越多的概率密度加到 $x=\mu+\sigma$ 和 $x=\mu-\sigma$ 两个点上，越少的概率密度到其他点上时，它们的熵值会减少，而方差却不变。然而任何把所有的权重都放在这两点的函数的积分都不为 1，不是一个有效的概率分布。所以不存在一个最小熵的概率密度函数，就像不存在一个最小的正实数一样。然而，我们发现存在一个收敛的概率分布的序列，收敛到权重都在两个点上。这种情况能够退化为混合 Dirac 分布。因为 Dirac 分布并不是一个单独的概率密度函数，所以 Dirac 分布或者混合 Dirac 分布并不能对应函数空间的一个点。所以对我们来说，当寻找一个泛函导数为 0 的函数空间的点时，这些分布是不可见的。这就是这种方法的局限之处。诸如 Dirac 分布这样的分布可以通过其他方法被找到，比如可以先猜测一个解，然后证明它是满足条件的。

19.4.3 连续型潜变量

当我们的图模型包含连续型潜变量时，仍然可以通过最大化 $\mathcal{L}$ 进行变分推断和变分学习。然而，我们需要使用变分法来实现关于 $q(\boldsymbol{h} \mid \boldsymbol{v})$ 最大化 $\mathcal{L}$。

在大多数情况下，研究者并不需要解决任何变分法的问题。取而代之的是，均值场固定点迭代更新有一个通用的方程。如果我们做了均值场近似：

$$q(\boldsymbol{h} \mid \boldsymbol{v}) = \prod_i q(h_i \mid \boldsymbol{v}) \tag{19.55}$$

并且对任何的 $j \neq i$ 固定 $q(h_j \mid \boldsymbol{v})$，那么只需要满足分布 p 中任何联合分布变量的概率值不为 0，我们就可以通过归一化下面这个未归一的分布

$$\tilde{q}(h_i \mid \boldsymbol{v}) = \exp\big(\mathbb{E}_{\mathbf{h}_{-i} \sim q(\mathbf{h}_{-i} \mid \boldsymbol{v})} \log \tilde{p}(\boldsymbol{v}, \boldsymbol{h})\big) \tag{19.56}$$

来得到最优的 $q(h_i \mid \boldsymbol{v})$。在这个方程中计算期望就能得到正确的 $q(h_i \mid \boldsymbol{v})$ 的表达式。我们只有在希望提出一种新形式的变分学习算法时才需要使用变分法来直接推导 q 的函数形式。式 (19.56) 给出了适用于任何概率模型的均值场近似。

式 (19.56) 是一个不动点方程，对每一个 i 它都被迭代地反复使用直到收敛。然而，它还包含着更多的信息。它还包含了最优解取到的泛函形式，无论我们是否能够通过不动点方程来解出它。这意味着我们可以利用方程中的泛函形式，把其中一些值当成参数，然后通过任何我们想用的优化算法来解决这个问题。

我们拿一个简单的概率模型作为例子，其中潜变量满足 $\boldsymbol{h} \in \mathbb{R}^2$，可见变量只有一个 v。假设 $p(\boldsymbol{h}) = \mathcal{N}(\boldsymbol{h}; 0, \boldsymbol{I})$ 以及 $p(v \mid \boldsymbol{h}) = \mathcal{N}(v; \boldsymbol{w}^\top \boldsymbol{h}; 1)$，我们可以积掉 $\boldsymbol{h}$ 来简化这个模型，结果是关于 v 的高斯分布。这个模型本身并不有趣。只是为了说明变分法如何应用在概率建模之中，我们才构造了这个模型。

忽略归一化常数时，真实的后验分布如下：

$$p(\boldsymbol{h} \mid \boldsymbol{v}) \tag{19.57}$$

$$\propto p(\boldsymbol{h}, \boldsymbol{v}) \tag{19.58}$$

$$= p(h_1) p(h_2) p(\boldsymbol{v} \mid \boldsymbol{h}) \tag{19.59}$$

$$\propto \exp\big(-\frac{1}{2}[h_1^2 + h_2^2 + (v - h_1 w_1 - h_2 w_2)^2]\big) \tag{19.60}$$

$$= \exp\big(-\frac{1}{2}[h_1^2 + h_2^2 + v^2 + h_1^2 w_1^2 + h_2^2 w_2^2 - 2v h_1 w_1 - 2v h_2 w_2 + 2 h_1 w_1 h_2 w_2]\big) \tag{19.61}$$

在上式中，我们发现由于带有 h_1、h_2 乘积项的存在，真实的后验并不能关于 h_1、h_2 分解。

应用式 (19.56)，我们可以得到

$$\tilde{q}(h_1 \mid \boldsymbol{v}) \tag{19.62}$$

$$= \exp\big(\mathbb{E}_{\mathrm{h}_2 \sim q(\mathrm{h}_2 \mid \boldsymbol{v})} \log \tilde{p}(\boldsymbol{v}, \boldsymbol{h})\big) \tag{19.63}$$

$$= \exp\Big(-\frac{1}{2}\mathbb{E}_{\mathrm{h}_2 \sim q(\mathrm{h}_2 \mid \boldsymbol{v})}[h_1^2 + h_2^2 + v^2 + h_1^2 w_1^2 + h_2^2 w_2^2 \tag{19.64}$$

$$- 2v h_1 w_1 - 2v h_2 w_2 + 2 h_1 w_1 h_2 w_2]\Big) \tag{19.65}$$

从这里，我们可以发现其中我们只需要从 $q(h_2 \mid \boldsymbol{v})$ 中获得两个有效值：$\mathbb{E}_{\mathrm{h}_2\sim q(\mathrm{h}|\boldsymbol{v})}[h_2]$ 和 $\mathbb{E}_{\mathrm{h}_2\sim q(\mathrm{h}|\boldsymbol{v})}[h_2^2]$。把这两项记作 $\langle h_2\rangle$ 和 $\langle h_2^2\rangle$，我们可以得到：

$$\tilde{q}(h_1 \mid \boldsymbol{v}) = \exp(-\frac{1}{2}[h_1^2 + \langle h_2^2\rangle + v^2 + h_1^2 w_1^2 + \langle h_2^2\rangle w_2^2 \tag{19.66}$$

$$- 2vh_1w_1 - 2v\langle h_2\rangle w_2 + 2h_1w_1\langle h_2\rangle w_2]) \tag{19.67}$$

从这里，我们可以发现 $\tilde{q}$ 的泛函形式满足高斯分布。因此，我们可以得到 $q(\boldsymbol{h} \mid \boldsymbol{v}) = \mathcal{N}(\boldsymbol{h}; \boldsymbol{\mu}, \boldsymbol{\beta}^{-1})$，其中 $\boldsymbol{\mu}$ 和对角的 $\boldsymbol{\beta}$ 是变分参数，我们可以使用任何方法来优化它。有必要再强调一下，我们并没有假设 q 是一个高斯分布，这个高斯的形式是使用变分法来关于分布 q 最大化 $\mathcal{L}$ 而推导出来的。在不同的模型上应用相同的方法可能会得到不同泛函形式的分布 q。

当然，上述模型只是为了说明情况的一个简单例子。深度学习中关于变分学习中连续型变量的实际应用可以参考 Goodfellow *et al.* (2013f)。

19.4.4 学习和推断之间的相互作用

在学习算法中使用近似推断会影响学习的过程，反过来学习的过程也会影响推断算法的准确性。

具体来说，训练算法倾向于朝使得近似推断算法中的近似假设变得更加真实的方向来适应模型。当训练参数时，变分学习增加

$$\mathbb{E}_{\mathbf{h}\sim q} \log p(\boldsymbol{v}, \boldsymbol{h}) \tag{19.68}$$

对于一个特定的 $\boldsymbol{v}$，对于 $q(\boldsymbol{h} \mid \boldsymbol{v})$ 中概率很大的 $\boldsymbol{h}$，它增加了 $p(\boldsymbol{h} \mid \boldsymbol{v})$；对于 $q(\boldsymbol{h} \mid \boldsymbol{v})$ 中概率很小的 $\boldsymbol{h}$，它减小了 $p(\boldsymbol{h} \mid \boldsymbol{v})$。

这种行为使得我们做的近似假设变得合理。如果我们用单峰值近似后验来训练模型，那么所得具有真实后验的模型会比我们使用精确推断训练模型获得的模型更接近单峰值。

因此，估计变分近似对模型的破坏程度是很困难的。存在几种估计 $\log p(\boldsymbol{v})$ 的方式。通常我们在训练模型之后估计 $\log p(\boldsymbol{v}; \boldsymbol{\theta})$，然后发现它和 $\mathcal{L}(\boldsymbol{v}, \boldsymbol{\theta}, q)$ 的差距是很小的。从这里我们可以得出结论，对于特定的从学习过程中获得的 $\boldsymbol{\theta}$ 来说，变分近似是很准确的。然而我们无法直接得到变分近似普遍很准确或者变分近似几乎不会对学习过程产生任何负面影响这样的结论。为了准确衡量变分近似带来的危害，我们需要知道 $\boldsymbol{\theta}^* = \max_{\boldsymbol{\theta}} \log p(\boldsymbol{v}; \boldsymbol{\theta})$。$\mathcal{L}(\boldsymbol{v}, \boldsymbol{\theta}, q) \approx \log p(\boldsymbol{v}; \boldsymbol{\theta})$ 和 $\log p(\boldsymbol{v}; \boldsymbol{\theta}) \ll \log p(\boldsymbol{v}; \boldsymbol{\theta}^*)$ 同时成立是有可能的。如果存在 $\max_q \mathcal{L}(\boldsymbol{v}, \boldsymbol{\theta}^*, q) \ll \log p(\boldsymbol{v}; \boldsymbol{\theta}^*)$，即在 $\boldsymbol{\theta}^*$ 点处后验分布太过复杂使得 q 分布族无法准确描述，那么学习过程永远无法到达 $\boldsymbol{\theta}^*$。这样的一类问题是很难发现的，因为只有在我们有一个能够找到 $\boldsymbol{\theta}^*$ 的较好的学习算法时，才能确定进行上述的比较。

19.5 学成近似推断

我们已经看到了推断可以被视作一个增加函数 $\mathcal{L}$ 值的优化过程。显式地通过迭代方法 (比如不动点方程或者基于梯度的优化算法) 来进行优化的过程通常是代价很高且耗时巨大的。通过学习一个近似推断，许多推断算法避免了这种代价。具体地说，我们可以将优化过程视作将一个输入 $\boldsymbol{v}$ 投影到一个近似分布 $q^* = \arg\max_q\ \mathcal{L}(\boldsymbol{v}, q)$ 的一个 f 的函数。一旦我们将多步的迭代优化过程看作一个函数，我们可以用一个近似函数为 $\hat{f}(\boldsymbol{v}; \boldsymbol{\theta})$ 的神经网络来近似它。

19.5.1 醒眠算法

训练一个可以用 $\boldsymbol{v}$ 来推断 $\boldsymbol{h}$ 的模型的一个主要难点在于我们没有一个监督训练集来训练模型。给定一个 $\boldsymbol{v}$，我们无法获知一个合适的 $\boldsymbol{h}$。从 $\boldsymbol{v}$ 到 $\boldsymbol{h}$ 的映射依赖于模型族的选择，并且在学习过程中随着 $\boldsymbol{\theta}$ 的改变而变化。**醒眠**(wake sleep) 算法 (Hinton *et al.*, 1995b; Frey *et al.*, 1996) 通过从模型分布中抽取 $\boldsymbol{v}$ 和 $\boldsymbol{h}$ 的样本来解决这个问题。例如，在有向模型中，这可以通过执行从 $\boldsymbol{h}$ 开始并在 $\boldsymbol{v}$ 结束的原始采样来高效地完成。然后这个推断网络可以被训练来执行反向的映射：预测哪一个 $\boldsymbol{h}$ 产生了当前的 $\boldsymbol{v}$。这种方法的主要缺点是，我们将只能在那些在当前模型上有较高概率的 $\boldsymbol{v}$ 值上训练推断网络。在学习早期，模型分布与数据分布偏差较大，因此推断网络将不具有在类似数据的样本上学习的机会。

在第 18.2 节中，我们看到睡眠做梦在人类和动物中作用的一个可能解释是，做梦可以提供蒙特卡罗训练算法用于近似无向模型中对数配分函数负梯度的负相样本。生物做梦的另一个可能解释是它提供来自 $p(\boldsymbol{h},\boldsymbol{v})$ 的样本，这可以用于训练推断网络在给定 $\boldsymbol{v}$ 的情况下预测 $\boldsymbol{h}$。在某些意义上，这种解释比配分函数的解释更令人满意。如果蒙特卡罗算法仅使用梯度的正相运行几个步骤，然后仅对梯度的负相运行几个步骤，那么结果通常不会很好。人类和动物通常连续清醒几个小时，然后连续睡着几个小时。这个时间表如何支持无向模型的蒙特卡罗训练尚不清楚。然而，基于最大化 $\mathcal{L}$ 的学习算法可以通过长时间调整改进 q 和长期调整 $\boldsymbol{\theta}$ 来实现。如果生物做梦的作用是训练网络来预测 q，那么这解释了动物如何能够保持清醒几个小时 (它们清醒的时间越长，$\mathcal{L}$ 和 $\log p(\boldsymbol{v})$ 之间的差距越大，但是 $\mathcal{L}$ 仍然是下限)，并且睡眠几个小时 (生成模型本身在睡眠期间不被修改)，而不损害它们的内部模型。当然，这些想法纯粹是猜测性的，没有任何确定的证据表明做梦实现了这些目标之一。做梦也可以通过从动物的过渡模型 (用来训练动物策略) 采样合成经验来服务于强化学习而不是概率建模。也许睡眠可以服务于一些机器学习社区尚未发现的其他目的。

19.5.2 学成推断的其他形式

这种学成近似推断策略已经被应用到了其他模型中。Salakhutdinov and Larochelle (2010) 证明了在学成推断网络中的单遍传递相比于在深度玻尔兹曼机中的迭代均值场不动点方程能够得到更快的推断。其训练过程是基于运行推断网络的，然后运行一步均值场来改进其估计，并训练推断网络来输出这个更精细的估计以代替其原始估计。

我们已经在第 14.8 节中看到，预测性的稀疏分解模型训练一个浅层编码器网络，从而预测输入的稀疏编码。这可以被看作自编码器和稀疏编码之间的混合。为模型设计概率语义是可能的，其中编码器可以被视为执行学成近似 MAP 推断。由于其浅层的编码器，PSD 不能实现我们在均值场推断中看到的单元之间的那种竞争。然而，该问题可以通过训练深度编码器实现学成近似推断来补救，如 ISTA 技术 (Gregor and LeCun, 2010b)。

近来学成近似推断已经成为变分自编码器形式的生成模型中的主要方法之一 (Kingma, 2013; Rezende *et al.*, 2014)。在这种优美的方法中，不需要为推断网络构造显式的目标。反之，推断网络仅仅被用来定义 $\mathcal{L}$，然后调整推断网络的参数来增大 $\mathcal{L}$。我们将在第 20.10.3 节中详细介绍这种模型。

我们可以使用近似推断来训练和使用很多不同的模型。其中许多模型将在下一章中描述。

第 20 章　深度生成模型

在本章中，我们介绍几种具体的生成模型，这些模型可以使用第 16 章至第 19 章中出现的技术构建和训练。所有这些模型在某种程度上都代表了多个变量的概率分布。有些模型允许显式地计算概率分布函数。其他模型则不允许直接评估概率分布函数，但支持隐式获取分布知识的操作，如从分布中采样。这些模型中的一部分使用第 16 章中的图模型语言，从图和因子的角度描述为结构化概率模型。其他的不能简单地从因子角度描述，但仍然代表概率分布。

20.1　玻尔兹曼机

玻尔兹曼机最初作为一种广义的"联结主义"引入，用来学习二值向量上的任意概率分布 (Fahlman *et al.*, 1983; Ackley *et al.*, 1985; Hinton *et al.*, 1984b; Hinton and Sejnowski, 1986)。玻尔兹曼机的变体 (包含其他类型的变量) 早已超过了原始玻尔兹曼机的流行程度。在本节中，我们简要介绍二值玻尔兹曼机并讨论训练模型和进行推断时出现的问题。

我们在 d 维二值随机向量 $\boldsymbol{x} \in \{0,1\}^d$ 上定义玻尔兹曼机。玻尔兹曼机是一种基于能量的模型 (第 16.2.4 节)，意味着我们可以使用能量函数定义联合概率分布：

$$P(\boldsymbol{x}) = \frac{\exp(-E(\boldsymbol{x}))}{Z} \tag{20.1}$$

其中 $E(\boldsymbol{x})$ 是能量函数，Z 是确保 $\sum_{\boldsymbol{x}} P(\boldsymbol{x}) = 1$ 的配分函数。玻尔兹曼机的能量函数如下给出：

$$E(\boldsymbol{x}) = -\boldsymbol{x}^\top \boldsymbol{U}\boldsymbol{x} - \boldsymbol{b}^\top \boldsymbol{x}, \tag{20.2}$$

其中 $\boldsymbol{U}$ 是模型参数的 "权重" 矩阵，$\boldsymbol{b}$ 是偏置向量。

在一般设定下，给定一组训练样本，每个样本都是 n 维的。式 (20.1) 描述了观察到的变量的联合概率分布。虽然这种情况显然可行，但它限制了观察到的变量和权重矩阵描述的变量之间相互作用的类型。具体来说，这意味着一个单元的概率由其他单元值的线性模型 (逻辑回归) 给出。

当不是所有变量都能被观察到时，玻尔兹曼机变得更强大。在这种情况下，潜变量类似于多层感知机中的隐藏单元，并模拟可见单元之间的高阶交互。正如添加隐藏单元将逻辑回归转换为 MLP，导致 MLP 成为函数的万能近似器，具有隐藏单元的玻尔兹曼机不再局限于建模变量之间的线性关系。相反，玻尔兹曼机变成了离散变量上概率质量函数的万能近似器 (Le Roux and Bengio, 2008)。

正式地，我们将单元 $\boldsymbol{x}$ 分解为两个子集：可见单元 $\boldsymbol{v}$ 和潜在 (或隐藏) 单元 $\boldsymbol{h}$。能量函数变为

$$E(\boldsymbol{v},\boldsymbol{h}) = -\boldsymbol{v}^\top \boldsymbol{R}\boldsymbol{v} - \boldsymbol{v}^\top \boldsymbol{W}\boldsymbol{h} - \boldsymbol{h}^\top \boldsymbol{S}\boldsymbol{h} - \boldsymbol{b}^\top \boldsymbol{v} - \boldsymbol{c}^\top \boldsymbol{h} \tag{20.3}$$

玻尔兹曼机的学习 玻尔兹曼机的学习算法通常基于最大似然。所有玻尔兹曼机都具有难以处理的配分函数，因此最大似然梯度必须使用第 18 章中的技术来近似。

玻尔兹曼机有一个有趣的性质，当基于最大似然的学习规则训练时，连接两个单元的特定权重的更新仅取决于这两个单元在不同分布下收集的统计信息：$P_{\text{model}}(\boldsymbol{v})$ 和 $\hat{P}_{\text{data}}(\boldsymbol{v})P_{\text{model}}(\boldsymbol{h} \mid \boldsymbol{v})$。网络的其余部分参与塑造这些统计信息，但权重可以在完全不知道网络其余部分或这些统计信息如何产生的情况下更新。这意味着学习规则是"局部"的，这使得玻尔兹曼机的学习似乎在某种程度上是生物学合理的。我们可以设想每个神经元都是玻尔兹曼机中随机变量的情况，那么连接两个随机变量的轴突和树突只能通过观察与它们物理上实际接触细胞的激发模式来学习。特别地，正相期间，经常同时激活的两个单元之间的连接会被加强。这是 Hebbian 学习规则 (Hebb, 1949) 的一个例子，经常总结为好记的短语 ——"fire together, wire together"。Hebbian 学习规则是生物系统学习中最古老的假设性解释之一，直至今天仍然有重大意义 (Giudice *et al.*, 2009)。

不仅仅使用局部统计信息的其他学习算法似乎需要假设更多的学习机制。例如，对于大脑在多层感知机中实现的反向传播，似乎需要维持一个辅助通信的网络，并借此向后传输梯度信息。已经有学者 (Hinton, 2007a; Bengio, 2015) 提出生物学上可行 (和近似) 的反向传播实现方案，但仍然有待验证，Bengio (2015) 还将梯度的反向传播关联到类似于玻尔兹曼机 (但具有连续潜变量) 的能量模型中的推断。

从生物学的角度看，玻尔兹曼机学习中的负相阶段有点难以解释。正如第 18.2 节所主张的，人类在睡眠时做梦可能是一种形式的负相采样。尽管这个想法更多的只是猜测。

20.2 受限玻尔兹曼机

受限玻尔兹曼机以**簧风琴**(harmonium) 之名 (Smolensky, 1986) 面世之后，成为了深度概率模型中最常见的组件之一。我们之前在第 16.7.1 节简要介绍了 RBM。在这里我们回顾以前的内容并探讨更多的细节。RBM 是包含一层可观察变量和单层潜变量的无向概率图模型。RBM 可以堆叠起来 (一个在另一个的顶部) 形成更深的模型。图 20.1 展示了一些例子。特别地，图 20.1(a) 显示 RBM 本身的图结构。它是一个二分图，观察层或潜层中的任何单元之间不允许存在连接。

我们从二值版本的受限玻尔兹曼机开始，但如我们之后所见，这还可以扩展为其他类型的可见和隐藏单元。

更正式地说，令观察层由一组 n_v 个二值随机变量组成，我们统称为向量 $\mathbf{v}$。我们将 n_h 个二值随机变量的潜在或隐藏层记为 $\boldsymbol{h}$。

就像普通的玻尔兹曼机，受限玻尔兹曼机也是基于能量的模型，其联合概率分布由能量函数指定：

$$P(\mathbf{v}=\boldsymbol{v}, \mathbf{h}=\boldsymbol{h}) = \frac{1}{Z}\exp(-E(\boldsymbol{v},\boldsymbol{h})) \tag{20.4}$$

RBM 的能量函数由下给出

$$E(\boldsymbol{v},\boldsymbol{h}) = -\boldsymbol{b}^\top\boldsymbol{v} - \boldsymbol{c}^\top\boldsymbol{h} - \boldsymbol{v}^\top\boldsymbol{W}\boldsymbol{h} \tag{20.5}$$

其中 Z 是被称为配分函数的归一化常数：

$$Z = \sum_{\boldsymbol{v}} \sum_{\boldsymbol{h}} \exp\{-E(\boldsymbol{v}, \boldsymbol{h})\} \tag{20.6}$$

从配分函数 Z 的定义显而易见，计算 Z 的朴素方法 (对所有状态进行穷举求和) 计算上可能是难以处理的，除非有巧妙设计的算法可以利用概率分布中的规则来更快地计算 Z。在受限玻尔兹曼机的情况下，Long and Servedio (2010) 正式证明配分函数 Z 是难解的。难解的配分函数 Z 意味着归一化联合概率分布 $P(\boldsymbol{v})$ 也难以评估。

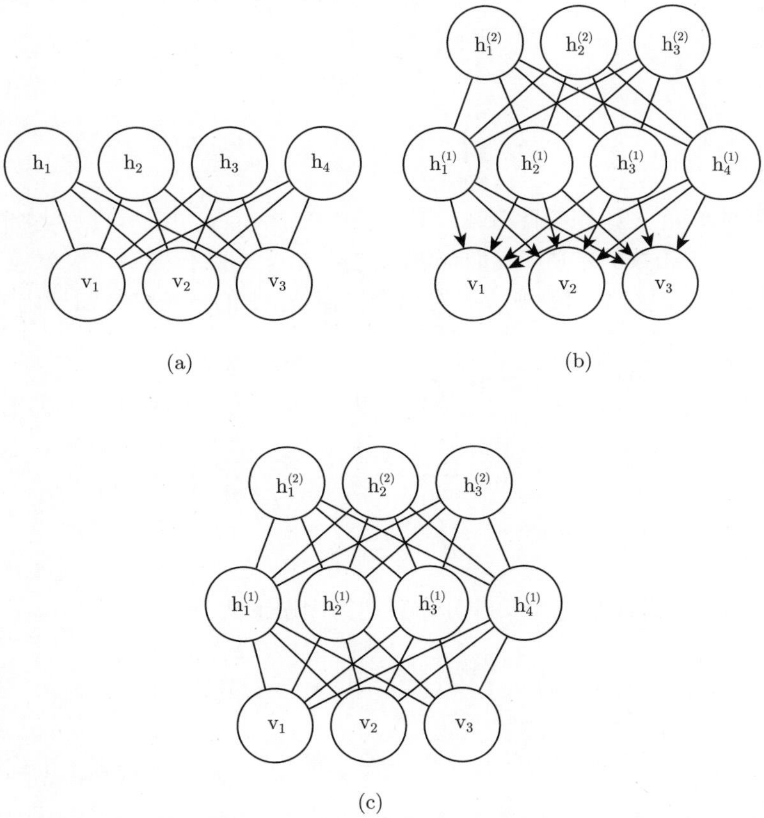

图 20.1 可以用受限玻尔兹曼机构建的模型示例。(a) 受限玻尔兹曼机本身是基于二分图的无向图模型，图的一部分具有可见单元，另一部分具有隐藏单元。可见单元之间没有连接，隐藏单元之间也没有任何连接。通常每个可见单元连接到每个隐藏单元，但也可以构造稀疏连接的 RBM，如卷积 RBM。(b) 深度信念网络是涉及有向和无向连接的混合图模型。与 RBM 一样，它也没有层内连接。然而，DBN 具有多个隐藏层，因此隐藏单元之间的连接在分开的层中。深度信念网络所需的所有局部条件概率分布都直接复制 RBM 的局部条件概率分布。或者，我们也可以用完全无向图表示深度信念网络，但是它需要层内连接来捕获父节点间的依赖关系。(c) 深度玻尔兹曼机是具有几层潜变量的无向图模型。与 RBM 和 DBN 一样，DBM 也缺少层内连接。DBM 与 RBM 的联系不如 DBN 紧密。当从 RBM 堆栈初始化 DBM 时，有必要对 RBM 的参数稍作修改。某些种类的 DBM 可以直接训练，而不用先训练一组 RBM

20.2.1 条件分布

虽然 $P(\boldsymbol{v})$ 难解，但 RBM 的二分图结构具有非常特殊的性质，其条件分布 $P(\mathbf{h} \mid \mathbf{v})$ 和 $P(\mathbf{v} \mid \mathbf{h})$ 是因子的，并且计算和采样是相对简单的。

从联合分布中导出条件分布是直观的：

$$P(\boldsymbol{h} \mid \boldsymbol{v}) = \frac{P(\boldsymbol{h}, \boldsymbol{v})}{P(\boldsymbol{v})} \tag{20.7}$$

$$= \frac{1}{P(\boldsymbol{v})} \frac{1}{Z} \exp\left\{\boldsymbol{b}^\top \boldsymbol{v} + \boldsymbol{c}^\top \boldsymbol{h} + \boldsymbol{v}^\top \boldsymbol{W} \boldsymbol{h}\right\} \tag{20.8}$$

$$= \frac{1}{Z'} \exp\left\{\boldsymbol{c}^\top \boldsymbol{h} + \boldsymbol{v}^\top \boldsymbol{W} \boldsymbol{h}\right\} \tag{20.9}$$

$$= \frac{1}{Z'} \exp\left\{\sum_{j=1}^{n_h} \boldsymbol{c}_j \boldsymbol{h}_j + \sum_{j=1}^{n_h} \boldsymbol{v}^\top \boldsymbol{W}_{:,j} \boldsymbol{h}_j\right\} \tag{20.10}$$

$$= \frac{1}{Z'} \prod_{j=1}^{n_h} \exp\left\{\boldsymbol{c}_j^\top \boldsymbol{h}_j + \boldsymbol{v}^\top \boldsymbol{W}_{:,j} \boldsymbol{h}_j\right\} \tag{20.11}$$

由于我们相对可见单元 $\mathbf{v}$ 计算条件概率，相对于分布 $P(\mathbf{h} \mid \mathbf{v})$ 我们可以将它们视为常数。条件分布 $P(\mathbf{h} \mid \mathbf{v})$ 因子相乘的本质，我们可以将向量 $\boldsymbol{h}$ 上的联合概率写成单独元素 h_j 上 (未归一化) 分布的乘积。现在原问题变成了对单个二值 h_j 上的分布进行归一化的简单问题。

$$P(h_j = 1 \mid \boldsymbol{v}) = \frac{\tilde{P}(h_j = 1 \mid \boldsymbol{v})}{\tilde{P}(h_j = 0 \mid \boldsymbol{v}) + \tilde{P}(h_j = 1 \mid \boldsymbol{v})} \tag{20.12}$$

$$= \frac{\exp\{c_j + \boldsymbol{v}^\top \boldsymbol{W}_{:,j}\}}{\exp\{0\} + \exp\{c_j + \boldsymbol{v}^\top \boldsymbol{W}_{:,j}\}} \tag{20.13}$$

$$= \sigma(c_j + \boldsymbol{v}^\top \boldsymbol{W}_{:,j}) \tag{20.14}$$

现在我们可以将关于隐藏层的完全条件分布表达为因子形式：

$$P(\boldsymbol{h} \mid \boldsymbol{v}) = \prod_{j=1}^{n_h} \sigma\big((2\boldsymbol{h} - 1) \odot (\boldsymbol{c} + \boldsymbol{W}^\top \boldsymbol{v})\big)_j \tag{20.15}$$

类似的推导将显示我们感兴趣的另一个条件分布，$P(\boldsymbol{v} \mid \boldsymbol{h})$ 也是因子形式的分布：

$$P(\boldsymbol{v} \mid \boldsymbol{h}) = \prod_{i=1}^{n_v} \sigma\big((2\boldsymbol{v} - 1) \odot (\boldsymbol{b} + \boldsymbol{W}\boldsymbol{h})\big)_i \tag{20.16}$$

20.2.2 训练受限玻尔兹曼机

因为 RBM 允许高效计算 $\tilde{P}(\boldsymbol{v})$ 的估计和微分，并且还允许高效地 (以块吉布斯采样的形式) 进行 MCMC 采样，所以我们很容易使用第 18 章中训练具有难以计算配分函数模型的技术来训练 RBM。这包括 CD、SML(PCD)、比率匹配等。与深度学习中使用的其他无向模型相比，RBM 可以相对直接地训练，因为我们可以以闭解形式计算 $P(\mathbf{h} \mid \boldsymbol{v})$。其他一些深度模型，如深度玻尔兹曼机，同时具备难处理的配分函数和难以推断的难题。

20.3 深度信念网络

深度信念网络(deep belief network, DBN) 是第一批成功应用深度架构训练的非卷积模型

之一 (Hinton *et al.*, 2006a; Hinton, 2007b)。2006 年深度信念网络的引入开始了当前深度学习的复兴。在引入深度信念网络之前，深度模型被认为太难以优化。具有凸目标函数的核机器引领了研究前沿。深度信念网络在 MNIST 数据集上表现超过内核化支持向量机，以此证明深度架构是能够成功的 (Hinton *et al.*, 2006a)。尽管现在与其他无监督或生成学习算法相比，深度信念网络大多已经失去了青睐并很少使用，但它们在深度学习历史中的重要作用仍应该得到承认。

深度信念网络是具有若干潜变量层的生成模型。潜变量通常是二值的，而可见单元可以是二值或实数。尽管构造连接比较稀疏的 DBN 是可能的，但在一般的模型中，每层的每个单元连接到每个相邻层中的每个单元 (没有层内连接)。顶部两层之间的连接是无向的。而所有其他层之间的连接是有向的，箭头指向最接近数据的层。见图 20.1(b) 的例子。

具有 l 个隐藏层的 DBN 包含 l 个权重矩阵：$\boldsymbol{W}^{(1)}, \cdots, \boldsymbol{W}^{(l)}$，同时也包含 $l+1$ 个偏置向量：$\boldsymbol{b}^{(0)}, \cdots, \boldsymbol{b}^{(l)}$，其中 $\boldsymbol{b}^{(0)}$ 是可见层的偏置。DBN 表示的概率分布由下式给出：

$$P(\boldsymbol{h}^{(l)}, \boldsymbol{h}^{(l-1)}) \propto \exp\left(\boldsymbol{b}^{(l)^\top} \boldsymbol{h}^{(l)} + \boldsymbol{b}^{(l-1)^\top} \boldsymbol{h}^{(l-1)} + \boldsymbol{h}^{(l-1)^\top} \boldsymbol{W}^{(l)} \boldsymbol{h}^{(l)}\right), \tag{20.17}$$

$$P(h_i^{(k)} = 1 \mid \boldsymbol{h}^{(k+1)}) = \sigma\left(b_i^{(k)} + \boldsymbol{W}_{:,i}^{(k+1)^\top} \boldsymbol{h}^{(k+1)}\right) \forall i, \forall k \in 1, \cdots, l-2, \tag{20.18}$$

$$P(v_i = 1 \mid \boldsymbol{h}^{(1)}) = \sigma\left(b_i^{(0)} + \boldsymbol{W}_{:,i}^{(1)^\top} \boldsymbol{h}^{(1)}\right) \forall i \tag{20.19}$$

在实值可见单元的情况下，替换

$$\mathbf{v} \sim \mathcal{N}\left(\boldsymbol{v}; \boldsymbol{b}^{(0)} + \boldsymbol{W}^{(1)^\top} \boldsymbol{h}^{(1)}, \boldsymbol{\beta}^{-1}\right) \tag{20.20}$$

为便于处理，$\boldsymbol{\beta}$ 为对角形式。至少在理论上，推广到其他指数族的可见单元是直观的。只有一个隐藏层的 DBN 只是一个 RBM。

为了从 DBN 中生成样本，我们先在顶部的两个隐藏层上运行几个 Gibbs 采样步骤。这个阶段主要从 RBM(由顶部两个隐藏层定义) 中采一个样本。然后，我们可以对模型的其余部分使用单次原始采样，以从可见单元绘制样本。

深度信念网络引发许多与有向模型和无向模型同时相关的问题。

由于每个有向层内的相消解释效应，并且由于无向连接的两个隐藏层之间的相互作用，深度信念网络中的推断是难解的。评估或最大化对数似然的标准证据下界也是难以处理的，因为证据下界基于大小等于网络宽度的团的期望。

评估或最大化对数似然，不仅需要面对边缘化潜变量时难以处理的推断问题，而且还需要处理顶部两层无向模型内难处理的配分函数问题。

为训练深度信念网络，我们可以先使用对比散度或随机最大似然方法训练 RBM 以最大化 $\mathbb{E}_{\mathbf{v}\sim p_{\text{data}}} \log p(\boldsymbol{v})$。RBM 的参数定义了 DBN 第一层的参数。然后，第二个 RBM 训练为近似最大化

$$\mathbb{E}_{\mathbf{v}\sim p_{\text{data}}} \mathbb{E}_{\mathbf{h}^{(1)}\sim p^{(1)}(\boldsymbol{h}^{(1)}|\boldsymbol{v})} \log p^{(2)}(\boldsymbol{h}^{(1)}) \tag{20.21}$$

其中 $p^{(1)}$ 是第一个 RBM 表示的概率分布，$p^{(2)}$ 是第二个 RBM 表示的概率分布。换句话说，第二个 RBM 被训练为模拟由第一个 RBM 的隐藏单元采样定义的分布，而第一个 RBM 由数据驱动。这个过程能无限重复，从而向 DBN 添加任意多层，其中每个新的 RBM 对前一个

RBM 的样本建模。每个 RBM 定义 DBN 的另一层。这个过程可以被视为提高数据在 DBN 下似然概率的变分下界 (Hinton *et al.*, 2006a)。

在大多数应用中，对 DBN 进行贪心逐层训练后，不需要再花工夫对其进行联合训练。然而，使用醒眠算法对其进行生成精调是可能的。

训练好的 DBN 可以直接用作生成模型，但是 DBN 的大多数兴趣来自它们改进分类模型的能力。我们可以从 DBN 获取权重，并使用它们定义 MLP：

$$\boldsymbol{h}^{(1)} = \sigma\big(b^{(1)} + \boldsymbol{v}^\top \boldsymbol{W}^{(1)}\big), \tag{20.22}$$

$$\boldsymbol{h}^{(l)} = \sigma\big(b_i^{(l)} + \boldsymbol{h}^{(l-1)\top} \boldsymbol{W}^{(l)}\big)\ \forall l \in 2, \cdots, m \tag{20.23}$$

利用 DBN 的生成训练后获得的权重和偏置初始化该 MLP 之后，我们可以训练该 MLP 来执行分类任务。这种 MLP 的额外训练是判别性精调的示例。

与第 19 章中从基本原理导出的许多推断方程相比，这种特定选择的 MLP 有些随意。这个 MLP 是一个启发式选择，似乎在实践中效果不错，并在文献中一贯使用。许多近似推断技术是由它们在一些约束下，并在对数似然上找到最大紧变分下界的能力所驱动的。我们可以使用 DBN 中 MLP 定义的隐藏单元的期望，构造对数似然的变分下界，但这对于隐藏单元上的任何概率分布都是如此，并没有理由相信该 MLP 提供了一个特别的紧界。特别地，MLP 忽略了 DBN 图模型中许多重要的相互作用。MLP 将信息从可见单元向上传播到最深的隐藏单元，但不向下或侧向传播任何信息。DBN 图模型解释了同一层内所有隐藏单元之间的相互作用以及层之间的自顶向下的相互作用。

虽然 DBN 的对数似然是难处理的，但它可以使用 AIS 近似 (Salakhutdinov and Murray, 2008)。通过近似，可以评估其作为生成模型的质量。

术语“深度信念网络”通常不正确地用于指代任意种类的深度神经网络，甚至没有潜变量意义的网络。这个术语应特指最深层中具有无向连接，而在所有其他连续层之间存在向下有向连接的模型。

这个术语也可能导致一些混乱，因为术语“信念网络”有时指纯粹的有向模型，而深度信念网络包含一个无向层。深度信念网络也与动态贝叶斯网络 (dynamic Bayesian networks) (Dean and Kanazawa, 1989) 共享首字母缩写 DBN，动态贝叶斯网络表示马尔可夫链的贝叶斯网络。

20.4　深度玻尔兹曼机

深度玻尔兹曼机(Deep Boltzmann Machine, DBM) (Salakhutdinov and Hinton, 2009a) 是另一种深度生成模型。与深度信念网络 (DBN) 不同的是，它是一个完全无向的模型。与 RBM 不同的是，DBM 有几层潜变量 (RBM 只有一层)。但是像 RBM 一样，每一层内的每个变量是相互独立的，并条件于相邻层中的变量，见图 20.2 中的图结构。深度玻尔兹曼机已经被应用于各种任务，包括文档建模 (Srivastava *et al.*, 2013)。

与 RBM 和 DBN 一样，DBM 通常仅包含二值单元 (正如我们为简化模型的演示而假设的)，但很容易就能扩展到实值可见单元。

DBM 是基于能量的模型，这意味着模型变量的联合概率分布由能量函数 E 参数化。在一个深度玻尔兹曼机包含一个可见层 $\boldsymbol{v}$ 和 3 个隐藏层 $\boldsymbol{h}^{(1)}$、$\boldsymbol{h}^{(2)}$ 和 $\boldsymbol{h}^{(3)}$ 的情况下，联合概率

由下式给出:

$$P(\boldsymbol{v},\boldsymbol{h}^{(1)},\boldsymbol{h}^{(2)},\boldsymbol{h}^{(3)})=\frac{1}{Z(\boldsymbol{\theta})}\exp\big(-E(\boldsymbol{v},\boldsymbol{h}^{(1)},\boldsymbol{h}^{(2)},\boldsymbol{h}^{(3)};\boldsymbol{\theta})\big) \tag{20.24}$$

为简化表示，式 (20.25) 省略了偏置参数。DBM 能量函数定义如下:

$$E(\boldsymbol{v},\boldsymbol{h}^{(1)},\boldsymbol{h}^{(2)},\boldsymbol{h}^{(3)};\boldsymbol{\theta})=-\boldsymbol{v}^\top\boldsymbol{W}^{(1)}\boldsymbol{h}^{(1)}-\boldsymbol{h}^{(1)\top}\boldsymbol{W}^{(2)}\boldsymbol{h}^{(2)}-\boldsymbol{h}^{(2)\top}\boldsymbol{W}^{(3)}\boldsymbol{h}^{(3)} \tag{20.25}$$

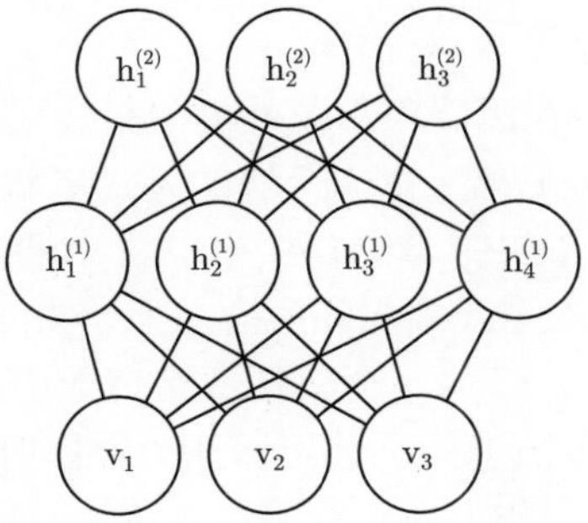

图 20.2 具有一个可见层 (底部) 和两个隐藏层的深度玻尔兹曼机的图模型。仅在相邻层的单元之间存在连接，没有层内连接

与 RBM 的能量函数 (式 (20.5)) 相比，DBM 能量函数以权重矩阵 ($\boldsymbol{W}^{(2)}$ 和 $\boldsymbol{W}^{(3)}$) 的形式表示隐藏单元 (潜变量) 之间的连接。正如我们将看到的，这些连接对模型行为以及我们如何在模型中进行推断都有重要的影响。

与全连接的玻尔兹曼机 (每个单元连接到其他每个单元) 相比，DBM 提供了类似于 RBM 的一些优点。

具体来说，如图 20.3 所示，DBM 的层可以组织成一个二分图，其中奇数层在一侧，偶数层在另一侧。容易发现，当我们条件于偶数层中的变量时，奇数层中的变量变得条件独立。当然，当我们条件于奇数层中的变量时，偶数层中的变量也会变得条件独立。

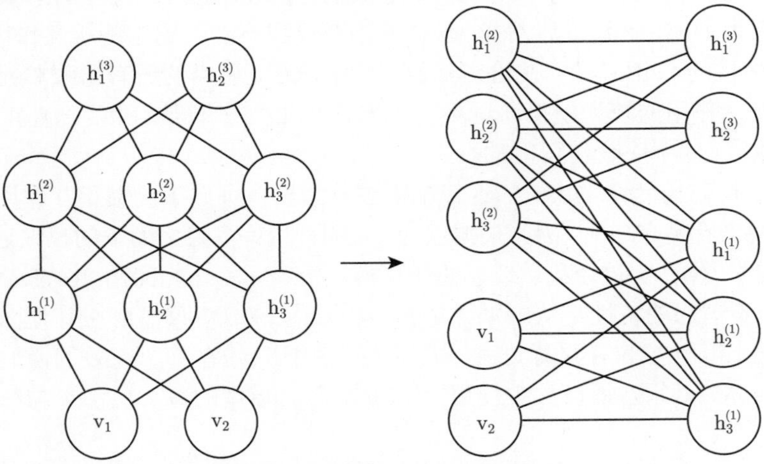

图 20.3 深度玻尔兹曼机，重新排列后显示为二分图结构

DBM 的二分图结构意味着，我们可以应用之前用于 RBM 条件分布的相同式子来确定 DBM 中的条件分布。在给定相邻层值的情况下，层内的单元彼此条件独立，因此二值变量的

分布可以由 Bernoulli 参数 (描述每个单元的激活概率) 完全描述。在具有两个隐藏层的示例中，激活概率由下式给出：

$$P(v_i = 1 \mid \boldsymbol{h}^{(1)}) = \sigma\big(\boldsymbol{W}_{i,:}^{(1)} \boldsymbol{h}^{(1)}\big), \tag{20.26}$$

$$P(h_i^{(1)} = 1 \mid \boldsymbol{v}, \boldsymbol{h}^{(2)}) = \sigma\big(\boldsymbol{v}^\top \boldsymbol{W}_{:,i}^{(1)} + \boldsymbol{W}_{i,:}^{(2)} \boldsymbol{h}^{(2)}\big) \tag{20.27}$$

和

$$P(h_k^{(2)} = 1 \mid \boldsymbol{h}^{(1)}) = \sigma\big(\boldsymbol{h}^{(1)\top} \boldsymbol{W}_{:,k}^{(2)}\big) \tag{20.28}$$

二分图结构使 Gibbs 采样能在深度玻尔兹曼机中高效采样。Gibbs 采样的方法是一次只更新一个变量。RBM 允许所有可见单元以一个块的方式更新，而所有隐藏单元在另一个块上更新。我们可以简单地假设具有 l 层的 DBM 需要 $l+1$ 次更新，每次迭代更新由某层单元组成的块。然而，我们可以仅在两次迭代中更新所有单元。Gibbs 采样可以将更新分成两个块，一块包括所有偶数层 (包括可见层)，另一个包括所有奇数层。由于 DBM 二分连接模式，给定偶数层，关于奇数层的分布是因子的，因此可以作为块同时且独立地采样。类似地，给定奇数层，可以同时且独立地将偶数层作为块进行采样。高效采样对使用随机最大似然算法的训练尤其重要。

20.4.1　有趣的性质

深度玻尔兹曼机具有许多有趣的性质。

DBM 在 DBN 之后开发。与 DBN 相比，DBM 的后验分布 $P(\boldsymbol{h} \mid \boldsymbol{v})$ 更简单。有点违反直觉的是，这种后验分布的简单性允许更加丰富的后验近似。在 DBN 的情况下，我们使用启发式的近似推断过程进行分类，其中我们可以通过 MLP (使用 sigmoid 激活函数并且权重与原始 DBN 相同) 中的向上传播猜测隐藏单元合理的均匀场期望值。任何分布 $Q(\boldsymbol{h})$ 可用于获得对数似然的变分下界。因此这种启发式的过程让我们能够获得这样的下界。但是，该界没有以任何方式显式优化，所以该界可能是远远不紧的。特别地，Q 的启发式估计忽略了相同层内隐藏单元之间的相互作用，以及更深层中隐藏单元对更接近输入的隐藏单元自顶向下的反馈影响。因为 DBN 中基于启发式 MLP 的推断过程不能考虑这些相互作用，所以得到的 Q 想必远不是最优的。DBM 中，在给定其他层的情况下，层内的所有隐藏单元都是条件独立的。这种层内相互作用的缺失使得通过不动点方程优化变分下界，并找到真正最佳的均匀场期望 (在一些数值容差内) 变得可能的。

使用适当的均匀场允许 DBM 的近似推断过程捕获自顶向下反馈相互作用的影响。这从神经科学的角度来看是有趣的，因为根据已知，人脑使用许多自上而下的反馈连接。由于这个性质，DBM 已被用作真实神经科学现象的计算模型 (Series *et al.*, 2010; Reichert *et al.*, 2011)。

DBM 一个不理想的特性是从中采样是相对困难的。DBN 只需要在其顶部的一对层中使用 MCMC 采样。其他层仅在采样过程末尾涉及，并且只需在一个高效的原始采样过程。要从 DBM 生成样本，必须在所有层中使用 MCMC，并且模型的每一层都参与每个马尔可夫链转移。

20.4.2　DBM 均匀场推断

给定相邻层，一个 DBM 层上的条件分布是因子的。在有两个隐藏层的 DBM 的示例中，这些分布是 $P(\boldsymbol{v} \mid \boldsymbol{h}^{(1)})$、$P(\boldsymbol{h}^{(1)} \mid \boldsymbol{v}, \boldsymbol{h}^{(2)})$ 和 $P(\boldsymbol{h}^{(2)} \mid \boldsymbol{h}^{(1)})$。因为层之间的相互作用，所有隐

藏层上的分布通常不是因子的。在有两个隐藏层的示例中，由于 $\boldsymbol{h}^{(1)}$ 和 $\boldsymbol{h}^{(2)}$ 之间的交互权重 $\boldsymbol{W}^{(2)}$ 使得这些变量相互依赖，$P(\boldsymbol{h}^{(1)} \mid \boldsymbol{v}, \boldsymbol{h}^{(2)})$ 不是因子的。

与 DBN 的情况一样，我们还是要找出近似 DBM 后验分布的方法。然而，与 DBN 不同，DBM 在其隐藏单元上的后验分布 (复杂的) 很容易用变分近似来近似 (如第 19.4 节所讨论)，具体是一个均匀场近似。均匀场近似是变分推断的简单形式，其中我们将近似分布限制为完全因子的分布。在 DBM 的情况下，均匀场方程捕获层之间的双向相互作用。在本节中，我们推导出由 Salakhutdinov and Hinton (2009a) 最初引入的迭代近似推断过程。

在推断的变分近似中，我们通过一些相当简单的分布族近似特定目标分布 —— 在这里指给定可见单元时隐藏单元的后验分布。在均匀场近似的情况下，近似族是隐藏单元条件独立的分布集合。

我们现在为具有两个隐藏层的示例推导均匀场方法。令 $Q(\boldsymbol{h}^{(1)}, \boldsymbol{h}^{(2)} \mid \boldsymbol{v})$ 为 $P(\boldsymbol{h}^{(1)}, \boldsymbol{h}^{(2)} \mid \boldsymbol{v})$ 的近似。均匀场假设意味着

$$Q(\boldsymbol{h}^{(1)}, \boldsymbol{h}^{(2)} \mid \boldsymbol{v}) = \prod_j Q(h_j^{(1)} \mid \boldsymbol{v}) \prod_k Q(\boldsymbol{h}_k^{(2)} \mid \boldsymbol{v}) \tag{20.29}$$

均匀场近似试图找到这个分布族中最适合真实后验 $P(\boldsymbol{h}^{(1)}, \boldsymbol{h}^{(2)} \mid \boldsymbol{v})$ 的成员。重要的是，每次我们使用 $\boldsymbol{v}$ 的新值时，必须再次运行推断过程以找到不同的分布 Q。

我们可以设想很多方法来衡量 $Q(\boldsymbol{h} \mid \boldsymbol{v})$ 与 $P(\boldsymbol{h} \mid \boldsymbol{v})$ 的拟合程度。均匀场方法是最小化

$$\mathrm{KL}(Q \,\|\, P) = \sum_{\boldsymbol{h}} Q(\boldsymbol{h}^{(1)}, \boldsymbol{h}^{(2)} \mid \boldsymbol{v}) \log \left(\frac{Q(\boldsymbol{h}^{(1)}, \boldsymbol{h}^{(2)} \mid \boldsymbol{v})}{P(\boldsymbol{h}^{(1)}, \boldsymbol{h}^{(2)} \mid \boldsymbol{v})} \right) \tag{20.30}$$

一般来说，除了要保证独立性假设，我们不必提供参数形式的近似分布。变分近似过程通常能够恢复近似分布的函数形式。然而，在二值隐藏单元 (我们在这里推导的情况) 的均匀场假设的情况下，不会由于预先固定模型的参数而损失一般性。

我们将 Q 作为 Bernoulli 分布的乘积进行参数化，即我们将 $\boldsymbol{h}^{(1)}$ 每个元素的概率与一个参数相关联。具体来说，对于每个 j，$\hat{h}_j^{(1)} = Q(h_j^{(1)} = 1 \mid \boldsymbol{v})$，其中 $\hat{h}_j^{(1)} \in [0, 1]$。另外，对于每个 k，$\hat{h}_k^{(2)} = Q(h_k^{(2)} = 1 \mid \boldsymbol{v})$，其中 $\hat{h}_k^{(2)} \in [0, 1]$。因此，我们有以下近似后验：

$$Q(\boldsymbol{h}^{(1)}, \boldsymbol{h}^{(2)} \mid \boldsymbol{v}) = \prod_j Q(h_j^{(1)} \mid \boldsymbol{v}) \prod_k Q(h_k^{(2)} \mid \boldsymbol{v}) \tag{20.31}$$

$$= \prod_j (\hat{h}_j^{(1)})^{h_j^{(1)}} (1 - \hat{h}_j^{(1)})^{(1 - h_j^{(1)})} \times \prod_k (\hat{h}_k^{(2)})^{h_k^{(2)}} (1 - \hat{h}_k^{(2)})^{(1 - h_k^{(2)})} \tag{20.32}$$

当然，对于具有更多层的 DBM，近似后验的参数化可以通过明显的方式扩展，即利用图的二分结构，遵循 Gibbs 采样相同的调度，同时更新所有偶数层，然后同时更新所有奇数层。

现在我们已经指定了近似分布 Q 的函数族，但仍然需要指定用于选择该函数族中最适合 P 的成员的过程。最直接的方法是使用式 (19.56) 指定的均匀场方程。这些方程是通过求解变分下界导数为零的位置而导出，它们以抽象的方式描述如何优化任意模型的变分下界 (只需对 Q 求期望)。

应用这些一般的方程，我们得到以下更新规则 (再次忽略偏置项)：

$$h_j^{(1)} = \sigma\Big(\sum_i v_i \boldsymbol{W}_{i,j}^{(1)} + \sum_{k'} \boldsymbol{W}_{j,k'}^{(2)} \hat{h}_{k'}^{(2)}\Big),\ \forall j \tag{20.33}$$

$$\hat{h}_k^{(2)} = \sigma\Big(\sum_{j'} \boldsymbol{W}_{j',k}^{(2)} \hat{h}_{j'}^{(1)}\Big),\ \forall k \tag{20.34}$$

在该方程组的不动点处，我们具有变分下界 $\mathcal{L}(Q)$ 的局部最大值。因此，这些不动点更新方程定义了迭代算法，其中我们交替更新 $h_j^{(1)}$ (使用式 (20.33)) 和 $h_k^{(2)}$ (使用式 (20.34))。对于诸如 MNIST 的小问题，少至 10 次迭代就足以找到用于学习的近似正相梯度，而 50 次通常足以获得要用于高精度分类的单个特定样本的高质量表示。将近似变分推断扩展到更深的 DBM 是直观的。

20.4.3　DBM 的参数学习

DBM 中的学习必须面对难解配分函数的挑战 (使用第 18 章中的技术)，以及难解后验分布的挑战 (使用第 19 章中的技术)。

如第 20.4.2 节中所描述的，变分推断允许构建近似难处理的 $P(\boldsymbol{h} \mid \boldsymbol{v})$ 的分布 $Q(\boldsymbol{h} \mid \boldsymbol{v})$。然后通过最大化 $\mathcal{L}(\boldsymbol{v}, Q, \boldsymbol{\theta})$(难处理的对数似然的变分下界 $\log P(\boldsymbol{v}; \boldsymbol{\theta})$) 学习。

对于具有两个隐藏层的深度玻尔兹曼机，$\mathcal{L}$ 由下式给出

$$\mathcal{L}(Q, \boldsymbol{\theta}) = \sum_i \sum_{j'} v_i W_{i,j'}^{(1)} \hat{h}_{j'}^{(1)} + \sum_{j'} \sum_{k'} \hat{h}_{j'}^{(1)} W_{j',k'}^{(2)} \hat{h}_{k'}^{(2)} - \log Z(\boldsymbol{\theta}) + \mathcal{H}(Q) \tag{20.35}$$

该表达式仍然包含对数配分函数 $\log Z(\boldsymbol{\theta})$。由于深度玻尔兹曼机包含受限玻尔兹曼机作为组件，用于计算受限玻尔兹曼机的配分函数和采样的困难同样适用于深度玻尔兹曼机。这意味着评估玻尔兹曼机的概率质量函数需要近似方法，如退火重要采样。同样，训练模型需要近似对数配分函数的梯度，见第 18 章对这些方法的一般性描述。DBM 通常使用随机最大似然训练。第 18 章中描述的许多其他技术都不适用。诸如伪似然的技术需要评估非归一化概率的能力，而不是仅仅获得它们的变分下界。对于深度玻尔兹曼机，对比散度是缓慢的，因为它们不能在给定可见单元时对隐藏单元进行高效采样 —— 反而，每当需要新的负相样本时，对比散度将需要磨合一条马尔可夫链。

非变分版本的随机最大似然算法已经在第 18.2 节讨论过。算法 20.1 给出了应用于 DBM 的变分随机最大似然算法。回想一下，我们描述的是 DBM 的简化变体 (缺少偏置参数)，很容易推广到包含偏置参数的情况。

20.4.4　逐层预训练

不幸的是，随机初始化后使用随机最大似然训练 (如上所述) 的 DBM 通常导致失败。在一些情况下，模型不能学习如何充分地表示分布。在其他情况下，DBM 可以很好地表示分布，但是没有比仅使用 RBM 获得更高的似然。除第一层之外，所有层都具有非常小权重的 DBM 与 RBM 表示大致相同的分布。

如第 20.4.5 节所述，目前已经开发了允许联合训练的各种技术。然而，克服 DBM 的联合训练问题最初和最流行的方法是贪心逐层预训练。在该方法中，DBM 的每一层被单独视为 RBM 进行训练。第一层被训练为对输入数据进行建模。每个后续 RBM 被训练为对来自

算法 20.1 用于训练具有两个隐藏层的 DBM 的变分随机最大似然算法。

设步长 ϵ 为一个小正数

设定吉布斯步数 k，大到足以让 $p(\boldsymbol{v},\boldsymbol{h}^{(1)},\boldsymbol{h}^{(2)};\boldsymbol{\theta}+\epsilon\Delta_{\boldsymbol{\theta}})$ 的马尔可夫链能磨合（从来自 $p(\boldsymbol{v},\boldsymbol{h}^{(1)},\boldsymbol{h}^{(2)};\boldsymbol{\theta})$ 的样本开始）。

初始化 3 个矩阵，$\tilde{\boldsymbol{V}}$、$\tilde{\boldsymbol{H}}^{(1)}$ 和 $\tilde{\boldsymbol{H}}^{(2)}$ 每个都将 m 行设为随机值 (例如，来自 Bernoulli 分布，边缘分布大致与模型匹配)。

while 没有收敛 (学习循环) **do**

　从训练数据采包含 m 个样本的小批量，并将它们排列为设计矩阵 $\boldsymbol{V}$ 的行。

　初始化矩阵 $\hat{\boldsymbol{H}}^{(1)}$ 和 $\hat{\boldsymbol{H}}^{(2)}$，使其大致符合模型的边缘分布。

　while 没有收敛 (均匀场推断循环) **do**

　　$\hat{\boldsymbol{H}}^{(1)} \leftarrow \operatorname{sigmoid}\left(\boldsymbol{V}\boldsymbol{W}^{(1)}+\hat{\boldsymbol{H}}^{(2)}\boldsymbol{W}^{(2)\top}\right)$.

　　$\hat{\boldsymbol{H}}^{(2)} \leftarrow \operatorname{sigmoid}\left(\hat{\boldsymbol{H}}^{(1)}\boldsymbol{W}^{(2)}\right)$.

　end while

　$\Delta_{\boldsymbol{W}^{(1)}} \leftarrow \frac{1}{m}\boldsymbol{V}^{\top}\hat{\boldsymbol{H}}^{(1)}$

　$\Delta_{\boldsymbol{W}^{(2)}} \leftarrow \frac{1}{m}\hat{\boldsymbol{H}}^{(1)\top}\hat{\boldsymbol{H}}^{(2)}$

　for $l=1$ to k (Gibbs 采样) **do**

　　Gibbs block 1:

　　$\forall i,j,\tilde{V}_{i,j}$ 采自 $P(\tilde{V}_{i,j}=1)=\operatorname{sigmoid}\left(\boldsymbol{W}_{j,:}^{(1)}\left(\tilde{\boldsymbol{H}}_{i,:}^{(1)}\right)^{\top}\right)$.

　　$\forall i,j,\tilde{H}_{i,j}^{(2)}$ 采自 $P(\tilde{H}_{i,j}^{(2)}=1)=\operatorname{sigmoid}\left(\tilde{\boldsymbol{H}}_{i,:}^{(1)}\boldsymbol{W}_{:,j}^{(2)}\right)$.

　　Gibbs block 2:

　　$\forall i,j,\tilde{H}_{i,j}^{(1)}$ 采自 $P(\tilde{H}_{i,j}^{(1)}=1)=\operatorname{sigmoid}\left(\tilde{\boldsymbol{V}}_{i,:}\boldsymbol{W}_{:,j}^{(1)}+\tilde{\boldsymbol{H}}_{i,:}^{(2)}\boldsymbol{W}_{j,:}^{(2)\top}\right)$.

　end for

　$\Delta_{\boldsymbol{W}^{(1)}} \leftarrow \Delta_{\boldsymbol{W}^{(1)}} - \frac{1}{m}\boldsymbol{V}^{\top}\tilde{\boldsymbol{H}}^{(1)}$

　$\Delta_{\boldsymbol{W}^{(2)}} \leftarrow \Delta_{\boldsymbol{W}^{(2)}} - \frac{1}{m}\tilde{\boldsymbol{H}}^{(1)\top}\tilde{\boldsymbol{H}}^{(2)}$

　$\boldsymbol{W}^{(1)} \leftarrow \boldsymbol{W}^{(1)}+\epsilon\Delta_{\boldsymbol{W}^{(1)}}$ (这是大概的描述，实践中使用的算法更高效，如具有衰减学习率的动量)

　$\boldsymbol{W}^{(2)} \leftarrow \boldsymbol{W}^{(2)}+\epsilon\Delta_{\boldsymbol{W}^{(2)}}$

end while

前一 RBM 后验分布的样本进行建模。在以这种方式训练了所有 RBM 之后，它们可以被组合成 DBM。然后可以用 PCD 训练 DBM。通常，PCD 训练将仅使模型的参数、由数据上的对数似然衡量的性能、区分输入的能力发生微小的变化，见图 20.4 展示的训练过程。

这种贪心逐层训练过程不仅仅是坐标上升，因为我们在每个步骤优化参数的一个子集，它与坐标上升具有一些传递相似性。这两种方法是不同的，因为贪心逐层训练过程中，我们在每个步骤都使用了不同的目标函数。

DBM 的贪心逐层预训练与 DBN 的贪心逐层预训练不同。每个单独的 RBM 的参数可以直接复制到相应的 DBN。在 DBM 的情况下，RBM 的参数在包含到 DBM 中之前必须修改。RBM 栈的中间层仅使用自底向上的输入进行训练，但在栈组合形成 DBM 后，该层将同时具有自底向上和自顶向下的输入。为了解释这种效应，Salakhutdinov and Hinton (2009a) 提倡在将其插入 DBM 之前，将所有 RBM(顶部和底部 RBM 除外) 的权重除 2。另外，必须使用每个可见单元的两个“副本”来训练底部 RBM，并且两个副本之间的权重约束为相等。这意味着在向上传播时，权重能有效地加倍。类似地，顶部 RBM 应当使用最顶层的两个副本来训练。

为了使用深度玻尔兹曼机获得最好结果，我们需要修改标准的 SML 算法，即在联合 PCD 训练步骤的负相期间使用少量的均匀场 (Salakhutdinov and Hinton, 2009a)。具体来说，应当相对于其中所有单元彼此独立的均匀场分布来计算能量梯度的期望。这个均匀场分布的参数应该通过运行一次均匀场不动点方程获得。Goodfellow *et al.* (2013d) 比较了在负相中使用和不使用部分均匀场的中心化 DBM 的性能。

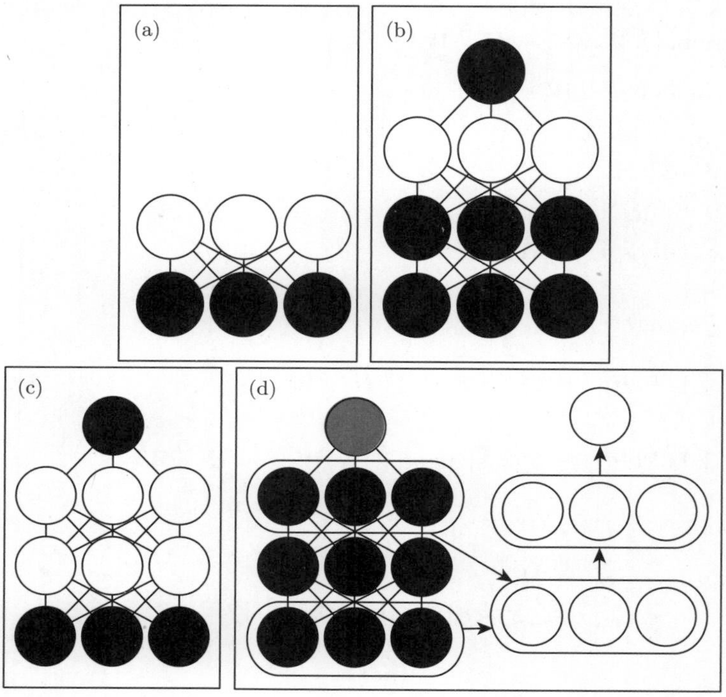

图 20.4 用于分类 MNIST 数据集的深度玻尔兹曼机训练过程 (Salakhutdinov and Hinton, 2009a; Srivastava *et al.*, 2014)。(a) 使用 CD 近似最大化 $\log P(\boldsymbol{v})$ 来训练 RBM。(b) 训练第二个 RBM，使用 CD-k 近似最大化 $\log P(\boldsymbol{h}^{(1)}, \mathrm{y})$ 来建模 $\boldsymbol{h}^{(1)}$ 和目标类 y，其中 $\boldsymbol{h}^{(1)}$ 采自第一个 RBM 条件于数据的后验。在学习期间将 k 从 1 增加到 20。(c) 将两个 RBM 组合为 DBM。使用 $k = 5$ 的随机最大似然训练，近似最大化 $\log P(\mathbf{v}, \mathrm{y})$。(d) 将 y 从模型中删除。定义新的一组特征 $\boldsymbol{h}^{(1)}$ 和 $\boldsymbol{h}^{(2)}$，可在缺少 y 的模型中运行均匀场推断后获得。使用这些特征作为 MLP 的输入，其结构与均匀场的额外轮相同，并且具有用于估计 y 的额外输出层。初始化 MLP 的权重与 DBM 的权重相同。使用随机梯度下降和 Dropout 训练 MLP 近似最大化 $\log P(\mathrm{y} \mid \mathbf{v})$。图来自 Goodfellow *et al.* (2013d)

20.4.5 联合训练深度玻尔兹曼机

经典 DBM 需要贪心无监督预训练，并且为了更好的分类，需要在它们提取的隐藏特征之上，使用独立的基于 MLP 的分类器。这种方法有一些不理想的性质，因为我们不能在训练第一个 RBM 时评估完整 DBM 的属性，所以在训练期间难以跟踪性能。因此，直到相当晚的训练过程，我们都很难知道我们的超参数表现如何。DBM 的软件实现需要很多不同的模块，如用于单个 RBM 的 CD 训练、完整 DBM 的 PCD 训练以及基于反向传播的 MLP 训练。最后，玻尔兹曼机顶部的 MLP 失去了玻尔兹曼机概率模型的许多优点，例如当某些输入值丢失时仍能够进行推断的优点。

主要有两种方法可以处理深度玻尔兹曼机的联合训练问题。第一个是**中心化深度玻尔兹曼机**(centered deep Boltzmann machine)(Montavon and Muller, 2012)，通过重参数化模型使其在开始学习过程时代价函数的 Hessian 具有更好的条件数。这个模型不用经过贪心逐层预训练阶段就能训练。这个模型在测试集上获得出色的对数似然，并能产生高质量的样本。不幸的是，作为分类器，它仍然不能与适当正则化的 MLP 竞争。联合训练深度玻尔兹曼机的第二种方式是使用**多预测深度玻尔兹曼机**(multi-prediction deep Boltzmann machine, MP-DBM)(Goodfellow *et al.*, 2013d)。该模型的训练准则允许反向传播算法，以避免使用 MCMC 估计梯度的问题。不幸的是，新的准则不会导致良好的似然性或样本，但是相比 MCMC 方法，它确实会导致更好的分类性能和良好的推断缺失输入的能力。

如果我们回到玻尔兹曼机的一般观点，即包括一组权重矩阵 $\boldsymbol{U}$ 和偏置 $\boldsymbol{b}$ 的单元 $\boldsymbol{x}$，玻尔兹曼机中心化技巧是最容易描述的。回顾式 (20.2)，能量函数由下式给出

$$E(\boldsymbol{x}) = -\boldsymbol{x}^\top \boldsymbol{U}\boldsymbol{x} - \boldsymbol{b}^\top \boldsymbol{x} \tag{20.36}$$

在权重矩阵 $\boldsymbol{U}$ 中使用不同的稀疏模式，我们可以实现不同架构的玻尔兹曼机，如 RBM 或具有不同层数的 DBM。将 $\boldsymbol{x}$ 分割成可见和隐藏单元，并将 $\boldsymbol{U}$ 中不相互作用的单元归零可以实现这些架构。中心化玻尔兹曼机引入了一个向量 $\boldsymbol{\mu}$，并从所有状态中减去：

$$E'(\boldsymbol{x}; \boldsymbol{U}, \boldsymbol{b}) = -(\boldsymbol{x} - \boldsymbol{\mu})^\top \boldsymbol{U}(\boldsymbol{x} - \boldsymbol{\mu}) - (\boldsymbol{x} - \boldsymbol{\mu})^\top \boldsymbol{b} \tag{20.37}$$

通常 $\boldsymbol{\mu}$ 在开始训练时固定为一个超参数。当模型初始化时，通常选择为 $\boldsymbol{x} - \boldsymbol{\mu} \approx 0$。这种重参数化不改变模型可表示的概率分布的集合，但它确实改变了应用于似然的随机梯度下降的动态。具体来说，在许多情况下，这种重参数化导致更好条件数的 Hessian 矩阵。Melchior *et al.* (2013) 通过实验证实了 Hessian 矩阵条件数的改善，并观察到中心化技巧等价于另一个玻尔兹曼机学习技术 ——**增强梯度**(enhanced gradient)(Cho *et al.*, 2011)。即使在困难的情况下，例如训练多层的深度玻尔兹曼机，Hessian 矩阵条件数的改善也能使学习成功。

联合训练深度玻尔兹曼机的另一种方法是多预测深度玻尔兹曼机 (MP-DBM)，它将均匀场方程视为定义一系列用于近似求解每个可能推断问题的循环网络 (Goodfellow *et al.*, 2013d)。模型被训练为使每个循环网络获得对相应推断问题的准确答案，而不是训练模型来最大化似然。训练过程如图 20.5 所示，它包括随机采一个训练样本，随机采样推断网络的输入子集，然后训练推断网络来预测剩余单元的值。

这种用于近似推断，通过计算图进行反向传播的一般原理已经应用于其他模型 (Stoyanov *et al.*, 2011; Brakel *et al.*, 2013)。在这些模型和 MP-DBM 中，最终损失不是似然的下界。相反，最终损失通常基于近似推断网络对缺失值施加的近似条件分布。这意味着这些模型的训练有些启发式。如果我们检查由 MP-DBM 学习出来的玻尔兹曼机表示 $p(\boldsymbol{v})$，在 Gibbs 采样产生较差样本的意义下，它倾向于有些缺陷。

通过推断图的反向传播有两个主要优点。首先，它以模型真正使用的方式训练模型 —— 使用近似推断。这意味着在 MP-DBM 中，进行如填充缺失的输入或执行分类 (尽管存在缺失

的输入) 的近似推断比在原始 DBM 中更准确。原始 DBM 不会自己做出准确的分类器，使用原始 DBM 的最佳分类结果是基于 DBM 提取的特征训练独立的分类器，而不是通过使用 DBM 中的推断来计算关于类标签的分布。MP-DBM 中的均匀场推断作为分类器，不需要进行特殊修改就获得良好的表现。通过近似推断反向传播的另一个优点是反向传播计算损失的精确梯度。对于优化而言，比 SML 训练中具有偏差和方差的近似梯度更好。这可能解释了为什么 MP-DBM 可以联合训练，而 DBM 需要贪心逐层预训练。近似推断图反向传播的缺点是它不提供一种优化对数似然的方法，而提供广义伪似然的启发式近似。

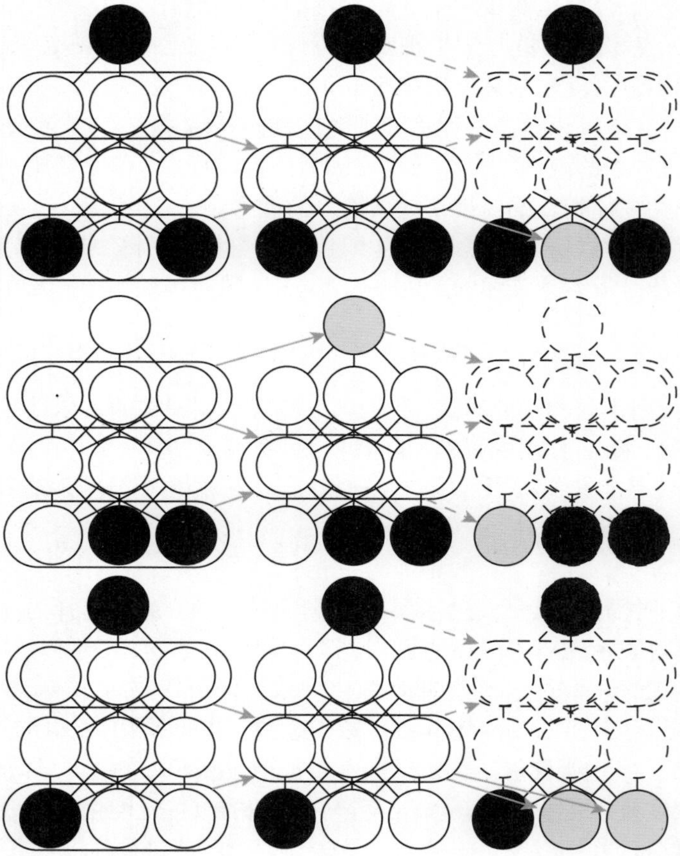

图 20.5　深度玻尔兹曼机多预测训练过程的示意图。每一行指示相同训练步骤内小批量中的不同样本。每列表示均匀场推断过程中的时间步。对于每个样本，我们对数据变量的子集进行采样，作为推断过程的输入。这些变量以黑色阴影表示条件。然后我们运行均匀场推断过程，箭头指示过程中的哪些变量会影响其他变量。在实际应用中，我们将均匀场展开为几个步骤。在此示意图中，我们只展开为两个步骤。虚线箭头表示获得更多步骤需要如何展开该过程。未用作推断过程输入的数据变量成为目标，以灰色阴影表示。我们可以将每个样本的推断过程视为循环网络。为了使其在给定输入后能产生正确的目标，我们使用梯度下降和反向传播训练这些循环网络。这可以训练 MP-DBM 均匀场过程产生准确的估计。图改编自 Goodfellow *et al.* (2013d)

MP-DBM 启发了对 NADE 框架的扩展 NADE-k (Raiko *et al.*, 2014)，我们将在第 20.10.10 节中描述。

MP-DBM 与 Dropout 有一定联系。Dropout 在许多不同的计算图之间共享相同的参数，每个图之间的差异是包括还是排除每个单元。MP-DBM 还在许多计算图之间共享参数。在 MP-DBM 的情况下，图之间的差异是每个输入单元是否被观察到。当没有观察到单元时，MP-DBM 不会像 Dropout 那样将其完全删除。相反，MP-DBM 将其视为要推断的潜变量。我们可以想象将 Dropout 应用到 MP-DBM，即额外去除一些单元而不是将它们变为潜变量。

20.5 实值数据上的玻尔兹曼机

虽然玻尔兹曼机最初是为二值数据而开发的，但是许多应用，例如图像和音频建模似乎需要表示实值上概率分布的能力。在一些情况下，我们可以将区间 $[0,1]$ 中的实值数据视为表示二值变量的期望。例如，Hinton (2000) 将训练集中灰度图像的像素值视为定义 $[0,1]$ 间的概率值。每个像素定义二值变量为 1 的概率，并且二值像素的采样都彼此独立。这是评估灰度图像数据集上二值模型的常见过程。然而，这种方法理论上并不特别令人满意，并且以这种方式独立采样的二值图像具有噪声表象。在本节中，我们介绍概率密度定义在实值数据上的玻尔兹曼机。

20.5.1 Gaussian-Bernoulli RBM

受限玻尔兹曼机可以用于许多指数族的条件分布 (Welling *et al.*, 2005)。其中，最常见的是具有二值隐藏单元和实值可见单元的 RBM，其中可见单元上的条件分布是高斯分布 (均值为隐藏单元的函数)。

有很多方法可以参数化 Gaussian-Bernoulli RBM。首先，我们可以选择协方差矩阵或精度矩阵来参数化高斯分布。这里，我们介绍选择精度矩阵的情况。我们可以通过简单的修改获得协方差的形式。我们希望条件分布为

$$p(\boldsymbol{v} \mid \boldsymbol{h}) = \mathcal{N}(\boldsymbol{v}; \boldsymbol{W}\boldsymbol{h}, \boldsymbol{\beta}^{-1}) \tag{20.38}$$

通过扩展未归一化的对数条件分布可以找到需要添加到能量函数中的项：

$$\log \mathcal{N}(\boldsymbol{v}; \boldsymbol{W}\boldsymbol{h}, \boldsymbol{\beta}^{-1}) = -\frac{1}{2}(\boldsymbol{v} - \boldsymbol{W}\boldsymbol{h})^\top \boldsymbol{\beta}(\boldsymbol{v} - \boldsymbol{W}\boldsymbol{h}) + f(\boldsymbol{\beta}) \tag{20.39}$$

此处 f 封装所有的参数，但不包括模型中的随机变量。因为 f 的唯一作用是归一化分布，并且我们选择的任何可作为配分函数的能量函数都能起到这个作用，所以我们可以忽略 f。

如果我们在能量函数中包含式 (20.39) 中涉及 $\boldsymbol{v}$ 的所有项 (其符号被翻转)，并且不添加任何其他涉及 $\boldsymbol{v}$ 的项，那么我们的能量函数就能表示想要的条件分布 $p(\boldsymbol{v} \mid \boldsymbol{h})$。

其他条件分布比较自由，如 $p(\boldsymbol{h} \mid \boldsymbol{v})$。注意式 (20.39) 包含一项

$$\frac{1}{2}\boldsymbol{h}^\top \boldsymbol{W}^\top \boldsymbol{\beta} \boldsymbol{W} \boldsymbol{h} \tag{20.40}$$

因为该项包含 $h_i h_j$ 项，它不能被全部包括在内。这些对应于隐藏单元之间的边。如果我们包括这些项，将得到一个线性因子模型，而不是受限玻尔兹曼机。当设计我们的玻尔兹曼机时，简单地省略这些 $h_i h_j$ 交叉项。省略这些项不改变条件分布 $p(\boldsymbol{v} \mid \boldsymbol{h})$，因此式 (20.39) 仍满足。然而，我们仍然可以选择是否包括仅涉及单个 h_i 的项。如果假设精度矩阵是对角的，就能发现对于每个隐藏单元 h_i，我们有一项

$$\frac{1}{2} h_i \sum_j \beta_j W_{j,i}^2 \tag{20.41}$$

在上面，我们使用了 $h_i^2 = h_i$ 的事实 (因为 $h_i \in \{0,1\}$)。如果我们在能量函数中包含此项 (符号被翻转)，则当该单元的权重较大且以高精度连接到可见单元时，偏置 h_i 将自然被关闭。是否包括该偏置项不影响模型可以表示的分布族 (假设我们包括隐藏单元的偏置参数)，但是它确实会影响模型的学习动态。包括该项可以帮助隐藏单元 (即使权重在幅度上快速增加时) 保持合理激活。

因此，在 Gaussian-Bernoulli RBM 上定义能量函数的一种方式：

$$E(\boldsymbol{v},\boldsymbol{h}) = \frac{1}{2}\boldsymbol{v}^\top(\boldsymbol{\beta}\odot\boldsymbol{v}) - (\boldsymbol{v}\odot\boldsymbol{\beta})^\top \boldsymbol{W}\boldsymbol{h} - \boldsymbol{b}^\top\boldsymbol{h} \tag{20.42}$$

但我们还可以添加额外的项或者通过方差而不是精度参数化能量。

在这个推导中，我们没有在可见单元上添加偏置项，但添加这样的偏置是容易的。Gaussian-Bernoulli RBM 参数化一个最终变化的来源是如何处理精度矩阵的选择。它可以被固定为常数 (可能基于数据的边缘精度估计) 或学习出来。它也可以是标量乘以单位矩阵，或者是一个对角矩阵。在此情况下，由于一些操作需要对矩阵求逆，我们通常不允许非对角的精度矩阵，因为高斯分布的一些操作需要对矩阵求逆，一个对角矩阵可以非常容易地被求逆。在接下来的章节中，我们将看到其他形式的玻尔兹曼机，它们允许对协方差结构建模，并使用各种技术避免对精度矩阵求逆。

20.5.2 条件协方差的无向模型

虽然高斯 RBM 已成为实值数据的标准能量模型，Ranzato *et al.* (2010a) 认为高斯 RBM 感应偏置不能很好地适合某些类型的实值数据中存在的统计变化，特别是自然图像。问题在于自然图像中的许多信息内容嵌入于像素之间的协方差而不是原始像素值中。换句话说，图像中的大多数有用信息在于像素之间的关系，而不是其绝对值。由于高斯 RBM 仅对给定隐藏单元的输入条件均值建模，所以它不能捕获条件协方差信息。为了回应这些评论，已经有学者提出了替代模型，设法更好地考虑实值数据的协方差。这些模型包括**均值和协方差 RBM**(mean and covariance RBM, mcRBM)[①]、**学生 t 分布均值乘积**(mean product of Student t-distribution, mPoT) 模型和**尖峰和平板 RBM**(spike and slab RBM, ssRBM)

均值和协方差 RBM mcRBM 使用隐藏单元独立地编码所有可观察单元的条件均值和协方差。mcRBM 的隐藏层分为两组单元：均值单元和协方差单元。建模条件均值的那组单元是简单的高斯 RBM。另一半是**协方差 RBM** (covariance RBM, cRBM)(Ranzato *et al.*, 2010a)，对条件协方差的结构进行建模 (如下所述)。

具体来说，在二值均值的单元 $\boldsymbol{h}^{(m)}$ 和二值协方差单元 $\boldsymbol{h}^{(c)}$ 的情况下，mcRBM 模型被定义为两个能量函数的组合：

$$E_{\mathrm{mc}}(\boldsymbol{x},\boldsymbol{h}^{(m)},\boldsymbol{h}^{(c)}) = E_{\mathrm{m}}(\boldsymbol{x},\boldsymbol{h}^{(m)}) + E_{\mathrm{c}}(\boldsymbol{x},\boldsymbol{h}^{(c)}) \tag{20.43}$$

其中 E_{m} 为标准的 Gaussian-Bernoulli RBM 能量函数 [②]，

$$E_{\mathrm{m}}(\boldsymbol{x},\boldsymbol{h}^{(m)}) = \frac{1}{2}\boldsymbol{x}^\top\boldsymbol{x} - \sum_j \boldsymbol{x}^\top\boldsymbol{W}_{:,j}h_j^{(m)} - \sum_j b_j^{(m)}h_j^{(m)} \tag{20.44}$$

①术语“mcRBM”根据字母 M-C-R-B-M 发音；“mc”不是“McDonald’s”中的“Mc”的发音。

②这个版本的 Gaussian-Bernoulli RBM 能量函数假定图像数据的每个像素具有零均值。考虑非零像素均值时，可以简单地将像素偏移添加到模型中。

E_c 是 cRBM 建模条件协方差信息的能量函数:

$$E_c(\boldsymbol{x}, \boldsymbol{h}^{(c)}) = \frac{1}{2}\sum_j h_j^{(c)}\big(\boldsymbol{x}^\top \boldsymbol{r}^{(j)}\big)^2 - \sum_j b_j^{(c)} h_j^{(c)} \tag{20.45}$$

参数 $\boldsymbol{r}^{(j)}$ 与 $h_j^{(c)}$ 关联的协方差权重向量对应，$\boldsymbol{b}^{(c)}$ 是一个协方差偏置向量。组合后的能量函数定义联合分布，

$$p_{\mathrm{mc}}(\boldsymbol{x}, \boldsymbol{h}^{(m)}, \boldsymbol{h}^{(c)}) = \frac{1}{Z}\exp\Big\{-E_{\mathrm{mc}}(\boldsymbol{x}, \boldsymbol{h}^{(m)}\boldsymbol{h}^{(c)})\Big\} \tag{20.46}$$

以及给定 $\boldsymbol{h}^{(m)}$ 和 $\boldsymbol{h}^{(c)}$ 后，关于观察数据相应的条件分布 (为一个多元高斯分布):

$$p_{\mathrm{mc}}(\boldsymbol{x} \mid \boldsymbol{h}^{(m)}, \boldsymbol{h}^{(c)}) = \mathcal{N}\left(\boldsymbol{x}; \boldsymbol{C}_{\boldsymbol{x}|\boldsymbol{h}}^{\mathrm{mc}}\left(\sum_j \boldsymbol{W}_{:,j} h_j^{(m)}\right), \boldsymbol{C}_{\boldsymbol{x}|\boldsymbol{h}}^{\mathrm{mc}}\right) \tag{20.47}$$

注意协方差矩阵 $\boldsymbol{C}_{\boldsymbol{x}|\boldsymbol{h}}^{\mathrm{mc}} = \left(\sum_j h_j^{(c)} \boldsymbol{r}^{(j)} \boldsymbol{r}^{(j)T} + \boldsymbol{I}\right)^{-1}$ 是非对角的，且 $\boldsymbol{W}$ 是与建模条件均值的高斯 RBM 相关联的权重矩阵。由于非对角的条件协方差结构，难以通过对比散度或持续性对比散度来训练 mcRBM。CD 和 PCD 需要从 $\boldsymbol{x}$、$\boldsymbol{h}^{(m)}$、$\boldsymbol{h}^{(c)}$ 的联合分布中采样，这在标准 RBM 中可以通过 Gibbs 采样在条件分布上采样实现。但是，在 mcRBM 中，从 $p_{\mathrm{mc}}(\boldsymbol{x} \mid \boldsymbol{h}^{(m)}, \boldsymbol{h}^{(c)})$ 中抽样需要在学习的每个迭代计算 $(\boldsymbol{C}^{\mathrm{mc}})^{-1}$。这对于更大的观察数据可能是不切实际的计算负担。Ranzato and Hinton (2010) 通过使用 mcRBM 自由能上的哈密尔顿 (混合) 蒙特卡罗 (Neal, 1993) 直接从边缘 $p(\boldsymbol{x})$ 采样，避免了直接从条件 $p_{\mathrm{mc}}(\boldsymbol{x} \mid \boldsymbol{h}^{(m)}, \boldsymbol{h}^{(c)})$ 抽样。

学生 t 分布均值乘积　学生 t 分布均值乘积 (mPoT) 模型 (Ranzato *et al.*, 2010b) 以类似 mcRBM 扩展 cRBM 的方式扩展 PoT 模型 (Welling *et al.*, 2003a)，通过添加类似高斯 RBM 中隐藏单元的非零高斯均值来实现。与 mcRBM 一样，观察值上的 PoT 条件分布是多元高斯 (具有非对角的协方差) 分布。然而，不同于 mcRBM，隐藏变量的互补条件分布是由条件独立的 Gamma 分布给出。Gamma 分布 $\mathcal{G}(k, \theta)$ 是关于正实数且均值为 $k\theta$ 的概率分布。我们只需简单地了解 Gamma 分布就足以理解 mPoT 模型的基本思想。

mPoT 的能量函数为

$$E_{\mathrm{mPoT}}(\boldsymbol{x}, \boldsymbol{h}^{(m)}, \boldsymbol{h}^{(c)}) \tag{20.48}$$

$$= E_{\mathrm{m}}(\boldsymbol{x}, \boldsymbol{h}^{(m)}) + \sum_j \left(h_j^{(c)}\big(1 + \frac{1}{2}(\boldsymbol{r}^{(j)T}\boldsymbol{x})^2\big) + (1-\gamma_j)\log h_j^{(c)}\right) \tag{20.49}$$

其中 $\boldsymbol{r}^{(j)}$ 是与单元 $h_j^{(c)}$ 相关联的协方差权重向量，$E_m(\boldsymbol{x}, \boldsymbol{h}^{(m)})$ 如式 (20.44) 所定义。

正如 mcRBM 一样，mPoT 模型能量函数指定一个多元高斯分布，其中关于 $\boldsymbol{x}$ 的条件分布具有非对角的协方差。mPoT 模型中的学习 (也像 mcRBM) 由于无法从非对角高斯条件分布 $p_{\mathrm{mPoT}}(\boldsymbol{x} \mid \boldsymbol{h}^{(m)}, \boldsymbol{h}^{(c)})$ 采样而变得复杂。因此 Ranzato *et al.* (2010b) 也倡导通过哈密尔顿 (混合) 蒙特卡罗 (Neal, 1993) 直接采样 $p(\boldsymbol{x})$。

尖峰和平板 RBM　尖峰和平板 RBM(spike and slab RBM, ssRBM)(Courville *et al.*, 2011b) 提供对实值数据的协方差结构建模的另一种方法。与 mcRBM 相比，ssRBM 具有既不需要矩阵求逆也不需要哈密尔顿蒙特卡罗方法的优点。就像 mcRBM 和 mPoT 模型，ssRBM 的二值隐藏单元通过使用辅助实值变量来编码跨像素的条件协方差。

尖峰和平板 RBM 有两类隐藏单元：二值**尖峰**(spike) 单元 $\mathbf{h}$ 和实值**平板**(slab) 单元 $\mathbf{s}$。条件于隐藏单元的可见单元均值由 $(\boldsymbol{h} \odot \boldsymbol{s})\boldsymbol{W}^\top$ 给出。换句话说，每一列 $\boldsymbol{W}_{:,i}$ 定义当 $h_i = 1$ 时可出现在输入中的分量。相应的尖峰变量 h_i 确定该分量是否存在。如果存在的话，相应的平板变量 s_i 确定该分量的强度。当尖峰变量激活时，相应的平板变量将沿着 $\boldsymbol{W}_{:,i}$ 定义的轴的输入增加方差。这允许我们对输入的协方差建模。幸运的是，使用 Gibbs 采样的对比散度和持续性对比散度仍然适用。此处无须对任何矩阵求逆。

形式上，ssRBM 模型通过其能量函数定义：

$$E_{\mathrm{ss}}(\boldsymbol{x}, \boldsymbol{s}, \boldsymbol{h}) = -\sum_i \boldsymbol{x}^\top \boldsymbol{W}_{:,i} s_i h_i + \frac{1}{2}\boldsymbol{x}^\top \left(\boldsymbol{\Lambda} + \sum_i \boldsymbol{\Phi}_i h_i\right)\boldsymbol{x} \tag{20.50}$$

$$+ \frac{1}{2}\sum_i \alpha_i s_i^2 - \sum_i \alpha_i \mu_i s_i h_i - \sum_i b_i h_i + \sum_i \alpha_i \mu_i^2 h_i \tag{20.51}$$

其中 b_i 是尖峰 h_i 的偏置，$\boldsymbol{\Lambda}$ 是观测值 $\boldsymbol{x}$ 上的对角精度矩阵。参数 $\alpha_i > 0$ 是实值平板变量 $\boldsymbol{s}_i$ 的标量精度参数。参数 $\boldsymbol{\Phi}_i$ 是定义 $\boldsymbol{x}$ 上的 $\boldsymbol{h}$ 调制二次惩罚的非负对角矩阵。每个 μ_i 是平板变量 s_i 的均值参数。

利用能量函数定义的联合分布，能相对容易地导出 ssRBM 条件分布。例如，通过边缘化平板变量 $\boldsymbol{s}$，给定二值尖峰变量 $\boldsymbol{h}$，关于观察量的条件分布由下式给出

$$p_{\mathrm{ss}}(\boldsymbol{x} \mid \boldsymbol{h}) = \frac{1}{P(\boldsymbol{h})}\frac{1}{Z}\int \exp\{-E(\boldsymbol{x}, \boldsymbol{s}, \boldsymbol{h})\}d\boldsymbol{s} \tag{20.52}$$

$$= \mathcal{N}\left(\boldsymbol{x}; \boldsymbol{C}^{\mathrm{ss}}_{\boldsymbol{x}|\boldsymbol{h}} \sum_i \boldsymbol{W}_{:,i}\mu_i h_i, \boldsymbol{C}^{\mathrm{ss}}_{\boldsymbol{x}|\boldsymbol{h}}\right) \tag{20.53}$$

其中 $\boldsymbol{C}^{\mathrm{ss}}_{\boldsymbol{x}|\boldsymbol{h}} = (\boldsymbol{\Lambda} + \sum_i \boldsymbol{\Phi}_i h_i - \sum_i \alpha_i^{-1} h_i \boldsymbol{W}_{:,i}\boldsymbol{W}_{:,i}^\top)^{-1}$。最后的等式只有在协方差矩阵 $\boldsymbol{C}^{\mathrm{ss}}_{\boldsymbol{x}|\boldsymbol{h}}$ 正定时成立。

尖峰变量选通意味着 $\mathbf{h} \odot \mathbf{s}$ 上的真实边缘分布是稀疏的。这不同于稀疏编码，其中来自模型的样本在编码中“几乎从不”(在测度理论意义上) 包含零，并且需要 MAP 推断来强加稀疏性。

相比 mcRBM 和 mPoT 模型，ssRBM 以明显不同的方式参数化观察量的条件协方差。mcRBM 和 mPoT 都通过 $\left(\sum_j h_j^{(c)} \boldsymbol{r}^{(j)}\boldsymbol{r}^{(j)\top} + \boldsymbol{I}\right)^{-1}$ 建模观察量的协方差结构，使用 $\boldsymbol{h}_j > 0$ 的隐藏单元的激活来对方向 $\boldsymbol{r}^{(j)}$ 的条件协方差施加约束。相反，ssRBM 使用隐藏尖峰激活 $h_i = 1$ 来指定观察结果的条件协方差，以沿着由相应权重向量指定的方向捏合精度矩阵。ssRBM 条件协方差与一个不同模型给出的类似：概率主成分分析的乘积 (PoPPCA)(Williams and Agakov, 2002)。在过完备的设定下，ssRBM 参数化的稀疏激活仅允许在稀疏激活 h_i 的所选方向上有显著方差 (高于由 $\boldsymbol{\Lambda}^{-1}$ 给出的近似方差)。在 mcRBM 或 mPoT 模型中，过完备的表示意味着，捕获观察空间中特定方向上的变化需要在该方向上的正交投影下去除潜在的所有约束。这表明这些模型不太适合于过完备设定。

尖峰和平板 RBM 的主要缺点是，参数的一些设置会对应于非正定的协方差矩阵。这种协方差矩阵会在离均值更远的值上放置更大的未归一化概率，导致所有可能结果上的积分发散。通常这个问题可以通过简单的启发式技巧来避免。理论上还没有任何令人满意的解决方法。使用约束优化来显式地避免概率未定义的区域 (不过分保守是很难做到的)，并且这还会阻止模型到达参数空间的高性能区域。

定性地，ssRBM 的卷积变体能产生自然图像的优秀样本。图 16.1 中展示了一些样例。

ssRBM 允许几个扩展，包括平板变量的高阶交互和平均池化 (Courville *et al.*, 2014) 使得模型能够在标注数据稀缺时为分类器学习到出色的特征。向能量函数添加一项能防止配分函数在稀疏编码模型下变得不确定，如尖峰和平板稀疏编码 (Goodfellow *et al.*, 2013g)，也称为 S3C。

20.6 卷积玻尔兹曼机

如第 9 章所示，超高维度输入 (如图像) 会对机器学习模型的计算、内存和统计要求造成很大的压力。通过使用小核的离散卷积来替换矩阵乘法是解决具有空间平移不变性或时间结构的输入问题的标准方式。Desjardins and Bengio (2008) 表明这种方法应用于 RBM 时效果很好。

深度卷积网络通常需要池化操作，使得每个连续层的空间大小减小。前馈卷积网络通常使用池化函数，例如池化元素的最大值。目前尚不清楚如何将其推广到基于能量的模型的设定中。我们可以在 n 个二值检测器单元 $\mathbf{d}$ 上引入二值池化单元 p，强制 $p = \max_i d_i$，并且当违反约束时将能量函数设置为 ∞。因为它需要评估 2^n 个不同的能量设置来计算归一化常数，这种方式不能很好地扩展。对于小的 3×3 池化区域，每个池化单元需要评估 $2^9 = 512$ 个能量函数!

Lee *et al.* (2009) 针对这个问题，开发了一个称为 **概率最大池化**(probabilistic max pooling) 的解决方案 (不要与"随机池化"混淆，"随机池化"是用于隐含地构建卷积前馈网络集成的技术)。概率最大池化背后的策略是约束检测器单元，使得一次最多只有一个可以处于活动状态。这意味着仅存在 $n+1$ 个总状态 (n 个检测器单元中某一个状态为开和一个对应于所有检测器单元关闭的附加状态)。当且仅当检测器单元中的一个开启时，池化单元打开。所有单元的状态关闭时，能量被分配为 0。我们可以认为这是在用包含 $n+1$ 个状态的单个变量来描述模型，或者等价地具有 $n+1$ 个变量的模型，除了 $n+1$ 个联合分配的变量之外的能量赋为 ∞。

虽然高效的概率最大池化确实能强迫检测器单元互斥，这在某些情景下可能是有用的正则化约束，而在其他情景下是对模型容量有害的限制。它也不支持重叠池化区域。从前馈卷积网络获得最佳性能通常需要重叠的池化区域，因此这种约束可能大大降低了卷积玻尔兹曼机的性能。

Lee *et al.* (2009) 证明概率最大池化可以用于构建卷积深度玻尔兹曼机 ③。该模型能够执行诸如填补输入缺失部分的操作。虽然这种模型在理论上有吸引力，让它在实践中工作是具有挑战性的，作为分类器通常不如通过监督训练的传统卷积网络。

许多卷积模型对于许多不同空间大小的输入同样有效。对于玻尔兹曼机，由于各种原因很难改变输入尺寸。配分函数随着输入大小的改变而改变。此外，许多卷积网络按与输入大小成比例地缩放池化区域来实现尺寸不变性，但缩放玻尔兹曼机池化区域是不优雅的。传统的卷积神经网络可以使用固定数量的池化单元，并且动态地增加它们池化区域的大小，以此获得可变大小输入的固定尺寸的表示。对于玻尔兹曼机，大型池化区域的计算成本比朴素方

③该论文将模型描述为"深度信念网络"，但因为它可以被描述为纯无向模型 (具有易处理逐层均匀场不动点更新)，所以它最适合深度玻尔兹曼机的定义。

法高很多。Lee *et al.* (2009) 的方法使得每个检测器单元在相同的池化区域中互斥，解决了计算问题，但仍然不允许大小可变的池化区域。例如，假设我们在学习边缘检测器时，检测器单元上具有 2×2 的概率最大池化，这强制约束在每个 2×2 的区域中只能出现这些边中的一条。如果我们随后在每个方向上将输入图像的大小增加 50%，则期望边缘的数量会相应地增加。相反，如果我们在每个方向上将池化区域的大小增加 50% 到 3×3，则互斥性约束现在指定这些边中的每一个在 3×3 区域中仅可以出现一次。当我们以这种方式增长模型的输入图像时，模型会生成密度较小的边。当然，这些问题只有在模型必须使用可变数量的池化，以便产出固定大小的输出向量时才会出现。只要模型的输出是可以与输入图像成比例缩放的特征图，使用概率最大池化的模型仍然可以接受可变大小的输入图像。

图像边界处的像素也带来一些困难，由于玻尔兹曼机中的连接是对称的事实而加剧。如果我们不隐式地补零输入，则将会导致比可见单元更少的隐藏单元，并且图像边界处的可见单元将不能被良好地建模，因为它们位于较少隐藏单元的接受场中。然而，如果我们隐式地补零输入，则边界处的隐藏单元将由较少的输入像素驱动，并且可能在需要时无法激活。

20.7 用于结构化或序列输出的玻尔兹曼机

在结构化输出场景中，我们希望训练可以从一些输入 $\boldsymbol{x}$ 映射到一些输出 $\boldsymbol{y}$ 的模型，$\boldsymbol{y}$ 的不同条目彼此相关，并且必须遵守一些约束。例如，在语音合成任务中，$\boldsymbol{y}$ 是波形，并且整个波形听起来必须像连贯的发音。

表示 $\boldsymbol{y}$ 中的条目之间关系的自然方式是使用概率分布 $p(\mathbf{y} \mid \boldsymbol{x})$。扩展到建模条件分布的玻尔兹曼机可以支持这种概率模型。

使用玻尔兹曼机条件建模的相同工具不仅可以用于结构化输出任务，还可以用于序列建模。在后一种情况下，模型必须估计变量序列上的概率分布 $p(\mathbf{x}^{(1)}, \cdots, \mathbf{x}^{(\tau)})$，而不仅仅是将输入 $\boldsymbol{x}$ 映射到输出 $\boldsymbol{y}$。为完成这个任务，条件玻尔兹曼机可以表示 $p(\mathbf{x}^{(\tau)} \mid \mathbf{x}^{(1)}, \cdots, \mathbf{x}^{(\tau-1)})$ 形式的因子。

视频游戏和电影工业中一个重要序列建模任务是建模用于渲染 3-D 人物骨架关节角度的序列。这些序列通常通过记录角色移动的运动捕获系统收集。人物运动的概率模型允许生成新的 (之前没见过的) 但真实的动画。为了解决这个序列建模任务，Taylor *et al.* (2007) 针对小的 m 引入了条件 RBM 建模 $p(\boldsymbol{x}^{(t)} \mid \boldsymbol{x}^{(t-1)}, \cdots, \boldsymbol{x}^{(t-m)})$。该模型是 $p(\boldsymbol{x}^{(t)})$ 上的 RBM，其偏置参数是 $\boldsymbol{x}$ 前面 m 个值的线性函数。当我们条件于 $\boldsymbol{x}^{(t-1)}$ 的不同值和更早的变量时，我们会得到一个关于 $\mathbf{x}$ 的新 RBM。RBM 关于 $\mathbf{x}$ 的权重不会改变，但是条件于不同的过去值，我们可以改变 RBM 中的不同隐藏单元处于活动状态的概率。通过激活和去激活隐藏单元的不同子集，我们可以对 $\mathbf{x}$ 上诱导的概率分布进行大的改变。条件 RBM 的其他变体 (Mnih *et al.*, 2011) 和使用条件 RBM 进行序列建模的其他变体是可能的 (Taylor and Hinton, 2009; Sutskever *et al.*, 2009; Boulanger-Lewandowski *et al.*, 2012)。

另一个序列建模任务是对构成歌曲音符序列的分布进行建模。Boulanger-Lewandowski *et al.* (2012) 引入了 **RNN-RBM** 序列模型并应用于这个任务。RNN-RBM 由 RNN(产生用于每个时间步的 RBM 参数) 组成，是帧序列 $\boldsymbol{x}^{(t)}$ 的生成模型。与之前只有 RBM 的偏置参数会在一个时间步到下一个发生变化的方法不同，RNN-RBM 使用 RNN 来产生 RBM 的所有参数 (包括权重)。为了训练模型，我们需要能够通过 RNN 反向传播损失函数的梯度。损失函数不直接应用于 RNN 输出。相反，它应用于 RBM。这意味着我们必须使用对比散度或相关算法关于 RBM 参数进行近似的微分。然后才可以使用通常的通过时间反向传播算法通过 RNN 反向传播该近似梯度。

20.8 其他玻尔兹曼机

玻尔兹曼机的许多其他变种是可能的。

玻尔兹曼机可以用不同的训练准则扩展。我们专注于训练为大致最大化生成标准 $\log p(\boldsymbol{v})$ 的玻尔兹曼机。相反，旨在最大化 $\log p(y \mid \boldsymbol{v})$ 来训练判别的 RBM 也是有可能的 (Larochelle and Bengio, 2008a)。当使用生成性和判别性标准的线性组合时，该方法通常表现最好。不幸的是，至少使用现有的方法来看，RBM 似乎并不如 MLP 那样的监督学习器强大。

在实践中使用的大多数玻尔兹曼机在其能量函数中仅具有二阶相互作用，意味着它们的能量函数是许多项的和，并且每个单独项仅包括两个随机变量之间的乘积。这种项的一个例子是 $v_i W_{i,j} h_j$。我们还可以训练高阶玻尔兹曼机 (Sejnowski, 1987)，其中能量函数项涉及许多变量的乘积。隐藏单元和两个不同图像之间的三向交互可以建模从一个视频帧到下一个帧的空间变换 (Memisevic and Hinton, 2007, 2010)。通过 one-hot 类别变量的乘法可以根据存在哪个类来改变可见单元和隐藏单元之间的关系 (Nair and Hinton, 2009)。使用高阶交互的一个最近的示例是具有两组隐藏单元的玻尔兹曼机，一组同时与可见单元 $\boldsymbol{v}$ 和类别标签 y 交互，另一组仅与输入值 $\boldsymbol{v}$ 交互 (Luo *et al.*, 2011)。这可以被解释为鼓励一些隐藏单元学习使用与类相关的特征来建模输入，而且还学习额外的隐藏单元 (不需要根据样本类别，学习逼真 $\boldsymbol{v}$ 样本所需的繁琐细节)。高阶交互的另一个用途是选通一些特征。Sohn *et al.* (2013) 介绍了一个带有三阶交互的玻尔兹曼机，以及与每个可见单元相关的二进制掩码变量。当这些掩码变量设置为 0 时，它们消除可见单元对隐藏单元的影响。这允许将与分类问题不相关的可见单元从估计类别的推断路径中移除。

更一般地说，玻尔兹曼机框架是一个丰富的模型空间，允许比迄今为止已经探索的更多的模型结构。开发新形式的玻尔兹曼机相比于开发新的神经网络层需要更多细心和创造力，因为它通常很难找到一个能保持玻尔兹曼机所需的所有不同条件分布的可解性的能量函数。尽管这需要努力，该领域仍对创新开放。

20.9 通过随机操作的反向传播

传统的神经网络对一些输入变量 $\boldsymbol{x}$ 施加确定性变换。当开发生成模型时，我们经常希望扩展神经网络以实现 $\boldsymbol{x}$ 的随机变换。这样做的一个直接方法是使用额外输入 $\boldsymbol{z}$(从一些简单的概率分布采样得到，如均匀或高斯分布) 来增强神经网络。神经网络在内部仍可以继续执行确定性计算，但是函数 $f(\boldsymbol{x}, \boldsymbol{z})$ 对于不能访问 $\boldsymbol{z}$ 的观察者来说将是随机的。假设 f 是连续可微的，我们可以像往常一样使用反向传播计算训练所需的梯度。

作为示例，让我们考虑从均值 μ 和方差 σ^2 的高斯分布中采样 y 的操作：

$$\mathrm{y} \sim \mathcal{N}(\mu, \sigma^2) \tag{20.54}$$

因为 y 的单个样本不是由函数产生的，而是由一个采样过程产生，它的输出会随我们的每次查询发生变化，所以取 y 相对于其分布的参数 μ 和 σ^2 的导数似乎是违反直觉的。然而，我们可以将采样过程重写，对基本随机变量 $\mathrm{z} \sim \mathcal{N}(z;0,1)$ 进行转换以从期望的分布获得样本：

$$y = \mu + \sigma z \tag{20.55}$$

现在我们将其视为具有额外输入 z 的确定性操作，可以通过采样操作来反向传播。至关重要的是，额外输入是一个随机变量，其分布不是任何我们想对其计算导数的变量的函数。如果我们可以用相同的 z 值再次重复采样操作，结果会告诉我们 μ 或 σ 的微小变化将会如何改变输出。

能够通过该采样操作反向传播允许我们将其并入更大的图中。我们可以在采样分布的输出之上构建图元素。例如，我们可以计算一些损失函数 $J(y)$ 的导数。我们还可以构建这样的图元素，其输出是采样操作的输入或参数。例如，我们可以通过 $\mu = f(\boldsymbol{x};\boldsymbol{\theta})$ 和 $\sigma = g(\boldsymbol{x};\boldsymbol{\theta})$ 构建更大的图。在这个增强图中，我们可以通过这些函数的反向传播导出 $\nabla_{\boldsymbol{\theta}} J(y)$。

在该高斯采样示例中使用的原理能更广泛地应用。我们可以将任何形为 $p(\mathrm{y};\boldsymbol{\theta})$ 或 $p(\mathrm{y} \mid \boldsymbol{x};\boldsymbol{\theta})$ 的概率分布表示为 $p(\mathrm{y} \mid \boldsymbol{\omega})$，其中 $\boldsymbol{\omega}$ 是同时包含参数 $\boldsymbol{\theta}$ 和输入 $\boldsymbol{x}$ 的变量 (如果适用的话)。给定从分布 $p(\mathrm{y} \mid \boldsymbol{\omega})$ 采样的值 y(其中 $\boldsymbol{\omega}$ 可以是其他变量的函数)，我们可以将

$$\mathbf{y} \sim p(\mathbf{y} \mid \boldsymbol{\omega}) \tag{20.56}$$

重写为

$$\boldsymbol{y} = f(\boldsymbol{z};\boldsymbol{\omega}) \tag{20.57}$$

其中 $\boldsymbol{z}$ 是随机性的来源。只要 f 是几乎处处连续可微的，我们就可以使用传统工具 (例如应用于 f 的反向传播算法) 计算 y 相对于 $\boldsymbol{\omega}$ 的导数。至关重要的是，$\boldsymbol{\omega}$ 不能是 $\boldsymbol{z}$ 的函数，且 $\boldsymbol{z}$ 不能是 $\boldsymbol{\omega}$ 的函数。这种技术通常被称为**重参数化技巧**(reparametrization trick)、**随机反向传播**(stochastic back-propagation) 或**扰动分析**(perturbation analysis)。

要求 f 是连续可微的，当然需要 $\boldsymbol{y}$ 是连续的。如果我们希望通过产生离散值样本的采样过程进行反向传播，则可以使用强化学习算法 (如 REINFORCE 算法 (Williams, 1992) 的变体) 来估计 $\boldsymbol{\omega}$ 上的梯度，这将在第 20.9.1 节中讨论。

在神经网络应用中，我们通常选择从一些简单的分布中采样 $\boldsymbol{z}$，如单位均匀分布或单位高斯分布，并通过网络的确定性部分重塑其输入来实现更复杂的分布。

通过随机操作扩展梯度或优化的想法可追溯到 20 世纪中叶 (Price, 1958; Bonnet, 1964)，并且首先在强化学习 (Williams, 1992) 的情景下用于机器学习。最近，它已被应用于变分近似 (Opper and Archambeau, 2009) 和随机生成神经网络 (Bengio *et al.*, 2013b; Kingma, 2013; Kingma and Welling, 2014b,a; Rezende *et al.*, 2014; Goodfellow *et al.*, 2014c)。许多网络，如去噪自编码器或使用 Dropout 的正则化网络，也被自然地设计为将噪声作为输入，而不需要任何特殊的重参数化就能使噪声独立于模型。

20.9.1 通过离散随机操作的反向传播

当模型发射离散变量 $\boldsymbol{y}$ 时，重参数化技巧不再适用。假设模型采用输入 $\boldsymbol{x}$ 和参数 $\boldsymbol{\theta}$，两者都封装在向量 $\boldsymbol{\omega}$ 中，并且将它们与随机噪声 $\boldsymbol{z}$ 组合以产生 $\boldsymbol{y}$：

$$\boldsymbol{y} = f(\boldsymbol{z};\boldsymbol{\omega}) \tag{20.58}$$

因为 $\boldsymbol{y}$ 是离散的，f 必须是一个阶跃函数。阶跃函数的导数在任何点都是没用的。在每个阶跃边界，导数是未定义的，但这是一个小问题。大问题是导数在阶跃边界之间的区域几乎处处为零。因此，任何代价函数 $J(\boldsymbol{y})$ 的导数无法给出如何更新模型参数 $\boldsymbol{\theta}$ 的任何信息。

REINFORCE 算法 (REward Increment = nonnegative Factor × Offset Reinforcement × Characteristic Eligibility) 提供了定义一系列简单而强大解决方案的框架 (Williams, 1992)。其核心思想是，即使 $J(f(\boldsymbol{z};\boldsymbol{\omega}))$ 是具有无用导数的阶跃函数，期望代价 $\mathbb{E}_{\mathbf{z}\sim p(\mathbf{z})}J(f(\boldsymbol{z};\boldsymbol{\omega}))$ 通常是服从梯度下降的光滑函数。虽然当 $\boldsymbol{y}$ 是高维 (或者是许多离散随机决策组合的结果) 时，该期望通常是难解的，但我们可以使用蒙特卡罗平均进行无偏估计。梯度的随机估计可以与 SGD 或其他基于随机梯度的优化技术一起使用。

通过简单地微分期望成本，我们可以推导出 REINFORCE 最简单的版本：

$$\mathbb{E}_{z}[J(\boldsymbol{y})] = \sum_{\boldsymbol{y}} J(\boldsymbol{y})p(\boldsymbol{y}) \tag{20.59}$$

$$\frac{\partial \mathbb{E}[J(\boldsymbol{y})]}{\partial \boldsymbol{\omega}} = \sum_{\boldsymbol{y}} J(\boldsymbol{y})\frac{\partial p(\boldsymbol{y})}{\partial \boldsymbol{\omega}} \tag{20.60}$$

$$= \sum_{\boldsymbol{y}} J(\boldsymbol{y})p(\boldsymbol{y})\frac{\partial \log p(\boldsymbol{y})}{\partial \boldsymbol{\omega}} \tag{20.61}$$

$$\approx \frac{1}{m}\sum_{\boldsymbol{y}^{(i)}\sim p(\boldsymbol{y}),i=1}^{m} J(\boldsymbol{y}^{(i)})\frac{\partial \log p(\boldsymbol{y}^{(i)})}{\partial \boldsymbol{\omega}} \tag{20.62}$$

式 (20.60) 依赖于 J 不直接引用 $\boldsymbol{\omega}$ 的假设。放松这个假设来扩展该方法是简单的。式 (20.61) 利用对数的导数规则，$\frac{\partial \log p(\boldsymbol{y})}{\partial \boldsymbol{\omega}} = \frac{1}{p(\boldsymbol{y})}\frac{\partial p(\boldsymbol{y})}{\partial \boldsymbol{\omega}}$。式 (20.62) 给出了该梯度的无偏蒙特卡罗估计。

在本节中我们写的 $p(\boldsymbol{y})$，可以等价地写成 $p(\boldsymbol{y} \mid \boldsymbol{x})$。这是因为 $p(\boldsymbol{y})$ 由 $\boldsymbol{\omega}$ 参数化，并且如果 $\boldsymbol{x}$ 存在，则 $\boldsymbol{\omega}$ 包含 $\boldsymbol{\theta}$ 和 $\boldsymbol{x}$ 两者。

简单 REINFORCE 估计的一个问题是其具有非常高的方差，需要采 $\boldsymbol{y}$ 的许多样本才能获得对梯度的良好估计，或者等价地，如果仅绘制一个样本，则 SGD 将收敛得非常缓慢并将需要较小的学习率。通过使用**方差减小**(variance reduction) 方法 (Wilson, 1984; L'Ecuyer, 1994)，可以地减少该估计的方差。想法是修改估计量，使其预期值保持不变，但方差减小。在 REINFORCE 的情况下提出的方差减小方法，涉及计算用于偏移 $J(\boldsymbol{y})$ 的**基线**(baseline)。注意，不依赖于 $\boldsymbol{y}$ 的任何偏移 $b(\boldsymbol{w})$ 都不会改变估计梯度的期望，因为

$$E_{p(\boldsymbol{y})}\left[\frac{\partial \log p(\boldsymbol{y})}{\partial \boldsymbol{\omega}}\right] = \sum_{\boldsymbol{y}} p(\boldsymbol{y})\frac{\partial \log p(\boldsymbol{y})}{\partial \boldsymbol{\omega}} \tag{20.63}$$

$$= \sum_{\boldsymbol{y}} \frac{\partial p(\boldsymbol{y})}{\partial \boldsymbol{\omega}} \tag{20.64}$$

$$= \frac{\partial}{\partial \boldsymbol{\omega}}\sum_{\boldsymbol{y}} p(\boldsymbol{y}) = \frac{\partial}{\partial \boldsymbol{\omega}}1 = 0 \tag{20.65}$$

这意味着

$$E_{p(\boldsymbol{y})}\left[(J(\boldsymbol{y}) - b(\boldsymbol{\omega}))\frac{\partial \log p(\boldsymbol{y})}{\partial \boldsymbol{\omega}}\right] = E_{p(\boldsymbol{y})}\left[J(\boldsymbol{y})\frac{\partial \log p(\boldsymbol{y})}{\partial \boldsymbol{\omega}}\right] - b(\boldsymbol{\omega})E_{p(\boldsymbol{y})}\left[\frac{\partial \log p(\boldsymbol{y})}{\partial \boldsymbol{\omega}}\right] \tag{20.66}$$

$$= E_{p(\boldsymbol{y})}\left[J(\boldsymbol{y})\frac{\partial \log p(\boldsymbol{y})}{\partial \boldsymbol{\omega}}\right] \tag{20.67}$$

此外，我们可以通过计算 $(J(\boldsymbol{y}) - b(\boldsymbol{\omega}))\frac{\partial \log p(\boldsymbol{y})}{\partial \boldsymbol{\omega}}$ 关于 $p(\boldsymbol{y})$ 的方差，并关于 $b(\boldsymbol{\omega})$ 最小化获得最优 $b(\boldsymbol{\omega})$。我们发现这个最佳基线 $b^*(\boldsymbol{\omega})_i$ 对于向量 $\boldsymbol{\omega}$ 的每个元素 ω_i 是不同的：

$$b^*(\boldsymbol{\omega})_i = \frac{E_{p(\boldsymbol{y})}\left[J(\boldsymbol{y})\frac{\partial \log p(\boldsymbol{y})^2}{\partial \omega_i}\right]}{E_{p(\boldsymbol{y})}\left[\frac{\partial \log p(\boldsymbol{y})^2}{\partial \omega_i}\right]} \tag{20.68}$$

相对于 ω_i 的梯度估计则变为

$$(J(\boldsymbol{y}) - b(\boldsymbol{\omega})_i)\frac{\partial \log p(\boldsymbol{y})}{\partial \omega_i} \tag{20.69}$$

其中 $b(\boldsymbol{\omega})_i$ 估计上述 $b^*(\boldsymbol{\omega})_i$。获得估计 b 通常需要将额外输出添加到神经网络，并训练新输出对 $\boldsymbol{\omega}$ 的每个元素估计 $E_{p(\boldsymbol{y})}[J(\boldsymbol{y})\frac{\partial \log p(\boldsymbol{y})^2}{\partial \omega_i}]$ 和 $E_{p(\boldsymbol{y})}[\frac{\partial \log p(\boldsymbol{y})^2}{\partial \omega_i}]$。这些额外的输出可以用均方误差目标训练，对于给定的 $\boldsymbol{\omega}$，从 $p(\boldsymbol{y})$ 采样 $\boldsymbol{y}$ 时，分别用 $J(\boldsymbol{y})\frac{\partial \log p(\boldsymbol{y})^2}{\partial \omega_i}$ 和 $\frac{\partial \log p(\boldsymbol{y})^2}{\partial \omega_i}$ 作目标。然后可以将这些估计代入式 (20.68) 就能恢复估计 b。Mnih and Gregor (2014) 倾向于使用通过目标 $J(\boldsymbol{y})$ 训练的单个共享输出 (跨越 $\boldsymbol{\omega}$ 的所有元素 i)，并使用 $b(\boldsymbol{\omega}) \approx E_{p(\boldsymbol{y})}[J(\boldsymbol{y})]$ 作为基线。

在强化学习背景下引入的方差减小方法 (Sutton *et al.*, 2000; Weaver and Tao, 2001)，Dayan (1990) 推广了二值奖励的前期工作。可以参考 Bengio *et al.* (2013b)、Mnih and Gregor (2014)、Ba *et al.* (2014)、Mnih *et al.* (2014) 或 Xu *et al.* (2015) 中在深度学习的背景下使用减少方差的 REINFORCE 算法的现代例子。除了使用与输入相关的基线 $b(\boldsymbol{\omega})$，Mnih and Gregor (2014) 发现可以在训练期间调整 $(J(\boldsymbol{y}) - b(\boldsymbol{\omega}))$ 的尺度 (即除以训练期间的移动平均估计的标准差)，即作为一种适应性学习率，可以抵消训练过程中该量大小发生的重要变化的影响。Mnih and Gregor (2014) 称之为启发式**方差归一化**(variance normalization)。

基于 REINFORCE 的估计器可以被理解为将 $\boldsymbol{y}$ 的选择与 $J(\boldsymbol{y})$ 的对应值相关联来估计梯度。如果在当前参数化下不太可能出现 $\boldsymbol{y}$ 的良好值，则可能需要很长时间来偶然获得它，并且获得所需信号的配置应当被加强。

20.10 有向生成网络

如第 16 章所讨论的，有向图模型构成了一类突出的图模型。虽然有向图模型在更大的机器学习社群中非常流行，但在较小的深度学习社群中，大约直到 2013 年它们都掩盖在无向模型 (如 RBM) 的光彩之下。

在本节中，我们回顾一些传统上与深度学习社群相关的标准有向图模型。

我们已经描述过部分有向的模型 —— 深度信念网络。我们还描述过可以被认为是浅度有向生成模型的稀疏编码模型。尽管在样本生成和密度估计方面表现不佳，在深度学习的背景下它们通常被用作特征学习器。我们接下来描述多种深度完全有向的模型。

20.10.1 sigmoid 信念网络

sigmoid 信念网络 (Neal, 1990) 是一种具有特定条件概率分布的有向图模型的简单形式。一般来说，我们可以将 sigmoid 信念网络视为具有二值向量的状态 $\boldsymbol{s}$，其中状态的每个元素都受其祖先影响：

$$p(s_i) = \sigma\left(\sum_{j<i} W_{j,i} s_j + b_i\right) \tag{20.70}$$

sigmoid 信念网络最常见的结构是被分为许多层的结构，其中原始采样通过一系列多个隐藏层进行，然后最终生成可见层。这种结构与深度信念网络非常相似，但它们在采样过程开始时的单元彼此独立，而不是从受限玻尔兹曼机采样。这种结构由于各种原因而令人感兴趣。一个原因是该结构是可见单元上概率分布的通用近似，即在足够深的情况下，可以任意良好地近似二值变量的任何概率分布 (即使各个层的宽度受限于可见层的维度)(Sutskever and Hinton, 2008)。

虽然生成可见单元的样本在 sigmoid 信念网络中是非常高效的，但是其他大多数操作不是很高效。给定可见单元，对隐藏单元的推断是难解的。因为变分下界涉及对包含整个层的团求期望，均匀场推断也是难以处理的。这个问题一直困难到足以限制有向离散网络的普及。

在 sigmoid 信念网络中执行推断的一种方法是构造专用于 sigmoid 信念网络的不同下界 (Saul *et al.*, 1996)。这种方法只适用于非常小的网络。另一种方法是使用学成推断机制，如第 19.5 节中描述的。Helmholtz 机 (Dayan *et al.*, 1995; Dayan and Hinton, 1996) 结合了一个 sigmoid 信念网络与一个预测隐藏单元上均匀场分布参数的推断网络。sigmoid 信念网络的现代方法 (Gregor *et al.*, 2014; Mnih and Gregor, 2014) 仍然使用这种推断网络的方法。因为潜变量的离散本质，这些技术仍然是困难的。人们不能简单地通过推断网络的输出反向传播，而必须使用相对不可靠的机制即通过离散采样过程进行反向传播 (如第 20.9.1 节所述)。最近基于重要采样、重加权的醒眠 (Bornschein and Bengio, 2015) 或双向 Helmholtz 机 (Bornschein *et al.*, 2015) 的方法使得我们可以快速训练 sigmoid 信念网络，并在基准任务上达到最好的表现。

sigmoid 信念网络的一种特殊情况是没有潜变量的情况。在这种情况下学习是高效的，因为没有必要将潜变量边缘化到似然之外。一系列称为自回归网络的模型将这个完全可见的信念网络泛化到其他类型的变量 (除二值变量) 和其他结构 (除对数线性关系) 的条件分布。自回归网络将在第 20.10.7 节中描述。

20.10.2 可微生成器网络

许多生成模型基于使用可微**生成器网络**(generator network) 的想法。这种模型使用可微函数 $g(\boldsymbol{z};\boldsymbol{\theta}^{(g)})$ 将潜变量 $\mathbf{z}$ 的样本变换为样本 $\mathbf{x}$ 或样本 $\mathbf{x}$ 上的分布，可微函数通常可以由神经网络表示。这类模型包括将生成器网络与推断网络配对的变分自编码器，将生成器网络与判别器网络配对的生成式对抗网络，以及孤立地训练生成器网络的技术。

生成器网络本质上仅是用于生成样本的参数化计算过程，其中的体系结构提供了从中采样的可能分布族以及选择这些族内分布的参数。

作为示例，从具有均值 $\boldsymbol{\mu}$ 和协方差 $\boldsymbol{\Sigma}$ 的正态分布绘制样本的标准过程是将来自零均值和单位协方差的正态分布的样本 $\boldsymbol{z}$ 馈送到非常简单的生成器网络中。这个生成器网络只包含一个仿射层：

$$\boldsymbol{x} = g(\boldsymbol{z}) = \boldsymbol{\mu} + \boldsymbol{L}\boldsymbol{z} \tag{20.71}$$

其中 $\boldsymbol{L}$ 由 $\boldsymbol{\Sigma}$ 的 Cholesky 分解给出。

伪随机数发生器也可以使用简单分布的非线性变换。例如，**逆变换采样**(inverse transform sampling)(Devroye, 2013) 从 $U(0,1)$ 中采一个标量 z，并且对标量 x 应用非线性变换。在这种情况下，$g(z)$ 由累积分布函数 $F(x)=\int_{-\infty}^{x}p(v)dv$ 的反函数给出。如果我们能够指定 $p(x)$，在 x 上积分，并取所得函数的反函数，我们不用通过机器学习就能从 $p(x)$ 进行采样。

为了从更复杂的分布 (难以直接指定、难以积分或难以求所得积分的反函数) 中生成样本，我们使用前馈网络来表示非线性函数 g 的参数族，并使用训练数据来推断参数以选择所期望的函数。

我们可以认为 g 提供了变量的非线性变化，将 $\mathbf{z}$ 上的分布变换成 $\mathbf{x}$ 上想要的分布。

回顾式 (3.47)，对于可求反函数的、可微的、连续的 g，

$$p_z(\boldsymbol{z})=p_x(g(\boldsymbol{z}))\left|\det(\frac{\partial g}{\partial \boldsymbol{z}})\right| \tag{20.72}$$

这隐含地对 $\mathbf{x}$ 施加概率分布：

$$p_x(\boldsymbol{x})=\frac{p_z(g^{-1}(\boldsymbol{x}))}{|\det(\frac{\partial g}{\partial \boldsymbol{z}})|} \tag{20.73}$$

当然，取决于 g 的选择，这个公式可能难以评估，因此我们经常需要使用间接学习 g 的方法，而不是直接尝试最大化 $\log p(\boldsymbol{x})$。

在某些情况下，我们使用 g 来定义 $\boldsymbol{x}$ 上的条件分布，而不是使用 g 直接提供 $\boldsymbol{x}$ 的样本。例如，我们可以使用一个生成器网络，其最后一层由 sigmoid 输出组成，可以提供 Bernoulli 分布的平均参数：

$$p(\mathbf{x}_i=1\mid \boldsymbol{z})=g(\boldsymbol{z})_i \tag{20.74}$$

在这种情况下，我们使用 g 来定义 $p(\boldsymbol{x}\mid \mathbf{z})$ 时，通过边缘化 $\boldsymbol{z}$ 来对 $\boldsymbol{x}$ 施加分布：

$$p(\boldsymbol{x})=\mathbb{E}_{\boldsymbol{z}}p(\boldsymbol{x}\mid \boldsymbol{z}) \tag{20.75}$$

两种方法都定义了一个分布 $p_g(\boldsymbol{x})$，并允许我们使用第 20.9 节中的重参数化技巧来训练 p_g 的各种评估准则。

表示生成器网络的两种不同方法 (发出条件分布的参数相对直接发射样品) 具有互补的优缺点。当生成器网络在 $\boldsymbol{x}$ 上定义条件分布时，它不但能生成连续数据，也能生成离散数据。当生成器网络直接提供采样时，它只能产生连续的数据 (我们可以在前向传播中引入离散化，但这样做意味着模型不再能够使用反向传播进行训练)。直接采样的优点是，我们不再被迫使用条件分布 (可以容易地写出来并由人类设计者进行代数操作的形式)。

基于可微生成器网络的方法是由分类可微前馈网络中梯度下降的成功应用而推动的。在监督学习的背景中，基于梯度训练学习的深度前馈网络在给定足够的隐藏单元和足够的训练数据的情况下，在实践中似乎能保证成功。这个同样的方案能成功转移到生成式建模上吗？

生成式建模似乎比分类或回归更困难，因为学习过程需要优化难以处理的准则。在可微生成器网络的情况中，准则是难以处理的，因为数据不指定生成器网络的输入 $\boldsymbol{z}$ 和输出 $\boldsymbol{x}$。在监督学习的情况下，输入 $\boldsymbol{x}$ 和输出 $\boldsymbol{y}$ 同时给出，并且优化过程只需学习如何产生指定的映射。在生成建模的情况下，学习过程需要确定如何以有用的方式排布 $\boldsymbol{z}$ 空间，以及额外的如何从 $\boldsymbol{z}$ 映射到 $\boldsymbol{x}$。

Dosovitskiy *et al.* (2015) 研究了一个简化问题，其中 $\boldsymbol{z}$ 和 $\boldsymbol{x}$ 之间的对应关系已经给出。具体来说，训练数据是计算机渲染的椅子图。潜变量 $\boldsymbol{z}$ 是渲染引擎的参数，描述了椅子模型的选择、椅子的位置以及影响图像渲染的其他配置细节。使用这种合成的生成数据，卷积网络能够学习将图像内容的描述 $\boldsymbol{z}$ 映射到渲染图像的近似 $\boldsymbol{x}$。这表明当现代可微生成器网络具有足够的模型容量时，足以成为良好的生成模型，并且现代优化算法具有拟合它们的能力。困难在于当每个 $\boldsymbol{x}$ 的 $\boldsymbol{z}$ 的值不是固定的且在每次训练前是未知时，如何训练生成器网络。

在接下来的章节中，我们讨论仅给出 $\boldsymbol{x}$ 的训练样本，训练可微生成器网络的几种方法。

20.10.3 变分自编码器

变分自编码器 (variational auto-encoder, VAE)(Kingma, 2013; Rezende *et al.*, 2014) 是一个使用学好的近似推断的有向模型，可以纯粹地使用基于梯度的方法进行训练。

为了从模型生成样本，VAE 首先从编码分布 $p_{\text{model}}(\boldsymbol{z})$ 中采样 $\boldsymbol{z}$。然后使样本通过可微生成器网络 $g(\boldsymbol{z})$。最后，从分布 $p_{\text{model}}(\boldsymbol{x}; g(\boldsymbol{z})) = p_{\text{model}}(\boldsymbol{x} \mid \boldsymbol{z})$ 中采样 $\boldsymbol{x}$。然而在训练期间，近似推断网络 (或编码器)$q(\boldsymbol{z} \mid \boldsymbol{x})$ 用于获得 $\boldsymbol{z}$，而 $p_{\text{model}}(\boldsymbol{x} \mid \boldsymbol{z})$ 则被视为解码器网络。

变分自编码器背后的关键思想是，它们可以通过最大化与数据点 $\boldsymbol{x}$ 相关联的变分下界 $\mathcal{L}(q)$ 来训练：

$$\mathcal{L}(q) = \mathbb{E}_{\boldsymbol{z}\sim q(\boldsymbol{z}|\boldsymbol{x})} \log p_{\text{model}}(\boldsymbol{z}, \boldsymbol{x}) + \mathcal{H}(q(\mathbf{z} \mid \boldsymbol{x})) \tag{20.76}$$

$$= \mathbb{E}_{\boldsymbol{z}\sim q(\boldsymbol{z}|\boldsymbol{x})} \log p_{\text{model}}(\boldsymbol{x} \mid \boldsymbol{z}) - D_{\text{KL}}(q(\mathbf{z} \mid \boldsymbol{x}) \,||\, p_{\text{model}}(\mathbf{z})) \tag{20.77}$$

$$\leqslant \log p_{\text{model}}(\boldsymbol{x}) \tag{20.78}$$

在式 (20.76) 中，我们将第一项视为潜变量的近似后验下可见和隐藏变量的联合对数似然性 (正如 EM 一样，不同的是我们使用近似而不是精确后验)。第二项则可视为近似后验的熵。当 q 被选择为高斯分布，其中噪声被添加到预测平均值时，最大化该熵项促使该噪声标准偏差的增加。更一般地，这个熵项鼓励变分后验将高概率质量置于可能已经产生 $\boldsymbol{x}$ 的许多 $\boldsymbol{z}$ 值上，而不是坍缩到单个估计最可能值的点。在式 (20.77) 中，我们将第一项视为在其他自编码器中出现的重构对数似然，第二项试图使近似后验分布 $q(\mathbf{z} \mid \boldsymbol{x})$ 和模型先验 $p_{\text{model}}(\boldsymbol{z})$ 彼此接近。

变分推断和学习的传统方法是通过优化算法推断 q，通常是迭代不动点方程 (第 19.4 节)。这些方法是缓慢的，并且通常需要以闭解形式计算 $\mathbb{E}_{\mathbf{z}\sim q} \log p_{\text{model}}(\boldsymbol{z}, \boldsymbol{x})$。变分自编码器背后的主要思想是训练产生 q 参数的参数编码器 (有时也称为推断网络或识别模型)。只要 $\boldsymbol{z}$ 是连续变量，我们就可以通过从 $q(\boldsymbol{z} \mid \boldsymbol{x}) = q(\boldsymbol{z}; f(\boldsymbol{x}; \boldsymbol{\theta}))$ 中采样 $\boldsymbol{z}$ 的样本反向传播，以获得相对于 $\boldsymbol{\theta}$ 的梯度。学习则仅包括相对于编码器和解码器的参数最大化 $\mathcal{L}$。$\mathcal{L}$ 中的所有期望都可以通过蒙特卡罗采样来近似。

变分自编码器方法是优雅的，理论上令人愉快的，并且易于实现。它也获得了出色的结果，是生成式建模中的最先进方法之一。它的主要缺点是从在图像上训练的变分自编码器中采样的样本往往有些模糊。这种现象的原因尚不清楚。一种可能性是，模糊性是最大似然的固有效应，因为我们需要最小化 $D_{\text{KL}}(p_{\text{data}} \| p_{\text{model}})$。如图 3.6 所示，这意味着模型将为训练集中出现的点分配高的概率，但也可能为其他点分配高的概率。还有其他原因可以导致模糊图像。模型选择将概率质量置于模糊图像而不是空间的其他部分的部分原因是，实际使用的变分自编码器通常在 $p_{\text{model}}(\boldsymbol{x}; g(\boldsymbol{z}))$ 使用高斯分布。最大化这种分布似然性的下界与训练具有均方误差的传统自编码器类似，这意味着它倾向于忽略由少量像素表示的特征或其中亮度变

化微小的像素。如 Theis *et al.* (2015) 和 Huszar (2015) 指出的，该问题不是 VAE 特有的，而是与优化对数似然或 $D_{\mathrm{KL}}(p_{\mathrm{data}}||p_{\mathrm{model}})$ 的生成模型共享的。现代 VAE 模型另一个麻烦的问题是，它们倾向于仅使用 $\boldsymbol{z}$ 维度中的小子集，就像编码器不能够将具有足够局部方向的输入空间变换到边缘分布与分解前匹配的空间。

VAE 框架可以直接扩展到大范围的模型架构。相比玻尔兹曼机，这是关键的优势，因为玻尔兹曼机需要非常仔细地设计模型来保持易解性。VAE 可以与广泛的可微算子族一起良好工作。一个特别复杂的 VAE 是**深度循环注意写者**(DRAW) 模型 (Gregor *et al.*, 2015)。DRAW 使用一个循环编码器和循环解码器并结合注意力机制。DRAW 模型的生成过程包括顺序访问不同的小图像块并绘制这些点处的像素值。我们还可以通过在 VAE 框架内使用循环编码器和解码器定义变分 RNN (Chung *et al.*, 2015b) 来扩展 VAE 以生成序列。从传统 RNN 生成样本仅在输出空间涉及非确定性操作。而变分 RNN 还具有由 VAE 潜变量捕获的潜在更抽象层的随机变化性。

VAE 框架已不仅仅扩展到传统的变分下界，还有**重要加权自编码器**(importance-weighted autoencoder)(Burda *et al.*, 2015) 的目标：

$$\mathcal{L}_k(\boldsymbol{x},q)=\mathbb{E}_{\mathbf{z}^{(1)},\cdots,\mathbf{z}^{(k)}\sim q(\boldsymbol{z}|\boldsymbol{x})}\left[\log\frac{1}{k}\sum_{i=1}^{k}\frac{p_{\mathrm{model}}(\boldsymbol{x},\boldsymbol{z}^{(i)})}{q(\boldsymbol{z}^{(i)}\mid\boldsymbol{x})}\right] \tag{20.79}$$

这个新的目标在 $k=1$ 时等同于传统的下界 $\mathcal{L}$。然而，它也可以被解释为基于提议分布 $q(\boldsymbol{z}\mid\boldsymbol{x})$ 中 $\boldsymbol{z}$ 的重要采样而形成的真实 $\log p_{\mathrm{model}}(\boldsymbol{x})$ 估计。重要加权自编码器目标也是 $\log p_{\mathrm{model}}(\boldsymbol{x})$ 的下界，并且随着 k 增加而变得更紧。

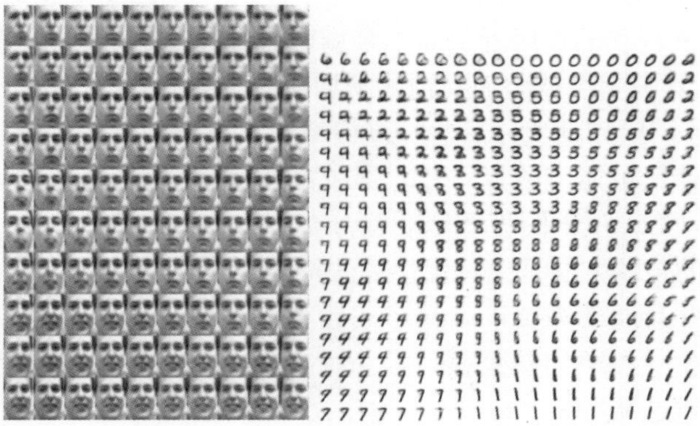

图 20.6 由变分自编码器学习的高维流形在二维坐标系中的示例 (Kingma and Welling, 2014a)。我们可以在纸上直接绘制两个可视化的维度，因此可以使用二维潜在编码训练模型来了解模型的工作原理 (即使我们认为数据流形的固有维度要高得多)。图中所示的图像不是来自训练集的样本，而是仅仅通过改变二维“编码”$\boldsymbol{z}$，由模型 $p(\boldsymbol{x}\mid\boldsymbol{z})$ 实际生成的图像 $\boldsymbol{x}$(每个图像对应于“编码”$\boldsymbol{z}$ 位于二维均匀网格的不同选择)。(*左*) Frey 人脸流形的二维映射。其中一个维度 (水平) 已发现大致对应于面部的旋转，而另一个 (垂直) 对应于情绪表达。(*右*) MNIST 流形的二维映射

变分自编码器与 MP-DBM 和其他涉及通过近似推断图的反向传播方法有一些有趣的联系 (Goodfellow *et al.*, 2013d; Stoyanov *et al.*, 2011; Brakel *et al.*, 2013)。这些以前的方法需要诸如均匀场不动点方程的推断过程来提供计算图。变分自编码器被定义为任意计算图，这使得它能适用于更广泛的概率模型族，因为它不需要将模型的选择限制到具有易处理的均匀场

不动点方程的那些模型。变分自编码器还具有增加模型对数似然边界的优点，而 MP-DBM 和相关模型的准则更具启发性，并且除了使近似推断的结果准确外很少有概率的解释。变分自编码器的一个缺点是它仅针对一个问题学习推断网络，即给定 $\boldsymbol{x}$ 推断 $\boldsymbol{z}$。较老的方法能够在给定任何其他变量子集的情况下对任何变量子集执行近似推断，因为均匀场不动点方程指定如何在所有这些不同问题的计算图之间共享参数。

变分自编码器的一个非常好的特性是，同时训练参数编码器与生成器网络的组合迫使模型学习一个编码器可以捕获的可预测的坐标系。这使得它成为一个优秀的流形学习算法。图 20.6 展示了由变分自编码器学到的低维流形的例子。图中所示的情况之一，算法发现了存在于面部图像中两个独立的变化因素：旋转角和情绪表达。

20.10.4 生成式对抗网络

生成式对抗网络(generative adversarial network, GAN)(Goodfellow *et al.*, 2014c) 是基于可微生成器网络的另一种生成式建模方法。

生成式对抗网络基于博弈论场景，其中生成器网络必须与对手竞争。生成器网络直接产生样本 $\boldsymbol{x} = g(\boldsymbol{z}; \boldsymbol{\theta}^{(g)})$。其对手，**判别器网络**(discriminator network) 试图区分从训练数据抽取的样本和从生成器抽取的样本。判别器发出由 $d(\boldsymbol{x}; \boldsymbol{\theta}^{(d)})$ 给出的概率值，指示 $\boldsymbol{x}$ 是真实训练样本而不是从模型抽取的伪造样本的概率。

形式化表示生成式对抗网络中学习的最简单方式是零和游戏，其中函数 $v(\boldsymbol{\theta}^{(g)}, \boldsymbol{\theta}^{(d)})$ 确定判别器的收益。生成器接收 $-v(\boldsymbol{\theta}^{(g)}, \boldsymbol{\theta}^{(d)})$ 作为它自己的收益。在学习期间，每个玩家尝试最大化自己的收益，因此收敛在

$$g^* = \arg\min_g \max_d v(g, d) \tag{20.80}$$

v 的默认选择是

$$v(\boldsymbol{\theta}^{(g)}, \boldsymbol{\theta}^{(d)}) = \mathbb{E}_{\mathbf{x} \sim p_{\text{data}}} \log d(\boldsymbol{x}) + \mathbb{E}_{\boldsymbol{x} \sim p_{\text{model}}} \log(1 - d(\boldsymbol{x})) \tag{20.81}$$

这驱使判别器试图学习将样品正确地分类为真的或伪造的。同时，生成器试图欺骗分类器以让其相信样本是真实的。在收敛时，生成器的样本与实际数据不可区分，并且判别器处处都输出 $\frac{1}{2}$。然后就可以丢弃判别器。

设计 GAN 的主要动机是学习过程既不需要近似推断，也不需要配分函数梯度的近似。当 $\max_d v(g, d)$ 在 $\boldsymbol{\theta}^{(g)}$ 中是凸的 (例如，在概率密度函数的空间中直接执行优化的情况) 时，该过程保证收敛并且是渐近一致的。

不幸的是，在实践中由神经网络表示的 g 和 d 以及 $\max_d v(g, d)$ 不凸时，GAN 中的学习可能是困难的。Goodfellow (2014) 认为不收敛可能会引起 GAN 的欠拟合问题。一般来说，同时对两个玩家的成本梯度下降不能保证达到平衡。例如，考虑价值函数 $v(a, b) = ab$，其中一个玩家控制 a 并产生成本 ab，而另一玩家控制 b 并接收成本 $-ab$。如果我们将每个玩家建模为无穷小的梯度步骤，每个玩家以另一个玩家为代价降低自己的成本，则 a 和 b 进入稳定的圆形轨迹，而不是到达原点处的平衡点。注意，极小极大化游戏的平衡不是 v 的局部最小值。相反，它们是同时最小化的两个玩家成本的点。这意味着它们是 v 的鞍点，相对于第一个玩家的参数是局部最小值，而相对于第二个玩家的参数是局部最大值。两个玩家可以永远轮流

增加然后减少 v，而不是正好停在玩家没有能力降低其成本的鞍点。目前不知道这种不收敛的问题会在多大程度上影响 GAN。

Goodfellow (2014) 确定了另一种替代的形式化收益公式，其中博弈不再是零和，每当判别器最优时，具有与最大似然学习相同的预期梯度。因为最大似然训练收敛，这种 GAN 博弈的重述在给定足够的样本时也应该收敛。不幸的是，这种替代的形式化似乎并没有提高实践中的收敛，可能是由于判别器的次优性或围绕期望梯度的高方差。

在真实实验中，GAN 博弈的最佳表现形式既不是零和，也不等价于最大似然，而是 Goodfellow *et al.* (2014c) 引入的带有启发式动机的不同形式化。在这种最佳性能的形式中，生成器旨在增加判别器发生错误的对数概率，而不是旨在降低判别器进行正确预测的对数概率。这种重述仅仅是观察的结果，即使在判别器确信拒绝所有生成器样本的情况下，它也能导致生成器代价函数的导数相对于判别器的对数保持很大。

稳定 GAN 学习仍然是一个开放的问题。幸运的是，当仔细选择模型架构和超参数时，GAN 学习效果很好。Radford *et al.* (2015) 设计了一个深度卷积 GAN(DCGAN)，在图像合成的任务上表现非常好，并表明其潜在的表示空间能捕获到变化的重要因素，如图 15.9 所示。图 20.7 展示了 DCGAN 生成器生成的图像示例。

图 20.7 在 LSUN 数据集上训练后，由 GAN 生成的图像。(左)由 DCGAN 模型生成的卧室图像，经 Radford *et al.* (2015) 许可转载。(右)由 LAPGAN 模型生成的教堂图像，经 Denton *et al.* (2015) 许可转载

GAN 学习问题也可以通过将生成过程分成许多级别的细节来简化。我们可以训练有条件的 GAN(Mirza and Osindero, 2014)，并学习从分布 $p(\boldsymbol{x} \mid \boldsymbol{y})$ 中采样，而不是简单地从边缘分布 $p(\boldsymbol{x})$ 中采样。Denton *et al.* (2015) 表明一系列的条件 GAN 可以被训练为首先生成非常低分辨率的图像，然后增量地向图像添加细节。由于使用拉普拉斯金字塔来生成包含不同细节水平的图像，这种技术被称为 LAPGAN 模型。LAPGAN 生成器不仅能够欺骗判别器网络，而且能够欺骗人类观察者，实验主体将高达 40% 的网络输出识别为真实数据。请看图 20.7 中 LAPGAN 生成器生成的图像示例。

GAN 训练过程中一个不寻常的能力是它可以拟合向训练点分配零概率的概率分布。生成器网络学习跟踪特定点在某种程度上类似于训练点的流形，而不是最大化该点的对数概率。有点矛盾的是，这意味着模型可以将负无穷大的对数似然分配给测试集，同时仍然表示人类观察者判断为能捕获生成任务本质的流形。这不是明显的优点或缺点，并且只要向生成器网络最后一层所有生成的值添加高斯噪声，就可以保证生成器网络向所有点分配非零概率。以这种方式添加高斯噪声的生成器网络从相同分布中采样，即，从使用生成器网络参数化条件

高斯分布的均值所获得的分布中采样。

Dropout 似乎在判别器网络中很重要。特别地，在计算生成器网络的梯度时，单元应当被随机地丢弃。使用权重除以二的确定性版本的判别器其梯度似乎不是那么有效。同样，从不使用 Dropout 似乎会产生不良的结果。

虽然 GAN 框架被设计为用于可微生成器网络，但是类似的原理可以用于训练其他类型的模型。例如，**自监督提升**(self-supervised boosting) 可以用于训练 RBM 生成器以欺骗逻辑回归判别器 (Welling *et al.*, 2002)。

20.10.5 生成矩匹配网络

生成矩匹配网络(generative moment matching network)(Li *et al.*, 2015; Dziugaite *et al.*, 2015) 是另一种基于可微生成器网络的生成模型。与 VAE 和 GAN 不同，它们不需要将生成器网络与任何其他网络配对，例如不需要与用于 VAE 的推断网络配对，也不需要与 GAN 的判别器网络配对。

生成矩匹配网络使用称为**矩匹配**(moment matching) 的技术训练。矩匹配背后的基本思想是以如下的方式训练生成器 —— 令模型生成的样本的许多统计量尽可能与训练集中的样本相似。在此情景下，**矩**(moment) 是对随机变量不同幂的期望。例如，第一矩是均值，第二矩是平方值的均值，以此类推。多维情况下，随机向量的每个元素可以被升高到不同的幂，因此使得矩可以是任意数量的形式

$$\mathbb{E}_{\boldsymbol{x}} \prod_i x_i^{n_i} \tag{20.82}$$

其中 $\boldsymbol{n} = [n_1, n_2, \cdots, n_d]^\top$ 是一个非负整数的向量。

在第一次检查时，这种方法似乎在计算上是不可行的。例如，如果我们想匹配形式为 $x_i x_j$ 的所有矩，那么我们需要最小化在 $\boldsymbol{x}$ 的维度上是二次的多个值之间的差。此外，甚至匹配所有第一和第二矩将仅足以拟合多变量高斯分布，其仅捕获值之间的线性关系。我们使用神经网络的野心是捕获复杂的非线性关系，这将需要更多的矩。GAN 通过使用动态更新的判别器避免了穷举所有矩的问题，该判别器自动将其注意力集中在生成器网络最不匹配的统计量上。

相反，我们可以通过最小化一个被称为**最大平均偏差**(maximum mean discrepancy, MMD) (Schölkopf and Smola, 2002; Gretton *et al.*, 2012) 的代价函数来训练生成矩匹配网络。该代价函数通过向核函数定义的特征空间隐式映射，在无限维空间中测量第一矩的误差，使得对无限维向量的计算变得可行。当且仅当所比较的两个分布相等时，MMD 代价为零。

从可视化方面看，来自生成矩匹配网络的样本有点令人失望。幸运的是，它们可以通过将生成器网络与自编码器组合来改进。首先，训练自编码器以重构训练集。接下来，自编码器的编码器用于将整个训练集转换到编码空间。然后训练生成器网络以生成编码样本，这些编码样本可以经解码器映射到视觉上令人满意的样本。

与 GAN 不同，代价函数仅关于一批同时来自训练集和生成器网络的实例定义。我们不可能将训练更新作为一个训练样本或仅来自生成器网络的一个样本的函数，这是因为必须将矩计算为许多样本的经验平均值。当批量大小太小时，MMD 可能低估采样分布的真实变化量。有限的批量大小都不足以大到完全消除这个问题，但是更大的批量大小减少了低估的量。当批量大小太大时，训练过程就会慢得不可行，因为计算单个小梯度步长必须一下子处理许多样本。

与 GAN 一样，即使生成器网络为训练点分配零概率，也可以使用 MMD 训练生成器网络。

20.10.6 卷积生成网络

当生成图像时，将卷积结构引入生成器网络通常是有用的 (见 Goodfellow *et al.* (2014c) 或 Dosovitskiy *et al.* (2015) 的例子)。为此，我们使用卷积算子的"转置"，如第 9.5 节所述。这种方法通常能产生更逼真的图像，并且比不使用参数共享的全连接层使用更少的参数。

用于识别任务的卷积网络具有从图像到网络顶部的某些概括层 (通常是类标签) 的信息流。当该图像通过网络向上流动时，随着图像的表示变得对于有害变换保持不变，信息也被丢弃。在生成器网络中，情况恰恰相反。要生成图像的表示通过网络传播时必须添加丰富的详细信息，最后产生图像的最终表示，这个最终表示当然是带有所有细节的精细图像本身 (具有对象位置、姿势、纹理以及明暗)。在卷积识别网络中丢弃信息的主要机制是池化层，而生成器网络似乎需要添加信息。由于大多数池化函数不可逆，我们不能将池化层求逆后放入生成器网络。更简单的操作是仅仅增加表示的空间大小。似乎可接受的方法是使用 Dosovitskiy *et al.* (2015) 引入的"去池化"。该层对应于某些简化条件下最大池化的逆操作。首先，最大池化操作的步幅被约束为等于池化区域的宽度。其次，每个池化区域内的最大输入被假定为左上角的输入。最后，假设每个池化区域内所有非最大的输入为零。这些是非常强和不现实的假设，但它们允许我们对最大池化算子求逆。去池化的逆操作分配一个零张量，然后将每个值从输入的空间坐标 i 复制到输出的空间坐标 $i \times k$。整数值 k 定义池化区域的大小。即使驱动去池化算子定义的假设是不现实的，后续层也能够学习补偿其不寻常的输出，所以由整体模型生成的样本在视觉上令人满意。

20.10.7 自回归网络

自回归网络是没有潜在随机变量的有向概率模型。这些模型中的条件概率分布由神经网络表示 (有时是极简单的神经网络，例如逻辑回归)。这些模型的图结构是完全图。它们可以通过概率的链式法则分解观察变量上的联合概率，从而获得形如 $P(x_d \mid x_{d-1}, \cdots, x_1)$ 条件概率的乘积。这样的模型被称为**完全可见的贝叶斯网络**(fully-visible Bayes networks, FVBN)，并成功地以许多形式使用 —— 首先是对每个条件分布逻辑回归 (Frey, 1998)，然后是带有隐藏单元的神经网络 (Bengio and Bengio, 2000b; Larochelle and Murray, 2011)。在某些形式的自回归网络中，例如在第 20.10.10 中描述的 NADE (Larochelle and Murray, 2011)，我们可以引入参数共享的一种形式，它能带来统计优点 (较少的唯一参数) 和计算优势 (较少计算量)。这是深度学习中反复出现的主题 ——特征重用的另一个实例。

20.10.8 线性自回归网络

自回归网络的最简单形式是没有隐藏单元、没有参数或特征共享的形式。每个 $P(x_i \mid x_{i-1}, \cdots, x_1)$ 被参数化为线性模型 (对于实值数据的线性回归，对于二值数据的逻辑回归，对于离散数据的 softmax 回归)。这个模型由 Frey (1998) 引入，当有 d 个变量要建模时，该模型有 $\mathcal{O}(d^2)$ 个参数，如图 20.8 所示。

如果变量是连续的，线性自回归网络只是表示多元高斯分布的另一种方式，只能捕获观察变量之间线性的成对相互作用。

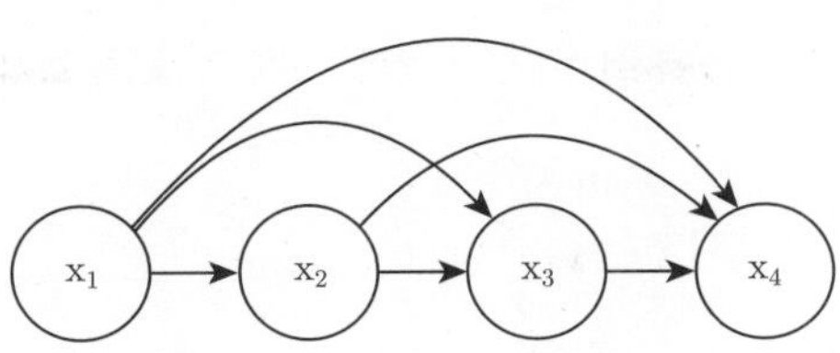

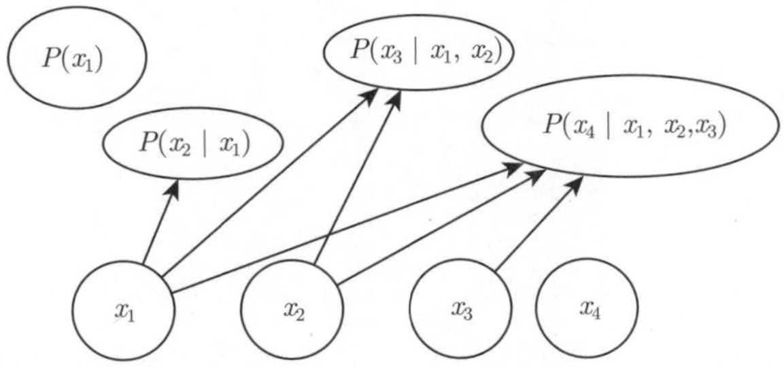

图 20.8 完全可见的信念网络从前 $i-1$ 个变量预测第 i 个变量。(上) FVBN 的有向图模型。(下) 对数 FVBN 相应的计算图，其中每个预测由线性预测器作出

线性自回归网络本质上是线性分类方法在生成式建模上的推广。因此，它们具有与线性分类器相同的优缺点。像线性分类器一样，它们可以用凸损失函数训练，并且有时允许闭解形式 (如在高斯情况下)。像线性分类器一样，模型本身不提供增加其容量的方法，因此必须使用其他技术 (如输入的基扩展或核技巧) 来提高容量。

20.10.9 神经自回归网络

神经自回归网络 (Bengio and Bengio, 2000a,b) 具有与逻辑自回归网络相同的从左到右的图模型 (见图 20.8)，但在该图模型结构内采用不同的条件分布参数。新的参数化更强大，它可以根据需要随意增加容量，并允许近似任意联合分布。新的参数化还可以引入深度学习中常见的参数共享和特征共享原理来改进泛化能力。设计这些模型的动机是避免传统表格图模型引起的维数灾难，并与图 20.8 共享相同的结构。在表格离散概率模型中，每个条件分布由概率表表示，其中所涉及的变量的每个可能配置都具有一个条目和一个参数。通过使用神经网络，可以获得两个优点。

(1) 通过具有 $(i-1)\times k$ 个输入和 k 个输出的神经网络 (如果变量是离散的并有 k 个值，使用 one-hot 编码) 参数化每个 $P(x_i \mid x_{i-1},\cdots,x_1)$，让我们不需要指数量级参数 (和样本) 的情况下就能估计条件概率，然而仍然能够捕获随机变量之间的高阶依赖性。

(2) 不需要对预测每个 x_i 使用不同的神经网络，如图 20.9 所示的从左到右连接，允许将所有神经网络合并成一个。等价地，它意味着为预测 x_i 所计算的隐藏层特征可以重新用于预测 x_{i+k} $(k>0)$。因此隐藏单元被组织成第 i 组中的所有单元仅依赖于输入值 $x_1,\cdots,x_i$ 的特定的组。用于计算这些隐藏单元的参数被联合优化以改进对序列中所有变量的预测。这是重用原理的一个实例，这是从循环和卷积网络架构到多任务和迁移学习的场景中反复出现的深度学习原理。

如在第 6.2.2.1 节中讨论的，使神经网络的输出预测 x_i 条件分布的参数，每个 $P(x_i\mid x_{i-1},\cdots,x_1)$ 就可以表示一个条件分布。虽然原始神经自回归网络最初是在纯粹离散多变量数据 (带有 sigmoid 输出的 Bernoulli 变量或 softmax 输出的 Multinoulli 变量) 的背景下评估，

但我们可以自然地将这样的模型扩展到连续变量或同时涉及离散和连续变量的联合分布。

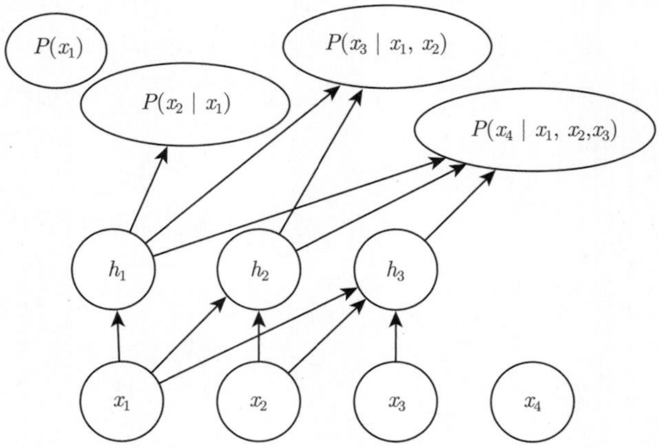

图 20.9 神经自回归网络从前 $i-1$ 个变量预测第 i 个变量 x_i，但经参数化后，作为 $x_1,\cdots,x_i$ 函数的特征 (表示为 h_i 的隐藏单元的组) 可以在预测所有后续变量 $x_{i+1},x_{i+2},\cdots,x_d$ 时重用

20.10.10 NADE

神经自回归密度估计器(neural auto-regressive density estimator, NADE) 是最近非常成功的神经自回归网络的一种形式 (Larochelle and Murray, 2011)。与 Bengio and Bengio (2000b) 的原始神经自回归网络中的连接相同，但 NADE 引入了附加的参数共享方案，如图 20.10 所示。不同组 j 的隐藏单元的参数是共享的。

从第 i 个输入 x_i 到第 j 组隐藏单元的第 k 个元素 $h_k^{(j)}$ $(j\geqslant i)$ 的权重 $W'_{j,k,i}$ 是组内共享的：

$$W'_{j,k,i}=W_{k,i} \tag{20.83}$$

其余 $j<i$ 的权重为 0。

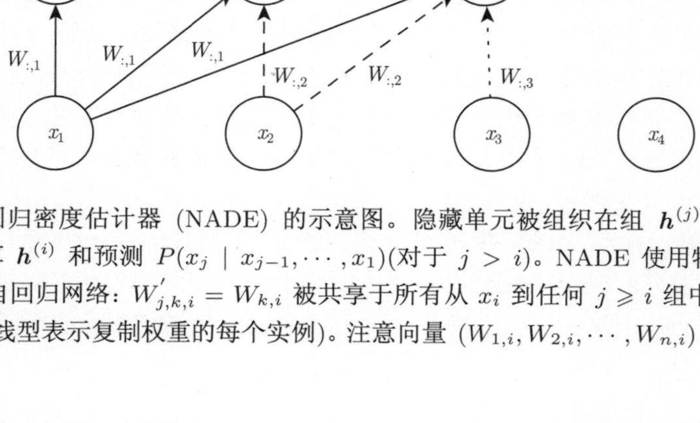

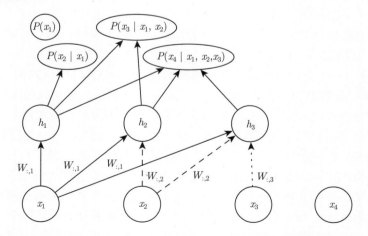

图 20.10 神经自回归密度估计器 (NADE) 的示意图。隐藏单元被组织在组 $\boldsymbol{h}^{(j)}$ 中，使得只有输入 $x_1,\cdots,x_i$ 参与计算 $\boldsymbol{h}^{(i)}$ 和预测 $P(x_j\mid x_{j-1},\cdots,x_1)$(对于 $j>i$)。NADE 使用特定的权重共享模式区别于早期的神经自回归网络：$W'_{j,k,i}=W_{k,i}$ 被共享于所有从 x_i 到任何 $j\geqslant i$ 组中第 k 个单元的权重 (在图中使用相同的线型表示复制权重的每个实例)。注意向量 $(W_{1,i},W_{2,i},\cdots,W_{n,i})$ 记为 $\boldsymbol{W}_{:,i}$

Larochelle and Murray (2011) 选择了这种共享方案，使得 NADE 模型中的正向传播与在均匀场推断中执行的计算大致相似，以填充 RBM 中缺失的输入。这个均匀场推断对应于运行具有共享权重的循环网络，并且该推断的第一步与 NADE 中的相同。使用 NADE 的唯一区别是，连接隐藏单元到输出的输出权重独立于连接输入单元和隐藏单元的权重进行参数化。在 RBM 中，隐藏到输出的权重是输入到隐藏权重的转置。NADE 架构可以扩展为不仅仅模拟均匀场循环推断的一个时间步，而是 k 步。这种方法称为 NADE-k (Raiko *et al.*, 2014)。

如前所述，自回归网络可以被扩展成处理连续数据。用于参数化连续密度的特别强大和通用的方法是混合权重为 α_i(组 i 的系数或先验概率)，每组条件均值为 μ_i 和每组条件方差为 σ_i^2 的高斯混合体。一个称为 RNADE 的模型 (Uria *et al.*, 2013) 使用这种参数化将 NADE 扩展到实值。与其他混合密度网络一样，该分布的参数是网络的输出，由 softmax 单元产生混合的权量概率以及参数化的方差，因此可使它们为正的。由于条件均值 μ_i 和条件方差 σ_i^2 之间的相互作用，随机梯度下降在数值上可能会表现不好。为了减少这种困难，Uria *et al.* (2013) 在后向传播阶段使用伪梯度代替平均值上的梯度。

另一个非常有趣的神经自回归架构的扩展摆脱了为观察到的变量选择任意顺序的需要 (Murray and Larochelle, 2014)。在自回归网络中，该想法是训练网络能够通过随机采样顺序来处理任何顺序，并将信息提供给指定哪些输入被观察的隐藏单元 (在条件条的右侧)，以及哪些是被预测并因此被认为是缺失的 (在条件条的左侧)。这是不错的性质，因为它允许人们非常高效地使用训练好的自回归网络来执行任何推断问题(即从给定任何变量的子集，从任何子集上的概率分布预测或采样)。最后，由于变量的许多顺序是可能的 (对于 n 个变量是 $n!$)，并且变量的每个顺序 o 产生不同的 $p(\mathbf{x} \mid o)$，我们可以组成许多 o 值模型的集成：

$$p_{\text{ensemble}}(\mathbf{x}) = \frac{1}{k}\sum_{i=1}^{k} p(\mathbf{x} \mid o^{(i)}) \tag{20.84}$$

这个集成模型通常能更好地泛化，并且为测试集分配比单个排序定义的单个模型更高的概率。

在同一篇文章中，作者提出了深度版本的架构，但不幸的是，这立即使计算成本像原始神经自回归网络一样高 (Bengio and Bengio, 2000b)。第一层和输出层仍然可以在 $\mathcal{O}(nh)$ 的乘法-加法操作中计算，如在常规 NADE 中，其中 h 是隐藏单元的数量 (图 20.10 和图 20.9 中的组 h_i 的大小)，而它在 Bengio and Bengio (2000b) 中是 $\mathcal{O}(n^2h)$。然而，对于其他隐藏层的计算量是 $\mathcal{O}(n^2h^2)$(假设在每个层存在 n 组 h 个隐藏单元，且在 l 层的每个“先前”组参与预测 $l+1$ 层处的“下一个”组)。如在 Murray and Larochelle (2014) 中，使 $l+1$ 层上的第 i 个组仅取决于第 i 个组，l 层处的计算量将减少到 $\mathcal{O}(nh^2)$，但仍然比常规 NADE 差 h 倍。

20.11 从自编码器采样

在第 14 章中，我们看到许多种学习数据分布的自编码器。得分匹配、去噪自编码器和收缩自编码器之间有着密切的联系。这些联系表明某些类型的自编码器以某些方式学习数据分布。我们还没有讨论如何从这样的模型中采样。

某些类型的自编码器，例如变分自编码器，明确地表示概率分布并且允许直接的原始采样。而大多数其他类型的自编码器则需要 MCMC 采样。

收缩自编码器被设计为恢复数据流形切面的估计。这意味着使用注入噪声的重复编码和解码将引起沿着流形表面的随机游走 (Rifai *et al.*, 2012; Mesnil *et al.*, 2012)。这种流形扩散技术是马尔可夫链的一种。

更一般的马尔可夫链还可以从任何去噪自编码器中采样。

20.11.1　与任意去噪自编码器相关的马尔可夫链

上述讨论留下了一个开放问题 —— 注入什么噪声和从哪获得马尔可夫链 (可以根据自编码器估计的分布生成样本)。Bengio *et al.* (2013c) 展示了如何构建这种用于**广义去噪自编码器**(generalized denoising autoencoder) 的马尔可夫链。广义去噪自编码器由去噪分布指定，给定损坏输入后，对干净输入的估计进行采样。

根据估计分布生成的马尔可夫链的每个步骤由以下子步骤组成，如图 20.11 所示。

(1) 从先前状态 $\boldsymbol{x}$ 开始，注入损坏噪声，从 $C(\tilde{\boldsymbol{x}} \mid \boldsymbol{x})$ 中采样 $\tilde{\boldsymbol{x}}$。

(2) 将 $\tilde{\boldsymbol{x}}$ 编码为 $\boldsymbol{h} = f(\tilde{\boldsymbol{x}})$。

(3) 解码 $\boldsymbol{h}$ 以获得 $p(\mathbf{x} \mid \boldsymbol{\omega} = g(\boldsymbol{h})) = p(\mathbf{x} \mid \tilde{\boldsymbol{x}})$ 的参数 $\boldsymbol{\omega} = g(\boldsymbol{h})$。

(4) 从 $p(\mathbf{x} \mid \boldsymbol{\omega} = g(\boldsymbol{h})) = p(\mathbf{x} \mid \tilde{\boldsymbol{x}})$ 采样下一状态 $\boldsymbol{x}$。

Bengio *et al.* (2014) 表明，如果自编码器 $p(\mathbf{x} \mid \tilde{\boldsymbol{x}})$ 形成对应真实条件分布的一致估计量，则上述马尔可夫链的平稳分布形成数据生成分布 $\mathbf{x}$ 的一致估计量 (虽然是隐式的)。

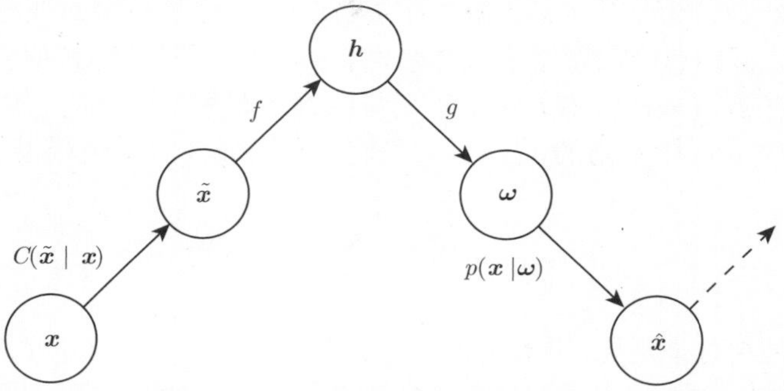

图 20.11　马尔可夫链的每个步骤与训练好的去噪自编码器相关联，根据由去噪对数似然准则隐式训练的概率模型生成样本。每个步骤包括：(a) 通过损坏过程 C 向状态 $\boldsymbol{x}$ 注入噪声产生 $\tilde{\boldsymbol{x}}$；(b) 用函数 f 对其编码，产生 $\boldsymbol{h} = f(\tilde{\boldsymbol{x}})$；(c) 用函数 g 解码结果，产生用于重构分布的参数 $\boldsymbol{\omega}$；(d) 给定 $\boldsymbol{\omega}$，从重构分布 $p(\mathbf{x} \mid \boldsymbol{\omega} = g(f(\tilde{\boldsymbol{x}})))$ 采样新状态。在典型的平方重构误差情况下，$g(\boldsymbol{h}) = \hat{\boldsymbol{x}}$，并估计 $\mathbb{E}[\boldsymbol{x} \mid \tilde{\boldsymbol{x}}]$，损坏包括添加高斯噪声，并且从 $p(\mathbf{x}|\boldsymbol{\omega})$ 的采样包括第二次向重构 $\hat{\boldsymbol{x}}$ 添加高斯噪声。后者的噪声水平应对应于重构的均方误差，而注入的噪声是控制混合速度以及估计器平滑经验分布程度的超参数 (Vincent, 2011)。在所示的例子中，只有 C 和 p 条件是随机步骤 (f 和 g 是确定性计算)，我们也可以在自编码器内部注入噪声，如生成随机网络 (Bengio *et al.*, 2014)

20.11.2　夹合与条件采样

与玻尔兹曼机类似，去噪自编码器及其推广 (例如下面描述的 GSN) 可用于从条件分布 $p(\mathbf{x}_f \mid \mathbf{x}_o)$ 中采样，只需夹合观察单元 $\mathbf{x}_f$ 并在给定 $\mathbf{x}_f$ 和采好的潜变量 (如果有的话) 下仅重采样自由单元 $\mathbf{x}_o$。例如，MP-DBM 可以被解释为去噪自编码器的一种形式，并且能够采样丢失的输入。GSN 随后将 MP-DBM 中的一些想法推广以执行相同的操作 (Bengio *et al.*, 2014)。Alain *et al.* (2015) 从 Bengio *et al.* (2014) 的命题 1 中发现了一个缺失条件，即转移算子 (由从链的一个状态到下一个状态的随机映射定义) 应该满足**细致平衡**(detailed balance) 的属性，表明无论转移算子正向或反向运行，马尔可夫链都将保持平衡。

在图 20.12 中展示了夹合一半像素 (图像的右部分) 并在另一半上运行马尔可夫链的实验。

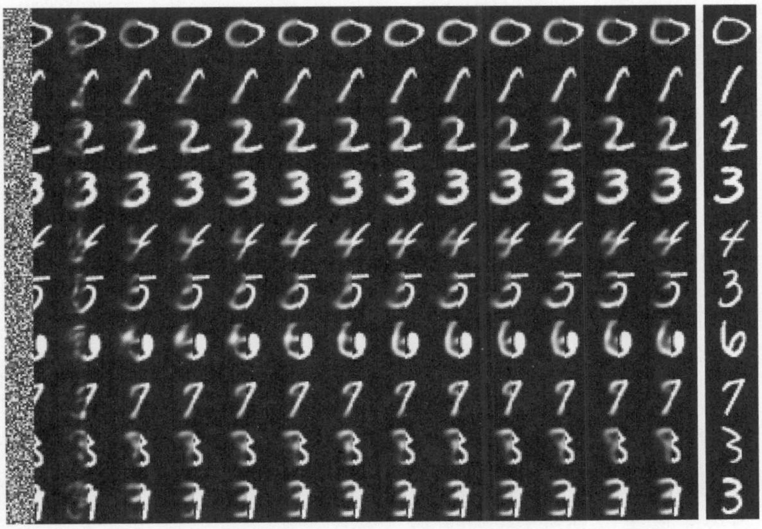

图 20.12 在每步仅重采样左半部分，夹合图像的右半部分并运行马尔可夫链的示意图。这些样本来自重构 MNIST 数字的 GSN(每个时间步使用回退过程)

20.11.3 回退训练过程

回退训练过程由 Bengio *et al.* (2013c) 等人提出，作为一种加速去噪自编码器生成训练收敛的方法。不像执行一步编码 - 解码重建，该过程由交替的多个随机编码 - 解码步骤组成 (如在生成马尔可夫链中)，以训练样本初始化 (正如在第 18.2 节中描述的对比散度算法)，并惩罚最后的概率重建 (或沿途的所有重建)。

训练 k 个步骤与训练一个步骤是等价的 (在实现相同稳态分布的意义上)，但是实际上可以更有效地去除来自数据的伪模式。

20.12 生成随机网络

生成随机网络(generative stochastic network, GSN)(Bengio *et al.*, 2014) 是去噪自编码器的推广，除可见变量 (通常表示为 $\mathbf{x}$) 之外，在生成马尔可夫链中还包括潜变量 $\mathbf{h}$。

GSN 由两个条件概率分布参数化，指定马尔可夫链的一步。

(1) $p(\mathbf{x}^{(k)} \mid \mathbf{h}^{(k)})$ 指示在给定当前潜在状态下如何产生下一个可见变量。这种“重建分布”也可以在去噪自编码器、RBM、DBN 和 DBM 中找到。

(2) $p(\mathbf{h}^{(k)} \mid \mathbf{h}^{(k-1)}, \mathbf{x}^{(k-1)})$ 指示在给定先前的潜在状态和可见变量下如何更新潜在状态变量。

去噪自编码器和 GSN 不同于经典的概率模型 (有向或无向)，它们自己参数化生成过程，而不是通过可见和潜变量的联合分布的数学形式。相反，后者*如果存在则隐式地*定义为生成马尔可夫链的稳态分布。存在稳态分布的条件是温和的，并且需要与标准 MCMC 方法相同的条件 (见第 17.3 节)。这些条件是保证链混合的必要条件，但它们可能被某些过渡分布的选

择 (例如，如果它们是确定性的) 所违反。

我们可以想象 GSN 不同的训练准则。由 Bengio *et al.* (2014) 提出和评估的只对可见单元上对数概率的重建，如应用于去噪自编码器。通过将 $\mathbf{x}^{(0)} = \boldsymbol{x}$ 夹合到观察到的样本并且在一些后续时间步处使生成 $\boldsymbol{x}$ 的概率最大化，即最大化 $\log p(\mathbf{x}^{(k)} = \boldsymbol{x} \mid \mathbf{h}^{(k)})$，其中给定 $\mathbf{x}^{(0)} = \boldsymbol{x}$ 后，$\mathbf{h}^{(k)}$ 从链中采样。为了估计相对于模型其他部分的 $\log p(\mathbf{x}^{(k)} = \boldsymbol{x} \mid \mathbf{h}^{(k)})$ 的梯度，Bengio *et al.* (2014) 使用了在第 20.9 节中介绍的重参数化技巧。

回退训练过程 (在第 20.11.3 节中描述) 可以用来改善训练 GSN 的收敛性 (Bengio *et al.*, 2014)。

20.12.1 判别性 GSN

GSN 的原始公式 (Bengio *et al.*, 2014) 用于无监督学习和对观察数据 $\mathbf{x}$ 的 $p(\mathbf{x})$ 的隐式建模，但是我们可以修改框架来优化 $p(\mathbf{y} \mid \boldsymbol{x})$。

例如，Zhou and Troyanskaya (2014) 以如下方式推广 GSN：只反向传播输出变量上的重建对数概率，并保持输入变量固定。他们将这种方式成功应用于建模序列 (蛋白质二级结构)，并在马尔可夫链的转换算子中引入 (一维) 卷积结构。重要的是要记住，对于马尔可夫链的每一步，我们需要为每个层生成新序列，并且该序列用于在下一时间步计算其他层的值 (例如下面一个和上面一个) 的输入。

因此，马尔可夫链确实不只是输出变量 (与更高层的隐藏层相关联)，并且输入序列仅用于条件化该链，其中反向传播使得它能够学习输入序列如何条件化由马尔可夫链隐含表示的输出分布。因此这是在结构化输出中使用 GSN 的一个例子。

Zöhrer and Pernkopf (2014) 引入了一个混合模型，通过简单地添加 (使用不同的权重) 监督和非监督成本即 $\mathbf{y}$ 和 $\mathbf{x}$ 的重建对数概率，组合了监督目标 (如上面的工作) 和无监督目标 (如原始的 GSN)。Larochelle and Bengio (2008a) 以前在 RBM 中就提出了这样的混合标准，他们展示了在这种方案下分类性能的提升。

20.13 其他生成方案

目前为止我们已经描述的方法，使用 MCMC 采样、原始采样或两者的一些混合来生成样本。虽然这些是生成式建模中最流行的方法，但它们绝不是唯一的方法。

Sohl-Dickstein *et al.* (2015) 开发了一种基于非平衡热力学学习生成模型的**扩散反演** (diffusion inversion) 训练方案。该方法基于我们希望从中采样的概率分布具有结构的想法。这种结构会被递增地使概率分布具有更多熵的扩散过程逐渐破坏。为了形成生成模型，我们可以反过来运行该过程，通过训练模型逐渐将结构恢复到非结构化分布。通过迭代地应用使分布更接近目标分布的过程，我们可以逐渐接近该目标分布。在涉及许多迭代以产生样本的意义上，这种方法类似于 MCMC 方法。然而，模型被定义为由链的最后一步产生的概率分布。在这个意义上，没有由迭代过程诱导的近似。Sohl-Dickstein *et al.* (2015) 介绍的方法也非常接近于去噪自编码器的生成解释 (第 20.11.1 节)。与去噪自编码器一样，扩散反演训练一个尝试概率撤销添加噪声效果的转移算子。不同之处在于，扩散反演只需要消除扩散过程的一个步骤，而不是一直返回到一个干净的数据点。这解决了去噪自编码器的普通重建对数似然目标中存在的以下两难问题：小噪声的情况下学习者只能看到数据点附近的配置，而在大噪声的情况下，去噪自编码器被要求做几乎不可能的工作 (因为去噪分布是高度复杂和多峰值的)。利用扩散反演目标，学习者可以更精确地学习数据点周围的密度形状，以及去除可能在远离数据点处出现的假性模式。

样本生成的另一种方法是**近似贝叶斯计算**(approximate Bayesian computation, ABC) 框架 (Rubin *et al.*, 1984)。在这种方法中，样本被拒绝或修改以使样本选定函数的矩匹配期望分布的那些矩。虽然这个想法与矩匹配一样使用样本的矩，但它不同于矩匹配，因为它修改样本本身，而不是训练模型来自动发出具有正确矩的样本。Bachman and Precup (2015) 展示了如何在深度学习的背景下使用 ABC 中的想法，即使用 ABC 来塑造 GSN 的 MCMC 轨迹。

我们期待更多等待发现的其他生成式建模方法。

20.14 评估生成模型

研究生成模型的研究者通常需要将一个生成模型与另一个生成模型比较，通常是为了证明新发明的生成模型比之前存在的模型更能捕获一些分布。

这可能是一个困难且微妙的任务。通常，我们不能实际评估模型下数据的对数概率，但仅可以评估一个近似。在这些情况下，重要的是思考和沟通清楚正在测量什么。例如，假设我们可以评估模型 A 对数似然的随机估计和模型 B 对数似然的确定性下界。如果模型 A 得分高于模型 B，哪个更好？如果我们关心确定哪个模型具有分布更好的内部表示，我们实际上不能说哪个更好，除非我们有一些方法来确定模型 B 的边界有多松。然而，如果我们关心在实践中该模型能用得多好，例如执行异常检测，则基于特定于感兴趣的实际任务的准则，可以公平地说模型是更好的，例如基于排名测试样例和排名标准，如精度和召回率。

评估生成模型的另一个微妙之处是，评估指标往往是自身困难的研究问题。可能很难确定模型是否被公平比较。例如，假设我们使用 AIS 来估计 $\log Z$，以便为我们刚刚发明的新模型计算 $\log \tilde{p}(\boldsymbol{x}) - \log Z$。AIS 计算经济的实现可能无法找到模型分布的几种模式并低估 Z，这将导致我们高估 $\log p(\boldsymbol{x})$。因此可能难以判断高似然估计是否是良好模型或不好的 AIS 实现导致的结果。

机器学习的其他领域通常允许在数据预处理中有一些变化。例如，当比较对象识别算法的准确性时，通常可接受的是对每种算法略微不同地预处理输入图像 (基于每种算法具有何种输入要求)。而因为预处理的变化，会导致生成式建模的不同，甚至非常小和微妙的变化也是完全不可接受的。对输入数据的任何更改都会改变要捕获的分布，并从根本上改变任务。例如，将输入乘以 0.1 将人为地将概率增加 10 倍。

预处理的问题通常在基于 MNIST 数据集上的生成模型产生，MNIST 数据集是非常受欢迎的生成式建模基准之一。MNIST 由灰度图像组成。一些模型将 MNIST 图像视为实向量空间中的点，而其他模型将其视为二值。还有一些将灰度值视为二值样本的概率。我们必须将实值模型仅与其他实值模型比较，二值模型仅与其他二值模型进行比较。否则，测量的似然性不在相同的空间。对于二值模型，对数似然可以最多为零，而对于实值模型，它可以是任意高的，因为它是关于密度的测度。在二值模型中，比较使用完全相同的二值化模型是重要的。例如，我们可以将 0.5 设为阈值后，将灰度像素二值化为 0 或 1，或者通过由灰度像素强度给出样本为 1 的概率来采一个随机样本。如果我们使用随机二值化，我们可能将整个数据集二值化一次，或者我们可能为每个训练步骤采不同的随机样例，然后采多个样本进行评估。这三个方案中的每一个都会产生极不相同的似然数，并且当比较不同的模型时，两个模型使用相同的二值化方案来训练和评估是重要的。事实上，应用单个随机二值化步骤的研究者共享包含随机二值化结果的文件，使得基于二值化步骤的不同输出的结果没有差别。

因为从数据分布生成真实样本是生成模型的目标之一，所以实践者通常通过视觉检查样本来评估生成模型。在最好的情况下，这不是由研究人员本身，而是由不知道样品来源的实验受试者完成 (Denton *et al.*, 2015)。不幸的是，非常差的概率模型可能会产生非常好的样本。验证模型是否仅复制一些训练示例的常见做法如图 16.1 所示。该想法是根据在 $\boldsymbol{x}$ 空间中的欧几里得距离，为一些生成的样本显示它们在训练集中的最近邻。此测试旨在检测模型过拟合训练集并仅再现训练实例的情况。甚至可能同时欠拟合和过拟合，但仍然能产生单独看起来好的样本。想象一下，生成模型用狗和猫的图像训练时，但只是简单地学习来重现狗的训练图像。这样的模型明显过拟合，因为它不能产生不在训练集中的图像，但是它也欠拟合，因为它不给猫的训练图像分配概率。然而，人类观察者将判断狗的每个个体图像都是高质量的。在这个简单的例子中，对于能够检查许多样本的人类观察者来说，确定猫的不存在是容易的。在更实际的设定中，在具有数万个模式的数据上训练后的生成模型可以忽略少数模式，并且人类观察者不能容易地检查或记住足够的图像以检测丢失的变化。

由于样本的视觉质量不是可靠的标准，所以当计算可行时，我们通常还评估模型分配给测试数据的对数似然。不幸的是，在某些情况下，似然性似乎不可能测量我们真正关心的模型的任何属性。例如，MNIST 的实值模型可以将任意低的方差分配给从不改变的背景像素，获得任意高的似然。即使这不是一个非常有用的事情，检测这些常量特征的模型和算法也可以获得无限的奖励。实现接近负无穷代价的可能性存在于任何实值的最大似然问题中，但是对于 MNIST 的生成模型问题尤为严重，因为许多输出值是不需要预测的。这强烈地表明需要开发评估生成模型的其他方法。

Theis *et al.* (2015) 回顾了评估生成模型所涉及的许多问题，包括上述的许多想法。他们强调了生成模型有许多不同的用途，并且指标的选择必须与模型的预期用途相匹配。例如，一些生成模型更好地为大多数真实的点分配高概率，而其他生成模型擅长于不将高概率分配给不真实的点。这些差异可能源于生成模型是设计为最小化 $D_{\mathrm{KL}}(p_{\mathrm{data}}\|p_{\mathrm{model}})$ 还是 $D_{\mathrm{KL}}(p_{\mathrm{model}}\|p_{\mathrm{data}})$，如图 3.6 所示。不幸的是，即使我们将每个指标的使用限制在最适合的任务上，目前使用的所有指标仍存在严重的缺陷。因此，生成式建模中最重要的研究课题之一，不仅仅是如何提升生成模型，事实上还包括了设计新的技术来衡量我们的进步。

20.15 结论

为了让模型理解基于给定训练数据表示的大千世界，训练具有隐藏单元的生成模型是一种有力方法。通过学习模型 $p_{\mathrm{model}}(\boldsymbol{x})$ 和表示 $p_{\mathrm{model}}(\boldsymbol{h} \mid \boldsymbol{x})$，生成模型可以解答 $\boldsymbol{x}$ 输入变量之间关系的许多推断问题，并且可以在不同层对 $\boldsymbol{h}$ 求期望来提供表示 $\boldsymbol{x}$ 的许多不同方式。生成模型可以为 AI 系统提供它们所要理解的、各种不同概念的框架，让它们有能力在面对不确定性的情况下推理这些概念。我们希望读者能够找到增强这些方法的新途径，并继续探究智能和学习背后原理的旅程。

参考文献

Abadi, M., Agarwal, A., Barham, P., Brevdo, E., Chen, Z., Citro, C., Corrado, G. S., Davis, A., Dean, J., Devin, M., Ghemawat, S., Goodfellow, I., Harp, A., Irving, G., Isard, M., Jia, Y., Jozefowicz, R., Kaiser, L., Kudlur, M., Levenberg, J., Mané, D., Monga, R., Moore, S., Murray, D., Olah, C., Schuster, M., Shlens, J., Steiner, B., Sutskever, I., Talwar, K., Tucker, P., Vanhoucke, V., Vasudevan, V., Viégas, F., Vinyals, O., Warden, P., Wattenberg, M., Wicke, M., Yu, Y., and Zheng, X. (2015). TensorFlow: Large-scale machine learning on heterogeneous systems. Software available from tensorflow.org.

Ackley, D. H., Hinton, G. E., and Sejnowski, T. J. (1985). A learning algorithm for Boltzmann machines. *Cognitive Science*, **9**, 147–169.

Alain, G. and Bengio, Y. (2013). What regularized auto-encoders learn from the data generating distribution. In *ICLR'2013, arXiv:1211.4246*.

Alain, G., Bengio, Y., Yao, L., Éric Thibodeau-Laufer, Yosinski, J., and Vincent, P. (2015). GSNs: Generative stochastic networks. arXiv:1503.05571.

Anderson, E. (1935). The Irises of the Gaspé Peninsula. *Bulletin of the American Iris Society*, **59**, 2–5.

Ba, J., Mnih, V., and Kavukcuoglu, K. (2014). Multiple object recognition with visual attention. *arXiv:1412.7755*.

Bachman, P. and Precup, D. (2015). Variational generative stochastic networks with collaborative shaping. In *Proceedings of the 32nd International Conference on Machine Learning, ICML 2015, Lille, France, 6-11 July 2015*, pages 1964–1972.

Bacon, P.-L., Bengio, E., Pineau, J., and Precup, D. (2015). Conditional computation in neural networks using a decision-theoretic approach. In *2nd Multidisciplinary Conference on Reinforcement Learning and Decision Making (RLDM 2015)*.

Bagnell, J. A. and Bradley, D. M. (2009). Differentiable sparse coding. In *NIPS'2009*, pages 113–120.

Bahdanau, D., Cho, K., and Bengio, Y. (2015). Neural machine translation by jointly learning to align and translate. In *ICLR'2015, arXiv:1409.0473*.

Bahl, L. R., Brown, P., de Souza, P. V., and Mercer, R. L. (1987). Speech recognition with continuous-parameter hidden Markov models. *Computer, Speech and Language*, **2**, 219–234.

Baldi, P. and Hornik, K. (1989). Neural networks and principal component analysis: Learning from examples without local minima. *Neural Networks*, **2**, 53–58.

Baldi, P., Brunak, S., Frasconi, P., Soda, G., and Pollastri, G. (1999). Exploiting the past and the future in protein secondary structure prediction. *Bioinformatics*, **15**(11), 937–946.

Baldi, P., Sadowski, P., and Whiteson, D. (2014). Searching for exotic particles in high-energy physics with deep learning. *Nature communications*, **5**.

Ballard, D. H., Hinton, G. E., and Sejnowski, T. J. (1983). Parallel vision computation. *Nature*.

Barlow, H. B. (1989). Unsupervised learning. *Neural Computation*, **1**, 295–311.

Barron, A. E. (1993). Universal approximation bounds for superpositions of a sigmoidal function. *IEEE Trans. on Information Theory*, **39**, 930–945.

Bartholomew, D. J. (1987). *Latent variable models and factor analysis.* Oxford University Press.

Basilevsky, A. (1994). *Statistical Factor Analysis and Related Methods: Theory and Applications.* Wiley.

Bastien, F., Lamblin, P., Pascanu, R., Bergstra, J., Goodfellow, I., Bergeron, A., Bouchard, N., Warde-Farley, D., and Bengio, Y. (2012a). Theano: new features and speed improvements. Submited to the Deep Learning and Unsupervised Feature Learning NIPS 2012 Workshop.

Bastien, F., Lamblin, P., Pascanu, R., Bergstra, J., Goodfellow, I. J., Bergeron, A., Bouchard, N., and Bengio, Y. (2012b). Theano: new features and speed improvements. Deep Learning and Unsupervised Feature Learning NIPS 2012 Workshop.

Basu, S. and Christensen, J. (2013). Teaching classification boundaries to humans. In *AAAI'2013.*

Baxter, J. (1995). Learning internal representations. In *Proceedings of the 8th International Conference on Computational Learning Theory (COLT'95)*, pages 311–320, Santa Cruz, California. ACM Press.

Bayer, J. and Osendorfer, C. (2014). Learning stochastic recurrent networks. *ArXiv e-prints.*

Becker, S. and Hinton, G. (1992). A self-organizing neural network that discovers surfaces in random-dot stereograms. *Nature*, **355**, 161–163.

Behnke, S. (2001). Learning iterative image reconstruction in the neural abstraction pyramid. *Int. J. Computational Intelligence and Applications*, **1**(4), 427–438.

Beiu, V., Quintana, J. M., and Avedillo, M. J. (2003). VLSI implementations of threshold logic-a comprehensive survey. *Neural Networks, IEEE Transactions on*, **14**(5), 1217–1243.

Belkin, M. and Niyogi, P. (2002). Laplacian eigenmaps and spectral techniques for embedding and clustering. In T. Dietterich, S. Becker, and Z. Ghahramani, editors, *Advances in Neural Information Processing Systems 14 (NIPS'01)*, Cambridge, MA. MIT Press.

Belkin, M. and Niyogi, P. (2003a). Laplacian eigenmaps for dimensionality reduction and data representation. *Neural Computation*, **15**(6), 1373–1396.

Belkin, M. and Niyogi, P. (2003b). Using manifold structure for partially labeled classification. In S. Becker, S. Thrun, and K. Obermayer, editors, *Advances in Neural Information Processing Systems 15 (NIPS'02)*, Cambridge, MA. MIT Press.

Bengio, E., Bacon, P.-L., Pineau, J., and Precup, D. (2015a). Conditional computation in neural networks for faster models. arXiv:1511.06297.

Bengio, S. and Bengio, Y. (2000a). Taking on the curse of dimensionality in joint distributions using neural networks. *IEEE Transactions on Neural Networks, special issue on Data Mining and Knowledge Discovery*, **11**(3), 550–557.

Bengio, S., Vinyals, O., Jaitly, N., and Shazeer, N. (2015b). Scheduled sampling for sequence prediction with recurrent neural networks. Technical report, arXiv:1506.03099.

Bengio, Y. (1991). *Artificial Neural Networks and their Application to Sequence Recognition.* Ph.D. thesis, McGill University, (Computer Science), Montreal, Canada.

Bengio, Y. (2000). Gradient-based optimization of hyperparameters. *Neural Computation*, **12**(8),

1889–1900.

Bengio, Y. (2002). New distributed probabilistic language models. Technical Report 1215, Dept. IRO, Université de Montréal.

Bengio, Y. (2009). *Learning deep architectures for AI*. Now Publishers.

Bengio, Y. (2013). Deep learning of representations: looking forward. In *Statistical Language and Speech Processing*, volume 7978 of *Lecture Notes in Computer Science*, pages 1–37. Springer.

Bengio, Y. (2015). Early inference in energy-based models approximates back-propagation. Technical Report arXiv:1510.02777, Universite de Montreal.

Bengio, Y. and Bengio, S. (2000b). Modeling high-dimensional discrete data with multi-layer neural networks. In *NIPS 12*, pages 400–406. MIT Press.

Bengio, Y. and Delalleau, O. (2009). Justifying and generalizing contrastive divergence. *Neural Computation*, **21**(6), 1601–1621.

Bengio, Y. and Grandvalet, Y. (2004). No unbiased estimator of the variance of k-fold cross-validation. In JML(1), pages 1089–1105.

Bengio, Y. and LeCun, Y. (2007a). Scaling learning algorithms towards AI. In *Large Scale Kernel Machines*.

Bengio, Y. and LeCun, Y. (2007b). Scaling learning algorithms towards AI. In L. Bottou, O. Chapelle, D. DeCoste, and J. Weston, editors, *Large Scale Kernel Machines*. MIT Press.

Bengio, Y. and Monperrus, M. (2005). Non-local manifold tangent learning. In L. Saul, Y. Weiss, and L. Bottou, editors, *Advances in Neural Information Processing Systems 17 (NIPS'04)*, pages 129–136. MIT Press.

Bengio, Y. and Sénécal, J.-S. (2003). Quick training of probabilistic neural nets by importance sampling. In *Proceedings of AISTATS 2003*.

Bengio, Y. and Sénécal, J.-S. (2008). Adaptive importance sampling to accelerate training of a neural probabilistic language model. *IEEE Trans. Neural Networks*, **19**(4), 713–722.

Bengio, Y., De Mori, R., Flammia, G., and Kompe, R. (1991). Phonetically motivated acoustic parameters for continuous speech recognition using artificial neural networks. In *Proceedings of EuroSpeech'91*.

Bengio, Y., De Mori, R., Flammia, G., and Kompe, R. (1992). Neural network-Gaussian mixture hybrid for speech recognition or density estimation. In *NIPS 4*, pages 175–182. Morgan Kaufmann.

Bengio, Y., Frasconi, P., and Simard, P. (1993). The problem of learning long-term dependencies in recurrent networks. In *IEEE International Conference on Neural Networks*, pages 1183–1195, San Francisco. IEEE Press. (invited paper).

Bengio, Y., Simard, P., and Frasconi, P. (1994a). Learning long-term dependencies with gradient descent is difficult. *IEEE Tr. Neural Nets*.

Bengio, Y., Simard, P., and Frasconi, P. (1994b). Learning long-term dependencies with gradient descent is difficult. *IEEE Transactions on Neural Networks*, **5**(2), 157–166.

Bengio, Y., Simard, P., and Frasconi, P. (1994c). Learning long-term dependencies with gradient descent is difficult. *IEEE Transactions on Neural Networks*, **5**(2), 157–166.

Bengio, Y., Latendresse, S., and Dugas, C. (1999). Gradient-based learning of hyper-parameters. In *Learning Conference*.

Bengio, Y., Ducharme, R., and Vincent, P. (2001a). A neural probabilistic language model. In T. Leen, T. Dietterich, and V. Tresp, editors, *Advances in Neural Information Processing Systems 13 (NIPS'00)*, pages 933–938. MIT Press.

Bengio, Y., Ducharme, R., and Vincent, P. (2001b). A neural probabilistic language model. In T. K. Leen, T. G. Dietterich, and V. Tresp, editors, *NIPS'2000*, pages 932–938. MIT Press.

Bengio, Y., Ducharme, R., Vincent, P., and Jauvin, C. (2003). A neural probabilistic language model. *JMLR*, **3**, 1137–1155.

Bengio, Y., Delalleau, O., and Le Roux, N. (2006a). The curse of highly variable functions for local kernel machines. In *NIPS'2005*.

Bengio, Y., Larochelle, H., and Vincent, P. (2006b). Non-local manifold Parzen windows. In *NIPS'2005*. MIT Press.

Bengio, Y., Lamblin, P., Popovici, D., and Larochelle, H. (2007a). Greedy layer-wise training of deep networks. In *NIPS'2006*.

Bengio, Y., Lamblin, P., Popovici, D., and Larochelle, H. (2007b). Greedy layer-wise training of deep networks. In B. Schölkopf, J. Platt, and T. Hoffman, editors, *Advances in Neural Information Processing Systems 19 (NIPS'06)*, pages 153–160. MIT Press.

Bengio, Y., Lamblin, P., Popovici, D., and Larochelle, H. (2007c). Greedy layer-wise training of deep networks. In *Adv. Neural Inf. Proc. Sys. 19*, pages 153–160.

Bengio, Y., Lamblin, P., Popovici, D., and Larochelle, H. (2007d). Greedy layer-wise training of deep networks. In *NIPS 19*, pages 153–160. MIT Press.

Bengio, Y., Louradour, J., Collobert, R., and Weston, J. (2009). Curriculum learning. In *ICML'09*. ACM.

Bengio, Y., Mesnil, G., Dauphin, Y., and Rifai, S. (2013a). Better mixing via deep representations. In *ICML'2013*.

Bengio, Y., Léonard, N., and Courville, A. (2013b). Estimating or propagating gradients through stochastic neurons for conditional computation. arXiv:1308.3432.

Bengio, Y., Yao, L., Alain, G., and Vincent, P. (2013c). Generalized denoising auto-encoders as generative models. In *NIPS'2013*.

Bengio, Y., Courville, A., and Vincent, P. (2013d). Representation learning: A review and new perspectives. *Pattern Analysis and Machine Intelligence, IEEE Transactions on*, **35**(8), 1798–1828.

Bengio, Y., Thibodeau-Laufer, E., Alain, G., and Yosinski, J. (2014). Deep generative stochastic networks trainable by backprop. In *ICML'2014*.

Bennett, C. (1976). Efficient estimation of free energy differences from Monte Carlo data. *Journal of Computational Physics*, **22**(2), 245–268.

Bennett, J. and Lanning, S. (2007). The Netflix prize.

Berger, A. L., Della Pietra, V. J., and Della Pietra, S. A. (1996). A maximum entropy approach to natural language processing. *Computational Linguistics*, **22**, 39–71.

Berglund, M. and Raiko, T. (2013). Stochastic gradient estimate variance in contrastive divergence and persistent contrastive divergence. *CoRR*, **abs/1312.6002**.

Bergstra, J. (2011). *Incorporating Complex Cells into Neural Networks for Pattern Classification*. Ph.D. thesis, Université de Montréal.

Bergstra, J. and Bengio, Y. (2009). Slow, decorrelated features for pretraining complex cell-like networks. In *NIPS 22*, pages 99–107. MIT Press.

Bergstra, J. and Bengio, Y. (2011). Random search for hyper-parameter optimization. *The Learning Workshop*, Fort Lauderdale, Florida.

Bergstra, J. and Bengio, Y. (2012). Random search for hyper-parameter optimization. *J. Machine Learning Res.*, **13**, 281–305.

Bergstra, J., Breuleux, O., Bastien, F., Lamblin, P., Pascanu, R., Desjardins, G., Turian, J., Warde-Farley, D., and Bengio, Y. (2010a). Theano: a CPU and GPU math expression compiler. In *Proceedings of the Python for Scientific Computing Conference (SciPy)*. Oral Presentation.

Bergstra, J., Breuleux, O., Bastien, F., Lamblin, P., Pascanu, R., Desjardins, G., Turian, J., Warde-Farley, D., and Bengio, Y. (2010b). Theano: a CPU and GPU math expression compiler. In *Proc. SciPy*.

Bergstra, J., Breuleux, O., Bastien, F., Lamblin, P., Pascanu, R., Desjardins, G., Turian, J., Warde-Farley, D., and Bengio, Y. (2010c). Theano: a CPU and GPU math expression compiler. In *Proceedings of the Python for Scientific Computing Conference (SciPy)*.

Bergstra, J., Bardenet, R., Bengio, Y., and Kégl, B. (2011). Algorithms for hyper-parameter optimization. In *NIPS'2011*.

Berkes, P. and Wiskott, L. (2005). Slow feature analysis yields a rich repertoire of complex cell properties. *Journal of Vision*, **5**(6), 579–602.

Bertsekas, D. P. and Tsitsiklis, J. (1996). *Neuro-Dynamic Programming*. Athena Scientific.

Besag, J. (1975). Statistical analysis of non-lattice data. *The Statistician*, **24**(3), 179–195.

Bishop, C. M. (1994). Mixture density networks.

Bishop, C. M. (1995a). Regularization and complexity control in feed-forward networks. In *Proceedings International Conference on Artificial Neural Networks ICANN'95*, volume 1, page 141–148.

Bishop, C. M. (1995b). Training with noise is equivalent to Tikhonov regularization. *Neural Computation*, **7**(1), 108–116.

Bishop, C. M. (2006). *Pattern Recognition and Machine Learning*. Springer.

Blum, A. L. and Rivest, R. L. (1992). Training a 3-node neural network is NP-complete.

Blumer, A., Ehrenfeucht, A., Haussler, D., and Warmuth, M. K. (1989). Learnability and the Vapnik – Chervonenkis dimension. *Journal of the ACM*, **36**(4), 865–929.

Bonnet, G. (1964). Transformations des signaux aléatoires à travers les systèmes non linéaires sans mémoire. *Annales des Télécommunications*, **19**(9–10), 203–220.

Bordes, A., Weston, J., Collobert, R., and Bengio, Y. (2011). Learning structured embeddings of knowledge bases. In *AAAI 2011*.

Bordes, A., Glorot, X., Weston, J., and Bengio, Y. (2012). Joint learning of words and meaning representations for open-text semantic parsing. *AISTATS'2012*.

Bordes, A., Glorot, X., Weston, J., and Bengio, Y. (2013a). A semantic matching energy function for learning with multi-relational data. *Machine Learning: Special Issue on Learning Semantics*.

Bordes, A., Usunier, N., Garcia-Duran, A., Weston, J., and Yakhnenko, O. (2013b). Translating embeddings for modeling multi-relational data. In C. Burges, L. Bottou, M. Welling, Z. Ghahramani, and K. Weinberger, editors, *Advances in Neural Information Processing Systems 26*, pages 2787–2795. Curran Associates, Inc.

Bornschein, J. and Bengio, Y. (2015). Reweighted wake-sleep. In *ICLR'2015, arXiv:1406.2751*.

Bornschein, J., Shabanian, S., Fischer, A., and Bengio, Y. (2015). Training bidirectional Helmholtz machines. Technical report, arXiv:1506.03877.

Boser, B. E., Guyon, I. M., and Vapnik, V. N. (1992). A training algorithm for optimal margin classifiers. In *COLT '92: Proceedings of the fifth annual workshop on Computational learning theory*, pages 144–152, New York, NY, USA. ACM.

Bottou, L. (1998). Online algorithms and stochastic approximations. In D. Saad, editor, *Online Learning in Neural Networks*. Cambridge University Press, Cambridge, UK.

Bottou, L. (2011). From machine learning to machine reasoning. Technical report, arXiv.1102.1808.

Bottou, L. (2015). Multilayer neural networks. Deep Learning Summer School.

Bottou, L. and Bousquet, O. (2008a). The tradeoffs of large scale learning. In J. Platt, D. Koller, Y. Singer, and S. Roweis, editors, *Advances in Neural Information Processing Systems 20 (NIPS'07)*, volume 20. MIT Press, Cambridge, MA.

Bottou, L. and Bousquet, O. (2008b). The tradeoffs of large scale learning. In *NIPS'2008*.

Boulanger-Lewandowski, N., Bengio, Y., and Vincent, P. (2012). Modeling temporal dependencies in high-dimensional sequences: Application to polyphonic music generation and transcription. In *ICML'12*.

Boureau, Y., Ponce, J., and LeCun, Y. (2010). A theoretical analysis of feature pooling in vision algorithms. In *Proc. International Conference on Machine learning (ICML'10)*.

Boureau, Y., Le Roux, N., Bach, F., Ponce, J., and LeCun, Y. (2011). Ask the locals: multi-way local pooling for image recognition. In *Proc. International Conference on Computer Vision (ICCV'11)*. IEEE.

Bourlard, H. and Kamp, Y. (1988). Auto-association by multilayer perceptrons and singular value decomposition. *Biological Cybernetics*, **59**, 291–294.

Bourlard, H. and Wellekens, C. (1989). Speech pattern discrimination and multi-layered perceptrons. *Computer Speech and Language*, **3**, 1–19.

Boyd, S. and Vandenberghe, L. (2004). *Convex Optimization*. Cambridge University Press, New York, NY, USA.

Brady, M. L., Raghavan, R., and Slawny, J. (1989). Back-propagation fails to separate where perceptrons succeed. *IEEE Transactions on Circuits and Systems*, **36**(5), 665–674.

Brakel, P., Stroobandt, D., and Schrauwen, B. (2013). Training energy-based models for time-series imputation. *Journal of Machine Learning Research*, **14**, 2771–2797.

Brand, M. (2003a). Charting a manifold. In S. Becker, S. Thrun, and K. Obermayer, editors, *Advances in Neural Information Processing Systems 15 (NIPS'02)*, pages 961–968. MIT Press.

Brand, M. (2003b). Charting a manifold. In *NIPS'2002*, pages 961–968. MIT Press.

Breiman, L. (1994). Bagging predictors. *Machine Learning*, **24**(2), 123–140.

Breiman, L., Friedman, J. H., Olshen, R. A., and Stone, C. J. (1984). *Classification and Regression Trees*. Wadsworth International Group, Belmont, CA.

Bridle, J. S. (1990). Alphanets: a recurrent 'neural' network architecture with a hidden Markov model interpretation. *Speech Communication*, **9**(1), 83–92.

Briggman, K., Denk, W., Seung, S., Helmstaedter, M. N., and Turaga, S. C. (2009). Maximin affinity learning of image segmentation. In *NIPS'2009*, pages 1865–1873.

Brown, P. F., Cocke, J., Pietra, S. A. D., Pietra, V. J. D., Jelinek, F., Lafferty, J. D., Mercer, R. L., and Roossin, P. S. (1990). A statistical approach to machine translation. *Computational linguistics*, **16**(2), 79–85.

Brown, P. F., Pietra, V. J. D., DeSouza, P. V., Lai, J. C., and Mercer, R. L. (1992). Class-based *n*-gram models of natural language. *Computational Linguistics*, **18**, 467–479.

Bryson, A. and Ho, Y. (1969). *Applied optimal control: optimization, estimation, and control*. Blaisdell Pub. Co.

Bryson, Jr., A. E. and Denham, W. F. (1961). A steepest-ascent method for solving optimum programming problems. Technical Report BR-1303, Raytheon Company, Missle and Space Division.

Buciluǎ, C., Caruana, R., and Niculescu-Mizil, A. (2006). Model compression. In *Proceedings of the 12th ACM SIGKDD international conference on Knowledge discovery and data mining*, pages 535–541. ACM.

Burda, Y., Grosse, R., and Salakhutdinov, R. (2015). Importance weighted autoencoders. *arXiv preprint arXiv:1509.00519*.

Cai, M., Shi, Y., and Liu, J. (2013). Deep maxout neural networks for speech recognition. In *Automatic Speech Recognition and Understanding (ASRU), 2013 IEEE Workshop on*, pages 291–296. IEEE.

Carreira-Perpiñan, M. A. and Hinton, G. E. (2005). On contrastive divergence learning. In *AISTATS'2005*, pages 33–40.

Caruana, R. (1993). Multitask connectionist learning. In *Proceedings of the 1993 Connectionist Models Summer School*, pages 372–379.

Cauchy, A. (1847). Méthode générale pour la résolution de systèmes d'équations simultanées. In *Compte rendu des séances de l'académie des sciences*, pages 536–538.

Cayton, L. (2005). Algorithms for manifold learning. Technical Report CS2008-0923, UCSD.

Chandola, V., Banerjee, A., and Kumar, V. (2009). Anomaly detection: A survey. *ACM computing surveys (CSUR)*, **41**(3), 15.

Chapelle, O., Weston, J., and Schölkopf, B. (2003). Cluster kernels for semi-supervised learning. In S. Becker, S. Thrun, and K. Obermayer, editors, *Advances in Neural Information Processing*

Systems 15 (NIPS'02), pages 585–592, Cambridge, MA. MIT Press.

Chapelle, O., Schölkopf, B., and Zien, A., editors (2006). *Semi-Supervised Learning*. MIT Press, Cambridge, MA.

Chellapilla, K., Puri, S., and Simard, P. (2006). High Performance Convolutional Neural Networks for Document Processing. In Guy Lorette, editor, *Tenth International Workshop on Frontiers in Handwriting Recognition*, La Baule (France). Université de Rennes 1, Suvisoft.

Chen, B., Ting, J.-A., Marlin, B. M., and de Freitas, N. (2010). Deep learning of invariant spatio-temporal features from video. NIPS*2010 Deep Learning and Unsupervised Feature Learning Workshop.

Chen, S. F. and Goodman, J. T. (1999). An empirical study of smoothing techniques for language modeling. *Computer, Speech and Language*, **13**(4), 359–393.

Chen, T., Du, Z., Sun, N., Wang, J., Wu, C., Chen, Y., and Temam, O. (2014a). DianNao: A small-footprint high-throughput accelerator for ubiquitous machine-learning. In *Proceedings of the 19th international conference on Architectural support for programming languages and operating systems*, pages 269–284. ACM.

Chen, T., Li, M., Li, Y., Lin, M., Wang, N., Wang, M., Xiao, T., Xu, B., Zhang, C., and Zhang, Z. (2015). MXNet: A flexible and efficient machine learning library for heterogeneous distributed systems. *arXiv preprint arXiv:1512.01274*.

Chen, Y., Luo, T., Liu, S., Zhang, S., He, L., Wang, J., Li, L., Chen, T., Xu, Z., Sun, N., *et al.* (2014b). DaDianNao: A machine-learning supercomputer. In *Microarchitecture (MICRO), 2014 47th Annual IEEE/ACM International Symposium on*, pages 609–622. IEEE.

Chilimbi, T., Suzue, Y., Apacible, J., and Kalyanaraman, K. (2014). Project Adam: Building an efficient and scalable deep learning training system. In *11th USENIX Symposium on Operating Systems Design and Implementation (OSDI'14)*.

Cho, K., Raiko, T., and Ilin, A. (2010a). Parallel tempering is efficient for learning restricted Boltzmann machines. In *Proceedings of the International Joint Conference on Neural Networks (IJCNN 2010)*, Barcelona, Spain.

Cho, K., Raiko, T., and Ilin, A. (2010b). Parallel tempering is efficient for learning restricted Boltzmann machines. In *IJCNN'2010*.

Cho, K., Raiko, T., and Ilin, A. (2011). Enhanced gradient and adaptive learning rate for training restricted Boltzmann machines. In *ICML'2011*, pages 105–112.

Cho, K., Van Merriënboer, B., Gülçehre, Ç., Bahdanau, D., Bougares, F., Schwenk, H., and Bengio, Y. (2014a). Learning phrase representations using RNN encoder–decoder for statistical machine translation. In *Proceedings of the 2014 Conference on Empirical Methods in Natural Language Processing (EMNLP)*, pages 1724–1734. Association for Computational Linguistics.

Cho, K., van Merriënboer, B., Gulcehre, C., Bougares, F., Schwenk, H., and Bengio, Y. (2014b). Learning phrase representations using RNN encoder-decoder for statistical machine translation. In *Proceedings of the Empiricial Methods in Natural Language Processing (EMNLP 2014)*.

Cho, K., Van Merriënboer, B., Bahdanau, D., and Bengio, Y. (2014c). On the properties of neural machine translation: Encoder-decoder approaches. *ArXiv e-prints*, **abs/1409.1259**.

Choromanska, A., Henaff, M., Mathieu, M., Arous, G. B., and LeCun, Y. (2014). The loss surface of multilayer networks.

Chorowski, J., Bahdanau, D., Cho, K., and Bengio, Y. (2014). End-to-end continuous speech recognition using attention-based recurrent NN: First results. arXiv:1412.1602.

Christianson, B. (1992). Automatic Hessians by reverse accumulation. *IMA Journal of Numerical Analysis*, **12**(2), 135–150.

Chrupala, G., Kadar, A., and Alishahi, A. (2015). Learning language through pictures. arXiv 1506.03694.

Chung, J., Gulcehre, C., Cho, K., and Bengio, Y. (2014). Empirical evaluation of gated recurrent neural networks on sequence modeling. NIPS'2014 Deep Learning workshop, arXiv 1412.3555.

Chung, J., Gülçehre, Ç., Cho, K., and Bengio, Y. (2015a). Gated feedback recurrent neural networks. In *ICML'15*.

Chung, J., Kastner, K., Dinh, L., Goel, K., Courville, A., and Bengio, Y. (2015b). A recurrent latent variable model for sequential data. In *NIPS'2015*.

Ciresan, D., Meier, U., Masci, J., and Schmidhuber, J. (2012). Multi-column deep neural network for traffic sign classification. *Neural Networks*, **32**, 333–338.

Ciresan, D. C., Meier, U., Gambardella, L. M., and Schmidhuber, J. (2010). Deep big simple neural nets for handwritten digit recognition. *Neural Computation*, **22**, 1–14.

Coates, A. and Ng, A. Y. (2011). The importance of encoding versus training with sparse coding and vector quantization. In *ICML'2011*.

Coates, A., Lee, H., and Ng, A. Y. (2011). An analysis of single-layer networks in unsupervised feature learning. In *Proceedings of the Thirteenth International Conference on Artificial Intelligence and Statistics (AISTATS 2011)*.

Coates, A., Huval, B., Wang, T., Wu, D., Catanzaro, B., and Andrew, N. (2013). Deep learning with COTS HPC systems. In S. Dasgupta and D. McAllester, editors, *Proceedings of the 30th International Conference on Machine Learning (ICML-13)*, volume 28 (3), pages 1337–1345. JMLR Workshop and Conference Proceedings.

Cohen, N., Sharir, O., and Shashua, A. (2015). On the expressive power of deep learning: A tensor analysis. arXiv:1509.05009.

Collobert, R. (2004). *Large Scale Machine Learning*. Ph.D. thesis, Université de Paris VI, LIP6.

Collobert, R. (2011). Deep learning for efficient discriminative parsing. In *AISTATS'2011*.

Collobert, R. and Weston, J. (2008a). A unified architecture for natural language processing: Deep neural networks with multitask learning. In *ICML'2008*.

Collobert, R. and Weston, J. (2008b). A unified architecture for natural language processing: Deep neural networks with multitask learning. In *ICML'2008*.

Collobert, R., Bengio, S., and Bengio, Y. (2001). A parallel mixture of SVMs for very large scale problems. Technical Report 12, IDIAP.

Collobert, R., Bengio, S., and Bengio, Y. (2002). Parallel mixture of SVMs for very large scale problem. *Neural Computation*.

Collobert, R., Weston, J., Bottou, L., Karlen, M., Kavukcuoglu, K., and Kuksa, P. (2011a). Natural language processing (almost) from scratch. *The Journal of Machine Learning Research*, **12**, 2493–2537.

Collobert, R., Kavukcuoglu, K., and Farabet, C. (2011b). Torch7: A Matlab-like environment for machine learning. In *BigLearn, NIPS Workshop*.

Comon, P. (1994). Independent component analysis - a new concept? *Signal Processing*, **36**, 287–314.

Cortes, C. and Vapnik, V. (1995). Support vector networks. *Machine Learning*, **20**, 273–297.

Couprie, C., Farabet, C., Najman, L., and LeCun, Y. (2013). Indoor semantic segmentation using depth information. In *International Conference on Learning Representations (ICLR2013)*.

Courbariaux, M., Bengio, Y., and David, J.-P. (2015). Low precision arithmetic for deep learning. In *Arxiv:1412.7024, ICLR'2015 Workshop*.

Courville, A., Bergstra, J., and Bengio, Y. (2011a). Unsupervised models of images by spike-and-slab RBMs. In *ICML'2011*.

Courville, A., Bergstra, J., and Bengio, Y. (2011b). Unsupervised models of images by spike-and-slab RBMs. In ICM (1b).

Courville, A., Desjardins, G., Bergstra, J., and Bengio, Y. (2014). The spike-and-slab RBM and extensions to discrete and sparse data distributions. *Pattern Analysis and Machine Intelligence, IEEE Transactions on*, **36**(9), 1874–1887.

Cover, T. M. and Thomas, J. A. (2006). *Elements of Information Theory, 2nd Edition*. Wiley-Interscience.

Cox, D. and Pinto, N. (2011). Beyond simple features: A large-scale feature search approach to unconstrained face recognition. In *Automatic Face & Gesture Recognition and Workshops (FG 2011), 2011 IEEE International Conference on*, pages 8–15. IEEE.

Cramér, H. (1946). *Mathematical methods of statistics*. Princeton University Press.

Crick, F. H. C. and Mitchison, G. (1983). The function of dream sleep. *Nature*, **304**, 111–114.

Cybenko, G. (1989). Approximation by superpositions of a sigmoidal function. *Mathematics of Control, Signals, and Systems*, **2**, 303–314.

Dahl, G. E., Ranzato, M., Mohamed, A., and Hinton, G. E. (2010). Phone recognition with the mean-covariance restricted Boltzmann machine. In *Advances in Neural Information Processing Systems (NIPS)*.

Dahl, G. E., Yu, D., Deng, L., and Acero, A. (2012). Context-dependent pre-trained deep neural networks for large vocabulary speech recognition. *IEEE Transactions on Audio, Speech, and Language Processing*, **20**(1), 33–42.

Dahl, G. E., Sainath, T. N., and Hinton, G. E. (2013). Improving deep neural networks for LVCSR using rectified linear units and dropout. In *ICASSP'2013*.

Dahl, G. E., Jaitly, N., and Salakhutdinov, R. (2014). Multi-task neural networks for QSAR predictions. arXiv:1406.1231.

Dauphin, Y. and Bengio, Y. (2013). Stochastic ratio matching of RBMs for sparse high-dimensional inputs. In NIP(1).

Dauphin, Y., Glorot, X., and Bengio, Y. (2011). Large-scale learning of embeddings with reconstruction sampling. In *ICML'2011*.

Dauphin, Y., Pascanu, R., Gulcehre, C., Cho, K., Ganguli, S., and Bengio, Y. (2014). Identifying and attacking the saddle point problem in high-dimensional non-convex optimization. In *NIPS'2014*.

Davis, A., Rubinstein, M., Wadhwa, N., Mysore, G., Durand, F., and Freeman, W. T. (2014). The visual microphone: Passive recovery of sound from video. *ACM Transactions on Graphics (Proc. SIGGRAPH)*, **33**(4), 79:1–79:10.

Dayan, P. (1990). Reinforcement comparison. In *Connectionist Models: Proceedings of the 1990 Connectionist Summer School*, San Mateo, CA.

Dayan, P. and Hinton, G. E. (1996). Varieties of Helmholtz machine. *Neural Networks*, **9**(8), 1385–1403.

Dayan, P., Hinton, G. E., Neal, R. M., and Zemel, R. S. (1995). The Helmholtz machine. *Neural computation*, **7**(5), 889–904.

Dean, J., Corrado, G., Monga, R., Chen, K., Devin, M., Le, Q., Mao, M., Ranzato, M., Senior, A., Tucker, P., Yang, K., and Ng, A. Y. (2012). Large scale distributed deep networks. In *NIPS'2012*.

Dean, T. and Kanazawa, K. (1989). A model for reasoning about persistence and causation. *Computational Intelligence*, **5**(3), 142–150.

Deerwester, S., Dumais, S. T., Furnas, G. W., Landauer, T. K., and Harshman, R. (1990). Indexing by latent semantic analysis. *Journal of the American Society for Information Science*, **41**(6), 391–407.

Delalleau, O. and Bengio, Y. (2011). Shallow vs. deep sum-product networks. In *NIPS*.

Deng, J., Dong, W., Socher, R., Li, L.-J., Li, K., and Fei-Fei, L. (2009). ImageNet: A Large-Scale Hierarchical Image Database. In *CVPR09*.

Deng, J., Berg, A. C., Li, K., and Fei-Fei, L. (2010a). What does classifying more than 10,000 image categories tell us? In *Proceedings of the 11th European Conference on Computer Vision: Part V*, ECCV'10, pages 71–84, Berlin, Heidelberg. Springer-Verlag.

Deng, L. and Yu, D. (2014). Deep learning – methods and applications. *Foundations and Trends in Signal Processing*.

Deng, L., Seltzer, M., Yu, D., Acero, A., Mohamed, A., and Hinton, G. (2010b). Binary coding of speech spectrograms using a deep auto-encoder. In *Interspeech 2010*, Makuhari, Chiba, Japan.

Denil, M., Bazzani, L., Larochelle, H., and de Freitas, N. (2012). Learning where to attend with deep architectures for image tracking. *Neural Computation*, **24**(8), 2151–2184.

Denton, E., Chintala, S., Szlam, A., and Fergus, R. (2015). Deep generative image models using a Laplacian pyramid of adversarial networks. *NIPS*.

Desjardins, G. and Bengio, Y. (2008). Empirical evaluation of convolutional RBMs for vision. Technical Report 1327, Département d'Informatique et de Recherche Opérationnelle, Université de Montréal.

Desjardins, G., Courville, A. C., Bengio, Y., Vincent, P., and Delalleau, O. (2010). Tempered Markov chain Monte Carlo for training of restricted Boltzmann machines. In *International Conference on Artificial Intelligence and Statistics*, pages 145–152.

Desjardins, G., Courville, A., and Bengio, Y. (2011). On tracking the partition function. In *NIPS'2011*.

Devlin, J., Zbib, R., Huang, Z., Lamar, T., Schwartz, R., and Makhoul, J. (2014). Fast and robust neural network joint models for statistical machine translation. In *Proc. ACL'2014*.

Devroye, L. (2013). *Non-Uniform Random Variate Generation*. SpringerLink : Bücher. Springer New York.

DiCarlo, J. J. (2013). Mechanisms underlying visual object recognition: Humans vs. neurons vs. machines. NIPS Tutorial.

Dinh, L., Krueger, D., and Bengio, Y. (2014). NICE: Non-linear independent components estimation. arXiv:1410.8516.

Donahue, J., Hendricks, L. A., Guadarrama, S., Rohrbach, M., Venugopalan, S., Saenko, K., and Darrell, T. (2014). Long-term recurrent convolutional networks for visual recognition and description. arXiv:1411.4389.

Donoho, D. L. and Grimes, C. (2003). Hessian eigenmaps: new locally linear embedding techniques for high-dimensional data. Technical Report 2003-08, Dept. Statistics, Stanford University.

Dosovitskiy, A., Springenberg, J. T., and Brox, T. (2015). Learning to generate chairs with convolutional neural networks. In *Proceedings of the IEEE Conference on Computer Vision and Pattern Recognition*, pages 1538–1546.

Doya, K. (1993). Bifurcations of recurrent neural networks in gradient descent learning. *IEEE Transactions on Neural Networks*, **1**, 75–80.

Dreyfus, S. E. (1962). The numerical solution of variational problems. *Journal of Mathematical Analysis and Applications*, **5(1)**, 30–45.

Dreyfus, S. E. (1973). The computational solution of optimal control problems with time lag. *IEEE Transactions on Automatic Control*, **18(4)**, 383–385.

Drucker, H. and LeCun, Y. (1992). Improving generalisation performance using double backpropagation. *IEEE Transactions on Neural Networks*, **3**(6), 991–997.

Duchi, J., Hazan, E., and Singer, Y. (2011). Adaptive subgradient methods for online learning and stochastic optimization. *Journal of Machine Learning Research*.

Dudik, M., Langford, J., and Li, L. (2011). Doubly robust policy evaluation and learning. In *Proceedings of the 28th International Conference on Machine learning*, ICML '11.

Dugas, C., Bengio, Y., Bélisle, F., and Nadeau, C. (2001). Incorporating second-order functional knowledge for better option pricing. In T. Leen, T. Dietterich, and V. Tresp, editors, *Advances in Neural Information Processing Systems 13 (NIPS'00)*, pages 472–478. MIT Press.

Dziugaite, G. K., Roy, D. M., and Ghahramani, Z. (2015). Training generative neural networks via maximum mean discrepancy optimization. *arXiv preprint arXiv:1505.03906*.

El Hihi, S. and Bengio, Y. (1996). Hierarchical recurrent neural networks for long-term dependencies. In *NIPS 8*. MIT Press.

Elkahky, A. M., Song, Y., and He, X. (2015). A multi-view deep learning approach for cross domain user modeling in recommendation systems. In *Proceedings of the 24th International Conference on World Wide Web*, pages 278–288.

Elman, J. L. (1993). Learning and development in neural networks: The importance of starting small. *Cognition*, **48**, 781–799.

Erhan, D., Manzagol, P.-A., Bengio, Y., Bengio, S., and Vincent, P. (2009). The difficulty of training deep architectures and the effect of unsupervised pre-training. In *AISTATS'2009*, pages 153–160.

Erhan, D., Bengio, Y., Courville, A., Manzagol, P., Vincent, P., and Bengio, S. (2010). Why does unsupervised pre-training help deep learning? *J. Machine Learning Res.*

Fahlman, S. E., Hinton, G. E., and Sejnowski, T. J. (1983). Massively parallel architectures for AI: NETL, thistle, and Boltzmann machines. In *Proceedings of the National Conference on Artificial Intelligence AAAI-83*.

Fang, H., Gupta, S., Iandola, F., Srivastava, R., Deng, L., Dollár, P., Gao, J., He, X., Mitchell, M., Platt, J. C., Zitnick, C. L., and Zweig, G. (2015). From captions to visual concepts and back. arXiv:1411.4952.

Farabet, C., LeCun, Y., Kavukcuoglu, K., Culurciello, E., Martini, B., Akselrod, P., and Talay, S. (2011). Large-scale FPGA-based convolutional networks. In R. Bekkerman, M. Bilenko, and J. Langford, editors, *Scaling up Machine Learning: Parallel and Distributed Approaches*. Cambridge University Press.

Farabet, C., Couprie, C., Najman, L., and LeCun, Y. (2013). Learning hierarchical features for scene labeling. *IEEE Transactions on Pattern Analysis and Machine Intelligence*, **35**(8), 1915–1929.

Fei-Fei, L., Fergus, R., and Perona, P. (2006). One-shot learning of object categories. *IEEE Transactions on Pattern Analysis and Machine Intelligence*, **28**(4), 594–611.

Finn, C., Tan, X. Y., Duan, Y., Darrell, T., Levine, S., and Abbeel, P. (2015). Learning visual feature spaces for robotic manipulation with deep spatial autoencoders. *arXiv preprint arXiv:1509.06113*.

Fisher, R. A. (1936). The use of multiple measurements in taxonomic problems. *Annals of Eugenics*, **7**, 179–188.

Földiák, P. (1989). Adaptive network for optimal linear feature extraction. In *International Joint Conference on Neural Networks (IJCNN)*, volume 1, pages 401–405, Washington 1989. IEEE, New York.

Franzius, M., Sprekeler, H., and Wiskott, L. (2007). Slowness and sparseness lead to place, head-direction, and spatial-view cells.

Franzius, M., Wilbert, N., and Wiskott, L. (2008). Invariant object recognition with slow feature analysis. In *Proceedings of the 18th international conference on Artificial Neural Networks, Part I*, ICANN '08, pages 961–970, Berlin, Heidelberg. Springer-Verlag.

Frasconi, P., Gori, M., and Sperduti, A. (1997). On the efficient classification of data structures by neural networks. In *Proc. Int. Joint Conf. on Artificial Intelligence.*

Frasconi, P., Gori, M., and Sperduti, A. (1998). A general framework for adaptive processing of data structures. *IEEE Transactions on Neural Networks*, **9**(5), 768–786.

Freund, Y. and Schapire, R. E. (1996a). Experiments with a new boosting algorithm. In *Machine Learning: Proceedings of Thirteenth International Conference*, pages 148–156, USA. ACM.

Freund, Y. and Schapire, R. E. (1996b). Game theory, on-line prediction and boosting. In *Proceedings of the Ninth Annual Conference on Computational Learning Theory*, pages 325–332.

Frey, B. J. (1998). *Graphical models for machine learning and digital communication.* MIT Press.

Frey, B. J., Hinton, G. E., and Dayan, P. (1996). Does the wake-sleep algorithm learn good density estimators? In D. Touretzky, M. Mozer, and M. Hasselmo, editors, *Advances in Neural Information Processing Systems 8 (NIPS'95)*, pages 661–670. MIT Press, Cambridge, MA.

Frobenius, G. (1908). Über matrizen aus positiven elementen, s. *B. Preuss. Akad. Wiss. Berlin, Germany.*

Fukushima, K. (1975). Cognitron: A self-organizing multilayered neural network. *Biological Cybernetics*, **20**, 121–136.

Fukushima, K. (1980). Neocognitron: A self-organizing neural network model for a mechanism of pattern recognition unaffected by shift in position. *Biological Cybernetics*, **36**, 193–202.

Gal, Y. and Ghahramani, Z. (2015). Bayesian convolutional neural networks with Bernoulli approximate variational inference. *arXiv preprint arXiv:1506.02158.*

Gallinari, P., LeCun, Y., Thiria, S., and Fogelman-Soulie, F. (1987). Memoires associatives distribuees. In *Proceedings of COGNITIVA 87*, Paris, La Villette.

Garcia-Duran, A., Bordes, A., Usunier, N., and Grandvalet, Y. (2015). Combining two and three-way embeddings models for link prediction in knowledge bases. *arXiv preprint arXiv:1506.00999.*

Garofolo, J. S., Lamel, L. F., Fisher, W. M., Fiscus, J. G., and Pallett, D. S. (1993). Darpa timit acoustic-phonetic continous speech corpus cd-rom. nist speech disc 1-1.1. *NASA STI/Recon Technical Report N*, **93**, 27403.

Garson, J. (1900). The metric system of identification of criminals, as used in Great Britain and Ireland. *The Journal of the Anthropological Institute of Great Britain and Ireland*, (2), 177–227.

Gers, F. A., Schmidhuber, J., and Cummins, F. (2000). Learning to forget: Continual prediction with LSTM. *Neural computation*, **12**(10), 2451–2471.

Ghahramani, Z. and Hinton, G. E. (1996). The EM algorithm for mixtures of factor analyzers. Technical Report CRG-TR-96-1, Dpt. of Comp. Sci., Univ. of Toronto.

Gillick, D., Brunk, C., Vinyals, O., and Subramanya, A. (2015). Multilingual language processing from bytes. *arXiv preprint arXiv:1512.00103.*

Girshick, R., Donahue, J., Darrell, T., and Malik, J. (2015). Region-based convolutional networks for accurate object detection and segmentation.

Giudice, M. D., Manera, V., and Keysers, C. (2009). Programmed to learn? The ontogeny of mirror neurons. *Dev. Sci.*, **12**(2), 350–363.

Glorot, X. and Bengio, Y. (2010). Understanding the difficulty of training deep feedforward neural networks. In *AISTATS'2010*.

Glorot, X., Bordes, A., and Bengio, Y. (2011a). Deep sparse rectifier neural networks. In *AISTATS'2011*.

Glorot, X., Bordes, A., and Bengio, Y. (2011b). Domain adaptation for large-scale sentiment classification: A deep learning approach. In *ICML'2011*.

Glorot, X., Bordes, A., and Bengio, Y. (2011c). Domain adaptation for large-scale sentiment classification: A deep learning approach. In ICM(1b), pages 97–110.

Goldberger, J., Roweis, S., Hinton, G. E., and Salakhutdinov, R. (2005). Neighbourhood components analysis. In L. Saul, Y. Weiss, and L. Bottou, editors, *Advances in Neural Information Processing Systems 17 (NIPS'04)*. MIT Press.

Gong, S., McKenna, S., and Psarrou, A. (2000). *Dynamic Vision: From Images to Face Recognition*. Imperial College Press.

Goodfellow, I., Le, Q., Saxe, A., and Ng, A. (2009). Measuring invariances in deep networks. In Y. Bengio, D. Schuurmans, C. Williams, J. Lafferty, and A. Culotta, editors, *Advances in Neural Information Processing Systems 22 (NIPS'09)*, pages 646–654.

Goodfellow, I., Koenig, N., Muja, M., Pantofaru, C., Sorokin, A., and Takayama, L. (2010). Help me help you: Interfaces for personal robots. In *Proc. of Human Robot Interaction (HRI)*, Osaka, Japan. ACM Press, ACM Press.

Goodfellow, I., Mirza, M., Xiao, D., Courville, A., and Bengio, Y. (2014a). An empirical investigation of catastrophic forgetting in gradient-based neural networks. In *ICLR'14*.

Goodfellow, I. J. (2010). Technical report: Multidimensional, downsampled convolution for autoencoders. Technical report, Université de Montréal.

Goodfellow, I. J. (2014). On distinguishability criteria for estimating generative models. In *International Conference on Learning Representations, Workshops Track*.

Goodfellow, I. J., Courville, A., and Bengio, Y. (2011). Spike-and-slab sparse coding for unsupervised feature discovery. In *NIPS Workshop on Challenges in Learning Hierarchical Models*.

Goodfellow, I. J., Warde-Farley, D., Mirza, M., Courville, A., and Bengio, Y. (2013a). Maxout networks. In *ICML'2013*.

Goodfellow, I. J., Warde-Farley, D., Mirza, M., Courville, A., and Bengio, Y. (2013b). Maxout networks. In ICM(1c), pages 1319–1327.

Goodfellow, I. J., Warde-Farley, D., Mirza, M., Courville, A., and Bengio, Y. (2013c). Maxout networks. Technical Report arXiv:1302.4389, Université de Montréal.

Goodfellow, I. J., Mirza, M., Courville, A., and Bengio, Y. (2013d). Multi-prediction deep Boltzmann machines. In NIP(1).

Goodfellow, I. J., Warde-Farley, D., Lamblin, P., Dumoulin, V., Mirza, M., Pascanu, R., Bergstra, J., Bastien, F., and Bengio, Y. (2013e). Pylearn2: a machine learning research library. *arXiv preprint arXiv:1308.4214*.

Goodfellow, I. J., Courville, A., and Bengio, Y. (2013f). Scaling up spike-and-slab models for unsupervised feature learning. *IEEE T. PAMI*, pages 1902–1914.

Goodfellow, I. J., Courville, A., and Bengio, Y. (2013g). Scaling up spike-and-slab models for unsupervised feature learning. *IEEE Transactions on Pattern Analysis and Machine Intelligence*, **35**(8), 1902–1914.

Goodfellow, I. J., Shlens, J., and Szegedy, C. (2014b). Explaining and harnessing adversarial examples. *CoRR*, **abs/1412.6572**.

Goodfellow, I. J., Pouget-Abadie, J., Mirza, M., Xu, B., Warde-Farley, D., Ozair, S., Courville, A., and Bengio, Y. (2014c). Generative adversarial networks. In *NIPS'2014*.

Goodfellow, I. J., Bulatov, Y., Ibarz, J., Arnoud, S., and Shet, V. (2014d). Multi-digit number recognition from Street View imagery using deep convolutional neural networks. In *International Conference on Learning Representations*.

Goodfellow, I. J., Vinyals, O., and Saxe, A. M. (2015). Qualitatively characterizing neural network optimization problems. In *International Conference on Learning Representations*.

Goodman, J. (2001). Classes for fast maximum entropy training. In *International Conference on Acoustics, Speech and Signal Processing (ICASSP)*, Utah.

Gori, M. and Tesi, A. (1992). On the problem of local minima in backpropagation. *IEEE Transactions on Pattern Analysis and Machine Intelligence*, **PAMI-14**(1), 76–86.

Gosset, W. S. (1908). The probable error of a mean. *Biometrika*, **6**(1), 1–25. Originally published under the pseudonym "Student".

Gouws, S., Bengio, Y., and Corrado, G. (2014). BilBOWA: Fast bilingual distributed representations without word alignments. Technical report, arXiv:1410.2455.

Graf, H. P. and Jackel, L. D. (1989). Analog electronic neural network circuits. *Circuits and Devices Magazine, IEEE*, **5**(4), 44–49.

Graves, A. (2011). Practical variational inference for neural networks. In *NIPS'2011*.

Graves, A. (2012). *Supervised Sequence Labelling with Recurrent Neural Networks*. Studies in Computational Intelligence. Springer.

Graves, A. (2013). Generating sequences with recurrent neural networks. Technical report, arXiv:1308.0850.

Graves, A. and Jaitly, N. (2014). Towards end-to-end speech recognition with recurrent neural networks. In *ICML'2014*.

Graves, A. and Schmidhuber, J. (2005). Framewise phoneme classification with bidirectional LSTM and other neural network architectures. *Neural Networks*, **18**(5), 602–610.

Graves, A. and Schmidhuber, J. (2009). Offline handwriting recognition with multidimensional recurrent neural networks. In D. Koller, D. Schuurmans, Y. Bengio, and L. Bottou, editors, *NIPS'2008*, pages 545–552.

Graves, A., Fernández, S., Gomez, F., and Schmidhuber, J. (2006). Connectionist temporal classification: Labelling unsegmented sequence data with recurrent neural networks. In *ICML'2006*, pages 369–376, Pittsburgh, USA.

Graves, A., Liwicki, M., Bunke, H., Schmidhuber, J., and Fernández, S. (2008). Unconstrained on-line handwriting recognition with recurrent neural networks. In J. Platt, D. Koller, Y. Singer, and S. Roweis, editors, *NIPS'2007*, pages 577–584.

Graves, A., Liwicki, M., Fernández, S., Bertolami, R., Bunke, H., and Schmidhuber, J. (2009). A novel connectionist system for unconstrained handwriting recognition. *Pattern Analysis and Machine Intelligence, IEEE Transactions on*, **31**(5), 855–868.

Graves, A., Mohamed, A., and Hinton, G. (2013). Speech recognition with deep recurrent neural networks. In *ICASSP'2013*, pages 6645–6649.

Graves, A., Wayne, G., and Danihelka, I. (2014). Neural Turing machines. arXiv:1410.5401.

Grefenstette, E., Hermann, K. M., Suleyman, M., and Blunsom, P. (2015). Learning to transduce with unbounded memory. In *NIPS'2015*.

Greff, K., Srivastava, R. K., Koutník, J., Steunebrink, B. R., and Schmidhuber, J. (2015). LSTM: a search space odyssey. *arXiv preprint arXiv:1503.04069*.

Gregor, K. and LeCun, Y. (2010a). Emergence of complex-like cells in a temporal product network with local receptive fields. Technical report, arXiv:1006.0448.

Gregor, K. and LeCun, Y. (2010b). Learning fast approximations of sparse coding. In L. Bottou and M. Littman, editors, *Proceedings of the Twenty-seventh International Conference on Machine Learning (ICML-10)*. ACM.

Gregor, K., Danihelka, I., Mnih, A., Blundell, C., and Wierstra, D. (2014). Deep autoregressive networks. In *International Conference on Machine Learning (ICML'2014)*.

Gregor, K., Danihelka, I., Graves, A., and Wierstra, D. (2015). DRAW: A recurrent neural network for image generation. *arXiv preprint arXiv:1502.04623*.

Gretton, A., Borgwardt, K. M., Rasch, M. J., Schölkopf, B., and Smola, A. (2012). A kernel two-sample test. *The Journal of Machine Learning Research*, **13**(1), 723–773.

Guillaume Desjardins, Karen Simonyan, R. P. K. K. (2015). Natural neural networks. Technical report, arXiv:1507.00210.

Gulcehre, C. and Bengio, Y. (2013). Knowledge matters: Importance of prior information for optimization. Technical Report arXiv:1301.4083, Universite de Montreal.

Guo, H. and Gelfand, S. B. (1992). Classification trees with neural network feature extraction. *Neural Networks, IEEE Transactions on*, **3**(6), 923–933.

Gupta, S., Agrawal, A., Gopalakrishnan, K., and Narayanan, P. (2015). Deep learning with limited numerical precision. *CoRR*, **abs/1502.02551**.

Gutmann, M. and Hyvarinen, A. (2010). Noise-contrastive estimation: A new estimation principle for unnormalized statistical models. In *Proceedings of The Thirteenth International Conference on Artificial Intelligence and Statistics (AISTATS'10)*.

Hadsell, R., Sermanet, P., Ben, J., Erkan, A., Han, J., Muller, U., and LeCun, Y. (2007). Online learning for offroad robots: Spatial label propagation to learn long-range traversability. In *Proceedings of Robotics: Science and Systems*, Atlanta, GA, USA.

Hajnal, A., Maass, W., Pudlak, P., Szegedy, M., and Turan, G. (1993). Threshold circuits of bounded depth. *J. Comput. System. Sci.*, **46**, 129–154.

Håstad, J. (1986). Almost optimal lower bounds for small depth circuits. In *Proceedings of the 18th annual ACM Symposium on Theory of Computing*, pages 6–20, Berkeley, California. ACM Press.

Håstad, J. and Goldmann, M. (1991). On the power of small-depth threshold circuits. *Computational Complexity*, **1**, 113–129.

Hastie, T., Tibshirani, R., and Friedman, J. (2001). *The elements of statistical learning: data mining, inference and prediction.* Springer Series in Statistics. Springer Verlag.

He, K., Zhang, X., Ren, S., and Sun, J. (2015). Delving deep into rectifiers: Surpassing human-level performance on ImageNet classification. *arXiv preprint arXiv:1502.01852.*

Hebb, D. O. (1949). *The Organization of Behavior.* Wiley, New York.

Henaff, M., Jarrett, K., Kavukcuoglu, K., and LeCun, Y. (2011). Unsupervised learning of sparse features for scalable audio classification. In *ISMIR'11.*

Henderson, J. (2003). Inducing history representations for broad coverage statistical parsing. In *HLT-NAACL*, pages 103–110.

Henderson, J. (2004). Discriminative training of a neural network statistical parser. In *Proceedings of the 42nd Annual Meeting on Association for Computational Linguistics*, page 95.

Henniges, M., Puertas, G., Bornschein, J., Eggert, J., and Lücke, J. (2010). Binary sparse coding. In *Latent Variable Analysis and Signal Separation*, pages 450–457. Springer.

Herault, J. and Ans, B. (1984). Circuits neuronaux à synapses modifiables: Décodage de messages composites par apprentissage non supervisé. *Comptes Rendus de l' Académie des Sciences*, **299(III-13)**, 525–528.

Hinton, G., Deng, L., Dahl, G. E., Mohamed, A., Jaitly, N., Senior, A., Vanhoucke, V., Nguyen, P., Sainath, T., and Kingsbury, B. (2012a). Deep neural networks for acoustic modeling in speech recognition. *IEEE Signal Processing Magazine*, **29**(6), 82–97.

Hinton, G., Vinyals, O., and Dean, J. (2015). Distilling the knowledge in a neural network. *arXiv preprint arXiv:1503.02531.*

Hinton, G. E. (1989). Connectionist learning procedures. *Artificial Intelligence*, **40**, 185–234.

Hinton, G. E. (1990). Mapping part-whole hierarchies into connectionist networks. *Artificial Intelligence*, **46**(1), 47–75.

Hinton, G. E. (1999). Products of experts. In *Proceedings of the Ninth International Conference on Artificial Neural Networks (ICANN)*, volume 1, pages 1–6, Edinburgh, Scotland. IEE.

Hinton, G. E. (2000). Training products of experts by minimizing contrastive divergence. Technical Report GCNU TR 2000-004, Gatsby Unit, University College London.

Hinton, G. E. (2006). To recognize shapes, first learn to generate images. Technical Report UTML TR 2006-003, University of Toronto.

Hinton, G. E. (2007a). How to do backpropagation in a brain. Invited talk at the NIPS'2007 Deep Learning Workshop.

Hinton, G. E. (2007b). Learning multiple layers of representation. *Trends in cognitive sciences*, **11**(10), 428–434.

Hinton, G. E. (2010). A practical guide to training restricted Boltzmann machines. Technical Report UTML TR 2010-003, Comp. Sc., University of Toronto.

Hinton, G. E. (2012). Tutorial on deep learning. IPAM Graduate Summer School: Deep Learning, Feature Learning.

Hinton, G. E. and Ghahramani, Z. (1997). Generative models for discovering sparse distributed representations. *Philosophical Transactions of the Royal Society of London.*

Hinton, G. E. and McClelland, J. L. (1988). Learning representations by recirculation. In *NIPS'1987*, pages 358–366.

Hinton, G. E. and Roweis, S. (2003). Stochastic neighbor embedding. In *NIPS'2002*.

Hinton, G. E. and Salakhutdinov, R. (2006). Reducing the dimensionality of data with neural networks. *Science*, **313**(5786), 504–507.

Hinton, G. E. and Sejnowski, T. J. (1986). Learning and relearning in Boltzmann machines. In D. E. Rumelhart and J. L. McClelland, editors, *Parallel Distributed Processing*, volume 1, chapter 7, pages 282–317. MIT Press, Cambridge.

Hinton, G. E. and Sejnowski, T. J. (1999). *Unsupervised learning: foundations of neural computation.* MIT press.

Hinton, G. E. and Shallice, T. (1991). Lesioning an attractor network: investigations of acquired dyslexia. *Psychological review*, **98**(1), 74.

Hinton, G. E. and Zemel, R. S. (1994). Autoencoders, minimum description length, and Helmholtz free energy. In *NIPS'1993*.

Hinton, G. E., Sejnowski, T. J., and Ackley, D. H. (1984a). Boltzmann machines: Constraint satisfaction networks that learn. Technical Report TR-CMU-CS-84-119, Carnegie-Mellon University, Dept. of Computer Science.

Hinton, G. E., Sejnowski, T. J., and Ackley, D. H. (1984b). Boltzmann machines: Constraint satisfaction networks that learn. Technical Report TR-CMU-CS-84-119, Carnegie-Mellon University, Dept. of Computer Science.

Hinton, G. E., McClelland, J., and Rumelhart, D. (1986). Distributed representations. In D. E. Rumelhart and J. L. McClelland, editors, *Parallel Distributed Processing: Explorations in the Microstructure of Cognition*, volume 1, pages 77–109. MIT Press, Cambridge.

Hinton, G. E., Revow, M., and Dayan, P. (1995a). Recognizing handwritten digits using mixtures of linear models. In G. Tesauro, D. Touretzky, and T. Leen, editors, *Advances in Neural Information Processing Systems 7 (NIPS'94)*, pages 1015–1022. MIT Press, Cambridge, MA.

Hinton, G. E., Dayan, P., Frey, B. J., and Neal, R. M. (1995b). The wake-sleep algorithm for unsupervised neural networks. *Science*, **268**, 1558–1161.

Hinton, G. E., Dayan, P., and Revow, M. (1997). Modelling the manifolds of images of handwritten digits. *IEEE Transactions on Neural Networks*, **8**, 65–74.

Hinton, G. E., Welling, M., Teh, Y. W., and Osindero, S. (2001). A new view of ICA. In *Proceedings of 3rd International Conference on Independent Component Analysis and Blind Signal Separation (ICA'01)*, pages 746–751, San Diego, CA.

Hinton, G. E., Osindero, S., and Teh, Y. (2006a). A fast learning algorithm for deep belief nets. *Neural Computation*, **18**, 1527–1554.

Hinton, G. E., Osindero, S., and Teh, Y.-W. (2006b). A fast learning algorithm for deep belief nets. *Neural Computation*, **18**, 1527–1554.

Hinton, G. E., Deng, L., Yu, D., Dahl, G. E., Mohamed, A., Jaitly, N., Senior, A., Vanhoucke, V., Nguyen, P., Sainath, T. N., and Kingsbury, B. (2012b). Deep neural networks for acoustic modeling in speech recognition: The shared views of four research groups. *IEEE Signal Process. Mag.*, **29**(6), 82–97.

Hinton, G. E., Srivastava, N., Krizhevsky, A., Sutskever, I., and Salakhutdinov, R. (2012c). Improving neural networks by preventing co-adaptation of feature detectors. Technical report, arXiv:1207.0580.

Hinton, G. E., Srivastava, N., Krizhevsky, A., Sutskever, I., and Salakhutdinov, R. (2012d). Improving neural networks by preventing co-adaptation of feature detectors. Technical report, arXiv:1207.0580.

Hinton, G. E., Vinyals, O., and Dean, J. (2014). Dark knowledge. Invited talk at the BayLearn Bay Area Machine Learning Symposium.

Hochreiter, S. (1991a). Untersuchungen zu dynamischen neuronalen Netzen. Diploma thesis, T.U. München.

Hochreiter, S. (1991b). Untersuchungen zu dynamischen neuronalen Netzen. Diploma thesis, Institut für Informatik, Lehrstuhl Prof. Brauer, Technische Universität München.

Hochreiter, S. and Schmidhuber, J. (1995). Simplifying neural nets by discovering flat minima. In *Advances in Neural Information Processing Systems 7*, pages 529–536. MIT Press.

Hochreiter, S. and Schmidhuber, J. (1997). Long short-term memory. *Neural Computation*, **9**(8), 1735–1780.

Hochreiter, S., Bengio, Y., and Frasconi, P. (2001). Gradient flow in recurrent nets: the difficulty of learning long-term dependencies. In J. Kolen and S. Kremer, editors, *Field Guide to Dynamical Recurrent Networks*. IEEE Press.

Holi, J. L. and Hwang, J.-N. (1993). Finite precision error analysis of neural network hardware implementations. *Computers, IEEE Transactions on*, **42**(3), 281–290.

Holt, J. L. and Baker, T. E. (1991). Back propagation simulations using limited precision calculations. In *Neural Networks, 1991., IJCNN-91-Seattle International Joint Conference on*, volume 2, pages 121–126. IEEE.

Hornik, K., Stinchcombe, M., and White, H. (1989). Multilayer feedforward networks are universal approximators. *Neural Networks*, **2**, 359–366.

Hornik, K., Stinchcombe, M., and White, H. (1990). Universal approximation of an unknown mapping and its derivatives using multilayer feedforward networks. *Neural networks*, **3**(5), 551–560.

Hsu, F.-H. (2002). *Behind Deep Blue: Building the Computer That Defeated the World Chess Champion*. Princeton University Press, Princeton, NJ, USA.

Huang, F. and Ogata, Y. (2002). Generalized pseudo-likelihood estimates for Markov random fields on lattice. *Annals of the Institute of Statistical Mathematics*, **54**(1), 1–18.

Huang, P.-S., He, X., Gao, J., Deng, L., Acero, A., and Heck, L. (2013). Learning deep structured semantic models for web search using clickthrough data. In *Proceedings of the 22nd ACM international conference on Conference on information & knowledge management*, pages 2333–2338. ACM.

Hubel, D. and Wiesel, T. (1968). Receptive fields and functional architecture of monkey striate cortex. *Journal of Physiology (London)*, **195**, 215–243.

Hubel, D. H. and Wiesel, T. N. (1959). Receptive fields of single neurons in the cat's striate cortex. *Journal of Physiology*, **148**, 574–591.

Hubel, D. H. and Wiesel, T. N. (1962). Receptive fields, binocular interaction, and functional architecture in the cat's visual cortex. *Journal of Physiology (London)*, **160**, 106–154.

Huszar, F. (2015). How (not) to train your generative model: schedule sampling, likelihood, adversary? *arXiv:1511.05101*.

Hutter, F., Hoos, H., and Leyton-Brown, K. (2011). Sequential model-based optimization for general algorithm configuration. In *LION-5*. Extended version as UBC Tech report TR-2010-10.

Hyotyniemi, H. (1996). Turing machines are recurrent neural networks. In *STeP'96*, pages 13–24.

Hyvärinen, A. (1999). Survey on independent component analysis. *Neural Computing Surveys*, **2**, 94–128.

Hyvärinen, A. (2005a). Estimation of non-normalized statistical models using score matching. *Journal of Machine Learning Research*, **6**, 695–709.

Hyvärinen, A. (2005b). Estimation of non-normalized statistical models using score matching. *J. Machine Learning Res.*, **6**.

Hyvärinen, A. (2007a). Connections between score matching, contrastive divergence, and pseudolikelihood for continuous-valued variables. *IEEE Transactions on Neural Networks*, **18**, 1529–1531.

Hyvärinen, A. (2007b). Some extensions of score matching. *Computational Statistics and Data Analysis*, **51**, 2499–2512.

Hyvärinen, A. and Hoyer, P. O. (1999). Emergence of topography and complex cell properties from natural images using extensions of ica. In *NIPS*, pages 827–833.

Hyvärinen, A. and Pajunen, P. (1999). Nonlinear independent component analysis: Existence and uniqueness results. *Neural Networks*, **12**(3), 429–439.

Hyvärinen, A., Karhunen, J., and Oja, E. (2001a). *Independent Component Analysis*. Wiley-Interscience.

Hyvärinen, A., Hoyer, P. O., and Inki, M. O. (2001b). Topographic independent component analysis. *Neural Computation*, **13**(7), 1527–1558.

Hyvärinen, A., Hurri, J., and Hoyer, P. O. (2009). *Natural Image Statistics: A probabilistic approach to early computational vision*. Springer-Verlag.

Iba, Y. (2001). Extended ensemble Monte Carlo. *International Journal of Modern Physics*, **C12**, 623–656.

Inayoshi, H. and Kurita, T. (2005). Improved generalization by adding both auto-association and hidden-layer noise to neural-network-based-classifiers. *IEEE Workshop on Machine Learning for Signal Processing*, pages 141–146.

Ioffe, S. and Szegedy, C. (2015). Batch normalization: Accelerating deep network training by reducing internal covariate shift.

Jacobs, R. A. (1988). Increased rates of convergence through learning rate adaptation. *Neural networks*, **1**(4), 295–307.

Jacobs, R. A., Jordan, M. I., Nowlan, S. J., and Hinton, G. E. (1991). Adaptive mixtures of local experts. *Neural Computation*, **3**, 79–87.

Jaeger, H. (2003). Adaptive nonlinear system identification with echo state networks. In *Advances in Neural Information Processing Systems 15*.

Jaeger, H. (2007a). Discovering multiscale dynamical features with hierarchical echo state networks. Technical report, Jacobs University.

Jaeger, H. (2007b). Echo state network. *Scholarpedia*, **2**(9), 2330.

Jaeger, H. (2012). Long short-term memory in echo state networks: Details of a simulation study. Technical report, Technical report, Jacobs University Bremen.

Jaeger, H. and Haas, H. (2004). Harnessing nonlinearity: Predicting chaotic systems and saving energy in wireless communication. *Science*, **304**(5667), 78–80.

Jaeger, H., Lukosevicius, M., Popovici, D., and Siewert, U. (2007). Optimization and applications of echo state networks with leaky- integrator neurons. *Neural Networks*, **20**(3), 335–352.

Jain, V., Murray, J. F., Roth, F., Turaga, S., Zhigulin, V., Briggman, K. L., Helmstaedter, M. N., Denk, W., and Seung, H. S. (2007). Supervised learning of image restoration with convolutional networks. In *Computer Vision, 2007. ICCV 2007. IEEE 11th International Conference on*, pages 1–8. IEEE.

Jaitly, N. and Hinton, G. (2011). Learning a better representation of speech soundwaves using restricted Boltzmann machines. In *Acoustics, Speech and Signal Processing (ICASSP), 2011 IEEE International Conference on*, pages 5884–5887. IEEE.

Jaitly, N. and Hinton, G. E. (2013). Vocal tract length perturbation (VTLP) improves speech recognition. In *ICML'2013*.

Jarrett, K., Kavukcuoglu, K., Ranzato, M., and LeCun, Y. (2009a). What is the best multi-stage architecture for object recognition? In *Proc. International Conference on Computer Vision (ICCV'09)*, pages 2146–2153. IEEE.

Jarrett, K., Kavukcuoglu, K., Ranzato, M., and LeCun, Y. (2009b). What is the best multi-stage architecture for object recognition? In *ICCV'09*.

Jarzynski, C. (1997). Nonequilibrium equality for free energy differences. *Phys. Rev. Lett.*, **78**, 2690–2693.

Jaynes, E. T. (2003). *Probability Theory: The Logic of Science*. Cambridge University Press.

Jean, S., Cho, K., Memisevic, R., and Bengio, Y. (2014). On using very large target vocabulary for neural machine translation. arXiv:1412.2007.

Jelinek, F. and Mercer, R. L. (1980). Interpolated estimation of Markov source parameters from sparse data. In E. S. Gelsema and L. N. Kanal, editors, *Pattern Recognition in Practice*. North-Holland, Amsterdam.

Jia, Y. (2013). Caffe: An open source convolutional architecture for fast feature embedding.

Jia, Y., Huang, C., and Darrell, T. (2012). Beyond spatial pyramids: Receptive field learning for pooled image features. In *Computer Vision and Pattern Recognition (CVPR), 2012 IEEE Conference on*, pages 3370–3377. IEEE.

Jim, K.-C., Giles, C. L., and Horne, B. G. (1996). An analysis of noise in recurrent neural networks: convergence and generalization. *IEEE Transactions on Neural Networks*, **7**(6), 1424–1438.

Jordan, M. I. (1998). *Learning in Graphical Models.* Kluwer, Dordrecht, Netherlands.

Joulin, A. and Mikolov, T. (2015). Inferring algorithmic patterns with stack-augmented recurrent nets. *arXiv preprint arXiv:1503.01007.*

Jozefowicz, R., Zaremba, W., and Sutskever, I. (2015). An empirical evaluation of recurrent network architectures. In *ICML'2015.*

Judd, J. S. (1989). *Neural Network Design and the Complexity of Learning.* MIT press.

Jutten, C. and Herault, J. (1991). Blind separation of sources, part I: an adaptive algorithm based on neuromimetic architecture. *Signal Processing*, **24**, 1–10.

Kahou, S. E., Pal, C., Bouthillier, X., Froumenty, P., Gülçehre, c., Memisevic, R., Vincent, P., Courville, A., Bengio, Y., Ferrari, R. C., Mirza, M., Jean, S., Carrier, P. L., Dauphin, Y., Boulanger-Lewandowski, N., Aggarwal, A., Zumer, J., Lamblin, P., Raymond, J.-P., Desjardins, G., Pascanu, R., Warde-Farley, D., Torabi, A., Sharma, A., Bengio, E., Côté, M., Konda, K. R., and Wu, Z. (2013). Combining modality specific deep neural networks for emotion recognition in video. In *Proceedings of the 15th ACM on International Conference on Multimodal Interaction.*

Kalchbrenner, N. and Blunsom, P. (2013). Recurrent continuous translation models. In *EMNLP'2013.*

Kalchbrenner, N., Danihelka, I., and Graves, A. (2015). Grid long short-term memory. *arXiv preprint arXiv:1507.01526.*

Kamyshanska, H. and Memisevic, R. (2015). The potential energy of an autoencoder. *IEEE Transactions on Pattern Analysis and Machine Intelligence.*

Karpathy, A. and Li, F.-F. (2015). Deep visual-semantic alignments for generating image descriptions. In *CVPR'2015.* arXiv:1412.2306.

Karpathy, A., Toderici, G., Shetty, S., Leung, T., Sukthankar, R., and Fei-Fei, L. (2014). Large-scale video classification with convolutional neural networks. In *CVPR.*

Karush, W. (1939). *Minima of Functions of Several Variables with Inequalities as Side Constraints.* Master's thesis, Dept. of Mathematics, Univ. of Chicago.

Katz, S. M. (1987). Estimation of probabilities from sparse data for the language model component of a speech recognizer. *IEEE Transactions on Acoustics, Speech, and Signal Processing*, **ASSP-35**(3), 400–401.

Kavukcuoglu, K., Ranzato, M., and LeCun, Y. (2008). Fast inference in sparse coding algorithms with applications to object recognition. Technical report, Computational and Biological Learning Lab, Courant Institute, NYU. Tech Report CBLL-TR-2008-12-01.

Kavukcuoglu, K., Ranzato, M.-A., Fergus, R., and LeCun, Y. (2009). Learning invariant features through topographic filter maps. In *CVPR'2009*.

Kavukcuoglu, K., Sermanet, P., Boureau, Y.-L., Gregor, K., Mathieu, M., and LeCun, Y. (2010). Learning convolutional feature hierarchies for visual recognition. In *NIPS'2010*.

Kelley, H. J. (1960). Gradient theory of optimal flight paths. *ARS Journal*, **30**(10), 947–954.

Khan, F., Zhu, X., and Mutlu, B. (2011). How do humans teach: On curriculum learning and teaching dimension. In *Advances in Neural Information Processing Systems 24 (NIPS'11)*, pages 1449–1457.

Kim, S. K., McAfee, L. C., McMahon, P. L., and Olukotun, K. (2009). A highly scalable restricted Boltzmann machine FPGA implementation. In *Field Programmable Logic and Applications, 2009. FPL 2009. International Conference on*, pages 367–372. IEEE.

Kindermann, R. (1980). *Markov Random Fields and Their Applications (Contemporary Mathematics ; V. 1)*. American Mathematical Society.

Kingma, D. and Ba, J. (2014). Adam: A method for stochastic optimization. *arXiv preprint arXiv:1412.6980*.

Kingma, D. and LeCun, Y. (2010a). Regularized estimation of image statistics by score matching. In *NIPS'2010*.

Kingma, D. and LeCun, Y. (2010b). Regularized estimation of image statistics by score matching. In J. Lafferty, C. K. I. Williams, J. Shawe-Taylor, R. Zemel, and A. Culotta, editors, *Advances in Neural Information Processing Systems 23*, pages 1126–1134.

Kingma, D., Rezende, D., Mohamed, S., and Welling, M. (2014). Semi-supervised learning with deep generative models. In *NIPS'2014*.

Kingma, D. P. (2013). Fast gradient-based inference with continuous latent variable models in auxiliary form. Technical report, arxiv:1306.0733.

Kingma, D. P. and Welling, M. (2014a). Auto-encoding variational bayes. In *Proceedings of the International Conference on Learning Representations (ICLR)*.

Kingma, D. P. and Welling, M. (2014b). Efficient gradient-based inference through transformations between bayes nets and neural nets. Technical report, arxiv:1402.0480.

Kirkpatrick, S., Jr., C. D. G., , and Vecchi, M. P. (1983). Optimization by simulated annealing. *Science*, **220**, 671–680.

Kiros, R., Salakhutdinov, R., and Zemel, R. (2014a). Multimodal neural language models. In *ICML'2014*.

Kiros, R., Salakhutdinov, R., and Zemel, R. (2014b). Unifying visual-semantic embeddings with multimodal neural language models. *arXiv:*`1411.2539 [cs.LG]`.

Klementiev, A., Titov, I., and Bhattarai, B. (2012). Inducing crosslingual distributed representations of words. In *Proceedings of COLING 2012*.

Knowles-Barley, S., Jones, T. R., Morgan, J., Lee, D., Kasthuri, N., Lichtman, J. W., and Pfister, H. (2014). Deep learning for the connectome. *GPU Technology Conference*.

Koller, D. and Friedman, N. (2009). *Probabilistic Graphical Models: Principles and Techniques*. MIT Press.

Konig, Y., Bourlard, H., and Morgan, N. (1996). REMAP: Recursive estimation and maximization of a posteriori probabilities – application to transition-based connectionist speech recognition. In D. Touretzky, M. Mozer, and M. Hasselmo, editors, *Advances in Neural Information Processing Systems 8 (NIPS'95)*. MIT Press, Cambridge, MA.

Koren, Y. (2009). The BellKor solution to the Netflix grand prize.

Kotzias, D., Denil, M., de Freitas, N., and Smyth, P. (2015). From group to individual labels using deep features. In *ACM SIGKDD*.

Koutnik, J., Greff, K., Gomez, F., and Schmidhuber, J. (2014). A clockwork RNN. In *ICML'2014*.

Kočiský, T., Hermann, K. M., and Blunsom, P. (2014). Learning Bilingual Word Representations by Marginalizing Alignments. In *Proceedings of ACL*.

Krause, O., Fischer, A., Glasmachers, T., and Igel, C. (2013). Approximation properties of DBNs with binary hidden units and real-valued visible units. In *ICML'2013*.

Krizhevsky, A. (2010). Convolutional deep belief networks on CIFAR-10. Technical report, University of Toronto. Unpublished Manuscript.

Krizhevsky, A. and Hinton, G. (2009). Learning multiple layers of features from tiny images. Technical report, University of Toronto.

Krizhevsky, A. and Hinton, G. E. (2011). Using very deep autoencoders for content-based image retrieval. In *ESANN*.

Krizhevsky, A., Sutskever, I., and Hinton, G. (2012a). ImageNet classification with deep convolutional neural networks. In *NIPS'2012*.

Krizhevsky, A., Sutskever, I., and Hinton, G. (2012b). ImageNet classification with deep convolutional neural networks. In *Advances in Neural Information Processing Systems 25 (NIPS'2012)*.

Krueger, K. A. and Dayan, P. (2009). Flexible shaping: how learning in small steps helps. *Cognition*, **110**, 380–394.

Kuhn, H. W. and Tucker, A. W. (1951). Nonlinear programming. In *Proceedings of the Second Berkeley Symposium on Mathematical Statistics and Probability*, pages 481–492, Berkeley, Calif. University of California Press.

Kumar, A., Irsoy, O., Ondruska, P., Iyyer, M., Bradbury, J., Gulrajani, I., and Socher, R. (2015a). Ask me anything: Dynamic memory networks for natural language processing. Technical report, arXiv:1506.07285.

Kumar, A., Irsoy, O., Su, J., Bradbury, J., English, R., Pierce, B., Ondruska, P., Iyyer, M., Gulrajani, I., and Socher, R. (2015b). Ask me anything: Dynamic memory networks for natural language processing. *arXiv:1506.07285*.

Kumar, M. P., Packer, B., and Koller, D. (2010). Self-paced learning for latent variable models. In J. Lafferty, C. K. I. Williams, J. Shawe-Taylor, R. Zemel, and A. Culotta, editors, *Advances in Neural Information Processing Systems 23*, pages 1189–1197.

Lang, K. J. and Hinton, G. E. (1988). The development of the time-delay neural network architecture for speech recognition. Technical Report CMU-CS-88-152, Carnegie-Mellon University.

Lang, K. J., Waibel, A. H., and Hinton, G. E. (1990). A time-delay neural network architecture for isolated word recognition. *Neural networks*, **3**(1), 23–43.

Langford, J. and Zhang, T. (2008). The epoch-greedy algorithm for contextual multi-armed bandits. In *NIPS'2008*, pages 1096–1103.

Lappalainen, H., Giannakopoulos, X., Honkela, A., and Karhunen, J. (2000). Nonlinear independent component analysis using ensemble learning: Experiments and discussion. In *Proc. ICA*. Citeseer.

Larochelle, H. and Bengio, Y. (2008a). Classification using discriminative restricted Boltzmann machines. In *ICML'2008*.

Larochelle, H. and Bengio, Y. (2008b). Classification using discriminative restricted Boltzmann machines. In ICM(1a), pages 536–543.

Larochelle, H. and Hinton, G. E. (2010). Learning to combine foveal glimpses with a third-order Boltzmann machine. In *Advances in Neural Information Processing Systems 23*, pages 1243–1251.

Larochelle, H. and Murray, I. (2011). The Neural Autoregressive Distribution Estimator. In *AISTATS'2011*.

Larochelle, H., Erhan, D., and Bengio, Y. (2008). Zero-data learning of new tasks. In *AAAI Conference on Artificial Intelligence*.

Larochelle, H., Bengio, Y., Louradour, J., and Lamblin, P. (2009). Exploring strategies for training deep neural networks. In JML(1), pages 1–40.

Lasserre, J. A., Bishop, C. M., and Minka, T. P. (2006). Principled hybrids of generative and discriminative models. In *Proceedings of the Computer Vision and Pattern Recognition Conference (CVPR'06)*, pages 87–94, Washington, DC, USA. IEEE Computer Society.

Le, Q., Ngiam, J., Chen, Z., hao Chia, D. J., Koh, P. W., and Ng, A. (2010). Tiled convolutional neural networks. In J. Lafferty, C. K. I. Williams, J. Shawe-Taylor, R. Zemel, and A. Culotta, editors, *Advances in Neural Information Processing Systems 23 (NIPS'10)*, pages 1279–1287.

Le, Q., Ngiam, J., Coates, A., Lahiri, A., Prochnow, B., and Ng, A. (2011). On optimization methods for deep learning. In *Proc. ICML'2011*. ACM.

Le, Q., Ranzato, M., Monga, R., Devin, M., Corrado, G., Chen, K., Dean, J., and Ng, A. (2012). Building high-level features using large scale unsupervised learning. In *ICML'2012*.

Le Roux, N. and Bengio, Y. (2008). Representational power of restricted Boltzmann machines and deep belief networks. *Neural Computation*, **20**(6), 1631–1649.

Le Roux, N. and Bengio, Y. (2010). Deep belief networks are compact universal approximators. *Neural Computation*, **22**(8), 2192–2207.

LeCun, Y. (1985). Une procédure d'apprentissage pour Réseau à seuil assymétrique. In *Cognitiva 85: A la Frontière de l'Intelligence Artificielle, des Sciences de la Connaissance et des Neurosciences*, pages 599–604, Paris 1985. CESTA, Paris.

LeCun, Y. (1986). Learning processes in an asymmetric threshold network. In E. Bienenstock, F. Fogelman-Soulié, and G. Weisbuch, editors, *Disordered Systems and Biological Organization*, pages 233–240. Springer-Verlag, Berlin, Les Houches 1985.

LeCun, Y. (1987). *Modèles connexionistes de l'apprentissage*. Ph.D. thesis, Université de Paris VI.

LeCun, Y. (1989). Generalization and network design strategies. Technical Report CRG-TR-89-4, University of Toronto.

LeCun, Y., Jackel, L. D., Boser, B., Denker, J. S., Graf, H. P., Guyon, I., Henderson, D., Howard, R. E., and Hubbard, W. (1989). Handwritten digit recognition: Applications of neural network chips and automatic learning. *IEEE Communications Magazine*, **27**(11), 41–46.

LeCun, Y., Bottou, L., Orr, G. B., and Müller, K.-R. (1998a). Efficient backprop. In *Neural Networks, Tricks of the Trade*, Lecture Notes in Computer Science LNCS 1524. Springer Verlag.

LeCun, Y., Bottou, L., Orr, G. B., and Müller, K. (1998b). Efficient backprop. In *Neural Networks, Tricks of the Trade*.

LeCun, Y., Bottou, L., Bengio, Y., and Haffner, P. (1998c). Gradient based learning applied to document recognition. *Proc. IEEE*.

LeCun, Y., Kavukcuoglu, K., and Farabet, C. (2010). Convolutional networks and applications in vision. In *Circuits and Systems (ISCAS), Proceedings of 2010 IEEE International Symposium on*, pages 253–256. IEEE.

L'Ecuyer, P. (1994). Efficiency improvement and variance reduction. In *Proceedings of the 1994 Winter Simulation Conference*, pages 122–132.

Lee, C.-Y., Xie, S., Gallagher, P., Zhang, Z., and Tu, Z. (2014). Deeply-supervised nets. *arXiv preprint arXiv:1409.5185*.

Lee, H., Battle, A., Raina, R., and Ng, A. (2007). Efficient sparse coding algorithms. In B. Schölkopf, J. Platt, and T. Hoffman, editors, *Advances in Neural Information Processing Systems 19 (NIPS'06)*, pages 801–808. MIT Press.

Lee, H., Ekanadham, C., and Ng, A. (2008). Sparse deep belief net model for visual area V2. In *NIPS'07*.

Lee, H., Grosse, R., Ranganath, R., and Ng, A. Y. (2009). Convolutional deep belief networks for scalable unsupervised learning of hierarchical representations. In L. Bottou and M. Littman, editors, *Proceedings of the Twenty-sixth International Conference on Machine Learning (ICML'09)*. ACM, Montreal, Canada.

Lee, Y. J. and Grauman, K. (2011). Learning the easy things first: self-paced visual category discovery. In *CVPR'2011*.

Leibniz, G. W. (1676). Memoir using the chain rule. (Cited in TMME 7:2&3 p 321-332, 2010).

Lenat, D. B. and Guha, R. V. (1989). *Building large knowledge-based systems; representation and inference in the Cyc project*. Addison-Wesley Longman Publishing Co., Inc.

Leshno, M., Lin, V. Y., Pinkus, A., and Schocken, S. (1993). Multilayer feedforward networks with a nonpolynomial activation function can approximate any function. *Neural Networks*, **6**, 861–867.

Levenberg, K. (1944). A method for the solution of certain non-linear problems in least squares. *Quarterly Journal of Applied Mathematics*, **II**(2), 164–168.

L'Hôpital, G. F. A. (1696). *Analyse des infiniment petits, pour l'intelligence des lignes courbes*. Paris: L'Imprimerie Royale.

Li, Y., Swersky, K., and Zemel, R. S. (2015). Generative moment matching networks. *CoRR*,

abs/1502.02761.

Lin, T., Horne, B. G., Tino, P., and Giles, C. L. (1996). Learning long-term dependencies is not as difficult with NARX recurrent neural networks. *IEEE Transactions on Neural Networks*, **7**(6), 1329–1338.

Lin, Y., Liu, Z., Sun, M., Liu, Y., and Zhu, X. (2015). Learning entity and relation embeddings for knowledge graph completion. In *Proc. AAAI'15*.

Linde, N. (1992). The machine that changed the world, episode 3. Documentary miniseries.

Lindsey, C. and Lindblad, T. (1994). Review of hardware neural networks: a user' s perspective. In *Proc. Third Workshop on Neural Networks: From Biology to High Energy Physics*, pages 195–202, Isola d'Elba, Italy.

Linnainmaa, S. (1976). Taylor expansion of the accumulated rounding error. *BIT Numerical Mathematics*, **16**(2), 146–160.

LISA (2008). Deep learning tutorials: Restricted Boltzmann machines. Technical report, LISA Lab, Université de Montréal.

Long, P. M. and Servedio, R. A. (2010). Restricted Boltzmann machines are hard to approximately evaluate or simulate. In *Proceedings of the 27th International Conference on Machine Learning (ICML'10)*.

Lotter, W., Kreiman, G., and Cox, D. (2015). Unsupervised learning of visual structure using predictive generative networks. *arXiv preprint arXiv:1511.06380*.

Lovelace, A. (1842). Notes upon L. F. Menabrea's "Sketch of the Analytical Engine invented by Charles Babbage".

Lu, L., Zhang, X., Cho, K., and Renals, S. (2015). A study of the recurrent neural network encoder-decoder for large vocabulary speech recognition. In *Proc. Interspeech*.

Lu, T., Pál, D., and Pál, M. (2010). Contextual multi-armed bandits. In *International Conference on Artificial Intelligence and Statistics*, pages 485–492.

Luenberger, D. G. (1984). *Linear and Nonlinear Programming*. Addison Wesley.

Lukoševičius, M. and Jaeger, H. (2009). Reservoir computing approaches to recurrent neural network training. *Computer Science Review*, **3**(3), 127–149.

Luo, H., Shen, R., Niu, C., and Ullrich, C. (2011). Learning class-relevant features and class-irrelevant features via a hybrid third-order RBM. In *International Conference on Artificial Intelligence and Statistics*, pages 470–478.

Luo, H., Carrier, P. L., Courville, A., and Bengio, Y. (2013). Texture modeling with convolutional spike-and-slab RBMs and deep extensions. In *AISTATS'2013*.

Lyu, S. (2009). Interpretation and generalization of score matching. In *Proceedings of the Twenty-fifth Conference in Uncertainty in Artificial Intelligence (UAI'09)*.

Ma, J., Sheridan, R. P., Liaw, A., Dahl, G. E., and Svetnik, V. (2015). Deep neural nets as a method for quantitative structure - activity relationships. *J. Chemical information and modeling*.

Maas, A. L., Hannun, A. Y., and Ng, A. Y. (2013). Rectifier nonlinearities improve neural network acoustic models. In *ICML Workshop on Deep Learning for Audio, Speech, and Language*

Processing.

Maass, W. (1992). Bounds for the computational power and learning complexity of analog neural nets (extended abstract). In *Proc. of the 25th ACM Symp. Theory of Computing*, pages 335–344.

Maass, W., Schnitger, G., and Sontag, E. D. (1994). A comparison of the computational power of sigmoid and Boolean threshold circuits. *Theoretical Advances in Neural Computation and Learning*, pages 127–151.

Maass, W., Natschlaeger, T., and Markram, H. (2002). Real-time computing without stable states: A new framework for neural computation based on perturbations. *Neural Computation*, **14**(11), 2531–2560.

MacKay, D. (2003). *Information Theory, Inference and Learning Algorithms.* Cambridge University Press.

Maclaurin, D., Duvenaud, D., and Adams, R. P. (2015). Gradient-based hyperparameter optimization through reversible learning. *arXiv preprint arXiv:1502.03492.*

Mao, J., Xu, W., Yang, Y., Wang, J., and Yuille, A. (2014). Deep captioning with multimodal recurrent neural networks (m-rnn). *arXiv:*1412.6632 *[cs.CV].*

Marcotte, P. and Savard, G. (1992). Novel approaches to the discrimination problem. *Zeitschrift für Operations Research (Theory)*, **36**, 517–545.

Marlin, B. and de Freitas, N. (2011). Asymptotic efficiency of deterministic estimators for discrete energy-based models: Ratio matching and pseudolikelihood. In *UAI'2011.*

Marlin, B., Swersky, K., Chen, B., and de Freitas, N. (2010). Inductive principles for restricted Boltzmann machine learning. In *AISTATS'2010*, pages 509–516.

Marquardt, D. W. (1963). An algorithm for least-squares estimation of non-linear parameters. *Journal of the Society of Industrial and Applied Mathematics*, **11**(2), 431–441.

Marr, D. and Poggio, T. (1976). Cooperative computation of stereo disparity. *Science*, **194**.

Martens, J. (2010). Deep learning via Hessian-free optimization. In *ICML'2010*, pages 735–742.

Martens, J. and Medabalimi, V. (2014). On the expressive efficiency of sum product networks. *arXiv:1411.7717.*

Martens, J. and Sutskever, I. (2011). Learning recurrent neural networks with Hessian-free optimization. In *Proc. ICML'2011.* ACM.

Mase, S. (1995). Consistency of the maximum pseudo-likelihood estimator of continuous state space Gibbsian processes. *The Annals of Applied Probability*, **5**(3), pp. 603–612.

McClelland, J., Rumelhart, D., and Hinton, G. (1995). The appeal of parallel distributed processing. In *Computation & intelligence*, pages 305–341. American Association for Artificial Intelligence.

McCulloch, W. S. and Pitts, W. (1943). A logical calculus of ideas immanent in nervous activity. *Bulletin of Mathematical Biophysics*, **5**, 115–133.

Mead, C. and Ismail, M. (2012). *Analog VLSI implementation of neural systems*, volume 80. Springer Science & Business Media.

Melchior, J., Fischer, A., and Wiskott, L. (2013). How to center binary deep Boltzmann machines.

arXiv preprint arXiv:1311.1354.

Memisevic, R. and Hinton, G. E. (2007). Unsupervised learning of image transformations. In *Proceedings of the Computer Vision and Pattern Recognition Conference (CVPR'07).*

Memisevic, R. and Hinton, G. E. (2010). Learning to represent spatial transformations with factored higher-order Boltzmann machines. *Neural Computation*, **22**(6), 1473–1492.

Mesnil, G., Dauphin, Y., Glorot, X., Rifai, S., Bengio, Y., Goodfellow, I., Lavoie, E., Muller, X., Desjardins, G., Warde-Farley, D., Vincent, P., Courville, A., and Bergstra, J. (2011). Unsupervised and transfer learning challenge: a deep learning approach. In *JMLR W&CP: Proc. Unsupervised and Transfer Learning*, volume 7.

Mesnil, G., Rifai, S., Dauphin, Y., Bengio, Y., and Vincent, P. (2012). Surfing on the manifold. Learning Workshop, Snowbird.

Miikkulainen, R. and Dyer, M. G. (1991). Natural language processing with modular PDP networks and distributed lexicon. *Cognitive Science*, **15**, 343–399.

Mikolov, T. (2012). *Statistical Language Models based on Neural Networks.* Ph.D. thesis, Brno University of Technology.

Mikolov, T., Deoras, A., Kombrink, S., Burget, L., and Cernocky, J. (2011a). Empirical evaluation and combination of advanced language modeling techniques. In *Proc. 12th annual conference of the international speech communication association (INTERSPEECH 2011).*

Mikolov, T., Deoras, A., Povey, D., Burget, L., and Cernocky, J. (2011b). Strategies for training large scale neural network language models. In *Proc. ASRU'2011.*

Mikolov, T., Chen, K., Corrado, G., and Dean, J. (2013a). Efficient estimation of word representations in vector space. In *International Conference on Learning Representations: Workshops Track.*

Mikolov, T., Le, Q. V., and Sutskever, I. (2013b). Exploiting similarities among languages for machine translation. Technical report, arXiv:1309.4168.

Minka, T. (2005). Divergence measures and message passing. *Microsoft Research Cambridge UK Tech Rep MSRTR2005173*, **72**(TR-2005-173).

Minsky, M. L. and Papert, S. A. (1969). *Perceptrons.* MIT Press, Cambridge.

Mirza, M. and Osindero, S. (2014). Conditional generative adversarial nets. *arXiv preprint arXiv:1411.1784.*

Mishkin, D. and Matas, J. (2015). All you need is a good init. *arXiv preprint arXiv:1511.06422.*

Misra, J. and Saha, I. (2010). Artificial neural networks in hardware: A survey of two decades of progress. *Neurocomputing*, **74**(1), 239–255.

Mitchell, T. M. (1997). *Machine Learning.* McGraw-Hill, New York.

Miyato, T., Maeda, S., Koyama, M., Nakae, K., and Ishii, S. (2015). Distributional smoothing with virtual adversarial training. In *ICLR*. Preprint: arXiv:1507.00677.

Mnih, A. and Gregor, K. (2014). Neural variational inference and learning in belief networks. In *ICML'2014.*

Mnih, A. and Hinton, G. E. (2007). Three new graphical models for statistical language modelling. In Z. Ghahramani, editor, *Proceedings of the Twenty-fourth International Conference on Machine Learning (ICML'07)*, pages 641–648. ACM.

Mnih, A. and Hinton, G. E. (2009). A scalable hierarchical distributed language model. In D. Koller, D. Schuurmans, Y. Bengio, and L. Bottou, editors, *Advances in Neural Information Processing Systems 21 (NIPS'08)*, pages 1081–1088.

Mnih, A. and Kavukcuoglu, K. (2013). Learning word embeddings efficiently with noise-contrastive estimation. In C. Burges, L. Bottou, M. Welling, Z. Ghahramani, and K. Weinberger, editors, *Advances in Neural Information Processing Systems 26*, pages 2265–2273. Curran Associates, Inc.

Mnih, A. and Teh, Y. W. (2012). A fast and simple algorithm for training neural probabilistic language models. In *ICML'2012*, pages 1751–1758.

Mnih, V. and Hinton, G. (2010). Learning to detect roads in high-resolution aerial images. In *Proceedings of the 11th European Conference on Computer Vision (ECCV)*.

Mnih, V., Larochelle, H., and Hinton, G. (2011). Conditional restricted Boltzmann machines for structure output prediction. In *Proc. Conf. on Uncertainty in Artificial Intelligence (UAI)*.

Mnih, V., Kavukcuoglo, K., Silver, D., Graves, A., Antonoglou, I., and Wierstra, D. (2013). Playing Atari with deep reinforcement learning. Technical report, arXiv:1312.5602.

Mnih, V., Heess, N., Graves, A., and Kavukcuoglu, K. (2014). Recurrent models of visual attention. In Z. Ghahramani, M. Welling, C. Cortes, N. Lawrence, and K. Weinberger, editors, *NIPS'2014*, pages 2204–2212.

Mnih, V., Kavukcuoglo, K., Silver, D., Rusu, A. A., Veness, J., Bellemare, M. G., Graves, A., Riedmiller, M., Fidgeland, A. K., Ostrovski, G., Petersen, S., Beattie, C., Sadik, A., Antonoglou, I., King, H., Kumaran, D., Wierstra, D., Legg, S., and Hassabis, D. (2015). Human-level control through deep reinforcement learning. *Nature*, **518**, 529–533.

Mobahi, H. and Fisher, III, J. W. (2015). A theoretical analysis of optimization by Gaussian continuation. In *AAAI'2015*.

Mobahi, H., Collobert, R., and Weston, J. (2009). Deep learning from temporal coherence in video. In L. Bottou and M. Littman, editors, *Proceedings of the 26th International Conference on Machine Learning*, pages 737–744, Montreal. Omnipress.

Mohamed, A., Dahl, G., and Hinton, G. (2009). Deep belief networks for phone recognition.

Mohamed, A., Sainath, T. N., Dahl, G., Ramabhadran, B., Hinton, G. E., and Picheny, M. A. (2011). Deep belief networks using discriminative features for phone recognition. In *Acoustics, Speech and Signal Processing (ICASSP), 2011 IEEE International Conference on*, pages 5060–5063. IEEE.

Mohamed, A., Dahl, G., and Hinton, G. (2012a). Acoustic modeling using deep belief networks. *IEEE Trans. on Audio, Speech and Language Processing*, **20**(1), 14–22.

Mohamed, A., Hinton, G., and Penn, G. (2012b). Understanding how deep belief networks perform acoustic modelling. In *Acoustics, Speech and Signal Processing (ICASSP), 2012 IEEE International Conference on*, pages 4273–4276. IEEE.

Moller, M. (1993). *Efficient Training of Feed-Forward Neural Networks*. Ph.D. thesis, Aarhus University, Aarhus, Denmark.

Montavon, G. and Muller, K.-R. (2012). Deep Boltzmann machines and the centering trick. In G. Montavon, G. Orr, and K.-R. Müller, editors, *Neural Networks: Tricks of the Trade*, volume 7700 of *Lecture Notes in Computer Science*, pages 621–637.

Montúfar, G. (2014). Universal approximation depth and errors of narrow belief networks with discrete units. *Neural Computation*, **26**.

Montúfar, G. and Ay, N. (2011). Refinements of universal approximation results for deep belief networks and restricted Boltzmann machines. *Neural Computation*, **23**(5), 1306–1319.

Montufar, G. F., Pascanu, R., Cho, K., and Bengio, Y. (2014). On the number of linear regions of deep neural networks. In *NIPS'2014*.

Mor-Yosef, S., Samueloff, A., Modan, B., Navot, D., and Schenker, J. G. (1990). Ranking the risk factors for cesarean: logistic regression analysis of a nationwide study. *Obstet Gynecol*, **75**(6), 944–7.

Morin, F. and Bengio, Y. (2005). Hierarchical probabilistic neural network language model. In *AISTATS'2005*.

Mozer, M. C. (1992). The induction of multiscale temporal structure. In J. M. S. Hanson and R. Lippmann, editors, *Advances in Neural Information Processing Systems 4 (NIPS'91)*, pages 275–282, San Mateo, CA. Morgan Kaufmann.

Murphy, K. P. (2012). *Machine Learning: a Probabilistic Perspective.* MIT Press, Cambridge, MA, USA.

Murray, B. U. I. and Larochelle, H. (2014). A deep and tractable density estimator. In *ICML'2014*.

Nair, V. and Hinton, G. (2010a). Rectified linear units improve restricted Boltzmann machines. In *ICML'2010*.

Nair, V. and Hinton, G. E. (2009). 3d object recognition with deep belief nets. In Y. Bengio, D. Schuurmans, J. D. Lafferty, C. K. I. Williams, and A. Culotta, editors, *Advances in Neural Information Processing Systems 22*, pages 1339–1347. Curran Associates, Inc.

Nair, V. and Hinton, G. E. (2010b). Rectified linear units improve restricted Boltzmann machines. In L. Bottou and M. Littman, editors, *Proceedings of the Twenty-seventh International Conference on Machine Learning (ICML-10)*, pages 807–814. ACM.

Narayanan, H. and Mitter, S. (2010). Sample complexity of testing the manifold hypothesis. In J. Lafferty, C. K. I. Williams, J. Shawe-Taylor, R. Zemel, and A. Culotta, editors, *Advances in Neural Information Processing Systems 23*, pages 1786–1794.

Naumann, U. (2008). Optimal Jacobian accumulation is NP-complete. *Mathematical Programming*, **112**(2), 427–441.

Navigli, R. and Velardi, P. (2005). Structural semantic interconnections: a knowledge-based approach to word sense disambiguation. *IEEE Trans. Pattern Analysis and Machine Intelligence*, **27**(7), 1075–1086.

Neal, R. and Hinton, G. (1999). A view of the EM algorithm that justifies incremental, sparse, and other variants. In M. I. Jordan, editor, *Learning in Graphical Models*. MIT Press, Cambridge, MA.

Neal, R. M. (1990). Learning stochastic feedforward networks. Technical report.

Neal, R. M. (1993). Probabilistic inference using Markov chain Monte-Carlo methods. Technical Report CRG-TR-93-1, Dept. of Computer Science, University of Toronto.

Neal, R. M. (1994). Sampling from multimodal distributions using tempered transitions. Technical Report 9421, Dept. of Statistics, University of Toronto.

Neal, R. M. (1996). *Bayesian Learning for Neural Networks.* Lecture Notes in Statistics. Springer.

Neal, R. M. (2001). Annealed importance sampling. *Statistics and Computing*, **11**(2), 125–139.

Neal, R. M. (2005). Estimating ratios of normalizing constants using linked importance sampling.

Nesterov, Y. (1983). A method of solving a convex programming problem with convergence rate $O(1/k^2)$. *Soviet Mathematics Doklady*, **27**, 372–376.

Nesterov, Y. (2004). *Introductory lectures on convex optimization : a basic course.* Applied optimization. Kluwer Academic Publ., Boston, Dordrecht, London.

Netzer, Y., Wang, T., Coates, A., Bissacco, A., Wu, B., and Ng, A. Y. (2011). Reading digits in natural images with unsupervised feature learning. Deep Learning and Unsupervised Feature Learning Workshop, NIPS.

Ney, H. and Kneser, R. (1993). Improved clustering techniques for class-based statistical language modelling. In *European Conference on Speech Communication and Technology (Eurospeech)*, pages 973–976, Berlin.

Ng, A. (2015). Advice for applying machine learning.

Niesler, T. R., Whittaker, E. W. D., and Woodland, P. C. (1998). Comparison of part-of-speech and automatically derived category-based language models for speech recognition. In *International Conference on Acoustics, Speech and Signal Processing (ICASSP)*, pages 177–180.

Ning, F., Delhomme, D., LeCun, Y., Piano, F., Bottou, L., and Barbano, P. E. (2005). Toward automatic phenotyping of developing embryos from videos. *Image Processing, IEEE Transactions on*, **14**(9), 1360–1371.

Nocedal, J. and Wright, S. (2006). *Numerical Optimization.* Springer.

Norouzi, M. and Fleet, D. J. (2011). Minimal loss hashing for compact binary codes. In *ICML'2011*.

Nowlan, S. J. (1990). Competing experts: An experimental investigation of associative mixture models. Technical Report CRG-TR-90-5, University of Toronto.

Nowlan, S. J. and Hinton, G. E. (1992). Adaptive soft weight tying using Gaussian mixtures. In J. M. S. Hanson and R. Lippmann, editors, *Advances in Neural Information Processing Systems 4 (NIPS'91)*, pages 993–1000, San Mateo, CA. Morgan Kaufmann.

Olshausen, B. and Field, D. J. (2005). How close are we to understanding V1? *Neural Computation*, **17**, 1665–1699.

Olshausen, B. A. and Field, D. J. (1996). Emergence of simple-cell receptive field properties by learning a sparse code for natural images. *Nature*, **381**, 607–609.

Olshausen, B. A., Anderson, C. H., and Van Essen, D. C. (1993). A neurobiological model of visual attention and invariant pattern recognition based on dynamic routing of information.

J. Neurosci., **13**(11), 4700–4719.

Opper, M. and Archambeau, C. (2009). The variational Gaussian approximation revisited. *Neural computation*, **21**(3), 786–792.

Oquab, M., Bottou, L., Laptev, I., and Sivic, J. (2014). Learning and transferring mid-level image representations using convolutional neural networks. In *Computer Vision and Pattern Recognition (CVPR), 2014 IEEE Conference on*, pages 1717–1724. IEEE.

Osindero, S. and Hinton, G. E. (2008). Modeling image patches with a directed hierarchy of Markov random fields. In J. Platt, D. Koller, Y. Singer, and S. Roweis, editors, *Advances in Neural Information Processing Systems 20 (NIPS'07)*, pages 1121–1128, Cambridge, MA. MIT Press.

Ovid and Martin, C. (2004). *Metamorphoses*. W.W. Norton.

Paccanaro, A. and Hinton, G. E. (2000). Extracting distributed representations of concepts and relations from positive and negative propositions. In *International Joint Conference on Neural Networks (IJCNN)*, Como, Italy. IEEE, New York.

Paine, T. L., Khorrami, P., Han, W., and Huang, T. S. (2014). An analysis of unsupervised pre-training in light of recent advances. *arXiv preprint arXiv:1412.6597*.

Palatucci, M., Pomerleau, D., Hinton, G. E., and Mitchell, T. M. (2009). Zero-shot learning with semantic output codes. In Y. Bengio, D. Schuurmans, J. D. Lafferty, C. K. I. Williams, and A. Culotta, editors, *Advances in Neural Information Processing Systems 22*, pages 1410–1418. Curran Associates, Inc.

Parker, D. B. (1985). Learning-logic. Technical Report TR-47, Center for Comp. Research in Economics and Management Sci., MIT.

Pascanu, R., Mikolov, T., and Bengio, Y. (2013a). On the difficulty of training recurrent neural networks. In *ICML'2013*.

Pascanu, R., Mikolov, T., and Bengio, Y. (2013b). On the difficulty of training recurrent neural networks. In ICM(1c).

Pascanu, R., Gulcehre, C., Cho, K., and Bengio, Y. (2014a). How to construct deep recurrent neural networks. In *ICLR*.

Pascanu, R., Montufar, G., and Bengio, Y. (2014b). On the number of inference regions of deep feed forward networks with piece-wise linear activations. In ICL(1).

Pati, Y., Rezaiifar, R., and Krishnaprasad, P. (1993). Orthogonal matching pursuit: Recursive function approximation with applications to wavelet decomposition. In *Proceedings of the 27 th Annual Asilomar Conference on Signals, Systems, and Computers*, pages 40–44.

Pearl, J. (1985). Bayesian networks: A model of self-activated memory for evidential reasoning. In *Proceedings of the 7th Conference of the Cognitive Science Society, University of California, Irvine*, pages 329–334.

Pearl, J. (1988). *Probabilistic Reasoning in Intelligent Systems: Networks of Plausible Inference*. Morgan Kaufmann.

Perron, O. (1907). Zur theorie der matrices. *Mathematische Annalen*, **64**(2), 248–263.

Petersen, K. B. and Pedersen, M. S. (2006). The matrix cookbook. Version 20051003.

Peterson, G. B. (2004). A day of great illumination: B. F. Skinner's discovery of shaping. *Journal of the Experimental Analysis of Behavior*, **82**(3), 317–328.

Pham, D.-T., Garat, P., and Jutten, C. (1992). Separation of a mixture of independent sources through a maximum likelihood approach. In *EUSIPCO*, pages 771–774.

Pham, P.-H., Jelaca, D., Farabet, C., Martini, B., LeCun, Y., and Culurciello, E. (2012). NeuFlow: dataflow vision processing system-on-a-chip. In *Circuits and Systems (MWSCAS), 2012 IEEE 55th International Midwest Symposium on*, pages 1044–1047. IEEE.

Pinheiro, P. H. O. and Collobert, R. (2014). Recurrent convolutional neural networks for scene labeling. In *ICML'2014*.

Pinheiro, P. H. O. and Collobert, R. (2015). From image-level to pixel-level labeling with convolutional networks. In *Conference on Computer Vision and Pattern Recognition (CVPR)*.

Pinto, N., Cox, D. D., and DiCarlo, J. J. (2008). Why is real-world visual object recognition hard? *PLoS Comput Biol*, **4**.

Pinto, N., Stone, Z., Zickler, T., and Cox, D. (2011). Scaling up biologically-inspired computer vision: A case study in unconstrained face recognition on facebook. In *Computer Vision and Pattern Recognition Workshops (CVPRW), 2011 IEEE Computer Society Conference on*, pages 35–42. IEEE.

Pollack, J. B. (1990). Recursive distributed representations. *Artificial Intelligence*, **46**(1), 77–105.

Polyak, B. and Juditsky, A. (1992). Acceleration of stochastic approximation by averaging. *SIAM J. Control and Optimization*, **30(4)**, 838–855.

Polyak, B. T. (1964). Some methods of speeding up the convergence of iteration methods. *USSR Computational Mathematics and Mathematical Physics*, **4**(5), 1–17.

Poole, B., Sohl-Dickstein, J., and Ganguli, S. (2014). Analyzing noise in autoencoders and deep networks. *CoRR*, **abs/1406.1831**.

Poon, H. and Domingos, P. (2011). Sum-product networks for deep learning. In *Learning Workshop*, Fort Lauderdale, FL.

Presley, R. K. and Haggard, R. L. (1994). A fixed point implementation of the backpropagation learning algorithm. In *Southeastcon'94. Creative Technology Transfer-A Global Affair., Proceedings of the 1994 IEEE*, pages 136–138. IEEE.

Price, R. (1958). A useful theorem for nonlinear devices having Gaussian inputs. *IEEE Transactions on Information Theory*, **4**(2), 69–72.

Quiroga, R. Q., Reddy, L., Kreiman, G., Koch, C., and Fried, I. (2005). Invariant visual representation by single neurons in the human brain. *Nature*, **435**(7045), 1102–1107.

Radford, A., Metz, L., and Chintala, S. (2015). Unsupervised representation learning with deep convolutional generative adversarial networks. *arXiv preprint arXiv:1511.06434*.

Raiko, T., Yao, L., Cho, K., and Bengio, Y. (2014). Iterative neural autoregressive distribution estimator (NADE-k). Technical report, arXiv:1406.1485.

Raina, R., Madhavan, A., and Ng, A. Y. (2009a). Large-scale deep unsupervised learning using graphics processors. In L. Bottou and M. Littman, editors, *Proceedings of the Twenty-sixth International Conference on Machine Learning (ICML'09)*, pages 873–880, New York, NY,

USA. ACM.

Raina, R., Madhavan, A., and Ng, A. Y. (2009b). Large-scale deep unsupervised learning using graphics processors. In *ICML'2009*.

Ramsey, F. P. (1926). Truth and probability. In R. B. Braithwaite, editor, *The Foundations of Mathematics and other Logical Essays*, chapter 7, pages 156–198. McMaster University Archive for the History of Economic Thought.

Ranzato, M. and Hinton, G. H. (2010). Modeling pixel means and covariances using factorized third-order Boltzmann machines. In *CVPR'2010*, pages 2551–2558.

Ranzato, M., Poultney, C., Chopra, S., and LeCun, Y. (2007a). Efficient learning of sparse representations with an energy-based model. In *NIPS'2006*.

Ranzato, M., Poultney, C., Chopra, S., and LeCun, Y. (2007b). Efficient learning of sparse representations with an energy-based model. In B. Schölkopf, J. Platt, and T. Hoffman, editors, *Advances in Neural Information Processing Systems 19 (NIPS'06)*, pages 1137–1144. MIT Press.

Ranzato, M., Huang, F., Boureau, Y., and LeCun, Y. (2007c). Unsupervised learning of invariant feature hierarchies with applications to object recognition. In *CVPR'07*.

Ranzato, M., Boureau, Y., and LeCun, Y. (2008). Sparse feature learning for deep belief networks. In *NIPS'2007*.

Ranzato, M., Krizhevsky, A., and Hinton, G. E. (2010a). Factored 3-way restricted Boltzmann machines for modeling natural images. In *Proceedings of AISTATS 2010*.

Ranzato, M., Mnih, V., and Hinton, G. (2010b). Generating more realistic images using gated MRFs. In *NIPS'2010*.

Rao, C. (1945). Information and the accuracy attainable in the estimation of statistical parameters. *Bulletin of the Calcutta Mathematical Society*, **37**, 81–89.

Rasmus, A., Valpola, H., Honkala, M., Berglund, M., and Raiko, T. (2015). Semi-supervised learning with ladder network. *arXiv preprint arXiv:1507.02672*.

Recht, B., Re, C., Wright, S., and Niu, F. (2011). Hogwild: A lock-free approach to parallelizing stochastic gradient descent. In *NIPS'2011*.

Reichert, D. P., Seriès, P., and Storkey, A. J. (2011). Neuronal adaptation for sampling-based probabilistic inference in perceptual bistability. In *Advances in Neural Information Processing Systems*, pages 2357–2365.

Rezende, D. J., Mohamed, S., and Wierstra, D. (2014). Stochastic backpropagation and approximate inference in deep generative models. In *ICML'2014*. Preprint: arXiv:1401.4082.

Rifai, S., Vincent, P., Muller, X., Glorot, X., and Bengio, Y. (2011a). Contractive auto-encoders: Explicit invariance during feature extraction. In *ICML'2011*.

Rifai, S., Mesnil, G., Vincent, P., Muller, X., Bengio, Y., Dauphin, Y., and Glorot, X. (2011b). Higher order contractive auto-encoder. In *ECML PKDD*.

Rifai, S., Dauphin, Y., Vincent, P., Bengio, Y., and Muller, X. (2011c). The manifold tangent classifier. In *NIPS'2011*.

Rifai, S., Dauphin, Y., Vincent, P., Bengio, Y., and Muller, X. (2011d). The manifold tangent classifier. In *NIPS'2011*. Student paper award.

Rifai, S., Bengio, Y., Dauphin, Y., and Vincent, P. (2012). A generative process for sampling contractive auto-encoders. In *ICML'2012*.

Ringach, D. and Shapley, R. (2004). Reverse correlation in neurophysiology. *Cognitive Science*, **28**(2), 147–166.

Roberts, S. and Everson, R. (2001). *Independent component analysis: principles and practice*. Cambridge University Press.

Robinson, A. J. and Fallside, F. (1991). A recurrent error propagation network speech recognition system. *Computer Speech and Language*, **5**(3), 259–274.

Rockafellar, R. T. (1997). Convex analysis. princeton landmarks in mathematics.

Romero, A., Ballas, N., Ebrahimi Kahou, S., Chassang, A., Gatta, C., and Bengio, Y. (2015). Fitnets: Hints for thin deep nets. In *ICLR'2015, arXiv:1412.6550*.

Rosen, J. B. (1960). The gradient projection method for nonlinear programming. part i. linear constraints. *Journal of the Society for Industrial and Applied Mathematics*, **8**(1), pp. 181–217.

Rosenblatt, F. (1958). The perceptron: A probabilistic model for information storage and organization in the brain. *Psychological Review*, **65**, 386–408.

Rosenblatt, F. (1962). *Principles of Neurodynamics*. Spartan, New York.

Rosenblatt, M. (1956). Remarks on some nonparametric estimates of a density function. *The Annals of Mathematical Statistics*, **27**(3), 832–837.

Roweis, S. and Saul, L. K. (2000). Nonlinear dimensionality reduction by locally linear embedding. *Science*, **290**(5500).

Roweis, S., Saul, L., and Hinton, G. (2002). Global coordination of local linear models. In T. Dietterich, S. Becker, and Z. Ghahramani, editors, *Advances in Neural Information Processing Systems 14 (NIPS'01)*, Cambridge, MA. MIT Press.

Rubin, D. B. *et al.* (1984). Bayesianly justifiable and relevant frequency calculations for the applied statistician. *The Annals of Statistics*, **12**(4), 1151–1172.

Rumelhart, D., Hinton, G., and Williams, R. (1986a). Learning representations by back-propagating errors. *Nature*, **323**, 533–536.

Rumelhart, D. E., Hinton, G. E., and Williams, R. J. (1986b). Learning internal representations by error propagation. In D. E. Rumelhart and J. L. McClelland, editors, *Parallel Distributed Processing*, volume 1, chapter 8, pages 318–362. MIT Press, Cambridge.

Rumelhart, D. E., Hinton, G. E., and Williams, R. J. (1986c). Learning representations by back-propagating errors. *Nature*, **323**, 533–536.

Rumelhart, D. E., McClelland, J. L., and the PDP Research Group (1986d). *Parallel Distributed Processing: Explorations in the Microstructure of Cognition*. MIT Press, Cambridge.

Russakovsky, O., Deng, J., Su, H., Krause, J., Satheesh, S., Ma, S., Huang, Z., Karpathy, A., Khosla, A., Bernstein, M., Berg, A. C., and Fei-Fei, L. (2014a). ImageNet Large Scale Visual Recognition Challenge.

Russakovsky, O., Deng, J., Su, H., Krause, J., Satheesh, S., Ma, S., Huang, Z., Karpathy, A., Khosla, A., Bernstein, M., *et al.* (2014b). Imagenet large scale visual recognition challenge.

arXiv preprint arXiv:1409.0575.

Russel, S. J. and Norvig, P. (2003). *Artificial Intelligence: a Modern Approach.* Prentice Hall.

Rust, N., Schwartz, O., Movshon, J. A., and Simoncelli, E. (2005). Spatiotemporal elements of macaque V1 receptive fields. *Neuron*, **46**(6), 945–956.

Sainath, T., Mohamed, A., Kingsbury, B., and Ramabhadran, B. (2013). Deep convolutional neural networks for LVCSR. In *ICASSP 2013.*

Salakhutdinov, R. (2010). Learning in Markov random fields using tempered transitions. In Y. Bengio, D. Schuurmans, C. Williams, J. Lafferty, and A. Culotta, editors, *Advances in Neural Information Processing Systems 22 (NIPS'09).*

Salakhutdinov, R. and Hinton, G. (2009a). Deep Boltzmann machines. In *Proceedings of the International Conference on Artificial Intelligence and Statistics*, volume 5, pages 448–455.

Salakhutdinov, R. and Hinton, G. (2009b). Semantic hashing. In *International Journal of Approximate Reasoning.*

Salakhutdinov, R. and Hinton, G. E. (2007a). Learning a nonlinear embedding by preserving class neighbourhood structure. In *Proceedings of AISTATS-2007.*

Salakhutdinov, R. and Hinton, G. E. (2007b). Semantic hashing. In *SIGIR'2007.*

Salakhutdinov, R. and Hinton, G. E. (2008). Using deep belief nets to learn covariance kernels for Gaussian processes. In J. Platt, D. Koller, Y. Singer, and S. Roweis, editors, *Advances in Neural Information Processing Systems 20 (NIPS'07)*, pages 1249–1256, Cambridge, MA. MIT Press.

Salakhutdinov, R. and Larochelle, H. (2010). Efficient learning of deep Boltzmann machines. In *Proceedings of the Thirteenth International Conference on Artificial Intelligence and Statistics (AISTATS 2010), JMLR W&CP*, volume 9, pages 693–700.

Salakhutdinov, R. and Mnih, A. (2008). Probabilistic matrix factorization. In *NIPS'2008.*

Salakhutdinov, R. and Murray, I. (2008). On the quantitative analysis of deep belief networks. In W. W. Cohen, A. McCallum, and S. T. Roweis, editors, *Proceedings of the Twenty-fifth International Conference on Machine Learning (ICML'08)*, volume 25, pages 872–879. ACM.

Salakhutdinov, R., Mnih, A., and Hinton, G. (2007). Restricted Boltzmann machines for collaborative filtering. In *ICML.*

Sanger, T. D. (1994). Neural network learning control of robot manipulators using gradually increasing task difficulty. *IEEE Transactions on Robotics and Automation*, **10**(3).

Saul, L. K. and Jordan, M. I. (1996). Exploiting tractable substructures in intractable networks. In D. Touretzky, M. Mozer, and M. Hasselmo, editors, *Advances in Neural Information Processing Systems 8 (NIPS'95).* MIT Press, Cambridge, MA.

Saul, L. K., Jaakkola, T., and Jordan, M. I. (1996). Mean field theory for sigmoid belief networks. *Journal of Artificial Intelligence Research*, **4**, 61–76.

Savich, A. W., Moussa, M., and Areibi, S. (2007). The impact of arithmetic representation on implementing mlp-bp on fpgas: A study. *Neural Networks, IEEE Transactions on*, **18**(1), 240–252.

Saxe, A. M., Koh, P. W., Chen, Z., Bhand, M., Suresh, B., and Ng, A. (2011). On random weights and unsupervised feature learning. In *Proc. ICML'2011*. ACM.

Saxe, A. M., McClelland, J. L., and Ganguli, S. (2013). Exact solutions to the nonlinear dynamics of learning in deep linear neural networks. In *ICLR*.

Schaul, T., Antonoglou, I., and Silver, D. (2014). Unit tests for stochastic optimization. In *International Conference on Learning Representations*.

Schmidhuber, J. (1992). Learning complex, extended sequences using the principle of history compression. *Neural Computation*, **4**(2), 234–242.

Schmidhuber, J. (1996). Sequential neural text compression. *IEEE Transactions on Neural Networks*, **7**(1), 142–146.

Schmidhuber, J. (2012). Self-delimiting neural networks. *arXiv preprint arXiv:1210.0118*.

Schölkopf, B. and Smola, A. J. (2002). *Learning with kernels: Support vector machines, regularization, optimization, and beyond.* MIT press.

Schölkopf, B., Burges, C. J. C., and Smola, A. J. (1998a). *Advances in kernel methods: support vector learning.* MIT Press, Cambridge, MA.

Schölkopf, B., Smola, A., and Müller, K.-R. (1998b). Nonlinear component analysis as a kernel eigenvalue problem. *Neural Computation*, **10**, 1299–1319.

Schölkopf, B., Burges, C. J. C., and Smola, A. J. (1999). *Advances in Kernel Methods — Support Vector Learning.* MIT Press, Cambridge, MA.

Schölkopf, B., Janzing, D., Peters, J., Sgouritsa, E., Zhang, K., and Mooij, J. (2012). On causal and anticausal learning. In *ICML'2012*, pages 1255–1262.

Schuster, M. (1999). On supervised learning from sequential data with applications for speech recognition.

Schuster, M. and Paliwal, K. (1997). Bidirectional recurrent neural networks. *IEEE Transactions on Signal Processing*, **45**(11), 2673–2681.

Schwenk, H. (2007). Continuous space language models. *Computer speech and language*, **21**, 492–518.

Schwenk, H. (2010). Continuous space language models for statistical machine translation. *The Prague Bulletin of Mathematical Linguistics*, **93**, 137–146.

Schwenk, H. (2014). Cleaned subset of WMT '14 dataset.

Schwenk, H. and Bengio, Y. (1998). Training methods for adaptive boosting of neural networks. In M. Jordan, M. Kearns, and S. Solla, editors, *Advances in Neural Information Processing Systems 10 (NIPS'97)*, pages 647–653. MIT Press.

Schwenk, H. and Gauvain, J.-L. (2002). Connectionist language modeling for large vocabulary continuous speech recognition. In *International Conference on Acoustics, Speech and Signal Processing (ICASSP)*, pages 765–768, Orlando, Florida.

Schwenk, H., Costa-jussà, M. R., and Fonollosa, J. A. R. (2006). Continuous space language models for the IWSLT 2006 task. In *International Workshop on Spoken Language Translation*, pages 166–173.

Seide, F., Li, G., and Yu, D. (2011). Conversational speech transcription using context-dependent deep neural networks. In *Interspeech 2011*, pages 437–440.

Sejnowski, T. (1987). Higher-order Boltzmann machines. In *AIP Conference Proceedings 151 on Neural Networks for Computing*, pages 398–403. American Institute of Physics Inc.

Series, P., Reichert, D. P., and Storkey, A. J. (2010). Hallucinations in Charles Bonnet syndrome induced by homeostasis: a deep Boltzmann machine model. In *Advances in Neural Information Processing Systems*, pages 2020–2028.

Sermanet, P., Chintala, S., and LeCun, Y. (2012). Convolutional neural networks applied to house numbers digit classification. In *International Conference on Pattern Recognition (ICPR 2012)*.

Sermanet, P., Kavukcuoglu, K., Chintala, S., and LeCun, Y. (2013). Pedestrian detection with unsupervised multi-stage feature learning. In *Proc. International Conference on Computer Vision and Pattern Recognition (CVPR'13)*. IEEE.

Shilov, G. (1977). *Linear Algebra*. Dover Books on Mathematics Series. Dover Publications.

Siegelmann, H. (1995). Computation beyond the Turing limit. *Science*, **268**(5210), 545–548.

Siegelmann, H. and Sontag, E. (1991). Turing computability with neural nets. *Applied Mathematics Letters*, **4**(6), 77–80.

Siegelmann, H. T. and Sontag, E. D. (1995). On the computational power of neural nets. *Journal of Computer and Systems Sciences*, **50**(1), 132–150.

Sietsma, J. and Dow, R. (1991). Creating artificial neural networks that generalize. *Neural Networks*, **4**(1), 67–79.

Simard, D., Steinkraus, P. Y., and Platt, J. C. (2003). Best practices for convolutional neural networks. In *ICDAR'2003*.

Simard, P. and Graf, H. P. (1994). Backpropagation without multiplication. In *Advances in Neural Information Processing Systems*, pages 232–239.

Simard, P., Victorri, B., LeCun, Y., and Denker, J. (1992). Tangent prop - A formalism for specifying selected invariances in an adaptive network. In *NIPS'1991*.

Simard, P. Y., LeCun, Y., and Denker, J. (1993). Efficient pattern recognition using a new transformation distance. In *NIPS'92*.

Simard, P. Y., LeCun, Y. A., Denker, J. S., and Victorri, B. (1998). Transformation invariance in pattern recognition — tangent distance and tangent propagation. *Lecture Notes in Computer Science*, **1524**.

Simons, D. J. and Levin, D. T. (1998). Failure to detect changes to people during a real-world interaction. *Psychonomic Bulletin & Review*, **5**(4), 644–649.

Simonyan, K. and Zisserman, A. (2015). Very deep convolutional networks for large-scale image recognition. In *ICLR*.

Sjöberg, J. and Ljung, L. (1995). Overtraining, regularization and searching for a minimum, with application to neural networks. *International Journal of Control*, **62**(6), 1391–1407.

Skinner, B. F. (1958). Reinforcement today. *American Psychologist*, **13**, 94–99.

Smolensky, P. (1986). Information processing in dynamical systems: Foundations of harmony theory. In D. E. Rumelhart and J. L. McClelland, editors, *Parallel Distributed Processing*, volume 1, chapter 6, pages 194–281. MIT Press, Cambridge.

Snoek, J., Larochelle, H., and Adams, R. P. (2012). Practical Bayesian optimization of machine learning algorithms. In *NIPS'2012*.

Socher, R., Huang, E. H., Pennington, J., Ng, A. Y., and Manning, C. D. (2011a). Dynamic pooling and unfolding recursive autoencoders for paraphrase detection. In *NIPS'2011*.

Socher, R., Manning, C., and Ng, A. Y. (2011b). Parsing natural scenes and natural language with recursive neural networks. In *Proceedings of the Twenty-Eighth International Conference on Machine Learning (ICML'2011)*.

Socher, R., Pennington, J., Huang, E. H., Ng, A. Y., and Manning, C. D. (2011c). Semi-supervised recursive autoencoders for predicting sentiment distributions. In *EMNLP'2011*.

Socher, R., Perelygin, A., Wu, J. Y., Chuang, J., Manning, C. D., Ng, A. Y., and Potts, C. (2013a). Recursive deep models for semantic compositionality over a sentiment treebank. In *EMNLP'2013*.

Socher, R., Ganjoo, M., Manning, C. D., and Ng, A. Y. (2013b). Zero-shot learning through cross-modal transfer. In *27th Annual Conference on Neural Information Processing Systems (NIPS 2013)*.

Sohl-Dickstein, J., Weiss, E. A., Maheswaranathan, N., and Ganguli, S. (2015). Deep unsupervised learning using nonequilibrium thermodynamics.

Sohn, K., Zhou, G., and Lee, H. (2013). Learning and selecting features jointly with point-wise gated Boltzmann machines. In *ICML'2013*.

Solomonoff, R. J. (1989). A system for incremental learning based on algorithmic probability.

Sontag, E. D. (1998). VC dimension of neural networks. *NATO ASI Series F Computer and Systems Sciences*, **168**, 69–96.

Sontag, E. D. and Sussman, H. J. (1989). Backpropagation can give rise to spurious local minima even for networks without hidden layers. *Complex Systems*, **3**, 91–106.

Sparkes, B. (1996). *The Red and the Black: Studies in Greek Pottery*. Routledge.

Spitkovsky, V. I., Alshawi, H., and Jurafsky, D. (2010). From baby steps to leapfrog: how "less is more" in unsupervised dependency parsing. In *HLT'10*.

Squire, W. and Trapp, G. (1998). Using complex variables to estimate derivatives of real functions. *SIAM Rev.*, **40**(1), 110–112.

Srebro, N. and Shraibman, A. (2005). Rank, trace-norm and max-norm. In *Proceedings of the 18th Annual Conference on Learning Theory*, pages 545–560. Springer-Verlag.

Srivastava, N. (2013). *Improving Neural Networks With Dropout*. Master's thesis, U. Toronto.

Srivastava, N. and Salakhutdinov, R. (2012). Multimodal learning with deep Boltzmann machines. In *NIPS'2012*.

Srivastava, N., Salakhutdinov, R. R., and Hinton, G. E. (2013). Modeling documents with deep Boltzmann machines. *arXiv preprint arXiv:1309.6865*.

Srivastava, N., Hinton, G., Krizhevsky, A., Sutskever, I., and Salakhutdinov, R. (2014). Dropout: A simple way to prevent neural networks from overfitting. *Journal of Machine Learning Research*, **15**, 1929–1958.

Srivastava, R. K., Greff, K., and Schmidhuber, J. (2015). Highway networks. *arXiv:1505.00387*.

Steinkrau, D., Simard, P. Y., and Buck, I. (2005). Using GPUs for machine learning algorithms. *2013 12th International Conference on Document Analysis and Recognition*, **0**, 1115–1119.

Stoyanov, V., Ropson, A., and Eisner, J. (2011). Empirical risk minimization of graphical model parameters given approximate inference, decoding, and model structure. In *Proceedings of the 14th International Conference on Artificial Intelligence and Statistics (AISTATS)*, volume 15 of *JMLR Workshop and Conference Proceedings*, pages 725–733, Fort Lauderdale. Supplementary material (4 pages) also available.

Sukhbaatar, S., Szlam, A., Weston, J., and Fergus, R. (2015). Weakly supervised memory networks. *arXiv preprint arXiv:1503.08895.*

Supancic, J. and Ramanan, D. (2013). Self-paced learning for long-term tracking. In *CVPR'2013.*

Sussillo, D. (2014). Random walks: Training very deep nonlinear feed-forward networks with smart initialization. *CoRR*, **abs/1412.6558**.

Sutskever, I. (2012). *Training Recurrent Neural Networks.* Ph.D. thesis, Department of computer science, University of Toronto.

Sutskever, I. and Hinton, G. E. (2008). Deep narrow sigmoid belief networks are universal approximators. *Neural Computation*, **20**(11), 2629–2636.

Sutskever, I. and Tieleman, T. (2010). On the Convergence Properties of Contrastive Divergence. In *AISTATS'2010.*

Sutskever, I., Hinton, G., and Taylor, G. (2009). The recurrent temporal restricted Boltzmann machine. In *NIPS'2008.*

Sutskever, I., Martens, J., and Hinton, G. E. (2011). Generating text with recurrent neural networks. In *ICML'2011*, pages 1017–1024.

Sutskever, I., Martens, J., Dahl, G., and Hinton, G. (2013). On the importance of initialization and momentum in deep learning. In *ICML.*

Sutskever, I., Vinyals, O., and Le, Q. V. (2014). Sequence to sequence learning with neural networks. In *NIPS'2014, arXiv:1409.3215.*

Sutton, R. and Barto, A. (1998). *Reinforcement Learning: An Introduction.* MIT Press.

Sutton, R. S., Mcallester, D., Singh, S., and Mansour, Y. (2000). Policy gradient methods for reinforcement learning with function approximation. In *NIPS'1999*, pages 1057–1063. MIT Press.

Swersky, K., Ranzato, M., Buchman, D., Marlin, B., and de Freitas, N. (2011). On autoencoders and score matching for energy based models. In *ICML'2011.* ACM.

Swersky, K., Snoek, J., and Adams, R. P. (2014). Freeze-thaw Bayesian optimization. *arXiv preprint arXiv:1406.3896.*

Szegedy, C., Liu, W., Jia, Y., Sermanet, P., Reed, S., Anguelov, D., Erhan, D., Vanhoucke, V., and Rabinovich, A. (2014a). Going deeper with convolutions. Technical report, arXiv:1409.4842.

Szegedy, C., Zaremba, W., Sutskever, I., Bruna, J., Erhan, D., Goodfellow, I. J., and Fergus, R. (2014b). Intriguing properties of neural networks. *ICLR*, **abs/1312.6199**.

Szegedy, C., Vanhoucke, V., Ioffe, S., Shlens, J., and Wojna, Z. (2015). Rethinking the Inception

Architecture for Computer Vision. *ArXiv e-prints.*

Taigman, Y., Yang, M., Ranzato, M., and Wolf, L. (2014). DeepFace: Closing the gap to human-level performance in face verification. In *CVPR'2014*.

Tandy, D. W. (1997). *Works and Days: A Translation and Commentary for the Social Sciences.* University of California Press.

Tang, Y. and Eliasmith, C. (2010). Deep networks for robust visual recognition. In *Proceedings of the 27th International Conference on Machine Learning, June 21-24, 2010, Haifa, Israel.*

Tang, Y., Salakhutdinov, R., and Hinton, G. (2012). Deep mixtures of factor analysers. *arXiv preprint arXiv:1206.4635.*

Taylor, G. and Hinton, G. (2009). Factored conditional restricted Boltzmann machines for modeling motion style. In L. Bottou and M. Littman, editors, *Proceedings of the Twenty-sixth International Conference on Machine Learning (ICML'09)*, pages 1025–1032, Montreal, Quebec, Canada. ACM.

Taylor, G., Hinton, G. E., and Roweis, S. (2007). Modeling human motion using binary latent variables. In B. Schölkopf, J. Platt, and T. Hoffman, editors, *Advances in Neural Information Processing Systems 19 (NIPS'06)*, pages 1345–1352. MIT Press, Cambridge, MA.

Teh, Y., Welling, M., Osindero, S., and Hinton, G. E. (2003). Energy-based models for sparse overcomplete representations. *Journal of Machine Learning Research*, **4**, 1235–1260.

Tenenbaum, J., de Silva, V., and Langford, J. C. (2000). A global geometric framework for nonlinear dimensionality reduction. *Science*, **290**(5500), 2319–2323.

Theis, L., van den Oord, A., and Bethge, M. (2015). A note on the evaluation of generative models. arXiv:1511.01844.

Thompson, J., Jain, A., LeCun, Y., and Bregler, C. (2014). Joint training of a convolutional network and a graphical model for human pose estimation. In *NIPS'2014*.

Thrun, S. (1995). Learning to play the game of chess. In *NIPS'1994*.

Tibshirani, R. J. (1995). Regression shrinkage and selection via the lasso. *Journal of the Royal Statistical Society B*, **58**, 267–288.

Tieleman, T. (2008). Training restricted Boltzmann machines using approximations to the likelihood gradient. In *ICML'2008*, pages 1064–1071.

Tieleman, T. and Hinton, G. (2009). Using fast weights to improve persistent contrastive divergence. In *ICML'2009*.

Tipping, M. E. and Bishop, C. M. (1999). Probabilistic principal components analysis. *Journal of the Royal Statistical Society B*, **61**(3), 611–622.

Torralba, A., Fergus, R., and Weiss, Y. (2008). Small codes and large databases for recognition. In *Proceedings of the Computer Vision and Pattern Recognition Conference (CVPR'08)*, pages 1–8.

Touretzky, D. S. and Minton, G. E. (1985). Symbols among the neurons: Details of a connectionist inference architecture. In *Proceedings of the 9th International Joint Conference on Artificial Intelligence - Volume 1*, IJCAI'85, pages 238–243, San Francisco, CA, USA. Morgan Kaufmann Publishers Inc.

Tu, K. and Honavar, V. (2011). On the utility of curricula in unsupervised learning of probabilistic grammars. In *IJCAI'2011*.

Turaga, S. C., Murray, J. F., Jain, V., Roth, F., Helmstaedter, M., Briggman, K., Denk, W., and Seung, H. S. (2010). Convolutional networks can learn to generate affinity graphs for image segmentation. *Neural Computation*, **22**, 511–538.

Turian, J., Ratinov, L., and Bengio, Y. (2010). Word representations: A simple and general method for semi-supervised learning. In *Proc. ACL'2010*, pages 384–394.

Töscher, A., Jahrer, M., and Bell, R. M. (2009). The BigChaos solution to the Netflix grand prize.

Uria, B., Murray, I., and Larochelle, H. (2013). Rnade: The real-valued neural autoregressive density-estimator. In *NIPS'2013*.

van den Oörd, A., Dieleman, S., and Schrauwen, B. (2013). Deep content-based music recommendation. In *NIPS'2013*.

van der Maaten, L. and Hinton, G. E. (2008). Visualizing data using t-SNE. *J. Machine Learning Res.*, **9**.

Vanhoucke, V., Senior, A., and Mao, M. Z. (2011). Improving the speed of neural networks on CPUs. In *Proc. Deep Learning and Unsupervised Feature Learning NIPS Workshop*.

Vapnik, V. N. (1982). *Estimation of Dependences Based on Empirical Data*. Springer-Verlag, Berlin.

Vapnik, V. N. (1995). *The Nature of Statistical Learning Theory*. Springer, New York.

Vapnik, V. N. and Chervonenkis, A. Y. (1971). On the uniform convergence of relative frequencies of events to their probabilities. *Theory of Probability and Its Applications*, **16**, 264–280.

Vincent, P. (2011). A connection between score matching and denoising autoencoders. *Neural Computation*, **23**(7).

Vincent, P. and Bengio, Y. (2003). Manifold Parzen windows. In *NIPS'2002*. MIT Press.

Vincent, P., Larochelle, H., Bengio, Y., and Manzagol, P.-A. (2008a). Extracting and composing robust features with denoising autoencoders. In ICM(1a), pages 1096–1103.

Vincent, P., Larochelle, H., Bengio, Y., and Manzagol, P.-A. (2008b). Extracting and composing robust features with denoising autoencoders. In *ICML 2008*.

Vincent, P., Larochelle, H., Lajoie, I., Bengio, Y., and Manzagol, P.-A. (2010). Stacked denoising autoencoders: Learning useful representations in a deep network with a local denoising criterion. *J. Machine Learning Res.*, **11**.

Vincent, P., de Brébisson, A., and Bouthillier, X. (2015). Efficient exact gradient update for training deep networks with very large sparse targets. In C. Cortes, N. D. Lawrence, D. D. Lee, M. Sugiyama, and R. Garnett, editors, *Advances in Neural Information Processing Systems 28*, pages 1108–1116. Curran Associates, Inc.

Vinyals, O., Kaiser, L., Koo, T., Petrov, S., Sutskever, I., and Hinton, G. (2014a). Grammar as a foreign language. *arXiv preprint arXiv:1412.7449*.

Vinyals, O., Toshev, A., Bengio, S., and Erhan, D. (2014b). Show and tell: a neural image caption generator. arXiv 1411.4555.

Vinyals, O., Fortunato, M., and Jaitly, N. (2015a). Pointer networks. *arXiv preprint arXiv:1506.03134*.

Vinyals, O., Toshev, A., Bengio, S., and Erhan, D. (2015b). Show and tell: a neural image caption generator. In *CVPR'2015*. arXiv:1411.4555.

Viola, P. and Jones, M. (2001). Robust real-time object detection. In *International Journal of Computer Vision*.

Visin, F., Kastner, K., Cho, K., Matteucci, M., Courville, A., and Bengio, Y. (2015). ReNet: A recurrent neural network based alternative to convolutional networks. *arXiv preprint arXiv:1505.00393*.

Von Melchner, L., Pallas, S. L., and Sur, M. (2000). Visual behaviour mediated by retinal projections directed to the auditory pathway. *Nature*, **404**(6780), 871–876.

Wager, S., Wang, S., and Liang, P. (2013). Dropout training as adaptive regularization. In *Advances in Neural Information Processing Systems 26*, pages 351–359.

Waibel, A., Hanazawa, T., Hinton, G. E., Shikano, K., and Lang, K. (1989). Phoneme recognition using time-delay neural networks. *IEEE Transactions on Acoustics, Speech, and Signal Processing*, **37**, 328–339.

Wan, L., Zeiler, M., Zhang, S., LeCun, Y., and Fergus, R. (2013). Regularization of neural networks using dropconnect. In *ICML'2013*.

Wang, S. and Manning, C. (2013). Fast dropout training. In *ICML'2013*.

Wang, Z., Zhang, J., Feng, J., and Chen, Z. (2014a). Knowledge graph and text jointly embedding. In *Proc. EMNLP'2014*.

Wang, Z., Zhang, J., Feng, J., and Chen, Z. (2014b). Knowledge graph embedding by translating on hyperplanes. In *Proc. AAAI'2014*.

Warde-Farley, D., Goodfellow, I. J., Courville, A., and Bengio, Y. (2014). An empirical analysis of dropout in piecewise linear networks. In ICL(1).

Wawrzynek, J., Asanovic, K., Kingsbury, B., Johnson, D., Beck, J., and Morgan, N. (1996). Spert-II: A vector microprocessor system. *Computer*, **29**(3), 79–86.

Weaver, L. and Tao, N. (2001). The optimal reward baseline for gradient-based reinforcement learning. In *Proc. UAI'2001*, pages 538–545.

Weinberger, K. Q. and Saul, L. K. (2004a). Unsupervised learning of image manifolds by semidefinite programming. In *Proceedings of the Computer Vision and Pattern Recognition Conference (CVPR'04)*, volume 2, pages 988–995, Washington D.C.

Weinberger, K. Q. and Saul, L. K. (2004b). Unsupervised learning of image manifolds by semidefinite programming. In *CVPR'2004*, pages 988–995.

Weiss, Y., Torralba, A., and Fergus, R. (2008). Spectral hashing. In *NIPS*, pages 1753–1760.

Welling, M., Zemel, R. S., and Hinton, G. E. (2002). Self supervised boosting. In *Advances in Neural Information Processing Systems*, pages 665–672.

Welling, M., Hinton, G. E., and Osindero, S. (2003a). Learning sparse topographic representations with products of Student-t distributions. In *NIPS'2002*.

Welling, M., Zemel, R., and Hinton, G. E. (2003b). Self-supervised boosting. In S. Becker, S.

Thrun, and K. Obermayer, editors, *Advances in Neural Information Processing Systems 15 (NIPS'02)*, pages 665–672. MIT Press.

Welling, M., Rosen-Zvi, M., and Hinton, G. E. (2005). Exponential family harmoniums with an application to information retrieval. In L. Saul, Y. Weiss, and L. Bottou, editors, *Advances in Neural Information Processing Systems 17 (NIPS'04)*, volume 17, Cambridge, MA. MIT Press.

Werbos, P. J. (1981). Applications of advances in nonlinear sensitivity analysis. In *Proceedings of the 10th IFIP Conference, 31.8 - 4.9, NYC*, pages 762–770.

Weston, J., Bengio, S., and Usunier, N. (2010). Large scale image annotation: learning to rank with joint word-image embeddings. *Machine Learning*, **81**(1), 21–35.

Weston, J., Chopra, S., and Bordes, A. (2014). Memory networks. *arXiv preprint arXiv:1410.3916*.

Widrow, B. and Hoff, M. E. (1960). Adaptive switching circuits. In *1960 IRE WESCON Convention Record*, volume 4, pages 96–104. IRE, New York.

Wikipedia (2015). List of animals by number of neurons — Wikipedia, the free encyclopedia. [Online; accessed 4-March-2015].

Williams, C. K. I. and Agakov, F. V. (2002). Products of Gaussians and Probabilistic Minor Component Analysis. *Neural Computation*, **14(5)**, 1169–1182.

Williams, C. K. I. and Rasmussen, C. E. (1996). Gaussian processes for regression. In D. Touretzky, M. Mozer, and M. Hasselmo, editors, *Advances in Neural Information Processing Systems 8 (NIPS'95)*, pages 514–520. MIT Press, Cambridge, MA.

Williams, R. J. (1992). Simple statistical gradient-following algorithms connectionist reinforcement learning. *Machine Learning*, **8**, 229–256.

Williams, R. J. and Zipser, D. (1989). A learning algorithm for continually running fully recurrent neural networks. *Neural Computation*, **1**, 270–280.

Wilson, D. R. and Martinez, T. R. (2003). The general inefficiency of batch training for gradient descent learning. *Neural Networks*, **16**(10), 1429–1451.

Wilson, J. R. (1984). Variance reduction techniques for digital simulation. *American Journal of Mathematical and Management Sciences*, **4**(3), 277–312.

Wiskott, L. and Sejnowski, T. J. (2002). Slow feature analysis: Unsupervised learning of invariances. *Neural Computation*, **14**(4), 715–770.

Wolpert, D. and MacReady, W. (1997). No free lunch theorems for optimization. *IEEE Transactions on Evolutionary Computation*, **1**, 67–82.

Wolpert, D. H. (1996). The lack of a priori distinction between learning algorithms. *Neural Computation*, **8**(7), 1341–1390.

Wu, R., Yan, S., Shan, Y., Dang, Q., and Sun, G. (2015). Deep image: Scaling up image recognition. arXiv:1501.02876.

Wu, Z. (1997). Global continuation for distance geometry problems. *SIAM Journal of Optimization*, **7**, 814–836.

Xiong, H. Y., Barash, Y., and Frey, B. J. (2011). Bayesian prediction of tissue-regulated splicing using RNA sequence and cellular context. *Bioinformatics*, **27**(18), 2554–2562.

Xu, K., Ba, J. L., Kiros, R., Cho, K., Courville, A., Salakhutdinov, R., Zemel, R. S., and Bengio, Y. (2015). Show, attend and tell: Neural image caption generation with visual attention. In *ICML'2015, arXiv:1502.03044*.

Yildiz, I. B., Jaeger, H., and Kiebel, S. J. (2012). Re-visiting the echo state property. *Neural networks*, **35**, 1–9.

Yosinski, J., Clune, J., Bengio, Y., and Lipson, H. (2014). How transferable are features in deep neural networks? In *NIPS 27*, pages 3320–3328. Curran Associates, Inc.

Younes, L. (1998). On the convergence of Markovian stochastic algorithms with rapidly decreasing ergodicity rates. In *Stochastics and Stochastics Models*, pages 177–228.

Yu, D., Wang, S., and Deng, L. (2010). Sequential labeling using deep-structured conditional random fields. *IEEE Journal of Selected Topics in Signal Processing*.

Zaremba, W. and Sutskever, I. (2014). Learning to execute. arXiv 1410.4615.

Zaremba, W. and Sutskever, I. (2015). Reinforcement learning neural Turing machines. *arXiv:1505.00521*.

Zaslavsky, T. (1975). *Facing Up to Arrangements: Face-Count Formulas for Partitions of Space by Hyperplanes*. Number no. 154 in Memoirs of the American Mathematical Society. American Mathematical Society.

Zeiler, M. D. and Fergus, R. (2014). Visualizing and understanding convolutional networks. In *ECCV'14*.

Zeiler, M. D., Ranzato, M., Monga, R., Mao, M., Yang, K., Le, Q., Nguyen, P., Senior, A., Vanhoucke, V., Dean, J., and Hinton, G. E. (2013). On rectified linear units for speech processing. In *ICASSP 2013*.

Zhou, B., Khosla, A., Lapedriza, A., Oliva, A., and Torralba, A. (2015). Object detectors emerge in deep scene CNNs. ICLR'2015, arXiv:1412.6856.

Zhou, J. and Troyanskaya, O. G. (2014). Deep supervised and convolutional generative stochastic network for protein secondary structure prediction. In *ICML'2014*.

Zhou, Y. and Chellappa, R. (1988). Computation of optical flow using a neural network. In *Neural Networks, 1988., IEEE International Conference on*, pages 71–78. IEEE.

Zöhrer, M. and Pernkopf, F. (2014). General stochastic networks for classification. In *NIPS'2014*.

索　引